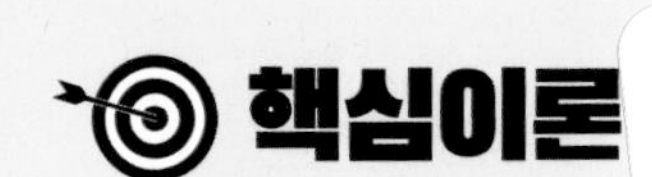

핵심이론 ... 해설

2021 완벽대비
한국산업인력공단
출제기준에 맞춘

실내건축 산업기사

필기 단기완성

남재호 著

동영상 강의
www.inup.co.kr

10개년 핵심
과년도 문제해설

| 2020 최근 기출 문제 수록

2021
16차 개정

한솔아카데미

한솔아카데미 실내건축산업기사 필기

본 도서를 구매하신 분께 드리는 혜택

※ [도서구매 후 인증절차] 실내건축산업기사 뒷표지에서 인증번호 확인

1 실내건축산업기사 출제경향 분석

최근 출제문제를 중심으로 분석한
출제빈도와 중요내용 특강

2 자가진단 전국모의고사 실시

자가진단 모의고사 응시
객관식 4지선다형 과목당 20문항
(과목당 시험기간 30분)

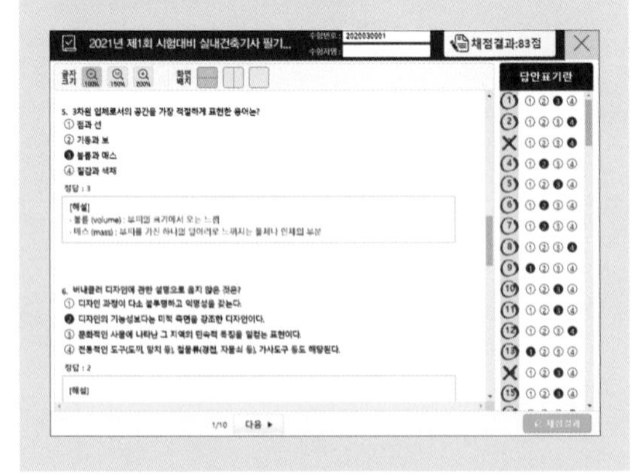

3 동영상 할인혜택

정규 필기 종합반 동영상 강의
3만원 할인쿠폰
표준학습 60일+복습기간 90일(총 150일)

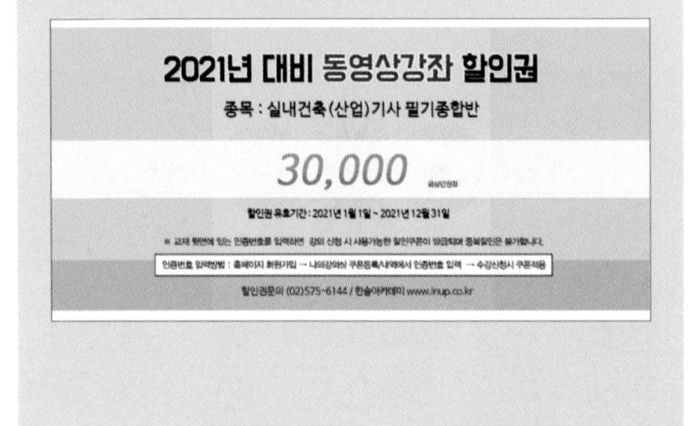

4 홈페이지를 통한 학습게시판

전용 홈페이지를 통한
365일 학습관리
24시간 이내 학습 질의응답

실내건축산업기사 필기
동영상 무료강의 수강방법

■ 교재 인증번호등록 및 강의 수강방법 안내

▶

01 사이트 접속

인터넷 주소창에 **http://archi.inup.co.kr/** 을 입력하여 한솔아카데미 홈페이지에 접속합니다.

02 회원가입 로그인

홈페이지 우측 상단에 있는 회원가입 메뉴를 통해 **회원가입** 후, 강의를 듣고자 하는 아이디로 **로그인**을 합니다.

03 마이 페이지

로그인 후 상단에 있는 **마이페이지**로 접속하여 왼쪽 메뉴에 있는 **[쿠폰/포인트관리]-[쿠폰등록/내역]**을 클릭합니다.

04 쿠폰 등록

도서에 기입된 **인증번호 12자리** 입력(-표시 제외)이 완료되면 **[나의강의실]**에서 무료강의를 수강하실 수 있습니다.

■ 모바일 동영상 수강방법 안내

❶ QR코드 이미지를 모바일로 촬영합니다.
❷ 회원가입 및 로그인 후, 쿠폰 인증번호를 입력합니다.
❸ 인증번호 입력이 완료되면 [나의강의실]에서 강의 수강이 가능합니다.

※ QR코드를 찍을 수 있는 어플을 다운받으신 후 진행하시길 바랍니다.

실내건축산업기사 필기 "인터넷 강좌"

본 강좌는 한솔아카데미 발행 교재를 가지고 혼자서 공부하시는 수험생분들께 학습의 방향을 제시해드리고자 하는 종합강좌입니다. 인터넷 강좌는 거리 또는 시간에 제한을 받지 않고 반복수강이 가능합니다.

■ 한솔아카데미 동영상강좌 특징

① 한솔아카데미 저자 100% 직강
② 시원하게 넓어진 16:9 와이드 화면구성
③ 최신경향을 반영한 새로운 문제 추가
④ 출제빈도에 따른 중요도 표시
⑤ 실력을 체크할 수 있는 모의고사 프로그램
⑥ 모바일 강의 서비스 제공 (스마트폰을 이용해 시청가능)

Step 01 ▶ 각 단원별 핵심이론/핵심문제
Step 02 ▶ 단원별 모의고사 실시
Step 03 ▶ 전용게시판 질의응답

- 신청 후 필기강의 5개월 / 실기강의 4개월 동안 같은 강좌를 5회씩 반복수강
- 할인혜택 : 동일강좌 재수강시 50% 할인, 다른 강좌 수강시 10% 할인

■ 실내건축기사 · 산업기사 필기 : 교수소개 및 강의시간

구 분	과 목	담당강사	강의시간	동영상	교 재
필 기	실내디자인론	김영애	약 11시간		
	색채학	김영애	약 17시간		
	인간공학	김영애	약 11시간		
	건축재료	남재호	약 12시간		
	건축일반	남재호	약 17시간		
	건축환경	남재호	약 14시간		

머리말

PREFACE

실내디자인은 쾌적한 환경조성을 통한 능률적인 공간 조성, 즉 쾌적성과 능률성이 가장 중요한 목표로서 이는 주어진 환경공간의 인위적인 재창조를 의미하며, 이의 실현을 위하여 디자인의 기본원리·인체공학·심리학·물리학·재료학·환경학 등 관련된 제반요소가 참작 고려되어야 한다.

실내디자인의 목적은 인간생활의 대부분을 수용하고 있는 건축물의 내부공간에 대해 인간의 사회적 요구에 적합한 공간환경을 조성하는 데 있으며, 실내디자인은 내부환경에 관련된 다양한 학문들을 통합 및 재구성하여 종합예술 디자이너로서의 능력을 발휘할 수 있는 고급 인력이 충분히 양성되어야 할 것이다.

이에 본서는 실내건축산업기사 시험과목인 실내디자인론, 색채학 및 인간공학, 건축재료, 건축일반 등의 광범위한 내용을 보다 체계적으로 정리하여 실내건축산업기사시험에 대비한 지침서로서 최대한 효과를 얻을 수 있도록 알차게 꾸미고자 노력하였다.

1. 각 과목별 방대한 이론을 쉽게 이해할 수 있도록 간단 명료하게 체계적으로 핵심요점정리 하였고, 또한 그림과 도표 및 예제·개념정리를 통하여 기본이론을 알기 쉽게 이해할 수 있도록 하였다.
2. 각 과목 핵심사항에 따른 상세한 기출문제 해설로 많은 학습분량을 단기간에 쉽게 공부할 수 있도록 하였다.
3. 최근 10년간의 출제문제를 모두 수록하여 출제경향을 쉽게 파악할 수 있도록 하였으며, 상세한 해설로 다양한 문제의 유형에도 쉽게 적응능력을 향상시킬 수 있도록 하였다.

끝으로 본서를 통해서 실내건축산업기사 및 실내건축 관련시험의 지침서로서 수험생 여러분의 학습에 도움이 되기를 기대하며, 아울러 출판에 도움을 주신 한솔아카데미 한병천 사장님과 편집부 임직원 여러분께 감사를 드린다.

저자 남 재 호

■ 출제경향에 따른 교재 특징

실내건축산업기사시험의 시험과목은 크게 실내디자인론, 색채학 및 인간공학, 건축재료, 건축일반으로 구성되어 있으며 그 범위가 광범위하여 수험생들에게 많은 부담을 주고 있습니다.

이러한 점을 감안하여 본교재에서는 각 과목별 핵심요점정리 및 기출문제 상세해설만을 구성하므로써 시간이 부족한 분 또는 한번 정도 공부를 한 수험생이 재학습을 할 때 효과적으로 학습할 수 있도록 하여 단기간에 최대의 효과를 거둘 수 있도록 구성하였으며 최근 10년간의 출제문제를 수록하여 출제경향을 쉽게 파악할 수 있도록 하였고 최근 출제경향에 대비한 상세한 해설로 다양한 문제의 유형에도 쉽게 적응능력을 향상시킬 수 있도록 하였습니다.

이 책의 특징을 정리하면 다음과 같다.

- 각 과목별 최근 출제 경향에 맞는 중요핵심정리와 기출문제를 체계적으로 정리하여 가장 쉽고 빠르게 학습할 수 있도록 구성
- 최근 10개년간의 출제문제를 출제경향에 따른 단원별, 유형별, 중요도별 핵심요점정리 수록
- 각 소단원마다 기본유형의 문제를 먼저 제시하여 학습내용에 대한 접근을 실전적으로 파악할 수 있도록 함.

새로운 출제경향에 따른 2021년도 완벽대비서!

변화하는 최신 출제경향을 신속히 반영하여 보기편리하고 이해가 쉽도록 편집되었고, 전략수립을 위한 단순한 직감이 아니라 풍부한 data를 바탕으로 다른 책들보다 우수한 분석을 제시합니다.

출제기준 필기

직무분야	건설	중직무분야	건축	자격종목	실내건축산업기사	적용기간	2020. 1. 1. ~ 2021. 12. 31.
직무내용	건축공간을 기능적, 미적으로 계획하기 위하여 현장분석자료 및 기본 개념을 가지고 공간의 기능에 맞게 면적을 배분하여 공간을 계획 및 구성하며, 이러한 구성개념의 표현을 위하여 개념도, 평면도, 천정도, 입면도, 상세도, 투시도 및 재료 마감표를 작성하고, 완료된 설계도서에 의거하여 현장의 공정 및 시공을 관리하는 등의 직무이다.						
필기검정방법	객관식			문제수	80	시험시간	2시간

필기과목명	문제수	주요항목	세부항목
실내 디자인론	20	1. 실내디자인 총론	1. 실내디자인 일반 2. 디자인의 요소 3. 디자인의 원리 4. 실내디자인의 요소
		2. 실내디자인 각론	1. 실내계획 2. 실내디자인 프로세스
색채 및 인간 공학	20	1. 색채지각	1. 색을 지각하는 기본원리
		2. 색의 분류, 성질, 혼합	1. 색의 3속성과 색입체 2. 색의 혼합
		3. 색의 표시	1. 표색계 2. 색명
		4. 색의 심리	1. 색의 지각적인 효과 2. 색의 감정적인 효과
		5. 색채조화	1. 색채조화 2. 배색
		6. 색채관리	1. 생활과 색채
		7. 인간공학일반	1. 인간공학의 정의 및 배경 2. 인간-기계시스템과 인간요소 3. 시스템 설계와 인간요소 4. 인간공학 연구방법 및 실험계획
		8. 인체계측	1. 신체활동의 생리적 배경 2. 신체반응의 측정 및 신체역학 3. 근력 및 지구력, 신체활동의 에너지 소비, 동작의 속도와 정확성 4. 신체계측
		9. 인간의 감각기능	1. 시각 2. 청각 3. 지각 4. 촉각 및 후각

필기과목명	문제수	주요항목	세부항목
		10. 작업환경조건	1. 조명과 색채이용 2. 온열조건, 소음, 진동, 공기오염도, 기압 3. 피로와 능률
		11. 장치 설계 및 개선	1. 표시장치 2. 제어, 제어 테이블 및 판넬의 설계 3. 가구와 동작범위, 통로(동선관계 등) 4. 디자인의 인간공학 적용에 관한 사항
건축재료	20	1. 건축재료일반	1. 건축재료의 발달 2. 건축재료의 분류와 요구성능 3. 새로운 재료 및 재료설계 4. 난연재료의 분류와 요구 성능
		2. 각종 건축 재료의 특성, 용도, 규격에 관한 사항	1. 목재 2. 점토재 3. 시멘트 및 콘크리트 4. 금속재 5. 미장재 6. 합성수지 7. 도료 및 접착제 8. 석재 9. 기타재료 10. 방수
건축일반	20	1. 일반구조	1. 건축구조의 일반사항 2. 건축물의 각 구조
		2. 건축사	1. 실내디자인사
		3. 건축법, 시행령, 시행규칙	1. 건축법 2. 건축법 시행령 3. 건축법 시행규칙 4. 건축물의 설비기준 등에 관한 규칙 및 건축물의 피난·방화구조 등의 기준에 관한 규칙
		4. 소방시설설치유지 및 안전관리에 관한 법률, 시행령, 시행규칙	1. 소방시설설치유지 및 안전관리에 관한 법률 2. 소방시설설치유지 및 안전관리에 관한 법률 시행령 3. 소방시설설치유지 및 안전관리에 관한 법률 시행규칙
		5. 실내 환경	1. 열 및 습기환경 2. 공기환경 3. 빛 환경 4. 음 환경

Contents

제1편

실내디자인론

제2편

색채 및 인간공학

Contents

제4-3편 | 건축법 및 소방시설법

제4-4편 | 실내환경

제 1 편
실내디자인론

section 1 실내디자인 일반

1 실내디자인이란?

① 인간 환경을 이상적으로 조화시킨 인위적인 작업이다.
② 공간이 요구하는 본질적인 목적을 해결해야 한다.
③ 공간을 기술적, 예술적으로 쾌적하게 하는 것이다
④ 내·외부 등 인간이 점유하는 모든 생활공간을 의미한다.
(내부공간만을 의미하는 것이 아니다.)

2 실내디자인의 조건

① 합목적성 : 기능성 또는 실용성
② 심미성 : 아름다운 창조
③ 경제성 : 최소의 노력으로 최대의 효과
④ 독창성 : 새로운 가치를 추구
⑤ 질서성 : 상기 4가지 조건을 서로 관련시키는 것

3 실내디자인의 목표

① 실내디자인은 쾌적한 환경조성을 통한 능률적인 공간 조성, 즉 쾌적성과 능률성이 가장 중요한 목표이다.
② 이는 주어진 환경공간의 인위적인 재창조를 의미하며, 이의 실현을 위하여 인체공학·심리학·물리학·재료학·환경학 및 디자인의 기본원리 등 관련된 제반요소가 참작 고려되어야 한다.
③ 실내디자인은 미적인 문제만 다루는 순수예술과는 달리 인간생활과 밀접한 관계를 갖는 것으로 기능성·창의성·경제성·실용성·가변성·예술성 등을 고려하여 주어진 여건하에서 사용자에게 가장 바람직한 생활공간이 되도록 디자인되어야 한다.
④ 실내디자인의 쾌적성 추구는 기능적 요소와 환경적 요소 및 주관적 요소를 목표로 한다.

4 실내디자이너의 작업에 따른 분류

① 인테리어 디자이너(Interior Designer)
디자이너 본질로서 공간을 설계하고 계획하는 사람
② 인테리어 데코레이터(Interior Decorator=Interior Coordinator)
실내의 표정을 변화있게 하고 분위기를 살리기 위해 인테리어 소품 등으로 실내를 장식하는 사람

③ 가구 디자이너(Furniture Designer), 조명 디자이너(Lighting Designer)
실내를 구성하는 요소들에 대한 디자인을 담당하는 사람들로서 이것 자체가 실내 디자이너의 전부라고는 볼 수 없다.
[주] craft designer : 공예가

5 실내디자이너의 역할

① 생활공간의 쾌적성 추구
② 기능 확대, 감성적 욕구의 충족을 통한 건축의 질 향상
③ 인간의 예술적, 서정적 욕구의 만족을 해결
④ 독자적인 개성의 표현

6 디자인 이미지(design image) 구축

디자인 이미지(design image) 구축한다는 것은 능률적인 공간 조성이 되도록 기능적, 정서적, 심미적, 환경적 조화 및 디자인의 기본 원리 등을 고려하여 건축의 내밀화를 기하며 생활공간의 쾌적성을 추구하기 위해 기술적, 미적인 면이 조화를 이루면서 건축의 내부 공간을 창조하여 사용자에게 가장 바람직한 생활공간을 만드는 것이다. 즉, 공간의 표상성이 디자인 이미지이다.

section 2 디자인의 요소

1 점

① 정의

㉠ 점은 기하학적인 정의로 크기가 없고 위치만 있다.

㉡ 점은 선과 선의 교차, 선과 면의 교차, 선의 양끝 등에 의해 생긴다.

② 점의 효과

㉠ 점의 장력(인장력) : 2점을 가까운 거리에 놓아두면 서로간의 장력으로 선으로 인식되는 효과

㉡ 점의 집중효과 : 공간에 놓여있는 한점은 시선을 집중시키는 효과가 있다.

㉢ 시선의 이동 : 큰 점과 작은 점이 함께 놓여 있을 때 큰 점에서 작은 점으로 시선이 이동된다.

㉣ 많은 점을 근접시키면 면으로 지각하는 효과가 있다.

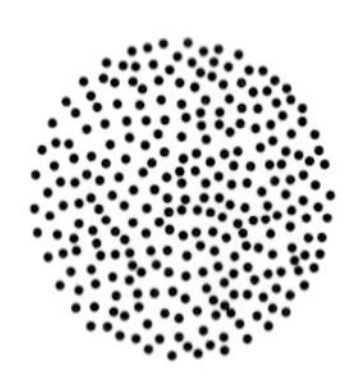

다수의 점은 면으로 지각되며, 점의 크기가 다를 때에는 동적인 면이 지각되며, 같을 때에는 정적인 면이 지각된다.

2 선

① 정의

㉠ 선은 길이와 위치, 방향성을 갖고 있으며 폭과 부피는 갖지 않는다.

㉡ 점이 이동한 궤적을 선이라 할 수 있는데 이것을 포지티브(positve)선이라 하며 많은 선의 근접은 면으로 지각되는 효과가 있다.

② 선의 특성

㉠ 선은 길이와 위치만 있고, 폭과 부피는 없다. 점이 이동한 궤적이며 면의 한계, 교차에서 나타난다.

㉡ 선은 어떤 형상을 규정하거나 한정하고 면적을 분할한다.

㉢ 운동감, 속도감, 방향 등을 나타낸다.

③ 선의 조형심리적 효과
㉠ 수직선은 구조적인 높이와 존엄성, 고양감을 느끼게 한다.
㉡ 수평선은 영원, 무한, 안정, 안락, 평화감을 느끼게 한다.
㉢ 사선은 넘어지려는 움직임이 있어 운동감, 불안정, 변화하는 활동적인 느낌을 준다.
㉣ 곡선은 유연, 복잡, 동적, 경쾌하며 여성적인 느낌을 들게 한다.

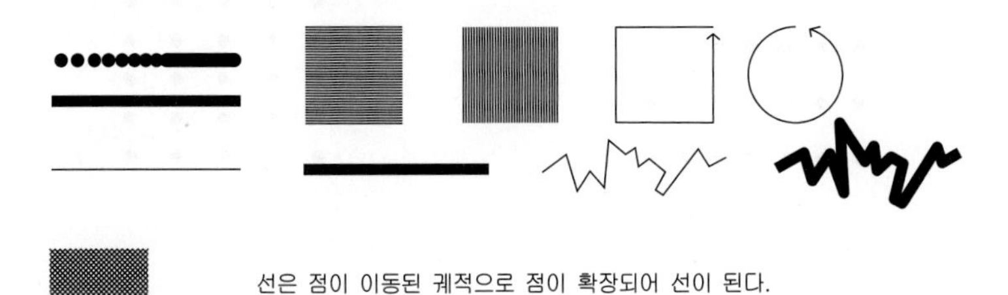

선은 점이 이동된 궤적으로 점이 확장되어 선이 된다.
선을 나란히 놓으면 면으로 지각된다.

3 면

① 정의 : 면은 점을 확대 또는 집합시킨 경우나 선 폭의 증대, 선의 집합 등으로 형성되며, 입체의 한계와 공간의 경계이기도 하다. 길이와 넓이는 있으나 두께가 없고 위치와 방향을 가지는 선의 집합체이다.
② 면의 특징
㉠ 면은 선이 이동한 궤적이다.
㉡ 면은 절단에 의해서 여러 가지 면이 생긴다.
㉢ 평면과 곡면을 조합시키면 대비감이 생기며 공간의 구성에는 극히 효과적이다.

4 형태(form)

평면의 구체적인 형은 형(形, shape)이고, 입체적일 때는 형태(形態, form)가 된다.
① 이념적 형태 : 인간이 생각하는 순수 추상 형태로서 점, 선, 면, 입체 등의 추상적인 형태이다.
② 현실적 형태 : 우리 주위에 존재하는 모든 물상(物像)을 의미한다.
㉠ 자연적 형태 : 자연 현상에 따라 끊임없이 변화하며 새로운 형을 만들어낸다. 일반적으로 그 형태가 부정형이며 복잡한 여러 가지 기학학적인 형태를 나타낸다.
㉡ 인위적 형태 : 휴먼 스케일을 기준으로 해야 좋은 디자인이 된다.
③ 오가닉 형태(organic form) : 합리적, 수리적, 유기적인 형태로 재현이 가능한 형태이다.
④ 액시던트 형태(accident form) : 우연적 방법에 의해 만들어진 재현이 불가능한 형태이다.

5 형태의 지각심리(게슈탈트의 지각심리)

① 접근성 : 가까이 있는 시각요소들을 패턴이나 그룹으로 인지하게 되는 지각심리

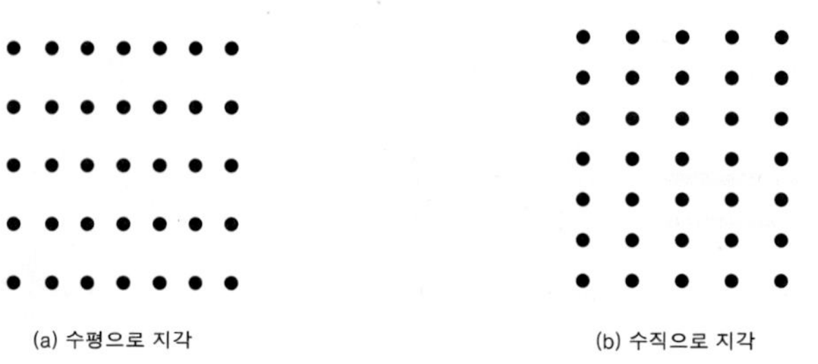

(a) 수평으로 지각 (b) 수직으로 지각

② 유사성 : 형태와 색깔, 크기 등이 유사할 경우 함께 모여보이는 지각심리

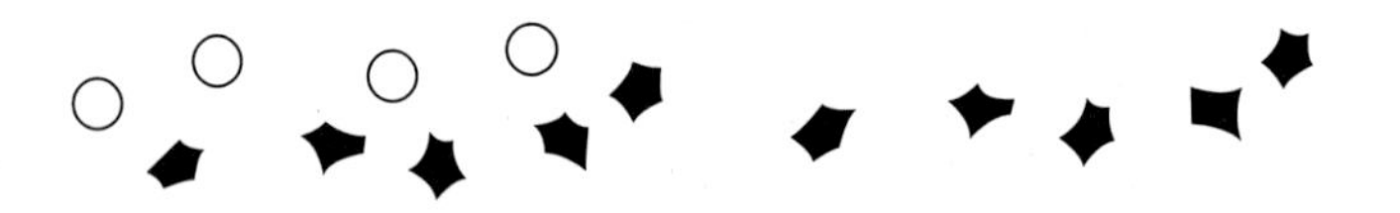

유사한 색채, 유사한 형태, 크기들이 그루핑되어 보인다.
그림. 유사성

③ 연속성 : 점들의 연속이 선으로 지각되어 형태를 만드는 지각심리

그림. 연속성

④ 폐쇄성 : 불완전한 시각요소들을 완전한 형태로 지각하려는 심리

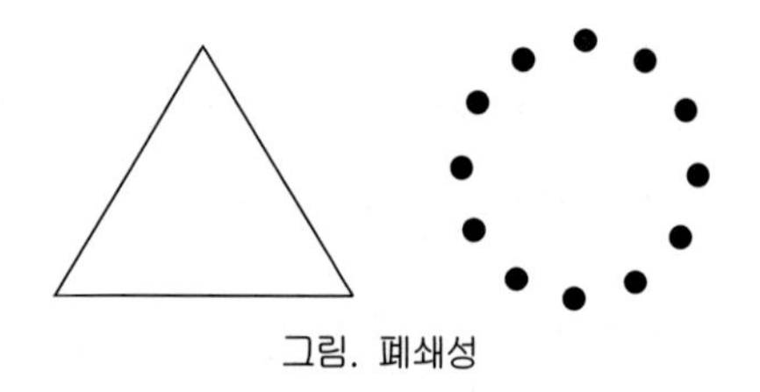

그림. 폐쇄성

⑤ 단순화 : 어떤 형태를 접했을 때 복잡한 형태보다는 단순한 형태로 지각하려는 심리

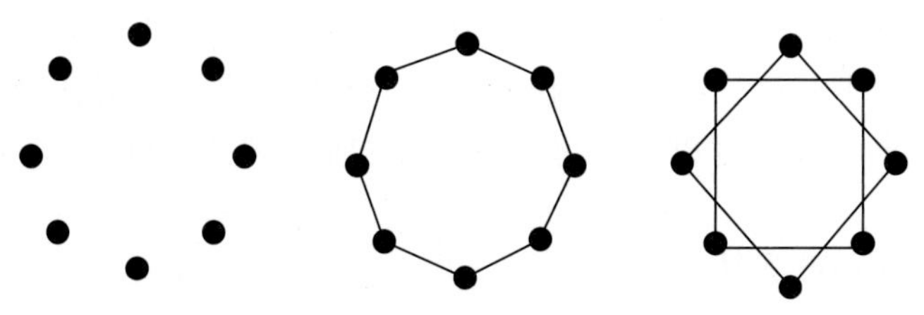

8개의 점을 사각형이 교차한 별모양의 정점으로 보기보다는
원주상에 늘어놓은 점으로 본다

⑥ 도형과 배경의 법칙 : 도형과 배경이 순간적으로 번갈아 보이면서 다른 형태로 지각되는 심리

그림. 루빈의 항아리

6 질감(texture)

① 정의 : 모든 물체가 갖고 있는 표면상의 특징으로 시각적이나 촉각적으로 지각되는 물체의 재질감을 말한다.

② 질감의 특징

㉠ 매끄러운 질감은 거친 질감에 비해 빛을 반사하는 특성이 있고 거친 질감은 반대로 흡수하는 특성을 갖는다.

㉡ 질감의 성격에 따라 공간의 통일성을 살릴 수도 있고 파괴시킬 수도 있으므로 공간에서의 영향력이 있으며, 재료의 질감대비를 통해 실내공간의 변화와 다양성을 꾀할 수 있다.

㉢ 목재와 같은 자연 재료의 질감은 따뜻함과 친근감을 부여한다.

③ 질감 선택시 고려해야 할 사항

스케일, 빛의 반사와 흡수, 촉감 등의 요소가 중요하다.

7 문양

① 정의 : 2차원보다 3차원적인 장식의 질서를 부여하는 배열로서 공간의 성격이나 스케일에 맞도록 구성한다.

② 문양의 특징

㉠ 문양은 일반적으로 연속성을 살린 것이 많다.

㉡ 규모가 크든, 작든, 추상적이든 간에 운동감을 지닌다.

③ 문양을 선정하는 모티브(motiv)에는 자연적인 것, 양식화된 것, 추상적인 것 등이 있으며, 문양의 패턴을 선정하는데 문제시 된다.

8 공간(space)과 동선

[1] 공간

① 공간은 점, 선, 면들의 구성으로 이루어지며, 모든 물체의 안쪽을 말한다.

② 공간은 규칙적 형태와 불규칙 형태로 분류된다.

③ 공간의 분할

㉠ 차단적 구획 : 칸막이 등으로 수평·수직 방향으로 분리

㉡ 심리적 구획 : 가구, 기둥, 식물 같은 실내 구성요소로 가변적으로 분할

㉢ 지각적 구획 : 조명, 마감 재료의 변화, 통로나 복도공간 등의 공간 형태의 변화로 분할

[2] 동선

사람이나 물건이 움직인 궤적을 선으로 나타낸 것을 동선이라 한다.

(1) 동선의 3요소 : 속도, 빈도, 하중

① 동선은 속도, 빈도, 하중의 3요소를 가지며, 이들 요소의 정도에 따라 거리의 장단, 폭의 대소가 결정되어진다.

② 실내공간 평면계획에서 가장 우선 고려해야 할 사항은 공간의 동선계획이다.

③ 동선은 대체로 짧고 직선적이어야 능률적이라 볼 수 있는데 상점, 백화점 건축과 같은 경우는 예외적으로 고객의 동선을 길게 유도하여 매장의 진열효과를 높인다.

(2) 동선의 원칙

① 동선은 가능한 한 굵고 짧게 한다.

② 동선의 형은 가능한 한 단순하며 명쾌하게 한다.

③ 서로 다른 종류의 동선은 가능한 한 분리하고 필요 이상의 교차는 피한다.

④ 동선내 공간이 확보되어야 한다.

⑤ 동선의 유형은 직선형, 방사형, 격자형, 혼합형 등으로 분류할 수 있다.

㉠ 직선형 : 경과 시간이 짧은 단거리로 연결된다.

㉡ 방사형 : 중심에서 바깥쪽으로 회전하면서 연결한다.

㉢ 격자형 : 정방형 형태가 간격을 두고 반복된다.

㉣ 혼합형 : 여러 가지 형태가 종합적으로 구성되며, 통로 간에 위계질서를 갖도록 계획한다.

[3] 모듈(Module)

절대적 수치가 아닌 계획자에 의해 편리상 정해지는 상대적이고 구체적인 단위이다.

section 3 디자인의 원리

1 통일

① 디자인 대상의 전체 중 각 부분, 각 요소의 여러 다른 점을 정리해 관계를 맺으면서 미적 질서를 부여하는 기본 원리로서 디자인의 가장 중요한 속성이다.

② 변화를 원심적 활동이라 한다면, 통일은 구심적 활동이라 할 수 있다.

③ 대비인 통일과 변화는 상반되는 성질을 지니고 있으면서도 서로 긴밀한 유기적 관계를 유지한다.

2 조화(harmony)

① 정의

2개 이상의 디자인 요소, 공간 형태, 선, 면, 재질, 색채, 광선 등 부분과 부분 및 부분과 전체의 서로 다른 성질이 한 공간내에서 결합될 때 상호관계에 있어서 공통성과 함께 이질성이 동시에 존재하고 아울러 감각적으로 융합해 상승된 미적현상을 발생시키는 것이다.

② 조화의 종류

㉮ 단순조화(유사조화)

㉠ 형식적, 외형적으로 시각적인 동일한 요소의 조합에 의해 생기는 것

㉡ 온화하며 부드럽고 여성적인 안정감이 있으나 도가 지나치면 단조롭게 되며 신선함을 상실할 우려가 있다.

㉢ 통일과 변화에 있어 통일의 개념에 가깝다.

㉯ 대비조화(복합조화)

㉠ 질적, 양적으로 서로 전혀 다른 2개의 요소가 편성되었을 때 서로 다른 반대성에 의해 미적 효과를 자아내는 것

㉡ 강함, 화려함, 남성적이나 지나치게 큰 대비는 난잡하며, 혼란스럽고 공간의 통일성을 방해할 우려가 있다.

㉢ 동적 효과를 가진 변화의 개념에 가깝다.

3 대비

① 정의 : 2개 이상의 서로 성질이 다른 것이 동시에 공간에 배열될 때 조화의 반대현상으로 비교되고 서로의 상반되는 성질을 강조함으로써 다른 특징을 한층 돋보이게 하는 현상이다.

② 특성

㉠ 상반되는 요소가 인접될수록 대비효과는 커진다.

㉡ 디자인에서는 절대적 통일성이 필요하나 대비를 통해서 강력함, 남성적인 성격을 갖게 된다.
㉢ 조형 요소로서의 대비 개념에는 직선과 곡선, 대소, 장단, 무거움과 가벼움, 딱딱함과 부드러움, 투명과 불투명 등이 있다.

4 균형

① 정의
㉠ 2개의 디자인 요소의 상호작용이 중심점에서 역학적으로 평행을 가졌을 때를 말한다.
㉡ 균형이란 서로 반대되는 힘의 평형상태를 말한다.
㉢ 균형이란 시각적 무게의 평형상태로 실내에서 감지되는 시각적 무게의 균형을 말한다.

② 균형의 원리
㉠ 기하학적 형태는 불규칙한 형태보다 가볍게 느껴진다.
㉡ 작은 것은 큰 것보다 가볍게 느껴진다.
㉢ 부드럽고 단순한 것은 거칠거나 복잡하고 거친 것보다 가볍게 느껴진다.
㉣ 사선은 수직, 수평선보다 가볍게 느껴진다.

③ 균형의 분류
㉮ 대칭 균형
㉠ 정형균형이라고도 한다.
㉡ 통일감을 얻기 쉽고 때로는 표현효과가 단순하므로 딱딱한 형태감을 준다.
㉢ 딱딱하고 기계적이다.(단순함, 안정감, 엄숙함, 종교적)
㉣ 은행, 법정, 성당, 기념물(파르테논 신전, 노틀담 사원, 타지마할 메디치 분묘)

㉯ 비대칭 균형
㉠ 비정형 균형, 신비의 균형 혹은 능동의 균형이라고도 한다.
㉡ 대칭 균형보다 자연스럽다.
㉢ 균형의 중심점으로부터 양측은 가능한 모든 배열로 다르게 배치된다.
㉣ 시각적인 결합에 의해 동적인 안정감과 변화가 풍부한 개성있는 형태를 준다.
㉤ 물리적으로는 불균형이지만 시각상으로는 균형을 이루는 것으로 흥미로움을 주며 율동감, 약진감이 있다.
㉥ 현대 건축, 현대 미술

㉰ 방사상 균형
둘 이상의 대칭축이 점을 중심으로 등각을 형성한 것으로 디자인 요소가 공통된 중심축에서 주변을 향하여 규칙적인 방사상 또는 환상으로 퍼져나가는 것

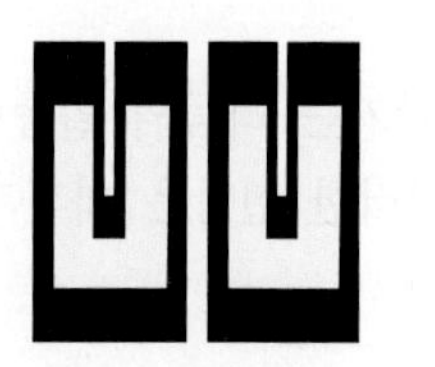

(a) 대칭 균형

(b) 비대칭 균형

(c) 방사 균형

5 리듬(rhythm)

① 정의

㉠ 균형이 잡힌 후에 나타나는 선, 색, 형태 등의 규칙적인 요소들의 반복으로 통일화 원리의 하나인 통제된 운동감을 말한다.

㉡ 리듬은 음악적 감각인 청각적 원리를 시각적으로 표현하는 것으로 리듬의 원리는 반복, 점이, 대립, 변이, 방사로 이루어진다.

② 리듬의 원리

㉠ 반복 : 동일한 형태, 색채, 문양, 질감 등의 요소는 단일로 해서 2개 이상 배열 되풀이 되므로써 통일된 질서의 미와 연속성, 리듬감이 생긴다. 리듬의 원리 중 반복이 가장 큰 원리이다.

[예] 실내 바닥재의 패턴깔기, 벽체에서의 질감의 변화

㉡ 점진(점이 : gradation)

㉮ 점진은 반복보다 동적인 것으로서 하나의 성질이 증가 또는 감소됨으로써 나타나는 형태의 크기, 방향, 색상 등의 점차적인 변화로 생기는 리듬으로서 효과적이고 극적, 독창적으로 구사할 수 있다.

㉯ 점진이란 서로가 대조되는 양극단이 유사하거나 조화를 이루 스텝의 일련으로서 연결된 하나의 계속된 순서를 말한다. 그러므로 대조와 조화의 특수한 조합이라 할 수 있다.

㉰ 점진은 반복의 경우보다도 희망적이며 경험에 의한 미래를 추측할 수 있으며, 시간의 흐름을 눈으로 지각할 수 있고 4차원적이라 할 수 있다.

㉢ 대립(opposition)

갑작스러운 변화를 줌으로써 상반된 분위기를 조성하도록 형태가 사각형에서 원형으로, 색상이 빨간색에서 초록색으로 배치하는 것이며 이 때의 리듬은 자극적이고 혼란을 초래하기도 한다.

㉣ 변이(transition)

변이는 삼각형에서 사각형으로, 검정색이 빨강색으로 변화하는 현상으로 상반된 분위기 조성이 되도록 형태나 색상을 배치하는 것으로 대조라고도 한다. 늘어진 커튼, 둥근 의자 등에서 볼 수 있다.

㉤ 방사(radiation)

방사는 중심점에서 주위를 향하여 선이 퍼져 나가는 리듬의 일종이다. 잔잔한 물에 돌을 던지면 생기는 물결 현상이다. 이러한 현상은 화환과 같은 장식품이나 바닥의 패턴 등에서 쉽게 볼 수 있다.

6 강조

① 디자인 일부에 주어지는 초점이나 의도적인 변화로서 시각적으로 중요한 것과 그렇지 않은 것을 구별하는 것을 말한다.

② 균형과 리듬이 만들어지는 과정에서 강조가 필요하므로 강조는 균형과 리듬의 기초가 된다.

③ 관점에 따른 분류

㉠ 절대적 강조 : 강하게 시선을 이끄는 장식품, 벽난로

㉡ 지배적 강조 : 초점의 중심 지역 주변에 가구와 시선을 유지시키는 것

㉢ 보조적 강조 : 프라이버시 확보를 위해 커튼, 칸막이를 치는 것 같이 보조적인 소규모의 가구 집단

㉣ 강조의 종속 : 쉽게 눈에 띄지 않으면서 배경을 돋보이게 하는 장식물

7 스케일(scale)

① 스케일은 라틴어에서 유래된 것으로 도구를 나타내는 것, 즉 계단, 사다리를 뜻하는 고어이다.

② 가구・실내・건축물 등 물체와 인체와의 관계 및 물체 상호간의 관계를 말한다. 이때 물체 상호간에는 서로 같은 비율로 규정되어야 한다.

③ 스케일은 디자인이 적용되는 공간에서 인간과 공간 내의 사물과의 종합적인 연관을 고려하는 공간관계 형성의 측정 기준으로 쾌적한 활동 반경의 측정에 두어야 한다.

④ 휴먼스케일(human scale)은 인간의 신체를 기준으로 파악하고 측정되는 척도 기준이다.

⑤ 생활 속의 모든 스케일 개념은 인간 중심으로 결정되어야 한다. 휴먼스케일이 잘 적용된 실내는 안정되고 안락한 느낌을 준다.

8 비례

① 피보나치(Fibonacci)의 수열

0, 1, 1, 2, 3, 5, 8, 13, 21, 34 ······과 같은 이 각 항은 그 전에 있는 2개 항의 합한 수가 된다. 이를 피보나치 급수라 한다.

② 황금비(golden section, 황금분할)

고대 그리스인들의 창안으로서 선이나 면적을 나누었을 때 작은 부분과 큰 부분의 비율이 큰 부분과 전체에 대한 비율과 동일하게 되는 기하학적 분할 방식으로 1 : 1.618의 비율을 갖는 가장 균형잡힌 비례이다.

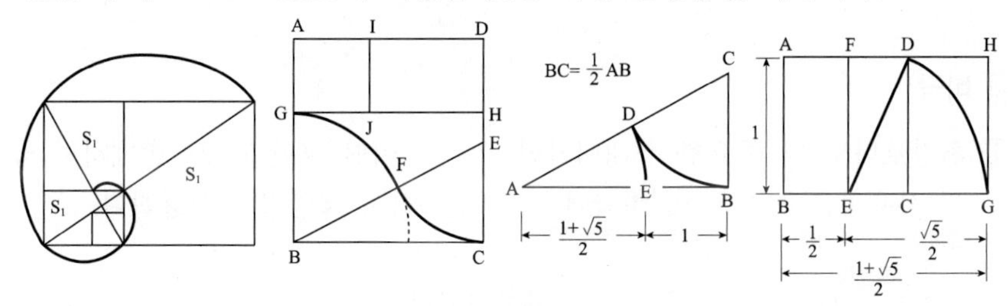

그림. 황금비

③ 르 모듈로(Le modulor)

㉠ 휴먼 스케일을 디자인 원리로 사용한 르 꼬르뷔제(Le Corbusier)는 "Modulor"라는 설계단위를 설정하고 Module을 인체척도(human scale)에 관련시켜 형태비례에 대한 학설을 주장하고 실천하였다.

㉡ 인체의 수직 치수를 기본으로 해서 황금비를 적용, 전개하고 여기서 등차적 배수를 더한 것으로서 인체 각 부위의 비례에 바탕을 둔 치수 계열

㉢ Le Modulor를 적용한 첫 작품 : 마르세이유의 주택 단지

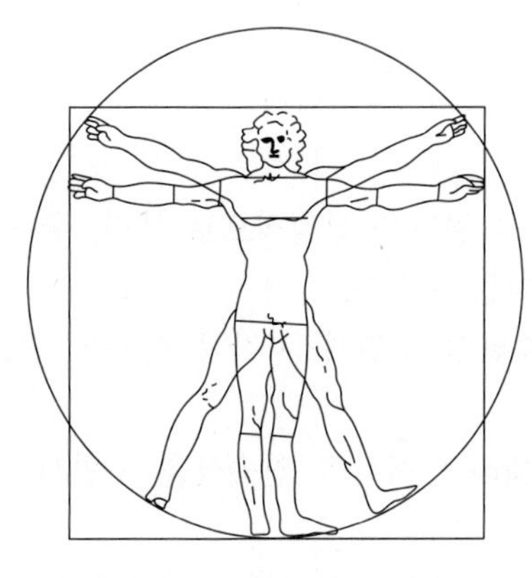

(a) 인간 신체의 이상적 자세

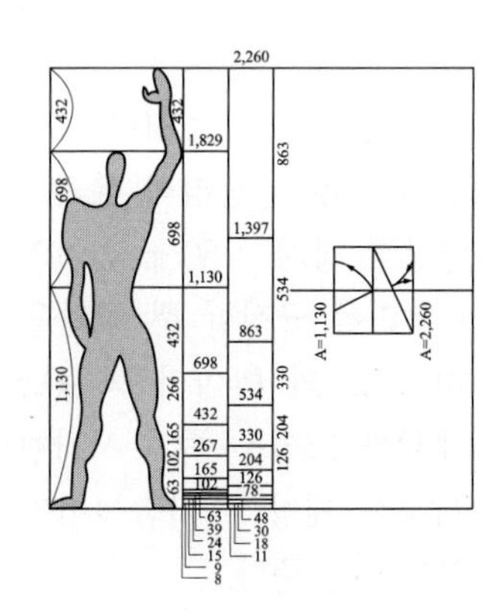

(b) 모듈로

그림. 인간척도

section 4 실내디자인의 요소

1 실내공간의 요소

1차적 요소(고정적 요소) : 천장, 벽, 바닥, 기둥, 개구부, 통로, 실내환경시스템
2차적 요소(가동적 요소) : 가구, 조명, 악세사리
3차적 요소(심리적 요소) : 색채, 질감, 직물, 문양, 형태, 전시

2 바닥

① 천장보다도 더 중요한 실내디자인 요소로 어떤 공간에서도 존재하며 공간을 사용하는 사람은 이 바닥과 직접 접촉하며 끊임없이 사용한다.
② 기능
㉠ 외부로부터 차가움과 습기를 차단시킨다.
㉡ 사람의 보행과 가구를 놓을 수 있도록 수평면을 제공한다.
㉢ 벽이 없이도 공간을 분리시킬 수 있으며, 동선을 유도한다.
㉣ 공간의 기초가 되므로 바닥의 디자인은 물리적, 시각적으로 전체 디자인에 영향을 준다.

3 벽(wall)

① 벽(wall)의 기능
㉠ 벽(wall)은 공간의 형태와 크기를 결정하고 프라이버시의 확보, 외부로부터의 방어, 공간사이의 구분, 동선이나 공기의 움직임을 제어할 수 있는 기능을 가진다.
㉡ 색, 패턴, 질감, 조명 등에 의해 분위기가 조절된다.
② 벽높이에 따른 심리적 효과
㉠ 상징적 경계 - 60㎝ 높이의 벽 : 두 공간을 상징적으로 분리, 구분한다. 모서리를 규정할 뿐 공간을 감싸지는 못한다.
㉡ 허리정도의 높이의 벽(90㎝) : 주위의 공간과 시각적 연결은 약화되고 에워싼 느낌을 주기 시작한다.
㉢ 시각적 개방 - 가슴높이의 벽(1.2m) : 시각적 연속성을 주면서 감싸인 분위기를 준다.
㉣ 눈높이의 벽(1.5m) : 한 공간이 다른 공간과 분할되기 시작한다.
㉤ 시각적 차단 - 키를 넘는 높이(1.8m) : 공간의 영역이 완전히 차단된다. 프라이버시가 좋으며 한 공간의 성격을 규정한다.

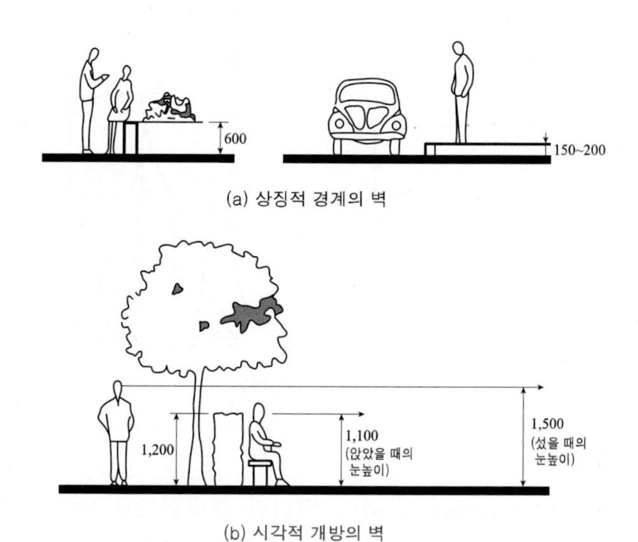

(a) 상징적 경계의 벽

(b) 시각적 개방의 벽

4 커튼(Curtain)에 관한 용어

① 글래스 커튼(Glass curtain) : 유리 바로 앞에 하는 투명하고 막과 같은 얇은 직물로 된 커튼으로 실내에 들러오는 빛을 부드럽게 하며 약간의 프라이버시를 제공한다.

② 드레퍼리 커튼(Draperies curtain) : 창문에 느슨히 걸린 우거진 커튼으로 모든 커튼의 통칭

③ 드로 커튼(Draw curtain) : 가로창대에 설치하는 커튼으로 글래스 커튼보다 무거운 재질의 직물로 처리한다.

④ 새시 커튼(Sash curtain) : 글래스 커튼을 줄인 형태로 창문 반정도만 친 형태이다.

⑤ 레이스 커튼(Lace curtain) : 보통 이중 커튼으로 많이 사용된다.

⑥ 코니스(Cornice) : 커튼이 걸리는 장대와 커튼틀을 감추기 위한 고정띠

⑦ 밸런스(Balance) : 코니스와 같은 기능을 하지만 보다 주름을 많이 넣은 것

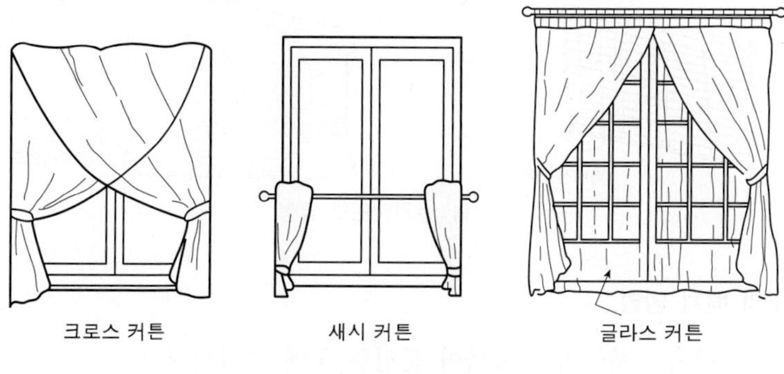

그림. 커튼의 유형

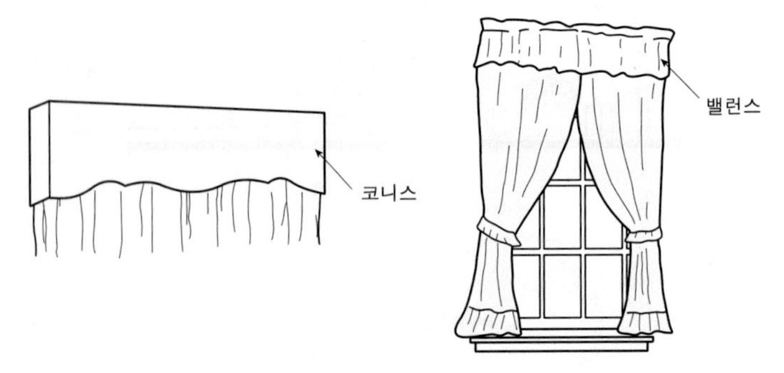

그림. 코니스와 밸런스

5 블라인드의 종류

① 수직형 블라인드(vertical blind) : 버티컬 블라인드로 날개가 세로로 하여 180°회전하는 홀더 체인으로 연결되어 있으며 좌우 개폐가 가능하다.
② 베니션 블라인드(Venetian blind) : 수평 블라인드로 안정감을 줄 수 있으나 날개 사이에 먼지가 쌓이기 쉽다.
③ 롤 블라인드(roll blind) : 셰이드라고도 하며 단순하고 깔끔한 느낌을 준다.
④ 로만 블라인드(roman blind) : 천의 내부에 설치된 풀 코드나 체인에 의해 당겨져 아래가 접히면서 올라간다.

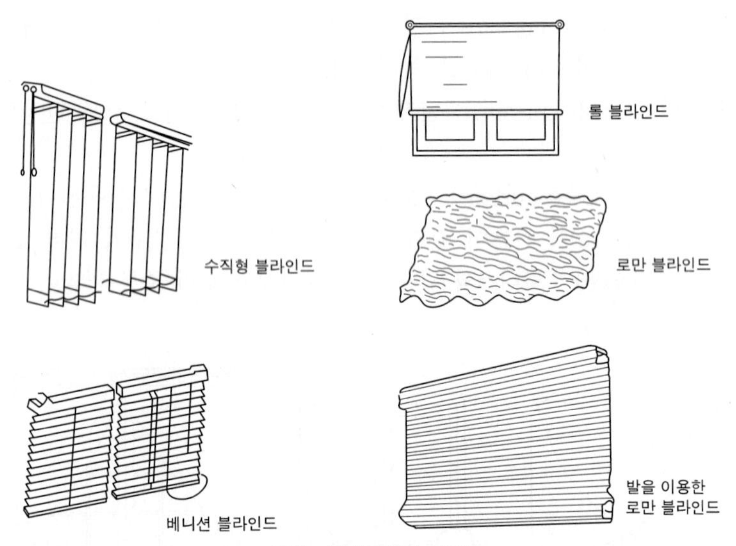

그림. 블라인드의 유형

6 가구의 배치 방법

① 집중적 배치 : 행동이나 목적이 분명한 곳에 적당하다.
침실, 식당이 적당하나 정돈된 분위기로 인해 딱딱한 느낌을 준다.

② 분산적 배치 : 자유로운 공간에 적당하다.
거실과 같은 곳이 적당하며 편안한 느낌을 주나 자칫하면 혼란스러운 느낌을 준다.

7 인체공학적 입장에 따른 가구의 분류

① 인체지지용 가구(인체계 가구, 휴식용 가구) : 의자, 소파, 침대, 스툴(stool)
② 작업용 가구(준인체계 가구) : 테이블, 책상, 작업용 의자
③ 수납용 가구(건물계 가구) : 벽장, 선반, 서랍장, 붙박이장

8 가구의 이동에 따른 분류

① 가동(이동) 가구 : 자유로이 움직일 수 있는 단일가구로 현대 가구의 주종을 이룬다.
② 붙박이 가구(built-in furniture) : 건물에 짜 맞추어 건물과 일체화하여 만든 가구로 가구배치의 혼란을 없애고 공간을 최대한 활용할 수 있다.
③ 모듈로 가구(modulor furniture) : 이동식이면서 시스템화되어 공간의 낭비없이 더 크게 더 작게도 조립할 수 있다. 붙박이가구 + 가동가구로서 가동성, 적응성의 편리 점이 있다.
※ 붙박이 가구 디자인 계획시 고려해야 할 사항
① 크기와 비례의 조화
② 기능의 편리성
③ 실내마감재로서의 조화

9 가구용어해설

가구는 인테리어의 공간을 구성하는데 가장 중요한 요소의 하나이다. 인간의 생활을 기능적으로 성립시킬 뿐 아니라 의장면에서도 그 역할이 크므로 가구의 형태나 소재 뿐 아니라, 크기나 배치에 의해 방의 분위기는 크게 달라진다.

① 라운지 체어(Lounge chair) : 안락의자, 응접의자로서 한쪽 팔걸이를 다른 쪽보다 높게 디자인하여 머리 받침대로 쓰며, 종류에 따라 등받이가 없는 것도 있으며 기대기, 흔들거리기, 회전등의 여러 가지 행위에 사용될 수 있다.
② 이지 체어(Easy chair) : 라운지 체어와 비슷하나 크기가 작으며 기계장치가 없다.
③ 윙 체어(Wing chair) : 17C 말엽에 도입된 이래 계속 다양한 형태로 변화하였으며, 특수한 형태의 안락의자로 널리 이용되고 있다. 높은 등받이와 여기 붙은 날개에 의해 머리와 어깨 부분이 받쳐지고 보호된다.

④ 풀업 체어(pull-up chair) : 필요에 따라 이동시켜 사용할 수 있는 간이 의자로서 일반적으로 벤치라 하며 그리 크지도 않으며 가벼운 느낌을 주는 형태를 갖는다. 이 의자는 잡기 편해야 하고 들어올리기에 편해야 하며, 이리 저리 옮기므로 튼튼해야 한다.

⑤ 다이닝 체어(Dining chair) : 식탁의자

⑥ 오토만(Ottoman) : 등받이나 팔걸이가 없이 천으로 씌운 낮은 의자로 발을 올려 놓는데 사용되는 의자로서 18C 터키 오토만 왕조에서 유래하였다.

⑦ 카우치(couch) : 몸을 기댈 수 있도록 좌판 한쪽 끝이 올라간 침대, 소파 겸용의 침대 소파(bed sofa)이다.

⑧ 플러오 쿠션(Floor cushion) : 바닥 위에 놓아 쓰는 푹신푹신한 방석(바닥 쿠션)

그림. 소파의 유형

그림. 의자의 유형

10 조명의 4요소

① 명도(명암 내지 휘도)

② 대비

③ 크기(물체의 크기와 시거리로 정하는 시각의 대소)

④ 움직임(노출시간)

11 조명에 대한 기초 사항

① 광속 : 어떤 면을 통과하는 빛의 양 (lumen, lm)
② 광도 : 단위 입체각 속을 지나는 빛의 세기, 광의 강도 (candela, cd)
③ 조도 : 단위면적 위에 입사하는 빛의 양, 장소의 명도 (lux, lx)
④ 휘도 : 작업 면의 밝기, 광원 표면의 밝기, 반짝임(nit, abs)
⑤ 광속발산도 : 어떤 물체의 표면으로부터 방사되는 광속밀도, 물체의 명도(radlux, rlx)

※ 연색성 : 광원에 의해 조명되어 나타나는 물체의 색을 연색이라 하고, 태양광(주광)을 기준으로 하여 어느 정도 주광과 비슷한 색상을 연출을 할 수 있는가를 나타내는 지표를 연색성이라 한다. 백열전구나 메탈 할라이트등은 연색성이 좋다.

※ 글레어(galre) : 눈부심(현휘) 현상

12 조명 설계순서

소요조도의 결정 - 전등의 종류 결정 - 조명방식과 조명기구 선정 - 광속계산 - 조명기구 배치

※ 실내 조명 설계시 가장 우선적으로 고려해야 할 사항 소요조도의 결정의 결정이다.

13 기구에 의한 조명

① 매입형 : 천장이 2중으로 되어 그 사이 공간에 조명 기구를 매입시키는 것으로 다운라이트(down light)라고도 한다.
② 직부형 : 조명 기구를 천장면에 직접 부착시키는 조명방식으로 천장등으로 불리우며, 가장 많이 사용되는 조명기구이다.
③ 브라켓(bracket)벽부형 : 조명기구를 벽에 설치하는 것으로 벽부형이라고도 한다.
④ 펜던트(pendant) : 파이프나 와이어에 달아 천장에 매단 조명 방식이다.
⑤ 이동 조명 기구 : 조명 기구를 필요에 따라 자유로이 이동시키는 것(테이블 스탠드 램프, 플로어 스탠드 램프)

14 건축화 조명

천장, 벽, 기둥 등 건축 부분에 광원을 만들어 실내를 조명하는 것을 말한다.

① 다운 라이트(down light) : 천장에 작은 구멍을 뚫어 그 속에 기구를 매입한 방식이다.
② 루버 천장 조명 : 천장면에 루버를 설치하고 그 속에 광원을 배치하는 방법으로 루버의 재질은 금속, 플라스틱, 목재 등이 있다.

③ 코브 라이트 조명 : 광원을 천장 또는 벽면에 가리고 빛을 벽이나 천장에 반사시켜 간접조명으로 조명하는 방식이다.

④ 라인 라이트 조명 : 천장에 매립한 조명의 하나로 광원을 선형으로 배치하는 방법이다. 형광등 조명으로 가장 높은 조도를 얻을 수 있다.

⑤ 광천장 조명 : 확산투과선 플라스틱 판이나 루버로 천장을 마감하여 그 속에 전등을 넣은 방법이다. 그림자 없는 쾌적한 빛을 얻을 수 있다. 마감재료의 설치방법에 변화있는 인테리어 분위기를 연출할 수 있다.

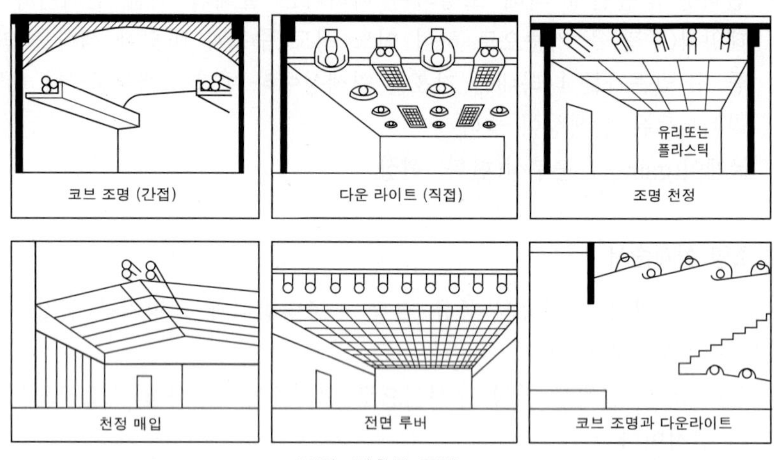

그림. 건축화 조명

15 조명 연출 기법

① 강조(high lighting)기법

㉠ 물체를 강조하거나 어느 한 부분에 주의를 집중시키고자 할 때 사용하는 기법

㉡ 보통 강조 조명은 배경 조명보다 5배 정도 밝기로 하여 사람의 주의를 끌어 인간의 행위를 결정한다.

㉢ 각도 조절이 가능한 매입 조명 기구나 스폿 라이트를 사용하며, 각도 조절은 0~35°가 적절하다.

② 빔플레이(beam play)기법

㉠ 광선 그 자체가 시각적인 특성을 지니게 하는 기법

㉡ 광선 그림자의 효과는 공간을 온화하고 생기있게 해준다.

㉢ 광선 조절용 액세서리를 조명 기구에 부착시키면 광선의 효과를 다양하게 변화시킬 수 있다.

③ 실루엣(silhouette)기법

㉠ 물체의 형상만을 강조하는 기법

ⓛ 시각적인 눈부심이 없고 물체의 형상이 강조되나 물체 표면의 상세한 묘사를 할 수 없다. 그러나 이러한 공간은 친근하며 시적인 분위기를 자아내며 개개인의 내향적 행동을 유도한다.

④ 글레이징(glazing) 기법
ⓐ 빛의 방향 변화에 따라 시각적인 느낌은 달라진다. 즉 빛의 각도를 이용하는 방법으로 수직면과 평행한 광선을 벽에 비추는 기법
ⓛ 벽면 마감 재료의 재질감을 강조시킨다.
ⓒ 거칠은 나무, 벽돌, 콘크리트 등 질감이 강한 재료에 효과적이다.

⑤ 스파클(sparkle) 기법
ⓐ 어두운 배경에서 광원 자체의 흥미로운 반짝임을 이용하여 스파클을 연출하는 기법
ⓛ 파티나 연회의 장소에 적합하나 눈이 피곤하여 불쾌감을 줄 수 있다.
ⓒ 공간의 경계 또는 표면을 강조하거나 장식할 때도 사용된다.

⑥ 월 워싱(wall washing) 기법 : 수직벽면을 빛으로 쓸어 내리는 듯한 효과를 주기 위해 비대칭 배광방식의 조명기구를 사용하여, 수직벽면에 균일한 조도의 빛을 비추는 기법으로, 공간확대의 느낌과 공간 내의 한쪽면에 주의를 집중시켜 공간에서 초점으로 작용하도록 하는 조명 연출기법
ⓐ 비대칭 배광 방식의 조명 기구를 사용하여 수직 벽면에 균일한 조도의 빛을 비추는 기법
ⓛ 시각적으로 공간 확대의 느낌을 주며, 주의를 집중시켜 방향성을 준다.
ⓒ 바닥이나 천장에서의 워싱 효과를 플로어 워싱(floor washing), 실링 워싱(ceiling washing)이라 한다.

⑦ 그림자 연출(shadow play) 기법
ⓐ 빛과 그림자의 효과가 시각 경험의 매력적인 요소이기에 그림자를 이용하는 기법
ⓛ 빛에 의해 생기는 그림자의 형태는 시각적 메시지를 전달할 수 있다.

⑧ 후광조명(back lighting) 기법
ⓐ 빛은 아크릴, 스테인드 글라스와 같이 반투명 재료를 통과하게 하여 배면의 빛을 확산시키는 방법
ⓛ 강조 부분이나 색이 어둡거나 투명한 상품의 배경 조명으로 효과적이며, 광천장 조명이나 광창 조명에 적합하다.

⑨ 상향광(up loghting) 기법
ⓐ 윗부분을 강조하고자 할 때 상향광을 이용하는 기법
ⓛ 낭만적이고 은은한 느낌의 공간 분위기를 자아낸다.

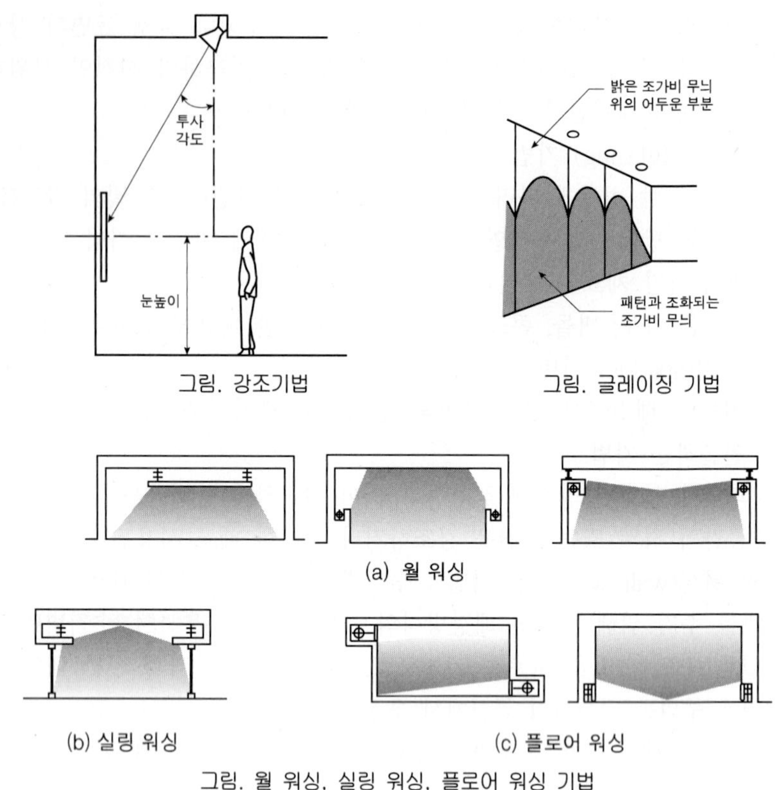

그림. 강조기법

그림. 글레이징 기법

(a) 월 워싱

(b) 실링 워싱

(c) 플로어 워싱

그림. 월 워싱, 실링 워싱, 플로어 워싱 기법

16 아트리움(Atrium)

고대 로마 주택에서 가운데가 뚫린 지붕 아래에 빗물이나 물을 받기 위한 사각 웅덩이가 있는 중정을 아트리움이라 칭한다.
초기 기독교 교회 정면에서 이어진 주랑이 사면에 있고 중앙에 세정식을 위한 분수가 있는 앞마당으로 근래에 와서는 최근에 지어진 호텔, 사무실 건물, 또는 기타 대형 건물 등에서 볼 수 있는 유리로 지붕이 덮여진 실내 공간을 일컫는 용어로 사용되고 있다.

17 가시성의 결정요소

① 대상물의 크기
② 대상물의 밝기
③ 주변과의 대비 상태
④ 시각 속도(사물을 보는 속도)
⑤ 주시 시간(사물을 보는 시간)
※ 가시성이란 대상물의 존재 혹은 형상을 알아보기 좋은 정도를 말한다.

18 장식물의 종류

① 실용적(기능적)인 것 : 꽃꽂이 용구, 가전제품류, 조명기구류, 담배세트, 스크린 등
② 장식적인 것 : 조각, 벽걸이, 자수류, 화초류, 화환류, 골동·공예품, 시각 인쇄물 등
③ 기념비적인 것 : 상패, 트로피, 메달, 박제류, 탁본 등
④ 기호적인 것 : 조화, 생화, 수석, 어항, 테라리움 등

section 5 실내계획

1 실내디자인 프로세스를 도식화한 전개과정

문제점 인식 - 아이디어 수집 - 아이디어 정선 - 분석 - 결정 - 실행

2 실내계획 프로세스

기획단계(조건파악) - 기본계획 - 기본설계 - 실시설계
* 상업공간 실내계획 프로세스의 기획단계(조건파악)
① 입지적 특성(주변환경 여건 조사)
② 시장 조사
③ 상품의 특성과 구성(효용성 조사)
④ 관리경영적 측면의 파악
⑤ 대상고객에 대한 분석(대상고객의 소비패턴 조사)
※ 기획자료검토 - 기본계획 - 프리젠테이션 - 기본설계 - 실시설계를 위한 리포트 - 실시설계

3 실내디자인의 프로세스

① 조건설정 : 공간의 필요치수, 동선, 공간의 성격 등을 파악하는 단계
② 개요설계 : 조건설정에서 정해진 여러 조건 등의 대략의 개요(out line)를 잡는 단계
③ 기본설계 : 평면도, 입면도, 천장도와 같은 기본도면을 그리는 단계
④ 실시설계 : 기본설계를 토대로 시공이 가능하도록 세부적인 디테일 도면까지 그리는 단계
⑤ 감리설계 : 도면대로 시공이 되고 있는지를 감시, 감독하는 단계
* 실내디자인 진행과정에서 조건설정의 요소
㉠ 고객(client)의 요구사항
㉡ 기존공간의 제한사항 및 주변환경
㉢ 고객(client)의 예산
㉣ 공사의 시기 및 기간
※ 조건설정단계에서는 공간의 성격 파악, 동선처리, 치수계획 등 기능적인 요구조건 등이 중요한 판단기준이 된다.

4 거주후 평가(P.O.E : Post Occupancy Evaluation)

① 개념 : 거주후 평가란 건축물이 완공된 후 사용중인 건축물이 본래의 기능을 제대로 수행하고 있는지의 여부를 인터뷰, 현지답사, 관찰 및 기타 방법들을 이용하여 거주후 사용자들의 반응을 진단·연구하는 과정을 말한다.

② 목적

㉠ 유사 건물의 건축계획에 직접적인 지침이 된다.

㉡ 앞으로의 건축계획 및 평가에 필요한 정보를 제공한다.

㉢ 후에 건물을 개조할 때 좋은 지침이 된다.

③ 평가요소

㉠ 환경장치 ㉡ 사용자 ㉢ 주변환경 ㉣ 디자인활동

5 계획조건 작용요소

① 외부적 작용요소 : 입지적 조건, 설비적 조건, 건축적 조건(용도 법적인 규정)

② 내부적 작용요소 : 계획의 목적, 공간의 규모나 분위기에 대한 요구사항, 의뢰인(client)의 예상되는 공사예산 등

6 프로그래밍(programming)와 디자인 단계

① 프로그래밍(programming) 단계

㉠ 목표설정 ㉡ 조사 ㉢ 분석 ㉣ 종합 ㉤ 결정

② 디자인 단계

㉠ 디자인의 개념 및 방향설정

㉡ 아이디어의 시각화

㉢ 대안의 설정 및 평가

㉣ 최종안의 결정

7 프로그래밍(programming) 단계

① 목표설정 : 문제 정의

② 조사

㉠ 문제의 조사

㉡ 자료의 수집

㉢ 예비적 아이디어의 수집

③ 분석

㉠ 자료의 분류와 통합

㉡ 정보의 해석

㉢ 상관성의 체계 분석

④ 종합

㉠ 부분적 해결안의 작성

㉡ 복합적 해결안의 작성

㉢ 창조적 사고

⑤ 결정 : 합리적 해결안의 결정

8 시스템 디자인(System design)

① 시스템가구 : 모듈러계획의 일종으로 대량생산이 용이하고 시공기간단축 및 공사비절감의 효과를 가질 수 있는 가구
② 서비스 코어 시스템(service core system) : 주방, 화장실, 욕실 등의 배관을 한곳에 집중배치하여 코어로 만드는 시스템으로 설비비가 절약이 된다.
③ 시스템키친(system kitchen) : 주부의 동선을 고려하여 가구의 크기 및 형태 등을 통합하는 작업

9 실내공간의 치수계획

① 규모에 따른 치수산정은 인체치수를 기본으로 하되 인간의 생리적, 심리적 측면을 고려한다.
② 치수계획은 생활과 물품, 공간과의 적정한 상호관계를 만족시키는 치수체계를 구하는 과정이다.
③ 치수계획은 인간의 심리적, 정서적 반응을 유발시킨다.
④ 최적치수를 구하는 방법으로는 α를 조정치수라 할 때, 최소치 $+\alpha$, 최대치 $-\alpha$, 목표치 $\pm\alpha$가 있다.
⑤ 면적이나 형태는 사용 방법에 영향을 미치므로 고려해야 한다.
⑥ 크기는 넓이뿐만 아니라 높이도 함께 고려해야 한다.
⑦ 복도의 치수는 통행자의 수와 보행 속도에 영향을 미친다.

10 르 꼬르뷔제(Le Corbusier)

① 르 꼬르뷔제(Le Corbusier)는 "Modulor"라는 설계단위를 설정하고 Module을 인체척도(human scale)에 관련시킨 건축가로서 형태비례에 대한 학설을 주장하고 실천하였다.
② 르 코르뷔제의 모듈로(Le modulor)
㉠ 인체의 수직 치수를 기본으로 해서 황금비를 적용, 전개하고 여기서 등차적 배수를 더한 것으로서 인체 각 부위의 비례에 바탕을 둔 치수 계열
㉡ modulor라는 설계 단위를 설정하고 실천(형태 비례에 대한 학설)
㉢ Le Modulor를 적용한 첫 작품 : 마르세이유의 주택 단지
㉣ 작품 : UN 본부 빌딩(Le Modulor 실제적으로 적용한 건축), 론샹 교회당

11 모듈(module)

① 설계와 시공을 연결시키는 치수시스템으로 실내와 가구분야까지 확장, 적용될 수 있다.
② 모듈 시스템을 적용하면 설계작업이 단순화되고, 건축 구성재의 대량생산이 용이해지고 생산단가가 저렴해지고, 현장작업이 단순하므로 공사기간을 단축할 수 있다.

③ 모듈이란 건축, 실내 가구의 디자인에서 종류 규모에 따라 계획자가 정하는 상대적 구체적인 기준의 단위, 즉 구성재의 크기를 정하기 위한 치수의 조직이다.

④ 근대적인 건축이나 디자인에 있어서 모듈의 단위는 르 꼬르뷔제가 황금비를 인체에 적용하여 만든 것이다.

[참고] module이 필요한 건축

- 집단주택 : 공동주택의 평면 및 각 부위의 치수(주택법의 주택건설기준)
- 사무소 : 기둥 간격, 작업책상 단위
- 백화점 : 기둥 간격
- 학교
- 도서관 : 서고 계획
- 병원 : 환자 침대 규격

12 모듈(module) 시스템

① 모듈(module) 시스템을 적용하면 설계작업이 단순화되고, 건축 구성재의 대량생산이 용이해지고 생산단가가 저렴해지고, 현장작업이 단순하므로 공사기간을 단축할 수 있다.

② 실내구성재의 위치, 설정이 용이하고 시공단계에서 조립 등의 현장작업이 단순해진다.

③ 기본 모듈이란 기본척도를 10㎝로 하고 이것을 1M으로 표시한 것을 말한다.

④ 공간구획시 평면상의 길이는 3M(30㎝)의 배수가 되도록 하는 것이 일반적이다.

13 모듈러 플래닝(MP ; modular planning)

모듈을 기본 척도로 하여 그리드 플랜(grid plan)을 적용하는 것으로 실의 크기와 가구의 배치 등에 모듈을 적합하게 이용한다.

14 건축의 척도 조정(M.C., Modular Coordination)

① 기본 사항

㉮ 건축 계획상, 생산상, 사용상의 편리한 치수의 통일이다.

㉯ M.C의 원리에 맞추어 설계하기 위해서는 건축 평면의 M.C화와 건축 단면의 M.C화로 분류해서 설정할 수 있다.

㉠ 우리 나라 지역성을 최대한 고려한다.

㉡ 건물의 종류에 따라 그 성격에 맞추어 계획 모듈을 정한다.

㉢ 가능한 국제적 M.C의 합의 사항에 맞도록 한다.

㉣ M.C화 되더라도 설계의 자유도를 높이도록 한다.

② 장·단점

㉮ 장점

㉠ 설계 작업이 단순화되므로 용이하다.

㉡ 건축 구성재의 다량 생산이 용이해지고, 생산 비용이 낮아질 수 있다.

㉢ 건축 구성재의 수송이나 취급이 편리해진다.

㉣ 현장 작업이 단순하므로 공사 기간이 단축될 수 있다.

㉤ 국제적인 M.C.를 사용하면 건축 구성재의 국제 교역이 용이해진다.

㉯ 단점

㉠ 건축물 형태에 있어서 창조성 및 인간성을 상실할 우려가 있다.

㉡ 동일한 형태가 집단을 이루는 경향이 있으므로 건물의 배치와 외관이 단순해지므로 배색에 신중을 기해야 한다.

15 기본 설계도 - 계획 설계를 바탕으로 어느 정도 상세하게 그린 도면

① 평면도 : 가장 기본이 되는 도면으로 공간과 공간과의 관계, 실의 배치 및 크기, 개구부의 위치 및 크기, 창문과 출입구의 구별, 동선 가구배치 등을 알 수 있는 도면이다.

② 입면도 : 건물의 외부와 내부를 수직적으로 절단하여 투상화시켜 나타낸 도면으로 정면도, 측면도, 배면도로 나누어진다.

③ 단면도 : 건물을 수직으로 절단한 모양을 나타낸 도면으로 천장의 반자부분과 바닥, 벽의 단면상태를 나타내어 건물의 내부구조를 보여 주는 도면이다.

④ 배치도 : 방위 및 경계선, 인접도로의 너비, 부지의 고저, 건축물의 위치 등을 나타낸다.

[참고]

㉮ 스크래치 스케치 : 표면을 긁어서 표현하는 스케치법으로 아이디어 스케치로는 부적당하다.

㉯ 러프 스케치 : 거칠고 간단하게 요약해서 표현하는 스케치법

㉰ 프리핸드 스케치 : 자를 대지 않고 손으로 그리는 스케치법

㉱ 프리젠테이션 모델 스케치 : 3차원 그리는 스케치법

16 실내디자인의 대상별 영역에 의한 분류

① 주거공간 디자인 : 개인과 가족생활을 위한 다양한 주택내부를 디자인 하는 영역

② 업무공간 디자인 : 기업체, 사무소, 오피스텔, 은행, 관공서 등의 실내를 디자인 하는 영역

③ 상업공간 디자인 : 호텔, 소매점, 백화점, 레스토랑 등의 실내를 디자인 하는 영역

④ 기념전시공간 디자인 : 박물관, 전시관, 미술관 등의 실내를 디자인 하는 영역
⑤ 특수공간 디자인 : 병원, 학교, 공장 등의 실내를 디자인 하는 영역

17 주거공간의 4요소

주거공간은 삶의 가장 기본 단위인 가정생활을 담는 그릇으로 인간생활의 기지가 되어야 하고, 쾌적한 주거환경과 재생산의 기지가 되도록 공간구성이 되어야 한다.

① 개인 공간　② 보건위생 공간
③ 사회 공간(공동공간)　④ 노동 공간

18 주거공간의 영역구분(zoning)

① 사용자의 범위(생활공간)에 따른 구분 - 단란, 개인, 가사노동, 보건・위생
② 공간의 사용시간(사용시간별)에 따른 구분 - 주간, 야간, 주・야간
③ 행동의 목적(주행동)에 따른 구분 - 주부, 주인, 아동
④ 행동반사에 따른 구분 - 정적공간, 동적공간, 완충공간

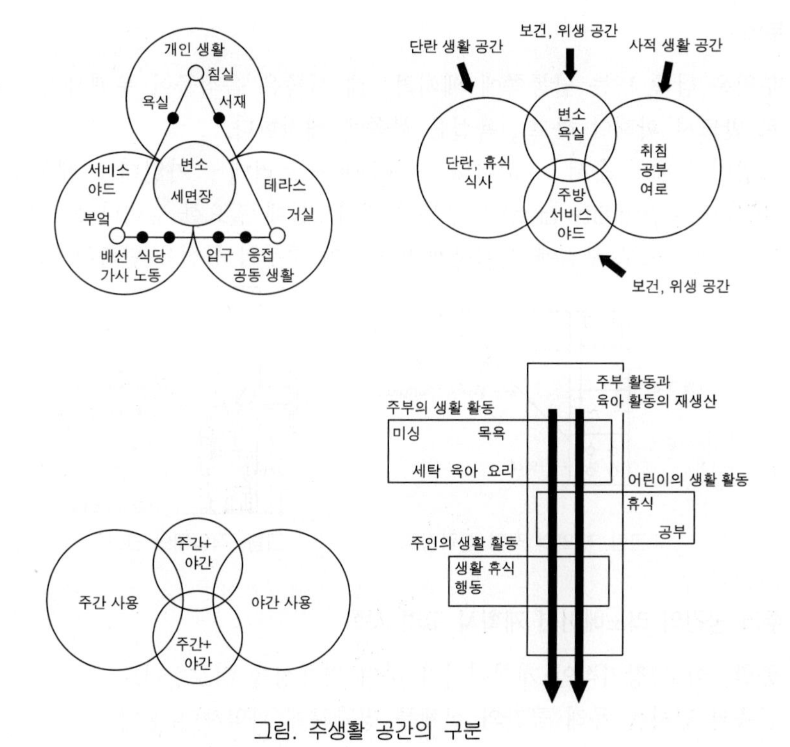

그림. 주생활 공간의 구분

19 주택의 기능별 공간계획

① 정적 공간 - 침실, 서재, 노인실
② 동적 공간 - 거실, 부엌, 식당, 현관
③ 생리적 공간
㉠ 수면 - 침실
㉡ 식사 - 식당, 부엌
㉢ 위생 - 욕실, 세면, 변소

20 침실

① 한식 침실의 가구는 부차적인 존재로 점유면적이 작고, 양식 침실의 가구는 중요한 내용물로 점유면적이 크다
② 한식 침실은 정적으로 소박하고 안정적이며, 양식 침실은 동적으로 화려하고 복잡하다.
③ 한식 침실의 용도는 혼용용도로 융통성이 크며, 양식 침실은 단일용도로 융통성이 적다.

21 부엌

① 부엌은 남쪽 또는 남동쪽에 배치하는데 서쪽은 음식물이 부패하기 쉬우므로 반드시 피해야 하고 , 욕실은 북쪽에 배치한다.
② 작업대의 배치 순서 : 준비대 - 개수대 - 조리대 - 가열대 - 배선대
※ 유틸리티공간(utility area)은 주부의 가사노동에 필요한 설비나 도구를 갖추어 놓은 방으로 부엌에 인접하게 배치하여 주부의 동선을 단축하게 한다.

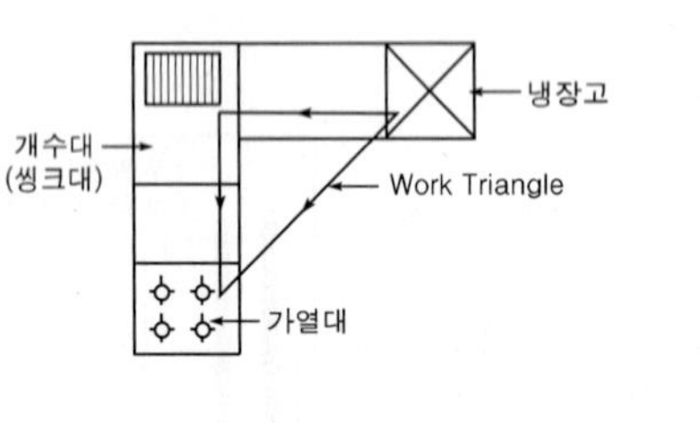

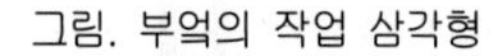
그림. 부엌의 작업 삼각형

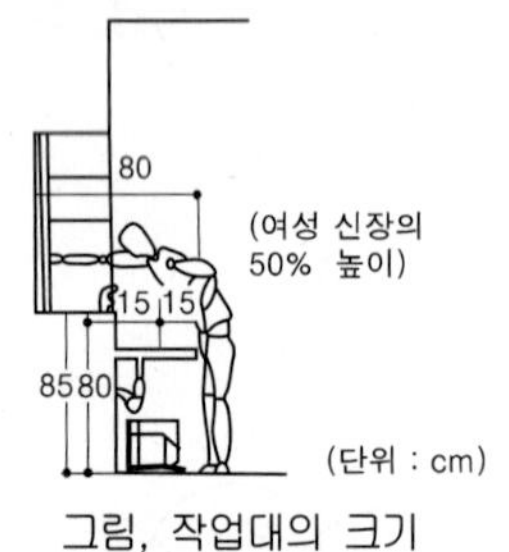

그림, 작업대의 크기

22 주거 공간의 리노베이션 계획시 고려 사항

① 종합적이고 장기적인 계획이어야 하며 경제성을 검토한다.
② 실측과 검사를 통해 공간의 실체를 명확하게 파악해야 한다.
③ 가족 전체나 개인의 요구사항 또는 불만을 수집하여 발전 개선시켜야 한다.

④ 쓸만한 것은 최대한 활용하고 못쓸 것을 과감히 버리는 지혜가 필요하다.
⑤ 증개축의 경우 관계 건축법의 적용 여부를 확인하여야 한다.

23 오픈 플래닝(Open Planning)

① 실내공간에 있어 내부 공간의 분할을 최소한으로 나누어 계획하는 것이다.
② 고정된 벽체보다는 이동 칸막이를 사용하여 공간에 융통성을 부여한다.
③ 오픈 플래닝의 장점을 이용하여 공간 사용을 극대화시킨 것이 원룸 시스템(One Room System)이다.
④ 소음 조절이 어렵고 개인적인 프라이버시가 결여된다.

24 사무 자동화 시스템(Office Automation System)

① 사무 능률의 향상
② 사무 기능의 합리화
③ 경제적 효율성
④ 쾌적한 업무환경

25 사무 자동화 시스템(Office Automation System)의 기본 개념

① 사무의 합리화
② 정보의 효율화
③ 정보의 시스템화
④ 사무 작업의 기계화

26 grid planning(격자식 계획)

① 공간을 격자형으로 모듈화시켜서 공간을 구획하는 기법으로 공간의 변화에 따른 대응이 용이하므로 논리적이고 합리적인 디자인 전개를 가능하게 하는 공간구성 기법이다.
② 고층 office building에서 균질공간(均質空間)을 구성하기 위한 일반적인 계획수법(균형 잡힌계획으로 정리하기 위한 시스템)
③ 균질 공간이란 일정한 실내 환경 설비를 갖춘 어느 크기의 space의 집합으로서 전체의 office space를 만드는 것을 의미한다.
④ sprinkler와 설비 요소, 책상의 배치, 칸막이벽의 설치, 지하 주차장의 주차 등

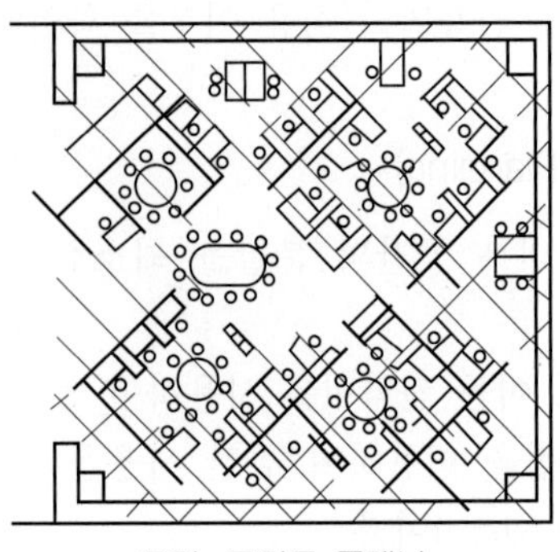

그림. 그리드 플래닝

27 사무실의 책상 배치유형

① 동향형 : 같은 방향으로 배치한다.
② 대향형 : 커뮤니케이션(communication)형성에 유리하나 프라이버시를 침해할 우려가 있다.
③ 좌우대향형 : 조직의 화합을 꾀하는 생산관리 업무에 적당한 배치이다.
④ 자유형 : 개개인의 작업을 위한 영역이 주어지는 형태로 전문 직종에 적합한 배치이다.

28 오피스 랜드스케이핑(office landscaping)

① 1959년 독일에서 시작되어 1967년 말에 미국에 소개 되면서 세계 각국에 전파된 새로운 사무소 공간 설계방법으로 개방된 공간을 의미한다. 이는 획일성을 없애고 융통성을 주는 인간적인 사무공간을 목표로 하며 실질 작업 패턴의 관계를 고려하여 모든 요소를 동시에 처리하는 기획 방식이다.
② 계급 서열에 의한 획일적 배치에 대한 반성으로 사무의 흐름이나 작업 내용의 성격을 중시하는 배치방법이다.
③ 사무원 각자의 업무를 분석하여, 서류의 흐름을 조사하고 사람과 물건(책상, 작업대, 서류장 등)의 긴밀도를 측정하여 가장 능률적으로 배치한다.
④ 장점
㉠ 개방식 배치의 변형된 방식이므로 공간이 절약된다.
㉡ 공사비(간막이벽, 공조설비, 소화설비, 조명설비 등)가 절약되므로 경제적이다.
㉢ 작업 패턴의 변화에 따른 컨트롤이 가능하며 융통성이 있으므로 새로운 요구사항에 맞도록 신속한 변경이 가능하다.
㉣ 사무실 내에서 인간 관계의 질적 향상과 모럴의 확립을 통해 작업의 능률이 향상된다.

⑤ 단점

㉠ 소음이 발생하기 쉽다.

㉡ 독립성이 결여될 우려가 있다.

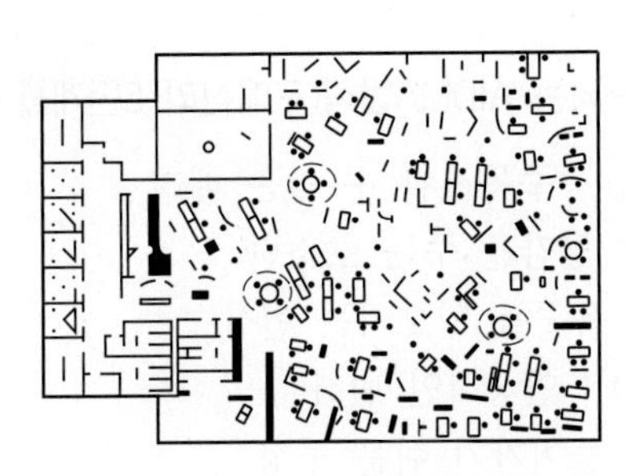

그림. 오피스 랜드스케이프형

29 은행의 동선계획시 고려사항

① 고객의 동선과 업무공간과의 사이에는 원칙적으로 구분이 없어야 한다.

② 고객이 지나는 동선은 되도록 짧아야 한다.

③ 작업의 흐름이 정체하지 않도록 하기 위하여 고객 부문과 내부 객실과의 긴밀한 관계가 요구된다. 다만, 업무 내부의 일의 흐름은 되도록 고객에게 알기 어렵게 한다.

④ 큰 건물의 경우 고객 출입구는 되도록 1개소로 하고 안여닫이로 한다.

⑤ 직원 및 고객의 출입구는 따로 설치하여 영업시간에 관계없이 열어 둔다.

⑥ 특히 현금반송 통로는 신중하게 설계하여야 하고, 관계자 외 출입을 금하며 감시가 쉬워야 한다.

30 상업공간 실내계획 프로세스

기획단계(조건파악) - 기본계획 - 기본설계 - 실시설계

※ 상업공간 실내계획 프로세스의 기획단계(조건파악)

㉠ 입지적 특성(주변환경 여건 조사)

㉡ 시장 조사

㉢ 상품의 특성과 구성(효용성 조사)

㉣ 관리경영적 측면의 파악

㉤ 대상고객에 대한 분석(대상고객의 소비패턴 조사)

31 소비자 구매심리 5단계 - AIDCA법칙

① A(주의, attention) : 주의를 끈다.

② I(흥미, interest) : 흥미를 준다.

③ D(욕망, desire) : 욕망을 느끼게 한다.
④ C(확신, confidence) : 확신을 심어 준다.
⑤ A(구매, action) : 구매한다.

32 파사드 구성에 요구되는 AIDMA법칙(구매심리 5단계를 고려한 디자인)

① A(주의, attention) : 주목시킬 수 있는 배려
② I(흥미, interest) : 공감을 주는 호소력
③ D(욕망, desire) : 욕구를 일으키는 연상
④ M(기억, memory) : 인상적인 변화
⑤ A(행동, action) : 들어가기 쉬운 구성

33 VMD(Visual Merchandising)

상품과 고객 사이에서 치밀하게 계획된 정보 전달 수단으로 장식된 시각과 통신을 꾀하고자 하는 디스플레이 기법으로 상품 계획, 상점 환경, 판촉 등을 시각화시켜 상점 이미지를 고객에게 인식시키는 판매 전략이다.

* VMD의 요소(통일된 이미지를 위한 시각 설명의 요소)
  ㉠ 쇼윈도(show window) : 통행인을 대상으로 함
  ㉡ VP(Visual Presentation) : 점포의 주장을 강하게 표현함
  ㉢ IP(Item Presentation) : 구매 시점상에 상품 정보를 설명하며, 상점의 특성을 기억하게 하고 느끼게 하는 코오디네이트(coordinate) 청구 방법을 활용한다.
  ㉣ 매장의 상품 진열

34 상점 진열장 형태에 의한 분류

분 류	특 징
평 형	점두의 외면에 출입구를 낸 가장 일반적인 형 채광이 좋고 점내를 넓게 사용할 수 있으며 채광에 유리하다.
돌출형	점내의 일부를 돌출시킨 형으로 특수 도매상에 쓰인다.
만입형	점두의 일부를 만입시킨 형으로 점내 면적과 자연 채광이 감소된다.
홀 형	만입부를 더욱 넓게 잡아 진열창을 둘러놓은 형식으로 특징은 대체로 만입형과 비슷하다.
다층형	2층 또는 그 이상의 층을 연속되게 취급한 형으로 가구점, 양복점에 유리하다.

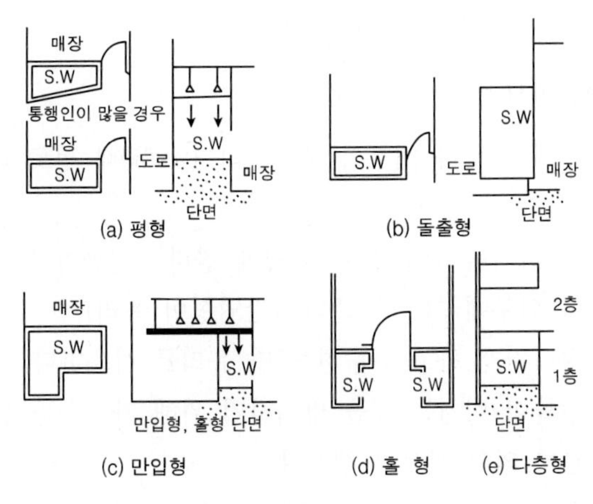

그림. 상점의 형태 분류

35 상점의 평면배치 기본형

평면 배치형	특 징
굴절 배열형	① 진열 케이스의 배치와 고객 동선이 굴절 또는 곡선으로 구성된 것 ② 대면 판매와 측면 판매의 조합으로 이루어진다. ③ 대상 : 양품점, 안경점, 모자점, 문방구점
직렬 배열형	① 통로가 직선이며 고객의 흐름이 가장 빠르다. ② 부분별로 상품 진열이 용이하고 대량 판매 형식도 가능하다. ③ 대상 : 침구점, 양품점, 전기용품점, 서점, 식기점
환상 배열형	① 중앙에 케이스, 대 등에 의한 직선 또는 곡선에 의한 환상 부분을 설치하고 이 안에 레지스터리, 포장대 등을 놓는 형식이다. ② 중앙 환상의 대면 판매 부분에서는 소형 상품과 고액인 상품을 놓고 벽면에는 대형 상품 등을 진열한다. ③ 대상 : 민예품점, 수예품점
복합형	① (1), (2), (3)을 적절히 조합시킨 형이다. ② 후반부에 대면 판매 또는 카운터 접객 부분이 된다. ③ 대상 : 서점, 피혁 제품점, 부인복지점

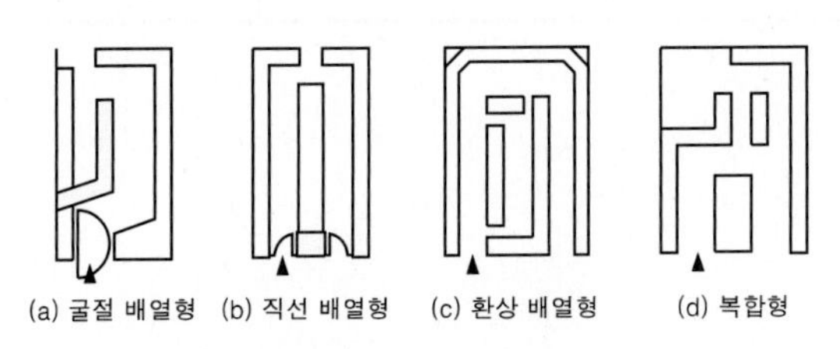

그림. 진열장(show case) 배치 방식

36 상점의 진열창 반사 방지

① 주간시 : 외부의 조도가 내부의 조도보다 10~30배 정도 더 밝을 때 반사가 생긴다.

㉠ 진열창 내의 밝기를 외부보다 더 밝게 한다. (천공이나 인공 조명 사용)

㉡ 차양을 달아 외부에 그늘을 준다. (만입형이 유리)

㉢ 유리면을 경사지게 하고 특수한 곡면 유리를 사용한다.

㉣ 건너편의 건물이 비치는 것을 방지하기 위해 가로수를 심는다.

② 야간시 : 광원에 의해 반사가 생긴다.

㉠ 광원을 감춘다.

㉡ 눈에 입사하는 광속을 적게 한다.

37 백화점 매장의 층별 배치방법

층	설 계 방 침	판 매 장 명
1	도로에서 직접 보이도록 하고 고객의 동선을 원활 하게 하며, 선택에 시간이 걸리지 않는 소형 상품 등의 손쉽게 구매할 수 있는 상품으로 한다.	화장품, 약품, 양품, 장식품, 핸드백, 구두, 양산, 흡연구, 자전거(충동 구매)
2,3	안정된 분위기로 비교적 선택에 시간이 걸리고 고가로 매상이 최대가 되는 상품으로 한다.	부인복, 신사복, 장식품, 고급잡화, 귀금속, 시계, 만년필
4,5	주로 잡화류의 판매장이 되므로 많은 판매장을 잡도록 한다.	침구, 카메라, 서적, 문방구, 완구, 운동구, 식기(2,3층에 이어 의류품)
6이하	비교적 넓은 면적을 차지하는 상품으로 한다.	가구, 가정용품, 전기, 가스기구, 악기, 미술품, 도기, 칠기, 식기(고가인 것)
지하1	고객이 백화점에서 최후로 사는 상품으로 한다.	식료품, 주방용기, 식기

38 백화점 매장의 가구배치

분　류	배치의 특징
직각 배치 (rectangular system)	① 가장 간단한 배치 방법으로, 가구와 가구 사이를 직교하여 배치함으로써 직각의 통로가 나오게 하는 배치 방법이다. ② 경제적이고 판매장 면적을 최대한 이용할 수 있다. ③ 단조로운 배치이고 고객 통행량에 따른 통로 폭의 변화가 어려워, 국부적인 혼란을 가져오기 쉽다.
사행 배치 (inclined system)	① 주통로를 직각 배치하고, 부통로를 주통로에 45°경사지게 배치하는 방법이다. ② 수직 동선에의 접근이 쉽고, 매장의 구석까지 가기 쉽다. ③ 이형의 매대가 많이 필요하다.
자유 유선형 배치 (free flow system)	① 고객의 유동 방향에 따라 자유로운 곡선으로 통로를 배치하는 방법이다. ② 전시에 변화를 주고 판매장의 특수성을 살릴 수 있다. ③ 판매대나 유리 케이스에 특수형을 필요하기 때문에 고가가 된다. ④ 매장의 변경 및 이동이 곤란하다.
방사형 배치 (radiated system)	① 판매장의 통로를 방사형이 되도록 배치하는 방법이다. ② 미국에서 실시한 예가 있으나 일반적으로 적용이 곤란한 특수한 경우이다.

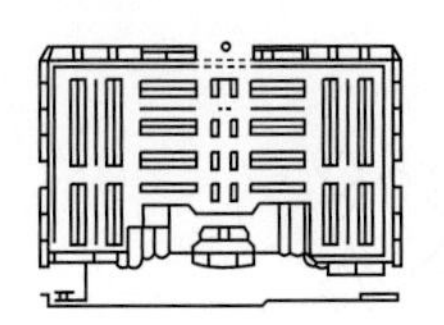
(a) 직각배치

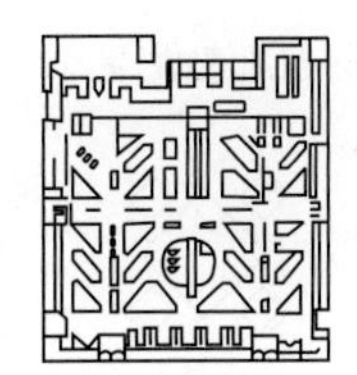
(b) 사행배치

(c) 자유유선형배치

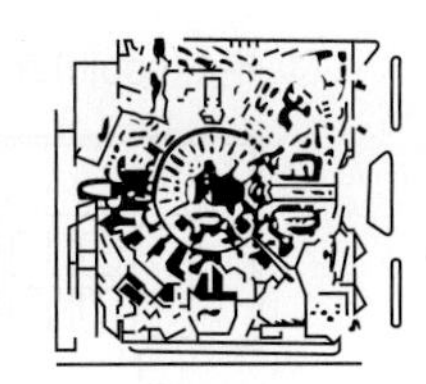
(d) 방사형배치

그림. 매장 진열대 배치 방법

39 백화점 실내공간의 색채계획

① 전체적으로 색상을 통일하고 중채도의 색을 위주로 한 배색의 색채계획을 한다.
② 색상은 조명효과와 고객의 시각 심리를 함께 고려하여 정한다.
③ 전체 색의 배분은 중심적인 색이 60%, 보조색이 30%, 구매욕구를 북돋우기 위해 넣어 주는 악세사리 요소의 악센트색은 10%정도로 적용한다.
④ 밝은 색조를 사용하면 어두운 색보다 공간의 크기가 확장되어 보인다.
⑤ 명도와 채도가 높은 색, 특히 노랑색은 입구에서 멀리 떨어진 구석 부분이나 엘리베이터 주변 등에 사용하면 충동구매를 촉진하는데 도움이 된다.
⑥ 명시성이 높은 색은 고객의 시선을 이끌어 동선을 유도하도록 하나 혼잡하지 않도록 한다.

40 레스토랑의 의자와 테이블 배치 유형

① 가로 배치형 : 스크린이나 칸막이를 병렬하여 좌석을 구분한다. 일반적으로 다른 유형과 복합시켜 사용하는 배치형이다.

② 세로 배치형 : 이용객의 좌석 선택이 용이하고 시선의 흐름이 자유롭다. 경음식에 적합한 배치형이다.

③ 부스(booth)형 : 좌석 구성에 변화가 다양하고 칸막이를 조합하여 개성적인 공간을 연출할 수 있다. 차지하는 면적이 큰 단체석에 적합한 배치형이다.

④ 점재(點在)형 : 자유 배치형과 일정 간격으로 배치하는 방법이 있고 비교적 면적당 좌석수가 적다. 식사를 전문으로 하는 레스토랑에 많이 사용하는 배치형이다.

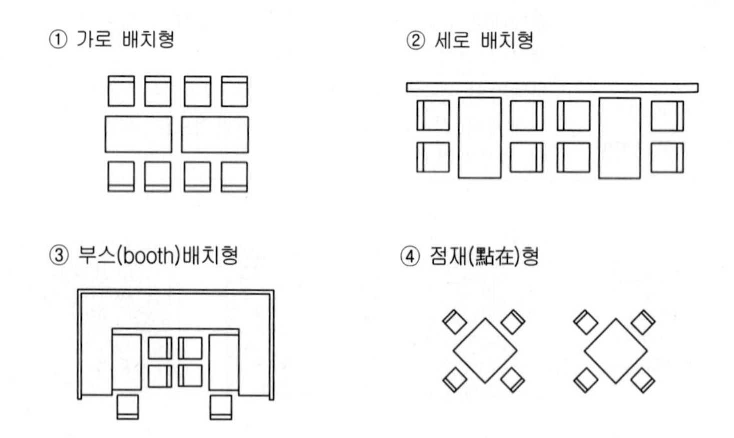

41 전시공간의 동선

① 전시실 전관(全館)의 주동선 방향이 정해지면 개개의 전시실은 입구에서 출구에 이르기까지 연속적인 동선으로 교차의 역순을 피해야 한다.

② 전시공간내의 전체동선체계는 주체별로 분류하면 관람객 동선, 관리자 동선 및 자료의 동선으로 구분된다.

③ 동선의 정체 현상은 일반적으로 입구 부분에서 가장 심하므로 입구와 출구를 분리한다.

④ 전시공간의 동선은 인간의 심리상 오른쪽에서 왼쪽을 보고자 하는 심리를 이용한 우에서 좌로 방향배치가 되도록 한다.(좌측 통행 원칙)

⑤ 동선은 대부분 복도 형식으로 이루어지는데, 일반적으로 복도는 3m 이상의 폭과 높이가 요구된다.

⑥ 관람객 동선은 일반적으로 접근, 입구, 전시실, 출구, 야외전시 순으로 연결된다.

42 전시실의 순로(순회) 형식

1) 연속 순로(순회) 형식

구형(矩形) 또는 다각형의 각 전시실을 연속적으로 연결하는 형식이다.

① 단순하고 공간이 절약된다.

② 소규모의 전시실에 적합하다.

③ 전시 벽면을 많이 만들 수 있다.

④ 많은 실을 순서별로 통해야 하고 1실을 닫으면 전체 동선이 막히게 된다.

2) 갤러리(gallery) 및 코리도(corridor) 형식

연속된 전시실의 한쪽 복도에 의해서 각 실을 배치한 형식이며, 그 복도가 중정(中庭)을 포위하여 순로(巡路)를 구성하는 경우가 많다.

① 각실에 직접 들어갈 수 있는 점이 유리하며 필요시에 자유로이 독립적으로 폐쇄할 수가 있다.

② 복도 자체도 전시 공간으로 이용이 가능하다.

③ 코르뷔지에의 와상 동선(渦狀動線)을 발전시켰고 통일된 미술관 안(案)으로 '성장하는 미술관'을 계획하였다. 이는 전체를 와상 동선으로 통일함에 따라 최소의 면적으로 최대의 전시 벽면을 얻으려는 동시에 천창 채광, 상하층 공간의 이용, 순로의 단축 가능과 확장 가능성 등을 고려한 계획이다.

[예] 르 코르뷔지에의 '성장하는 미술관', 동경의 국립 서양 미술관, 과천 국립 현대 미술관

3) 중앙 홀 형식

중심부에 하나의 큰 홀을 두고 그 주위에 각 전시실을 배치하여 자유로이 출입하는 형식이다.

① 과거에 많이 사용한 평면으로 중앙 홀에 높은 천창을 설치하여 고창(高窓)으로부터 채광하는 방식이 많았다.

② 대지의 이용률이 높은 지점에 건립할 수 있으며, 중앙 홀이 크면 동선의 혼란은 없으나 장래의 확장에 많은 무리가 따른다.

[예] 프랭크 로이드 라이트의 구겐하임 미술관(1959, 뉴욕)

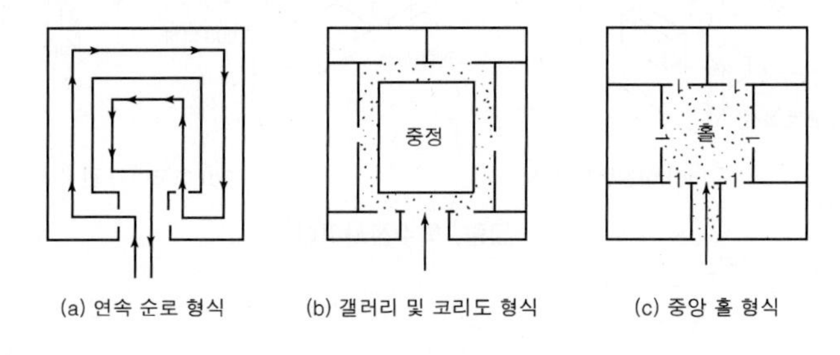

그림. 전시실의 순회 형식

43 특수전시기법

전시기법	특 징
디오라마 전시	'하나의 사실' 또는 '주제의 시간 상황을 고정'시켜 연출하는 것으로 현장에 임한 듯한 느낌을 가지고 관찰할 수 있는 전시기법
파노라마 전시	벽면전시와 입체물이 병행되는 것이 일반적인 유형으로 넓은 시야의 실경(實景)을 보는 듯한 감각을 주는 전시기법
아일랜드 전시	벽이나 천정을 직접 이용하지 않고 전시물 또는 장치를 배치함으로써 전시공간을 만들어내는 기법으로 대형전시물이나 소형전시물인 경우에 유리하다.
하모니카 전시	전시평면이 하모니카 흡입구처럼 동일한 공간으로 연속되어 배치되는 전시기법으로 동일 종류의 전시물을 반복전시할 때 유리하다.
영상전시	영상매체는 현물을 직접 전시할 수 없는 경우나 오브제 전시만의 한계를 극복하기 위하여 사용한다.

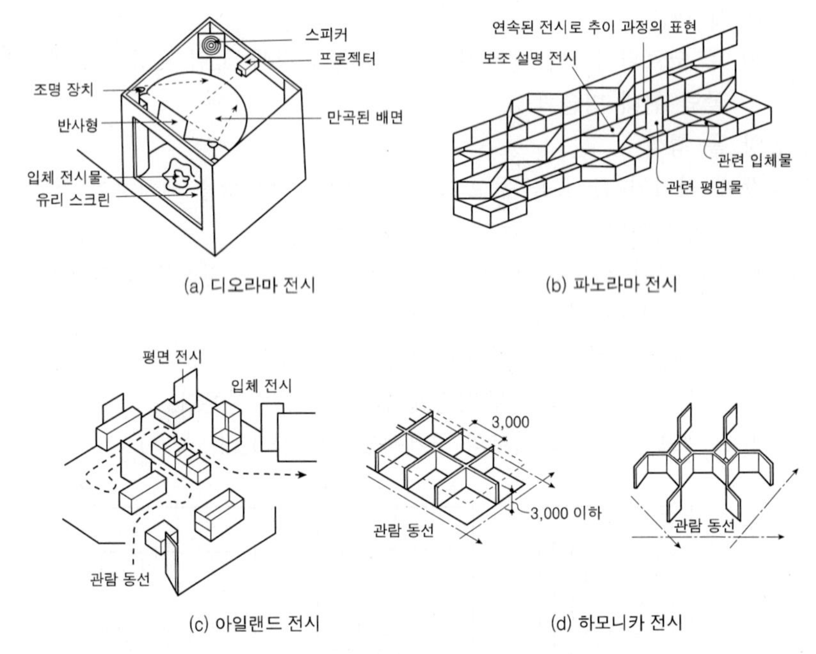

그림. 특수전시기법

44 전시실의 채광·조명 계획

조명과 채광은 전시실의 질을 결정하는 가장 중요한 요인이 되고 있다. 합리적 조명으로서 인공조명이나 색 및 관람자의 기분을 고려한 자연광, 양자를 mixed light한 최적 효과를 다음과 같은 설계 조건으로 하는 것이 좋다.

① 광원이 현휘(眩輝)를 주지 않을 것
② 전시물이 항상 적당한 조도를 가지되 균등하게 조명되어 있을 것
③ 실내의 조도 및 휘도 분포가 적당할 것
④ 관람자의 그림자가 전시물상에 나타나지 않을 것
⑤ 화면 또는 케이스의 유리에 다른 영상을 나타내지 않을 것
⑥ 대상에 따라 필요한 점광원(spot light의 방향성)을 고려할 것
⑦ 광색이 적당해야 하며 변화가 없을 것

45 극장의 평면형식

1) 프로세니움(proscenium)형

프로세니움(proscenia) 벽이 연기 공간과 관객 공간을 분리하여 프로세니움 아치의 개구부를 통해 무대를 보는 가장 일반적인 형식이다.

① 강연, 콘서트, 독주, 연극 등에 가장 좋다.
② 연기자가 일정한 방향으로만 관객을 대하게 된다.
③ 투시도법을 무대 공간에 응용함으로써 발생한 것으로, 연극의 내용을 한정된 고정액자 속에서 보는 듯한 하나의 구성화(構成畵)와 같은 느낌이 들게 한다.
④ 배경은 한폭의 그림과 같은 느낌을 주게 되어 전체적인 통일의 효과를 얻는 데 가장 좋을 형태이다.
⑤ 연기자와 관객의 접촉면이 한정되어 있으므로 많은 관람석을 두려면 거리가 멀어져 객석 수용 능력에 있어서 제한을 받는다.
⑥ 이러한 프로세니움형은 picture frame stage라고도 불리운다.

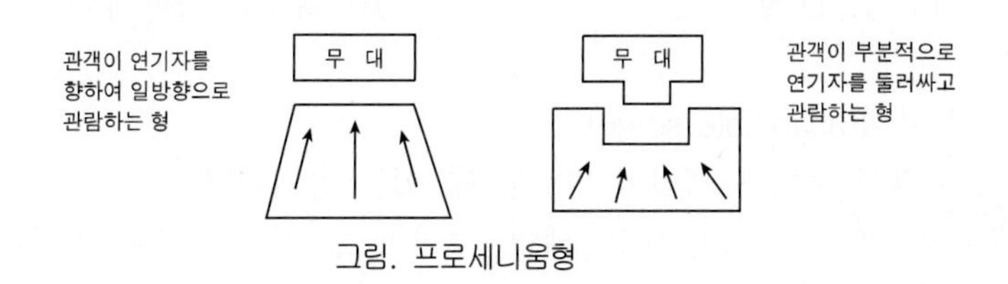

그림. 프로세니움형

2) 오픈 스테이지(open stage)형

관객이 부분적으로 연기자를 둘러싸고 관람하는 형으로 210°~220°, 180°, 90°위요형 등이 있다.

① 관객이 연기자에게 좀 더 근접하여 관람할 수 있다.
② 연기자는 혼란된 방향감 때문에 통일된 효과를 내는 것이 쉽지 않다.
③ 애리너 형식과 마찬가지로 무대 장치를 꾸미는 데 어려움이 있다.

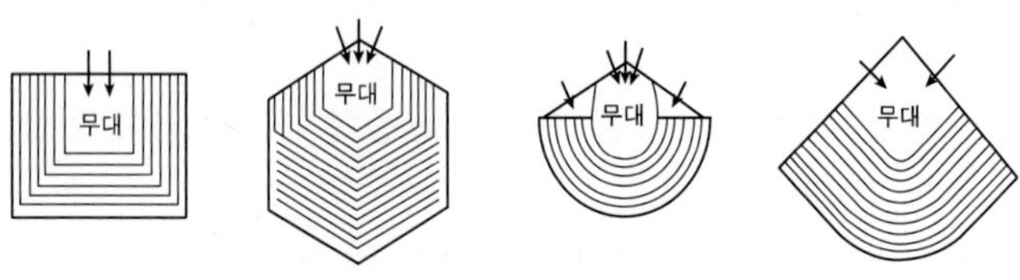

그림. 오픈 스테이지 형

3) 애리너(arena) 형

관객이 연기자를 360°둘러싸고 관람하는 형식이다.

① 가까운 거리에서 관람하면서 가장 많은 관객을 수용할 수 있다.
② 객석과 무대가 하나의 공간에 있으므로 양자의 일체감을 높여 긴장감이 높은 연극 공간을 형성한다.
③ 무대의 배경을 만들지 않으므로 경제성이 있다.
④ 무대의 장치나 소품은 주로 낮은 가구들로 구성된다.
⑤ 관객이 무대를 둘러앉기 때문에 시점(視點)이 현저하게 다르게 되고, 연기자가 전체적인 통일 효과를 얻기 위한 극을 구성하기가 곤란하다.
⑥ 관객이 무대 주위를 둘러싸기 때문에 연기자를 가리게 되는 단점이 있다.
⑦ 애리너 형은 central stage 형이라고도 한다.

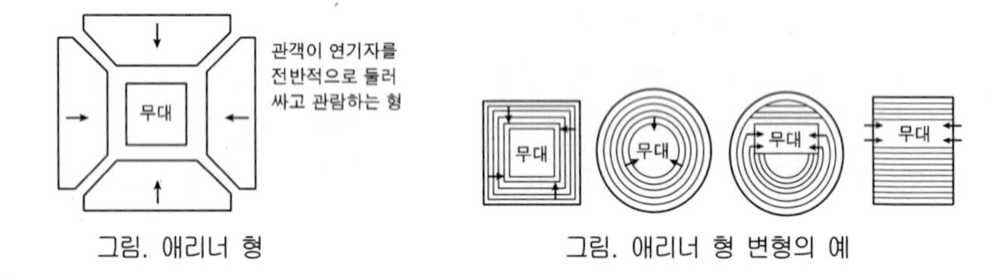

그림. 애리너 형

그림. 애리너 형 변형의 예

4) 가변형 무대(adaptable stage)

필요에 따라서 무대와 객석이 변화될 수 있는 형식이다.

① 무대와 객석의 크기, 모양, 배열, 그리고 그 상호 관계를 한정하지 않고 필요에 따라서 변경할 수 있다.
② 상연하는 작품의 성격에 따라서 연출에 가장 적합한 성격의 공간을 만들어 낼 수 있다.
③ 최소한의 비용으로 극장 표현에 대한 최대한의 선택 가능성을 부여한다.
④ 다양한 변화 방법이 고려되어야 한다.

⑤ 대학 연구소 등의 실험적 요소가 있는 공간에 많이 이용된다.

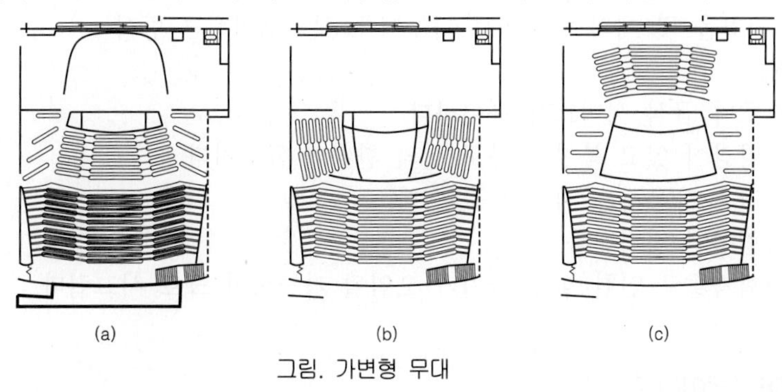

그림. 가변형 무대

46 병원 - 병실계획

1) 병실

① 위치 : 병실은 둘 이상의 계단과 피난 계단이 있는 경우를 제외하고는 지하 또는 3층 이상에 설치하지 않아야 한다.

② 크기

㉮ 1인용실 : 6.3m² 이상

㉯ 2인용실 : 8.6m² 이상 (1인에 대해 4.3m² 이상)

㉰ 아동실은 성인의 2/3 이상

③ 병상 1개에 대한 각 면적의 표준

㉮ 건물 연면적(외래, 간호원 기숙사 포함) : 43~63m²/bed

㉯ 병동 면적 : 20~27m²/bed

㉰ 병실 면적 : 10~13m²/bed

④ 계획시 유의 사항

㉮ 병실의 천장은 환자의 시선이 늘 닿는 곳으로 조도가 높고 반사율이 큰 마감 재료는 피한다.

㉯ 병실의 조명은 형광등이 반드시 좋은 것은 아니다.

㉰ 병실 출입문은 안여닫이로 하고 문지방은 두지 않는다.

㉱ 외여닫이문으로 폭은 1.1m 이상으로 한다.

㉲ 창면적은 바닥 면적의 1/3~1/4 정도로 하며 창대의 높이는 90cm 이하로 하여 외부 전망이 가능하도록 한다.

㉳ 실중앙의 조명은 피하고 환자마다 머리 후면에 개별 조명 시설을 하여 직사광선을 피할 수 있도록 실 중앙에 전등을 달지 않는다. 또한 bed 마다 인터폰, 라이트, 테이블, 로커를 설치한다.

⑤ 구분

총실과 개실의 그룹별로 층구성을 하며 병상수의 비율은 4:1 혹은 3:1로 한다.

※ 큐비클 시스템(cubicle system) : 천장에 닿지 않는 커튼이나 칸막이를 써서 총실을 몇 개의 큐비클로 나누어 bed를 배치하는 방식

[특징]

㉠ 간호나 급식 서비스가 용이하다

㉡ 개방감이 있고 북향 부분도 실의 환경이 균등하다.

㉢ 공간을 유용하게 사용할 수 있다.

㉣ 독립성이 떨어진다.

㉤ 면회자들로 인한 실내 공기가 오염될 가능성이 크로 시끄럽다.

47 공장의 레이아웃

1) 레이아웃(layout)의 개념

① 공장 생산에 있어서 그 공정의 합리화를 위해 중심이 되는 기계나 설비의 배치 방법을 결정하는 것.

② 공장 사이의 여러 부분, 작업장 내의 기계 설비, 작업자의 작업 구역, 자재나 제품을 두는 곳 등 상호 관계의 검토가 필요하다.

③ 넓은 뜻으로는 생산 작업 뿐만 아니라 사무 업무, 복리 후생, 보건 위생, 문화 관리 등 공장의 전반적 시설을 따른다. 현대는 작업 과정의 유동화, 자동화와 더불어 레이아웃도 한층 복잡해지고 있다.

④ 레이아웃은 공장 생산성에 미치는 영향이 크고, 공장 배치 계획, 평면 계획은 레이아웃을 건축적으로 종합한 것이 되어야 한다.

⑤ 레이아웃은 장래 공장 규모의 변화에 대응한 융통성(flexibility)이 있어야 한다.

2) 레이아웃 형식

형 식	특 징
1) 제품 중심의 레이아웃 (연속 작업식)	① 생산에 필요한 모든 공정, 기계 기구를 제품의 흐름에 따라 배치하는 방식 ② 장치 공업(석유, 시멘트), 가전 제품 조립 공장등 ③ 특징 ㉠ 대량 생산에 유리하고, 생산성이 높다. ㉡ 공정간의 시간적, 수량적 균형을 이룰 수 있고, 상품의 연속성이 유지된다.
2) 공정 중심의 레이아웃 (기계 설비 중심)	① 동종의 공정, 동일한 기계, 기능이 유사한 것을 하나의 그룹으로 집합시키는 방식 ② 다종 소량 생산으로 예상 생산이 불가능한 경우나 표준화가 행해지기 어려운 경우에 채용된다. ③ 특징 : 생산성이 낮으나 주문 생산 공장에 적합하다.
3) 고정식 레이아웃	① 주가 되는 재료나 조립 부분품이 고정되고, 사람이나 기계가 이동해 가며 작업을 하는 방식 ② 특징 : 선박, 건축 등과 같이 제품이 크고, 수량이 적은 경우에 적합하다.
4) 혼성식 레이아웃	위의 방식이 혼성된 형식[1)과 2), 1)과 3)]

48 작업공간에서 색채조절계획

작업공간 전체를 대상으로 하여야 하며, 작업환경 개선, 피로의 경감, 작업 능률 향상, 위험기기 식별 인식 표지색을 이용하여 재해방지를 고려한다.

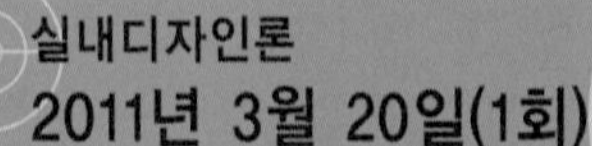
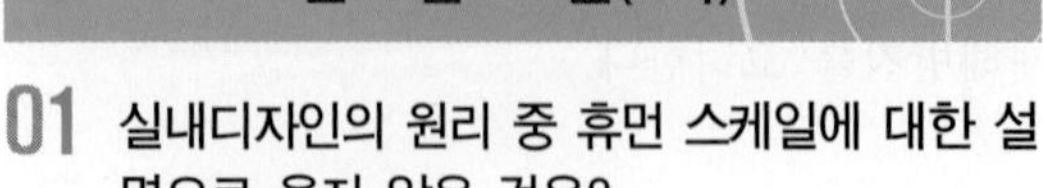

실내디자인론
2011년 3월 20일(1회)

01 실내디자인의 원리 중 휴먼 스케일에 대한 설명으로 옳지 않은 것은?

① 인간의 신체를 기준으로 파악되고 측정되는 척도 기준이다.
② 휴먼 스케일의 적용은 추상적, 상징적이 아닌 기능적인 척도를 추구하는 것이다.
③ 휴먼 스케일이 잘 적용된 실내공간은 심리적, 시각적으로 안정된 느낌을 준다.
④ 공간의 규모가 웅대한 기념비적인 공간은 휴먼 스케일을 적용하는데 용이하다.

해설 휴먼스케일(Human Scale)

㉠ 인간의 신체를 기준으로 파악, 측정되는 척도기준이다.
㉡ 인간을 기준으로 계산하여 공간에 대해 감각적으로 가장 쾌적한 비율이다.
㉢ 적절히 적용된 공간은 안정되고 안락한 감을 주는 환경이 된다.
※ 기념비적인 공간은 규모가 웅대하여 엄숙함과 경건함 및 압도하는 느낌을 준다. 기념비적인 공간은 휴먼스케일을 적용하기가 곤란하다.

02 다음의 동선계획에 대한 설명 중 옳지 않은 것은?

① 동선의 유형 중 직선형은 최단거리의 연결로 통과시간이 가장 짧다.
② 많은 사람들이 통행하는 곳은 공간 자체에 방향성을 부여하고 주요 통로를 식별할 수 있도록 한다.
③ 통로가 교차하는 지점은 잠시 멈추어 방향을 결정할 수 있도록 어느 정도 충분한 공간을 마련해 준다.
④ 동선의 유형 중 혼합형은 직선형과 방사형을 혼합한 것으로 통로간의 위계적 질서를 고려하지 않고 단순하게 동선을 처리한다.

해설 동선의 유형

직선형, 방사형, 나선형, 격자형, 혼합형 등으로 분류할 수 있다.
㉠ 직선형 : 경과 시간이 짧은 단거리로 연결된다.
㉡ 방사형 : 중심에서 바깥쪽으로 회전하면서 연결한다.
㉢ 나선형
㉣ 격자형 : 정방형 형태가 간격을 두고 반복된다.
㉤ 혼합형 : 여러 가지 형태가 종합적으로 구성되며, 통로 간에 위계질서를 갖도록 계획한다.

03 다음의 질감에 대한 설명 중 옳지 않은 것은?

① 매끄러운 재료가 반사율이 높다.
② 촉각 또는 시각으로 지각할 수 있는 어떤 물체 표면상의 특징을 말한다.
③ 좁은 실내 공간을 넓게 느껴지도록 하기 위해서는 표면이 거칠고 어두운 재료를 사용하는 것이 좋다.
④ 질감은 시각적 환경에서 여러 종류의 물체들을 구분하는데 도움을 줄 수 있는 중요한 특성 가운데 하나이다.

해설 질감(texture)

(1) 정의 : 모든 물체가 갖고 있는 표면상의 특징으로 시각적이나 촉각적으로 지각되는 물체의 재질감을 말한다.
(2) 실내 마감재료의 질감 활용
㉠ 넓은 실내는 거친 재료를 사용하여 무겁고 안정감을 갖도록 한다.
㉡ 창이 작은 실내는 실내공간이 어두우므로 밝은 색을 많이 사용하고, 표면이 곱고 매끄러운 재료를 사용함으로써 많은 빛을 반사하여 가볍고 환한 느낌을 주도록 한다.
㉢ 좁은 실내는 곱고 매끄러운 재료를 사용한다.
㉣ 차고 딱딱한 대리석 위에 부드러운 카페트를 사용하여 질감대비를 주는 것이 좋다.

정답 01 ④ 02 ④ 03 ③

04 **특수전시방법 중 전시내용을 통일된 형식 속에서 규칙적으로 반복시켜 배치하는 방법으로, 동일 종류의 전시물을 반복하여 전시할 경우 유리한 것은?**

① 디오라마 전시 ② 파노라마 전시
③ 아일랜드 전시 ④ 하모니카 전시

해설 특수전시기법

전시기법	특징
디오라마 전시	하나의 사실 또는 주제의 시간 상황을 고정시켜 연출하는 것으로 현장에 임한 듯한 느낌을 가지고 관찰할 수 있는 전시기법
파노라마 전시	벽면전시와 입체물이 병행되는 것이 일반적인 유형으로 넓은 시야의 실경(實景)을 보는 듯한 감각을 주는 전시기법
아일랜드 전시	벽이나 천정을 직접 이용하지 않고 전시물 또는 장치를 배치함으로써 전시공간을 만들어내는 기법으로 대형전시물이나 소형전시물인 경우에 유리하다.
하모니카 전시	전시평면이 하모니카 흡입구처럼 동일한 공간으로 연속되어 배치되는 전시기법으로 동일 종류의 전시물을 반복 전시할 때 유리하다.
영상 전시	영상매체는 현물을 직접 전시할 수 없는 경우나 오브제 전시만의 한계를 극복하기 위하여 사용한다.

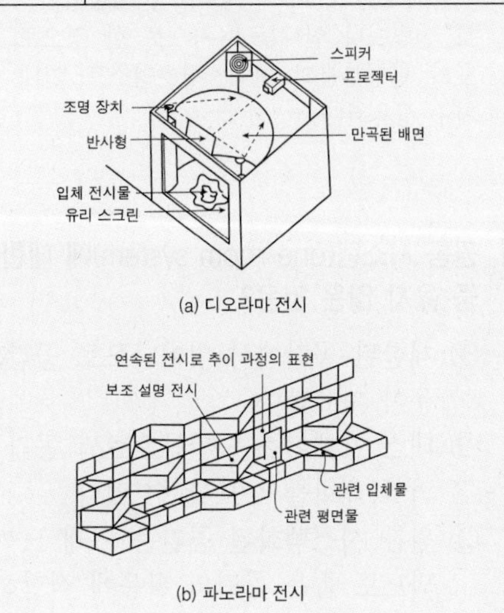

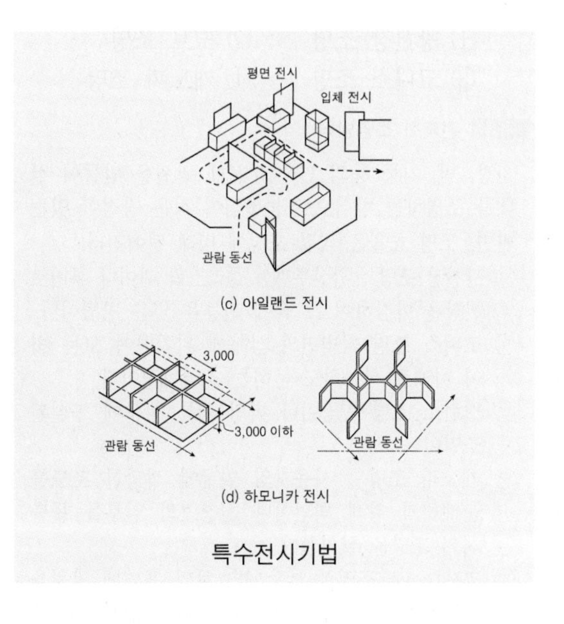

특수전시기법

05 **주택의 각 실 계획에 관한 다음 설명 중 가장 부적절한 것은?**

① 부엌은 작업공간이므로 밝게 처리하였다.
② 현관은 좁은 공간이므로 신발장에 거울을 붙였다.
③ 침실은 충분한 수면을 취해야 하므로 창을 내지 않았다.
④ 거실은 가족단란을 위한 공간이므로 온화한 베이지색을 사용하였다.

해설

침실은 일조량이 충분한 남향에 배치하며, 침실의 독립성 확보에 있어서 출입문과 창문의 위치는 매우 중요하다.

06 **다음 설명에 알맞은 건축화 조명 방식은?**

- 천장, 벽의 구조체에 의해 광원의 빛이 천장 또는 벽면으로 가려지게 하여 반사광으로 간접 조명하는 방식이다.
- 천장고가 높거나 천장 높이가 변화하는 실내에 적합하다.

정답 04 ④ 05 ③ 06 ②

① 광천장 조명 ② 코브 조명
③ 코니스 조명 ④ 캐노피 조명

해설 건축화 조명방식

천장, 벽, 기둥 등의 건축 부분에 광원을 만들어 실내를 조명하는 방식으로 눈부심이 적은 장점이 있는 반면, 조명 효율은 직접 조명에 비해 떨어진다.
㉠ 광천장 조명 : 확산투과선 플라스틱 판이나 루버로 천장을 마감하여 그 속에 전등을 넣은 방법이다.
㉡ 코니스 조명 : 벽면의 상부에 위치하여 모든 빛이 아래로 직사하도록 하는 조명방식이다.
㉢ 밸런스 조명 : 창이나 벽의 커튼 상부에 부설된 조명이다.
㉣ 캐노피 조명 : 사용자의 얼굴에 적당한 조도를 분배하기 위해 벽면이나 천장면의 일부를 돌출시켜 조명을 설치한다.
㉤ 코브(cove)조명 : 천장, 벽, 보의 표면에 광원을 감추고, 일단 천장 등에서 반사한 간접광으로 조명하는 건축화 조명이다.

07 다음의 설명에 알맞은 조명 연출기법은?

> 수직벽면을 빛으로 쓸어내리는 듯한 효과를 주기 위해 비대칭 배광방식의 조명기구를 사용하여 수직 벽면에 균일한 조도의 빛을 비추는 기법이다.

① 강조기법 ② 실루엣 기법
③ 월 워싱 기법 ④ 스파클 기법

해설 조명 연출 기법

① 강조(high lighting)기법 : 물체를 강조하거나 어느 한 부분에 주의를 집중시키고자 할 때 사용하는 기법
② 실루엣(silhouette)기법 : 물체의 형상만을 강조하는 기법
③ 월 워싱(wall washing) 기법 : 수직벽면을 빛으로 쓸어내리는 듯한 효과를 주기 위해 비대칭 배광방식의 조명기구를 사용하여, 수직벽면에 균일한 조도의 빛을 비추는 기법
④ 스파클(sparkle) 기법 : 어두운 배경에서 광원 자체의 흥미로운 반짝임을 이용하여 스파클을 연출하는 기법

08 실내디자인의 프로세스 중 기본계획에 대한 설명으로 옳지 않은 것은?

① 스터디 모델링 작업이 이루어진다.
② 기본개념과 제한요소를 설정하여 기본구상을 진행한다.
③ 디자인 의도를 시공자에게 정확히 전달하기 위해 키플랜(Key Plan) 등을 제작한다.
④ 계획안 전체의 기본이 되는 형태, 기능 등을 도면이나 스케치, 다이어그램 등으로 표현한다.

해설 실내디자인의 프로세스

㉠ 기획 및 상담
㉡ 기본계획 : 계획조건의 파악(외부적 조건, 내부적 조건), 기본 개념 설정, 계획의 평가기준 설정
㉢ 기본설계 : 기본 구상(구상을 위한 도면), 시각화 과정, 대안들의 작성, 대안의 평가, 의뢰인의 승인·설득, 결정안, 도면화(프리젠테이션), 모델링, 조정, 최종 결정안
㉣ 실시설계 : 결정안에 대한 설계도(시공 및 제작을 위한 도면), 확인(시방서 작성), 수정·보완
㉤ 시공 : 완성, 평가(거주 후 평가 P.O.E : Post Occupancy Evaluation)
※ 키플랜(key plan) : 평면도를 단순화한 그림으로 설명이나 안내를 목적으로 한 것으로 단면도의 단면부분의 안내, 창호리스트 안내 등에 자주 사용된다.

09 원룸 시스템(one room system)에 대한 설명 중 옳지 않은 것은?

① 제한된 공간에서 벗어나므로 공간의 활용이 자유롭다.
② 데스 스페이스를 만듬으로써 공간 사용의 극대화를 도모할 수 있다.
③ 원룸 시스템화된 공간은 크게 느껴지게 되므로 좁은 공간의 활용에 적합하다.
④ 간편하고 이동이 용이한 조립식 가구나 다양한 기능을 구사하는 다목적 가구의 사용이 효과적이다.

정답 07 ③ 08 ③ 09 ②

해설

원룸 시스템(one room system)은 하나의 공간 속에 영역만을 구분하여 사용하는 것으로 좁은 공간에서 데드 스페이스(dead space)가 생기지 않아 공간 활용의 극대화가 가능하며, 공간을 보다 넓게 할 수 있고 공간의 활용이 자유로우며 자연스런 가구배치가 가능하다.

10 다음 중 부엌의 작업대 배치시 가장 중요하게 고려해야 할 사항은?

① 조명배치 ② 마감재료
③ 작업동선 ④ 색채조화

해설 부엌 계획

㉠ 부엌은 작업대를 중심으로 구성하되 충분한 작업대의 면적이 필요하다.
㉡ 가사 작업은 인체의 활동 범위를 고려하여야 한다.
㉢ 부엌의 크기는 식생활 양식, 부엌 내에서의 가사 작업 내용, 작업대의 종류, 각종 수납공간의 크기 등에 영향을 받는다.
㉣ 주부의 동선을 단축하기 위하여 부엌의 작업순서는 작업삼각형(worktriangle)이 되도록 하는 것이 유리하다.
※ 부엌의 작업삼각대(worktriangle)를 이루는 가구의 배치 순서 : 준비대 – 개수대 – 조리대 – 가열대 – 배선대

11 상품의 유효진열범위에서 고객의 시선이 자연스럽게 머물고, 손으로 잡기에도 편한 높이의 골든 스페이스(Golden Space)의 범위는?

① 500~850mm
② 850~1,250mm
③ 1,250~1,400mm
④ 1,450~1,600mm

해설

고객의 시선이 가장 편하게 머물고 손으로 잡기에도 가장 편안한 상품(판매 주력 상품) 진열높이(golden space)는 850~1250mm 범위이다.

12 다음 중 실내디자이너의 역할과 가장 거리가 먼 것은?

① 독자적인 개성의 표현을 한다.
② 전체 건축물의 구조설비를 계획한다.
③ 생활공간의 쾌적성을 추구하고자 한다.
④ 인간의 예술적, 서정적 요구에 대한 만족을 해결하려 한다.

해설 실내디자이너의 역할

㉠ 생활공간의 쾌적성 추구
㉡ 기능 확대, 감성적 욕구의 충족을 통한 건축의 질 향상
㉢ 인간의 예술적, 서정적 욕구의 만족을 해결
㉣ 독자적인 개성의 표현
※ 전체 매스(mass)의 구조 및 설비계획은 해당 전문 디자이너 또는 기술사 등이 계획하며, 실내디자이너는 건축의 질 향상을 위해 건축의 내밀화를 기하며 생활공간의 쾌적성을 추구하기 위해 건축의 내부 공간을 창조하는 역할을 한다.

13 다음 중 조닝계획시 우선적으로 고려할 사항이 아닌 것은?

① 사용빈도
② 사용목적
③ 색채선호도
④ 단위공간 사용자의 특성

해설 조닝(zoning)계획

공간 내에서 이루어지는 다양한 행동의 목적, 공간, 사용시간, 입체 동작 상태 등에 따라 공간의 성격이 달라진다. 공간의 내용이나 성격에 따라서 구분되는 공간을 구역(zone)이라 하며, 이 구역을 구분하는 것을 조닝(zoning)이라 한다.

정답 10 ③ 11 ② 12 ② 13 ③

14 **실내디자인의 원리 중 조화에 대한 설명으로 옳지 않은 것은?**

① 복합조화는 동일한 색채와 질감이 자연스럽게 조합되어 만들어진다.
② 유사조화는 시각적으로 성질이 동일한 요소의 조합에 의해 만들어진다.
③ 동일성이 높은 요소들의 결합은 조화를 이루기 쉬우나 무미건조, 지루할 수 있다.
④ 성질이 다른 요소들의 결합에 의한 조화는 구성이 어렵고 질서를 잃기 쉽지만 생동감이 있다.

해설 조화(harmony)

조화란 전체적인 조립 방법이 모순 없이 질서를 이루는 것으로 통일감 있는 미를 구현하는 것이다. 2개 이상의 디자인 요소, 공간 형태, 선, 면, 재질, 색채, 광선 등 부분과 부분 및 부분과 전체의 서로 다른 성질이 한 공간 내에서 결합될 때 상호 관계에 있어서 공통성과 함께 이질성이 동시에 존재하고 아울러 감각적으로 융합해 상승된 미적현상을 발생시키는 것이다.

(1) 단순조화(유사조화)
㉠ 형식적, 외형적으로 시각적인 동일한 요소의 조합에 의해 생기는 것
㉡ 온화하며 부드럽고 여성적인 안정감이 있으나 도가 지나치면 단조롭게 되며 신선함을 상실할 우려가 있다.
㉢ 통일과 변화에 있어 통일의 개념에 가깝다.

(2) 대비조화(복합조화)
㉠ 질적, 양적으로 서로 전혀 다른 2개의 요소가 편성되었을 때 서로 다른 반대성에 의해 미적 효과를 자아내는 것
㉡ 강함, 화려함, 남성적이나 지나치게 큰 대비는 난잡하며, 혼란스럽고 공간의 통일성을 방해할 우려가 있다.
㉢ 동적 효과를 가진 변화의 개념에 가깝다.

15 **상점계획에 관한 설명 중 옳지 않은 것은?**

① 매장바닥은 요철, 소음 등이 없도록 한다.
② 대면 판매형식은 판매원 위치가 안정된다.
③ 측면 판매형식은 진열면이 협소한 반면 친밀감을 줄 수 있다.
④ 레이아웃은 고객에게 심리적 부담감이나 저항감이 생기지 않도록 한다.

해설 대면판매와 측면판매의 특징

분류	특징
대면판매	고객과 종업원이 진열장을 사이에 두고 상담하며 판매하는 형식 ㉠ 대상 : 시계, 귀금속, 카메라, 의약품, 화장품, 제과, 수예품 ㉡ 장점 : 설명하기 편하고, 판매원이 정위치를 잡기 용이하며 포장이 편리하다. ㉢ 단점 : 진열면적이 감소되고 show-case가 많아지면 상점 분위기가 부드럽지 않다.
측면판매	진열 상품을 같은 방향으로 보며 판매하는 형식 ㉠ 대상 : 양장, 양복, 침구, 전기기구, 서적, 운동용품 ㉡ 장점 : 충동적 구매와 선택이 용이하며, 진열 면적이 커지고 상품에 친근감이 있다. ㉢ 단점 : 판매원은 위치를 잡기 어렵고 불안정하며, 상품 설명이나 포장 등이 불편하다.

16 **실내디자인의 계획조건 중 외부적 조건에 속하지 않는 것은?**

① 계획대상에 대한 교통수단
② 소화설비의 위치와 방화구획
③ 기둥, 보, 벽 등의 위치와 간격치수
④ 실의 규모에 대한 사용자의 요구사항

해설 실내디자인 계획조건 작용 요소

㉠ 외부적 작용요소 : 입지적 조건, 설비적 조건, 건축적 조건(용도 법적인 규정)
㉡ 내부적 작용요소 : 계획의 목적, 공간 사용자의 행위·성격·개성에 관한 사항, 공간의 규모나 분위기에 대한 요구사항, 의뢰인(client)의 공사예산 등 경제적 사항

정답 14 ① 15 ③ 16 ④

17 다음의 공간에 대한 설명 중 옳지 않은 것은?

① 내부 공간의 형태는 바닥, 벽, 천장의 수직, 수평적 요소에 의해 이루어진다.
② 평면, 입면, 단면의 비례에 의해 내부 공간의 특성이 달라지며 사람은 심리적으로 다르게 영향을 받는다.
③ 내부 공간의 형태에 따라 가구유형과 형태, 가구배치 등 실내의 제요소들이 달라진다.
④ 불규칙적 형태의 공간은 일반적으로 한 개 이상의 축을 가지며 자연스럽고 대칭적이어서 안정되어 있다.

해설 공간

(1) 공간은 점, 선, 면들의 구성으로 이루어지며, 모든 물체의 안쪽을 말한다.
(2) 공간은 규칙적 형태와 불규칙 형태로 분류된다.
(3) 공간의 분할
㉠ 차단적 구획 : 칸막이 등으로 수평·수직 방향으로 분리
㉡ 심리적 구획 : 가구, 기둥, 식물 같은 실내 구성요소로 가변적으로 분할
㉢ 지각적 구획 : 조명, 마감 재료의 변화, 통로나 복도 공간 등의 공간 형태의 변화로 분할

18 디자인 요소 중 점의 조형효과로 옳지 않은 것은?

① 공간에 한 점을 두면 집중효과가 생긴다.
② 다수의 점을 근접시키면 면으로 지각된다.
③ 같은 점이라도 밝은 점은 크고 넓게, 어두운 점은 작고 좁게 보인다.
④ 평면에 있는 두 점 사이의 거리가 가까울수록 네거티브 라인은 가늘게 나타난다.

해설 점

(1) 정의 : 점은 기하학적인 정의로 크기가 없고 위치만 있다. 점은 선과 선의 교차, 선과 면의 교차, 선의 양끝 등에 의해 생긴다.
(2) 점의 효과
㉠ 점의 장력(인장력) : 2점을 가까운 거리에 놓아두면 서로간의 장력으로 선으로 인식되는 효과
㉡ 점의 집중효과 : 공간에 놓여있는 한점은 시선을 집중시키는 효과가 있다.
㉢ 시선의 이동 : 큰 점과 작은 점이 함께 놓여 있을 때 큰 점에서 작은 점으로 시선이 이동된다.
㉣ 많은 점을 근접시키면 면으로 지각하는 효과가 있다.

19 다음 중 수평선(Horizontal Line)이 주는 느낌으로 가장 알맞은 것은?

① 존엄성　② 경쾌
③ 위험　④ 안정

해설 선의 조형심리적 효과

㉠ 수직선 : 구조적인 높이와 존엄성, 고양감을 느끼게 한다.
㉡ 수평선 : 영원, 무한, 안정, 안락, 평화감을 느끼게 한다.
㉢ 사선 : 넘어지려는 움직임이 있어 운동감, 불안정, 변화하는 활동적인 느낌을 준다.
㉣ 곡선 : 유연, 복잡, 동적, 경쾌하며 여성적인 느낌을 들게 한다.

20 창의 종류 중 천창(天窓)에 대한 설명으로 옳지 않은 것은?

① 벽면을 개구부에 상관없이 다양하게 활용할 수 있다.
② 측창에 비해 채광량은 적으나 반사로 인한 눈부심이 없다.
③ 밀집된 건물에 둘러싸여 있어도 일정량의 채광을 확보할 수 있다.
④ 국부조명처럼 실내의 어느 한 지점을 밝게 비추어 강조할 수 있다.

정답 17 ④　18 ④　19 ④　20 ②

해설

천창 채광(top lighting) 형식은 건물의 지붕부분에 채광 또는 환기를 목적으로 수평면이나 약간의 경사면을 두어 상부 채광하는 형태로 최소의 크기로 최대의 빛을 받아들이는데 효과적이다. 천창 채광은 조도 분포가 균일하지만 폐쇄된 분위기가 된다.

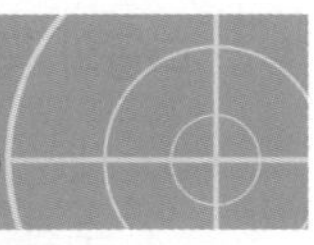

실내디자인론 2011년 6월 12일(2회)

01 다음 중 황금비율로 가장 알맞은 것은?

① 1 : 0.632 ② 1 : 1.414
③ 1 : 1.618 ④ 1 : 3.141

해설 황금비(golden section, 황금분할)

고대 그리스인들의 창안으로서 선이나 면적을 나누었을 때 작은 부분과 큰 부분의 비율이 큰 부분과 전체에 대한 비율과 동일하게 되는 기하학적 분할 방식으로 1 : 1.618의 비율을 갖는 가장 균형 잡힌 비례이다.

02 디자인 요소 중 2차원적 형태가 가지는 물리적 특성이 아닌 것은?

① 질감 ② 명도
③ 패턴 ④ 부피

해설

점의 차원은 0차원, 선의 차원은 1차원, 면의 차원은 2차원, 입체의 차원은 3차원이다.
볼륨(volume)과 매스(mass)는 공간이 가지는 3차원적 입체감에 속한다.
㉠ 볼륨(volume) : 부피의 크기에서 오는 느낌
㉡ 매스(mass) : 부피를 가진 하나의 덩어리로 느껴지는 물체나 인체의 부분

03 천창(天窓)에 대한 설명으로 옳지 않은 것은?

① 벽면을 다양하게 활용할 수 있다.
② 같은 면적의 측창보다 채광량이 많다.
③ 차열, 통풍에 불리하고 개방감도 적다.
④ 시공과 개폐 및 기타 보수관리가 용이하다.

해설 천창 채광(top lighting)

건물의 지붕부분에 채광 또는 환기를 목적으로 수평면이나 약간의 경사면을 두어 상부 채광하는 형태로 최소의 크기로 최대의 빛을 받아들이는데 효과적이다. 천창 채광은 조도 분포가 균일하지만 폐쇄된 분위기가 된다.

정답 01 ③ 02 ④ 03 ④

04 다음 중 비정형균형에 대한 설명으로 옳은 것은?

① 좌우대칭, 방사대칭으로 주로 표현된다.
② 대칭의 구성 형식이며, 가장 완전한 균형의 상태이다.
③ 단순하고 엄숙하며 완고하고 변화가 없는 정적인 것이다.
④ 물리적으로는 불균형이지만 시각상으로 힘의 정도에 의해 균형을 이룬 것이다.

해설 비대칭 균형

㉠ 비정형 균형, 신비의 균형 혹은 능동의 균형이라고도 한다.
㉡ 대칭 균형보다 자연스럽다.
㉢ 균형의 중심점으로부터 양측은 가능한 모든 배열로 다르게 배치된다.
㉣ 시각적인 결합에 의해 동적인 안정감과 변화가 풍부한 개성 있는 형태를 준다.
㉤ 물리적으로는 불균형이지만 시각상으로는 균형을 이루는 것으로 흥미로움을 주며 율동감, 약진감이 있다.
㉥ 현대 건축, 현대 미술
※ 비대칭 균형은 능동적이며 비형식적인 느낌을 주며, 진취적이고 긴장된 생명감각을 느끼게 한다.

05 디자인 프로세스에 대한 설명으로 옳지 않은 것은?

① 디자인 문제 해결 과정이라 할 수 있다.
② 디자인의 결과는 디자인 프로세스에 의해 영향을 받게 되므로 반드시 필요하다.
③ 디자인을 수행함에 있어 체계적으로 획일화한 프로세스는 모든 디자인 문제를 해결할 수 있다.
④ 창조적인 사고, 기술적인 해결 능력, 경제 및 인간가치 등의 종합적이고 학제적인 접근이 필요하다.

해설

디자인을 수행함에 있어 체계적으로 획일화한 프로세스가 모든 디자인 문제를 해결할 수 있는 것은 아니다.

06 실내디자인에 대한 설명 중 옳지 않은 것은?

① 인간생활의 쾌적성을 추구하는 디자인 활동이다.
② 미적, 기능적 공간을 창출하는 디자인 행위이다.
③ 전체 매스의 구조와 디자인을 완성하는 전문과정이다.
④ 디자인 요소를 반영하여 인간 환경을 구축하는 작업이다.

해설

실내디자인이란 인간에 의해 점유되는 모든 공간을 쾌적한 환경으로 만들기 위한 창조적인 디자인 행위로 물리적·환경적 조건(기상, 기후 등 외부적인 보호), 기능적 조건(공간 규모, 공간 배치, 기능, 동선), 정서적·심미적 조건(예술적이며 서정적인 생활환경 도입) 등을 충족시켜야 한다.
가장 우선시 되어야 하는 것은 기능적인 면의 해결이며, 실내디자인의 궁극적인 목표는 실내 공간을 사용하는 사람의 쾌적성을 추구하는데 있다.

07 주거공간을 주 행동에 의해 구분할 경우, 다음 중 사회공간에 속하지 않는 것은?

① 거실 ② 식당
③ 서재 ④ 응접실

해설 주거공간의 4요소

㉠ 개인공간 : 부부침실, 노인실, 가족실, 서재
㉡ 사회공간(공동공간) : 거실, 식사실, 가족실
㉢ 노동공간 : 주방, 가사실
㉣ 보건·위생공간 : 욕실, 화장실

08 다음 중 평면계획시 고려해야 할 사항과 가장 거리가 먼 것은?

① 동선처리 ② 조명분포
③ 가구배치 ④ 출입구의 위치

정답 04 ④ 05 ③ 06 ③ 07 ③ 08 ②

해설

평면계획시 공간과 공간과의 관계, 실의 배치 및 크기, 개구부의 위치 및 크기, 창문과 출입구의 구별, 동선, 가구배치 등의 사항을 고려해서 계획하여야 한다.

09 **호텔의 중심 기능으로 동선체계의 시작이 되는 공간은?**

① 린넨실　② 연회장
③ 로비　④ 객실

해설

호텔의 로비는 현관, 홀, 계단에 접해 응접, 대화용으로 쓰이는 공간으로서 모든 동선체계의 시작이 되는 호텔의 중심기능 공간이다.

10 **바르셀로나 체어를 디자인한 건축가는?**

① 마르셀 브로이어(Marcel Breuer)
② 루이스 설리반(Louis Sullivan)
③ 미스 반 데어 로에(Mies Van der Rohe)
④ 프랭크 로이드 라이트(Frank Lloyd Wright)

해설 바르셀로나 의자(Barcelona chair)

1929년 바르셀로나에서 열린 국제박람회의 독일 정부관을 위해 미스 반 데어 로에에 의하여 디자인된 것으로 ×자로 된 강철 파이프 다리 및 가죽으로 된 등받이와 좌석으로 구성된다.

11 **실내디자인 작업에서 고려해야 할 조건 중 경제적 조건에 해당하는 것은?**

① 심미적, 심리적 예술 욕구를 충족시킬 수 있는 아름다움이 있어야 한다.
② 전체 공간구성이 합리적이고, 각 공간의 기능이 최대로 발휘되어야 한다.
③ 새로운 가치의 효과를 창출할 수 있도록 개성 있는 표현이 이루어져야 한다.
④ 최소의 자원을 투입하여 공간의 사용자가 최대로 만족할 수 있는 효과가 이루어지도록 하여야 한다.

해설 실내디자인의 조건

㉠ 합목적성 : 기능성 또는 실용성
㉡ 심미성 : 아름다운 창조
㉢ 경제성 : 최소의 노력으로 최대의 효과
㉣ 독창성 : 새로운 가치를 추구
㉤ 질서성 : 상기 4가지 조건을 서로 관련시키는 것

12 **전시실의 순회형식 중 연속순로 형식에 대한 설명으로 옳은 것은?**

① 연속된 전시실의 한쪽 복도에 의해서 각 실을 배치한 형식이다.
② 각 실에 직접 들어갈 수 있으며 필요시에는 자유로이 독립적으로 폐쇄할 수 있다.
③ 1실을 폐쇄할 경우 전체 동선이 막히게 되므로 비교적 소규모의 전시실에 적합하다.
④ 중심부에 하나의 큰 홀을 두고 그 주위에 각 전시실을 배치하여 자유로이 출입하는 형식이다.

해설 연속순로(순회) 형식

구형(矩形) 또는 다각형의 각 전시실을 연속적으로 연결하는 형식이다.
㉠ 단순하고 공간이 절약된다.
㉡ 소규모의 전시실에 적합하다.
㉢ 전시 벽면을 많이 만들 수 있다.
㉣ 많은 실을 순서별로 통해야 하고 1실을 닫으면 전체 동선이 막히게 된다.

정답　09 ③　10 ③　11 ④　12 ③

13 **공간에 관한 설명 중 옳지 않은 것은?**

① 직사각형의 평면형을 갖는 공간 형태는 강한 방향성을 갖는다.
② 공간은 사용자가 보는 위치에 따라 시각적으로 수없이 변화한다.
③ 실내의 공간은 건축물의 구조적 요소인 벽, 바닥, 기초, 천장, 가구에 의해 한정된다.
④ 공간은 적극적인 공간(positive space)과 소극적인 공간(negative space)으로 나눌 수 있다.

해설

내부 공간의 형태는 바닥, 벽, 천장의 수직, 수평적 요소에 의해 이루어진다. 평면, 입면, 단면의 비례에 의해 내부 공간의 특성이 달라지며 사람은 심리적으로 다르게 영향을 받으며, 내부 공간의 형태에 따라 가구유형과 형태, 가구배치 등 실내의 제요소들이 달라진다.
공간은 사용자가 보는 위치에 따라 시각적으로 수없이 변화하며, 실내공간은 부피로서의 체적 개념을 갖는 넓이로 이해되고 취급되어야 한다.

14 **불완전한 형을 사람들에게 순간적으로 보여줄 때 이를 완전한 형으로 지각한다는 것과 관련된 형태의 지각 심리는?**

① 근접성 ② 유사성
③ 연속성 ④ 폐쇄성

해설 형태의 지각심리(게슈탈트의 지각심리)

㉠ 접근성 : 가까이 있는 시각 요소들을 패턴이나 그룹으로 인지하게 되는 지각심리
㉡ 유사성 : 형태와 색깔, 크기 등이 유사할 경우 함께 모여보이는 지각심리
㉢ 연속성 : 점들의 연속이 선으로 지각되어 형태를 만드는 지각심리
㉣ 폐쇄성 : 불완전한 시각 요소들을 완전한 형태로 지각하려는 심리
㉤ 단순화 : 어떤 형태를 접했을 때 복잡한 형태보다는 단순한 형태로 지각하려는 심리
㉥ 도형과 배경의 법칙 : 도형과 배경이 순간적으로 번갈아 보이면서 다른 형태로 지각되는 심리
※ 그림과 바탕이 교체되는 도형을 '반전도형(反轉圖形)'이라고 한다.

루빈의 항아리

15 **실내디자인의 전개과정으로 가장 알맞은 것은?**

① 프로젝트기획 → 디자인계획 → 기본설계 → 실시설계
② 디자인계획 → 프로젝트기획 → 기본설계 → 실시설계
③ 기본설계 → 프로젝트기획 → 실시설계 → 디자인계획
④ 실시설계 → 기본설계 → 디자인계획 → 프로젝트기획

해설 실내디자인의 계획과정

㉠ 기획 : 공간의 사용목적, 예산, 완성 후 운영에 이르기까지의 전체 관련사항을 종합 검토
㉡ 기본계획 : 계획조건의 파악(외부적 조건, 내부적 조건), 기본 개념 설정, 계획의 평가기준 설정
㉢ 기본설계 : 기본 구상(구상을 위한 도면), 시각화 과정, 대안들의 작성, 대안의 평가, 의뢰인의 승인·설득, 결정안, 도면화(프리젠테이션), 모델링, 조정, 최종 결정안
㉣ 실시설계 : 결정안에 대한 설계도(시공 및 제작을 위한 도면), 확인(시방서 작성), 수정·보완
㉤ 시공 : 완성, 평가(거주 후 평가 P.O.E : Post Occupancy Evaluation)

정답 13 ③ 14 ④ 15 ①

16 다음 설명에 알맞은 블라인드(blind)의 종류는?

• 쉐이드(shade)라고도 한다. • 단순하고 깔끔한 느낌을 주며 창 이외에 간막이 스크린으로도 효과적으로 사용할 수 있다.

① 롤 블라인드
② 로만 블라인드
③ 버티컬 블라인드
④ 베네시안 블라인드

해설 블라인드의 종류

※ 블라인드 : 날개의 각도를 조절하여 일광, 조망, 시각의 차단정도를 조정하는 창가리개
㉠ 베네시안 블라인드(Venetian blind) : 수평 블라인드로 안정감을 줄 수 있으나 날개 사이에 먼지가 쌓이기 쉽다.
㉡ 롤 블라인드(roll blind) : 쉐이드(shade)라고도 하며 단순하고 깔끔한 느낌을 준다.
㉢ 로만 블라인드(roman blind) : 천의 내부에 설치된 풀 코드나 체인에 의해 당겨져 아래가 접히면서 올라간다.
㉣ 버티컬 블라인드(vertical blind) : 버티컬 블라인드로 날개가 세로로 하여 180° 회전하는 홀더 체인으로 연결되어 있으며 좌우 개폐가 가능하다.

17 점과 선에 대한 설명으로 옳지 않은 것은?

① 공간에 한 점을 두면 집중효과가 있다.
② 점은 기하학적으로 크기는 없고 위치만 존재한다.
③ 사선은 유연함, 우아함, 부드러움 등의 여성적인 느낌을 준다.
④ 여러 개의 선을 이용하여 움직임, 속도감을 시각적으로 표현할 수 있다.

해설 선의 조형심리적 효과

㉠ 수직선은 구조적인 높이와 존엄성, 고양감을 느끼게 한다.
- 수직선은 공간을 실제보다 더 높아 보이게 한다.
㉡ 수평선은 영원, 무한, 안정, 안락, 평화감을 느끼게 한다.
- 수평선은 바닥이나 천장 등의 건물구조에 많이 이용된다.
㉢ 사선은 넘어지려는 움직임이 있어 운동감, 불안정, 변화하는 활동적인 느낌을 준다.
- 사선은 단조로움을 없애주고 활동적인 분위기를 연출하는데 효과적이다.
㉣ 곡선은 유연, 복잡, 동적, 경쾌하며 여성적인 느낌을 들게 한다.
- 곡선은 부드럽고 미묘한 이미지를 갖고 있어 실내에 풍부한 분위기를 연출한다.

18 다음 중 전시공간의 규모 설정에 영향을 주는 요인과 가장 거리가 먼 것은?

① 전시방법
② 전시의 목적
③ 전시공간 평면형태
④ 전시자료의 크기와 수량

해설

전시공간 규모 계획상 참고할 수 있는 계획적 지표는 전시관의 부문별 면적대비 비교데이터의 범위, 전시자료의 장르별, 전시형태별 전시모드에 의한 전시밀도, 전시운영형태에 따른 전시성격과 특성분석을 통한 자료의 장르별 전시밀도 범주 등이 있으며, 규모 설정에 영향을 주는 요인에는 전시의 목적, 전시자료의 크기와 수량, 전시방법, 전시공간의 유형 등이 있다.

19 실내디자인에 앞서 대상공간에 대해 디자이너가 파악해야 할 외적 작용요소가 아닌 것은?

① 공간 사용자의 수
② 전기, 냉난방 설비시설
③ 비상구 등 긴급 피난시설
④ 기존 건물의 용도 및 법적인 규정

정답 16 ① 17 ③ 18 ③ 19 ①

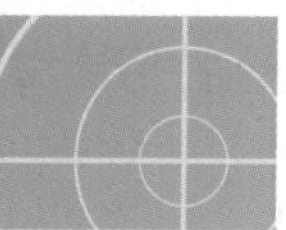

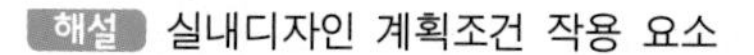

해설 실내디자인 계획조건 작용 요소

㉠ 외부적 작용요소 : 입지적 조건, 설비적 조건, 건축적 조건(용도 법적인 규정)
㉡ 내부적 작용요소 : 계획의 목적, 공간 사용자의 행위·성격·개성에 관한 사항, 공간의 규모나 분위기에 대한 요구사항, 의뢰인(client)의 공사예산 등 경제적 사항

20 실내공간의 기본적 요소에 대한 설명 중 옳지 않은 것은?

① 바닥은 인간의 감각 중 촉각적 요소와 관계가 밀접하다.
② 바닥의 마감재를 다르게 하여 공간의 영역을 구분할 수 있다.
③ 천장을 낮추면 친근하고 아늑한 공간이 되고 높이면 확대감을 줄 수 있다.
④ 상징적 경계를 나타내는 벽체는 시각적인 방해가 되지 않는 높이 1,200mm 이하의 낮은 벽체이다.

해설 벽 높이에 따른 심리적 효과

구분	내용
상징적 경계	• 60cm 높이의 벽이나 담장은 두 공간을 상징적으로 분리, 구분한다. • 모서리를 규정할 뿐 공간을 감싸지는 못한다. • 시각적 영역표시로 바닥패턴의 변화나 재료의 변화로도 경계를 지을 수 있다.
시각적 개방	• 가슴높이의 벽 1.2m 정도는 시각적 연속성을 주면서 감싸인 분위기를 준다. • 눈높이의 벽 1.5m 정도는 한 공간이 다른 공간과 분할되기 시작한다.
시각적 차단	• 키를 넘는 높이 1.8m 정도는 공간의 영역이 완전히 차단된다. • 프라이버시를 유지할 수 있고 하나의 실을 만들 수 있다.

실내디자인론 2011년 8월 21일(4회)

01 소파(sofa)에 관한 설명으로 옳지 않은 것은?

① 소파가 침대를 겸용할 수 있는 것을 소파베드라 한다.
② 세티는 동일한 두 개의 의자를 나란히 합해 2인이 앉을 수 있도록 한 것이다.
③ 라운지 소파는 편히 누울 수 있도록 쿠션이 좋으며 머리와 어깨부분을 받칠 수 있도록 한쪽 부분이 경사져 있다.
④ 체스터필드는 고대 로마시대 음식물을 먹거나 잠을 자기 위해 사용했던 긴 의자로 좌판의 한쪽 끝이 올라간 형태이다.

해설 체스터필드(chesterfield)

소파의 골격에 쿠션성이 좋도록 솜, 스폰지 등의 속을 많이 채워 넣고 천으로 감싼 소파이다.

02 동선에 관한 설명으로 옳지 않은 것은?

① 동선 사용의 빈도가 큰 공간은 주동선을 중심으로 배치한다.
② 동선은 사람이나 물건이 이동하면서 만든 궤적으로서 일상생활의 움직임을 표시하는 선이다.
③ 동선은 밀도, 크기, 길이의 3요소를 가지며 이들 요소의 정도에 따라 거리의 장단, 폭의 대소가 결정되어진다.
④ 동선계획의 기본은 동선의 시작에서 목적하는 지점에 이르는 끝까지 원활하고 자연스러운 흐름이 되도록 하는 것이다.

해설

동선은 속도, 빈도, 하중의 3요소를 가지며, 이들 요소의 정도에 따라 거리의 장단, 폭의 대소가 결정되어진다.

정답 20 ④ / 01 ④ 02 ③

03 다음 설명에 알맞은 특수전시기법은?

- 하나의 사실 또는 주제의 시간 상황을 고정시켜 연출하는 것으로 현장에 임한 느낌을 주는 기법이다.
- 어떤 상황을 배경과 실물 또는 모형으로 재현하여 현장감, 공간감을 표현하고 배경에 맞는 투시적 효과와 상황을 만든다.

① 디오라마 전시
② 파노라마 전시
③ 아일랜드 전시
④ 하모니카 전시

해설 특수전시기법

전시기법	특징
디오라마 전시	하나의 사실 또는 주제의 시간 상황을 고정시켜 연출하는 것으로 현장에 임한 듯한 느낌을 가지고 관찰할 수 있는 전시기법
파노라마 전시	벽면전시와 입체물이 병행되는 것이 일반적인 유형으로 넓은 시야의 실경(實景)을 보는 듯한 감각을 주는 전시기법
아일랜드 전시	벽이나 천정을 직접 이용하지 않고 전시물 또는 장치를 배치함으로써 전시공간을 만들어내는 기법으로 대형전시물이나 소형전시물인 경우에 유리하다.
하모니카 전시	전시평면이 하모니카 흡입구처럼 동일한 공간으로 연속되어 배치되는 전시기법으로 동일 종류의 전시물을 반복 전시할 때 유리하다.
영상 전시	영상매체는 현물을 직접 전시할 수 없는 경우나 오브제 전시만의 한계를 극복하기 위하여 사용한다.

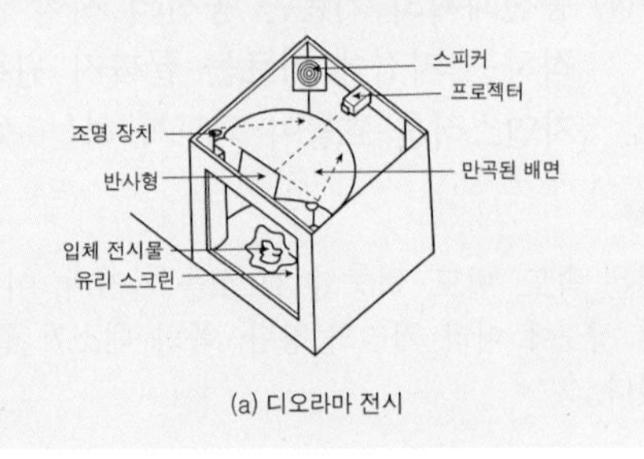

(a) 디오라마 전시

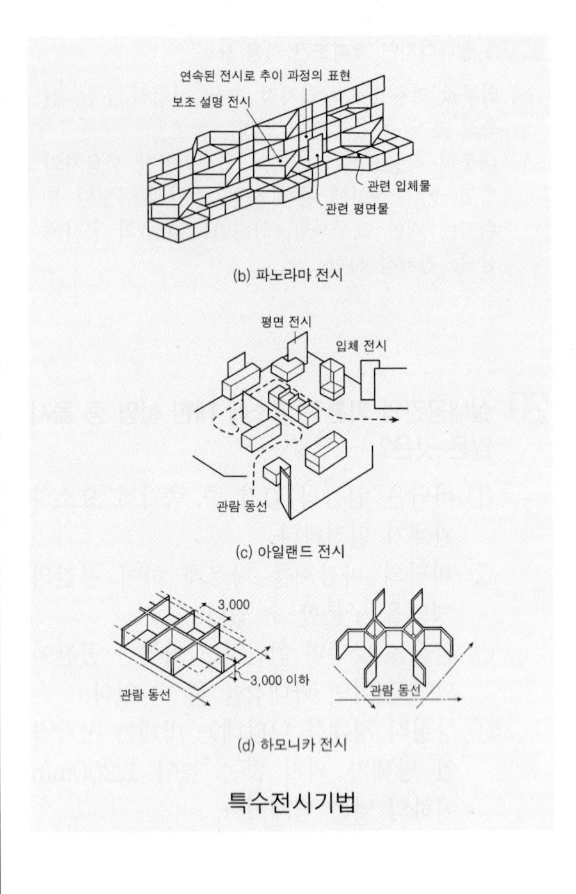

(b) 파노라마 전시

(c) 아일랜드 전시

(d) 하모니카 전시

특수전시기법

04 다음 중 전시목적 공간에 해당하지 않는 것은?

① 쇼룸 ② 박물관
③ 박람회 ④ 컨벤션 홀

해설 컨벤션 홀(convention hall)

대회의장, 강당

05 형태에 관한 설명으로 옳지 않은 것은?

① 디자인에 있어서 형태는 대부분이 자연형태이다.
② 추상적 형태는 구체적 형태를 생략 또는 과장의 과정을 거쳐 재구성된 형태이다.
③ 자연형태는 단순한 부정형의 형태를 취하기도 하지만 경우에 따라서는 체계적인 기하학적인 특징을 갖는다.

정답 03 ① 04 ④ 05 ①

④ 순수형태는 인간의 지각, 즉 시각과 촉각 등으로는 직접 느낄 수 없고 개념적으로만 제시될 수 있는 형태이다.

해설 형태(form)

㉠ 이념적 형태 – 순수 형태(추상 형태)
㉡ 현실적 형태 – 자연 형태, 인위적 형태(기하 형태, 자유 형태)
㉢ 포지티브(positive, 적극적) 형태
㉣ 네거티브(negative, 소극적) 형태
※ 이념적 형태(form)란 인간의 지각, 즉 시각과 촉각 등으로 직접 느낄 수 없고 개념적으로만 제시될 수 있는 형태로서 순수 형태 혹은 상징적 형태라고도 한다.

06 다음의 실내디자인의 제반 기본조건 중 가장 먼저 고려되어야 하는 것은?

① 정서적 조건 ② 기능적 조건
③ 심미적 조건 ④ 환경적 조건

해설 실내 디자인의 조건

㉠ 기능적 조건 – 가장 우선적인 조건으로 편리한 생활의 기능을 가져야 한다.
㉡ 정서적 조건 – 인간의 심리적 안정감이 충족되어야 한다.
㉢ 심미적 조건 – 아름다움을 추구한다.
㉣ 환경적 조건 – 자연환경인 기후, 지형, 동식물 등과 어울리는 기능을 가져야 한다.
(위의 기능적, 정서적, 심미적 조건은 인간적인 조건이나 환경적인 조건은 성격이 다르다)

07 황금분할에 관한 설명으로 옳은 것은?

① 황금분할은 1 : 1.518이다.
② 황금분할은 비대칭 분할이라고도 한다.
③ 중세 로마에서 시작된 기하학적 분할법이다.
④ 황금분할은 건축물과 조각 등에 이용되어온 기하학적 분할 방식이다.

해설 황금비(golden section, 황금분할)

고대 그리스인들의 창안한 기하학적 분할 방식으로서 선이나 면적을 나누었을 때 작은 부분과 큰 부분의 비율이 큰 부분과 전체에 대한 비율과 동일하게 되는 기하학적 분할 방식으로 1 : 1.618의 비율을 갖는 가장 균형 잡힌 비례이다.

08 다음 설명에 알맞은 사무소 건축의 코어형식은?

- 중, 대규모 사무소 건축에 적합하다.
- 2방향 피난에 이상적인 형식이다.

① 외코어형
② 중앙코어형
③ 편심코어형
④ 양단코어형

해설 사무소 건축의 core 종류

㉠ 편심 코어형(편단 코어형) : 기준층 바닥면적이 적은 경우에 적합하며 너무 고층인 경우는 구조상 좋지 않다. 바닥면적이 커지면 코어 이외에 피난 시설, 설비 샤프트 등이 필요해진다.
㉡ 중심 코어형(중앙 코어형) : 바닥면적이 클 경우 적합하며 특히 고층, 초고층에 적합하다. 임대사무실로서 가장 경제적인 계획을 할 수 있다.
㉢ 독립 코어형(외 코어형) : 자유로운 사무실 공간을 코어와 관계없이 마련할 수 있다. 각종 설비 duct, 배관 등의 길이가 길어지며 제약이 많다. 방재상 불리하고 바닥면적이 커지면 피난시설을 포함한 서브 코어(sub core)가 필요하며, 내진 구조에는 불리하다.
㉣ 양단 코어형(분리 코어형) : 한 개의 대공간을 필요로 하는 전용 사무실에 적합하다. 2방향 피난에 이상적이며 방재상 유리하다.

정답 06 ② 07 ④ 08 ④

09 **치수계획에 있어 적정치수를 설정하는 방법으로 최소치 $+\alpha$, 최대치 $-\alpha$, 목표치 $\pm\alpha$가 있는데, 이때 a는 적정치수를 끌어내기 위한 어떤 치수인가?**

① 기본치수　② 조정치수
③ 유동치수　④ 가능치수

해설 실내공간의 치수계획

㉠ 규모에 따른 치수산정은 인체치수를 기본으로 하되 인간의 생리적, 심리적 측면을 고려한다.
㉡ 치수계획은 생활과 물품, 공간과의 적정한 상호관계를 만족시키는 치수체계를 구하는 과정이다.
㉢ 치수계획은 인간의 심리적, 정서적 반응을 유발시킨다.
㉣ 최적치수를 구하는 방법으로는 α를 조정치수라 할 때, 최소치$+\alpha$, 최대치$-\alpha$, 목표치$\pm\alpha$가 있다.
㉤ 면적이나 형태는 사용 방법에 영향을 미치므로 고려해야 한다.
㉥ 크기는 넓이뿐만 아니라 높이도 함께 고려해야 한다.
㉦ 복도의 치수는 통행자의 수와 보행 속도에 영향을 미친다.

10 **커튼(curtain)에 관한 설명으로 옳지 않은 것은?**

① 드레퍼리 커튼은 일반적으로 투명하고 막과 같은 직물을 사용한다.
② 새시 커튼은 창문 전체를 커튼으로 처리하지 않고 반 정도만 친 형태이다.
③ 글라스 커튼은 실내로 들어오는 빛을 부드럽게 하며 약간의 프라이버시를 제공한다.
④ 드로우 커튼은 창문 위의 수평 가로대에 설치하는 커튼으로 글라스 커튼보다 무거운 재질의 직물로 처리한다.

해설 드레퍼리 커튼(Draperies curtain)

창문에 느슨히 걸린 우거진 커튼으로 모든 커튼의 통칭

11 **다음 설명에 알맞은 창의 종류는?**

> • 천장 가까이에 있는 벽에 위치한 좁고 긴 창문으로 채광을 얻고 환기를 시킨다.
> • 욕실, 화장실 등과 같이 높은 프라이버시를 필요로 하는 실이나 부엌과 같이 환기를 필요로 하는 실에 적합하다.

① 측창　② 고창
③ 윈도우 월　④ 베이 윈도우

해설 고창(clearstory)

천장 가까이에 있는 벽의 상부에 위치하는 좁고 긴 창으로 채광 또는 환기가 가능하고 프라이버시를 요하는 실이나 전시실 등에 적합한 창이다.

12 **광원을 넓은 면적의 벽면에 매입하여 비스타(vista)적인 효과를 낼 수 있으며 시선에 안락한 배경으로 작용하는 건축화 조명방식은?**

① 광창 조명　② 광천장 조명
③ 코니스 조명　④ 캐노피 조명

해설 건축화 조명방식

천장, 벽, 기둥 등의 건축 부분에 광원을 만들어 실내를 조명하는 방식으로 눈부심이 적은 장점이 있는 반면, 조명 효율은 직접 조명에 비해 떨어진다.

㉠ 광천장 조명 : 확산투과선 플라스틱 판이나 루버로 천장을 마감하여 그 속에 전등을 넣은 방법이다.
㉡ 코니스 조명 : 벽면의 상부에 위치하여 모든 빛이 아래로 직사하도록 하는 조명방식이다.
㉢ 밸런스 조명 : 창이나 벽의 커튼 상부에 부설된 조명이다. (상향 조명)
㉣ 캐노피 조명 : 사용자의 얼굴에 적당한 조도를 분배하기 위해 벽면이나 천장면의 일부를 돌출시켜 조명을 설치한다.
㉤ 코브(cove)조명 : 천장, 벽, 보의 표면에 광원을 감추고, 일단 천장 등에서 반사한 간접광으로 조명하는 건축화 조명이다.

정답　09 ②　10 ①　11 ②　12 ①

13 건축물의 노후화를 억제하거나 기능 향상을 위하여 대수선하거나 일부 증축하는 행위를 의미하는 것은?

① 리빌딩(reduilding)
② 리모델링(remodeling)
③ LCC(life cycle cost)
④ 재개발(redevelopment)

해설 리모델링(remodeling)

건축물의 노후화를 억제하거나 기능 향상을 위하여 대수선하거나 일부 증축하는 행위를 말한다.
(건축법 제2조 10)

14 선에 관한 설명으로 옳지 않은 것은?

① 면의 한계, 면들의 교차에서 나타난다.
② 수직선은 심리적으로 상승감, 존엄성, 엄숙함 등의 느낌을 준다.
③ 여러 개의 선을 이용하여 움직임, 속도감, 방향을 시각적으로 표현할 수 있다.
④ 곡선의 약동감, 생동감 넘치는 에너지와 운동감, 속도감 등의 남성적인 느낌을 준다.

해설 선의 조형심리적 효과

㉠ 수직선은 구조적인 높이와 존엄성, 고양감을 느끼게 한다.
㉡ 수평선은 영원, 무한, 안정, 안락, 평화감을 느끼게 한다.
㉢ 사선은 넘어지려는 움직임이 있어 운동감, 불안정, 변화하는 활동적인 느낌을 준다.
㉣ 곡선은 유연, 복잡, 동적, 경쾌하며 여성적인 느낌을 들게 한다.

15 다음 설명에 알맞은 디자인 원리는?

> • 디자인 대상의 전체에 미적 질서를 주는 기본원리이다.
> • 변화와 함께 모든 조형에 대한 미의 근원이 된다.

① 리듬　　② 통일
③ 균형　　④ 대비

해설 통일(unity)

㉠ 디자인 대상의 전체 중 각 부분, 각 요소의 여러 다른 점을 정리해 관계를 맺으면서 미적 질서를 부여하는 기본 원리로서 디자인의 가장 중요한 속성이다.
㉡ 변화를 원심적 활동이라 한다면, 통일은 구심적 활동이라 할 수 있다.
㉢ 대비인 통일과 변화는 상반되는 성질을 지니고 있으면서도 서로 긴밀한 유기적 관계를 유지한다.
※ 변화는 적절한 절제가 되지 않으면 공간의 통일성을 깨트린다.

16 주택의 평면계획시 공간의 조닝 방법으로 옳지 않은 것은?

① 실의 크기에 의한 조닝
② 가족 전체와 개인에 의한 조닝
③ 정적 공간과 동적 공간에 의한 조닝
④ 주간과 야간의 사용시간에 의한 조닝

해설 주거공간의 영역 구분(zoning)

㉠ 사용자의 범위(생활공간)에 따른 구분 – 단란, 개인, 가사노동, 보건·위생
㉡ 공간의 사용시간(사용시간별)에 따른 구분 – 주간, 야간, 주·야간
㉢ 행동의 목적(주행동)에 따른 구분 – 주부, 주인, 아동
㉣ 행동반사에 따른 구분 – 정적공간, 동적공간, 완충공간

17 부엌에서 작업 순서를 고려한 효율적인 작업대의 배치 순서로 알맞은 것은?

① 준비대 → 조리대 → 가열대 → 개수대 → 배선대
② 개수대 → 준비대 → 가열대 → 조리대 → 배선대
③ 준비대 → 개수대 → 조리대 → 가열대 → 배선대

정답 13 ② 14 ④ 15 ② 16 ① 17 ③

④ 개수대 → 조리대 → 준비대 → 가열대 → 배선대

해설 부엌의 작업삼각대(worktriangle)를 이루는 가구의 배치 순서

준비대 → 개수대 → 조리대 → 가열대 → 배선대
※ 주부의 동선을 단축하기 위하여 부엌의 작업순서는 작업삼각형(worktriangle)이 되도록 하는 것이 유리하다.

18 모듈(module)계획에 관한 설명으로 옳지 않은 것은?

① 공사기간이 단축된다.
② 설계작업이 단순하고 용이하다.
③ 계획의 유연성, 심미성, 다양성이 높다.
④ 건축구성재의 대량생산이 가능하여 경제적이다.

해설 모듈(Module)

구성재의 크기를 정하기 위한 치수의 조직으로서 건축의 계획상, 생산상, 사용상에 편리한 치수의 측정단위이다. 모듈(module) 시스템을 적용하면 설계작업이 단순화되고, 건축 구성재의 대량생산이 용이해지고 생산단가가 저렴해지고, 현장작업이 단순하므로 공사기간을 단축할 수 있다.

19 실내디자인 과정을 조사분석 단계와 디자인 단계로 나눌 때, 다음 중 조사분석 단계에 속하지 않는 것은?

① 문제점 인식
② 정보의 수집
③ 아이디어의 시각화
④ 클라이언트의 요구사항 파악

해설

실내디자인 과정은 조사분석 단계와 디자인 단계로 나눈다.
(1) 조사분석 단계
㉠ 정보의 수집
㉡ 문제점 인식
㉢ 클라이언트의 요구사항 파악
(2) 디자인 단계
㉠ 디자인의 개념 및 방향설정
㉡ 아이디어의 시각화
㉢ 대안의 설정 및 평가
㉣ 최종안의 결정

20 실내디자인의 요소 중 벽에 관한 설명으로 옳지 않은 것은?

① 높이 1800mm 정도의 벽은 두 공간을 상징적으로 분리, 구분한다.
② 바닥에 대한 직각적인 벽은 공간요소 중 가장 눈에 띄기 쉬운 요소이다.
③ 실내 분위기를 형성하며 특히 색, 패턴, 질감, 조명 등에 의해 그 분위기가 조절된다.
④ 공간을 에워싸는 수직적 요소로 수평방향을 차단하여 공간을 형성하는 기능을 갖는다.

해설 벽높이에 따른 심리적 효과

구분	내용
상징적 경계	• 60cm 높이의 벽이나 담장은 두 공간을 상징적으로 분리, 구분한다. • 모서리를 규정할 뿐 공간을 감싸지는 못한다. • 시각적 영역표시로 바닥패턴의 변화나 재료의 변화로도 경계를 지을 수 있다.
시각적 개방	• 가슴높이의 벽 1.2m 정도는 시각적 연속성을 주면서 감싸인 분위기를 준다. • 눈높이의 벽 1.5m 정도는 한 공간이 다른 공간과 분할되기 시작한다.
시각적 차단	• 키를 넘는 높이 1.8m 정도는 공간의 영역이 완전히 차단된다. • 프라이버시를 유지할 수 있고 하나의 실을 만들 수 있다.

정답 18 ③ 19 ③ 20 ①

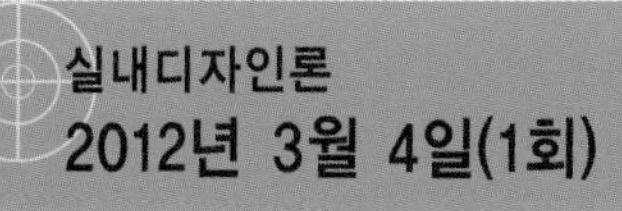
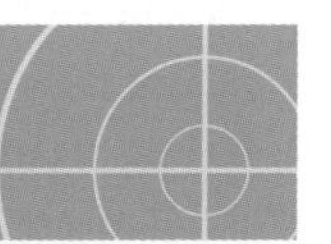

실내디자인론 2012년 3월 4일(1회)

01 상점의 평면배치에서 고객의 흐름이 빠르며 대량판매가 가능한 형식으로 고객이 직접 취사 선택할 수 있도록 하는 업종에 가장 적합한 것은?

① 굴절배열형 ② 직렬배열형
③ 환상배열형 ④ 복합배열형

해설 평면 배치의 기본형

평면 배치형	특징
(1) 굴절 배열형	㉠ 진열 케이스의 배치와 고객 동선이 굴절 또는 곡선으로 구성된 것 ㉡ 대면 판매와 측면 판매의 조합으로 이루어진다. ㉢ 대상 : 양품점, 안경점, 모자점, 문방구점
(2) 직렬 배열형	㉠ 통로가 직선이며 고객의 흐름이 가장 빠르다. ㉡ 부분별로 상품 진열이 용이하고 대량판매 형식도 가능하다. ㉢ 대상 : 침구점, 양품점, 전기용품점, 서점, 식기점
(3) 환상 배열형	㉠ 중앙에 케이스, 대 등에 의한 직선 또는 곡선에 의한 환상 부분을 설치하고 이 안에 레지스터리, 포장대 등을 놓는 형식이다. ㉡ 중앙 환상의 대면 판매 부분에서는 소형 상품과 고액인 상품을 놓고 벽면에는 대형 상품 등을 진열한다. ㉢ 대상 : 민예품점, 수예품점
(4) 복합 배열형	㉠ (1), (2), (3)을 적절히 조합시킨 형이다. ㉡ 후반부에 대면 판매 또는 카운터 접객 부분이 된다. ㉢ 대상 : 서점, 피혁 제품점, 부인복지점

02 실내디자인의 개념에 관한 설명으로 옳지 않은 것은?

① 형태와 기능의 통합작업이다.
② 목적물에 관한 이미지의 실체화이다.
③ 어떤 사물에 대해 행해지는 스타일링(styling)의 총칭이다.
④ 인간생활에 유용한 공간을 만들거나 환경을 조성하는 과정이다.

해설 실내디자인의 개념

실내디자인이란 인간이 생활하는 실내공간을 보다 아름답고 일률적이며, 쾌적한 환경으로 창조 하는 디자인 행위 일체를 말한다.
실내디자인은 인간에 의해 점유되는 모든 공간을 쾌적한 환경으로 만들기 위한 창조적인 디자인 행위로 물리적·환경적 조건(기상, 기후 등 외부적인 보호), 기능적 조건(공간 배치, 동선), 정서적·심미적 조건(서정적 예술성의 만족) 등을 충족시켜야 한다. 미술은 순수예술처럼 주관적인 예술이지만 실내디자인은 과학적 기술과 예술의 조합으로써 주어진 공간을 목적에 알맞게 창조하는 전문분야이고, 가장 우선시 되어야 하는 것은 기능적인 면의 해결이므로 건축적인 수단도 필요로 한다. 그리고 실내디자인의 쾌적성 추구는 기능적 요소와 환경적 요소 및 주관적 요소를 목표로 한다.

03 주택의 부엌계획에 관한 설명으로 옳은 것은?

① 부엌의 색채는 가급적 고채도, 저명도의 색을 사용하는 것이 좋다.
② 작업대 하나의 길이는 400mm를 기준으로 하되, 작업영역 치수인 1500mm를 넘지 않도록 한다.
③ 부엌의 분위기는 일반적으로 수납장의 색깔과 질감보다는 벽체의 마감재료에 의해 결정된다.
④ 아일랜드형의 부엌은 주로 개방된 공간의 오픈 시스템에서 사용되며, 공간이 큰 경우에 적합하다.

해설 아일랜드형 부엌

㉠ 부엌의 작업대가 식당이나 거실 등으로 개방된 형태의 부엌으로 공간이 큰 경우에 적합하다.
㉡ 가족 구성원 모두가 부엌일에 참여하는 것을 유도할 수 있다.
㉢ 개방성이 큰 만큼 부엌의 청결과 유지관리가 중요하다.

정답 01 ② 02 ③ 03 ④

04 다음 중 조명계획의 체크리스트에 포함되어야 할 내용이 아닌 것은?

① 동선 ② 사용자 기호
③ 가구의 형태 ④ 조명의 연색성

해설 조명계획의 체크리스트

조명의 연색성, 마감 재료의 반사율, 공간감, 조명효과와 기법, 조도 분포, 사용자 기호, 장식성, 동선

05 다음 중 가구류의 분류가 옳지 않은 것은?

① 작업용가구 – 테이블, 책상
② 인체지지용가구 – 휴식의자, 침대
③ 정리수납용가구 – 벽장, 선반, 서랍
④ 작업용가구 – 부엌작업대, 작업의자

해설 인체공학적 입장에 따른 가구의 분류

㉠ 인체지지용 가구(인체계 가구, 휴식용 가구) : 의자, 소파, 침대, 스툴(stool)
㉡ 작업용 가구(준인체계 가구) : 테이블, 책상, 작업용 의자
㉢ 수납용 가구(건물계 가구) : 벽장, 선반, 서랍장, 붙박이장

06 디자인 원리 중 모듈(module)과 가장 관련이 깊은 것은?

① 리듬 ② 척도
③ 반복 ④ 통일

해설 모듈(module)

㉠ 모듈이란 건축, 실내 가구의 디자인에서 종류, 규모에 따라 계획자가 정하는 상대적, 구체적인 기준의 단위, 즉 구성재의 크기를 정하기 위한 치수의 조직이다.
㉡ 설계와 시공을 연결시키는 치수시스템으로 실내와 가구분야까지 확장, 적용될 수 있다.
㉢ 모듈 시스템을 적용하면 설계작업이 단순화되고, 건축 구성재의 대량생산이 용이해지고 생산단가가 저렴해지고, 현장작업이 단순하므로 공사기간을 단축할 수 있다.
㉣ 근대적인 건축이나 디자인에 있어서 모듈의 단위는 르 꼬르뷔제가 황금비를 인체에 적용하여 만든 것이다.

07 벽의 기능에 관한 설명으로 옳지 않은 것은?

① 공간과 공간을 구분한다.
② 인간의 시선이나 동선을 차단한다.
③ 수평적 요소로서 생활을 지탱하는 기본적 요소이다.
④ 공기의 움직임, 소리의 전파, 열의 이동을 제어한다.

해설 벽

㉠ 공간의 형태와 크기를 결정하고 인간의 시선과 동작을 차단하며, 공기의 움직임을 제어할 수 있는 수직적 요소이다. 벽의 높이가 가슴 정도이면 주변공간에 시각적 연속성을 주면서도 특정 공간을 감싸주는 느낌을 준다.
㉡ 벽높이에 따른 심리적 효과

상징적 경계	• 60cm 높이의 벽이나 담장은 두 공간을 상징적으로 분리, 구분한다. • 모서리를 규정할 뿐 공간을 감싸지는 못한다. • 시각적 영역표시로 바닥패턴의 변화나 재료의 변화로도 경계를 지을 수 있다.
시각적 개방	• 가슴높이의 벽 1.2m 정도는 시각적 연속성을 주면서 감싸인 분위기를 준다. • 눈높이의 벽 1.5m 정도는 한 공간이 다른 공간과 분할되기 시작한다.
시각적 차단	• 키를 넘는 높이 1.8m 정도는 공간의 영역이 완전히 차단된다. • 프라이버시를 유지할 수 있고 하나의 실을 만들 수 있다.

정답 04 ③ 05 ④ 06 ② 07 ③

08 디자인에서 시각적 무게감에 관한 설명으로 옳지 않은 것은?

① 밝은 색이 어두운 색보다 가볍게 느껴진다.
② 따뜻한 색이 차가운 색보다 가볍게 느껴진다.
③ 기하학적 형태가 불규칙한 형태보다 무겁게 느껴진다.
④ 거칠고 복잡한 질감이 미끈하고 단순한 질감보다 무겁게 느껴진다.

해설 균형(balance)

(1) 정의
㉠ 2개의 디자인 요소의 상호작용이 중심점에서 역학적으로 평행을 가졌을 때를 말한다.
㉡ 균형이란 서로 반대되는 힘의 평형상태를 말한다.
㉢ 균형이란 시각적 무게의 평형상태로 실내에서 감지되는 시각적 무게의 균형을 말한다.
(2) 균형의 원리
㉠ 기하학적 형태는 불규칙한 형태보다 가볍게 느껴진다.
㉡ 작은 것은 큰 것보다 가볍게 느껴진다.
㉢ 부드럽고 단순한 것은 거칠거나 복잡하고 거친 것보다 가볍게 느껴진다.
㉣ 사선은 수직, 수평선보다 가볍게 느껴진다.
※ 중량감(무게감) – 색의 3속성 중 주로 명도에 요인
㉠ 가벼운 색 : 명도가 높은 색
㉡ 무거운 색 : 명도가 낮은 색

09 디자인을 위한 조건 중 최소의 재료와 노력으로 최대의 효과를 얻고자 하는 것은?

① 독창성 ② 경제성
③ 심미성 ④ 합목적성

해설 실내디자인의 조건

㉠ 합목적성 : 기능성 또는 실용성
㉡ 심미성 : 아름다운 창조
㉢ 경제성 : 최소의 노력으로 최대의 효과
㉣ 독창성 : 새로운 가치를 추구
㉤ 질서성 : 상기 4가지 조건을 서로 관련시키는 것

10 형태에 관한 설명으로 옳지 않은 것은?

① 현실적 형태란 우리 주위에 존재하는 모든 물상(物象)을 의미한다.
② 인위적 형태는 휴먼 스케일을 기준으로 해야 좋은 디자인이 된다.
③ 자연적 형태는 자연 현상에 따라 끊임없이 변화하며 새로운 형을 창출한다.
④ 인위적 형태는 형태 여하에 따라 동적, 정적으로 파악될 수는 있지만 시대성과는 무관하다.

해설 형태(form)

㉠ 이념적 형태 – 순수 형태(추상 형태)
㉡ 현실적 형태 – 자연 형태, 인위적 형태(기하 형태, 자유 형태)
㉢ 포지티브(positive, 적극적) 형태
㉣ 네거티브(negative, 소극적) 형태
※ 인위적 형태
㉠ 인간에 의해 인위적으로 만들어진 모든 사물, 구조체에서 볼 수 있는 형태이다.
㉡ 디자인에 있어서 형태는 대부분이 인위적 형태이다.
㉢ 인위적 형태는 그것이 속해 있는 시대성을 갖는다.

11 단위공간에서의 사용자의 특성, 사용목적, 시간, 행위 빈도를 고려하여 전체 공간을 몇 개의 생활권으로 구분하는 계획을 무엇이라고 하는가?

① 동선계획
② 조닝(Zoning)
③ 프레임(Frame)
④ 다이어그램(Diagram)

해설 조닝(zoning) 계획

공간 내에서 이루어지는 다양한 행동의 목적, 공간, 사용시간, 입체 동작 상태 등에 따라 공간의 성격이 달라진다. 공간의 내용이나 성격에 따라서 구분되는 공간을 구역(zone)이라 하며, 이 구역을 구분하는 것을 조닝(zoning)이라 한다.
주거공간의 경우 생활공간, 사용시간별, 주행동, 행동반사에 의한 분류 등으로 구분할 수 있다.

정답 08 ③ 09 ② 10 ④ 11 ②

12 **판매공간의 실내디자인에 관한 설명으로 옳지 않은 것은?**

① 고객의 동선과 종업원의 동선을 구별하여 원활하게 계획한다.
② 매장의 상품보다 실내디자이너의 의도가 돋보이게 계획 한다.
③ 실내의 바닥은 미끄럽지 않고 너무 딱딱하지 않은 재료를 사용한다.
④ 판매공간 내의 조명은 일반적으로 그림자가 없는 부드러운 빛을 사용한다.

해설

바닥, 벽, 천장은 상품에 대해 배경 역할을 할 수 있도록 하며, 상품을 전시할 때 배경색 선정시 고명도의 배경은 상품을 돋보이게 할 수 없으므로 중명도 정도의 색으로 선택하고, 색상은 보색을 사용하여 상품 배색을 더욱 돋보이게 하는 효과를 얻도록 한다.

13 **수평선에 관한 설명으로 옳지 않은 것은?**

① 차분하고 고요한 느낌을 준다.
② 안정감과 정지된 느낌을 준다.
③ 엄숙함과 고양감을 느끼게 한다.
④ 무한함과 평화스러움을 느끼게 한다.

해설 선의 조형심리적 효과

㉠ 수직선은 구조적인 높이와 존엄성, 고양감을 느끼게 한다. - 수직선은 공간을 실제보다 더 높아 보이게 한다.
㉡ 수평선은 영원, 무한, 안정, 안락, 평화감을 느끼게 한다. - 수평선은 바닥이나 천장 등의 건물 구조에 많이 이용된다.
㉢ 사선은 넘어지려는 움직임이 있어 운동감, 불안정, 변화하는 활동적인 느낌을 준다. - 사선은 단조로움을 없애주고 활동적인 분위기를 연출하는데 효과적이다.
㉣ 곡선은 유연, 복잡, 동적, 경쾌하며 여성적인 느낌을 들게 한다. - 곡선은 부드럽고 미묘한 이미지를 갖고 있어 실내에 풍부한 분위기를 연출한다.

14 **미술관 전시부분의 동선계획에 관한 설명으로 옳지 않은 것은?**

① 관람객의 흐름에 막힘이 없도록 배려하는 것이 좋다.
② 관람객이 피로하지 않게 동선을 조정하는 것이 좋다.
③ 전시공간 내에서 전후, 좌우를 다 볼 수 있게 하는 것이 좋다.
④ 내용이 다른 모든 전시실의 전시물을 선택 없이 연속적으로 볼 수 있도록 구성하는 것이 좋다.

해설 전시공간의 동선계획

㉠ 전시실 전관(全館)의 주동선 방향이 정해지면 개개의 전시실은 입구에서 출구에 이르기까지 연속적인 동선으로 교차의 역순을 피해야 한다.
㉡ 전시공간내의 전체 동선체계는 주체별로 분류하며 관람객 동선, 관리자 동선 및 자료의 동선으로 구분된다.
㉢ 동선의 정체 현상은 일반적으로 입구 부분에서 가장 심하므로 입구와 출구를 분리한다.
㉣ 전시공간의 동선은 인간의 심리상 오른쪽에서 왼쪽을 보고자 하는 심리를 이용한 우에서 좌로 방향 배치가 되도록 한다. (좌측통행 원칙)
㉤ 동선은 대부분 복도 형식으로 이루어지는데, 일반적으로 복도는 3m 이상의 폭과 높이가 요구된다.
㉥ 관람객 동선은 일반적으로 접근, 입구, 전시실, 출구, 야외전시 순으로 연결된다.
※ 전시공간 동선계획은 전, 후, 좌, 우를 모두 다 볼 수 있도록 계획하여야 한다.

15 **다음 중 마르셀 브로이어(Marcel Breuer)가 디자인한 의자는?**

① 판톤 의자 ② 바레트 의자
③ 바실리 의자 ④ 바르셀로나 의자

해설 바실리 의자(Wassily chair)

마르셀 브로이어(Marcel Breuer : 1902~1981)에 의해 디자인된 것으로 1925년에 처음으로 스틸 파이프를 휘어서 골조를 만들고 좌판, 등받이, 팔걸이는 가죽으로 하여 수평, 수직의 직선적인 구성을 바탕으로 기능성을 강조한 안락의자를 제작하였다.

정답 12 ② 13 ③ 14 ④ 15 ③

16 실내디자인 프로젝트에 관한 설명으로 옳지 않은 것은?

① 사무목적공간으로는 사무소, 은행, 오피스텔 등이 있다.
② 실내디자인의 외부적 작용요소로는 입지적, 건축적, 설비적 조건 등이 있다.
③ 디자인 프로세스에서 설계란 계획의 전개로서 설계자를 중심으로 진행되는 과정이다.
④ 실시설계에서 작성되어야 하는 도면으로는 아이소메트릭, 구상도, 동선도, 개념계획도 등이 있다.

해설 실내디자인의 계획과정

㉠ 기획 : 공간의 사용목적, 예산, 완성 후 운영에 이르기까지의 전체 관련사항을 종합 검토
㉡ 기본계획 : 계획조건의 파악(외부적 조건, 내부적 조건), 기본 개념 설정, 계획의 평가기준 설정
㉢ 기본설계 : 기본 구상(구상을 위한 도면), 시각화 과정, 대안들의 작성, 대안의 평가, 의뢰인의 승인·설득, 결정안, 도면화(프리젠테이션), 모델링, 조정, 최종 결정안
㉣ 실시설계 : 결정안에 대한 설계도(시공 및 제작을 위한 도면), 확인(시방서 작성), 수정·보완
㉤ 시공 : 완성, 평가(거주 후 평가 P.O.E : Post Occupancy Evaluation)

17 다음 중 실내 공간의 영역 구분에 사용되는 요소와 가장 거리가 먼 것은?

① 고정벽　　② 계단의 난간
③ 이동식 칸막이　　④ 바닥의 레벨차이

해설

고정벽, 이동식 칸막이, 바닥의 레벨차이는 실내 공간의 영역 구분의 요소가 될 수 있으나 계단의 난간은 안전상 필요한 요소가 된다.
※ 계단 높이 1m를 넘는 계단 및 계단참의 양측에는 난간(벽 등 이에 대치되는 것을 포함)을 설치할 것

18 실내디자인의 기본 원리 중 인간의 주의력에 의해 감지되는 시각적 무게의 평형상태를 의미하는 것은?

① 균형　　② 리듬
③ 비례　　④ 변화

해설 균형(balance)

㉠ 2개의 디자인 요소의 상호작용이 중심점에서 역학적으로 평행을 가졌을 때를 말한다.
㉡ 균형이란 서로 반대되는 힘의 평형상태를 말한다.
㉢ 균형이란 시각적 무게의 평형상태로 실내에서 감지되는 시각적 무게의 균형을 말한다.

19 실내디자인 프로세스 중 실제 프로젝트에서 요구되어지는 조건사항들을 정하고 이들의 실행 가능성 여부를 파악하는 단계는?

① 개요설계단계　　② 조건설정단계
③ 기본설계단계　　④ 실시설계단계

해설 실내디자인 프로세스

㉠ 조건설정 : 공간의 필요치수, 동선, 공간의 성격 등을 파악하는 단계
㉡ 개요설계 : 조건설정에서 정해진 여러 조건 등의 대략의 개요(out line)를 잡는 단계
㉢ 기본설계 : 평면도, 입면도, 천장도와 같은 기본도면을 그리는 단계
㉣ 실시설계 : 기본설계를 토대로 시공이 가능하도록 세부적인 디테일 도면까지 그리는 단계
㉤ 감리설계 : 도면대로 시공이 되고 있는지를 감시, 감독하는 단계

20 상점의 출입구 및 홀의 입구부분을 포함한 평면적인 구성과 광고판, 사인(sign)의 외부 장치를 포함한 입체적인 구성요소의 총체를 의미하는 것은?

① 파사드　　② 아케이드
③ 쇼윈도우　　④ 디스플레이

정답 16 ④　17 ②　18 ①　19 ②　20 ①

해설 파사드(facade)

쇼 윈도우, 출입구 및 홀의 입구 뿐만 아니라 간판, 광고판, 광고탑, 네온사인 등을 포함한 점포 전체의 얼굴로서 기업 및 상품에 대한 첫 인상을 주는 곳으로 강한 이미지를 줄 수 있도록 계획한다.

※ 파사드(facade) 구성에 요구되는 AIDMA법칙(구매심리 5단계를 고려한 디자인)

㉠ A(주의, attention) : 주목시킬 수 있는 배려
㉡ I(흥미, interest) : 공감을 주는 호소력
㉢ D(욕망, desire) : 욕구를 일으키는 연상
㉣ M(기억, memory) : 인상적인 변화
㉤ A(행동, action) : 들어가기 쉬운 구성

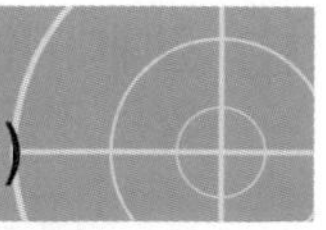

실내디자인론 2012년 5월 20일(2회)

01 백화점 진열장의 배치방법 중 판매장의 유효면적을 최대로 할 수 있으나, 단조로운 배치가 되기 쉬운 것은?

① 직각배치법 ② 사행배치법
③ 방사배치법 ④ 자유곡선배치법

해설 직각배치

㉠ 가장 일반적인 배치 방법으로 판매대의 설치가 간단하다.
㉡ 경제적이고 판매대의 매장면적을 최대 한도로 확보할 수 있다.
㉢ 고객의 통행량에 따라 부분적으로 통로 폭을 조절하기 어렵다.
㉣ 단조로운 배치이고, 국부적인 혼란을 일으키기 쉽다.

02 형태의 지각에 관한 설명으로 옳지 않은 것은?

① 불완전한 형태는 완전한 형태로 지각하려 한다.
② 대상을 가능한 한 복합적인 구조로 지각하려 한다.
③ 형태를 있는 그대로가 아니라 수정된 이미지로 지각하려 한다.
④ 이미지를 파악하기 위하여 몇 개의 부분으로 나누어 지각하려 한다.

해설 형태의 지각심리(게슈탈트의 지각심리)

㉠ 접근성 : 가까이 있는 시각 요소들을 패턴이나 그룹으로 인지하게 되는 지각심리
㉡ 유사성 : 형태와 색깔, 크기 등이 유사할 경우 함께 모여보이는 지각심리
㉢ 연속성 : 점들의 연속이 선으로 지각되어 형태를 만드는 지각심리
㉣ 폐쇄성 : 불완전한 시각 요소들을 완전한 형태로 지각하려는 심리
㉤ 단순화 : 어떤 형태를 접했을 때 복잡한 형태보다는 단순한 형태로 지각하려는 심리

정답 01 ① 02 ②

ⓗ 도형과 배경의 법칙 : 도형과 배경이 순간적으로 번갈아 보이면서 다른 형태로 지각되는 심리
- 그림과 바탕이 교체되는 도형을 '반전도형(反轉圖形)'이라고 한다.

[예] 루빈의 항아리

03 황금분할(golden section)에 관한 설명으로 옳지 않은 것은?

① 1:1.618의 비율이다.
② 기하학적 분할방식이다.
③ 루트직사각형비와 동일하다.
④ 고대 그리스인들이 창안하였다.

해설

황금비(golden section, 황금분할)는 고대 그리스인들의 창안한 기하학적 분할 방식으로서 선이나 면적을 나누었을 때 작은 부분과 큰 부분의 비율이 큰 부분과 전체에 대한 비율과 동일하게 되는 기하학적 분할 방식으로 1 : 1.618의 비율을 갖는 가장 균형 잡힌 비례이다.

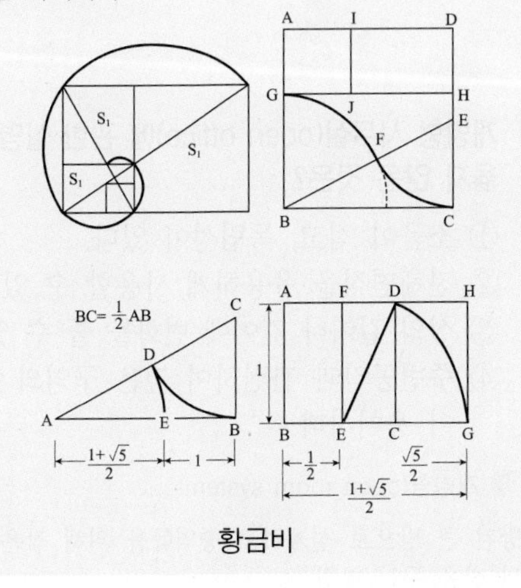

황금비

04 천장에 관한 설명으로 옳지 않은 것은?

① 바닥면과 함께 공간을 형성하는 수평적 요소이다.
② 천장은 마감방식에 따라 마감천장과 노출천장으로 구분할 수 있다.
③ 천장은 시각적 흐름이 최종적으로 멈추는 곳이며 지각의 느낌에 영향을 미친다.
④ 공간의 개방감과 확장성을 도모하기 위하여 입구는 높게 하고 내부공간은 낮게 처리한다.

해설 천장

(1) 바닥과 함께 실내공간을 형성하는 수평적 요소로서 다양한 형태나 패턴 처리로 공간의 형태를 변화시킬 수 있다. 인간의 감각적 요소 중 시각적 요소가 상대적으로 가장 많은 부분을 차지한다.
(2) 천장의 기능
㉠ 바닥과 함께 공간을 형성하는 수평적 요소로서 바닥과 천장 사이에 있는 내부공간을 규정한다.
㉡ 지붕이나 계단 윗 바닥의 구조체를 노출시키지 않는 차단의 역할
㉢ 열환경, 음향, 빛의 조절의 매체로서 방어, 방음, 방진 기능
(3) 천정의 높이
실내공간의 사용목적에 따라 다르게 한다. 최소 2.1m 이상으로 하고 문화 및 집회시설 등 다수인 수용 건물은 4.0m 이상을 적용한다.

05 디자인 원리 중 비례에 관한 설명으로 옳지 않은 것은?

① 이상적인 비례란 추상적으로 조화를 이루는 관계를 말한다.
② 실내공간에는 항상 비례가 존재하며 스케일과 밀접한 관계가 있다.
③ 색채, 명도, 질감, 문양, 조형 등의 공간 속의 여러 요소에 의해 영향을 받는다.
④ 디자인의 각 부분간의 개념적인 의미이며, 부분과 전체 또는 부분 사이의 관계를 말한다.

정답 03 ③ 04 ④ 05 ①

해설 비례(proportion)

㉠ 디자인의 각 부분간의 개념적인 의미이며, 부분과 전체 또는 부분 사이의 관계를 말한다.
㉡ 실내공간에는 항상 비례가 존재하며 스케일과 밀접한 관계가 있다.
㉢ 색채, 명도, 질감, 문양, 조형 등의 공간 속의 여러 요소에 의해 영향을 받는다.
㉣ 비율, 분할, 균형을 의미하기도 하며 즉, 대소의 분량, 장단의 차이, 부분과 부분 또는 부분과 전체의 수량적 관계가 미적으로 분할할 때 좋은 비례가 생긴다.

06 다음 설명이 의미하는 것은?

- 르 꼬르뷔지에가 창안
- 인체를 황금비로 분석
- 공업 생산에 적용

① 패턴 ② 그리드
③ 모듈러 ④ 스케일

해설

르 꼬르뷔제(Le Corbusier)는 휴먼 스케일을 디자인 원리로 사용한 대표적인 건축가로서 "Modulor"라는 설계단위를 설정하고 Module을 인체척도(human scale)에 관련시켜 형태비례에 대한 학설을 주장하고 실천하였다.

07 주택의 부엌을 리노베이션하고자 할 경우 가장 먼저 고려해야 할 사항은?

① 각 부위별 마감재
② 조리용구의 수납공간
③ 위생적인 급배수 방법
④ 조리순서에 따른 작업대 배열

해설 주거 공간의 리노베이션(Renovation, 개보수) 계획 시 고려 사항

㉠ 종합적이고 장기적인 계획이어야 하며 경제성을 검토한다.
㉡ 실측과 검사를 통해 기존 공간의 실체를 명확하게 파악해야 한다.
㉢ 가족 전체나 개인의 요구사항 또는 불만을 수집하여 발전 개선시켜야 한다.
㉣ 쓸만한 것은 최대한 활용하고 못쓸 것을 과감히 버리는 지혜가 필요하다.
㉤ 증개축의 경우 관계 건축법의 적용 여부를 확인하여야 한다.

※ 주택의 부엌을 리노베이션(Renovation, 개보수)하고자 할 경우 가장 먼저 고려해야 할 사항은 조리순서에 따른 작업대 배열이다.

08 실내디자인 프로세스에서 공사 시공에 필요한 설계도를 작성하는 단계는?

① 기본구상단계 ② 기본계획단계
③ 기본설계단계 ④ 실시설계단계

해설 실내디자인 프로세스

㉠ 조건설정 : 공간의 필요치수, 동선, 공간의 성격 등을 파악하는 단계
㉡ 개요설계 : 조건설정에서 정해진 여러 조건 등의 대략의 개요(out line)를 잡는 단계
㉢ 기본설계 : 평면도, 입면도, 천장도와 같은 기본 도면을 그리는 단계
㉣ 실시설계 : 기본설계를 토대로 시공이 가능하도록 세부적인 디테일 도면까지 그리는 단계
㉤ 감리설계 : 도면대로 시공이 되고 있는지를 감시, 감독하는 단계

09 개방형 사무실(open office)에 관한 설명으로 옳지 않은 것은?

① 소음이 적고, 독립성이 있다.
② 전체면적을 유용하게 사용할 수 있다.
③ 실의 길이나 깊이에 변화를 줄 수 있다.
④ 주변공간과 관련하여 깊은 구역의 활용이 용이하다.

해설 개방형(open room system)

개방된 큰 방으로 설계하고 중역들을 위해 작은 분리된 방을 두는 방법

정답 06 ③ 07 ④ 08 ④ 09 ①

㉠ 전면적을 유용하게 이용할 수 있어 공간이 절약된다.
㉡ 칸막이벽이 없어서 개실 배치방법보다 공사비가 싸다.
㉢ 방의 길이나 깊이에 변화를 줄 수 있다.
㉣ 소음이 들리고 독립성이 떨어진다.
㉤ 자연 채광에 인공조명이 필요하다.
※ 개방형(open plan) 사무공간은 업무의 성격이나 직급별로 책상을 배치하는 형태로서 이동형의 칸막이나 가구로 공간을 구획한다.

10 자연현상이나 생물의 성장에 따라 형성된 형태는?

① 추상적 형태
② 유기적 형태
③ 조형적 형태
④ 기하학적 형태

해설 형태(form)

㉠ 이념적 형태 – 순수 형태(추상 형태)
㉡ 현실적 형태 – 자연 형태, 인위적 형태
㉢ 포지티브(positive, 적극적) 형태
㉣ 네거티브(negative, 소극적) 형태
※ 이념적 형태(form) : 인간의 지각, 즉 시각과 촉각 등으로 직접 느낄 수 없고 개념적으로만 제시될 수 있는 형태로서 순수 형태 혹은 상징적 형태라고도 한다. 순수형태는 인간의 지각, 즉 시각과 촉각 등으로는 직접 느낄 수 없고 개념적으로만 제시될 수 있는 형태이다.
※ 현실적 형태 : 우리 주위에 존재하는 모든 물상(物像)을 의미한다.
㉠ 자연적 형태 : 자연 현상에 따라 끊임없이 변화하며 새로운 형을 만들어낸다. 일반적으로 그 형태가 부정형이며 복잡한 여러 가지 기하학적인 형태를 나타낸다. 기하학적 형태는 유기적 형태와 동일한 특징을 가진다.
㉡ 인위적 형태 : 휴먼 스케일을 기준으로 해야 좋은 디자인이 된다.

11 사무소 건축의 거대화는 상대적으로 공적공간의 확대를 도모하게 되고 이로 인해 특별한 공간적 표현이 가능하게 되었다. 이러한 거대한 공간적 인상에 자연을 도입하여 여러 환경적 이점을 갖게 하는 공간구성은?

① 포티코(Portico)
② 아트리움(Atrium)
③ 아케이드(Arcade)
④ 콜로네이드(Colonnade)

해설

아트리움(Atrium)이란 고대 로마 주택에서 가운데가 뚫린 지붕 아래에 빗물이나 물을 받기 위한 사각 웅덩이가 있는 중정을 아트리움이라 칭한다. 초기 기독교 교회 정면에서 이어진 주랑이 사면에 있고 중앙에 세정식을 위한 분수가 있는 앞마당으로 근래에 와서는 최근에 지어진 호텔, 사무실 건축물, 또는 기타 대형 건축물 등에서 볼 수 있는 유리로 지붕이 덮여진 실내공간을 일컫는 용어로 사용되고 있다.

12 상업공간에서 디스플레이의 목적과 가장 거리가 먼 것은?

① 교육적 목적 ② 이미지 차별화
③ 선전효과의 기능 ④ 역사적 의미 접근

해설

역사적 의미 접근은 전시관(역사박물관)의 디스플레이의 목적과 관련된다.
※ POP광고 디스플레이(point of purchase display) 상점 내에 전시되는 상품을 보조하는 부분으로 새로운 상품 소개, 브랜드에 대한 정보 제공 및 상품의 사용법과 특성, 가격 등을 알리며 원하는 부분으로 안내하는 역할을 한다. 또한 특별 행사나 특매 등의 행사 분위기를 연출하기도 한다.

정답 10 ② 11 ② 12 ④

13 데 스틸(De Stijl) 운동의 색채와 면 구성을 적용하여 리트벨트(Rietveld)가 디자인한 의자의 이름은?

① 몬드리안 체어(Mondrian Chair)
② 매킨토시 체어(Mackintosh Chair)
③ 레드 앤 블루 체어(Red and Blue Chair)
④ 블랙 앤 화이트 체어(Black and White Chair)

해설 데 스틸(De Stijl) 건축

㉠ 데 스틸 그룹은 1917년 네덜란드에서 정기간행물 『데 스틸(De Stijl)』지와 함께 창설되었다.
㉡ 화가 몬드리안의 신조형주의 이론으로부터 유래된 데 스틸의 조형적, 미학적 기본원리로 하여 회화, 조각, 건축 등 조형예술 전반에 걸쳐 전개하였다.
㉢ 단순, 명쾌, 획일, 간결, 객관성을 미학적, 윤리적 기초로 삼은 근대운동이다.
※ 색채와 면 구성을 적용하여 리트벨트(Rietveld)가 디자인한 의자를 레드 앤 블루 체어(Red and Blue Chair)라고 한다.

14 블라인드(blind)의 유형 중 수평적 요소인 날개의 각도를 조정하도록 디자인되어 있는 것은?

① 롤 블라인드(Roll blind)
② 로만 블라인드(Roman blind)
③ 수직형 블라인드(Vertical blind)
④ 베네치안 블라인드(Venetian blind)

해설 블라인드의 종류

※ 블라인드 : 날개의 각도를 조절하여 일광, 조망, 시각의 차단정도를 조정하는 창가리개
㉠ 베네시안 블라인드(Venetian blind) : 수평 블라인드로 안정감을 줄 수 있으나 날개 사이에 먼지가 쌓이기 쉽다.
㉡ 롤 블라인드(roll blind) : 쉐이드(shade)라고도 한다. 단순하고 깔끔한 느낌을 주며 창 이외에 간막이 스크린으로도 효과적으로 사용할 수 있다.
㉢ 로만 블라인드(roman blind) : 천의 내부에 설치된 풀 코드나 체인에 의해 당겨져 아래가 접히면서 올라간다.
㉣ 수직형 블라인드(vertical blind) : 버티컬 블라인드로 날개가 세로로 하여 180° 회전하는 홀더 체인으로 연결되어 있으며 좌우 개폐가 가능하다.

15 디자인 요소에 관한 설명으로 옳은 것은?

① 사선은 여성적, 예민함 등의 느낌을 준다.
② 기하곡선은 기계적 단순성의 조형성이 있다.
③ 불규칙한 선은 질서, 안정감 등의 느낌을 준다.
④ 정다각형은 풍요로운 느낌을 주며 방향성이 있다.

해설 선의 조형심리적 효과

㉠ 수직선은 구조적인 높이와 존엄성, 고양감을 느끼게 한다. – 수직선은 공간을 실제보다 더 높아 보이게 한다.
㉡ 수평선은 영원, 무한, 안정, 안락, 평화감을 느끼게 한다. – 수평선은 바닥이나 천장 등의 건물 구조에 많이 이용된다.
㉢ 사선은 넘어지려는 움직임이 있어 운동감, 불안정, 변화하는 활동적인 느낌을 준다. – 사선은 단조로움을 없애주고 활동적인 분위기를 연출하는데 효과적이다.
㉣ 곡선은 유연, 복잡, 동적, 경쾌하며 여성적인 느낌을 들게 한다. – 곡선은 부드럽고 미묘한 이미지를 갖고 있어 실내에 풍부한 분위기를 연출한다.
※ 기하곡선 : 우아하고, 여성적이며, 수리적 질서가 있어 이지적이다.

16 다음 중 2인용 침대인 더블베드(double bed)의 크기로 가장 적당한 것은?

① 1,000mm × 2,100mm
② 1,150mm × 1,800mm
③ 1,350mm × 2,000mm
④ 1,600mm × 2,400mm

정답 13 ③ 14 ④ 15 ② 16 ③

해설 침실의 침대 규격

㉠ 싱글베드(single bed) : 1,000mm × 2,000mm
㉡ 더블베드(double bed) : (1,350~1,400mm) × 2,000mm
㉢ 퀸베드(queen bed) : 1,500mm × 2,100mm
㉣ 킹베드(king bed) : 2,000mm × 2,000mm

17 실내디자인에서 추구하는 목표에 해당하지 않는 것은?

① 효율성 ② 경제성
③ 주관성 ④ 심미성

해설 실내디자인의 목표

실내디자인은 쾌적한 환경조성을 통한 능률적인 공간 조성, 즉 쾌적성과 능률성이 가장 중요한 목표이다. 이는 주어진 환경공간의 인위적인 재창조를 의미하며, 이의 실현을 위하여 인체공학·심리학·물리학·재료학·환경학 및 디자인의 기본원리 등 관련된 제반요소가 참작 고려되어야 한다. 그리고 실내디자인은 미적인 문제만 다루는 순수예술과는 달리 인간생활과 밀접한 관계를 갖는 것으로 기능성·창의성·경제성·실용성·가변성·예술성 등을 고려하여 주어진 여건 하에서 사용자에게 가장 바람직한 생활공간이 되도록 디자인되어야 한다. 그리고 실내디자인의 쾌적성 추구는 기능적 요소와 환경적 요소 및 주관적 요소를 목표로 한다.
※ 실내디자인의 추구 목표 : 심미성, 효율성, 경제성
※ 실내디자인의 조건
㉠ 합목적성 : 기능성 또는 실용성
㉡ 심미성 : 아름다운 창조
㉢ 경제성 : 최소의 노력으로 최대의 효과
㉣ 독창성 : 새로운 가치를 추구
㉤ 질서성 : 상기 4가지 조건을 서로 관련시키는 것

18 규모 및 치수계획에 관한 설명으로 옳지 않은 것은?

① 천장고는 인체치수를 고려한 절대적인 치수로 취급되어야 한다.
② 동작영역의 크기는 인체치수를 기본으로 결정되며 동적인 인체치수가 곧 동작치수이다.
③ 규모 및 치수계획의 궁극적 목표는 물품, 공간 또는 세부부분에 필요한 적정 치수를 결정하기 위함이다.
④ 적정치수의 결정 방법 중 목표치 $\pm\alpha$ 방법은 설계자나 사용자의 판단으로 어느 목표치를 설정하고 그 효과를 타진하면서 치수를 조정하는 방법이다.

해설 건축공간의 적정치수(α : 적정 값을 이끌어내기 위한 여유치수)

㉠ 최소값$+\alpha$: 치수계획 가운데 가장 기본인 것으로 단위공간의 크기나 구성재의 크기를 정할 때 사용하는 방법. 최소의 치수를 구하고 여유율을 더하여 적정값 산정한다.
→ 문이나 개구부 높이, 천장높이, 인동간격 설정 시
㉡ 최대값$-\alpha$: 치수의 상한이 존재하는 경우 사용하는 방법
→ 계단의 철판 높이, 야구장 관중석의 난간 높이 설정시
㉢ 목표값$\pm\alpha$: 어느 값 이하나 어느 값 이상도 취할 수 없는 경우
→ 출입문의 손잡이 위치와 크기를 결정하는 것

19 실내디자이너의 역할과 조건에 관한 설명으로 옳지 않은 것은?

① 실내의 가구 디자인 및 배치를 계획하고 감독한다.
② 공사의 전(全)공정을 충분히 이해하고 있어야 한다.
③ 공간구성에 필요한 모든 기술과 도구를 사용할 줄 알아야 한다.
④ 실내 공간을 사용자의 생활방식에 적합한 분위기로 창조한다.

해설 실내디자이너의 역할

㉠ 생활공간의 쾌적성 추구
㉡ 기능 확대, 감성적 욕구의 충족을 통한 건축의 질 향상
㉢ 인간의 예술적, 서정적 욕구의 만족을 해결

정답 17 ③ 18 ① 19 ③

㉣ 독자적인 개성의 표현
※ 전체 매스(mass)의 구조 및 설비계획 등은 해당 전문 디자이너 또는 기술사 등이 계획하며, 실내디자이너는 건축의 질 향상을 위해 건축의 내밀화를 기하며 생활공간의 쾌적성을 추구하기 위해 건축의 내부 공간을 창조하는 역할을 한다.

20 **실내디자인의 전개 과정에서 실내디자인을 착수하기 전, 프로젝트의 전모를 분석하고 개념화하며 목표를 명확하게 하는 초기 단계는?**

① 조닝(zoning)
② 레이아웃(layout)
③ 프로그래밍(programing)
④ 개요설계(schematic Design)

해설 프로그래밍(programming)와 디자인 단계

(1) 프로그래밍(programming) 단계
㉠ 목표설정
㉡ 조사
㉢ 분석
㉣ 종합
㉤ 결정

(2) 디자인 단계
㉠ 디자인의 개념 및 방향설정
㉡ 아이디어의 시각화
㉢ 대안의 설정 및 평가
㉣ 최종안의 결정

실내디자인론 2012년 8월 26일(4회)

01 **업무공간 계획에 있어 아트리움에 관한 설명으로 옳지 않은 것은?**

① 자연요소의 도입으로 근무자의 정서를 돕는다.
② 풍부한 빛환경 조건으로 전력에너지의 절약이 이루어진다.
③ 방문객의 비즈니스 활동을 돕기 위한 정보네트워크가 갖춰진다.
④ 내부공간의 긴장감을 이완시키는 지각적 카타르시스가 가능하다.

해설

아트리움(Atrium)이란 고대 로마 주택에서 가운데가 뚫린 지붕 아래에 빗물이나 물을 받기 위한 사각 웅덩이가 있는 중정을 아트리움이라 칭한다. 초기 기독교 교회 정면에서 이어진 주랑이 사면에 있고 중앙에 세정식을 위한 분수가 있는 앞마당으로 근래에 와서는 최근에 지어진 호텔, 사무실 건물, 또는 기타 대형 건물 등에서 볼 수 있는 유리로 지붕이 덮여진 실내공간을 일컫는 용어로 사용되고 있다.
※ 최근 에너지 위기와 관련해서 에너지 소비를 낮추기 위한 방안으로 고층 건물에서도 자연환기가 가능하도록 설계해야 한다. 실내공간에서 이루어지는 자연환기는 공기의 온도차, 압력차, 밀도차에 의한 환기로 이루어진다. 여름철 일사를 받는 대공간 아트리움의 환기시 자연환기가 발생되는 주동력원은 밀도차에 의한 환기가 되도록 한다.

02 **다음 중 실내디자인의 프로세스로 가장 알맞은 것은?**

① 기획－구상－설계－구현－완공
② 구상－설계－기획－구현－완공
③ 설계－구상－기획－구현－완공
④ 구현－기획－구상－설계－완공

정답 20 ③ / 01 ③ 02 ①

해설 실내디자인 프로세스의 작업단계별 순서

기획 – 구상 – 설계 – 구현 – 완공
※ 기획 : 문제에 대한 인식과 규명 및 정보의 조사, 분석, 종합을 하는 단계

03 조명의 4요소에 해당하지 않는 것은?

① 조도
② 명도
③ 대비
④ 움직임(노출시간)

해설 조명의 4요소

㉠ 명도(명암 내지 휘도)
㉡ 대비
㉢ 크기(물체의 크기와 시거리로 정하는 시각의 대소)
㉣ 움직임(노출시간)
※ 실내에서의 조명은 인간에게 능률적인 생산을 위한 기능적인 효과는 물론 휴식이나 안정이라는 생리적 효과도 갖는다.

04 질감(Texture)으로 느낄 수 있는 효과에 관한 설명으로 옳지 않은 것은?

① 질감은 공간에 있어서 형태나 위치를 강조한다.
② 거친 재질은 빛을 흡수하고 음영의 효과가 있다.
③ 질감으로는 변화 및 다양성의 효과를 낼 수 없다.
④ 매끄러운 재료는 반사율 때문에 거울과 같은 효과가 있다.

해설

질감의 성격에 따라 공간의 통일성을 살릴 수도 있고 파괴시킬 수도 있으므로 공간에서의 영향력이 있으며, 재료의 질감대비를 통해 실내공간의 변화와 다양성을 꾀할 수 있다.

05 디자인의 원리에 관한 설명으로 옳지 않은 것은?

① 균형에는 대칭적 균형과 비대칭 균형, 방사상 균형이 있다.
② 스케일은 인간 척도를 기준으로 공간구성 요소들이 크기를 갖는 기하학적 개념이다.
③ 리듬은 규칙적인 요소들의 반복으로 시각적인 질서를 부여하며, 점층, 대립, 변이 등이 사용된다.
④ 통일은 이질의 구성요소들이 전체로서 동일한 이미지를 갖게 하는 것으로 조형미의 근원이 되는 원리이다.

해설

스케일(scale)은 가구·실내·건축물 등 물체와 인체와의 관계 및 물체 상호간의 관계를 말한다. 이때 물체 상호간에는 서로 같은 비율로 규정되어야 한다. 따라서 스케일은 디자인이 적용되는 공간에서 인간과 공간 내의 사물과의 종합적인 연관을 고려하는 공간관계 형성의 측정 기준으로 쾌적한 활동 반경의 측정에 두어야 한다.
※ 휴먼스케일(Human scale) : 인간의 신체를 기준으로 파악하고 측정되는 척도 기준이며, 생활 속의 모든 스케일 개념은 인간 중심으로 결정되어야 한다. 휴먼스케일(Human scale)이 잘 적용된 실내는 안정되고 안락한 느낌을 준다.

06 상점 건축의 파사드(facade)와 숍프론트(shop front) 디자인에 요구되는 조건으로 옳지 않은 것은?

① 대중성을 배제할 것
② 개성적이고 인상적일 것
③ 상품 이미지가 반영될 것
④ 상점내로 유도하는 효과를 고려할 것

해설 파사드(facade)와 숍 프런트(shop front)의 조건

㉠ 개성적, 인상적인가?(신선한 감각이 넘치는 표현)
㉡ 그 상점의 업종, 취급 상품이 인지될 수 있는가?(시각적 표현)
㉢ 대중성이 있는가?(생동감과 친밀감)
㉣ 통행객의 발을 멈추게 하는 효과가 있는가?

정답 03 ① 04 ③ 05 ② 06 ①

ⓜ 매점 내로 유도하는 효과가 있는가?
ⓑ 셔터를 내렸을 때의 배려가 되어 있는가?
ⓢ 경제적인 제약을 무시하고 있지는 않는가?
ⓞ 필요 이상의 간판으로 미관을 해치고 있지는 않는가?
※ 파사드(facade) : 상점건축물에서 쇼윈도우, 출입구 및 홀의 입구부분을 포함한 평면적인 구성요소와 아케이드, 광고판, 사인(sign), 외부장치를 포함한 입체적인 구성요소의 총체를 의미한다.

07 다음 중 실내디자이너의 역할과 가장 거리가 먼 것은?

① 실내디자인의 실체가 되는 결과물을 완성한다.
② 실내디자인에 사용될 조형물을 직접 제작한다.
③ 실내디자인에 대한 조언을 해주고 도면을 그려준다.
④ 실내디자인에 필요한 물자와 용역을 확정, 주문, 설치한다.

해설 실내디자이너의 역할

㉠ 생활공간의 쾌적성 추구
㉡ 기능 확대, 감성적 욕구의 충족을 통한 건축의 질 향상
㉢ 인간의 예술적, 서정적 욕구의 만족을 해결
㉣ 독자적인 개성의 표현
※ 전체 매스(mass)의 구조 및 설비계획 등은 해당 전문 디자이너 또는 기술사 등이 계획하며, 실내디자이너는 건축의 질 향상을 위해 건축의 내밀화를 기하며 생활공간의 쾌적성을 추구하기 위해 건축의 내부 공간을 창조하는 역할을 한다.

08 디자인 요소 중 선에 관한 설명으로 옳지 않은 것은?

① 수평선은 방향성과 생동감을 느끼게 한다.
② 수직선은 구조적인 높이와 존엄성을 느끼게 한다.
③ 사선은 기울기가 있는 선으로 약동감을 느끼게 한다.
④ 곡선은 유연, 우아, 풍요, 여성스런 느낌을 주며 기하곡선과 자유곡선이 있다.

해설 선의 조형심리적 효과

㉠ 수직선은 구조적인 높이와 존엄성, 고양감을 느끼게 한다.
㉡ 수평선은 영원, 무한, 안정, 안락, 평화감을 느끼게 한다.
㉢ 사선은 넘어지려는 움직임이 있어 운동감, 불안정, 변화하는 활동적인 느낌을 준다.
㉣ 곡선은 유연, 복잡, 동적, 경쾌하며 여성적인 느낌을 들게 한다.

09 작업대의 길이가 2,000mm 내외인 간이부엌으로 사무실이나 독신용 아파트에 많이 설치되는 부엌의 유형은?

① 홈 바(home bar)
② 키친네트(kitchenett)
③ 오픈 키친(open kitchen)
④ 아일랜드 키친(island kitchen)

해설 부엌의 유형

㉠ 독립형 : 부엌이 일실로 독립된 형태
㉡ 반독립형 : 리빙키친, 다이닝키친 형식처럼 거실이나 식당을 겸한 형태
㉢ 오픈(open)형 : 칸막이와 같은 구획 시설물이 없이 완전히 개방된 형태
㉣ 아일랜드(island)형 : 별장주택에서 흔히 볼 수 있는 유형으로 취사용 작업대가 하나의 섬처럼 실내에 설치되는 부엌
㉤ 키친네트(kitchenette) : 작업대의 길이가 2m 내외 정도인 간이 부엌으로 사무실이나 독신자용 아파트에 많이 설치하는 형태

10 다음 중 리듬(rhythm)에 의한 디자인 사례와 가장 거리가 먼 것은?

① 나선형의 계단
② 교회의 높은 천장고

정답 07 ② 08 ① 09 ② 10 ②

③ 강렬한 붉은 색의 의자가 반복적으로 배열된 객석
④ 위쪽의 밝은 색에서 아래쪽의 어두운 색으로 변화하는 벽면

해설 리듬(rhythm)

(1) 균형이 잡힌 후에 나타나는 선, 색, 형태 등의 규칙적인 요소들의 반복으로 통일화 원리의 하나인 통제된 운동감을 말한다.
(2) 리듬은 음악적 감각인 청각적 원리를 시각적으로 표현하는 것으로 리듬의 원리는 반복, 점이, 대립, 변이, 방사로 이루어진다. 리듬의 원리 중 반복이 가장 큰 원리이다.
(3) 리듬(rhythm)에 의한 디자인 사례
㉠ 강렬한 붉은 색의 의자가 반복적으로 배열된 객석
㉡ 나선형의 계단
㉢ 위쪽의 밝은 색에서 아래쪽의 어두운 색으로 변화하는 벽면

11 다음 중 실내 디자인의 레이아웃(Layout) 단계에서 고려해야 할 내용과 가장 거리가 먼 것은?

① 공간간의 상호 연계성
② 출입형식 및 동선체계
③ 인체공학적 치수와 가구의 크기
④ 바닥, 벽, 천장의 치수 및 색채 선정

해설 공간의 레이아웃(lay-out)

생활 행위를 분석하여 공간의 배분 계획에 따라 배치하는 것으로 실내디자인의 기본 요소인 바닥, 벽, 천정과 설치되는 가구, 기구들의 위치를 결정하는 것을 말한다.
㉠ 공간 상호간의 연계성(zoning)
㉡ 동선 체계와 시선 계획 고려
㉢ 인체공학적 치수와 가구 설치(가구의 크기와 점유면적)
㉣ 출입형식

12 실내공간을 심리적으로 구획하는데 사용하는 일반적인 방법이 아닌 것은?

① 식물 ② 기둥
③ 조각 ④ 커튼

해설 공간의 분할

㉠ 차단적 구획 : 칸막이 등으로 수평·수직 방향으로 분리
㉡ 심리적 구획 : 가구, 기둥, 식물 같은 실내 구성요소로 가변적으로 분할
㉢ 지각적 구획 : 조명, 마감 재료의 변화, 통로나 복도 공간 등의 공간 형태의 변화로 분할

13 동선계획에 관한 설명으로 옳은 것은?

① 동선의 속도가 빠른 경우 단차이를 두거나 계단을 만들어 준다.
② 동선의 빈도가 높은 경우 동선 거리를 연장하고 곡선으로 처리한다.
③ 동선의 하중이 큰 경우 통로의 폭을 좁게 하고 쉽게 식별할 수 있도록 한다.
④ 동선이 복잡해 질 경우 별도의 통로공간을 두어, 동선을 독립시킨다.

해설 동선

사람이나 물건이 움직인 궤적을 선으로 나타낸 것을 동선이라 한다.

(1) 동선의 3요소 : 속도, 빈도, 하중
① 동선은 속도, 빈도, 하중의 3요소를 가지며, 이들 요소의 정도에 따라 거리의 장단, 폭의 대소가 결정되어진다.
② 실내공간 평면계획에서 가장 우선 고려해야 할 사항은 공간의 동선계획이다.
③ 동선은 대체로 짧고 직선적이어야 능률적이라 볼 수 있는데 상점, 백화점 건축과 같은 경우는 예외적으로 고객의 동선을 길게 유도하여 매장의 진열효과를 높인다.

(2) 동선의 원칙
① 동선은 가능한 한 굵고 짧게 한다.
② 동선의 형은 가능한 한 단순하며 명쾌하게 한다.
③ 서로 다른 종류의 동선은 가능한 한 분리하고 필요 이상의 교차는 피한다.
④ 동선내 공간이 확보되어야 한다.
⑤ 동선의 유형은 직선형, 방사형, 격자형, 혼합형 등으로 분류할 수 있다.

정답 11 ④ 12 ④ 13 ④

14 주택 식당의 조명계획에 관한 설명으로 옳지 않은 것은?

① 전체조명과 국부조명을 병용한다.
② 한색계의 광원으로 깔끔한 분위기를 조성한다.
③ 조리대 위에 국부조명을 설치하여 필요한 조도를 맞춘다.
④ 식탁에는 조사 방향에 주의하여 그림자가 지지 않게 한다.

해설 주택 식당의 조명계획

㉠ 일반적으로 식탁 위를 집중적으로 조명하는 천장에 매달아 늘어뜨린 펜던트 라이트와 천장에 부착시킨 직부등이나 벽에 부착시킨 벽등으로 하는 배경조명을 사용한다.
㉡ 광원은 백열등이나 할로겐램프가 음식을 돋보이게 하여 이상적이다.

15 창에 관한 설명으로 옳지 않은 것은?

① 창의 높낮이는 가구의 높이와 사람의 시선 높이에 영향을 받는다.
② 창은 채광, 조망, 환기, 통풍의 역할을 하며 벽과 천장에 위치할 수 있다.
③ 충분한 보온과 개폐의 용이를 위해 창은 가능한 한 크게 내는 것이 바람직하다.
④ 창이 공간을 둘러싸면 시각적으로 천장면은 벽면에서 띄워 들어올린 것처럼 가벼운 느낌을 준다.

해설 창

㉠ 창은 채광, 조망, 환기, 통풍의 역할을 하며 벽과 천장에 위치할 수 있다.
㉡ 창의 높낮이는 가구의 높이와 사람의 시선 높이로 결정된다.
㉢ 창의 크기, 형태, 위치 및 개수는 실의 성격, 방위, 크기, 기후, 디자인에 의해 결정된다.
㉣ 창이 공간을 둘러싸면 시각적으로 천장면은 벽면에서 띄워 들어올린 것처럼 가벼운 느낌을 준다.

16 벽의 높이에 따른 심리적 효과로 옳지 않은 것은?

① 눈높이의 벽 – 시각적 차단의 기준이 된다.
② 가슴높이의 벽 – 시각적으로 연속성을 주면서 감싸는 분위기를 연출한다.
③ 60cm 높이의 벽 – 통행이나 시선이 통과하여 어떠한 공간도 형성하지 못한다.
④ 키를 넘는 높이 – 공간의 영역이 완전히 차단되어 분리된 공간을 연출할 수 있다.

해설 벽높이에 따른 심리적 효과

구분	내용
상징적 경계	• 60cm 높이의 벽이나 담장은 두 공간을 상징적으로 분리, 구분한다. • 모서리를 규정할 뿐 공간을 감싸지는 못한다. • 시각적 영역표시로 바닥패턴의 변화나 재료의 변화로도 경계를 지을 수 있다.
시각적 개방	• 가슴높이의 벽 1.2m 정도는 시각적 연속성을 주면서 감싸인 분위기를 준다. • 눈높이의 벽 1.5m 정도는 한 공간이 다른 공간과 분할되기 시작한다.
시각적 차단	• 키를 넘는 높이 1.8m 정도는 공간의 영역이 완전히 차단된다. • 프라이버시를 유지할 수 있고 하나의 실을 만들 수 있다.

17 실내디자인 프로세스 중 실시설계에 관한 설명으로 옳지 않은 것은?

① 공사 및 조립 등의 구체적인 근거를 제시한다.
② 내부적, 외부적 요구사항의 계획조건파악에 의거하여 기본개념과 제한요소를 설정한다.
③ 가구는 디자인되거나 기성품 중에서 선택, 결정되어 가구 배치도, 가구도 등이 작성된다.
④ 디자인의 경제성, 내구성, 효과 등을 높이기 위해 사용재료 및 설치물의 치수와 질 등을 지정한다.

정답 14 ② 15 ③ 16 ③ 17 ②

해설 실내디자인의 프로세스

㉠ 기획 및 상담
㉡ 기본계획 : 계획조건의 파악(외부적 조건, 내부적 조건), 기본 개념 설정, 계획의 평가기준 설정
㉢ 기본설계 : 기본 구상(구상을 위한 도면), 시각화 과정, 대안들의 작성, 대안의 평가, 의뢰인의 승인·설득, 결정안, 도면화(프리젠테이션), 모델링, 조정, 최종 결정안
㉣ 실시설계 : 결정안에 대한 설계도(시공 및 제작을 위한 도면), 확인(시방서 작성), 수정·보완
㉤ 시공 : 완성, 평가(거주 후 평가 P.O.E : Post Occupancy Evaluation)

18 황금비례에 관한 설명으로 옳은 것은?

① 1 : 3.14의 비율을 갖는다.
② 루트직사각형 비례와 같다.
③ 종교건물에서만 사용되었다.
④ 고대 그리스인들이 창안한 기하학적 분할 방식이다.

해설

황금비(golden section, 황금분할)는 고대 그리스인들의 창안으로서 선이나 면적을 나누었을 때 작은 부분과 큰 부분의 비율이 큰 부분과 전체에 대한 비율과 동일하게 되는 기하학적 분할 방식으로 1 : 1.618의 비율을 갖는 가장 균형잡힌 비례이다. 몬드리안의 작품에서 예를 들 수 있다.

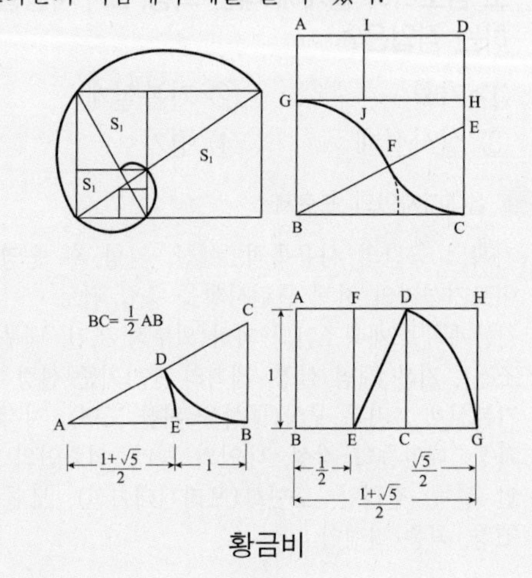

황금비

19 다음 중 실내디자인의 조건과 가장 거리가 먼 것은?

① 기능적 조건 ② 경험적 조건
③ 정서적 조건 ④ 환경적 조건

해설 실내 디자인의 조건

㉠ 기능적 조건 – 가장 우선적인 조건으로 편리한 생활의 기능을 가져야 한다.
㉡ 정서적 조건 – 인간의 심리적 안정감이 충족되어야 한다.
㉢ 심미적 조건 – 아름다움을 추구한다.
㉣ 환경적 조건 – 자연환경인 기후, 지형, 동식물 등과 어울리는 기능을 가져야 한다.
(위의 기능적, 정서적, 심미적 조건은 인간적인 조건이나 환경적인 조건은 성격이 다르다)

20 상업공간의 매장 내 진열장 배치계획시 가장 중점적으로 고려하여야 할 사항은?

① 진열장의 수
② 고객동선의 처리
③ 수직동선시설의 위치
④ 점포성격에 맞는 조명

해설

상업공간의 매장 내 진열장 배치계획시 가장 중점적으로 고려하여야 할 사항은 고객동선의 처리이다.
㉠ 고객동선은 흐름의 연속성이 상징적·지각적으로 분할되지 않는 수평적 바닥이 되도록 한다.
㉡ 고객동선은 길게 유도하여 매장의 진열효과를 높인다.
㉢ 편안한 마음으로 상품을 선택할 수 있도록 하며, 계단 설치시 올라가는 부담을 덜 주도록 한다.
※ 상점 내의 매장 계획에 있어서 동선을 원활하게 하는 것이 가장 중요하다. 고객, 종업원, 상품의 동선이 서로 교차되지 않게 판매장을 계획한다.

정답 18 ④ 19 ② 20 ②

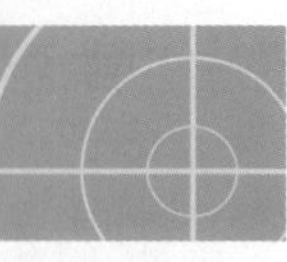

실내디자인론 2013년 3월 10일(1회)

01 리듬에 관한 설명으로 가장 알맞은 것은?

① 모든 조형에 대한 미의 근원이 된다.
② 서로 다른 요소들 사이에서 평형을 이루는 상태이다.
③ 음악적 감각인 청각적 원리를 촉각적으로 표현한 것이다.
④ 규칙적인 요소들의 반복으로 디자인에 시각적인 질서를 부여하는 통제된 운동감각을 말한다.

해설 리듬 (rhythm)

(1) 균형이 잡힌 후에 나타나는 선, 색, 형태 등의 규칙적인 요소들의 반복으로 통일화 원리의 하나인 통제된 운동감을 말한다.
(2) 리듬은 음악적 감각인 청각적 원리를 시각적으로 표현하는 것으로 리듬의 원리는 반복, 점이, 대립, 변이, 방사로 이루어진다. 리듬의 원리 중 반복이 가장 큰 원리이다.
(3) 리듬(rhythm)에 의한 디자인 사례
㉠ 강렬한 붉은 색의 의자가 반복적으로 배열된 객석
㉡ 나선형의 계단
㉢ 위쪽의 밝은 색에서 아래쪽의 어두운 색으로 변화하는 벽면

02 주택의 거실에 관한 설명으로 옳지 않은 것은?

① 현관에서 가까운 곳에 위치하되 직접 면하는 것은 피하는 것이 좋다.
② 주택의 중심에 두어 공간과 공간을 연결하는 통로 기능을 갖도록 한다.
③ 거실의 규모는 가족수, 가족구성, 전체 주택의 규모, 접객 빈도 등에 따라 결정된다.
④ 평면의 동쪽 끝이나 서쪽 끝에 배치하면 정적인 공간과 동적인 공간의 분리가 비교적 정확히 이루어져 독립적 안정감 조성에 유리하다.

해설

주택의 거실(living room)은 가족의 단란, 휴식, 접객 등이 이루어지는 곳이며, 취침 이외의 전 가족 생활의 중심이 되는 다목적 기능을 가진 공간이다. 남향으로, 햇빛과 통풍이 좋고, 주거 중 다른 방의 중심적 위치에 두며, 침실과는 항상 대칭되게 하고, 통로에 의한 실이 분할되지 않는 곳에 위치한다. 현관, 식사실, 부엌과 가깝고 햇빛이 잘 들며 전망이 좋은 곳이 좋다.

03 다음 중 좋은 디자인을 판단하는 척도로 우선 순위가 가장 낮은 것은?

① 심미성　② 유행성
③ 경제성　④ 기능성

해설 해설의 평가 기준

㉠ 합목적성 : 기능성 또는 실용성
㉡ 심미성 : 아름다운 창조
㉢ 경제성 : 최소의 노력으로 최대의 효과
㉣ 독창성 : 새로운 가치를 추구
㉤ 질서성 : 상기 4가지 조건을 서로 관련시키는 것

04 실내디자인 프로세스에서 실내디자이너나 의뢰인이 공간의 사용목적, 예산 등을 종합적으로 검토하여 설계에 대한 희망, 요구사항을 정하는 작업은?

① 기획　② 기본설계
③ 실시설계　④ 평가

해설 실내디자인의 프로세스

㉠ 기획 : 공간의 사용목적, 예산, 완성 후 운영에 이르기까지의 전체 관련사항을 종합 검토
㉡ 기본계획 : 계획조건의 파악(외부적 조건, 내부적 조건), 기본 개념 설정, 계획의 평가기준 설정
㉢ 기본설계 : 기본 구상(구상을 위한 도면), 시각화 과정, 대안들의 작성, 대안의 평가, 의뢰인의 승인·설득, 결정안, 도면화(프리젠테이션), 모델링, 조정, 최종 결정안

정답 01 ④ 02 ② 03 ② 04 ①

㉣ 실시설계 : 결정안에 대한 설계도(시공 및 제작을 위한 도면), 확인(시방서 작성), 수정·보완
㉤ 시공 : 완성, 평가(거주 후 평가 P.O.E : Post Occupancy Evaluation)

05 주변 공간과 시각적인 연속성은 유지된 상태에서 공간을 감싸는 분위기를 조성하는 벽의 높이는?

① 눈높이 ② 가슴높이
③ 무릎높이 ④ 키보다 큰 높이

해설 벽높이에 따른 심리적 효과

눈높이 벽의 높이와 심리적 효과 벽의 높이는 인체의 키와 관련되어 시각적, 심리적으로도 공간을 표현하는 결정적 요소이다.
㉠ 60cm 정도 높이의 벽 : 공간의 모서리를 규정할 뿐 공간을 감싸지는 못한다. (상징적 경계)
㉡ 허리정도의 높이의 벽(90cm) : 주위의 공간과 시각적 연결은 약화되고 에워싼 느낌을 주기 시작한다.
㉢ 가슴 높이의 벽(1.2m) : 주변 공간에 시각적인 연속성을 주면서 감싸인 분위기를 조성한다. (시각적 개방)
㉣ 눈높이의 벽(1.5m) : 한 공간이 다른 공간과 분할되기 시작한다.
㉤ 키보다 높은 벽(1.8m) : 공간의 영역이 완전히 차단된다. (시각적 차단)

06 소규모 주택에서 식당, 거실, 부엌을 하나의 공간에 배치한 형식은?

① 다이닝 키친 ② 리빙 다이닝
③ 다이닝 테라스 ④ 리빙 다이닝 키친

해설

LDK형은 식당, 거실, 부엌을 하나의 공간에 배치한 형식으로 공간을 효율적으로 활용할 수 있어서 소규모 주택에 주로 이용된다.
※ living kitchen(LDK형)의 특징
㉠ 주부의 가사 노동의 경감(주부의 동선단축)
㉡ 통로가 절약되어 바닥 면적의 이용률이 높다. (소주택에 적당)
㉢ 부엌의 통풍·채광이 우수하다.(위생적이다.)

07 단위공간 사용자의 특성, 사용목적, 사용시간, 사용빈도 등을 고려하여 전체 공간을 몇 개의 생활권으로 구분하는 실내디자인의 과정은?

① 치수계획 ② 죠닝계획
③ 규모계획 ④ 재료계획

해설 조닝(zoning)계획

공간 내에서 이루어지는 다양한 행동의 목적, 공간, 사용시간, 입체 동작 상태 등에 따라 공간의 성격이 달라진다. 공간의 내용이나 성격에 따라서 구분되는 공간을 구역(zone)이라 하며, 이 구역을 구분하는 것을 조닝(zoning)이라 한다.

08 상품 진열 계획에서 골든 스페이스라고 불리우는 진열 높이는?

① 600~850mm
② 850~1,250mm
③ 1,250~1,500mm
④ 1,500~1,800mm

해설

유효진열범위 내에서도 고객의 시선이 가장 편하게 머물고 손으로 잡기에도 가장 편안한 높이는 850~1,250mm 높이로 이 범위를 골든 스페이스(golden space)라 한다.

09 다음 중 도시의 랜드마크에 가장 중요시되는 디자인 원리는?

① 점이 ② 균형
③ 강조 ④ 반복

해설 강조(emphasis)

㉠ 시각적인 힘의 강약에 단계를 주어 디자인의 일부분에 주어지는 초점이나 흥미를 중심으로 변화를 의도적으로 조성하는 것을 말하며, 디자인의 부분 부분에 주어지는 강도의 다양한 정도이다.
㉡ 강조(emphasis)는 도시의 랜드마크에 가장 중요시되는 디자인 원리이다.
※ 기준점(landmark, 기념물) : 관찰자가 그 속으로 진입할 수 없는 표지, 건물, 사인, 탑, 산 등

정답 05 ② 06 ④ 07 ② 08 ② 09 ③

10 **원룸 시스템(one room system)에 관한 설명으로 옳은 것은?**

① 좁은 공간의 활용에는 부적합하다.
② 소음조절이 어렵고 개인적 프라이버시가 결여된다.
③ 공간 활용이 자유로운 반면 가구배치가 고정적이다.
④ 실 내부에 통행에 필요한 공간을 따로 구획하여야 한다.

해설

원룸 시스템(one room system)은 하나의 공간 속에 영역만을 구분하여 사용하는 것으로 좁은 공간에서 데드 스페이스(dead space)가 생기지 않아 공간 활용의 극대화가 가능하며, 공간을 보다 넓게 할 수 있고 공간의 활용이 자유로우며 자연스런 가구배치가 가능하다.

11 **실내디자인 과정(Process)을 바르게 나열한 것은?**

① 분석 → 조사 → 목표설정 → 종합 → 결정
② 목표설정 → 조사 → 분석 → 종합 → 결정
③ 조사 → 분석 → 결정 → 종합 → 목표설정
④ 목표설정 → 분석 → 종합 → 조사 → 결정

해설 실내디자인의 프로그래밍(programming) 진행단계

㉠ 목표설정 : 문제 정의
㉡ 조사 : 문제의 조사, 자료의 수집, 예비적 아이디어의 수집
㉢ 분석 : 자료의 분류와 통합, 정보의 해석, 상관성의 체계 분석
㉣ 종합 : 부분적 해결안의 작성, 복합적 해결안의 작성, 창조적 사고
㉤ 결정 : 합리적 해결안의 결정

12 **르꼬르뷔제의 모듈러에서 설명된 인체의 기본 치수로 옳지 않은 것은?**

① 기본 신장 : 183 cm
② 배꼽까지의 높이 : 113 cm
③ 어깨까지의 높이 : 162 cm
④ 손을 들었을 때 손 끝까지 높이 : 226 cm

해설 르 코르뷔지에의 모듈러

모듈러에서 인간을 넷의 기본 치수로 보고 있다. 즉, 신장 183cm의 인간을 기본으로 하며 바닥에서 배꼽까지 높이는 113cm이고, 손을 둔 위 손가락까지가 226cm가 된다. 배꼽의 높이 113cm를 단위로 하여 113cm의 황금비 183cm는 머리 위까지의 높이가 된다. 또 113cm의 2배인 226cm는 손끝까지의 높이에 해당되고, 226cm의 황금비 140~86cm의 점은 손을 짚은 높이 86cm로 표시된다.

13 **실내 치수 계획으로 가장 부적절한 것은?**

① 주택 출입문의 폭 : 90 cm
② 부엌 조리대의 높이 : 85 cm
③ 상점내의 계단 단높이 : 30 cm
④ 주택 침실의 반자높이 : 2.3 m

해설

상점의 계단은 다수인이 사용하는 공간임을 고려하여 단높이는 18cm 이하, 단너비는 26cm 이상으로 하는 것이 바람직하다.

14 **액세서리에 관한 설명으로 옳지 않은 것은?**

① 강조하고 싶은 요소들을 보완해 주는 물건이다.
② 액세서리에는 장식물, 회화, 공예품 등이 있다.
③ 공간의 분위기를 생기있게 하는 실내디자인의 최종작업이다.
④ 액세서리는 생활에 있어서의 실질적인 기능과는 전혀 무관하다.

해설 장식물(액세서리, accessory)

㉠ 공간의 분위기를 생기 있게 하는 실내디자인의 최종 작업이다.
㉡ 실내를 구성하는 여러 요소 중 시각적인 효과를 강조하는 장식적인 목적으로 사용된다.

정답 10 ② 11 ② 12 ③ 13 ③ 14 ④

㉢ 강조하고 싶은 요소들을 보완해 주는 물건이다.
㉣ 액세서리에는 장식물, 회화, 공예품 등이 있다.
㉤ 전체공간에 있는 주된 포인트는 부수적인 엑센트를 강조한다.
㉥ 장식물 중에는 기능성과 장식성을 동시에 만족시키는 것도 있다.

15 실내를 구성하는 기본요소 중 바닥에 관한 설명으로 옳지 않은 것은?

① 외부로부터 추위와 습기를 차단한다.
② 수평방향을 차단하여 공간을 형성한다.
③ 고저차에 의해 공간의 영역을 조정할 수 있다.
④ 인간의 감각 중 촉각적 요소와 관계가 밀접하다.

해설 바닥

(1) 실내공간을 구성하는 수평적 요소로서 인간의 감각 중 시각적, 촉각적 요소와 밀접한 관계를 갖는 가장 기본적인 요소이다.
(2) 천장보다도 더 중요한 실내디자인 요소로 어떤 공간에서도 존재하며 공간을 사용하는 사람은 이 바닥과 직접 접촉하며 끊임없이 사용한다.
(3) 기능
㉠ 공간의 영역을 조정할 수 있으며, 사람과 물건을 지지한다.
㉡ 외부로부터 차가움과 습기를 차단시킨다.
㉢ 사람의 보행과 가구를 놓을 수 있도록 수평면을 제공한다.
㉣ 벽이 없이도 공간을 분리시킬 수 있으며, 동선을 유도한다.
㉤ 공간의 기초가 되므로 바닥의 디자인은 물리적, 시각적으로 전체 디자인에 영향을 준다.
(4) 바닥재의 선택시 고려 사항
안전성이 가장 먼저 고려해야 되어야 하며 내구성, 관리성, 유지성, 마모성, 차단성, 시각성 등의 성능이 요구된다.
※ 벽(wall) : 공간을 에워싸는 수직적 요소이며, 수평방향을 차단하여 공간을 형성한다.

16 선의 조형효과에 관한 설명으로 옳지 않은 것은?

① 수직선은 상승감, 존엄성의 느낌을 준다.
② 사선은 침착, 안정 등 주로 정적인 느낌을 준다.
③ 수평선은 영원, 무한, 안정, 평화의 느낌을 준다.
④ 곡선은 유연함, 우아함 등 여성적인 느낌을 준다.

해설 선의 조형심리적 효과

㉠ 수직선은 구조적인 높이와 존엄성, 고양감을 느끼게 한다.
- 수직선은 공간을 실제보다 더 높아 보이게 한다.
㉡ 수평선은 영원, 무한, 안정, 안락, 평화감을 느끼게 한다.
- 수평선은 바닥이나 천장 등의 건물구조에 많이 이용된다.
㉢ 사선은 넘어지려는 움직임이 있어 운동감, 불안정, 변화하는 활동적인 느낌을 준다.
- 사선은 단조로움을 없애주고 활동적인 분위기를 연출하는데 효과적이다.
㉣ 곡선은 유연, 복잡, 동적, 경쾌하며 여성적인 느낌을 들게 한다.
- 곡선은 부드럽고 미묘한 이미지를 갖고 있어 실내에 풍부한 분위기를 연출한다.

17 동선의 유형 중 최단거리의 연결로 통과시간이 가장 짧은 것은?

① 직선형　② 나선형
③ 방사형　④ 혼합형

해설 동선의 원칙

(1) 동선은 가능한 한 굵고 짧게 한다.
(2) 동선의 형은 가능한 한 단순하며 명쾌하게 한다.
(3) 서로 다른 종류의 동선은 가능한 한 분리하고 필요 이상의 교차는 피한다.
(4) 동선내 공간이 확보되어야 한다.
(5) 동선의 유형은 직선형, 방사형, 나선형, 격자형, 혼합형 등으로 분류할 수 있다.
㉠ 직선형 : 경과 시간이 짧은 단거리로 연결된다.
㉡ 방사형 : 중심에서 바깥쪽으로 회전하면서 연결한다.

정답 15 ② 16 ② 17 ①

㉢ 나선형
㉣ 격자형 : 정방형 형태가 간격을 두고 반복된다.
㉤ 혼합형 : 여러 가지 형태가 종합적으로 구성되며, 통로 간에 위계질서를 갖도록 계획한다.

18 형태의 지각에 관한 설명으로 옳지 않은 것은?

① 폐쇄성 : 폐쇄된 형태는 빈틈이 있는 형태들보다 우선적으로 지각된다.
② 근접성 : 거리적, 공간적으로 가까이 있는 시각적 요소들은 함께 지각된다.
③ 유사성 : 비슷한 형태, 규모, 색채, 질감, 명암, 패턴의 그룹은 하나의 그룹으로 지각된다.
④ 프래그넌츠 원리 : 어떠한 형태도 그것을 될 수 있는 한 단순하고 명료하게 볼 수 있는 상태에서 지각시킨다.

해설 형태의 지각심리(게슈탈트의 지각심리)

㉠ 접근성 : 가까이 있는 시각 요소들을 패턴이나 그룹으로 인지하게 되는 지각심리
㉡ 유사성 : 형태와 색깔, 크기 등이 유사할 경우 함께 모여보이는 지각심리
㉢ 연속성 : 점들의 연속이 선으로 지각되어 형태를 만드는 지각심리
㉣ 폐쇄성 : 불완전한 시각 요소들을 완전한 형태로 지각하려는 심리
㉤ 단순화 : 어떤 형태를 접했을 때 복잡한 형태보다는 단순한 형태로 지각하려는 심리
㉥ 도형과 배경의 법칙 : 도형과 배경이 순간적으로 번갈아 보이면서 다른 형태로 지각되는 심리
- 그림과 바탕이 교체되는 도형을 '반전도형(反轉圖形)'이라고 한다.
  [예] 루빈의 항아리

루빈의 항아리

※ 게슈탈트(gestalt)
주어진 정황 내에서 전체적으로 가장 단순하고 좋은 형태로 정리하려는 경향으로 지각은 특정의 자극에 대한 개별적 반응에 기준하여 발생하는 것이 아니며, 전체적인 자극에 대한 반응이다. 주된 개념의 하나는 프래그넌츠(pragnanz) 원리로서 될 수 있는 한 명료하고 단순하게 느껴지는 상태로 지각되는 현상이다.
※ 프래그넌츠 원리 : 어떠한 형태도 그것을 될 수 있는 한 단순하고 명료하게 볼 수 있는 상태에서 지각시킨다.

19 질감(texture)에 관한 설명으로 옳지 않은 것은?

① 모든 물체는 일정한 질감을 갖는다.
② 매끄러운 재료는 빛을 많이 반사하므로 무겁고 안정적인 느낌을 준다.
③ 효과적인 질감 표현을 위해서는 색채와 조명을 동시에 고려해야 한다.
④ 실내공간에서는 재료의 질감 대비를 통하여 변화, 다양성, 드라마틱한 분위기를 연출할 수 있다.

해설 질감(texture)

① 정의 : 모든 물체가 갖고 있는 표면상의 특징으로 시각적이나 촉각적으로 지각되는 물체의 재질감을 말한다.
② 질감의 특징
㉠ 매끄러운 질감은 거친 질감에 비해 빛을 반사하는 특성이 있고, 거친 질감은 반대로 흡수하는 특성을 갖는다.
㉡ 질감의 성격에 따라 공간의 통일성을 살릴 수도 있고 파괴시킬 수도 있으므로 공간에서의 영향력이 있으며, 재료의 질감대비를 통해 실내공간의 변화와 다양성을 꾀할 수 있다.
㉢ 목재와 같은 자연 재료의 질감은 따뜻함과 친근감을 부여한다.
※ 매끄러운 재질을 사용하면 빛을 많이 반사하므로 가볍고 환한 느낌을 주며, 거친 재질을 사용하면 많은 빛을 흡수하여 무겁고 안정된 느낌을 준다.

정답 18 ① 19 ②

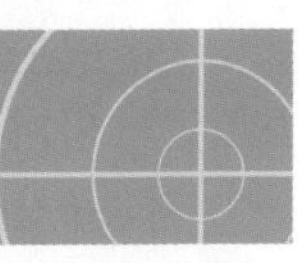

20 조명이 모든 방향으로 균등하게 배분되는 조명 방식은?

① 직접조명 ② 국부조명
③ 건축화조명 ④ 전반확산조명

해설 전반확산조명

직접조명과 간접조명을 함께 사용하는 것으로 직·간접조명이라 한다. 확산광에 의해서 실내 전체를 밝게 유지시키는 방식으로 눈의 피로가 적어 비교적 사고나 재해가 적다.

실내디자인론 2013년 6월 2일(2회)

01 실내디자인에 관한 설명 중에서 옳지 않은 것은?

① 쾌적한 실내디자인이란 기능적 측면과 감성적 측면이 공간으로 구체화한 것이다.
② 수익성을 추구하지 않는 주거공간 디자인에서 경제성은 고려 대상이 아니다.
③ 주거공간의 기능은 작업, 휴식, 취침, 취식으로 구분할 수 있다.
④ 실내디자인은 인간이 보다 적합한 환경에서 생활할 수 있도록 하기 위한 것이다.

해설

실내디자인은 인간이 생활하는 실내공간을 보다 아름답고 능률적이며 쾌적한 환경으로 창조하는 디자인 행위 일체를 말하며, 좋은 디자인을 판단하는 기준은 기능성, 심미성, 경제성, 재료의 선택, 환경적 조건 등을 들 수 있다.

02 다음 중에서 인체지지용 가구가 아닌 것은?

① 침대 ② 스툴
③ 책상 ④ 작업의자

해설 인체공학적 입장에 따른 가구의 분류

㉠ 인체지지용 가구(인체계 가구, 휴식용 가구) : 의자, 소파, 침대, (stool)
㉡ 작업용 가구(준인체계 가구) : 테이블, 책상, 작업용 의자
㉢ 수납용 가구(건물계 가구) : 벽장, 선반, 서랍장, 붙박이장

03 바탕과 도형의 관계에서 도형이 되기 쉬운 조건에 관한 설명이다. 옳지 않은 것은?

① 이미 도형으로서 체험한 것은 도형으로 되기 쉽다.
② 바탕 위에 무리로 된 것은 도형으로 되기 쉽다.

정답 20 ④ / 01 ② 02 ③ 03 ③

③ 명도가 높은 것보다 낮은 것이 도형이 되기 쉽다.
④ 규칙적인 것은 도형으로 되기 쉽다.

해설 도형과 배경의 법칙

㉠ 도형과 배경이 순간적으로 번갈아 보이면서 다른 형태로 지각되는 심리의 대표적인 예로 '루빈의 항아리'를 들 수 있다.
㉡ 대체적으로 면적이 작은 부분은 형이 되고, 큰 부분은 배경이 된다.
㉢ 도형과 배경이 교체하는 것을 모호한 형(ambiguous figure) 혹은 '반전도형(反轉圖形)'이라고도 한다.

루빈의 항아리

04 다음은 실내디자인 프로세스에 관한 설명이다. 옳지 않은 것은?

① 기본설계는 구체적이고 세부적인 계획의 전개로서 요구 사항에 대한 기본 구상이다.
② 실시설계는 고객의 요구조건을 반영하여 디자인을 구상하는 단계이다.
③ 기획은 공간의 사용목적, 예산 등을 종합하여 디자인 방향을 결정하는 작업이다.
④ 기본계획은 개념적인 과정으로 디자인의 목적을 명확히 하는 단계이다.

해설 실내디자인의 계획과정

㉠ 기획 : 공간의 사용목적, 예산, 완성 후 운영에 이르기까지의 전체 관련사항을 종합 검토
㉡ 기본계획 : 계획조건의 파악(외부적 조건, 내부적 조건), 기본 개념 설정, 계획의 평가기준 설정
㉢ 기본설계 : 기본 구상(구상을 위한 도면), 시각화 과정, 대안들의 작성, 대안의 평가, 의뢰인의 승인·설득, 결정안, 도면화(프리젠테이션), 모델링, 조정, 최종 결정안
㉣ 실시설계 : 결정안에 대한 설계도(시공 및 제작을 위한 도면), 확인(시방서 작성), 수정·보완
㉤ 시공 : 완성, 평가(거주 후 평가 P.O.E : Post Occupancy Evaluation)

05 오피스 랜드스케이프에 관한 설명 중에서 옳지 않은 것은?

① 독립성과 쾌적감의 이점이 있다.
② 유효면적이 크므로 그만큼 경제적이다.
③ 밀접한 팀워크가 필요할 때 유리하다.
④ 작업패턴의 변화에 따른 조절이 가능하다.

해설

오피스 랜드스케이프(office landscape)는 새로운 사무 공간 설계방법으로서 개방된 사무공간을 의미한다. 계급서열에 의한 획일적 배치에 대한 반성으로 사무의 흐름이나 작업내용의 성격을 중시하는 배치 방법으로서 사무원 각자의 업무를 분석하여, 서류의 흐름을 조사하고 사람과 물건(책상, 작업대, 서류장 등)의 긴밀도를 측정하여 가장 능률적으로 배치한다.
개방된 사무 공간 구성으로 시각적인 프라이버시 확보가 어렵고, 소음상의 문제가 발생할 수 있으며, 칸막이는 쉽게 움직일 수 있는 음향스크린을 사용한다.

06 다음 중에서 건축화 조명에 해당하지 않는 것은?

① 광천장조명 ② 코퍼조명
③ 펜던트조명 ④ 코니스조명

해설 건축화 조명

(1) 천장, 벽, 기둥 등의 건축 부분에 광원을 만들어 실내를 조명하는 방식
(2) 눈부심이 적은 장점이 있는 반면, 조명 효율은 직접 조명에 비해 떨어진다.
㉠ 다운 라이트 : 천장에 작은 구멍을 뚫어 그 속에 광원을 매입한 방법

정답 04 ② 05 ① 06 ③

ⓛ 루버 조명 : 천장면에 루버를 설치하고 그 속에 광원을 배치하는 방법
ⓒ 광천장 조명 : 천장면 전체에서 발광되도록 한 것
ⓡ 코퍼 조명 : 천장면에 빛을 반사시켜 간접 조명하는 방법
ⓜ 코니스 조명 : 벽면에 빛을 반사시켜 간접 조명하는 방법
※ 펜던트(pendant) : 파이프나 와이어에 달아 천장에 매단 조명 방식으로 조명기구 자체가 빛을 발하는 악세사리 역할을 한다.

07 실내디자인의 목적에 관한 설명 중에서 옳은 것은?

① 디자이너의 입장에서 고려되어져야 한다.
② 공간을 더욱 매력있고 유용하게 해준다.
③ 기능보다 미가 우선되어야 한다.
④ 주변 환경의 영향을 받지 않는 독립성을 갖는다.

해설

실내디자인의 목적은 공간의 기능적, 정서적, 심미적 조화를 통한 쾌적성 추구에 있으므로 기술적, 미적인 면이 조화를 이루어야 하고 공간을 더욱 매력있고 유용하게 해주어야 한다.

08 디자인 원리에 관한 설명 중에서 옳지 않은 것은?

① 대칭은 완전한 균형의 상태로 흥미로운 역동성을 나타낸다.
② 다양한 형태와 색의 결합에 있어 조화가 결여된다면 통일성이 없다.
③ 율동은 규칙적이거나 조화된 순환으로 나타나는 통제된 운동감이다.
④ 커튼, 소파, 벽지 등을 동일한 색상과 무늬로 연출하는 것은 반복에 해당된다.

해설

비대칭 균형은 대칭 균형보다 자연스러우며, 물리적으로는 불균형이지만 시각상으로는 균형을 이루는 것으로 흥미로움을 주며 율동감, 약진감이 있다.

09 시티 호텔(city hotel) 계획에서 크게 고려하지 않아도 되는 것은?

① 주차장　② 발코니
③ 레스토랑　④ 연회장

해설

도심지의 시티 호텔(City Hotel)은 숙박부분의 비가 높으므로 발코니를 크게 고려하지 않지만, 리조트 호텔(Resort Hotel)에서는 주변의 전망을 볼 수 있도록 발코니를 고려한다.

10 사용목적별로 분류한 실내디자인 프로젝트의 내용 중에서 옳지 않은 것은?

① 사무목적공간 : 오피스텔, 은행
② 집회목적공간 : 예식장, 회의장
③ 숙박목적공간 : 호텔, 유스호스텔
④ 위락목적공간 : 나이트클럽, 휴양콘도미니엄

해설

숙박목적공간 : 호텔, 유스호스텔, 휴양콘도미니엄

11 상점의 상품 진열에 관한 설명 중에서 옳지 않은 것은?

① 눈높이 1,500mm을 기준으로 상향 10°에서 하향 20° 사이가 고객이 시선을 두기 가장 편한 범위이다.
② 상품의 진열범위 중 골든 스페이스(golden space)는 600~1,200mm의 높이이다.
③ 운동기구 등 중량의 물품은 바닥에 가깝게 배치하는 것이 좋다.
④ 사람의 시각적 특징에 따라 좌측에서 우측으로, 작은 상품에서 큰 상품으로 진열의 흐름도를 만드는 것이 효과적이다.

정답 07 ② 08 ① 09 ② 10 ④ 11 ②

해설

유효진열범위 내에서도 고객의 시선이 가장 편하게 머물고 손으로 잡기에도 가장 편안한 높이는 850~1,250mm 높이로 이 범위를 골든 스페이스(golden space)라 한다.

12 **디스플레이 기법 중 비주얼 머천다이징(V.M.D)에 관한 설명이다. 그 내용이 옳지 않은 것은?**

① VMD의 구성은 IP, PP, VP 등이 포함된다.
② VMD의 구성 중 IP는 상점의 이미지와 패션테마의 종합적인 표현을 일컫는다.
③ VMD란 상품과 고객 사이에서 치밀하게 계획된 정보전달 수단으로서 디스플레이의 기법 중 하나이다.
④ 상품계획, 상점계획, 판촉 등을 시각화시켜 상점이미지를 고객에게 인식시키는 판매전략을 말한다.

해설 VMD(Visual Merchandising)

상품과 고객 사이에서 치밀하게 계획된 정보 전달 수단으로 장식된 시각과 통신을 꾀하고자 하는 디스플레이 기법으로 상품 계획, 상점 환경, 판촉 등을 시각화시켜 상점 이미지를 고객에게 인식시키는 판매 전략이다.

(1) VMD의 요소(통일된 이미지를 위한 시각 설명의 요소)
㉠ 쇼윈도(show window) : 통행인을 대상으로 함
㉡ VP(Visual Presentation) : 점포의 주장을 강하게 표현함
㉢ IP(Item Presentation) : 구매시점 상에 상품 정보를 설명하며, 상점의 특성을 기억하게 하고 느끼게 하는 코오디네이트(coordinate) 청구 방법을 활용한다.
㉣ 매장의 상품 진열

(2) VMD의 구성
㉠ VP(Visual Presentation) : 상품의 이미지와 패션 테마의 종합적인 표현 – 점두, 쇼윈도우
㉡ PP(Point Of Presentation) : 한 유닛에서 대표되는 상품 진열 – 벽면 상단 및 집기류 상단, 디스플레이 테이블
㉢ IP(Item Presentation) : 상품의 분류 정리 – 제반 집기(선반, 행거)

13 **가구배치계획에 관한 설명 중에서 옳지 않은 것은?**

① 평면도에 계획되며 입면계획을 고려하지 않는다.
② 가구 사용시 불편하지 않도록 충분한 여유공간을 두도록 한다.
③ 실의 사용목적과 행위에 적합한 가구배치를 한다.
④ 가구의 크기 및 형상은 전체공간의 스케일과 시각적, 심리적 균형을 이루도록 한다.

해설 가구 배치시 유의할 사항

㉠ 사용목적과 행위에 맞는 가구배치를 해야 한다.
㉡ 가구의 크기 및 형상은 전체공간의 스케일과 시각적, 심리적 균형을 이루도록 한다.
㉢ 사용자의 동선에 맞게 배치를 해야 한다.
㉣ 문이나 창문이 있을 경우 높이를 고려한다.
㉤ 의자나 소파 옆에 조명기구를 배치한다.
※ 평면도에 계획되며 입면계획을 고려한다.

14 **실내 디자인의 구성 원리에 관한 설명 중에서 옳지 않은 것은?**

① 통일성이란 디자인의 질서를 주는 기본으로서 디자인 원리의 중심이다.
② 대비란 일정한 단계에 변화를 주어 동적인 장단 효과를 주는 것을 의미한다.
③ 리듬은 일반적으로 규칙적인 요소들의 반복으로 디자인에 시각적인 질서를 부여하는 통제된 운동감각을 말한다.
④ 조화는 전체적인 조립방법이 모순 없이 질서를 잡아가는 것을 의미하며 유사조화와 대비조화로 구분된다.

해설

대비(contrast)는 2개 이상의 서로 성질이 다른 것이 동시에 공간에 배열될 때 조화의 반대현상으로 비교되고 서로의 상반되는 성질을 강조함으로써 다른 특징을 한층 돋보이게 하는 현상이다.

정답 12 ② 13 ① 14 ②

15 주택에서 부엌의 작업대에 관한 설명 중에서 옳지 않은 것은?

① 작업대의 배치유형 중 "ㄷ" 자형이 가장 효율적인 형태이다.
② 작업 삼각형은 개수대, 가열대, 냉장고를 잇는 형태이다.
③ 작업대의 배치순서는 준비대－개수대－가열대－조리대－배선대이다.
④ 작업대의 높이를 결정하는 기본 치수는 작업하는 사람의 팔꿈치 높이이다.

해설 부엌의 작업삼각대(worktriangle)를 이루는 가구의 배치 순서

준비대 － 개수대 － 조리대 － 가열대 － 배선대
※ 주부의 동선을 단축하기 위하여 부엌의 작업순서는 작업삼각형(worktriangle)이 되도록 하는 것이 유리하다.

16 디자인 구성요소 중에서 사선이 주는 느낌과 가장 거리가 먼 것은?

① 생동감 ② 운동감
③ 안정감 ④ 약동감

해설 선의 조형심리적 효과

㉠ 수직선은 구조적인 높이와 존엄성, 고양감을 느끼게 한다.
㉡ 수평선은 영원, 무한, 안정, 안락, 평화감을 느끼게 한다.
㉢ 사선은 넘어지려는 움직임이 있어 운동감, 불안정, 변화하는 활동적인 느낌을 준다.
㉣ 곡선은 유연, 복잡, 동적, 경쾌하며 여성적인 느낌을 들게 한다.

17 질감(texture)에 관한 설명 중에서 옳지 않은 것은?

① 광선은 질감의 효과에 거의 영향을 끼치지 않는다.
② 재료의 질감 대비를 이용하여 공간의 다양한 분위기를 연출할 수 있다.
③ 실내공간은 시각적 질감에 의해 그 윤곽과 인상이 형성된다.
④ 유리, 거울 같은 재료는 높은 반사율을 나타내며 차갑게 느껴진다.

해설 질감(texture)

(1) 정의 : 모든 물체가 갖고 있는 표면상의 특징으로 시각적이나 촉각적으로 지각되는 물체의 재질감을 말한다.
(2) 질감의 특징
㉠ 매끄러운 질감은 거친 질감에 비해 빛을 반사하는 특성이 있고, 거친 질감은 반대로 흡수하는 특성을 갖는다.
㉡ 질감의 성격에 따라 공간의 통일성을 살릴 수도 있고 파괴시킬 수도 있으므로 공간에서의 영향력이 있으며, 재료의 질감대비를 통해 실내공간의 변화와 다양성을 꾀할 수 있다.
㉢ 목재와 같은 자연 재료의 질감은 따뜻함과 친근감을 부여한다.

18 동선의 3요소에 해당하지 않는 것은?

① 하중 ② 속도
③ 빈도 ④ 방향성

해설

동선의 3요소 : 속도, 빈도, 하중
동선은 대체로 짧고 직선적이어야 능률적이라 볼 수 있는데 상점, 백화점 건축과 같은 경우는 예외적으로 고객의 동선을 길게 유도하여 매장의 진열효과를 높인다.

19 실내디자인의 프로세스를 조사분석(programming) 단계와 디자인 단계로 나눌 경우, 다음 중 조사분석 단계에 속하지 않는 것은?

① 정보의 수집
② 종합분석
③ 문제점의 인식
④ 아이디어 스케치

정답 15 ③ 16 ③ 17 ① 18 ④ 19 ④

해설

실내디자인 과정은 조사분석 단계와 디자인 단계로 나눈다.

(1) 조사분석 단계
㉠ 정보의 수집
㉡ 문제점 인식
㉢ 클라이언트의 요구사항 파악

(2) 디자인 단계
㉠ 디자인의 개념 및 방향설정
㉡ 아이디어의 시각화(아이디어 스케치)
㉢ 대안의 설정 및 평가
㉣ 최종안의 결정

20 실내디자인의 요소 중 천장의 기능에 관한 설명 중에서 옳은 것은?

① 공간을 에워싸는 수직적 요소로 수평방향을 차단하여 공간을 형성한다.
② 외부로부터 추위와 습기를 차단하고 사람과 물건을 지지한다.
③ 인간의 시선이나 동선을 차단하고 공기의 움직임, 소리의 전파, 열의 이동을 제어한다.
④ 접촉빈도가 낮고 시각적 흐름이 최종적으로 멈추는 곳으로 지각의 느낌에 영향을 준다.

해설 천장

(1) 바닥과 함께 실내공간을 형성하는 수평적 요소로서 다양한 형태나 패턴 처리로 공간의 형태를 변화시킬 수 있다. 인간의 감각적 요소 중 시각적 요소가 상대적으로 가장 많은 부분을 차지한다.

(2) 천장의 기능
㉠ 바닥과 함께 공간을 형성하는 수평적 요소로서 바닥과 천장 사이에 있는 내부공간을 규정한다.
㉡ 지붕이나 계단 윗 바닥의 구조체를 노출시키지 않는 차단의 역할
㉢ 열환경, 음향, 빛의 조절의 매체로서 방어, 방음, 방진 기능

실내디자인론 2013년 8월 18일(4회)

01 다음 설명에 알맞은 거실의 가구배치 유형은?

> • 가구를 두 벽면에 연결시켜 배치하는 형식으로 시선이 마주치지 않아 안정감이 있다.
> • 비교적 적은 면적을 차지하기 때문에 공간 활용이 높고 동선이 자연스럽게 이루어지는 장점이 있다.

① 대면형　　② 코너형
③ U자형　　④ 직선형

해설 거실의 가구 배치 유형

① 대면형 : 좌석이 서로 마주 보게 배치하는 형식으로서, 서로 시선이 마주쳐 자칫 어색한 분위기를 만들 수 있다.
② 코너형 : 가구를 실내의 벽면 코너에 배치하는 형식으로, 시선이 마주치지 않아 다소 안정감이 있게 하는 형태이다.
③ U자형 : 가구를 ㄷ자형으로 배치하여, TV 테이블이나 벽난로 등을 한 방향으로 바라보게 배치한 형태이다.
④ 직선형 : 일렬로 의자를 배치하는 방법으로 대화에는 부자연스러운 배치이다. 넓은 공간에서 다른 배치의 보조로 사용하거나 또는 좁은 공간에 좋다.

02 백화점의 엘리베이터 계획에 관한 설명 중에서 옳지 않은 것은?

① 교통동선의 중심에 설치하여 보행거리가 짧도록 배치한다.
② 여러 대의 엘리베이터를 설치하는 경우, 그룹별 배치와 군 관리 운전방식으로 한다.
③ 일렬 배치는 6대를 한도로 하고, 엘리베이터 중심간 거리는 8m 이하가 되도록 한다.

정답 20 ④ / 01 ② 02 ③

④ 엘리베이터 홀은 엘리베이터 정원 합계의 50% 정도를 수용할 수 있어야 하며, 1인당 점유면적은 0.5~0.8m²로 계산한다.

해설

일반적으로 4대 이하는 직선으로 배치하고 5대 이상은 알코브 또는 대면 배치가 효과적이다. 대면 거리는 3.5~ 4.5m로 한다.

03 게슈탈트 심리학에서 제시한 인간의 지각원리에 관한 주요 법칙에 속하지 않는 것은?

① 연속성 ② 접근성
③ 폐쇄성 ④ 착시성

해설 형태의 지각심리(게슈탈트의 지각심리)

㉠ 접근성 : 가까이 있는 시각 요소들을 패턴이나 그룹으로 인지하게 되는 지각심리
㉡ 유사성 : 형태와 색깔, 크기 등이 유사할 경우 함께 모여보이는 지각심리
㉢ 연속성 : 점들의 연속이 선으로 지각되어 형태를 만드는 지각심리
㉣ 폐쇄성 : 불완전한 시각 요소들을 완전한 형태로 지각하려는 심리
㉤ 단순화 : 어떤 형태를 접했을 때 복잡한 형태보다는 단순한 형태로 지각하려는 심리
㉥ 도형과 배경의 법칙 : 도형과 배경이 순간적으로 번갈아 보이면서 다른 형태로 지각되는 심리
※ 그림과 바탕이 교체되는 도형을 '반전도형(反轉圖形)'이라고 한다.

루빈의 항아리

04 다음 실내디자인 설계과정 중에서 기능도 작성시에 표현되지 않는 것은?

① 동선
② 평면조닝
③ 가구배치
④ 각 공간의 위치적 근접성

해설

실내디자인 설계과정 중 기능도 작성시에 평면조닝, 각 공간의 위치적 근접성, 동선은 표현되나 가구 배치는 표현되지 않는다.

05 소파나 의자 옆에 위치하며 손이 쉽게 닿는 범위내에 전화기, 문구 등 필요한 물품을 올려놓거나 수납하며 찻잔, 컵 등을 올려놓아 차 탁자의 보조용으로도 사용되는 테이블은?

① 티 테이블(tea table)
② 엔드 테이블(end table)
③ 나이트 테이블(night table)
④ 익스텐션 테이블(extension table)

해설 테이블

㉠ 나이트 테이블(night table) : 침대 옆에 놓여있는 소형 테이블
㉡ 익스텐션 테이블(extension table) : 확장 테이블로 접이식 의자나 일반 의자와 함께 사용 가능하다. 펜션이나 주택의 옥상 등 비교적 공간이 여유로운 곳, 전원 주택이나 리조트의 정원에 바비큐 파티용 테이블로 적합하다.

06 다음 디자인 원리 중 균형(balance)에 관한 설명으로 옳지 않은 것은?

① 정형 균형은 흥미로움을 주며 율동감, 약진감이 있다.
② 대칭적 균형은 가장 완전한 균형의 상태로 공간에 질서를 주기가 용이하다.

정답 03 ④ 04 ③ 05 ② 06 ①

③ 디자인에서의 균형은 인간의 주의력에 의해 감지되는 시각적 무게의 평형상태를 뜻하는 가장 일반적인 미학이다.
④ 비정형 균형은 물리적으로는 불균형이지만 시각적으로 힘의 정도에 의해 균형을 이룬 것이다.

해설

비정형 균형은 대칭 균형보다 자연스러우며, 물리적으로는 불균형이지만 시각상으로는 균형을 이루는 것으로 흥미로움을 주며 율동감, 약진감이 있다.

07 다음 설명에 알맞은 건축화조명 방식은?

> 창이나 벽의 커튼 상부에 부설된 조명으로, 상향조명일 경우 천장에 반사하는 간접조명으로 전체조명 역할을 하며 하향조명일 경우 벽이나 커튼을 강조하는 역할을 한다.

① 코브 조명　　② 밸런스 조명
③ 광천장 조명　　④ 코니스 조명

해설 건축화 조명방식

천장, 벽, 기둥 등의 건축 부분에 광원을 만들어 실내를 조명하는 방식으로 눈부심이 적은 장점이 있는 반면, 조명 효율은 직접 조명에 비해 떨어진다.
㉠ 광천장 조명 : 확산투과선 플라스틱 판이나 루버로 천장을 마감하여 그 속에 전등을 넣은 방법이다.
㉡ 코니스 조명 : 벽면의 상부에 위치하여 모든 빛이 아래로 직사하도록 하는 조명방식이다.
㉢ 밸런스 조명 : 창이나 벽의 커튼 상부에 부설된 조명이다.(상향 조명)
㉣ 캐노피 조명 : 사용자의 얼굴에 적당한 조도를 분배하기 위해 벽면이나 천장면의 일부를 돌출시켜 조명을 설치한다.
㉤ 코브(cove) 조명 : 천장, 벽, 보의 표면에 광원을 감추고, 일단 천장 등에서 반사한 간접광으로 조명하는 건축화 조명이다.

08 다음 설명에 알맞은 실내공간의 구성요소는?

> • 공간을 형성하는 수평적 요소이다.
> • 시각적 흐름이 최종적으로 멈추는 곳이기에 지각의 느낌에 영향을 미친다.

① 지붕　　② 바닥
③ 천장　　④ 개구부

해설 천장

바닥과 함께 실내공간을 형성하는 수평적 요소로서 다양한 형태나 패턴 처리로 공간의 형태를 변화시킬 수 있다. 천정의 높이는 실내공간의 사용목적과 깊은 관계가 있다. 인간의 감각적 요소 중 시각적 요소가 상대적으로 가장 많은 부분을 차지한다.

09 한국 전통 가구 중에서 수납계 가구가 아닌 것은?

① 문갑　　② 궤
③ 소반　　④ 반닫이

해설

한국 전통주거의 가구에서 소반은 쟁반을 말하며, 문갑·농·궤·반닫이는 수납계 가구로 분류된다.

10 자연형태에 관한 설명 중에서 옳지 않은 것은?

① 현실적 형태이다.
② 조형의 원형으로서도 작용하며 기능과 구조의 모델이 되기도 한다.
③ 단순한 부정형의 형태를 취하기도 하지만 경우에 따라서는 체계적인 기하학적인 특징을 갖는다.
④ 디자인에 있어서 형태는 대부분이 자연형태이므로 착시현상으로 일어나는 형태의 오류를 수정하도록 해야 한다.

해설

디자인에 있어서 형태는 대부분이 인위적 형태이다. 인간에 의해 인위적으로 만들어진 모든 사물, 구조체에서 볼 수 있는 형태이다.

정답 07 ② 08 ③ 09 ③ 10 ④

11 사무소 건축의 코어 유형 중 코어 프레임(core frame)이 내력벽 및 내진구조의 역할을 하므로 구조적으로 가장 바람직한 것은?

① 양단형 ② 중심형
③ 편심형 ④ 독립형

해설 사무소 건축의 core 종류

㉠ 편심 코어형(편단 코어형) : 기준층 바닥면적이 적은 경우에 적합하며 너무 고층인 경우는 구조상 좋지 않다. 바닥면적이 커지면 코어 이외에 피난 시설, 설비 샤프트 등이 필요해진다.
㉡ 중심 코어형(중앙 코어형) : 바닥면적이 클 경우 적합하며 특히 고층, 초고층에 적합하다. 코어 프레임(core frame)이 내력벽 및 내진구조의 역할을 하므로 구조적으로 가장 바람직하다. 임대 사무실로서 가장 경제적인 계획을 할 수 있다.
㉢ 독립 코어형(외 코어형) : 자유로운 사무실 공간을 코어와 관계없이 마련할 수 있다. 각종 설비 duct, 배관 등의 길이가 길어지며 제약이 많다. 방재상 불리하고 바닥면적이 커지면 피난시설을 포함한 서브 코어(sub core)가 필요하며, 내진구조에는 불리하다.
㉣ 양단 코어형(분리 코어형) : 한 개의 대공간을 필요로 하는 전용 사무실에 적합하다. 2방향 피난에 이상적이며 방재상 유리하다.

12 점과 선에 관한 설명 중에서 옳지 않은 것은?

① 공간에 한 점을 두면 집중효과가 있다.
② 곡선은 유연, 복잡, 동적, 경쾌하며 여성적인 느낌을 들게 한다.
③ 사선은 유연함, 우아함, 부드러움 등의 여성적인 느낌을 준다.
④ 점은 기하학적으로 크기는 없고 위치만 존재한다.

해설 선의 조형심리적 효과

㉠ 수직선은 구조적인 높이와 존엄성, 고양감을 느끼게 한다.
㉡ 수평선은 영원, 무한, 안정, 안락, 평화감을 느끼게 한다.
㉢ 사선은 넘어지려는 움직임이 있어 운동감, 불안정, 변화하는 활동적인 느낌을 준다.
㉣ 곡선은 유연, 복잡, 동적, 경쾌하며 여성적인 느낌을 들게 한다.

13 전시공간의 순회 유형 중 연속순로형식에 관한 설명이다. 옳지 않은 것은?

① 관람객은 연속적으로 이어진 동선을 따라 관람하게 된다.
② 동선에 따른 공간이 요구되므로 소규모 전시실에는 적용이 곤란하다.
③ 한 실을 폐쇄하면 다음 공간으로의 이동이 불가능한 단점이 있다.
④ 비교적 동선이 단순하나 다소 지루하고 피곤한 느낌을 줄 수도 있다.

해설 연속순로(순회) 형식

구형(矩形) 또는 다각형의 각 전시실을 연속적으로 연결하는 형식이다.
㉠ 단순하고 공간이 절약된다.
㉡ 소규모의 전시실에 적합하다.
㉢ 전시 벽면을 많이 만들 수 있다.
㉣ 많은 실을 순서별로 통해야 하고 1실을 닫으면 전체 동선이 막히게 된다.

14 설계를 착수하기 전에 과제의 전모를 분석하고, 개념화하며, 목표를 명확히 하는 초기 단계의 작업인 프로그래밍에서 "공간 간의 기능적 구조 해석"과 가장 관계가 깊은 것은?

① 환경적 분석
② 사용주의 요구
③ 개념의 도출
④ 스페이스 프로그램

해설 프로그래밍(programing)

실내디자인의 전개 과정에서 실내디자인을 착수하기 전, 프로젝트의 전모를 분석하고 개념화하며 목표를 명확하게 하는 초기 단계

정답 11 ② 12 ③ 13 ② 14 ④

※ 프로그래밍(programming) 단계
㉠ 목표설정 ㉡ 조사 ㉢ 분석 ㉣ 종합 ㉤ 결정

15 **사무소 건축의 실단위 계획 중 개방식 배치에 관한 설명으로 옳지 않은 것은?**

① 방의 길이나 깊이에 변화를 줄 수 있다.
② 프라이버시의 확보가 용이하다.
③ 모든 면적을 유용하게 이용할 수 있다.
④ 소음이 들리고 독립성이 떨어진다.

해설 개방형(open room system, 개방식)

개방된 큰 방으로 설계하고 중역들을 위해 작은 분리된 방을 두는 방법
㉠ 전면적을 유용하게 이용할 수 있어 공간이 절약된다.
㉡ 칸막이벽이 없어서 개실 배치방법보다 공사비가 싸다.
㉢ 방의 길이나 깊이에 변화를 줄 수 있다.
㉣ 소음이 들리고 독립성이 떨어진다.
㉤ 자연 채광에 인공조명이 필요하다.
※ 개방형(open plan) 사무공간은 업무의 성격이나 직급별로 책상을 배치하는 형태로서 이동형의 칸막이나 가구로 공간을 구획한다.

16 **조명과 관련된 용어 중 연색성에 관한 설명으로 옳은 것은?**

① 램프광속 중 조명범위에 유효하게 이용되는 광속의 비율을 의미한다.
② 파장마다 느끼는 빛의 밝기의 정도를 1W당 광속으로 나타낸 것이다.
③ 실내 조도 분포의 정도를 나타내는 지표이다.
④ 태양광(주광)을 기준으로 하며 어느 정도 주광과 비슷한 색상을 연출할 수 있는지를 나타내는 지표이다.

해설 연색성

광원에 의해 조명되어 나타나는 물체의 색을 연색이라 하고, 태양광(주광)을 기준으로 하여 어느 정도 주광과 비슷한 색상을 연출을 할 수 있는가를 나타내는 지표를 연색성이라 한다. 백열전구나 메탈 할라이트등은 연색성이 좋다.

17 **소비자의 구매심리 5단계의 순서를 바르게 나열한 것은?**

① 욕망 - 주의 - 흥미 - 기억 - 행동
② 욕망 - 흥미 - 기억 - 주의 - 행동
③ 주의 - 흥미 - 욕망 - 기억 - 행동
④ 주의 - 욕망 - 흥미 - 기억 - 행동

해설 소비자 구매심리 5단계(AIDCA법칙)

㉠ A (주의, attention) : 상품에 대한 관심으로 주의를 갖는다.
㉡ I (흥미, interest) : 상품에 대한 흥미를 갖는다.
㉢ D (욕망, desire) : 상품구매를 위하여 강한 욕망을 갖게 한다.
㉣ C (확신, confidence) : 상품구매에 대한 신뢰성으로 확신을 갖는다.
㉤ A (구매, action) : 상품에 대한 구매행위를 갖는다.

18 **공간의 분할에서 공간을 구획하는 실내 구성요소에 따른 구분에 속하지 않는 것은?**

① 지각적 분할 ② 기계적 분할
③ 차단적 분할 ④ 상징적 분할

해설 공간

(1) 공간은 점, 선, 면들의 구성으로 이루어지며, 모든 물체의 안쪽을 말한다.
(2) 공간은 규칙적 형태와 불규칙 형태로 분류된다.
(3) 공간의 분할
㉠ 차단적 구획 : 칸막이 등으로 수평·수직 방향으로 분리
㉡ 심리적 구획 : 가구, 기둥, 식물 같은 실내 구성요소로 가변적으로 분할
㉢ 지각적 구획 : 조명, 마감 재료의 변화, 통로나 복도 공간 등의 공간 형태의 변화로 분할

정답 15 ② 16 ④ 17 ③ 18 ②

19 **그리스의 파르테논 신전에서 사용된 착시교정 수법에 관한 설명으로 옳지 않은 것은?**

① 기둥의 중앙부를 약간 부풀어 오르게 만들었다.
② 모서리 쪽의 기둥 간격을 보다 좁게 만들었다.
③ 기둥과 같은 수직 부재를 위쪽으로 갈수록 바깥쪽으로 약간 기울어지게 만들었다.
④ 기단, 아키트레이브, 코니스 등에 의해 형성되는 긴 수평선을 위쪽으로 약간 블록하게 만들었다.

해설 엔타시스(Entasis : 배흘림)

㉠ 그리스 신전에 사용된 착시 교정 수법이다.
㉡ 기둥의 중간부분이 가늘어 보이는 착시현상을 교정하기 위해 기둥을 약간 배부르게 처리하여 시각적으로 안정감을 부여하는 수법
㉢ 모서리 쪽의 기둥 간격을 보다 좁게 하였다.
㉣ 기단, 아키트레이브, 코니스에 의해 형성되는 긴 수평선을 위쪽으로 약간 불룩하게 하였다.

20 **서로 다른 특성을 가진 요소를 같은 공간에 배열할 때 서로의 특성을 더욱 돋보이게 하는 디자인 원리는?**

① 통일　　② 대칭
③ 대비　　④ 척도

해설

대비(contrast)는 2개 이상의 서로 성질이 다른 것이 동시에 공간에 배열될 때 조화의 반대현상으로 비교되고 서로의 상반되는 성질을 강조함으로써 다른 특징을 한층 돋보이게 하는 현상이다.
㉠ 극적인 분위기를 연출하는데 효과적이다.
㉡ 강력하고 화려하며 남성적인 이미지를 주지만 지나치게 크거나 많은 대비의 사용은 통일성을 방해할 우려가 있다.
㉢ 질적, 양적으로 전혀 다른 둘 이상의 요소가 동시에 혹은 계속적으로 배열될 때 상호의 특질이 한층 강하게 느껴지는 통일적 현상이다.

정답 19 ③　20 ③

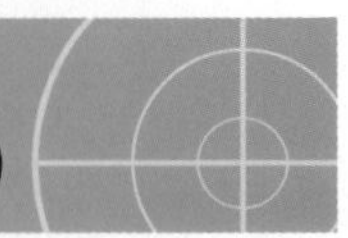

실내디자인론 2014년 3월 2일(1회)

01 균형의 원리에 관한 설명으로 옳지 않은 것은?

① 수직선이 수평선보다 시각적 중량감이 크다.
② 크기가 큰 것이 작은 것보다 시각적 중량감이 크다.
③ 불규칙적인 형태가 기하학적 형태보다 시각적 중량감이 크다.
④ 복잡하고 거친 질감이 단순하고 부드러운 것보다 시각적 중량감이 크다.

해설 균형(balance)

(1) 정의
㉠ 2개의 디자인 요소의 상호작용이 중심점에서 역학적으로 평행을 가졌을 때를 말한다.
㉡ 균형이란 서로 반대되는 힘의 평형상태를 말한다.
㉢ 균형이란 시각적 무게의 평형상태로 실내에서 감지되는 시각적 무게의 균형을 말한다.

(2) 균형의 원리
㉠ 기하학적 형태는 불규칙한 형태보다 가볍게 느껴진다.
㉡ 작은 것은 큰 것보다 가볍게 느껴진다.
㉢ 부드럽고 단순한 것은 거칠거나 복잡하고 거친 것보다 가볍게 느껴진다.
㉣ 사선은 수직, 수평선보다 가볍게 느껴진다.

02 디자인 원리 중 조화에 관한 설명으로 옳지 않은 것은?

① 단순조화는 대체적으로 온화하며 부드럽고 안정감이 있다.
② 복합조화는 다양한 주제와 이미지들이 요구될 때 주로 사용된다.
③ 대비조화에서 대비를 많이 사용할수록 뚜렷하고 선명한 이미지를 준다.
④ 유사조화는 형식적, 외형적으로 시각적인 동일 요소의 조합을 통하여 성립한다.

해설 조화(harmony)

조화란 전체적인 조립 방법이 모순 없이 질서를 이루는 것으로 통일감 있는 미를 구현하는 것이다.

(1) 단순조화(유사조화)
㉠ 형식적, 외형적으로 시각적인 동일한 요소의 조합에 의해 생기는 것
㉡ 온화하며 부드럽고 여성적인 안정감이 있으나 도가 지나치면 단조롭게 되며 신선함을 상실할 우려가 있다.
㉢ 통일과 변화에 있어 통일의 개념에 가깝다.

(2) 대비조화(복합조화)
㉠ 질적, 양적으로 서로 전혀 다른 2개의 요소가 편성되었을 때 서로 다른 반대성에 의해 미적 효과를 자아내는 것
㉡ 강함, 화려함, 남성적이나 지나치게 큰 대비는 난잡하며, 혼란스럽고 공간의 통일성을 방해할 우려가 있다.
㉢ 동적 효과를 가진 변화의 개념에 가깝다.

03 다음 설명에 알맞은 건축화 조명의 종류는?

> • 사용자의 얼굴에 적당한 조도를 분배하기 위해 벽면이나 천장면의 일부를 돌출시켜 조명을 설치하고 아래로 비춘다.
> • 주로 카운터 상부, 욕실의 세면대 상부, 드레싱룸에 설치된다.

① 광창 조명 ② 코브 조명
③ 광천장 조명 ④ 캐노피 조명

해설 건축화 조명방식

천장, 벽, 기둥 등의 건축 부분에 광원을 만들어 실내를 조명하는 방식으로 눈부심이 적은 장점이 있는 반면, 조명 효율은 직접 조명에 비해 떨어진다.
㉠ 광천장 조명 : 확산투과선 플라스틱 판이나 루버로 천장을 마감하여 그 속에 전등을 넣은 방법이다.
㉡ 코니스 조명 : 벽면의 상부에 위치하여 모든 빛이 아래로 직사하도록 하는 조명방식이다.
㉢ 밸런스 조명 : 창이나 벽의 커튼 상부에 부설된 조명이다.(상향 조명)

정답 01 ① 02 ③ 03 ④

㉣ 캐노피 조명 : 사용자의 얼굴에 적당한 조도를 분배하기 위해 벽면이나 천장면의 일부를 돌출시켜 조명을 설치한다.
㉤ 코브(cove) 조명 : 천장, 벽, 보의 표면에 광원을 감추고, 일단 천장 등에서 반사한 간접광으로 조명하는 건축화 조명이다.
㉥ 광창 조명 : 광원을 넓은 면적의 벽면에 매입하여 비스타(vista)적인 효과를 낼 수 있으며 시선에 안락한 배경으로 작용하는 건축화 조명방식

04 질감에 관한 설명으로 옳지 않은 것은?

① 질감의 선택시 고려해야 할 사항은 스케일, 빛의 반사와 흡수 등의 요소이다.
② 질감은 실내디자인을 통일시키거나 파괴할 수도 있는 중요한 디자인 요소이다.
③ 좁은 실내 공간을 넓게 느껴지도록 하기 위해서는 표면이 곱고 매끄러운 재료를 사용하는 것이 좋다.
④ 시각으로 지각할 수 있는 어떤 물체 표면상의 특징을 양감이라고 하며, 촉각으로 지각할 수 있는 것을 질감이라고 한다.

해설 질감(texture)

(1) 정의 : 모든 물체가 갖고 있는 표면상의 특징으로 시각적이나 촉각적으로 지각되는 물체의 재질감을 말한다.
(2) 질감의 특징
㉠ 매끄러운 질감은 거친 질감에 비해 빛을 반사하는 특성이 있고, 거친 질감은 반대로 흡수하는 특성을 갖는다.
㉡ 질감의 성격에 따라 공간의 통일성을 살릴 수도 있고 파괴시킬 수도 있으므로 공간에서의 영향력이 있으며, 재료의 질감대비를 통해 실내공간의 변화와 다양성을 꾀할 수 있다.
㉢ 목재와 같은 자연 재료의 질감은 따뜻함과 친근감을 부여한다.
(3) 질감 선택시 고려해야 할 사항
스케일, 빛의 반사와 흡수, 촉감 등의 요소가 중요하다.
(4) 실내 마감재료의 질감 활용
㉠ 넓은 실내는 거친 재료를 사용하여 무겁고 안정감을 갖도록 한다.
㉡ 창이 작은 실내는 실내공간이 어두우므로 밝은 색을 많이 사용하고, 표면이 곱고 매끄러운 재료를 사용함으로써 많은 빛을 반사하여 가볍고 환한 느낌을 주도록 한다.
㉢ 좁은 실내는 곱고 매끄러운 재료를 사용한다.
㉣ 차고 딱딱한 대리석 위에 부드러운 카페트를 사용하여 질감대비를 주는 것이 좋다.
※ 양감은 화면에 실물의 부피나 무게의 느낌이 나도록 그리는 것으로 볼륨을 말한다.

05 기하학적으로 취급한 점, 선, 면, 입체 등이 속하는 형태의 종류는?

① 현실적 형태　② 이념적 형태
③ 추상적 형태　④ 3차원적 형태

해설 형태(form)

㉠ 이념적 형태 – 순수 형태(추상 형태)
㉡ 현실적 형태 – 자연 형태, 인위적 형태
㉢ 포지티브(positive, 적극적) 형태
㉣ 네거티브(negative, 소극적) 형태
※ 이념적 형태(form) : 인간의 지각, 즉 시각과 촉각 등으로 직접 느낄 수 없고 개념적으로만 제시될 수 있는 형태로서 순수 형태 혹은 상징적 형태라고도 한다. 순수형태는 인간의 지각, 즉 시각과 촉각 등으로는 직접 느낄 수 없고 개념적으로만 제시될 수 있는 형태이다.

06 이미지 스케치에 관한 설명으로 옳지 않은 것은?

① 전체적인 이미지를 알 수 있도록 스케치하는 것이 중요하다.
② 준비된 여러 가지 자료를 참고하여 디자인할 부위를 표현한다.
③ 투시도 작도 이전에 그리는 3차원적 표현방법이라고 할 수 있다.
④ 공간별 이미지를 스케치하되 다른 디자인을 재해석한 모방은 곤란하다.

정답 04 ④　05 ②　06 ④

해설

실내공간은 기능이나 용도 및 목적에 맞는 그 공간 특유의 디자인 이미지를 구축하여야 한다. 즉, 능률적인 공간 조성이 되도록 기능적, 정서적, 심미적, 환경적 조화 및 디자인의 기본 원리 등을 고려하여 건축의 내밀화를 기하며 생활공간의 쾌적성을 추구하기 위해 기술적, 미적인 면이 조화를 이루면서 건축의 내부 공간을 창조하여 사용자에게 가장 바람직한 생활공간을 만드는 것이다.

07 **쇼룸(show room)에 관한 설명으로 옳지 않은 것은?**

① 일반적으로 PR보다는 판매를 위주로 한다.
② 일반 매장과는 다르게 공간적으로 여유가 있다.
③ 쇼룸의 연출은 되도록 개념, 대상물, 효과라는 3단계가 종합적으로 디자인되어야 한다.
④ 상업적 쇼룸에는 필요한 경우 사용이나 작동을 위한 테스팅 룸(testing room)을 배치한다.

해설 쇼룸(showroom)

기업체가 자사제품의 홍보, 판매 촉진 등을 위해 제품 및 기업에 관한 자료를 소비자들에게 직접 호소하여 제품의 우위성을 인식시키고자 하는 전시공간

08 **상점의 판매형식 중 측면판매에 관한 설명으로 옳지 않은 것은?**

① 대면판매에 비해 넓은 진열면적의 확보가 가능하다.
② 판매원이 고정된 자리 및 위치를 설정하기가 어렵다.
③ 소형으로 고가품인 귀금속, 시계, 화장품 판매점 등에 적합하다.
④ 고객이 직접 진열된 상품을 접촉할 수 있는 관계로 상품의 선택이 용이하다.

해설 대면판매와 측면판매의 특징

분류	특징
대면판매	고객과 종업원이 진열장을 사이에 두고 상담하며 판매하는 형식 ㉠ 대상 : 시계, 귀금속, 카메라, 의약품, 화장품, 제과, 수예품 ㉡ 장점 : 설명하기 편하고, 판매원이 정위치를 잡기 용이하며 포장이 편리하다. ㉢ 단점 : 진열 면적이 감소되고 show-case가 많아지면 상점 분위기가 부드럽지 않다.
측면판매	진열 상품을 같은 방향으로 보며 판매하는 형식 ㉠ 대상 : 양장, 양복, 침구, 전기기구, 서적, 운동용품 ㉡ 장점 : 충동적 구매와 선택이 용이하며, 진열 면적이 커지고 상품에 친근감이 있다. ㉢ 단점 : 판매원은 위치를 잡기 어렵고 불안정하며, 상품 설명이나 포장 등이 불편하다.

09 **다음의 아파트 평면형식 중 프라이버시가 가장 양호한 것은?**

① 홀형　　② 집중형
③ 편복도형　　④ 중복도형

해설 계단실형(홀형, hall system)

계단실이나 엘리베이터 홀로부터 직접 단위 주호로 들어가는 형식

(1) 장점
㉠ 주호내의 주거성과 독립성(privacy)이 좋다.
㉡ 동선이 짧으므로 출입이 편하다.
㉢ 통행부의 면적이 적으므로 건물의 이용도가 높고, 전용면적비가 높아 경제적으로 유리하다.
㉣ 각 단위 주거가 자연 조건 등에 균등한 방향으로 배치되어 일조, 통풍 등이 유리하다.

(2) 단점
고층 아파트일 경우 각 계단실마다 엘리베이터를 설치해야 하므로 시설비가 많이 들며, 엘리베이터의 이용률이 낮아 비경제적이다.

정답 07 ① 08 ③ 09 ①

10 거리, 길이, 방향, 크기의 착시와 같은 기하학적 착시의 사례에 속하지 않는 것은?

① 분트 도형
② 뮐러-리어 도형
③ 포겐도르프 도형
④ 펜로즈의 삼각형

해설 역리도형의 착시

㉠ 모순도형, 불가능도형을 말한다.
㉡ 펜로즈의 삼각형 : 2차원적 평면 위에 나타나는 안길이의 특징을 부분적으로 보면 해석은 가능하지만 전체적인 형태는 3차원적으로 불가능한 것처럼 보이는 도형

11 다음 중 주택 부엌의 작업순서에 따른 가구 배치방법으로 가장 알맞은 것은?

① 준비대 - 개수대 - 조리대 - 가열대 - 배선대
② 준비대 - 조리대 - 개수대 - 가열대 - 배선대
③ 준비대 - 개수대 - 가열대 - 조리대 - 배선대
④ 준비대 - 가열대 - 개수대 - 조리대 - 배선대

해설 부엌의 작업삼각대(worktriangle)를 이루는 가구의 배치 순서 :

준비대 - 냉장고 - 개수대(싱크대) - 조리대 - 가열대(레인지) - 배선대
※ 주부의 동선을 단축하기 위하여 부엌의 작업순서는 작업삼각형(worktriangle)이 되도록 하는 것이 유리하다.

12 다음 설명에 알맞은 전시공간의 평면형태는?

- 관람자는 다양한 전시공간의 선택을 자유롭게 할 수 있다.
- 관람자에게 과중한 심리적 부담을 주지 않는 소규모 전시장에 사용한다.

① 원형 ② 선형
③ 부채꼴형 ④ 직사각형

해설 부채꼴형 전시관

형태가 복잡하여 한 눈에 전체를 파악하는 것이 어려우므로 전체적인 조망이 가능한 공간에 적합하다. 관람자는 많은 선택을 자유로이 할 수 있으나 변화가 주어지면 혼동을 일으켜 감상 의욕을 저하시킬 수 있다. 관람자에게 과중한 심리적 부담을 주지 않는 소규모 전시관에 적합한 평면형태이다.

13 공간의 레이아웃(lay-out)과 가장 밀접한 관계를 가지고 있는 것은?

① 재료계획 ② 동선계획
③ 설비계획 ④ 색채계획

해설 공간의 레이아웃(lay-out)

생활 행위를 분석하여 공간의 배분 계획에 따라 배치하는 것으로 실내디자인의 기본 요소인 바닥, 벽, 천정과 설치되는 가구, 기구들의 위치를 결정하는 것을 말한다.
㉠ 공간 상호간의 연계성(zoning)
㉡ 동선 체계와 시선 계획 고려
㉢ 인체공학적 치수와 가구 설치(가구의 크기와 점유면적)
㉣ 출입형식

정답 10 ④ 11 ① 12 ③ 13 ②

14 날개의 각도를 조절하여 일광, 조망, 시각의 차단정도를 조정하는 것은?

① 드레리퍼리
② 롤 블라인드
③ 로만 블라인드
④ 베네시안 블라인드

해설 블라인드의 종류

※ 블라인드 : 날개의 각도를 조절하여 일광, 조망, 시각의 차단정도를 조정하는 창가리개
㉠ 베네시안 블라인드(Venetian blind) : 수평 블라인드로 안정감을 줄 수 있으나 날개 사이에 먼지가 쌓이기 쉽다. 날개의 각도를 조절하여 일광, 조망, 시각의 차단정도를 조정한다.
㉡ 롤 블라인드(roll blind) : 쉐이드(shade)라고도 한다. 단순하고 깔끔한 느낌을 주며 창 이외에 간막이 스크린으로도 효과적으로 사용할 수 있다.
㉢ 로만 블라인드(roman blind) : 천의 내부에 설치된 풀 코드나 체인에 의해 당겨져 아래가 접히면서 올라간다.
㉣ 수직형 블라인드(vertical blind) : 버티컬 블라인드로 날개가 세로로 하여 180° 회전하는 홀더 체인으로 연결되어 있으며 좌우 개폐가 가능하다.

15 선의 종류별 조형효과로 옳지 않은 것은?

① 사선 – 생동감
② 곡선 – 우아, 풍요
③ 수직선 – 평화, 침착
④ 수평선 – 안정, 편안함

해설 선의 조형심리적 효과

㉠ 수직선 : 구조적인 높이와 존엄성, 고양감을 느끼게 한다.
㉡ 수평선 : 영원, 무한, 안정, 안락, 평화감을 느끼게 한다.
㉢ 사선 : 넘어지려는 움직임이 있어 운동감, 불안정, 변화하는 활동적인 느낌을 준다.
㉣ 곡선 : 유연, 복잡, 동적, 경쾌하며 여성적인 느낌을 들게 한다.

16 각종 의자에 관한 설명으로 옳지 않은 것은?

① 풀업체어는 필요에 따라 이동시켜 사용할 수 있는 간이의자이다.
② 오토만은 스툴의 일종으로 편안한 휴식을 위해 발을 올려놓는데도 사용된다.
③ 세티는 고대 로마시대 음식물을 먹거나 잠을 자기 위해 사용했던 긴 의자이다.
④ 라운지 체어는 비교적 큰 크기의 의자로 편하게 휴식을 취할 수 있는 안락의자이다.

해설 세티

동일한 두 개의 의자를 나란히 합해 2인이 앉을 수 있도록 한 것이다.
※ 카우치 : 고대 로마시대 음식물을 먹거나 잠을 자기 위해 사용했던 긴 의자이다.

17 조명의 연출기법 중 강조하고자 하는 물체에 의도적인 광선을 조사시킴으로써 광선 그 자체가 시각적인 특성을 지니게 하는 기법은?

① 강조 기법 ② 월 워싱 기법
③ 빔 플레이 기법 ④ 그림자 연출기법

해설 조명 연출 기법

① 강조(high lighting) 기법 : 물체를 강조하거나 어느 한 부분에 주의를 집중시키고자 할 때 사용하는 기법
② 월 워싱(wall washing) 기법 : 수직벽면을 빛으로 쓸어내리는 듯한 효과를 주기 위해 비대칭 배광방식의 조명기구를 사용하여, 수직벽면에 균일한 조도의 빛을 비추는 기법
③ 빔 플레이(beam play) 기법 : 광선 그 자체가 시각적인 특성을 지니게 하는 기법
④ 그림자 연출(shadow play)기법 : 빛과 그림자의 효과가 시각 경험의 매력적인 요소이기에 그림자를 이용하는 기법

정답 14 ④ 15 ③ 16 ③ 17 ③

18 다음 설명에 알맞은 사무소 건축의 코어형식은?

> • 중, 대규모 사무소 건축에 적합하다.
> • 2방향 피난에 이상적인 형식이다.

① 외코어형 ② 중앙코어형
③ 편심코어형 ④ 양단코어형

해설 사무소 건축의 core 종류

㉠ 편심 코어형(편단 코어형) : 기준층 바닥면적이 적은 경우에 적합하며 너무 고층인 경우는 구조상 좋지 않다. 바닥면적이 커지면 코어 이외에 피난 시설, 설비 샤프트 등이 필요해진다.
㉡ 중심 코어형(중앙 코어형) : 바닥면적이 클 경우 적합하며 특히 고층, 초고층에 적합하다. 임대사무실로서 가장 경제적인 계획을 할 수 있다.
㉢ 독립 코어형(외 코어형) : 자유로운 사무실 공간을 코어와 관계없이 마련할 수 있다. 각종 설비 duct, 배관 등의 길이가 길어지며 제약이 많다. 방재상 불리하고 바닥면적이 커지면 피난시설을 포함한 서브 코어(sub core)가 필요하며, 내진 구조에는 불리하다.
㉣ 양단 코어형(분리 코어형) : 한 개의 대공간을 필요로 하는 전용 사무실에 적합하다. 2방향 피난에 이상적이며 방재상 유리하다.

19 실내디자인의 계획조건 중 외부적 조건에 속하지 않는 것은?

① 계획대상에 대한 교통수단
② 소화설비의 위치와 방화구획
③ 기둥, 보, 벽 등의 위치와 간격치수
④ 실의 규모에 대한 사용자의 요구사항

해설 실내디자인 계획조건

㉠ 외부적 조건 : 입지적 조건, 설비적 조건, 건축적 조건(용도 법적인 규정)
㉡ 내부적 조건 : 계획의 목적, 공간 사용자의 행위·성격·개성에 관한 사항, 공간의 규모나 분위기에 대한 요구사항, 의뢰인(client)의 공사예산 등 경제적 사항

20 장식물의 선정과 배치상의 주의사항으로 옳지 않은 것은?

① 좋고 귀한 것은 돋보일 수 있도록 많이 진열한다.
② 여러 장식품들이 서로 조화를 이루도록 배치한다.
③ 계절에 따른 변화를 시도할 수 있는 여지를 남긴다.
④ 형태, 스타일, 색상 등이 실내공간과 어울리도록 한다.

해설 장식물(액세서리, accessory) 선정시 고려사항

장식물(액세서리, accessory)은 공간의 분위기를 생기있게 하는 실내디자인의 최종 작업으로 실내를 구성하는 여러 요소 중 시각적인 효과를 강조하는 장식적인 목적으로 사용된다.
㉠ 디자인의 의도, 주제, 크기, 마감재료, 색채 등을 고려하여 그 종류를 선정한다.
㉡ 장식물 유형에 따른 전시 및 조명 등을 고려한다.
㉢ 너무 많이 사용하는 것은 좋지 않으며, 필요한 곳에 어울리는 것은 놓을 것
㉣ 신중히 선별해서 택하고, 다른 요소들과 서로 조화를 이룰 것
㉤ 계절에 따른 변화를 시도할 수 있는 여지를 남기고 변경이 가능하도록 할 것
㉥ 개성이 뚜렷하도록 할 것
※ 좋고 귀한 것이라도 너무 많이 사용하는 것보다 다른 요소들과 서로 조화를 이루는 것이 좋다.

정답 18 ④ 19 ④ 20 ①

실내디자인론 2014년 5월 25일(2회)

01 다음 설명과 가장 관련이 깊은 형태의 지각 심리는?

> 한 종류의 형들이 동등한 간격으로 반복되어 있을 경우에는 이를 그룹화하여 평면처럼 지각되고 상하와 좌우의 간격이 다를 경우 수평, 수직으로 지각된다.

① 유사성　② 연속성
③ 폐쇄성　④ 근접성

해설 형태의 지각심리(게슈탈트의 지각심리)

㉠ 접근성 : 가까이 있는 시각 요소들을 패턴이나 그룹으로 인지하게 되는 지각심리
㉡ 유사성 : 형태와 색깔, 크기 등이 유사할 경우 함께 모여보이는 지각심리
㉢ 연속성 : 점들의 연속이 선으로 지각되어 형태를 만드는 지각심리
㉣ 폐쇄성 : 불완전한 시각 요소들을 완전한 형태로 지각하려는 심리
㉤ 단순화 : 어떤 형태를 접했을 때 복잡한 형태보다는 단순한 형태로 지각하려는 심리
㉥ 도형과 배경의 법칙 : 도형과 배경이 순간적으로 번갈아 보이면서 다른 형태로 지각되는 심리
- 그림과 바탕이 교체되는 도형을 '반전도형(反轉圖形)' 이라고 한다.
[예] 루빈의 항아리

루빈의 항아리

02 다음 중 실내디자인의 개념과 가장 관계가 먼 용어는?

① 순수예술　② 전문과정
③ 실행과정　④ 디자인활동

해설

실내디자인이란 인간에 의해 점유되는 모든 공간을 쾌적한 환경으로 만들기 위한 창조적인 디자인 행위로 물리적·환경적 조건(기상, 기후 등 외부적인 보호), 기능적 조건(공간 규모, 공간 배치, 기능, 동선), 정서적·심미적 조건(예술적이며 서정적인 생활환경 도입) 등을 충족시켜야 한다. 실내디자인은 과학적 기술과 예술의 조합으로써 주어진 공간을 목적에 알맞게 창조하는 전문분야이고, 가장 우선시 되어야 하는 것은 기능적인 면의 해결이므로 건축적인 수단도 필요로 한다. 가장 우선시 되어야 하는 것은 기능적인 면의 해결이며, 실내디자인의 궁극적인 목표는 실내 공간을 사용하는 사람의 쾌적성을 추구하는데 있다.

03 이념적 형태에 관한 설명으로 옳은 것은?

① 순수형태 또는 상징적 형태라고도 한다.
② 자연계에 존재하는 모든 것으로부터 보이는 형태를 말한다.
③ 구체적 형태를 생략 또는 과장의 과정을 거쳐 재구성된 형태이다.
④ 인간에 의해 인위적으로 만들어진 모든 사물, 구조체에서 볼 수 있는 형태이다.

해설 형태(form)

㉠ 이념적 형태 - 순수 형태(추상 형태)
㉡ 현실적 형태 - 자연 형태, 인위적 형태
㉢ 포지티브(positive, 적극적) 형태
㉣ 네거티브(negative, 소극적) 형태
※ 이념적 형태(form) : 인간의 지각, 즉 시각과 촉각 등으로 직접 느낄 수 없고 개념적으로만 제시될 수 있는 형태로서 순수 형태 혹은 상징적 형태라고도 한다. 순수형태는 인간의 지각, 즉 시각과 촉각 등으로는 직접 느낄 수 없고 개념적으로만 제시될 수 있는 형태이다.

정답　01 ④　02 ①　03 ①

※ 현실적 형태 : 우리 주위에 존재하는 모든 물상(物像)을 의미한다.
㉠ 자연적 형태 : 자연 현상에 따라 끊임없이 변화하며 새로운 형을 만들어낸다. 일반적으로 그 형태가 부정형이며 복잡한 여러 가지 기학학적인 형태를 나타낸다. 기하학적 형태는 유기적 형태와 동일한 특징을 가진다.
㉡ 인위적 형태 : 휴먼 스케일을 기준으로 해야 좋은 디자인이 된다.

04 디자인에 있어서 구심적 활동으로 변화와 함께 모든 조형에 대한 미의 근원이 되는 디자인 원리는?

① 통일 ② 대비
③ 균형 ④ 리듬

해설 통일(unity)

㉠ 디자인 대상의 전체 중 각 부분, 각 요소의 여러 다른 점을 정리해 관계를 맺으면서 미적 질서를 부여하는 기본 원리로서 디자인의 가장 중요한 속성이다.
㉡ 변화를 원심적 활동이라 한다면, 통일은 구심적 활동이라 할 수 있다.
㉢ 대비인 통일과 변화는 상반되는 성질을 지니고 있으면서도 서로 긴밀한 유기적 관계를 유지한다.
※ 변화는 적절한 절제가 되지 않으면 공간의 통일성을 깨트린다.

05 천장고와 층고에 관한 설명으로 옳은 것은?

① 천장고는 층고보다 작다.
② 천장고는 한 층의 높이를 말한다.
③ 한 층의 천장고는 어디서나 동일하다.
④ 천장고와 층고는 항상 동일한 의미로 사용된다.

해설

실내공간에서 단면의 비례를 결정하는데 가장 기본이 되는 요소는 인간의 시점(視點)과 천장고가 된다.

㉠ 천장고(반자높이) : 방의 바닥면에서 반자까지의 높이로 한다. 단, 동일한 방에서 반자높이가 다른 부분이 있는 경우에는 각 부분의 반자의 면적에 따라 가중평균한 높이로 한다.
㉡ 층고 : 방의 바닥구조체 윗면으로부터 위층바닥구조체의 윗면까지 높이로 한다. 단, 동일한 방에서 층의 높이가 다른 부분이 있는 경우에는 각 부분의 높이에 따른 면적에 따라 가중평균한 높이로 한다.
※ 천장고는 층고보다 작다.

06 황금비례에 관한 설명으로 옳은 것은?

① 1 : 3.14의 비율이다.
② 건축에만 적용되었다.
③ 기하학적 분할방식이다.
④ 고대 로마인들이 창안하였다.

해설

황금비(golden section, 황금분할)는 고대 그리스인들의 창안한 기하학적 분할 방식으로서 선이나 면적을 나누었을 때 작은 부분과 큰 부분의 비율이 큰 부분과 전체에 대한 비율과 동일하게 되는 기하학적 분할 방식으로 1 : 1.618의 비율을 갖는 가장 균형 잡힌 비례이다.

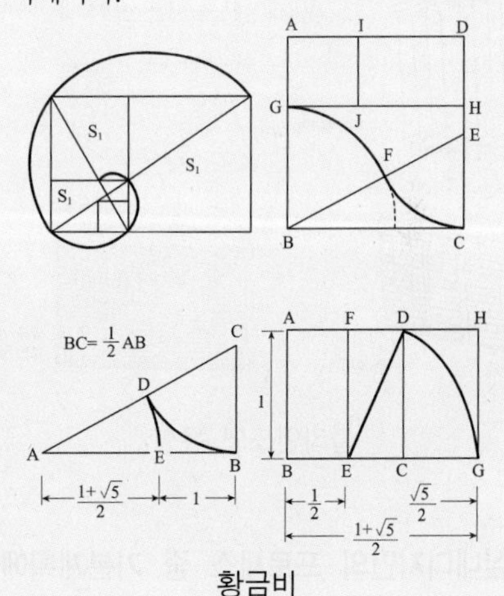

황금비

정답 04 ① 05 ① 06 ③

07 다음 설명에 알맞은 블라인드의 종류는?

> • 쉐이드(Shade) 블라인드라고도 한다.
> • 천을 감아 올려 높이 조절이 가능하며 칸막이나 스크린의 효과도 얻을 수 있다.

① 롤 블라인드 ② 로만 블라인드
③ 베니션 블라인드 ④ 버티컬 블라인드

해설 블라인드의 종류

※ 블라인드 : 날개의 각도를 조절하여 일광, 조망, 시각의 차단정도를 조정하는 창가리개
㉠ 수직형 블라인드(vertical blind) : 버티컬 블라인드로 날개가 세로로 하여 180° 회전하는 홀더 체인으로 연결되어 있으며 좌우 개폐가 가능하다.
㉡ 베네시안 블라인드(Venetian blind) : 수평 블라인드로 안정감을 줄 수 있으나 날개 사이에 먼지가 쌓이기 쉽다. 날개의 각도를 조절하여 일광, 조망, 시각의 차단정도를 조정한다.
㉢ 롤 블라인드(roll blind) : 쉐이드(shade)라고도 한다. 단순하고 깔끔한 느낌을 주며 창 이외에 간막이 스크린으로도 효과적으로 사용할 수 있다.
㉣ 로만 블라인드(roman blind) : 천의 내부에 설치된 풀 코드나 체인에 의해 당겨져 아래가 접히면서 올라간다.

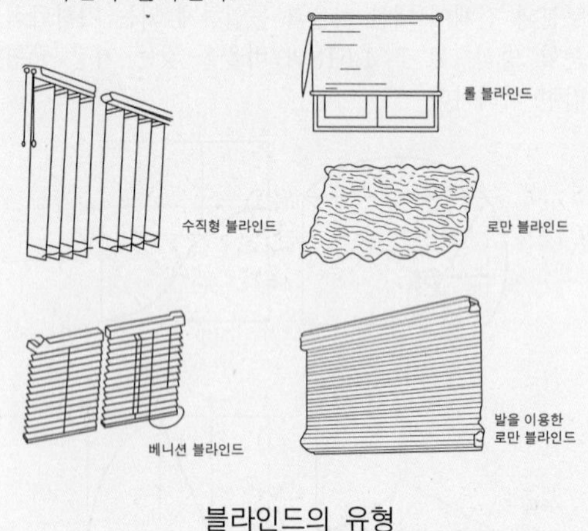

블라인드의 유형

08 실내디자인의 프로세스 중 기본계획에 관한 설명으로 옳지 않은 것은?

① 스터디 모델링 작업이 이루어진다.
② 기본개념과 제한요소를 설정하여 기본구상을 진행한다.
③ 디자인 의도를 시공자에게 정확히 전달하기 위해 키플랜(Key Plan) 등을 제작한다.
④ 계획안 전체의 기본이 되는 형태, 기능 등을 스케치나 다이어그램 등으로 표현한다.

해설 실내디자인의 프로세스

㉠ 기획 및 상담
㉡ 기본계획 : 계획조건의 파악(외부적 조건, 내부적 조건), 기본 개념 설정, 계획의 평가기준 설정
㉢ 기본설계 : 기본 구상(구상을 위한 도면), 시각화 과정, 대안들의 작성, 대안의 평가, 의뢰인의 승인·설득, 결정안, 도면화(프리젠테이션), 모델링, 조정, 최종 결정안
㉣ 실시설계 : 결정안에 대한 설계도(시공 및 제작을 위한 도면), 확인(시방서 작성), 수정·보완
㉤ 시공 : 완성, 평가(거주 후 평가 P.O.E : Post Occupancy Evaluation)

09 특수전시방법 중 사방에서 감상해야 할 필요가 있는 조각물이나 모형을 전시하기 위해 벽면에서 띄어놓아 전시하는 방법은?

① 디오라마 전시 ② 파노라마 전시
③ 아일랜드 전시 ④ 하모니카 전시

해설 특수전시기법

전시기법	특징
디오라마 전시	'하나의 사실' 또는 '주제의 시간 상황을 고정'시켜 연출하는 것으로 현장에 임한듯한 느낌을 가지고 관찰할 수 있는 전시기법
파노라마 전시	벽면전시와 입체물이 병행되는 것이 일반적인 유형으로 넓은 야의 실경(實景)을 보는 듯한 감각을 주는 전시기법
아일랜드 전시	벽이나 천정을 직접 이용하지 않고 전시물 또는 장치를 배치함으로써 전시공간을 만들어내는 기법으로 대형전시물이나 소형전시물인 경우에 유리하다.
하모니카 전시	전시평면이 하모니카 흡입구처럼 동일한 공간으로 연속되어 배치되는 전시기법으로 동일 종류의 전시물을 반복 전시할 때 유리하다.
영상 전시	영상매체는 현물을 직접 전시할 수 없는 경우나 오브제 전시만의 한계를 극복하기 위하여 사용한다.

정답 07 ① 08 ③ 09 ③

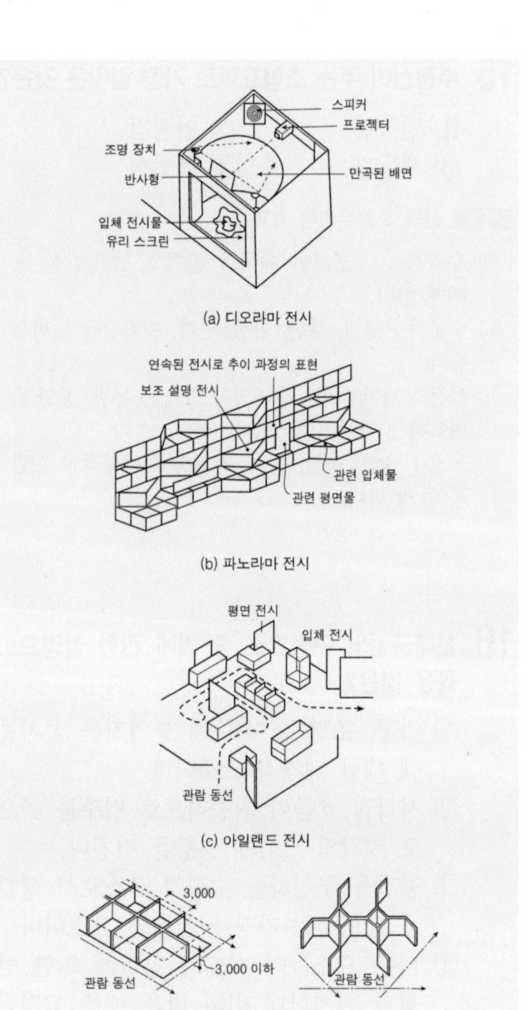

특수전시기법

10 **백화점의 에스컬레이터에 관한 설명으로 옳지 않은 것은?**

① 건축적 점유면적이 가능한 한 작게 배치한다.
② 복렬형 배열방법은 주로 대규모 백화점에 사용된다.
③ 출발 기준층에서 쉽게 눈에 띄도록 하고 보행동선 흐름의 중심에 설치한다.
④ 일반적으로 서비스 대상 인원의 70~80% 정도를 에스컬레이터가 부담토록 한다.

해설

복렬 병렬형은 승강·하강이 연속적이며 독립적이며 승강장 찾기가 용이하다. 설치면적이 많이 차지하는 것이 단점이다.

11 **상품의 유효 진열범위에서 고객의 시선이 자연스럽게 머물고, 손으로 잡기에 편한 높이인 골든 스페이스(Golden Space)의 범위는?**

① 450~850mm
② 850~1,250mm
③ 1,300~1,500mm
④ 1,500~1,700mm

해설

유효진열범위 내에서도 고객의 시선이 가장 편하게 머물고 손으로 잡기에도 가장 편안한 높이는 850~1,250mm 높이로 이 범위를 골든 스페이스(golden space)라 한다.

12 **실내디자인에 앞서 대상공간에 의해 디자이너가 파악해야 할 외적 작용요소가 아닌 것은?**

① 공간 사용자의 수
② 전기, 냉난방 설비시설
③ 비상구 등 긴급 피난시설
④ 기존 건물의 용도 및 법적인 규정

해설 실내디자인 계획조건 작용 요소

㉠ 외부적 작용요소 : 입지적 조건, 설비적 조건, 건축적 조건(용도 법적인 규정)
㉡ 내부적 작용요소 : 계획의 목적, 공간 사용자의 행위·성격 ·개성에 관한 사항, 공간의 규모나 분위기에 대한 요구사항, 의뢰인(client)의 공사예산 등 경제적 사항

정답 10 ② 11 ② 12 ①

13 등받이와 팔걸이가 없는 형태의 보조의자로 가벼운 작업이나 잠시 걸터앉아 휴식을 취하는데 사용되는 것은?

① 스툴　② 이지 체어
③ 라운지 체어　④ 체스터필드

해설

㉠ 스툴(stool) : 등받이가 없는 의자
㉡ 이지 체어(easy chair) : 라운지 체어와 비슷하나 보다 크기가 작으며 기계장치도 없다.
㉢ 라운지 체어(Lounge chair) : 안락의자, 응접의자로서 한쪽 팔걸이를 다른 쪽보다 높게 디자인하여 머리 받침대로 쓰며, 종류에 따라 등받이가 없는 것도 있으며 기대기, 흔들거리기, 회전 등의 여러 가지 행위에 사용될 수 있다.
㉣ 체스터필드 : 소파의 골격에 쿠션성이 좋도록 솜, 스폰지 등의 속을 많이 채워 넣고 천으로 감싼 소파로 구조, 형태상 뿐만 아니라 사용상 안락성이 매우 크다.

14 다음의 설명에 알맞은 조명 연출기법은?

> 강조하고자 하는 물체에 의도적인 광선으로 조사시킴으로써 광선 그 자체가 시각적인 특성을 지니게 하는 기법이다.

① 강조 기법　② 빔 플레이 기법
③ 월 워싱 기법　④ 그레이징 기법

해설 조명 연출 기법

① 강조(high lighting) 기법 : 물체를 강조하거나 어느 한 부분에 주의를 집중시키고자 할 때 사용하는 기법
② 빔 플레이(beam play) 기법 : 광선 그 자체가 시각적인 특성을 지니게 하는 기법
③ 월 워싱(wall washing) 기법 : 수직벽면을 빛으로 쓸어내리는 듯한 효과를 주기 위해 비대칭 배광방식의 조명기구를 사용하여, 수직벽면에 균일한 조도의 빛을 비추는 기법
④ 글레이징(glazing) 기법 : 빛의 방향 변화에 따라 시각적인 느낌은 달라진다. 즉 빛의 각도를 이용하는 방법으로 수직면과 평행한 광선을 벽에 비추는 기법

15 수평선이 주는 조형효과로 가장 알맞은 것은?

① 엄숙함　② 안정감
③ 생동감　④ 유연함

해설 선의 조형심리적 효과

㉠ 수직선 : 구조적인 높이와 존엄성, 고양감을 느끼게 한다.
㉡ 수평선 : 영원, 무한, 안정, 안락, 평화감을 느끼게 한다.
㉢ 사선 : 넘어지려는 움직임이 있어 운동감, 불안정, 변화하는 활동적인 느낌을 준다.
㉣ 곡선 : 유연, 복잡, 동적, 경쾌하며 여성적인 느낌을 들게 한다.

16 실내공간의 구성요소 중 벽에 관한 설명으로 옳은 것은?

① 가구, 조명 등 실내에 놓여지는 설치물에 대한 배경적 요소이다.
② 시각적 흐름이 최종적으로 멈추는 곳으로 지각의 느낌에 영향을 미친다.
③ 공간을 구성하는 수평적 요소로서 생활을 지탱하는 가장 기본적인 요소이다.
④ 다른 요소들이 시대와 양식에 의한 변화가 현저한데 비해 벽은 매우 고정적이다.

해설

벽은 공간의 형태와 크기를 결정하고 인간의 시선과 동작을 차단하며, 공기의 움직임을 제어할 수 있는 수직적 요소이다. 벽의 높이가 가슴 정도이면 주변 공간에 시각적 연속성을 주면서도 특정 공간을 감싸주는 느낌을 준다.

17 상업공간의 동선계획에 관한 설명으로 옳지 않은 것은?

① 고객동선은 가능한 길게 배치하는 것이 좋다.
② 판매동선은 고객동선과 일치해야 하며 길고 자연스러워야 한다.

정답　13 ①　14 ②　15 ②　16 ①　17 ②

③ 상업공간 계획시 가장 우선순위는 고객의 동선을 원활히 처리하는 것이다.
④ 관리동선은 사무실을 중심으로 매장, 창고, 작업장 등이 최단거리로 연결되는 것이 이상적이다.

해설

동선은 가능한 한 굵고 짧게 한다. 대체로 짧고 직선적이어야 능률적이라 볼 수 있는데 상점, 백화점 건축과 같은 경우는 예외적으로 고객의 동선을 길게 유도하여 매장의 진열효과를 높이고, 종업원의 동선은 되도록 짧게 하여 보행거리를 적게 하며 고객동선과 교차되지 않도록 한다.

18 **공동주택의 2세대 이상이 공동으로 사용하는 복도의 유효폭은 최소 얼마 이상이어야 하는가? (단, 갓복도인 경우)**

① 90cm ② 120cm
③ 150cm ④ 180cm

해설 공동주택의 복도 폭(법규상)

㉠ 중복도 : 1.8m 이상(단, 당해 복도를 이용하는 세대수가 5세대 이하인 경우에는 1.5m 이상)
㉡ 편복도(갓복도) : 1.2m 이상

19 **다음 설명에 알맞은 건축화조명의 종류는?**

광원을 넓은 면적의 벽면에 매입하여 비스타(Vista)적인 효과를 낼 수 있으며 시선에 안락한 배경으로 작용한다.

① 광창 조명 ② 광천장 조명
③ 캐노피 조명 ④ 코니스 조명

해설 건축화 조명방식

천장, 벽, 기둥 등의 건축 부분에 광원을 만들어 실내를 조명하는 방식으로 눈부심이 적은 장점이 있는 반면, 조명 효율은 직접 조명에 비해 떨어진다.
㉠ 광천장 조명 : 확산투과선 플라스틱 판이나 루버로 천장을 마감하여 그 속에 전등을 넣은 방법이다.
㉡ 코니스 조명 : 벽면의 상부에 위치하여 모든 빛이 아래로 직사하도록 하는 조명방식이다.
㉢ 밸런스 조명 : 창이나 벽의 커튼 상부에 부설된 조명이다.(상향 조명)
㉣ 캐노피 조명 : 사용자의 얼굴에 적당한 조도를 분배하기 위해 벽면이나 천장면의 일부를 돌출시켜 조명을 설치한다.
㉤ 코브(cove) 조명 : 천장, 벽, 보의 표면에 광원을 감추고, 일단 천장 등에서 반사한 간접광으로 조명하는 건축화 조명이다.

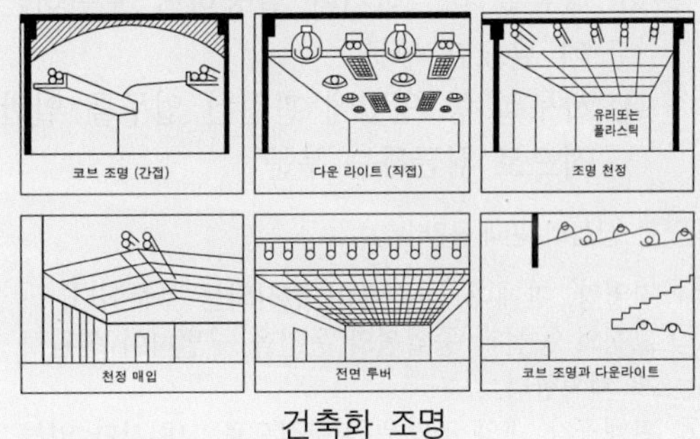

건축화 조명

20 **실내공간에 침착함과 평형감을 부여하기 위해 주로 사용되는 디자인 원리는?**

① 균형 ② 리듬
③ 변화 ④ 대비

해설 균형(balance)

(1) 정의
㉠ 2개의 디자인 요소의 상호작용이 중심점에서 역학적으로 평행을 가졌을 때를 말한다.
㉡ 균형이란 서로 반대되는 힘의 평형상태를 말한다.
㉢ 균형이란 시각적 무게의 평형상태로 실내에서 감지되는 시각적 무게의 균형을 말한다.
(2) 균형의 원리
㉠ 기하학적 형태는 불규칙한 형태보다 가볍게 느껴진다.
㉡ 작은 것은 큰 것보다 가볍게 느껴진다.
㉢ 부드럽고 단순한 것은 거칠거나 복잡하고 거친 것보다 가볍게 느껴진다.
㉣ 사선은 수직, 수평선보다 가볍게 느껴진다.
※ 균형은 형, 질감, 색채, 명암, 형태의 크기와 양, 배치 등의 시각적인 처리방법에 의하여 이루어질 수 있다.

정답 18 ② 19 ① 20 ①

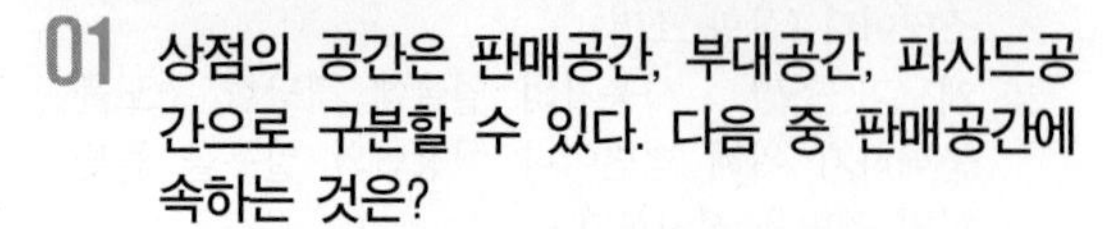

01 상점의 공간은 판매공간, 부대공간, 파사드공간으로 구분할 수 있다. 다음 중 판매공간에 속하는 것은?

① 종업원의 후생복지를 목적으로 하는 부분
② 진열장, 판매대 등 상품이 전시되는 부분
③ 상품을 하역하거나 발송하며 보관하는 데 필요한 부분
④ 사무실 등 영업에 관련된 업무를 일반적으로 취급하는 부분

해설 상점의 판매공간

㉠ 진열장, 판매대 등 상품이 전시되는 부분이다.
㉡ 고객의 동선과 종업원의 동선을 구별하여 원활하게 계획한다.
㉢ 판매공간 내의 조명은 일반적으로 그림자가 없는 부드러운 빛을 사용한다.
㉣ 실내의 바닥은 미끄럽지 않고 너무 딱딱하지 않은 재료를 사용한다.

02 실내계획에 있어서 그리드 플래닝(grid planning)을 적용하는 전형적인 프로젝트는?

① 사무소　② 미술관
③ 단독주택　④ 레스토랑

해설 그리드 플래닝(grid planning)

일정하게 정해진 규칙적인 형태의 기하학적인 면이나 입체인 그리드를 계획의 보조 도구로 사용하여 디자인을 전개하는 것으로 공간의 변화에 따른 대응이 용이하므로 논리적이고 합리적인 디자인 전개를 가능하게 하는 공간구성 기법이다.

(1) 그리드의 분류
㉠ 계획 그리드 : 사무공간 단위로서의 계획격자
㉡ 구조 그리드 : 기둥 위치에 의한 구조격자(주차 배열에 의한 기둥간격 산정 등)
㉢ 시공 그리드 : 재료, 시공 단위에 의한 시공격자
㉣ 설비 그리드 : 설비단위에 의한 서비스격자(건물의 공기조화·조명·콘센트 및 전화 등을 고려하여 이들의 설비기구를 배치할 때 주로 사용되는 그리드)

(2) 그리드의 종류 : 정방형 그리드, 직사각형 그리드, 삼각형 그리드, 육각형 그리드, 동심원 그리드
※ 그리드 플래닝(grid planning)은 사무소 건축의 실내계획에 있어서 적용하는 전형적인 프로젝트이다.

03 원룸 시스템(one room system)에 관한 설명으로 옳지 않은 것은?

① 제한된 공간에서 벗어나므로 공간의 활용이 자유롭다.
② 데스 스페이스를 만듬으로써 공간 사용의 극대화를 도모할 수 있다.
③ 원룸 시스템화된 공간은 크게 느껴지게 되므로 좁은 공간의 활용에 적합하다.
④ 간편하고 이동이 용이한 조립식 가구나 다양한 기능을 구사하는 다목적 가구의 사용이 효과적이다.

해설

원룸 시스템(one room system)은 하나의 공간 속에 영역만을 구분하여 사용하는 것으로 좁은 공간에서 데드 스페이스(dead space)가 생기지 않아 공간 활용의 극대화가 가능하며, 공간을 보다 넓게 할 수 있고 공간의 활용이 자유로우며 자연스런 가구배치가 가능하다.

04 측창에 관한 설명으로 옳지 않은 것은?

① 투명 부분을 설치하면 해방감이 있다.
② 같은 면적의 천창보다 광량이 3배 정도 많다.
③ 근린의 상황에 의한 채광 방해가 발생할 수 있다.
④ 남측창일 경우 실 전체의 조도분포가 비교적 균일하지 않다.

해설 편측채광(side light, 측창 형식)

벽면에 수직으로 낸 측창을 통한 채광 방식

정답 01 ② 02 ① 03 ② 04 ②

㉠ 같은 면적의 천창에 비해 채광량이 적다.
㉡ 근린의 상황에 의해 채광의 방해를 받을 수 있다.
㉢ 남측 편측창의 경우 실 전체의 조도 분포가 비교적 균일하지 않다.
㉣ 투명부분을 설치하면 해방감이 있다.
㉤ 시공과 개폐가 용이하다.

05 선에 관한 설명으로 옳지 않은 것은?

① 선의 외관은 명암, 색채, 질감 등의 특성을 가질 수 있다.
② 많은 선을 근접시키거나 굵기 자체를 늘리면 면으로 인식되기도 한다.
③ 기하학적 관점에서 높이, 깊이, 폭이 없으며 단지 길이의 1차원만을 갖는다.
④ 점이 이동한 궤적에 의한 선은 네거티브 선, 면의 한계 또는 면들의 교차에 의한 선은 포지티브 선으로 구분하기도 한다.

해설 선

(1) 선은 무수한 점의 흔적으로 평면적이며 실내디자인의 중요한 요소이다.

(2) 선의 특성
㉠ 선은 길이와 위치만 있고, 폭과 부피는 없다. 점이 이동한 궤적이며 면의 한계, 교차에서 나타난다.
㉡ 선은 어떤 형상을 규정하거나 한정하고 면적을 분할한다.
㉢ 운동감, 속도감, 방향 등을 나타낸다.

(3) 선의 조형심리적 효과
㉠ 수직선 : 구조적인 높이와 존엄성, 고양감을 느끼게 한다.
㉡ 수평선 : 영원, 무한, 안정, 안락, 평화감을 느끼게 한다.
㉢ 사선 : 넘어지려는 움직임이 있어 운동감, 불안정, 변화하는 활동적인 느낌을 준다.
㉣ 곡선 : 유연, 복잡, 동적, 경쾌하며 여성적인 느낌을 들게 한다.

06 다음 중 퀸베드의 치수로 가장 적절한 것은?

① 1,000×2,000mm
② 1,350×2,000mm
③ 1,500×2,000mm
④ 2,000×2,000mm

해설 침실의 침대 규격

㉠ 싱글베드(single bed) : 1,000mm×2,000mm
㉡ 더블베드(double bed) : (1,350~1,400mm)×2,000mm
㉢ 퀸베드(queen bed) : 1,500mm×2,100mm
㉣ 킹베드(king bed) : 2,000mm×2,000mm

07 디자인의 원리 중 강조에 관한 설명으로 가장 알맞은 것은?

① 서로 다른 요소들 사이에서 평형을 이루는 상태이다.
② 규칙적인 요소들의 반복으로 디자인에 시각적인 질서를 부여한다.
③ 이질의 각 구성요소들이 전체로서 동일한 이미지를 갖게 하는 것이다.
④ 최소한의 표현으로 최대의 가치를 표현하고 미의 상승효과를 가져오게 한다.

해설 강조(emphasis)

㉠ 시각적인 힘의 강약에 단계를 주어 디자인의 일부분에 주어지는 초점이나 흥미를 중심으로 변화를 의도적으로 조성하는 것을 말한다.
㉡ 디자인의 부분 부분에 주어지는 강도의 다양한 정도이다.
㉢ 규칙성이 갖는 단조로움을 극복하기 위해 사용한다.

08 주택 부엌의 가구 배치 유형 중 부엌의 중앙에 별도로 분리, 독립된 작업대가 설치되어 주위를 돌아가며 작업할 수 있게 한 형식은?

① L자형 ② U자형
③ 병렬형 ④ 아일랜드형

정답 05 ④ 06 ③ 07 ④ 08 ④

해설 아일랜드형

㉠ 부엌의 중앙에 별도로 분리, 독립된 작업대가 설치되어 주위를 돌아가며 작업할 수 있게 한 형식으로 공간이 큰 경우에 적합하다.
㉡ 가족 구성원 모두가 부엌일에 참여하는 것을 유도할 수 있다.
㉢ 개방성이 큰 만큼 부엌의 청결과 유지관리가 중요하다.

09 공간의 차단적 분할에 사용되는 요소가 아닌 것은?

① 커튼 ② 열주
③ 조명 ④ 스크린벽

해설 공간

(1) 공간은 점, 선, 면들의 구성으로 이루어지며, 모든 물체의 안쪽을 말한다.
(2) 공간은 규칙적 형태와 불규칙 형태로 분류된다.
(3) 공간의 분할
㉠ 차단적 구획 : 칸막이 등으로 수평·수직 방향으로 분리
㉡ 심리적 구획 : 가구, 기둥, 식물 같은 실내 구성요소로 가변적으로 분할
㉢ 지각적 구획 : 조명, 마감 재료의 변화, 통로나 복도 공간 등의 공간 형태의 변화로 분할

10 실내디자인의 원리 중 조화에 관한 설명으로 옳지 않은 것은?

① 복합조화는 동일한 색채와 질감이 자연스럽게 조합되어 만들어 진다.
② 유사조화는 시각적으로 성질이 동일한 요소의 조합에 의해 만들어 진다.
③ 동일성이 높은 요소들의 결합은 조화를 이루기 쉬우나 무미건조, 지루할 수 있다.
④ 성질이 다른 요소들의 결합에 의한 조화는 구성이 어렵고 질서를 잃기 쉽지만 생동감이 있다.

해설 조화(harmony)

조화란 전체적인 조립 방법이 모순 없이 질서를 이루는 것으로 통일감 있는 미를 구현하는 것이다. 2개 이상의 디자인 요소, 공간 형태, 선, 면, 재질, 색채, 광선 등 부분과 부분 및 부분과 전체의 서로 다른 성질이 한 공간 내에서 결합될 때 상호 관계에 있어서 공통성과 함께 이질성이 동시에 존재하고 아울러 감각적으로 융합해 상승된 미적현상을 발생시키는 것이다.

(1) 단순조화(유사조화)
㉠ 형식적, 외형적으로 시각적인 동일한 요소의 조합에 의해 생기는 것
㉡ 온화하며 부드럽고 여성적인 안정감이 있으나 도가 지나치면 단조롭게 되며 신선함을 상실할 우려가 있다.
㉢ 통일과 변화에 있어 통일의 개념에 가깝다.
(2) 대비조화(복합조화)
㉠ 질적, 양적으로 서로 전혀 다른 2개의 요소가 편성되었을 때 서로 다른 반대성에 의해 미적 효과를 자아내는 것
㉡ 강함, 화려함, 남성적이나 지나치게 큰 대비는 난잡하며, 혼란스럽고 공간의 통일성을 방해할 우려가 있다.
㉢ 동적 효과를 가진 변화의 개념에 가깝다.

11 다음의 실내디자인의 제반 기본조건 중 가장 우선시 되어야 하는 것은?

① 정서적 조건 ② 기능적 조건
③ 심미적 조건 ④ 환경적 조건

해설 실내 디자인의 조건

㉠ 기능적 조건 – 가장 우선적인 조건으로 편리한 생활의 기능을 가져야 한다.
㉡ 정서적 조건 – 인간의 심리적 안정감이 충족되어야 한다.
㉢ 심미적 조건 – 아름다움을 추구한다.
㉣ 환경적 조건 – 자연환경인 기후, 지형, 동식물 등과 어울리는 기능을 가져야 한다. (위의 기능적, 정서적, 심미적 조건은 인간적인 조건이나 환경적인 조건은 성격이 다르다)

정답 09 ③ 10 ① 11 ②

12 '루빈의 항아리'와 가장 관련이 깊은 형태의 지각심리는?

① 그룹핑 법칙
② 역리도형 착시
③ 형과 배경의 법칙
④ 프래그넌츠의 법칙

해설 도형과 배경의 법칙

㉠ 도형과 배경이 순간적으로 번갈아 보이면서 다른 형태로 지각되는 심리의 대표적인 예로 '루빈의 항아리'를 들 수 있다.
㉡ 대체적으로 면적이 작은 부분은 형이 되고, 큰 부분은 배경이 된다.
㉢ 도형과 배경이 교체하는 것을 모호한 형(ambiguous figure) 혹은 '반전도형(反轉圖形)'이라고도 한다.

루빈의 항아리

13 다음 중 주택 거실의 규모 결정 요소와 거리가 먼 것은?

① 가족수　　② 가족구성
③ 가구 배치형식　　④ 전체 주택의 규모

해설 주택의 거실(living room)

㉠ 가족의 단란, 휴식, 접객 등이 이루어지는 곳이며, 취침 이외의 전 가족 생활의 중심이 되는 다목적 기능을 가진 공간이다.
㉡ 가족들의 단란의 장소로서 공동사용공간이다.
㉢ 주거 중 다른 방의 중심적 위치에 두며, 침실과는 항상 대칭되게 하고, 통로에 의한 실이 분할되지 않는 곳에 위치한다.
㉣ 거실의 면적은 가족수와 가족의 구성 형태 및 거주자의 사회적 지위나 손님의 방문 빈도와 수 등을 고려하여 계획한다.

14 실내공간을 형성하는 주요 기본요소로서, 다른 요소들이 시대와 양식에 의한 변화가 현저한 데 비해 매우 고정적인 것은?

① 벽　　② 천장
③ 바닥　　④ 기둥

해설

바닥은 천장과 함께 공간을 구성하는 수평적 요소이며 고저차로써 공간의 영역을 조정할 수 있다. 다른 요소들이 시대와 양식에 의한 변화가 현저한데 비해 매우 고정적인 요소가 강하다.

15 상점 구성의 기본이 되는 상품 계획을 시각적으로 구체화시켜 상점 이미지를 경영 전략적 차원에서 고객에게 인식시키는 표현 전략은?

① VMD
② 슈퍼그래픽
③ 토큰 디스플레이
④ 스테이지 디스플레이

해설 VMD(visual merchandising)

㉠ 상품과 고객 사이에서 치밀하게 계획된 정보 전달 수단으로 장식된 시각과 통신을 꾀하고자 하는 디스플레이의 기법이다.
㉡ 다른 상점과 차별화하여 상업공간을 아름답고 개성있게 하는 것도 VMD의 기본 전개방법이다.
㉢ VMD의 구성요소 중 VP는 점포의 주장을 강하게 표현하며 IP는 구매시점상에 상품정보를 설명한다.
※ 슈퍼 그래픽(super graphic) : 현대 도시환경이나 건물의 대형화에 따른 대형 광고물의 출현과 더불어 새로운 미적 감각을 부여하기 위한 회화상의 사조로서 표현 방법 조형, 색채 등의 전통적 방법에 얽매이지 않고 건물의 표면이나 공간의 표정을 효과적으로 변화시키는 대중예술로서 환경디자인의 한 부분이라 할 수 있다.

정답 12 ③　13 ③　14 ③　15 ①

16 치수계획에 있어 적정치수를 설정하는 방법은 최소치 +α, 최대치 -α, 목표치 $\pm\alpha$ 이다. 이때 α는 적정 치수를 끌어내기 위한 어떤 치수인가?

① 표준치수 ② 절대치수
③ 여유치수 ④ 기본치수

해설 건축공간의 적정치수(α : 적정 값을 이끌어 내기 위한 여유치수)

㉠ 최소값 +α : 치수계획 가운데 가장 기본인 것으로 단위공간의 크기나 구성재의 크기를 정할 때 사용하는 방법. 최소의 치수를 구하고 여유율을 더하여 적정값 산정한다. → 문이나 개구부 높이, 천장높이, 인동간격 설정시
㉡ 최대값 -α : 치수의 상한이 존재하는 경우 사용하는 방법 → 계단의 철판 높이, 야구장 관중석의 난간 높이 설정시
㉢ 목표값 $\pm\alpha$: 어느 값 이하나 어느 값 이상도 취할 수 없는 경우 → 출입문의 손잡이 위치와 크기를 결정하는 것

17 공간의 가변성을 위해 필요한 계획적 요소는?

① 설비의 고정화
② 내벽의 구조화
③ 모듈과 시스템화
④ 공간기능의 집적화

해설
시스템가구(system furniture)는 모듈러 계획의 일종으로 대량생산이 용이하고 시공기간 단축 및 공사비 절감의 효과를 가질 수 있는 가구로서 공간의 이동이나 실의 용도에 맞게 공간의 가변성을 가지는 장점이 있다.
※ 공간의 가변성을 위해 필요한 계획적 요소는 모듈과 시스템화이다.

18 실내공간의 구성기법에 관한 설명으로 옳지 않은 것은?

① 폐쇄공간구성은 독립된 여러 실을 두는 것으로 프라이버시 확보에 유리하지만 융통성이 부족하다.
② 격자형공간구성은 조직화를 통해 시각적인 애매함을 제거하여 보다 논리적이고 객관적인 작업을 가능하게 한다.
③ 다목적공간구성은 장래의 공간 활용에 있어 양적, 질적 변화와 사회적 변화에 대처하기 위한 것으로 가변성이 높다.
④ 개방공간구성은 필수적인 공간을 제외하고는 가능한 한 폐쇄공간을 두지 않는 구성방법으로 에너지 절약에 가장 효과적이다.

해설
개방공간구성은 필수적인 공간을 포함하여 가능한 한 폐쇄공간을 두지 않는 구성방법으로 에너지 절약에 불리하다.

19 다음 설명에 알맞은 사무공간의 책상배치 유형은?

- 대향형과 동향형의 양쪽 특성을 절충한 형태이다.
- 조직관리자면에서 조직의 융합을 꾀하기 쉽고 정보 처리나 집무동작의 효율이 좋다.
- 배치에 따른 면적 손실이 크며 커뮤니케이션의 형성에 불리하다.

① 좌우대향형 ② 십자형
③ 자유형 ④ 삼각형

해설 사무실의 책상 배치유형

㉠ 동향형 : 같은 방향으로 배치하는 형으로 강의형 또는 배면형이라고도 한다. 대향형에 비해 면적 효율이 떨어지나 프라이버시의 침해가 적다.

정답 16 ③ 17 ③ 18 ④ 19 ①

㉡ 대향형 : 커뮤니케이션(communication)형성에 유리하나 프라이버시를 침해할 우려가 있다.
㉢ 좌우대향형 : 조직의 화합을 꾀하는 생산관리 업무에 적당한 배치이다.
㉣ 자유형 : 개개인의 작업을 위한 영역이 주어지는 형태로 전문 직종에 적합한 배치이다.

20 **다음 설명과 가장 관련이 깊은 형태의 지각심리는?**

여러 종류의 형들이 모두 일정한 규모, 색채, 질감, 명암, 윤곽선을 갖고 모양만이 다를 경우에는 모양에 따라 그룹화되어 지각된다.

① 유사성 ② 근접성
③ 연속성 ④ 폐쇄성

해설 형태의 지각심리(게슈탈트의 지각심리)

㉠ 접근성 : 가까이 있는 시각 요소들을 패턴이나 그룹으로 인지하게 되는 지각심리
㉡ 유사성 : 형태와 색깔, 크기 등이 유사할 경우 함께 모여보이는 지각심리
㉢ 연속성 : 점들의 연속이 선으로 지각되어 형태를 만드는 지각심리
㉣ 폐쇄성 : 불완전한 시각 요소들을 완전한 형태로 지각하려는 심리
㉤ 단순화 : 어떤 형태를 접했을 때 복잡한 형태보다는 단순한 형태로 지각하려는 심리
㉥ 도형과 배경의 법칙 : 도형과 배경이 순간적으로 번갈아 보이면서 다른 형태로 지각되는 심리
– 그림과 바탕이 교체되는 도형을 '반전도형(反轉圖形)'이라고 한다. 예) 루빈의 항아리

정답 20 ①

실내디자인론 2015년 3월 8일(1회)

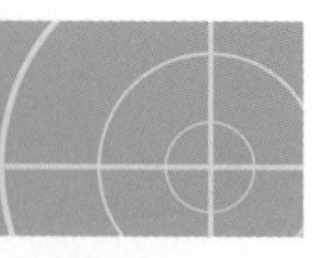

01 다음 그림이 나타내는 특수전시기법은?

① 디오라마 전시 ② 아일랜드 전시
③ 파노라마 전시 ④ 하모니카 전시

해설 특수전시기법

전시기법	특징
디오라마 전시	'하나의 사실' 또는 '주제의 시간 상황을 고정'시켜 연출하는 것으로 현장에 임한 듯한 느낌을 가지고 관찰할 수 있는 전시기법
파노라마 전시	벽면전시와 입체물이 병행되는 것이 일반적인 유형으로 넓은 시야의 실경(實景)을 보는 듯한 감각을 주는 전시기법
아일랜드 전시	벽이나 천정을 직접 이용하지 않고 전시물 또는 장치를 배치함으로써 전시공간을 만들어내는 기법으로 대형전시물이나 소형전시물인 경우에 유리하다.
하모니카 전시	전시평면이 하모니카 흡입구처럼 동일한 공간으로 연속되어 배치되는 전시기법으로 동일 종류의 전시물을 반복 전시할 때 유리하다.
영상 전시	영상매체는 현물을 직접 전시할 수 없는 경우나 오브제 전시만의 한계를 극복하기 위하여 사용한다.

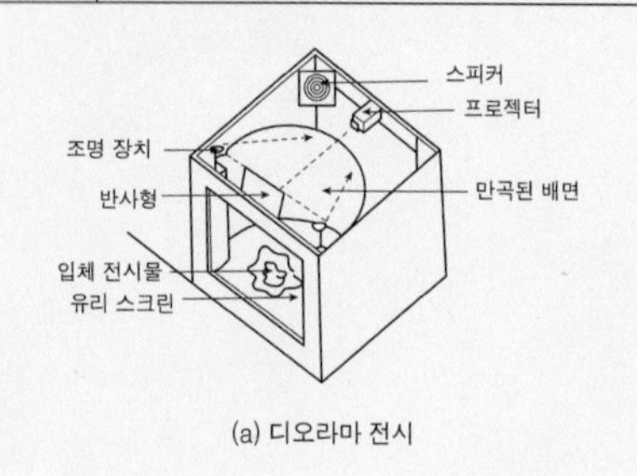

(a) 디오라마 전시

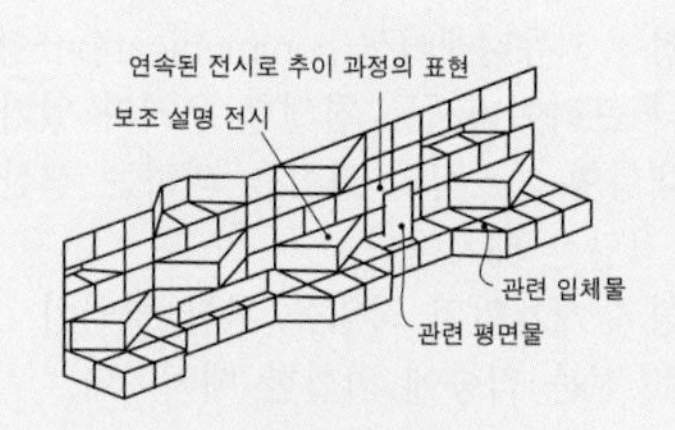

(b) 파노라마 전시

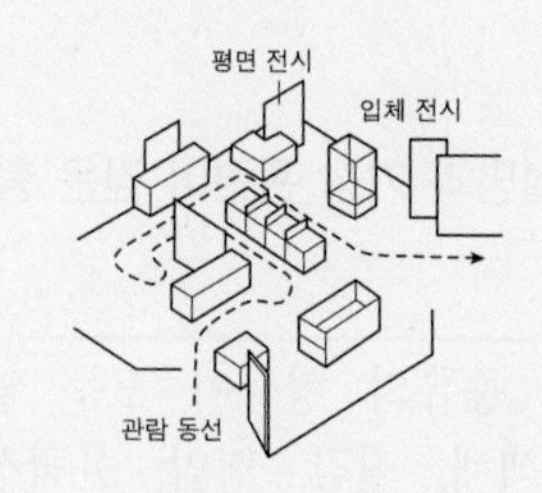

(c) 아일랜드 전시

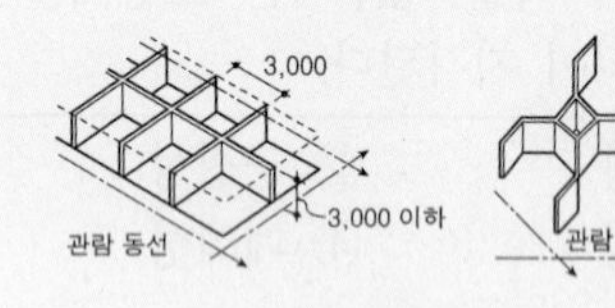

(d) 하모니카 전시

특수전시기법

02 다음 중 부엌의 작업순서에 따른 작업대의 배열순서로 알맞은 것은?

① 준비대 → 개수대 → 가열대 → 조리대 → 배선대
② 준비대 → 조리대 → 가열대 → 개수대 → 배선대
③ 준비대 → 개수대 → 조리대 → 가열대 → 배선대
④ 준비대 → 조리대 → 개수대 → 가열대 → 배선대

해설 부엌의 작업삼각대(worktriangle)를 이루는 가구의 배치 순서

준비대 – 개수대 – 조리대 – 가열대 – 배선대

※ 주부의 동선을 단축하기 위하여 부엌의 작업순서는 작업삼각형(worktriangle)이 되도록 하는 것이 유리하다.

※ 작업대를 높이를 결정하는 기본 치수는 작업하는 사람의 팔꿈치 높이이다.

정답 01 ③ 02 ③

03 필요에 따라 이동시켜 사용할 수 있는 간이의자로 크지 않으며 가벼운 느낌의 형태를 갖는 것은?

① 세티 ② 카우치
③ 풀업체어 ④ 라운지체어

해설

① 세티 : 동일한 두 개의 의자를 나란히 합해 2인이 앉을 수 있도록 한 것이다.
② 카우치(couch) : 고대 로마시대 음식물을 먹거나 잠을 자기 위해 사용했던 긴 의자로 몸을 기댈 수 있도록 좌판의 한쪽 끝이 올라간 형태를 갖는다.
④ 라운지체어(Lounge chair) : 안락의자, 응접의자로서 한쪽 팔걸이를 다른 쪽보다 높게 디자인하여 머리 받침대로 쓰며, 종류에 따라 등받이가 없는 것도 있으며 기대기, 흔들거리기, 회전 등의 여러 가지 행위에 사용될 수 있다.

04 상점의 동선계획에 관한 설명으로 옳지 않은 것은?

① 종업원 동선은 작업의 효율성을 고려하여 계획한다.
② 고객 동선은 가능한 짧고 간단하게 하는 것이 이상적이다.
③ 상품 동선은 상품의 반·출입, 보관, 포장, 발송 등과 같은 상점 내에서 상품이 이동하는 동선이다.
④ 동선 계획은 평면 계획의 기본 요소로 기능적으로 역할이 서로 다른 동선은 교차되거나 혼용되지 않도록 한다.

해설

동선은 가능한 한 굵고 짧게 한다. 대체로 짧고 직선적이어야 능률적이라 볼 수 있는데 상점, 백화점 건축과 같은 경우는 예외적으로 고객의 동선을 길게 유도하여 매장의 진열효과를 높이고, 종업원의 동선은 되도록 짧게 하여 보행거리를 적게 하며 고객 동선과 교차되지 않도록 한다.

05 다음 중 평범하고 단순한 실내를 흥미롭게 만드는데 가장 효과적인 디자인 원리는?

① 조화 ② 강조
③ 통일 ④ 균형

해설 강조(emphasis)

㉠ 시각적인 힘의 강약에 단계를 주어 디자인의 일부분에 주어지는 초점이나 흥미를 중심으로 변화를 의도적으로 조성하는 것을 말한다.
㉡ 디자인의 부분 부분에 주어지는 강도의 다양한 정도이다.
㉢ 규칙성이 갖는 단조로움을 극복하기 위해 사용한다.

06 커튼(curtain)에 관한 설명으로 옳지 않은 것은?

① 드레퍼리 커튼은 일반적으로 투명하고 막과 같은 직물을 사용한다.
② 새시 커튼은 창문 전체를 커튼으로 처리하지 않고 반정도만 친 형태이다.
③ 글라스 커튼은 실내로 들어오는 빛을 부드럽게 하며 약간의 프라이버시를 제공한다.
④ 드로우 커튼은 창문 위의 수평 가로대에 설치하는 커튼으로 글라스 커튼보다 무거운 재질의 직물로 처리한다.

해설

드레퍼리 커튼(Draperies curtain) - 창문에 느슨히 걸린 우거진 커튼으로 모든 커튼의 통칭

07 실내디자인에 관한 설명으로 옳지 않은 것은?

① 실내디자인은 미술에 속하므로 미적인 관점에서만 그 성공여부를 판단할 수 있다.
② 실내디자인의 영역은 주거공간, 상업공간, 업무공간, 특수공간 등으로 나눌 수 있다.

정답 03 ③ 04 ② 05 ② 06 ① 07 ①

③ 실내디자인은 목적을 위한 행위이나 그 자체가 목적이 아니고 특정한 효과를 얻기 위한 수단이다.
④ 실내디자인이란 인간이 거주하는 실내 공간을 보다 능률적이고 쾌적하며 아름답게 계획, 설계하는 작업이다.

해설

실내디자인이란 인간에 의해 점유되는 모든 공간을 쾌적한 환경으로 만들기 위한 창조적인 디자인 행위로 물리적·환경적 조건(기상, 기후 등 외부적인 보호), 기능적 조건(공간 규모, 공간 배치, 기능, 동선), 정서적·심미적 조건(예술적이며 서정적인 생활환경 도입) 등을 충족시켜야 한다. 실내디자인은 과학적 기술과 예술의 조합으로써 주어진 공간을 목적에 알맞게 창조하는 전문분야이고, 가장 우선시 되어야 하는 것은 기능적인 면의 해결이므로 건축적인 수단도 필요로 한다. 가장 우선시 되어야 하는 것은 기능적인 면의 해결이며, 실내디자인의 궁극적인 목표는 실내 공간을 사용하는 사람의 쾌적성을 추구하는 데 있다.

08 실내디자인의 프로그래밍 진행단계로 알맞은 것은?

① 분석–목표설정–종합–조사–결정
② 종합–조사–분석–목표설정–결정
③ 목표설정–조사–분석–종합–결정
④ 조사–분석–목표설정–종합–결정

해설 실내디자인의 프로그래밍(programming) 진행단계

㉠ 목표설정 : 문제 정의
㉡ 조사 : 문제의 조사, 자료의 수집, 예비적 아이디어의 수집
㉢ 분석 : 자료의 분류와 통합, 정보의 해석, 상관성의 체계 분석
㉣ 종합 : 부분적 해결안의 작성, 복합적 해결안의 작성, 창조적 사고
㉤ 결정 : 합리적 해결안의 결정

09 전시실의 순회형식 중 연속순회형식에 관한 설명으로 옳은 것은?

① 연속된 전시실의 한쪽 복도에 의해서 각 실을 배치한 형식이다.
② 각 실에 직접 들어갈 수 있으며 필요시에는 자유로이 독립적으로 폐쇄할 수 있다.
③ 1실을 폐쇄할 경우 전체 동선이 막히게 되므로 비교적 소규모의 전시실에 적합하다.
④ 중심부에 하나의 큰 홀을 두고 그 주위에 각 전시실을 배치하여 자유로이 출입하는 형식이다.

해설 연속 순로(순회) 형식

구형(矩形) 또는 다각형의 각 전시실을 연속적으로 연결하는 형식이다.
㉠ 단순하고 공간이 절약된다.
㉡ 소규모의 전시실에 적합하다.
㉢ 전시 벽면을 많이 만들 수 있다.
㉣ 많은 실을 순서별로 통해야 하고 1실을 닫으면 전체 동선이 막히게 된다.

10 할로겐 전구에 관한 설명으로 옳은 것은?

① 백열전구보다 수명이 짧다.
② 흑화가 거의 일어나지 않는다.
③ 휘도가 낮아 현휘가 발생하지 않는다.
④ 소형, 경량화가 불가능하여 사용 개소에 제한을 받는다.

해설 할로겐 램프

㉠ 백열전구보다 수명이 2~3배 정도 길다.
㉡ 유리구 내벽의 흑화현상(黑化現象)이 거의 일어나지 않는다.
㉢ 연색성이 좋고, 설치가 용이하다.
㉣ 광속이나 색온도의 저하가 적다.
㉤ 휘도가 높고, 색상은 주광색에 가깝다.
㉥ 높은 천정, 단관형은 영사기용, 자동차 헤드라이트용, 스포트라이트용 광원으로 사용된다.

정답 08 ③ 09 ③ 10 ②

11 **주택의 실구성 형식에 관한 설명으로 옳지 않은 것은?**

① DK형은 이상적인 식사공간 분위기 조성이 비교적 어렵다.
② LD형은 식사도중 거실의 고유 기능과의 분리가 어렵다.
③ LDK형은 거실, 식당, 부엌 각 실의 독립적인 안정성 확보에 유리하다.
④ LDK형은 공간을 효율적으로 활용할 수 있어서 소규모 주택에 주로 이용된다.

해설

LDK형은 식당, 거실, 부엌을 하나의 공간에 배치한 형식으로 공간을 효율적으로 활용할 수 있어서 소규모 주택에 주로 이용된다.
※ living kitchen(LDK형)의 특징
㉠ 주부의 가사 노동의 경감(주부의 동선단축)
㉡ 통로가 절약되어 바닥 면적의 이용률이 높다.(소주택에 적당)
㉢ 부엌의 통풍·채광이 우수하다.(위생적이다.)

12 **다음 중 황금비율로 가장 알맞은 것은?**

① 1 : 0.632
② 1 : 1.414
③ 1 : 1.618
④ 1 : 3.141

해설

황금비(golden section, 황금분할)는 고대 그리스인들의 창안한 기하학적 분할 방식으로서 선이나 면적을 나누었을 때 작은 부분과 큰 부분의 비율이 큰 부분과 전체에 대한 비율과 동일하게 되는 기하학적 분할 방식으로 1 : 1.618의 비율을 갖는 가장 균형 잡힌 비례이다.

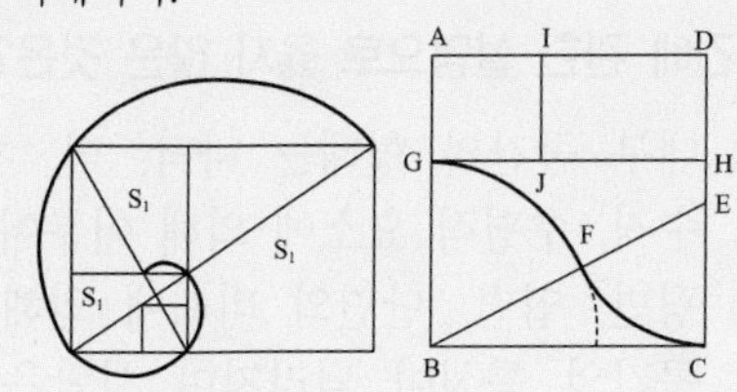

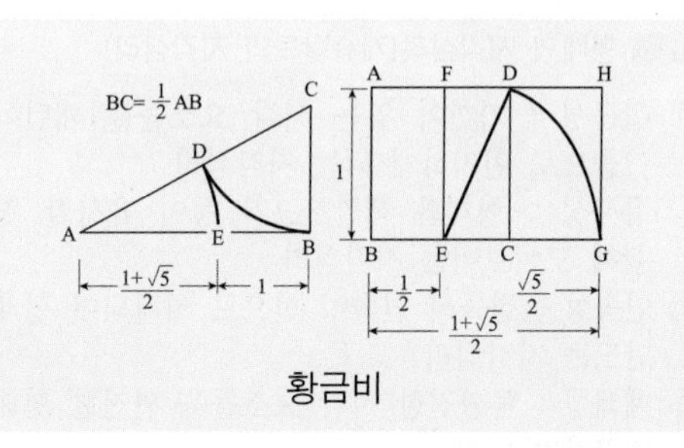

황금비

13 **촉각 또는 시각으로 지각할 수 있는 어떤 물체 표면상의 특징을 의미하는 것은?**

① 모듈
② 패턴
③ 스케일
④ 질감

해설 질감(texture)

(1) 정의 : 모든 물체가 갖고 있는 표면상의 특징으로 시각적이나 촉각적으로 지각되는 물체의 재질감을 말한다.
(2) 질감의 특징
㉠ 매끄러운 질감은 거친 질감에 비해 빛을 반사하는 특성이 있고, 거친 질감은 반대로 흡수하는 특성을 갖는다.
㉡ 질감의 성격에 따라 공간의 통일성을 살릴 수도 있고 파괴시킬 수도 있으므로 공간에서의 영향력이 있으며, 재료의 질감대비를 통해 실내공간의 변화와 다양성을 꾀할 수 있다.
㉢ 목재와 같은 자연 재료의 질감은 따뜻함과 친근감을 부여한다.
(3) 질감 선택시 고려해야 할 사항
스케일, 빛의 반사와 흡수, 촉감 등의 요소가 중요하다.

14 **다음 설명에 알맞은 형태의 지각심리는?**

> 비슷한 형태, 규모, 색채, 질감, 명암, 패턴의 그룹을 하나의 그룹으로 지각하려는 경향

① 근접성
② 연속성
③ 유사성
④ 폐쇄성

정답 11 ③ 12 ③ 13 ④ 14 ③

해설 형태의 지각심리(게슈탈트의 지각심리)

㉠ 접근성 : 가까이 있는 시각 요소들을 패턴이나 그룹으로 인지하게 되는 지각심리
㉡ 유사성 : 형태와 색깔, 크기 등이 유사할 경우 함께 모여보이는 지각심리
㉢ 연속성 : 점들의 연속이 선으로 지각되어 형태를 만드는 지각심리
㉣ 폐쇄성 : 불완전한 시각 요소들을 완전한 형태로 지각하려는 심리
㉤ 단순화 : 어떤 형태를 접했을 때 복잡한 형태보다는 단순한 형태로 지각하려는 심리
㉥ 도형과 배경의 법칙 : 도형과 배경이 순간적으로 번갈아 보이면서 다른 형태로 지각되는 심리
- 그림과 바탕이 교체되는 도형을 '반전도형(反轉圖形)'이라고 한다.

[예] 루빈의 항아리

루빈의 항아리

15 다음 설명에 알맞은 조화의 종류는?

- 다양한 주제와 이미지들이 요구될 때 주로 사용하는 방식이다.
- 각각의 요소가 하나의 객체로 존재하는 동시에 공존의 상태에서는 조화를 이루는 경우를 말한다.

① 단순조화 ② 유사조화
③ 동등조화 ④ 복합조화

해설 조화(harmony)

조화란 전체적인 조립 방법이 모순 없이 질서를 이루는 것으로 통일감 있는 미를 구현하는 것이다. 2개 이상의 디자인 요소, 공간 형태, 선, 면, 재질, 색채, 광선 등 부분과 부분 및 부분과 전체의 서로 다른 성질이 한 공간 내에서 결합될 때 상호 관계에 있어서 공통성과 함께 이질성이 동시에 존재하고 아울러 감각적으로 융합해 상승된 미적현상을 발생시키는 것이다.

(1) 단순조화(유사조화)
㉠ 형식적, 외형적으로 시각적인 동일한 요소의 조합에 의해 생기는 것
㉡ 온화하며 부드럽고 여성적인 안정감이 있으나 도가 지나치면 단조롭게 되며 신선함을 상실할 우려가 있다.
㉢ 통일과 변화에 있어 통일의 개념에 가깝다.

(2) 대비조화(복합조화)
㉠ 질적, 양적으로 서로 전혀 다른 2개의 요소가 편성되었을 때 서로 다른 반대성에 의해 미적 효과를 자아내는 것
㉡ 강함, 화려함, 남성적이나 지나치게 큰 대비는 난잡하며, 혼란스럽고 공간의 통일성을 방해 할 우려가 있다.
㉢ 동적 효과를 가진 변화의 개념에 가깝다.

16 다음 설명에 알맞은 조명과 관련된 용어는?

태양광(주광)을 기준으로 하여 어느 정도 주광과 비슷한 색상을 연출할 수 있는지를 나타내는 지표

① 주광률 ② 연색성
③ 색온도 ④ 조명률

해설 연색성

광원에 의해 조명되어 나타나는 물체의 색을 연색이라 하고, 태양광(주광)을 기준으로 하여 어느 정도 주광과 비슷한 색상을 연출을 할 수 있는가를 나타내는 지표를 연색성이라 한다. 백열전구나 메탈 할라이트등은 연색성이 좋다.

17 공간에 관한 설명으로 옳지 않은 것은?

① 내부 공간의 형태는 바닥, 벽, 천장의 수직, 수평적 요소에 의해 이루어진다.
② 평면, 입면, 단면의 비례에 의해 내부 공간의 특성이 달라지며 사람은 심리적으로 다르게 영향을 받는다.

정답 15 ④ 16 ② 17 ④

③ 내부 공간의 형태에 따라 가구유형과 형태, 가구배치 등 실내의 제요소들이 달라진다.
④ 불규칙적 형태의 공간은 일반적으로 한 개 이상의 축을 가지며 자연스럽고 대칭적이어서 안정되어 있다.

해설 공간

(1) 공간은 점, 선, 면들의 구성으로 이루어지며, 모든 물체의 안쪽을 말한다.
(2) 공간은 규칙적 형태와 불규칙 형태로 분류된다.
(3) 공간의 분할
㉠ 차단적 구획 : 칸막이 등으로 수평·수직 방향으로 분리
㉡ 심리적 구획 : 가구, 기둥, 식물 같은 실내 구성요소로 가변적으로 분할
㉢ 지각적 구획 : 조명, 마감 재료의 변화, 통로나 복도 공간 등의 공간 형태의 변화로 분할

18 실내공간 구성요소에 관한 설명으로 옳지 않은 것은?

① 천장의 높이는 실내공간의 사용목적과 깊은 관계가 있다.
② 바닥을 높이거나 낮게 함으로서 공간영역을 구분, 분리할 수 있다.
③ 여닫이문은 밖으로 여닫는 것이 원칙이나 비상문의 경우 안여닫이로 한다.
④ 벽의 높이가 가슴 정도이면 주변공간에 시각적 연속성을 주면서도 특정 공간을 감싸주는 느낌을 준다.

해설 여닫이문

가장 많이 사용하는 문으로 문틀에 경첩 또는 힌지를 이용하여 실내 도는 실외로 개폐하는 문이다. 극장, 영화관, 백화점, 학교의 교실 등은 비상시 피난하기 쉽도록 밖여닫이로 계획하고, 프라이버시와 방어적 목적과 보호가 필요한 개인이 사용하는 실은 일반적으로 안여닫이로 계획한다.

19 상점의 출입구 및 홀의 입구부분을 포함한 평면적인 구성과 광고판, 사인(sign)의 외부 장치를 포함한 입체적인 구성요소의 총체를 의미하는 것은?

① 파사드 ② 아케이드
③ 쇼윈도우 ④ 디스플레이

해설 파사드(facade)

쇼 윈도우, 출입구 및 홀의 입구 뿐만 아니라 간판, 광고판, 광고탑, 네온사인 등을 포함한 점포 전체의 얼굴로서 기업 및 상품에 대한 첫 인상을 주는 곳으로 강한 이미지를 줄 수 있도록 계획한다.
※ 파사드(facade) 구성에 요구되는 AIDMA법칙(구매심리 5단계를 고려한 디자인)
㉠ A(주의, attention) : 주목시킬 수 있는 배려
㉡ I(흥미, interest) : 공감을 주는 호소력
㉢ D(욕망, desire) : 욕구를 일으키는 연상
㉣ M(기억, memory) : 인상적인 변화
㉤ A(행동, action) : 들어가기 쉬운 구성

20 다음 설명에 알맞은 사무소 코어의 유형은?

- 단일용도의 대규모 전용사무실에 적합하다.
- 2방향 피난에 이상적이다.

① 편심코어형 ② 중심코어형
③ 독립코어형 ④ 양단코어형

해설 사무소 건축의 core 종류

㉠ 편심 코어형(편단 코어형) : 기준층 바닥면적이 적은 경우에 적합하며 너무 고층인 경우는 구조상 좋지 않다. 바닥면적이 커지면 코어 이외에 피난 시설, 설비 샤프트 등이 필요해진다.
㉡ 중심 코어형(중앙 코어형) : 바닥면적이 클 경우 적합하며 특히 고층, 초고층에 적합하다. 임대사무실로서 가장 경제적인 계획을 할 수 있다.
㉢ 독립 코어형(외 코어형) : 자유로운 사무실 공간을 코어와 관계없이 마련할 수 있다. 각종 설비 duct, 배관 등의 길이가 길어지며 제약이 많다. 방재상 불리하고 바닥면적이 커지면 피난시설을 포함한 서브 코어(sub core)가 필요하며, 내진구조에는 불리하다.
㉣ 양단 코어형(분리 코어형) : 한 개의 대공간을 필요로 하는 전용 사무실에 적합하다. 2방향 피난에 이상적이며 방재상 유리하다.

정답 18 ③ 19 ① 20 ④

실내디자인론
2015년 5월 31일(2회)

01 실내공간의 용도를 달리하여 보수(Renovation)할 경우 실내디자이너가 직접 분석해야 하는 사항과 가장 거리가 먼 것은?

① 기존건물의 기초상태
② 천장고와 내부의 상태
③ 기존건물의 법적 용도
④ 구조형식과 재료마감상태

해설 리노베이션(renovation, 개보수) 계획시 고려 사항

㉠ 종합적이고 장기적인 계획이어야 하며 경제성을 검토한다.
㉡ 실측과 검사를 통해 기존 공간의 실체를 명확하게 파악해야 한다.
㉢ 구성원의 요구사항 또는 불만을 수집하여 발전 개선시켜야 한다.
㉣ 쓸만한 것은 최대한 활용하고 못쓸 것을 과감히 버리는 지혜가 필요하다.
㉤ 증개축의 경우 관계 건축법의 적용 여부를 확인하여야 한다.

02 실내디자인의 대상 영역에 속하지 않는 것은?

① 주택의 거실디자인
② 호텔의 객실디자인
③ 아파트의 외벽디자인
④ 항공기의 객석디자인

해설 실내디자인의 대상별 영역에 의한 분류

㉠ 주거공간 디자인 : 개인과 가족생활을 위한 다양한 주택 내부를 디자인 하는 영역
㉡ 업무공간 디자인 : 기업체, 사무소, 오피스텔, 관공서 등의 실내를 디자인 하는 영역
㉢ 상업공간 디자인 : 호텔, 소매점, 백화점, 레스토랑 등의 실내를 디자인 하는 영역
㉣ 기념전시공간 디자인 : 박물관, 전시관, 미술관 등의 실내를 디자인 하는 영역
㉤ 특수공간 디자인 : 병원, 학교 등의 실내를 디자인 하는 영역

03 노인 침실 계획에 관한 설명으로 옳지 않은 것은?

① 일조량이 충분하도록 남향에 배치한다.
② 식당이나 화장실, 욕실 등에 가깝게 배치한다.
③ 바닥에 단 차이를 두어 공간에 변화를 주는 것이 바람직하다.
④ 소외감을 갖지 않도록 가족공동공간과의 연결성에 주의한다.

해설 노인침실

㉠ 일조량이 충분한 남향에 배치하며, 전망 좋은 조용한 곳에 위치한다.
㉡ 소외감을 갖지 않도록 가족공동공간과의 연결성에 주의한다.
㉢ 아동실에 가까운 주거 중심부에서 좀 떨어진 위치가 좋다.
㉣ 식당, 욕실 및 화장실 등에 근접시킨다.
☞ 노인침실의 바닥에 단 차이를 두어 공간에 변화를 주는 것은 바람직하지 않다.

04 실내디자인에서 장식물(accessories)에 관한 설명으로 옳지 않은 것은?

① 장식물에는 화분, 용기, 직물류, 예술품 등이 있다.
② 모든 장식물은 기능성이 부가되면 장식성이 반감된다.
③ 장식물은 실내공간의 분위기를 생기 있게 하는 역할을 한다.
④ 미적이나 기능적인 면에서는 필수적이지는 않지만 강조하고 싶은 요소를 보완해 주는 물건이다.

해설 장식물(액세서리, accessories) 선정시 고려사항

장식물(액세서리, accessories)은 공간의 분위기를 생기있게 하는 실내디자인의 최종 작업으로 실내를 구성하는 여러 요소 중 시각적인 효과를 강조하는 장식적인 목적으로 사용된다.

㉠ 디자인의 의도, 주제, 크기, 마감재료, 색채 등을 고려하여 그 종류를 선정한다.

정답 01 ① 02 ③ 03 ③ 04 ②

㉡ 장식물 유형에 따른 전시 및 조명 등을 고려한다.
㉢ 너무 많이 사용하는 것은 좋지 않으며, 필요한 곳에 어울리는 것은 놓을 것
㉣ 신중히 선별해서 택하고, 다른 요소들과 서로 조화를 이룰 것
㉤ 계절에 따른 변화를 시도할 수 있는 여지를 남기고 변경이 가능하도록 할 것
㉥ 개성이 뚜렷하도록 할 것
※ 좋고 귀한 것이라도 너무 많이 사용하는 것보다 다른 요소들과 서로 조화를 이루는 것이 좋다.

05 형태의 크기, 방향 및 색상의 점차적인 변화로 생기는 리듬감을 무엇이라 하는가?

① 점이(gradation)
② 변이(transition)
③ 반복(repetition)
④ 대립(opposition)

해설

리듬(rhythm)은 반복, 점이, 대립, 변이, 방사로 나타내는 통제된 운동감을 말한다.
※ 점이(점진 : gradation)
㉠ 점이는 반복보다 동적인 것으로서 하나의 성질이 증가 또는 감소됨으로써 나타나는 형태의 크기, 방향, 색상 등의 점차적인 변화로 생기는 리듬으로서 효과적이고 극적, 독창적으로 구사할 수 있다.
㉡ 점이란 서로가 대조되는 양극단이 유사하거나 조화를 이루 스텝의 일련으로서 연결된 하나의 계속된 순서를 말한다. 그러므로 대조와 조화의 특수한 조합이라 할 수 있다.
㉢ 점이는 반복의 경우보다도 희망적이며 경험에 의한 미래를 추측할 수 있으며, 시간의 흐름을 눈으로 지각할 수 있고 4차원적이라 할 수 있다.

06 오피스 랜드스케이프(office landscape)의 구성요소와 가장 관계가 먼 것은?

① 식물　　② 가구
③ 낮은 파티션　　④ 고정 칸막이

해설 오피스 랜드스케이프(office landscape)

새로운 사무 공간 설계방법으로서 개방된 사무공간을 의미한다. 계급서열에 의한 획일적 배치에 대한 반성으로 사무의 흐름이나 작업내용의 성격을 중시하는 배치 방법으로서 사무원 각자의 업무를 분석하여, 서류의 흐름을 조사하고 사람과 물건(책상, 작업대, 서류장 등)의 긴밀도를 측정하여 가장 능률적으로 배치한다.
개방된 사무 공간 구성으로 시각적인 프라이버시 확보가 어렵고, 소음상의 문제가 발생할 수 있으며, 칸막이는 쉽게 움직일 수 있는 음향스크린을 사용한다.

07 실내디자인의 요소에 관한 설명으로 옳지 않은 것은?

① 디자인에서의 형태는 점, 선, 면, 입체로 구성되어 있다.
② 벽면, 바닥면, 문, 창 등은 모두 실내의 면적 요소이다.
③ 수직선이 강조된 실내에서는 아늑하고 안정감이 있으며 평온한 분위기를 느낄 수 있다.
④ 실내 공간에서의 선은 상대적으로 가느다란 형태를 나타내므로 폭을 갖는 창틀이나 부피를 갖는 기둥도 선적 요소이다.

해설 선의 조형심리적 효과

㉠ 수직선은 구조적인 높이와 존엄성, 고양감을 느끼게 한다.
- 수직선은 공간을 실제보다 더 높아 보이게 한다.
㉡ 수평선은 영원, 무한, 안정, 안락, 평화감을 느끼게 한다.
- 수평선은 바닥이나 천장 등의 건물구조에 많이 이용된다.
㉢ 사선은 넘어지려는 움직임이 있어 운동감, 불안정, 변화하는 활동적인 느낌을 준다.
- 사선은 단조로움을 없애주고 활동적인 분위기를 연출하는데 효과적이다.
㉣ 곡선은 유연, 복잡, 동적, 경쾌하며 여성적인 느낌을 들게 한다.
- 곡선은 부드럽고 미묘한 이미지를 갖고 있어 실내에 풍부한 분위기를 연출한다.

정답 05 ① 06 ④ 07 ③

08 조명기구를 선택할 때 고려하여야 할 조명의 4요소가 올바르게 나열된 것은?

① 명도, 대비, 조도, 광도
② 명도, 대비, 눈부심, 광도
③ 명도, 대비, 크기, 움직임
④ 명도, 광도, 조도, 연색성

해설 조명의 4요소

㉠ 명도(명암 내지 휘도)
㉡ 대비
㉢ 크기(물체의 크기와 시거리로 정하는 시각의 대소)
㉣ 움직임(노출시간)

09 실내 공간을 구성하는 기본요소에 관한 설명으로 옳은 것은?

① 공간의 분할 요소로는 수직적 요소만이 사용된다.
② 바닥은 인체와 항상 접촉하므로 안정성이 고려되어야 한다.
③ 천장은 시각적인 효과보다 촉각적 효과를 더 크게 고려하여야한다.
④ 공간의 영역을 상징적으로 분할하는 벽체의 최대 높이는 180cm이다.

해설 바닥

㉠ 실내공간을 구성하는 수평적 요소로서 인간의 감각 중 시각적, 촉각적 요소와 밀접한 관계를 갖는 가장 기본적인 요소이다. 상승된 바닥은 다른 부분보다 중요한 공간이라는 것을 나타낸다.
㉡ 실내공간을 구성하는 수평적 요소로서 고저 또는 바닥 패턴으로 스케일감의 변화를 줄 수 있다.
※ 스케일(scale)은 가구·실내·건축물 등 물체와 인체와의 관계 및 물체 상호간의 관계를 말한다.

10 다음 중 가장 최소의 공간을 차지하는 계단 형식은?

① 나선계단 ② 직선계단
③ U형 꺾인계단 ④ L형 꺾인계단

해설

나선계단(돌음계단)은 원형으로 돌아 올라가는 형식의 계단으로 일반 직선형 계단보다 공간을 차지하는 면적이 작다.

11 일반적으로 주거공간 계획에서 동선처리의 분기점이 되는 곳은?

① 침실 ② 거실
③ 식당 ④ 다용도실

해설 주택의 거실(living room)

㉠ 가족의 단란, 휴식, 접객 등이 이루어지는 곳이며, 취침 이외의 전가족 생활의 중심이 되는 다목적 기능을 가진 공간이다.
㉡ 가족들의 단란의 장소로서 공동사용공간이다.
㉢ 주거 중 다른 방의 중심적 위치에 두며, 침실과는 항상 대칭되게 하고, 통로에 의한 실이 분할되지 않는 곳에 위치한다.
㉣ 거실의 면적은 가족수와 가족의 구성 형태 및 거주자의 사회적 지위나 손님의 방문 빈도와 수 등을 고려하여 계획한다.
㉤ 거실의 1인당 소요 바닥면적은 최소한 4~6m^2 정도가 적당하다.

12 피보나치 수열에 관한 설명으로 옳지 않은 것은?

① 디자인 조형의 비례에 이용된다.
② 1, 2, 3, 5, 8, 13, 21...의 수열을 말한다.
③ 황금비와는 전혀 다른 비례를 나타낸다.
④ 13세기 초 이탈리아의 수학자인 피보나치가 발견한 수열이다.

해설 피보나치(Fibonacci)의 수열

㉠ 13세기 초 이탈리아의 수학자인 피보나치가 발견한 수열이다.
㉡ 1, 2, 3, 5, 8, 13, 21, 34 ······과 같은 이 각 항은 그 전에 있는 2개항의 합한 수가 되는데 이를 피보나치 급수라 한다.
㉢ 디자인 조형의 비례에 이용된다.
㉣ 인접한 2항의 비는 점차 황금비에 근접한다.

정답 08 ③ 09 ② 10 ① 11 ② 12 ③

13 **게슈탈트 심리학에서 인간의 지각원리와 관련하여 설명한 그룹핑의 법칙에 속하지 않는 것은?**

① 유사성 ② 폐쇄성
③ 단순성 ④ 연속성

해설 형태 심리학의 지각 원리(게슈탈트의 지각심리)

㉠ 접근성 : 가까이 있는 시각 요소들을 패턴이나 그룹으로 인지하게 되는 지각심리
㉡ 유사성 : 형태와 색깔, 크기 등이 유사할 경우 함께 모여보이는 지각심리
㉢ 연속성 : 점들의 연속이 선으로 지각되어 형태를 만드는 지각심리
㉣ 폐쇄성 : 불완전한 시각 요소들을 완전한 형태로 지각하려는 심리
㉤ 단순화 : 어떤 형태를 접했을 때 복잡한 형태보다는 단순한 형태로 지각하려는 심리
㉥ 도형과 배경의 법칙 : 도형과 배경이 순간적으로 번갈아 보이면서 다른 형태로 지각되는 심리
- 그림과 바탕이 교체되는 도형을 '반전도형(反轉圖形)'이라고 한다.
[예] 루빈의 항아리

※ 게슈탈트(gestalt)
주어진 정황 내에서 전체적으로 가장 단순하고 좋은 형태로 정리하려는 경향으로 지각은 특정의 자극에 대한 개별적 반응에 기준하여 발생하는 것이 아니며, 전체적인 자극에 대한 반응이다. 주된 개념의 하나는 프래그넌츠(pragnanz) 원리로서 될 수 있는 한 명료하고 단순하게 느껴지는 상태로 지각되는 현상이다.

14 **아일랜드형 부엌에 관한 설명으로 옳지 않은 것은?**

① 부엌의 크기에 관계없이 적용 가능하다.
② 개방성이 큰 만큼 부엌의 청결과 유지관리가 중요하다.
③ 가족 구성원 모두가 부엌일에 참여하는 것을 유도할 수 있다.
④ 부엌의 작업대가 식당이나 거실 등으로 개방된 형태의 부엌이다.

해설 아일랜드형 부엌

㉠ 부엌의 중앙에 별도로 분리, 독립된 작업대가 설치되어 주위를 돌아가며 작업할 수 있게 한 형식으로 공간이 큰 경우에 적합하다.
㉡ 가족 구성원 모두가 부엌 일에 참여하는 것을 유도할 수 있다.
㉢ 개방성이 큰 만큼 부엌의 청결과 유지관리가 중요하다.

15 **디자인의 원리 중 대칭에 관한 설명으로 옳지 않은 것은?**

① 이동대칭은 형태가 하나의 축을 중심으로 겹쳐지는 대칭이다.
② 방사대칭은 정점으로부터 확산되거나 집중된 양상을 보인다.
③ 확대대칭은 형태가 일정한 비율로 확대되어 이루어진 대칭이다.
④ 역대칭은 형태를 180°로 회전하여 상호의 형태가 반대로 되는 대칭이다.

해설 대칭 균형

㉠ 일반적으로 방계대칭과 방사대칭으로 나눈다.
㉡ 방계대칭은 상하 또는 좌우와 같이 한 방향에 대한 대칭이다.
㉢ 방사대칭으로는 정점으로부터 확산되거나 집중된 양상을 보이며 대칭형, 확대형, 회전형이 있다.
㉣ 대칭적 균형은 성격상 형식적이고 딱딱하다.
㉤ 정돈된 질서는 대칭적 균형에서 생기지만 그 응용에는 한계가 있으며, 상상력도 부족되기 쉬운 현상을 낳는다.
㉥ 대칭적 균형은 전통적인 건축물, 기념물이나 시대물의 실내에서 가장 많이 볼 수 있다.
[예] 타지마할 궁 - 대칭적 균형

정답 13 ③ 14 ① 15 ①

16 실내디자인 프로세스를 기획, 설계, 시공, 사용 후 평가단계의 4단계로 구분할 때, 디자인의 의도와 고객이 추구하는 방향에 맞추어 대상 공간에 대한 디자인을 도면으로 제시하는 단계는?

① 기획단계 ② 설계단계
③ 시공단계 ④ 사용 후 평가단계

해설 설계단계

구체적이고 세부적인 검토를 하여 시공자, 제작자에게 제작, 시공할 수 있도록 지시하는 실제적 과정이다. 설계는 기본설계와 실시설계로 구분한다.
㉠ 기본설계 : 기본 구상(구상을 위한 도면), 시각화 과정, 대안들의 작성, 대안의 평가, 의뢰인의 승인·설득, 결정안, 도면화(프리젠테이션), 모델링, 조정, 최종 결정안
㉡ 실시설계 : 결정안에 대한 설계도(시공 및 제작을 위한 도면), 확인(시방서 작성), 수정·보완

17 다음 중 대형 업무용 빌딩에서 공적인 문화공간의 역할을 담당하기에 가장 적절한 공간은?

① 로비 공간 ② 회의실 공간
③ 직원 라운지 ④ 비즈니스센터

해설

대형 업무용 빌딩의 로비 공간은 공적(public)인 문화공간의 역할을 담당하기에 가장 적절한 공간으로서 모든 동선체계의 시작이 되는 공간이다.

18 전시공간에서 천장의 처리에 관한 설명으로 옳지 않은 것은?

① 천장 마감재는 흡음 성능이 높은 것이 요구된다.
② 시선을 집중시키기 위해 강한 색채를 사용한다.
③ 조명기구, 공조설비, 화재경보기 등 제반 설비를 설치한다.
④ 이동스크린이나 전시물을 매달 수 있는 시설을 설치한다.

해설 전시공간의 천장마감

㉠ 전시조명기구, 공조설비, 화재감지기, 소화설비 등 제반 설비물을 설치되어야 하므로 가능한 한 단순한 디자인으로 마감한다.
㉡ 전시공간의 유동성을 위해 이동스크린이나 전시물을 매달 수 있는 시설을 설치한다.
㉢ 전시공간 내의 조명은 인공조명과 자연채광을 적절히 혼합하여 사용하는 것이 좋다.
㉣ 천장 마감재는 흡음 성능이 높은 것이 요구된다.
㉤ 전시물의 시선을 집중시키기 위해 천장의 색채를 어둡게 처리하였으나, 최근에는 관람객에게 안정감을 주기 위해 벽면과 같은 중성색 정도로 마감한다.

19 일반적으로 목재와 같은 자연적인 재료의 질감이 주는 느낌은?

① 친근감 ② 차가움
③ 세련됨 ④ 현대적임

해설 질감(texture)

(1) 정의 : 모든 물체가 갖고 있는 표면상의 특징으로 시각적이나 촉각적으로 지각되는 물체의 재질감을 말한다.
(2) 질감의 특징
㉠ 매끄러운 질감은 거친 질감에 비해 빛을 반사하는 특성이 있고, 거친 질감은 반대로 흡수하는 특성을 갖는다.
㉡ 질감의 성격에 따라 공간의 통일성을 살릴 수도 있고 파괴시킬 수도 있으므로 공간에서의 영향력이 있으며, 재료의 질감대비를 통해 실내공간의 변화와 다양성을 꾀할 수 있다.
㉢ 목재와 같은 자연 재료의 질감은 따뜻함과 친근감을 부여한다.
(3) 질감 선택시 고려해야 할 사항
스케일, 빛의 반사와 흡수, 촉감 등의 요소가 중요하다.

정답 16 ② 17 ① 18 ② 19 ①

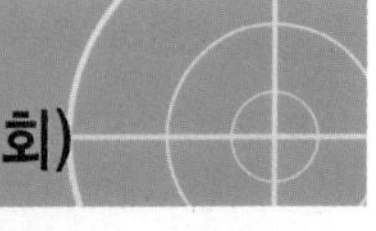

20 **소파 및 의자에 관한 설명으로 옳지 않은 것은?**

① 스툴은 등받이와 팔걸이가 없는 형태의 보조 의자이다.
② 2인용 소파는 암체어라고 하며 3인용 이상은 미팅시트라 한다.
③ 세티는 동일한 두 개의 의자를 나란히 합해 2인이 앉을 수 있도록 한 것이다.
④ 카우치는 고대 로마시대 음식물을 먹거나 잠을 자기 위해 사용했던 긴 의자이다.

해설
1인용 소파는 암체어라고 하며 2인용 소파를 러브 시트라 한다.

실내디자인론
2015년 8월 16일(4회)

01 **일반적인 부엌의 작업순서에 따른 작업대 배치 순서로 가장 알맞은 것은?**

㉠ 개수대	㉡ 조리대
㉢ 준비대	㉣ 배선대
㉤ 가열대	

① ㉠→㉡→㉢→㉣→㉤
② ㉡→㉣→㉢→㉤→㉠
③ ㉢→㉠→㉡→㉤→㉣
④ ㉣→㉤→㉡→㉠→㉢

해설 부엌의 작업삼각대(worktriangle)를 이루는 가구의 배치 순서

준비대 – 냉장고 – 개수대(싱크대) – 조리대 – 가열대(레인지) – 배선대

※ 주부의 동선을 단축하기 위하여 부엌의 작업순서는 작업삼각형(worktriangle)이 되도록 하는 것이 유리하다.
※ 작업대를 높이를 결정하는 기본 치수는 작업하는 사람의 팔꿈치 높이이다.

02 **단차에 의한 공간의 효과에 관한 설명으로 옳지 않은 것은?**

① 단수가 적은 오르는 계단은 기대감을 줄 수 있다.
② 약간 내려가는 계단은 아늑한 곳으로 인도하는 느낌을 준다.
③ 계단 위를 볼 수 없을 정도가 되면 불안감을 줄 가능성이 있다.
④ 작은 방에서 큰 방으로의 연결은 내려오는 계단으로 되어야만 안정된 느낌을 준다.

정답 20 ② / 01 ③ 02 ④

해설 계단이 주는 심리적 효과

㉠ 많이 내려가는 계단은 불안정한 느낌을 줄 수 있다.
㉡ 약간 내려가는 계단은 아늑한 곳으로 인도하는 느낌을 준다.
㉢ 계단 위를 볼 수 있는 범위 내에서 계단이 많을수록 기대감은 상승한다.
㉣ 수평면과 같은 경우에는 어떤 기대나 느낌도 주지 않는다.
㉤ 단수가 적은 경우에는 특별한 공간으로 진입하는 듯한 기대감을 준다.
㉥ 계단 위를 볼 수 없을 정도가 되면 불안감을 줄 가능성이 있다.

03 상점 진열창(show window)의 눈부심을 방지하기 위한 방법으로 옳지 않은 것은?

① 유리면을 경사지게 한다.
② 외부에 차양을 설치한다.
③ 특수한 곡면유리를 사용한다.
④ 진열창의 내부조도를 외부보다 낮게 한다.

해설 진열창(쇼윈도우)의 현휘(눈부심) 현상 방지

(1) 주간시 : 외부의 조도가 내부의 조도보다 10~30배 정도 더 밝을 때 반사가 생긴다.
㉠ 진열창 내의 밝기를 외부보다 더 밝게 한다. (천공이나 인공조명 사용)
㉡ 차양을 달아 외부에 그늘을 준다. (만입형이 유리)
㉢ 유리면을 경사지게 하고 특수한 곡면 유리를 사용한다.
㉣ 건너편의 건물이 비치는 것을 방지하기 위해 가로수를 심는다.
(2) 야간시 : 광원에 의해 반사가 생긴다.
㉠ 광원을 감춘다.
㉡ 눈에 입사하는 광속을 적게 한다.

04 다음과 같은 단면을 갖는 천장의 유형은?

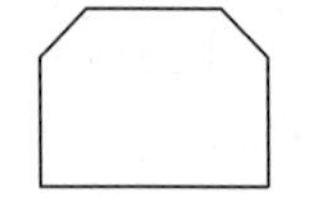

① 나비형 ② 단저형
③ 경사형 ④ 꺽임형

해설 천장

바닥과 함께 실내공간을 형성하는 수평적 요소로서 다양한 형태나 패턴 처리로 공간의 형태를 변화시킬 수 있다. 천정의 높이는 실내공간의 사용목적과 깊은 관계가 있다.
☞ 그림과 같은 단면을 갖는 천장의 유형은 꺽임형이다.

05 다음 중 모듈(module)과 가장 관계가 깊은 디자인 원리는?

① 비례 ② 균형
③ 리듬 ④ 통일

해설 모듈

건축, 실내 가구의 디자인에서 종류, 규모에 따라 계획자가 정하는 상대적, 구체적인 기준의 단위, 즉 구성재의 크기를 정하기 위한 치수의 조직이다. 설계와 시공을 연결시키는 치수시스템으로 실내와 가구분야까지 확장, 적용될 수 있다. 근대적인 건축이나 디자인에 있어서 모듈의 단위는 르 꼬르뷔제가 황금비를 인체에 적용하여 만든 것이다.
※ 비례(proportion)
비율, 분할, 균형을 의미하기도 하며 즉, 대소의 분량, 장단의 차이, 부분과 부분 또는 부분과 전체의 수량적 관계가 미적으로 분할할 때 좋은 비례가 생긴다.

06 다음 중 다의도형 착시의 사례로 가장 알맞은 것은?

① 루빈의 항아리
② 펜로즈의 삼각형
③ 쾨니히의 목걸이
④ 포겐도르프의 도형

해설 다의도형의 착시(반전 실체의 착시)

㉠ 동일한 도형이 2종류 이상으로 보이는 것
㉡ 그림과 바탕의 반전도형(루빈의 항아리 – 잔과 얼굴), 원근의 반전도형(네커의 정육면체)

정답 03 ④ 04 ④ 05 ① 06 ①

07 상품의 유효진열범위에서 고객의 시선이 자연스럽게 머물고, 손으로 잡기에도 편한 높이인 골든 스페이스(Golden Space)의 범위는?

① 500~850mm
② 850~1250mm
③ 1250~1400mm
④ 1450~1600mm

해설

유효진열범위 내에서도 고객의 시선이 가장 편하게 머물고 손으로 잡기에도 가장 편안한 높이는 850~1,250mm 높이로 이 범위를 골든 스페이스(golden space)라 한다.

08 다음 중 유니버셜 공간의 개념적 설명으로 가장 알맞은 것은?

① 상업공간을 말한다.
② 모듈이 적용된 공간을 말한다.
③ 독립성이 극대화된 공간을 말한다.
④ 공간의 융통성이 극대화된 공간을 말한다.

해설 유니버셜 공간(universal space)

㉠ 개념 : 고령자나 장애인 등 일상생활이나 사회생활의 신체 기능상의 제한을 받는 사람이 원활하게 이용할 수 있도록 한다. 유니버설 공간이란 공간의 융통성이 극대화된 공간을 말한다.
㉡ 장애인을 위해서 휠체어도 충분히 통행이 가능한 폭, 구배, 포장을 배려하고 단차를 줄이는 등의 유니버설 디자인에 대한 배려와 함께 보행안내등 등을 설치함으로서 야간의 안전을 확보하는 것도 중요하다.

09 다음 설명과 가장 관련이 깊은 그림은?

2차원적 형상의 절단을 통해 새로운 2차원적 형상을 예감할 수 있다.

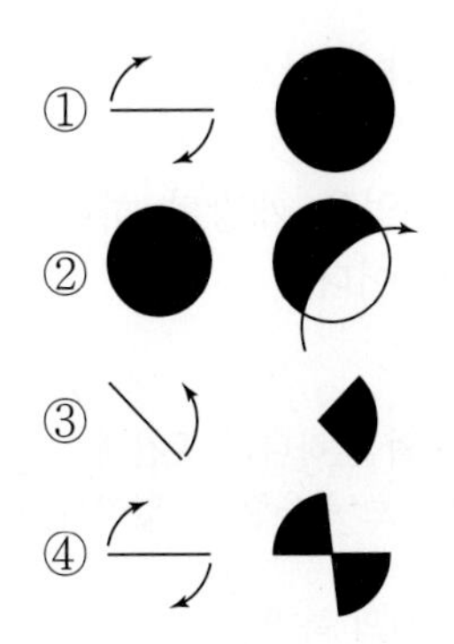

10 다음 중 실내디자인의 개념과 가장 거리가 먼 것은?

① 순수예술
② 공간예술
③ 디자인 행위
④ 계획, 실행과정, 결과

해설 실내디자인의 개념

실내디자인이란 인간이 생활하는 실내공간을 보다 아름답고 일률적이며, 쾌적한 환경으로 창조 하는 디자인 행위 일체를 말한다.
실내디자인은 인간에 의해 점유되는 모든 공간을 쾌적한 환경으로 만들기 위한 창조적인 디자인 행위로 물리적·환경적 조건(기상, 기후 등 외부적인 보호), 기능적 조건(공간 배치, 동선), 정서적·심미적 조건(서정적 예술성의 만족) 등을 충족시켜야 한다. 미술은 순수예술처럼 주관적인 예술이지만 실내디자인은 과학적 기술과 예술의 조합으로써 주어진 공간을 목적에 알맞게 창조하는 전문분야이고, 가장 우선시 되어야 하는 것은 기능적인 면의 해결이므로 건축적인 수단도 필요로 한다. 그리고 실내디자인의 쾌적성 추구는 기능적 요소와 환경적 요소 및 주관적 요소를 목표로 한다.

11 주택 계획에서 LDK(Living Dining Kitchen)형에 관한 설명으로 옳지 않은 것은?

① 주부의 동선이 단축된다.
② 이상적인 식사공간 분위기 조성이 어렵다.

정답 07 ② 08 ④ 09 ② 10 ① 11 ③

③ 소요면적이 많아 소규모 주택에서는 도입이 어렵다.
④ 거실, 식당, 부엌을 개방된 하나의 공간에 배치한 것이다.

해설

LDK형은 식당, 거실, 부엌을 하나의 공간에 배치한 형식으로 공간을 효율적으로 활용할 수 있어서 소규모 주택에 주로 이용된다.
※ living kitchen(LDK형)의 특징
㉠ 주부의 가사 노동의 경감(주부의 동선단축)
㉡ 통로가 절약되어 바닥 면적의 이용률이 높다.(소주택에 적당)
㉢ 부엌의 통풍·채광이 우수하다.(위생적이다.)

12 균형의 원리에 관한 설명으로 옳지 않은 것은?

① 어두운 색이 밝은 색보다 무겁게 느껴진다.
② 차가운 색이 따뜻한 색보다 무겁게 느껴진다.
③ 기하학적인 형태가 불규칙적인 형태보다 무겁게 느껴진다.
④ 복잡하고 거친 질감이 단순하고 부드러운 것보다 무겁게 느껴진다.

해설 균형(balance)

(1) 정의
㉠ 2개의 디자인 요소의 상호작용이 중심점에서 역학적으로 평행을 가졌을 때를 말한다.
㉡ 균형이란 서로 반대되는 힘의 평형상태를 말한다.
㉢ 균형이란 시각적 무게의 평형상태로 실내에서 감지되는 시각적 무게의 균형을 말한다.

(2) 균형의 원리
㉠ 기하학적 형태는 불규칙한 형태보다 가볍게 느껴진다.
㉡ 작은 것은 큰 것보다 가볍게 느껴진다.
㉢ 부드럽고 단순한 것은 거칠거나 복잡하고 거친 것보다 가볍게 느껴진다.
㉣ 사선은 수직, 수평선보다 가볍게 느껴진다.

13 미스 반 데어 로에에 의하여 디자인된 의자로, X자로 된 강철 파이프 다리 및 가죽으로 된 등받이와 좌석으로 구성되어 있는 것은?

① 바실리 의자 ② 체스카 의자
③ 파이미오 의자 ④ 바르셀로나 의자

해설 바르셀로나 의자(Barcelona chair)

1929년 바르셀로나에서 열린 국제박람회의 독일 정부관을 위해 미스 반 데어 로에에 의하여 디자인된 것으로 ×자로 된 강철 파이프 다리 및 가죽으로 된 등받이와 좌석으로 구성된다.

14 실내디자인의 원리 중 휴먼 스케일에 관한 설명으로 옳지 않은 것은?

① 인간의 신체를 기준으로 파악되고 측정되는 척도 기준이다.
② 공간의 규모가 웅대한 기념비적인 공간은 휴먼스케일을 적용하는데 용이하다.
③ 휴먼 스케일이 잘 적용된 실내공간은 심리적, 시각적으로 안정된 느낌을 준다.
④ 휴먼 스케일의 적용은 추상적, 상징적이 아닌 기능적인 척도를 추구하는 것이다.

해설 휴먼 스케일(Human scale)

인간의 신체를 기준으로 파악하고 측정되는 척도 기준이다. 생활 속의 모든 스케일 개념은 인간 중심으로 결정되어야 한다. 휴먼스케일(Human scale)이 잘 적용된 실내는 안정되고 안락한 느낌을 준다.
※ 르 꼬르뷔제(Le Corbusier)는 휴먼 스케일을 디자인 원리로 사용한 대표적인 건축가로서 "Modulor"라는 설계단위를 설정하고 Module을 인체척도(human scale)에 관련시켜 형태비례에 대한 학설을 주장하고 실천하였다.

정답 12 ③ 13 ④ 14 ②

15 **규모가 큰 주택에서 부엌과 식당 사이에 식품, 식기 등을 저장하기 위해 설치한 실을 무엇이라 하는가?**

① 배선실(pantry)
② 가사실(utility room)
③ 서비스 야드(service yard)
④ 다용도실(multipurpose room)

해설 배선실(pantry)

호텔, 병원, 레스토랑, 주택 등의 주방기구 보관 장소를 말한다.

16 **다음 중 오픈 오피스 플랜의 가장 큰 단점은?**

① 고가의 공사비
② 청각적 프라이버시
③ 시각적 프라이버시
④ 부서간의 친밀감 감소

해설 개방형(open plan)

사무공간은 업무의 성격이나 직급별로 책상을 배치하는 형태로서 이동형의 칸막이나 가구로 공간을 구획한다.
㉠ 전면적을 유용하게 이용할 수 있어 공간이 절약된다.
㉡ 칸막이벽이 없어서 개실 배치방법보다 공사비가 싸다.
㉢ 방의 길이나 깊이에 변화를 줄 수 있다.
㉣ 소음이 들리고 독립성이 떨어진다.
㉤ 자연 채광에 인공조명이 필요하다.

17 **판매공간의 상품강조조명에 관한 설명으로 옳지 않은 것은?**

① 상품의 종류, 크기, 형태, 디스플레이 방법을 고려하여 설치한다.
② 판매대 안에 소형의 전구를 매입시키거나 스포트라이트를 설치한다.
③ 상품강조조명과 환경조명의 조도대비는 1.5배 정도로 할 때 가장 효과적이다.
④ 상품의 위치가 고정적이지 않을 경우에는 라이팅 트랙(lighting track)을 설치한다.

해설 판매공간의 조명연출기법

㉠ 환경조명
- 매장의 기본적인 조명 즉, 전체조명으로 베이스 조명과 장식조명으로 구분된다.
- 업종, 상품, 입지 조건, 점포 구성, 진열에 따라 조명의 수법을 달리한다.

㉡ 상품조명
- 어떤 상품을 집중하여 비추게 하는 것을 말하며, 중점조명이라고도 한다.
- 상품을 강조하고 환경조명과 조화를 이루도록 계획한다.
- 주로 직부 스포트라이트가 사용되며 환경조명과의 조도 대비는 3~5배 정도로 한다. 포인트가 되는 디스플레이 부분이나 정면 부분은 1,000lx 정도로 밝게 조명한다.

18 **주택의 거실에서 스크린(화면)을 중심으로 텔레비전을 시청하기에 적합한 최대 범위는?**

① 45° 이내 ② 50° 이내
③ 60° 이내 ④ 70° 이내

해설 TV 설치 및 시청거리

㉠ TV 설치 : 화면의 각도가 60° 이내가 되도록 의자를 배치한다.
㉡ TV 시청거리 : 최적거리 6W(W : 브라운관의 지름)

19 **3차원 형상에 관한 설명으로 옳은 것은?**

① 면과 선의 교차에서 나타난다.
② 2차원적 형상에 깊이나 볼륨을 더하여 창조된다.
③ 어떤 형상을 규정하거나 한정하고, 면적을 분할한다.
④ 삼각형, 사각형, 다각형, 원, 기타 기하학적 형태로 존재한다.

정답 15 ① 16 ② 17 ③ 18 ③ 19 ②

해설

점의 차원은 0차원, 선의 차원은 1차원, 면의 차원은 2차원, 입체의 차원은 3차원이다.
볼륨(volume)과 매스(mass)는 공간이 가지는 3차원적 입체감에 속한다.

- 볼륨(volume) : 부피의 크기에서 오는 느낌
- 매스(mass) : 부피를 가진 하나의 덩어리로 느껴지는 물체나 인체의 부분

20 다음 중 상징적 경계에 관한 설명으로 가장 알맞은 것은?

① 슈퍼그래픽을 말한다.
② 경계를 만들지 않는 것이다.
③ 담을 쌓은 후 상징물을 설치하는 것이다.
④ 물리적 성격이 약화된 시각적 영역표시를 말한다.

해설 벽높이에 따른 심리적 효과

구분	내용
상징적 경계	• 60cm 높이의 벽이나 담장은 두 공간을 상징적으로 분리, 구분한다. • 모서리를 규정할 뿐 공간을 감싸지는 못한다. • 시각적 영역표시로 바닥패턴의 변화나 재료의 변화로도 경계를 지을 수 있다.
시각적 개방	• 가슴높이의 벽 1.2m 정도는 시각적 연속성을 주면서 감싸인 분위기를 준다. • 눈높이의 벽 1.5m 정도는 한 공간이 다른 공간과 분할되기 시작한다.
시각적 차단	• 키를 넘는 높이 1.8m 정도는 공간의 영역이 완전히 차단된다. • 프라이버시를 유지할 수 있고 하나의 실을 만들 수 있다.

정답 20 ④

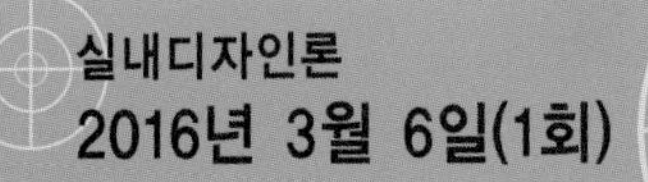
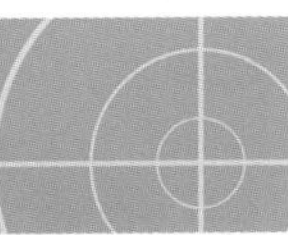

실내디자인론
2016년 3월 6일(1회)

01 디자인 원리에 관한 설명으로 옳지 않은 것은?

① 대비조화는 부드럽고 차분한 여성적인 이미지를 준다.
② 유사조화는 시각적으로 동일한 요소들에 의해 이루어진다.
③ 조화란 전체적인 조립방법이 모순 없이 질서를 잡는 것이다.
④ 통일은 변화와 함께 모든 조형에 대한 미의 근원이 되는 원리이다.

해설 조화(harmony)

조화란 전체적인 조립 방법이 모순 없이 질서를 이루는 것으로 통일감 있는 미를 구현하는 것이다. 2개 이상의 디자인 요소, 공간 형태, 선, 면, 재질, 색채, 광선 등 부분과 부분 및 부분과 전체의 서로 다른 성질이 한 공간 내에서 결합될 때 상호 관계에 있어서 공통성과 함께 이질성이 동시에 존재하고 아울러 감각적으로 융합해 상승된 미적현상을 발생시키는 것이다.

(1) 단순조화(유사조화)
㉠ 형식적, 외형적으로 시각적인 동일한 요소의 조합에 의해 생기는 것
㉡ 온화하며 부드럽고 여성적인 안정감이 있으나 도가 지나치면 단조롭게 되며 신선함을 상실할 우려가 있다.
㉢ 통일과 변화에 있어 통일의 개념에 가깝다.

(2) 대비조화(복합조화)
㉠ 질적, 양적으로 서로 전혀 다른 2개의 요소가 편성되었을 때 서로 다른 반대성에 의해 미적 효과를 자아내는 것
㉡ 강함, 화려함, 남성적이나 지나치게 큰 대비는 난잡하며, 혼란스럽고 공간의 통일성을 방해할 우려가 있다.
㉢ 동적 효과를 가진 변화의 개념에 가깝다.

02 출입구에 통풍기류를 방지하고 출입 인원을 조절할 목적으로 설치하는 문은?

① 접이문 ② 회전문
③ 여닫이문 ④ 미닫이문

해설 회전문

통풍·기류를 방지하고 출입인원을 조절할 목적으로 사용되는 문으로 은행·호텔·대사무소빌딩 현관 등의 출입구에 설치한다.

03 다음 설명에 알맞은 조명의 연출 기법은?

> 빛의 각도를 이용하는 방법으로 수직면과 평행한 조명을 벽에 조사시킴으로써 마감재의 질감을 효과적으로 강조하는 기법

① 실루엣 기법 ② 스파클 기법
③ 글레이징 기법 ④ 빔 플레이 기법

해설 조명의 연출기법

① 실루엣(silhouette) 기법 : 물체의 형상만을 강조하는 기법
② 스파클(sparkle) 기법 : 어두운 배경에서 광원 자체의 흥미로운 반짝임을 이용하여 스파클을 연출하는 기법
③ 글레이징(glazing) 기법 : 빛의 방향 변화에 따라 시각적인 느낌은 달라진다. 즉 빛의 각도를 이용하는 방법으로 수직면과 평행한 광선을 벽에 비추는 기법
④ 빔 플레이(beam play) 기법 : 광선 그 자체가 시각적인 특성을 지니게 하는 기법으로 광선 그림자의 효과는 공간을 온화하고 생기 있게 해준다.

04 실내디자이너의 역할과 조건에 관한 설명으로 옳지 않은 것은?

① 실내의 가구 디자인 및 배치를 계획하고 감독한다.
② 공사의 전(全)공정을 충분히 이해하고 있어야 한다.

정답 01 ① 02 ② 03 ③ 04 ③

③ 공간구성에 필요한 모든 기술과 도구를 사용할 수 있어야 한다.

④ 인간의 요구를 지각하고 분석하며 이해하는 능력을 갖추어야 한다.

해설 실내디자이너의 역할

㉠ 생활공간의 쾌적성 추구
㉡ 기능 확대, 감성적 욕구의 충족을 통한 건축의 질 향상
㉢ 인간의 예술적, 서정적 욕구의 만족을 해결
㉣ 독자적인 개성의 표현
※ 전체 매스(mass)의 구조 및 설비계획 등은 해당 전문 디자이너 또는 기술사 등이 계획하며, 실내디자이너는 건축의 질 향상을 위해 건축의 내밀화를 기하며 생활공간의 쾌적성을 추구하기 위해 건축의 내부 공간을 창조하는 역할을 한다.

05 주거공간을 행동 반사에 따라 정적공간과 동적공간으로 구분할 수 있다. 다음 중 정적공간에 속하는 것은?

① 서재　② 식당
③ 거실　④ 부엌

해설 주거공간의 행동 반사에 따른 분류

㉠ 정적 공간 – 침실, 서재, 노인실
㉡ 동적 공간 – 거실, 부엌, 식당, 현관

06 실내공간을 구성하는 기본요소에 관한 설명으로 옳지 않은 것은?

① 바닥은 고저차로 공간의 영역을 조정할 수 있다.

② 천장을 높이면 영역의 구분이 가능하며 친근하고 아늑한 공간이 된다.

③ 다른 요소들이 시대와 양식에 의한 변화가 현저한데 비해 바닥은 매우 고정적이다.

④ 벽은 공간을 에워싸는 수직적 요소로 수평 방향을 차단하여 공간을 형성하는 기능을 한다.

해설

천장을 낮추면 친근하고 아늑한 공간이 되고 높이면 확대감을 줄 수 있다.

07 조명기구 자체가 하나의 예술품과 같이 강조되거나 분위기를 살려주는 역할을 하는 장식조명에 속하지 않는 것은?

① 펜던트　② 브라켓
③ 샹들리에　④ 캐스케이드

해설 캐스케이드(cascade)

계단에 부딪치며 떨어지는 계단식 폭포

08 사무소 건물의 엘리베이터 계획에 관한 설명으로 옳지 않은 것은?

① 조닝영역별 관리운전의 경우 동일 조닝 내의 서비스층은 같게 한다.

② 서비스를 균일하게 할 수 있도록 건축물의 중심부에 설치한다.

③ 교통수요량이 많은 경우는 출발기준층이 2개층 이상이 되도록 계획한다.

④ 초고층, 대규모 빌딩인 경우는 서비스 그룹을 분할(조닝)하는 것을 검토한다.

해설

건축물의 출입 층이 2개 층이 되는 경우는 각각의 교통수요량 이상이 되도록 한다.

09 점과 선에 관한 설명으로 옳지 않은 것은?

① 점은 선과 선이 교차될 때 발생한다.

② 선은 기하학적 관점에서 폭은 있으나 방향성이 없다.

③ 하나의 점은 관찰자의 시선을 화면 안의 특정한 위치로 이끈다.

정답　05 ①　06 ②　07 ④　08 ③　09 ②

④ 점이 이동한 궤적에 의해 생성된 선을 포지티브선이라고도 한다.

해설 선의 특성

㉠ 선은 길이와 위치만 있고, 폭과 부피는 없다. 점이 이동한 궤적이며 면의 한계, 교차에서 나타난다.
㉡ 선은 어떤 형상을 규정하거나 한정하고 면적을 분할한다.
㉢ 운동감, 속도감, 방향 등을 나타낸다.

10 **다음 중 실내디자인을 준비하는 과정에서 기본적으로 파악되어야 할 내부적 조건에 해당되는 것은?**

① 입지적 조건 ② 건축적 조건
③ 설비적 조건 ④ 경제적 조건

해설 실내디자인 계획조건

㉠ 외부적 조건 : 입지적 조건, 설비적 조건, 건축적 조건(용도 법적인 규정)
㉡ 내부적 조건 : 계획의 목적, 공간 사용자의 행위·성격·개성에 관한 사항, 공간의 규모나 분위기에 대한 요구사항, 의뢰인(client)의 공사예산 등 경제적 사항

11 **부엌의 효율적인 작업 진행에 따른 작업대의 배치 순서로 가장 알맞은 것은?**

① 준비대 → 개수대 → 조리대 → 가열대 → 배선대
② 준비대 → 조리대 → 개수대 → 가열대 → 배선대
③ 준비대 → 가열대 → 개수대 → 조리대 → 배선대
④ 준비대 → 개수대 → 가열대 → 조리대 → 배선대

해설 부엌의 작업삼각대(worktriangle)를 이루는 가구의 배치 순서

준비대 - 개수대 - 조리대 - 가열대 - 배선대
※ 주부의 동선을 단축하기 위하여 부엌의 작업순서는 작업삼각형(worktriangle)이 되도록 하는 것이 유리하다.
※ 작업대를 높이를 결정하는 기본 치수는 작업하는 사람의 팔꿈치 높이이다.

12 **다음과 같은 방향의 착시 현상과 가장 관계가 깊은 것은?**

사선이 2개 이상의 평행선으로 중단되면 서로 어긋나 보인다.

① 분트 도형 ② 폰초 도형
③ 쾨니히의 목걸이 ④ 포겐도르프 도형

해설 포겐도르프 도형(방향의 착시)

평행하는 두 선분에 다른 선분(사선)을 엇갈리게 교차시킨 다음 평행선 안쪽의 사선 부분을 제거하면 평행선 바깥의 두 사선 부분이 어긋난(동일선 상에 있지 않은) 것처럼 보이는 착시현상이다.

13 **실내디자인의 전개 과정에서 실내디자인을 착수하기 전, 프로젝트의 전모를 분석하고 개념화하며 목표를 명확하게 하는 초기 단계는?**

① 조닝(zoning)
② 레이아웃(layout)
③ 프로그래밍(programing)
④ 개요설계(schematic Design)

해설 실내디자인의 프로그래밍(programming) 진행단계

㉠ 목표설정 : 문제 정의
㉡ 조사 : 문제의 조사, 자료의 수집, 예비적 아이디어의 수집
㉢ 분석 : 자료의 분류와 통합, 정보의 해석, 상관성의 체계 분석
㉣ 종합 : 부분적 해결안의 작성, 복합적 해결안의 작성, 창조적 사고
㉤ 결정 : 합리적 해결안의 결정

정답 10 ④ 11 ① 12 ④ 13 ③

14 **전시실의 순회유형 중 연속순회형식에 관한 설명으로 옳은 것은?**

① 동선이 단순하고 공간을 절약할 수 있는 장점이 있다.
② 뉴욕의 근대미술관, 뉴욕의 구겐하임 미술관이 대표적이다.
③ 중심부에 하나의 큰 홀을 두고 그 주위에 각 전시실을 배치한 형식으로 장래의 확장에 유리하다.
④ 각 실에 직접 들어갈 수 있는 점이 유리하며, 필요시에는 자유로이 독립적으로 폐쇄할 수 있다.

해설 연속순로(순회) 형식

구형(矩形) 또는 다각형의 각 전시실을 연속적으로 연결하는 형식이다.
㉠ 단순하고 공간이 절약된다.
㉡ 소규모의 전시실에 적합하다.
㉢ 전시 벽면을 많이 만들 수 있다.
㉣ 많은 실을 순서별로 통해야 하고 1실을 닫으면 전체 동선이 막히게 된다.

15 **다음 중 실내공간에 침착함과 평형감을 부여하는데 가장 효과적인 디자인 원리는?**

① 리듬 ② 균형
③ 변화 ④ 대비

해설

균형(balance)은 형, 질감, 색채, 명암, 형태의 크기와 양, 배치 등의 시각적인 처리방법에 의하여 이루어 질 수 있다.
㉠ 2개의 디자인 요소의 상호작용이 중심점에서 역학적으로 평행을 가졌을 때를 말한다.
㉡ 균형이란 서로 반대되는 힘의 평형상태를 말한다.
㉢ 균형이란 시각적 무게의 평형상태로 실내에서 감지되는 시각적 무게의 균형을 말한다.

16 **상점의 상품 진열 계획에 관한 설명으로 옳지 않은 것은?**

① 골든 스페이스는 바닥에서 높이 850~1250mm의 범위이다.
② 운동기구 등 중량의 물품은 바닥에 가깝게 배치하는 것이 좋다.
③ 통로측에 상품을 진열하는 경우, 높이 2m 이하로 중점 상품을 대량으로 진열한다.
④ 상품의 특징과 성격 등 전시효과를 극대화하여 구매 욕구를 자극하여 판매를 촉진시키는 계획이 되도록 한다.

해설 상점 매장의 상품구성과 배치

㉠ 중점상품 : 주통로에 접하는 부분에 배치한다.
㉡ 보완상품 : 중점상품의 판매력을 높이기 위한 보조상품으로 부통로 부근에 배치한다.
㉢ 전략상품 : 상점 내에서 가장 눈에 잘 띄는 곳에 배치한다.
㉣ 고객을 위한 휴게시설 : 충동구매상품과 근접시켜 배치한다.

17 **세포형 오피스(cellular type office)에 관한 설명으로 옳지 않은 것은?**

① 연구원, 변호사 등 지식집약형 업종에 적합하다.
② 조직구성간의 커뮤니케이션에 문제점이 있을 수 있다.
③ 개인별 공간을 확보하여 스스로 작업공간의 연출과 구성이 가능하다.
④ 하나의 평면에서 직제가 명확한 배치로 상하급의 상호감시가 용이하다.

해설 싱글 오피스

긴 복도를 가지고 작은 공간의 실로 구획되는 사무공간으로 복도형 오피스라고도 한다.
(1) 세포형 오피스(cellular type office)
개실의 규모는 20~30m^2 정도로 일반 사무원 1~2인 정도의 소수 인원을 위해 부서별로 개별적인 사무실을 제공한다.

정답 14 ① 15 ② 16 ③ 17 ④

㉠ 개인별 공간을 확보하여 스스로 작업공간의 연출과 구성이 가능하다.
㉡ 조직구성간의 커뮤니케이션에 문제점이 있을 수 있다.
㉢ 연구원, 변호사 등 지식집약형 업종에 적합하다.

(2) 집단형 오피스
개실의 규모는 7~8인의 그룹을 위한 실로 구성되며 직제별 사무 작업성의 필요면적, 가구의 배치형식, 단위 그룹별 인원, 작업 종류 등에 의해 그 규모가 결정된다.

18 다음의 가구에 관한 설명 중 (   )안에 알맞은 용어는?

> (㉠)은 등받이와 팔걸이가 없는 형태의 보조의자로 가벼운 작업이나 잠시 걸터앉아 휴식을 취할 때 사용된다. 더 편안한 휴식을 위해 발을 올려놓는데도 사용되는 (㉠)을 (㉡)이라 한다.

① ㉠ 스툴, ㉡ 오토만
② ㉠ 스툴, ㉡ 카우치
③ ㉠ 오토만, ㉡ 스툴
④ ㉠ 오토만, ㉡ 카우치

해설

㉠ 스툴(Stool) : 등받이나 팔걸이가 없는 형태의 의자로 가벼운 작업이나 휴식을 취할 수 있는 안락의자이다.
㉡ 오토만(ottoman)은 등받이나 팔걸이가 없이 천으로 씌운 낮은 의자로 발을 올려놓는데 사용되는 의자로서 18C 터키 오토만 왕조에서 유래하였다.

19 고딕건축에서 엄숙함, 위엄 등의 느낌을 주기 위해 사용한 디자인 요소는?

① 곡선　② 사선
③ 수평선　④ 수직선

해설 선의 조형심리적 효과

㉠ 수직선 : 구조적인 높이와 존엄성, 고양감을 느끼게 한다.
㉡ 수평선 : 영원, 무한, 안정, 안락, 평화감을 느끼게 한다.
㉢ 사선 : 넘어지려는 움직임이 있어 운동감, 불안정, 변화하는 활동적인 느낌을 준다.
㉣ 곡선 : 유연, 복잡, 동적, 경쾌하며 여성적인 느낌을 들게 한다.

20 다음 중 리듬을 이루는 원리와 가장 거리가 먼 것은?

① 균형　② 반복
③ 점이　④ 방사

해설

리듬(rhythm)은 균형이 잡힌 후에 나타나는 선, 색, 형태 등의 규칙적인 요소들의 반복으로 통일화 원리의 하나인 통제된 운동감을 말한다. 리듬은 음악적 감각인 청각적 원리를 시각적으로 표현하는 것으로 리듬의 원리는 반복, 점이, 대립, 변이, 방사로 이루어진다.

정답　18 ①　19 ④　20 ①

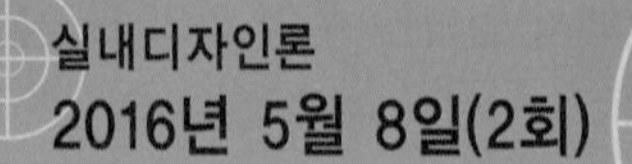
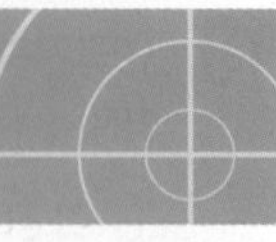

실내디자인론 2016년 5월 8일(2회)

01 실내기본요소 중 바닥에 관한 설명으로 옳지 않은 것은?

① 공간을 구성하는 수평적 요소이다.
② 촉각적으로 만족할 수 있는 조건을 요구한다.
③ 고저차를 통해 공간의 영역을 조정할 수 있다.
④ 다른 요소들에 비해 시대와 양식에 의한 변화가 현저하다.

해설 바닥

(1) 실내공간을 구성하는 수평적 요소로서 인간의 감각 중 시각적, 촉각적 요소와 밀접한 관계를 갖는 가장 기본적인 요소이다.
(2) 천장보다도 더 중요한 실내디자인 요소로 어떤 공간에서도 존재하며 공간을 사용하는 사람은 이 바닥과 직접 접촉하며 끊임없이 사용한다.
(3) 기능
㉠ 공간의 영역을 조정할 수 있으며, 사람과 물건을 지지한다.
㉡ 외부로부터 차가움과 습기를 차단시킨다.
㉢ 사람의 보행과 가구를 놓을 수 있도록 수평면을 제공한다.
㉣ 벽이 없이도 공간을 분리시킬 수 있으며, 동선을 유도한다.
㉤ 공간의 기초가 되므로 바닥의 디자인은 물리적, 시각적으로 전체 디자인에 영향을 준다.
(4) 바닥재의 선택시 고려 사항
안전성이 가장 먼저 고려해야 되어야 하며 내구성, 관리성, 유지성, 마모성, 차단성, 시각성 등의 성능이 요구된다.

02 가구배치계획에 관한 설명으로 옳지 않은 것은?

① 평면도에 계획되며 입면계획을 고려하지 않는다.
② 실의 사용목적과 행위에 적합한 가구배치를 한다.
③ 가구 사용시 불편하지 않도록 충분한 여유 공간을 두도록 한다.
④ 가구의 크기 및 형상은 전체공간의 스케일과 시각적, 심리적 균형을 이루도록 한다.

해설

평면도에 계획되며 입면계획을 고려한다.
※ 가구의 배치 결정시 가장 먼저 고려되어야 할 사항은 기능이다.

03 실내디자이너의 역할과 작업에 관한 설명으로 옳지 않은 것은?

① 건축 및 환경과의 상호성을 고려하여 계획하여야 한다.
② 인간의 활동을 도와주며, 동시에 미적인 만족을 주는 환경을 창조한다.
③ 효율적인 공간창출을 위하여 제반요소에 대한 분석 작업이 우선되어야 한다.
④ 실내디자이너의 작업은 이용자 특성에 대한 제약을 벗어나 공간예술 창조의 자유가 보장 되어야 한다.

해설 실내디자이너의 역할

㉠ 생활공간의 쾌적성 추구
㉡ 기능 확대, 감성적 욕구의 충족을 통한 건축의 질 향상
㉢ 인간의 예술적, 서정적 욕구의 만족을 해결
㉣ 독자적인 개성의 표현
※ 전체 매스(mass)의 구조 및 설비계획 등은 해당 전문 디자이너 또는 기술사 등이 계획하며, 실내디자이너는 건축의 질 향상을 위해 건축의 내밀화를 기하며 생활공간의 쾌적성을 추구하기 위해 건축의 내부 공간을 창조하는 역할을 한다.
☞ 종전에 건축과 실내디자인이 구분되지 않은 채, 함께 작업되어 왔으나 최근 그 영역이 세분화, 전문화되어 가면서 현재의 실내디자인의 독립된 영역으로 발전되었다.

정답 01 ④ 02 ① 03 ④

04 디자인의 원리 중 대비에 관한 설명으로 옳지 않은 것은?

① 극적인 분위기를 연출하는데 효과적이다.
② 상반 요소가 밀접하게 접근하면 할수록 대비의 효과는 감소된다.
③ 강력하고 화려하며 남성적인 이미지를 주지만 지나치게 크거나 많은 대비의 사용은 통일성을 방해할 우려가 있다.
④ 질적, 양적으로 전혀 다른 둘 이상의 요소가 동시에 혹은 계속적으로 배열될 때 상호의 특질이 한층 강하게 느껴지는 통일적 현상이다.

해설

대비(contrast)는 2개 이상의 서로 성질이 다른 것이 동시에 공간에 배열될 때 조화의 반대현상으로 비교되고 서로의 상반되는 성질을 강조함으로써 다른 특징을 한층 돋보이게 하는 현상이다.

05 알바 알토가 디자인한 의자로 자작나무 합판을 성형하여 만들었으며, 목재가 지닌 재료의 단순성을 최대한 살린 것은?

① 바실리 의자 ② 파이미오 의자
③ 레드 블루 의자 ④ 바르셀로나 의자

해설 의자

① 바실리 의자 : 마르셀 브로이어(Marcel Breuer)에 의해 디자인된 것으로 처음으로 스틸 파이프를 휘어서 골조를 만들고 좌판, 등받이, 팔걸이는 가죽으로 하였다.
② 파이미오 의자 : 알바 알토에 의해 디자인된 것으로 자작나무 합판을 성형하여 만들었으며 접합부위가 없고 목재가 지닌 재료의 단순성을 최대로 살린 의자이다.
③ 레드 블루 의자(Red-Blue Chair) : 1917년 네덜란드의 리트벨트(Rietveld)가 규격화한 판재를 이용하여 적, 청, 황의 원색으로 디자인 한 의자이다. 과거의 전통적인 곡선 지향적 성격에서 탈피하여, 직선적이며 대량생산이 가능한 형태로 디자인하였다.
④ 바르셀로나 의자(Barcelona chair) : 미스 반 데어 로에에 의하여 디자인된 것으로 ×자로 된 강철 파이프 다리 및 가죽으로 된 등받이와 좌석으로 구성된다.

06 다음 중 전시공간의 규모 설정에 영향을 주는 요인과 가장 거리가 먼 것은?

① 전시방법
② 전시의 목적
③ 전시공간의 평면형태
④ 전시자료의 크기와 수량

해설 전시공간의 규모 설정

전시공간 규모 계획상 참고할 수 있는 계획적 지표는 전시관의 부문별 면적대비 비교데이터의 범위, 전시자료의 장르별, 전시형태별 전시모드에 의한 전시밀도, 전시운영형태에 따른 전시성격과 특성분석을 통한 자료의 장르별 전시밀도 범주 등이 있으며, 규모 설정에 영향을 주는 요인에는 전시의 목적, 전시자료의 크기와 수량, 전시방법, 전시공간의 유형 등이 있다.

07 비주얼 머천다이징(VMD)에 관한 설명으로 옳지 않은 것은?

① VMD의 구성은 IP, PP, VP 등이 포함된다.
② VMD의 구성 중 IP는 상점의 이미지와 패션테마의 종합적인 표현을 일컫는다.
③ 상품계획, 상점계획, 판촉 등을 시각화 시켜 상점이미지를 고객에게 인식시키는 판매전략을 말한다.
④ VMD란 상품과 고객 사이에서 치밀하게 계획된 정보전달 수단으로서 디스플레이의 기법 중 하나이다.

해설 VMD(Visual Merchandising)

상품과 고객 사이에서 치밀하게 계획된 정보 전달 수단으로 장식된 시각과 통신을 꾀하고자 하는 디스플레이 기법으로 상품 계획, 상점 환경, 판촉 등을 시각화시켜 상점 이미지를 고객에게 인식시키는 판매 전략이다.

정답 04 ② 05 ② 06 ③ 07 ②

(1) VMD의 요소(통일된 이미지를 위한 시각 설명의 요소)
㉠ 쇼윈도(show window) : 통행인을 대상으로 함
㉡ VP(Visual Presentation) : 점포의 주장을 강하게 표현함
㉢ IP(Item Presentation) : 구매시점 상에 상품 정보를 설명하며, 상점의 특성을 기억하게 하고 느끼게 하는 코오디네이트(coordinate) 청구 방법을 활용한다.
㉣ 매장의 상품 진열

(2) VMD의 구성
㉠ VP(Visual Presentation) : 상품의 이미지와 패션 테마의 종합적인 표현 – 점두, 쇼윈도우
㉡ PP(Point Of Presentation) : 한 유닛에서 대표되는 상품 진열 – 벽면 상단 및 집기류 상단, 디스플레이 테이블
㉢ IP(Item Presentation) : 상품의 분류 정리 – 제반 집기(선반, 행거)

08 수평 블라인드로 날개의 각도, 승강으로 일광, 조망, 시각의 차단 정도를 조절할 수 있는 것은?

① 롤 블라인드　② 로만 블라인드
③ 베니션 블라인드　④ 버티컬 블라인드

해설 블라인드의 종류

※ 블라인드 : 날개의 각도를 조절하여 일광, 조망, 시각의 차단정도를 조정하는 창가리개
㉠ 수직형 블라인드(vertical blind) : 버티컬 블라인드로 날개가 세로로 하여 180° 회전하는 홀더 체인으로 연결되어 있으며 좌우 개폐가 가능하다.
㉡ 베네시안 블라인드(Venetian blind) : 수평 블라인드로 안정감을 줄 수 있으나 날개 사이에 먼지가 쌓이기 쉽다. 날개의 각도를 조절하여 일광, 조망, 시각의 차단정도를 조정한다.
㉢ 롤 블라인드(roll blind) : 쉐이드(shade)라고도 한다. 단순하고 깔끔한 느낌을 주며 창 이외에 간막이 스크린으로도 효과적으로 사용할 수 있다.
㉣ 로만 블라인드(roman blind) : 천의 내부에 설치된 풀 코드나 체인에 의해 당겨져 아래가 접히면서 올라간다.

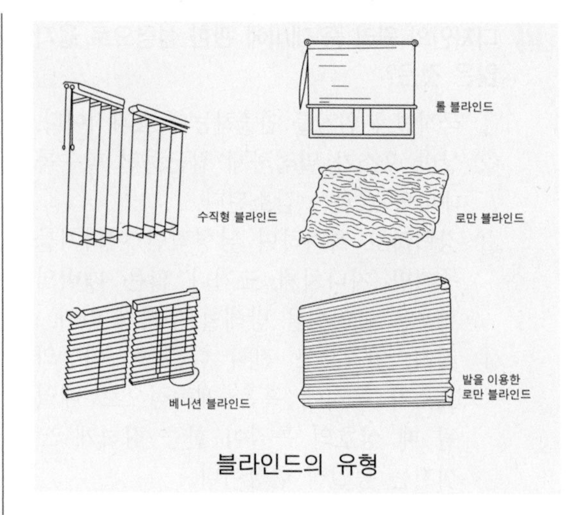

블라인드의 유형

09 어떤 공간에 규칙성의 흐름을 주어 경쾌하고 활기 있는 표정을 주고자 한다. 다음의 디자인 원리 중 가장 관계가 깊은 것은?

① 조화　② 리듬
③ 강조　④ 통일

해설

리듬(rhythm)은 균형이 잡힌 후에 나타나는 선, 색, 형태 등의 규칙적인 요소들의 반복으로 통일화 원리의 하나인 통제된 운동감을 말한다. 리듬은 음악적 감각인 청각적 원리를 시각적으로 표현하는 것으로 리듬의 원리는 반복, 점이, 대립, 변이, 방사로 이루어진다.

10 다음과 같은 특징을 갖는 조명의 연출기법은?

물체의 형상만을 강조하는 기법으로 시각적인 눈부심은 없으나 물체면의 세밀한 묘사는 할 수 없다.

① 스파클 기법　② 실루엣 기법
③ 월워싱 기법　④ 그레이징 기법

정답 08 ③　09 ②　10 ②

해설 조명 연출 기법

① 스파클(sparkle) 기법 : 어두운 배경에서 광원 자체의 흥미로운 반짝임을 이용하여 스파클을 연출하는 기법
② 실루엣(silhouette) 기법 : 물체의 형상만을 강조하는 기법
③ 월워싱(wall washing) 기법 : 수직벽면을 빛으로 쓸어내리는 듯한 효과를 주기 위해 비대칭 배광방식의 조명기구를 사용하여, 수직벽면에 균일한 조도의 빛을 비추는 기법
④ 글레이징(glazing) 기법 : 빛의 방향 변화에 따라 시각적인 느낌은 달라진다. 즉 빛의 각도를 이용하는 방법으로 수직면과 평행한 광선을 벽에 비추는 기법

11 사무소 건축의 오피스 랜드스케이핑(Office Landscaping)에 관한 설명으로 옳지 않은 것은?

① 공간을 절약할 수 있다.
② 개방식 배치의 한 형식이다.
③ 조경 면적 확대를 목적으로 하는 친환경 디자인 기법이다.
④ 커뮤니케이션의 융통성이 있고, 장애요인이 거의 없다.

해설

오피스 랜드스케이프(office landscape, 완전개방형)는 새로운 사무 공간 설계방법으로서 개방된 사무공간을 의미한다. 계급서열에 의한 획일적 배치에 대한 반성으로 사무의 흐름이나 작업내용의 성격을 중시하는 배치 방법이다.

(1) 장점
㉠ 개방식 배치의 변형된 방식이므로 공간이 절약된다.
㉡ 공사비(칸막이벽, 공조설비, 소화설비, 조명설비 등)가 절약되므로 경제적이다.
㉢ 작업 패턴의 변화에 따른 컨트롤이 가능하며 융통성이 있으므로 새로운 요구사항에 맞도록 신속한 변경이 가능하다.
㉣ 사무실 내에서 인간관계의 질적 향상과 모럴의 확립을 통해 작업의 능률이 향상된다.

(2) 단점
㉠ 소음이 발생하기 쉽다.
㉡ 독립성이 결여될 우려가 있다.

12 역리도형 착시의 사례로 가장 알맞은 것은?

① 헤링 도형 ② 자스트로의 도형
③ 펜로즈의 삼각형 ④ 쾨니히의 목걸이

해설 역리도형의 착시

㉠ 모순도형, 불가능도형을 말한다.
㉡ 펜로즈의 삼각형 : 2차원적 평면 위에 나타나는 안길이의 특징을 부분적으로 보면 해석은 가능하지만 전체적인 형태는 3차원적으로 불가능한 것처럼 보이는 도형

13 더블 베드(double bed)의 크기로 알맞은 것은?

① 1,000×2,000mm
② 1,350×2,000mm
③ 1,500×2,000mm
④ 2,000×2,000mm

해설 침실의 침대 규격

㉠ 싱글베드(single bed) : 1,000mm × 2,000mm
㉡ 더블베드(double bed) : (1,350~1,400mm) × 2,000mm
㉢ 퀸베드(queen bed) : 1,500mm × 2,100mm
㉣ 킹베드(king bed) : 2,000mm × 2,000mm

14 상점의 판매형식 중 대면판매에 관한 설명으로 옳지 않은 것은?

① 종업원의 정위치를 정하기 어렵다.
② 포장대나 캐시대를 별도로 둘 필요가 없다.
③ 고객과 마주 대하기 때문에 상품 설명이 용이하다.
④ 소형 고가품인 귀금속, 카메라 등의 판매에 적합하다.

정답 11 ③ 12 ③ 13 ② 14 ①

해설 상점의 판매 방식

(1) 대면판매
고객과 종업원이 진열장을 사이에 두고 상담하며 판매하는 형식
㉠ 대상 : 시계, 귀금속, 카메라, 의약품, 화장품, 제과, 수예품
㉡ 장점 : 설명하기 편하고, 판매원이 정위치를 잡기 용이하며 포장이 편리하다.
㉢ 단점 : 진열면적이 감소되고 show-case가 많아지면 상점 분위기가 부드럽지 않다.

(2) 측면판매 : 진열 상품을 같은 방향으로 보며 판매하는 형식
㉠ 대상 : 양장, 양복, 침구, 전기기구, 서적, 운동용품
㉡ 장점 : 충동적 구매와 선택이 용이하며, 진열면적이 커지고 상품에 친근감이 있다.
㉢ 단점 : 판매원은 위치를 잡기 어렵고 불안정하며, 상품 설명이나 포장 등이 불편하다.

15 가장 완전한 균형의 상태로 공간에 질서를 주기 용이한 디자인 원리는?

① 대칭적 균형　② 능동의 균형
③ 비정형 균형　④ 비대칭 균형

해설 대칭 균형

㉠ 일반적으로 방계대칭과 방사대칭으로 나눈다.
㉡ 방계대칭은 상하 또는 좌우와 같이 한 방향에 대한 대칭이다.
㉢ 방사대칭으로는 정점으로부터 확산되거나 집중된 양상을 보이며 대칭형, 확대형, 회전형이 있다.
㉣ 대칭적 균형은 성격상 형식적이고 딱딱하다.
㉤ 정돈된 질서는 대칭적 균형에서 생기지만 그 응용에는 한계가 있으며, 상상력도 부족되기 쉬운 현상을 낳는다.
㉥ 대칭적 균형은 전통적인 건축물, 기념물이나 시대물의 실내에서 가장 많이 볼 수 있다.
[예] 타지마할 궁 – 대칭적 균형

16 다음 중 집중효과가 가장 큰 것은?

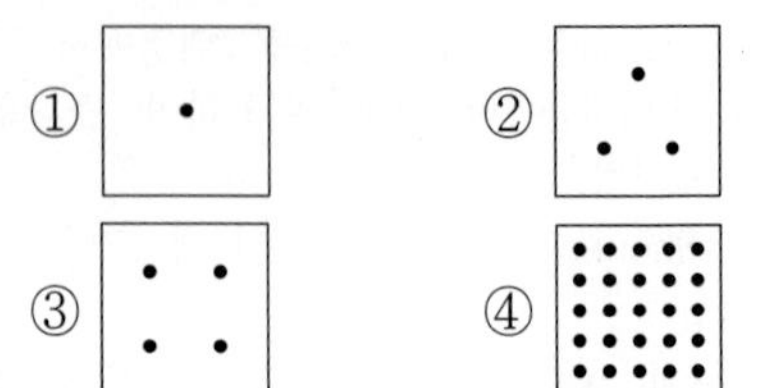

해설 점

(1) 정의 : 점은 기하학적인 정의로 크기가 없고 위치만 있다. 점은 선과 선의 교차, 선과 면의 교차, 선의 양끝 등에 의해 생긴다.
(2) 점의 효과
㉠ 점의 장력(인장력) : 2점을 가까운 거리에 놓아두면 서로간의 장력으로 선으로 인식되는 효과
㉡ 점의 집중효과 : 공간에 놓여있는 한 점은 시선을 집중시키는 효과가 있다.
㉢ 시선의 이동 : 큰 점과 작은 점이 함께 놓여 있을 때 큰 점에서 작은 점으로 시선이 이동된다.
㉣ 많은 점을 근접시키면 면으로 지각하는 효과가 있다.

17 주거공간을 주 행동에 의해 구분할 경우, 다음 중 사회공간에 속하지 않는 것은?

① 거실　② 식당
③ 서재　④ 응접실

해설 주거공간의 4요소

㉠ 개인공간 : 부부침실, 노인실, 가족실, 서재
㉡ 사회공간(공동공간) : 거실, 식사실, 가족실
㉢ 노동공간 : 주방, 가사실
㉣ 보건·위생공간 : 욕실, 화장실

18 다음 설명에 알맞은 특수전시기법은?

• 하나의 사실 또는 주제의 시간 상황을 고정시켜 연출하는 것으로 현장에 임한 느낌을 주는 기법이다.
• 어떤 상황을 배경과 실물 또는 모형으로 재현하여 현장감, 공간감을 표현하고 배경에 맞는 투사적 효과와 상황을 만든다.

정답　15 ①　16 ①　17 ③　18 ①

① 디오라마전시　② 파노라마전시
③ 아일랜드전시　④ 하모니카전시

해설 특수전시기법

전시기법	특징
디오라마 전시	'하나의 사실' 또는 '주제의 시간 상황을 고정'시켜 연출하는 것으로 현장에 임한 듯한 느낌을 가지고 관찰할 수 있는 전시기법
파노라마 전시	벽면전시와 입체물이 병행되는 것이 일반적인 유형으로 넓은 시야의 실경(實景)을 보는 듯한 감각을 주는 전시기법
아일랜드 전시	벽이나 천정을 직접 이용하지 않고 전시물 또는 장치를 배치함으로써 전시공간을 만들어내는 기법으로 대형전시물이나 소형전시물인 경우에 유리하다.
하모니카 전시	전시평면이 하모니카 흡입구처럼 동일한 공간으로 연속되어 배치되는 전시기법으로 동일 종류의 전시물을 반복 전시할 때 유리하다.

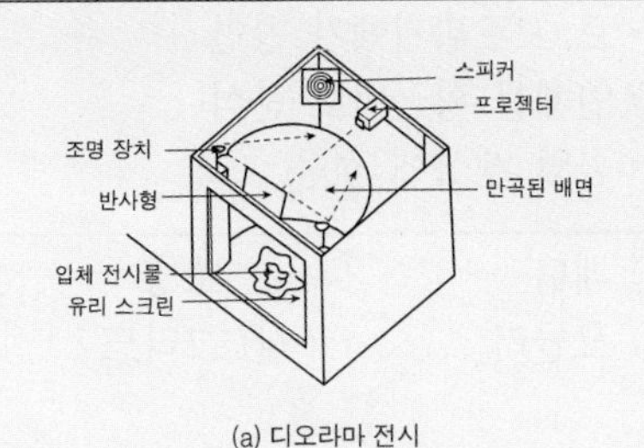

(a) 디오라마 전시

연속된 전시로 추이 과정의 표현
보조 설명 전시
관련 입체물
관련 평면물

(b) 파노라마 전시

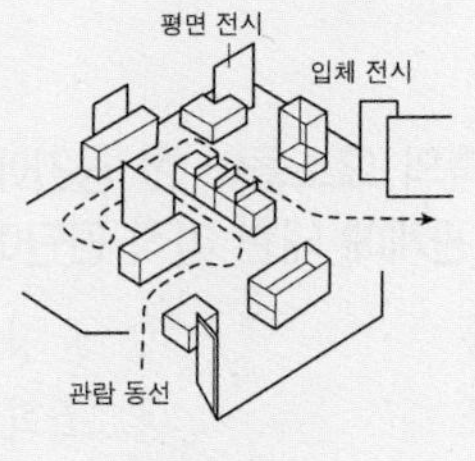

(c) 아일랜드 전시

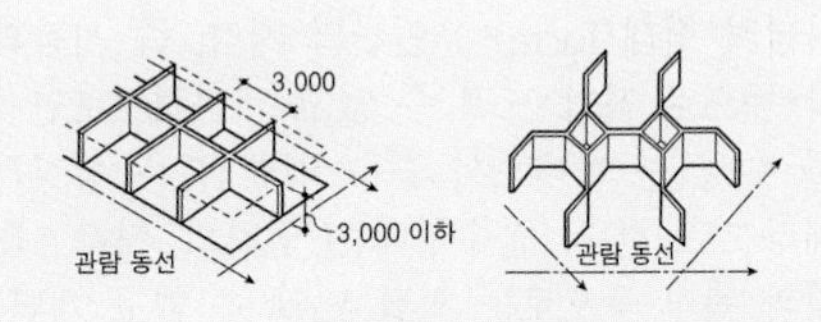

(d) 하모니카 전시

특수전시기법

19 **부엌 작업대의 배치유형 중 일렬형에 관한 설명으로 옳지 않은 것은?**

① 작업대를 벽면에 한 줄로 붙여 배치하는 유형이다.
② 작업대 전체의 길이는 4000~5000mm 정도가 가장 적당하다.
③ 부엌의 폭이 좁거나 공간의 여유가 없는 소규모 주택에 적합하다.
④ 작업대가 길어지면, 작업 동선이 길게 되어 비효율적이 된다.

해설

일렬형(직선형)은 좁은 면적을 이용할 경우에 사용하며, 작업의 흐름이 좌우로 되어 있어 동선이 길어진다. 소규모 부엌에 적합하며, 2.7~3m가 적당하다.

20 **형태의 분류 중 인간의 지각, 즉 시각과 촉각으로는 직접 느낄 수 없고 개념적으로만 제시될 수 있는 형태로서 순수 형태라고도 하는 것은?**

① 인위적 형태　② 현실적 형태
③ 이념적 형태　④ 직설적 형태

해설 형태(form)

㉠ 이념적 형태 – 순수 형태(추상 형태)
㉡ 현실적 형태 – 자연 형태, 인위적 형태
㉢ 포지티브(positive, 적극적) 형태
㉣ 네거티브(negative, 소극적) 형태

정답　19 ②　20 ③

※ 이념적 형태(form) : 인간의 지각, 즉 시각과 촉각 등으로 직접 느낄 수 없고 개념적으로만 제시될 수 있는 형태로서 순수 형태 혹은 상징적 형태라고도 한다. 순수형태는 인간의 지각, 즉 시각과 촉각 등으로는 직접 느낄 수 없고 개념적으로만 제시될 수 있는 형태이다.

※ 현실적 형태 : 우리 주위에 존재하는 모든 물상(物像)을 의미한다.

㉠ 자연적 형태 : 자연 현상에 따라 끊임없이 변화하며 새로운 형을 만들어낸다. 일반적으로 그 형태가 부정형이며 복잡한 여러 가지 기학학적인 형태를 나타낸다.

㉡ 인위적 형태 : 휴먼 스케일을 기준으로 해야 좋은 디자인이 된다.

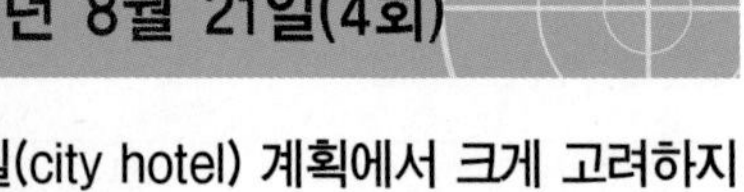

실내디자인론 2016년 8월 21일(4회)

01 시티 호텔(city hotel) 계획에서 크게 고려하지 않아도 되는 것은?

① 주차장 ② 발코니
③ 연회장 ④ 레스토랑

해설

도심지의 시티 호텔(City Hotel)은 숙박부분의 비가 높으므로 발코니를 크게 고려하지 않지만, 리조트 호텔(Resort Hotel)에서는 주변의 전망을 볼 수 있도록 발코니를 고려한다.

02 다음 설명이 의미하는 것은?

• 르 꼬르뷔지에가 창안 • 인체를 황금비로 분석 • 공업 생산에 적용

① 패턴 ② 조닝
③ 모듈러 ④ 그리드

해설

르 꼬르뷔제(Le Corbusier)는 휴먼 스케일을 디자인 원리로 사용한 대표적인 건축가로서 "Modulor"라는 설계단위를 설정하고 Module을 인체척도(human scale)에 관련시켜 형태비례에 대한 학설을 주장하고 실천하였다.

03 실내건축의 요소들이 한 공간에서 표현되어질 때 상호관계에 대한 미적 판단이 되는 원리는?

① 리듬 ② 균형
③ 강조 ④ 조화

정답 01 ② 02 ③ 03 ④

해설 조화(harmony)

조화란 전체적인 조립 방법이 모순 없이 질서를 이루는 것으로 통일감 있는 미를 구현하는 것이다. 2개 이상의 디자인 요소, 공간 형태, 선, 면, 재질, 색채, 광선 등 부분과 부분 및 부분과 전체의 서로 다른 성질이 한 공간 내에서 결합될 때 상호 관계에 있어서 공통성과 함께 이질성이 동시에 존재하고 아울러 감각적으로 융합해 상승된 미적현상을 발생시키는 것이다.

04 다음 중 인체지지용 가구가 아닌 것은?

① 소파 ② 침대
③ 책상 ④ 작업의자

해설 인체공학적 입장에 따른 가구의 분류

㉠ 인체지지용 가구(인체계 가구, 휴식용 가구) : 의자, 소파, 침대, 스툴(stool)
㉡ 작업용 가구(준인체계 가구) : 테이블, 책상, 작업용 의자
㉢ 수납용 가구(건물계 가구) : 벽장, 선반, 서랍장, 붙박이장

05 다음 그림과 같이 많은 점이 근접되었을 때 효과로 가장 알맞은 것은?

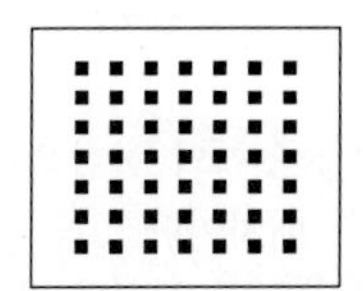

① 면으로 지각 ② 부피로 지각
③ 물체로 지각 ④ 공간으로 지각

해설 점

(1) 정의 : 점은 기하학적인 정의로 크기가 없고 위치만 있다. 점은 선과 선의 교차, 선과 면의 교차, 선의 양끝 등에 의해 생긴다.
(2) 점의 효과
㉠ 점의 장력(인장력) : 2점을 가까운 거리에 놓아두면 서로간의 장력으로 선으로 인식되는 효과
㉡ 점의 집중효과 : 공간에 놓여있는 한 점은 시선을 집중시키는 효과가 있다.
㉢ 시선의 이동 : 큰 점과 작은 점이 함께 놓여 있을 때 큰 점에서 작은 점으로 시선이 이동된다.
㉣ 많은 점을 근접시키면 면으로 지각하는 효과가 있다.

06 다음 설명에 가장 알맞은 실내디자인의 조건은?

최소의 자원을 투입하여 공간의 사용자가 최대로 만족할 수 있는 효과가 이루어져야 한다.

① 기능적 조건 ② 심미적 조건
③ 경제적 조건 ④ 물리·환경적 조건

해설 실내디자인의 조건

㉠ 합목적성 : 기능성 또는 실용성
㉡ 심미성 : 아름다운 창조
㉢ 경제성 : 최소의 노력으로 최대의 효과
㉣ 독창성 : 새로운 가치를 추구
㉤ 질서성 : 상기 4가지 조건을 서로 관련시키는 것
※ 경제적 조건 : 최소의 자원을 투입하여 공간의 사용자가 최대로 만족할 수 있는 효과가 이루어지도록 하여야 한다.

07 디자인의 원리 중 일반적으로 규칙적인 요소들의 반복에 의해 나타나는 통제된 운동감으로 정의되는 것은?

① 강조 ② 균형
③ 비례 ④ 리듬

해설

리듬(rhythm)은 균형이 잡힌 후에 나타나는 선, 색, 형태 등의 규칙적인 요소들의 반복으로 통일화 원리의 하나인 통제된 운동감을 말한다.
리듬은 음악적 감각인 청각적 원리를 시각적으로 표현하는 것으로 리듬의 원리는 반복, 점이, 대립, 변이, 방사로 이루어진다.

정답 04 ③ 05 ① 06 ③ 07 ④

08 **다음 그림과 같은 주택 부엌가구의 배치 유형은?**

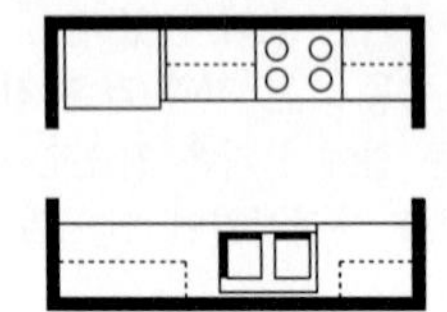

① 일렬형 ② ㄷ자형
③ 병렬형 ④ 아일랜드형

해설

병렬형은 작업대가 마주보도록 배치하는 형태로 길고 좁은 부엌에 적당하며, 동선이 짧아 효과적이다. 마주 보는 작업대 간의 거리는 1.2~1.5m 정도가 좋다.

09 **설계를 착수하기 전에 과제의 전모를 분석하고, 개념화하며, 목표를 명확히 하는 초기 단계의 작업인 프로그래밍에서 "공간 간의 기능적 구조 해석"과 가장 관계가 깊은 것은?**

① 개념의 도출
② 환경적 분석
③ 사용주의 요구
④ 스페이스 프로그램

해설

프로그래밍(programing) : 실내디자인의 전개 과정에서 실내디자인을 착수하기 전, 프로젝트의 전모를 분석하고 개념화하며 목표를 명확하게 하는 초기 단계
※ 프로그래밍(programming) 단계
㉠ 목표설정 ㉡ 조사 ㉢ 분석
㉣ 종합 ㉤ 결정

10 **상점의 매장계획에 관한 설명으로 옳지 않은 것은?**

① 매장의 개성 표현을 위해 바닥에 고저차를 두는 것이 바람직하다.
② 진열대의 배치형식 중 굴절배열형은 대면판매와 측면판매방식이 조합된 형식이다.
③ 바닥, 벽, 천장은 상품에 대해 배경적 역할을 해야 하며 상품과 적절한 균형을 이루도록 한다.
④ 상품군의 배치에 있어 중점상품은 주통로에 접하는 부분에 상호연관성을 고려한 상품을 연속시켜 배치한다.

해설

상점의 매장 바닥 면에 고저차를 두지 않는 것이 좋다. 고객의 동선은 가능한 한 길게 하여 점내에 머무는 시간이 많도록 한다.

11 **사무실의 책상배치 유형 중 대향형에 관한 설명으로 옳지 않은 것은?**

① 면적 효율이 좋다.
② 각종 배선의 처리가 용이하다.
③ 커뮤니케이션 형성에 유리하다.
④ 시선에 의해 프라이버시를 침해할 우려가 없다.

해설 사무실의 책상 배치유형

㉠ 동향형 : 같은 방향으로 배치하는 형으로 강의형 또는 배면형이라고도 한다. 대향형에 비해 면적 효율이 떨어지나 프라이버시의 침해가 적다.
㉡ 대향형 : 면적효율이 좋고 커뮤니케이션(communication) 형성에 유리하여 공동작업의 형태로 업무가 이루어지는 사무실에 적합한 배치이다.
㉢ 좌우대향형 : 조직의 화합을 꾀하는 생산관리 업무에 적당한 배치이다.
㉣ 자유형 : 개개인의 작업을 위한 영역이 주어지는 형태로 전문 직종에 적합한 배치이다.

12 **다음 설명에 알맞은 블라인드의 종류는?**

• 쉐이드(shade)라고도 한다.
• 단순하고 깔끔한 느낌을 준다.
• 창 이외에 간막이 스크린으로도 효과적으로 사용할 수 있다.

정답 08 ③ 09 ④ 10 ① 11 ④ 12 ①

① 롤 블라인드 ② 로만 블라인드
③ 베니션 블라인드 ④ 버티컬 블라인드

해설 블라인드의 종류

※ 블라인드 : 날개의 각도를 조절하여 일광, 조망, 시각의 차단정도를 조정하는 창가리개
㉠ 수직형 블라인드(vertical blind) : 버티컬 블라인드로 날개가 세로로 하여 180° 회전하는 홀더 체인으로 연결되어 있으며 좌우 개폐가 가능하다.
㉡ 베네시안 블라인드(Venetian blind) : 수평 블라인드로 안정감을 줄 수 있으나 날개 사이에 먼지가 쌓이기 쉽다. 날개의 각도를 조절하여 일광, 조망, 시각의 차단정도를 조정한다.
㉢ 롤 블라인드(roll blind) : 쉐이드(shade)라고도 한다. 단순하고 깔끔한 느낌을 주며 창 이외에 간막이 스크린으로도 효과적으로 사용할 수 있다.
㉣ 로만 블라인드(roman blind) : 천의 내부에 설치된 풀 코드나 체인에 의해 당겨져 아래가 접히면서 올라간다.

블라인드의 유형

13 벽의 기능에 관한 설명으로 옳지 않은 것은?

① 인간의 시선이나 동선을 차단
② 외부로부터의 안전 및 프라이버시 확보
③ 공기와 빛을 통과시켜 통풍과 채광을 결정
④ 수직적 요소로서 수평방향을 차단하여 공간 형성

해설

벽(wall)은 공간을 에워싸는 수직적 요소이며, 수평방향을 차단하여 공간을 형성한다.
벽은 공간의 형태와 크기를 결정하고 프라이버시의 확보, 외부로부터의 방어, 공간사이의 구분, 동선이나 공기의 움직임을 제어할 수 있는 기능을 가지며 색, 패턴, 질감, 조명 등에 의해 분위기가 조절된다.
벽은 이동방법에 따라 고정식, 이동식, 접이식, 스크린식이 있다.

14 한국 전통 가구 중 수납계 가구에 속하지 않는 것은?

① 농 ② 궤
③ 소반 ④ 반닫이

해설

한국 전통주거의 가구에서 소반은 쟁반을 말하며, 문갑·농·궤·반닫이는 수납계 가구로 분류된다.

15 다음 설명에 알맞은 특수전시방법은?

- 일정한 형태의 평면을 반복시켜 전시공간을 구획하는 방식이다.
- 동일 종류의 전시물을 반복하여 전시할 경우에 유리하다.

① 디오라마 전시 ② 파노라마 전시
③ 아일랜드 전시 ④ 하모니카 전시

해설 특수전시기법

전시기법	특징
디오라마 전시	'하나의 사실' 또는 '주제의 시간 상황을 고정'시켜 연출하는 것으로 현장에 임한 듯한 느낌을 가지고 관찰할 수 있는 전시기법
파노라마 전시	벽면전시와 입체물이 병행되는 것이 일반적인 유형으로 넓은 시야의 실경(實景)을 보는 듯한 감각을 주는 전시기법

정답 13 ③ 14 ③ 15 ④

전시기법	특징
아일랜드 전시	벽이나 천정을 직접 이용하지 않고 전시물 또는 장치를 배치함으로써 전시공간을 만들어내는 기법으로 대형전시물이나 소형전시물인 경우에 유리하다.
하모니카 전시	전시평면이 하모니카 흡입구처럼 동일한 공간으로 연속되어 배치되는 전시기법으로 동일 종류의 전시물을 반복 전시할 때 유리하다.
영상 전시	영상매체는 현물을 직접 전시할 수 없는 경우나 오브제 전시만의 한계를 극복하기 위하여 사용한다.

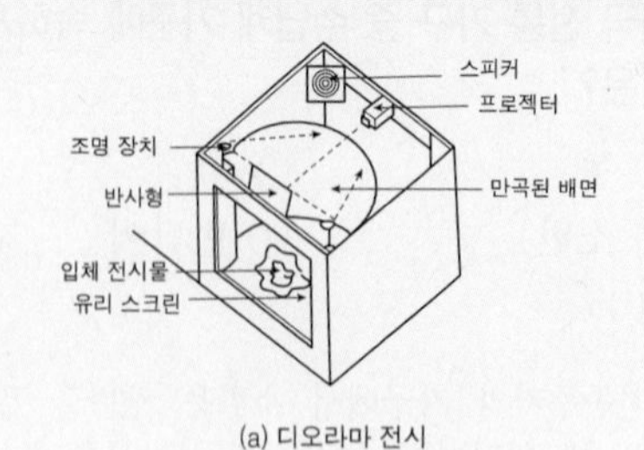

(a) 디오라마 전시

(b) 파노라마 전시

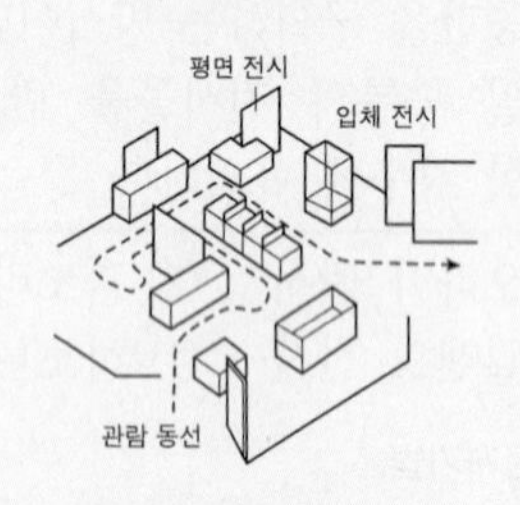

(c) 아일랜드 전시

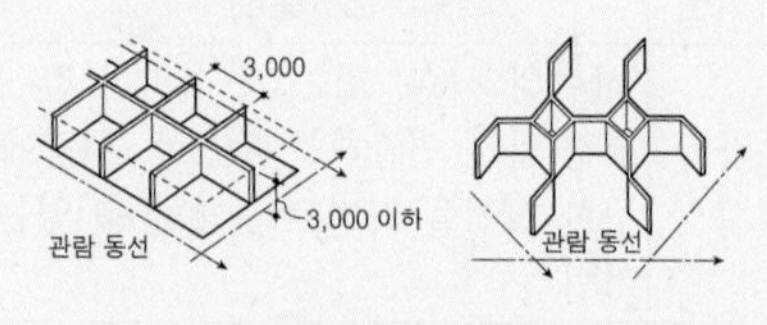

(d) 하모니카 전시

특수전시기법

16 **펜로즈의 삼각형과 가장 관계가 깊은 착시의 유형은?**

① 길이의 착시 ② 방향의 착시
③ 역리도형 착시 ④ 다의도형 착시

해설 역리도형의 착시

㉠ 모순도형, 불가능도형을 말한다.
㉡ 펜로즈의 삼각형 : 2차원적 평면 위에 나타나는 안길이의 특징을 부분적으로 보면 해석은 가능하지만 전체적인 형태는 3차원적으로 불가능한 것처럼 보이는 도형

17 **붙박이 가구에 관한 설명으로 옳지 않은 것은?**

① 공간의 효율성을 높일 수 있다.
② 건축물과 일체화하여 설치하는 가구이다.
③ 실내 마감재와의 조화 등을 고려해야 한다.
④ 필요에 따라 그 설치 장소를 자유롭게 움직일 수 있다.

해설 붙박이 가구(built-in furniture)

건물에 짜 맞추어 건물과 일체화하여 만든 가구로 가구배치의 혼란을 없애고 공간을 최대한 활용할 수 있다.
※ 붙박이가구 디자인 계획시 고려해야 할 사항
㉠ 크기와 비례의 조화
㉡ 기능의 편리성
㉢ 실내마감재로서의 조화

18 **백화점의 엘리베이터 계획에 관한 설명으로 옳지 않은 것은?**

① 교통동선의 중심에 설치하여 보행거리가 짧도록 배치한다.
② 여러 대의 엘리베이터를 설치하는 경우, 그룹별 배치와 군 관리 운전 방식으로 한다.

정답 16 ③ 17 ④ 18 ③

③ 일렬 배치는 6대를 한도로 하고, 엘리베이터 중심간 거리는 8m 이하가 되도록 한다.
④ 엘리베이터 홀은 엘리베이터 정원 합계의 50% 정도를 수용할 수 있어야 하며, 1인당 점유면적은 0.5~0.8m^2로 계산한다.

해설

백화점 건축의 엘리베이터는 가급적 건축물의 중앙에 집중시킨다. 엘리베이터의 직선배치는 4대 이하로 하고, 병렬로 배치하는 엘리베이터의 전면 거리는 4m 내외로 한다.

19 **사무소 건축의 실단위 계획 중 개방식 배치에 관한 설명으로 옳지 않은 것은?**

① 소음의 우려가 있다.
② 프라이버시의 확보가 용이하다.
③ 모든 면적을 유용하게 이용할 수 있다.
④ 방의 길이나 깊이에 변화를 줄 수 있다.

해설 개방식(open room system)

개방된 큰 방으로 설계하고 중역들을 위해 작은 분리된 방을 두는 방법
㉠ 전면적을 유용하게 이용할 수 있어 공간이 절약된다.
㉡ 칸막이벽이 없어서 개실 배치방법보다 공사비가 싸다.
㉢ 방의 길이나 깊이에 변화를 줄 수 있다.
㉣ 소음이 들리고 독립성이 떨어진다.
㉤ 자연 채광에 인공조명이 필요하다.
※ 개방형(open plan) 사무공간은 업무의 성격이나 직급별로 책상을 배치하는 형태로서 이동형의 칸막이나 가구로 공간을 구획한다.

20 **실내공간을 심리적으로 구획하는데 사용하는 일반적인 방법이 아닌 것은?**

① 화분　　② 기둥
③ 조각　　④ 커튼

해설 공간의 분할

㉠ 차단적 구획 : 칸막이 등으로 수평·수직 방향으로 분리
㉡ 심리적 구획 : 가구, 기둥, 식물 같은 실내 구성요소로 가변적으로 분할
㉢ 지각적 구획 : 조명, 마감 재료의 변화, 통로나 복도 공간 등의 공간 형태의 변화로 분할
☞ 커튼 : 공간의 차단적 구획에 사용되는 것으로, 필요에 따라 공간을 구획할 수 있어 공간의 사용에 융통성을 줄 수 있다.

정답 19 ② 20 ④

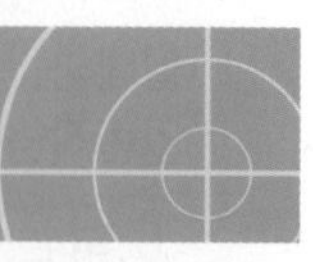

실내디자인론 2017년 3월 5일(1회)

01 침대 옆에 위치하는 소형 테이블로 베드 사이드 테이블이라고도 하는 것은?

① 티 테이블 ② 엔드 테이블
③ 나이트 테이블 ④ 다이닝 테이블

해설

나이트 테이블(night table) : 침대 옆에 놓여있는 소형 테이블

※ 엔드 테이블(end table) : 소파나 의자 옆에 위치하며 손이 쉽게 닿는 범위 내에 전화기, 문구 등 필요한 물품을 올려 놓거나 수납하며 찻잔, 컵 등을 올려놓아 탁자의 보조용으로도 사용되는 테이블

02 사무소 건축의 실단위 계획 중 개방식 배치에 관한 설명으로 옳지 않은 것은?

① 독립성 확보가 용이하다.
② 방의 길이나 깊이에 변화를 줄 수 있다.
③ 오피스 랜드스케이핑은 일종의 개방식 배치이다.
④ 전면적을 유효하게 이용할 수 있어 공간절약상 유리하다.

해설 개방식 배치(open room system)

개방된 큰 방으로 설계하고 중역들을 위해 작은 분리된 방을 두는 방법

㉠ 전면적을 유용하게 이용할 수 있어 공간이 절약된다.
㉡ 칸막이벽이 없어서 개실 배치방법보다 공사비가 싸다.
㉢ 방의 길이나 깊이에 변화를 줄 수 있다.
㉣ 소음이 들리고 독립성이 떨어진다.
㉤ 자연 채광에 인공조명이 필요하다.

※ 개방형(open plan) 사무공간은 업무의 성격이나 직급별로 책상을 배치하는 형태로서 이동형의 칸막이나 가구로 공간을 구획한다.

03 호텔의 중심 기능으로 모든 동선체계의 시작이 되는 공간은?

① 객실 ② 로비
③ 클로크 ④ 린넨실

해설

호텔의 로비는 현관, 홀, 계단에 접해 응접, 대화용으로 쓰이는 공간으로서 모든 동선 체계의 시작이 되는 호텔의 중심기능 공간이다.

04 다음과 같은 거실의 가구배치의 유형은?

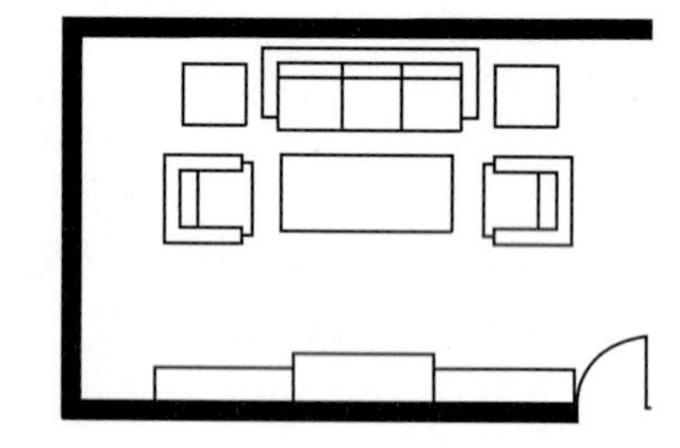

① ㄱ자형 ② ㄷ자형
③ 대면형 ④ 직선형

해설 가구배치의 기본형

① ㄱ자형 : 단란한 분위기에 적합한 형태로서 벽쪽에 배치하면 넓게 사용된다.
② ㄷ자형 : 옛날부터 사용되어 온 단란형으로 TV, 정원, 벽난로를 보고 있는 극히 자연스러운 편안한 분위기를 꾀할 수 있다.
③ 대면형 : 맞은 편의 사람과 165cm 정도의 거리를 유지하는 것이 좋으며, 테이블을 두고 마주 앉는 형이 일반적이다. 가족중심의 거실보다 응접실용으로 적당하다.
④ 직선형 : 일렬로 의자를 배치하는 방법으로 대화에는 부자연스러운 배치이다. 넓은 공간에서 다른 배치의 보조로 사용하거나 또는 좁은 공간에 좋다.

정답 01 ③ 02 ① 03 ② 04 ②

05 다음 중 다의도형 착시와 가장 관계가 깊은 것은?

① 루빈의 항아리 ② 포겐도르프 도형
③ 쾨니히의 목걸이 ④ 펜로즈의 삼각형

해설 다의도형의 착시(반전 실체의 착시)

㉠ 동일한 도형이 2종류 이상으로 보이는 것
㉡ 그림과 바탕의 반전도형(루빈의 항아리 – 잔과 얼굴), 원근의 반전도형(네커의 정육면체)

루빈의 항아리

06 치수계획에 있어 적정치수를 설정하는 방법으로 최소치 $+a$, 최대치 $-a$, 목표치 $\pm a$가 있는데, 이 때 α는 적정치수를 끌어내기 위한 어떤 치수인가?

① 조정치수 ② 기본치수
③ 유동치수 ④ 가능치수

해설

건축공간의 적정치수(α : 적정 값을 이끌어내기 위한 여유치수)
㉠ 최소값$+\alpha$: 치수계획 가운데 가장 기본인 것으로 단위공간의 크기나 구성재의 크기를 정할 때 사용 하는 방법. 최소의 치수를 구하고 여유율을 더하여 적정값 산정한다.
→ 문이나 개구부 높이, 천장높이, 인동간격 설정시
㉡ 최대값$-\alpha$: 치수의 상한이 존재하는 경우 사용하는 방법
→ 계단의 철판 높이, 야구장 관중석의 난간 높이 설정시
㉢ 목표값$\pm\alpha$: 어느 값 이하나 어느 값 이상도 취할 수 없는 경우
→ 출입문의 손잡이 위치와 크기를 결정하는 것

07 균형(balance)에 관한 설명으로 옳지 않은 것은?

① 대칭적 균형은 가장 완전한 균형의 상태이다.
② 대칭적 균형은 공간에 질서를 주기가 용이하다.
③ 비대칭적 균형은 시각적 안정성을 가져올 수 없다.
④ 비대칭적 균형은 대칭적 균형보다 자연스러우며 풍부한 개성을 표현할 수 있다.

해설 비대칭 균형

㉠ 비정형 균형, 신비의 균형 혹은 능동의 균형이라고도 한다.
㉡ 대칭 균형보다 자연스럽다.
㉢ 균형의 중심점으로부터 양측은 가능한 모든 배열로 다르게 배치된다.
㉣ 시각적인 결합에 의해 동적인 안정감과 변화가 풍부한 개성 있는 형태를 준다.
㉤ 물리적으로는 불균형이지만 시각상으로는 균형을 이루는 것으로 흥미로움을 주며 율동감, 약진감이 있다.
㉥ 현대 건축, 현대 미술
※ 비대칭 균형은 능동적이며 비형식적인 느낌을 주며, 진취적이고 긴장된 생명감각을 느끼게 한다.

08 백화점의 에스컬레이터에 관한 설명으로 옳지 않은 것은?

① 수송능력이 엘리베이터에 비해 크다.
② 대기시간이 없고 연속적인 수송설비이다.
③ 승강 중 주위가 오픈되므로 주변 광고효과가 크다.
④ 서비스 대상 인원의 10~20% 정도를 에스컬레이터가 부담하도록 한다.

해설 백화점의 에스컬레이터 설치시의 장·단점

(1) 장점
㉠ 수송력에 비해 점유면적이 적다.(엘리베이터의 1/4~1/5 정도)
㉡ 종업원이 적어도 된다.

정답 05 ① 06 ① 07 ③ 08 ④

㉢ 고객으로 하여금 기다리지 않게 한다.
㉣ 매장을 바라보며 승강할 수 있다.

(2) 단점
㉠ 설비비가 고가이다.
㉡ 층고와 보의 간격에 제약을 받는다.
㉢ 비상계단으로 사용할 수 없다.
※ 백화점에서 엘리베이터와 에스컬레이터를 병용하는 경우 고객의 75~80%는 에스컬레이터를 이용하므로 엘리베이터는 최상층에의 급행용 이외에는 보조적 역할이 된다.

09 다음 중 마르셀 브로이어(Marcel Breuer)가 디자인한 의자는?

① 바실리 의자　② 파이미오 의자
③ 레드블루 의자　④ 바르셀로나 의자

해설 의자

① 바실리 의자 : 마르셀 브로이어(Marcel Breuer)에 의해 디자인된 것으로 처음으로 스틸 파이프를 휘어서 골조를 만들고 좌판, 등받이, 팔걸이는 가죽으로 하였다.
② 파이미오 의자 : 알바 알토에 의해 디자인된 것으로 자작나무 합판을 성형하여 만들었으며 접합부위가 없고 목재가 지닌 재료의 단순성을 최대로 살린 의자이다.
③ 레드블루 의자 (Red-Blue Chair) : 1917년 네덜란드의 리트벨트(Rietveld)가 규격화한 판재를 이용하여 적, 청, 황의 원색으로 디자인 한 의자이다. 과거의 전통적인 곡선 지향적 성격에서 탈피하여, 직선적이며 대량생산이 가능한 형태로 디자인하였다.
④ 바르셀로나 의자(Barcelona chair) : 미스 반 데어 로에에 의하여 디자인된 것으로 ×자로 된 강철 파이프 다리 및 가죽으로 된 등받이와 좌석으로 구성된다.

10 전통 한옥의 구조에서 중채 또는 바깥채에 있어 주로 남자가 기거하고 손님을 맞이하는 데 쓰이던 곳은?

① 안방　② 대청
③ 사랑방　④ 건넌방

해설 사랑방

외부로부터 온 손님들에게 숙식을 대접하는 장소로 쓰이거나 이웃이나 친지들이 모여서 친목을 도모하고 집안 어른이 어린 자녀들에게 학문과 교양을 교육하는 장소이기도 하였다.

11 상점의 판매형식 중 측면판매에 관한 설명으로 옳지 않은 것은?

① 직원 동선의 이동성이 많다.
② 고객이 직접 진열된 상품을 접촉할 수 있다.
③ 대면판매에 비해 넓은 진열면적의 확보가 가능하다.
④ 시계, 귀금속점, 카메라점 등 전문성이 있는 판매에 주로 사용된다.

해설 상점의 판매 방식

(1) 대면판매 : 고객과 종업원이 진열장을 사이에 두고 상담하며 판매하는 형식
㉠ 대상 : 시계, 귀금속, 카메라, 의약품, 화장품, 제과, 수예품
㉡ 장점 : 설명하기 편하고, 판매원이 정위치를 잡기 용이하며 포장이 편리하다.
㉢ 단점 : 진열면적이 감소되고 show-case가 많아지면 상점 분위기가 부드럽지 않다.

(2) 측면판매 : 진열 상품을 같은 방향으로 보며 판매하는 형식
㉠ 대상 : 양장, 양복, 침구, 전기기구, 서적, 운동용품
㉡ 장점 : 충동적 구매와 선택이 용이하며, 진열면적이 커지고 상품에 친근감이 있다.
㉢ 단점 : 판매원은 위치를 잡기 어렵고 불안정하며, 상품 설명이나 포장 등이 불편하다.

정답 09 ① 10 ③ 11 ④

12 실내공간을 형성하는 주요 기본요소로서, 다른 요소들이 시대와 양식에 의한 변화가 현저한 데 비해 매우 고정적인 것은?

① 벽 ② 천장
③ 바닥 ④ 기둥

해설 바닥

㉠ 실내공간을 구성하는 수평적 요소로서 인간의 감각 중 시각적, 촉각적 요소와 밀접한 관계를 갖는 가장 기본적인 요소이다. 상승된 바닥은 다른 부분보다 중요한 공간이라는 것을 나타낸다.
㉡ 실내공간을 구성하는 수평적 요소로서 고저 또는 바닥 패턴으로 스케일감의 변화를 줄 수 있다.
※ 스케일(scale)은 가구·실내·건축물 등 물체와 인체와의 관계 및 물체 상호간의 관계를 말한다.

13 다음 설명에 알맞은 전통가구는?

- 책이나 완상품을 진열할 수 있도록 여러 층의 층널이 있다.
- 사랑방에서 쓰인 문방가구로 선반이 정방형에 가깝다.

① 서안 ② 경축장
③ 반닫이 ④ 사방탁자

해설 전통가구

① 서안 : 글을 읽고 쓰거나 간단한 편지를 작성하는 데 사용하는 가구이다. 손님을 맞을 때 주인의 위치를 지켜주는 역할도 겸한다.
② 경축장 : 단층장 혹은 머릿장이라고도 불리운다. 개판(蓋板) 양끝에 두루마리형의 장식이 있어 사랑방용 단층장으로서의 독특함을 나타낸다. 서책이나 문서 수납용으로도 사용되며 장식이 없어 검소함을 표현한다.
③ 반닫이 : 앞판의 위쪽 반만을 문짝으로 하여 아래로 잦혀 여닫는 가구로 참나무나 느티나무 같은 두꺼운 널빤지로 만들어 묵직하게 무쇠 장식을 하였는데, 지방에 따라 특성을 살린 많은 종류가 있다. 반닫이는 우리나라 전역에 걸쳐서 사용되었다.

14 실내디자이너의 역할에 관한 설명으로 가장 알맞은 것은?

① 내부공간의 설계만을 담당한다.
② 건축공정을 제외한 실내구조에 대한 이해가 있어야 한다.
③ 모든 실내디자인은 디자이너의 입장에서 고려되고 계획되어져야 한다.
④ 기초원리와 재료들에 대한 지식과 함께 대인관계의 기술도 알아야 한다.

해설 실내디자이너의 역할

㉠ 생활공간의 쾌적성 추구
㉡ 기능 확대, 감성적 욕구의 충족을 통한 건축의 질 향상
㉢ 인간의 예술적, 서정적 욕구의 만족을 해결
㉣ 독자적인 개성의 표현
※ 전체 매스(mass)의 구조 및 설비계획 등은 해당 전문 디자이너 또는 기술사 등이 계획하며, 실내디자이너는 건축의 질 향상을 위해 건축의 내밀화를 기하며 생활공간의 쾌적성을 추구하기 위해 건축의 내부 공간을 창조하는 역할을 한다.

15 작업대의 길이가 20m 정도인 간이부엌으로 사무실이나 독신자 아파트에 주로 설치되는 부엌의 유형은?

① 키친네트(kitchenett)
② 오픈 키친(open kitchen)
③ 다용도 부엌(utility kitchen)
④ 아일랜드 키친(island kitchen)

해설 부엌의 유형

㉠ 독립형 : 부엌이 일실로 독립된 형태
㉡ 반독립형 : 리빙키친, 다이닝키친 형식처럼 거실이나 식당을 겸한 형태
㉢ 오픈(open)형 : 칸막이와 같은 구획 시설물이 없이 완전히 개방된 형태
㉣ 아일랜드(island)형 : 별장주택에서 흔히 볼 수 있는 유형으로 취사용 작업대가 하나의 섬처럼 실내에 설치되는 부엌
㉤ 키친네트(kitchenette) : 작업대의 길이가 2m 내외 정도인 간이 부엌으로 사무실이나 독신자용 아파트에 많이 설치하는 형태

정답 12 ③ 13 ④ 14 ④ 15 ①

16 형태를 의미구조에 의해 분류하였을 때, 다음 설명에 해당하는 것은?

> 인간의 지각, 즉 시각과 촉각 등으로 직접 느낄 수 없고 개념적으로만 제시될 수 있는 형태로서 순수 형태 혹은 상징적 형태라고도 한다.

① 현실적 형태 ② 인위적 형태
③ 이념적 형태 ④ 추상적 형태

해설 이념적 형태(form)

인간의 지각, 즉 시각과 촉각 등으로 직접 느낄 수 없고 개념적으로만 제시될 수 있는 형태로서 순수 형태 혹은 상징적 형태라고도 한다. 순수형태는 인간의 지각, 즉 시각과 촉각 등으로는 직접 느낄 수 없고 개념적으로만 제시될 수 있는 형태이다.

17 사무소 건축의 코어 유형 중 코어 프레임(core frame)이 내력벽 및 내진구조의 역할을 하므로 구조적으로 가장 바람직한 것은?

① 독립형 ② 중심형
③ 편심형 ④ 분리형

해설 중심 코어형(중앙 코어형)

바닥면적이 클 경우 적합하며 특히 고층, 초고층에 적합하다. 코어 프레임(core frame)이 내력벽 및 내진구조의 역할을 하므로 구조적으로 가장 바람직하다. 임대사무실로서 가장 경제적인 계획을 할 수 있다.

18 천장에 관한 설명으로 옳지 않은 것은?

① 바닥면과 함께 공간을 형성하는 수평적 요소이다.
② 천장은 마감방식에 따라 마감천장과 노출천장으로 구분할 수 있다.
③ 시각적 흐름이 최종적으로 멈추는 곳이기에 지각의 느낌에 영향을 미친다.
④ 공간의 개방감과 확장성을 도모하기 위하여 입구는 높게 하고 내부공간은 낮게 처리한다.

해설 천장

(1) 바닥과 함께 실내공간을 형성하는 수평적 요소로서 다양한 형태나 패턴 처리로 공간의 형태를 변화시킬 수 있다. 인간의 감각적 요소 중 시각적 요소가 상대적으로 가장 많은 부분을 차지한다.
(2) 천장의 기능
㉠ 바닥과 함께 공간을 형성하는 수평적 요소로서 바닥과 천장 사이에 있는 내부공간을 규정한다.
㉡ 지붕이나 계단 윗 바닥의 구조체를 노출시키지 않는 차단의 역할
㉢ 열환경, 음향, 빛의 조절의 매체로서 방어, 방음, 방진 기능
(3) 천정의 높이
실내공간의 사용목적에 따라 다르게 한다. 최소 2.1m 이상으로 하고 문화 및 집회시설 등 다수인 수용 건물은 4.0m 이상을 적용한다.

19 할로겐 전구에 관한 설명으로 옳지 않은 것은?

① 소형화가 가능하다.
② 안정기와 같은 점등장치를 필요로 한다.
③ 효율, 수명 모두 백열전구보다 약간 우수하다.
④ 일반적으로 점포용, 투광용, 스튜디오용 등에 사용된다.

해설 할로겐 램프

㉠ 백열전구보다 수명이 2~3배 정도 길다.
㉡ 유리구 내벽의 흑화현상(黑化現象)이 거의 일어나지 않는다.
㉢ 연색성이 좋고, 설치가 용이하다.
㉣ 광속이나 색온도의 저하가 적다.
㉤ 휘도가 높고, 색상은 주광색에 가깝다.
㉥ 높은 천정, 단관형은 영사기용, 자동차 헤드라이트용, 스포트라이트용 광원으로 사용된다.

정답 16 ③ 17 ② 18 ④ 19 ②

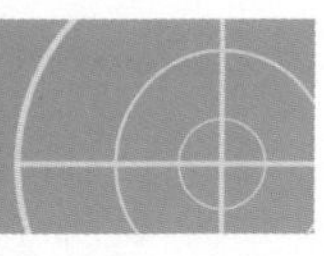

20 **그리스의 파르테논 신전에서 사용된 착시교정 수법에 관한 설명으로 옳지 않은 것은?**

① 기둥의 중앙부를 약간 부풀어 오르게 만들었다.
② 모서리 쪽의 기둥 간격을 보다 좁혀지게 만들었다.
③ 기둥과 같은 수직 부재를 위쪽으로 갈수록 바깥쪽으로 약간 기울어지게 만들었다.
④ 아키트레이브, 코니스 등에 의해 형성되는 긴 수평선을 위쪽으로 약간 볼록하게 만들었다.

해설 엔타시스(Entasis : 배흘림)

㉠ 그리스 신전에 사용된 착시 교정 수법이다.(그리스의 파르테논 신전)
㉡ 기둥의 중간부분이 가늘어 보이는 착시현상을 교정하기 위해 기둥을 약간 배부르게 처리하여 시각적으로 안정감을 부여하는 수법
㉢ 모서리 쪽의 기둥 간격을 보다 좁게 하였다.
㉣ 기단, 아키트레이브, 코니스에 의해 형성되는 긴 수평선을 위쪽으로 약간 불룩하게 하였다.

실내디자인론 2017년 5월 7일(2회)

01 **장식물의 선정과 배치상의 주의사항으로 옳지 않은 것은?**

① 좋고 귀한 것은 돋보일 수 있도록 많이 진열한다.
② 여러 장식품들이 서로 조화를 이루도록 배치한다.
③ 계절에 따른 변화를 시도할 수 있는 여지를 남긴다.
④ 형태, 스타일, 색상 등이 실내공간과 어울리도록 한다.

해설 장식물(액세서리, accessory) 선정시 고려사항

장식물(액세서리, accessory)은 공간의 분위기를 생기있게 하는 실내디자인의 최종 작업으로 실내를 구성하는 여러 요소 중 시각적인 효과를 강조하는 장식적인 목적으로 사용된다.
㉠ 디자인의 의도, 주제, 크기, 마감재료, 색채 등을 고려하여 그 종류를 선정한다.
㉡ 장식물 유형에 따른 선시 및 조명 등을 고려한다.
㉢ 너무 많이 사용하는 것은 좋지 않으며, 필요한 곳에 어울리는 것은 놓을 것
㉣ 신중히 선별해서 택하고, 다른 요소들과 서로 조화를 이룰 것
㉤ 계절에 따른 변화를 시도할 수 있는 여지를 남기고 변경이 가능하도록 할 것
㉥ 개성이 뚜렷하도록 할 것
※ 좋고 귀한 것이라도 너무 많이 사용하는 것보다 다른 요소들과 서로 조화를 이루는 것이 좋다.

02 **바닥에 관한 설명으로 옳지 않은 것은?**

① 공간을 구성하는 수평적 요소이다.
② 고저차로 공간의 영역을 조정할 수 있다.
③ 촉각적으로 만족할 수 있는 조건을 요구한다.
④ 벽, 천장에 비해 시대와 양식에 의한 변화가 현저하다.

정답 20 ③ / 01 ① 02 ④

해설 바닥

㉠ 실내공간을 구성하는 수평적 요소로서 인간의 감각 중 시각적, 촉각적 요소와 밀접한 관계를 갖는 가장 기본적인 요소이다. 상승된 바닥은 다른 부분보다 중요한 공간이라는 것을 나타낸다.
㉡ 실내공간을 구성하는 수평적 요소로서 고저 또는 바닥 패턴으로 스케일감의 변화를 줄 수 있다.
※ 스케일(scale)은 가구·실내·건축물 등 물체와 인체와의 관계 및 물체 상호간의 관계를 말한다.
☞ 바닥은 벽, 천장에 비해 시대와 양식에 의한 변화가 적은 편이다.

03 다음 중 2인용 침대인 더블베드(double bed)의 크기로 가장 적당한 것은?

① 1000mm × 2100mm
② 1150mm × 1800mm
③ 1350mm × 2000mm
④ 1600mm × 2400mm

해설 침실의 침대 규격

㉠ 싱글베드(single bed) : 1000mm × 2000mm
㉡ 더블베드(double bed)
: (1350~1400mm) × 2000mm
㉢ 퀸베드(queen bed) : 1500mm × 2100mm
㉣ 킹베드(king bed) : 2000mm × 2000mm

04 다음 중 조닝(zoning)계획 시 고려해야 할 사항과 가장 거리가 먼 것은?

① 행동반사 ② 사용목적
③ 사용빈도 ④ 지각심리

해설 조닝(zoning)계획

공간 내에서 이루어지는 다양한 행동의 목적, 공간, 사용시간, 입체 동작 상태 등에 따라 공간의 성격이 달라진다. 공간의 내용이나 성격에 따라서 구분되는 공간을 구역(zone)이라 하며, 이 구역을 구분하는 것을 조닝(zoning)이라 한다.
주거공간의 경우 생활공간, 사용시간별, 주행동, 행동반사에 의한 분류 등으로 구분할 수 있다.

05 착시 현상에 관한 설명으로 옳지 않은 것은?

① 같은 길이의 수직선이 수평선보다 길어 보인다.
② 사선이 2개 이상의 평행선으로 중단되면 서로 어긋나 보인다.
③ 같은 크기의 2개의 부채꼴에서 아래쪽의 것이 위의 것보다 커 보인다.
④ 달 또는 태양이 지평선에 가까이 있을 때가 중천에 떠 있을 때보다 작아 보인다.

해설 착시(Illusion)

대상의 물리적 조건이 동일하다면 누구나 그리고, 언제나 경험하게 되는 지각 현상으로 대상을 물리적 실체와 다르게 지각하는 경우가 흔히 착시라 한다. 지각의 항상성과 반대되는 현상이다.
☞ 달 또는 태양이 지평선에 가까이 있을 때가 중천에 떠 있을 때보다 커 보인다.

06 다음 중 상점 내에 진열케이스를 배치할 때 가장 우선적으로 고려해야 할 사항은?

① 고객의 동선
② 마감재의 종류
③ 실내의 색채계획
④ 진열케이스의 수량

해설

상업공간의 매장 내 진열장 배치계획시 가장 중점적으로 고려하여야 할 사항은 고객동선의 처리이다.
㉠ 고객동선은 흐름의 연속성이 상징적·지각적으로 분할되지 않는 수평적 바닥이 되도록 한다.
㉡ 고객동선은 길게 유도하여 매장의 진열효과를 높인다.
㉢ 편안한 마음으로 상품을 선택할 수 있도록 하며, 계단 설치시 올라가는 부담을 덜 주도록 한다.
※ 상점 내의 매장 계획에 있어서 동선을 원활하게 하는 것이 가장 중요하다. 고객, 종업원, 상품의 동선이 서로 교차되지 않게 판매장을 계획한다.

정답 03 ③ 04 ④ 05 ④ 06 ①

07 실내디자인의 프로세스를 조사분석 단계와 디자인 단계로 나눌 경우, 다음 중 조사분석 단계에 속하지 않는 것은?

① 종합분석 ② 정보의 수집
③ 문제점의 인식 ④ 아이디어 스케치

해설

실내디자인 과정은 조사분석 단계와 디자인 단계로 나눈다.

(1) 조사분석 단계
㉠ 정보의 수집
㉡ 문제점 인식
㉢ 클라이언트의 요구사항 파악

(2) 디자인 단계
㉠ 디자인의 개념 및 방향설정
㉡ 아이디어의 시각화
㉢ 대안의 설정 및 평가
㉣ 최종안의 결정

08 다음과 같은 특정을 갖는 부엌 작업대의 배치 유형은?

- 부엌의 폭이 좁은 경우나 규모가 작아 공간의 여유가 없을 경우에 적용한다.
- 작업대는 길이가 길면 작업동선이 길어지므로 총길이는 3000mm를 넘지 않도록 한다.

① 일렬형 ② 병렬형
③ ㄱ자형 ④ ㄷ자형

해설 일렬형

㉠ 부엌의 폭이 좁거나 공간의 여유가 없는 소규모 주택에 적합하다.
㉡ 작업대가 길어지면, 작업 동선이 길게 되어 비효율적이 된다.
㉢ 소규모 부엌에 적합하며, 작업대 전체의 길이는 2.7~3m가 적당하다.
㉣ 작업대를 벽면에 한 줄로 붙여 배치하는 유형이다.

09 조명기구의 설치방법에 따른 분류에서 천장에 매달려 조명하는 방식으로 조명기구 자체가 빛을 발하는 액세서리 역할을 하는 것은?

① 브라켓 ② 펜던트
③ 스탠드 ④ 캐스케이드

해설 펜던트(pendant)

파이프나 와이어에 달아 천장에 매단 조명 방식으로 조명기구 자체가 빛을 발하는 악세사리 역할을 한다.

※ 거실의 조명은 밝고 아늑한 분위기 연출을 위해 거실의 전체 조명은 벽을 향한 간접조명방식으로 하며, 테이블 위에 떨어지는 펜던트와 거실 코너에 배치되는 스텐드는 장식조명으로 계획되어야 한다.

☞ 브라켓(bracket) : 벽에 부착하는 일체의 조명기구를 말하며 장식성이 우수한 장식조명으로 벽부형이라고도 한다.

10 의자 및 소파에 관한 설명으로 옳지 않은 것은?

① 소파가 침대를 겸용할 수 있는 것을 소파베드라 한다.
② 세티는 동일한 두 개의 의자를 나란히 합해 2인이 앉을 수 있도록 한 것이다.
③ 라운지 소파는 편히 누울 수 있도록 쿠션이 좋으며 머리와 어깨부분을 받칠 수 있도록 한쪽 부분이 경사져 있다.
④ 체스터필드는 고대 로마시대 음식물을 먹거나 잠을 자기 위해 사용했던 긴 의자로 좌판의 한쪽 끝이 올라간 형태이다.

해설 체스터필드

소파의 골격에 쿠션성이 좋도록 솜, 스폰지 등의 속을 많이 채워 넣고 천으로 감싼 소파로 구조, 형태상 뿐만 아니라 사용상 안락성이 매우 크다.

☞ 카우치(couch) : 고대 로마시대 음식물을 먹거나 잠을 자기 위해 사용했던 긴 의자로 몸을 기댈 수 있도록 좌판의 한쪽 끝이 올라간 형태를 갖는다.

정답 07 ④ 08 ① 09 ② 10 ④

11 **VMD(visual merchandising)의 구성에 속하지 않는 것은?**

① VP ② PP
③ IP ④ POP

해설 VMD(Visual Merchandising)

상품과 고객 사이에서 치밀하게 계획된 정보 전달 수단으로 장식된 시각과 통신을 꾀하고자 하는 디스플레이 기법으로 상품 계획, 상점 환경, 판촉 등을 시각화시켜 상점 이미지를 고객에게 인식시키는 판매 전략이다.

(1) VMD의 요소(통일된 이미지를 위한 시각 설명의 요소)
㉠ 쇼윈도(show window) : 통행인을 대상으로 함
㉡ VP(Visual Presentation) : 점포의 주장을 강하게 표현함
㉢ IP(Item Presentation) : 구매시점 상에 상품 정보를 설명하며, 상점의 특성을 기억하게 하고 느끼게 하는 코오디네이트(coordinate) 청구 방법을 활용한다.
㉣ 매장의 상품 진열

(2) VMD의 구성
㉠ VP(Visual Presentation) : 상품의 이미지와 패션 테마의 종합적인 표현 – 점두, 쇼윈도우
㉡ PP(Point Of Presentation) : 한 유닛에서 대표되는 상품 진열 – 벽면 상단 및 집기류 상단, 디스플레이 테이블
㉢ IP(Item Presentation) : 상품의 분류 정리 – 제반 집기(선반, 행거)
☞ POP 광고 디스플레이(point of purchase display)
상점 내에 전시되는 상품을 보조하는 부분으로 새로운 상품 소개, 브랜드에 대한 정보 제공 및 상품의 사용법과 특성, 가격 등을 알리며 원하는 부분으로 안내하는 역할을 한다. 또한 특별 행사나 특매 등의 행사 분위기를 연출하기도 한다.

12 **사무소 건축의 엘리베이터 계획에 관한 설명으로 옳지 않은 것은?**

① 출발 기준층은 2개 층 이상으로 한다.
② 승객의 층별 대기시간은 평균 운전간격 이하가 되게 한다.
③ 군 관리운전의 경우 동일 군내의 서비스 층은 같게 한다.
④ 초고층, 대규모 빌딩인 경우는 서비스 그룹을 분할(죠닝)하는 것을 검토한다.

해설

사무소 건축의 엘리베이터는 가능한 한 1개소에 집중해서 배치한다. 여러 대의 엘리베이터를 설치하는 경우, 그룹별 배치와 군 관리 운전방식으로 한다. 각 서비스 존별 엘리베이터 수량은 가능한 한 8대 이하로 한다. 군 관리운전의 경우 동일 군내의 서비스층은 같게 한다.

13 **다음 중 단독주택의 현관 위치결정에 가장 주된 영향을 끼치는 것은?**

① 건폐율 ② 도로의 위치
③ 주택의 규모 ④ 거실의 크기

해설

주택의 현관 위치는 도로의 위치, 경사로, 대지의 형태에 따라 결정된다. 방위와는 무관하다.
※ 남쪽에 현관을 배치하는 것은 가급적 피하는 편이 좋다.

14 **개방형 사무실(open office)에 관한 설명으로 옳지 않은 것은?**

① 소음이 적고, 독립성이 있다.
② 전체면적을 유용하게 사용할 수 있다.
③ 실의 길이나 깊이에 변화를 줄 수 있다.
④ 주변공간과 관련하여 깊은 구역의 활용이 용이하다.

해설 개방형(open room system) = 개방식 배치

개방된 큰 방으로 설계하고 중역들을 위해 작은 분리된 방을 두는 방법
㉠ 전면적을 유용하게 이용할 수 있어 공간이 절약된다.
㉡ 칸막이벽이 없어서 개실 배치방법보다 공사비가 싸다.

정답 11 ④ 12 ① 13 ② 14 ①

㉢ 방의 길이나 깊이에 변화를 줄 수 있다.
㉣ 소음이 들리고 독립성이 떨어진다.
㉤ 자연 채광에 인공조명이 필요하다.
※ 개방형(open plan) 사무공간은 업무의 성격이나 직급별로 책상을 배치하는 형태로서 이동형의 칸막이나 가구로 공간을 구획한다.

15 다음 중 황금비례를 나타낸 것은?

① 1 : 1.414 ② 1 : 1.618
③ 1 : 1.681 ④ 1 : 1.861

해설

황금비(golden section, 황금분할)는 고대 그리스인들의 창안한 기하학적 분할 방식으로서 선이나 면적을 나누었을 때 작은 부분과 큰 부분의 비율이 큰 부분과 전체에 대한 비율과 동일하게 되는 기하학적 분할 방식으로 1 : 1.618의 비율을 갖는 가장 균형 잡힌 비례이다.

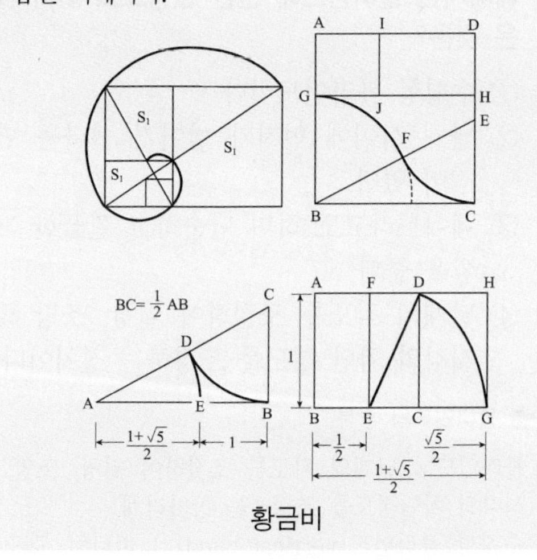

황금비

16 디자인 원리 중 대비에 관한 설명으로 옳지 않은 것은?

① 상반된 성격의 결합에서 이루어진다.
② 극적인 분위기를 연출하는데 효과적이다.
③ 많은 대비의 사용은 화려하고 우아한 여성적인 이미지를 준다.
④ 모든 시각적 요소에 대하여 상반된 성격의 결합에서 이루어진다.

해설

대비(contrast)는 2개 이상의 서로 성질이 다른 것이 동시에 공간에 배열될 때 조화의 반대현상으로 비교되고 서로의 상반되는 성질을 강조함으로써 다른 특징을 한층 돋보이게 하는 현상이다.
㉠ 극적인 분위기를 연출하는데 효과적이다.
㉡ 강력하고 화려하며 남성적인 이미지를 주지만 지나치게 크거나 많은 대비의 사용은 통일성을 방해할 우려가 있다.
㉢ 질적, 양적으로 전혀 다른 둘 이상의 요소가 동시에 혹은 계속적으로 배열될 때 상호의 특질이 한층 강하게 느껴지는 통일적 현상이다.

17 문과 창에 관한 설명으로 옳지 않은 것은?

① 문은 공간과 인접공간을 연결시켜 준다.
② 문의 위치는 가구배치와 동선에 영향을 준다.
③ 이동창은 크기와 형태에 제약없이 자유로이 디자인할 수 있다.
④ 창은 시야, 조망을 위해서는 크게 하는 것이 좋으나 보온과 개폐의 문제를 고려하여야 한다.

해설 개구부(창과 문)

(1) 개구부인 창과 문은 벽이 차지하지 않는 부분을 말하며, 건축물의 표정과 실내공간을 규정짓는 중요한 요소이다. 실내디자인에 있어 개구부(창과 문)는 바닥, 벽, 천장과 함께 실내공간의 성격을 규정하는 요소로 위치, 크기, 형태, 목적은 실의 성격, 용도, 규모에 따라 다르며 가구의 배치와 동선계획에 영향을 준다.
(2) 개구부(창과 문)의 기능
㉠ 한 공간과 인접된 공간의 연결
㉡ 빛과 공기의 통과(채광 및 통풍)을 가능하게 한다.
㉢ 전망과 프라이버시의 확보가 가능
☞ 이동창은 크기와 형태에 제약을 받으며 자유로운 디자인을 하기가 어렵다.

정답 15 ② 16 ③ 17 ③

18 **다음 설명에 알맞은 전시공간의 특수전시방법은?**

> 사방에서 감상해야 할 필요가 있는 조각물이나 모형을 전시하기 위해 벽면에서 띄어 놓아 전시하는 방법

① 디오라마 전시 ② 파노라마 전시
③ 아일랜드 전시 ④ 하모니카 전시

해설 특수전시기법

전시기법	특징
디오라마 전시	'하나의 사실' 또는 '주제의 시간 상황을 고정'시켜 연출하는 것으로 현장에 임한 듯한 느낌을 가지고 관찰할 수 있는 전시기법
파노라마 전시	벽면전시와 입체물이 병행되는 것이 일반적인 유형으로 넓은 시야의 실경(實景)을 보는 듯한 감각을 주는 전시기법
아일랜드 전시	벽이나 천정을 직접 이용하지 않고 전시물 또는 장치를 배치함으로써 전시공간을 만들어내는 기법으로 대형전시물이나 소형전시물인 경우에 유리하다.
하모니카 전시	전시평면이 하모니카 흡입구처럼 동일한 공간으로 연속되어 배치되는 전시기법으로 동일 종류의 전시물을 반복 전시할 때 유리하다.
영상 전시	영상매체는 현물을 직접 전시할 수 없는 경우나 오브제 전시만의 한계를 극복하기 위하여 사용한다.

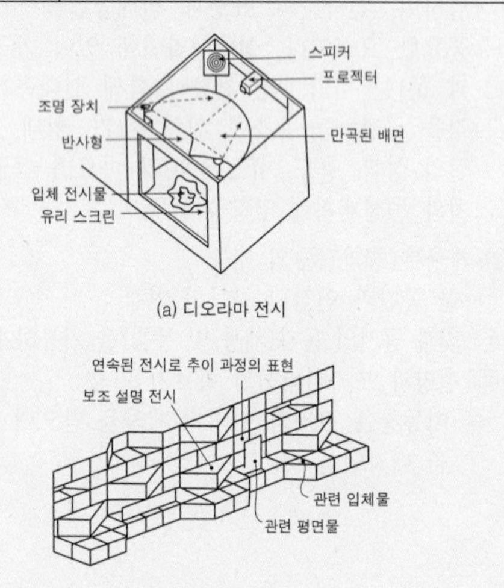

(a) 디오라마 전시

(b) 파노라마 전시

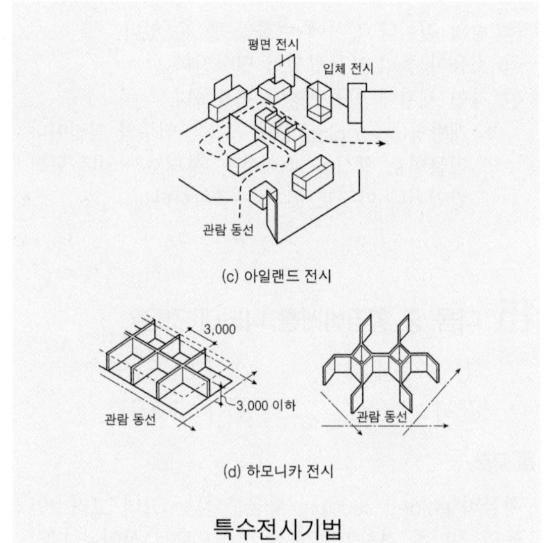

(c) 아일랜드 전시

(d) 하모니카 전시

특수전시기법

19 **베네시안 블라인드에 관한 설명으로 옳지 않은 것은?**

① 수평형 블라인드이다.
② 날개 사이에 먼지가 쌓이기 쉽다는 단점이 있다.
③ 쉐이드라고도 하며 단순하고 깔끔한 느낌을 준다.
④ 날개의 각도를 조절하여 일광, 조망 및 시각의 차단 정도를 조정하는 장치이다.

해설 블라인드의 종류

※ 블라인드 : 날개의 각도를 조절하여 일광, 조망, 시각의 차단정도를 조정하는 창가리개
㉠ 수직형 블라인드(vertical blind) : 버티컬 블라인드로 날개가 세로로 하여 180° 회전하는 홀더 체인으로 연결되어 있으며 좌우 개폐가 가능하다.
㉡ 베네시안 블라인드(Venetian blind) : 수평 블라인드로 안정감을 줄 수 있으나 날개 사이에 먼지가 쌓이기 쉽다. 날개의 각도를 조절하여 일광, 조망, 시각의 차단정도를 조정한다.
㉢ 롤 블라인드(roll blind) : 쉐이드(shade)라고도 한다. 단순하고 깔끔한 느낌을 주며 창 이외에 간막이 스크린으로도 효과적으로 사용할 수 있다.

정답 18 ③ 19 ③

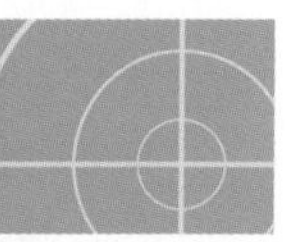

㉣ 로만 블라인드(roman blind) : 천의 내부에 설치된 풀 코드나 체인에 의해 당겨져 아래가 접히면서 올라간다.

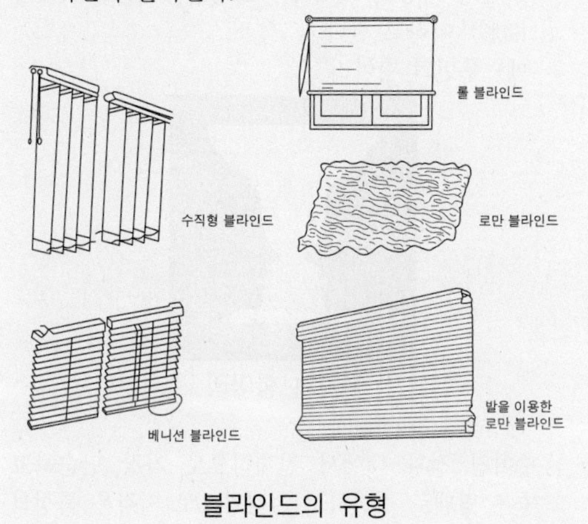

블라인드의 유형

20 다음 중 엄숙, 의지, 신앙, 상승 등을 연상하게 하는 선은?

① 수직선 ② 수평선
③ 사선 ④ 곡선

해설 선의 조형심리적 효과

㉠ 수직선 : 구조적인 높이와 존엄성, 고양감을 느끼게 한다.
㉡ 수평선 : 영원, 무한, 안정, 안락, 평화감을 느끼게 한다.
㉢ 사선 : 넘어지려는 움직임이 있어 운동감, 불안정, 변화하는 활동적인 느낌을 준다.
㉣ 곡선 : 유연, 복잡, 동적, 경쾌하며 여성적인 느낌을 들게 한다.

실내디자인론 2017년 8월 26일(4회)

01 광원의 연색성에 관한 설명으로 옳지 않은 것은?

① 연색성을 수치로 나타낸 것을 연색평가수라고 한다.
② 평균 연색평가수(Ra)가 100에 가까울수록 연색성이 나쁘다.
③ 연색성은 기준광원 밑에서 본 것보다 색의 보임이 나빠질수록 떨어진다.
④ 물체가 광원에 의하여 조명될 때, 그 물체의 색의 보임을 정하는 광원의 성질을 말한다.

해설 연색평가수(color rendering index)

광원에 의해 조명되는 물체색의 지각이 규정된 조건하에서 기준 광원으로 조명했을 때의 지각과 맞는 정도를 나타내는 수치
☞ 평균 연색평가수(Ra)가 0에 가까울수록 연색성이 나쁘다.
※ 인공광원 중에서 연색성이 가장 좋은 것은 제논등이며, 가장 나쁜 것은 나트륨등이다.
제논등 > 주광색형광등 > 메탈할라이드등 > 백열전구 > 형광등 > 수은등 > 나트륨등

02 르꼬르뷔제의 모듈러에 따른 인체의 기본 치수로 옳지 않은 것은?

① 기본 신장 : 183cm
② 배꼽까지의 높이 : 113cm
③ 어깨까지의 높이 : 162cm
④ 손을 들었을 때 손 끝까지 높이 : 226cm

해설 르꼬르뷔제의 모듈러

(1) 개념
㉠ 르 코르뷔제(Le Corbusier)는 ϕ수열에 기본을 둔 디자인용의 척도를 고안하여 이것을 모듈이라 이름 붙였다.
㉡ 183cm(6feet)의 배꼽의 높이 113cm를 기준으로 하여 이것을 2배로 하고(한 손을 위로 높이 들은 위치가 이것에 해당된다) 또 여기에 ϕ를 곱한다든지 ϕ로 나눔으로써 일련의 수법 계열이 구성되고 있다.

정답 20 ① / 01 ② 02 ③

㉢ 그의 모듈이 겨냥한 것을 건축 생산의 근대화를 도모하여 건축 design에 합리적 심미성을 부여하는 데 있다.

(2) 르 코르뷔지에의 모듈러

모듈러에서 인간을 넷의 기본 치수로 보고 있다. 즉, 신장 183cm의 인간을 기본으로 하며 바닥에서 배꼽까지 높이는 113cm이고, 손을 든 위 손가락까지가 226cm가 된다. 배꼽의 높이 113cm를 단위로 하여 113cm의 황금비 183cm는 머리 위까지의 높이가 된다. 또 113cm의 2배인 226cm는 손끝까지의 높이에 해당되고, 226cm의 황금비 140~86cm의 점은 손을 짚은 높이 86cm로 표시된다.

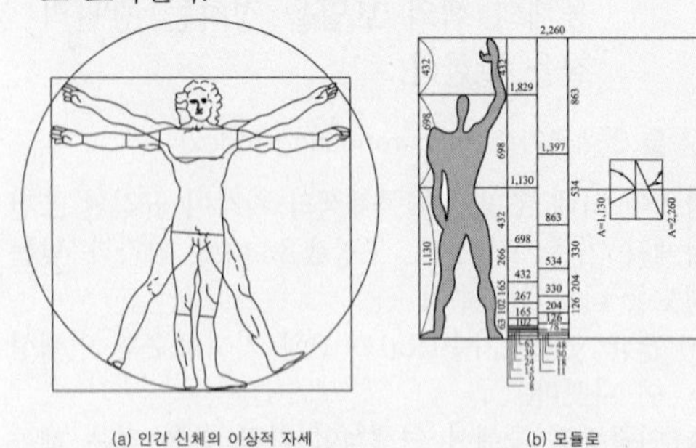

(a) 인간 신체의 이상적 자세 (b) 모듈로

르 코르뷔지에의 모듈러

㉥ 도형과 배경의 법칙 : 도형과 배경이 순간적으로 번갈아 보이면서 다른 형태로 지각되는 심리

– 그림과 바탕이 교체되는 도형을 '반전도형(反轉圖形)' 이라고 한다.

예) 루빈의 항아리

루빈의 항아리

※ 게슈탈트(gestalt)

주어진 정황 내에서 전체적으로 가장 단순하고 좋은 형태로 정리하려는 경향으로 지각은 특정의 자극에 대한 개별적 반응에 기준하여 발생하는 것이 아니며, 전체적인 자극에 대한 반응이다. 주된 개념의 하나는 프래그넌츠(pragnanz) 원리로서 될 수 있는 한 명료하고 단순하게 느껴지는 상태로 지각되는 현상이다.

03 형태의 지각심리 중 루빈의 항아리와 가장 관계가 깊은 것은?

① 유사성
② 폐쇄성
③ 형과 배경의 법칙
④ 프래그넌즈의 법칙

해설 형태의 지각심리(게슈탈트의 지각심리)

㉠ 접근성 : 가까이 있는 시각 요소들을 패턴이나 그룹으로 인지하게 되는 지각심리
㉡ 유사성 : 형태와 색깔, 크기 등이 유사할 경우 함께 모여보이는 지각심리
㉢ 연속성 : 점들의 연속이 선으로 지각되어 형태를 만드는 지각심리
㉣ 폐쇄성 : 불완전한 시각 요소들을 완전한 형태로 지각하려는 심리
㉤ 단순화 : 어떤 형태를 접했을 때 복잡한 형태보다는 단순한 형태로 지각하려는 심리

04 점과 선에 관한 설명으로 옳지 않은 것은?

① 선은 면의 한계, 면들의 교차에서 나타난다.
② 크기가 같은 두 개의 점에는 주의력이 균등하게 작용한다.
③ 곡선은 약동감, 생동감 넘치는 에너지와 속도감을 준다.
④ 배경의 중심에 있는 하나의 점은 시선을 집중시키는 효과가 있다.

해설 선의 조형심리적 효과

㉠ 수직선 : 구조적인 높이와 존엄성, 고양감을 느끼게 한다.
㉡ 수평선 : 영원, 무한, 안정, 안락, 평화감을 느끼게 한다.
㉢ 사선 : 넘어지려는 움직임이 있어 운동감, 불안정, 변화하는 활동적인 느낌을 준다.
㉣ 곡선 : 유연, 복잡, 동적, 경쾌하며 여성적인 느낌을 들게 한다.

정답 03 ③ 04 ③

05 황금분할(golden section)에 관한 설명으로 옳지 않은 것은?

① 1 : 1.618의 비율이다
② 기하학적 분할방식이다.
③ 루트직사각형비와 동일하다.
④ 고대 그리스인들이 창안하였다.

해설

황금비(golden section, 황금분할)는 고대 그리스인들의 창안한 기하학적 분할 방식으로서 선이나 면적을 나누었을 때 작은 부분과 큰 부분의 비율이 큰 부분과 전체에 대한 비율과 동일하게 되는 기하학적 분할 방식으로 1 : 1.618의 비율을 갖는 가장 균형 잡힌 비례이다.

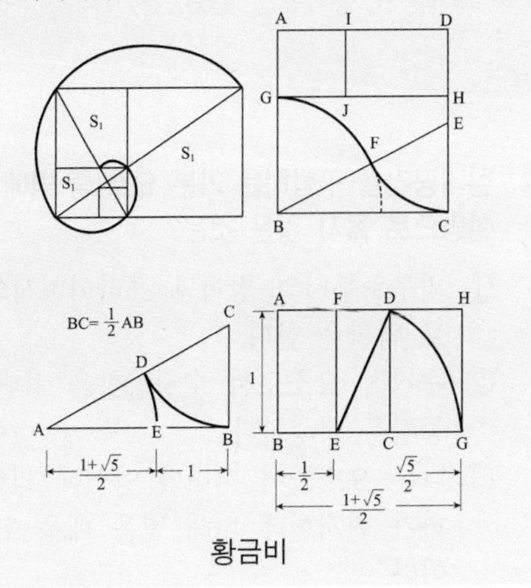

황금비

06 다음 중 상점에서 대면판매의 적용이 가장 곤란한 상품은?

① 화장품 ② 운동복
③ 귀금속 ④ 의약품

해설 상점의 판매 방식

(1) 대면판매 : 고객과 종업원이 진열장을 사이에 두고 상담하며 판매하는 형식
㉠ 대상 : 시계, 귀금속, 카메라, 의약품, 화장품, 제과, 수예품
㉡ 장점 : 설명하기 편하고, 판매원이 정위치를 잡기 용이하며 포장이 편리하다.
㉢ 단점 : 진열면적이 감소되고 show-case가 많아지면 상점 분위기가 부드럽지 않다.

(2) 측면판매 : 진열 상품을 같은 방향으로 보며 판매하는 형식
㉠ 대상 : 양장, 양복, 침구, 전기기구, 서적, 운동용품
㉡ 장점 : 충동적 구매와 선택이 용이하며, 진열 면적이 커지고 상품에 친근감이 있다.
㉢ 단점 : 판매원은 위치를 잡기 어렵고 불안정하며, 상품 설명이나 포장 등이 불편하다.

07 2인용 침대인 더블베드(double bed)의 크기로 가장 적당한 것은?

① 1000×2000mm
② 1150×2000mm
③ 1350×2000mm
④ 1600×2200mm

해설 침실의 침대 규격

㉠ 싱글베드(single bed) : 1000mm × 2000mm
㉡ 더블베드(double bed)
: (1350~1400mm) × 2000mm
㉢ 퀸베드(queen bed) : 1500mm × 2100mm
㉣ 킹베드(king bed) : 2000mm × 2000mm

08 주택의 부엌을 리노베이션 하고자 할 경우 가장 우선적으로 고려해야 할 사항은?

① 각 부위별 조명
② 조리용구의 수납공간
③ 위생적인 급배수 방법
④ 조리순서에 따른 작업대 배열

해설 리노베이션(renovation, 개보수) 계획시 고려 사항

㉠ 종합적이고 장기적인 계획이어야 하며 경제성을 검토한다.
㉡ 실측과 검사를 통해 기존 공간의 실체를 명확하게 파악해야 한다.

정답 05 ③ 06 ② 07 ③ 08 ④

㉢ 구성원의 요구사항 또는 불만을 수집하여 발전 개선시켜야 한다.
㉣ 쓸만한 것은 최대한 활용하고 못쓸 것을 과감히 버리는 지혜가 필요하다.
㉤ 증개축의 경우 관계 건축법의 적용 여부를 확인하여야 한다.
※ 주택의 부엌을 리노베이션(Renovation, 개보수)하고자 할 경우 가장 먼저 고려해야 할 사항은 조리순서에 따른 작업대 배열이다.

09 **사무소 건축의 실단위 계획 중 개방식 배치에 관한 설명으로 옳지 않은 것은?**

① 모든 면적을 유용하게 이용할 수 있다.
② 업무성격의 변화에 따른 적응성이 낮다.
③ 공간의 길이나 깊이에 변화를 줄 수 있다.
④ 소음이 많으며, 프라이버시의 확보가 어렵다.

해설 개방식 배치(open room system)

개방된 큰 방으로 설계하고 중역들을 위해 작은 분리된 방을 두는 방법
㉠ 전면적을 유용하게 이용할 수 있어 공간이 절약된다.
㉡ 칸막이벽이 없어서 개실 배치방법보다 공사비가 싸다.
㉢ 방의 길이나 깊이에 변화를 줄 수 있다.
㉣ 소음이 들리고 독립성이 떨어진다.
㉤ 자연 채광에 인공조명이 필요하다.
※ 개방형(open plan) 사무공간은 업무의 성격이나 직급별로 책상을 배치하는 형태로서 이동형의 칸막이나 가구로 공간을 구획한다.

10 **주택의 평면계획 시 공간의 조닝 방법에 속하지 않는 것은?**

① 사용빈도에 의한 조닝
② 사용시간에 의한 조닝
③ 실의 크기에 의한 조닝
④ 사용자 특성에 의한 조닝

해설 조닝(zoning) 계획

공간 내에서 이루어지는 다양한 행동의 목적, 공간, 사용시간, 입체 동작 상태 등에 따라 공간의 성격이 달라진다. 공간의 내용이나 성격에 따라서 구분되는 공간을 구역(zone)이라 하며, 이 구역을 구분하는 것을 조닝(zoning)이라 한다.
※ 주거공간의 영역 구분(zoning)
㉠ 사용자의 범위(생활공간)에 따른 구분
- 단란, 개인, 가사노동, 보건·위생
㉡ 공간의 사용시간(사용시간별)에 따른 구분
- 주간, 야간, 주·야간
㉢ 행동의 목적(주행동)에 따른 구분
- 주부, 주인, 아동
㉣ 행동반사에 따른 구분
- 정적공간, 동적공간, 완충공간

11 **실내공간을 구성하는 기본 요소 중 벽에 관한 설명으로 옳지 않은 것은?**

① 외부로부터의 방어와 프라이버시의 확보 역할을 한다.
② 수직적 요소로서 수평방향을 차단하여 공간을 형성한다.
③ 다른 요소들이 시대와 양식에 의한 변화가 현저한데 비해 벽은 매우 고정적이다.
④ 인간의 시선이나 동선을 차단하고 공기의 움직임, 소리의 전파, 열의 이동을 제어한다.

해설 벽(wall)

㉠ 공간을 에워싸는 수직적 요소이며, 수평방향을 차단하여 공간을 형성한다.
㉡ 벽은 공간의 형태와 크기를 결정하고 프라이버시의 확보, 외부로부터의 방어, 공간사이의 구분, 동선이나 공기의 움직임을 제어할 수 있는 수직적 요소이다.
㉢ 시각적 대상물이 되거나 공간에 초점적 요소가 되기도 한다.
㉣ 가구, 조명 등 실내에 놓여지는 설치물에 대해 배경적 요소가 되기도 한다.

정답 09 ② 10 ③ 11 ③

ⓜ 색, 패턴, 질감, 조명 등에 의해 분위기가 조절된다.
ⓑ 벽의 높이가 가슴 정도이면 주변공간에 시각적 연속성을 주면서도 특정 공간을 감싸주는 느낌을 준다.
ⓢ 이동방법에 따라 고정식, 이동식, 접이식, 스크린식이 있다.

12 다음 설명에 알맞은 디자인 원리는?

- 규칙적인 요소들의 반복에 의해 나타나는 통제된 운동감으로 정의된다.
- 청각의 원리가 시각적으로 표현된 것이라 할 수 있다.

① 리듬 ② 균형
③ 강조 ④ 대비

해설 리듬(rhythm)

㉠ 균형이 잡힌 후에 나타나는 선, 색, 형태 등의 규칙적인 요소들의 반복으로 통일화 원리의 하나인 통제된 운동감을 말한다.
㉡ 리듬은 음악적 감각인 청각적 원리를 시각적으로 표현하는 것으로 리듬의 원리는 반복, 점이, 대립, 변이, 방사로 이루어진다. 리듬의 원리 중 반복이 가장 큰 원리이다.
㉢ 리듬(rhythm)에 의한 디자인 사례
- 강렬한 붉은 색의 의자가 반복적으로 배열된 객석
- 나선형의 계단
- 위쪽의 밝은 색에서 아래쪽의 어두운 색으로 변화하는 벽면
- 생동감 있게 만든 아동실

13 다음 중 평면계획 시 고려해야 할 사항과 가장 거리가 먼 것은?

① 동선처리 ② 조명분포
③ 가구배치 ④ 출입구의 위치

해설 평면계획 시 고려해야 할 사항

㉠ 공간 상호간의 연계성(zoning)
㉡ 동선의 체계와 시선계획 고려
㉢ 인체공학적 치수와 가구 설치(가구의 크기와 점유면적)
㉣ 출입형식

14 상점에서 쇼윈도, 출입구 및 홀의 입구부분을 포함한 평면적인 구성요소와 아케이드, 광고판, 사인 및 외부장치를 포함한 입면적인 구성요소의 총체를 뜻하는 용어는?

① VMD ② 파사드
③ AIDMA ④ 디스플레이

해설 파사드(facade)

쇼 윈도우, 출입구 및 홀의 입구 뿐만 아니라 간판, 광고판, 광고탑, 네온사인 등을 포함한 점포 전체의 얼굴로서 기업 및 상품에 대한 첫 인상을 주는 곳으로 강한 이미지를 줄 수 있도록 계획한다.
※ 파사드(facade) 구성에 요구되는 AIDMA법칙 (구매심리 5단계를 고려한 디자인)
㉠ A(주의, attention) : 주목시킬 수 있는 배려
㉡ I(흥미, interest) : 공감을 주는 호소력
㉢ D(욕망, desire) : 욕구를 일으키는 연상
㉣ M(기억, memory) : 인상적인 변화
㉤ A(행동, action) : 들어가기 쉬운 구성

15 공간의 차단적 분할에 사용되는 요소에 속하지 않는 것은?

① 커튼 ② 열주
③ 조명 ④ 스크린벽

해설 공간의 분할

㉠ 차단적 구획 : 칸막이 등으로 수평수직 방향으로 분리
㉡ 심리적 구획 : 가구, 기둥, 식물 같은 실내 구성요소로 가변적으로 분할
㉢ 지각적 구획 : 조명, 마감 재료의 변화, 통로나 복도 공간 등의 공간 형태의 변화로 분할

16 다음 설명에 알맞은 거실의 가구배치 유형은?

- 가구를 두 벽면에 연결시켜 배치하는 형식으로 시선이 마주치지 않아 안정감이 있다.
- 비교적 적은 면적을 차지하기 때문에 공간 활용이 높고 동선이 자연스럽게 이루어지는 장점이 있다.

정답 12 ① 13 ② 14 ② 15 ③ 16 ②

① 대면형 ② 코너형
③ U자형 ④ 복합형

해설 코너형

가구를 실내의 벽면 코너에 배치하는 형식으로, 시선이 마주치지 않아 다소 안정감이 있게 하는 형태이다. 비교적 적은 면적을 차지하기 때문에 공간 활용이 높고 동선이 자연스럽게 이루어지는 장점이 있다.

17 광원을 천장의 높낮이 차 또는 벽면의 요철 등을 이용하여 가린 후 벽이나 천장의 반사광으로 간접 조명하는 건축화조명 방식은?

① 코퍼조명 ② 코브조명
③ 광창조명 ④ 광천장조명

해설 코브(cove) 조명

- 천장, 벽의 구조체에 의해 광원의 빛이 천장 또는 벽면으로 가려지게 하여 반사광으로 간접 조명하는 방식이다.
- 천장고가 높거나 천장 높이가 변화하는 실내에 적합하다.

18 다음 설명에 알맞은 한국 전통 가구는?

책이나 완상품을 진열할 수 있도록 여러 층의 층널이 있고 네 면이 모두 트여 있으며 선반이 정방형에 가까운 사랑방에서 쓰인 문방가구

① 문갑 ② 고비
③ 사방탁자 ④ 반닫이장

해설 사방탁자

책이나 완상품을 진열할 수 있도록 여러 층의 층널이 있다. 사랑방에서 쓰인 문방가구로 선반이 정방형에 가깝다.

※ 고비 : 편지나 서축 따위를 꽂아두기 위해 벽에 설치하는 가구(목공예)의 일종으로 선비의 서재에 걸리는 것이 보통이나 규모가 작고 화려하게 치장한 여성용 고비도 가끔 있다.

※ 반닫이 : 앞판의 위쪽 반만을 문짝으로 하여 아래로 잦혀 여닫는 가구로 참나무나 느티나무 같은 두꺼운 널빤지로 만들어 묵직하게 무쇠 장식을 하였는데, 지방에 따라 특성을 살린 많은 종류가 있다. 반닫이는 우리나라 전역에 걸쳐서 사용되었다.

19 다음과 같은 특징을 갖는 사무소 건축의 코어 형식은?

• 유효율이 높은 계획이 가능하다. • 코어 프레임이 내력벽 및 내진 구조가 가능하므로 구조적으로 바람직한 유형이다.

① 중심코어 ② 편심코어
③ 양단코어 ④ 독립코어

해설 사무소 건축의 코어(core) 종류

㉠ 편심 코어형(편단 코어형) : 기준층 바닥면적이 적은 경우에 적합하며 너무 고층인 경우는 구조상 좋지 않다. 바닥면적이 커지면 코어 이외에 피난 시설, 설비 샤프트 등이 필요해진다.
㉡ 중심 코어형(중앙 코어형) : 코어와 일체로 한 내진구조가 가능한 유형으로 바닥면적이 클 경우 적합하며 특히 고층, 초고층에 적합하다. 유효율이 높아 임대사무실로서 가장 경제적인 계획을 할 수 있다.
㉢ 독립 코어형(외 코어형) : 자유로운 사무실 공간을 코어와 관계없이 마련할 수 있다. 각종 설비 duct, 배관 등의 길이가 길어지며 제약이 많다. 방재상 불리하고 바닥면적이 커지면 피난시설을 포함한 서브 코어(sub core)가 필요하며, 내진구조에는 불리하다.
㉣ 양단 코어형(분리 코어형) : 한 개의 대공간을 필요로 하는 전용 사무실에 적합하다. 2방향 피난에 이상적이며 방재상 유리하다.

정답 17 ② 18 ③ 19 ①

20 사방에서 감상해야 할 필요가 있는 조각물이나 모형을 전시하기 위해 벽면에서 띄어놓아 전시하는 방법은?

① 아일랜드 전시 ② 하모니카 전시
③ 파노라마 전시 ④ 디오라마 전시

해설 특수전시기법

전시기법	특징
디오라마 전시	'하나의 사실' 또는 '주제의 시간 상황을 고정'시켜 연출하는 것으로 현장에 임한 듯한 느낌을 가지고 관찰할 수 있는 전시기법
파노라마 전시	벽면전시와 입체물이 병행되는 것이 일반적인 유형으로 넓은 시야의 실경(實景)을 보는 듯한 감각을 주는 전시기법
아일랜드 전시	벽이나 천정을 직접 이용하지 않고 전시물 또는 장치를 배치함으로써 전시공간을 만들어내는 기법으로 대형전시물이나 소형전시물인 경우에 유리하다.
하모니카 전시	전시평면이 하모니카 흡입구처럼 동일한 공간으로 연속되어 배치되는 전시기법으로 동일 종류의 전시물을 반복 전시할 때 유리하다.
영상 전시	영상매체는 현물을 직접 전시할 수 없는 경우나 오브제 전시만의 한계를 극복하기 위하여 사용한다.

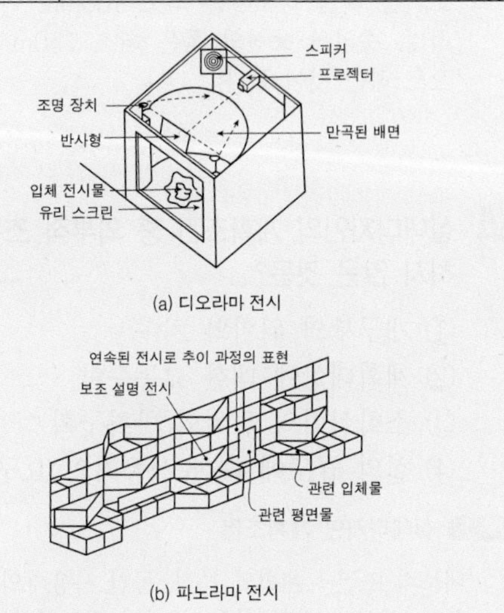

(a) 디오라마 전시

(b) 파노라마 전시

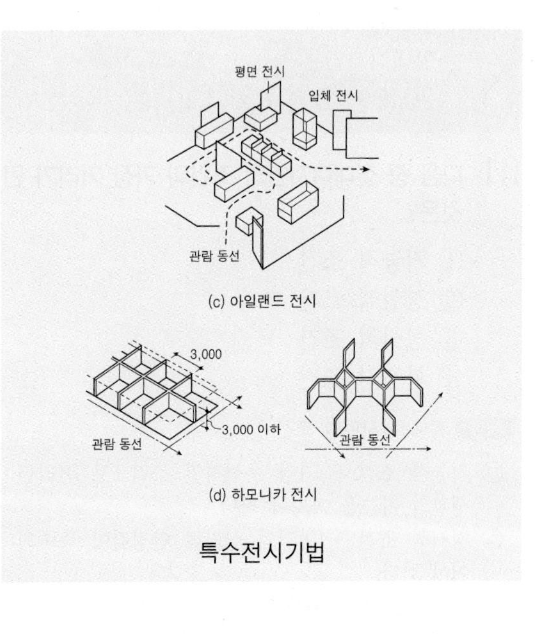

(c) 아일랜드 전시

(d) 하모니카 전시

특수전시기법

정답 20 ①

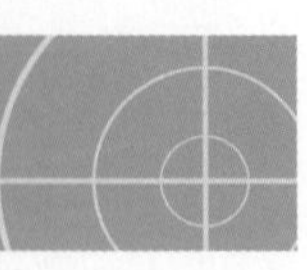

실내디자인론 2018년 3월 4일(1회)

01 다음 중 실내디자인의 조건과 가장 거리가 먼 것은?

① 기능적 조건
② 경험적 조건
③ 정서적 조건
④ 환경적 조건

해설 실내 디자인의 조건

㉠ 기능적 조건 – 가장 우선적인 조건으로 편리한 생활의 기능을 가져야 한다.
㉡ 정서적 조건 – 인간의 심리적 안정감이 충족되어야 한다.
㉢ 심미적 조건 – 아름다움을 추구한다.
㉣ 환경적 조건 – 자연환경인 기후, 지형, 동식물 등과 어울리는 기능을 가져야 한다.
(위의 기능적, 정서적, 심미적 조건은 인간적인 조건이나 환경적인 조건은 성격이 다르다.)

02 주택의 실구성 형식 중 LD형에 관한 설명으로 옳은 것은?

① 식사공간이 부엌과 다소 떨어져 있다.
② 이상적인 식사공간 분위기 조성이 용이하다.
③ 식당 기능만으로 할애된 독립된 공간을 구비한 형식이다.
④ 거실, 식당, 부엌의 기능을 한 곳에서 수행할 수 있도록 계획된 형식이다.

해설

LD형은 식사공간이 부엌과 다소 떨어져 있으며 식사 도중 거실의 고유 기능과의 분리가 어렵다.

03 상업공간의 동선계획에 관한 설명으로 옳지 않은 것은?

① 고객동선은 가능한 길게 배치하는 것이 좋다.
② 판매동선은 고객동선과 일치하도록 하며 길고 자연스럽게 구성한다.
③ 상업공간 계획 시 가장 우선순위는 고객의 동선을 원활히 처리하는 것이다.
④ 관리동선은 사무실을 중심으로 매장, 창고, 작업장 등이 최단거리로 연결되는 것이 이상적이다.

해설 상점의 동선계획

㉠ 동선 계획은 평면 계획의 기본 요소로 기능적으로 역할이 서로 다른 동선은 교차되거나 혼용되어서는 안된다.
㉡ 고객 동선은 길게 유도하여 매장의 진열효과를 높인다.
㉢ 종업원 동선은 되도록 짧게 하여 보행거리를 적게 하며 작업의 효율성과 피로의 감소를 고려하여 계획한다.
㉣ 상품 동선은 상품의 반·출입, 보관, 포장, 발송 등과 같은 상점 내에서 상품이 이동하는 동선이다.
※ 상업건축의 동선계획 계획시 가장 우선순위는 고객의 동선을 원활히 처리하는 것이다.
※ 고객을 위한 통로폭은 최소 900mm 이상으로 하며, 종업원 동선의 폭은 최소 750mm 이상으로 하는 것이 좋다.

04 실내디자인의 계획조건 중 외부적 조건에 속하지 않은 것은?

① 개구부의 위치와 치수
② 계획대상에 대한 교통수단
③ 소화설비의 위치와 방화구획
④ 실의 규모에 대한 사용자의 요구사항

해설 실내디자인 계획조건

㉠ 내부적 조건 : 계획의 목적, 공간 사용자의 행위·성격·개성에 관한 사항, 공간의 규모나 분위기에 대한 요구사항, 의뢰인(client)의 공사예산 등 경제적 사항

정답 01 ② 02 ① 03 ② 04 ④

㉡ 외부적 조건 : 입지적 조건, 설비적 조건, 건축적 조건(용도 법적인 규정), 개구부의 위치와 치수, 계획대상에 대한 교통수단, 소화설비의 위치와 방화구획

05 다음 설명에 알맞은 조명의 연출기법은?

> 물체의 형상만을 강조하는 기법으로 시각적인 눈부심이 없고 물체의 형상은 강조되나 물체면의 세밀한 묘사는 할 수 없다.

① 스파클 기법 ② 실루엣 기법
③ 월 워싱 기법 ④ 글레이징 기법

해설

① 스파클(sparkle) 기법 : 어두운 배경에서 광원 자체의 흥미로운 반짝임을 이용하여 스파클을 연출하는 기법
② 실루엣(silhouette) 기법 : 물체의 형상만을 강조하는 기법
③ 월 워싱(wall washing) 기법 : 수직벽면을 빛으로 쓸어내리는 듯한 효과를 주기 위해 비대칭 배광방식의 조명기구를 사용하여, 수직벽면에 균일한 조도의 빛을 비추는 기법
④ 글레이징(glazing) 기법 : 빛의 방향 변화에 따라 시각적인 느낌은 달라진다. 즉 빛의 각도를 이용하는 방법으로 수직면과 평행한 광선을 벽에 비추는 기법

06 다음 중 단독주택에서 거실의 규모 결정 요소와 가장 거리가 먼 것은?

① 가족수 ② 가족구성
③ 가구 배치형식 ④ 전체 주택의 규모

해설

거실(living room)은 가족의 단란, 휴식, 접객 등이 이루어지는 곳이며, 취침 이외의 전 가족 생활의 중심이 되는 다목적 공간으로 공용적 성격을 지니고 있는 공간이다.

거실의 규모는 가족수, 가족구성, 전체 주택의 규모, 접객 빈도 등에 따라 결정된다.

07 문(門)에 관한 설명으로 옳지 않은 것은?

① 문의 위치는 가구배치에 영향을 준다.
② 문의 위치는 공간에서의 동선을 결정한다.
③ 회전문은 출입하는 사람이 충돌할 위험이 없다는 장점이 있다.
④ 미닫이문은 문틀에 경첩을 부착한 것으로 개폐를 위한 면적이 필요하다.

해설 미닫이문

미서기문과 같이 미끄러져 열고 닫히나 문이 겹치지 아니하고 벽체의 내부 또는 옆 벽에 밀어 붙여 개폐되도록 된 문이다.

08 아일랜드형 부엌에 관한 설명으로 옳지 않은 것은?

① 부엌의 크기에 관계없이 적용이 용이하다.
② 개방성이 큰 만큼 부엌의 청결과 유지관리가 중요하다.
③ 가족 구성원 모두가 부엌일에 참여하는 것을 유도할 수 있다.
④ 부엌의 작업대가 식당이나 거실 등으로 개방된 형태의 부엌이다.

해설 아일랜드형 부엌

㉠ 부엌의 중앙에 별도로 분리, 독립된 작업대가 설치되어 주위를 돌아가며 작업할 수 있게 한 형식으로 공간이 큰 경우에 적합하다.
㉡ 가족 구성원 모두가 부엌 일에 참여하는 것을 유도할 수 있다.
㉢ 개방성이 큰 만큼 부엌의 청결과 유지관리가 중요하다.

정답 05 ② 06 ③ 07 ④ 08 ①

09 점에 관한 설명으로 옳지 않은 것은?

① 많은 점이 같은 조건으로 집결되면 평면감을 준다.
② 두 점의 크기가 같을 때 주의력은 균등하게 작용한다.
③ 하나의 점은 관찰자의 시선을 화면 안에 특정한 위치로 이끈다.
④ 모든 방향으로 펼쳐진 무한히 넓은 영역이며 면들의 교차에서 나타난다.

해설 점

(1) 정의 : 점은 기하학적인 정의로 크기가 없고 위치만 있다. 점은 선과 선의 교차, 선과 면의 교차, 선의 양끝 등에 의해 생긴다.
(2) 점의 효과
㉠ 점의 장력(인장력) : 2점을 가까운 거리에 놓아두면 서로간의 장력으로 선으로 인식되는 효과
㉡ 점의 집중효과 : 공간에 놓여있는 한 점은 시선을 집중시키는 효과가 있다.
㉢ 시선의 이동 : 큰 점과 작은 점이 함께 놓여 있을 때 큰 점에서 작은 점으로 시선이 이동된다.
㉣ 많은 점을 근접시키면 면으로 지각하는 효과가 있다.

10 다음 설명에 알맞은 블라인드의 종류는?

• 쉐이드(shade) 블라인드라고도 한다.
• 천을 감아 올려 높이 조절이 가능하며 칸막이나 스크린의 효과도 얻을 수 있다.

① 롤 블라인드 ② 로만 블라인드
③ 베니션 블라인드 ④ 버티컬 블라인드

해설 블라인드의 종류

※ 블라인드 : 날개의 각도를 조절하여 일광, 조망, 시각의 차단정도를 조정하는 창가리개
㉠ 수직형 블라인드(vertical blind) : 버티컬 블라인드로 날개가 세로로 하여 180° 회전하는 홀더 체인으로 연결되어 있으며 좌우 개폐가 가능하다.
㉡ 베네시안 블라인드(Venetian blind) : 수평 블라인드로 안정감을 줄 수 있으나 날개 사이에 먼지가 쌓이기 쉽다. 날개의 각도를 조절하여 일광, 조망, 시각의 차단정도를 조정한다.
㉢ 롤 블라인드(roll blind) : 쉐이드(shade)라고도 한다. 단순하고 깔끔한 느낌을 주며 창 이외에 간막이 스크린으로도 효과적으로 사용할 수 있다.
㉣ 로만 블라인드(roman blind) : 천의 내부에 설치된 풀 코드나 체인에 의해 당겨져 아래가 접히면서 올라간다.

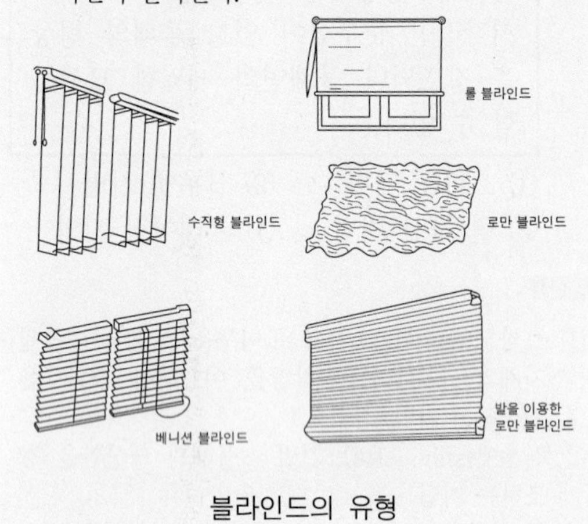

블라인드의 유형

11 상점의 파사드(facade) 구성요소에 속하지 않는 것은?

① 광고판 ② 출입구
③ 쇼케이스 ④ 쇼윈도우

해설 파사드(facade)

상점건축물에서 쇼윈도우, 출입구 및 홀의 입구부분을 포함한 평면적인 구성요소와 아케이드, 광고판, 사인(sign), 외부장치를 포함한 입체적인 구성요소의 총체를 의미한다.
※ 파사드(facade) 구성에 요구되는 AIDMA법칙 (구매심리 5단계를 고려한 디자인)
㉠ A(주의, attention) : 주목시킬 수 있는 배려
㉡ I(흥미, interest) : 공감을 주는 호소력
㉢ D(욕망, desire) : 욕구를 일으키는 연상
㉣ M(기억, memory) : 인상적인 변화
㉤ A(행동, action) : 들어가기 쉬운 구성

정답 09 ④ 10 ① 11 ③

12 주거공간의 주 행동에 따른 분류에 속하지 않는 것은?

① 개인공간 ② 정적공간
③ 작업공간 ④ 사회공간

해설 주행동에 따른 주거공간의 분류

㉠ 개인공간 : 부부침실, 노인실, 가족실, 서재
㉡ 사회적 공간 : 거실, 식사실, 가족실
㉢ 작업공간 : 주방, 가사실, 다용도실

13 다음 설명에 알맞은 건축화조명의 종류는?

> 창이나 벽의 상부에 설치하는 방식으로 상향일 경우 천장에 반사하는 간접조명의 효과가 있으며, 하향일 경우 벽이나 커튼을 강조하는 역할을 한다.

① 광창조명 ② 코퍼조명
③ 코니스조명 ④ 밸런스조명

해설 밸런스(balance) 조명

㉠ 창이나 벽의 커튼 상부에 부설된 조명이다.
㉡ 상향조명의 경우 천장에 반사하는 간접조명으로 전체조명 역할을 해준다.
㉢ 하향조명의 경우 벽이나 커튼을 강조하는 역할을 한다.
㉣ 소파가 위치한 벽면에 설치하면 소파에서의 독서에 도움을 준다.

14 좁은 공간을 시각적으로 넓게 보이게 하는 방법에 관한 설명으로 옳지 않은 것은?

① 한쪽 벽면 전체에 거울을 부착시키면 공간이 넓게 보인다.
② 가구의 높이를 일정 높이 이하로 낮추면 공간이 넓게 보인다.
③ 어둡고 따뜻한 색으로 공간을 구성하면 공간이 넓게 보인다.
④ 한정되고 좁은 공간에 소규모의 가구를 놓으면 시각적으로 넓게 보인다.

해설 좁은 공간을 시각적으로 넓게 보이게 하는 방법

㉠ 차가운 색(한색)으로 마감하여 실내공간이 넓게 보이게 한다.
㉡ 한정되고 좁은 공간에 소규모의 가구를 놓으면 시각적으로 넓게 보인다.
㉢ 가구의 높이를 일정 높이 이하로 낮추면 공간이 넓게 보인다.
㉣ 한쪽 벽면 전체에 거울을 부착시키면 공간이 넓게 보인다.

[참고]
- 따뜻한 색(난색)의 마감 : 실내공간이 좁게 보인다.(축소)
- 차가운 색(한색)의 마감 : 실내공간이 넓게 보인다.(확대)

15 스툴(stool)의 종류 중 편안한 휴식을 위해 발을 올려놓는데도 사용되는 것은?

① 세티 ② 오토만
③ 카우치 ④ 이지체어

해설

① 세티 : 동일한 두 개의 의자를 나란히 합해 2인이 앉을 수 있도록 한 것이다.
② 오토만(ottoman)은 등받이나 팔걸이가 없이 천으로 씌운 낮은 의자로 발을 올려놓는데 사용되는 의자로서 18C 터키 오토만 왕조에서 유래하였다.
③ 카우치(couch) : 고대 로마시대 음식물을 먹거나 잠을 자기 위해 사용했던 긴 의자로 몸을 기댈 수 있도록 좌판의 한쪽 끝이 올라간 형태를 갖는다.
④ 이지 체어(easy chair) : 라운지 체어와 비슷하나 보다 크기가 작으며 기계장치도 없다.

16 천장고와 층고에 관한 설명으로 옳은 것은?

① 천장고는 한 층의 높이를 말한다.
② 일반적으로 천장고는 층고보다 작다.
③ 한 층의 천장고는 어디서나 동일하다.
④ 천장고와 층고는 항상 동일한 의미로 사용된다.

정답 12 ② 13 ④ 14 ③ 15 ② 16 ②

해설 천장고와 층고

㉠ 천장고(반자높이) : 방의 바닥면에서 반자까지의 높이로 한다. 단, 동일한 방에서 반자높이가 다른 부분이 있는 경우에는 각 부분의 반자의 면적에 따라 가중평균한 높이로 한다.
㉡ 층고 : 방의 바닥구조체 윗면으로부터 위층바닥 구조체의 윗면까지 높이로 한다. 단, 동일한 방에서 층의 높이가 다른 부분이 있는 경우에는 각 부분의 높이에 따른 면적에 따라 가중평균한 높이로 한다.
☞ 천장고는 층고보다 작다.

17 비정형 균형에 관한 설명으로 옳지 않은 것은?

① 능동의 균형, 비대칭 균형이라고도 한다.
② 대칭 균형보다 자연스러우며 풍부한 개성을 표현할 수 있다.
③ 가장 온전한 균형의 상태로 공간에 질서를 주기가 용이하다.
④ 물리적으로는 불균형이지만 시각상 힘의 정도에 의해 균형을 이루는 것은 말한다.

해설 비대칭 균형

㉠ 비정형 균형, 신비의 균형 혹은 능동의 균형이라고도 한다.
㉡ 대칭 균형보다 자연스럽다.
㉢ 균형의 중심점으로부터 양측은 가능한 모든 배열로 다르게 배치된다.
㉣ 시각적인 결합에 의해 동적인 안정감과 변화가 풍부한 개성 있는 형태를 준다.
㉤ 물리적으로는 불균형이지만 시각상으로는 균형을 이루는 것으로 흥미로움을 주며 율동감, 약진감이 있다.
㉥ 현대 건축, 현대 미술

18 '루빈의 항아리'와 가장 관련이 깊은 형태의 지각 심리는?

① 그룹핑 법칙
② 역리도형 착시
③ 형과 배경의 법칙
④ 프래그넌츠의 법칙

해설 도형과 배경의 법칙

㉠ 도형과 배경이 순간적으로 번갈아 보이면서 다른 형태로 지각되는 심리의 대표적인 예로 '루빈의 항아리'를 들 수 있다.
㉡ 대체적으로 면적이 작은 부분은 형이 되고, 큰 부분은 배경이 된다.
㉢ 도형과 배경이 교체하는 것을 모호한 형(ambiguous figure) 혹은 '반전도형(反轉圖形)'이라고도 한다.

루빈의 항아리

19 오피스 랜드스케이프에 관한 설명으로 옳지 않은 것은?

① 독립성과 쾌적감의 이점이 있다.
② 밀접한 팀워크가 필요할 때 유리하다.
③ 유효면적이 크므로 그만큼 경제적이다.
④ 작업패턴의 변화에 따른 조절이 가능하다.

해설

오피스 랜드스케이프(office landscape, 완전개방형)는 새로운 사무 공간 설계방법으로서 개방된 사무공간을 의미한다. 계급서열에 의한 획일적 배치에 대한 반성으로 사무의 흐름이나 작업내용의 성격을 중시하는 배치 방법이다.
(1) 장점
㉠ 개방식 배치의 변형된 방식이므로 공간이 절약된다.
㉡ 공사비(칸막이벽, 공조설비, 소화설비, 조명설비 등)가 절약되므로 경제적이다.

정답 17 ③ 18 ③ 19 ①

㉢ 작업 패턴의 변화에 따른 컨트롤이 가능하며 융통성이 있으므로 새로운 요구사항에 맞도록 신속한 변경이 가능하다.
㉣ 사무실 내에서 인간관계의 질적 향상과 모럴의 확립을 통해 작업의 능률이 향상된다.

(2) 단점
㉠ 소음이 발생하기 쉽다.
㉡ 독립성이 결여될 우려가 있다.

20 다음 설명에 알맞은 사무소 건축의 구성 요소는?

고대 로마 건축의 실내에 설치된 넓은 마당 또는 주위에 건물이 둘러 있는 안마당을 뜻하며 현대 건축에서는 이를 실내화시킨 것을 말한다.

① 몰(mall)
② 코어(core)
③ 아트리움(atrium)
④ 랜드스케이프(landscape)

해설

아트리움(Atrium)이란 고대 로마 주택에서 가운데가 뚫린 지붕 아래에 빗물이나 물을 받기 위한 사각 웅덩이가 있는 중정을 아트리움이라 칭한다. 초기 기독교 교회 정면에서 이어진 주랑 이 사면에 있고 중앙에 세정식을 위한 분수가 있는 앞마당으로 근래에 와서는 최근에 지어진 호텔, 사무실 건물, 또는 기타 대형 건물 등에서 볼 수 있는 유리로 지붕이 덮여진 실내공간을 일컫는 용어로 사용되고 있다.

※ 최근 에너지 위기와 관련해서 에너지 소비를 낮추기 위한 방안으로 고층 건물에서도 자연환기가 가능하도록 설계해야 한다. 실내공간에서 이루어지는 자연환기는 공기의 온도차, 압력차, 밀도차에 의한 환기로 이루어진다. 여름철 일사를 받는 대공간 아트리움의 환기시 자연환기가 발생되는 주동력원은 밀도차에 의한 환기가 되도록 한다.

실내디자인론 2018년 4월 28일(2회)

01 창과 문에 관한 설명으로 옳지 않은 것은?

① 문은 인접된 공간을 연결시킨다.
② 창과 문의 위치는 동선에 영향을 주지 않는다.
③ 창은 공기와 빛을 통과시켜 통풍과 채광을 가능하게 한다.
④ 창의 크기와 위치, 형태는 창에서 보이는 시야의 특성을 결정한다.

해설 개구부(창과 문)

(1) 개구부인 창과 문은 벽이 차지하지 않는 부분을 말하며, 건축물의 표정과 실내공간을 규정짓는 중요한 요소이다. 실내디자인에 있어 개구부(창과 문)는 바닥, 벽, 천장과 함께 실내공간의 성격을 규정하는 요소로 위치, 크기, 형태, 목적은 실의 성격, 용도, 규모에 따라 다르며 가구의 배치와 동선계획에 영향을 준다.

(2) 개구부(창과 문)의 기능
㉠ 한 공간과 인접된 공간의 연결
㉡ 빛과 공기의 통과(채광 및 통풍)을 가능하게 한다.
㉢ 전망과 프라이버시의 확보가 가능

02 벽부형 조명기구에 관한 설명으로 옳지 않은 것은?

① 선벽부형은 거울이나 수납장에 설치하여 보조 조명으로 사용된다.
② 조명기구를 벽체에 설치하는 것으로 브라켓(bracket)으로 통칭된다.
③ 휘도 조절이 가능한 조명기구나 휘도가 높은 광원을 사용하는 것이 좋다.
④ 직사벽부형은 빛이 강하게 아래로 투사되어 물체가 강조되므로 디스플레이용으로 사용된다.

정답 20 ③ / 01 ② 02 ③

해설 브라켓(bracket) 벽부형

조명기구를 벽에 설치하는 것으로 벽부형이라고도 한다.

※ 브라켓(bracket) : 벽에 부착하는 일체의 조명기구를 말하며 장식성이 우수한 장식조명으로 벽부형이라고도 한다.

03 질감에 관한 설명으로 옳지 않은 것은?

① 매끄러운 재료가 반사율이 높다.
② 효과적인 질감 표현을 위해서는 색채와 조명을 동시에 고려해야 한다.
③ 좁은 실내 공간을 넓게 느껴지도록 하기 위해서는 표면이 거칠고 어두운 재료를 사용하는 것이 좋다.
④ 질감은 시각적 환경에서 여러 종류의 물체들을 구분하는데 도움을 줄 수 있는 중요한 특성 가운데 하나이다.

해설 질감(texture)

(1) 정의 : 모든 물체가 갖고 있는 표면상의 특징으로 시각적이나 촉각적으로 지각되는 물체의 재질감을 말한다.

(2) 질감의 특징
㉠ 매끄러운 질감은 거친 질감에 비해 빛을 반사하는 특성이 있고, 거친 질감은 반대로 흡수하는 특성을 갖는다.
㉡ 질감의 성격에 따라 공간의 통일성을 살릴 수도 있고 파괴시킬 수도 있으므로 공간에서의 영향력이 있으며, 재료의 질감대비를 통해 실내공간의 변화와 다양성을 꾀할 수 있다.
㉢ 목재와 같은 자연 재료의 질감은 따뜻함과 친근감을 부여한다.

(3) 질감 선택시 고려해야 할 사항 : 스케일, 빛의 반사와 흡수, 촉감 등의 요소가 중요하다.

(4) 실내 마감재료의 질감 활용
㉠ 넓은 실내는 거친 재료를 사용하여 무겁고 안정감을 갖도록 한다.
㉡ 창이 작은 실내는 실내공간이 어두우므로 밝은 색을 많이 사용하고, 표면이 곱고 매끄러운 재료를 사용함으로써 많은 빛을 반사하여 가볍고 환한 느낌을 주도록 한다.
㉢ 좁은 실내는 곱고 매끄러운 재료를 사용한다.
㉣ 차고 딱딱한 대리석 위에 부드러운 카페트를 사용하여 질감대비를 주는 것이 좋다.

04 다음 설명에 알맞은 조명의 연출기법은?

수직벽면을 빛으로 쓸어내리는 듯한 효과를 주기 위해 비대칭 배광방식의 조명기구를 사용하여 수직벽면에 균일한 조도의 빛을 비추는 기법

① 빔플레이　　② 월워싱 기법
③ 실루엣 기법　　④ 스파클 기법

해설 월워싱(wall washing) 기법

수직벽면을 빛으로 쓸어내리는 듯한 효과를 주기 위해 비대칭 배광방식의 조명기구를 사용하여, 수직벽면에 균일한 조도의 빛을 비추는 기법으로, 공간 확대의 느낌과 공간 내의 한쪽 면에 주의를 집중시켜 공간에서 초점으로 작용하도록 하는 조명 연출기법
㉠ 비대칭 배광 방식의 조명 기구를 사용하여 수직 벽면에 균일한 조도의 빛을 비추는 기법
㉡ 시각적으로 공간 확대의 느낌을 주며, 주의를 집중시켜 방향성을 준다.
㉢ 바닥이나 천장에서의 워싱 효과를 플로어 워싱(floor washing), 실링 워싱(ceiling washing)이라 한다.

05 다음 중 도시의 랜드마크에 가장 중요시 되는 디자인 원리는?

① 점이　　② 대립
③ 강조　　④ 반복

해설 강조(emphasis)

㉠ 시각적인 힘의 강약에 단계를 주어 디자인의 일부분에 주어지는 초점이나 흥미를 중심으로 변화를 의도적으로 조성하는 것을 말하며, 디자인의 부분 부분에 주어지는 강도의 다양한 정도이다.

정답 03 ③　04 ②　05 ③

㉡ 강조(emphasis)는 도시의 랜드마크에 가장 중요시되는 디자인 원리이다.
※ 기준점(landmark, 기념물) : 관찰자가 그 속으로 진입할 수 없는 표지, 건물, 사인, 탑, 산 등

06 다음 설명에 알맞은 사무소 코어의 유형은?

- 단일용도의 대규모 전용사무실에 적합하다.
- 2방향 피난에 이상적이다.

① 편심코어형 ② 중심코어형
③ 독립코어형 ④ 양단코어형

해설 사무소 건축의 core 종류

㉠ 편심 코어형(편단 코어형) : 기준층 바닥면적이 적은 경우에 적합하며 너무 고층인 경우는 구조상 좋지 않다. 바닥면적이 커지면 코어 이외에 피난 시설, 설비 샤프트 등이 필요해진다.
㉡ 중심 코어형(중앙 코어형) : 바닥면적이 클 경우 적합하며 특히 고층, 초고층에 적합하다. 임대사무실로서 가장 경제적인 계획을 할 수 있다. 내부공간과 외관이 획일적으로 되기 쉽다.
㉢ 독립 코어형(외 코어형) : 자유로운 사무실 공간을 코어와 관계없이 마련할 수 있다. 각종 설비 duct, 배관 등의 길이가 길어지며 제약이 많다. 방재상 불리하고 바닥면적이 커지면 피난시설을 포함한 서브 코어(sub core)가 필요하며, 내진구조에는 불리하다.
㉣ 양단 코어형(분리 코어형) : 한 개의 대공간을 필요로 하는 전용 사무실에 적합하다. 2방향 피난에 이상적이며 방재상 유리하다.

07 실내공간을 형성하는 기본 요소 중 바닥에 관한 설명으로 옳지 않은 것은?

① 바닥은 모든 공간의 기초가 되므로 항상 수평면이어야 한다.
② 하강된 바닥면은 내향적이며 주변의 공간에 대해 아늑한 은신처로 인식된다.
③ 다른 요소들이 시대와 양식에 의한 변화가 현저한데 비해 바닥은 매우 고정적이다.
④ 상승된 바닥면은 공간의 흐름이나 동선을 차단하지만 주변의 공간과는 다른 중요한 공간으로 인식된다.

해설 바닥

㉠ 실내공간을 구성하는 수평적 요소로서 인간의 감각 중 시각적, 촉각적 요소와 밀접한 관계를 갖는 가장 기본적인 요소이다. 상승된 바닥은 다른 부분보다 중요한 공간이라는 것을 나타낸다.
㉡ 실내공간을 구성하는 수평적 요소로서 고저 또는 바닥 패턴으로 스케일감의 변화를 줄 수 있다.
※ 스케일(scale)은 가구·실내·건축물 등 물체와 인체와의 관계 및 물체 상호간의 관계를 말한다.

08 디자인 요소 중 선에 관한 다음 그림이 의미하는 것은?

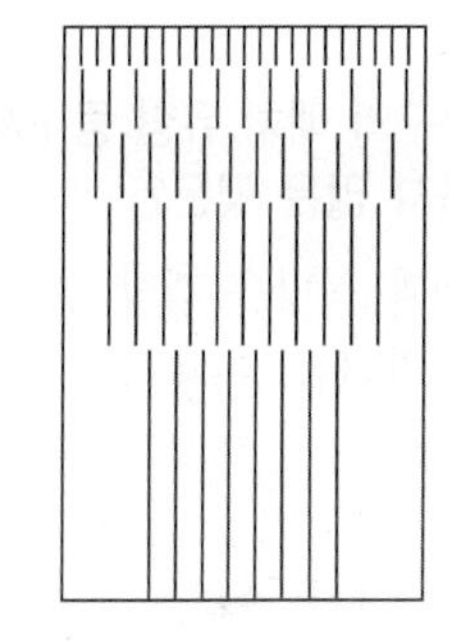

① 선을 끊음으로써 점을 느낀다.
② 조밀성의 변화로 깊이를 느낀다.
③ 선을 포개면 패턴을 얻을 수 있다.
④ 지그재그선의 반복으로 양감의 효과를 얻는다.

해설 선의 특성

㉠ 선은 길이와 위치만 있고, 폭과 부피는 없다. 점이 이동한 궤적이며 면의 한계, 교차에서 나타난다.
㉡ 선은 어떤 형상을 규정하거나 한정하고 면적을 분할한다.
㉢ 운동감, 속도감, 방향 등을 나타낸다.
☞ 그림의 경우 선의 조밀성의 변화로 깊이를 느낄 수 있다.

정답 06 ④ 07 ① 08 ②

09 사무소 건축의 실단위 계획 중 개실시스템에 관한 설명으로 옳지 않은 것은?

① 독립성이 우수하다는 장점이 있다.
② 일반적으로 복도를 통해 각 실로 진입한다.
③ 실의 길이와 깊이에 변화를 주기 용이하다.
④ 프라이버시의 확보와 응접이 요구되는 최고 경영자나 전문직 개실에 사용된다.

해설 개실시스템(individual room system)

복도에 의해 각 층의 여러 부분으로 들어가는 방법으로 유럽에서 널리 쓰인다.
㉠ 독립성과 쾌적성이 좋다.
㉡ 자연채광 조건이 좋다.
㉢ 공사비가 비교적 높다.
㉣ 방 길이에는 변화를 줄 수 있지만, 방 깊이에는 변화를 줄 수 없다.

10 부엌 가구의 배치 유형 중 L자형에 관한 설명으로 옳지 않은 것은?

① 부엌과 식당을 겸할 경우 많이 활용된다.
② 두 벽면을 이용하여 작업대를 배치한 형식이다.
③ 작업면이 가장 넓은 형식으로 작업 효율도 가장 좋다.
④ 한 쪽 면에 싱크대를, 다른 면에 가열대를 설치하면 능률적이다.

해설 L자형

정방형 부엌에 알맞고 비교적 넓은 부엌에서 능률적이나, 모서리 부분은 이용도가 낮다.

11 실내공간의 용도를 달리하여 보수(Renovation)할 경우 실내디자이너가 직접 분석해야 하는 사항과 가장 거리가 먼 것은?

① 기존 건물의 기초상태
② 천장고와 내부의 상태
③ 기존건물의 법적 용도
④ 구조형식과 재료마감상태

해설 리노베이션(renovation, 개보수) 계획시 고려 사항

㉠ 종합적이고 장기적인 계획이어야 하며 경제성을 검토한다.
㉡ 실측과 검사를 통해 기존 공간의 실체를 명확하게 파악해야 한다.
㉢ 구성원의 요구사항 또는 불만을 수집하여 발전 개선시켜야 한다.
㉣ 쓸만한 것은 최대한 활용하고 못쓸 것을 과감히 버리는 지혜가 필요하다.
㉤ 증개축의 경우 관계 건축법의 적용 여부를 확인하여야 한다.
☞ 개보수시에 기존 건물의 기초와 지반 상태는 고치지 않으므로 분석해야 할 사항이 아니다.

12 디자인 요소 중 2차원적 형태가 가지는 물리적 특성이 아닌 것은?

① 질감 ② 명도
③ 패턴 ④ 부피

해설

점의 차원은 0차원, 선의 차원은 1차원, 면의 차원은 2차원, 입체의 차원은 3차원이다.
볼륨(volume)과 매스(mass)는 공간이 가지는 3차원적 입체감에 속한다.
• 볼륨(volume) : 부피의 크기에서 오는 느낌
• 매스(mass) : 부피를 가진 하나의 덩어리로 느껴지는 물체나 인체의 부분
☞ 3차원 형상은 2차원적 형상에 깊이나 볼륨을 더하여 창조된다.

13 상점의 동선계획에 관한 설명으로 옳지 않은 것은?

① 종업원 동선은 가능한 짧고 간단하게 하는 것이 좋다.
② 고객 동선은 가능한 짧게 하여 고객이 상점 내에 오래 머무르지 않도록 한다.

정답 09 ③ 10 ③ 11 ① 12 ④ 13 ②

③ 고객 동선과 종업원 동선이 만나는 위치에 카운터나 쇼케이스를 배치하는 것이 좋다.
④ 상품 동선은 상품의 운반·통행 등의 이동에 불편하지 않도록 충분한 공간 확보가 필요하다.

해설

동선은 가능한 한 굵고 짧게 한다. 대체로 짧고 직선적이어야 능률적이라 볼 수 있는데 상점, 백화점 건축과 같은 경우는 예외적으로 고객의 동선을 길게 유도하여 매장의 진열효과를 높이고, 종업원의 동선은 되도록 짧게 하여 보행거리를 적게 하며 고객동선과 교차되지 않도록 한다.

14 **상점 디스플레이에서 주력 상품의 진열과 관련된 골든 스페이스의 범위로 알맞은 것은?**

① 300 ~ 600mm
② 650 ~ 900mm
③ 850 ~ 1250mm
④ 1200 ~ 1500mm

해설

유효진열범위 내에서도 고객의 시선이 가장 편하게 머물고 손으로 잡기에도 가장 편안한 높이는 850~1,250mm 높이로 이 범위를 골든 스페이스(golden space)라 한다.

15 **공간의 레이아웃(lay-out)과 가장 밀접한 관계를 가지고 있는 것은?**

① 단면계획 ② 동선계획
③ 입면계획 ④ 색채계획

해설

실내공간의 레이아웃(lay out)에서 가장 우선 고려해야 할 사항은 공간의 동선계획이다. 동선계획의 원칙은 가능한 한 굵고 짧게 하며, 동선의 형은 가능한 한 단순하며 명쾌하게 한다. 동선이 짧으면 효율적이지만 공간의 성격에 따라 길게 처리하기도 한다.
※ 레이아웃(lay-out)이란 공간을 형성하는 부분(바닥, 벽, 천장)과 설치되는 가구, 기구들의 위치 관계를 결정하는 것이다.

16 **상점 구성의 기본이 되는 상품 계획을 시각적으로 구체화시켜 상점 이미지를 경영 전략적 차원에서 고객에게 인식시키는 표현 전략은?**

① VMD
② 슈퍼그래픽
③ 토큰 디스플레이
④ 스테이지 디스플레이

해설 VMD(visual merchandising)

㉠ 상품과 고객 사이에서 치밀하게 계획된 정보 전달수단으로 장식된 시각과 통신을 꾀하고자 하는 디스플레이의 기법이다.
㉡ 다른 상점과 차별화하여 상업공간을 아름답고 개성있게 하는 것도 VMD의 기본 전개방법이다.
㉢ VMD의 구성요소 중 VP는 점포의 주장을 강하게 표현하며 IP는 구매시점상에 상품정보를 설명한다.

17 **유닛 가구(unit furniture)에 관한 설명으로 옳지 않은 것은?**

① 고정적이면서 이동적인 성격을 갖는다.
② 필요에 따라 가구의 형태를 변화시킬 수 있다.
③ 규격화된 단일가구를 원하는 형태로 조합하여 사용할 수 있다.
④ 특정한 사용목적이나 많은 물품을 수납하기 위해 건축화된 가구이다.

해설 가구의 이동에 따른 분류

(1) 가동(이동) 가구 : 자유로이 움직일 수 있는 단일가구로 현대 가구의 주종을 이룬다.
㉠ 유닛 가구(unit furniture) : 조립, 분해가 가능하며, 필요에 따라 가구의 형태를 고정, 이동으로 변경이 가능한 가구이다.
㉡ 시스템 가구(system furniture) : 서로 다른 기능을 단일 가구에 결합시킨 가구이다.

(2) 붙박이 가구(built-in furniture) : 건물에 짜 맞추어 건물과 일체화하여 만든 가구로 가구배치의 혼란을 없애고 공간을 최대한 활용할 수 있다.

정답 14 ③ 15 ② 16 ① 17 ④

(3) 모듈로 가구(modular furniture) : 이동식이면서 시스템화 되어 공간의 낭비없이 더 크게 더 작게 도 조립할 수 있다. 붙박이가구 + 가동가구로서 가동성, 적응성의 편리한 점이 있다.

18 다음의 아파트 평면형식 중 프라이버시가 가장 양호한 것은?

① 홀형　　② 집중형
③ 편복도형　　④ 중복도형

해설 계단실형(홀형, hall system)

계단실이나 엘리베이터 홀로부터 직접 단위 주호로 들어가는 형식

(1) 장점
㉠ 주호내의 주거성과 독립성(privacy)이 좋다.
㉡ 동선이 짧으므로 출입이 편하다.
㉢ 통행부의 면적이 적으므로 건물의 이용도가 높고, 전용면적비가 높아 경제적으로 유리하다.
㉣ 각 단위 주거가 자연 조건 등에 균등한 방향으로 배치되어 일조, 통풍 등이 유리하다.

(2) 단점
고층 아파트일 경우 각 계단실마다 엘리베이터를 설치해야 하므로 시설비가 많이 들며, 엘리베이터의 이용률이 낮아 비경제적이다.

19 주택의 현관에 관한 설명으로 옳지 않은 것은?

① 거실의 일부를 현관으로 만들지 않는 것이 좋다.
② 현관에서 정면으로 화장실 문이 보이지 않도록 하는 것이 좋다.
③ 현관 홀의 내부에는 외기, 바람 등의 차단을 위해 방풍문을 설치할 필요가 있다.
④ 연면적 $50m^2$ 이하의 소규모 주택에서는 연면적의 10% 정도를 현관 면적으로 계획하는 것이 일반적이다.

해설

현관의 위치는 주택평면의 공간구성에 많은 영향을 준다. 일반적으로 대지의 형태와 도로와의 관계에 의해 정해지며 정원과도 연관되는 것이 좋다. 현관의 위치는 주택의 남측이나 중앙부분에 두는 것이 무난하다. 거실, 부엌, 기타 다른 실과의 동선을 고려하여 위치를 조정한다. 크기는 가족수와 방문객의 수에 따라 결정된다.

20 등받이와 팔걸이 부분은 없지만 기댈 수 있을 정도로 큰 소파의 명칭은?

① 세티　　② 다이밴
③ 체스터필드　　④ 턱시도 소파

해설 소파의 명칭

① 세티(settee) : 동일한 두 개의 의자를 나란히 합해 2인이 앉을 수 있도록 한 것이다.
② 다이밴(divan) : 등받이와 팔걸이 부분은 없지만 기댈 수 있도록 러그를 여러 겹 쌓은 것에서 발전한 크고 낮은 가구를 나타내는 터기 용어
③ 체스터필드(chesterfield) : 소파의 골격에 쿠션성이 좋도록 솜, 스폰지 등의 속을 많이 채워 넣고 천으로 감싼 소파이다.
④ 턱시도 소파 : 팔걸이와 등받이가 같은 높이로 된 것

정답 18 ① 19 ④ 20 ②

실내디자인론
2018년 8월 19일(4회)

01 **공간을 에워싸는 수직적 요소로 수평방향을 차단하여 공간을 형성하는 기능을 하는 것은?**

① 벽　　② 보
③ 바닥　　④ 천장

해설

벽은 공간의 형태와 크기를 결정하고 인간의 시선과 동작을 차단하며, 공기의 움직임을 제어할 수 있는 수직적 요소이다. 벽의 높이가 가슴 정도이면 주변 공간에 시각적 연속성을 주면서도 특정 공간을 감싸 주는 느낌을 준다. 벽은 이동방법에 따라 고정식, 이동식, 접이식, 스크린식이 있다.

02 **착시현상의 내용으로 옳지 않은 것은?**

① 같은 길이의 수평선이 수직선보다 길어 보인다.
② 사선이 2개 이상의 평행선으로 중단되면 서로 어긋나 보인다.
③ 같은 크기의 도형이 상하로 겹쳐져 있을 때 위의 것이 커 보인다.
④ 검정 바탕에 흰 원이 동일한 크기의 흰 바탕에 검정 원보다 넓게 보인다.

해설 수직, 수평 착시

같은 길이의 선분이라도 수직의 것이 수평의 것보다 크게 보이는 착시현상을 말한다.
☞ 같은 길이의 수직선이 수평선보다 길어 보인다.

03 **공동주택의 평면형식 중 계단실형(홀형)에 관한 설명으로 옳은 것은?**

① 통행부의 면적이 작아 건물의 이용도가 높다.
② 1대의 엘리베이터에 대한 이용 가능한 세대수가 가장 많다.
③ 각 층에 있는 공용 복도를 통해 각 세대로 출입하는 형식이다.
④ 대지의 이용률이 높아 도심지내의 독신자용 공동주택에 주로 이용된다.

해설 계단실형(홀형, hall system)

계단실이나 엘리베이터 홀로부터 직접 단위 주호로 들어가는 형식

(1) 장점
㉠ 주호내의 주거성과 독립성(privacy)이 좋다.
㉡ 동선이 짧으므로 출입이 편하다.
㉢ 통행부의 면적이 적으므로 건물의 이용도가 높고, 전용면적비가 높아 경제적으로 유리하다.
㉣ 각 단위 주거가 자연 조건 등에 균등한 방향으로 배치되어 일조, 통풍 등이 유리하다.

(2) 단점
고층 아파트일 경우 각 계단실마다 엘리베이터를 설치해야 하므로 시설비가 많이 들며, 엘리베이터의 이용률이 낮아 비경제적이다.

04 **실내 공간의 형태에 관한 설명으로 옳지 않은 것은?**

① 원형의 공간은 중심성을 갖는다.
② 정방형의 공간은 방향성을 갖는다.
③ 직사각형의 공간에서는 깊이를 느낄 수 있다.
④ 천장이 모인 삼각형 공간은 높이에 관심이 집중된다.

해설 실내공간의 형태

㉠ 정방형의 공간은 조용하고 정적인 반면, 딱딱하고 형식적인 느낌을 준다.
㉡ 장방형의 공간에서 길이가 폭의 두 배를 넘게 되면 공간의 사용과 가구배치가 자유롭지 못하게 된다.
㉢ 원형의 공간은 내부로 향한 집중감을 주어 중심이 더욱 강조된다.
㉣ 천장이 모아진 삼각형의 공간은 높이에 관심이 집중된다.

정답　01 ①　02 ①　03 ①　04 ②

05 디자인을 위한 조건 중 최소의 재료와 노력으로 최대의 효과를 얻고자 하는 것은?

① 독창성 ② 경제성
③ 심미성 ④ 합목적성

해설 실내디자인의 평가 기준

㉠ 합목적성 : 기능성 또는 실용성
㉡ 심미성 : 아름다운 창조
㉢ 경제성 : 최소의 노력으로 최대의 효과
㉣ 독창성 : 새로운 가치를 추구
㉤ 질서성 : 상기 4가지 조건을 서로 관련시키는 것

06 바탕과 도형의 관계에서 도형이 되기 쉬운 조건에 관한 설명으로 옳지 않은 것은?

① 규칙적인 것은 도형으로 되기 쉽다.
② 바탕 위에 무리로 된 것은 도형으로 되기 쉽다.
③ 명도가 높은 것보다 낮은 것이 도형으로 되기 쉽다.
④ 이미 도형으로서 체험한 것은 도형으로 되기 쉽다.

해설 도형과 배경의 법칙

㉠ 도형과 배경이 순간적으로 번갈아 보이면서 다른 형태로 지각되는 심리의 대표적인 예로 '루빈의 항아리'를 들 수 있다.
㉡ 대체적으로 면적이 작은 부분은 형이 되고, 큰 부분은 배경이 된다.
㉢ 도형과 배경이 교체하는 것을 모호한 형(ambiguous figure) 혹은 '반전도형(反轉圖形)'이라고도 한다.

루빈의 항아리

07 개방형 (open plan) 사무공간에 있어서 평면계획의 기준이 되는 것은?

① 책상배치 ② 설비시스템
③ 조명의 분포 ④ 출입구의 위치

해설

개방형(open plan) 사무공간은 업무의 성격이나 직급별로 책상을 배치하는 형태로서 이동형의 칸막이나 가구로 공간을 구획한다.

※ 개방형(open room system, open plan)
개방된 큰 방으로 설계하고 중역들을 위해 작은 분리된 방을 두는 방법
㉠ 전면적을 유용하게 이용할 수 있어 공간이 절약된다.
㉡ 칸막이 벽이 없어서 개실 배치방법보다 공사비가 싸다.
㉢ 방의 길이나 깊이에 변화를 줄 수 있다.
㉣ 소음이 들리고 독립성이 떨어진다.
㉤ 자연 채광에 인공 조명이 필요하다.

08 디자인의 원리 중 균형에 관한 설명으로 옳지 않은 것은?

① 대칭적 균형은 가장 완전한 균형의 상태이다.
② 비대칭 균형은 능동의 균형, 비정형 균형이라고도 한다.
③ 방사형 균형은 한 점에서 분산되거나 중심점에서부터 원형으로 분산되어 표현된다.
④ 명도에 의해서 균형을 이끌어 낼 수 있으나 색채에 의해서는 균형을 표현할 수 없다.

해설 균형의 분류

(1) 대칭 균형
㉠ 일반적으로 방계대칭과 방사대칭으로 나눈다.
㉡ 방사대칭으로는 대칭형, 확대형, 회전형이 있다.
㉢ 방계대칭은 상하 또는 좌우와 같이 한 방향에 대한 대칭이다.
㉣ 대칭적 균형은 성격상 형식적이고 딱딱하다.

정답 05 ② 06 ③ 07 ① 08 ④

ⓜ 정돈된 질서는 대칭적 균형에서 생기지만 그 응용에는 한계가 있으며, 상상력도 부족되기 쉬운 현상을 낳는다.
ⓗ 대칭적 균형은 전통적인 건축물, 기념물이나 시대물의 실내에서 가장 많이 볼 수 있다.

(2) 비대칭 균형
㉠ 비정형 균형, 신비의 균형 혹은 능동의 균형이라고도 한다.
㉡ 대칭 균형보다 자연스럽다.
㉢ 균형의 중심점으로부터 양측은 가능한 모든 배열로 다르게 배치된다.
㉣ 시각적인 결합에 의해 동적인 안정감과 변화가 풍부한 개성 있는 형태를 준다.
ⓜ 물리적으로는 불균형이지만 시각상으로는 균형을 이루는 것으로 흥미로움을 주며 율동감, 약진감이 있다.
ⓗ 현대 건축, 현대 미술

(3) 방사상 균형
㉠ 둘 이상의 대칭축이 점을 중심으로 등각을 형성한 것
㉡ 디자인 요소가 공통된 중심축에서 주변을 향하여 규칙적인 방사상 또는 환상으로 퍼져 나가는 것

09 다음 설명에 알맞은 전시공간의 특수전시기법은?

- 연속적인 주제를 시간적인 연속성을 가지고 선형으로 연출하는 전시기법이다.
- 벽면전시와 입체물이 병행되는 것이 일반적인 유형으로 넓은 시야의 실경을 보는 듯한 감각을 준다.

① 디오라마 전시
② 파노라마 전시
③ 아일랜드 전시
④ 하모니카 전시

해설 특수전시기법

전시기법	특징
디오라마 전시	'하나의 사실' 또는 '주제의 시간 상황을 고정'시켜 연출하는 것으로 현장에 임한 듯한 느낌을 가지고 관찰할 수 있는 전시기법
파노라마 전시	벽면전시와 입체물이 병행되는 것이 일반적인 유형으로 넓은 시야의 실경(實景)을 보는 듯한 감각을 주는 전시기법
아일랜드 전시	벽이나 천정을 직접 이용하지 않고 전시물 또는 장치를 배치함으로써 전시공간을 만들어내는 기법으로 대형전시물이나 소형전시물인 경우에 유리하다.
하모니카 전시	전시평면이 하모니카 흡입구처럼 동일한 공간으로 연속되어 배치되는 전시기법으로 동일 종류의 전시물을 반복 전시할 때 유리하다.
영상 전시	영상매체는 현물을 직접 전시할 수 없는 경우나 오브제 전시만의 한계를 극복하기 위하여 사용한다.

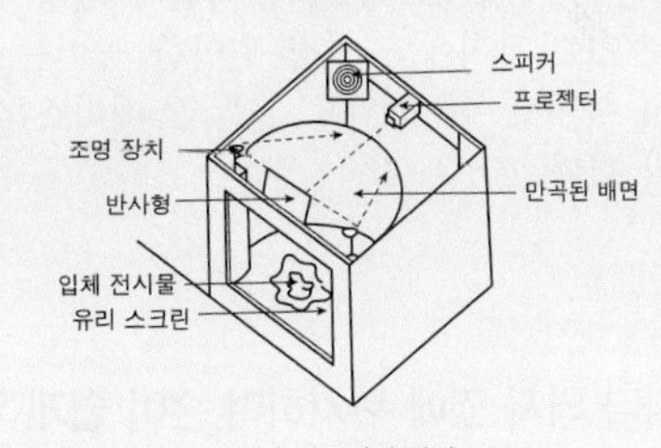

(a) 디오라마 전시

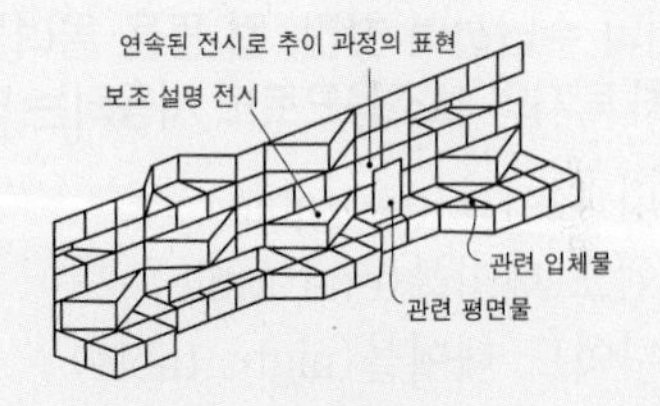

(b) 파노라마 전시

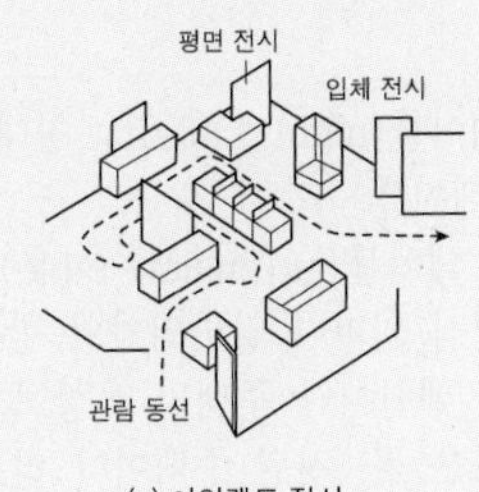

(c) 아일랜드 전시

정답 09 ②

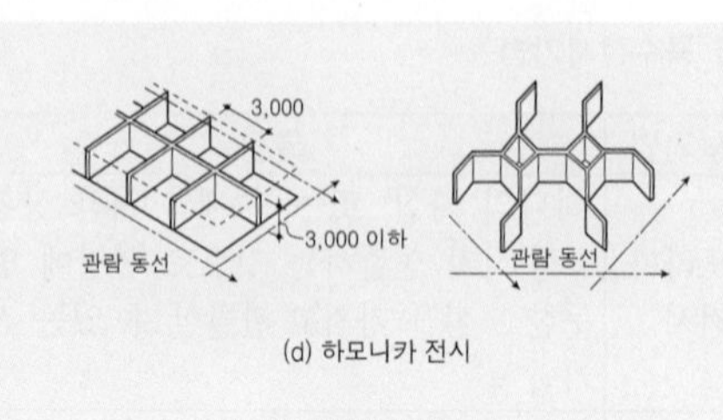

(d) 하모니카 전시

특수전시기법

10 상품의 유효진열범위에서 고객의 시선이 자연스럽게 머물고, 손으로 잡기에도 편한 높이인 골든 스페이스(Golden Space)의 범위는?

① 500~850mm
② 850~1250mm
③ 1250~1400mm
④ 1400~1600mm

해설

유효진열범위 내에서도 고객의 시선이 가장 편하게 머물고 손으로 잡기에도 가장 편안한 높이는 850~1250mm 높이로 이 범위를 골든 스페이스(golden space)라 한다.

11 소파나 의자 옆에 위치하며 손이 쉽게 닿는 범위 내에 전화기, 문구 등 필요한 물품을 올려놓거나 수납하며 찻잔, 컵 등을 올려놓기도 하여 차 탁자의 보조용으로도 사용되는 테이블은?

① 티 테이블(tea table)
② 엔드 테이블(end table)
③ 나이트 테이블(night table)
④ 익스텐션 테이블 (extension table)

해설

※ 나이트 테이블(night table) : 침대 옆에 놓여있는 소형 테이블
※ 익스텐션 테이블(extension table) : 확장 테이블로 접이식 의자나 일반의자와 함께 사용 가능하다. 팬션이나 주택의 옥상 등 비교적 공간이 여유로운 곳, 전원 주택이나 리조트의 정원에 바비큐 파티용 테이블로 적합하다.

12 실내디자인 요소 중 선에 관한 설명으로 옳지 않은 것은?

① 많은 선을 근접시키면 면으로 인식된다.
② 수직선은 공간을 실제보다 더 높아 보이게 한다.
③ 수평선은 무한, 확대, 안정 등 주로 정적인 느낌을 준다.
④ 곡선은 약동감, 생동감 넘치는 에너지와 운동감, 속도감을 준다.

해설 선의 조형심리적 효과

㉠ 수직선은 구조적인 높이와 존엄성, 고양감을 느끼게 한다.
㉡ 수평선은 영원, 무한, 안정, 안락, 평화감을 느끼게 한다.
㉢ 사선은 넘어지려는 움직임이 있어 운동감, 불안정, 변화하는 활동적인 느낌을 준다.
㉣ 곡선은 유연, 복잡, 동적, 경쾌하며 여성적인 느낌을 들게 한다.

13 건축화조명방식에 관한 설명으로 옳지 않은 것은?

① 밸런스 조명은 창이나 벽의 커튼 상부에 부설된 조명이다.
② 코브 조명은 반사광을 사용하지 않고 광원의 빛을 직접 조명하는 방식이다.
③ 광창 조명은 넓은 면적의 벽면에 매입하여 비스타(vista)적인 효과를 낼 수 있다.
④ 코니스 조명은 벽면의 상부에 위치하여 모든 빛이 아래로 직사하도록 하는 조명방식이다.

해설 코브(cove) 조명

• 천장, 벽의 구조체에 의해 광원의 빛이 천장 또는 벽면으로 가려지게 하여 반사광으로 간접 조명하는 방식이다.
• 천장고가 높거나 천장 높이가 변화하는 실내에 적합하다.

정답 10 ② 11 ② 12 ④ 13 ②

※ 건축화 조명 : 천장, 벽, 기둥 등의 건축 부분에 광원을 만들어 실내를 조명하는 방식으로 눈부심이 적은 장점이 있는 반면, 조명 효율은 직접 조명에 비해 떨어진다.

14 **실내계획에 있어서 그리드 플래닝(grid planning)을 적용하는 전형적인 프로젝트는?**

① 사무소　　② 미술관
③ 단독주택　　④ 레스토랑

해설 grid planning(격자식 계획)

공간을 격자형으로 모듈화시켜서 공간을 구획하는 기법으로 공간의 변화에 따른 대응이 용이하므로 논리적이고 합리적인 디자인 전개를 가능하게 하는 공간구성 기법이다.

㉠ 고층 office building에서 균질공간(均質空間)을 구성하기 위한 일반적인 계획수법(균형 잡힌 계획으로 정리하기 위한 시스템)
㉡ 균질 공간이란 일정한 실내 환경 설비를 갖춘 어느 크기의 space의 집합으로서 전체의 office space를 만드는 것을 의미한다.
㉢ sprinkler와 설비 요소, 책상의 배치, 칸막이벽의 설치, 지하 주차장의 주차 등

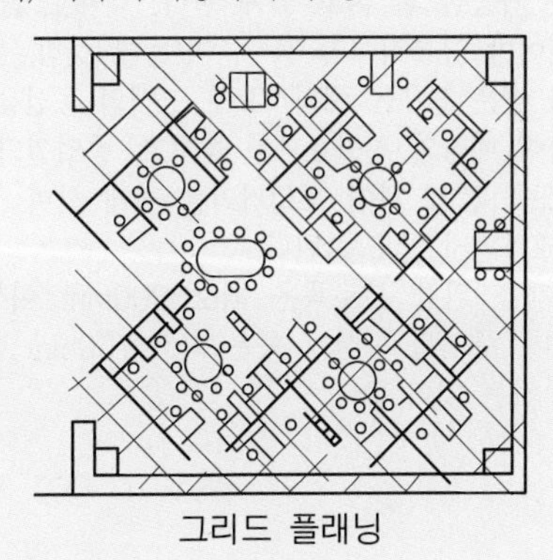
그리드 플래닝

15 **스툴(stool)의 종류 중 편안한 휴식을 위해 발을 올려놓는 데도 사용되는 것은?**

① 세티　　② 오토만
③ 카우치　　④ 체스터필드

해설

오토만(ottoman)은 등받이나 팔걸이가 없이 천으로 씌운 낮은 의자로 발을 올려놓는데 사용된다.
① 세티(settee) : 동일한 두 개의 의자를 나란히 합해 2인이 앉을 수 있도록 한 것이다.
③ 카우치(couch) : 몸을 기댈 수 있도록 좌판 한 쪽 끝이 올라간 침대, 소파 겸용의 침대 소파(bed sofa)이다.
④ 체스터필드(chesterfield) : 소파의 골격에 쿠션성이 좋도록 솜, 스폰지 등의 속을 많이 채워 넣고 천으로 감싼 소파이다.

16 **부엌에서의 작업 순서를 고려한 효율적인 작업대의 배치 순서로 알맞은 것은?**

① 준비대 → 조리대 → 가열대 → 개수대 → 배선대
② 개수대 → 준비대 → 가열대 → 조리대 → 배선대
③ 준비대 → 개수대 → 조리대 → 가열대 → 배선대
④ 개수대 → 조리대 → 준비대 → 가열대 → 배선대

해설 부엌의 작업삼각대(worktriangle)를 이루는 가구의 배치 순서

준비대 → 개수대 → 조리대 → 가열대 → 배선대
※ 주부의 동선을 단축하기 위하여 부엌의 작업순서는 작업삼각형(worktriangle)이 되도록 하는 것이 유리하다.
※ 작업대를 높이를 결정하는 기본 치수는 작업하는 사람의 팔꿈치 높이이다.

17 **일광 조절 장치에 속하지 않는 것은?**

① 커튼　　② 루버
③ 코니스　　④ 블라인드

해설 코니스

벽면의 상부에 위치하여 모든 빛이 아래로 직사하도록 하는 조명방식

정답 14 ① 15 ② 16 ③ 17 ③

18 창에 관한 설명으로 옳지 않은 것은?

① 고정창은 비교적 크기와 형태에 제약없이 자유로이 디자인할 수 있다.
② 창의 높낮이는 가구의 높이와 사람의 시선 높이에 영향을 받는다.
③ 충분한 보온과 개폐의 용이를 위해 창은 가능한 크게 하는 것이 좋다.
④ 창은 채광, 조망, 환기, 통풍의 역할을 하며 벽과 천장에 위치할 수 있다.

해설 창

㉠ 창은 채광, 조망, 환기, 통풍의 역할을 하며 벽과 천장에 위치할 수 있다.
㉡ 창의 높낮이는 가구의 높이와 사람의 시선 높이로 결정된다.
㉢ 창의 크기, 형태, 위치 및 개수는 실의 성격, 방위, 크기, 기후, 디자인에 의해 결정된다.
㉣ 창이 공간을 둘러싸면 시각적으로 천장면은 벽면에서 띄워 들어올린 것처럼 가벼운 느낌을 준다.

19 단독주택의 현관에 관한 설명으로 옳은 것은?

① 거실의 일부를 현관으로 만드는 것이 좋다.
② 바닥은 저명도·저채도의 색으로 계획하는 것이 좋다.
③ 전실을 두지 않으며 현관문은 미닫이문을 사용하는 것이 좋다.
④ 현관문은 외기와의 환기를 위해 거실과 직접 연결되도록 하는 것이 좋다.

해설

현관의 위치는 주택평면의 공간구성에 많은 영향을 준다. 일반적으로 대지의 형태와 도로와의 관계에 의해 정해지며 정원과도 연관되는 것이 좋다. 현관의 위치는 주택의 남측이나 중앙부분에 두는 것이 무난하다. 거실, 부엌, 기타 다른 실과의 동선을 고려하여 위치를 조정한다. 크기는 가족수와 방문객의 수에 따라 결정된다.

※ 거실의 일부를 현관으로 만들지 않는 것이 좋으며 현관에서 정면으로 화장실 문이 보이지 않도록 하는 것이 좋다. 현관 홀의 내부에는 외기, 바람 등의 차단을 위해 방풍문을 설치할 필요가 있다. 바닥 마감재로는 내수성이 강한 석재, 타일, 인조석 등이 바람직하다.

20 상점 내 동선계획에 관한 설명으로 옳지 않은 것은?

① 고객 동선은 짧고 간단하게 하는 것이 좋다.
② 직원 동선은 되도록 짧게 하여 보행 및 서비스 거리를 최대한 줄이는 것이 좋다.
③ 고객 동선과 직원 동선이 만나는 곳에는 카운터 및 쇼케이스를 배치하는 것이 좋다.
④ 고객 동선은 흐름의 연속성이 상징적·지각적으로 분할되지 않는 수평적 바닥이 되도록 하는 것이 좋다.

해설

동선은 가능한 한 굵고 짧게 한다. 대체로 짧고 직선적이어야 능률적이라 볼 수 있는데 상점, 백화점 건축과 같은 경우는 예외적으로 고객의 동선을 길게 유도하여 매장의 진열효과를 높이고, 종업원의 동선은 되도록 짧게 하여 보행거리를 적게 하며 고객동선과 교차되지 않도록 한다.

※ 고객을 위한 통로폭은 최소 900mm 이상으로 하며, 종업원 동선의 폭은 최소 750mm 이상으로 하는 것이 좋다.

정답 18 ③ 19 ② 20 ①

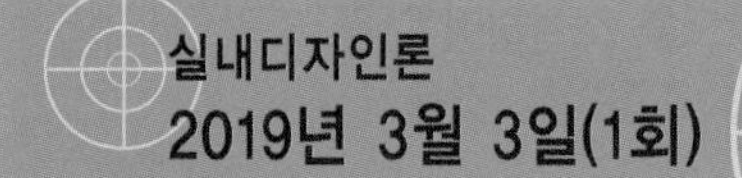
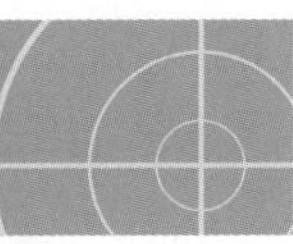

실내디자인론 2019년 3월 3일(1회)

01 다음 중 상징적 경계에 관한 설명으로 가장 알맞은 것은?

① 슈퍼그래픽을 말한다.
② 경계를 만들지 않는 것이다.
③ 담을 쌓은 후 상징물을 설치하는 것이다.
④ 물리적 성격이 약화된 시각적 영역표시를 말한다.

해설 벽높이에 따른 심리적 효과

구분	내용
상징적 경계	• 60cm 높이의 벽이나 담장은 두 공간을 상징적으로 분리, 구분한다. • 모서리를 규정할 뿐 공간을 감싸지는 못한다. • 시각적 영역표시로 바닥패턴의 변화나 재료의 변화로도 경계를 지을 수 있다.
시각적 개방	• 가슴높이의 벽 1.2m 정도는 시각적 연속성을 주면서 감싸인 분위기를 준다. • 눈높이의 벽 1.5m 정도는 한 공간이 다른 공간과 분할되기 시작한다.
시각적 차단	• 키를 넘는 높이 1.8m 정도는 공간의 영역이 완전히 차단된다. • 프라이버시를 유지할 수 있고 하나의 실을 만들 수 있다.

02 쇼 윈도우의 반사에 따른 눈부심을 방지하기 위한 방법으로 옳지 않은 것은?

① 쇼 윈도우에 곡면유리를 사용한다.
② 쇼 윈도우의 유리가 수직이 되도록 한다.
③ 쇼 윈도우의 내부 조도를 외부보다 높게 처리한다.
④ 차양을 설치하여 쇼 윈도우 외부에 그늘을 조성한다.

해설 진열창(쇼윈도우)의 현휘(눈부심) 현상 방지

(1) 주간시 : 외부의 조도가 내부의 조도보다 10~30배 정도 더 밝을 때 반사가 생긴다.
　㉮ 진열창 내의 밝기를 외부보다 더 밝게 한다. (천공이나 인공조명 사용)
　㉯ 차양을 달아 외부에 그늘을 준다. (만입형이 유리)
　㉰ 유리면을 경사지게 하고 특수한 곡면 유리를 사용한다.
　㉱ 건너편의 건물이 비치는 것을 방지하기 위해 가로수를 심는다.
(2) 야간시 : 광원에 의해 반사가 생긴다.
　㉮ 광원을 감춘다.
　㉯ 눈에 입사하는 광속을 적게 한다.

03 실내공간을 형성하는 기본 요소 중 천장에 관한 설명으로 옳지 않은 것은?

① 공간을 형성하는 수평적 요소이다.
② 다른 요소에 비해 조형적으로 가장 자유롭다.
③ 천장을 낮추면 친근하고 아늑한 공간이 되고 높이면 확대감을 줄 수 있다.
④ 인간의 동선을 차단하고 공기의 움직임, 소리의 전파, 열의 이동을 제어한다.

해설 천장

(1) 바닥과 함께 실내공간을 형성하는 수평적 요소로서 다양한 형태나 패턴 처리로 공간의 형태를 변화시킬 수 있다. 인간의 감각적 요소 중 시각적 요소가 상대적으로 가장 많은 부분을 차지한다.
(2) 천장의 기능
　㉠ 바닥과 함께 공간을 형성하는 수평적 요소로서 바닥과 천장 사이에 있는 내부공간을 규정한다.
　㉡ 지붕이나 계단 윗 바닥의 구조체를 노출시키지 않는 차단의 역할
　㉢ 열환경, 음향, 빛의 조절의 매체로서 방어, 방음, 방진 기능
(3) 천정의 높이
실내공간의 사용목적에 따라 다르게 한다. 최소 2.1m 이상으로 하고 문화 및 집회시설 등 다수인 수용 건물은 4.0m 이상을 적용한다.
☞ 벽 : 인간의 동선을 차단하고 공기의 움직임, 소리의 전파, 열의 이동을 제어한다.

정답 01 ④ 02 ② 03 ④

04 각종 의자에 관한 설명으로 옳지 않은 것은?

① 스툴은 등받이와 팔걸이가 없는 형태의 보조의자이다.
② 풀업 체어는 필요에 따라 이동시켜 사용할 수 있는 간이 의자이다.
③ 이지 체어는 편안한 휴식을 위해 발을 올려놓는데 사용되는 스툴의 종류이다.
④ 라운지 체어는 비교적 큰 크기의 의자로 편하게 휴식을 취할 수 있도록 구성되어 있다.

해설

이지 체어(easy chair) : 라운지 체어와 비슷하나 보다 크기가 작으며 기계장치도 없다.
※ 오토만(Ottoman) : 등받이나 팔걸이가 없이 천으로 씌운 낮은 의자로 발을 올려 놓는데 사용되는 의자로서 18C 터키 오토만 왕조에서 유래하였다.

05 주택의 거실에 관한 설명으로 옳지 않은 것은?

① 현관에서 가까운 곳에 위치하되 직접 면하는 것은 피하는 것이 좋다.
② 주택의 중심에 두어 공간과 공간을 연결하는 통로 기능을 갖도록 한다.
③ 거실의 규모는 가족 수, 가족구성, 전체 주택의 규모, 접객 빈도 등에 따라 결정된다.
④ 평면의 동쪽 끝이나 서쪽 끝에 배치하면 정적인 공간과 동적인 공간의 분리가 비교적 정확히 이루어져 독립적 안정감 조성에 유리하다.

해설

주택의 거실(living room)은 가족의 단란, 휴식, 접객 등이 이루어지는 곳이며, 취침 이외의 전 가족 생활의 중심이 되는 다목적 기능을 가진 공간이다. 남향으로, 햇빛과 통풍이 좋고, 주거 중 다른 방의 중심적 위치에 두며, 침실과는 항상 대칭되게 하고, 통로에 의한 실이 분할되지 않는 곳에 위치한다. 현관, 식사실, 부엌과 가깝고 햇빛이 잘 들며 전망이 좋은 곳이 좋다.

06 날개의 각도를 조절하여 일광, 조망, 시각의 차단 정도를 조정하는 것은?

① 드레이퍼리
② 롤 블라인드
③ 로만 블라인드
④ 베네시안 블라인드

해설

① 드레이퍼리(drapery) : 창문에 느슨하게 걸려 있는 무거운 커튼으로 장식적인 목적으로 이용된다.
② 롤 블라인드(roll blind) : 쉐이드(shade)라고도 하며 단순하고 깔끔한 느낌을 준다.
③ 로만 블라인드(roman blind) : 천의 내부에 설치된 풀 코드나 체인에 의해 당겨져 아래가 접히면서 올라간다.
④ 베네시안 블라인드(Venetian blind) : 수평 블라인드로 안정감을 줄 수 있으나 날개 사이에 먼지가 쌓이기 쉽다.

07 비정형 균형에 관한 설명으로 옳은 것은?

① 좌우대칭, 방사대칭으로 주로 표현된다.
② 대칭의 구성 형식이며, 가장 완전한 균형의 상태이다.
③ 단순하고 엄숙하며 완고하고 변화가 없는 정적인 것이다.
④ 물리적으로는 불균형 이지만 시각상으로 힘의 정도에 의해 균형을 이룬 것이다.

해설 균형의 분류

(1) 대칭 균형
㉠ 일반적으로 방계대칭과 방사대칭으로 나눈다.
㉡ 방사대칭으로는 대칭형, 확대형, 회전형이 있다.
㉢ 방계대칭은 상하 또는 좌우와 같이 한 방향에 대한 대칭이다.
㉣ 대칭적 균형은 성격상 형식적이고 딱딱하다.
㉤ 정돈된 질서는 대칭적 균형에서 생기지만 그 응용에는 한계가 있으며, 상상력도 부족되기 쉬운 현상을 낳는다.

정답 04 ③ 05 ② 06 ④ 07 ④

㉥ 대칭적 균형은 전통적인 건축물, 기념물이나 시대물의 실내에서 가장 많이 볼 수 있다.

(2) 비대칭 균형
㉠ 비정형 균형, 신비의 균형 혹은 능동의 균형이라고도 한다.
㉡ 대칭 균형보다 자연스럽다.
㉢ 균형의 중심점으로부터 양측은 가능한 모든 배열로 다르게 배치된다.
㉣ 시각적인 결합에 의해 동적인 안정감과 변화가 풍부한 개성 있는 형태를 준다.
㉤ 물리적으로는 불균형이지만 시각상으로는 균형을 이루는 것으로 흥미로움을 주며 율동감, 약진감이 있다.
㉥ 현대 건축, 현대 미술

(3) 방사상 균형
㉠ 둘 이상의 대칭축이 점을 중심으로 등각을 형성한 것
㉡ 디자인 요소가 공통된 중심축에서 주변을 향하여 규칙적인 방사상 또는 환상으로 퍼져 나가는 것

08 디자인 요소 중 점에 관한 설명으로 옳지 않은 것은?

① 공간에 한 점을 두면 집중효과가 생긴다.
② 다수의 점을 근접시키면 면으로 지각된다.
③ 같은 점이라도 밝은 점은 작고 좁게, 어두운 점은 크고 넓게 보인다.
④ 점은 선과 마찬가지로 형태의 외곽을 시각적으로 설명하는데 사용될 수 있다.

해설 점

(1) 정의 : 점은 기하학적인 정의로 크기가 없고 위치만 있다. 점은 선과 선의 교차, 선과 면의 교차, 선의 양끝 등에 의해 생긴다.

(2) 점의 효과
㉠ 점의 장력(인장력) : 2점을 가까운 거리에 놓아두면 서로간의 장력으로 선으로 인식되는 효과
㉡ 점의 집중효과 : 공간에 놓여있는 한점은 시선을 집중시키는 효과가 있다.
㉢ 시선의 이동 : 큰 점과 작은 점이 함께 놓여 있을 때 큰 점에서 작은 점으로 시선이 이동된다.
㉣ 많은 점을 근접시키면 면으로 지각하는 효과가 있다.

09 다음 중 주거공간의 부엌을 계획 할 경우 계획 초기에 가장 중점적으로 고려해야 할 사항은?

① 위생적인 급배수 방법
② 실내분위기를 위한 마감재료와 색채
③ 실내 조도 확보를 위한 조명기구의 위치
④ 조리순서에 따른 작업대의 배치 및 배열

해설 부엌 계획

㉠ 부엌은 작업대를 중심으로 구성하되 충분한 작업대의 면적이 필요하다.
㉡ 가사 작업은 인체의 활동 범위를 고려하여야 한다.
㉢ 부엌의 크기는 식생활 양식, 부엌 내에서의 가사작업 내용, 작업대의 종류, 각종 수납공간의 크기 등에 영향을 받는다.
㉣ 주부의 동선을 단축하기 위하여 부엌의 작업순서는 작업삼각형(worktriangle)이 되도록 하는 것이 유리하다.
※ 부엌의 작업삼각대(worktriangle)를 이루는 가구의 배치 순서 :
준비대 – 냉장고 – 개수대(싱크대) – 조리대 – 가열대(레인지) – 배선대

10 사무공간의 소음 방지 대책으로 옳지 않은 것은?

① 개인공간이나 회의실의 구역을 한정한다.
② 낮은 칸막이, 식물 등의 흡음재를 적당히 배치한다.
③ 바닥, 벽에는 흡음재를, 천장에는 음의 반사재를 사용한다.
④ 소음원을 일반 사무공간으로부터 가능한 멀리 떼어 놓는다.

해설

바닥 충격음, 개폐음, 설비음을 줄이고 흡음재를 사용하여 실내의 흡음률을 높인다.

정답 08 ③ 09 ④ 10 ③

11 다음 설명에 알맞은 건축화 조명의 종류는?

> • 사용자의 얼굴에 적당한 조도를 분배하기 위해 벽면이나 천장면의 일부를 돌출시켜 조명을 설치하고 아래로 비춘다.
> • 주로 카운터 상부, 욕실의 세면대 상부 등에 설치된다.

① 광창 조명 ② 코브 조명
③ 광천장 조명 ④ 캐노피 조명

해설 건축화 조명방식

천장, 벽, 기둥 등의 건축 부분에 광원을 만들어 실내를 조명하는 방식으로 눈부심이 적은 장점이 있는 반면, 조명 효율은 직접 조명에 비해 떨어진다.
㉠ 광천장 조명 : 확산투과선 플라스틱 판이나 루버로 천장을 마감하여 그 속에 전등을 넣은 방법이다.
㉡ 코니스 조명 : 벽면의 상부에 위치하여 모든 빛이 아래로 직사하도록 하는 조명방식이다.
㉢ 밸런스 조명 : 창이나 벽의 커튼 상부에 부설된 조명이다.(상향 조명)
㉣ 캐노피 조명 : 사용자의 얼굴에 적당한 조도를 분배하기 위해 벽면이나 천장면의 일부를 돌출시켜 조명을 설치한다.
㉤ 코브(cove)조명 : 천장, 벽, 보의 표면에 광원을 감추고, 일단 천장 등에서 반사한 간접광으로 조명하는 건축화 조명이다.

12 펜던트 조명에 관한 설명으로 옳지 않은 것은?

① 천장에 매달려 조명하는 조명방식이다.
② 조명기구 자체가 빛을 발하는 액세서리 역할을 한다.
③ 노출 펜던트형은 전체조명이나 작업조명으로 주로 사용된다.
④ 시야 내에 조명이 위치하면 눈부심이 일어나므로 조명기구에 의해 휘도를 조절하는 것이 좋다.

해설 펜던트(pendant) 조명

㉠ 파이프나 와이어에 달아 천장에 매단 조명 방식이다.
㉡ 조명기구 자체가 빛을 발하는 악세사리 역할을 한다.
㉢ 시야 내에 조명이 위치하면 눈부심이 일어나므로 조명기구에 의해 휘도를 조절하는 것이 좋다.

13 전시공간의 순회유형에 관한 설명으로 옳지 않은 것은?

① 연속순회 형식에서 관람객은 연속적으로 이어진 동선을 따라 관람하게 된다.
② 갤러리 및 복도형은 각 실을 독립적으로 폐쇄시킬 수 있다는 장점이 있다.
③ 연속순회형식은 한 실을 폐쇄하면 다음 실로의 이동이 불가능한 단점이 있다.
④ 중앙홀형은 대지 이용률은 낮으나, 중앙홀이 작아도 동선의 혼란이 없다는 장점이 있다.

해설 전시실의 순로(순회) 형식

(1) 연속 순로(순회) 형식
구형(矩形) 또는 다각형의 각 전시실을 연속적으로 연결하는 형식이다.
㉠ 단순하고 공간이 절약된다.
㉡ 소규모의 전시실에 적합하다.
㉢ 전시 벽면을 많이 만들 수 있다.
㉣ 많은 실을 순서별로 통해야 하고 1실을 닫으면 전체 동선이 막히게 된다.

(2) 갤러리(gallery) 및 코리도(corridor) 형식
연속된 전시실의 한쪽 복도에 의해서 각 실을 배치한 형식이며, 그 복도가 중정(中庭)을 포위하여 순로(巡路)를 구성하는 경우가 많다.
㉠ 각 실에 직접 들어갈 수 있는 점이 유리하며 필요시에 자유로이 독립적으로 폐쇄할 수가 있다.
㉡ 복도 자체도 전시 공간으로 이용이 가능하다.
㉢ 코르뷔지에의 와상 동선(渦狀動線)을 발전시켰고 통일된 미술관 안(案)으로 '성장하는 미술관'을 계획하였다. 이는 전체를 와상 동선으로 통일함에 따라 최소의 면적으로 최대의 전시 벽면을 얻으려는 동시에 천창 채광, 상하층 공간의 이용, 순로의 단축 가능과 확장 가능성 등을 고려한 계획이다.

정답 11 ④ 12 ③ 13 ④

[예] 르 코르뷔지에의 '성장하는 미술관', 동경의 국립 서양 미술관, 과천 국립 현대 미술관

(3) 중앙 홀 형식
중심부에 하나의 큰 홀을 두고 그 주위에 각 전시실을 배치하여 자유로이 출입하는 형식이다.
㉠ 과거에 많이 사용한 평면으로 중앙 홀에 높은 천창을 설치하여 고창(高窓)으로부터 채광하는 방식이 많았다.
㉡ 대지의 이용률이 높은 지점에 건립할 수 있으며, 중앙 홀이 크면 동선의 혼란은 없으나 장래의 확장에 많은 무리가 따른다.
[예] 프랭크 로이드 라이트의 구겐하임 미술관 (1959, 뉴욕)

14 다음 중 실내디자인의 개념과 가장 거리가 먼 것은?

① 순수예술
② 공간예술
③ 디자인 행위
④ 계획, 실행과정, 결과

해설 실내디자인의 개념

실내디자인이란 인간이 생활하는 실내공간을 보다 아름답고 일률적이며, 쾌적한 환경으로 창조 하는 디자인 행위 일체를 말한다.
실내디자인은 인간에 의해 점유되는 모든 공간을 쾌적한 환경으로 만들기 위한 창조적인 디자인 행위로 물리적·환경적 조건(기상, 기후 등 외부적인 보호), 기능적 조건(공간 배치, 동선), 정서적·심미적 조건(서정적 예술성의 만족) 등을 충족시켜야 한다. 미술은 순수예술처럼 주관적인 예술이지만 실내디자인은 과학적 기술과 예술의 조합으로써 주어진 공간을 목적에 알맞게 창조하는 전문분야이고, 가장 우선시 되어야 하는 것은 기능적인 면의 해결이므로 건축적인 수단도 필요로 한다. 그리고 실내디자인의 쾌적성 추구는 기능적 요소와 환경적 요소 및 주관적 요소를 목표로 한다.

15 주택의 실구성 형식 중 LDK형에 관한 설명으로 옳은 것은?

① 식사실이 거실, 주방과 완전히 독립된 형식이다.
② 주부의 동선이 짧은 관계로 가사노동이 절감된다.
③ 대규모 주택에 적합하며 식사실 위치 선정이 자유롭다.
④ 식사공간에서 주방의 지저분한 싱크대, 조리 중인 그릇, 음식들이 보이지 않는다.

해설

리빙 키친(living kitchen, LDK형) : 거실, 식사실, 부엌을 겸용한 것
※ living kitchen(LDK형)의 특징
㉠ 주부의 가사 노동의 경감(주부의 동선단축)
㉡ 통로가 절약되어 바닥 면적의 이용률이 높다. (소주택에 적당)
㉢ 부엌의 통풍·채광이 우수하다.(위생적이다.)

16 실내디자인의 원리 중 휴먼 스케일에 관한 설명으로 옳지 않은 것은?

① 인간의 신체를 기준으로 파악되고 측정되는 척도 기준이다.
② 공간의 규모가 웅대한 기념비적인 공간은 휴먼 스케일의 적용이 용이하다.
③ 휴먼 스케일이 잘 적용된 실내공간은 심리적, 시각적으로 안정된 느낌을 준다.
④ 휴먼 스케일의 적용은 추상적, 상징적이 아닌 기능적인 척도를 추구하는 것이다.

해설 휴먼 스케일(Human scale)

인간의 신체를 기준으로 파악하고 측정되는 척도 기준이다. 생활 속의 모든 스케일 개념은 인간 중심으로 결정되어야 한다. 휴먼스케일(Human scale)이 잘 적용된 실내는 안정되고 안락한 느낌을 준다.
※ 르 꼬르뷔제(Le Corbusier)는 휴먼 스케일을 디자인 원리로 사용한 대표적인 건축가로서 "Modulor"라는 설계단위를 설정하고 Module을 인체척도(human scale)에 관련시켜 형태비례에 대한 학설을 주장하고 실천하였다.

정답 14 ① 15 ② 16 ②

17 백화점의 에스컬레이터에 관한 설명으로 옳지 않은 것은?

① 건축적 점유면적이 가능한 한 작게 배치한다.
② 승객의 보행거리가 가능한 한 길게 되도록 한다.
③ 출발 기준층에서 쉽게 눈에 띄도록 하고 보행동선 흐름의 중심에 설치한다.
④ 일반적으로 수직 이동 서비스 대상 인원의 70~80% 정도를 부담하도록 계획한다.

해설 백화점의 에스컬레이터 설치시의 장·단점

(1) 장점
㉠ 수송력에 비해 점유면적이 적다.(엘리베이터의 1/4~1/5 정도)
㉡ 종업원이 적어도 된다.
㉢ 고객으로 하여금 기다리지 않게 한다.
㉣ 매장을 바라보며 승강할 수 있다.

(2) 단점
㉠ 설비비가 고가이다.
㉡ 층고와 보의 간격에 제약을 받는다.
㉢ 비상계단으로 사용할 수 없다.

※ 백화점에서 엘리베이터와 에스컬레이터를 병용하는 경우 고객의 75~80%는 에스컬레이터를 이용하므로 엘리베이터는 최상층에의 급행용 이외에는 보조적 역할이 된다.

18 사무실의 조명 방식 중 부분적으로 높은 조도를 얻고자 할 때 극히 제한적으로 사용하는 것은?

① 전반조명방식 ② 간접조명방식
③ 국부조명방식 ④ 건축화조명방식

해설 국부조명

작고 정해진 공간에 높은 조도로 조명하기 위해 조명기구를 사용하며 특별히 조명을 집중시키는데 국부작업조명과 액센트 조명으로 구분된다. 전반조명으로 휘도대비가 저하되어 잘 보이지 않을 때 이용한다.

※ 건축화 조명 : 천장, 벽, 기둥 등 건축 부분에 광원을 만들어 실내를 조명하는 것을 말한다. 건축화 조명은 눈부심이 적고 명랑한 느낌을 주며 현대적인 감각을 느끼게 하나 비용이 많이 들며 조명효율은 떨어진다.

19 다음 중 유니버셜 공간의 개념적 설명으로 가장 알맞은 것은?

① 상업공간을 말한다.
② 모듈이 적용된 공간을 말한다.
③ 독립성이 극대화된 공간을 말한다.
④ 공간의 융통성이 극대화된 공간을 말한다.

해설 유니버셜 공간(universal space)

㉠ 개념 : 고령자나 장애인 등 일상생활이나 사회생활의 신체 기능상의 제한을 받는 사람이 원활하게 이용할 수 있도록 한다. 유니버셜 공간이란 공간의 융통성이 극대화된 공간을 말한다.
㉡ 장애인을 위해서 휠체어도 충분히 통행이 가능한 폭, 구배, 포장을 배려하고 단차를 줄이는 등의 유니버셜 디자인에 대한 배려와 함께 보행안내등 등을 설치함으로서 야간의 안전을 확보하는 것도 중요하다.

20 다음 중 곡선이 주는 느낌과 가장 가리가 먼 것은?

① 우아함 ② 안정감
③ 유연함 ④ 불명료함

해설 선의 조형심리적 효과

㉠ 수직선은 구조적인 높이와 존엄성, 고양감을 느끼게 한다.
㉡ 수평선은 영원, 무한, 안정, 안락, 평화감을 느끼게 한다.
㉢ 사선은 넘어지려는 움직임이 있어 운동감, 불안정, 변화하는 활동적인 느낌을 준다.
㉣ 곡선은 유연, 복잡, 동적, 경쾌하며 여성적인 느낌을 들게 한다.

정답 17 ② 18 ③ 19 ④ 20 ②

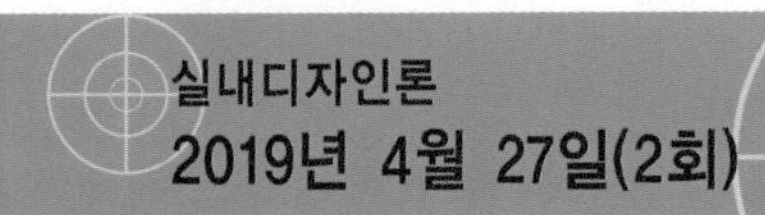

실내디자인론
2019년 4월 27일(2회)

01 다음 설명에 알맞은 사무소 건축의 코어형식은?

- 중, 대규모 사무소 건축에 적합하다.
- 2방향 피난에 이상적인 형식이다.

① 외코어형 ② 중앙코어형
③ 편심코어형 ④ 양단코어형

해설 사무소 건축의 core 종류

㉠ 편심 코어형(편단 코어형) : 기준층 바닥면적이 적은 경우에 적합하며 너무 고층인 경우는 구조상 좋지 않다. 바닥면적이 커지면 코어 이외에 피난 시설, 설비 샤프트 등이 필요해진다.
㉡ 중심 코어형(중앙 코어형) : 바닥면적이 클 경우 적합하며 특히 고층, 초고층에 적합하다. 임대사무실로서 가장 경제적인 계획을 할 수 있다.
㉢ 독립 코어형(외 코어형) : 자유로운 사무실 공간을 코어와 관계없이 마련할 수 있다. 각종 설비 duct, 배관 등의 길이가 길어지며 제약이 많다. 방재상 불리하고 바닥면적이 커지면 피난시설을 포함한 서브 코어(sub core)가 필요하며, 내진 구조에는 불리하다.
㉣ 양단 코어형(분리 코어형) : 한 개의 대공간을 필요로 하는 전용 사무실에 적합하다. 2방향 피난에 이상적이며 방재상 유리하다.

02 부엌 작업대의 배치유형 중 작업대를 부엌의 중앙공간에 설치한 것으로 주로 개방된 공간의 오픈 시스템에서 사용되는 것은?

① 일렬형 ② 병렬형
③ ㄱ자형 ④ 아일랜드형

해설 아일랜드형 부엌

㉠ 부엌의 중앙에 별도로 분리, 독립된 작업대가 설치되어 주위를 돌아가며 작업할 수 있게 한 형식으로 공간이 큰 경우에 적합하다.
㉡ 가족 구성원 모두가 부엌 일에 참여하는 것을 유도할 수 있다.
㉢ 개방성이 큰 만큼 부엌의 청결과 유지관리가 중요하다.

03 균형에 관한 설명으로 옳지 않은 것은?

① 대칭적 균형은 가장 완전한 균형의 상태이다.
② 비정형 균형은 능동의 균형, 비대칭 균형이라고도 한다.
③ 균형은 정적이든 동적이든 시각적 안정성을 가져올 수 있다.
④ 대칭적 균형은 비정형 균형에 비해 자연스러우며 풍부한 개성 표현이 용이하다.

해설 대칭적 균형

㉠ 일반적으로 방계대칭과 방사대칭으로 나눈다.
㉡ 방계대칭은 상하 또는 좌우와 같이 한 방향에 대한 대칭이다.
㉢ 방사대칭으로는 정점으로부터 확산되거나 집중된 양상을 보이며 대칭형, 확대형, 회전형이 있다.
㉣ 대칭적 균형은 성격상 형식적이고 딱딱하다.
㉤ 정돈된 질서는 대칭적 균형에서 생기지만 그 응용에는 한계가 있으며, 상상력도 부족되기 쉬운 현상을 낳는다.
㉥ 대칭적 균형은 전통적인 건축물, 기념물이나 시대물의 실내에서 가장 많이 볼 수 있다.
[예] 타지마할 궁 – 대칭적 균형

04 다음과 같은 단면을 갖는 천장의 유형은?

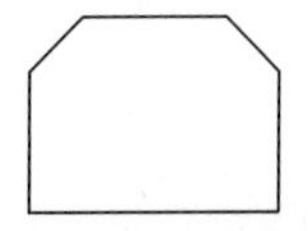

① 나비형 ② 단저형
③ 경사형 ④ 꺽임형

해설 천장

바닥과 함께 실내공간을 형성하는 수평적 요소로서 다양한 형태나 패턴 처리로 공간의 형태를 변화시킬 수 있다. 천정의 높이는 실내공간의 사용목적과 깊은 관계가 있다.
☞ 그림과 같은 단면을 갖는 천장의 유형은 꺽임형이다.

정답 01 ④ 02 ④ 03 ④ 04 ④

05 **디자인의 요소 중 면에 관한 설명으로 옳은 것은?**

① 면 자체의 절단에 의해 새로운 면을 얻을 수 있다.
② 면이 이동한 궤적으로 물체가 점유한 공간을 의미한다.
③ 점이 이동한 궤적으로 면의 한계 또는 교차에서 나타난다.
④ 위치만 있고 크기는 없는 것으로 선의 한계 또는 교차에서 나타난다.

해설 면(surface)

(1) 면은 점의 확대 또는 집합이나 선의 이동, 선 폭의 증대 및 선의 집합 등으로 이루어진다.
또한 입체의 한계, 공간의 경계이기도 하다.
(2) 길이와 넓이는 있으나 두께가 없고 위치와 방향을 가지는 선의 집합체이다.
(3) 면의 특성
㉠ 면은 선이 이동한 궤적이다.
㉡ 면은 절단에 의해서 여러 가지 면이 생긴다.
㉢ 평면과 곡면을 조합시키면 대비감이 생기며 공간 구성에는 극히 효과적이다.

06 **다음 중 단독주택의 현관 위치 결정에 가장 주된 영향을 끼치는 것은?**

① 가족 구성 ② 도로의 위치
③ 주택의 층수 ④ 주택의 건폐율

해설

주택의 현관 위치는 도로의 위치, 경사로, 대지의 형태에 따라 결정된다. 방위와는 무관하다.
※ 남쪽에 현관을 배치하는 것은 가급적 피하는 편이 좋다.

07 **실내기본요소 중 바닥에 관한 설명으로 옳지 않은 것은?**

① 공간을 구성하는 수평적 요소이다.
② 촉각적으로 만족할 수 있는 조건을 요구한다.
③ 고저차를 통해 공간의 영역을 조정할 수 있다.
④ 다른 요소들에 비해 시대와 양식에 의한 변화가 현저하다.

해설 바닥

㉠ 실내공간을 구성하는 수평적 요소로서 인간의 감각 중 시각적, 촉각적 요소와 밀접한 관계를 갖는 가장 기본적인 요소이다. 상승된 바닥은 다른 부분보다 중요한 공간이라는 것을 나타낸다.
㉡ 실내공간을 구성하는 수평적 요소로서 고저 또는 바닥 패턴으로 스케일감의 변화를 줄 수 있다.
※ 스케일(scale)은 가구·실내·건축물 등 물체와 인체와의 관계 및 물체 상호간의 관계를 말한다.

08 **다음의 실내디자인의 제반 기본조건 중 가장 우선 시 되는 것은?**

① 정서적 조건 ② 기능적 조건
③ 심미적 조건 ④ 환경적 조건

해설 실내디자인의 제반 기본조건

㉠ 기능적 조건 : 가장 우선적인 조건으로 편리한 생활의 기능을 가져야 한다.
㉡ 정서적 조건 : 인간의 심리적 안정감이 충족되어야 한다.
㉢ 심미적 조건 : 아름다움을 추구한다.
㉣ 환경적 조건 : 자연환경인 기후, 지형, 동식물 등과 어울리는 기능을 가져야 한다.
(위의 기능적, 정서적, 심미적 조건은 인간적인 조건이나 환경적인 조건은 성격이 다르다.)

09 **세포형 오피스(cellular type office)에 관한 설명으로 옳지 않은 것은?**

① 연구원, 변호사 등 지식집약형 업종에 적합하다.
② 조직구성원간의 커뮤니케이션에 문제점이 있을 수 있다.
③ 개인별 공간을 확보하여 스스로 작업공간의 연출과 구성이 가능하다.
④ 하나의 평면에서 직제가 명확한 배치로 상하급의 상호감시가 용이하다.

정답 05 ① 06 ② 07 ④ 08 ② 09 ④

해설 싱글 오피스

긴 복도를 가지고 작은 공간의 실로 구획되는 사무공간으로 복도형 오피스라고도 한다.

(1) 세포형 오피스(cellular type office) : 개실의 규모는 20~30m^2 정도로 일반 사무원 1~2인 정도의 소수 인원을 위해 부서별로 개별적인 사무실을 제공한다.
 ㉠ 개인별 공간을 확보하여 스스로 작업공간의 연출과 구성이 가능하다.
 ㉡ 조직구성원간의 커뮤니케이션에 문제점이 있을 수 있다.
 ㉢ 연구원, 변호사 등 지식집약형 업종에 적합하다.

(2) 집단형 오피스 : 개실의 규모는 7~8인의 그룹을 위한 실로 구성되며 직제별 사무 작업성의 필요면적, 가구의 배치형식, 단위 그룹별 인원, 작업종류 등에 의해 그 규모가 결정된다.

10 필요에 따라 가구의 형태를 변화시킬 수 있어 고정적이면서 이동적인 성격을 갖는 가구로, 규격화된 단일가구를 원하는 형태로 조합하여 사용할 수 있으므로 다목적으로 사용이 가능한 것은?

① 유닛가구 ② 가동가구
③ 원목가구 ④ 붙박이가구

해설 가구의 이동에 따른 분류

(1) 가동(이동) 가구 : 자유로이 움직일 수 있는 단일가구로 현대 가구의 주종을 이룬다.
 ㉠ 유닛 가구(unit furniture) : 조립, 분해가 가능하며, 필요에 따라 가구의 형태를 고정, 이동으로 변경이 가능한 가구이다.
 ㉡ 시스템 가구(system furniture) : 서로 다른 기능을 단일 가구에 결합시킨 가구이다.

(2) 붙박이 가구(built - in furniture) : 건물에 짜 맞추어 건물과 일체화하여 만든 가구로 가구배치의 혼란을 없애고 공간을 최대한 활용할 수 있다.

(3) 모듈로 가구(modular furniture) : 이동식이면서 시스템화 되어 공간의 낭비없이 더 크게 더 작게도 조립할 수 있다. 붙박이가구 + 가동가구로서 가동성, 적응성의 편리한 점이 있다.

11 상품의 유효진열범위에서 고객의 시선이 자연스럽게 머물고, 손으로 잡기에도 편한 높이인 골든 스페이스(Golden Space)의 범위는?

① 500~850mm ② 850~1250mm
③ 1250~1400mm ④ 1450~1600mm

해설

유효진열범위 내에서도 고객의 시선이 가장 편하게 머물고 손으로 잡기에도 가장 편안한 높이는 850~1250mm 높이로 이 범위를 골든 스페이스(golden space)라 한다.

12 실내 치수 계획으로 가장 부적절한 것은?

① 주택 출입문의 폭 : 90cm
② 부엌 조리대의 높이 : 85cm
③ 주택 침실의 반자높이 : 2.3m
④ 상점 내의 계단 단높이 : 40cm

해설

상업공간의 계단은 다수인의 사용하는 공간임을 고려하여 단높이 18cm 이하, 단너비 26cm 이상으로 한다.

13 다음 설명에 알맞은 건축화 조명의 종류는?

> • 벽면 전체 또는 일부분을 광원화하는 방식이다.
> • 광원을 넓은 벽면에 매입함으로써 비스타(vista)적인 효과를 낼 수 있다.

① 코퍼조명 ② 광창조명
③ 코니스조명 ④ 광천장조명

해설

① 코퍼조명 : 천장면을 여러 형태의 사각, 동그라미 등으로 오려내고 다양한 형태의 매입기구를 취부하여 실내의 단조로움을 피하는 건축화 조명방식

정답 10 ① 11 ② 12 ④ 13 ②

② 광창조명 : 광원을 넓은 면적의 벽면에 매입하여 비스타(vista)적인 효과를 낼 수 있으며 시선에 안락한 배경으로 작용하는 건축화 조명방식
③ 코니스조명 : 벽의 상부에 길게 설치된 반사상자 안에 광원을 설치하여 모든 빛이 하부로 향하도록 하는 조명방식
④ 광천장 조명 : 천장을 확산투과 혹은 지향성 투과 패널로 덮고, 천장 내부에 광원을 일정한 간격으로 배치한 것으로, 천장면 전체가 발광면이 되고 균일한 조도의 부드러운 빛을 얻을 수 있는 건축화 조명

14 실내디자인 과정 중 공간의 레이아웃(lay out) 단계에서 고려해야 할 사항으로 가장 알맞은 것은?

① 동선계획　　② 설비계획
③ 입면계획　　④ 색채계획

해설

실내공간의 레이아웃(lay out)에서 가장 우선 고려해야 할 사항은 공간의 동선계획이다. 동선계획의 원칙은 가능한 한 굵고 짧게 하며, 동선의 형은 가능한 한 단순하며 명쾌하게 한다. 동선이 짧으면 효율적이지만 공간의 성격에 따라 길게 처리하기도 한다.
※ 레이아웃(lay-out)이란 공간을 형성하는 부분(바닥, 벽, 천장)과 설치되는 가구, 기구들의 위치 관계를 결정하는 것이다.

15 형태의 지각에 관한 설명으로 옳지 않은 것은?

① 대상을 가능한 한 복합적인 구조로 지각하려 한다.
② 형태를 있는 그대로가 아니라 수정된 이미지로 지각하려 한다.
③ 이미지를 파악하기 위하여 몇 개의 부분으로 나누어 지각하려 한다.
④ 가까이 있는 유사한 시각적 요소들은 하나의 그룹으로 지각하려 한다.

해설 형태의 지각심리(게슈탈트의 지각심리)

㉠ 접근성 : 가까이 있는 시각 요소들을 패턴이나 그룹으로 인지하게 되는 지각심리
㉡ 유사성 : 형태와 색깔, 크기 등이 유사할 경우 함께 모여보이는 지각심리
㉢ 연속성 : 점들의 연속이 선으로 지각되어 형태를 만드는 지각심리
㉣ 폐쇄성 : 불완전한 시각 요소들을 완전한 형태로 지각하려는 심리
㉤ 단순화 : 어떤 형태를 접했을 때 복잡한 형태보다는 단순한 형태로 지각하려는 심리
㉥ 도형과 배경의 법칙 : 도형과 배경이 순간적으로 번갈아 보이면서 다른 형태로 지각되는 심리
- 그림과 바탕이 교체되는 도형을 '반전도형(反轉圖形)'이라고 한다.
[예] 루빈의 항아리

16 수평 블라인드로 날개의 각도, 승강으로 일광, 조망, 시각의 차단정도를 조절하는 것은?

① 롤 블라인드
② 로만 블라인드
③ 버티컬 블라인드
④ 베니션 블라인드

해설 블라인드의 종류

※ 블라인드 : 날개의 각도를 조절하여 일광, 조망, 시각의 차단정도를 조정하는 창가리개
㉠ 수직형 블라인드(vertical blind) : 버티컬 블라인드로 날개가 세로로 하여 180° 회전하는 홀더 체인으로 연결되어 있으며 좌우 개폐가 가능하다.
㉡ 베네시안 블라인드(Venetian blind) : 수평 블라인드로 안정감을 줄 수 있으나 날개 사이에 먼지가 쌓이기 쉽다. 날개의 각도를 조절하여 일광, 조망, 시각의 차단정도를 조정한다.

정답 14 ① 15 ① 16 ④

㉢ 롤 블라인드(roll blind) : 쉐이드(shade)라고 도 한다. 단순하고 깔끔한 느낌을 주며 창 이외에 간막이 스크린으로도 효과적으로 사용할 수 있다.
㉣ 로만 블라인드(roman blind) : 천의 내부에 설치된 풀 코드나 체인에 의해 당겨져 아래가 접히면서 올라간다.

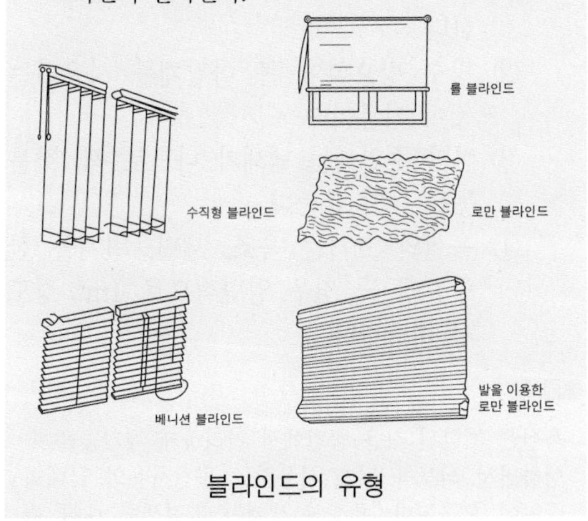

블라인드의 유형

17 조명의 눈부심에 관한 설명으로 옳지 않은 것은?

① 광원이 시선에 멀수록 눈부심이 강하다.
② 광원의 휘도가 클수록 눈부심이 강하다.
③ 광원의 크기가 클수록 눈부심이 강하다.
④ 배경이 어둡고 눈이 암순응될수록 눈부심이 강하다.

해설 눈부심(현휘, 글레어)의 발생 원인

㉠ 주위가 어둡고 눈이 순응되어 있는 휘도가 낮은 경우
㉡ 광원의 휘도가 높은 경우
㉢ 광원이 시선에 가까운 경우
㉣ 광원의 겉보기 면적이 큰 경우와 광원의 수가 많은 경우

18 상품을 판매하는 매장을 계획할 경우 일반적으로 동선을 길게 구성하는 것은?

① 고객 동선
② 관리 동선
③ 판매종업원 동선
④ 상품 반출입 동선

해설

동선은 가능한 한 굵고 짧게 한다. 대체로 짧고 직선적이어야 능률적이라 볼 수 있는데 상점, 백화점 건축과 같은 경우는 예외적으로 고객의 동선을 길게 유도하여 매장의 진열효과를 높인다.

19 다음 중 실내공간계획에서 가장 중요하게 고려해야 할 사항은?

① 인간 스케일
② 조명 스케일
③ 가구 스케일
④ 색채 스케일

해설

휴먼스케일(Human scale) : 인간의 신체를 기준으로 파악하고 측정되는 척도 기준이다.
생활 속의 모든 스케일 개념은 인간 중심으로 결정되어야 한다. 휴먼스케일(Human scale)이 잘 적용된 실내는 안정되고 안락한 느낌을 준다.

20 다음의 설명에 알맞은 조명 연출기법은?

강조하고자 하는 물체에 의도적인 광선으로 조사시킴으로써 광선 그 자체가 시각적인 특성을 지니게 하는 기법이다.

① 실루엣 기법
② 월 워싱 기법
③ 글레이징 기법
④ 빔 플레이 기법

정답 17 ① 18 ① 19 ① 20 ④

해설 조명 연출 기법

㉠ 강조(high lighting)기법 : 물체를 강조하거나 어느 한 부분에 주의를 집중시키고자 할 때 사용하는 기법
㉡ 빔 플레이(beam play)기법 : 광선 그 자체가 시각적인 특성을 지니게 하는 기법
㉢ 월 워싱(wall washing) 기법 : 수직벽면을 빛으로 쓸어내리는 듯한 효과를 주기 위해 비대칭 배광방식의 조명기구를 사용하여, 수직벽면에 균일한 조도의 빛을 비추는 기법
㉣ 글레이징(glazing) 기법 : 빛의 방향 변화에 따라 시각적인 느낌은 달라진다. 즉 빛의 각도를 이용하는 방법으로 수직면과 평행한 광선을 벽에 비추는 기법

실내디자인론 2019년 8월 4일(3회)

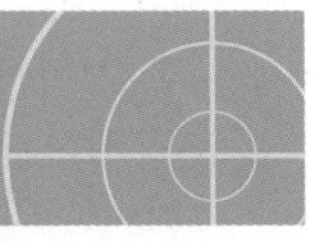

01 주거공간에 있어 욕실에 관한 설명으로 옳지 않은 것은?

① 조명은 방습형 조명기구를 사용하도록 한다
② 방수·방오성이 큰 마감재를 사용하는 것이 기본이다.
③ 변기 주위에는 냄새가 나므로 책, 화분 등을 놓지 않는다.
④ 욕실의 크기는 욕조, 세면, 변기를 한 공간에 둘 경우 일반적으로 $4m^2$ 정도가 적당하다.

해설

욕실은 제한된 작은 공간에서 편리하게 제기능을 수행하면서 되도록 넓게 사용하는 공간사용의 극대화 방안이 요구된다. 욕실의 색채는 특정색에 대한 원칙은 없으나 한색계통보다 난색계통을 사용하는 것이 바람직하다. 욕실은 몸을 편안하게 하는 장소로 정신적 해방감까지도 느낄 수 있도록 책, 화분 등을 놓기도 한다.

02 치수계획에 있어 적정치수를 설정하는 방법은 최소치$+\alpha$, 최대치$-\alpha$, 목표치$\pm\alpha$ 이다. 이 때 α는 적정치수를 끌어내기 위한 어떤 치수인가?

① 표준치수 ② 절대치수
③ 여유치수 ④ 기본치수

해설

치수계획에 있어 적정치수를 설정하는 방법은 최소치$+\alpha$, 최대치 $-\alpha$, 목표치 $\pm\alpha$ 이다. 이 때 α는 적정치수를 끌어내기 위한 여유치수이다.

정답 01 ③ 02 ③

03 다음 중 황금분할의 비율로 가장 알맞은 것은?

① 1:1.314　② 1:1.414
③ 1:1.618　④ 1:1.732

해설

황금비(golden section, 황금분할)는 고대 그리스인들의 창안으로서 선이나 면적을 나누었을 때 작은 부분과 큰 부분의 비율이 큰 부분과 전체에 대한 비율과 동일하게 되는 기하학적 분할 방식으로 1 : 1.618의 비율을 갖는 가장 균형잡힌 비례이다.
몬드리안의 작품에서 예를 들 수 있다.

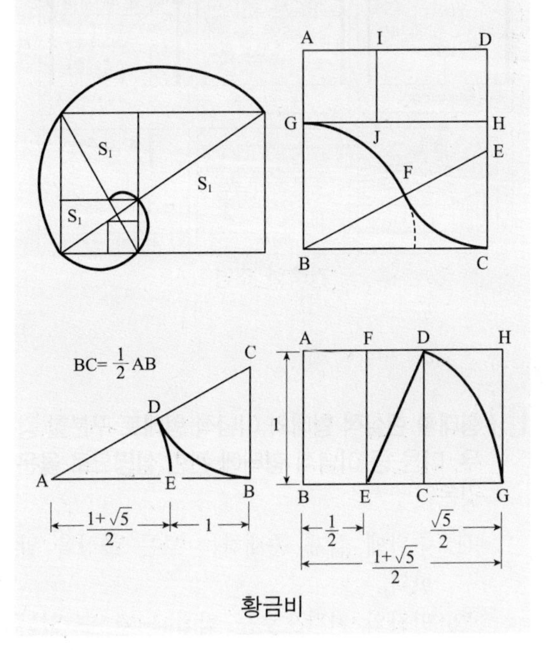

황금비

04 한국 전통 가구 중 수납계 가구에 속하지 않는 것은?

① 농　② 궤
③ 소반　④ 반닫이

해설

한국 전통주거의 가구에서 소반은 쟁반을 말하며, 문갑·농·궤·반닫이는 수납계 가구로 분류된다.

05 사무소의 로비에 설치하는 안내 데스크에 관한 설명으로 옳지 않은 것은?

① 로비에서 시각적으로 찾기 쉬운 곳에 배치한다.
② 회사의 이미지, 스타일을 시각적으로 적절히 표현하는 것이 좋다.
③ 스툴 의자는 일반 의자에 비해 데스크 근무자의 피로도가 높다.
④ 바닥의 레벨을 높여 데스크 근무자가 방문객 및 로비의 상황을 내려 볼 수 있도록 한다.

해설

바닥의 레벨차이는 실내 공간의 영역 구분의 요소가 될 수 있으나, 사무소의 로비에 설치하는 안내데스크의 바닥에 레벨차이를 두는 것은 바람직하지 않다.

06 건축계획 시 함께 계획하여 건축물과 일체화 하여 설치되는 가구는?

① 유닛 가구　② 붙박이 가구
③ 인체계 가구　④ 시스템 가구

해설 가구의 이동에 따른 분류

① 가동(이동) 가구 : 자유로이 움직일 수 있는 단일가구로 현대 가구의 주종을 이룬다.
　㉠ 유닛 가구(unit furniture) : 조립, 분해가 가능하며, 필요에 따라 가구의 형태를 고정, 이동으로 변경이 가능한 가구이다.
　㉡ 시스템 가구(system furniture) : 서로 다른 기능을 단일 가구에 결합시킨 가구이다.
② 붙박이 가구(built - in furniture) : 건물에 짜 맞추어 건물과 일체화하여 만든 가구로 가구배치의 혼란을 없애고 공간을 최대한 활용할 수 있다.
③ 모듈로 가구(modular furniture) : 이동식이면서 시스템화 되어 공간의 낭비없이 더 크게 더 작게도 조립할 수 있다. 붙박이가구 + 가동가구로서 가동성, 적응성의 편리한 점이 있다.

정답　03 ③　04 ③　05 ④　06 ②

07 **디자인 요소 중 선에 관한 설명으로. 옳지 않은 것은?**

① 선은 면이 이동한 궤적이다.
② 선을 포개면 패턴을 얻을 수 있다.
③ 많은 선을 나란히 놓으면 면을 느낀다.
④ 선은 어떤 형상을 규정하거나 한정한다.

해설 선

① 선은 무수한 점의 흔적으로 평면적이며 실내디자인의 중요한 요소이다.
② 선의 특성
㉠ 선은 길이와 위치만 있고, 폭과 부피는 없다. 점이 이동한 궤적이며 면의 한계, 교차에서 나타난다.
㉡ 선은 어떤 형상을 규정하거나 한정하고 면적을 분할한다.
㉢ 운동감, 속도감, 방향 등을 나타낸다.
③ 선의 조형심리적 효과
㉠ 수직선 : 구조적인 높이와 존엄성, 고양감을 느끼게 한다.
㉡ 수평선 : 영원, 무한, 안정, 안락, 평화감을 느끼게 한다.
㉢ 사선 : 넘어지려는 움직임이 있어 운동감, 불안정, 변화하는 활동적인 느낌을 준다.
㉣ 곡선 : 유연, 복잡, 동적, 경쾌하며 여성적인 느낌을 들게 한다.

08 **다음 설명에 알맞은 건축화 조명방식은?**

천장, 벽의 구조체에 의해 광원의 빛이 천장 또는 벽면으로 가려지게 하여 반사광으로 간접 조명하는 방식

① 코브 조명　　② 광창 조명
③ 광천장 조명　　④ 밸런스 조명

해설 건축화 조명방식

천장, 벽, 기둥 등의 건축 부분에 광원을 만들어 실내를 조명하는 방식으로 눈부심이 적은 장점이 있는 반면, 조명 효율은 직접 조명에 비해 떨어진다.
㉠ 광천장 조명 : 확산투과선 플라스틱 판이나 루버로 천장을 마감하여 그 속에 전등을 넣은 방법이다.
㉡ 코니스 조명 : 벽면의 상부에 위치하여 모든 빛이 아래로 직사하도록 하는 조명방식이다.
㉢ 밸런스 조명 : 창이나 벽의 커튼 상부에 부설된 조명이다.(상향 조명)
㉣ 캐노피 조명 : 사용자의 얼굴에 적당한 조도를 분배하기 위해 벽면이나 천장면의 일부를 돌출시켜 조명을 설치한다.
㉤ 코브(cove) 조명 : 천장, 벽, 보의 표면에 광원을 감추고, 일단 천장 등에서 반사한 간접광으로 조명하는 건축화 조명이다.

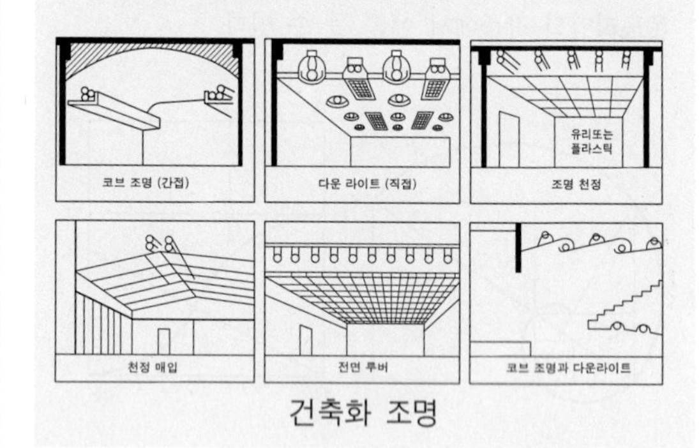

건축화 조명

09 **형태를 현실적 형태와 이념적 형태로 구분할 경우, 다음 중 이념적 형태에 관한 설명으로 옳은 것은?**

① 주위에 실제 존재하는 모든 물상을 말한다.
② 인간의 지각으로는 직접 느낄 수 없는 형태이다.
③ 자연계에 존재하는 모든 것으로부터 보이는 형태를 말한다.
④ 기본적으로 모든 이념적 형태들은 휴먼스케일과 일정한 관계를 갖는다.

해설 이념적 형태와 현실적 형태

① 이념적 형태 : 인간의 지각, 즉 시각과 촉각 등으로 직접 느낄 수 없고 개념적으로만 제시될 수 있는 형태로서 순수 형태 혹은 상징적 형태라고도 한다. 순수형태는 인간의 지각, 즉 시각과 촉각 등으로는 직접 느낄 수 없고 개념적으로만 제시될 수 있는 형태이다.

정답 07 ① 08 ① 09 ②

② 현실적 형태 : 우리 주위에 존재하는 모든 물상(物像)을 의미한다.
㉠ 자연적 형태 : 자연 현상에 따라 끊임없이 변화하며 새로운 형을 만들어낸다. 일반적으로 그 형태가 부정형이며 복잡한 여러 가지 기학학적인 형태를 나타낸다.
㉡ 인위적 형태 : 휴먼 스케일을 기준으로 해야 좋은 디자인이 된다.

10 실내공간을 구성하는 주요 기본구성요소에 관한 설명으로 옳지 않은 것은?

① 벽은 공간을 에워싸는 수직적 요소로 수평 방향을 차단하여 공간을 형성한다.
② 바닥은 신체와 직접 접촉하기에 촉각적으로 만족할 수 있는 조건을 요구한다.
③ 천장은 외부로부터 추위와 습기를 차단하고 사람과 물건을 지지하여 생활장소를 지탱하게 해준다.
④ 기둥은 선형의 수직요소로 크기, 형상을 가지고 있으며 구조적 요소로 사용되거나 또는 강조적·상징적 요소로 사용된다.

해설

천장은 바닥과 함께 실내공간을 형성하는 수평적 요소로서 다양한 형태나 패턴 처리로 공간의 형태를 변화시킬 수 있다. 천정의 높이는 실내공간의 사용 목적과 깊은 관계가 있다.
☞ 바닥은 천장과 더불어 공간을 구성하는 수평적 요소이다. 외부로부터 추위와 습기를 차단하고 사람과 물건을 지지한다.

11 다음 중 부엌의 능률적인 작업순서에 따른 작업대의 배열순서로 알맞은 것은?

① 준비대 → 개수대 → 가열대 → 조리대 → 배선대
② 준비대 → 조리대 → 가열대 → 개수대 → 배선대
③ 준비대 → 개수대 → 조리대 → 가열대 → 배선대
④ 준비대 → 조리대 → 개수대 → 가열대 → 배선대

해설 부엌 작업대의 배치 순서

준비대 – 개수대 – 조리대 – 가열대 – 배선대
※ 주부의 동선을 단축하기 위하여 부엌의 작업순서는 작업삼각형(worktriangle)이 되도록 하는 것이 유리하다.
※ 작업대를 높이를 결정하는 기본 치수는 작업하는 사람의 팔꿈치 높이이다.

12 상점의 상품 진열에 관한 설명으로 옳지 않은 것은?

① 운동기구 등 무게가 무거운 물품은 바닥에 가깝게 배치하는 것이 좋다.
② 상품의 진열범위 중, 골든 스페이스(golden space)는 600~900mm의 높이이다.
③ 눈높이 1500mm을 기준으로 상향 10°에서 하향 20° 사이가 고객이 시선을 두기 가장 편한 범위이다.
④ 사람의 시각적 특징에 따라 좌측에서 우측으로, 작은 상품에서 큰 상품으로 진열의 흐름도를 만드는 것이 효과적이다.

해설

유효진열범위 내에서도 고객의 시선이 가장 편하게 머물고 손으로 잡기에도 가장 편안한 높이는 850~1,250mm 높이로 이 범위를 골든 스페이스(golden space)라 한다.

13 소규모 주택에서 식당, 거실, 부엌을 하나의 공간에 배치한 형식은?

① 다이닝 키친 ② 리빙 다이닝
③ 다이닝 테라스 ④ 리빙 다이닝 키친

정답 10 ③ 11 ③ 12 ② 13 ④

해설

LDK형은 식당, 거실, 부엌을 하나의 공간에 배치한 형식으로 공간을 효율적으로 활용할 수 있어서 소규모 주택에 주로 이용된다.
※ living kitchen(LDK형)의 특징
㉠ 주부의 가사 노동의 경감(주부의 동선단축)
㉡ 통로가 절약되어 바닥 면적의 이용률이 높다. (소주택에 적당)
㉢ 부엌의 통풍·채광이 우수하다.(위생적이다.)

14 실내디자인의 개념에 관한 설명으로 옳지 않은 것은?

① 형태와 기능의 통합작업이다.
② 목적물에 관한 이미지의 실체화이다.
③ 어떤 사물에 대해 행해지는 스타일링(styling)의 총칭이다.
④ 인간생활에 유용한 공간을 만들거나 환경을 조성하는 과정이다.

해설 실내디자인의 개념

실내디자인이란 인간이 생활하는 실내공간을 보다 아름답고 일률적이며, 쾌적한 환경으로 창조 하는 디자인 행위 일체를 말한다.
실내디자인은 인간에 의해 점유되는 모든 공간을 쾌적한 환경으로 만들기 위한 창조적인 디자인 행위로 물리적·환경적 조건(기상, 기후 등 외부적인 보호), 기능적 조건(공간 배치, 동선), 정서적·심미적 조건(서정적 예술성의 만족) 등을 충족시켜야 한다. 미술은 순수예술처럼 주관적인 예술이지만 실내디자인은 과학적 기술과 예술의 조합으로써 주어진 공간을 목적에 알맞게 창조하는 전문분야이고, 가장 우선시 되어야 하는 것은 기능적인 면의 해결이므로 건축적인 수단도 필요로 한다. 그리고 실내디자인의 쾌적성 추구는 기능적 요소와 환경적 요소 및 주관적 요소를 목표로 한다.

15 가장 완벽한 균형의 상태로 공간에 질서를 주기가 용이하며, 정적, 안정, 엄숙 등의 성격으로 규명할 수 있는 것은?

① 비정형 균형 ② 대칭형 균형
③ 비대칭 균형 ④ 능동의 균형

해설 대칭적 균형(대칭 균형)

㉠ 일반적으로 방계대칭과 방사대칭으로 나눈다.
㉡ 방계대칭은 상하 또는 좌우와 같이 한 방향에 대한 대칭이다.
㉢ 방사대칭으로는 정점으로부터 확산되거나 집중된 양상을 보이며 대칭형, 확대형, 회전형이 있다.
㉣ 대칭적 균형은 성격상 형식적이고 딱딱하다.
㉤ 정돈된 질서는 대칭적 균형에서 생기지만 그 응용에는 한계가 있으며, 상상력도 부족되기 쉬운 현상을 낳는다.
㉥ 대칭적 균형은 전통적인 건축물, 기념물이나 시대물의 실내에서 가장 많이 볼 수 있다.
[예] 타지마할 궁 – 대칭적 균형

16 사무소 건축에서 코어의 기능에 관한 설명으로 옳지 않은 것은?

① 내력적 구조체로서의 기능을 수행할 수 있다.
② 공용부분을 집약시켜 사무소의 유효면적이 증가된다.
③ 엘리베이터, 파이프 샤프트, 덕트 등의 설비 요소를 집약시킬 수 있다.
④ 설비 및 교통 요소들이 존(zone)을 형성함으로서 업무공간의 융통성이 감소된다.

해설 코어 시스템(core system)

각 층의 설비 계통의 서비스 부분을 한 부분에 집약시켜 신경 계통의 집중화와 외벽의 내진벽 역할에 따라 구조적인 이점을 기대하는 방식이다.
㉠ 평면적 역할 : 공용 부분을 한 곳에 집약시킴으로써 사무소의 유효면적이 증대된다.
㉡ 구조적 역할 : 주내력적 구조체로 외곽이 내진벽 역할을 한다.

정답 14 ③ 15 ② 16 ④

㉢ 설비적 역할 : 설비시설 등을 집약시킴으로써 설비 계통의 순환이 좋아지며 각 층에서의 계통거리가 최단이 되므로 설비를 절약할 수 있다.

※ 렌터블비(rentable ratio)는 임대면적과 연면적의 비를 말한다. 코어 시스템(core system)으로 하면 렌터블비(rentable ratio), 즉 유효면적(임대면적)이 증대된다.

17 투시성이 있는 얇은 커튼의 총칭으로 창문의 유리면 바로 앞에 얇은 직물로 설치하기 때문에 실내에 유입되는 빛을 부드럽게 하는 것은?

① 새시 커튼　② 드로우 커튼
③ 글라스 커튼　④ 드레이퍼리 커튼

해설 커튼(Curtain)에 관한 용어

※ 커튼(curtain) : 외부의 시선, 빛, 열 등을 조절하며 프라이버시를 확보해주고 열손실을 막아주며, 직물의 종류에 따라 흡음 효과를 내며, 설치방법, 유형에 따라 장식적, 배경적 요소로도 이용된다.

㉠ 코니스(Cornice) – 커튼이 거리는 장대와 커튼 틀을 감추기 위한 고정띠
㉡ 밸런스(Balance) – 코니스와 같은 기능을 하지만 보다 주름을 많이 넣은 것
㉢ 글래스 커튼(Glass curtain) – 유리 바로 앞에 하는 투명하고 막과 같은 얇은 직물로 된 커튼으로 실내에 들러오는 빛을 부드럽게 하며 약간의 프라이버시를 제공한다.
㉣ 새시 커튼 : 창문 전체를 커튼으로 처리하지 않고 반 정도만 친 형태이다.
㉤ 드로우 커튼 : 창문 위의 수평 가로대에 설치하는 커튼으로 글라스 커튼보다 무거운 재질의 직물로 처리한다.
㉥ 드레퍼리 커튼(Draperies curtain) – 창문에 느슨히 걸린 우거진 커튼으로 모든 커튼의 통칭

18 조명의 연출기법 중 강조하고자 하는 물체에 의도적인 광선을 조사시킴으로써 광선 자체가 시각적인 특성을 갖도록 하는 기법은?

① 실루엣 기법　② 월 워싱 기법
③ 빔 플레이 기법　④ 그림자 연출기법

해설

① 실루엣(silhouette) 기법 : 물체의 형상만을 강조하는 기법
② 월 워싱(wall washing) 기법 : 수직벽면을 빛으로 쓸어내리는 듯한 효과를 주기 위해 비대칭 배광방식의 조명기구를 사용하여, 수직벽면에 균일한 조도의 빛을 비추는 기법
④ 그림자 연출(shadow play) 기법 : 빛과 그림자의 효과가 시각 경험의 매력적인 요소이기에 그림자를 이용하는 기법

※ 빔 플레이(beam play) 기법
㉠ 광선 그 자체가 시각적인 특성을 지니게 하는 기법
㉡ 광선 그림자의 효과는 공간을 온화하고 생기 있게 해준다.
㉢ 광선 조절용 액세서리를 조명 기구에 부착시키면 광선의 효과를 다양하게 변화시킬 수 있다.

19 상점의 숍 프런트(shop front) 구성 형식 중 출입구 이외에는 벽 등으로 외부와의 경계를 차단한 형식은?

① 개방형　② 폐쇄형
③ 돌출형　④ 만입형

해설 숍 프런트(shop front)에 의한 분류

분류	특징
개방형	• 손님이 잠시 머무르는 곳이나 손님이 많은 곳에 적합하다. • 서점, 제과점, 철물점, 지물포
폐쇄형	• 손님이 비교적 오래 머무르는 곳이나 손님이 적은 곳에 사용된다. • 이발소, 미용원, 보석상, 카메라점, 귀금속상
혼용형	• 개방형과 폐쇄형을 겸한 형식으로 가장 많이 이용된다. • 개구부의 일부는 개방하고 다른 일부는 폐쇄한 혼합형과 길 쪽을 개방하고 안쪽을 폐쇄한 분리형이 있다.

정답 17 ③　18 ③　19 ②

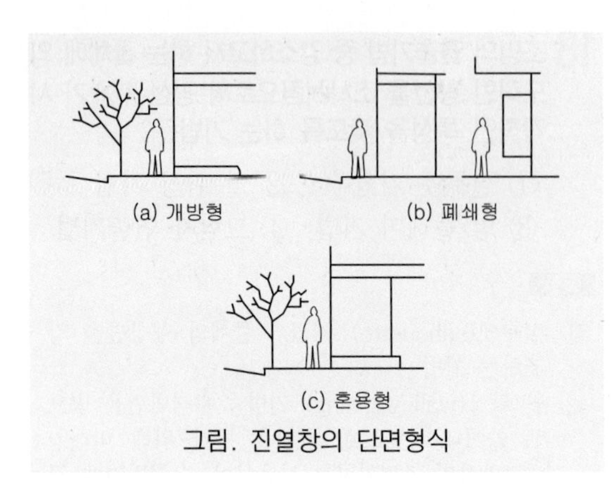

그림. 진열창의 단면형식

20 다음 그림이 나타내는 특수전시기법은?

① 디오라마 전시 ② 아일랜드 전시
③ 파노라마 전시 ④ 하모니카 전시

해설 특수전시기법

전시기법	특징
디오라마 전시	'하나의 사실' 또는 '주제의 시간 상황을 고정'시켜 연출하는 것으로 현장에 임한 듯한 느낌을 가지고 관찰할 수 있는 전시기법
파노라마 전시	벽면전시와 입체물이 병행되는 것이 일반적인 유형으로 넓은 시야의 실경(實景)을 보는 듯한 감각을 주는 전시기법
아일랜드 전시	벽이나 천정을 직접 이용하지 않고 전시물 또는 장치를 배치함으로써 전시공간을 만들어내는 기법으로 대형전시물이나 소형전시물인 경우에 유리하다.
하모니카 전시	전시평면이 하모니카 흡입구처럼 동일한 공간으로 연속되어 배치되는 전시기법으로 동일 종류의 전시물을 반복 전시할 때 유리하다.
영상 전시	영상매체는 현물을 직접 전시할 수 없는 경우나 오브제 전시만의 한계를 극복하기 위하여 사용한다.

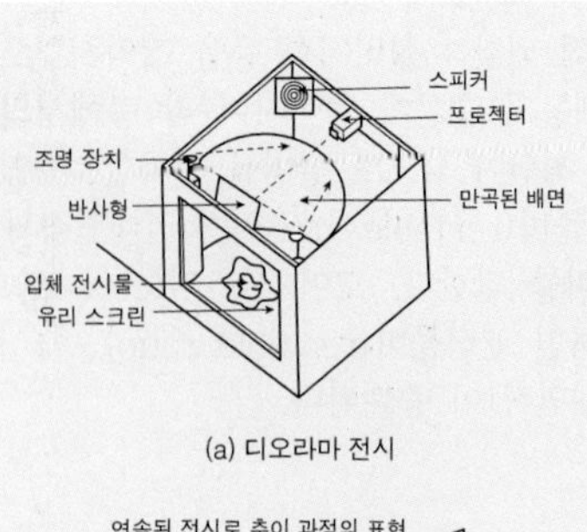

(a) 디오라마 전시

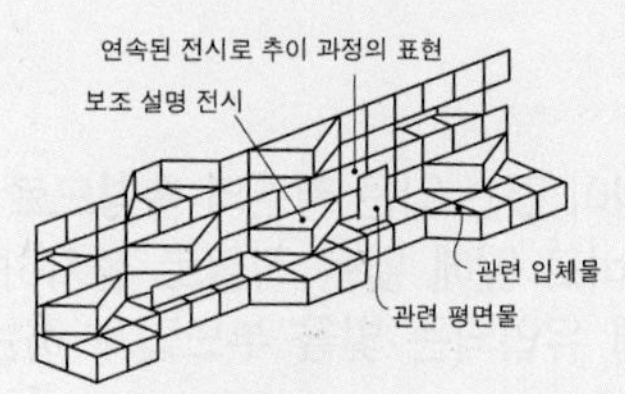

(b) 파노라마 전시

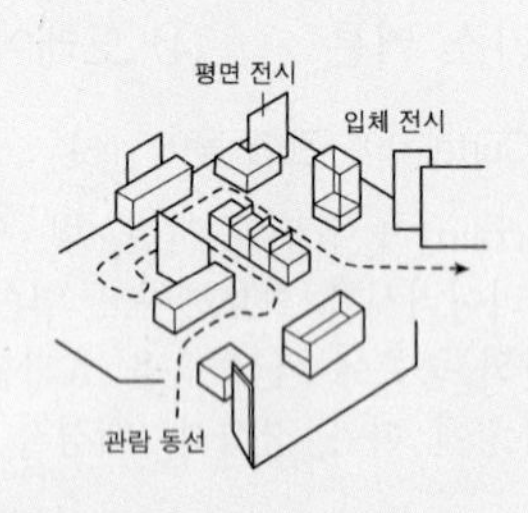

(c) 아일랜드 전시

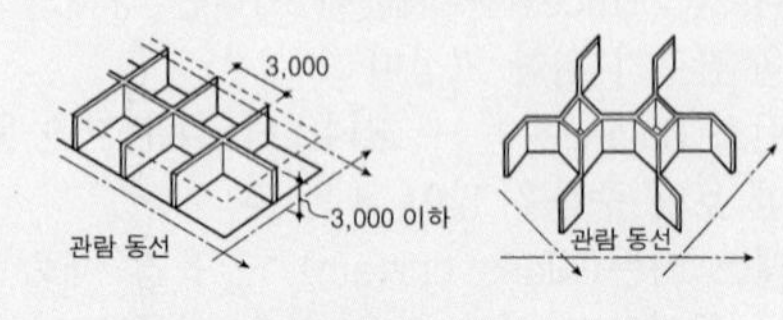

(d) 하모니카 전시

특수전시기법

정답 20 ③

실내디자인론
2020년 6월 6일(1·2회)

01 **광원을 넓은 면적의 벽면에 매입하여 비스타(vista)적인 효과를 낼 수 있으며 시선에 안락한 배경으로 작용하는 건축화 조명방식은?**

① 광창 조명　② 광천장 조명
③ 코니스 조명　④ 캐노피 조명

해설 광창 조명

- 벽면 전체 또는 일부분을 광원화하는 방식이다.
- 광원을 넓은 벽면에 매입함으로써 비스타(vista)적인 효과를 낼 수 있다.

02 **실내디자인 요소 중 점에 관한 설명으로 옳지 않은 것은?**

① 점이 많은 경우에는 선이나 면으로 지각된다.
② 공간에 하나의 점이 놓여지면 주의력이 집중되는 효과가 있다.
③ 점의 연속이 점진적으로 축소 또는 팽창 나열되면 원근감이 생긴다.
④ 동일한 크기의 점인 경우 밝은 점은 작고 좁게, 어두운 점은 크고 넓게 지각된다.

해설 점

① 정의 : 점은 기하학적인 정의로 크기가 없고 위치만 있다. 점은 선과 선의 교차, 선과 면의 교차, 선의 양끝 등에 의해 생긴다.
② 점의 효과
㉠ 점의 장력(인장력) : 2점을 가까운 거리에 놓아두면 서로간의 장력으로 선으로 인식되는 효과
㉡ 점의 집중효과 : 공간에 놓여있는 한 점은 시선을 집중시키는 효과가 있다.
㉢ 시선의 이동 : 큰 점과 작은 점이 함께 놓여 있을 때 큰 점에서 작은 점으로 시선이 이동된다.
㉣ 많은 점을 근접시키면 면으로 지각하는 효과가 있다.

03 **주거공간을 주 행동에 따라 개인공간, 사회공간, 노동공간 등으로 구분할 경우, 다음 중 사회공간에 속하지 않는 것은?**

① 거실　② 식당
③ 서재　④ 응접실

해설 주행동에 따른 주거공간의 분류

㉠ 개인공간 : 부부침실, 노인실, 가족실, 서재
㉡ 사회적 공간 : 거실, 식사실, 가족실
㉢ 작업공간 : 주방, 가사실, 다용도실
㉣ 보건·위생공간 : 욕실, 화장실

04 **다음 설명에 알맞은 커튼의 종류는?**

- 유리 바로 앞에 치는 커튼으로 일반적으로 투명하고 막과 같은 직물을 사용한다.
- 실내로 들어오는 빛을 부드럽게 하며 약간의 프라이버시를 제공한다.

① 새시 커튼　② 글라스 커튼
③ 드로우 커튼　④ 드레이퍼리 커튼

해설 커튼(Curtain)에 관한 용어

※ 커튼(curtain) : 외부의 시선, 빛, 열 등을 조절하며 프라이버시를 확보해주고 열손실을 막아주며, 직물의 종류에 따라 흡음 효과를 내며, 설치 방법, 유형에 따라 장식적, 배경적 요소로도 이용된다.
㉠ 코니스(Cornice) : 커튼이 거리는 장대와 커튼 틀을 감추기 위한 고정띠
㉡ 밸런스(Balance) : 코니스와 같은 기능을 하지만 보다 주름을 많이 넣은 것
㉢ 글래스 커튼(Glass curtain) : 유리 바로 앞에 하는 투명하고 막과 같은 얇은 직물로 된 커튼으로 실내에 들러오는 빛을 부드럽게 하며 약간의 프라이버시를 제공한다.
㉣ 새시 커튼 : 창문 전체를 커튼으로 처리하지 않고 반 정도만 친 형태이다.
㉤ 드로우 커튼 : 창문 위의 수평 가로대에 설치하는 커튼으로 글라스 커튼보다 무거운 재질의 직물로 처리한다.
㉥ 드레퍼리 커튼(Draperies curtain) – 창문에 느슨히 걸린 우거진 커튼으로 모든 커튼의 통칭

정답 01 ① 02 ④ 03 ③ 04 ②

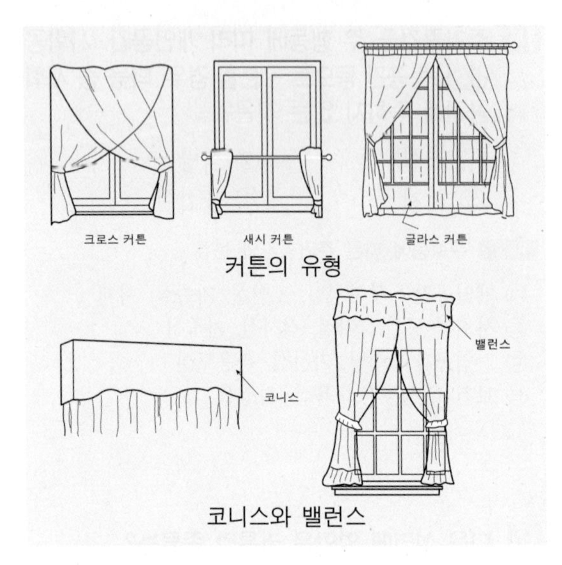

커튼의 유형

코니스와 밸런스

05 각종 의자에 관한 설명으로 옳지 않은 것은?

① 풀업체어는 필요에 따라 이동시켜 사용할 수 있는 간이의자이다.
② 오토만은 스툴의 일종으로 편안한 휴식을 위해 발을 올려놓는 데도 사용된다.
③ 세티는 고대 로마시대 음식물을 먹거나 잠을 자기 위해 사용했던 긴 의자이다.
④ 라운지 체어는 비교적 큰 크기의 의자로 편하게 휴식을 취할 수 있는 안락의자이다.

해설 세티(settee)

동일한 두 개의 의자를 나란히 합해 2인이 앉을 수 있도록 한 것이다.

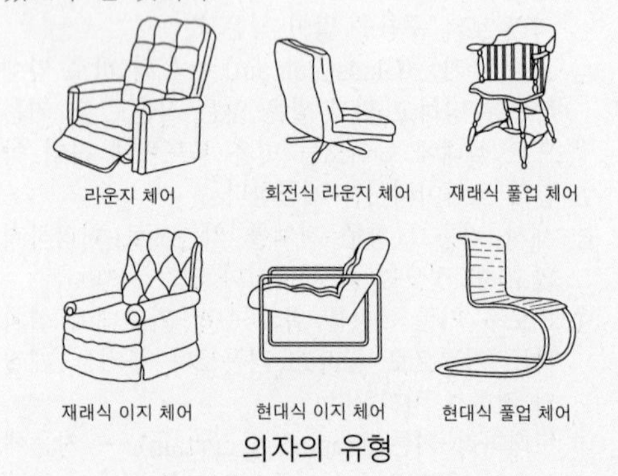

의자의 유형

06 판매공간의 동선에 관한 설명으로 옳지 않은 것은?

① 판매원 동선은 고객동선과 교차하지 않도록 계획한다.
② 고객동선은 고객의 움직임이 자연스럽게 유도될 수 있도록 계획한다.
③ 판매원 동선은 가능한 한 짧게 만들어 일의 능률이 저하되지 않도록 한다.
④ 고객동선은 고객이 원하는 곳으로 바로 접근할 수 있도록 가능한 한 짧게 계획한다.

해설

상업공간의 매장 내 진열장 배치계획 시 가장 중점적으로 고려하여야 할 사항은 고객의 동선의 처리이다.
㉠ 고객의 동선은 흐름의 연속성이 상징적·지각적으로 분할되지 않는 수평적 바닥이 되도록 한다.
㉡ 고객의 동선은 길게 유도하여 매장의 진열효과를 높인다.
㉢ 편안한 마음으로 상품을 선택할 수 있도록 하며, 계단 설치 시 올라가는 부담을 덜 주도록 한다.
※ 상점 내의 매장 계획에 있어서 동선을 원활하게 하는 것이 가장 중요하다. 고객, 종업원, 상품의 동선이 서로 교차되지 않게 판매장을 계획한다.

07 그리스의 파르테논 신전에서 사용된 착시교정 수법에 관한 설명으로 옳지 않은 것은?

① 기둥의 중앙부를 약간 부풀어 오르게 만들었다.
② 모서리 쪽의 기둥 간격을 보다 좁혀지게 만들었다.
③ 기둥과 같은 수직 부재를 위쪽으로 갈수록 바깥쪽으로 약간 기울어지게 만들었다.
④ 아키트레이브, 코니스 등에 의해 형성되는 긴 수평선을 위쪽으로 약간 볼록하게 만들었다.

정답 05 ③ 06 ④ 07 ③

해설 엔타시스(Entasis : 배흘림)

㉠ 그리스 신전에 사용된 착시 교정 수법이다.(그리스의 파르테논 신전)
㉡ 기둥의 중간부분이 가늘어 보이는 착시현상을 교정하기 위해 기둥을 약간 배부르게 처리하여 시각적으로 안정감을 부여하는 수법
㉢ 모서리 쪽의 기둥 간격을 보다 좁게 하였다.
㉣ 기단, 아키트레이브, 코니스에 의해 형성되는 긴 수평선을 위쪽으로 약간 불룩하게 하였다.

08 디자인의 원리 중 대비에 관한 설명으로 가장 알맞은 것은?

① 제반요소를 단순화하여 실내를 조화롭게 하는 것이다.
② 저울의 원리와 같이 중심에서 양측에 물리적 법칙으로 힘의 안정을 구하는 현상이다.
③ 모든 시각적 요소에 대하여 극적 분위기를 주는 상반된 성격의 결합에서 이루어진다.
④ 디자인 대상의 전체에 미적 질서를 부여하는 것으로 모든 형식의 출발점이며 구심점이다.

해설 대비(contrast)

2개 이상의 서로 성질이 다른 것이 동시에 공간에 배열될 때 조화의 반대현상으로 비교되고 서로의 상반되는 성질을 강조함으로써 다른 특징을 한층 돋보이게 하는 현상이다.
㉠ 극적인 분위기를 연출하는데 효과적이다.
㉡ 강력하고 화려하며 남성적인 이미지를 주지만 지나치게 크거나 많은 대비의 사용은 통일성을 방해할 우려가 있다.
㉢ 질적, 양적으로 전혀 다른 둘 이상의 요소가 동시에 혹은 계속적으로 배열될 때 상호의 특질이 한층 강하게 느껴지는 통일적 현상이다.

09 다음 설명에 알맞은 사무공간의 책상배치 유형은?

- 대향형과 동향형의 양쪽 특성을 절충한 형태이다.
- 조직관리자면에서 조직의 융합을 꾀하기 쉽고 정보처리나 집무동작의 효율이 좋다.
- 배치에 따른 면적 손실이 크며 커뮤니케이션의 형성에 불리하다.

① 십자형 ② 자유형
③ 삼각형 ④ 좌우대향형

해설 사무실의 책상 배치유형

㉠ 동향형 : 같은 방향으로 배치하는 형으로 강의형 또는 배면형이라고도 한다. 대향형에 비해 면적효율이 떨어지나 프라이버시의 침해가 적다.
㉡ 대향형 : 커뮤니케이션(communication)형성에 유리하나 프라이버시를 침해할 우려가 있다.
㉢ 좌우대향형 : 조직의 화합을 꾀하는 생산관리 업무에 적당한 배치이다.
㉣ 자유형 : 개개인의 작업을 위한 영역이 주어지는 형태로 전문 직종에 적합한 배치이다.
㉤ 십자형 : 팀 작업이 요구되는 전문직 업무에 적용할 수 있다.

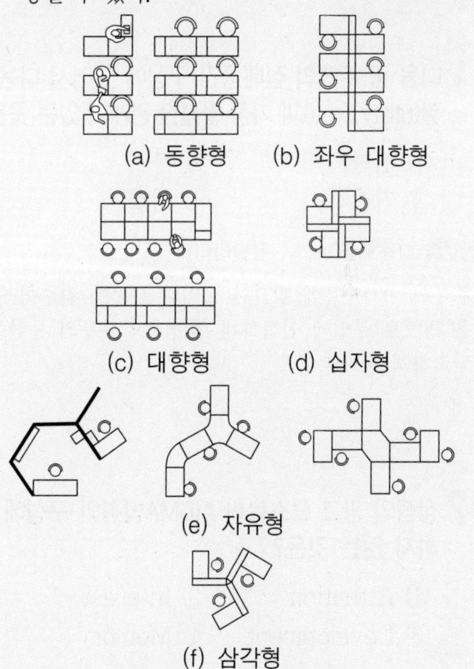

사무실의 책상 배치유형

정답 08 ③ 09 ④

10 다음의 실내공간 구성요소 중 촉각적 요소보다 시각적 요소가 상대적으로 가장 많은 부분을 차지하는 것은?

① 벽 ② 바닥
③ 천장 ④ 기둥

해설 천장

① 바닥과 함께 실내공간을 형성하는 수평적 요소로서 다양한 형태나 패턴 처리로 공간의 형태를 변화시킬 수 있다. 인간의 감각적 요소 중 시각적 요소가 상대적으로 가장 많은 부분을 차지한다.
② 천장의 기능
㉠ 바닥과 함께 공간을 형성하는 수평적 요소로서 바닥과 천장 사이에 있는 내부공간을 규정한다.
㉡ 지붕이나 계단 윗 바닥의 구조체를 노출시키지 않는 차단의 역할
㉢ 열환경, 음향, 빛의 조절의 매체로서 방어, 방음, 방진 기능
③ 천정의 높이
실내공간의 사용목적에 따라 다르게 한다. 최소 2.1m 이상으로 하고 문화 및 집회시설 등 다수인 수용 건물은 4.0m 이상을 적용한다.

11 다음 중 주택의 실내공간 구성에 있어서 다용도실(utility area)과 가장 밀접한 관계가 있는 곳은?

① 현관 ② 부엌
③ 거실 ④ 침실

해설 다용도실(utility, 유틸리티)

주부의 가사노동에 필요한 설비나 도구를 갖추어 놓은 방으로 부엌에 인접하게 배치하여 주부의 동선을 단축하게 한다.

12 상점의 광고 요소로써 AIDMA법칙의 구성에 속하지 않는 것은?

① Attention ② Interest
③ Development ④ Memory

해설 파사드(facade)

쇼 윈도우, 출입구 및 홀의 입구 뿐만 아니라 간판, 광고판, 광고탑, 네온사인 등을 포함한 점포 전체의 얼굴로서 기업 및 상품에 대한 첫 인상을 주는 곳으로 강한 이미지를 줄 수 있도록 계획한다.
※ 파사드(facade) 구성에 요구되는 AIDMA법칙 (구매심리 5단계를 고려한 디자인)
㉠ A(주의, attention) : 주목시킬 수 있는 배려
㉡ I(흥미, interest) : 공감을 주는 호소력
㉢ D(욕망, desire) : 욕구를 일으키는 연상
㉣ M(기억, memory) : 인상적인 변화
㉤ A(행동, action) : 들어가기 쉬운 구성

13 다음 설명에 알맞은 극장의 평면형식은?

- 무대와 관람석의 크기, 모양, 배열 등을 필요에 따라 변경할 수 있다.
- 공연작품의 성격에 따라 적합한 공간을 만들어 낼 수 있다.

① 가변형 ② 애리나형
③ 프로세니움형 ④ 오픈 스테이지

해설 가변형 무대(adaptable stage)

필요에 따라서 무대와 객석이 변화될 수 있는 형식이다.
① 무대와 객석의 크기, 모양, 배열, 그리고 그 상호 관계를 한정하지 않고 필요에 따라서 변경할 수 있다.
② 상연하는 작품의 성격에 따라서 연출에 가장 적합한 성격의 공간을 만들어 낼 수 있다.
③ 최소한의 비용으로 극장 표현에 대한 최대한의 선택 가능성을 부여한다.
④ 다양한 변화 방법이 고려되어야 한다.
⑤ 대학 연구소 등의 실험적 요소가 있는 공간에 많이 이용된다.

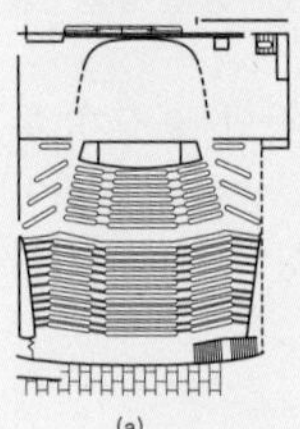
(a)
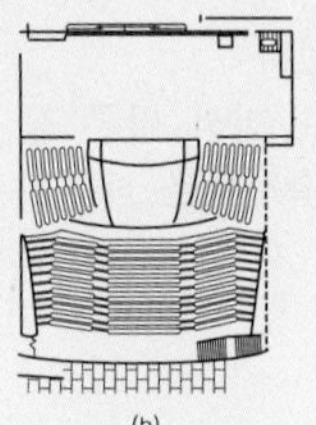
(b)
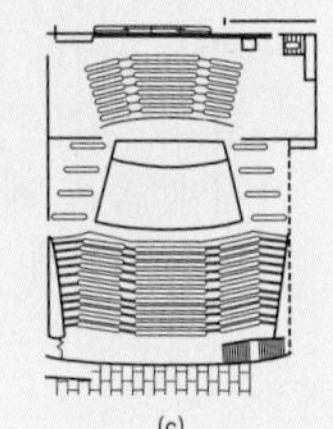
(c)

가변형 무대

정답 10 ③ 11 ② 12 ③ 13 ①

14 문과 창에 관한 설명으로 옳지 않은 것은?

① 문은 공간과 인접공간을 연결시켜 준다.
② 문의 위치는 가구배치와 동선에 영향을 준다.
③ 이동창은 크기와 형태에 제약없이 자유로이 디자인할 수 있다.
④ 창은 시야, 조망을 위해서는 크게 하는 것이 좋으나 보온과 개폐의 문제를 고려하여야 한다.

해설 개구부(창과 문)

① 개구부인 창과 문은 벽이 차지하지 않는 부분을 말하며, 건축물의 표정과 실내공간을 규정짓는 중요한 요소이다. 실내디자인에 있어 개구부(창과 문)는 바닥, 벽, 천장과 함께 실내공간의 성격을 규정하는 요소로 위치, 크기, 형태, 목적은 실의 성격, 용도, 규모에 따라 다르며 가구의 배치와 동선계획에 영향을 준다.
② 개구부(창과 문)의 기능
㉠ 한 공간과 인접된 공간의 연결
㉡ 빛과 공기의 통과(채광 및 통풍)을 가능하게 한다.
㉢ 전망과 프라이버시의 확보가 가능
☞ 이동창은 크기와 형태에 제약을 받으며 자유로운 디자인을 하기가 어렵다.

15 다음 중 질감(texture)에 관한 설명으로 옳은 것은?

① 스케일에 영향을 받지 않는다.
② 무게감은 전달할 수 있으나 온도감은 전달할 수 없다.
③ 촉각 또는 시각으로 지각할 수 있는 어떤 물체 표면상의 특징을 말한다.
④ 유리, 빛을 내는 금속류, 거울 같은 재료는 반사율이 낮아 차갑게 느껴진다.

해설 질감(texture)

① 정의 : 모든 물체가 갖고 있는 표면상의 특징으로 시각적이나 촉각적으로 지각되는 물체의 재질감을 말한다.
② 질감의 특징
㉠ 매끄러운 질감은 거친 질감에 비해 빛을 반사하는 특성이 있고, 거친 질감은 반대로 흡수하는 특성을 갖는다.
㉡ 질감의 성격에 따라 공간의 통일성을 살릴 수도 있고 파괴시킬 수도 있으므로 공간에서의 영향력이 있으며, 재료의 질감대비를 통해 실내공간의 변화와 다양성을 꾀할 수 있다.
㉢ 목재와 같은 자연 재료의 질감은 따뜻함과 친근감을 부여한다.
③ 질감 선택시 고려해야 할 사항
스케일, 빛의 반사와 흡수, 촉감 등의 요소가 중요하다.
④ 실내 마감재료의 질감 활용
㉠ 넓은 실내는 거친 재료를 사용하여 무겁고 안정감을 갖도록 한다.
㉡ 창이 작은 실내는 실내공간이 어두우므로 밝은 색을 많이 사용하고, 표면이 곱고 매끄러운 재료를 사용함으로써 많은 빛을 반사하여 가볍고 환한 느낌을 주도록 한다.
㉢ 좁은 실내는 곱고 매끄러운 재료를 사용한다.
㉣ 차고 딱딱한 대리석 위에 부드러운 카페트를 사용하여 질감대비를 주는 것이 좋다.

16 그림과 같은 주택 부엌가구의 배치 유형은?

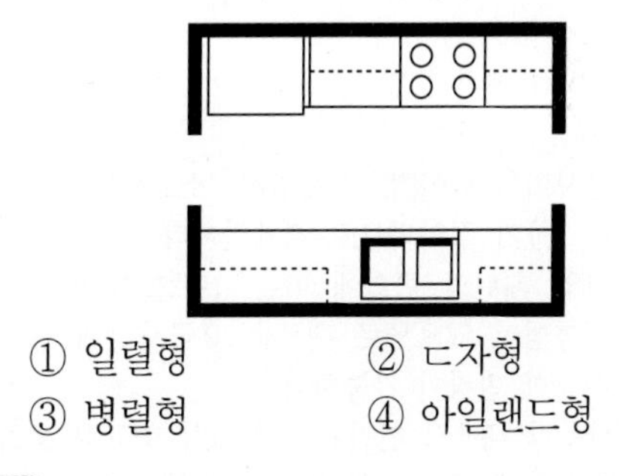

① 일렬형
② ㄷ자형
③ 병렬형
④ 아일랜드형

해설

병렬형은 작업대가 마주보도록 배치하는 형태로 길고 좁은 부엌에 적당하며, 동선이 짧아 효과적이다. 마주 보는 작업대 간의 거리는 1.2~1.5m 정도가 좋다.

정답 14 ③ 15 ③ 16 ③

17 **실내디자인에서 추구하는 목표와 가장 거리가 먼 것은?**

① 기능성 ② 경제성
③ 주관성 ④ 심미성

해설 실내디자인의 조건

㉠ 합목적성 : 기능성 또는 실용성
㉡ 심미성 : 아름다운 창조
㉢ 경제성 : 최소의 노력으로 최대의 효과
㉣ 독창성 : 새로운 가치를 추구
㉣ 질서성 : 상기 4가지 조건을 서로 관련시키는 것

18 **개방식 배치의 한 형식으로 업무와 환경을 경영관리 및 환경적 측면에서 개선한 것으로 오피스 작업을 사람의 흐름과 정보의 흐름을 매체로 효율적인 네트워크가 되도록 배치하는 방법은?**

① 싱글 오피스
② 세포형 오피스
③ 집단형 오피스
④ 오피스 랜드스케이프

해설

오피스 랜드스케이프(office landscape, 완전개방형)는 새로운 사무 공간 설계방법으로서 개방된 사무공간을 의미한다. 계급서열에 의한 획일적 배치에 대한 반성으로 사무의 흐름이나 작업내용의 성격을 중시하는 배치 방법이다.
① 장점
㉠ 개방식 배치의 변형된 방식이므로 공간이 절약된다.
㉡ 공사비(칸막이벽, 공조설비, 소화설비, 조명설비 등)가 절약되므로 경제적이다.
㉢ 작업 패턴의 변화에 따른 컨트롤이 가능하며 융통성이 있으므로 새로운 요구사항에 맞도록 신속한 변경이 가능하다.
㉣ 사무실 내에서 인간관계의 질적 향상과 모럴의 확립을 통해 작업의 능률이 향상된다.
② 단점
㉠ 소음이 발생하기 쉽다.
㉡ 독립성이 결여될 우려가 있다.

19 **실내디자인 프로세스 중 조건설정 과정에서 고려하지 않아도 되는 사항은?**

① 유지관리계획
② 도로와의 관계
③ 사용자의 요구사항
④ 방위 등의 자연적 조건

해설 실내디자인 프로세스

① 조건설정 : 공간의 필요치수, 동선, 공간의 성격 등을 파악하는 단계
② 개요설계 : 조건설정에서 정해진 여러 조건 등의 대략의 개요(out line)를 잡는 단계
③ 기본설계 : 평면도, 입면도, 천장도와 같은 기본 도면을 그리는 단계
④ 실시설계 : 기본설계를 토대로 시공이 가능하도록 세부적인 디테일 도면까지 그리는 단계
⑤ 감리설계 : 도면대로 시공이 되고 있는지를 감시, 감독하는 단계
※ 실내디자인 진행과정에서 조건설정의 요소
㉠ 고객(client)의 요구사항
㉡ 기존공간의 제한사항 및 주변 환경
㉢ 고객(client)의 예산
㉣ 공사의 시기 및 기간
☞ 조건설정단계에서는 공간의 성격 파악, 동선처리, 치수계획 등 기능적인 요구조건 등이 중요한 판단기준이 된다.

20 **조명의 연출기법 중 강조하고자 하는 물체에 의도적인 광선으로 조사시킴으로써 광선 그 자체가 시각적인 특성을 지니게 하는 기법은?**

① 월워싱 기법 ② 실루엣 기법
③ 빔플레이 기법 ④ 글레이징 기법

해설 조명 연출 기법

① 월워싱(wall washing) 기법 : 수직벽면을 빛으로 쓸어내리는 듯한 효과를 주기 위해 비대칭 배광방식의 조명기구를 사용하여, 수직벽면에 균일한 조도의 빛을 비추는 기법
② 실루엣(silhouette) 기법 : 물체의 형상만을 강조하는 기법
③ 빔플레이(beam play) 기법 : 광선 그 자체가 시각적인 특성을 지니게 하는 기법
④ 글레이징(glazing) 기법 : 빛의 방향 변화에 따라 시각적인 느낌은 달라진다. 즉 빛의 각도를 이용하는 방법으로 수직면과 평행한 광선을 벽에 비추는 기법

정답 17 ③ 18 ④ 19 ① 20 ③

실내디자인론
2020년 8월 23일(3회)

01 실내디자인의 범위에 관한 설명으로 옳지 않은 것은?

① 인간에 의해 점유되는 공간을 대상으로 한다.
② 휴게소나 이벤트 공간 등의 임시적 공간도 포함된다.
③ 항공기나 선박 등의 교통수단의 실내디자인도 포함된다.
④ 바닥, 벽, 천장 중 2개 이상의 구성요소가 존재하는 공간이어야 한다.

해설

실내디자인은 인간이 생활하는 실내공간을 보다 아름답고 능률적이며 쾌적한 환경으로 창조하는 디자인 행위 일체를 말한다. 실내디자인의 그 영역은 건축물의 실내 공간을 주 대상으로 하며, 도시환경이나 가로공간에서도 발견된다.

02 황금비례에 관한 설명으로 옳지 않은 것은?

① 1 : 1.618의 비례이다.
② 기하학적인 분할 방식이다.
③ 고대 이집트인들이 창안하였다.
④ 몬드리안의 작품에서 예를 들 수 있다.

해설 황금비(golden section, 황금분할)

고대 그리스인들의 창안한 기하학적 분할 방식으로서 선이나 면적을 나누었을 때 작은 부분과 큰 부분의 비율이 큰 부분과 전체에 대한 비율과 동일하게 되는 기하학적 분할 방식으로 1 : 1.618의 비율을 갖는 가장 균형 잡힌 비례이다.

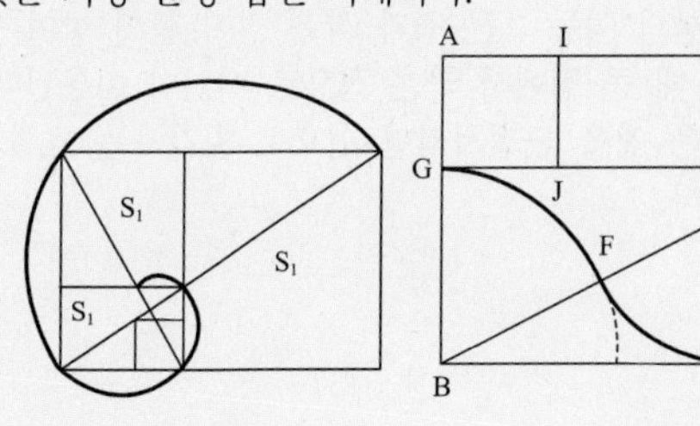

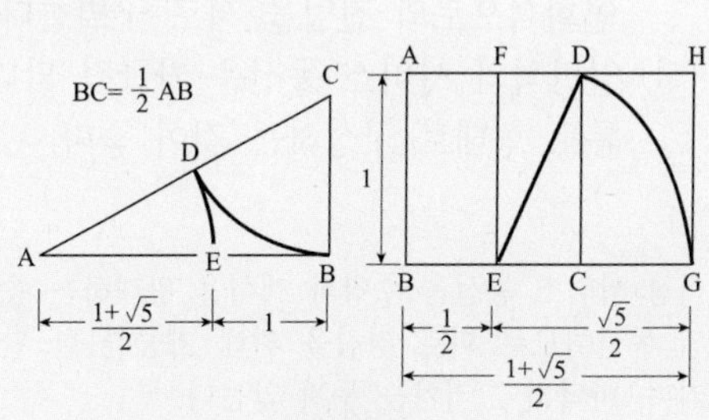

황금비

☞ 건축물과 조각 등에 이용된 기하학적 분할방식이다.
☞ 몬드리안의 작품에서 예를 들 수 있다.

03 주택 계획에서 LDK(Living Dining Kitchen)형에 관한 설명으로 옳지 않은 것은?

① 동선을 최대한 단축시킬 수 있다.
② 소요면적이 많아 소규모 주택에서는 도입이 어렵다.
③ 거실, 식당, 부엌을 개방된 하나의 공간에 배치한 것이다.
④ 부엌에서 조리를 하면서 거실이나 식당의 가족과 대화할 수 있는 장점이 있다.

해설

LDK형은 식당, 거실, 부엌을 하나의 공간에 배치한 형식으로 공간을 효율적으로 활용할 수 있어서 소규모 주택에 주로 이용된다.

※ living kitchen(LDK형)의 특징
㉠ 주부의 가사 노동의 경감(주부의 동선단축)
㉡ 통로가 절약되어 바닥 면적의 이용률이 높다. (소주택에 적당)
㉢ 부엌의 통풍·채광이 우수하다.(위생적이다.)

04 상업공간 중 음식점의 동선계획에 관한 설명으로 옳지 않은 것은?

① 주방 및 팬트리의 문은 손님의 눈에 안 보이는 것이 좋다.
② 팬트리에서 일반석의 서비스 동선과 연회실의 동선을 분리한다.

정답 01 ④ 02 ③ 03 ② 04 ④

③ 출입구 홀에서 일반석으로서의 진입과 연회석으로의 진입을 서로 구별한다.
④ 일반석의 서비스 동선은 가급적 막다른 통로 형태로 구성하는 것이 좋다.

해설

음식점 서비스 동선은 주방과 객석을 왕래하는 종업원의 동선이므로 피로 경감을 위해 가능한 한 단축시키며, 바닥의 고저차는 두지 않는다.

05 시각적인 무게나 시선을 끄는 정도는 같으나 그 형태나 구성이 다른 경우의 균형을 무엇이라고 하는가?

① 정형 균형 ② 좌우 불균형
③ 대칭적 균형 ④ 비대칭형 균형

해설 비대칭 균형

㉠ 비정형 균형, 신비의 균형 혹은 능동의 균형이라고도 한다.
㉡ 대칭 균형보다 자연스럽다.
㉢ 균형의 중심점으로부터 양측은 가능한 모든 배열로 다르게 배치된다.
㉣ 시각적인 결합에 의해 동적인 안정감과 변화가 풍부한 개성 있는 형태를 준다.
㉤ 물리적으로는 불균형이지만 시각상으로는 균형을 이루는 것으로 흥미로움을 주며 율동감, 약진감이 있다.
㉥ 현대 건축, 현대 미술
※ 비대칭 균형은 능동적이며 비형식적인 느낌을 주며, 진취적이고 긴장된 생명감각을 느끼게 한다.

06 다음 설명에 알맞은 조명의 연출 기법은?

빛의 각도를 이용하는 방법으로 수직면과 평행한 조명을 벽에 조사시킴으로써 마감재의 질감을 효과적으로 강조하는 기법

① 실루엣 기법 ② 스파클 기법
③ 글레이징 기법 ④ 빔 플레이 기법

해설 조명 연출 기법

① 실루엣(silhouette) 기법 : 물체의 형상만을 강조하는 기법
② 스파클(sparkle) 기법 : 어두운 배경에서 광원 자체의 흥미로운 반짝임을 이용하여 스파클을 연출하는 기법
③ 글레이징(glazing) 기법 : 빛의 방향 변화에 따라 시각적인 느낌은 달라진다. 즉 빛의 각도를 이용하는 방법으로 수직면과 평행한 광선을 벽에 비추는 기법
④ 빔 플레이(beam play) 기법 : 광선 그 자체가 시각적인 특성을 지니게 하는 기법

07 점의 조형효과에 관한 설명으로 옳지 않은 것은?

① 점이 연속되면 선으로 느끼게 한다.
② 두 개의 점이 있을 경우 두 점의 크기가 같을 때 주의력은 균등하게 작용한다.
③ 배경의 중심에 있는 하나의 점은 점에 시선을 집중시키고 역동적인 효과를 느끼게 한다.
④ 배경의 중심에서 벗어난 하나의 점은 점을 둘러싼 영역과의 사이에 시각적 긴장감을 생성한다.

해설 점

① 정의 : 점은 기하학적인 정의로 크기가 없고 위치만 있다. 점은 선과 선의 교차, 선과 면의 교차, 선의 양끝 등에 의해 생긴다.
② 점의 효과
㉠ 점의 장력(인장력) : 2점을 가까운 거리에 놓아두면 서로간의 장력으로 선으로 인식되는 효과
㉡ 점의 집중효과 : 공간에 놓여있는 한 점은 시선을 집중시키는 효과가 있다.
㉢ 시선의 이동 : 큰 점과 작은 점이 함께 놓여 있을 때 큰 점에서 작은 점으로 시선이 이동된다.
㉣ 많은 점을 근접시키면 면으로 지각하는 효과가 있다.

정답 05 ④ 06 ③ 07 ③

08 형태의 지각에 관한 설명으로 옳지 않은 것은?

① 폐쇄성 : 폐쇄된 형태는 빈틈이 있는 형태들보다 우선적으로 지각된다.
② 근접성 : 거리적, 공간적으로 가까이 있는 시각적 요소들은 함께 지각된다.
③ 유사성 : 비슷한 형태, 규모, 색채, 질감, 명암, 패턴의 그룹은 하나의 그룹으로 지각된다.
④ 프래그넌츠 원리 : 어떠한 형태도 그것을 될 수 있는 한 단순하고 명료하게 볼 수 있는 상태로 지각하게 된다.

해설 형태의 지각심리(게슈탈트의 지각심리)

㉠ 접근성 : 가까이 있는 시각 요소들을 패턴이나 그룹으로 인지하게 되는 지각심리
㉡ 유사성 : 형태와 색깔, 크기 등이 유사할 경우 함께 모여보이는 지각심리
㉢ 연속성 : 점들의 연속이 선으로 지각되어 형태를 만드는 지각심리
㉣ 폐쇄성 : 불완전한 시각 요소들을 완전한 형태로 지각하려는 심리
㉤ 단순화 : 어떤 형태를 접했을 때 복잡한 형태보다는 단순한 형태로 지각하려는 심리
㉥ 도형과 배경의 법칙 : 도형과 배경이 순간적으로 번갈아 보이면서 다른 형태로 지각되는 심리
- 그림과 바탕이 교체되는 도형을 '반전도형(反轉圖形)'이라고 한다.
[예] 루빈의 항아리

루빈의 항아리

※ 게슈탈트(gestalt)
주어진 정황 내에서 전체적으로 가장 단순하고 좋은 형태로 정리하려는 경향으로 지각은 특정의 자극에 대한 개별적 반응에 기준하여 발생하는 것이 아니며, 전체적인 자극에 대한 반응이다. 주된 개념의 하나는 프래그넌츠(pragnanz) 원리로서 될 수 있는 한 명료하고 단순하게 느껴지는 상태로 지각되는 현상이다.

09 실내공간의 구성요소인 벽에 관한 설명으로 옳지 않은 것은?

① 벽면의 형태는 동선을 유도하는 역할을 담당하기도 한다.
② 벽체는 공간의 폐쇄성과 개방성을 조절하여 공간감을 형성한다.
③ 비내력벽은 건물의 하중을 지지하며 공간과 공간을 분리하는 칸막이 역할을 한다.
④ 낮은 벽은 영역과 영역을 구분하고 높은 벽은 공간의 폐쇄성이 요구되는 곳에 사용된다.

해설 벽(wall)

㉠ 공간을 에워싸는 수직적 요소이며, 수평방향을 차단하여 공간을 형성한다.
㉡ 벽은 공간의 형태와 크기를 결정하고 프라이버시의 확보, 외부로부터의 방어, 공간사이의 구분, 동선이나 공기의 움직임을 제어할 수 있는 수직적 요소이다.
㉢ 시각적 대상물이 되거나 공간에 초점적 요소가 되기도 한다.
㉣ 가구, 조명 등 실내에 놓여지는 설치물에 대해 배경적 요소가 되기도 한다.
㉤ 색, 패턴, 질감, 조명 등에 의해 분위기가 조절된다.
㉥ 벽의 높이가 가슴 정도이면 주변공간에 시각적 연속성을 주면서도 특정 공간을 감싸주는 느낌을 준다.
㉦ 이동방법에 따라 고정식, 이동식, 접이식, 스크린식이 있다.
☞ 자립할 수는 있으나 거의 상부하중이나 횡력을 부담하지 않는 구조를 비내력벽 구조라 한다.

10 다음 중 실내공간계획에서 가장 중요하게 고려하여야 하는 것은?

① 조명스케일　　② 가구스케일
③ 공간스케일　　④ 인체스케일

정답 08 ①　09 ③　10 ④

해설

실내의 크기를 결정하는데 가장 기본적인 기준이 되는 것은 인간이다.

※ 휴먼스케일(Human scale) : 인간의 신체를 기준으로 파악하고 측정되는 척도 기준이며, 생활 속의 모든 스케일 개념은 인간 중심으로 결정되어야 한다. 휴먼스케일(Human scale, 인체스케일)이 잘 적용된 실내는 안정되고 안락한 느낌을 준다.

11 사무소 건축의 코어 유형 중 코어프레임(core frame)이 내력벽 및 내진구조의 역할을 하므로 구조적으로 가장 바람직한 것은?

① 독립형 ② 중심형
③ 편심형 ④ 분리형

해설 중심 코어형(중앙 코어형)

바닥면적이 클 경우 적합하며 특히 고층, 초고층에 적합하다. 코어 프레임(core frame)이 내력벽 및 내진구조의 역할을 하므로 구조적으로 가장 바람직하다. 임대사무실로서 가장 경제적인 계획을 할 수 있다.

12 주택 식당의 조명계획에 관한 설명으로 옳지 않은 것은?

① 전체조명과 국부조명을 병용한다.
② 한색계의 광원으로 깔끔한 분위기를 조성하는 것이 좋다.
③ 조리대 위에 국부조명을 설치하여 필요한 조도를 맞춘다.
④ 식탁에는 조사 방향에 주의하여 그림자가 지지 않게 한다.

해설 주택 식당의 조명계획

㉠ 일반적으로 식탁 위를 집중적으로 조명하는 천장에 매달아 늘어뜨린 펜던트 라이트와 천장에 부착시킨 직부등이나 벽에 부착시킨 벽등으로 하는 배경조명을 사용한다.
㉡ 광원은 백열등이나 할로겐램프가 음식을 돋보이게 하여 이상적이다.

13 시스템 가구에 관한 설명으로 옳지 않은 것은?

① 건물, 가구, 인간과의 상호관계를 고려하여 치수를 산출한다.
② 건물의 구조부재, 공간구성 요소들과 함께 표준화되어 가변성이 적다.
③ 한 가구는 여러 유니트로 구성되어 모든 치수가 규격화, 모듈화 된다.
④ 단일 가구에 서로 다른 기능을 결합시켜 수납기능을 향상시킬 수 있다.

해설 시스템가구(system furniture)

모듈러 계획의 일종으로 대량생산이 용이하고 시공기간 단축 및 공사비 절감의 효과를 가질 수 있는 가구이다.

㉠ 한 가구는 여러 유니트로 구성되어 모든 치수가 규격화, 모듈화 된다.
㉡ 건물, 가구, 인간과의 상호관계를 고려하여 치수를 산출한다.
㉢ 대량생산이 가능하여 생산단가가 저렴하며, 양질의 균일한 가구가 된다.
㉣ 조립, 해체가 가능한 유닛으로 구성되므로 공간의 이동이나 실의 용도에 맞게 가변성을 가지는 장점이 있다.
㉤ 부엌가구, 사무용가구, 수납가구들에 적용된다.

14 채광을 조절하는 일광 조절장치와 관련이 없는 것은?

① 루버(louver)
② 커튼(curtain)
③ 디퓨져(diffuser)
④ 베니션블라인드(venetian blind)

해설 디퓨저(diffuser)

공조용 취출구

정답 11 ② 12 ② 13 ② 14 ③

15 **상업공간 진열장의 종류 중에서 시선 아래의 낮은 진열대를 말하며 의류를 펼쳐 놓거나 작은 가구를 이용하여 디스플레이 할 때 주로 이용되는 것은?**

① 쇼 케이스(show case)
② 하이 케이스(high case)
③ 샘플 케이스(sample case)
④ 디스플레이 테이블(display table)

해설 디스플레이 테이블(display table)

상업공간에서 시선 아래의 낮은 진열대를 말하며 의류를 펼쳐 놓거나 작은 가구를 이용하여 디스플레이 할 때 주로 이용된다.

16 **다음 중 실내공간에 있어 각 부분의 치수계획이 가장 바람직하지 않은 것은?**

① 주택의 복도폭 : 1500mm
② 주택의 침실문 폭 : 600mm
③ 주택의 현관문의 폭 : 900mm
④ 주택의 거실의 천장높이 : 2300mm

해설

침실문의 폭은 800mm 정도이며, 노인 침실문의 폭은 휠체어의 출입을 고려하여 90cm 이상이 되도록 하는 것이 바람직하다.

17 **단독주택의 부엌계획에 관한 설명으로 옳지 않은 것은?**

① 가사 작업은 인체의 활동 범위를 고려하여야 한다.
② 부엌은 넓으면 넓을수록 동선이 길어지기 때문에 편리하다.
③ 부엌은 작업대를 중심으로 구성하되 충분한 작업대의 면적이 필요하다.
④ 부엌의 크기는 식생활 양식, 부엌 내에서의 가사 작업 내용, 작업대의 종류, 각종 수납공간의 크기 등에 영향을 받는다.

해설

주거공간계획에서 가장 큰 비중을 두어야 할 사항은 주부의 동선이다. 주택에서 장시간 거주하는 주부의 가사노동을 경감하기 위해 주부의 동선은 짧고 단순하게 처리한다.

※ 주부의 동선을 단축하기 위하여 부엌의 작업순서는 작업삼각형(worktriangle)이 되도록 하는 것이 유리하다.

※ 부엌의 작업삼각대(worktriangle)를 이루는 가구의 배치 순서 :
준비대 – 냉장고 – 개수대 – 조리대 – 가열대 – 배선대
준비대 – 냉장고 – 개수대(싱크대) – 조리대 – 가열대(레인지) – 배선대

18 **사무소 건축의 실단위 계획 중 개방식 배치에 관한 설명으로 옳지 않은 것은?**

① 소음의 우려가 있다.
② 프라이버시의 확보가 용이하다.
③ 모든 면적을 유용하게 이용할 수 있다.
④ 방의 길이나 깊이에 변화를 줄 수 있다.

해설 개방식 배치(open room system)

개방된 큰 방으로 설계하고 중역들을 위해 작은 분리된 방을 두는 방법

㉠ 전면적을 유용하게 이용할 수 있어 공간이 절약된다.
㉡ 칸막이벽이 없어서 개실 배치방법보다 공사비가 싸다.
㉢ 방의 길이나 깊이에 변화를 줄 수 있다.
㉣ 소음이 들리고 독립성이 떨어진다.
㉤ 자연 채광에 인공조명이 필요하다.

※ 개방형(open plan) 사무공간은 업무의 성격이나 직급별로 책상을 배치하는 형태로서 이동형의 칸막이나 가구로 공간을 구획한다.

정답 15 ④ 16 ② 17 ② 18 ②

19 **실내디자인의 요소 중 천장의 기능에 관한 설명으로 옳은 것은?**

① 바닥에 비해 시대와 양식에 의한 변화가 거의 없다.
② 외부로부터 추위와 습기를 차단하고 사람과 물건을 지지한다.
③ 공간을 에워싸는 수직적 요소로 수평방향을 차단하여 공간을 형성한다.
④ 접촉빈도가 낮고 시각적 흐름이 최종적으로 멈추는 곳으로 다양한 느낌을 줄 수 있다.

해설 천장

① 바닥과 함께 실내공간을 형성하는 수평적 요소로서 다양한 형태나 패턴 처리로 공간의 형태를 변화시킬 수 있다. 인간의 감각적 요소 중 시각적 요소가 상대적으로 가장 많은 부분을 차지한다.
② 천장의 기능
㉠ 바닥과 함께 공간을 형성하는 수평적 요소로서 바닥과 천장 사이에 있는 내부공간을 규정한다.
㉡ 지붕이나 계단 윗 바닥의 구조체를 노출시키지 않는 차단의 역할
㉢ 열환경, 음향, 빛의 조절의 매체로서 방어, 방음, 방진 기능
③ 천정의 높이
실내공간의 사용목적에 따라 다르게 한다. 최소 2.1m 이상으로 하고 문화 및 집회시설 등 다수인 수용 건물은 4.0m 이상을 적용한다.

20 **다음 중 전시공간의 규모 설정에 영향을 주는 요인과 가장 거리가 먼 것은?**

① 전시방법
② 전시의 목적
③ 전시공간의 세장비
④ 전시자료의 크기와 수량

해설 전시공간의 규모 설정

전시공간 규모 계획상 참고할 수 있는 계획적 지표는 전시관의 부문별 면적대비 비교데이터의 범위, 전시자료의 장르별, 전시형태별 전시모드에 의한 전시밀도, 전시운영형태에 따른 전시성격과 특성분석을 통한 자료의 장르별 전시밀도 범주 등이 있으며, 규모 설정에 영향을 주는 요인에는 전시의 목적, 전시자료의 크기와 수량, 전시방법, 전시공간의 유형 등이 있다.

정답 19 ④ 20 ③

01 디자인을 위한 조건 중 최소의 재료와 노력으로 최대의 효과를 얻고자 하는 것은?

① 독창성 ② 경제성
③ 심미성 ④ 합목적성

해설 실내디자인의 평가 기준

㉠ 합목적성 : 기능성 또는 실용성
㉡ 심미성 : 아름다운 창조
㉢ 경제성 : 최소의 노력으로 최대의 효과
㉣ 독창성 : 새로운 가치를 추구
㉤ 질서성 : 상기 4가지 조건을 서로 관련시키는 것

02 공간의 형태를 명확히 해주며 색, 패턴, 질감, 조명 등에 의해 분위기가 조절되는 것은?

① 천장 ② 바닥
③ 벽 ④ 가구

해설

벽(wall)은 공간의 형태와 크기를 결정하고 프라이버시의 확보, 외부로부터의 방어, 공간사이의 구분, 동선이나 공기의 움직임을 제어할 수 있는 기능을 가지며 색, 패턴, 질감, 조명 등에 의해 분위기가 조절된다.

03 치수계획에 있어 적정치수를 설정하는 방법은 최소치$+\alpha$, 최대치$-\alpha$, 목표치$\pm\alpha$이다. 이 때 α는 적정 치수를 끌어내기 위한 어떤 치수인가?

① 표준치수 ② 절대치수
③ 여유치수 ④ 기본치수

해설 건축공간의 적정치수 (α : 적정 값을 이끌어내기 위한 여유치수)

① 최소값$+\alpha$: 치수계획 가운데 가장 기본인 것으로 단위공간의 크기나 구성재의 크기를 정할 때 사용하는 방법. 최소의 치수를 구하고 여유율을 더하여 적정값 산정한다.
→ 문이나 개구부 높이, 천장높이, 인동간격 설정시
② 최대값$-\alpha$: 치수의 상한이 존재하는 경우 사용하는 방법
→ 계단의 철판 높이, 야구장 관중석의 난간 높이 설정시
③ 목표값$\pm\alpha$: 어느 값 이하나 어느 값 이상도 취할 수 없는 경우
→ 출입문의 손잡이 위치와 크기를 결정하는 것

04 다음 [그림]은 게스탈트(gestalt)의 법칙 중 무엇에 해당하는가?

① 접근성 ② 단순성
③ 연속성 ④ 폐쇄성

해설 형태의 지각심리(게슈탈트의 지각심리)

① 접근성 : 가까이 있는 시각 요소들을 패턴이나 그룹으로 인지하게 되는 지각심리
② 유사성 : 형태와 색깔, 크기 등이 유사할 경우 함께 모여보이는 지각심리
③ 연속성 : 점들의 연속이 선으로 지각되어 형태를 만드는 지각심리
④ 폐쇄성 : 불완전한 시각 요소들을 완전한 형태로 지각하려는 심리
⑤ 단순화 : 어떤 형태를 접했을 때 복잡한 형태보다는 단순한 형태로 지각하려는 심리

정답 01 ② 02 ③ 03 ③ 04 ①

⑥ 도형과 배경의 법칙 : 도형과 배경이 순간적으로 번갈아 보이면서 다른 형태로 지각되는 심리
- 그림과 바탕이 교체되는 도형을 '반전도형(反轉圖形)'이라고 한다.
[예] 루빈의 항아리

루빈의 항아리

05 일반적인 부엌의 작업순서에 따른 작업대 배치 순서로 가장 알맞은 것은?

㉠ 개수대	㉡ 조리대
㉢ 준비대	㉣ 배선대
㉤ 가열대	

① ㉠→㉡→㉢→㉣→㉤
② ㉡→㉣→㉢→㉤→㉠
③ ㉢→㉠→㉡→㉤→㉣
④ ㉣→㉤→㉡→㉠→㉢

해설 부엌의 작업삼각대(worktriangle)를 이루는 가구의 배치 순서

준비대 - 냉장고 - 개수대(싱크대) - 조리대 - 가열대(레인지) - 배선대
※ 주부의 동선을 단축하기 위하여 부엌의 작업순서는 작업삼각형(worktriangle)이 되도록 하는 것이 유리하다.
※ 작업대를 높이를 결정하는 기본 치수는 작업하는 사람의 팔꿈치 높이이다.

06 실내디자인의 대상 영역에 속하지 않는 것은?

① 주택의 거실디자인
② 호텔의 객실디자인
③ 아파트의 외벽디자인
④ 항공기의 객석디자인

해설 실내디자인의 대상별 영역에 의한 분류

㉠ 주거공간 디자인 : 개인과 가족생활을 위한 다양한 주택 내부를 디자인 하는 영역
㉡ 업무공간 디자인 : 기업체, 사무소, 오피스텔, 관공서 등의 실내를 디자인 하는 영역
㉢ 상업공간 디자인 : 호텔, 소매점, 백화점, 레스토랑 등의 실내를 디자인 하는 영역
㉣ 기념전시공간 디자인 : 박물관, 전시관, 미술관 등의 실내를 디자인 하는 영역
㉤ 특수공간 디자인 : 병원, 학교 등의 실내를 디자인 하는 영역

07 실내 치수 계획으로 가장 부적합한 것은?

① 주택 침실의 반자높이 2.3m
② 상점내의 계단 단높이 25cm
③ 주택 출입문의 폭 90cm
④ 부엌 조리대의 높이 85cm

해설

상업공간의 계단은 다수인의 사용하는 공간임을 고려하여 단높이 18cm 이하, 단너비 26cm 이상으로 한다.

08 상점의 동선계획에 관한 설명 중 옳지 않은 것은?

① 고객 동선은 가능한 짧고 간단하게 하는 것이 이상적이다.
② 종업원 동선은 작업의 효율성과 피로의 감소를 고려하여 계획한다.
③ 상품 동선은 상품의 반·출입, 보관, 포장, 발송 등과 같은 상점 내에서 상품이 이동하는 동선이다.
④ 동선 계획은 평면 계획의 기본요소로 기능적으로 역할이 서로 다른 동선은 교차되거나 혼용되어서는 안된다.

정답 05 ③ 06 ③ 07 ② 08 ①

해설

동선은 가능한 한 굵고 짧게 한다. 대체로 짧고 직선적이어야 능률적이라 볼 수 있는데 상점, 백화점 건축과 같은 경우는 예외적으로 고객의 동선을 길게 유도하여 매장의 진열효과를 높이고, 종업원의 동선은 되도록 짧게 하여 보행거리를 적게 하며 고객동선과 교차되지 않도록 한다.

※ 고객을 위한 통로폭은 최소 900mm 이상으로 하며, 종업원 동선의 폭은 최소 750mm 이상으로 하는 것이 좋다.

09 주택의 개인공간에 대한 설명 중 잘못된 것은?

① 개인의 기호, 취미나 개성이 나타나도록 계획한다.
② 침실, 주방, 서재, 공부방 등을 말한다.
③ 프라이버시(privacy)가 존중되어져야 한다.
④ 욕실, 화장실, 세면실 등의 생리위생공간도 개인공간에 해당된다.

해설

※ 주거 공간의 4요소
개인 공간, 보건위생 공간, 사회 공간(공동공간), 노동 공간
※ 주거공간의 영역 구분(zoning)
① 사용자의 범위(생활공간)에 따른 구분 – 단란, 개인, 가사노동, 보건·위생
② 공간의 사용시간(사용시간별)에 따른 구분 – 주간, 야간, 주·야간
③ 행동의 목적(주행동)에 따른 구분 – 주부, 주인, 아동
④ 행동반사에 따른 구분 – 정적공간, 동적공간, 완충공간

10 출입구에 통풍기류를 방지하고 출입인원을 조절할 목적으로 설치하는 문은?

① 여닫이문　② 접이문
③ 회전문　④ 자동문

해설 회전문

방풍 및 열손실을 최소로 줄여주는 반면 통행의 흐름을 완만히 해주는데 가장 유리한 출입문이다.
㉠ 계단이나 에스컬레이터로부터 2m 이상의 거리를 두어야 한다.
㉡ 고무와 고무펠트의 조합체 등을 사용하여 사람이나 물건 등이 끼이지 아니하도록 주의한다.
㉢ 출입에 지장이 없도록 일정한 방향으로 회전하는 구조로 하여야 한다.

11 디자인의 기본요소에 대한 설명 중 옳지 않은 것은?

① 점은 선의 양끝, 선의 교차, 선의 굴절, 면과 선의 교차에서 나타난다.
② 점은 어떤 형상을 규정하거나 한정하고, 면적을 분할한다.
③ 2차원적 형상에 깊이나 볼륨을 더하면 3차원적 형태가 창조된다.
④ 평면이란 완전히 평평한 면을 말하는데 이는 선들이 교차함으로써 이루어진다.

해설 점

① 점 : 점은 기하학적인 정의로 크기가 없고 위치만 있다. 점은 선과 선의 교차, 선과 면의 교차, 선의 양끝 등에 의해 생긴다.
② 점의 효과
㉠ 점의 장력(인장력) : 2점을 가까운 거리에 놓아두면 서로간의 장력으로 선으로 인식되는 효과
㉡ 점의 집중효과 : 공간에 놓여있는 한 점은 시선을 집중시키는 효과가 있다.
㉢ 시선의 이동 : 큰 점과 작은 점이 함께 놓여 있을 때 큰 점에서 작은 점으로 시선이 이동된다.
㉣ 많은 점을 근접시키면 면으로 지각하는 효과가 있다.

정답　09 ②　10 ③　11 ②

12 다음 중 황금비례의 비율로 가장 알맞은 것은?

① 1 : 1.628 ② 1 : 1.428
③ 1 : 1.618 ④ 1 : 1.518

해설
황금비(golden section, 황금분할)는 고대 그리스인들의 창안으로서 선이나 면적을 나누었을 때 작은 부분과 큰 부분의 비율이 큰 부분과 전체에 대한 비율과 동일하게 되는 기하학적 분할 방식으로 1 : 1.618의 비율을 갖는 가장 균형잡힌 비례이다.

13 다음 중 실내계획조건에서 입지적 조건에 해당되지 않는 것은?

① 방위 ② 도로관계
③ 일조조건 ④ 건물의 규모

해설
실내계획 프로세스의 기획단계(조건파악)에서 입지적 조건은 방위, 도로관계, 일조조건 등의 주변 환경 여건 조사가 해당된다. 건물의 규모는 건축물 계획의 디자인 프로세스에 해당된다.

14 실내디자인에 대한 설명 중 가장 부적당한 것은?

① 실내디자인은 인간이 보다 적합한 환경에서 생활할 수 있도록 하기 위한 것이다.
② 쾌적한 실내디자인이란 기능적 측면과 감성적 측면이 공간으로 구체화한 것이다.
③ 주거공간의 기능성은 작업, 휴식, 취침, 취식으로 구분할 수 있다.
④ 수익성을 추구하지 않는 주거공간 디자인에서 경제성은 고려 대상이 아니다.

해설
실내디자인이란 인간에 의해 점유되는 모든 공간을 쾌적한 환경으로 만들기 위한 창조적인 디자인 행위로 물리적·환경적 조건(기상, 기후 등 외부적인 보호), 기능적 조건(공간 배치, 동선), 정서적·심미적 조건(서정적 예술성의 만족) 등을 충족시켜야 한다. 미술은 순수예술처럼 주관적인 예술이지만 실내디자인은 과학적 기술과 예술의 조합으로써 주어진 공간을 목적에 알맞게 창조하는 전문분야이고, 가장 우선시 되어야 하는 것은 기능적인 면의 해결이므로 건축적인 수단도 필요로 한다.

15 디자인 구성요소 중 사선이 주는 느낌과 가장 거리가 먼 것은?

① 약동감 ② 운동감
③ 안정감 ④ 생동감

해설 선의 조형심리적 효과
㉠ 수직선은 구조적인 높이와 존엄성, 고양감을 느끼게 한다.
㉡ 수평선은 영원, 무한, 안정, 안락, 평화감을 느끼게 한다.
㉢ 사선은 넘어지려는 움직임이 있어 운동감, 불안정, 변화하는 활동적인 느낌을 준다.
㉣ 곡선은 유연, 복잡, 동적, 경쾌하며 여성적인 느낌을 들게 한다.

16 디자인 원리인 통일과 변화에 대한 설명으로 맞는 것은?

① 변화는 적절한 절제가 되지 않으면 공간의 통일성을 깨트린다.
② 조형에 대한 부수적 요소가 된다.
③ 디자인에서 통일은 다양한 변화를 의미한다.
④ 통일과 변화는 상호 대립된 관계로 서로 공존할 수 없다.

정답 12 ③ 13 ④ 14 ④ 15 ③ 16 ①

해설 통일과 변화

㉠ 디자인 대상의 전체 중 각 부분, 각 요소의 여러 다른 점을 정리해 관계를 맺으면서 미적 질서를 부여하는 기본 원리로서 디자인의 가장 중요한 속성이다.
㉡ 변화를 원심적 활동이라 한다면, 통일은 구심적 활동이라 할 수 있다.
㉢ 대비인 통일과 변화는 상반되는 성질을 지니고 있으면서도 서로 긴밀한 유기적 관계를 유지한다.

17 벽의 높이에 따른 효과에 대한 설명으로 옳은 것은?

① 60cm 정도 높이의 벽 : 두 공간을 상징적으로 분리·구분
② 가슴높이의 벽 : 에워싼 느낌이 강하여 하나의 실의 성격을 갖는 공간을 형성
③ 눈높이의 벽 : 공간의 영역을 완전히 차단
④ 키보다 높은 벽 : 주변공간에 시각적인 연속성을 주면서 감싸인 분위기 조성

해설 벽(wall)

① 벽(wall)의 기능
공간의 형태와 크기를 결정하고 프라이버시의 확보, 외부로부터의 방어, 공간사이의 구분, 동선이나 공기의 움직임을 제어할 수 있는 기능을 가진다.
② 벽높이에 따른 심리적 효과
㉠ 상징적 경계 – 60cm 높이의 벽 : 두 공간을 상징적으로 분리, 구분한다.
모서리를 규정할 뿐 공간을 감싸지는 못한다.
㉡ 허리정도의 높이의 벽(90cm) : 주위의 공간과 시각적 연결은 약화되고 에워싼 느낌을 주기 시작한다.
㉢ 시각적 개방 – 가슴높이의 벽(1.2m) : 시각적 연속성을 주면서 감싸인 분위기를 준다.
㉣ 눈높이의 벽(1.5m) : 한 공간이 다른 공간과 분할되기 시작한다.
㉤ 시각적 차단 – 키를 넘는 높이(1.8m) : 공간의 영역이 완전히 차단된다.
프라이버시가 좋으며 한 공간의 성격을 규정한다.

18 실내디자인에 앞서 대상 공간에 대해 디자이너가 파악해야 할 외적 작용 요소가 아닌 것은?

① 건물 주위 경제적 사항
② 기존 건물의 용도 및 법적인 규정
③ 전기, 냉·난방 설비 시설
④ 비상구 등 긴급 피난 시설

해설 실내디자인 계획조건 작용요소

① 외부적 작용요소 : 입지적 조건, 설비적 조건, 건축적 조건(용도 법적인 규정)
② 내부적 작용요소 : 계획의 목적, 공간의 규모나 분위기에 대한 요구사항, 의뢰인(client)의 예상되는 공사예산 등

19 그리스 파르테논(Parthenon)신전에 관한 설명으로 옳지 않은 것은?

① 그리스 아테네의 아크로폴리스 언덕에 위치하고 있다.
② 기원전 5세기경 건축가 익티누스와 조각가 피디아스의 작품이다.
③ 아테네의 수호신 아테나를 숭배하기 위해 축조하였다.
④ 대부분 화강석 재료를 사용하여 건축하였다.

해설

로마건축의 재료는 주로 석재를 사용하였으며 콘크리트를 발명하였다. 로마건축은 대규모의 조적조 건물에 석회와 화산재를 사용한 천연 모르타르(접착제)를 써서 조적조를 획기적으로 발달하게 하였다.
※ 그리이스 건축 : 가구식 구조 체계를 주로 사용(석재를 쌓을 때 모르타르를 쓰지 않고 철물을 사용)

정답 17 ① 18 ③ 19 ④

20 **천장에 매달려 조명하는 방식으로 조명기구 자체가 빛을 발하는 악세사리 역할을 하는 조명 방식은?**

① 다운라이트(down light)
② 스포트라이트(spot light)
③ 펜던트(pendant)
④ 브라켓(bracket)

해설

① 다운라이트(down light) : 천장에 작은 구멍을 뚫어 그 속에 기구를 매입한 방식이다.
② 스포트라이트(spot light) : 국부조명이다.
③ 펜던트(pendant) : 파이프나 와이어에 달아 천장에 매단 조명 방식이다.
④ 브라켓(bracket) 벽부형 : 조명기구를 벽에 설치하는 것으로 벽부형이라고도 한다.

정답 20 ③

제 2 편
색채 및 인간공학

section 1

색을 지각하는 기본원리

1 빛

① 적외선 : 780nm보다 긴 파장의 빨강(R) 계열의 광선(780~3,000nm),
열선으로 알려진 적외선과 라디오에 사용하는 전파,
열환경효과, 기후를 지배하는 요소

② 가시광선 : 380~780nm, 빨강에서 보라까지의 사람의 눈으로 지각되는 파장의 범위
채광의 효과, 낮의 밝음을 지배하는 요소

③ 자외선 : 380nm보다 짧은 파장의 보라(p) 계열의 광선(200~380nm),
주로 의료에 사용하는 자외선과 렌트겐에 사용하는 X선 등
보건위생적 효과, 건강효과 및 광합성의 효과, 화학선이라고 함
290~320nm(2900~3,200Å) - 도르노선(건강선)
※ 1nm = 10Å

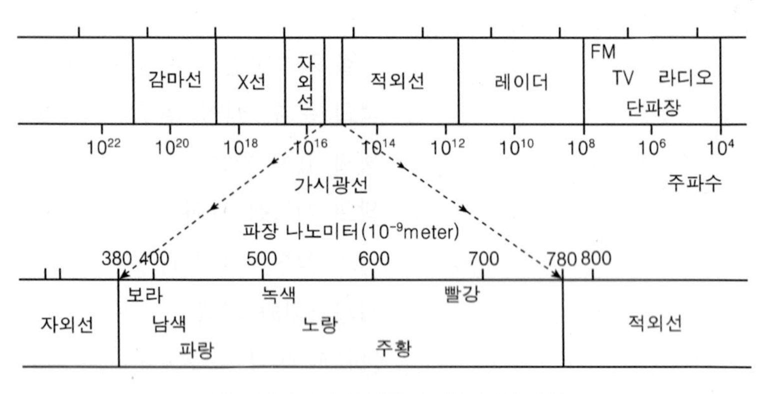

그림. 전자파 스펙트럼 파장과 빛의 효과

2 빛의 흡수, 반사, 투과

① 모든 빛의 반사 : 흰색

② 모든 빛의 흡수 : 검정색

③ 빛의 반사와 흡수 : 회색

④ 모든 빛의 투과 : 투명

3 눈의 구조적인 기능

① 간상체 : 야간에는 간상체만 활동하므로 흑백의 반응만 일어난다.

② 홍채(iris)

㉠ 눈의 일부로 색소가 풍부하고 환상을 이루며 동공을 둘러싸고 있다.
㉡ 홍채 속의 근육의 움직임에 의해 동공의 크기를 변화시켜 망막에 들어 오는 빛의 양을 조절한다.
㉢ 눈의 구조 중에서 카메라의 조리개 역할을 한다.

③ 수정체(水晶體)
㉠ 각막, 방수, 동공을 통과하는 빛의 물체를 잘 볼 수 있도록 핀트를 맞추어 주므로 카메라의 렌즈에 해당된다.
㉡ 눈에 입사하는 빛을 망막에 정확하고 깨끗하게 초점을 맺도록 자동적으로 조절하는 역할을 한다.

④ 맹점 : 시속 유두 때문에 광수용 세포가 중단되고 있는데 이 부분이 맹점이다. 시세포가 없어 빛이 모아져서 상이 맺혀져도 아무것도 볼 수가 없게 된다. 발견한 사람의 이름을 따서 마리오뜨의 맹점(Mariotte's Blind Spot) 또는 맹점이라 부른다.

※ 눈의 구조와 카메라의 비교
① 동공 - 조리개의 역할
② 수정체 - 렌즈의 역할
③ 망막 - 필름의 역할
④ 유두 - 셔터의 역할

4 간상체(rod)와 추상체 (cone)

① 간상체(rod)
망막의 시세포의 일종으로 주로 어두운 곳에서 작용하여 명암만을 구별한다. 망막의 주변부로 가는 것에 따라서 많이 존재한다. 그 형태가 간(막대기)과 같은 형을 하고 있는 것에서 간상체라 불린다.

② 추상체 (cone)
망막의 시세포의 일종으로 밝은 곳에서 움직이고, 색각 및 시력에 관계한다. 망막 중심 부근에서 가장 조밀하고 주변으로 갈수록 적게 된다.

※ 간상체와 추상체의 특성
① 간상체 : 흑백으로 인식, 어두운 곳에서 반응, 사물의 움직임에 반응 - 흑백필름 (암순응)
② 추상체(원추체) : 색상 인식, 밝은 곳에서 반응, 세부 내용파악 - 칼라필름 (명순응)

5 박명시(薄明視 ; mesopic vision)

① 주간시와 야간시의 중간 상태의 시각을 박명시(mesopic vision)라고 하며, 박명시는 주간시나 야간시와 다른 밝기의 감도를 갖게 되나, 색상의 변별력은 있다.

② 명소시(추상체)와 암소시(간상체)가 같이 작용할 때를 말하며 날이 저물기 직전의 약간 어두움이 깔리기 시작 할 무렵에 작용한다.

6 푸르킨예(Purkinje) 현상

① 명소시에서 암소시 상태로 옮겨질 때 물체색의 밝기가 어떻게 변하는가를 살펴보면 빨간 계통의 색은 어둡게 보이게 되고, 파랑 계통의 색은 반대로 시감도가 높아져서 밝게 보이기 시작하는 시감각에 관한 현상을 말한다.

② 어둡게 되면(새벽녘과 저녁때 등) 가장 먼저 보이지 않는 색은 빨강이며, 다른 색은 추상체에서 간상체로 작용이 옮겨감에 따라 색이 사라져 회색으로 느껴진다. 따라서 어두운 곳에서는 빨강이 부적당하여 비상 계단 등의 발 닿는 윗부분의 색은 파랑 계통의 밝은 색으로 하는 것이 어두운 가운데서도 쉽게 식별할 수 있다.

7 명순응과 암순응

① 감각 기관이 자극의 정도에 따라 감수성이 변화되는 상태를 순응이라 한다.

② 추상체가 시야의 밝기에 따라서 감도가 작용하고 있는 상태를 눈의 명순응이라 하고, 간상체가 시야의 어둠에 순응하는 것을 암순응이라고 한다.

③ 터널의 조명은 명순응과 암순응을 고려하여 낮의 경우 들어가는 입구쪽과 나오는 출구쪽에 나트륨 램프나 수은등과 같은 연색성은 낮아도 시감도가 높은 조명을 집중시키고 중간 부분은 조명을 띄엄띄엄 배치한다.

8 연색성

① 광원에 의해 조명되어 나타나는 물체의 색을 연색이라 하고, 태양광(주광)을 기준으로 하여 어느 정도 주광과 비슷한 색상을 연출을 할 수 있는가를 나타내는 지표를 연색성이라 한다.

② 백열등은 청색에 약간 녹색 기미를 띄면서 적색이 선명하여 연색성이 아주 좋으며, 메탈할라이트등도 연색성이 좋다.

③ 주광색 형광등은 비교적 연색성이 좋은 편이나 수은등은 연색성이 그다지 좋지 않고, 나트륨등은 청색이 강조되는 데 연색성이 좋지 않아 개선한 등으로 써야 한다.

9 조명에 의한 색채변화

① 어떤 광원에서 빛을 받아 물체의 표면의 빛이 파장에 따라 어떤 비율로 반사되는 가의 결과에 따라 색채변화가 일어난다.

② 백열등은 청색에 약간 녹색 기미를 띄면서 적색이 선명하여 연색성이 아주 좋으며, 메탈할라이트등도 연색성이 좋다. 주광색 형광등은 비교적 연색성이 좋은 편이나 수은등은 연색성이 그다지 좋지 않고, 나트륨등은 청색이 강조되는 데 연색성이 좋지 않아 개선한 등으로 써야 한다.

③ 연색성 : 광원에 의해 조명되어 나타나는 물체의 색을 연색이라 하고, 태양광(주광)을 기준으로 하여 어느 정도 주광과 비슷한 색상을 연출을 할 수 있는가를 나타내는 지표를 연색성이라 한다.

10 메타메리즘(Metamerism ; 조건등색)

광원에 따라 물체의 색이 달라져 보이는 것과는 달리 분광 반사율이 다른 두 가지의 색이 어떤 광원 아래서 같은 색으로 보이는 현상을 메타메리즘(Metamerism) 또는 조건등색이라 한다.

11 스펙트럼(Spectrum)

① 1666년 영국의 과학자 뉴턴(Lssac Newton)이 이탈리아에서 프리즘(Prism)을 들여와, 이 프리즘(Prism)에 태양광선이 비치면 그 프리즘을 통과한 빛은 빨강・주황・노랑・초록・파랑・남색・보라색의 단색광으로 분광되는 것을 광학적으로 증명하였다. 이와 같이 분광된 색의 띠를 스펙트럼(Spectrum)이라고 하며 무지개색과 같이 연속된 색의 띠를 가진다.

② 파장이 길고 짧음에 따라 굴절률이 다르며, 파장이 길면 굴절률도 작고 파장이 짧으면 굴절률도 크다. 빨강은 파장이 길어서 굴절률이 가장 작으며, 보라는 파장이 짧아서 굴절률이 가장 크다.

※ 파장이 긴 것부터 짧은 것 순서 : 빨강 - 주황 - 노랑 - 초록 - 파랑 - 남색 - 보라

③ 무지개의 색은 7색 또는 6색으로 나누는데 또한 파장별로 색깔을 나눈다면 무수히 많은 색상으로 구별할 수 있다. 보통 빨강부터 보라까지의 파장은 우리 눈으로 볼 수 있는 범위로 파장 780nm에서 380nm까지의 범위에 해당된다. 이를 가시광선이라고 한다.

④ 780nm보다 긴 파장의 것에는 적외선과 전파 등이 있고, 380nm보다 짧은 파장의 것에는 자외선과 X선 및 우주에서 주야로 끊임없이 지구로 날아오는 에너지의 입자선인 우주선이 있다.

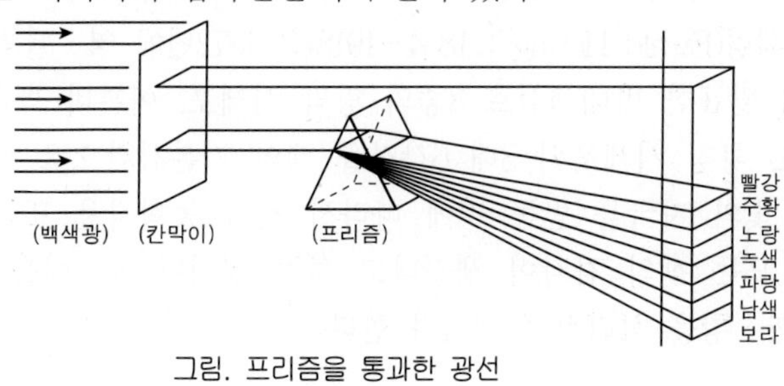

그림. 프리즘을 통과한 광선

12 영·헬름홀츠(Young-Helmholtz)의 3원색설

① 색각의 기본이 되는 색은 3종류라고 생각하고, 눈의 구조 중 망막 조직에는 적, 녹, 청의 색각 세포와 색광을 감지하는 시신경 섬유가 있다는 가설을 영국의 과학자 영(Young Thomas : 1773~1829)이 1801년에 발표하였다.

② 망막에는 3가지의 색각 세포와 거기에 연결된 시신경 섬유가 있어서 3가지 세포의 흥분이 혼합에 의하여 여러 가지 색지각이 일어나는 것으로 예를 들면, 어떤 망막세포는 스펙트럼의 빨간색광 부분을 주로 느끼는 세포이며, 그 신경 흥분은 대뇌에 전달되어 빨간색 감각을 일으킨다.

③ 어떤 세포는 주로 스펙트럼의 중간인 녹색 부분의 빛을 느껴서 그 신경 흥분은 대뇌에서 녹색의 감각을 일으킨다.

④ 하나의 세포 신경 계통은 단파장 부분을 주로 느껴 파란색의 감각을 일으킨다.

⑤ 여러 가지 세포가 망막에 조밀하게 분포되어 그들의 색감각이 여러 가지로 혼합하면 중간색을 느끼게 되며, 그 비율이 같은 정도이면 무채색을 느끼게 된다.

즉 세 가지 세포의 흥분도가 같을 때 흰색이나 회색이 되며 흥분이 크면 밝아지고 흥분이 없어지면 검정색에 가깝게 느끼게 된다.

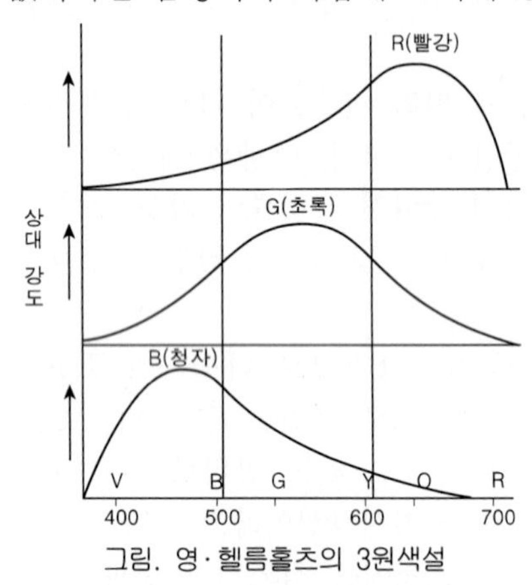

그림. 영·헬름홀츠의 3원색설

13 헤링의 설 (Hering's color theory) - 헤링의 반대색설

생리학자 헤링(Ewald Hering ; 1834~1918)은 1872년에 영·헬름홀츠의 3원색설에 대해 발표한 반대색설로 3종의 망막 시세포, 이른바 백흑 시세포, 적녹 시세포, 황청 시세포의 3대 6감각을 색의 기본감각으로 하고 이것들의 시세포는 빛의 자극을 받는 것에 따라서 각각 동화작용 또는 이화작용이 일어나고 모든 색의 감각이 생긴다고 하는 것이다. 이 설을 기초로 해서 적·녹·황·청을 심리적 원색이라 한다.

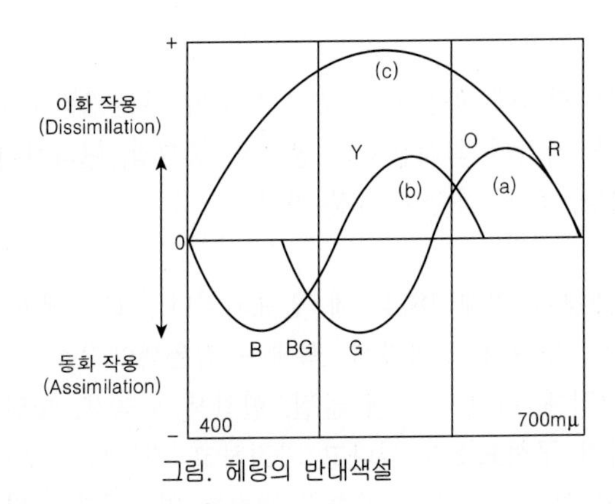

그림. 헤링의 반대색설

14 색맹(色盲)

① 망막의 결함에 의해 색의 지각하는데 정상적으로 색을 느끼지 못하는 경우를 색맹(色盲)이라고 한다.

② 색상의 식별이 전혀 되지 않는 색각 이상자로 전색맹(全色盲)이라 하고, 이 경우 색지각을 간상에만 의존하여 명암만 다소 구별할 수 있는 정도이며, 프로킨예 현상도 나타나지 않는다. 전색맹의 경우 언제나 정상자의 암순응 상태에 있고, 빛이 강할 때에는 눈이 부셔서 사물을 잘 볼 수 없는 현상이 일어나기도 한다.

③ 색맹을 강도 색각이상, 색약을 중등도와 약도로 나누게 되어, 색약을 중등도 색각이상이라고 부른다. 흔히 자동차 운전면허시험 과정에서 이용되는 색약이라는 진단은 색각 검사표를 사용하여 중등도나 약도 이상으로 판정하는 것이다.

④ 색각이상은 선천적으로 망막 내 감광물질, 즉 제1적색질, 제2녹색질, 제3황색질 중에서 어느 한 가지가 없는 상태이다. 그러므로 제1색맹은 적색맹이라 하고, 제2색맹은 녹색맹이라 하며, 제 3색맹은 청황색맹이라고 한다.

※ 제3색맹은 청색, 황색을 느끼지 못하는 경우로 청황색맹이라고 하는데 희귀한 경우이다.

15 색채 지각설

① 3원색설

3원색설이란 영이 1802년에 발표하고, 헬름홀츠가 1868년에 완성시킨 색각이론이다. 영의 3원색설은 기본 원색이 빨간색, 노란색, 파란색이라고 생각하였다. 그러나 헬름홀츠가 기본색이 빨간색, 녹색, 파란색이라고 주장하였으며, 후에 영이 이 이론에 동의하였다. 그래서 영-헬름홀츠설이라고도 한다.

이 이론에서는 망막에 파장별로 분해 특성이 다른 3종류의 물질이 있다고 정의하고 있다. 각각의 최대감도는 장파장, 중파장, 단파장이며 각각 일으키는 감각이 빨강, 녹색, 파랑에 가장 가깝다.

② 반대색설

반대색설은 헤링에 의해 1874년에 발표되었다. 그는 색의 기본감각으로서 빨간색 - 녹색, 노란색 - 파란색, 백색 - 검은색의 3조의 반대색을 가정했다. 헤링은 망막에 백색 - 흑색 물질, 빨간색 - 녹색, 노란색 - 파란색 물질이라는 3가지 구성요소가 있다고 가정하고, 각각의 물질은 빛에 따라 동화와 이화라고 하는 대립적인 화학적 변화를 일으킨다고 말했다.

section 2 색의 분류, 성질, 혼합

1 색의 분류

① 유채색(Chromatic Color)

㉠ 유채색이란 채도가 있는 색을 말한다.

㉡ 무채색을 제외한 모든 색으로 스펙트럼의 단색에 의한 색상을 이룬 모든 색을 말한다.

㉢ 색을 3속성(색상, 명도, 채도)을 모두 가지고 있다.

② 무채색(Achromatic Color)

㉠ 흰색, 회색, 검정 등 색상이나 채도가 없고 명도만 있는 색을 무채색이라 한다.

㉡ 순수한 무채색은 검정, 백색을 포함하여 그 사이 색을 말한다.

㉢ 명도단계는 N0(검정), N1, N2, …, N9.5(흰색)까지 11단계로 되어 있다.

㉣ 반사율이 약 85%인 경우가 흰색이고, 약 30% 정도이면 회색, 약 3% 정도는 검정색이다.

㉤ 온도감은 따뜻하지도 차지도 않은 중성이다.

2 색의 3속성

색은 색상, 명도, 채도의 3가지 속성을 가지고 있다.

① 색상(Hue)

㉠ 색상은 색의 차이를 나타낸다.

㉡ 일반적으로 실무에서는 여러 색상을 원형으로 배치한 색상환을 자주 참고하는데, 검은색과 흰색을 제외한 순색 12컬러로 표시하거나 24컬러로 표시한다.

② 명도(Value)

㉠ 명도란 색상의 밝은 정도를 말한다.

㉡ 명도는 흰색에 가까울수록 높고 검은색에 가까울수록 낮다고 말하며, 명도가 높다는 것은 그만큼 색이 밝다는 의미한다.

㉢ 명도가 가장 높은 색은 흰색, 가장 낮은 색은 검은색이다. 검은색과 흰색을 제외한 순색 12컬러 중에서 명도가 가장 높은 색은 노란색이며, 보라색과 빨간색은 명도가 가장 낮다.

③ 채도(Chroma)

㉠ 채도는 순도(純度) 또는 포화도(飽和度)라고도 하며 색의 선명도, 즉 색채의 강하고 약한 정도를 말한다.

㉡ 색은 순색에 가까울수록 채도가 높으며, 다른 색상을 가하면 채도가 낮아진다. 이렇게 색의 순수한 정도, 색채의 포화상태, 색채의 강약을 나타내는 성질을 채도라고 말한다.
㉢ 무채색으로부터 어느 정도의 거리가 있는가를 나타내는 척도의 단위로서 색채의 산뜻한 정도를 나타낸다.
㉣ 무채색을 0으로 그 색상에서 가장 순수한 색이 최대의 채도 값이다.
㉤ 수채물감으로 표현할 수 있는 가장 포화된 순색(純色)은 채도 10 또는 그것에 가까운 수치로 표시된다.
㉥ 어떠한 색상의 순색에 무채색(흰색이나 검정)의 포함량이 많을수록 채도가 낮아지고, 포함량이 적을수록 채도가 높아진다.
㉦ 채도가 가장 높은 색은 순색이며, 무채색을 섞으면 채도가 낮아진다.
㉧ 보색관계의 색을 섞으면 회색이 되어 채도가 낮아진다.
㉨ 유채색의 순색끼리 섞으면 채도 변화가 적다.
㉩ 검정, 회색, 하양은 무채색이므로 채도가 없다.
  ⓐ 채도는 순도(純度) 또는 포화도(飽和度)라고도 하며 색의 선명도, 즉 색채의 강하고 약한 정도를 말한다.
  ⓑ 일반적으로 채도가 낮으면 "탁하다"고 하고 채도가 높으면 "선명하다"고 표현한다.
  ⓒ 채도가 가장 높은 색은 순색이며, 무채색을 섞으면 채도가 낮아진다. 여기서 무채색이란 색상이나 채도는 없고 명도의 차이만을 가지는 색, 즉 검은색, 흰색, 회색을 가리킨다.
  ⓓ 검정, 회색, 하양은 무채색이므로 채도가 없다.

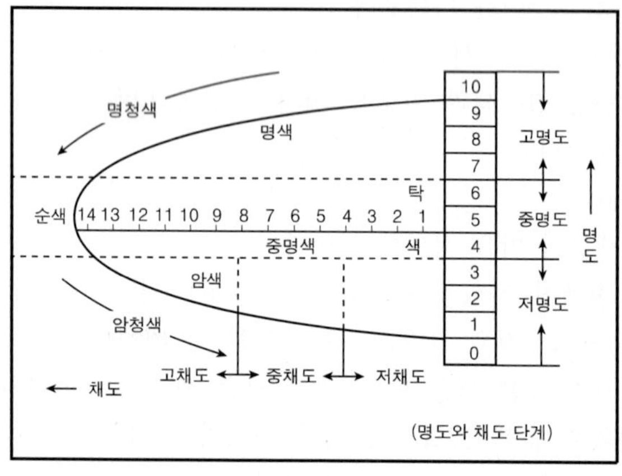

그림. 명도와 채도 단계

밝기	명도 번호	무채색
고명도	10	
	9	
	8	
	7	
중명도	6	
	5	
	4	
저명도	3	
	2	
	1	
	0	

그림. 무채색의 명도 단계

3 광삼(Irradation)현상

① 백색이나 강한 채도의 물체가 어두운 배경에 놓일 때 실제보다 크게 보이는 착각을 말한다.

② 흰 물체는 빛을 방사하는 것 같이 보이며 그 둘레가 퍼져나가는 것 같이 점점 흐리게 보인다.

③ 검은 종이 위에 놓인 흰 사각형은 흰 종이 위에 놓인 같은 크기의 검은 사각형보다 더 커 보인다.

4 색광의 3원색

① 색광의 3원색은 빨강(Red), 녹색(Green), 파랑(Blue)이다.

② 색광의 3원색을 혼합하는 것을 가법혼색, 가색혼합, 색광혼합이라고 한다.

③ 색광의 3원색인 빨강(R), 녹색(G), 파랑(B) 색을 서로 비슷한 밝기로 혼합하면 흰색(White)으로 된다.

④ 보색인 색광을 혼합하여 백색광이 되었을 때 두 색광은 서로 상대에 대한 보색이라 하는데 빨강과 청록, 파랑과 노랑, 녹색과 자주를 혼합하면 백색광이된다.

5 색료의 3원색

① 색료의 3원색은 청색(Cyan), 자주(Magenta), 노랑(Yellow)이다.

② 청색(시안)・자주(마젠타)・노랑을 여러 강도로 섞으면 어떤 색이라도 만들 수 있다. 따라서 이 3색을 감산혼합(減算混合)의 3원색이라고 한다.

③ 혼합해서 만든 색을 2차색이라고 부른다.

㉠ 자주(M) + 노랑(Y) = 빨강(R)

㉡ 노랑(Y) + 파랑(C) = 초록(G)

㉢ 파랑(C) + 자주(M) = 청자(B)

㉣ 자주(M) + 노랑(Y) + 파랑(C) = 검정(B)

※ 2차색은 원색보다 명도와 채도가 낮아진다.

※ 색료 혼합의 3원색을 모두 혼합하면 흑색(Black)이 된다.

6 색의 혼합(혼색)

① 가산혼합(가법혼색) : 혼합할수록 더 밝아지는 빛(색광)의 혼합을 말한다. 2차색은 1차색보다 명도가 높아진다

② 감산혼합(감법혼색) : 혼합할수록 더 어두워지는 물감(색료)의 혼합을 말한다. 2차색은 1차색보다 명도가 낮아진다

③ 중간혼합(중간혼색) : 혼합하면 중간명도에 가까워지는 병치혼합과 회전혼합을 말한다.

두 색의 명도가 합쳐진 것의 평균 명도가 된다.

㉠ 병치혼합

- 빨간 털실과 파란털실로 짠 스웨터는 멀리서 보면 보라색으로 보인다.
- 화면에 빨간 점과 파란 점을 무수히 많이 찍으면 멀리서 보라색으로 보인다.

㉡ 회전혼합

팽이에 절반은 빨간 색, 절반은 파란색을 칠하여 회전시키면 보라색으로 보인다.

7 가산혼합(加算混合) 또는 가법혼색(加法混色)

① 빛의 혼합을 말하며, 색광 혼합의 3원색은 빨강(Red), 녹색(Green), 파랑(Blue)이다.

② 적색광과 녹색광을 흰 스크린에 투영하여 혼합하면 빨강이나 녹색보다 밝은 노랑이 된다. 이와 같이 빛을 더해서 혼합하는 방법을 가산혼합 또는 가법혼색이라고 한다.

③ 2차색은 원색보다 명도가 높아진다. 보색끼리의 혼합은 무채색이 된다.

④ 빨강・녹색・파랑의 색광을 여러 가지 세기로 혼합하면 거의 모든 색을 만들 수 있으므로 이 3색을 가산혼합(加算混合)의 삼원색이라고 한다.

㉠ 청자(B) + 녹(G) = 청(C)

㉡ 초록(G) + 빨강(R) = 노랑(Y)

㉢ 청자(B) + 빨강(R) = 자주(M)

㉣ 청자(B) + 초록(G) + 빨강(R) = 하양(W)

⑤ 컬러텔레비전의 수상기, 무대의 투광조명(投光照明), 분수의 채색조명 등에 이 원리가 사용된다.

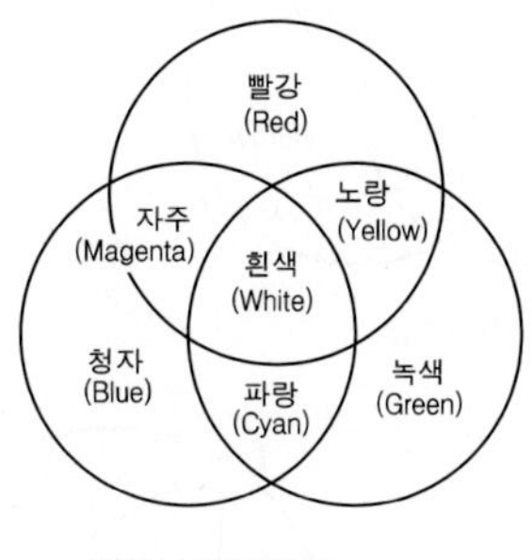

그림. 가법혼색

8 감산혼합(減算混合) 감법혼색(減法混色) - 색료혼합

① 색료의 혼합으로 색료 혼합의 3원색은 청색(Cyan), 자주(Magenta), 노랑(Yellow)이다.

② 색료를 혼합하여 색필터를 겹치거나 그림물감을 혼합하는 방법을 감산혼합(減算混合) 또는 감법혼색(減法混色), 색료혼합이라고 한다.

③ 2차색은 원색보다 명도와 채도가 낮아진다.

④ 색료 혼합의 3원색은 청색(Cyan), 자주(Magenta), 노랑(Yellow)을 모두 혼합하면 흑색(Black)이 된다.

⑤ 자주(마젠타)・노랑・청색(시안)을 여러 강도로 섞으면 어떤 색이라도 만들 수 있다. 따라서 이 3색을 감산혼합(減算混合)의 3원색이라고 한다.

㉠ 자주(M) + 노랑(Y) = 빨강(R)

㉡ 노랑(Y) + 파랑(C) = 초록(G)

㉢ 파랑(C) + 자주(M) = 청자(B)

㉣ 자주(M) + 노랑(Y) + 파랑(C) = 검정(B)

⑥ 컬러사진, 컬러인쇄, 수채화 등에 이 원리가 사용된다.

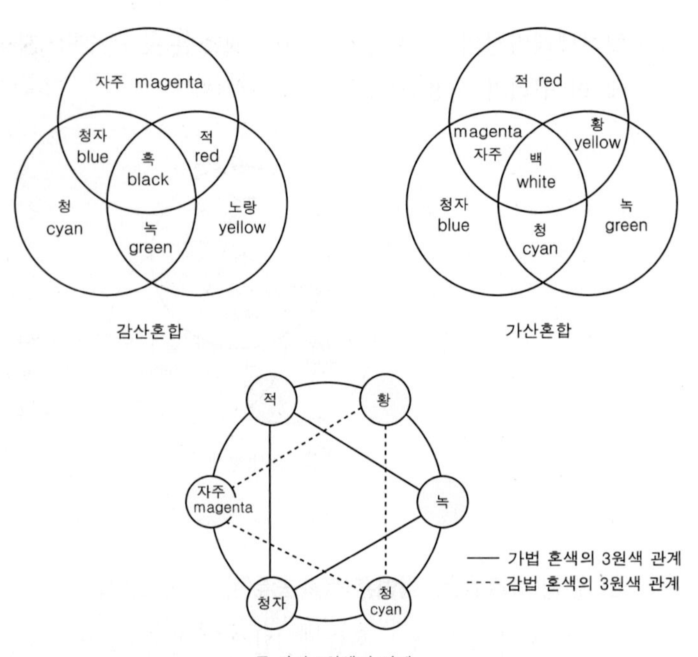

(두 가지 3원색은 색상환 순서로 놓여짐을 알 수 있다)

그림. 가산혼합과 감산혼합 및 두 가지 3원색의 관계

9 병치가법혼색

색광에 의한 병치혼합으로 작은 색점을 섬세하게 병치시키는 방법으로 빨강, 초록, 청자 3색의 작은 점들이 규칙적으로 배열되어 혼색이 되어 현상을 말한다.

예 : 칼라 TV의 화상, 모자이크 벽화, 점묘화법, 직물의 색조디자인

색의 표시 방법

1 색의 표시(표색)

① 혼색계(color mixing system)
 ㉠ 색(Colar of Light)을 표시하는 표색계로서 심리적, 물리적인 병치의 혼색 실험에 기초를 두는 것으로서 현재 측색학의 기본이 되고 있다.
 ㉡ 오늘날 사용하고 있는 CIE 표준 표색계 (XYZ 표색계)가 가장 대표적인 것이다.

② 현색계(color appearance system)
 ㉠ 색채(물체색, Color)를 표시하는 표색계로서 특정의 착색물체, 즉 색표로서 물체 표준을 정하여 여기에 적당한 번호나 기호를 붙여서 시료 물체의 색채와 비교에 의하여 물체의 색채를 표시하는 체계이다.
 ㉡ 현색계의 가장 대표적인 표색계는 먼셀 표색계와 오스트발트 표색계이다.

2 색명(色名)

① 계통색명(系統色名) : 일반색명이라고 하며 색상, 명도, 채도를 표시하는 색명이다.

② 관용색명(慣用色名, individual color name) : 고유색명 중에서 비교적 잘 알려져 예부터 습관적으로 사용되고 있는 색명을 말한다.
고유한 색명으로 동물, 식물, 지명, 인명 등이며 피부색(살색), 쥐색 등의 동물과 관련된 색이름 및 밤색, 살구색 등 식물과 관련된 이름 등이 있다.

3 ISCC - NBS 색명법

① 1939년에 미국 ISCC(색채연락협의회)의 D·B. 저드와 K·L. 켈리에 의해서 고안되고 NBS(국립표준국)에 의해 세부적으로 발전시켜 설정한 「색이름 부르는 법」으로 먼셀의 색입체를 267개단위로 나눈 색이름이다.

② 색이름을 계통적으로 체계화 시켜서 현생활에 실제로 쓰고 있는 이름과 일치하도록 만들어 세계여러 나라의 색이름 기준으로 사용된다.

③ KS A 0011(규정 색명)에는 일반 색명에 대하여 자세히 규정하고 있으며 미국의 ISCC - NBS 색명법에 근거를 두고 있다.

④ 명도 순서 : Light Red - Grayish Red - Deep Red -Dark Red

4 먼셀(Munsell)의 표색계

① 미국의 화가이며 색채연구가인 먼셀(A. H. Munsell)에 의해 1905년 창안된 체계로서 색의 3속성인 색상, 명도, 채도로 색을 기술하는 체계 방식이다.

② 먼셀 색상은 각각 Red(적), Yellow(황), Green(녹), Blue(청), Purple(자)의 R, Y, G, B, P 5가지 기본색과 주황(YR), 연두(GY), 청록(BG), 남색(PB), 자주(RP)의 5가지 중간색으로 10등분 되어지고 이러한 색을 각기 10단위로 분류하여 100색상으로 분할하였다.

③ 각 색상에는 1~10의 번호가 붙어 5번이 색상의 대표색이다.

④ 우리나라에서 채택하고 있는 한국산업규격 색채 표기법이다.

㉠ 색상 (Hue) : 원의 형태로 무채색을 중심으로 배열된다.
- 기본색 : 빨강(R), 노랑(Y), 녹색(G), 파랑(B), 보라(P)
- 중간색 : 주황(YR), 연두(GY), 청록(BG), 남색(PB), 자주(RP)

㉡ 명도 (Value) : 수직선 방향으로 아래에서 위로 갈수록 명도가 높아진다.
- 빛의 반사율에 따른 색의 밝고 어두운 정도
- 이상적인 흑색을 0, 이상적인 백색을 10

㉢ 채도 (Chroma) : 방사형의 형태로 안쪽에서 밖으로 나올수록 높아진다.
- 회색을 띠고 있는 정도 즉, 색의 순하고 탁한 정도
- 무채색을 0으로 그 색상에서 가장 순수한 색이 최대의 채도 값

㉣ 먼셀(Munsell)의 색 표기법
- 색상, 명도, 채도의 기호는 H, V, C이며 HV/C로 표기된다.

예) 빨강의 순색은 5R 4/14라 적고, 색상이 빨강의 5R, 명도가 4이며, 채도가 14인 색채이다.

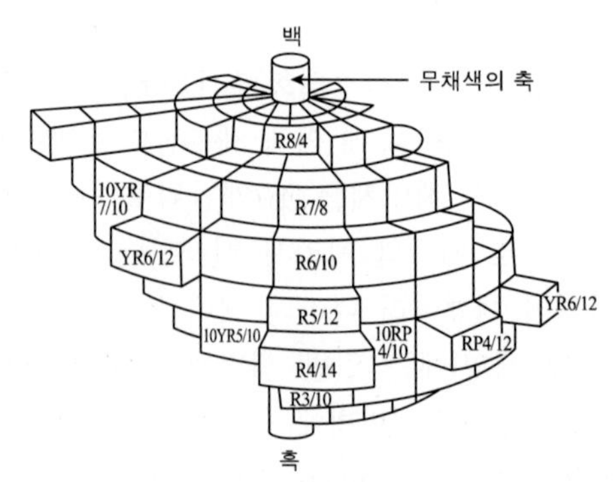

그림. 먼셀 색입체

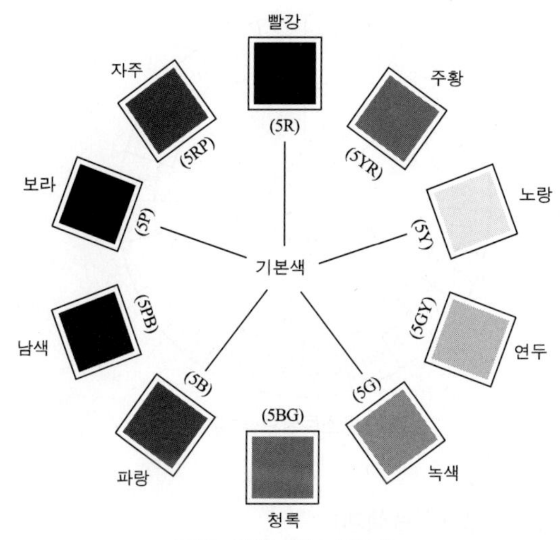

그림. 먼셀 기본 색상환

5 오스트발트 표색계

① 오스트발트 표색계의 특징은 먼셀 표색계처럼 색의 3속성에 따른 지각적으로 고른 감도를 가진 체계적인 배열이 아니고 색량의 많고 적음에 의하여 만들어진 것으로 혼합하는 색량의 비율에 의하여 만들어진 체계이다.

② 오스트발트 표색계의 기본이 되는 색채(Related Color)

㉠ 모든 파장의 빛을 완전히 흡수한는 이상적인 흑색(Black) : B

㉡ 모든 파장의 빛을 완전히 반사하는 이상적인 백색(White) : W

㉢ 완전색(Full Color ; 순색) : C

이 세가지의 혼합량을 기호화하여 색채를 표시하는 체계이다.

③ 오스트발트는 백색량(W), 흑색량(B), 순색량(C)의 합을 100%로 하였기 때문에 등색상면 뿐만 아니라 어떠한 색이라도 혼합량의 합은 항상 일정하다.

가령 순색량이 없는 무채색이라면 W+B=100%가 되도록 하고 순색량이 있는 유채색은 W+B+C=100%가 된다.

④ 오스트발트의 색입체는 3각형을 회전시켜서 이루어지는 원뿔 2개를 맞붙여(위아래로) 놓은 모양으로, 즉 주판알과 같은 복원뿔체이다. 색입체 중에 포함되어 있는 유채색은 색상기호, 백색량, 흑색량의 순으로 표시한다.

[예] 2Rne와 같이 표시하는데 2R은 색상이며 n은 백색량, e는 흑색량을 표시하는 것이다.

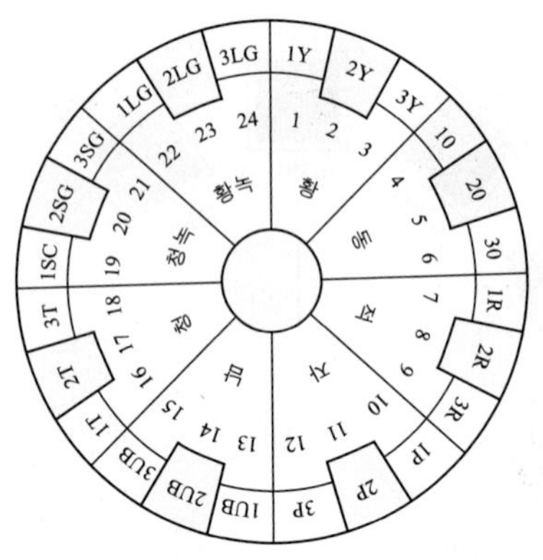

그림. 오스트발트 색상환

6 CIE 표색계(국제조명위원회 표색계)

① 색의 전달을 위한 표시 방법 중 1931년 국제조명위원회에 의하여 결정한 가장 과학적이고 국제적 기준이 되는 색표시 방법이다.

② CIE 색도도 : 스펙트럼 궤적과 단색광궤적으로 둘러쌓인 말발굽 형태의 색도도로 그 부분은 실제 광자극의 좌표를 발견할 수 있는 최대색도범위를 나타낸다. 색을 xyY의 형태로 표현한다. xy는 한 조로서 색도좌표(色度座標)를 나타내며 색상과 채도를 조합한 성질을 뜻하고 Y는 색의 명도를 나타낸다. 이 표색계는 색의 심리물리학에 입각하는 것으로, 색지각을 만드는 빛의 스펙트럼 특성을 물리적으로 측정하고, 세밀한 계산을 거쳐 xyY가 구해진다. 그러나 실제로는 정확하고 편리한 색채계(色彩計)가 있어, 간단한 조작에 의해서 상세한 xyY의 값이 구해진다.

③ CIE 표색계는 가장 과학적이며 표색의 기본으로 되어 있는데, 주로 광원이나 컬러텔레비전의 기술에 사용된다.

※ 먼셀표색계는 알기 쉽고 다루기 쉬우므로 널리 이용되며, 특히 도색(塗色)·염색 등의 기술에 사용된다. 오스트발트표색계는 주로 미술 방면에서 사용된다.

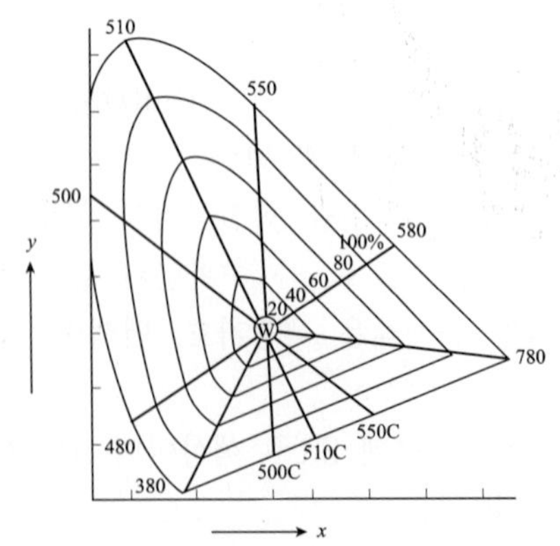

그림. CIE 색도도의 순도 비율

7 색입체(Color Soild)

색의 3속성인 색상, 명도, 채도에 의해 색을 조직적으로 배열하여 한눈에 알아볼 수 있도록 입체적으로 만든 구조체로 1898년 먼셀이 창안한 것로 색채 나무(Color Tree)라 한다.

① 색상 (Hue) : 원의 형태로 무채색을 중심으로 배열된다.

② 명도 (Value) : 수직선 방향으로 아래에서 위로 갈수록 명도가 높아진다.

③ 채도 (Chroma) : 방사형의 형태로 안쪽에서 밖으로 나올수록 높아진다.

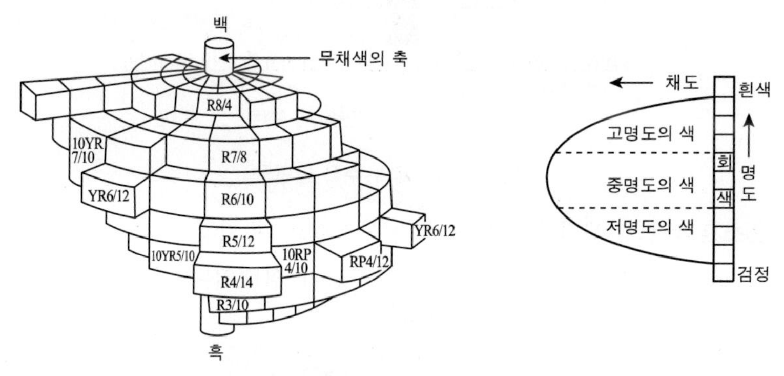

그림. 먼셀의 색입체 모형

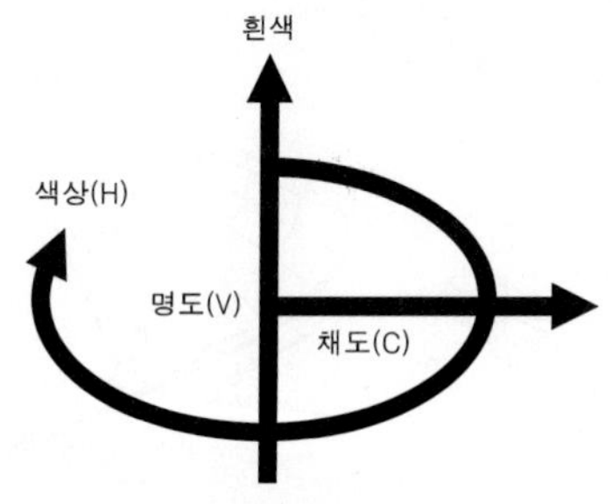

그림. 먼셀 색입체의 좌표계

8 색입체의 수직 단면도

① 색입체의 종단면 또는 등색 단면이라 한다.

② 가운데를 무채색축 중심으로 동일 색상명이 나타난다.

③ 동일 색상의 명도, 채도의 변화는 한 눈에 볼 수 있다.

④ 각 색상 중 가장 바깥의 색은 순도가 가장 높은 순색이다.

※ 그림 경우 주황(5YR)을 기준으로 세로로 자르면 보색인 파랑(5B)의 색상면이 된다는 것을 알 수 있다. 연두의 채도는 10이다.

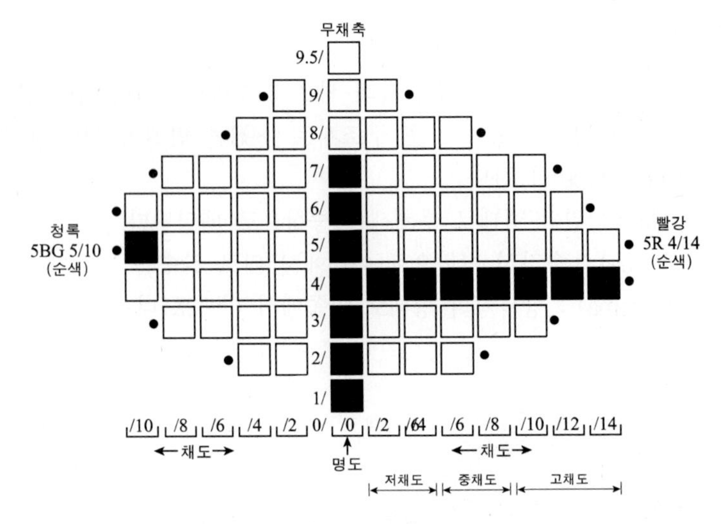

그림. 색입체의 수직 단면도

※ 오스트발트의 색입체 : 1923년 정삼각형의 꼭지점에 순색, 하양, 검정을 배치한 3각 좌표를 만든 등색상 삼각형의 형태이다.

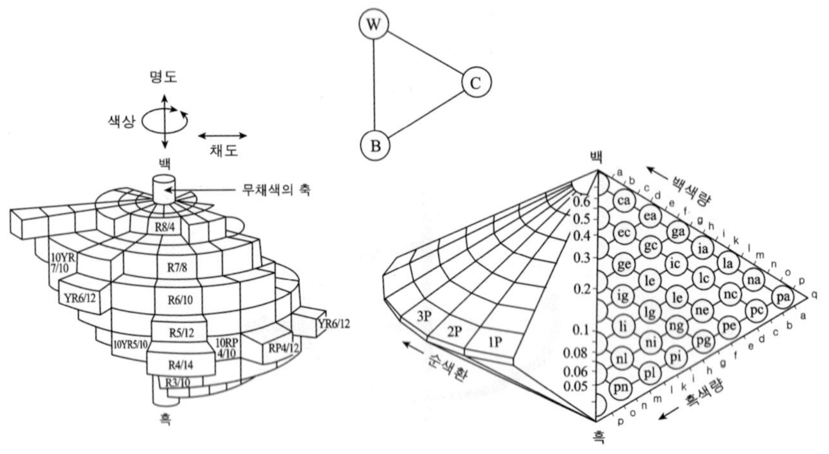

그림. 먼셀 색입체와 오스트발트의 색입체

9 먼셀(Munsell)의 색입체 단면도

① 색입체를 수평으로 잘라보면 방사형태의 색상이 나타나며 같은 명도의 색이 나타나므로 등면도면이라 한다.

② 색입체를 수직으로 잘라보면 같은 색상이 나타나므로 등색상면이라 한다.

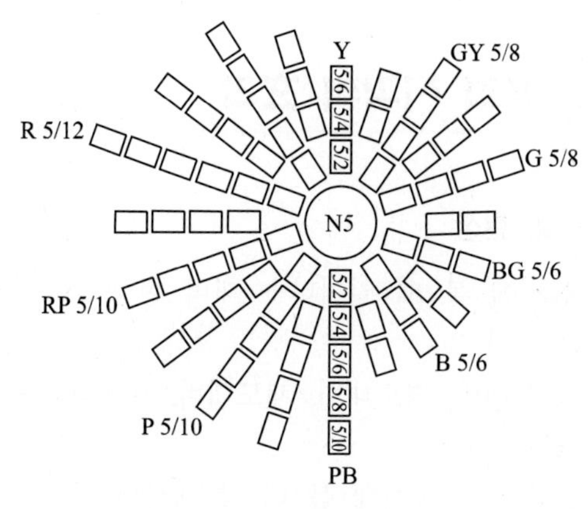

그림. 색입체의 수평 단면도

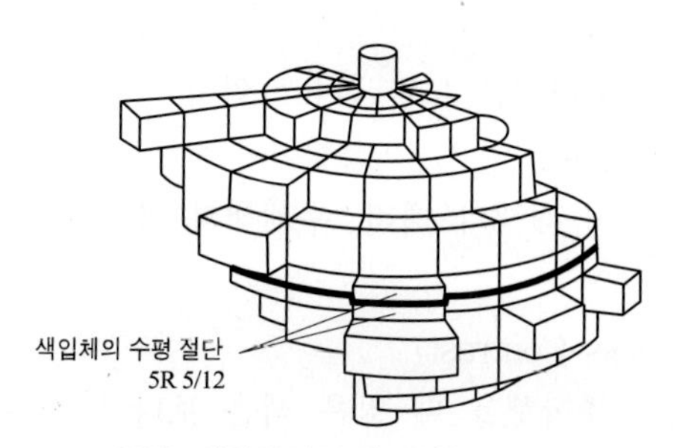

그림. 색입체의 수평 절단

section 4 색의 지각적 효과

1 동시대비(Contrast) 현상

두 색 이상을 동시에 볼 때 일어나는 대비 현상으로 색상의 명도가 다를 때 구별되는 정도이다.

동시 대비에는 색상대비, 명도대비, 채도대비, 보색대비 등이 있다.

① 색상대비(Hue Contrast)

㉠ 두 가지 이상의 색을 동시에 볼 때 각 색상의 차이가 실제의 색과는 달라보이는 현상

㉡ 배경이 되는 색이나 근접색의 보색 잔상의 영향으로 색상이 몇 단계 이동된 느낌을 받는다.

㉢ 빨간 바탕위의 주황색은 노란색의 느낌이, 노란색 바탕위의 주황색은 빨간색의 느낌이 난다.

㉣ 무채색의 대비, 유채색의 대비, 무채색과 유채색의 대비가 일어나지 않는다.

② 명도대비(Lightness Contrast)

명도가 다른 색을 조합했을 때 밝은 색은 보다 밝게 어두운 색은 보다 어둡게 보이는 현상

③ 채도대비(Saturation Contrast)

㉠ 어떤 색의 주위에 그것보다 선명한 색이 있으면 그 색의 채도가 원래 가지고 있는 채도보다 낮게 보이는 현상

㉡ 배경색의 채도가 낮으면 도형의 색이 더욱 선명해 보인다.

④ 보색대비(Comlementary Contrast)

색상차가 가장 큰 보색끼리 조합 했을때 서로 다른 색의 채도를 강조하기 위해 더 선명하게 보이는 현상

2 동시대비의 변화

① 색상 대비 : 무채색의 대비, 유채색의 대비, 무채색과 유채색의 대비가 일어나지 않는다.

② 명도 대비 : 무채색의 대비, 유채색의 대비, 무채색과 유채색의 대비가 일어난다.

③ 채도 대비 : 유채색의 대비, 무채색과 유채색의 대비가 일어난다.

④ 보색 대비 : 유채색의 대비, 무채색과 유채색의 대비가 일어난다.

3 계시대비(successive contrast)

① 시간적인 차이를 두고, 2개의 색을 순차적으로 볼 때에 생기는 색의 대비현상

② 어떤 색을 본 후에 다른 색을 보면 단독으로 볼 때와는 다르게 보인다. 즉 나중에 보았던 색은 처음에 보았던 색의 보색에 가까워져 보이며, 채도가 증가해서 선명하게 보인다.

③ 계속대비 또는 연속대비라고도 한다.

4 연변대비

① 어느 두 색이 맞붙어 있을 때 그 경계 언저리는 멀리 떨어져 있는 부분보다 색상대비, 명도대비, 채도대비 현상이 더 강하게 일어나는 현상

② 무채색은 명도 단계 배열시, 유채색은 색상별로 배열시 나타난다.

5 면적대비(Area Contrast)

① 같은 색이라도 면적의 크고 적음에 따라 색의 명도 채도가 다르게 보이는 현상

② 큰 면적의 색은 실제보다 명도와 채도가 높아 보이며 밝고 선명하게 보이나, 작은 면적의 색은 실제보다 명도와 채도가 낮아 보인다.

6 한난대비(寒暖對比)

① 색상에는 따뜻하게 느껴지는 색상(빨강, 주황, 노랑 등)과 차갑게 느껴지는 색상(파랑, 남색, 청색 등)이 있다. 불이나 태양과 같이 뜨거운 온도를 연상시키는 색상은 따뜻하게 느껴지고 물이나 얼음과 같이 차가운 온도를 연상시키는 색상은 차갑게 느껴진다. 그것은 우리가 오랜 경험에 의해 형성된 이미지를 색채와 연합시키는 대뇌의 작용 때문이다. 색채들 간의 차이를 느끼게 되는 주된 요인이 이러한 한난의 지각효과에 기인하는 경우를 한난대비라고 한다.

② 중성색 옆에서 난색을 더욱 따뜻하게 하고 한색은 더욱 차게 느껴지는 현상이다. 그림을 그릴 때 원근을 암시하는 요소로서 먼 쪽은 한색을, 가까운 쪽은 난색을 쓴다. 색의 차고 따뜻함에 변화가 오는 대비로 연두, 보라, 자주 계통은 중성색인데 이 중성색이라도 따뜻하게 느껴지기도 하고 차갑게 느껴지기도 한다. 반대로 중성 옆의 한색은 더욱 차게 보이고 중성색 옆의 난색은 더 따뜻하게 느껴진다.

7 동화현상

① 동시대비와는 반대 현상이며 옆에 있는 색과 닮은 색으로 변해 보이는 현상이다.
② 색상동화, 명도동화, 채도동화가 있으나 이들은 모두 동시적으로 일어나는 현상으로 줄무늬와 같이 주위를 둘러싼 면적이 작거나 하나의 좁은 시야에 복잡하고 섬세하게 배치되었을 때에 일어난다.
③ 회화, 그래픽 디자인, 직물디자인 등의 모든 배색 조화에 필수적인 요소이다.

8 잔상(after image)

① 색상에 의하여 망막이 자극을 받게 되면 시세포의 흥분이 중추에 전해져 자극이 끝난 후에도 계속해서 생기는 시감각 현상
② 시적 잔상이라고 말하는 현상에는 정의 잔상, 부의 잔상 또는 보색잔상이 있다.
㉠ 정의(양성)잔상 : 자극으로 생긴 상의 밝기와 색이 똑같은 느낌으로 계속해서 보이는 현상
㉡ 부의(음성)잔상 : 자극으로 생긴 상의 밝기나 색상 등이 정반대로 느껴지는 현상
㉢ 보색(심리)잔상 : 어떤 원색을 보다가 백색면으로 시선을 옮기면 그 원색의 보색이 보이는 현상으로 망막의 피로현상 때문에 생기는 현상이다.
③ 영화, TV 등과 같이 계속적인 움직임의 영상은 정의 잔상 현상을 이용한 것이고, 보색잔상은 부의 잔상의 예라 할 수 있다.

9 명시성(시인성)

① 색의 주위의 색과 얼마나 구별이 잘 되느냐에 따라 잘 보이는 색과 잘 보이지 않는 색이 있기 마련이다. 두 색의 밝기 차이에 따라서 멀리서도 식별이 가능함을 나타내는 것으로 얼마 만큼 색이 눈에 잘 띄는가에 대한 성질을 명시성 또는 가시성이라 하며, 그 정도에 따라 가시도가 높거나 낮다.
② 명시성은 그 색 고유의 특성에 의한 것이라기 보다는 배경과의 관계에 의해 결정되는 것이다.
③ 검정색 배경일때는 노란, 주황이 명시도가 높고, 자주, 파랑 등은 낮으며, 흰색 배경일때는 이와 반대이다. 유채색끼리일 때는 노랑, 주황과 파랑, 자주와의 관계가 명시도가 높다.
④ 명시도를 높이는 결정적인 조건은 명도의 차를 크게 하는 것이다.

※ 명시성이 높은 배경색과 주조색
㉠ 흰색 배경 위에서는 녹색, 빨강, 파랑, 보라, 주황, 노랑 순
㉡ 회색 배경 위에서는 노랑, 주황, 빨강, 초록, 파랑, 보라 순
㉢ 검정 배경 위에서는 노랑, 주황, 녹색, 파랑, 빨강, 보라 순

10 유목성(주목성)

① 어떤 대상을 의도적으로 보고자 하지 않아도 사람의 시선을 끄는 색의 성질을 말한다.
② 명시도가 높은 색은 어느 정도 주목성이 높아진다.
③ 일반적으로 고명도, 고채도의 색, 난색계통의 색이 주목성이 높다.
④ 일상 잘 보지 않는 색, 특수한 연상을 일으키는 색, 면적이나 형체 등의 사용하는 방법에 따라 주목성이 변할 수 있다.
⑤ 예 : 네온싸인, 신호등, 표지판, 스위치 색
※ 순색의 주목성 척도 값이 큰 순서
YR - R - YG - B - BK - Violet - Gray

11 색의 지각

① 진출과 후퇴, 팽창과 수축
㉠ 진출, 팽창색 : 고명도, 고채도, 난색 계열의 색 - 예 : 적, 황
㉡ 후퇴, 수축색 : 저명도, 저채도, 한색 계열의 색 - 예 : 녹, 청
※ 같은 색상일 경우 명도가 높으면 팽창해 보이고, 명도가 낮으면 수축해 보인다.
② 시간성과 속도감
㉠ 빠른 속도감 : 고명도, 고채도, 난색 계열의 색, 장파장의 계열
㉡ 느린 속도감 : 저명도, 저채도, 한색 계열의 색, 단파장의 계열
※ 장파장의 계열 : 시간이 길게 느껴진다. 단파장의 계열 : 시간이 짧게 느껴진다.
※ 속도감은 장파장 계열일수록 유리하다.

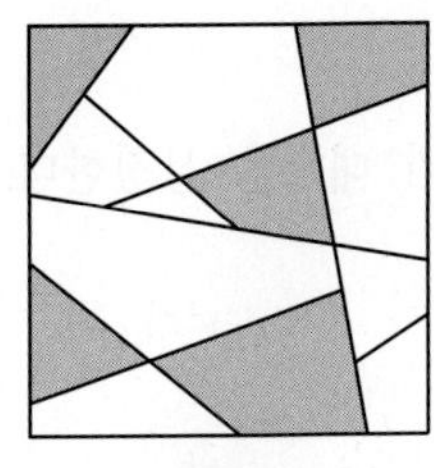

부드러운 느낌과 딱딱한 느낌

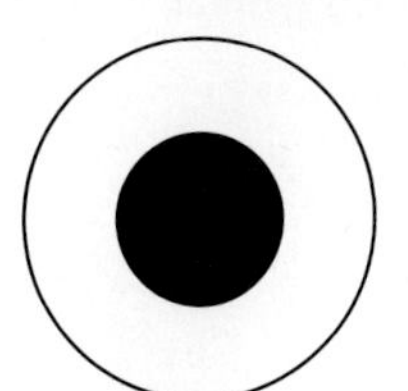

고명도의 색은 팽창성·진출성이 있다.

그림. 색의 팽창성, 진출성

section 5 색의 감정적인 효과

1 색의 연상

색을 지각할 때 경험이나 심리작용에 의하여 활동 또는 상태와 관련 지어 보이는 것을 말한다. 우리가 색을 지각할 때는 특정한 사물이나 느낌이 연상된다. 하지만 색의 연상은 생활양식, 문화, 지역, 환경, 계절, 성별, 연령 등에 따라 심한 차이가 난다.

① 흰색 : 순수, 순결, 신성, 정직, 소박, 청결
② 회색 : 평범, 겸손, 수수, 침울, 무기력
③ 검정 : 허무, 불안, 절망, 정지, 침묵,
④ 청색 : 젊음, 차가움, 명상, 성실, 영원
⑤ 적색 : 정열, 애정, 혁명, 위험, 유쾌
⑥ 보라 : 고귀, 우아, 장엄, 경솔, 불안, 창조
⑦ 황색 : 건강, 즐거움, 밝음, 번영, 따뜻함, 경쾌함
⑧ 연두 : 휴식, 위안, 친애, 신성, 생장
⑨ 자주 : 열정, 정열, 화려, 비애, 환상, 공포
⑩ 녹색 : 안식, 평정, 친애, 평화, 희망, 지성
⑪ 주황 : 정열, 애정, 야망, 쾌적, 만족, 풍부

2 색의 상징성(Symbol of Color)

① 색을 보았을 때 특정한 형상이나 뜻이 상징되어 느껴지는 것
② 국기의 상징색채, 신분계급의 구분, 방위의 표시, 지역의 구분, 기업의 상징색, 학문의 구분 등
예 : 올림픽 마크의 5대양주 색
빨강은 아메리카 대륙을 상징하며, 검정은 아프리카 대륙을 상징한다.
흰색은 전통 오방에서 서쪽을 상징한다.

3 색의 수반감정

① 중량감(무게감) - 색의 3속성 중 주로 명도에 요인
㉠ 가벼운 색 : 명도가 높은 색
㉡ 무거운 색 : 명도가 낮은 색
② 온도감
㉠ 따뜻한 색 : 장파장의 난색
㉡ 차가운 색 : 단파장의 한색

③ 강약감(強弱感) - 색의 3속성 중 주로 채도에 요인
㉠ 강한 느낌 : 채도가 높은 색
㉡ 약한 느낌 : 채도가 낮은 색
④ 흥분색과 진정색
㉠ 흥분색 : 적극적인 색 - 빨강, 주황, 노랑 - 난색계통의 채도가 높은 색
㉡ 진정색 : 소극적인 색, 침정색 - 청록, 파랑, 남색 - 한색계통의 채도가 낮은 색

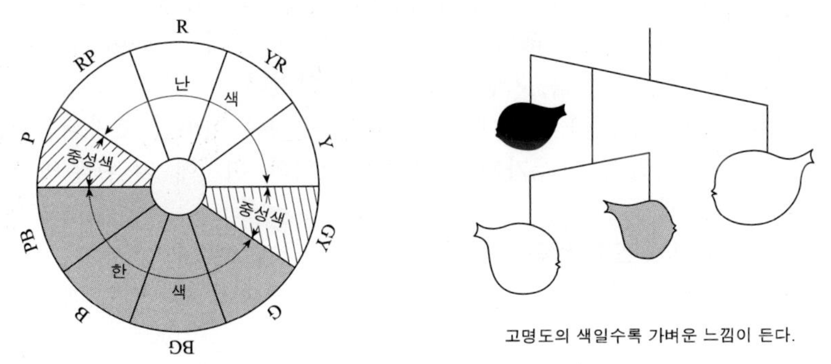

그림. 색의 온도감, 색의 중량감

4 파버 비렌(faber birren)의 이론

현대 의학에서는 색채의 심리학적 시각적인 면에 치중하고 그 생물학적 영향을 검증된 바 있다. 파버 비렌 Faber Birren은 색채와 인간의 심리를 구체적으로 연구하고 이를 정신적 치료에 사용하기도 했다.

* 파버 비렌(faber birren)의 이론 - 색채와 형태
㉠ 빨강 : 정사각형 또는 입방체
㉡ 주황 : 직사각형
㉢ 노랑 : 삼각형 또는 삼각추
㉣ 초록 : 육각형 또는 정 20면체
㉤ 파랑 : 공모양 또는 원
㉥ 보라 : 타원형

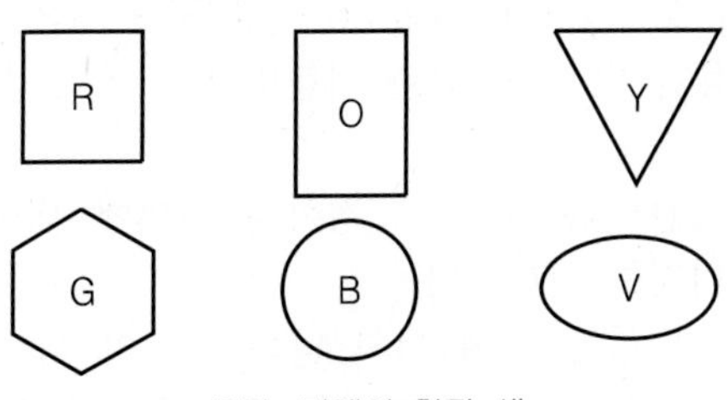

그림. 비렌의 형과 색

5 오방색(五方色)

음양오행사상에 의해 만들어졌으며 동쪽이 청, 서쪽이 백, 남쪽이 적, 북쪽이 흑, 가운데가 황으로 하였다.

① 색채가 음양오행으로 의미화될 수 있었던 철학은 중국으로부터 전해졌다. 즉, 우주만물은 음양과 오행으로 이루어져 있으며, 그 요소들이 서로 균형 있는 통합을 이루어야 질서를 유지하게 된다는 논리이다.

② 음양오행사상의 색채체계는 동서남북 및 중앙의 오방으로 이루어지며, 이 오방에는 각 방위에 해당하는 5가지 정색이 있다. 동쪽이 청, 서쪽이 백, 남쪽이 적, 북쪽이 흑, 가운데가 황으로 하였다.

③ 한국 불교의 사찰과 궁궐에서 사용하던 단청은 이러한 오방색을 사용하는 대표적인 예인데 이 5가지 오방색을 방위와 위치에 따라 완벽한 조화를 이루도록 계획되었다.

④ 색동저고리도 오방색을 사용한 예로서 건강과 화평을 기원하는 의미를 지닌다. 이러한 이유로 서민들도 아기의 돌과 명절 및 혼례 때에는 색동옷을 입었다.

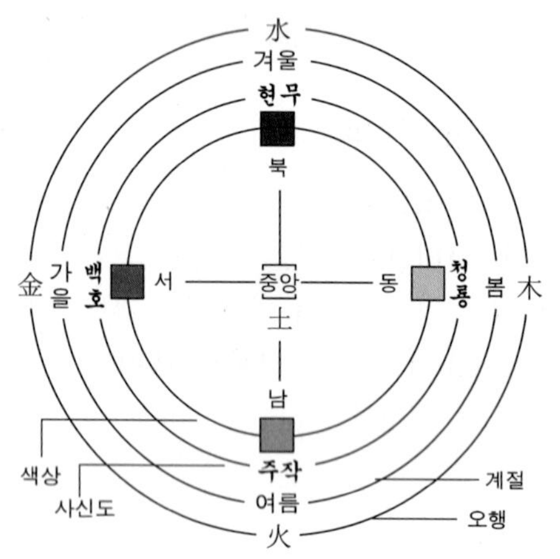

6 S.D법(Sematic Differential Method)

① 행동주의 심리학자 오스굿(C.E Osgood)이 1950년 말의 정서적 의미를 연구하기 위해서 사용한 말 뜻에 관한 미분법으로 색의 감정적인 효과를 측정하는 방법이다.

② 화행 의미론적(話行意美論的) 말의 정서적 의미에 대한 언어척도법으로 색채의 언어적 이미지를 의미한다.

③ 성질만을 나타내든가 형용 밖에 되지 않는 영역의 대상들 즉, 말의 형용이나 색, 맛, 음성, 광고물 등의 이미지를 연구하고 조사하는 데 사용한다.

④ 예 : 부드럽다 - 딱딱하다, 동적이다 - 정적이다, 화려하다 - 수수하다

section 6 색채조화와 배색

1 색채조화의 공통 원리

① 질서의 원리 : 색채의 조화는 의식할 수 있고 효과적인 반응을 일으키는 질서있는 계획에 따른 색채들에서 생긴다.

② 비모호성의 원리 : 색채 조화는 두 가지 색 이상의 배색 선택에 석연하지 않은 점이 없는 명료한 배색에서만 얻어진다.(명백성의 원리)

③ 동류의 원리 : 가장 가까운 색채끼리의 배색은 보는 사람에게 가장 친근감을 주며 조화를 느끼게 한다.(공통성의 원리)

④ 유사의 원리 : 배색된 색채들이 서로 공통되는 상태와 속성을 가질 때 그 색채군은 조화된다. (친근성의 원리)

⑤ 대비의 원리 : 배색된 색채들이 상태와 속성이 서로 반대되면서도 모호한 점이 없을 때 조화된다.

위의 여러 가지 원리는 각각 색상, 명도, 채도별로 해당되나 이들 속성이 적절하게 결합되어 조화를 이룬다.

2 슈브릴(M. E. Chevreul)의 색채조화론

슈브릴 (M. E. Chevreul : 1786~1889)의 이론으로 현대 색채 조화론의 출발이다. 색의 3속성에 근거한 독자적 색채 체계를 만들어 유사성과 대비성의 관계에서 조화를 규명하고 "색채의 조화는 유사성의 조화와 대조에서 이루어진다."라는 학설을 내세웠으며 현대 색채 조화론으로 발전시켰다.

① 인접색의 조화 : 색상환에서 보면 배열이 가까운 관계에 있는 인접 색채끼리는 시각적 안정감이 있는 인접색의 조화가 이루어진다.

② 반대색의 조화 : 반대색의 동시 대비 효과는 서로 상대색의 강도를 높여주며, 오히려 쾌적감을 준다고 표현할 수 있다.

③ 근접 보색의 조화 : 보색 조화의 격조 높은 다양한 효과를 얻을 수 있는 대비가 근접 보색을 쓰는 방법이다. 즉, 하나의 기조색(基調色)이 그 양옆의 정반대색의 두 색과 결합하는 것이다.

④ 등간격 3색의 조화 : 색상환에서 등간격 3색의 배열에 있는 3색의 배합을 가리키는데, 근접 보색의 배열보다 한층 화려하고 원색적인 효과를 가질 수 있는 방법이다.

※ 슈브뢸 (M. E. Chevreul : 1786~1889)

17세 때 천연색소를 연구하고, 이어서 동물성지방의 연구를 시작하였다. 뛰어난 분석기술로 1810년부터 13년간 연구한 성과는 유지(油脂)의 근대적 연구의 기초가 되었다. 또 1813년에 최초의 연구로 비누가 산(酸)에 의해 여러 가지 지방산으로 변하는 사실을 발견하여 결국 지방이 지방산과 글리세롤로 되어 있음을 밝혀냈다. 올레인산, 스테아르산 등의 지방산의 명명도 그에 의한 것이다. 1824년에는 유명한 고블랭 염직공장의 염색주임이 되어 염료와 색채대조법을 연구하였는데, 이것은 공업뿐만 아니라 신인상파에도 영향을 주었으며, 염색기술을 직접 체험하면서 조화의 기초이론을 정립하게 되었다. 색채의 3속성 개념을 도입한 색상환에서 정량적 색채조화론을 제시하였다.

3 오스트발트의 색채 조화론

① 무채색의 조화 : 무채색 단계 속에서 같은 간격의 순서로 배색한 색은 조화된다.

② 등색상 삼각형에서의 조화

- 등백색 계열의 조화, 등흑색 계열의 조화, 등순색 계열의 조화, 등색상 계열의 조화
- 기본이 되는 색채는 B=Black, W=White, C=Full color이다.

③ 등가 색환의 조화(등치 색환의 조화)

㉠ 유사색 조화 : 색상번호의 차가 4 이하

㉡ 이색 조화 : 색상번호의 차가 6~8

㉢ 반대색 조화 : 색상번호의 차가 12

④ 보색 마름모꼴의 조화

⑤ 보색이 아닌 마름모꼴의 조화

⑥ 2색 또는 3색 조화의 일반 법칙

㉠ 동일 색상의 2색은 조화한다. (5ge - 5ne)

㉡ 동일 기호의 2색은 조화한다. (5ne - 8ne)

㉢ 어느 유채색과 표색의 기호가 동일한 무채색은 서로 조화한다. (gc - c, gc - g)

㉣ 표색의 기호 중 앞의 알파벳 기호와 같은 색은 조화한다. (ga - ge)

㉤ 표색의 기호 중 뒤의 알파벳 기호가 같은 색은 조화한다. (ec - nc)

㉥ 표색의 기호 중 앞의 알파벳과 뒤의 알파벳 기호가 동일한 2색은 조화한다. (등흑색 계열)(la - pl)

㉦ 임의의 2색과 조화하는 3번째 색은 2색의 속성을 가진 색으로 조화한다. (lc - ig는 ic, lg, gc, li)

⑦ 윤성 조화

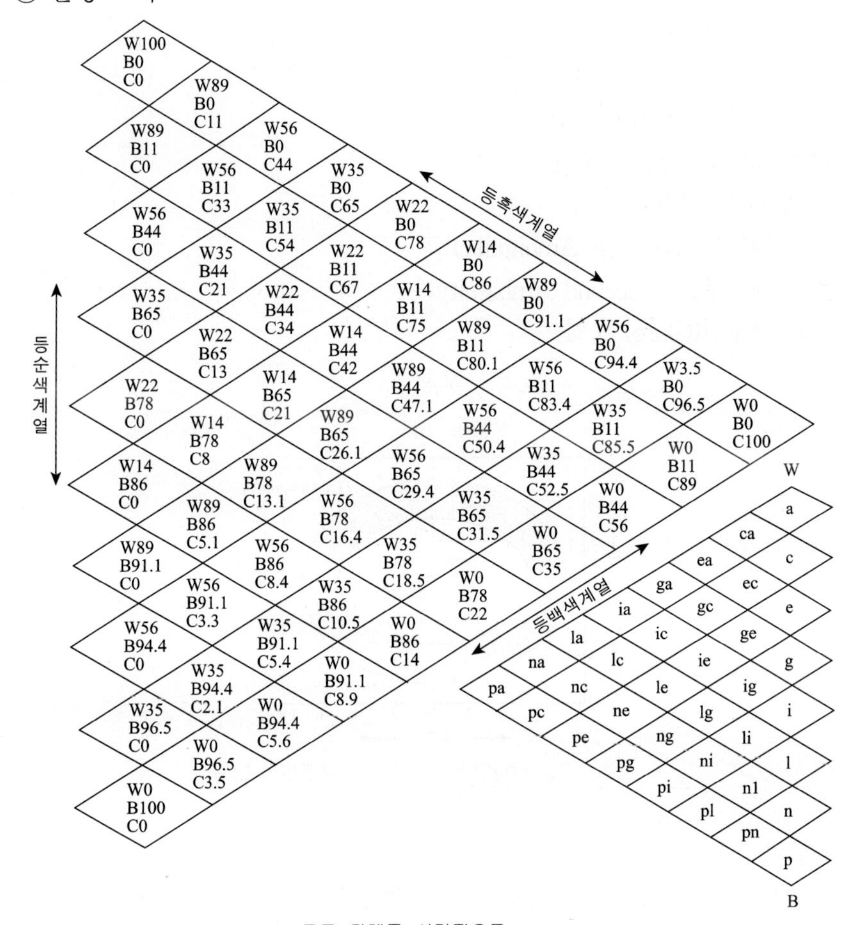

모든 단계를 시각적으로
고르게 배열하였다.

그림. 오스트발트의 동일색상면

4 문·스펜서(P. Moon·S. Spencer)의 조화론

두 색의 간격이 애매하지 않은 배색, 오메가(ω) 공간에 간단한 기하학적 관계가 되도록 선택한 배색을 가정으로 조화와 부조화로 분류하고, 색채 조화에 관한 원리들을 정량적인 색좌표에 의해 과학적으로 설명하였다.

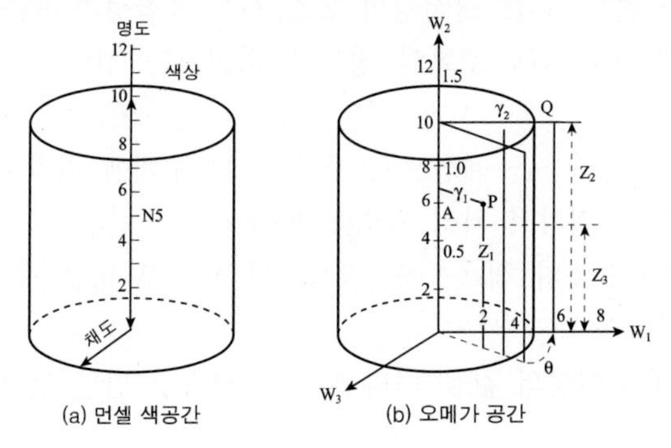

(a) 먼셀 색공간 (b) 오메가 공간

(1) 색채조화

① 조화의 원리

㉠ 동등(Identity) 조화

㉡ 유사(Similarity) 조화

㉢ 대비(Contrast) 조화

② 부조화의 원리

㉠ 제1 부조화(First Ambiguity)

㉡ 제2 부조화(Second Ambiguity)

㉢ 눈부심(Glare) 조화

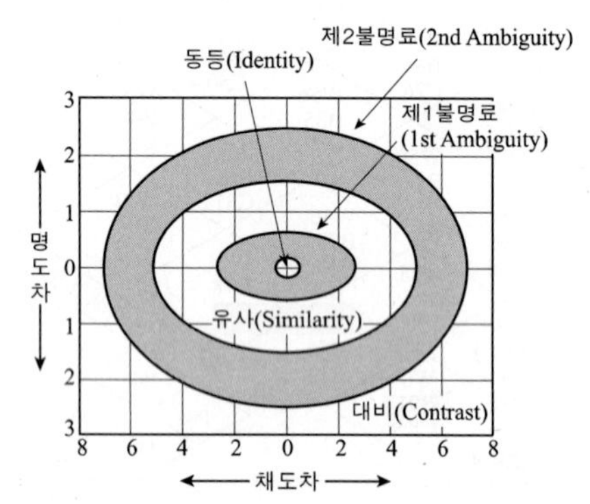

그림. 먼셀 색상면에서의 조화와 부조화의 범위

(2) 면적효과

① 색채조화에 배색이 면적에 미치는 영향을 고려하여 종래의 저채도의 약한 색은 면적을 넓게, 고채도의 강한 색은 면적을 좁게 해야 균형이 맞는다는 원칙을 정량적으로 이론화 하였다.

② 약한 색은 강한 색의 6.5배의 면적으로 하면 두 색은 어울린다.

(3) 미도(美度)

① 배색에서 아름다움의 정도를 수량적으로 계산에 의해 구하는 것

② 버어크호프(G. D. Bir-khoff) 공식

M = O/C

M는 미도(美度), O는 질서성의 요소, C는 복잡성의 요소

㉠ 어떤 수치에 의해 조화의 정도를 비교하는 정량적 처리를 보여주는 것이다.

㉡ 배색의 아름다움을 계산으로 구하고, 그 수치에 의하여 조화의 정도를 비교한다는 정량적 처리 방법에 있다.

㉢ 복잡성의 요소가 적을수록, 질서성의 요소가 많을수록 미도는 높아진다는 것이다.

㉣ 미도는 0.5 이상의 값을 나타낼 경우 만족할 만한 것으로 제안하였다.

5 저드(D. B. Judd)의 정성적 조화론 4가지 색채 조화의 원칙

① 질서성의 원칙
② 친근성의 원칙(숙지의 원리)
③ 동류성의 원칙
④ 명료성의 원칙

6 명도 및 채도에 관한 수식어

① Vivid : 선명하다/고채도/중명도/순색
② Light : 연하다/중채도/고명도/순색+회미량
③ Deep : 진하다/고채도/저명도/순색+흑색량
④ Pale : 엷다/저채도/고명도/순색+백색량

7 그라데이션(Gradation)

그라데이션이란 한 가지 색이 다른 색으로 옮겨갈 때 진행되는 색의 변조를 뜻하는 것으로 점층법이라고도 한다. 양복지 디자인을 할 때 동일한 요소 도형의 배열을 연속적으로 비슷하게 하는 방법이다. 즉 단계적으로 일관성 있게 변화를 주는 방법으로, 한 가지 요소를 점층적으로 확대하거나 반대로 축소함으로써 변화를 가져오게 하는 방법이다.

section 7 생활과 색채

1 색채계획 과정

색채환경분석 - 색채심리분석 - 색채전달계획 - 디자인에 적용

① 색채환경분석

㉠ 기업색, 상품색, 선전색, 포장색 등 경합업체의 관용색 분석·색채 예측 데이터의 수집

㉡ 색채 예측 데이터의 수집 능력, 색채의 변별, 조색 능력이 필요

② 색채심리분석

㉠ 기업 이미지, 색채, 유행 이미지를 측정

㉡ 심리 조사 능력, 색채 구성 능력이 필요

③ 색채전달계획

㉠ 기업 색채, 상품색, 광고색을 결정

㉡ 타사 제품과 차별화 시키는 마케팅 능력과 컬러 컨설턴트 능력이 필요

④ 디자인에 적용

㉠ 색채의 규격과 시방서의 작성 및 컬러 매뉴얼의 작성

㉡ 아트 디렉션의 능력이 필요

※ 색채계획 과정에서 필요한 능력

㉮ 색채환경분석 : 색채 예측 데이터의 수집 능력, 색채의 변별, 조색 능력이 필요

㉯ 색채심리분석 : 심리 조사 능력, 색채 구성 능력이 필요

㉰ 색채전달계획 : 타사 제품과 차별화 시키는 마케팅 능력과 컬러 컨설턴트 능력이 필요

㉱ 디자인에 적용 : 아트 디렉션의 능력이 필요

- 아트 디렉션(art direction) : 색채의 규격과 색채 품목 번호, 색채 품목 번호 자료철의 작성, 색채를 이용한 전체적인 작업 과정(을 조감할 수 있는 능력)
- 아트 디렉터(art director) : 광고 표현을 통괄하는 사람. 즉 광고대행사와 기업의 광고, 또는 프로모션부문, 아트 스튜디오 등에서 집행력을 부여받아 디자이너, 카피라이터(Copy writer), 일러스트레이터(Illustrator), 포토그래퍼(Photographer)등의 제작진을 지휘하여 광고, 출판물, 카타로그, 필름, 캘린더 등 을 그 컨셉트(Concept)에 따라 표현을 기획하고 감독하는 제작 책임자

2 색채 계획에 있어서의 디자이너의 요건

색채 계획의 수립과정을 행하는 디자이너는 감각적이 아닌 보다 기능적 색채처리를 위한 과학적이고 이상적인 처리가 요망된다.

① 색채의 변별 능력
② 색채의 구성 능력
③ 색채 이미지의 계획 능력

3 색채의 공감각

색채는 색채에 따라 색채의 공감각을 갖게 되는데 보는 것과 동시에 다른 감각의 느낌을 수반하게 된다.

① 색채와 소리
② 색채와 모양
③ 색채와 맛 : 단맛, 짠맛, 신맛, 쓴맛
④ 색채와 향
⑤ 색채와 촉감

제품의 색채는 제품의 용도에 맞는 색, 소비자 기호에 맞는 색, 제품환경에 맞는 색으로 하여 제품의 이미지를 강조하고 구매력을 일으키도록 색채효과를 올려야 한다.

4 실내공간에서의 색채 디자인 순서

색채 이미지의 설정 - 실내 구성 요소들의 색채조건의 파악 - 주조색의 결정 - 보조색과 악센트색의 조화 - 검토 및 조정

5 색의 선택 조건

① 차분하고 밝은 색
② 안정감을 주는 색
③ 강한 자극을 주지 않는 색
④ 공공성을 주는 일반적인 색

6 색채 설계시의 배색 선택조건

① 환경과의 조화
② 기능성과의 조화
③ 재질과의 조화
④ 쾌적감과 안정감

7 색채의 배색과 조화

① 동등 색상의 배색은 대단히 조화가 잘 된다.
② 색상차나 채도차보다 명도차가 크면 조화를 이루기 쉽다.
③ 무채색은 어떠한 색과도 조화를 이루기 쉽다.
④ 보색에 의한 배색은 선명하면서도 조화가 잘 된다.
⑤ 색상의 차이가 적을 때는 채도 차이가 적은 것이 조화롭다.
⑥ 동등 명도의 배색은 조화가 잘 안된다.

8 기업 색채의 선택 조건

① 기업의 이념과 실체에 맞는 이상적 이미지를 나타내는 데 어울리는 색채
② 눈에 띄기 쉽고 타사(다른 회사)와의 차별성이 뛰어난 색채
③ 여러 가지 소재로 응용할 수 있으며 관리하기 쉬운 색채
④ 사람에게 불쾌감을 주지 않으며 주위 경관을 손상시키지 않고 조화되는 색채

9 색채계획의 목적 - 제품 경우 -

① 이미지 동일화(Identification)의 중요한 요소의 의미를 갖는다.
② 제품 성격의 이미지를 형성한다.
③ 제품에 흥미를 일으켜 매력을 준다.
④ 경쟁 상품과의 차별화를 갖는다.

10 제품의 색채계획에서 색채선택의 요점

① 이미지 동일화(Identification)의 중요한 요소의 의미를 갖는다.
② 제품 성격의 이미지를 형성한다.
③ 제품에 흥미를 일으켜 매력을 준다.
④ 경쟁 상품과의 차별화를 갖는다.
⑤ 주변사용제품과 조화되기 쉬운 색채로 한다.

11 제품의 색채설계에서 검토해야 할 조건

① 제품의 용도에 맞는 색
② 소비자 기호에 맞는 색
③ 제품환경에 맞는 색

12 색채조절(color conditioning)

① 색채가 지닌 물리적 성질과, 색채가 사람들에게 끼치는 심리적 영향을 효율적으로 응용하여 편리하고 능률적이며 좋은 환경속에서 생활하기 함을 목적으로 하는 배색의 기술을 색채조절(color conditioning)이라고 한다.

② 색채조절의 대상 : 가정생활에서 직장환경, 공공생활에 이르기까지 모든 일상활동 뿐만 아니라, 그러한 활동에 관련되는 인공환경이 모두 포함된다. 특히 중요시되는 곳은 생산공장이다.

③ 천장을 비롯하여 벽·마루에서부터 기계 장치·집기 등에 이르기까지의 색채를 작업하기 좋고 작업자의 주의를 집중시킬 것을 목적으로 하여 계획한다. 대체로 맑고 채도가 낮은 색이 선택되며, 방의 방향, 작업내용 등에 따라 색상이 선정된다. 안전색채도 이것의 일환인데, 이것은 화려한 색이기 때문에 전체 계획에서 악센트 컬러로서의 효과를 낸다.

④ 색채조절의 효과

㉠ 눈의 긴장감과 피로감을 감소된다.

㉡ 일의 능률을 향상되어 생산성이 높아진다.

㉢ 심리적으로 쾌적한 실내분위기를 느끼게 한다.

㉣ 사고나 재해가 감소된다.

㉤ 생활의 의욕을 고취시켜 명랑한 활동이 되게 한다.

13 색채조절(color conditioning)의 3요소

① 능률성 ② 안전성 ③ 쾌적성

외 명시성, 작업의욕

14 색채조절(color conditioning)시 고려해야 할 요소

① 눈의 긴장감과 피로를 감소시켜야 한다.

② 작업의 활동적인 의욕을 높일 수 있도록 고려한다.

③ 각종 사고나 재해에 대해 위험을 방지하는 안전을 고려하여야 한다

④ 과학적인 색채계획으로 심리적으로 쾌적한 실내분위기를 느끼게 한다.

15 색채조절(color conditioning)을 위한 요건

① 능률성 : 조명의 효율을 높이고, 시각적 판단이 쉽도록 적절한 배색을 한다.

② 안전성 : 사고, 위험에 대한 안전색채를 취한다.

③ 쾌적성 : 물리적 환경 조건에 맞는 기능적인 배색을 한다.

④ 고감각성 : 시각 전달의 목적에 부합되는 색채를 한다.

16 실내의 색채조절

① 천정색의 경우 반사율이 높으면서 눈이 부시지 않는 무광택 재료로 시공해야 한다.
② 벽의 아랫부분의 굽도리는 벽의 윗부분보다 더 어둡게 해 주어야 한다.
③ 바닥의 경우 반사율이 낮은 색이 좋으며, 너무 어둡거나 너무 밝은 것은 좋지 않다.
④ 문의 양쪽 기둥이나 창문틀은 벽의 색과 맞도록 고려하여야 한다.
※ 실내의 색채조절시 벽 아래부분의 더러움이 눈에 띄지 않도록 하기 위해 색조를 25% 정도의 반사율(다소 어두운 색)로 하는 것이 좋으며 반사율 40%를 넘지 않게 하는 것이 좋다.

17 색채 조화의 응용

① 색상의 가짓 수를 될 수 있는 대로 줄인다.
② 배색 이미지 스케일을 활용한다.
③ 차가운 색과 따뜻한 색, 밝은 색과 어두운 색 등 그 성질이 가까운 색을 그룹으로 크게 나눈다.
④ 주제와 배경과의 대비를 생각한다.
⑤ 색의 주목성을 이용한다.

18 색채관리

① 생산된 제품에 잘 어울리고, 사용하는 사람이 만족할 수 있게 좋은 색채를 계획하는 것부터 색채를 경제적으로 제작하는 방법에 이르기 까지 여러 단계의 체계를 말한다.
② 색채관리의 대상 : 주된 대상은 공업제품이며 그 밖에도 각종 색채재료, 인쇄, 도료, 염색, 컬러TV, 컬러사진, 영상 등 여러가지가 있다.
③ 색채관리의 효과
㉠ 공업제품을 제작함에 참신하고 좋은 색채로 만들려는 방법을 찾게 한다.
㉡ 계획한 색채를 과학적이고 경제적으로 제작할 수 있게 한다.
㉢ 사용자의 요구와 사용목적에 부응하는 결과를 가져오게 한다.

19 한국산업규격의 안전색채 사용 통칙

① 빨강 : 방화, 멈춤, 위험, 긴급, 금지
※ 위험한 곳에는 색맹의 경우 빨강을 구분하지 못하므로 사용하지 않는다.
② 노랑 : 주의(넘어지기 쉽거나 위험성이 있는 것 또는 장소)
③ 녹색 : 안전, 진행, 구급 - 비상구, 응급실, 대피소
④ 파랑 : 경계, 조심 - 수리중 또는 운전정지 장소를 카리키는 표식, 전기 위험 경고
⑤ 검정 바탕위의 흰색 : 도로장애물이나 불규칙한 상태를 표시
⑥ 주황 : 위험(재해, 상해를 일으킬 위험이 있는 곳 또는 장소)
⑦ 자주 : 노랑을 바탕으로 방사능 표시
⑧ 흰색 : 흰색은 보조색으로 글자, 화살표 등에 사용 - 비상구, 출입구

section 1 인간공학 일반

1 인간공학의 정의

인간공학이란 기계나 환경을 인간의 기능과 특성에 적합하게 설계하고자 하는 학문 분야로서 인간의 신체적인 특성, 지적인 특성 뿐만 아니라 감성적인 면까지 고려한 제품설계나 환경개선을 다루는 분야이다. 즉, 인간을 위한 설계(Design for Human)가 바로 인간공학이다.

① 기계와 그 조작 및 환경조건을 인간의 특성, 능력과 한계에 잘 조화하도록 설계하기 위한 수단을 연구하는 학문 - 차파니스
② 인간을 사용하기 위한 공학 - 우드슨
③ 인간이 사용할 수 있도록 설계하는 과정 - 매코믹

※ 용어

그리스어인 ergo(노동)와 nomos(관리,법칙), 그리고 ics(학문)의 세가지 용어를 조합하여 에르고노믹스(ergonomics)를 인간공학의 의미로 사용하고, 미국에서는 휴먼 팩터(Human-factors), 유럽에서는 에르고노믹스라고 부르는데 이 중 ergonomics가 널리 통용된다.

※『인간공학의 미국과 유럽의 차이』

① 미국 : 심리학 중심 - Human Factor
② 유럽 : 노동과학 중심 - Ergonomics

2 인간공학의 목적

① 안전성의 향상과 사고방지
② 기계조작의 능률성과 생산성의 향상
③ 환경의 쾌적성(안전과 능률)
④ 훈련비용의 절감
⑤ 사고 및 오용으로부터의 손실감소
⑥ 제품개발비 절감

3 인간공학의 3대 추구 목표

① 안전성 추구
② 효율성 추구
③ 쾌적성 추구

4 인간공학의 성립 배경

① 제2차 세계대전 중 미 공군 조종사 부족을 보충하기 위해 시작

② 미숙한 초보 조종사의 사고방지를 위해 인간의 판단과 동작을 실험심리학의 입장에서 해석 → 사고방지에 큰 효과

③ 처음 - 기계 위주의 설계철학
그후 - 점차 인간 위주의 설계관점

④ 최근 - 인간과 기계를 적절히 결합시킨 최적 통합체계의 설계
- 기계나 인간 각각의 상대적인 재능을 가장 효율적으로 살린다는 개념
- 체계의 궁극적인 통제는 본질적으로 체계 내에 있는 인간이 하게 된다.

⑤ 더욱 최근의 동향 - 체계, 설비, 환경의 창조 과정에서 기본적인 인간가치기준(human values)에 초점을 두어 개인을 중시하는 신철학이 대두

5 인간-기계 통합 체계(Man-Machine System)

(1) 정의

모든 기계의 설계는 능률을 많이 올리기 위해 인간과의 밸런스를 맞추면서 분석적인 수법으로 데이터를 모으고, 인간-기계와의 총합적인 체계 방법을 검토하며 그 기본 유형을 만들게 된다.

이것이 곧 인간공학의 작업을 유효하게 하는 길이라 할 수 있다.

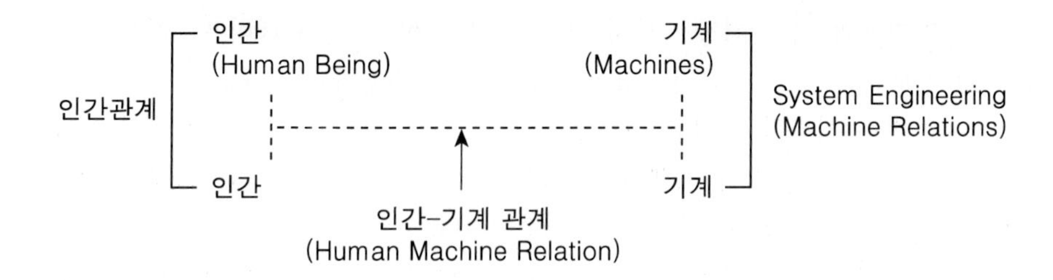

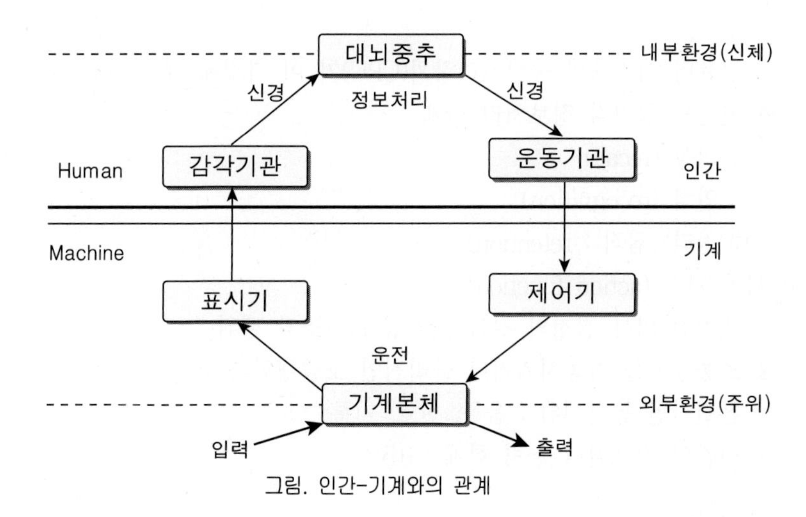

그림. 인간-기계와의 관계

(2) 인간-기계의 기본 기능

인간-기계 체계가 목적을 달성하기 위해 필요한 기능으로서 인간 또는 기계에 적절히 할당되어 수행되며 각 임무를 수행하는 데는 감지, 정보 보관, 정보처리 및 의사결정, 행동기능과 같은 4가지 기본기능이 필요하다

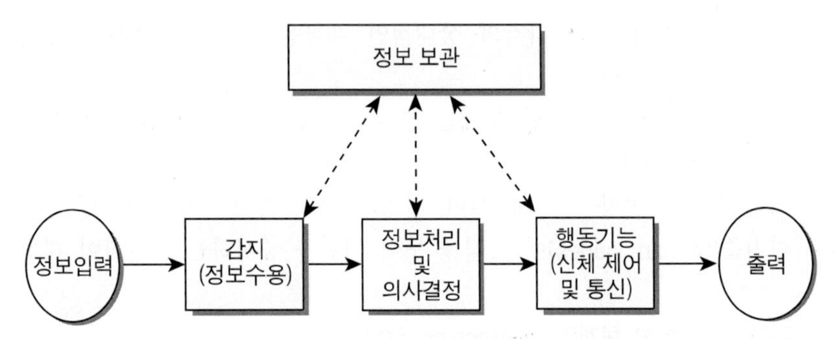

그림. 인간-기계 통합 시스템의 인간 또는 기계에 의해서 수행되는 기본 기능의 유형

1) 감지(sensing)
   ① 인간에 의한 감지 : 시각, 청각, 촉각과 같은 여러 감각기관
   ② 기계에 의한 감지 : 전자, 사진, 기계적인 여러 종류
2) 정보의 저장 (information storage) : 기억
   ① 인간의 정보 저장 : 기억
   ② 기계의 정보 저장 : 펀치 카드, 녹음 테이프, 자기 테이프, 자료표
3) 정보처리 및 의사결정 (information processing and decision)
   ① 정보 처리란 감지한 정보를 가지고 수행하는 여러 가지의 조작으로서 이 과정은 기억 재생 과정과 밀접히 연결되며, 정보의 평가는 분석과 판단 기능을 수행함으로써 이루어진다.
   ② 분석과 판단 기능을 거친 정보는 행동 직전의 결심을 내리는 자료가 된다.
   ③ 컴퓨터 시스템의 중앙처리장치(CPU)가 이 과정에 해당된다.
   ※ 인간의 심리적 정보처리 단계
      ㉠ 회상 (recall)
      ㉡ 인식 (recognition)
      ㉢ 정리 (집적 : retention)
4) 행동 기능 (action function)
   ① 내려진 의사 결정의 결과로 발생하는 조작 행위
   ② 조종장치를 작동시키거나 물리적인 조종행위나 과정
      본질적인 통신행위 : 음향, 신호, 기록
   ③ 인간의 정보처리 능력 한계 : 0.5초

※ 인간의 식별 기능에 영향을 주는 요인

㉠ 물체의 배경간의 조도

㉡ 색채의 사용과 조도

㉢ 규격과 주요 세부 사항에 대한 공간의 배분, 특히 기계의 표시 숫자 등

㉣ 물체간의 조도와 배색 환경 및 가청 신호의 효과를 높이려면 음향의 유형과 배음에 대하여 인지할 수 있어야 한다.

6 인간-기계 통합 체계의 3분류

(1) 수동 체계(Manual System)

① 수동체계는 수공구나 기타 보조물로 이루어지며 자신의 신체적인 힘을 동력원으로 사용하여 작업을 통제하는 방식

② 사용자는 전형적으로 자기 보조에 맞추어 일하고 그의 다양성 있는 체계로 역할할 수 있는 능력을 충분히 활용

(2) 기계화 체계(Semi-Automatic System)

① 반자동 체계라고도 한다.

② 작업 공정의 일부분을 기계화한 것으로 동력은 기계가 제공하고 이의 조정 및 통제는 인간이 하는 방식

③ 변화가 별로 없는 기능들을 수행하도록 설계

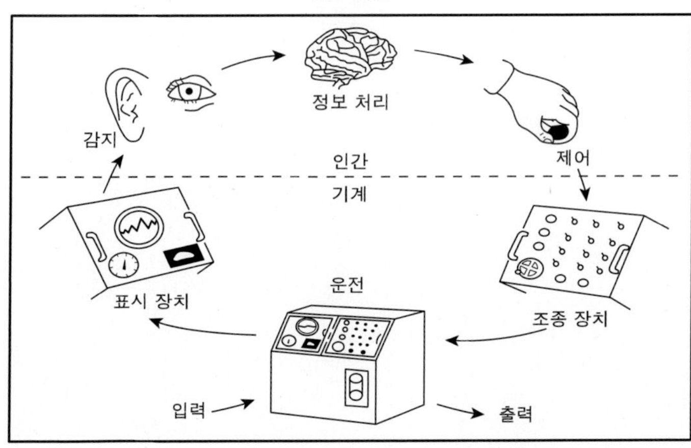

그림. 기계화 체계에서 볼 수 있는 인간-기계체계의 개략적인 묘사(Chapanis)

(3) 자동 체계(Automatic System)

① 모든 작업공정이 자동화되어 감지, 정보 보관, 정보 처리 및 의사 결정, 행동 기능을 기계가 수행하며 인간은 감시 및 프로그램 제어 등의 기능을 담당하는 통제 방식

② 감지되는 모든 가능한 우발 상황에 대하여 적절한 행동을 취하게 하기 위해서는 완전하게 프로그램 되어야 하며, 대부분의 자동체계는 폐회로를 갖는 체계이다.
③ 신뢰성이 완전한 자동체계란 우리 세대에는 불가능하므로 인간은 주로 감시(Monitor), 프로그램, 보전(Maintenance)등의 기능을 수행한다.

7 시스템 분석 및 설계에 있어서의 인간공학의 가치 기준(인간공학의 가치척도)

시스템 개발에서의 인간공학의 가치 산정기준(인간공학의 가치척도)
『인간공학의 기여도』
① 성능의 향상
② 훈련비용의 절감
③ 인력 이용율의 향상
④ 사고나 오용으로부터의 손실감소
⑤ 생산 및 보전의 경제성 증대
⑥ 사용자의 수용도(acceptance) 향상

section 2 인체계측

1 에너지대사(일반적으로 kcal, cal로 표시)

① 기초 대사량

전날 저녁식사로부터 10시~18시쯤 경과한 공복 상태에 있을 때의 에너지 대사, 보통 깨어 있을 때의 최저 에너지 대사

② 안정시 대사량

작업 자세로 안정하고 있을 때의 소비 칼로리이며 대개 식사 후 2시간 이상 경과 했을 때의 상태로서 대략 상온에서의 기초 대사량보다 20%정도 증가

③ 작업시 대사량

㉠ 어떤 작업을 하고 있을 때의 노동에 소비되는 열량 측량법

㉡ 호흡기에서 배출되는 탄산가스를 모두 흡수하는 장치를 사용하여 간접적으로 소비열량을 계산하는 방법

④ 에너지 대사율(RMR : Relative Metabolic Rate)

㉠ 일정한 작업을 수행하기 위해 소비된 O_2 소비량이 기초 대사량의 몇 배인지를 나타낸다.

㉡ 산소호흡량을 측정하여 에너지 소모량을 결정하는 방식

$$\therefore \text{RMR} = \frac{M-1.2B}{B}$$

M : 생산열량　　B : 기초대사

㉢ 여러 작업에 대한 그 강도에 해당하는 에너지 대사를 나타내는 지수가 된다.

㉣ 작업강도의 구분

ⓐ 경 작 업 : 1~2 RMR

ⓑ 中 작 업 : 2~4 RMR

ⓒ 重 작 업 : 4~7 RMR

ⓓ 超重작업 : 7 RMR 이상

2 신체 활동의 에너지

그림. 여러 신체활동에 따르는 에너지(kcal/분)

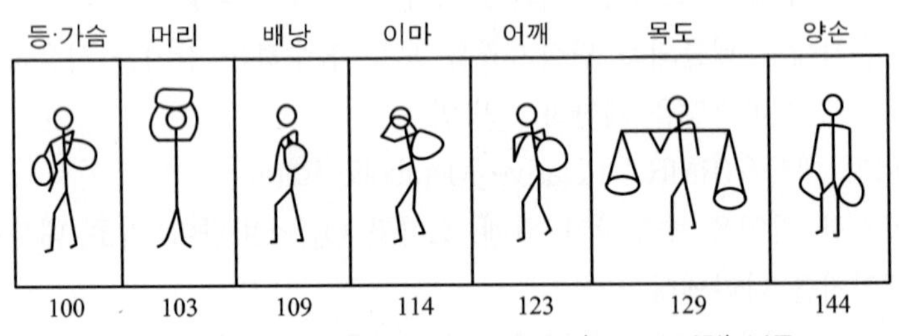

그림. 짐을 나르는 방법의 에너지가(산소 소비량) 비교

※ 짐을 나르는 방법의 에너지가(산소 소비량)은 양손 〉 목도 〉 어깨 〉 이마 〉 배낭 〉 머리 〉 등·가슴 순이다.

[1] 육체 활동에 따른 에너지 소비량

수면 : 1.3
앉은 자세 : 1.6
선 자세 : 2.25
벽돌 쌓기 : 4.0
톱질 : 6.8
앉은 자세의 작업 : 2.7
도끼질 : 8.0
삽 질 : 8.5
짐 나르기(어깨) : 16.2

[2] 작업의 효율

① 최적의 조건 하에 인체의 노력은 30%의 효율이 있으며 나머지 70%는 열로 발산한다.

② 보통 사람이 하루에 낼 수 있는 에너지 : 약 4,300 kcal/d 정도
(기초 대사와 에너지 대사 : 2,300 kcal, 작업 : 2,000 kcal/d 정도)

③ $\text{효율(\%)} = \dfrac{\text{한일}}{\text{에너지소비}} \times 100$

예제

성인의 하루 에너지는 4,300kcal이고, 기초대사 여가 에너지는 2,300kcal 이다. 법정 노동시간 8시간에 소요되는 에너지(kcal/분)는 얼마인가?

해설 ① 하루 보통 사람이 낼 수 있는 에너지 : 약 4,300kcal
② 기초 대사와 여가에 필요한 에너지 : 2,300kcal
① - ② = 2,000kcal/일이므로
∴ 2,000kcal/일, 8시간(480분)에 소요되는 에너지(kcal/분)은
2,000 / 480 ≒ 4kcal/분 이다.

3 관절에 관한 용어

① 굴곡 : 신체 부분을 좁게 구부리거나 각도를 좁히는 동작으로 팔과 다리의 굴곡 외에 몇 가지의 굴곡 동작이 있다.
② 신전 : 신체의 부위를 곧게 펴거나 각도를 늘리는 동작으로 굴곡에서 다시 돌아보는 동작을 말한다. 보통의 범위 이상의 관절운동을 최대 신장이라고 한다.
③ 내전 : 신체의 부분이나 부분의 조합이 신체의 중앙이나 그것이 붙어있는 방향으로 움직이는 동작
④ 외전 : 신체의 중앙이나 신체의 부분이 붙어있는 부위에서 멀어지는 방향으로 움직이는 동작
⑤ 중앙회전(내선) : 신체의 중앙쪽으로 회전하는 운동
⑥ 측회전(외선) : 신체의 바깥 방향으로 회전하는 운동
⑦ 손의 내전(하향) : 손바닥을 밑으로 해서 아래 팔을 회전하는 운동
⑧ 손의 외전(상향) : 손바닥을 위로 해서 아래 팔을 회전하는 운동
⑨ 발의 외전 : 발의 측면을 발바닥 바깥쪽으로 회전하는 운동
⑩ 발의 내전 : 엄지발가락쪽으로 발을 움직여 발바닥 안쪽으로 회전하는 운동

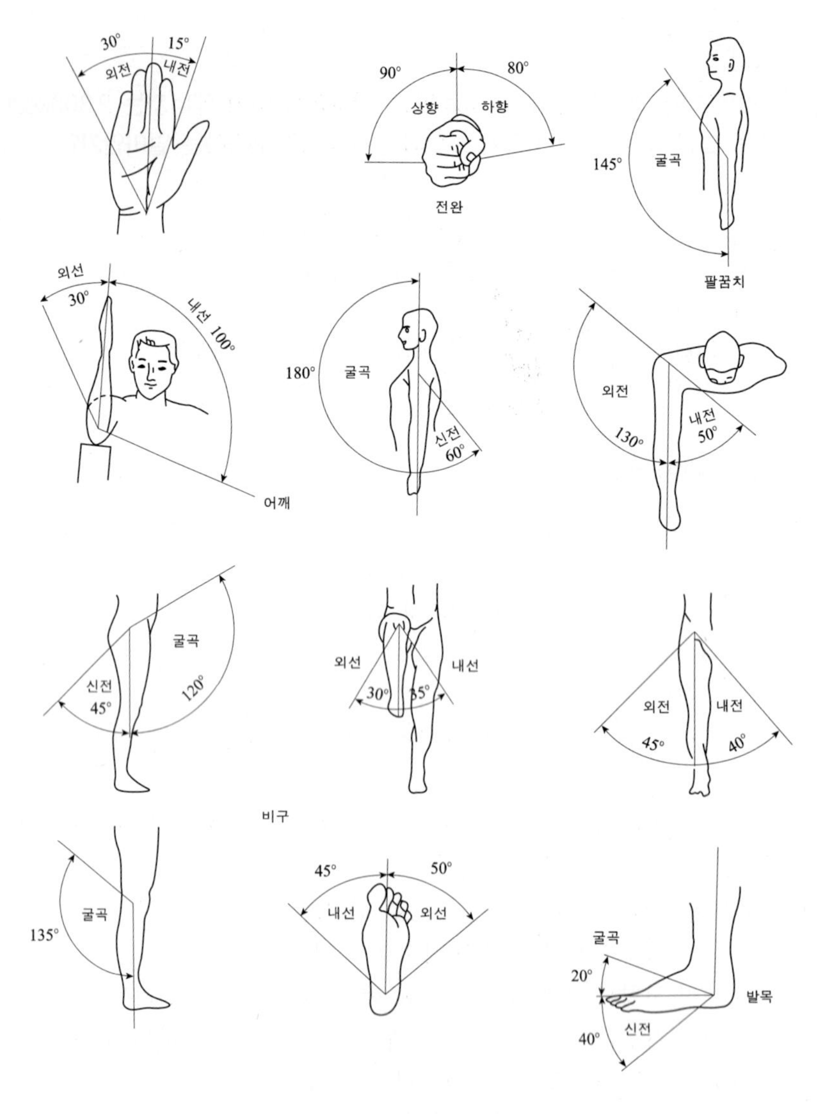

그림. 팔다리 관절 운동 범위

[1] 관절의 자유도

㉮ 어깨 : 굴곡 180°, 신전 60°, 외전 130°, 내전 50°

㉯ 팔꿈치 : 외선 30°, 내선 100°

㉰ 손목 : 외전 30°, 내전 15°

㉱ 무릎 : 굴곡 135°, 외선 35°, 내선 30°

※ 어깨 : 자유도가 가장 큰 관절

4 감각기관별 자극에 대한 반응시간

① 청각 : 0.17초

② 촉각 : 0.18초

③ 시각 : 0.20초
④ 미각 : 0.29초
⑤ 통각 : 0.70초

5 동작시간

① 신호에 따라 동작을 수행하는 데 걸리는 시간
② 조종활동에서의 최소치는 0.3초이다. 여기에 반응시간 0.2초를 더하면 총 반응시간은 0.5초가 된다.
③ 그러나 이 수치는 반응 장치의 성질, 거리, 위치에 의해서 영향을 받는다.

6 부하염력

① 사람이 물건을 들거나, 밀고 당길 때에는 특정방향에서 작용하는 주어진 부하와 신체부위의 중량으로 인하여 몸의 각 관절에 부하捻力(염력)이 걸린다.
② 부하염력은 각 관절을 건너 작용하는 골격근에 의해서 생기는 반대 방향의 반염력(反捻力)에 의해서 균형된다. 특정한 반염력을 내기 위해서 필요한 근육의 장력은 근육이 작용되는 지레팔에 의해서 결정된다.
③ 또한 이 장력은 관절 접촉면에 작용하는 압축력 및 전단 응력에 의해서 균형된다.

[예제] 팔꿈치 관절에 걸리는 부하염력

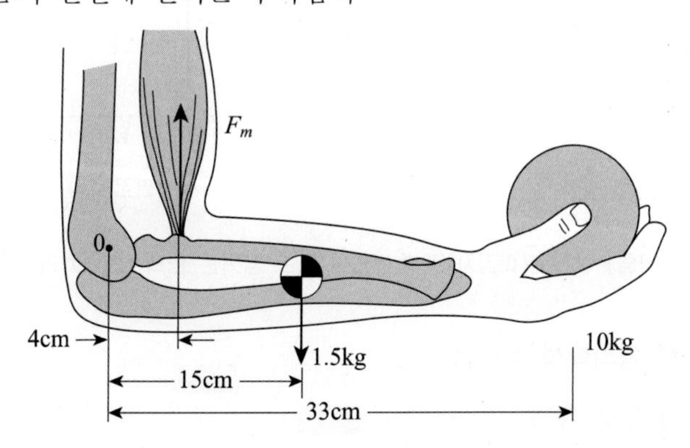

팔꿈치 관절에는 10kg重의 무게에 의한 10×33=330kg·cm의 염력과 관절로부터 15cm 떨어진 무게 중심에 작용하는 손과 아랫팔의 무게에 의한 1.5×15=22.5kg·cm의 염력의 합인 352.5kg·cm의 시계방향의 염력이 걸린다. 물론 이 무게를 지탱하여 균형을 유지하기 위하여는 관절에 352kg·cm의 반시계 방향 반염력이 유지되어야 하며 이를 위해서 이두박근이 $4 \times F_m$= 352.5 즉 F_m=88.125kg重의 힘을 내야 한다.

7 근력과 지구력

① 근력
　㉠ 한번의 수의적(隨意的)인 노력에 의해서 근육이 등척적(等尺的)으로 낼 수 있는 힘의 최대치
　㉡ 흔히 압력계나 힘을 재는 장치로 측정

② 지구력
　㉠ 사람이 근육을 사용하여 특정한 힘을 유지할 수 있는 시간은 부하와 근력의 비의 함수이다.
　㉡ 사람은 자기의 최대 근력을 잠시 동안만 낼 수 있으며 근력의 15% 이하의 힘은 상당히 오래 유지할 수 있다.
　※ 완력 검사

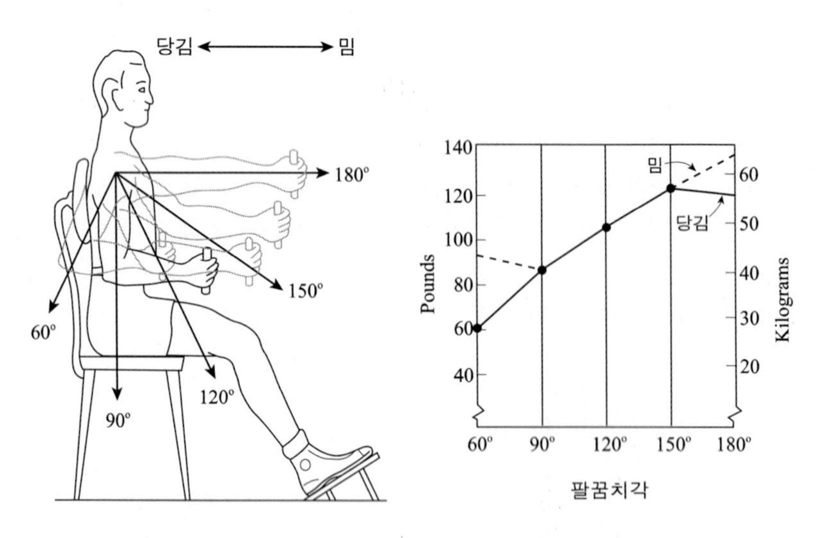

[그림] 彼檢者(피검자)의 측면도와 밀고 당기는 힘의 (최대치의) 평균치

8 신체활동의 생리학적 측정법

[1] 생리적 부담의 측정

작업이 인체에 미치는 생리적 부담을 측정하는 것으로는 맥박수와 산소소비량 측정이 있다.

① 심장 활동의 측정
　㉠ 심장 수축에 따르는 전기적 변화를 피부에 부착한 전극들로 검축-증폭 기록한 것을 심전도(ECG)라 한다.
　㉡ 맥박수도 심장 활동의 측정 중 하나로 감정적 압박의 영향을 잘 나타낸다.
　㉢ 개인차가 심하므로 작업부하의 지표로는 부적합하다.

② 산소소비량

㉠ 이를 측정하기 위해서는 우선 더글라스 낭(Douglas bag)을 사용하여 배기를 수집한다.

㉡ 낭(bag)에서 배기의 표본을 취하여 가스분석장치로 성분을 분석하고 나머지 배기는 가스미터를 통과시켜 배기량을 측정한다.

㉢ 흡기의 부피

성 분	흡 기(%)	배 기(%)
O_2	21	O_2
CO_2	-	CO_2
N_2	79	-

㉣ 흡기량과 산소소비량은 체내에서 대사되지 않는 질소의 부피 비율 변화로부터 다음과 같이 구한다.

흡기량 × 79% = 배기량 × N_2%이므로

$$\therefore \text{흡기량} = \text{배기량} \times \frac{100 - CO_2\% - O_2\%}{79}$$

$$\therefore O_2\text{소비량} = \text{흡기량} \times 21\% - \text{배기량} \times O_2\%$$

또한 작업의 에너지 값은 다음의 관계를 이용하여 환산한다.

∴ 1ℓ O_2 소비 = 5 kcal

예제

어떤 작업자의 배기량을 더글라스 백을 사용하여 5분간 수집한 후 가스미터에 의하여 측정한 배기량은 100ℓ 이었고, 표본을 취하여 가스분석기로 성분을 조사하니 O_2 : 16%, CO_2 : 4%이었다. 분당 산소소비량과 에너지는 얼마인가?

해설 ㉠ 분당 배기량 = 100/5 = 20(ℓ/분)

㉡ 흡기량 = 20 × {(100-16-4)/79} = 20.25(ℓ/분)

∴ O_2 소비량 = 20.25 × 21% - 20 × 16 % = 1.05(ℓ/분)

∴ 에너지 = 1.05 × 5 = 5.25(kcal/분)

[2] 생리학적 측정법

① 정적 근력작업

에너지 대사량과 맥박수(심박수)와의 상관관계 및 시간적 경과, 근전도(EMG) 등을 측정한다.

※ 근전도(EMG ; electrocardiogram) :

근육활동의 전위차를 기록한 것으로 심장근의 근전도를 특히 심전도(ECG ; ecectrocardiogram)라 하며, 신경활동 전위차의 기록은 ENG(ecectro neurogram)라 한다.

② 신경적 작업

매회 평균 호흡 진폭, 맥박수, 피부전기반사(GSR) 등을 측정한다.

※ 피부전기반사(GSR ; galvanic skin reflex) :

작업부하의 정신적 부담도가 피로와 함께 증대하는 수장(手掌) 내측의 전기저항의 변화에서 측정하는 것으로, 피부 전기저항 또는 정신 전류현상이라고 한다.

③ 동적 근력작업

에너지대사량, 산소소비량 및 CO_2 배출량 등과 호흡량, 맥박수, 근전도 등을 측정한다.

④ 심적 작업

프릿가 값 등을 측정한다.

※ 프릿가 값 : 정신적 부담이 대뇌 피질의 활동수준에 미치고 있는 영향을 측정한 값이다.

⑤ 작업부하, 피로 등의 측정

호흡량, 근전도, 프릿가 값 등이 많이 쓰이고 긴장감을 측정하는 데는 맥박수, GSR 등이 쓰인다.

[3] 정신 활동의 측정

정신 활동의 척도는 측정하기가 매우 어려우나 뇌파기록 및 근전도, 부정맥, 점멸 융합 주파수 등이 사용되나 미비한 점이 많다.

① 부정맥

심장 활동의 불규칙성의 척도로서 정신 부하가 증가하면 부정맥 점수가 감소한다.

② 점멸 융합 주파수

시각 또는 청각에 계속 점멸되는 자극들이 점멸하는 것 같이 보이지 않고 연속적으로 느껴지는 주파수로 중추신경에 피로(정신 피로)의 척도로 사용된다.

9 인체치수의 약산치

① 인체 치수는 신장을 기준으로 각 부위의 약산치를 구할 수 있다.

신장과 인체 각 부위의 계측치와의 사이에 거의 비례적인 관계가 있기 때문이다.

② 신장을 H로 나타낼 때, 인체의 각 부위의 약산치는 다음의 그림과 같이 나타난다.

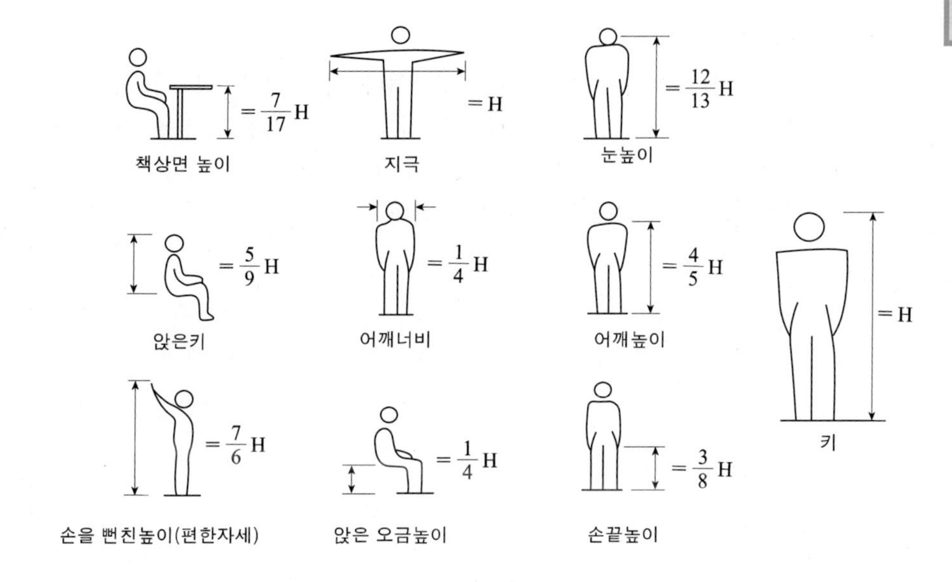

그림. 인체 치수의 약산치

10 디자인에 있어서 인체 측정치의 적용

[1] 퍼센타일(percentiles)

일정한 어떤 부위의 신체규격을 가진 사람들과 이보다 작은 사람들의 비율을 말한다.

디자인의 특성에 따라 5 퍼센타일, 95 퍼센타일을 주로 수용하며 이렇게 하는 것이 보다 많은 사람들에게 만족되는 수치가 된다.

[2] 인체측정치 적용의 원칙(인체계측자료의 응용 3원칙)

(1) 최대 최소 치수

① 최소 집단치 설계 (도달거리에 관련된 설계)

의자의 높이, 선반의 높이, 엘리베이터 조작버튼의 높이, 조종 장치의 거리 등과 같이 도달거리에 관련된 것들을 5 퍼센타일을 사용한다.

② 최대 집단치 설계 (여유공간에 관련된 설계)

문, 탈출구, 통로와 같은 여유공간에 관련된 것들은 95 퍼센타일을 사용한다. 보다 많은 사람을 만족시킬 수 있는 설계가 되는 것이다.

(2) 조절 범위

통상 5% 차에서 95% 차까지의 90% 범위를 수용대상으로 설계하는 것이 관례이다.

예) 자동차의 좌식의 전후 조절, 사무실 의자의 상하 조절

(3) 평균치 설계

특정한 장비나 설비의 경우 최소 집단치나 최대 집단치를 기준으로 설계하는 것이 부적합하고 조절식으로 하기에도 부적절한 경우 부득이하게 평균치를 기준으로 설계해야 할 경우가 있다.

예) 손님 평균신장 기준의 은행의 계산대

section 3 시 각

1 눈의 구조와 기능

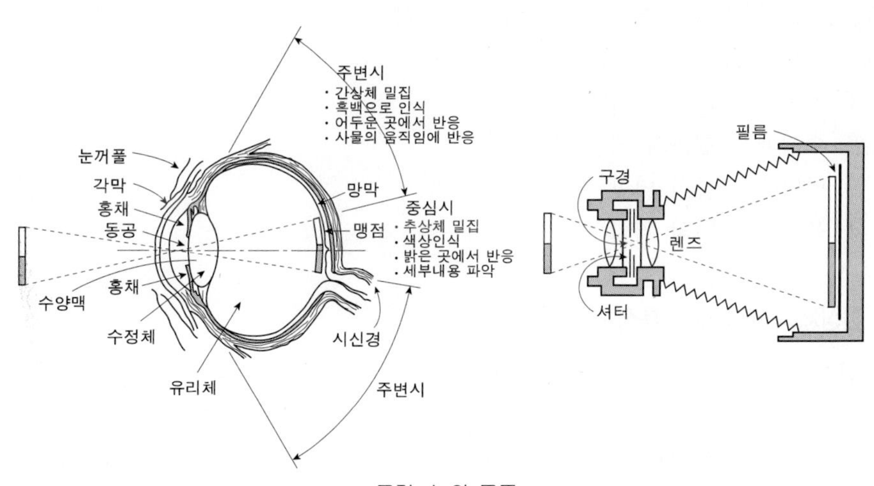

그림. 눈의 구조

① 각막 : 눈의 앞쪽 창문에 해당되는 이 부분은 광선을 질서 정연한 모양으로 굴절시킴으로써 보는 과정의 첫 단계를 담당한다.

② 홍채(iris) :

㉠ 눈의 일부로 색소가 풍부하고 환상을 이루며 동공을 둘러싸고 있다.

㉡ 홍채 속의 근육의 움직임에 의해 동공의 크기를 변화시켜 망막에 들어오는 빛의 양을 조절한다.

㉢ 눈의 구조 중에서 카메라의 조리개 역할을 한다.

③ 동공

㉠ 조절이 가능한 광선의 통로

㉡ 홍체를 통해 눈으로 들어오는 빛의 양을 조절(카메라의 조리개 역할)

㉢ 눈부신 햇빛 속에서는 거의 닫히고 어두운 밤에는 활짝 열린다.

④ 수정체

㉠ 각막, 방수, 동공을 통과하는 빛의 물체를 잘 볼 수 있도록 핀트를 맞추어 주므로 카메라의 렌즈에 해당된다.

㉡ 눈에 입사하는 빛을 망막에 정확하고 깨끗하게 초점을 맺도록 자동적으로 조절하는 역할을 한다. (카메라의 렌즈 역할)

⑤ 망막

㉠ 빛이 수정체를 통과하면 수정체는 눈의 안쪽 후면 2/3를 덮고 있는 얇은 반투명 벽지 모양의 망막에 정확히 초점을 맞춘다.

㉡ 망막에는 1억 3천만개의 감광세포가 들어 있다.

㉢ 700만개는 색을 식별하는 기능을 하는 원추모양의 원추세포 또는 추상세포이다.

⑥ 초자체

㉠ 수정체 뒤와 망막 사이에 안구의 형태를 구형으로 유지하는 액체이다.

㉡ 만일 이 액체가 적어지면 노안시가 된다.

※ 눈의 구조와 카메라의 비교

① 동공 - 조리개의 역할

② 수정체 - 렌즈의 역할

③ 망막 - 필름의 역할

④ 유두 - 셔터의 역할

2 간상체와 원추체의 특성

① 간상체(rod) : 망막의 시세포의 일종으로 주로 어두운 곳에서 작용하여 명암만을 구별한다. 망막의 주변부로 가는 것에 따라서 많이 존재한다. 그 형태가 간(막대기)과 같은 형을 하고 있는 것에서 간상체라 불린다. 전색맹으로서 흑색, 백색과 회색만을 느낀다.

② 추상체(cone) : 망막의 시세포의 일종으로 밝은 곳에서 움직이고, 색각 및 시력에 관계한다. 망막 중심 부근에서 가장 조밀하고 주변으로 갈수록 적게되므로 조명도가 떨어지면 색을 느끼지 못한다.

※ 간상체와 추상체의 특성

㉠ 간상체 : 흑백으로 인식, 어두운 곳에서 반응, 사물의 움직임에 반응 - 흑백필름 (암순응)

㉡ 추상체(원추체) : 색상 인식, 밝은 곳에서 반응, 세부 내용파악 - 칼라필름 (명순응)

3 명소시와 암소시

① 명소시(Light Adapted Cone Vision)

㉠ 밝은 곳에서 추상체가 작용하고 있는 상태

㉡ 조명도가 약 0.11 lux 이상 일 때

② 암소시(Dark Adapted Rod Vision)

㉠ 어두운 곳에서 간상체 만이 작용하는 상태

㉡ 조명도가 약 0.01 lux 이하 일 때

4 순응

안구의 내부에 입사하는 빛의 양에 따라 망막의 감도가 변화하는 현상과 변화하는 상태

① 암순응(Dark Adaptation)

㉠ 밝은 곳에 있다가 어두운 곳에 들어가면 처음에는 물체가 잘 보이지 않다가 시간이 흐르면서 보이는 현상

㉡ 입사하는 빛의 양이 감소할 때는 망막의 감도가 높아진다.

㉢ 암순응 능력을 파괴하지 않기 위해서는 단파장 계열의 색(초록색, 남색 등)이 적당하다.
예) 비상계단의 비상구 표시는 녹색으로 한다.

② 명순응(Light Adaptation)

㉠ 어두운 곳에서 밝은 곳으로 나갈 때, 눈이 부시고 잘 보이지 않는 현상

㉡ 입사하는 빛의 양이 증가할 때(밝아질 때)는 망막의 감도가 낮아진다. 약 40초~1분이 지나면 잘 볼 수 있다.

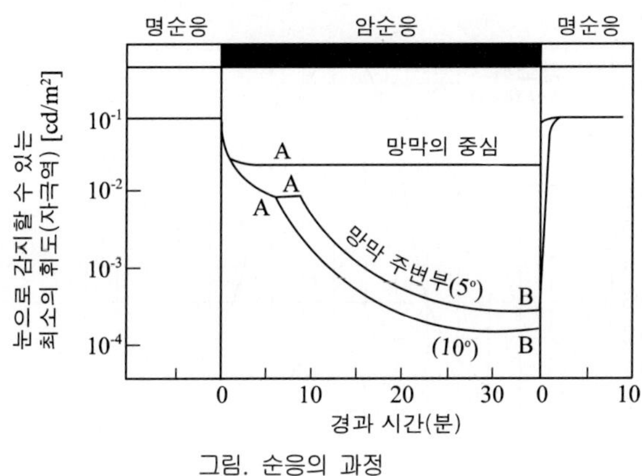

그림. 순응의 과정

5 시감도와 비시감도

① 시감도(Eye Sensitivity)
파장마다 느끼는 빛의 밝기 정도를 에너지량 1W당의 광속으로 나타낸다.

② 최대시감도

㉠ 명소시일 때 555nm

㉡ 암소시일 때 510nm

③ 비시감도(Relative Seusitivity)
최대 시감도를 단위로 하여 각각의 파장의 빛의 시감도를 비(比)로 나타낸 것

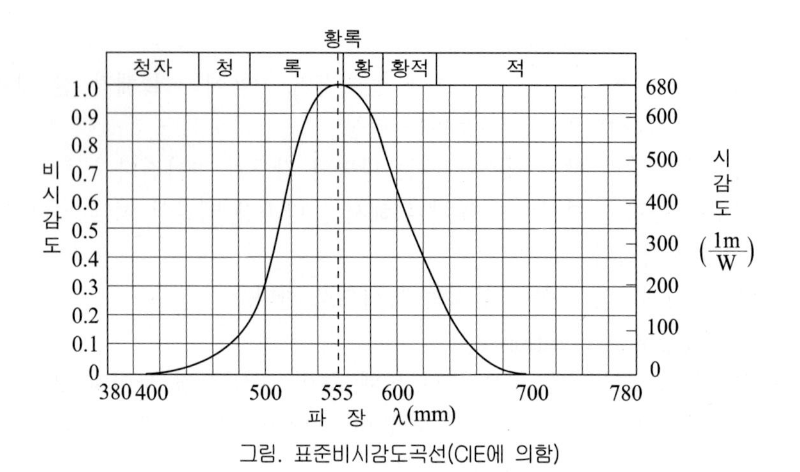

그림. 표준비시감도곡선(CIE에 의함)

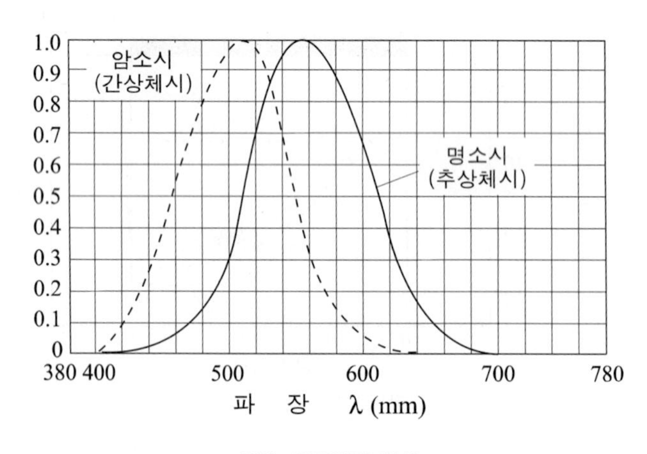

그림. 푸르킨예 현상

6 푸르킨예(Purkinje) 현상

① 저녁때 주위가 차츰 어두워지면 선명하게 보이던 붉은색이 어둡게 가라앉은 색깔로 보이게 되고, 반대로 푸른색이 선명하게 보이는 현상

② 원인 : 명소시에서 암소시로 이동함에 따라 시감이 빨강에 가까운 쪽에서 파랑에 가까운 쪽으로 이동하기 때문이다.

7 시신경에 영향을 주는 조건

(1) 광속

① 광원으로부터 발산되는 빛의 양

② 균일한 1cd의 점광원이 단위 입체각(1sr)내에 방사하는 광량(光量)

③ 단위 : 루멘(lumen, lm)

(2) 광도

① 단위면적당 표면에서 반사 또는 방출되는 광량

② 단위 : 칸델라(candela, cd)

③ 대부분 표시장치에서 중요한 척도가 된다.

※ 1cd : 점광원을 중심으로 하여 $1m^2$의 면적을 뚫고 나오는 광속이 1 lumen일 때 그 방향의 광도

(3) 조도

① 표면에 도달하는 광의 밀도($1m^2$당 1 lm의 광속이 들어 있는 경우 1Lux)

② 단위 : 룩스(lux, lx)

③ 조도 = $\dfrac{광도}{거리^2}$

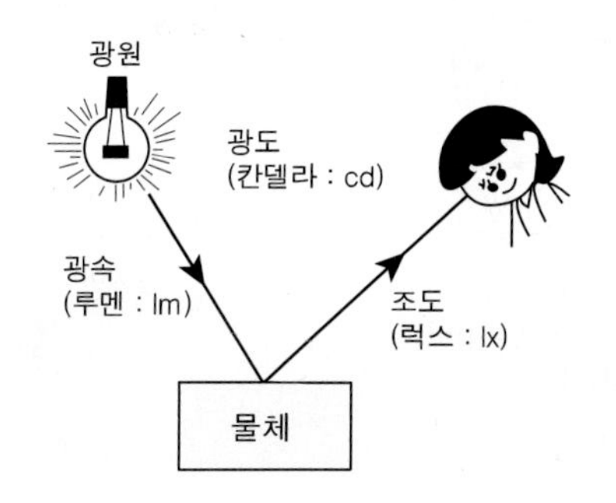

그림. 광속, 광도, 조도

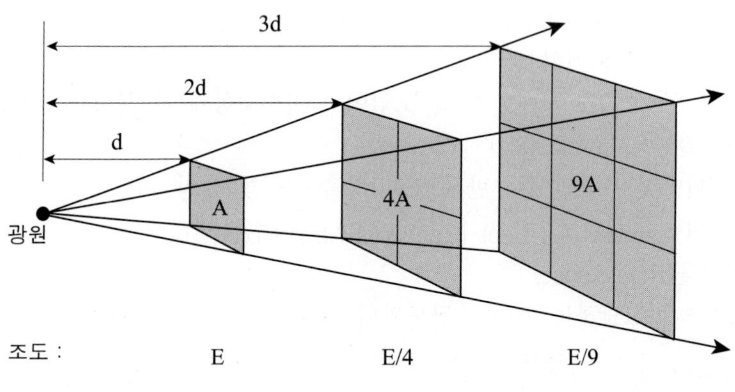

그림. 조도의 역자승 법칙

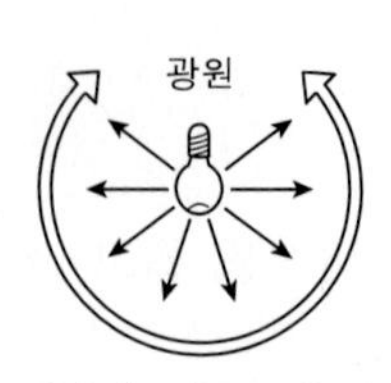

광속(luminous flux)
단위 : 루멘[lm]

광원

dw

dF

광도(luminous intensity)
단위 : 칸델라[cd]

그림. 광속

그림. 광도

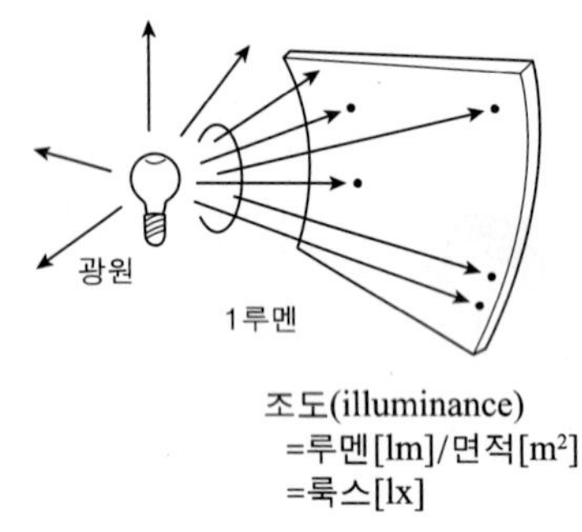

조도(illuminance)
=루멘[lm]/면적[m^2]
=룩스[lx]

그림. 조도

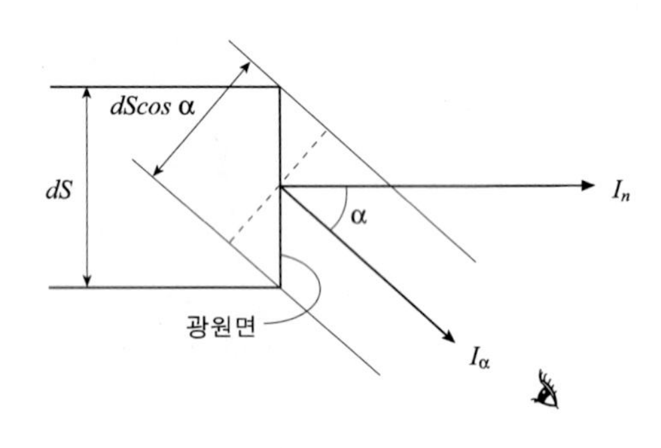

그림. 휘도

(4) 휘도

① 빛을 방사할 때의 표면밝기의 척도

② 단위 : cd/cm^2(보조단위 : apostilb,sb)

③ 시각 환경 밝기의 분포를 나타낸다.

④ 휘도의 분포는 시대상의 잘 보임이나 시작업상에 큰 영향을 준다.

(5) 광속발산도(Luminance)

① 단위면적당 표면에서 반사 또는 방출되는 빛의 양

② 단위 Lambert(L), Foot-Lambert(FL), Nit(cd/m^2)

(6) 반사율(Reflectance)

① 표면에 도달하는 조명과 광도와의 관계

② 반사율(%) = $\frac{(\text{광도})}{(\text{조명})} = \frac{F_L}{F_C}$

(7) 휘광(Glare)

① 시야 내에 눈이 순응하고 있는 휘도보다도 현저하게 휘도가 높은 부분이 있거나 휘도대비가 현저하게 큰 부분이 있으면 잘 보이지 않게 되거나 불쾌감을 느끼게 되는데, 이를 휘광이라 한다.

② 휘광의 종류

㉠ 불능글레어 : 안구 내부에 입사하는 강한 빛이 그곳에 산란하여 시각을 방해하거나 눈의 순응을 휘도를 높여 시대상을 잘 볼 수 없게 한다.

㉡ 불쾌글레어 : 잘 보이지 않을 정도는 아니나 신경이 쓰이거나 불쾌감을 느끼게 하는 글레어

㉢ 반사글레어 : 인쇄물 등의 표면에서 반사한 빛이 눈에 들어와 인쇄물이 잘 보이지 않게 되는 글레어 유리로 보호되거나 광택이 있는 화면의 그림이 광원에 반사되어 잘 보이지 않게 되는 현상.

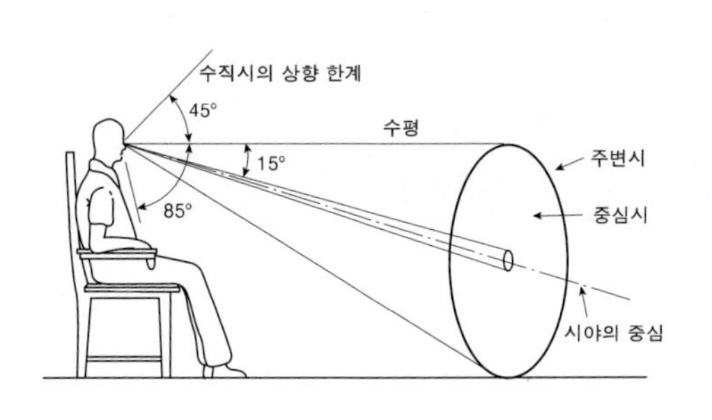

그림. 시야의 범위

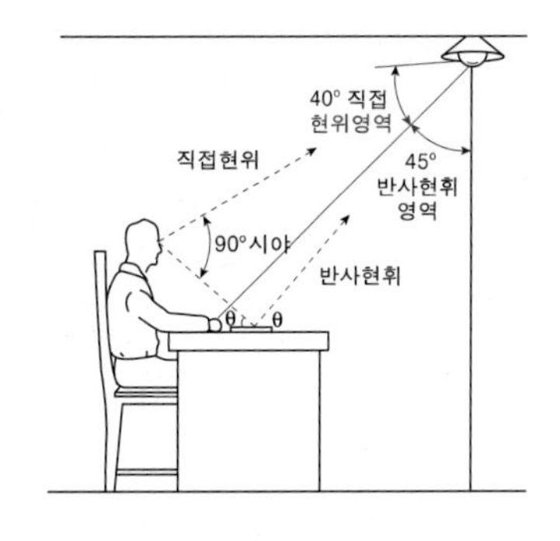

그림. 현휘영역

section 4 청 각

1 소리의 전달과정

음원 → 음의 매체(공기) → 외이도 → 고막 → 중이 → 달팽이관(임파액) → 청신경 → 뇌

※ 청력은 낮은 진동수에서는 남자의 청력이 우수하고, 높은 진동수에서는 여자가 우수하다.

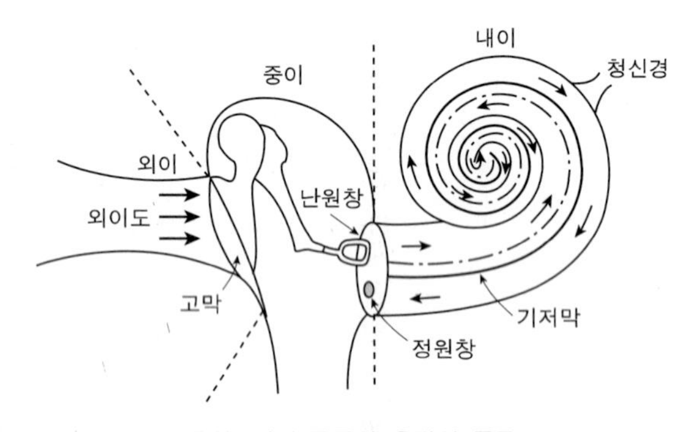

그림. 귀의 구조와 음파의 통로

2 소리의 3요소

① 음의 세기 : 진폭
② 음의 높이 : 진동수
③ 음색 : 파형

3 가청범위

인간이 감지할 수 있는 음의 가청주파수 범위 : 20~20,000Hz

※ 주파수 : 음이 1초간에 진동하는 횟수, 단위는 cycle/sec 또는 Hz

① 초저주파 : 20Hz 이하
② 가청주파 : 20~20,000Hz
③ 초고주파 : 20,000Hz 이상

4 소리의 종류

(1) 단음(순음)

압력의 변화가 일정한 주기가 일어나고 진동수가 한 종류인 것을 말하며 실험실 밖에서는 별로 존재하지 않는다.

(2) 복음

① 주기음 : 기초 진동수의 정수배의 소리로서 배음(倍音)관계가 있다.

② 비주기음 : 불규칙한 파동으로 성립되며 구성되는 각 진동수 간에 배음관계가 없다. 소음은 주로 비주기음이다.

(3) 백색 소음

가청범위에 있는 모든 진동수를 내포한 소리이다.

5 청각의 물리적 성질과 주관적 표현

① 소리는 인간의 청력기관을 통해 느낄 수 있는 물리적 현상으로서 물리적 측면에서 음파라고 하는데 즉, 탄성체를 통해 전달되는 밀도 변화의 파를 말한다.

② 청각에서는 물리적 성질을 나타내는 진동수, 강도, 계속시간에 대응하는 주관적 표현으로서 소리의 높이, 음량, 계속시간을 사용한다.

㉠ 소리를 구성하는 3개의 물리량 : 진동수, 강도(음량), 계속시간

㉡ 주관적 표현 : 소리의 높이, 강도(음량), 계속시간

6 Phon(폰)

① 귀에 들리는 소리의 크기가 같다고 느껴지는 1,000Hz의 순음의 음압레벨(귀의 감각적 변화를 고려한 주관적인 척도)

② 같은 크기로 들리는 소리를 주파수별 음압수준을 측정하여 등감도곡선(Loudness curve)을 얻는다. 이 소리의 크기를 나타내는 단위가 폰(phon)이다.

③ 1,000Hz 순음의 음압이 최소 가청값에 해당하는 $20\mu Pa(=20\mu N/m^2)$일 때를 0폰으로 한다.

※ 등감도곡선(Loudness curve)에서 1000Hz의 100dB의 소리와 같은 크기로 들리는 소리는 100폰이다.

section 5 지 각

1 감각의 일반적 성질

① 우리는 시각 · 청각에 의한 지각 외에 피부감각에 의한 지각이나 근육 운동에 의한 지각, 여러 지각 등의 결합에 의하여 우리의 지각은 신체의 감각을 통한 지각 외에 방향 · 위치 · 소재의식을 통한 지각으로 대별된다.

② 신체의 감각을 통한 지각에는 시각 · 청각에 의한 감각 외에 피부감각, 즉 촉각에 의한 피부감각이 있다.

③ 피부감각

㉠ 피부감각에는 통각 · 압각 · 냉각 · 온각으로 분류된다.

㉡ 이들 4가지 감각에는 각기 독립된 감각 신경기관이 있으며 일반적으로 피부의 단위면적에는 통점 · 압점 · 압점 · 열점 순으로 신경의 수가 많다.

㉢ 통각을 느끼는 감각이 피부표면에 가장 넓게 분포되어 있다. 피부의 감각적 분포는 $1m^2$당 통점 100~120개, 압점 15~30개, 냉점 6~23개, 온점 0~3개이다.

2 인체의 감각

(1) 후각

① 유향(有香) 물질의 미립자가 공기 중에 확산하여 후각기관을 자극하여 흥분을 일으켜서 대뇌에 전달하는데 이와같이 냄새로 외계를 감지하는 심리적 변화를 후각이라 한다.

② 특징 : 일반적으로 냄새가 자극하여 일정한 시간이 경과하면 후각은 점점 쇠퇴하여 나중에는 냄새를 맡을 수 없게 된다. 이와 같은 현상을 순응에 의한 후각의 피로라고 한다.

(2) 미각

① 외부에서 구강내의 미각기관에 맛이 자극되어 생기는 외계 지각

② 미각기관(혀) : 5종류와 유두와 유두의 측면에는 미뢰(미관구)라는 소체가 있다. 미뢰는 미각세포, 지지세포, 신경세포로 되어 있다.

③ 인간이 느낄 수 있는 맛의 종류 4가지 : 짠맛, 신맛, 단맛, 쓴맛

④ 혀의 부위에 따른 맛의 강도

㉠ 단맛 : 혀 끝

㉡ 쓴맛 : 혀의 안쪽 – 사람이 가장 예민하게 반응하는 미각

㉢ 짠맛 : 혀 끝과 양쪽면

㉣ 신맛 : 혀의 양측면

※ 맛에 대한 감수성의 정도 : 쓴맛 〉 단맛 〉 신맛 〉 짠맛

(3) 피부감각

① 피부로 느낄 수 있는 4가지 감각 : 통각, 압각, 냉각, 온각이 있고 이들 감각의 감수성은 통각이 가장 많고 온각이 가장 낮다.

② 피부의 자극점 분포 : $1cm^2$당 통점 100~200개, 압점 15~30개, 냉점 6~23개, 온점 0~3개

③ 피부로 느끼는 4가지 감각이 함께 작용하여 탄성, 점성, 간지러움, 가려움 등을 감지할 수 있다. 이 분야에 대한 연구가 유성학(Rheology)이라는 학문으로 발전하였다.

(4) 평형감각

① 인체가 운동할 때마다 신체 명부에 나타나는 동력작용의 변화를 곧 감지하고 그에 따라 호흡, 맥박 등을 조정하며 신체의 안정을 유지하고 그 중력에 가장 적합한 자세를 취하려고 하는 감각

② 평형감각의 중심역할을 하는 기관은 삼반규관(三半規管)과 전정계(前庭階)라는 기관이다.

(5) 공복감에 대한 가설(假設)

① 가설 1 : 공복감(기아감)은 장기간 식물을 섭취하지 않은 때에 생기는 것이 아니고 불충분한 양의 음식물이 소진될 때에 가장 강하다고 한다.

② 가설 2 : 공복시의 위의 분비물이 식물(食物)에 의하여 흡수되지 않고 위치를 자극하여 수축 시킨다고 한다. 이 수축은 기아통을 수반한다.

③ 가설 3 : 위 자체의 상태보다도 혈액에 CO_2 등이 생겨서 이것이 기아감을 일으켜서 행동으로 나타난다고 한다.

3 Weber의 법칙

① 물리적 자극을 상대적으로 판단하는데 있어, 변화감지역은 사용되는 표준자극의 크기에 비례한다는 법칙

② 한계효용체감의 법칙과 동일한 의미이다.

③ I을 기준자극, △I을 JND라 하면 △I/I=C(상수)로 일정하다.

④ 기준자극이 커질수록 동일한 크기의 자극을 얻기 위해서는 더 강한 자극을 주어야 한다.

※ E. H. Weber (1795~1878)

맥박을 지배하는 신경 자극의 실험적 연구의 선구이다. 특히 관심을 쏟은 것은 피부 감각으로, 1846년 발표한 《촉각과 일반감각》은 실험심리학과 생리학의 기초를 이루는 것으로 알려져 있으며, 자극의 세기와 식별역(識別域)과의 관계에 대한『베버의 법칙』을 설명하였다.

※ JND(just noticeable difference, 最少可知差異)

두 자극의 차이를 변별할 수 있는 최소한의 차이를 최소가지차이(最少可知差異, JND)라고 한다. 즉, 두 자극간의 변화 또는 차이를 탐지할 수 있는 감각체계의 능력으로 탐지 가능한 자극의 최소변화(차이식역)를 JND라고 한다.

4 게슈탈트 법칙(Gestalt Law)

게슈탈트란 원래 형·형태를 의미하는 독일어로 사용된 사물의 추상적인 형태·형상을 뜻하는 대상 자체(구조 내지는 체제를 갖춘)를 뜻한다.

4개의 법칙은 접근성, 유사성, 연속성, 폐쇄성의 법칙이며, 그 외에도 Figure-Ground의 법칙과 방향의 법칙 등이 있다.

(1) 접근성(Factor Of Proximity)

근접한 것끼리의 짝지어지는 법칙으로 보다 더 가까이 있는 두개 또는 그 이상의 요소들(시각 요소)이 패턴이나 그룹으로 보여질 가능성이 크다.

(2) 유사성(Factor Of Similarity)

① 유동의 법칙이라고도 하며 형태, 규모, 색채, 질감 등에 있어서 유사한 시각적 요소들이 연관되어 보이는 경향이 있다.

② 유사성은 접근성보다 지각의 Grouping에 있어 보다 강하게 나타난다.

(3) 연속성

유사한 배열이 하나의 묶음으로 되는 것 (예 : 영화는 시각적 이미지의 연속 장면)으로 『공동운명의 법칙』이라고도 한다.

가장 적은 수의 장애물을 요구하는 시각적 요소들은 연속적 직선이나 곡선을 형성하기 위해 그룹 지워질 것이다.

(4) 폐쇄성

시각의 요소들이 어떤 것을 형성하는 것을 허용하는 것으로 폐쇄된 원형이 묶여지는 성질

※ 시각적 요소들의 근접성과 유사성은 시각적 평형 즉 균형과 폐쇄를 이루기 위해 찾게 되는 삼각형과 원에 대한 지각을 용이하게 하기 위해 중요하다.

5 착시(Optical illusion, Hallucination)

인간의 눈은 정도(精度)를 자랑하였으나 그 눈이 잘못 보는 경우가 있다. 정상적인 시력을 갖고서도 있는 그대로를 보지 못하는 현상을 착시라고 한다. 도형이나 색채에 대하여 발생하는 그와 같은 착오를 시각의 착시라 한다.

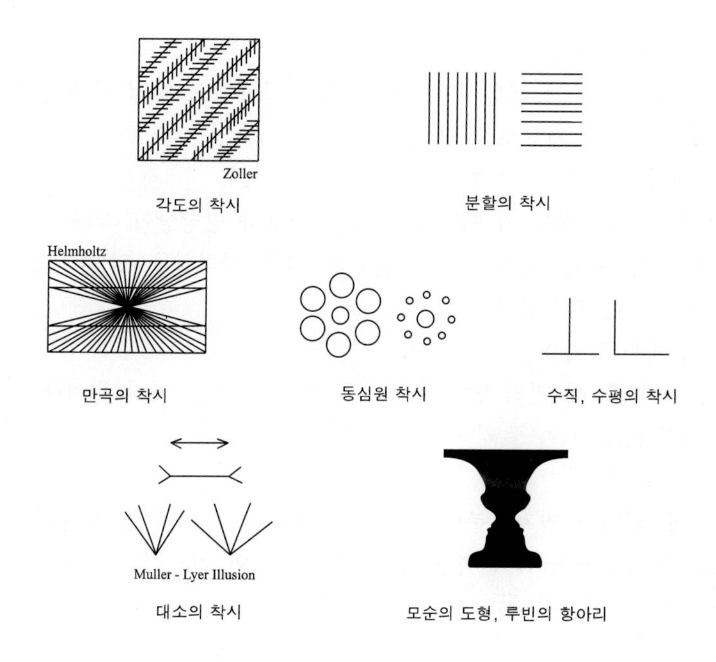

6 착각(illusion)

1) 정의

① 동일한 형이나 크기의 물체를 다르게 느낀다거나, 동일한 길이의 두 가지 형태를 다른 한편보다 길게 느낀다든지 하는 현상을 착각이라 한다.

② 이와 같은 착각 현상은 정지하고 있는 자극에서만 나타나는 현상은 아니다.

2) 3대 착각

① 자동 운동(Automatic Movement)

② 유도 운동(Induced Movement)

③ 가현 운동(Apparent Movement)

7 지각의 항상성

① 사람들이 매순간 물체들로부터 받는 감각 정보들이 변함에도 불구하고 물체가 안정된 특성을 항상 지니고 있는 것으로 지각하는 현상

② 근접 작업을 바탕으로 시작되는 지각체계가 기대 이상으로 상당히 객관적 성질에 가까운 표상을 구성하는 현상

8 공간 지각

[1] 단안시(한눈보기)

한쪽 눈만으로도 우리는 물체를 지각하고 3차원을 어느 정도 알 수 있다. 이 때 3차원을 알 수 있는 단서로 다음과 같은 것들이 중요하다.

(1) 겹침 또는 중첩

한 물체가 다른 물체를 가릴 때, 가리는 물체가 그렇지 않은 물체보다 더 가까이 위치한 것으로 판단된다.

(2) 상대적 크기 또는 직선조망

먼 곳에 있는 것은 가까운 곳에 있는 것보다 망막상이 작다. 그러므로 가까이 있는 것과 같은 크기의 물건이 작은 망막상을 맺게 되면 먼 곳에 있는 것으로 지각된다.

(3) 평면에서의 높이

평면에서 볼 때 멀리 떨어져 있는 물체들은 높은 곳에 위치해 있는 것으로 판단된다.

(4) 표면의 결

원근에 의해 관찰자로부터 거리가 가까운 지점은 결이 무성하지 않으며, 거리가 멀수록 단위 면적당 결이 빽빽이 보여 거리판단을 용이하게 한다. 또한 결이 고르지 않고 변할 때는 가까운 것의 결이 똑똑히 보이고, 먼 것은 잔주름이 없어지고 결이 미끈하게 보인다.

(5) 명료도

일반적으로 더 명확하게 보이는 것은 가깝고, 먼 곳에 있는 것은 흐리게 보인다.

(6) 음영

그림자가 물건을 아랫 부분에 있으면 볼록하게 보이고, 윗부분에 있으면 오목하게 보인다. 물건 옆에 그림자가 있으면 그것이 공간지각의 단서가 된다.

[2] 양안시

(1) 괴리 현상(양안 부등 : 兩眼 不等)

인간은 두 눈이 있으므로 두 눈의 망막에 약간씩 다른 상을 맺게 되는 현상.

같은 물건을 보아도 좌우 두 눈이 보는 것이 다르므로 공간의 거리 지각의 단서가 된다.

(2) 이중상

응시점에 따라 그보다 가까이 가까이 있는 것 또는 먼 곳에 있는 것은 망막에 이중상을 맺는다.

즉, 물건과 두 눈 사이에 손가락을 수직으로 세우면 손가락이 두 개로 보인다. 한 이중지각은 공간지각의 단서가 된다.

(3) 수렴현상

시점을 고정하기 위하여 시점과 눈의 거리에 따라 두 눈이 한데 모이는 현상.

물체가 관찰자 가까이 있을수록 두 눈이 점점 서로를 향하게 되는데, 이것은 가능하면 각 눈이 망막의 중심 부위에 물체의 상을 맺도록 하기 위해 일어난다.

(4) 입체시

물체들이 두 눈을 자극하되 각기 별도로 자극하여 거리가 생생하게 경험되도록 하는 현상

9 운동지각

1) 실제운동지각

(1) 다람쥐효과

배경에 따라 운동지각이 변하는데, 배경이 복잡하면 빠르게, 단순하면 느리게 움직이는 것처럼 지각되며, 또한 움직이는 물체가 적을수록 빨리 움직이는 것처럼 보이는 현상

(2) 운동의 잔상

움직이는 자극에 계속적으로 주목하면 운동이 잔상이 생긴다. 실제 운동과 반대방향으로 생긴다.

2) 비운동 자극에서의 운동지각

(1) 운동시차(parallax)

관찰자가 움직이면 가까운 것은 반대방향으로, 먼 것은 같은 방향으로 움직이는 것처럼 보이는 현상(기차를 타고 갈 때의 가까운 산과 먼 산)

(2) 운동조망(運動眺望)

반대방향으로 움직이는 물건들 중에서 상대적으로 멀리 있는 것은 천천히 움직이고, 가까이 있는 것은 빨리 뒤쪽으로 움직이는 현상

(3) 운동착각(運動錯覺)

서 있는 차 속에서 다른 차가 반대방향으로 움직이면 자기가 탄 차가 앞으로 움직이는 것 같은 착각을 일으키는 현상

(4) 가현운동(假現運動)

인접된 두 점에 초당 12~20회의 속도로 각각 광선을 투사하면 두 점 사이에 광선이 왔다 갔다 하는 운동지각을 하게 된다. 실제로 움직이는 것이 아니기 때문에 이를 가현운동이라 한다.

(5) 자동운동(自動運動)

캄캄한 방에서 조그만 불빛을 보여주면 비록 이 불빛이 정지되어 있는데도 불구하고 움직이는 것처럼 보이는 현상

section 6 작업환경 조건

1 조명관련 용어의 의미와 단위

측광량		정의	단위	단위약호
광속		단위시간당 흐르는 광의 에너지량	lumen	lm
광속의 면적밀도	조도	단위 면적당의 입사광속	lux	lx
발산광속의 입체각 밀도	광도	점광원으로부터 단위 입체각당의 발산광속	candela	cd
광도의 투영면적 밀도	휘도	발산면의 단위 투영면적당 발산광속	candela/m^2	cd/m^2

2 빛의 측정

(1) 작업면의 조도 계산

$$조도 = \frac{광도}{(거리)^2}$$

① 점조도 방식

$$\begin{cases} 수평면\ 점조도 : 조도 = \dfrac{광도}{(거리)^2} \times \cos\theta \\ 수직면\ 점조도 : 조도 = \dfrac{광도}{(거리)^2} \times \sin\theta \end{cases}$$

※ 배광 곡선(Polar Diagram)

조명 기구로부터 발생되는 배광 형태를 각도에 따라 광도(cd)로 나타낸 그래프로 배광 측정기로 측정한다.

점조도 방식으로 조도 계산을 할 때 광도를 구하는 데 이용

※ 광선 각도(Beam Angel)

조명기구로부터 발생되는 방향성 광선에서 가장 높은 광도와 이의 절반이 되는 광도가 이루는 각의 2배 광선 각도라 한다.

② 광속(루멘) 방식

㉠ 작업면 위의 평균 조도를 구하는 방식 : $조도 = \dfrac{총광속(lm)}{실면적(m^2)}$

㉡ $조도 = \dfrac{총광속(lm)}{실면적(m^2)} \times 전구수 \times 조명률 \times 광손실률$

㉢ 용어

* 조명률(U) : 조명기구에서 발생되는 광속의 100%가 작업면에 도달하지 않고 천정, 벽, 바닥 등에 반사되거나 투과되는 비율
* 실지수(K) : 실의 크기와 형태를 나타내는 지수로서 작업면에 직접 도달하는 빛은 실의 바닥 면적에 대하여 천장의 높이가 낮을 때는 많고 천장의 높이가 높을 때는 적어진다.
* 보수율(M) : 조명기구가 시간이 흐름에 따라 효율이 떨어지는 정도
  보수율(광손실률) : 전구 광속감소율 × 가구 광속감소율

(2) 반사율(Reflectance)

① 빛을 받은 평면에서 반사되는 빛의 밝기

② 실내 빛의 배분은 광량과 광원 위치, 벽, 천장, 기타 실내 표면의 반사율에 의해 영향을 받는다.

③ 표면에 도달하는 조명과 광속발산도의 관계를 나타낸다.

$$반사율(\%)=\frac{광속발산도(f_L)}{조명(fc)}\times 100$$

※ 옥내 추천 반사율

㉠ 천장 : 80~90% ㉡ 벽 : 40~60%

㉢ 가구 : 25~45% ㉣ 바닥 : 20~40%

예제

어느 공장에서 80(f_L)의 광속발산도를 요하는 시작업(視作業) 대상물의 반사율이 60%일 때 소요조명은 몇 (fc)인가?

해설 $$반사율(\%)=\frac{광속발산도(f_L)}{조명(fc)}\times 100$$

$$60(\%)=\frac{80(f_L)}{조명(fc)}\times 100$$

$$소요조명(fc)=\frac{80(f_L)}{60(\%)}\times 100=약\ 133(fc)$$

(3) 대비(luminance contrast)

① 사물이 보이는 것은 사물과 바탕이 밝은 정도의 차이와 색상의 차이가 있기 때문이다. 이처럼 표적과 배경의 밝기 차이를 대비라 한다.

② 보통 표적의 광속발산도(f_L)와 배경의 광속발산도(Lb)의 차를 나타내는 척도이다. (광도대비, 휘도대비)

$$\therefore 대비(\%)=\frac{배경의\ 광속발산도(Lb)-표적의\ 광속발산도(f_L)}{배경의\ 광속발산도(Lb)}\times 100$$

ⓐ 표적이 배경보다 어두울 경우 : 대비는 ±100%에서 0사이

ⓑ 표적이 배경보다 밝을 경우 : 대비는 0에서 -∞ 사이

예제

흑판의 반사율이 20%일 때 분필로 쓴 글자와의 대비(對比)가 -300% 라면 분필 글자의 반사율은 몇 %인가?

해설 $\therefore$ 대비(%)= $\dfrac{\text{배경의 광속발산도}(Lb)-\text{표적의 광속발산도}(f_L)}{\text{배경의 광속발산도}(Lb)}\times 100$

$$\frac{20-x}{20}\times 100=-300$$

$$20-x=\frac{-300}{5}$$

$$20-x=-60$$

$$x=80(\%)$$

3 휘광 처리

눈부심은 눈이 적용된 휘도보다 훨씬 밝은 광원(직사 휘광) 혹은 반사광(반사 휘광)이 시계 내에 있음으로써 생기며, 성가신 느낌과 불편감을 주고 시성능을 저하시킨다.

※ 원인(문제발생)

ⓐ 주위가 어둡고 광원이 밝을 수록 눈부심이 강하다.
ⓑ 광원이 밝을수록 눈부심이 강하다.
ⓒ 광원이 시선의 상하좌우 20° 안에 들어가면 눈이 부시다.
ⓓ 외모가 클수록 눈부심이 강하다.

(1) 창문으로부터의 직사휘광 처리
㉠ 창문의 높이를 높게 한다
㉡ 차양, 발 드리우개(Overhang), 수직날개(Fin)를 달아 직사광선을 가려준다.

(2) 광원으로부터의 직사휘광 처리
㉠ 광원의 휘도를 줄인다.
㉡ 광원의 수를 늘인다.
㉢ 광원을 시선에서 멀리 둔다.
㉣ 휘광원 주위를 밝게 하여 광속발산비를 줄인다.

(3) 반사휘광의 처리
㉠ 발광채의 휘도를 줄인다.
㉡ 빛을 반사하지 않는 표면색에서 가진 무광택 재료를 사용한다.
㉢ 반사광이 눈에 들어오지 않게 위치한다.
㉣ 일반(간접) 조명 수준을 높인다.

4 색채조절(color conditioning)

색채조절(color conditioning)은 사람에 대한 감정적 효과, 피로방지 등을 통하여 생산 능률 향상에 도움을 주려는 목적과 재해사고방지를 위한 표식의 명확화 등을 위해 사용한다.

※ 색채조절(color conditioning)의 효과

㉠ 눈의 긴장감과 피로감을 감소된다.
㉡ 일의 능률을 향상되어 생산성이 높아진다.
㉢ 심리적으로 쾌적한 실내분위기를 느끼게 한다.
㉣ 사고나 재해가 감소된다.
㉤ 생활의 의욕을 고취시켜 명랑한 활동이 되게 한다.

5 인체의 온열 조건

(1) 인체의 열생산

① 음식물을 통한 에너지 섭취는 80% 이상이 열로 전환된다. 20% 미만이 인체활동의 에너지원이 된다.
② 기초대사와 근육대사의 생화학적 과정을 거친다.

(2) 인체의 열손실

피부를 통한 수증기의 환산작용, 땀분비 작용, 호흡, 복사, 대류 등에 의한 열손실이 이루어진다.

(3) 인체의 열평형

① 인체는 주로 복사(Radiation), 대류(Convection) 및 증발(Evaporation)의 열전달 과정을 통해 열을 외부로 배출한다.
② 증발은 땀과 호흡으로 발산되는 수증기의 잠열을 이용한 것
③ 실내온도가 높아질수록 증발을 통한 열손실이 많게 된다.

※ Fanger의 열평형 방정식

$\Delta S = M - W - E + (R + C)$

ΔS : 인체의 열저장량 (+ : 체온상승, - : 체온하강, 0 : 생리적 균형)
M : 인체의 대사량(rate of metabolism)
W : 운동에 의해 소비되는 열량(rate of work)
E : 증발열손실량(evaporative heat loss)
(R + C) : 현열교환량(dry heat exchange) (R : 복사, C : 대류)

(a) 대사열

인체는 대사활동의 결과로 계속 열을 발생한다.

성인남자 휴식상태 : 1kcal/분(≒70watt)
앉아서 하는 활동 : 1.5~2kcal/분
보통 신체활동 : 5kcal/분≒350watt
중노동 : 10~20kcal/분

(b) 증발

37℃의 물 1g을 증발시키는데 필요한 증발열(에너지)은 2410 joule/g(575.7 cal/g)이며, 매 g의 물이 증발할 때마다 이만한 에너지가 제거된다.

$$\therefore 열손실률(R) = \frac{증발의에너지(Q)}{증발시간(T)}$$

(c) 복사

광속으로 공간을 퍼져 나가는 전자 에너지이다.

(d) 대류

고온의 액체나 기체가 고온대에서 저온대로 직접 이동하여 일어나는 열전달이다.

예제 1

인체는 눈에 띌만한 발한 없이도 인체의 피부와 허파로부터 하루에 600g 정도의 수분이 무감 증발된다. 무감 증발로 인한 열손실률은 얼마인가? (단, 37℃의 물 1g을 증발시키는데 필요한 에너지는 2410 J/g (575.7 cal/g)임.)

해설 $$열손실률(R) = \frac{증발의에너지(Q)}{증발시간(T)}$$

$$= \frac{600(g) \times 2410(J/g)}{24 \times 60 \times 60(s)} = 16.7336(\mathrm{J/sec}) = 17\,\mathrm{watt}$$

※ 1(J/sec)=1(watt)에 의거한다.

예제 2

열대기후에 순화된 사람은 시간당 최고 4kg까지의 땀을 흘릴 수 있다. 땀 4kg의 증발로 잃을 수 있는 열은? (단, 증발열은 2410 J/g이다.)

해설 $$열손실률(R) = \frac{증발의에너지(Q)}{증발시간(T)}$$

$$= \frac{4 \times 1000(g) \times 2410(J/g)}{60 \times 60(s)} = 2678(\mathrm{J/sec}) = 2678\,\mathrm{watt}$$

6 인체의 온열 감각에 영향을 주는 열적 요소

[1] 물리적 변수

① 기온 ② 습도

③ 기류 ④ 주위벽의 복사열

[2] 개인적(주관적) 변수 : 주관적이며 정량화할 수 없는 요소

① 착의 상태(clothing) : 인체에 단열 재료로 작용하고 쾌적한 온도 유지를 도와준다.

② 활동량(activity) : 나이가 많을수록 감소하며 성인 여자는 남자에 비해 약 85% 정도이다.

③ 기타

㉠ 환경에 대한 적응도 ㉡ 신체 형상 및 피하 지방량
㉢ 음식과 음료 ㉣ 연령과 성별
㉤ 건강 상태 ㉥ 재실 시간

7 열쾌적 범위

① 온도 : 건구 온도의 쾌적범위는 16~28℃이다.
② 습도 : 낮을수록 더욱 춥게 느껴지며 여름에는 40~70%이며, 겨울에는 40~50%이다.
③ 기류 : 쾌적한 기류속도는 0.25~0.5m/s이며, 더운 경우는 1.0m/s까지 쾌적하다.
④ 복사열 : 복사온도(MRT)가 기온보다 2℃ 정도 높을 때 가장 쾌적하다.

8 열쾌적에 영향을 미치는 요소

① 환경에 대한 적응 정도
② 연령과 성별
③ 신체의 형태
④ 피하 지방량
⑤ 건강 상태
⑥ 음식과 음료
⑦ 재실 시간
⑧ 사용자 밀도

9 온도에 의한 인체의 변화

① 고온으로 바뀔 때
㉠ 체온의 상승
㉡ 혈액이 피부를 경유하는 혈액순환량 증가
㉢ 직장 온도 감소
㉣ 발한 작용
② 저온으로 바뀔 때
㉠ 체온의 감소
㉡ 혈액순환량 감소
㉢ 직장 온도 증가
㉣ 몸이 떨림

10 온도에 따른 인체의 반응

① 10℃ : 손끝이 굳기 시작하는 온도(손발의 활동이 둔해지는 온도)
② 17℃ : 외기에 의해서 몸이 찬 기운을 느끼기 시작하는 온도
③ 18℃ : 양호한 상태의 온도
④ 21℃ : 휴식할 때 가장 적절한 실내온도
⑤ 24℃ : 육체적 태만이 오는 온도
⑥ 26℃ : 대류와 복사로 열을 발산하는 온도
⑦ 29℃ : 정신적 활동이 둔화되고 반응이 늦으며 착오가 시작되는 실내온도

11 환기의 필요성

인체에 유익하지 않은 각종 유해물질이 실내에서 발생하여 산소 등을 공급하기 위하여 신선한 외기와 교환
① 호흡에 필요한 산소의 부족
② CO_2 가스의 증가
③ 실내에서 열이 발생
④ 실내에서 수증기 발생
⑤ 분진 및 유해가스의 발생
⑥ 인체 및 실내에서 발생되는 각종 냄새(배기, 끽연 등) 발생
⑦ 쾌적한 환경조성에 필요한 적절한 기류
⑧ CO, 라돈가스 등의 발생

12 음의 크기 수준

① sone : 음량척도로서 1000Hz, 40dB의 음압수준을 가진 순음의 크기(40phon)를 1sone이라 한다. (기준음보다 10배로 크게 들리는 음은 10sone의 음량을 갖는다.)
② phon : 음의 감각적, 주관적 크기의 수준
③ dB : 음압수준으로서 소리의 강도 레벨로 소리의 음압과 기준 음압의 비이다.
※ 소음수준의 단위는 dBA를 사용한다.

13 소음의 영향

① 소음이 130dB 이상이면 청력이 상실되며 어느 정도 이상의 소음은 간접적으로 사람의 건강에 영향을 미친다.
② 야간에 계속되는 소음은 불면증을 일으켜 다음 날의 활동과 건강에 지장을 준다.
③ 주간의 지나친 소음은 사고집중을 방해하여 능률을 저하시키며 건강상에도 바람직하지 못하다.

14 소음이 청력에 영향을 미치는 요인

① 소음의 고저인 주파수
② 소음의 강약
③ 소음의 연속도와 충격도
④ 개인적인 감수성
⑤ 폭로시간

15 용도별 허용소음레벨

① 녹음 스튜디오 : 25dB
② 병원 : 35dB
③ 도서관 : 40dB
④ 사무실 : 45dB
⑤ 은행, 상점, 식당 : 50dB
⑥ 작업을 방해하는 소음 : 90B 이상의 소음
⑦ 듣기 불쾌한 dB의 정도 : 110dB 이상의 소음

16 소음의 영향 및 허용 한계

1) 소음의 일반적 영향
① 인간은 일정 강도 및 진동수 이상의 소음에 계속적으로 노출되면 점차적으로 청각 기능을 상실하게 된다.
② 소음은 불쾌감을 주거나 대화, 마음의 집중, 수면, 휴식을 방해하며 피로를 증가시킨다.
③ 소음은 에너지를 소모시킨다.
예) 소음이 나는 베어링

2) 가청주파수 : 20~20,000Hz(cps)
① 저진동 범위 : 20~500Hz
② 가청 범위(audible range) : 2,000~20,000Hz
③ 불가청 범위 : 20,000Hz 이상
※ 건강한 성인의 귀에 가장 민감한 소리의 진동수 : 3,000Hz
※ 인간의 노화현상으로 인해 듣지 못하는 진동수는 5,000Hz이다.

3) 가청한계 : 20×10^{-4} dyne/cm^2(0dB)~10^3dyne/cm^2(134dB)

4) 심리적 불쾌감 : 40dB 이상

5) 생리적 영향 : 60dB 이상
(안락한계 : 45~65dB, 불쾌한계 : 65~120dB)

6) 난청 : 사업장에서의 소음 관계는 8시간을 기준으로 할 때 90dB이다.

7) 유해주파수(공장소음) : 4,000Hz(난청현상이 오는 주파수) 이상

17 소음 대책

① 소음원의 통제 : 기계의 적절한 설계, 적절한 정비 및 주유, 기계에 고무 받침대(mounting) 부착, 차량에는 소음기(fuffler)를 사용한다.
② 소음의 격리 : 덮개(enclosure), 방, 장벽을 사용한다.
(집의 창문을 닫으면 약 10dB 감음된다.)
③ 차폐장치(baffle) 및 흡음재료 사용
④ 음향 처리제 (acoustical treatment)사용
⑤ 적절한 배치(layout)
⑥ 방음 보호구 사용 : 귀마개(이전)
(2000Hz에서 20dB, 4000Hz에서 25dB 차음효과)
⑦ BGM(back ground music) : 배경음악(60 ± 3dB)

18 소음원(noise source)을 통제하는 방법

① 기계의 적절한 설계 및 배치(layout)
② 적절한 정비 및 주유
③ 기계에 고무 받침대(mounting) 부착
④ 차량에는 소음기(fuffler)를 사용
⑤ 덮개(enclosure), 방, 장벽을 사용(집의 경우 창문을 닫으면 약 10dB 감음)
⑥ 차폐장치(baffle) 및 흡음재료 사용
⑦ 음향 처리제 (acoustical treatment)사용
⑧ 방음 보호구로 귀마개 사용(2000Hz에서 20dB, 4000Hz에서 25dB 차음효과)

19 사업장에서 소음 공해로 인한 난청을 막기 위한 방법

① 가급적 소음도가 낮은 공법을 쓴다.
② 소음 폭로 시간을 줄이고 적절한 휴식시간을 갖도록 한다.
③ 건물 자체를 음이 울리지 않는 구조로 한다.
④ 건물의 벽이나 바닥은 음을 흡수하는 재료를 쓴다.
⑤ 사업장에 소음계와 주파수 분석기를 설치하여 소음도를 점검한다.
⑥ 매년 정기적인 신체검사를 하여 청력의 이상 유무를 점검한다.

20 진동

[1] 진동의 감음성
① 인간이 감각적으로 가장 잘 느끼는 진동수는 10~12c/s(Hz)로 알려져 있다.
② 진폭이 크고 주기가 작은 진동일수록 감응도가 높다.

③ 남성과 여성을 비교하여 보면, 여성이 진동에 대한 감응도가 더 높다.
④ 진동 감각은 진동 방향에 직각으로 향하는 쪽보다는 평행으로 향하는 쪽이 더 느끼기 쉽다.
⑤ 단주기가 되면 실제의 폭보다 크게 느낀다.

[2] 전신 진동이 인간의 성능(performance)에 끼치는 일반적인 영향
① 진동은 진폭에 비례하여 시력을 손상하며, 10~25c/s(Hz)의 경우 가장 심하다.
② 진동은 진폭에 비례하여 추적 능력을 손상하며, 5Hz의 낮은 진동수에서 가장 심하다.
③ 안정되고 정확한 근육 조절을 요하는 작업은 진동에 의해 저하된다.
④ 반응시간, 감시, 형태 식별 등 주로 중앙 신경처리에 달린 임무는 진동의 영향을 덜 받는다.

21 피로에 대한 학설

① 피로물질 누적설 : 암모니아, 초성 포도산, 유산(젖산) 등의 노폐물질이 축적됨으로써 여러가지 피로증상이 나타난다는 것이며 정상인에게는 0.1%의 포도당이 있는데 산화하여 유산이 되어 0.07%에 이르면 피로감을 느낀다는 설
② 에너지 소모설 : 활동하면 에너지원인 그리코우겐, 아드레날린, 갑상선 홀몬, 비타민 B, C 등의 물질이 소모되어 피로증상을 나타낸다는 설
③ 물리화학적 변조설 : 물질의 분해 합성 과정의 부조화가 피로현상을 일으킨다는 설
④ 중추설 : 활동함으로서 일어나는 생체의 물리 화학적 상태와의 부조화가 중추에 작용함으로써 피로현상이 생긴다는 설

section 7 장치설계의 실제

1 표시장치로 나타나는 정보의 유형

① 정량적(quantitative) 정보 : 변수의 정량적인 값
② 정성적(qualitative) 정보 : 가변 변수의 대략적인 값, 경향, 변화율, 변화방향 등
③ 상태(status) 정보 : 체계의 상황 혹은 상태
④ 경계(warning) 및 신호(signal) 정보 : 비상 혹은 위험 상황 또는 어떤 물체나 상황의 존재 유무
⑤ 묘사적(representational) 정보 : 사물, 지역, 구성 등을 사진, 그림 혹은 그래프로 묘사
⑥ 식별(identification) 정보 : 어떤 정적 상태, 상황 또는 사물의 식별용
⑦ 문자, 숫자(alphanumeric) 및 부호(symbolic) 정보 : 구두(口頭), 문자, 숫자 및 관련된 여러 형태의 암호화 정보
⑧ 시차적(time-phased) 정보 : 펄스(pulse)화 되었거나 혹은 시차적인 신호, 즉 신호의 지속시간, 간격 및 이들의 조합에 의해 결정되는 신호

2 암호 체계 사용상의 일반적인 지침

① 암호의 검출성 : 검출이 가능해야 한다.
② 암호의 변별성 : 다른 암호표시와 구별되어야 한다.
③ 부호의 양립성 : 양립성이란 자극들간의, 반응들간의, 자극-반응 조합의 관계가 인간의 기대와 모순되지 않는 것
④ 부호의 의미 : 사용자가 그 뜻을 분명히 알아야 한다.
⑤ 부호의 표준화 : 암호를 표준화하여야 한다.
⑥ 다차원 암호의 사용 : 2가지 이상의 암호차원을 조합해서 사용하면 정보전달이 촉진된다.

※ 양립성(兩立性 ; compatibility)

자극-반응 조합의 공간, 운동 혹은 개념적 관계가 인간의 기대와 모순되지 않는 성질

㉠ 공간적 양립성 : 어떤 사물들 특히 표시장치나 조종장치에서 물리적 형태나 공간적인 배치의 양립성
㉡ 운동 양립성 : 표시장치, 조종장치, 체계반응의 운동방향의 양립성
㉢ 개념적 양립성 : 어떤 암호 체계에서 청색이 정상을 나타내듯이 사람들이 가지고 있는 개념적 연상의 양립성

3 인간의 정보처리

표시 장치를 사용해서 인간에게 정보를 제시할 때에는, 실제 운용 상황 하에서 정보를 잘 사용할 수 있도록 제시해 주어야 한다.
인간 요소적 측면에서 이러한 정보를 사용한다는 것은 다음과 같은 여러 형태의 知覺(mediation) 혹은 인식 과정을 의미한다.

(1) 정보보관
① 장기 기억
② 단기 기억 : 누구에게 전해야 할 전언같이, 관련 정보를 잠시 기억하는 것
③ 감각 보관 : 잔상과 같이 자극이 사라진 후에도 잠시 감각이 지속되는 것

(2) 정보의 회수 및 처리
① 인지 : 관련 자극이나 신호의 인지 또는 검출을 포함하는 인식 과정
② 회상 : 이미 습득한 실제 정보, 절차, 과정, 순서 등이 회상이나 위에서 설명한 단기 보관된 정보의 회상
③ 정보 처리 : 분류, 산정, 암호화, 계산, 항목화, 도표화, 해독 등
④ 문제 해결 및 의사 결정 : 분석, 산정, 선택, 비교, 계산, 추산, 계획 등
⑤ 신체 반응의 통제 : 조건 반응, 특정 자극에 적절한 반응의 선택, 축차적 반응 및 연속 통제 반응 등 광범위한 신체적 반응들을 통제한다.

※ 인간 기억의 정보량
㉠ 단위시간당 영구보관(기억)할 수 있는 정보량 : 0.7 bit/sec
㉡ 인간의 기억 속에 보관할 수 있는 총용량 : 약 1억(10^8 ; 100 mega)~1000조 (10^{15}) bit
㉢ 신체 반응의 정보량 : 인간이 신체적 반응을 통해 전송할 수 있는 정보량은 그 상한치가 약 10 bit/sec 정도이다.
☞ bit :
ⓐ 정보의 측정단위
ⓑ 1 bit란 어떤 분야의 지식에 대한 무지를 반(1/2)으로 감소시키는 정보의 척도
ⓒ 실현가능성이 같은 2개의 대안 중 하나가 명시되었을 때 얻는 정보량

4 표시장치의 종류

[1] 표시장치
① 정적(static) 표시 장치 : 간판, 도표, 그래프, 인쇄물, 필기물 같이 시간의 변화에 변하지 않은 것
② 동적(dynamic) 표시 장치

㉠ 어떤 변수나 상황을 나타내는 표시 장치 : 온도계, 기압계, 속도계, 고도계
㉡ CRT(음극선관) 표시 장치 : 레이더, sonar(음파 탐지기)
㉢ 전파용 표시 장치 : 전축, TV, 영화
㉣ 어떤 변수를 조정하거나 맞추는 것을 돕기 위한 것

[2] 표시장치의 정보 편성의 고려사항

① 자극의 속도와 부하(load) : 속도 압박(speed stress)과 부하 압박(load stress)
② 신호들간의 신호차(time-phasing) : 신호간 간격이 0.5초보다 짧으며 자극 혼동
③ 인간의 에러를 줄이기 위한 통제 표시 장치의 시각 신호의 정보 편성 요인 : 자극의 속도, 부하, 시간차

5 정량적 표시장치

집약적으로 계량적인 값을 사용자에게 전달하는 것으로 변수의 정량적인 값을 표시한다.

① 지침 이동형(Moving Pointer) : 정목 동침형
㉠ 눈금이 고정되고 지침(pointer)이 움직이는 형
㉡ 주로 아나로그(Analogue) 표시로서 대체적인 값이나 시간적 변화를 필요로 하는 경우 즉 연속과정의 제어에 적합하다.
[예] 라디오 주파 사이클, 오디오의 볼륨 레벨

② 지침 고정형(Moving Scale) : 정침 동목형
㉠ 지침이 고정되고 눈금이 움직이는 형
㉡ 표시값의 변화 범위가 비교적 크지만 계기판의 눈금을 작게 만들고도 값을 읽어야 할 때 적합
[예] 몸무게 저울

③ 계수형(Digital)
㉠ 정확한 값을 표시한다든가, 자릿수가 많은 정확한 경우에 사용
㉡ 시간적 변화의 표시에는 적당하지 않다.
[예] 전력계, 택시요금계기, 카세트 테이프 레코더

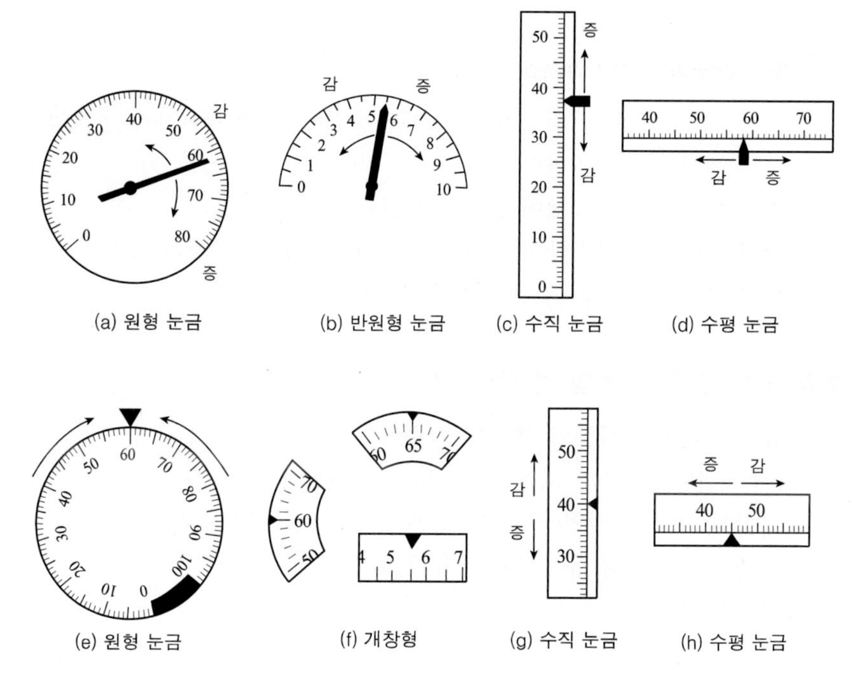

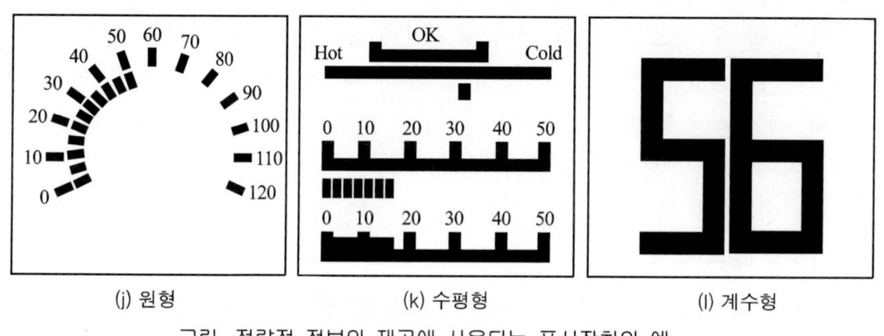

그림. 정략적 정보의 제공에 사용되는 표시장치의 예

6 문자, 숫자 및 관련 표시장치

① 횡폭비 : 문자나 숫자의 높이에 대한 획 굵기의 비로서 나타내며, 최적 독해성(최대 명시거리)을 주는 획폭비는 흰 숫자(검은 바탕)의 경우에 1 : 13.3이고, 검은 숫자(흰 바탕)의 경우는 1 : 8 정도이다.

② 광삼(光滲: irradiation)현상 : 흰 모양이 주위의 검은 배경으로 번지어 보이는 현상이다.

③ 종횡비(문자 숫자의 폭 : 높이) : 1 : 1의 비가 적당하며, 3 : 5까지는 독해성에 영향이 없고, 숫자의 경우는 3 : 5를 표준으로 한다.

7 제어/반응비(control/response ratio)

① 표시장치에 있어서 지침이 움직이는 총량에 대한 제어장치 움직임의 총량으로 민감도를 의미한다.
② 민감한 제어일수록 제어/반응비의 값은 낮다.
③ 제어/반응비가 감소함에 따라 이동시간은 급격히 감소하다가 안정된다. 또한 이에 따른 조정시간은 반대의 형태를 갖는다.

8 시각적 암호, 부호 및 기호의 유형

① 묘사적 부호 : 사물의 행동을 단순하고 정확하게 묘사한 것
(예 : 위험표지판의 해골과 뼈, 도보 표지판의 걷는 사람)
② 추상적 부호 : 전언(傳言)의 기본요소를 도식적으로 압축한 부호로써, 원 개념과는 약간의 유사성이 있을 뿐이다.
③ 임의적 부호 : 부호가 이미 고안되어 있으므로 이를 배워야 하는 부호
(예 : 교통표지판의 삼각형-주의, 원형-규제, 사각형-안내표시)

9 시각표시장치의 지침(指針)설계

① 지침의 끝은 가장 가는 눈금선과 같은 폭이어야 하며 지침의 끝과 눈금의 사이는 될 수 있으면 좁은 것이 좋고 1.6mm 이상이 되어서는 안된다.
② 지침은 Parallax(시차 : 비스듬히 보았을 때 지침이 다이얼면에 떨어짐으로써 생기는 오독(誤讀)을 최소가 되게 붙여야 하며 될 수 있는 한 숫자나 눈금과 같은 색으로 칠한다.
③ 될 수 있는 한 하나의 축에 2개 이상의 지침을 붙이지 말 것이며 자리 수가 많을 때는 지침식 지시장치와 카운터를 병용하는 것이 가장 좋다.
④ 다이얼(dial)형의 계기에서는 될 수 있으면 필요한 범위에서 지침이 왼쪽에서 오른쪽으로 또는 아래에서 위로 움직이게 하여 읽어가는데 착오가 없게 하여야 한다.
⑤ 지침이 고정된 형이거나 또는 움직이는 형이거나를 막론하고 지침은 눈금에 될 수 있는 한 가까워야 하나 숫자를 덮어서는 안된다.
⑥ 읽기 쉽게 하기 위하여 숫자나 방향은 사용하는 스케일이나 다이얼의 형에 따라 결정한다.

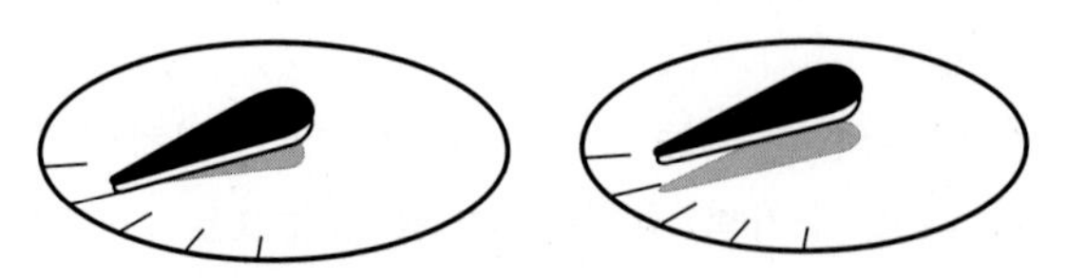

그림. 시차는 최소가 되도록 부착하여야 한다.

10 청각적 표시장치 (auditory display)

(1) 청각적 표시장치가 시각적인 것보다 효과가 있는 경우
① 신호原 자체가 음(音)일 때
② 무선 거리(radio range) 신호, 항로 정보 등과 같이 연속적으로 변하는 정보를 제시할 때
③ 음성 통신 경로가 전부 사용되고 있을 때(청각적 신호는 음성과는 확실히 구별되어야 한다.)

(2) 청각적 신호를 받는 경우, 신호의 성질에 따라 수반되는 3가지 기능
① 검출(detection) : 신호의 존재 여부를 결정
② 상대식별 : 2가지 이상의 신호가 근접하여 제시되었을 때, 이를 구별
③ 절대식별 : 어떤 부류에 속하는 특정한 신호가 단독으로 제시되었을 때, 이를 구별

※ 신호검출이론(SDT : signal detection theory) :
ⓐ 가능한 한 잡음(noise)이 실린 신호의 분포는 잡음만의 분포와는 뚜렷이 구별되어야 한다.
ⓑ 어느 정도의 중첩이 불가피한 경우 에는 어떤 과오를 좀더 묵인할 수 있는가를 결정하여 관측자의 판정기준 설정에 도움을 주어야 한다.

※ 상대 및 절대식별은 강도, 진동수, 지속시간, 방향 등 여러 자극 차원에서 이루어질 수 있다.

◈ 청각장치와 시각장치의 선택(특정감각의 선택)

청각장치 사용	시각장치 사용
1. 전언이 간단하다. 2. 전언이 짧다. 3. 전언이 후에 재참조되지 않는다. 4. 전언이 시간적인 事像(event)을 다룬다. 5. 전언이 즉각적인 행동을 요구한다. 6. 수신자의 시각 계통이 과부하 상태일 때 7. 수신 장소가 너무 밝거나 암조응 유지가 필요할 때 8. 직무상 수신자가 자주 움직이는 경우	1. 전언이 복잡하다. 2. 전언이 길다 3. 전언이 후에 재참조된다. 4. 전언이 공간적인 위치를 다룬다. 5. 전언이 즉각적인 행동을 요구하지 않는다. 6. 수신자의 청각 계통이 과부하 상태일 때 7. 수신 장소가 너무 시끄러울 때 8. 직무상 수신자가 한 곳에 머무르는 경우

(3) 경계 및 경보신호

◈ 경계 및 경보신호의 선택 또는 설계시의 설계지침
① 500~3,000Hz (또는 200~5,000Hz)의 진동수 사용

② 장거리용(3,000m 이상)은 1,000Hz 이하의 진동수 사용
③ 장애물 및 칸막이 통과 시에는 500Hz 이하의 진동수 사용
④ 주의를 끌기 위해서는 변조된 신호(초당 1~8번 나는 소리, 초당 1~3번 오르내리는 소리 등) 사용
⑤ 배경소음의 진동수와 구별되는 신호 사용
⑥ 경보효과를 높이기 위해서 개시 시간이 짧은 고강도 신호를 사용
⑦ 수화기를 사용하는 경우에는 좌우로 교번하는 신호를 사용
⑧ 가능하면 확성기, 경적 등과 같은 별도의 통신계통을 사용

(4) 전송계통 및 환경

① 첨두 삭제 (peak clipping) : 신호가 비선형 회로를 통과할 때 생기는 변형을 진폭왜곡이라고 하며, 첨두 삭제는 진폭왜곡의 한 형태로서 음파의 첨두치들을 제거하고 중간부분만을 남기는 것을 말한다.
㉠ 상당한(20dB 정도) 첨두 삭제를 하여도 음성이해도는 거의 영향을 받지 않는다.
㉡ 삭제된 신호를 원신호 수준으로 재증폭하면, 음성의 최고 수준을 증가시키지 않아도 약한 자음이 강화된다.
㉢ 조용한 경우, 첨두 삭제된 음성은 거칠고 불쾌하게 들린다.
㉣ 첨두 삭제 단계 이후에 들어온 잡음이 있는 경우, 왜곡효과는 잡음에 의해서 은폐되어 음성은 삭제되지 않은 것 같이 들리며. 잡음속의 통화의 이해도는 오히려 증가한다.(送話者 주의가 조용한 경우)

② 소음 : 여러 가지 통신 상황에서 배경 소음을 관리하기 위한 기준이 통화간섭수준(SIL)과 그에 상응하는 소음기준(NC)으로 표시
③ 잔향 : 잔향은 벽, 천정, 바닥에 반사하는 소음의 효과이다.
④ 귀마개 :
㉠ 환경과 수화자 사이에 개입하므로 전송계통의 일부이다.
㉡ 목적은 청력손실을 막는 것이지만 통화의 이해도에도 영향을 준다.
㉢ 음성수준이 85db을 넘으면 주위소음에 관계없이 귀마개는 이해도를 증가시킨다.

(5) 인간의 vigilance (주의하는 상태, 긴장상태, 경계상태) 현상에 영향을 끼치는 조건

① 검출능력은 작업시작 후 빠른 속도로 저하된다. (30~40분 후, 검출능력은 50%로 저하)
② 발생빈도가 높은 신호일수록 검출률이 높다.
③ 규칙적인 신호에 대한 검출률이 높다.
④ 신호 강도가 높고 오래 지속되는 신호는 검출하기 쉽다.

(6) 경고신호

◈ 기계적 불안전성을 알리기 위해서 사용되는 경고신호의 구비조건

① 기계의 동작자 또는 주위 사람의 주의를 끌 수 있어야 한다.
② 경고신호의 뜻과 동작 절차를 제시하여야 한다.
③ 기계 자체 또는 관계되는 인간과 다른 물체에 미치는 영향을 최소 한도로 감소시킬 수 있어야 한다.
④ 경고를 받고 나서부터 행동에 이르기까지 시간적인 여유가 있어야 한다.

11 작업영역

(1) 수평 작업역
① 수작업은 책상이나 작업대와 같은 수평 작업면 상에서 할 때가 많다.
② 이 수평면 작업역은 다시 정상(통상) 작업역과 최대 작업역으로 나뉜다.
③ 정상(통상) 작업역은 상박을 가볍게 옆구리에 붙이고 팔꿈치를 구부린 상태에서 손이 자유롭게 닿는 범위를 말하며, 최대 작업역은 상지를 힘껏 뻗은 상태에서 손이 자유롭게 닿는 범위를 말한다.
④ 작업할 때는 가장 많이 사용하는 도구를 정상(통상) 작업역 내에 두고, 그렇지 않은 도구는 최대 작업장 내에 적당히 둔다. 만약 최대 작업장 밖에 두면 불편할 뿐만 아니라 작업능률이 저하되므로 주의해야 한다.
※ 정상 작업역 : 팔을 자연스럽게 수직으로 늘어뜨린 채 손을 편하게 뻗어 파악할 수 있는 구역(35~45cm 정도의 범위)
※ 최대 작업역 : 전완과 상완을 곧게 펴서 파악할 수 있는 구역(55~65 cm 정도의 범위)
☞ 정상 작업역과 최대 작업역은 수평 작업대 설계의 기준의 된다.

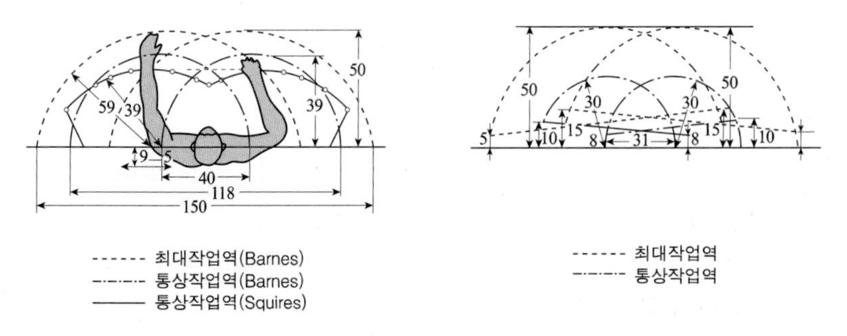

그림. 평면 작업역

(2) 수직 작업역
① 팔을 펴서 아래위로 움직였을 때에 그려지는 범위를 말하며, 이것은 Panel 설계나 control 장치의 설치부위를 결정할 때에 필요하다.
② General Motors의 파아레이(Farley)는 사람이 놓은 의자에 앉아서 팔을 펴고 아래위로 움직인 동작 즉 신체 전면의 작업역에 대해서 연구하였다. 이 값은 General Motors의 표준치로 채택되어 있다.

※ 수직면 작업역(垂直面 作業域)

제1 영역 : 쉽게 손이 닫는 영역
제2 영역 : 손을 어깨 위로 올릴 필요가 있는 영역 - 가장 좋은 영역
제3 영역 : 허리를 구부린 높이의 영역
제4 영역 : 손을 위로 뻗어야 하는 영역
제5 영역 : 허리와 무릎을 구부린 영역 - 동작하기에 가장 불편한 영역

※ 수직면 작업역에서 동작이 편한 작업역의 순서

손을 어깨 위로 올릴 필요가 있는 영역〉 쉽게 손이 닫는 영역〉 허리를 구부린 높이의 영역〉 손을 위로 뻗어야 하는 영역〉 허리와 무릎을 구부린 영역

[주] 어깨 : 작업할 경우 가장 힘을 많이 쓸 수 있는 손잡이 위치

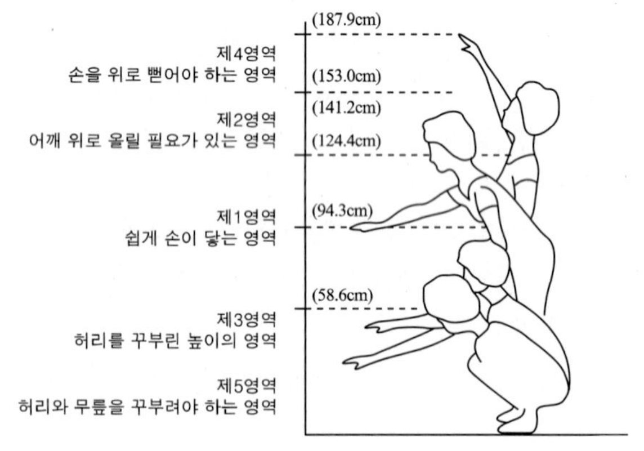

그림. 선반 사용의 자세

(3) 입체 작업역

① 수직 작업역과 그 감각에 있어서의 수평면 작업역을 합하면 입체 작업역이 된다.

② Barnes는 입체 작업역에 대해서도 통상 입체 작업역과 최대 입체 작업역으로 나누고 있다.

③ 작업을 능률적으로 그리고 피로를 덜기 위해서 작업점의 위치가 적당하지 않으면 안된다.

(4) 특수 작업역

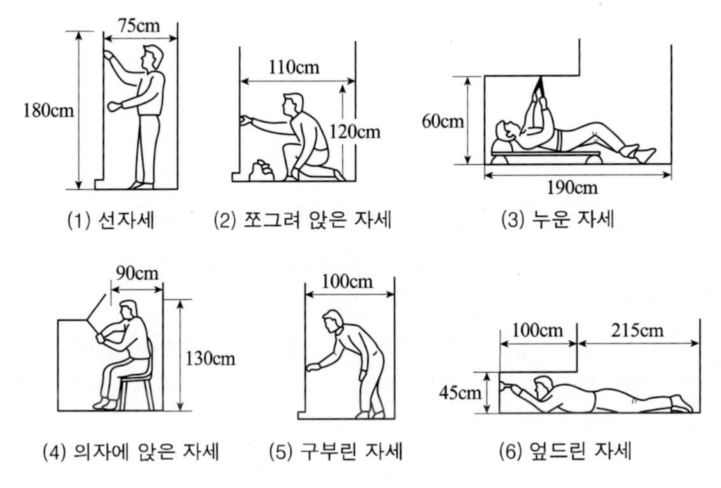

그림. 특수 작업역

12 작업장의 배치의 원칙

① 중요성의 원칙
목표 달성에 중요한 정도에 따른 우선 순위 설정의 원칙
② 사용빈도의 원칙
사용되는 빈도에 따른 우선 순위 설정의 원칙
③ 기능별 배치의 원칙
부품이 사용되는 빈도에 따른 우선 순위 설정의 원칙
④ 사용 순서의 원칙
순서적으로 사용되는 장치들은 그 순서대로 배치하는 원칙
※ 부품 배치의 4원칙
㉠ 부품의 위치를 정하기 위한 기준
중요성의 원칙, 사용 빈도의 원칙
㉡ 부품의 일반적 위치에서의 구체적 배치 결정의 원칙
기능별 배치의 원칙, 사용 순서의 원칙

13 인체공학적 입장에 따른 가구의 분류

① 인체계 가구(인체지지용 가구, 휴식용 가구) : 인체치수와 직접적인 관련이 있는 가구 - 의자, 소파, 침대, 스툴(stool)
② 준인체계 가구(작업용 가구) : 인체와 같이 사용되는 다른 가구와 밀접한 상호관계가 있는 가구 - 테이블, 책상, 작업용 의자
③ 건물계 가구(수납용 가구) : 건물치수와 관련이 있는 가구 - 벽장, 옷장, 선반, 서랍장, 붙박이장

※ 쉘터(shelter)계 가구 : 건물계 가구(수납용 가구)로 건물치수와 관련이 있는 가구로 벽장, 옷장, 선반, 서랍장, 붙박이장이 해당된다.

14 의자

(1) 의자 설계 요소

① 좌면 높이

의자 좌면의 높이는 사용자의 오금 높이보다 낮아야 한다. 그 높이 이상일 경우에는 대퇴부의 아래쪽이 압박되므로 불편하다.

② 좌면의 깊이

엉덩이 뒷면으로부터 장단지 안쪽까지의 거리보다 짧아야 한다. 그보다 길 경우는 등받이에 바른 자세로 기대지 못하거나 다리를 구부릴 수 없게 된다.

③ 좌면의 폭

엉덩이의 폭에 움직임의 여유치를 고려하여 결정한다

④ 좌면의 각도

사용 용도에 따라 다르며 약간 뒤로 기울여지는 것이 바람직하다.

⑤ 등받이의 각도

등 전체가 지지될 수 있도록 각도가 유지되어야 하며 사용 용도에 따라 각도가 달라진다.

(2) 의자 설계의 원칙

① 체압 분포

의자에 앉아 있을 때 체중은 주로 좌골 관절에 실리도록 하며 좌우의 분포가 대칭되도록 해야 한다.

② 의자좌판의 높이

③ 의자좌판의 깊이와 폭

④ 몸통의 안정도

15 VDT(Visual Display Terminal)의 작업환경조건

① 자판의 높이는 팔꿈치와 같거나 낮아야 한다. 경사는 5~15°가 좋다.

② 자판은 45~50cm 시거리에 놓이도록 한다.

③ 화면은 시선과 직각이어야 하므로 뒤로 기울여야 한다.

④ 화면 반사 등은 작업에 영향을 미치므로 창문을 향해 작업하는 것은 좋지 않다.

⑤ 화면은 시선이 수평으로 20° 정도 밑에 있는 것이 읽기에 좋다.

※ VDT 증후군(Visual Display Terminal Syndrome) : 사무직 근로자들이 시력장애, 두통, 어깨결림, 요통, 스트레스성 장애 등 새로운 질병에 시달리는 신종 직업병

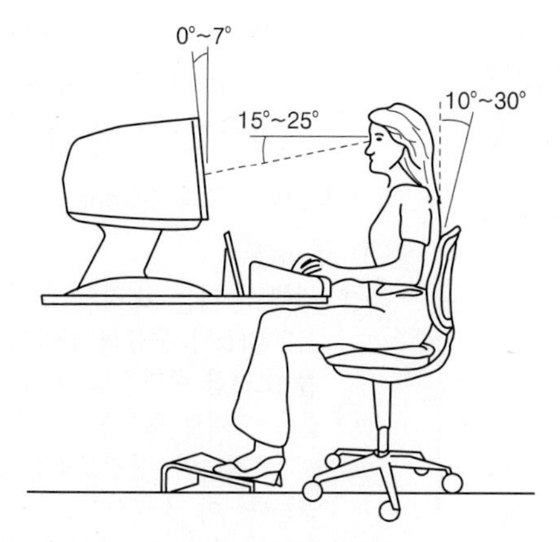

그림. VDT 작업참 설계 지침

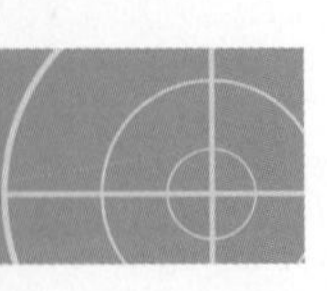

색채 및 인간공학
2011년 3월 20일(1회)

01 다음 중 실내 면에 대한 추천 반사율이 적절하지 않은 것은?

① 천장 : 80~90%
② 바닥 : 20~40%
③ 가구 : 30~40%
④ 창 또는 벽면 : 20~30%

해설 실내면 추천반사율

천장 80~90% > 벽 40~60% > 탁상, 작업대, 기계 25~45% > 바닥 20~40%

02 인간-기계의 특성 중 인간이 기계보다 우수한 기능은?

① 명시된 프로그램에 따라 정량적인 정보처리를 한다.
② 반복적인 작업을 신뢰성 있게 수행한다.
③ 특정 방법이 실패할 경우 다른 방법을 고려하여 선택한다.
④ 물리적인 양을 정확히 계산하거나 측정한다.

해설

①, ②, ④ : 기계가 인간의 능력을 능가하는 기능

03 다음 중 폰(phon)과 손(sone)에 관한 설명으로 틀린 것은?

① 40dB의 1,000Hz의 순음의 크기를 1sone이라 한다.
② 음량 수준이 10phon 증가하면 음량(sone)은 4배가 된다.
③ 한 음의 phon 값으로 표시한 음량 수준은 이 음과 같은 크기로 들리는 1,000Hz 순음의 음압 수준(dB)이다.
④ 음량균형기법을 사용하여 정량적 평가를 하기 위한 음량 수준 척도를 작성하였고, 그 단위를 phon이라 한다.

해설 phon(폰)과 손(sone)

① phon(폰)
㉠ 귀에 들리는 소리의 크기가 같다고 느껴지는 1,000Hz의 순음의 음압레벨(귀의 감각적 변화를 고려한 주관적인 척도)
㉡ 같은 크기로 들리는 소리를 주파수별 음압수주를 측정하여 등감도곡선(Loudness curve)을 얻는다. 이 소리의 크기를 나타내는 단위가 폰(phon)이다.
㉢ 1,000Hz 순음의 음압이 최소 가정 값에 해당하는 $20\mu Pa(=20\mu N/m^2)$일 때를 0폰으로 한다.
※ 등감도 곡선(Loudness curve)에서 1000Hz의 100dB의 소리와 같은 크기로 들리는 소리는 100폰이다.

② 손(sone)
㉠ 청각의 감각량으로써 음의 감각적 크기를 보다 직접적으로 표시하기 위한 단위이다.
㉡ 손(sone)값을 2배로 하면 음의 크기는 2배로 감지된다. (40폰의 값은 1손의 값과 똑같은 기준점이 된다.)
㉢ 1손(sone)은 40폰(phon)에 해당되며 손(sone)값을 2배로 하면 10phone씩 증가한다.
(1손 = 40phon, 2손 = 50phon, 4손 = 60phon⋯)

04 다음 중 전신 진동이 인간의 성능에 미치는 영향으로 틀린 것은?

① 진동은 진폭에 비례하여 시력을 손상시킨다.
② 안정되고 정확한 근육 조절을 요하는 작업의 능력이 저하된다.
③ 반응시간 등 중앙신경처리에 관한 임무는 진동의 영향을 덜 받는다.
④ 진동은 진폭에 비례하여 추적능력을 손상하며, 30Hz 이상의 진동수에서 가장 심하다.

정답 01 ④ 02 ③ 03 ② 04 ④

해설

전신 진동이 인간의 성능(performance)에 끼치는 일반적인 영향

㉠ 진동은 진폭에 비례하여 시력을 손상하며, 10~25c/s(Hz)의 경우 가장 심하다.
㉡ 진동은 진폭에 비례하여 추적 능력을 손상하며, 5Hz의 낮은 진동수에서 가장 심하다.
㉢ 안정되고 정확한 근육 조절을 요하는 작업은 진동에 의해 저하된다.
㉣ 반응시간, 감시, 형태 식별 등 주로 중앙 신경처리에 달린 임무는 진동의 영향을 덜 받는다.

※ 일반적으로 전신 진동이 주어질 경우 가장 큰 영향을 미치는 주파수의 범위는 4~12c/s(Hz) 정도이다.

05 다음 중 제어장치의 조종반응비율(C/R 비)에 관한 설명으로 옳은 것은?

① C/R비가 작으면 지침의 이동시간과 조종시간은 많아진다.
② C/R비가 작으면 지침의 이동시간과 조종시간은 적어진다.
③ C/R비가 크면 지침의 이동시간은 작아지지만, 조종시간은 많아진다.
④ C/R비가 크면 지침의 이동시간은 커지지만, 조종시간은 적게 걸린다.

해설 조종·반응비(control/response ratio : C/R비)

㉠ 표시장치의 이동거리에 대한 조종장치를 이동한 거리의 비율이다.
㉡ 표시장치에 있어서 지침이 움직이는 총량에 대한 제어장치 움직임의 총량으로 민감도를 의미한다.
㉢ 최적 C/R비는 조정시간과 이동시간의 합이 최소가 되는 점을 가리킨다.
㉣ C/R비가 감소함에 따라 이동시간은 급격히 감소하다가 안정된다. 또한 이에 따른 조정시간은 반대의 형태를 갖는다.
㉤ 민감한 제어일수록 C/R비의 값은 낮다.
㉥ C/R비가 낮을수록 조정시간은 오래 걸린다.

06 다음 중 소음에 의한 청력 손실이 가장 큰 주파수는?

① 1,000Hz　　② 4,000Hz
③ 10,000Hz　　④ 20,000Hz

해설 표준음

(1) 대표적인 음 : 63, 125, 250, 500, 1,000, 2,000, 4,000의 사이클의 순음(純音)
㉠ 저음 : 125
㉡ 중음 : 500(실내 혹은 재료 등의 음향적 성질을 표시할 때의 표준음)
㉢ 고음 : 2,000
(2) 1,000cycle : 청각을 고려한 표준음
※ 일반적으로 청력손실이 가장 크게 나타나는 진동수는 약 4,000Hz 이다.
※ 주파수 : 음이 1초간에 진동하는 횟수, 단위는 cycle/sec 또는 Hz

07 다음 [그림]과 같은 착시현상과 가장 관계가 깊은 것은?

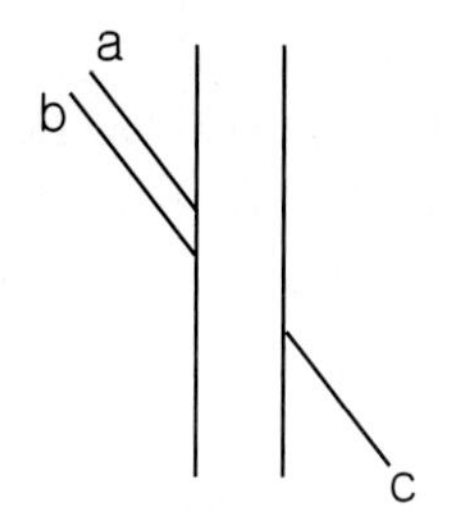

실제로는 a와 c가 일직선 상에 있으나 b와 c가 일직선으로 보인다.

① Poggendorf의 착시(위치 착오)
② Köhler의 착시(윤곽 착오)
③ Hering의 착시(분할 착오)
④ Müler-Lyer의 착시(동화 착오)

해설

그림은 Poggendorf의 착시(위치 착오)에 해당하는 착시현상이다.

※ 뮬러-라이어(Müler-Lyer)의 착시(동화착오) : 두 직선의 길이가 동일하나 아래쪽 직선이 25~30% 정도 더 길게 보이는 현상

정답 05 ④　06 ②　07 ①

08 **다음 중 앉아 있을 때 가장 큰 힘이 작용하는 제어장치의 손잡이 위치는?**

① 어깨 높이 ② 가슴 높이
③ 무릎 높이 ④ 팔꿈치 높이

해설 가장 큰 힘이 작용하는 제어장치의 위치

㉠ 서 있을 때 : 어깨의 높이
㉡ 앉아 있을 때 : 팔꿈치 높이

09 **다음 중 인간의 오류를 줄이는 가장 적극적인 방법은?**

① source control
② path control
③ receiver control
④ 작업조건의 법제화

해설

인간 실수(human error)에 대해서는 작업상황의 개선, 요원의 변경, 체계의 영향 감소 등의 예방기법을 사용한다.
※ THERP(Technique for Human Error Rate Prediction) : 인간 과오율 예측법

10 **다음 중 시각적 표시장치에 있어 눈금의 수열로 적절하지 않은 것은?**

① 1, 2, 3, …
② 3, 6, 9, …
③ 5, 10, 15, …
④ 10, 20, 30, …

해설

계기판(計器板)의 눈금 숫자를 표시할 때 눈금의 수열은 1씩 증가하는 수열이 가장 좋고, 5의 수열도 좋다. 4씩 또는 2.5, 3, 6씩 증가하는 것은 좋지 않은 방법이다.

11 **다음 중 식물의 이름에서 유래된 관용색명은?**

① 피콕 블루(peacock blue)
② 세피아(sepia)
③ 에메랄드 그린(emerald green)
④ 올리브(olive)

해설 색명(色名)

㉠ 계통색명(系統色名) : 일반색명이라고 하며 색상, 명도, 채도를 표시하는 색명이다.
㉡ 관용색명(慣用色名, individual color name) : 고유색명 중에서 비교적 잘 알려져 예부터 습관적으로 사용되고 있는 색명을 말한다.
고유한 색명으로 동물, 식물, 지명, 인명 등이며 피부색(살색), 쥐색 등의 동물과 관련된 색이름 및 밤색, 살구색, 호박색 등 식물과 관련된 이름 등이 있다.

12 **색채의 중량감에 대한 설명으로 틀린 것은?**

① 중량감은 사용색에 따라 가볍게 느끼기도 하고 무겁게 느끼기도 하는 것이다.
② 중량감을 적절히 활용하면 작업 능률을 높일 수 있다.
③ 중량감은 색상보다 명도의 영향이 큰 편이다.
④ 중량감은 채도와 관련이 있어 일반적으로 채도가 낮은 색이 가볍게 느껴진다.

해설 중량감

색채에서 색의 밝기가 어두움에 따라 무거움과 가벼움을 느낀다. 이는 색의 명도에 의해 좌우되는 것으로 명도가 낮은 색은 무겁게 느껴지며 명도가 높은 색은 가볍게 느껴진다. 색채의 중량감은 색상보다는 명도의 차이가 크게 좌우되는 것이다.
① 가벼운 색 : 명도가 높은 색, 밝은 색
② 무거운 색 : 명도가 낮은 색, 어두운 색 – 남색, 남보라, 감청
※ 중량감은 명도와 관련이 있어 일반적으로 명도가 높은 색이 가볍게 느껴진다.

정답 08 ④ 09 ① 10 ② 11 ④ 12 ④

13 우리에게 잘 알려진 배색으로서 저녁노을, 가을의 붉은 단풍잎, 동물과 곤충 등의 색들이 조화된다는 색채조화의 원리는?

① 질서성의 원리
② 친근성의 원리
③ 유사성의 원리
④ 비모호성의 원리

해설 저드(D. B. Judd)의 색채조화론(정성적 조화론)

㉠ 질서성의 원리 : 질서 있는 계획에 따라 선택될 때 색채는 조화된다.
㉡ 친근성(숙지)의 원리 : 관찰자에게 잘 알려져 있는 배색이 조화를 이룬다.
㉢ 유사성(동류성)의 원리 : 배색된 색들끼리 공통된 양상과 성질이 내포되어 있을 때 조화된다.
㉣ 비모호성(명료성)의 원리 : 색상 차나 명도, 채도, 면적의 차이가 분명한 배색이 조화롭다.

14 색채조화의 원리 중 가장 보편적이며 공통적으로 적용할 수 있는 원리로 져드(Judd, D. B.)가 주장하는 정성적 조화론에 속하지 않는 것은?

① 질서의 원리
② 친근성의 원리
③ 명료성의 원리
④ 보색의 원리

해설 저드(D. B. Judd)의 색채조화론(정성적 조화론)

㉠ 질서성의 원리 : 질서 있는 계획에 따라 선택될 때 색채는 조화된다.
㉡ 친근성(숙지)의 원리 : 관찰자에게 잘 알려져 있는 배색이 조화를 이룬다.
㉢ 유사성(동류성)의 원리 : 배색된 색들끼리 공통된 양상과 성질이 내포되어 있을 때 조화된다.
㉣ 비모호성(명료성)의 원리 : 색상 차나 명도, 채도, 면적의 차이가 분명한 배색이 조화롭다.

15 교통 표지판은 주로 색의 어떤 성질을 이용하는가?

① 진출성 ② 반사성
③ 대비성 ④ 명시성

해설 명시성

㉠ 색의 주위의 색과 얼마나 구별이 잘 되느냐에 따라 잘 보이는 색과 잘 보이지 않는 색이 있기 마련이다. 두 색의 밝기 차이에 따라서 멀리서도 식별이 가능함을 나타내는 것으로 얼마만큼 색이 눈에 잘 띄는 가에 대한 성질을 명시성 또는 가시성이라 하며, 그 정도에 따라 가시도가 높거나 낮다.
㉡ 명시도를 결정적인 조건은 명도차를 크게 하는 것, 또한 물체의 크기, 대상색과 배경색의 크기, 주변 환경의 밝기, 조도의 강약, 거리의 원근 등과도 관련된다.
[예] 교통표지판

16 오스트발트의 색상환을 구성하는 4가지 기본색은 무엇을 근거로 한 것인가?

① 헤링(Hering)의 반대색설
② 뉴턴(Newton)의 광학이론
③ 영·헬름홀쯔(Young-Helmholtz)의 색각이론
④ 맥스웰(Maxwell)의 회전색 원판 혼합이론

해설 오스트발트 표색계

㉠ 등색상 삼각형에서 무채색축과 평행선상에 있는 색들은 순색 혼량이 같은 색계열이다.
㉡ 무채색에 포함되는 백에서 흑까지의 비율은 백이 증가하는 방법을 등비급수적으로 선택하고 있다.
㉢ 헤링의 4원색설을 기본으로 하여 색상 분할을 원주의 4등분이 서로 보색이 되도록 하였다.
㉣ 오스트발트의 색입체는 1923년 정삼각형의 꼭지점에 순색, 하양, 검정을 배치한 3각 좌표를 만든 등색상 삼각형의 형태이다.

정답 13 ② 14 ④ 15 ④ 16 ①

17 ( )에 들어갈 내용을 순서대로 맞게 짝지은 것은?

> 컴퓨터 그래픽 소프트웨어를 활용하여 인쇄물을 제작할 경우 모니터 화면에 보이는 색채와 프린터를 통해 만들어진 인쇄물의 색채는 차이가 난다. 이런 색채 차이가 생기는 이유는 모니터는 ( )색채 형식을 이용하고 프린터는 ( )색채 형식을 이용하기 때문이다.

① HVC - RGB ② RGB - CMYK
③ CMYK - Lab ④ XYZ - Lab

해설 디지털 색채 시스템

컴퓨터그래픽에서 표현할 수 있는 색 체계는 크게 HSB, RGB, Lab, CMYK, Grayscale 등이 있다.
㉠ HSB 시스템 : 먼셀 색채계와 같이 색의 3속성인 색상(Hue), 명도(Brightness), 채도(Satuation) 모드로 구성되어 있다.
㉡ 16진수 표기법은 각각 두 자리씩 RGB(Red, Green, Blue)값을 나타낸다.
㉢ Lab 시스템 : 국제 색상체계 표준화인 CIE에서 발표한 색체계로 서로 다른 환경에서도 이미지의 색상을 최대한 유지시켜 주기 위한 컬러모드이다. L(명도), a와 b는(각각 빨강/초록, 노랑/파랑의 보색축)라는 값으로 색상을 정의하고 있다
㉣ CMYK는 인쇄의 4원색으로 C=Cyan, M=Magenta, Y=Yellow, K=Black을 나타내며 모드 각각의 수치 범위는 0~100%로 나타낸다.

18 동일색상의 경우, 큰 면적의 색은 작은 면적의 색 견본을 보는 것보다 화려하고 박력이 가해진 인상으로 보이는 것을 무엇이라고 하는가?

① 색각 이상 ② 게슈탈트의 해석
③ 매스 효과 ④ 연변 대비

해설 매스 효과

같은 색상이라도 큰 면적의 색은 작은 면적의 색보다 화려하고 박력이 있어 보이는 것

19 중간채도의 빨간색을 회색바탕 위에 놓는 것 보다 선명한 빨강바탕 위에 놓았을 때 채도가 더 낮아 보이는 현상은?

① 채도 대비 ② 색상 대비
③ 명도 대비 ④ 보색 대비

해설 동시대비(contrast) 현상

두 색 이상을 동시에 볼 때 일어나는 대비 현상으로 색상의 명도가 다를 때 구별되는 정도이다. 동시 대비에는 색상대비, 명도대비, 채도대비, 보색대비 등이 있다.
① 채도 대비 : 어떤 색의 주위에 그것보다 선명한 색이 있으면 그 색의 채도가 원래 가지고 있는 채도보다 낮게 보이는 현상
② 색상 대비 : 두 가지 이상의 색을 동시에 볼 때 각 색상의 차이가 실제의 색과는 달라 보이는 현상
③ 명도 대비 : 어두운 색 가운데서 대비되어진 밝은 색은 한층 더 밝게 느껴지고, 밝은 색 가운데 있는 어두운 색은 더욱 어둡게 느껴지는 현상
④ 보색 대비 : 색상차가 가장 큰 보색끼리 조합 했을 때 서로 다른 색의 채도를 강조하기 위해 더 선명하게 보이는 현상

20 "M=O/C"는 문·스펜서의 미도를 나타내는 공식이다. "O"는 무엇을 나타내는가?

① 환경의 요소 ② 복잡성의 요소
③ 구성의 요소 ④ 질서성의 요소

해설 문·스펜서 색채 조화론의 미도(美度)

(1) 배색에서 아름다움의 정도를 수량적으로 계산에 의해 구하는 것
(2) 버어크호프(G. D. Bir-khoff) 공식
M = O/C
M는 미도(美度), O는 질서성의 요소, C는 복잡성의 요소
㉠ 어떤 수치에 의해 조화의 정도를 비교하는 정량적 처리를 보여주는 것이다.
㉡ 배색의 아름다움을 계산으로 구하고, 그 수치에 의하여 조화의 정도를 비교한다는 정량적 처리 방법에 있다.
㉢ 복잡성의 요소가 적을수록, 질서성의 요소가 많을수록 미도는 높아진다는 것이다.
㉣ 미도는 0.5 이상의 값을 나타낼 경우 만족할 만한 것으로 제안하였다.

정답 17 ② 18 ③ 19 ① 20 ④

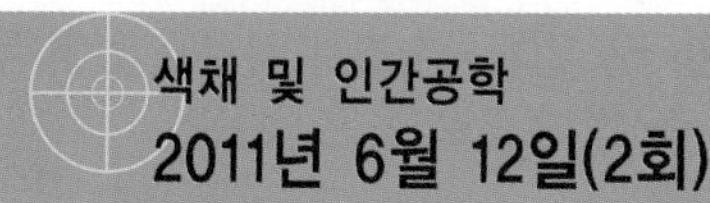

색채 및 인간공학 2011년 6월 12일(2회)

01 다음 설명에 해당하는 조명 방법은?

- 조명기구가 간단하기 때문에 효율이 좋다.
- 벽·천장의 색조에 영향을 받지 않는다.
- 균일한 조도는 힘들고, 물체에 강한 음영을 만든다.

① 직접조명 ② 간접조명
③ 보상조명 ④ 전반조명

해설 조명의 배광방식에 의한 분류

㉠ 직접조명 : 조명 효율이 좋아 경제적이지만 눈부심 현상과 강한 그림자가 생기는 단점이 있다.
㉡ 반직접조명 : 마감재의 반사율에 의해 밝기의 정도가 영향을 받게 되므로 마감재의 질감과 색채 등을 고려한다.
㉢ 간접조명 : 상향광속이 90~100%로, 반사광으로 조도를 구하는 조명방식이다.
㉣ 반간접조명 : 반직접조명과 반대로 60~90%의 광량이 천장과 벽의 윗부분으로 향하는 방식으로 천장과 벽에 반사되는 빛이 많아 조도가 균일하고 은은하며, 부드러워 눈부심 현상도 거의 생기지 않는다.
㉤ 전반확산조명 : 직접조명과 간접조명을 함께 사용하는 것으로 직·간접조명이라 한다.

02 인간과 기계의 능력을 비교하였을 때 다음 중 기계가 인간보다 우수한 기능은?

① 과업 수행에 대한 융통성
② 새로운 방법의 창조 능력
③ 장시간 지속된 연속가동성
④ 예기치 못한 사건에 대한 감지 능력

해설

①, ②, ④ : 인간이 기계의 능력을 능가하는 기능

03 근육운동의 시작시 서서히 증가한 산소소비량은 운동이 종료된 후에도 일정 기간 산소를 더 필요하게 되는데 이를 무엇이라 하는가?

① 기초대사
② 산소부채
③ 산소지속성량
④ 최대산소소비능력

해설 기초 대사량

전날 저녁식사로부터 10시~18시쯤 경과한 공복 상태에 있을 때의 에너지 대사, 보통 깨어 있을 때의 최저 에너지 대사

기초 대사량

$$= \frac{\text{산소 } 1l\text{당 소비칼로리} \times \text{산소소비량}}{\text{체표면적}}$$

04 다음 중 음향과 능률에 관한 설명으로 옳은 것은?

① 소음은 장시간 노출되어도 순응되지 않는다.
② 낮은 진동수의 소음이 높은 진동수의 소음보다 더 시끄럽다.
③ 최소한의 소음이라도 근육의 긴장이 증진되어 에너지를 허비하게 된다.
④ 시각의 원근조정, 원근감, 암순응, 거리 판정 등에서 소음의 영향은 크게 미치지 않는다.

해설

㉠ 소음이 130dB 이상이면 청력이 상실되며 어느 정도 이상의 소음은 간접적으로 사람의 건강에 영향을 미친다.
㉡ 높은 진동수의 소음은 낮은 진동수의 소음보다 더 시끄럽다.
㉢ 소음이 어느 이상으로 강해지면 불쾌감을 주거나 대화, 마음의 집중, 수면, 휴식을 방해하며 피로를 증가시키고 에너지를 소모시키며 작업의 정밀도를 저하시키기 쉽다.

정답 01 ① 02 ③ 03 ② 04 ④

05 다음 중 신체와 환경 사이의 열교환이 이루어지는 과정과 관련이 가장 적은 것은?

① 기압 ② 전도
③ 증발 ④ 대류

해설 인체의 열평형

인체는 주로 복사(Radiation), 대류(Convection) 및 증발(Evaporation)의 열전달 과정을 통해 열을 외부로 배출한다. 증발은 땀과 호흡으로 발산되는 수증기의 잠열을 이용한 것으로 실내온도가 높아질수록 증발을 통한 열손실이 많게 된다.

㉠ 대사열 : 인체는 대사활동의 결과로 계속 열을 발생한다.
㉡ 증발 : 37℃의 물 1g을 증발시키는데 필요한 증발열(에너지)은 2410J/g(575.7cal/g)이며, 매 g의 물이 증발할 때마다 이만한 에너지가 제거된다.
㉢ 복사 : 광속으로 공간을 퍼져 나가는 전자 에너지이다.
㉣ 대류 : 고온의 액체나 기체가 고온대에서 저온대로 직접 이동하여 일어나는 열전달이다.

06 다음 중 구성요소 배치의 원칙에 해당하지 않는 것은?

① 중요도의 원칙
② 기능성의 원칙
③ 사용빈도의 원칙
④ 작업강도의 원칙

해설 작업장의 배치의 원칙

㉠ 중요성의 원칙 : 목표 달성에 중요한 정도에 따른 우선 순위 설정의 원칙
㉡ 사용빈도의 원칙 : 사용되는 빈도에 따른 우선 순위 설정의 원칙
㉢ 기능별 배치의 원칙 : 부품이 사용되는 빈도에 따른 우선 순위 설정의 원칙
㉣ 사용 순서의 원칙 : 순서적으로 사용되는 장치들은 그 순서대로 배치하는 원칙

07 다음 중 한국인 인체치수조사 사업에 있어 무릎높이의 측정방법으로 옳은 것은?

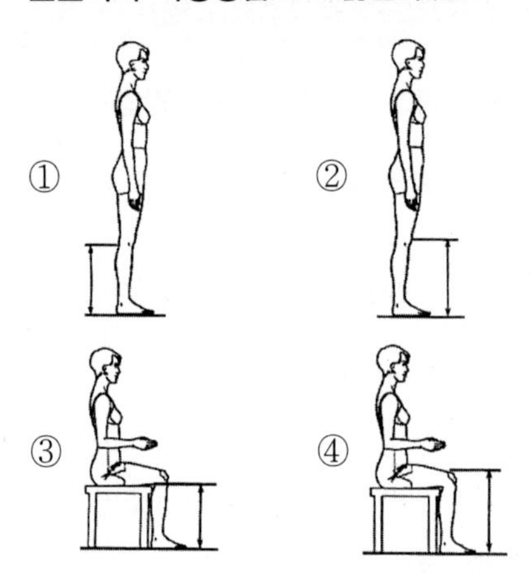

해설

한국인 인체치수조사 사업에 있어 무릎높이의 측정은 '나'의 방법으로 한다.

08 인간 - 기계 시스템을 인간에 의한 제어의 정도에 따라 수동 시스템, 기계화 시스템, 자동화 시스템으로 분류 할 때, 다음 중 자동화 시스템에 관한 설명으로 틀린 것은?

① 기계는 동력원을 제공한다.
② 인간은 감시, 정비유지 등을 담당한다.
③ 표시장치로부터 정보를 얻어 인간이 조종장치를 통해 기계를 통제한다.
④ 기계는 감지, 정보처리, 의사결정 등을 프로그램에 의해 수행한다.

해설 자동 체계(Automatic System)

㉠ 모든 작업공정이 자동화되어 감지, 정보 보관, 정보 처리 및 의사 결정, 행동 기능을 기계가 수행하며 인간은 감시 및 프로그램 제어 등의 기능을 담당하는 통제 방식
㉡ 감지되는 모든 가능한 우발 상황에 대하여 적절한 행동을 취하게 하기 위해서는 완전하게프로그램 되어야 하며, 대부분의 자동체계는 폐회로를 갖는 체계이다.
㉢ 신뢰성이 완전한 자동체계란 우리 세대에는 불가능하므로 인간은 주로 감시(Monitor), 프로그램, 보전(Maintenance)등의 기능을 수행한다.

정답 05 ① 06 ④ 07 ② 08 ③

09 다음 중 외부의 자극이 사라진 뒤에도 감각 경험이 지속되어 얼마동안 상이 남아 있는 현상을 무엇이라 하는가?

① 잔상 ② 환상
③ 상상 ④ 추상

해설 잔상(after image)

㉠ 색상에 의하여 망막이 자극을 받게 되면 시세포의 흥분이 중추에 전해져 자극이 끝난 후에도 계속해서 생기는 시감각 현상이다.
㉡ 영화, TV 등과 같이 계속적인 움직임의 영상은 정의 잔상 현상을 이용한 것이고, 보색잔상은 부의 잔상의 예라 할 수 있다.
※ 병원의 의사는 장시간의 수술로 빨간색의 피를 오랫동안 보기 때문에 눈의 피로를 경감하기 위하여 그 보색이 되는 청록색 계통의 색으로 보여주는 것이 효과적이다.

10 다음 중 중작업, 경작업, 정밀한 작업 등을 서서하는 작업대의 높이를 설계하는데 있어 기준이 되는 신체의 부위로 가장 적절한 것은?

① 손목 ② 팔꿈치
③ 배꼽 ④ 어깨

해설 입식 작업대의 높이

(1) 서서 작업하는 사람에 맞는 작업대의 높이는 팔꿈치 높이보다 5~10cm 정도 낮은 것이 적당하다.
(2) 3종류 작업에 추천되는 작업대 높이
㉠ 정밀 작업 : 팔꿈치 높이+(5~10cm)
㉡ 경작업 : 팔꿈치 높이-(5~10cm)
㉢ 중작업 : 팔꿈치 높이-(10~20cm)

11 색채조절(Color conditioning)에 관한 설명 중 가장 부적합한 것은?

① 미국의 기업체에서 먼저 개발했고 기능배색이라고도 한다.
② 환경색이나 안전색 등으로 나누어 활용한다.
③ 색채가 지닌 기능과 효과를 최대로 살리는 것이다.
④ 기업체 이외의 공공건물이나 장소에는 부적당하다.

해설 색채조절(color conditioning)

㉠ 색채가 지닌 물리적 성질과, 색채가 사람들에게 끼치는 심리적 영향을 효율적으로 응용하여 편리하고 능률적이며 좋은 환경 속에서 생활하게 함을 목적으로 하는 배색의 기술을 색채조절(color conditioning)이라고 한다.
㉡ 색채조절의 대상은 가정생활에서 직장환경, 공공생활에 이르기까지 모든 일상 활동뿐만 아니라, 그러한 활동에 관련되는 인공 환경이 모두 포함된다. 특히 중요시되는 곳은 생산공장이다.

12 눈의 구조 중 카메라의 조리개와 같은 작용을 하는 것은?

① 홍채 ② 수정체
③ 망막 ④ 공막

해설 홍채(iris)

눈의 일부로 색소가 풍부하고 환상을 이루며 동공을 둘러싸고 있다. 홍채 속의 근육의 움직임에 의해 동공의 크기를 변화시켜 망막에 들어오는 빛의 양을 조절한다. 눈의 구조 중에서 카메라의 조리개 역할을 한다.
※ 눈의 구조와 카메라의 비교
㉠ 동공 – 조리개의 역할
㉡ 수정체 – 렌즈의 역할
㉢ 망막 – 필름의 역할
㉣ 유두 – 셔터의 역할

13 오스트발트(Ostwald)의 조화론 중 등흑계열 조화에 해당되는 것은?

① pa – pg – pn
② pa – ia – ca
③ ca – ga – ge
④ gc – lg – pl

정답 09 ① 10 ② 11 ④ 12 ① 13 ②

해설 오스트발트의 색채 조화론의 등색상 삼각형

(1) 오스트발트의 색채 조화론의 등색상 삼각형에서의 조화에는 등백색 계열의 조화, 등흑색 계열의 조화, 등순색 계열의 조화, 등색상 계열의 조화가 있다.
(2) 기본이 되는 색채는 B=Black, W=White, C=Full color 이다.
(3) 등색상 삼각형에서의 조화
㉠ 등백색 계열의 조화 : 저사변의 평행선상
㉡ 등흑색 계열의 조화 : 위사변의 평행선상
㉢ 등순색 계열의 조화 : 수직선상
㉣ 등색상 계열의 조화 : 먼저 등순색 계열 속에서 2색을 선택하고 이들의 등백계열, 등흑계열의 교점에 해당하는 색을 선택하면 된다.
※ 등흑색 계열의 조화 : 등색상 3각형의 위쪽 사변에 평행한 선상의 색들은 조화된다.

14 베졸드 효과와 관련이 있는 것은?

① 색의 대비 ② 동화현상
③ 연상과 상징 ④ 계시대비

해설 동화효과(전파효과, 혼색효과)

문양이나 선의 색이 배경색에 혼합되어 보이는 것으로 서로 동화되어 원래의 색과는 다르게 보이는 현상으로 회화, 그래픽 디자인, 직물디자인 등의 모든 배색 조화에 필수적인 요소이다.
※ 베졸드 효과 : 색을 직접 섞지 않고 색점을 섞어 배열함으로써 전체 색조를 변화시키는 효과이다. 대비와는 반대되는 효과로 배경색이 더 밝아 보인다. 이것은 명도 대비와 반대되는 효과로 동화현상 혹은 베졸드 효과라 불리는 현상이다.

15 일반적인 색채조절의 용도별 배색에 관한 내용으로 가장 거리가 먼 것은?

① 천장 : 빛의 발산을 이용하여 반사율이 가장 낮은 색을 이용한다.
② 벽 : 빛의 발산을 이용하는 것이 좋으나 천장보다 명도가 낮은 것이 좋다.
③ 바닥 : 아주 밝게 하면 심리적 불안감이 생길 수 있다.
④ 걸레받이 : 방의 형태와 바닥면적의 스케일감을 명료하게 하는 것으로 어두운 색채가 선택된다.

해설 실내의 색채조절

㉠ 천장색의 경우 반사율이 높으면서 눈이 부시지 않는 무광택 재료로 시공해야 한다.
㉡ 벽의 아랫부분의 굽도리는 벽의 윗부분보다 더 어둡게 해 주어야 한다.
㉢ 바닥의 경우 반사율이 낮은 색이 좋으며, 너무 어둡거나 너무 밝은 것은 좋지 않다.
㉣ 문의 양쪽 기둥이나 창문틀은 벽의 색과 맞도록 고려하여야 한다.
※ 실내의 색채조절시 벽 아래 부분의 더러움이 눈에 띄지 않도록 하기 위해 색조를 25% 정도의 반사율(다소 어두운 색)로 하는 것이 좋으며 반사율 40%를 넘지 않게 하는 것이 좋다.

16 조화배색에 관한 설명 중 틀린 것은?

① 대비조화는 다이나믹한 느낌을 준다.
② 동일 유사조화는 강렬한 느낌을 준다.
③ 차이가 애매한 색끼리의 배색에서는 그 사이에 가는 띠를 넣어서 애매함을 해소할 수 있다.
④ 보색배색은 대비조화를 가져온다.

해설

배색에서 가장 애매한 것과 관계하는 것은 명도차이다. 명도가 동일한 경우에는 색과 색과의 경계가 확실하지 않게 되어 흐릿하게 보인다. 부조화의 원인이 되는 애매한 요인 중에서 가장 주의해야 할 것은 명도차의 애매함이다.
※ 유사(Similarity) 조화 : 유사한 색의 조화

17 지역의 명칭에서 유래한 색 이름이 아닌 것은?

① 나일 블루 ② 코발트 블루
③ 하바나 ④ 프러시안 블루

정답 14 ② 15 ① 16 ② 17 ②

해설 색명(色名)

㉠ 계통색명(系統色名) : 일반색명이라고 하며 색상, 명도, 채도를 표시하는 색명이다.
㉡ 관용색명(慣用色名, individual color name) : 고유색명 중에서 비교적 잘 알려져 예부터 습관적으로 사용되고 있는 색명을 말한다.
색명으로 동물, 식물, 지명, 인명 등이며 피부색(살색), 쥐색 등의 동물과 관련된 색이름 및 밤색, 살구색, 호박색 등 식물과 관련된 이름 등이 있다.

18 소방차에 빨간색을 사용하는 원리가 아닌 것은?

① 연상　② 주목성
③ 대비　④ 상징성

해설 색의 연상과 상징

어떤 색을 보았을 때 우리는 색에 대한 평소의 경험적 감정과 연상의 정도에 따라 그 색과 관계되는 여러 가지 사항을 연상하게 된다. 따라서, 색의 연상에는 구체적 연상과 추상적인 연상이 있다.
㉠ 구체적 연상 : 적색을 보고 불이라는 구체적인 대상을 연상하거나 청색을 보고 바다를 연상하는 것
㉡ 추상적인 연상 : 적색을 보고 정열, 애정이라는 추상적 관념을 연상하거나 청색을 보고 청결이라는 관념을 연상하는 것
※ 주목성(유목성) : 어떤 대상을 의도적으로 보고자 하지 않아도 사람의 시선을 끄는 색의 성질을 말한다.

19 다음 색채의 온도감에 관한 설명 중 틀린 것은?

① 빨강, 노랑, 주황은 난색이다.
② 청록, 파랑, 남색은 한색이다.
③ 연두, 보라는 중성색이다.
④ 무채색에서 저명도색은 차가운 느낌을 준다.

해설 온도감

㉠ 온도감은 색상에 의한 효과가 극히 강하다.
㉡ 따뜻해 보인다고 느끼는 색을 난색이라고 하며, 일반적으로 적극적인 효과가 있으며, 추워 보인다고 느끼는 색을 한색이라고 하며, 진정적인 효과가 있다. 중성은 난색과 한색의 중간으로 따뜻하지도 춥지도 않은 성격으로 효과도 중간적이다.
㉢ 저명도, 저채도는 찬 느낌이 강하며, 명도, 채도가 낮은 경우에는 빨강색도 차갑게 느낀다고 한다.

※ 온도감
㉠ 따뜻한 색 : 장파장의 난색
㉡ 차가운 색 : 단파장의 한색

20 보색 상호간의 혼합 결과는?

① 무채색　② 유채색
③ 인근색　④ 유사색

해설 보색

㉠ 서로 반대되는 색상, 즉 색상환에서 180도 반대편에 있는 색이다.
㉡ 색상이 다른 두 색을 적당한 비율로 혼합하여 무채색(흰색·검정·회색)이 될 때 이 두 빛의 색으로 여색(餘色)이라고도 한다. 빨강과 녹색, 노랑과 파랑, 녹색과 보라 등의 색광은 서로 보색이며, 이들의 어울림을 보색대비라 한다.
㉢ 색상환 속에서 서로 마주보는 위치에 놓인 색은 모두 보색관계를 이루는데 이들을 배색하면 선명한 인상을 준다. 이것은 눈의 망막상의 색신경이 어떤 색의 자극을 받으면 그 색의 보색에 대한 감수성이 높아지기 때문이다.
㉣ 예를 들면, 색종이를 응시한 뒤에 갑자기 흰 종이에 시선을 옮기면 색종이에 보색의 상이 보이게 되는데 이것을 보색의 잔상 또는 음성 잔상이라 한다.

정답 18 ③　19 ④　20 ①

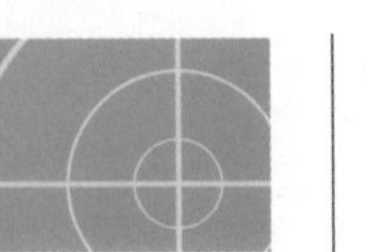

색채 및 인간공학 2011년 8월 21일(4회)

01 다음 중 최적의 조건하에서 시각적 암호의 식별 가능 수준수가 가장 큰 것은?

① 숫자 ② 영문자
③ 면색(面色) ④ 색광(色光)

해설

최적의 조건하에서 시각적 암호의 식별 가능 수준수가 가장 큰 것은 영문자를 하는 것이다.

02 다음 중 시력에 관한 설명으로 틀린 것은?

① 정상 시각에서는 원점은 시각이 600분일 때 최대이다.
② 가장 많이 사용하는 시력의 척도는 최소분간시력이다.
③ 눈이 초점을 맞출 수 없는 가장 먼 거리를 원점이라 한다.
④ 눈이 초점을 맞출 수 없는 가장 가까운 거리를 근점이라 한다.

해설 시각의 개념

시각이란 보는 물체에 의한 눈에서의 대각이며, 일반적으로 분 단위로 나타낸다.
L=시선과 직각으로 측정한 물체의 크기, D=물체와 눈 사이의 거리라 할 때 다음 공식에 의해 계산된다.

∴ 시각(分) $= \frac{(57.3)(60)L}{D}$

※ 여기서 57.3과 60은 시각이 600분 이하일 때 radian 단위를 분으로 환산시키기 위한 상수이다.
※ 시력 1.0이란 최소 시각이 1분(分)인 시력을 말한다.

03 다음 중 일반적으로 실현가능성이 같은 N개의 대안이 있을 때 총정보량을 구하는 식으로 옳은 것은?

① 총정보량$= \log_2 N$
② 총정보량$= \log 10^{2N}$
③ 총정보량$= \frac{N}{\log 10^{N}}$
④ 총정보량$= \frac{1}{2} \cdot N^2$

해설 인간의 정보처리

일반적으로 실현가능성이 같은 N개의 대안이 있을 때 총정보량을 구하는 식은
총정보량(H)$= \log_2 N$ (bit) 이다.

㉠ 정보에 대한 대안이 2가지뿐이라면, 정보는 1.0 bit이다.($\log_2 2 = 1$)
㉡ 두 가지 정보가 동일한 경우에는 1.0bit이다.
㉢ 네 가지가 동일한 대안의 정보량은 2.0bit이다. ($\log_2 4 = 2$)

04 다음 중 인체치수 측정에 있어 손의 치수 및 모양에 대한 측정과 가장 관련이 깊은 것은?

① 구조적 측정
② 운동구조학적 측정
③ 생리학적 측정
④ 능력학적 측정

해설 인체 측정 치수

㉠ 구조적(정적) 치수 : 표준 자세에서 움직이지 않는 피측정자의 인체를 측정하는 치수
㉡ 기능적(역동적) 치수 : 움직이는 자세의 피측정자의 인체를 측정하는 치수로 인체 각 구조의 운동 기능으로부터 생활현상까지 관찰하는 것
※ 구조적 측정 : 인체치수 측정에 있어 손의 치수 및 모양에 대한 측정과 가장 관련이 깊다.

05 다음 중 빛과 조명에 관한 설명으로 적절하지 않은 것은?

① 조명의 분포는 국소화된 조명보다 전체 조명을 사용하는 것이 바람직하다.
② 눈부심은 광원이 관찰자의 시선에서 45° 각도 이내에 있을 때 발생한다.

정답 01 ② 02 ① 03 ① 04 ① 05 ③

③ 시야에 들어오는 물체 간에 휘도 차이가 작을수록 눈부심이 많이 발생한다.
④ "작업 : 주의"의 최대 권장 휘도 차이는 "10 : 1"정도이다.

해설

눈부심은 눈이 적용된 휘도보다 훨씬 밝은 광원(직사 휘광) 혹은 반사광(반사 휘광)이 시계 내에 있음으로써 생기며, 성가신 느낌과 불편감을 주고 시성능을 저하시킨다.
※ 시야에 들어오는 물체 간에 휘도 차이가 클수록 눈부심이 많이 발생한다.

06 서서 가벼운 부품에 대한 조립작업을 할 때 상완의 피로도를 최소화할 수 있는 작업대의 최적 높이는 팔꿈치 높이를 기준으로 얼마 정도가 가장 적절한가?

① 5~10cm 높게　② 15~20cm 높게
③ 5~10cm 낮게　④ 15~20cm 낮게

해설 입식 작업대의 높이

(1) 서서 작업하는 사람에 맞는 작업대의 높이는 팔꿈치 높이보다 5~10cm 정도 낮은 것이 적당하다.
(2) 3종류 작업에 추천되는 작업대 높이
㉠ 정밀 작업 : 팔꿈치 높이 + (5~10cm)
㉡ 경작업 : 팔꿈치 높이 - (5~10cm)
㉢ 중작업 : 팔꿈치 높이 - (10~20cm)

07 1손(sone)은 몇 dB의 1000Hz 순음의 크기를 말하는가?

① 10　② 20
③ 40　④ 100

해설 손(sone)

㉠ 청각의 감각량으로서 음의 감각적 크기를 보다 직접적으로 표시하기 위한 단위이다.
㉡ 40dB의 1,000Hz의 순음의 크기를 1sone이라 한다.
㉢ 손(sone)값을 2배로 하면 음의 크기는 2배로 감지된다. (40폰의 값은 1손의 값과 똑같은 기준점이 된다.)
㉣ 1손(sone)은 40폰(phon)에 해당되며 손(sone)값을 2배로 하면 10phone씩 증가한다.(1손 = 40phon, 2손 = 50phon, 4손 = 60phon…)

08 다음 중 인간공학적 의자설계를 위한 일반적인 고려 사항과 가장 거리가 먼 것은?

① 좌면의 무게 부하 분포
② 좌면의 높이와 폭 및 깊이
③ 앉는 키의 크기 및 의자의 강도
④ 동체(胴體)의 안정성과 위치 변동의 편리성

해설 의자 설계의 원칙

㉠ 체중 분포
㉡ 의자좌판의 높이
㉢ 의자좌판의 깊이와 폭
㉣ 몸통의 안정도

09 다음 중 음을 완전하게 흡수하는 1 평방피트(ft^2)의 표면에 상당하는 음향흡수 단위는?

① phon　② cycle
③ sabine　④ dyne

해설 새빈(sabine)

㉠ 실내 흡음 수준을 나타내는 척도
㉡ 실내 흡음정도를 음이 완전 흡수되는 등가면적으로 나타내는 데 이러한 등가면적을 새빈(sabine)이라 한다.
㉢ 단위 : m^2(metric sabine), ft^2(british sabine)

10 다음 중 [그림]에서 에너지소비가 큰 것에서부터 작은 순서대로 올바르게 나열된 것은?

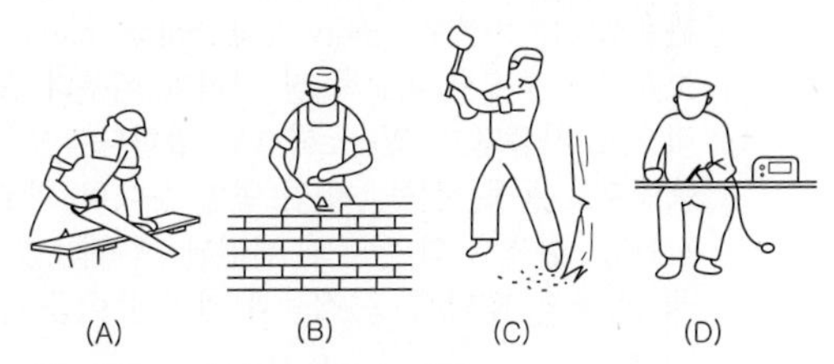

① (C) > (A) > (B) > (D)
② (C) > (B) > (A) > (D)
③ (B) > (A) > (C) > (D)
④ (B) > (C) > (A) > (D)

정답　06 ③　07 ③　08 ③　09 ③　10 ①

해설 신체 활동의 에너지

여러 신체활동에 따르는 에너지(kcal/분)

11 다음 관용색과 계통색에 관한 내용으로 틀린 것은?

① 고동색은 관용색 이름이다.
② 풀색은 계통색 이름이다.
③ 관용색 이름은 옛날부터 전해 내려오는 습관상으로 사용하는 색이다.
④ "어두운 녹갈색"은 계통색 이름의 표시 예이다.

해설 색명(色名)

㉠ 계통색명(系統色名) : 일반색명이라고 하며 색상, 명도, 채도를 표시하는 색명이다.
㉡ 관용색명(慣用色名, individual color name) : 고유색명 중에서 비교적 잘 알려져 예부터 습관적으로 사용되고 있는 색명을 말한다. 고유한 색명으로 동물, 식물, 지명, 인명 등이며 피부색(살색), 쥐색 등의 동물과 관련된 색이름 및 밤색, 살구색, 호박색 등 식물과 관련된 이름 등이 있다.

12 그림과 같은 색입체를 만드는 원리에서 수직축(A)에 해당되는 요소는?

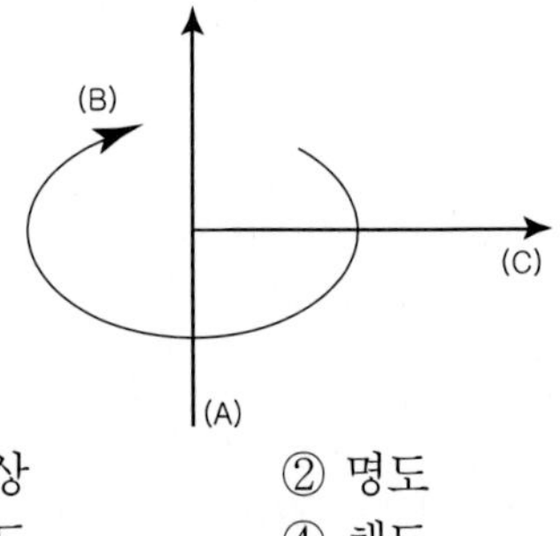

① 색상 ② 명도
③ 순도 ④ 채도

해설 먼셀(Munsell)의 색입체(Color Soild)

색의 3속성인 색상, 명도, 채도에 의해 색을 조직적으로 배열하여 한눈에 알아볼 수 있도록 입체적으로 만든 구조체로 1898년 먼셀이 창안한 것으로 색채나무(Color Tree)라 한다.
㉠ 색상(Hue) : 원의 형태로 무채색을 중심으로 배열된다.
㉡ 명도(Value) : 수직선 방향으로 아래에서 위로 갈수록 명도가 높아진다.
㉢ 채도(Chroma) : 방사형의 형태로 안쪽에서 밖으로 나올수록 높아진다.

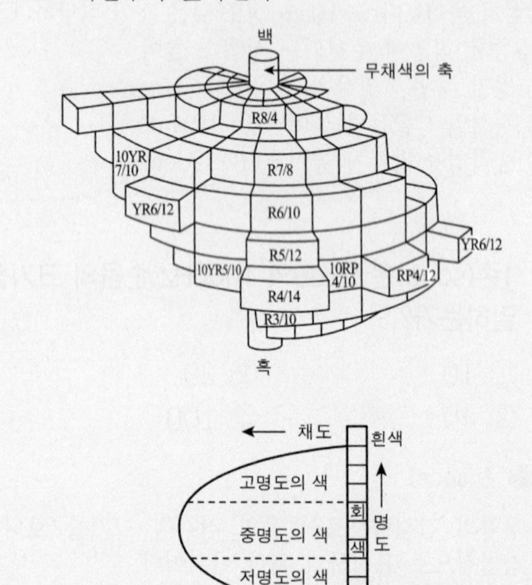

먼셀의 색입체 모형

정답 11 ② 12 ②

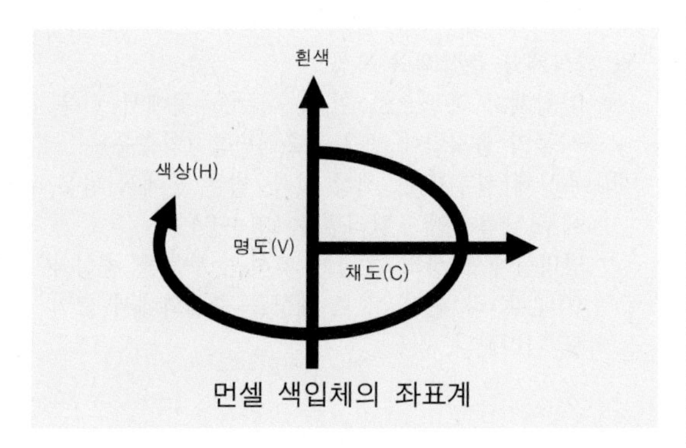

먼셀 색입체의 좌표계

13 **다음 색채가 지닌 연상 감정에서 광명, 희망, 활동, 쾌활 등의 색은?**

① 빨강(Red)
② 주황(Yellow Red)
③ 노랑(Yellow)
④ 자주(Red Purple)

해설 색의 연상

색을 지각할 때 경험이나 심리작용에 의하여 활동 또는 상태와 관련 지어 보이는 것을 말한다. 우리가 색을 지각할 때는 특정한 사물이나 느낌이 연상된다. 하지만 색의 연상은 생활양식, 문화, 지역, 환경, 계절, 성별, 연령 등에 따라 심한 차이가 난다.
㉠ 빨강(R) : 자극적, 정열, 흥분, 애정, 위험, 혁명, 피, 분노, 더위, 열
㉡ 주황(YR) : 기쁨, 원기, 즐거움, 만족, 온화, 건강, 활력, 따뜻함, 광명, 풍부, 가을
㉢ 노랑(Y) : 명랑, 환희, 희망, 광명, 접근, 유쾌, 팽창, 천박, 황금, 바나나, 금발
㉣ 자주(RP) : 사랑, 애정, 화려, 아름다움, 흥분, 슬픔

14 **색채 동시대비 현상의 명도대비, 채도대비, 보색대비, 색상대비 중 유채색과 무채색을 나란히 배열하였을 때 관련 있는 것은?**

① 명도대비 뿐이다.
② 명도대비, 채도대비가 있다.
③ 명도대비, 채도대비, 색상대비가 있다.
④ 명도대비, 채도대비, 보색대비, 색상대비가 있다.

해설 동시대비(Contrast) 현상

두 색 이상을 동시에 볼 때 일어나는 대비 현상으로 색상의 명도가 다를 때 구별되는 정도이다. 동시 대비에는 색상대비, 명도대비, 채도대비, 보색대비 등이 있다.
※ 동시대비의 변화
㉠ 색상 대비 : 무채색의 대비, 유채색의 대비, 무채색과 유채색의 대비가 일어나지 않는다.
㉡ 명도 대비 : 무채색의 대비, 유채색의 대비, 무채색과 유채색의 대비가 일어난다.
㉢ 채도 대비 : 유채색의 대비, 무채색과 유채색의 대비가 일어난다.
㉣ 보색 대비 : 유채색의 대비, 무채색과 유채색의 대비가 일어난다.

15 **가시광선의 파장 범위는?**

① 350mm~750mm
② 350mm~700mm
③ 380mm~780mm
④ 200mm~480mm

해설 빛

㉠ 적외선 : 780~3,000nm, 열환경효과, 기후를 지배하는 요소, "열선"이라고 함
㉡ 가시광선 : 380~780nm, 채광의 효과, 낮의 밝음을 지배하는 요소
㉢ 자외선 : 200~380nm, 보건위생적 효과, 건강효과 및 광합성의 효과, "화학선"이라고 함
290~320nm(2900~3,200Å) – 도르노선(건강선)
※ 1nm = 10Å
※ 1nm = 1/100만mm

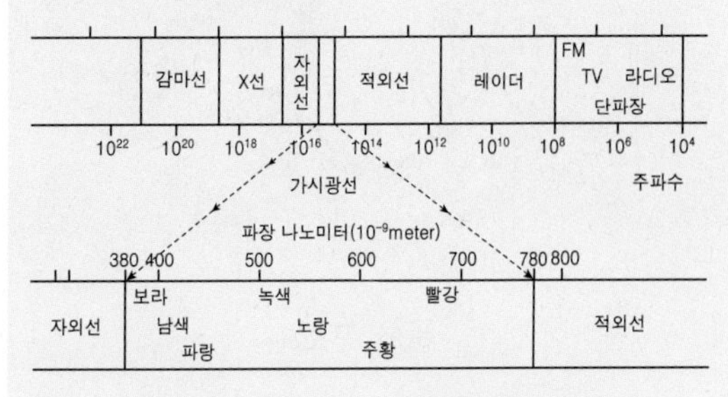

전자파 스펙트럼 파장과 빛의 효과

정답 13 ③ 14 ② 15 ③

16 다음 중 유사색상 배색의 느낌이 아닌 것은?

① 화합적　　② 평화적
③ 안정적　　④ 자극적

해설 유사색(인근색) 조화

색상환에서 30~60° 각도의 범위 내에 있는 색은 서로 유사한 색상으로 매우 조화로운 색이다.
[예] 5R와 2.5YR~7.5YR, 10P와 2.5YR, 5Y(노랑)와 10YR(귤색)
※ 색상이 대조적인 배색은 강한 자극과 큰 변화를 주기 때문에 단조로운 배색에 반대색상을 사용하면 전체에 생기가 돌게 된다.

17 사람의 눈의 기관 중 망막에 대한 설명으로 옳은 것은?

① 색을 지각하게 하는 간상체, 명암을 지각하는 추상체가 있다.
② 추상체에는 RED, YELLOW, BLUE를 지각하는 세 가지 세포가 있다.
③ 시신경으로 통하는 수정체 부분에는 시세포가 없어 그곳에 상이 맺히면 색을 감지할 수 없다.
④ 망막의 중심와 부분에는 추상체가 밀집하여 분포되어 있다.

해설

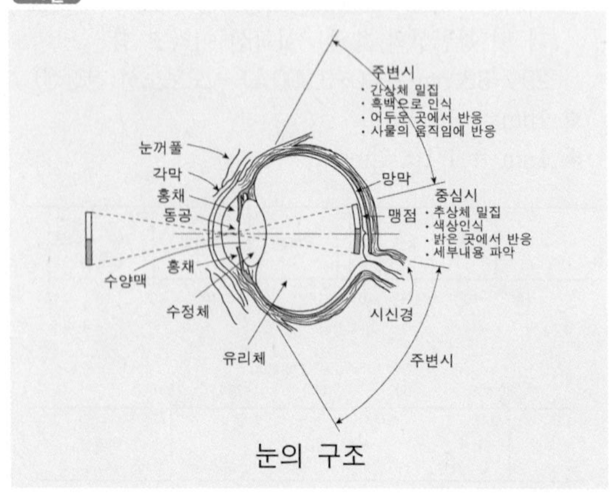

눈의 구조

※ 간상체와 추상체의 특성
㉠ 간상체 : 흑백으로 인식, 어두운 곳에서 반응, 사물의 움직임에 반응 – 흑백필름 (암순응)
㉡ 추상체(원추체) : 색상 인식, 밝은 곳에서 반응, 세부 내용파악 – 칼라필름 (명순응)
망막상에서 상의 초점이 맺히는 부분을 중심와(中心窩)라 한다. 정보 대상을 중심와에서 고밀도 처리한다.

18 슈퍼그래픽의 기능 중 가장 거리가 먼 것은?

① 벽화적 기능　　② 가구장식 기능
③ 정보전달 기능　④ 연출기능

해설 슈퍼 그래픽(super graphic)

(1) 슈퍼 그래픽은 크다는 뜻의 슈퍼와 그림이라는 뜻의 그래픽이 합쳐진 용어이다. 캔버스에 그려진 회화 예술이 미술관, 화랑으로부터 규모가 큰 옥외 공간, 거리나 도시의 벽면에 등장한 것으로 1960년대 미국에서 시작되었다.
(2) 발생 요인
㉠ 스케일의 확대 즉, 고층 건물의 건설기술 발달과 승강기 출현으로 일반 건축물의 개념과는 다른 각도의 접근이 가능하게 되었다.
㉡ 예술의 대중화로, 박물관, 미술관 등 제한된 공간에 전시되어 대중과 유리되었던 현대 미술이 팝 아트, 미니멀 아트, 해프닝 등의 양상으로 캔버스와 전시장의 제한된 조건을 벗어나 다양한 방법으로 새로운 시각 세계를 창출하였다.
㉢ 건축에 있어서 다원론적 표현 방법이 시도되었다.
(3) 적용 대상
모든 공간과 벽면, 실내외 담, 거대 광고판, 옹벽, 공사 현장의 가림막, 터널, 도로 포장면, 스탠드, 심지어 공중과 대지에까지 확대되었다. 옥외 벽화, 거리 예술, 민중 미술, 채색 도시, 도시의 판타지, 환경 커뮤니케이션 등의 이름으로 불리기도 한다.

정답　16 ④　17 ④　18 ②

19 다음 중 주목성이 가장 높은 배색은?

① 자극적이고 대조적인 느낌의 배색
② 온화하고 부드러운 느낌의 배색
③ 초록이나 자주색 계통의 배색
④ 중성색이나 고명도의 배색

해설 주목성(유목성)

㉠ 어떤 대상을 의도적으로 보고자 하지 않아도 사람의 시선을 끄는 색의 성질을 말한다.
㉡ 명시도가 높은 색은 어느 정도 주목성이 높아진다.
㉢ 일반적으로 고명도, 고채도의 색, 난색계통의 색이 주목성이 높다.
㉣ 일상 잘 보지 않는 색, 특수한 연상을 일으키는 색, 면적이나 형체 등의 사용하는 방법에 따라 주목성이 변할 수 있다.
㉤ 예 : 네온싸인, 신호등, 표지판, 스위치 색
※ 순색의 주목성 척도 값이 큰 순서 : YR – R – YG – B – BK – Violet – Gray

20 다음 중 컴퓨터 입력장치가 아닌 것은?

① 스캐너 ② 모니터
③ 디지털카메라 ④ 디지타이저

해설

㉠ 스캐너 : 그림, 사진, 문서 등을 컴퓨터에 입력하기 위한 장치로 반사광, 투과광을 이용, 비트맵 데이터로 전환시키는 입력장치
㉡ 디지타이저(digitizer) : 컴퓨터에 그림이나 도표, 설계 화면의 좌표를 검출하여 입력하는 장치이다. 평면판가 펜으로 구성되어 있으며 위에서 펜을 이동하면 그 좌표가 디지털데이터로 입력된다. 주로 캐드(CAD) 캠(CAM)에 쓴다.

정답 19 ① 20 ②

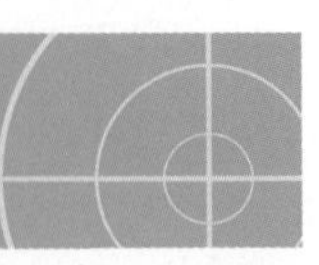

색채 및 인간공학 2012년 3월 4일(1회)

01 인간-기계 체계(man-machine system)에서 "정보의 보관"과 관련한 것이 아닌 것은?

① 하드디스크 ② 콤팩트디스크
③ USB저장장치 ④ CRT 모니터

해설

CRT(음극선관), 레이더, sonar(음파 탐지기)은 동적(dynamic) 표시장치에 해당된다.

02 한국인 인체치수조사 사업에 있어 표준인체측정항목 중 등길이를 나타낸 것은?

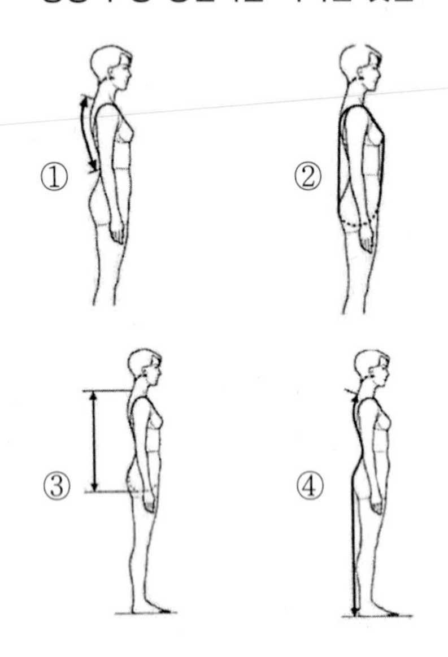

해설

한국인 인체치수조사 사업 'Size Korea'를 산업자원부 기술표준원에서 진행하고 있다.

03 다음 중 피로상태의 특성에 관한 설명으로 틀린 것은?

① 사고, 재해 경향의 증대
② 생리적, 심리적 기능의 저하
③ 정서 조절기능의 저하
④ 피로의 느낌에 대한 자각증상의 저하

해설 피로

㉠ 피로발생은 부하조건과 작업능률과의 상대적 관계로 생기는 부담에 의한 것으로 심리학적으로는 욕구수준을 떨어뜨리며, 생리적으로는 근육에서 발생할 수 있는 힘의 저하를 초래한다.
㉡ 피로는 생리적·심리적 기능의 저하되고, 정서 조절기능의 저하로 작업력의 감퇴와 함께 작업의 욕도 감소시키며 사고, 재해 경향의 증대된다.

04 다음 중 시각표시장치의 설계에 필요한 지침으로 옳은 설명은?

① 보통 글자의 폭-높이 비는 5 : 3이 좋다.
② 흰 바탕에 검은 글씨로 표시할 경우에 획폭비는 글씨 높이의 1/3이 좋다.
③ 계기판의 문자는 소문자, 지침류의 문자는 대문자를 채택하는 방식이 좋다.
④ 정량적 눈금에는 일반적으로 단위의 수열이 사용하기 좋다.

해설

① 보통 글자의 폭-높이 비는 1 : 1의 비가 적당하며, 3 : 5까지는 독해성에 영향이 없고, 숫자의 경우는 3 : 5를 표준으로 한다.
② 흰 바탕에 검은 글씨로 표시할 경우 자획의 굵기는 글씨 키의 약 1/6이 좋다.
③ 간결한 말로 된 상표나 표지판에는 모두 대문자를 써야 한다. (긴 안내문 문구에서는 대문자와 소문자를 함께 사용한다.)
④ 정량적 표시장치는 집약적으로 계량적인 값을 사용자에게 전달하는 것으로 변수의 정량적인 값을 표시하는 것으로 0, 1, 2, 3, 4, 5, … 로 하는 것이 적당하다.

정답 01 ④ 02 ① 03 ④ 04 ④

05 인간공학의 연구자와 연구영역과의 관계가 맞는 것은?

① F.W. Taylor – 동작연구
② L. Gilbreth – 시간연구
③ Tustin – 자동제어연구
④ G.A Borelli – 예정동작시간 표준법 연구

해설

① F.W. Taylor(1881년) : 시간연구(Time study)
② G.A.Borelli(1680년) : 인체 각부의 운동을 생리의 역학원리로 설명
③ Tustin – 자동제어연구
④ G.A.Borelli : 생리학에서 취급했던 인체 각부의 운동을 생리의 역학원리로 설명

06 지시장치를 디자인할 때 고려해야 할 요소로서 적합하지 않은 것은?

① 제어의 움직임과 계기의 움직임이 직관적으로 일치하고 있는가
② 지시가 변한 것을 쉽게 발견할 수 있는가
③ 계기는 요구된 방법으로 빨리 읽을 수 있는가
④ 그 계기는 다른 계기와 동일한 모양을 하고 있는가

해설

그 계기는 다른 계기와 잘 구별이 되고 있는가

07 조용한 상태에서 대화가 이루어질 때 다음 중 이해도가 가장 높은 음의 강도는?

① 10dB　② 20dB
③ 30dB　④ 40dB

해설 대화 이해도

㉠ 40dB에서 잘 들리며 100dB 이상이 되면 이해도가 떨어진다. 이 상태에서 귀마개를 하면 대화와 소음을 합한 강도를 20dB 정도 낮추어 이해도가 향상된다.
㉡ 대화의 강도는 소음보다 6dB 이상 높아야 이해된다.
㉢ 은폐 소음의 주파수는 신호 주파수에 가깝거나 낮은 것이 은폐되기 쉽다.

08 다음 중 일반적으로 젊은 성인의 경우 양 눈에 의한 좌우 최대 시야 범위로 가장 적절한 것은?

① 98°　② 128°
③ 188°　④ 248°

해설

일반적으로 젊은 성인의 경우 양 눈에 의한 좌우 최대 시야 범위는 188°가 가장 적절하다.

09 다음 중 피로 측정방법의 분류에 있어 감각기능검사에 속하는 것은?

① 단순반응시간 검사
② 에너지대사량 검사
③ 심박수 검사
④ 근전도 검사

해설 피로측정법

(1) 감각 기능에 의한 측정법
　㉠ 플리커 검사(빛의 반짝임을 구분하는 정도)
　㉡ 타핑 검사(검지와 엄지의 말초운동 기능 검사)
　㉢ 무릎 반사측정
　㉣ 연속색명칭호법
(2) 근기능에 의한 측정법 : 종아리 팽창 정도 검사법
(3) 정신적 기능에 의한 측정법
(4) 혈액이나 소변에 의한 측정법
(5) 자각 증상을 조사하는 방법
※ 단순 반응시간 : 특정한 하나의 자극에 반응하는 시간이다. 이러한 경우는 자극을 예상하고 있을 때인데, 반응시간이 가장 짧아서 0.15~0.2초 정도이며 개인 차이는 있을 수 있다.

10 신체부위의 운동 중 '몸의 중심선으로의 이동'을 무엇이라 하는가?

① 내전(adduction)
② 외전(abduction)
③ 굴곡(flexion)
④ 신전(extension)

정답 05 ③ 06 ④ 07 ④ 08 ③ 09 ① 10 ①

해설 관절에 관한 용어

㉠ 굴곡(유착, flexion) : 신체 부분을 좁게 구부리거나 각도를 좁히는 동작으로 팔과 다리의 굴곡 외에 몇 가지의 굴곡 동작이 있다.
㉡ 신전(확장, extension) : 신체의 부위를 곧게 펴거나 각도를 늘리는 동작으로 굴곡에서 다시 돌아보는 동작을 말한다. 보통의 범위 이상의 관절 운동을 최대 신장이라고 한다.
㉢ 내전(adduction) : 신체의 부분이나 부분의 조합이 신체의 중앙이나 그것이 붙어있는 방향으로 움직이는 동작
㉣ 외전(abduction) : 신체의 중앙이나 신체의 부분이 붙어있는 부위에서 멀어지는 방향으로 움직이는 동작

11 다음 중 파장이 가장 짧은 색은?

① 청색 ② 청록색
③ 황록색 ④ 적색

해설

뉴턴은 프리즘을 이용하여 가시광선을 빨강, 주황, 노랑, 녹색, 파랑, 남색, 보라의 연속띠로 나누는 분광 실험에 성공하였다. 파장이 길고 짧음에 따라 굴절률이 다르며, 파장이 길면 굴절률도 작고 파장이 짧으면 굴절률도 크다. 빨강은 파장이 길어서 굴절률이 가장 작으며, 보라는 파장이 짧아서 굴절률이 가장 크다.
※ 파장이 긴 것부터 짧은 것 순서
: 빨강 – 주황 – 노랑 – 초록 – 파랑 – 남색 – 보라

12 먼셀(Munsell)의 기준색상은?

① 3가지 색 ② 5가지 색
③ 7가지 색 ④ 8가지 색

해설 먼셀(Munsell)의 표색계

㉠ 미국의 화가이며 색채연구가인 먼셀(A. H. Munsell)에 의해 1905년 창안된 체계로서 색의 3속성인 색상, 명도, 채도로 색을 기술하는 체계 방식이다.
㉡ 먼셀 색상은 각각 Red(적), Yellow(황), Green(녹), Blue(청), Purple(자)의 R, Y, G, B, P 5가지 기본색과 주황(YR), 연두(GY), 청록(BG), 남색(PB), 자주(RP)의 5가지 중간색으로 10등분 되어지고 이러한 색을 각기 10단위로 분류하여 100색상으로 분할하였다.
㉢ 각 색상에는 1~10의 번호가 붙어 5번이 색상의 대표색이다.
㉣ 우리나라에서 채택하고 있는 한국산업규격 색채 표기법이다.

13 문·스펜서(Moon. Spence)의 색채조화론에서 조화의 경우가 아닌 것은?

① 동일(identity) 조화
② 유사(similarity) 조화
③ 대비(contrast) 조화
④ 통일(unity) 조화

해설 문·스펜서(P. Moon·D. E. Spencer)의 색채 조화론

두 색의 간격이 애매하지 않은 배색, 오메가(ω) 공간에 간단한 기하학적 관계가 되도록 선택한 배색을 가정으로 조화와 부조화로 분류하고, 색채 조화에 관한 원리들을 정량적인 색좌표에 의해 과학적으로 설명하였다.

(1) 조화의 원리
㉠ 동등(Identity) 조화 : 같은 색의 조화
㉡ 유사(Similarity) 조화 : 유사한 색의 조화
㉢ 대비(Contrast) 조화 : 반대색의 조화

(2) 부조화의 원리
㉠ 제1 부조화(First Ambiguity)
: 아주 유사한 색의 부조화
㉡ 제2 부조화(Second Ambiguity)
: 약간 다른 색의 부조화
㉢ 눈부심(Glare) 조화
: 극단적인 반대색의 부조화

※ 배색에서 가장 애매한 것과 관계하는 것은 명도차이다. 명도가 동일한 경우에는 색과 색과의 경계가 확실하지 않게 되어 흐릿하게 보인다. 부조화의 원인이 되는 애매한 요인 중에서 가장 주의해야 할 것은 명도차의 애매함이다.

정답 11 ① 12 ② 13 ④

14 **디지털색채시스템에서 CMYK 형식에 대한 설명으로 옳은 것은?**

① CMYK 4가지 컬러를 혼합하면 검정이 된다.
② 가법혼합방식에 기초한 원리를 사용한다.
③ RGB 형식에서 CMYK 형식으로 변환되었을 경우 컬러가 더욱 선명해 보인다.
④ 표현할 수 있는 컬러의 범위가 RGB 형식보다 넓다.

해설 디지털 색채 시스템

컴퓨터그래픽에서 표현할 수 있는 색체계는 크게 HSB, RGB, Lab, CMYK, Grayscale 등이 있다.
㉠ HSB 시스템 : 먼셀 색채계와 같이 색의 3속성인 색상(Hue), 명도(Brightness), 채도(Satuation) 모드로 구성되어 있다.
㉡ 16진수 표기법은 각각 두 자리씩 RGB(Red, Green, Blue)값을 나타낸다.
㉢ Lab 시스템 : 국제 색상체계 표준화인 CIE에서 발표한 색체계로 서로 다른 환경에서도 이미지의 색상을 최대한 유지시켜 주기 위한 컬러모드이다. L(명도), a와 b는(각각 빨강/초록, 노랑/파랑의 보색축)라는 값으로 색상을 정의하고 있다
㉣ CMYK는 인쇄의 4원색으로 C=Cyan, M=Magenta, Y=Yellow, K=Black을 나타내며 모드 각각의 수치 범위는 0~100%로 나타낸다.
※ 컬러 4도 : CMYK(시안, 마젠타, 옐로우, 블랙) 즉, 컬러 4도란 청색(Cyan), 자주(Magenta), 노랑(Yellow), 흑색(Black)을 말한다.
CMYK 4가지 컬러를 혼합하면 검정이 된다.

15 **스캐너를 이용하여 컬러 이미지를 컴퓨터에 입력할 경우 발생하는 현상에 대한 설명 중 틀린 것은?**

① 스캐너의 해상도에 따라 입력할 수 있는 색채 단계가 달라진다.
② 동일한 이미지라도 스캐너의 감마값을 높이면 입력되는 색채 단계가 줄어든다.
③ 스캐너에서 만든 색채 데이터는 소프트웨어에 따라 달라진다.
④ 이미지의 크기를 확대하여 스캔하면 파일의 용량은 늘어난다.

해설 스캐너

㉠ 그림, 사진, 문서 등을 컴퓨터에 입력하기 위한 장치로 반사광, 투과광을 이용, 비트맵 데이터로 전환시키는 입력장치
㉡ 스캐너의 4가지 기능 : 해상도, 표현영역, 크기(확대와 축소), 색상과 콘트라스트(감마 보정)

※ 해상도(resolution)
㉠ 컴퓨터, TV, 팩시밀리, 화상기기 등에서 사용하는 화상 표현 능력의 척도이다.
㉡ 컴퓨터 모니터 화면과 같이 정보를 그래픽으로 표시하는 장치에서 출력되는 정보의 정밀도를 표시하기 위해 쓰이는 용어로서 픽셀(화소점, pixel) 수가 많을수록 해상도가 높다.
㉢ 해상도는 디스플레이 모니터 안에 있는 픽셀의 숫자로 가로방향과 세로방향의 픽셀의 개수를 곱하면 된다.
해상도 표시=수평해상도 × 수직해상도
[예] 수평 방향으로 640개의 픽셀을 사용하고 수직 방향으로 480개의 픽셀을 사용하는 화면장치의 해상도는 640 × 480으로 표시한다.

16 **사람이 색을 지각하는 과정에 대한 학설이 아닌 것은?**

① 삼원색설 ② 반대색설
③ 배색설 ④ 단계설

해설 색채 지각설

㉠ 영·헬름홀츠(Young-Helmholtz)의 3원색설
인간의 망막에는 세 가지 시세포와 신경선이 있어 시세포의 흥분과 혼합에 의해 각종 색이 발생한다고 하는 색광혼합이다.
• 세 가지 시세포 : 빨간(R), 초록(G), 청자(B)
㉡ 헤링의 반대색설(4원색설)
색의 기본감각으로서 백색 - 검정색, 빨간색 - 녹색, 노란색 - 파란색, 의 3조의 짝을 이루는 것으로 이 세 종류의 시세포질에서 여섯 종류의 빛으로 수용된 뒤 망막의 신경과정에서 합성된다는 것으로 반대색 잔상이 일어난다는 것에 의해 색지각을 설명한 학설이다.
각각의 물질은 빛에 따라 동화와 이화라고 하는 대립적인 화학적 변화를 일으킨다고 말했다.

정답 14 ① 15 ② 16 ③

- 동화작용(합성)에 의하여 녹·청·흑의 감각이 생김
- 이화작용(분해)에 의하여 적·황·백의 감각이 생김. 오스트발트 색상분할에 기본이 되며 혼색과 색각 이상을 잘 설명할 수 없는 단점이 있다.

㉢ 돈더스의 단계설
망막 시세표 단계에서는 3원색설을, 그 이후의 시신경 및 대뇌에서는 반대색설을 단계적으로 대응시켜 색각현상을 설명하고 있어 단계설이라 한다. 즉, 3원색은 망막층에서 지각되고 이 반응이 다음 단계에서 합성 분해되어 반대색적인 반응이 된다는 학설이다.

17 다음 중 색채의 감정적 효과로서 가장 흥분을 유발시키는 색은?

① 한색계의 높은 채도
② 난색계의 높은 채도
③ 난색계의 낮은 명도
④ 한색계의 높은 명도

해설 흥분과 진정

㉠ 흥분 효과색 : 난색계통의 채도가 높은 색
㉡ 진정 효과색 : 한색계통의 채도가 낮은 색

18 계통색명에 관한 내용으로 옳은 것은?

① 색상, 명도, 채도에 따라 분류
② 감상적 부정확성
③ 고유색명
④ 기억, 상상이 용이

해설 색명(色名)

㉠ 계통색명(系統色名) : 일반색명이라고 하며 색상, 명도, 채도를 표시하는 색명이다.
㉡ 관용색명(慣用色名, individual color name) : 고유색명 중에서 비교적 잘 알려져 예부터 습관적으로 사용되고 있는 색명을 말한다.
고유한 색명으로 동물, 식물, 지명, 인명 등이며 피부색(살색), 쥐색 등의 동물과 관련된 색이름 및 밤색, 살구색, 호박색 등 식물과 관련된 이름 등이 있다.

19 색광 혼합에 대한 설명으로 가장 적절하지 않은 것은?

① 색광 혼합은 가법 혼색이라고도 한다.
② 색광 혼합의 3원색은 빨강, 녹색, 노랑이다.
③ 색광 혼합의 3원색을 합하면 백색이 된다.
④ 색광 혼합의 2차색은 색료 혼합의 원색이다.

해설 색광혼합

㉠ 색광의 3원색을 혼합하는 것을 가법혼색, 가색혼합, 색광혼합이라고 한다.
㉡ 색광의 3원색인 빨강(R), 녹색(G), 파랑(B)색을 서로 비슷한 밝기로 혼합하면 흰색(White)으로 된다.
㉢ 보색인 색광을 혼합하여 백색광이 되었을 때 두 색광은 서로 상대에 대한 보색이라 하는데 빨강과 청록, 파랑과 노랑, 녹색과 자주를 혼합하면 백색광이 된다.
※ 색광 혼합의 2차색은 색료 혼합의 원색이다. 2차색은 원색보다 명도와 채도가 낮아진다.

20 다음 현상을 옳게 설명한 것은?

> "줄무늬의 녹색 셔츠를 구입하기 위해 옷을 살펴보는데, 녹색바탕의 셔츠 줄무늬가 노란색일 경우와 파란색일 경우 옷 색깔이 다르게 보였다."

① 면적대비-노란색줄무늬는 밝아 보이고 파란색줄 무늬는 검게 보인다.
② 보색대비-노란색줄무늬는 밝게 보이고 파란색줄 무늬는 검게 보인다.
③ 명도동화-노란색줄무늬는 어둡게 보이고 파란색줄 무늬는 밝게 보인다.
④ 색상동화-노란색줄무늬 부근은 황록색으로 파란색줄무늬 부근은 청록색으로 보인다.

정답 17 ② 18 ① 19 ② 20 ④

해설 동화효과(전파효과, 혼색효과)

문양이나 선의 색이 배경색에 혼합되어 보이는 것으로 서로 동화되어 원래의 색과는 다르게 보이는 현상으로 회화, 그래픽 디자인, 직물디자인 등의 모든 배색 조화에 필수적인 요소이다.

색채 및 인간공학
2012년 5월 20일(2회)

01 다음 중 사무공간에서 "수직파악(把握) 도달거리"를 설정할 때 가장 적절한 인체치수 적용 기준은?

① 95퍼센타일 남성치수
② 95퍼센타일 여성치수
③ 5퍼센타일 남성치수
④ 5퍼센타일 여성치수

해설

사무공간에서 "수직파악(把握) 도달거리"를 설정할 때 5퍼센타일 여성치수를 적용기준으로 한다.

02 다음 중 의자의 인간공학적 설계를 위한 일반적인 고려 사항과 관계가 가장 먼 것은?

① 체중의 분포　② 좌판의 폭
③ 앉은 키의 높이　④ 몸통의 안정성

해설 의자 설계의 원칙

㉠ 체중 분포
㉡ 의자좌판의 높이
㉢ 의자좌판의 깊이와 폭
㉣ 몸통의 안정도

03 다음 중 최대 명시거리와 관계가 가장 깊은 것은?

① legibility　② readability
③ visibility　④ irradiation

해설

레지빌리티(legibility : 가독성, 독해성) : 식별하고 인지하는 과정
※ 문자, 숫자 표시장치에서 획폭비는 문자나 숫자의 높이에 대한 획 굵기의 비로서 나타내며, 최적 독해성(최대 명시거리)을 주는 획폭비는 흰 숫자(검은 바탕)의 경우에 1 : 13.3이고, 검은 숫자(흰 바탕)의 경우는 1 : 8 정도이다.

정답 01 ④　02 ③　03 ①

04 계기판에 등이 4개가 있고, 그 중 하나에만 불이 켜지는 경우와 같이 4개의 대안이 존재하는 경우 정보량은 얼마인가?

① 0.5비트 ② 1비트
③ 2비트 ④ 4비트

해설 인간의 정보처리

일반적으로 실현가능성이 같은 N개의 대안이 있을 때 총정보량을 구하는 식은
총정보량(H) = $\log_2 N$ (bit) 이다.

㉠ 정보에 대한 대안이 2가지 뿐이라면, 정보는 1.0bit이다.($\log_2 2 = 1$)
㉡ 두 가지 정보가 동일한 경우에는 1.0bit이다.
㉢ 네 가지가 동일한 대안의 정보량은 2.0bit이다.($\log_2 4 = 2$)

05 감시용 다이얼형 계기 배치 방법의 내용 중 가장 합리적인 것은?

① 수평배치시 지침은 12시 방향으로 한다.
② 수직배치시 지침은 9시 방향으로 한다.
③ 계기가 6가지 이상일 경우에는 세로나 가로 2줄로 배치한다.
④ 여러 그룹이 있을 경우는 그룹별로 지침의 방향을 다르게 하고, 한줄로 배치한다.

해설 감시용 다이얼 계기를 동시에 여러 개 배치하고자 할 때의 배치방법

㉠ 모든 계기의 지침은 같은 방향이 되게 한다.
㉡ 수직으로 배열할 때는 지침이 12시 방향으로 향하게 한다.
㉢ 수평으로 배열할 때는 지침이 9시 방향으로 향하게 한다.
㉣ 계기가 6가지 이상일 경우에는 세로나 가로 2줄로 배치한다.

06 다음 중 조명과 관련된 단위를 설명한 것으로 옳은 것은?

① 와트(W) : 에너지 방사의 시간적 비율
② 룩스(lx) : 광원이 빛나는 정도
③ 루멘(lm) : 단위 면적 또는 단위시간에 받는 빛의 양
④ 시간당 루멘(lm/h) : 가시범위의 방사속을 빛의 강도로 환산한 것

해설 조명관련 용어와 단위

측광량		정의	단위	단위약호
광속		단위 시간당 흐르는 광의 에너지량	lumen	lm
광속의 면적밀도	조도	단위 면적당의 입사광속	lux	lx
발산광속의 입체각 밀도	광도	점광원으로부터 단위 입체각당의 발산광속	candela	cd
광도의 투영면적 밀도	휘도	발산면의 단위 투영 면적당 발산광속	candela/m^2	cd/m^2

※ fc(foot-candle) : 조도, NIT(cd/m^2) : 휘도, fL(foot-Lamberts) : 광속발산도
※ 와트(W) : 에너지 방사의 시간적 비율

07 운동에 따른 멀미는 가해지는 흔들림의 주기와 그 진폭에 의하여 영향을 받는다. 가장 크게 영향을 받는 경우는?

① 주기가 길고 진폭이 작을 경우
② 주기가 길고 진폭이 큰 경우
③ 주기가 짧고 진폭이 큰 경우
④ 주기가 짧고 진폭이 작을 경우

해설

운동에 따른 멀미는 가해지는 흔들림의 주기가 길고 진폭이 큰 경우 가장 크게 영향을 받는다.

정답 04 ③ 05 ③ 06 ① 07 ②

08 **다음 중 신체부위의 기본동작에 관한 설명으로 옳은 것은?**

① 굴곡(flexion)은 팔꿈치에서 팔 굽히기처럼 관절에서 각도가 감소하는 동작이다.

② 외전(abduction)은 팔을 수평으로 편 위치에서 수직위치로 내릴 때처럼 중심선으로 향하는 동작이다.

③ 내전(adduction)은 팔을 옆으로 들 때처럼 신체 중심선에서 멀어지는 동작이다.

④ 신전(extension)은 팔을 어깨에서 원형으로 돌리는 동작처럼 신체부위의 원형동작이다.

해설 관절에 관한 용어

㉠ 굴곡(유착, flexion) : 신체 부분을 좁게 구부리거나 각도를 좁히는 동작으로 팔과 다리의 굴곡 외에 몇 가지의 굴곡 동작이 있다.
㉡ 신전(확장, extension) : 신체의 부위를 곧게 펴거나 각도를 늘리는 동작으로 굴곡에서 다시 돌아보는 동작을 말한다. 보통의 범위 이상의 관절운동을 최대 신장이라고 한다.
㉢ 내전(adduction) : 신체의 부분이나 부분의 조합이 신체의 중앙이나 그것이 붙어있는 방향으로 움직이는 동작
㉣ 외전(abduction) : 신체의 중앙이나 신체의 부분이 붙어있는 부위에서 멀어지는 방향으로 움직이는 동작

09 **다음 중 착시에 관한 설명으로 틀린 것은?**

① 눈이 받는 자극에 대한 지각의 착각 현상을 말한다.

② "랜돌트(Landholt)의 C형 고리"는 착시 현상을 설명하는데 가장 널리 사용되고 있다.

③ "루빈의 항아리"의 예에서 보듯이 보는 관점에 따라 형태가 다르게 지각된다.

④ 동일한 길이의 선이라도 조건을 어떻게 부여하는가에 따라 길이가 다르게 지각된다.

해설 랜돌트(Landholt)의 C형 고리

보통 시력표에는 랜돌트 C형 고리를 이용하여 측정한다. 랜돌트 고리의 연결이 끊어진 부분이 눈에 대해 이루는 각도의 역수로 표현한다.

10 **다음 중 신체 진동의 영향을 가장 많이 받는 것은?**

① 시력(視力) ② 미각(味覺)
③ 청력(聽力) ④ 근력(筋力)

해설

시력(Visual Acuity)은 물체의 형을 변별할 수 있는 능력으로 신체 진동의 영향을 가장 많이 받는다.

11 **한국산업표준의 색이름에 대한 수식어 사용방법을 따르지 않은 색이름은?**

① 어두운 보라 ② 연두 느낌의 노랑
③ 어두운 적회색 ④ 밝은 보랏빛 회색

해설 한국산업표준의 색이름에 대한 수식어

수식어	적용되는 기본 색이름
빨강 기미의	보라 – (빨강) – 노랑, 무채색의 기본 색이름
노랑 기미의	빨강 – (노랑) – 녹색, 무채색의 기본 색이름
녹색 기미의	노랑 – (녹색) – 파랑, 무채색의 기본 색이름
파랑 기미의	녹색 – (파랑) – 보라, 무채색의 기본 색이름
보라 기미의	파랑 – (보라) – 빨강, 무채색의 기본 색이름

※ 수식어 순서 : 수식어는 일반적으로 기본 색이름을 앞에 관한 수식어, 명도와 채도에 관한 수식어의 순으로 붙인다.
※ [보기] : 빨강 기미의 보라, 노랑 기미의 녹색
※ [주의] : ( )를 한 것은 '빨강 기미의 빨강' 등으로 쓰이지 않는다.

정답 08 ① 09 ② 10 ① 11 ②

12 색채 조화에 관한 내용으로 타당성이 가장 적은 것은?

① 채도가 높은 색끼리 조화시키기가 어렵다.
② 대비조화는 변화감과 극적인 느낌을 줄 수 있다.
③ 색채조화는 주로 색상에 관계되고, 명도와 채도는 관계없다.
④ 배색된 색들이 일정한 질서를 가질 때 조화된다.

해설

색채조화는 색상, 명도, 채도별로 해당되나 이들 속성이 적절하게 결합되어 조화를 이룬다.

13 다음 중 유사색상의 배색은?

① 빨강 – 노랑　② 연두 – 녹색
③ 흰색 – 흑색　④ 검정 – 파랑

해설 유사색(인근색) 조화

색상환에서 30~60° 각도의 범위 내에 있는 색은 서로 유사한 색상으로 매우 조화로운 색이다.
[예] 5R와 2.5YR~7.5YR, 10P와 2.5YR, 5Y(노랑)와 10YR(귤색)
※ 유사색상 배색의 느낌 : 화합적, 평화적, 안정적

14 다음 색의 설명 중 틀린 것은?

① 주황색은 녹색보다 따뜻하게 보인다.
② 황색은 녹색보다 진출하여 보인다.
③ 황색은 청색보다 커 보인다.
④ 노랑은 중명도색보다 무겁게 느껴진다.

해설 중량감(무게감) – 색의 3속성 중 주로 명도에 요인

㉠ 가벼운 색 : 명도가 높은 색
㉡ 무거운 색 : 명도가 낮은 색

15 Magenta와 cyan 물감을 혼합하였을 때 나타나는 현상과 가장 관계가 먼 것은?

① 색료의 혼합이므로 더욱 어둡게 나타난다.
② 혼합색은 청색을 띤다.
③ 혼합색의 색상은 더욱 선명해진다.
④ 혼합색은 황색과 보색관계에 있다.

해설 색료의 3원색

(1) 색료(물감)의 3원색은 청색(Cyan), 자주(Magenta), 노랑(Yellow)이다.
(2) 청색(시안)·자주(마젠타)·노랑을 여러 강도로 섞으면 어떤 색이라도 만들 수 있다. 따라서 이 3색을 감산혼합(減算混合)의 3원색이라고 한다.
(3) 혼합해서 만든 색을 2차색이라고 부른다.
㉠ 자주(M)+노랑(Y) = 빨강(R)
㉡ 노랑(Y)+파랑(C) = 초록(G)
㉢ 파랑(C)+자주(M) = 청자(B)
㉣ 자주(M)+노랑(Y)+파랑(C) = 검정(B)
※ 2차색은 원색보다 명도와 채도가 낮아진다.
※ 색료 혼합의 3원색을 모두 혼합하면 흑색(Black)이 된다.

16 눈의 구조 중 빛의 굴절이 가장 많이 일어나는 부분은?

① 각막　② 방수
③ 수정체　④ 초자체

해설 수정체(水晶體)

각막, 방수, 동공을 통과하는 빛의 물체를 잘 볼 수 있도록 핀트를 맞추어 주므로 카메라의 렌즈에 해당된다. 눈에 입사하는 빛을 망막에 정확하고 깨끗하게 초점을 맺도록 자동적으로 조절하는 역할을 한다.
※ 각막 : 눈의 앞쪽 창문에 해당되는 이 부분은 광선을 질서 정연한 모양으로 굴절시킴으로써 보는 과정의 첫 단계를 담당한다.
※ 초자체 : 수정체 뒤와 망막 사이에 안구의 형태를 구형으로 유지하는 액체이다. 만일 이 액체가 적어지면 노안시가 된다.

정답　12 ③　13 ②　14 ④　15 ③　16 ③

17 크기가 같은 물건일 경우 가장 커 보이는 물체의 색은?

① 흰색 ② 빨간색
③ 초록색 ④ 파란색

해설 면적감

같은 모양 같은 크기라도 색에 따라서 크게 보이기도 하고 작게 보이기도 한다. 이와 같은 지각현상을 팽창색이라든가 수축색이라고 부른다.
팽창색은 실제 크기보다 팽창되어 커 보이는 색을 말하며, 수축색은 실제크기보다 작게 보이는 색을 말한다. 밝은 색일수록 팽창성이 있고, 어두운 색일수록 수축성이 있다.
㉠ 팽창성 : 고명도, 고채도, 난색계통의 색
㉡ 수축성 : 저명도, 저채도, 한색계통의 색

18 유채색의 경우 보색잔상의 영향으로 먼저 본 색의 보색이 나중에 보는 색에 혼합되어 보이는 현상은?

① 계시대비 ② 명도대비
③ 색상대비 ④ 동시대비

해설 계시대비(successive contrast)

㉠ 시간적인 차이를 두고, 2개의 색을 순차적으로 볼 때에 생기는 색의 대비현상
㉡ 어떤 색을 본 후에 다른 색을 보면 단독으로 볼 때와는 다르게 보인다. 즉 나중에 보았던 색은 처음에 보았던 색의 보색에 가까워져 보이며, 채도가 증가해서 선명하게 보인다.
㉢ 계속대비 또는 연속대비라고도 한다.

19 디지털 색채에서 256단계의 음영을 갖는 색채와 동일한 의미는?

① 2bit color ② 4bit color
③ 8bit color ④ 10bit color

해설 디지털 색채

디지털(Digital)이란 문자나 영상 등을 0과 1이나 ON과 OFF라는 전자적인 부호로 전환해 표시하는 방식을 말한다. 디지털 색채는 디지털 영화나 컴퓨터 게임, 인터넷 영상 등 디지털 컨텐츠에서 색상으로 구현되는 정보코드를 말한다. 컴퓨터에서 색채를 표현할 때는 비트(bit)로 나타내게 된다.

※ 비트(bit)
㉠ 컴퓨터데이터의 가장 작은 단위로 하나의 2진수값(0과 1)을 가진다.
㉡ 픽셀 1개당 2진수 값을 표현할 수 있다.(흑과 백)
㉢ 8비트(2)를 조합하여 256음영단계(grayscale)를 가지게 된다.

20 스펙트럼은 빛의 어떠한 현상에 의한 것인가?

① 흡수 ② 굴절
③ 투과 ④ 직진

해설 스펙트럼(Spectrum)

㉠ 1666년 영국의 과학자 뉴턴(Lssac Newton)이 이탈리아에서 프리즘(Prism)을 들여와, 이 프리즘(Prism)에 태양광선이 비치면 그 프리즘을 통과한 빛은 빨강·주황·노랑·초록·파랑·남색·보라색의 단색광으로 분광되는 것을 광학적으로 증명하였다. 이와 같이 분광된 색의 띠를 스펙트럼(Spectrum)이라고 하며 무지개 색과 같이 연속된 색의 띠를 가진다.
㉡ 파장이 길고 짧음에 따라 굴절률이 다르며, 파장이 길면 굴절률도 작고 파장이 짧으면 굴절률도 크다. 빨강은 파장이 길어서 굴절률이 가장 작으며, 보라는 파장이 짧아서 굴절률이 가장 크다.
※ 파장이 긴 것부터 짧은 것 순서 : 빨강 – 주황 – 노랑 – 초록 – 파랑 – 남색 – 보라

정답 17 ① 18 ① 19 ③ 20 ②

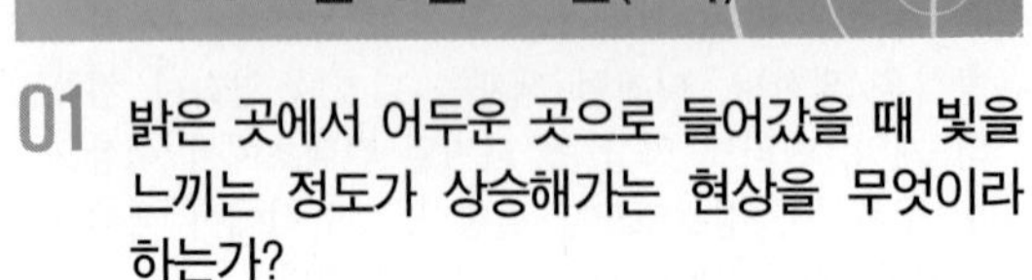

색채 및 인간공학
2012년 8월 26일(4회)

01 밝은 곳에서 어두운 곳으로 들어갔을 때 빛을 느끼는 정도가 상승해가는 현상을 무엇이라 하는가?

① 난시　　② 근시
③ 명순응　　④ 암순응

해설 명순응과 암순응

안구의 내부에 입사하는 빛의 양에 따라 망막의 감도가 변화하는 현상과 변화하는 상태

(1) 암순응(Dark Adaptation)
㉠ 밝은 곳에 있다가 어두운 곳에 들어가면 처음에는 물체가 잘 보이지 않다가 시간이 흐르면서 보이는 현상
㉡ 입사하는 빛의 양이 감소할 때는 망막의 감도가 높아진다.
㉢ 암순응 능력을 파괴하지 않기 위해서는 단파장 계열의 색(초록색, 남색 등)이 적당하다.
[예] 비상계단의 비상구 표시는 녹색으로 한다.

(2) 명순응(Light Adaptation)
㉠ 어두운 곳에서 밝은 곳으로 나갈 때, 눈이 부시고 잘 보이지 않는 현상
㉡ 입사하는 빛의 양이 증가할 때(밝아질 때)는 망막의 감도가 낮아진다. 약 40초~1분이 지나면 잘 볼 수 있다.

02 인체의 구성요소 중 차멀미를 최초로 유발하는 기관은?

① 코　　② 내이
③ 대뇌　　④ 척추

해설 귀의 구조 – 외이, 중이, 내이로 구분

㉠ 외이(外耳) : 귀바퀴, 외이도, 고막
㉡ 중이(中耳) : 고막을 경계로 하고 있다. 중이 소골이라고 하는 3개의 작은 뼈들이 고막의 진동을 내이의 난원창에 전달한다.
㉢ 내이(內耳) : 평형감각에 가장 중요한 역할을 담당하는 부분으로 달팽이관(임파액으로 차 있음)에 있고 소리를 지각하게 된다.

03 다음 중 다회전용(多回轉用)의 손잡이로 가장 적합한 것은?

①
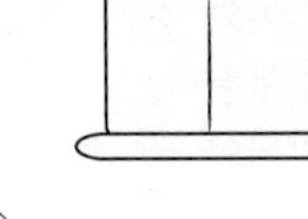

②
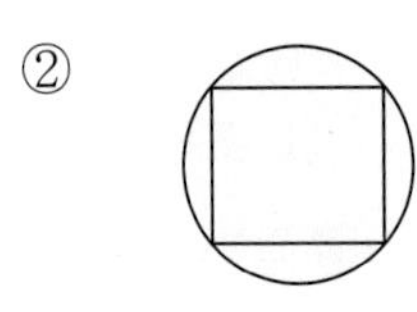
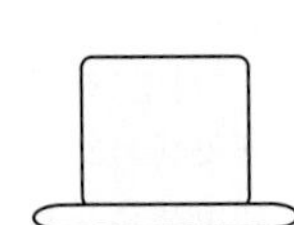

③
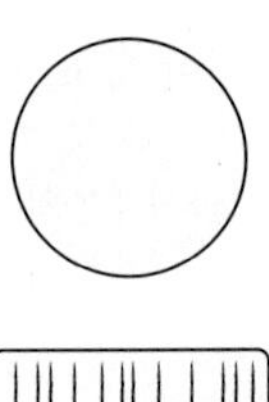

④
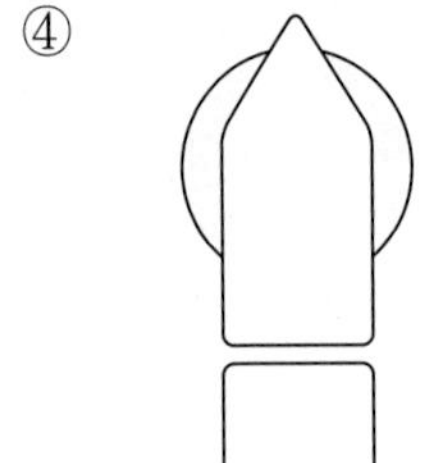

해설

③의 손잡이는 단회전용 조작장치로 사용하는 것이 적합하다.

04 인간공학에 있어 시스템 설계 과정의 주요 단계가 다음과 같은 경우 단계별 순서를 올바르게 나열한 것은?

> ① 촉진물 설계
> ② 목표 및 성능 명세 결정
> ③ 계면 설계
> ④ 기본 설계
> ⑤ 시험 및 평가
> ⑥ 체계의 정의

① ② → ⑥ → ④ → ③ → ① → ⑤
② ② → ④ → ③ → ⑥ → ① → ⑤
③ ⑥ → ③ → ④ → ② → ① → ⑤
④ ⑥ → ④ → ② → ③ → ① → ⑤

정답 01 ④ 02 ② 03 ③ 04 ①

해설 체계 설계 과정의 주요 단계(순서)

목표 및 성능 명세 결정 – 체계의 정의 – 기본 설계 – 계면(界面) 설계 – 촉진물 설계 – 시험 및 평가
※ 계면(界面)(interface) : 서로 다른 물질들을 구분하는 경계면

05 다음 중 계기를 비스듬히 보았을 때 지침이 다이얼면에서 떨어져 보임으로 발생하는 오독을 의미하는 것은?

① parallax ② parallel visual
③ optical illusion ④ visual angle

해설 시차(parallax)

동침형 시각표시장치에서 지침을 비스듬히 보았을 때 지침이 눈금에서 떨어져 보여 착각을 일으키는 것

06 다음 중 환경조건에 대한 설명으로 옳은 것은?

① 조도가 증가하면 작업능력은 지속적으로 증가한다.
② 목표물과 배경의 대비가 낮으면 식별이 어렵다.
③ 과업과 배경 사이의 휘도비(luminance ratio) 는 작을수록 좋다.
④ 조도는 항상 높게 유지하는 것이 좋다.

해설 대비(luminance contrast)

㉠ 사물이 보이는 것은 사물과 바탕이 밝은 정도의 차이와 색상의 차이가 있기 때문이다. 이처럼 표적과 배경의 밝기 차이를 대비라 한다.
㉡ 보통 표적의 광속발산도(Lt)와 배경의 광속발산도(Lb)의 차를 나타내는 척도이다.(광도대비, 휘도대비)
㉢ 목표물과 배경의 대비가 낮으면 식별이 어렵다.

07 다음 중 인간-기계 체계의 기본 유형이 아닌 것은?

① 수동 체계 ② 자동 체계
③ 인간화 체계 ④ 기계화 체계

해설 인간-기계 통합 체계의 3분류

㉠ 수동 체계(Manual System) : 수동체계는 수공구나 기타 보조물로 이루어지며 자신의 신체적인 힘을 동력원으로 사용하여 작업을 통제하는 방식
㉡ 기계화 체계(Semi-Automatic System) : 반자동 체계라고도 한다. 작업 공정의 일부분을 기계화한 것으로 동력은 기계가 제공하고 이의 조정 및 통제는 인간이 하는 방식
㉢ 자동 체계(Automatic System) : 모든 작업공정이 자동화되어 감지, 정보 보관, 정보 처리 및 의사 결정, 행동 기능을 기계가 수행하며 인간은 감시 및 프로그램 제어 등의 기능을 담당하는 통제 방식

08 온도, 압력, 속도 같이 연속적으로 변하는 변수의 대략적인 값이나 변화 추세를 알고자 할 때 주로 사용되는 시각적 표시장치는?

① 묘사적 표시장치
② 계수 표시기
③ 정량적 표시장치
④ 정성적 표시장치

해설 정성적 표시장치

㉠ 온도, 압력, 속도와 같이 연속적으로 변하는 변수의 대략적인 값이나 변화 추세, 비율 등을 알고자 할 때 주로 사용한다.
㉡ 색을 이용하여 각 범위 값들을 따로 암호화하여 설계를 최적화 시킬 수 있다.
㉢ 색채 암호가 부적합한 경우에는 구간을 형상 암호화 할 수 있다.
㉣ 상태점검, 즉 나타내는 값이 정상 상태인지의 여부를 판정하는 데도 사용한다.
※ [예] 휴대폰 전지의 잔량을 나타내는 표시기, 비행고도의 변화율 또는 추세, 화학설비의 반응온도 범위

정답 05 ① 06 ② 07 ③ 08 ④

09 다음 중 허리높이에 대한 설명으로 가장 적당한 것은?

① 직립자세에서 지면과 배꼽 밑 3cm까지의 수직거리
② 직립자세에서 지면과 팔꿈치아래점까지의 수직거리
③ 직립자세에서 지면과 손에 쥔 지름 2cm 막대의 축선까지의 수직거리
④ 직립자세에서 지면과 몸통의 오른쪽 옆 윤곽선에서 가장 들어간 곳까지의 수직거리

해설 인체계측 부위

㉠ 허리높이 : 바닥면에서 허리둘레선의 옆점까지의 수직거리
㉡ 어깨높이 : 바닥면에서 어깨점까지의 수직거리
㉢ 눈높이 : 발바닥에서 눈까지의 수직거리
※ 허리높이는 직립자세에서 지면과 몸통의 오른쪽 옆 윤곽선에서 가장 들어간 곳까지의 수직거리이다.

10 단위 면적당 표면에서 반사 또는 방출되는 광량을 무엇이라 하는가?

① 조도(照度) ② 광속(光束)
③ 광도(光度) ④ 명도(明度)

해설 광도

㉠ 단위면적당 표면에서 반사 또는 방출되는 광량
㉡ 단위 : 칸델라(candela, cd)
㉢ 대부분 표시장치에서 중요한 척도가 된다.
※ 1cd : 점광원을 중심으로 하여 $1m^2$의 면적을 뚫고 나오는 광속이 1lumen일 때 그 방향의 광도

11 눈의 기관 중 시세포가 분포하고 있는 곳은?

① 수정체 ② 망막
③ 맥락막 ④ 홍체

해설 망막

㉠ 빛이 수정체를 통과하면 수정체는 눈의 안쪽 후면 2/3를 덮고 있는 얇은 반투명 벽지 모양의 망막에 정확히 초점을 맞춘다.
㉡ 망막에는 1억 3천만 개의 감광세포가 들어 있다.
㉢ 700만개는 색을 식별하는 기능을 하는 원추모양의 원추세포 또는 추상세포이다.

※ 눈의 구조와 카메라의 비교
㉠ 동공 - 조리개의 역할
㉡ 수정체 - 렌즈의 역할
㉢ 망막 - 필름의 역할
㉣ 유두 - 셔터의 역할

12 다음 문 · 스펜서(P.Moon and D.E. Spencer)의 색채조화론 중 거리가 먼 것은?

① 동일의 조화(identity)
② 유사의 조화(similarity)
③ 대비의 조화(contrast)
④ 통일의 조화(unity)

해설 문·스펜서(P. Moon·D. E. Spencer)의 색채 조화론

정량적(定量的) 색채 조화론으로 1944년에 발표되었으며, 고전적인 색채조화의 기하학적 공식화, 색채조화의 면적, 색채조화에 적용되는 심미도 등의 내용으로 구성되어 있다.

(1) 조화의 원리
㉠ 동등(Identity) 조화 : 같은 색의 배색
㉡ 유사(Similarity) 조화 : 유사한 색의 배색
㉢ 대비(Contrast) 조화 : 대비관계에 있는 배색

(2) 부조화의 원리
㉠ 제1 부조화(First Ambiguity) : 서로 판단하기 어려운 배색
㉡ 제2 부조화(Second Ambiguity) : 유사조화와 대비조화 사이에 있는 배색
㉢ 눈부심(Glare) 조화 : 극단적인 반대색의 부조화

정답 09 ④ 10 ③ 11 ② 12 ④

13 다음 색채조화론 중 색입체로서 오메가 공간을 설정한 조화이론은?

① 오스트발트의 조화론
② 문·스펜서의 조화론
③ 저드의 조화론
④ 오스트발트와 저드의 조화론

해설 문·스펜서(P. Moon·D. E. Spencer)의 색채 조화론

두 색의 간격이 애매하지 않은 배색, 오메가(ω) 공간에 간단한 기하학적 관계가 되도록 선택한 배색을 가정으로 조화와 부조화로 분류하고, 색채 조화에 관한 원리들을 정량적인 색좌표에 의해 과학적으로 설명하였다

14 색의 3속성 중 채도의 설명으로 옳은 것은?

① 난색계와 한색계의 정도
② 색의 산뜻함이나 탁한 정도
③ 색의 밝기 정도
④ 색조의 척도

해설 채도(Chroma)

㉠ 색의 선명도를 나타낸 것으로 회색을 띄고 있는 정도 즉, 색의 순하고 탁한 정도이다.
㉡ 무채색으로부터 어느 정도의 거리가 있는가를 나타내는 척도의 단위로서 색채의 산뜻한 정 도를 나타낸다.
㉢ 무채색을 0으로 그 색상에서 가장 순수한 색이 최대의 채도 값이다. 수채물감으로 표현할 수 있는 가장 포화된 순색(純色)은 채도 10 또는 그것에 가까운 수치로 표시된다.

15 색채 표준화의 기본요건으로 거리가 먼 것은?

① 국제적으로 호환되는 기록방법
② 색채간의 지각적 등보성 유지
③ 특수집단을 위한 범용적이고 실용적인 목적
④ 모호성을 배제한 정량적 표기

해설 색채표준화

국내 전 산업의 경쟁력 향상 및 고부가가치 창출의 중요한 매개체인 색채에 대한 기준을 통일, 표준화하여 색채를 과학적이고 합리적으로 관리할 수 있는 기반을 조성하는 것을 말한다.
최소비용에 의해 산업 경쟁력을 향상 시킬 수 있는 분야로 색채표준화 없이는 과학적이고 효율적인 색채관리가 불가능하다. 이는 표준화된 색채언어로 색채를 정확히 전달하고 의사결정에 반영함으로써 색의 마찰 해소, 클레임방지, 시간절약 등 직접 생산원가 이외의 비용 발생요소를 최소화할 수 있는 수단이다. 또한 상품의 경쟁력이 감성에 의해 좌우되는 색채산업에 대한 인식제고 및 도량형의 단위를 미터법으로 하듯 색채에 대한 표준화된 언어의 정착이 필수이다.

16 컬러 인화의 색보정 방법에 관한 설명 중 옳은 것은?

① 가법 인화법을 주로 사용
② 평균 혼색 인화법을 주로 사용
③ 감색 인화법을 많이 사용
④ 병치가법 인화법을 많이 사용

해설

컬러 인화의 색보정 방법에는 감색 인화법을 많이 사용한다.
※ 감색법은 두 가지 이상의 잉크나 물감 등의 3원색 중에서 하나의 색을 흡수시켜 그 색이 반사 또는 투과하지 못하게 하여, 여러 가지 다른 색을 만드는 것을 말한다. 감색혼합(減色混合) 또는 감법혼색(減法混色)이라고도 한다. 우리가 어떤 물체에서 색을 본다는 것은 그 물체에서 반사되는 빛을 색으로 인식하는 것이다.

17 오스트발트(W.Ostwald)표색계의 원리에 대한 설명 중 틀린 것은?

① 빛을 100% 완전히 반사하는 백색
② 빛을 100% 완전히 흡수하는 흑색

정답 13 ② 14 ② 15 ③ 16 ③ 17 ③

③ 유채색 축을 중심으로 하는 24색상을 가진 등색상 삼각형
④ 특정 영영의 파장만 완전히 반사하고 나머지는 완전히 흡수하는 순색

해설 오스트발트(W. Ostwald) 표색계

㉠ 오스트발트 표색계의 특징은 먼셀 표색계처럼 색의 3속성에 따른 지각적인 등보도성을 가진 체계적인 배열이 아니고, 헤링의 4원색 이론을 기본으로 색량의 대소에 의하여, 즉 혼합하는 색량(色量)의 비율에 의하여 만들어진 체계이다.
㉡ 오스트발트 표색계의 기본이 되는 색채(Related Color)는 모든 파장의 빛을 완전히 흡수하는 이상적인 흑색(Black)을 B·모든 파장의 빛을 완전히 반사하는 이상적인 백색(White)을 W·완전색(Full, Color, 순색) C 이 세 가지의 혼합량을 기호화하여 색채를 표시하는 체계이다.
㉢ 각 색상은 명도가 밝은 색부터 황·주황·적·자·청·청녹·녹·황녹의 8가지 주요 색상을 기본으로 하고 이를 3색상씩 분할해 24색환으로 하여 1에서 24까지의 번호가 매겨져 있다. 8가지 주요 색상이 3분할되어 24색상환이 되는데 24색상환의 보색은 반드시 12번째 색이다.
㉣ 오스트발트는 백색량(W), 흑색량(B), 순색량(C)의 합을 100%로 하였기 때문에 등색상면 뿐만 아니라 어떠한 색이라도 혼합량의 합은 항상 일정하다. 가령 순색량이 없는 무채색이라면 W+B=100%가 되도록 하고 순색량이 있는 유채색은 W+B+C=100%가 된다.

18 **추상체와 간(한)상체가 동시에 함께 활동하여 색의 판단을 신뢰할 수 없는 상태는?**

① 박명시 ② 명소시
③ 항상시 ④ 암소시

해설 박명시(薄明視 ; mesopic vision)

㉠ 주간시와 야간시의 중간 상태의 시각을 박명시(mesopic vision)라고 하며, 박명시는 주간시나 야간시와 다른 밝기의 감도를 갖게 되나, 색상의 변별력은 있다.
㉡ 명소시와 암소시의 중간 밝기에서 추상체와 간상체 양쪽이 작용하는 시각의 상태로 사물의 색체와 형태를 약간 식별할 수 있다.

19 **먼셀시스템에서 10가지 기본 색상에 해당되지 않는 것은?**

① Red-Purple ② Blue
③ Yellow-Blue ④ Green

해설 먼셀(Munsell)의 표색계

㉠ 미국의 화가이며 색채연구가인 먼셀(A. H. Munsell)에 의해 1905년 창안된 체계로서 색의 3속성인 색상, 명도, 채도로 색을 기술하는 체계 방식이다.
㉡ 먼셀 색상은 각각 Red(적), Yellow(황), Green(녹), Blue(청), Purple(자)의 R, Y, G, B, P 5가지 기본색과 주황(YR), 연두(GY), 청록(BG), 남색(PB), 자주(RP)의 5가지 중간색으로 10등분 되어지고 이러한 색을 각기 10단위로 분류하여 100색상으로 분할하였다.
㉢ 각 색상에는 1~10의 번호가 붙어 5번이 색상의 대표색이다.
㉣ 우리나라에서 채택하고 있는 한국산업규격 색채 표기법이다.

20 **색의 동화현상(同化現象)에 대한 설명 중 틀린 것은?**

① 회색 줄무늬라도 청색줄무늬에 섞인 것은 청색을 띠어 보이는 현상
② 주위 색의 영향으로 인접색과 서로 반대되는 경향에 있는 현상
③ 동화를 일으키기 위해서는 색의 영역이 하나로 종합될 것이 필요함
④ 대비현상과는 반대의 현상

해설 동화현상

㉠ 동시대비와는 반대 현상이며 옆에 있는 색과 닮은 색으로 변해 보이는 현상이다.
㉡ 색상동화, 명도동화, 채도동화가 있으나 이들은 모두 동시적으로 일어나는 현상으로 줄무늬와 같이 주위를 둘러싼 면적이 작거나 하나의 좁은 시야에 복잡하고 섬세하게 배치되었을 때에 일어난다.
㉢ 회화, 그래픽 디자인, 직물디자인 등의 모든 배색 조화에 필수적인 요소이다.

정답 18 ① 19 ③ 20 ②

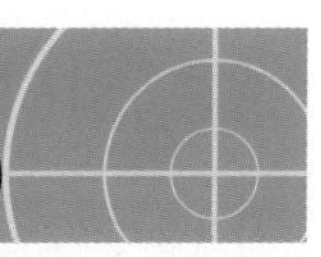

색채 및 인간공학
2013년 3월 10일(1회)

01 다음 인간-기계의 통합체계 중 반자동 체계를 무엇이라 하는가?

① 수동 체계　　② 기계화 체계
③ 정보 체계　　④ 인력이용 체계

해설 인간 - 기계 통합 체계의 3분류

㉠ 수동 체계(Manual System) : 수동체계는 수공구나 기타 보조물로 이루어지며 자신의 신체적인 힘을 동력원으로 사용하여 작업을 통제하는 방식
㉡ 기계화 체계(Semi-Automatic System) : 반자동 체계라고도 한다. 작업 공정의 일부분을 기계화한 것으로 동력은 기계가 제공하고 이의 조정 및 통제는 인간이 하는 방식
㉢ 자동 체계(Automatic System) : 모든 작업공정이 자동화되어 감지, 정보 보관, 정보 처리 및 의사 결정, 행동 기능을 기계가 수행하며 인간은 감시 및 프로그램 제어 등의 기능을 담당하는 통제 방식

02 [그림]과 같이 짐을 나르는 방법 중 단위시간당 에너지 소비량이 가장 많은 것은?

① 머리　　② 이마

③ 등, 가슴　　④ 양손

해설 단위시간당 에너지 소비량

짐을 나르는 방법의 에너지가(산소소비량) 비교

※ 짐을 나르는 방법의 에너지가(산소소비량)은 양손 〉 목도 〉 어깨 〉 이마 〉 배낭 〉 머리 〉 등·가슴 순이다.

03 오른쪽 조리대는 오른쪽 조절장치로, 왼쪽 조리대는 왼쪽 조절장치로 조정하도록 설계하는 것은 양립성의 분류 중 어느 것에 해당하는가?

① 공간 양립성　　② 운동 양립성
③ 연상 양립성　　④ 개념 양립성

해설 양립성(兩立性 ; compatibility)

인간공학에 있어 자극들 사이, 반응들 사이, 혹은 자극-반응 조합의 공간, 운동, 혹은 개념적 관계가 인간의 기대와 모순되지 않도록 하는 성질

㉠ 공간 양립성 : 어떤 사물들 특히 표시장치나 조종 장치에서 물리적 형태나 공간적인 배치의 양립성
[예] 오른쪽 조리대는 오른쪽 조절장치로, 왼쪽 조리대는 왼쪽 조절장치로 조정하도록 설계하는 것
㉡ 운동 양립성 : 표시장치, 조종 장치, 체계반응의 운동방향의 양립성
㉢ 개념 양립성 : 어떤 암호 체계에서 청색이 정상을 나타내듯이 사람들이 가지고 있는 개념적 연상의 양립성
[예] "냉·온수기의 손잡이 색상 중 빨간색은 뜨거운 물, 파란색은 차가운 물이 나오도록 설계한다."

04 다음 중 입식작업대에서 정밀한 작업을 할 때의 작업대 높이로 가장 적합한 것은?

① 팔꿈치 높이와 동일하게 한다.
② 팔꿈치 높이보다 약간 높게 한다.
③ 허리높이보다 30cm 정도 높게 한다.
④ 어깨높이보다 30cm 정도 낮게 한다.

해설 입식 작업대의 높이

(1) 서서 작업하는 사람에 맞는 작업대의 높이는 팔꿈치 높이보다 5~10cm 정도 낮은 것이 적당하다.
(2) 3종류 작업에 추천되는 작업대 높이
　㉠ 정밀 작업 : 팔꿈치 높이+(5~10cm)
　㉡ 경작업 : 팔꿈치 높이-(5~10cm)
　㉢ 중작업 : 팔꿈치 높이-(10~20cm)

정답　01 ②　02 ④　03 ①　04 ②

05 다음 중 지침의 설계시 일반적으로 고려하여야 할 사항으로 적절하지 않은 것은?

① 끝과 작은 눈금이 겹치지 않도록 한다.
② 끝은 가는 눈금선과 같은 폭으로 한다.
③ 지침은 눈금면과 일정거리 이상 거리를 둔다.
④ 끝은 디자인이 뾰족하고, 단순하게 제작한다.

해설

지침이 고정된 형이거나 또는 움직이는 형이거나를 막론하고 지침은 눈금면에 될 수 있는 한 가까워야 하나 숫자를 덮어서는 안 된다.

06 다음 중 눈의 망막은 카메라의 무엇과 비슷한 역할을 하는가?

① 셔터 ② 조리개
③ 렌즈 ④ 필름

해설 눈의 구조와 카메라의 비교

㉠ 동공 – 조리개의 역할
㉡ 수정체 – 렌즈의 역할
㉢ 망막 – 필름의 역할
㉣ 유두 – 셔터의 역할

07 다음 중 광원으로부터의 직사광에 의한 눈부심(glare)을 줄일 수 있는 방법으로 적절하지 않은 것은?

① 광원의 휘도를 줄이고 수를 늘린다.
② 광원을 시선에서 멀리 위치시킨다.
③ 휘광원 주위를 어둡게 하여 광도비를 늘린다.
④ 가리개(shield), 갓(hood) 혹은 차양(visor)을 사용한다.

해설 휘광(눈부심, glare) 처리

눈부심은 눈이 적용된 휘도보다 훨씬 밝은 광원(직사휘광) 혹은 반사광(반사휘광)이 시계 내에 있음으로써 생기며, 성가신 느낌과 불편감을 주고 시성능을 저하시킨다.

※ 광원으로부터의 직사휘광 처리
㉠ 광원의 휘도를 줄인다.
㉡ 광원의 수를 늘린다.
㉢ 광원을 시선에서 멀리 둔다.
㉣ 휘광원 주위를 밝게 하여 광속발산비를 줄인다.

08 음원과 관측자가 서로 상대 속도를 가질 때 음원의 소리보다 더 높거나 낮은 소리를 듣게 되는 현상을 무엇이라 하는가?

① 도플러 효과 ② 가현 운동
③ 은폐 작용 ④ 여파 작용

해설 도플러(Doppler) 효과

㉠ 음원과 관측자가 서로 상대 속도를 가질 때 음원의 소리보다 더 높거나 낮은 소리를 듣게 되는 현상
㉡ 접근해오는 기차의 기적소리를 들어보면, 기차가 점점 다가올 때는 소리가 높이 들리다가 지나쳐서 점점 멀어지게 되면 갑자기 낮은 소리로 들린다.

※ 은폐(엄폐) 작용 : 동시에 두음을 들을 때 한쪽 음으로 인해 다른 음이 잘 들리지 않는 것으로 음의 한 성분이 다른 성분에 대한 귀의 감수성을 감소시키는 작용을 한다.
※ 가현운동 : 정지하고 있는 물체가 적당한 시간 간격으로 나타나거나 없어지는 동작을 반복하게 되면 물체가 이동하는 것처럼 인식되는 현상

09 다음 중 1cd의 점광원으로부터 1m 떨어진 구면에 비추는 광의 밀도는?

① 1fc ② 1L
③ 1lux ④ 1fL

정답 05 ③ 06 ④ 07 ③ 08 ① 09 ③

해설 조도

㉠ 표면에 도달하는 광의 밀도($1m^2$당 1lm의 광속이 들어 있는 경우 1Lux)
㉡ 단위 : 룩스(lux, lx)
㉢ 조도 = 광도/(거리)^2

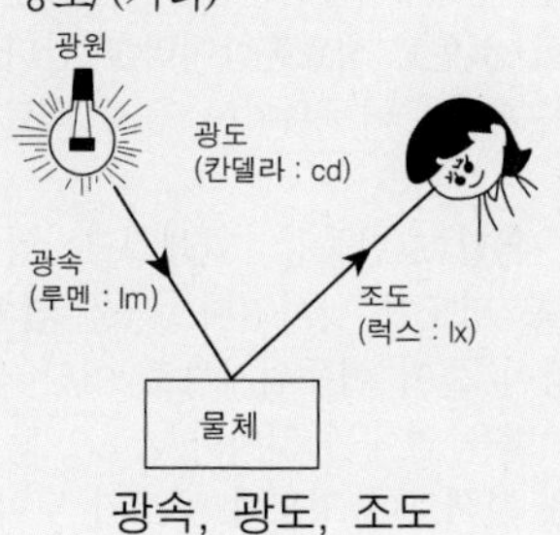

광속, 광도, 조도

10 다음 중 팔을 옆으로 드는 동작과 같이 신체 부위의 운동 동작에서 몸의 중심선으로부터의 이동을 의미하는 것은?

① 굴곡(flexion) ② 신전(extension)
③ 내전(adduction) ④ 외전(abduction)

해설 관절에 관한 용어

① 굴곡(유착, flexion) : 신체 부분을 좁게 구부리거나 각도를 좁히는 동작으로 팔과 다리의 굴곡 외에 몇 가지의 굴곡 동작이 있다.
② 신전(확장, extension) : 신체의 부위를 곧게 펴거나 각도를 늘리는 동작으로 굴곡에서 다시 돌아보는 동작을 말한다. 보통의 범위 이상의 관절 운동을 최대 신장이라고 한다.
③ 내전(adduction) : 신체의 부분이나 부분의 조합이 신체의 중앙이나 그것이 붙어있는 방향으로 움직이는 동작
④ 외전(abduction) : 신체의 중앙이나 신체의 부분이 붙어있는 부위에서 멀어지는 방향으로 움직이는 동작

11 무지개의 색을 빨강, 주황, 노랑, 녹색, 파랑, 보라로 구분하는 것은 색의 어떤 속성에 의한 분류인가?

① 채도 ② 색조
③ 명도 ④ 색상

해설

뉴턴은 프리즘을 이용하여 가시광선을 빨강, 주황, 노랑, 녹색, 파랑, 남색, 보라의 연속띠로 나누는 분광 실험에 성공하였다. 이것은 파장이 길면 굴절률이 작고, 파장이 짧으면 굴절률이 크기 때문에 일어나는 현상이다. 이와 같이 분광된 색의 띠를 스펙트럼(Spectrum)이라고 하며 무지개 색과 같이 연속된 색의 띠를 가지는데 이의 구분은 색상에 의한 분류에 해당된다.

12 채도는 색의 강약의 정도를 말하며 3종류로 구분할 수 있다. 다음 중 알맞은 것은?

① 암색, 순색, 청색
② 순색, 청색, 탁색
③ 순색, 보색, 탁색
④ 암색, 청색, 보색

해설 채도(Chroma)

(1) 채도(Chroma)란 색의 맑기로 색의 선명도, 즉 색채의 강하고 약한 정도를 말한다.
㉠ 맑은 색(Clear Color) : 가장 깨끗한 색깔을 지니고 있는 채도가 가장 높은 색을 말한다.
㉡ 탁색(Dull Color) : 탁하거나 색 기미가 약하고 선명하지 못한 색, 즉 채도가 낮은 색을 말한다.
㉢ 순색(Solid Color) : 동일 색상 중에서도 가장 채도가 높은 색을 말한다.
(2) 색의 혼합량으로 생각해 본다면 어떠한 색상의 순색에 무채색(흰색이나 검정)의 포함량이 많을수록 채도가 낮아지고, 포함량이 적을수록 채도가 높아진다.
(3) 채도는 순색에 흰색을 섞으면 낮아진다.
(4) 채도는 명도가 독립적으로 나타낼 수 있는 것과는 달리 색상이 있을 때만 나타낸다.
(5) 검정, 회색, 하양은 무채색이므로 채도가 없다.

13 다음 중 가장 진출, 팽창되어 보이는 색은?

① 채도가 높은 한색계열
② 명도가 낮은 난색계열
③ 채도가 높은 난색계열
④ 명도가 높은 한색계열

정답 10 ④ 11 ④ 12 ② 13 ③

해설 진출과 후퇴, 팽창과 수축

㉠ 진출, 팽창색 : 고명도, 고채도, 난색 계열의 색
- 예 : 적, 황

㉡ 후퇴, 수축색 : 저명도, 저채도, 한색 계열의 색
- 예 : 녹, 청

※ 빨강(적)에서 노랑(황)까지는 난색계의 따뜻한 색으로 진출성, 팽창성이 있다.

※ 같은 색상일 경우 명도가 높으면 팽창해 보이고, 명도가 낮으면 수축해 보인다.

14 다음 중 먼셀의 20색상환에서 보색대비의 연결은?

① 노랑 – 남색　② 파랑 – 초록
③ 보라 – 노랑　④ 빨강 – 감청

해설 보색

㉠ 서로 반대되는 색상, 즉 색상환에서 180도 반대편에 있는 색이다.

㉡ 색상이 다른 두 색을 적당한 비율로 혼합하여 무채색(흰색·검정·회색)이 될 때 이 두 빛의 색으로 여색(餘色)이라고도 한다. 빨강과 녹색, 노랑과 파랑, 녹색과 보라 등의 색광은 서로 보색이며, 이들의 어울림을 보색대비라 한다.

㉢ 색상환 속에서 서로 마주보는 위치에 놓인 색은 모두 보색관계를 이루는데 이들을 배색하면 선명한 인상을 준다. 이것은 눈의 망막상의 색신경이 어떤 색의 자극을 받으면 그 색의 보색에 대한 감수성이 높아지기 때문이다.

㉣ 예를 들면, 색종이를 응시한 뒤에 갑자기 흰 종이에 시선을 옮기면 색종이에 보색의 상이 보이게 되는데 이것을 보색의 잔상 또는 음성 잔상이라 한다.

15 오렌지색과 검정색의 색료혼합 결과, 혼합 전의 오렌지색과 비교하였을 때 채도의 변화는?

① 낮아진다.
② 혼합하기 전과 같다.
③ 높아진다.
④ 검정색의 혼합량에 따라 높거나 낮아진다.

해설 색료혼합[감산혼합(감법혼색)]

㉠ 색료의 혼합으로 색료 혼합의 3원색은 청색(Cyan), 자주(Magenta), 노랑(Yellow)이다.

㉡ 색료를 혼합하여 색필터를 겹치거나 그림물감을 혼합하는 방법을 감산혼합(減算混合) 또는 감법혼색(減法混色), 색료혼합이라고 한다.

㉢ 혼합할수록 더 어두워지는 물감(색료)의 혼합을 말한다.

㉣ 색료의 혼합(그림물감, 인쇄잉크, 염료 등)으로 섞을수록 명도가 낮아진다. 색을 겹치면 그만큼 빛의 양이 줄어 어두워지므로 어떤 색에서 어떤 부분의 빛을 없애는 것이다.

㉤ 2차색은 원색보다 명도와 채도가 낮아진다.

16 오스트발트 색채조화론에 관한 설명으로 틀린 것은?

① 무채색 단계에서 같은 간격으로 선택한 배색은 조화된다.
② 등색상 3각형의 아래쪽 사변에 평행한 선상의 색들은 조화된다.
③ 등색상 3각형의 위쪽 사변에 평행한 선상의 색들은 조화된다.
④ 색상 일련번호의 차가 8~9일 때 유사색 조화가 생긴다.

해설 오스트발트의 색채 조화론

(1) 무채색의 조화 : 무채색 단계 속에서 같은 간격의 순서로 배색한 색은 조화된다.
(2) 등백색 계열의 조화 : 등색상 3각형의 아래쪽 사변에 평행한 선상의 색들은 조화된다.
(3) 등흑색 계열의 조화 : 등색상 3각형의 위쪽 사변에 평행한 선상의 색들은 조화된다.
(4) 등가색환의 조화
  ㉠ 유사색 조화 : 색상번호의 차가 4 이하
  ㉡ 이색 조화 : 색상번호의 차가 6~8
  ㉢ 반대색 조화 : 색상번호의 차가 12

정답 14 ① 15 ① 16 ④

17 다음 기업이나 단체에서 색채계획(Color policy)을 하는 과정으로 그 순서가 옳은 것은?

① 색채심리분석 → 색채환경분석 → 색채전달계획 → 디자인의 적용
② 색채환경분석 → 색채심리분석 → 색채전달계획 → 디자인의 적용
③ 색채전달계획 → 색채심리분석 → 색채환경분석 → 디자인의 적용
④ 색채환경분석 → 색채전달계획 → 색채심리분석 → 디자인의 적용

해설 색채계획 과정

색채환경분석 – 색채심리분석 – 색채전달계획 – 디자인에 적용
(1) 색채환경분석
㉠ 기업색, 상품색, 선전색, 포장색 등 경합업체의 관용색 분석·색채 예측 데이터의 수집
㉡ 색채 예측 데이터의 수집 능력, 색채의 변별, 조색 능력이 필요
(2) 색채심리분석
㉠ 기업 이미지, 색채, 유행 이미지를 측정
㉡ 심리 조사 능력, 색채 구성 능력이 필요
(3) 색채전달계획
㉠ 기업 색채, 상품색, 광고색을 결정
㉡ 타사 제품과 차별화 시키는 마케팅 능력과 컬러 컨설턴트 능력이 필요
(4) 디자인에 적용
㉠ 색채의 규격과 시방서의 작성 및 컬러 매뉴얼의 작성
㉡ 아트 디렉션의 능력이 필요

18 오스트발트의 색채조화론에서 무채색 축의 기호가 아닌 것은?

① a ② c
③ e ④ k

해설 오스트발트 색기호

W에서 B방향으로 a, c, e, g, i, l, n, p라는 알파벳을 표기한다. 무채색축은 알파벳의 차례를 하나씩 건너뛴 기호를 나타낸다. a는 가장 밝은 색표의 흰색량이며, p는 가장 어두운 색표의 검정량을 나타낸다.

[흰색량·검정량의 함량 비율 비교표]

기호	a	c	e	g	i	l	n	p
흰색량	89	56	35	22	14	8.9	5.6	3.5
검정량	11	44	65	78	86	91.1	94.4	96.5

[예] 「17nc」라면 색상 번호가 17이고, 흰색량은 5.6%, 흑색량은 44%로 순색량 C는 100-(5.6+44)=50.4%를 의미한다.
[예] 「17lc」라면 색상 번호가 17이고, 흰색량은 8.9%, 흑색량은 44%로 순색량 C는 100-(8.9+44)=47.11%의 약간 회색기미의 청록색임을 의미한다.

19 계시대비 실험에서 청록색 종이를 보다가 흰색 종이를 보면 어떻게 느껴지는가?

① 보라 기미가 느껴진다.
② 노랑 기미가 느껴진다.
③ 연두 기미가 느껴진다.
④ 빨강 기미가 느껴진다.

해설 계시대비

㉠ 시간적인 차이를 두고, 2개의 색을 순차적으로 볼 때에 생기는 색의 대비현상으로 계속대비 또는 연속대비라고도 한다.
㉡ 어떤 색을 본 후에 다른 색을 보면 단독으로 볼 때와는 다르게 보인다. 즉 나중에 보았던 색은 처음에 보았던 색의 보색에 가까워져 보이며, 채도가 증가해서 선명하게 보인다.
㉢ [예] 파랑을 한참 본 뒤에 나타난 빨강은 보다 선명하게 보이는데 이것은 파랑의 보색인 주황이 빨강에 겹쳐 보였기 때문이다. 이것은 파랑의 보색잔상의 영향 때문이다.

20 우리 눈의 구조 중 카메라의 렌즈와 같은 역할을 하는 부분은?

① 망막 ② 글라스체
③ 수정체 ④ 눈꺼풀

해설 눈의 구조와 카메라의 비교

㉠ 동공 – 조리개의 역할
㉡ 수정체 – 렌즈의 역할
㉢ 망막 – 필름의 역할
㉣ 유두 – 셔터의 역할

정답 17 ② 18 ④ 19 ④ 20 ③

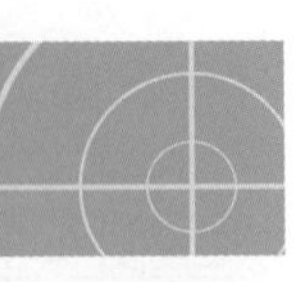

색채 및 인간공학 2013년 6월 2일(2회)

01 운동의 속도에 관한 생체 역학적 설명 중에서 틀린 것은?

① 손의 수직운동은 수평운동보다 빠르다.
② 운동의 최대속도는 이동시키는 하중에 일반적으로 반비례한다.
③ 최대속도에 이르는 시간은 하중에 비례하여 증가한다.
④ 연속적인 곡선운동이 여러 번 방향을 바꾸는 운동보다 빠르다.

해설

손의 수평운동은 수직운동보다 빠르다.

02 눈의 기본 구조에서 빛을 가장 먼저 접하는 곳은?

① 수정체(lens)
② 망막(retina)
③ 각막(cornea)
④ 초자체(vitreous humor)

해설

① 수정체 : 각막, 방수, 동공을 통과하는 빛의 물체를 잘 볼 수 있도록 핀트를 맞추어 주므로 카메라의 렌즈에 해당된다.
② 망막 : 대상물에서 오는 빛을 받으며, 이 빛은 수정체에서 굴절되어 상하가 거꾸로 된 상을 비춘다.
③ 각막 : 눈의 앞쪽 창문에 해당되는 이 부분은 광선을 질서 정연한 모양으로 굴절시킴으로써 보는 과정의 첫 단계를 담당한다.
④ 초자체 : 수정체 뒤와 망막 사이에 안구의 형태를 구형으로 유지하는 액체이다. 만일 이 액체가 적어지면 노안시가 된다.

03 소음이 발생하는 작업환경에서 소음방지 대책으로 가장 소극적인 형태의 방법은?

① 차단벽 설치
② 소음원의 격리
③ 작업자의 보호구 착용
④ 저소음기계의 사용

해설 소음(noise)을 통제하는 일반적인 방법

㉠ 소음원을 통제
㉡ 소음의 격리
㉢ 차폐장치 및 흡음재 사용
㉣ 음향 처리재 사용
㉤ 소음원의 설비를 적절하게 배치
※ 작업자의 보호구 착용은 소극적인 소음방지대책이다.

04 활자의 지면에 있어 단어와 단어 사이의 간격은 얼마만큼 떨어져 있어야 가장 적합한가?

① 1획의 너비 ② 3획의 너비
③ 4획의 너비 ④ 6획의 너비

해설

활자의 지면에 있어 단어와 단어 사이의 간격은 3획의 너비만큼 떨어져 있어야 가장 적합하다.
☞ 글자의 굵기 : 글자의 폭 : 글자의 높이 = 1 : 4 : 6 에서 오독률이 가장 적어진다.

05 다음 중 실내의 추천반사율이 가장 낮은 것은?

① 창문 ② 벽
③ 천장 ④ 바닥

해설 실내조명의 추천반사율(IES)

천장 80~90% 〉 벽 40~60% 〉 탁상, 작업대, 기계 25~45% 〉 바닥 20~40%

정답 01 ① 02 ③ 03 ③ 04 ② 05 ④

06 표시 장치로 나타내는 정보의 유형에서 연속적으로 변하는 변수의 대략적인 값이나 변화의 추세, 변화율 등을 알고자 할 때 사용되는 정보는?

① 정량적 정보 ② 정성적 정보
③ 시차적 정보 ④ 묘사적 정보

해설 정성적 표시장치

㉠ 온도, 압력, 속도와 같이 연속적으로 변하는 변수의 대략적인 값이나 변화 추세, 비율 등을 알고자 할 때 주로 사용한다.
㉡ 색을 이용하여 각 범위 값들을 따로 암호화하여 설계를 최적화 시킬 수 있다.
㉢ 색채 암호가 부적합한 경우에는 구간을 형상 암호화 할 수 있다.
㉣ 상태점검, 즉 나타내는 값이 정상 상태인지의 여부를 판정하는 데도 사용한다.
[예] 휴대폰 전지의 잔량을 나타내는 표시기, 비행고도의 변화율 또는 추세, 화학설비의 반응온도 범위

07 촉각 중 일반적으로 피부의 단위 면적에서 신경의 수가 가장 많은 피부감각은?

① 냉각 ② 온각
③ 압각 ④ 통각

해설 피부감각

㉠ 피부로 느낄 수 있는 4가지 감각 : 통각, 압각, 냉각, 온각이 있고 이들 감각의 감수성은 통각이 가장 많고 온각이 가장 낮다.
㉡ 피부의 자극점 분포 : 1cm^{2}당 통점 100~200개, 압점 15~30개, 냉점 6~23개, 온점 0~3개
㉢ 피부로 느끼는 4가지 감각이 함께 작용하여 탄성, 점성, 간지러움, 가려움 등을 감지할 수 있다. 이 분야에 대한 연구가 유성학(Rheology)이라는 학문으로 발전하였다.

08 다음 인체계측치의 응용상 주의할 사항 중 틀린 것은?

① 인체는 항시 움직이므로 여유치수를 감안하여야 한다.
② 일반적으로 모든 부위에 대하여 평균치를 사용하는 것이 적합하다.
③ 장치 설계시 90퍼센타일 이상의 큰 치수를 가진 그룹의 측정치도 참고할 필요가 있다.
④ 신체 각 부의 너비와 두께에 대하여는 체중과 거의 정비례하는 것으로 간주할 수 있다.

해설

평균치는 대다수의 사람에게 부적합하다는 점에 유념해야 한다.

09 영상표시단말기 취급근로자의 시선은 화면 상단과 눈높이가 일치할 정도로 한다. 작업 화면상의 시야 범위는 수평선상으로부터 어떻게 되어야 하는가?

① 10~15° 밑에 오도록 한다.
② 10~15° 위로 오도록 한다.
③ 20~25° 밑에 오도록 한다.
④ 20~25° 위로 오도록 한다.

해설 영상표시단말기(VDT) 취급

㉠ 눈으로부터 화면까지의 시거리는 40cm 이상을 유지한다.
㉡ 작업자의 시선은 수평선상으로부터 아래로 10~15° 이내가 되도록 한다.
㉢ 아랫팔은 손등과 일직선을 유지하여 손목이 꺾이지 않도록 한다.
㉣ 키보드의 경사는 5도 이상 15도 이하, 두께는 3cm 이하로 할 것

정답 06 ② 07 ④ 08 ② 09 ①

10 **다음 중에서 인간 능력의 특성에 적합하도록 작업이나 시스템을 설계하기 위하여 각 작업의 명세를 마련하는 방법은?**

① 작업순환(Job rotation)
② 작업설계(Job design)
③ 직무분석(Task analysis)
④ 작업확대(Job enlargement)

해설

직무분석(Task analysis)이란 인간 능력의 특성에 적합하도록 작업이나 시스템을 설계하기 위하여 각 작업의 명세를 마련하는 방법을 말한다.

11 **색료를 혼색한 결과 중에서 틀린 것은?**

① 빨강(Red) + 파랑(Blue) + 녹(Green) = 흑(Black)
② 마젠타(Magenta) + 시안(Cyan) = 파랑(Blue)
③ 녹(Green) + 마젠타(Magenta) = 노랑(Yellow)
④ 노랑(Yellow) + 마젠타(Magenta) = 빨강(Red)

해설 색료의 3원색

(1) 색료(물감)의 3원색은 청색(Cyan), 자주(Magenta), 노랑(Yellow)이다.
(2) 청색(시안)·자주(마젠타)·노랑을 여러 강도로 섞으면 어떤 색이라도 만들 수 있다. 따라서 이 3색을 감산혼합(減算混合)의 3원색이라고 한다.
(3) 혼합해서 만든 색을 2차색이라고 부른다.
㉠ 자주(M)+노랑(Y) = 빨강(R)
㉡ 노랑(Y)+파랑(C) = 초록(G)
㉢ 파랑(C)+자주(M) = 청자(B)
㉣ 자주(M)+노랑(Y)+파랑(C) = 검정(B)
※ 2차색은 원색보다 명도와 채도가 낮아진다.
※ 색료 혼합의 3원색을 모두 혼합하면 흑색(Black)이 된다.
☞ 녹(Green) + 마젠타(Magenta) = 녹적

12 **다음 중에서 파장이 가장 짧은 색은?**

① 빨강 ② 보라
③ 노랑 ④ 초록

해설

뉴턴은 프리즘을 이용하여 가시광선을 빨강, 주황, 노랑, 녹색, 파랑, 남색, 보라의 연속띠로 나누는 분광 실험에 성공하였다. 파장이 길고 짧음에 따라 굴절률이 다르며, 파장이 길면 굴절률도 작고 파장이 짧으면 굴절률도 크다. 빨강은 파장이 길어서 굴절률이 가장 작으며, 보라는 파장이 짧아서 굴절률이 가장 크다.
※ 파장이 긴 것부터 짧은 것 순서 : 빨강 – 주황 – 노랑 – 초록 – 파랑 – 남색 – 보라

13 **동일한 회색바탕의 하양줄무늬와 검정줄무늬의 경우, 바탕의 회색이 하양줄무늬의 영향으로 더 밝아 보이고, 바탕의 회색이 검정줄무늬의 영향으로 더욱 어둡게 보이는 현상은?**

① 맥컬로 효과 ② 베졸트 효과
③ 명도대비 효과 ④ 애브니 효과

해설 베졸드 효과

색을 직접 섞지 않고 색점을 섞어 배열함으로써 전체 색조를 변화시키는 효과이다. 대비와는 반대되는 효과로 배경색이 더 밝아 보인다. 이것은 명도 대비와 반대되는 효과로 동화 현상 혹은 베졸드 효과라 불리는 현상이다.
※ 하나의 색만을 변화시키거나 더함으로서 디자인 전체의 배색을 변화시킬 수 있다는 '베졸드(Willhelm Von Bezold)의 효과'는 병치혼합 원리를 이용한 것이다.

14 **간상체는 전혀 없고 색상을 감지하는 세포인 추상체만이 분포하여 망막과 뇌로 연결된 시신경이 접하는 곳으로 안구로 들어온 빛이 상으로 맺히는 지점은?**

① 각막 ② 중심와
③ 수정체 ④ 맹점

정답 10 ③ 11 ③ 12 ② 13 ② 14 ②

해설

망막상에서 상의 초점이 맺히는 부분을 중심와(中心窩)라 한다. 정보 대상을 중심와에서 고밀도 처리한다.
① 각막 : 눈의 앞쪽 창문에 해당되는 이 부분은 광선을 질서 정연한 모양으로 굴절시킴으로써 보는 과정의 첫 단계를 담당한다.
③ 수정체 : 각막, 방수, 동공을 통과하는 빛의 물체를 잘 볼 수 있도록 핀트를 맞추어 주므로 카메라의 렌즈에 해당된다.
④ 맹점 : 시속 유두 때문에 광수용 세포가 중단되고 있는데 이 부분이 맹점이다. 시세포가 없어 빛이 모아져서 상이 맺혀져도 아무것도 볼 수가 없게 된다. 발견한 사람의 이름을 따서 마리오뜨의 맹점(Mariotte's Blind Spot) 또는 맹점이라 부른다.

15 다음 중 색의 항상성(Color Constancy)을 바르게 설명한 것은?

① 빛의 양과 거리에 따라 색채가 다르게 인지된다.
② 배경색에 따라 색채가 변하여 인지된다.
③ 조명에 따라 색채가 다르게 인지된다.
④ 배경색과 조명이 변해도 색채는 그대로 인지된다.

해설 항상성(恒常性, constancy)

㉠ 물체에서 반사광의 분광특성이 변화되어도 거의 같은 색으로 보이는 현상으로 조명조건이 바뀌어도 일정하게 유지되는 색채의 감각을 말한다.
㉡ 항상성은 보는 밝기와 색이 조명등의 물리적 변화에 응하여 망막자극의 변화와 비례하지 않는 것을 말한다.
㉢ 밝기의 항상성은 밝은 물건 쪽이 강하며, 색의 항상성은 색광시야가 크면 강하다.
㉣ 흰 종이를 어두운 곳이나 밝은 곳에서 보았을 때 어두운 곳에 있을 때가 더 밝게 보이지만 여전히 우리 눈은 흰 종이를 인식한다.

16 다음 안전색채나 안전색광을 선택하는데 고려하여야 할 내용 중에서 가장 잘못된 것은?

① 박명효과(푸르킨예 현상)를 고려해야 한다.
② 색채로서 직감적 연상을 일으켜야 한다.
③ 색의 쓰이는 의미가 적절해야 한다.
④ 색채를 사용해 왔던 관습은 무시해야 한다.

해설 안전색채의 조건

㉠ 기능적 색채효과를 잘 나타낸다.
㉡ 색상 차가 분명해야 한다.
㉢ 재료의 내광성과 경제성을 고려해야 한다.
㉣ 국제적 통일성을 가져야 한다.
㉤ 직감적 연상을 일으킬 수 있는 것으로 푸르킨예 현상(박명효과)과 흥분작용을 고려하여 선택한다.
㉥ 검정색 같은 무채색도 사용되므로 원색만을 사용하는 것이 아님을 유의해야 한다.
※ 색채를 사용해 왔던 관습도 고려한다.

17 문·스펜서(P.Moon and D.E.Spencer)의 색채 조화론에 대한 설명 중에서 옳은 것은?

① 색의 면적 효과에서 작은 면적의 강한 색과 큰 면적의 약한 색과는 잘 조화된다.
② 미국의 CCA(Container Corporation of America)에서 컬러 하모니 메뉴얼(Color Harmony Manual)을 간행하면서 실제면에 이용되었다.
③ 질서의 원리, 숙지의 원리, 동류의 원리, 비모호성의 원리 등이 있다.
④ 색상환을 24등분하고 명도단계를 8등분하여 등색상 삼각형을 만들고 이것은 28등분 하였다.

해설 문·스펜서(P. Moon·D. E. Spencer)의 면적효과

㉠ 색채조화에 배색이 면적에 미치는 영향을 고려하여 종래의 저채도의 약한 색은 면적을 넓게, 고채도의 강한 색은 면적을 좁게 해야 균형이 맞는다는 원칙을 정량적으로 이론화 하였다. (스컬러 모멘트, scalar moment)
㉡ 약한 색은 강한 색의 6.5배의 면적으로 하면 두 색은 어울린다.

정답 15 ④ 16 ④ 17 ①

18 **채도대비(彩度對比)에 관한 설명 중에서 옳은 것은?**

① 어떤 중간색을 무채색위에 위치시키면 채도가 낮아 보이고, 같은 색상의 밝은 색위에 위치시키면 원래보다 채도가 높아 보인다.
② 어떤 중간색을 무채색 위에 위치시키면 원래의 색보다 채도가 높아 보인다.
③ 어떤 중간색을 같은 색상의 밝은 색 위에 위치시키면 채도가 낮아 보이고, 무채색 위에 위치시키면 원래의 채도와 같아 보인다.
④ 어떤 중간색을 같은 색상의 밝은 색 위에 위치시키면 원래의 색보다 채도가 높아 보인다.

해설 채도대비(Saturation Contrast)

㉠ 어떤 색의 주위에 그것보다 선명한 색이 있으면 그 색의 채도가 원래 가지고 있는 채도보다 낮게 보이는 현상
㉡ 배경색의 채도가 낮으면 도형의 색이 더욱 선명해 보인다.

19 **문·스펜서의 색채 조화론에 관한 설명 중에서 틀린 것은?**

① 배색의 쾌적도를 실험적으로 증명하려고 하였다.
② 이 이론은 실용적인 가치가 크다.
③ 배색 조화의 법칙에 분명한 체계성을 부여하려 했다.
④ 컴퓨터그래픽 분야에서 정량적인 분석에 의한 색채 조명을 가능하게 할 수 있다.

해설 문·스펜서(P. Moon·D. E. Spencer)의 조화론

두 색의 간격이 애매하지 않은 배색, 오메가(ω) 공간에 간단한 기하학적 관계가 되도록 선택한 배색을 가정으로 조화와 부조화로 분류하고, 색채 조화에 관한 원리들을 정량적인 색좌표에 의해 과학적으로 설명하였다.

(1) 색채조화
① 조화의 원리 : 동등 조화, 유사 조화, 대비 조화
② 부조화의 원리 : 제1 부조화, 제2 부조화, 눈부심 조화

(2) 면적효과
① 색채조화에 배색이 면적에 미치는 영향을 고려하여 종래의 저채도의 약한 색은 면적을 넓게, 고채도의 강한 색은 면적을 좁게 해야 균형이 맞는다는 원칙을 정량적으로 이론화 하였다.
② 약한 색은 강한 색의 6.5배의 면적으로 하면 두 색은 어울린다.

(3) 미도(美度)
① 배색에서 아름다움의 정도를 수량적으로 계산에 의해 구하는 것
② 버어크호프(G. D. Bir-khoff) 공식
M = O/C
M는 미도(美度), O는 질서성의 요소, C는 복잡성의 요소

20 **다음 중 색을 전달하기 위한 색의 표시방법과 관련 있는 것은?**

① 먼셀 표기법
② 유도법
③ 메타메리즘
④ 베버와 페히너의 법칙

해설 먼셀(Munsell)의 표색계

㉠ 미국의 화가이며 색채연구가인 먼셀(A. H. Munsell)에 의해 1905년 창안된 체계로서 색의 3속성인 색상, 명도, 채도로 색을 기술하는 체계 방식이다.
㉡ 먼셀 색상은 각각 Red(적), Yellow(황), Green(녹), Blue(청), Purple(자)의 R, Y, G, B, P 5가지 기본색과 주황(YR), 연두(GY), 청록(BG), 남색(PB), 자주(RP)의 5가지 중간색으로 10등분 되어지고 이러한 색을 각기 10단위로 분류하여 100색상으로 분할하였다.
㉢ 각 색상에는 1~10의 번호가 붙어 5번이 색상의 대표색이다.
㉣ 우리나라에서 채택하고 있는 한국산업규격 색채 표기법이다.

정답 18 ② 19 ② 20 ①

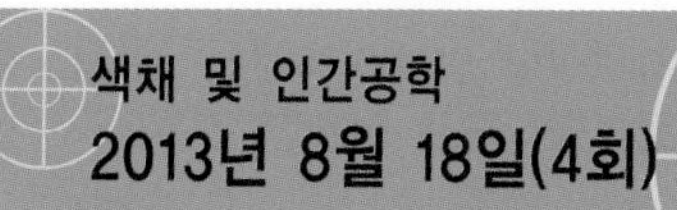

01 1촉광의 점광원으로부터 1m 떨어진 곡면에 비추는 광의 밀도를 무엇이라 하는가?

① lambert ② nit
③ foot – candle ④ lux

해설 조도

㉠ 표면에 도달하는 광의 밀도($1m^2$당 1 lm의 광속이 들어 있는 경우 1lux)
㉡ 단위 : 룩스(lux, lx), lm/m^2
㉢ 조도 $= \dfrac{광도}{(거리)^2}$

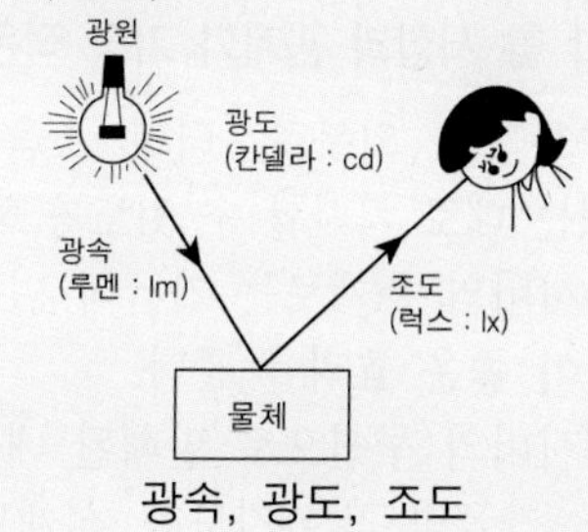

광속, 광도, 조도

02 다음 중 눈부심의 발생이 최대가 되는 경우는?

① 눈높이 위로 광원이 보이는 경우
② 주위가 밝고 광원이 어두운 경우
③ 시야 내에 휘도의 차이가 큰 경우
④ 휘도가 낮은 광원이 간접적으로 보일 경우

해설

눈부심의 발생이 최대가 되는 경우는 시야 내에 휘도의 차이가 큰 경우이다.
광원으로부터의 직사휘광을 처리하는 방법은 광원의 휘도를 줄이고, 광원의 수를 늘이며, 광원을 시선에서 멀리 둔다.

03 다음 중 폰(phon)에 관한 설명으로 틀린 것은?

① 소리의 강도단위이다.
② 특정 음과 같은 크기로 들리는 1000Hz 순음의 음압 수준(dB)값으로 정의된다.
③ 폰값은 음의 상대적인 크기를 나타낸다.
④ 1,000Hz, 40dB 음은 40폰에 해당된다.

해설 phon(폰)

㉠ 귀에 들리는 소리의 크기가 같다고 느껴지는 1,000Hz의 순음의 음압레벨(귀의 감각적 변화를 고려한 주관적인 척도)
㉡ 같은 크기로 들리는 소리를 주파수별 음압수주를 측정하여 등감도곡선(Loudness curve)을 얻는다. 이 소리의 크기를 나타내는 단위가 폰(phon)이다.
㉢ 1,000Hz 순음의 음압이 최소 가청 값에 해당하는 $20\mu Pa(=20\mu N/m^2)$일 때를 0폰으로 한다.
※ 등감도 곡선(Loudness curve)에서 1000Hz의 100dB의 소리와 같은 크기로 들리는 소리는 100폰이다.
※ 음의 크기를 정하는 3가지 단위
㉠ 데시벨(dB) : 음압 측정 비교
㉡ 폰(phon) : 청각의 감각량으로서 음의 크기 레벨의 단위(주관적인 척도)
㉢ 손(sone) : 청각의 감각량으로서 음의 감각적 크기를 보다 직접적으로 표시하기 위한 단위

04 다음 중 인간의 오류를 줄이는 가장 적극적인 방법은?

① 수용기제어(receiver control)
② 오류근원제어(source control)
③ 오류경로제어(path control)
④ 작업조건의 법제화(legislative system)

해설

인간의 오류를 줄이는 방법에는 오류경로제어(path control), 오류근원제어(source control), 수용기제어(receiver control) 등이 있다. 이 중 인간의 오류를 줄이는 가장 적극적인 방법은 오류근원제어(source control)이다.
㉠ fail safe(고장 안전 시스템) : 인간 또는 기계에 과오나 동작상의 실수가 있어도 사고가 발생하지 않도록 2중, 3중의 통제를 가하는 근본적인 안전 대책
㉡ fool-proof : 이중 삼중의 안전장치를 해서 고장이 나거나 사고가 나지 않도록 하는 것

정답 01 ④ 02 ③ 03 ③ 04 ②

05 다음 중 생체의 모습을 그림이나 이미지 등을 통해 상징적으로 표현하는 기법을 무엇이라 하는가?

① 스트로보스코프(stroboscope)법
② 아이코노그래피(iconography)법
③ 몰라즈(moulage)법
④ 크로노사이클 그래프(chronocycle graph)법

해설 아이코노그래피(iconography)법

생체의 모습을 그림이나 이미지 등을 통해 상징적으로 표현하는 기법

06 다음 중 주위 환경에 있어서 물리적 인자에 해당되지 않는 것은?

① 고온과 한냉 ② 소음과 진동
③ 방사선 ④ 유기용제

해설 인간-기계 인터페이스를 좌우하는 사용 환경 요인

조명, 색채, 온열조건(온도, 습도, 기류), 소음, 진동, 공기오염도, 기압, 피로와 능률

07 다음 중 인간이 수행하는 작업의 노동 강도를 나타내는 것은?

① 기초대사율 ② 에너지소비량
③ 인간생산성 ④ 노동능력 대사율

해설 에너지소비량 : 인간이 수행하는 작업의 노동 강도

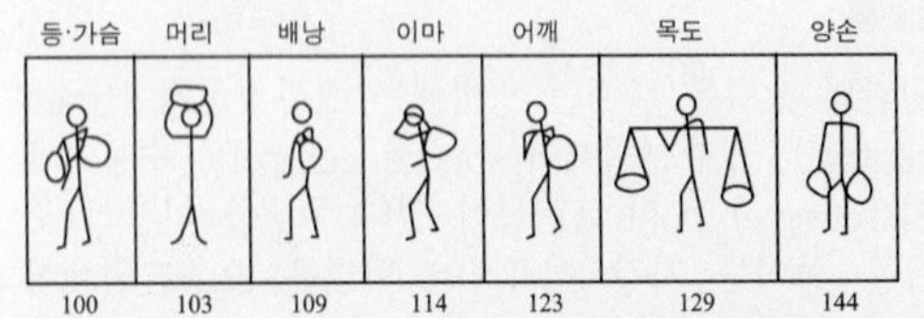

짐을 나르는 방법의 에너지가(산소소비량) 비교

※ 짐을 나르는 방법의 에너지가(산소소비량)은 양손 > 목도 > 어깨 > 이마 > 배낭 > 머리 > 등·가슴 순이다.

08 다음 중 pictorial graphics에서 "금지" 를 나타내는 표시방식으로 적합한 것은?

① 대각선으로 표시
② 삼각형으로 표시
③ 사각형으로 표시
④ 다이아몬드형으로 표시

해설

pictorial graphics에서 "금지"를 나타내는 형태는 대각선으로 표시한다.

09 다음 중 머리에 쓰는 수화기를 디자인할 때 고려해야 할 사항과 관계가 가장 적은 것은?

① 수화기는 외부로부터의 소음을 될 수 있는 대로 차단할 수 있도록 해야 한다.
② 리시버의 소재로는 가급적 밀도가 적은 것이 좋은 효과를 준다.
③ 리시버의 쿠션으로 밀폐된 내부의 공기는 가급적 많아지도록 설계되는 것이 바람직하다.
④ 수화기를 지탱하는 장치는 금속부분이 피부에 직접 닿아서 불쾌감을 주지 않도록 해야 한다.

해설

머리에 쓰는 수화기는 외부로부터의 소음을 될 수 있는 한 차단하도록 한다. 귀에 쿠션이나 귀막이를 한다.

※ 시버의 쿠션으로 밀폐된 내부의 공기는 가급적 작아지도록 설계되는 것이 바람직하다.

10 다음 중 인간이 기계보다 우수한 기능에 해당하는 것은?

① 예기치 못한 사건의 감지
② 암호화된 정보의 신속하고 대량 보관
③ 입력 신호에 대한 일관성 있는 반응
④ 반복적인 작업의 신뢰성 있는 수행

정답 05 ② 06 ④ 07 ② 08 ① 09 ③ 10 ①

해설

주위의 이상하거나 예기치 못한 사건들을 감지는 인간이 기계의 능력을 능가하는 기능에 해당한다.

11 **컴퓨터 화면상의 이미지와 출력된 인쇄물의 색채가 다르게 나타나는 원인으로 거리가 먼 것은?**

① 컴퓨터 상에서 RGB로 작업했을 경우 CMYK 방식의 잉크로는 표현될 수 없는 색채범위가 발생한다.
② RGB의 색역이 CMYK의 색역보다 좁기 때문이다.
③ RGB 데이터를 CMYK 데이터로 변환하면 색상손상현상이 나타난다.
④ 모니터의 캘리브레이션 상태와 인쇄기, 출력용지에 따라서도 변수가 발생한다.

해설 디지털 색채 시스템

컴퓨터그래픽에서 표현할 수 있는 색체계는 크게 HSB, RGB, Lab, CMYK, Grayscale 등이 있다.
㉠ HSB 시스템 : 먼셀 색채계와 같이 색의 3속성인 색상(Hue), 명도(Brightness), 채도(Satuation) 모드로 구성되어 있다.
㉡ 16진수 표기법은 각각 두 자리씩 RGB(Red, Green, Blue)값을 나타낸다.
㉢ Lab 시스템 : 국제 색상체계 표준화인 CIE에서 발표한 색체계로 서로 다른 환경에서도 이미지의 색상을 최대한 유지시켜 주기 위한 컬러모드이다. L(명도), a와 b는(각각 빨강/초록, 노랑/파랑의 보색축)라는 값으로 색상을 정의하고 있다
㉣ CMYK는 인쇄의 4원색으로 C=Cyan, M=Magenta, Y=Yellow, K=Black을 나타내며 모드 각각의 수치 범위는 0~100%로 나타낸다.
※ 컴퓨터그래픽에서 표현할 수 있는 색체계는 크게 HSB, RGB, Lab, CMYK, Grayscale 등이 있다. 16진수 표기법은 각각 두 자리씩 RGB(Red, Green, Blue)값을 나타낸다.

12 **색의 3속성이 아닌 것은?**

① 명도 ② 색상
③ 채도 ④ 대비

해설 색의 3속성

색은 색상, 명도, 채도의 3가지 속성을 가지고 있다.
㉠ 색상(Hue) : 색의 차이
㉡ 명도(Value) : 색상의 밝은 정도
㉢ 채도(Chroma) : 색상의 선명한 정도

13 **교통표지판의 색체계획에서 가장 우선적으로 고려해야 하는 것은?**

① 색의 조화 ② 항상성
③ 시인성 ④ 색의 대비

해설 시인성(視認性)

㉠ 명시성(明視性)과 주목성(注目性)이라고도 한다.
㉡ 같은 거리에 같은 크기의 색이 있을 경우 확실히 보이는 색과 확실히 보이지 않는 색이 있다. 전자를 명시도(시인성)이 높다고 하고, 후자를 명시도가 낮다고 한다.
※ 색의 명시는 그 색이 지니는 바탕색과 관계가 깊으며 일반적으로 명도의 차이가 클 때 색이 잘 식별된다. 순색이 무채색인 검정이나 어두운 회색 바탕에 놓여지면 쉽게 식별이 가능하다.
[예] 교통표지판

14 **수술도중 의사가 시선을 벽면으로 옮겼을 때 생기는 잔상을 막기 위한 방법으로 선택한 수술실 벽면의 색은?**

① 밝은 노랑 ② 밝은 청록
③ 밝은 보라 ④ 밝은 회색

해설

병원에서 의사들은 흰 가운을 입는데 수술실에서는 초록색 수술복을 입는다. 그 이유는 대부분의 수술에는 출혈이 불가피한데 만약 의사가 강한 조명 아래서 오랫동안 수술하면서 붉은 피를 계속해서 보고 있으면 빨간색을 감지하는 원추세포가 피로해지기 때문이다.

정답 11 ② 12 ④ 13 ③ 14 ②

이때 하얀 가운을 입은 동료 의사나 간호사를 바라보면 빨간색의 보색인 녹색의 잔상이 남게 된다. 이 잔상은 의사의 시야를 혼동시켜 집중력을 떨어뜨릴 수 있기에 잔상을 느끼지 못하도록 수술실에서는 엷은 청록색 가운을 입고 또한 벽면의 색을 청록색으로 처리한다. 수술실의 의사는 장시간의 수술로 빨간색의 피를 오랫동안 보기 때문에 눈의 피로를 경감하기 위하여 그 보색이 되는 녹색으로 보여 주는 것이 효과적이다.

15 **문·스펜서의 색채조화론에 대한 설명 중 틀린 것은?**

① 작은 면적의 강한 색과 큰 면적의 약한 색과는 어울린다.
② 부조화는 제1부조화, 제2부조화, 눈부심이 있다.
③ 미도가 0.5 이상으로 높아질수록 점점 부조화가 된다.
④ 조화는 동등조화, 유사조화, 대비조화가 있다.

해설 문·스펜서 색채 조화론의 미도(美度)

(1) 배색에서 아름다움의 정도를 수량적으로 계산에 의해 구하는 것
(2) 버어크호프(G. D. Bir-khoff) 공식
M = O/C
M는 미도(美度), O는 질서성의 요소, C는 복잡성의 요소
㉠ 어떤 수치에 의해 조화의 정도를 비교하는 정량적 처리를 보여주는 것이다.
㉡ 배색의 아름다움을 계산으로 구하고, 그 수치에 의하여 조화의 정도를 비교한다는 정량적 처리 방법에 있다.
㉢ 복잡성의 요소가 적을수록, 질서성의 요소가 많을수록 미도는 높아진다는 것이다.
㉣ 미도는 0.5 이상의 값을 나타낼 경우 만족할 만한 것으로 제안하였다.

16 **물체에 투사되는 빛이 90% 이상 흡수되었을 때 나타나는 색은?**

① 황색 ② 흰색
③ 청색 ④ 검정색

해설 빛의 흡수, 반사, 투과

㉠ 모든 빛의 반사 : 흰색
㉡ 모든 빛의 흡수 : 검정색
㉢ 빛의 반사와 흡수 : 회색
㉣ 모든 빛의 투과 : 투명
※ 물체에 투사되는 빛이 90% 이상 흡수되었을 때 나타나는 색은 검정색이다.

17 **색이 인간의 감정에 직접적으로 작용하는 특성 중에서 추상적 연상이라고 할 수 있는 것은?**

① 노랑 – 은행잎 ② 초록 – 나뭇잎
③ 빨강 – 정열 ④ 빨강 – 태양

해설 색의 연상

어떤 색을 보았을 때 우리는 색에 대한 평소의 경험적 감정과 연상의 정도에 따라 그 색과 관계되는 여러 가지 사항을 연상하게 된다. 따라서, 색의 연상에는 구체적 연상과 추상적인 연상이 있다.
㉠ 구체적 연상 : 적색을 보고 불이라는 구체적인 대상을 연상하거나 청색을 보고 바다를 연상하는 것
㉡ 추상적 연상 : 적색을 보고 정열, 애정이라는 추상적 관념을 연상하거나 청색을 보고 청결이라는 관념을 연상하는 것

18 **다음 색 중 헤링의 4원색에 속하지 않는 것은?**

① 노랑 ② 파랑
③ 녹색 ④ 보라

해설 헤링의 설(Hering' s color theory) – 헤링의 반대색설

생리학자 헤링(Ewald Hering ; 1834~1918)은 1872년에 영·헬름홀츠의 3원색설에 대해 발표한 반대색설로 3종의 망막 시세포, 이른바 백흑 시세포, 적녹 시세포, 황청 시세포의 3대 6감각을 색의 기본감각으로 하고 이것들의 시세포는 빛의 자극을 받는 것에 따라서 각각 동화작용 또는 이화작용이 일어나고 모든 색의 감각이 생긴다고 하는 것이다. 이 설을 기초로 해서 적(red)·녹(green)·황(yellow)·청(blue)을 심리적 원색이라 한다.
※ 헤링의 4원색설은 오스트발트의 색상환에 대한 기본 설명이라고 할 수 있다.
※ 헤링의 4원색 : 적(red)·녹(green)·황(yellow)·청(blue)

정답 15 ③ 16 ④ 17 ③ 18 ④

19 다음 관용색명 중에서 파랑 계통에 속하는 색은?

① 라벤더색　　② 물색
③ 풀색　　④ 옥색

해설 색명(色名)

㉠ 계통색명(系統色名) : 일반색명이라고 하며 색상, 명도, 채도를 표시하는 색명이다.
㉡ 관용색명(慣用色名, individual color name) : 고유색명 중에서 비교적 잘 알려져 예부터 습관적으로 사용되고 있는 색명을 말한다.
고유한 색명으로 동물, 식물, 지명, 인명 등이며 피부색(살색), 쥐색 등의 동물과 관련된 색이름 및 밤색, 살구색, 호박색 등 식물과 관련된 이름 등이 있다.

20 색채의 온도감에 대한 설명 중에서 옳은 것은?

① 색채의 온도감은 색상에 의한 효과가 가장 크다.
② 보라색, 녹색 등은 한색계의 색이다.
③ 파장이 짧은 쪽이 따뜻하게 느껴진다.
④ 검정색보다 백색이 따뜻하게 느껴진다.

해설 온도감

㉠ 온도감은 색상에 의한 효과가 극히 강하다.
㉡ 따뜻해 보인다고 느끼는 색을 난색이라고 하며, 일반적으로 적극적인 효과가 있으며, 추워 보인다고 느끼는 색을 한색이라고 하며, 진정적인 효과가 있다. 중성은 난색과 한색의 중간으로 따뜻하지도 춥지도 않은 성격으로 효과도 중간적이다.
※ 색온도 변화의 순서 : 빨간색 – 주황색 – 노란색 – 흰색 – 파란색

정답 19 ② 20 ①

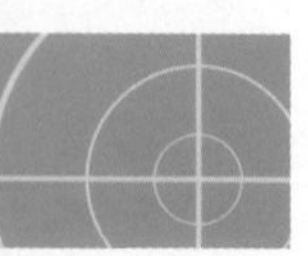

색채 및 인간공학 2014년 3월 2일(1회)

01 다음 중 인체측정자료의 응용에 있어 최대치를 이용하여 디자인하는 경우로 가장 적절한 것은?

① 문의 높이
② 의자의 높이
③ 선반의 높이
④ 조작 버튼까지의 거리

해설 인체측정치 적용의 원칙(인체계측자료의 응용 3원칙)

(1) 최대 최소 치수
㉠ 최소 집단치 설계(도달 거리에 관련된 설계)
의자의 높이, 선반의 높이, 엘리베이터 조작버튼의 높이, 조종 장치의 거리 등과 같이 도달거리에 관련된 것들을 5퍼센타일을 사용한다.
㉡ 최대 집단치 설계(여유 공간에 관련된 설계)
문, 탈출구, 통로와 같은 여유 공간에 관련된 것들은 95퍼센타일을 사용한다. 보다 많은 사람을 만족시킬 수 있는 설계가 되는 것이다.
(2) 조절 범위
통상 5% 차에서 95% 차까지의 90% 범위를 수용대상으로 설계하는 것이 관례이다.
예) 자동차의 좌식의 전후 조절, 사무실 의자의 상하 조절
(3) 평균치 설계
특정한 장비나 설비의 경우 최소 집단치나 최대 집단치를 기준으로 설계하는 것이 부적합하고 조절식으로 하기에도 부적절한 경우 부득이하게 평균치를 기준으로 설계해야 할 경우가 있다.
예) 손님 평균신장 기준의 은행의 계산대

02 다음 중 기계가 인간을 능가하는 기능에 해당하는 것은?

① 반복적인 작업을 신뢰성 있게 수행한다.
② 상황적 요구에 따라 순간적인 결정을 한다.
③ 관찰을 통하여 일반화하여 귀납적으로 추리한다.
④ 주위의 이상이나 예기치 못한 사건들을 감지한다.

해설

반복적인 작업을 신뢰성 있게 수행은 기계가 인간을 능가하는 기능에 해당된다.
※ ②, ③, ④는 인간이 기계를 능가하는 기능에 해당된다.

03 다음 중 조명의 4가지 요소에 해당하지 않는 것은?

① 시간 ② 광도
③ 대비 ④ 대상물

해설 조명의 4요소

㉠ 명도(명암 내지 휘도)
㉡ 대비
㉢ 크기
(물체의 크기와 시거리로 정하는 시각의 대소)
㉣ 노출시간(움직임)

04 다음 중 인간공학적 연구대상과 가장 거리가 먼 것은?

① 시각 표시장치 ② 청각 표시장치
③ 제어 장치 ④ 엔진 장치

해설

인간공학의 목적은 작업장의 배치, 작업방법, 기계설비, 전반적인 작업환경 등에서 작업자의 신체적인 특성이나 행동하는데 받는 제약조건 등이 고려된 시스템을 디자인하는 것이다. 인간공학적 설계를 이해하기 위해서는 우선 시스템 설계의 중심에 위치한 인간의 기능을 이해하는 것이 중요하다. 인간공학적 연구대상에는 시각 표시장치, 청각 표시장치, 제어장치 등이 있다.

정답 01 ① 02 ① 03 ④ 04 ④

05 다음 중 일반적으로 피로할 때의 자세 변화와 가장 거리가 먼 것은?

① 한 숨을 쉰다.
② 발을 끌면서 걷는다.
③ 일어서기가 어려워한다.
④ 상체가 곧게 세워진다.

해설 피로

㉠ 피로발생은 부하조건과 작업능률과의 상대적 관계로 생기는 부담에 의한 것으로 심리학적으로는 욕구수준을 떨어뜨리며, 생리적으로는 근육에서 발생할 수 있는 힘의 저하를 초래한다.
㉡ 피로는 생리적·심리적 기능의 저하되고, 정서 조절기능의 저하로 작업력의 감퇴와 함께 작업의 욕도 감소시키며 사고, 재해 경향의 증대된다.

06 인간 오류(human error)의 근원적 대책에 대한 설명으로 적절하지 않은 것은?

① 사전에 마련된 점검표(checklist)를 사용하여 위험요인을 점검하고 제거시킨다.
② 인간이 오류를 범하여도 안전하게 작업하는 fool-proof 개념을 도입하여 작업장을 설계한다.
③ 오류를 범하는 작업자는 다시 유사한 오류를 범할 가능성이 높으므로 반드시 작업에서 제외한다.
④ 고장이 발생하여도 시스템이 안전하게 작동하도록 설계하는 fail-safe 개념을 도입하여 작업장을 설계한다.

해설

인간의 오류를 줄이는 방법에는 오류경로제어(path control), 오류근원제어(source control), 수용기제어(receiver control) 등이 있다. 이 중 인간의 오류를 줄이는 가장 적극적인 방법은 오류근원제어(source control)이다.
※ fail safe(고장 안전 시스템) : 인간 또는 기계에 과오나 동작상의 실수가 있어도 사고가 발생하지 않도록 2중, 3중의 통제를 가하는 근본적인 안전 대책
※ fool-proof : 이중 삼중의 안전장치를 해서 고장이 나거나 사고가 나지 않도록 하는 것

07 다음 중 역치(threshold value)에 대한 설명으로 가장 적절한 것은?

① 표시장치의 설계와 역치는 아무런 관계가 없다.
② 에너지의 양이 증가할수록 차이역치는 감소한다.
③ 역치는 감각에 필요한 최소량의 에너지를 말한다.
④ 표시장치를 설계할 때는 신호의 강도를 역치 이하로 설계하여야 한다.

해설 역치(threshold)

㉠ 사람이 감각할 수 있는 자극의 최소량
㉡ 절대역(자극역) : 어떤 자극을 탐지하는데 필요한 최소한도의 자극 강도
㉢ 차이역[변별역, 식별역, 최소식별차이(JND : Just Noticeable Difference)]
- 두 자극의 차이를 변별할 수 있는 최소한의 차이를 최소가지차이(最少可知差異, JND)라고 한다. 즉, 두 자극간의 변화 또는 차이를 탐지할 수 있는 감각체계의 능력으로 탐지 가능한 자극의 최소변화(차이식역)를 JND라고 한다.
- 차이역을 구하는 공식 : 웨버(Weber)의 법칙

08 다음 중 적록색맹에 관한 설명으로 틀린 것은?

① 녹색맹은 녹색과 적색을 구별하지 못한다.
② 녹색맹은 정상인보다 보이는 파장의 범위가 좁다.
③ 적색맹은 스펙트럼상의 적색쪽 끝이 황색으로 보인다.
④ 적색맹은 적색이나 청록색을 회색과 구별하지 못한다.

해설 색맹

- 색맹은 여러 파장의 빛을 구별하는 원추세포의 기능이 결함
- 3원색 중에서 적색과 녹색을 구별하지 못하는 것은 적록 색맹이라 한다.
- 2채색을 구별하지 못하는 것을 색약이라 한다.

정답 05 ④ 06 ③ 07 ③ 08 ②

(1) 적색맹(제1색맹)
㉠ 적색맹은 스펙트럼상의 적색쪽 끝이 황색으로 보인다.
㉡ 적색맹은 적색이나 청록색을 회색과 구별하지 못한다.
(2) 녹색맹(제2색맹)
㉠ 녹색맹은 녹색과 적색을 구별하지 못한다.
㉡ 녹색맹은 정상인보다 보이는 파장의 범위가 넓다.

09 다음 중 문자-숫자 표시 설계시 고려해야 할 요인으로 옳은 것은?

① 계기판의 숫자나 문자에는 장식(裝飾)을 해야 한다.
② 계기판의 문자에는 반드시 대문자를 사용해야 한다.
③ 문자판은 왼편에서 오른편으로 읽을 수 있도록 수평으로 부착해야 한다.
④ 일반적으로 숫자나 문자는 클수록 눈금의 바탕이나 조명을 염려해야 한다.

해설

① 정교한 것보다는 간단한 활자체, 즉 장식선이 없는 직선체를 사용한다.
② 간결한 말로 된 상표나 표지판에는 모두 대문자를 써야 한다. 긴 안내문 문구에서는 대문자와 소문자를 함께 사용한다.
④ 일반적으로 숫자나 문자는 적당한 높이와 넓이의 비율, 즉 적당한 글자의 비율을 사용한다.
바탕색과 글자의 색을 최대한으로 대비시키도록 한다.

10 다음 중 한국인 인체치수조사 사업에 있어 표준인체 측정법에 따라 허리 높이를 측정하는 방법으로 옳은 것은?

① 의자에 앉은 자세에서 바닥부터 허리옆점까지의 수직거리를 측정한다.
② 누운 자세에서 취하고, 발바닥부터 허리앞점까지의 거리를 측정한다.
③ 인체공학적 선 자세를 취하고, 피측정자의 허리앞점과 바닥 사이의 수직거리를 측정한다.
④ 선 자세에서 상체를 최대한 아래로 굽힌 후 최대수직높이를 측정한다.

해설

한국인 인체치수조사 사업 'Size Korea'를 산업자원부 기술표준원에서 진행하고 있다.
※ 한국인 인체치수조사 사업에 있어 인체측정의 부위별 기준점과 정의
㉠ 머리마루점 : 머리수평면을 유지할 때 머리 부위 정중선 상에서 가장 위쪽
㉡ 목앞점 : 목밑둘레선에서 앞 정중선과 만나는 곳
㉢ 손끝점 : 셋째 손가락의 끝

11 빛이 프리즘을 통과할 때 나타나는 분광현상 중 굴절현상이 제일 큰 색은?

① 보라 ② 초록
③ 빨강 ④ 노랑

해설

파장이 길고 짧음에 따라 굴절률이 다르며, 파장이 길면 굴절률도 작고 파장이 짧으면 굴절률도 크다. 빨강은 파장이 길어서 굴절률이 가장 작으며, 보라는 파장이 짧아서 굴절률이 가장 크다.
※ 파장이 긴 것부터 짧은 것 순서 : 빨강 - 주황 - 노랑 - 초록 - 파랑 - 남색 - 보라

12 화장한 여성의 얼굴이 형광등 아래에서 보면 칙칙하고 안색이 나쁘게 보이는 이유는?

① 형광등은 단파장계열의 빛을 방출하기 때문
② 형광등에서는 장파장이 강하게 나오기 때문
③ 형광등에서는 붉은빛이 강하게 나오기 때문
④ 형광등 아래서는 얼굴에 붉은 색조가 강조되어 보이기 때문

정답 09 ③ 10 ③ 11 ① 12 ①

해설

형광등은 단파장계열의 빛을 방출하기 때문에 화장한 여성의 얼굴이 형광등 아래에서 보면 칙칙하고 안색이 나쁘게 보이게 된다.

13 먼셀의 20색상환에서 노랑과 거리가 가장 먼 위치의 색상명은?

① 보라 ② 남색
③ 파랑 ④ 청록

해설 먼셀의 20색상환

먼셀 색상은 각각 적(Red), 황(Yellow), 녹(Green), 청(Blue), 자(Purple)의 R, Y, G, B, P 기본 5색상으로 하고, 다음 주황(YR), 연두(GY), 청록(BG), 남색(PB), 자주(RP)의 중간색을 두어 10개의 색상으로 등분한다.

㉠ 색상(Hue) : 원의 형태로 무채색을 중심으로 배열된다.
- 기본색 : 빨강(R), 노랑(Y), 녹색(G), 파랑(B), 보라(P)
- 중간색 : 주황(YR), 연두(GY), 청록(BG), 남색(PB), 자주(RP)

㉡ 명도(Value) : 수직선 방향으로 아래에서 위로 갈수록 명도가 높아진다.
- 빛의 반사율에 따른 색의 밝고 어두운 정도
- 이상적인 흑색을 0, 이상적인 백색을 10

㉢ 채도(Chroma) : 방사형의 형태로 안쪽에서 밖으로 나올수록 높아진다.
- 회색을 띠고 있는 정도 즉, 색의 순하고 탁한 정도
- 무채색을 0으로 그 색상에서 가장 순수한 색이 최대의 채도 값

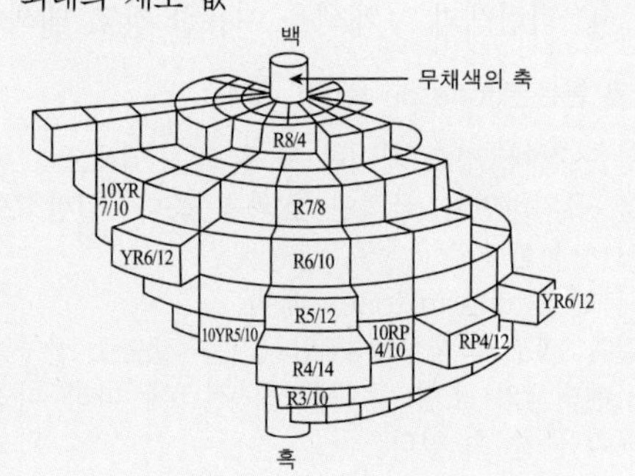

14 색채계에서 "규칙적으로 선택된 색은 조화된다."라는 원리는?

① 동류성의 원리 ② 질서의 원리
③ 친근성의 원리 ④ 명료성의 원리

해설 저드(D. B. Judd)의 색채조화론(정성적 조화론)

㉠ 질서성의 원리 : 질서 있는 계획에 따라 선택될 때 색채는 조화된다.
㉡ 친근성(숙지)의 원리 : 관찰자에게 잘 알려져 있는 배색이 조화를 이룬다.
㉢ 동류성(유사성)의 원리 : 배색된 색들끼리 공통된 양상과 성질이 내포되어 있을 때 조화된다.
㉣ 명료성(비모호성)의 원리 : 색상 차나 명도, 채도, 면적의 차이가 분명한 배색이 조화롭다.

15 색채의 시인성에 가장 영향력을 미치는 것은?

① 배경색과 대상색의 색상차가 중요하다.
② 배경색과 대상색의 명도차가 중요하다.
③ 노란색에 흰색을 배합하면 명도차가 커서 시인성이 높아진다.
④ 배경색과 대상색의 색상차이는 크게 하고, 명도차는 두지 않아도 된다.

해설 시인성(視認性)

㉠ 명시성(明視性)과 주목성(注目性)이라고도 한다.
㉡ 같은 거리에 같은 크기의 색이 있을 경우 확실히 보이는 색과 확실히 보이지 않는 색이 있다. 전자를 명시도(시인성)이 높다고 하고, 후자를 명시도가 낮다고 한다.
※ 색의 명시는 그 색이 지니는 바탕색과 관계가 깊으며 일반적으로 명도의 차이가 클 때 색이 잘 식별된다. 순색이 무채색인 검정이나 어두운 회색 바탕에 놓여지면 쉽게 식별이 가능하다.
[예] 교통표지판

16 색채심리에 관한 설명 중 틀린 것은?

① 색채의 중량감은 주로 채도에 의해 좌우된다.
② 난색은 흥분색, 한색은 진정색이다.

정답 13 ② 14 ② 15 ② 16 ①

③ 대체로 난색계는 친근감을, 한색계는 소원(疎遠)감을 준다.

④ 두 가지 색이 인접하여 있을 때, 서로 영향을 주어 그 차이가 강조되어 보이는 것이 색채대비 효과이다.

해설 중량감(무게감) – 색의 3속성 중 주로 명도에 요인

㉠ 가벼운 색 : 명도가 높은 색
㉡ 무거운 색 : 명도가 낮은 색
※ 중량감은 명도와 관련이 있어 일반적으로 명도가 높은 색이 가볍게 느껴진다.

17 인접한 색이나 혹은 배경색의 영향으로 먼저 본 색이 원래의 색과 다르게 보이는 현상은?

① 연상작용　② 동화현상
③ 대비현상　④ 색순응

해설

대비현상 : 어떤 색을 볼 때 인접색의 영향으로 원래 색과 다르게 보이는 현상
㉠ 색상대비 : 명도와 채도가 같은 색이 서로 대비되었을 때 원래의 색보다 색상차이가 일어나는 것
㉡ 명도대비 : 밝은 색은 더욱 밝게 어두운 색은 더 어둡게 나타나는 대비현상을 말한다.
㉢ 채도대비 : 높은 채도와 낮은 채도의 색을 같이 놓았을 때 높은 채도의 색은 더욱 높게, 낮은 채도의 색은 더욱 낮아 보인다.

18 분리배색효과에 대한 설명이 틀린 것은?

① 색상과 톤이 유사한 배색일 경우 세퍼레이션 컬러를 선택하여 명쾌한 느낌을 줄 수 있다.

② 스테인드글라스는 세퍼레이션 색채로 무채색을 이용한 금속색을 적용한 대표적인 예이다.

③ 색상과 톤의 차이가 큰 콘트라스트 배색인 빨강과 청록사이에 검은색을 넣어 온화한 이미지를 연출한다.

④ 슈브럴의 조화이론을 기본으로 한 배색 방법이다.

해설

톤(tone) : 색의 3속성 중 명도와 채도를 포함하는 복합적인 색조(色調)의 개념이다.
※ 톤(tone)은 색조, 색의 농담, 명암으로 미국에서의 톤은 명암을 의미하고, 영국에서는 그림의 주로 명암과 색채를 의미한다. 채도의 강한 느낌의 색을 톤(tone)으로 말하면 비비드(Vivid : 선명한), 브라이트(Bright : 밝은) 등으로 표현할 수 있다.
※ 슈브뢸(M. E. Chevreul)의 조화 이론
색의 3속성에 근거한 독자적 색채 체계를 만들어 유사성과 대비성의 관계에서 조화를 규명하고 "색채의 조화는 유사성의 조화와 대조에서 이루어진다."라는 학설을 내세웠으며 현대 색채 조화론으로 발전시켰다.
㉠ 동시대비와 계시대비 현상의 설
㉡ 시각적 혼색의 법칙
㉢ 색채 조화의 원리
색료의 3원색(적, 황, 청)중 2색 대비는 그 중간색의 대비보다 그 상대되는 두 근접보색이 한층 조화롭다.

19 다음에 제시된 A, B 두 배색의 공통점은?

> A : 분홍, 선명한 빨강, 연한 분홍, 어두운 빨강, 탁한 빨강
> B : 명도 5 회색, 파랑, 어두운 파랑, 연한 하늘색, 회색 띤 파랑

① 다색배색으로 색상차이가 동일한 유사색 배색이다.

② 동일한 색상에 톤의 변화를 준 톤온톤 배색이다.

③ 빨간색의 동일 채도 배색이다.

④ 파란색과 무채색을 이용한 강조 배색이다.

해설 톤온톤(tone on tone) 배색

색상은 같게, 명도 차이를 크게 하는 배색으로 통일성을 유지하면서 극적인 효과를 준다. 일반적으로 많이 사용한다.
※ 톤인톤(tone in tone) 배색
같은 색조의 색상을 조합시키는 것으로 살구색과 라벤더색의 조합 등 색조의 선택에 따라 다양한 느낌을 줄 수 있다.

정답　17 ③　18 ③　19 ②

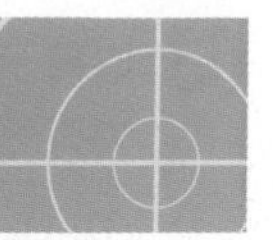

20 가법혼색의 3원색은?

① RED, YELLOW, CYAN
② MAGENTA, YELLOW, BLUE
③ RED, GREEN, BLUE
④ RED, YELLOW, GREEN

해설 가법혼색

색광의 3원색은 빨강(R), 녹색(G), 파랑(B) 색이다. 이들 삼원색은 서로 일정한 양을 합하여 백색광을 나타내는데 이처럼 빛의 색을 서로 더해서 빛이 점점 밝아지는 원리를 가법혼색(加法混色)이라고 한다. 컬러텔레비전의 수상기, 무대의 투광조명(投光照明), 분수의 채색조명 등에 이 원리가 사용된다.
※ 컴퓨터그래픽에서 표현할 수 있는 색체계는 크게 HSB, RGB, Lab, CMYK, Grayscale 등이 있다. 16진수 표기법은 각각 두 자리씩 RGB(Red, Green, Blue)값을 나타낸다.

색채 및 인간공학
2014년 5월 25일(2회)

01 다음 중 눈의 시각과정에 관한 설명으로 틀린 것은?

① 어느 범위 내에서는 노출시간이 클수록 시각의 식별력은 작아진다.
② 암조응을 촉진하기 위해서는 일정 시간 적색 안경을 쓰는 것이 좋다.
③ 색과 지각되는 온감은 일반적으로 적색이 가장 높은 온감을, 녹색은 중립, 청색은 가장 낮은 온감을 준다.
④ 어떤 물체를 볼 때에는 두 눈을 물체에 수렴시켜 두상이 양 망막의 상응한 위치에 맺히도록 해야 하나의 물체로 느낄 수 있다.

해설

어느 범위 내에서는 노출시간이 클수록 시각의 식별력은 커진다.

02 다음 중 운동시(運動視)에 관한 3대 착각이 아닌 것은?

① 자동운동　② 유도운동
③ 가현운동　④ 단순운동

해설 3대 착각

① 자동운동(Automatic Movement)
② 유도운동(Induced Movement)
③ 가현운동(Apparent Movement)
※ 자동운동(自動運動) : 캄캄한 방에서 조그만 불빛을 보여주면 비록 이 불빛이 정지되어 있는데도 불구하고 움직이는 것처럼 보이는 현상
※ 유도운동(Induced Movement)
※ 가현운동(假現運動) : 객관적으로 정지하고 있는 대상물이 급속히 나타나든가 소멸하는 것으로 인하여 일어나는 운동으로 마치 대상물이 운동하는 것처럼 인식되는 현상을 말한다. 예로 영화의 영상은 가현운동을 활용한 것이다.

정답 20 ③ / 01 ① 02 ④

03 **다음 중 인간공학적 산업디자인의 필요성을 가장 잘 표현한 것은?**

① 보존의 편리 ② 편리 및 안전
③ 비용의 절감 ④ 설비의 기능 강화

해설 산업디자인(제품디자인)에 있어 인간공학적인 고려 대상

㉠ 인간의 성능 향상
㉡ 사용 편리성의 향상
㉢ 개인차를 고려한 디자인
※ 제품디자인에 인간공학을 적용할 때 필요한 일반적인 정보에는 표준(standards), 인체측정치(anthropometric data), 체크리스트(checklist) 등이 있다.

04 **다음 중 일반적으로 관찰되는 인체 측정자료의 분포 곡선으로 올바른 것은?**

①
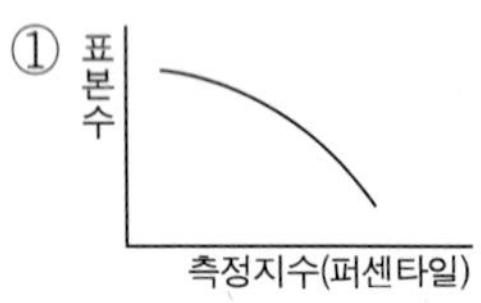

②
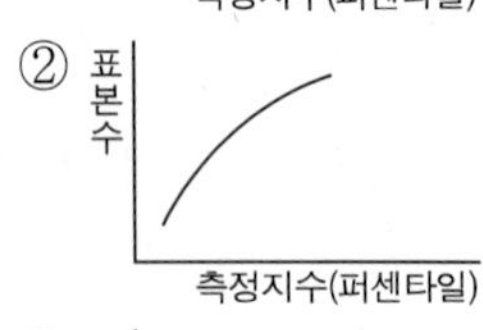

③
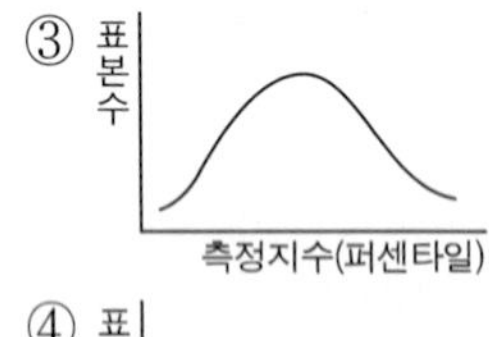

④
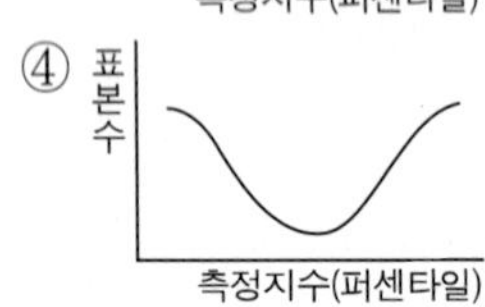

해설 디자인에 있어서 인체 측정치의 적용

(1) 퍼센타일(percentiles)
일정한 어떤 부위의 신체규격을 가진 사람들과 이보다 작은 사람들의 비율을 말한다.
디자인의 특성에 따라 5퍼센타일, 95퍼센타일을 주로 수용하며 이렇게 하는 것이 보다 많은 사람들에게 만족되는 수치가 된다.

(2) 인체측정치 적용의 원칙(인체계측자료의 응용 3원칙)
① 최대 최소 치수
㉠ 최소 집단치 설계(도달 거리에 관련된 설계)
의자의 높이, 선반의 높이, 엘리베이터 조작버튼의 높이, 조종 장치의 거리 등과 같이 도달거리에 관련된 것들을 5퍼센타일을 사용한다.
㉡ 최대 집단치 설계(여유 공간에 관련된 설계)
문, 탈출구, 통로와 같은 여유 공간에 관련된 것들은 95퍼센타일을 사용한다. 보다 많은 사람을 만족시킬 수 있는 설계가 되는 것이다.
② 조절 범위
통상 5% 차에서 95% 차까지의 90% 범위를 수용대상으로 설계하는 것이 관례이다.
예) 자동차의 좌식의 전후 조절, 사무실 의자의 상하 조절
※ 인체 측정자료의 분포 곡선은 ③번 형태가 된다.

05 **다음 중 자동 체계(Automatic System)에서 인간의 주요 수행 기능에 해당하는 것은?**

① 감지 ② 행동
③ 감시 ④ 정보 보관

해설 자동 체계(Automatic System)

㉠ 모든 작업공정이 자동화되어 감지, 정보 보관, 정보 처리 및 의사 결정, 행동 기능을 기계가 수행하며 인간은 감시 및 프로그램 제어 등의 기능을 담당하는 통제 방식
㉡ 감지되는 모든 가능한 우발 상황에 대하여 적절한 행동을 취하게 하기 위해서는 완전하게 프로그램 되어야 하며, 대부분의 자동체계는 폐회로를 갖는 체계이다.
㉢ 신뢰성이 완전한 자동체계란 우리 세대에는 불가능하므로 인간은 주로 감시(Monitor), 프로그램, 전(Maintenance)등의 기능을 수행한다.

정답 03 ② 04 ③ 05 ③

06 정수기에서 "청색"은 냉수, "적색"은 온수를 나타내는 것은 양립성(Compatibility)의 종류 중 무엇에 해당하는가?

① 개념적 양립성 ② 공간적 양립성
③ 운동 양립성 ④ 묘사적 양립성

해설 양립성(兩立性 : compatibility)

자극-반응 조합의 공간, 운동 혹은 개념적 관계가 인간의 기대와 모순되지 않는 성질
㉠ 공간적 양립성 : 어떤 사물들 특히 표시장치나 조종 장치에서 물리적 형태나 공간적인 배치의 양립성
㉡ 운동 양립성 : 표시장치, 조종 장치, 체계반응의 운동방향의 양립성
㉢ 개념적 양립성 : 어떤 암호 체계에서 청색이 정상을 나타내듯이 사람들이 가지고 있는 개념적 연상의 양립성
예) 냉·온수기의 손잡이 색상 중 빨간색은 뜨거운 물, 파란색은 차가운 물이 나오도록 설계한다.

07 다음 중 고온 환경에 대한 신체의 영향이 아닌 것은?

① 근육의 이완
② 체표면의 증가
③ 수분 및 염분의 감소
④ 화학적 대사작용의 증가

해설 고온 환경에 대한 신체의 영향

㉠ 근육의 이완
㉡ 체표면의 증가
㉢ 수분 및 염분의 감소
※ 온도에 의한 인체의 변화
① 고온으로 바뀔 때
㉠ 체온의 상승
㉡ 혈액이 피부를 경유하는 혈액순환량 증가
㉢ 직장 온도 감소
㉣ 발한 작용
② 저온으로 바뀔 때
㉠ 체온의 감소 ㉡ 혈액순환량 감소
㉢ 직장 온도 증가 ㉣ 몸이 떨림
※ 기온이 너무 낮을 경우 피부혈관을 수축시키고, 근육은 열생산을 위해 떨게 되고, 저속도의 기류에도 한기를 느낀다.

08 다음 중 피로에 관한 설명으로 틀린 것은?

① 피로는 정신피로와 육체피로, 급성피로와 만성피로로 분류할 수 있다.
② 피로회복을 위한 대책으로 휴식과 수면, 산책, 명상 등이 효과적이다.
③ 일반적으로 피로는 작업시간과 작업강도, 작업환경조건, 작업속도 등에 영향을 받는다.
④ 피로의 생리적인 방법에는 순환기능의 측정, 혈액성분 측정, 전신자각 증상 조사 등이 있다.

해설 피로

㉠ 피로발생은 부하조건과 작업능률과의 상대적 관계로 생기는 부담에 의한 것으로 심리학적으로는 욕구수준을 떨어뜨리며, 생리적으로는 근육에서 발생할 수 있는 힘의 저하를 초래한다.
㉡ 피로는 생리적·심리적 기능의 저하되고, 정서 조절 기능의 저하로 작업력의 감퇴와 함께 작업의욕도 감소시키며 사고, 재해 경향의 증대된다.
※ 급성피로와 만성피로
㉠ 급성피로 : 보통의 휴식에 의해 회복되는 것으로 정상피로 또는 건강피로라고도 한다.
㉡ 만성피로 : 오랜 시간에 걸쳐 축적되어 일어나는 피로로서 휴식에 의해 회복되지 않으며, 축적피로라고도 한다.

09 인체의 면을 해부학적으로 분류하였을 때 신체 또는 장기를 좌우로 나누는 면을 무엇이라 하는가?

① 시상면(Sagittal Plane)
② 관상면(Coronal Plane)
③ 전두면(Frontal Plane)
④ 횡단면(Transverse Plane)

해설

① 시상면(sagittal plane) : 신체의 정중면 또는 시상봉합에 평행하게 주행하며 신체를 좌우로 나누는 면
② 관상면(coronal plane) : 외이의 벌어진 틈의 중앙을 통과하는 기본면과 두개골 중앙면에 직각인 면
③ 전두면(frontal plane) : 시상면에 직각인 수직면

정답 06 ① 07 ④ 08 ④ 09 ①

10 다음 중 의자의 설계에 관한 설명으로 옳은 것은?

① 좌판의 높이는 오금높이보다 높아야 한다.
② 팔걸이 높이는 조절식으로 적용하는 것이 좋다.
③ 일반적으로 좌판의 폭은 작은 사람에게 맞도록 한다.
④ 일반적으로 좌판의 깊이는 큰 사람에게 맞도록 한다.

해설 의자 설계의 원칙

㉠ 체중 분포
㉡ 의자좌판의 높이
㉢ 의자좌판의 깊이와 폭
㉣ 몸통의 안정도

※ 의자 설계 요소
㉠ 좌면 높이 : 의자 좌면의 높이는 사용자의 오금 높이보다 낮아야 한다. 그 높이 이상일 경우에는 대퇴부의 아래쪽이 압박되므로 불편하다.
㉡ 좌면의 깊이 : 엉덩이 뒷면으로부터 장단지 안쪽까지의 거리보다 짧아야 한다. 그보다 길 경우는 등받이에 바른 자세로 기대지 못하거나 다리를 구부릴 수 없게 된다.
㉢ 좌면의 폭 : 엉덩이의 폭에 움직임의 여유치를 고려하여 결정한다.
㉣ 좌면의 각도 : 사용 용도에 따라 다르며 약간 뒤로 기울여지는 것이 바람직하다.
㉤ 등받이의 각도 : 등 전체가 지지될 수 있도록 각도가 유지되어야 하며 사용 용도에 따라 각도가 달라진다.

11 색채조절을 위해 만족시켜야 할 요인이 아닌 것은?

① 유행성을 높인다.
② 능률성을 높인다.
③ 안전성을 높인다.
④ 감각을 높인다.

해설 색채조절(color conditioning)을 위한 요건

㉠ 능률성 : 조명의 효율을 높이고, 시각적 판단이 쉽도록 적절한 배색을 한다.
㉡ 안전성 : 사고, 위험에 대한 안전색채를 취한다.
㉢ 쾌적성 : 물리적 환경 조건에 맞는 기능적인 배색을 한다.
㉣ 고감각성 : 시각 전달의 목적에 부합되는 색채를 한다.

12 안전색채 중 교통 환경에서 사용하는 노란색은 무엇을 의미하는가?

① 정지, 고도위험 ② 주의, 경고
③ 소화, 금지 ④ 안전, 진행

해설 한국산업규격(KS)의 안전색채 사용 통칙

㉠ 빨강 : 방화, 멈춤, 위험, 긴급, 금지
※ 위험한 곳에는 색맹의 경우 빨강을 구분하지 못하므로 사용하지 않는다.
㉡ 노랑 : 주의(넘어지기 쉽거나 위험성이 있는 것 또는 장소)
㉢ 녹색 : 안전, 진행, 구급 – 비상구, 응급실, 대피소
㉣ 파랑 : 경계, 조심 – 수리 중 또는 운전정지 장소를 가리키는 표식, 전기 위험 경고
㉤ 검정 바탕위의 흰색 : 도로장애물이나 불규칙한 상태를 표시
㉥ 주황 : 위험(재해, 상해를 일으킬 위험이 있는 곳 또는 장소)
㉦ 자주 : 노랑을 바탕으로 방사능 표시
㉧ 흰색 : 흰색은 보조색으로 글자, 화살표 등에 사용 – 비상구, 출입구
※ 밤색, 보라색 등은 한국산업규격(KS)에서 정한 안전색채에 해당되지 않는다.

13 오스트발트의 등가색환에서의 조화에 대한 설명 중 올바른 것은? (24색상 기준)

① 색상차가 4 이하일 때 보색조화라 부른다.
② 색상차가 6~8일 때 유사색 조화라 부른다.

정답 10 ② 11 ① 12 ② 13 ④

③ 색상차가 12일 때 이색조화라 부른다.
④ 2간격 3색상 조화는 매우 약한 대비의 조화가 된다.

해설 오스트발트의 등가색환 조화

㉠ 오스트발트 색입체에서의 색환은 색상 번호를 가지기 때문에 색상의 번호의 차이가 서로 12가 되는 색들끼리는 완전 보색이 된다.
㉡ 보색 마름모꼴에서 서로 수평으로 마주 보는 색들 중 알파벳 기호가 같은 색들은 등가색환 위에 있는 보색이어서 「등가색환 보색조화」 라고 부른다.
㉢ 거리에 따른 보색조화
- 유사색 조화 : 색상번호의 차가 4 이하
- 이색 조화 : 색상번호의 차가 6~8
- 반대색 조화 : 색상번호의 차가 12

14 **배색방법 중 하나로 단계적으로 명도, 채도, 색상, 톤의 배열에 따라서 시각적인 자연스러움을 주는 것으로 3색 이상의 다색배색에서 이와 같은 효과를 낼 수 있는 배색방법은?**

① 반복배색　② 강조배색
③ 연속배색　④ 트리콜로 배색

해설 연속배색(그라데이션 효과)

단계적으로 명도, 채도, 색상, 톤의 배열에 따라서 시각적인 자연스러움을 주는 것으로 3색 이상의 다색배색에서 이와 같은 효과를 낼 수 있는 배색방법을 연속배색이라고 한다.
※ 그라데이션(Gradation)
그라데이션이란 한 가지 색이 다른 색으로 옮겨갈 때 진행되는 색의 변조를 뜻하는 것으로 점층법이라고도 한다. 양복지 디자인을 할 때 동일한 요소 도형의 배열을 연속적으로 비슷하게 하는 방법이다. 즉 단계적으로 일관성 있게 변화를 주는 방법으로, 한 가지 요소를 점층적으로 확대하거나 반대로 축소함으로써 변화를 가져오게 하는 방법이다.

15 **GIF 포맷에서 제한되어지는 색상의 수는?**

① 256　② 216
③ 236　④ 255

해설

GIF는 Graphics Interchange Format의 약자이고 256 Colors로 그림을 저장할 때 용량이 적기 때문에 홈페이지 아이콘 등에 널리 쓰이고 있다. 특히 애니메이션 그림(여러 개의 그림을 하나의 움직이는 그림을 만듦)과 배경이 투명한 그림을 만들 수 있다는 것이 큰 장점이다.

16 **인접한 색들끼리 서로의 영향을 받아 인접한 색에 가깝게 보이는 것은?**

① 동화현상　② 동시대비
③ 계시대비　④ 잔상

해설 동화현상

㉠ 동시대비와는 반대 현상이며 옆에 있는 색과 닮은 색으로 변해 보이는 현상이다.
㉡ 색상동화, 명도동화, 채도동화가 있으나 이들은 모두 동시적으로 일어나는 현상으로 줄무늬와 같이 주위를 둘러싼 면적이 작거나 하나의 좁은 시야에 복잡하고 섬세하게 배치되었을 때에 일어난다.
㉢ 회화, 그래픽 디자인, 직물디자인 등의 모든 배색 조화에 필수적인 요소이다.

17 **다음 중 색의 추상적 연상이 잘못 연결된 것은?**

① 노랑 – 광명　② 백색 – 순수
③ 녹색 – 평화　④ 적색 – 젊음

해설 색의 연상

어떤 색을 보았을 때 우리는 색에 대한 평소의 경험적 감정과 연상의 정도에 따라 그 색과 관계되는 여러 가지 사항을 연상하게 된다. 따라서, 색의 연상에는 구체적 연상과 추상적인 연상이 있다.
㉠ 구체적 연상 : 적색을 보고 불이라는 구체적인 대상을 연상하거나 청색을 보고 바다를 연상하는 것

정답 14 ③　15 ①　16 ①　17 ④

㉡ 추상적 연상 : 적색을 보고 정열, 애정이라는 추상적 관념을 연상하거나 청색을 보고 청결이라는 관념을 연상하는 것
※ 빨강(R) : 자극적, 정열, 흥분, 애정, 위험, 혁명, 피, 분노, 더위, 열
※ 파랑(B) : 젊음, 차가움, 명상, 심원, 성실, 영원, 냉혹, 추위, 바다, 호수

18 색의 3속성이란?

① 빨강, 파랑, 노랑
② 빨강, 초록, 파랑
③ 색상, 명도, 채도
④ 무채색, 유채색, 순색

해설 색의 3속성

색은 색상, 명도, 채도의 3가지 속성을 가지고 있다.
㉠ 색상(Hue) : 색의 차이
㉡ 명도(Value) : 색상의 밝은 정도
㉢ 채도(Chroma) : 색상의 선명한 정도

19 광원에 관한 설명 중 틀린 것은?

① 광(光)의 굴절 정도는 파장이 짧은 쪽이 작고, 긴 쪽이 크다.
② 스펙트럼은 적색에서 자색에 이르는 색띠를 나타낸다.
③ 색으로 느끼지 못하는 광의 감각을 심리학상의 감각이라 한다.
④ 같은 물체라도 발광체의 종류에 따라 색이 틀리다.

해설

파장이 길고 짧음에 따라 굴절률이 다르며, 파장이 길면 굴절률도 작고 파장이 짧으면 굴절률도 크다. 빨강은 파장이 길어서 굴절률이 가장 작으며, 보라는 파장이 짧아서 굴절률이 가장 크다.
※ 파장이 긴 것부터 짧은 것 순서 : 빨강 – 주황 – 노랑 – 초록 – 파랑 – 남색 – 보라

20 다음 관용색명 중 유래와 명칭이 잘 짝지어진 것은?

① 인명 : 살색(肉色)
② 동물 : 살구색
③ 우리말 : 하양
④ 동물 : 고동색

해설 색명(色名)

㉠ 계통색명(系統色名) : 일반색명이라고 하며 색상, 명도, 채도를 표시하는 색명이다.
㉡ 관용색명(慣用色名, individual color name) : 고유색명 중에서 비교적 잘 알려져 예부터 습관적으로 사용되고 있는 색명을 말한다. 고유한 색명으로 동물, 식물, 지명, 인명 등이며 피부색(살색), 쥐색 등의 동물과 관련된 색이름 및 밤색, 살구색, 호박색 등 식물과 관련된 이름 등이 있다.
(예) salmon pink : 연어 살색 – 연어의 속살과 같이 노란빛을 띤 분홍색
※ KS규격에 의한 관용색명과 색계열
• 벽돌색(copper brown) – R계열
• 올리브그린(olive green) – GY계열
• 크림색(cream) – Y계열

정답 18 ③ 19 ① 20 ③

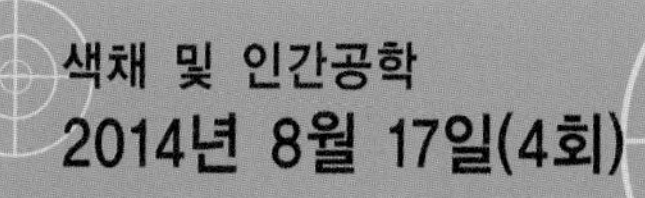

색채 및 인간공학 2014년 8월 17일(4회)

01 다음 중 일반적으로 인체계측자료의 최소 집단치를 사용하여 설계하는 것이 바람직한 경우는?

① 선반의 높이
② 그네의 강도
③ 문틀의 높이
④ 비상탈출구의 크기

해설 인체측정치 적용의 원칙(인체계측자료의 응용 3원칙)

(1) 최대 최소 치수
㉠ 최소 집단치 설계(도달 거리에 관련된 설계)의 자의 높이, 선반의 높이, 엘리베이터 조작버튼의 높이, 조종 장치의 거리 등과 같이 도달거리에 관련된 것들을 5퍼센타일을 사용한다.
㉡ 최대 집단치 설계(여유 공간에 관련된 설계) 문, 탈출구, 통로와 같은 여유 공간에 관련된 것들은 95퍼센타일을 사용한다. 보다 많은 사람을 만족시킬 수 있는 설계가 되는 것이다.
(2) 조절 범위
통상 5% 차에서 95% 차까지의 90% 범위를 수용대상으로 설계하는 것이 관례이다.
예) 자동차의 좌식의 전후 조절, 사무실 의자의 상하 조절
(3) 평균치 설계
특정한 장비나 설비의 경우 최소 집단치나 최대 집단치를 기준으로 설계하는 것이 부적합하고 조절식으로 하기에도 부적절한 경우 부득이하게 평균치를 기준으로 설계해야 할 경우가 있다.
예) 손님 평균신장 기준의 은행의 계산대

02 다음 중 바안즈(Barnes)의 동작경제의 원칙에 대한 설명으로 틀린 것은?

① 두 손의 운동을 동시에 개시하고 동시에 끝낼 것
② 두 손은 휴식시간 이외에는 동시에 손을 쉬게 하지 말 것
③ 양팔의 동작은 동시에 반대방향에서 대칭적으로 운동시킬 것
④ 가능하다면 낙하식 운반방법을 피할 것

해설 바안즈(Barnes)의 동작경제의 원칙

바안즈(Barnes) 교수는 다른 사람의 연구 결과도 참고하여 동작경제의 원칙(The Principles of Motion Economy) 22가지를 제시 하였다.
이러한 원칙은 과학적인 이론이나 연구에 의하기 보다는 오랫동안 경험에 바탕을 둔 내용으로서, 작업장소와 작업방법을 개선하는데 유용하게 사용되고 있다.
바안즈 교수는 동작경제의 원칙을 다음 세 가지로 구분하여 제시하였다.
㉠ 신체 사용에 관한 원칙(Use of Human Body)
㉡ 작업장 배치에 관한 원칙(Arrangement of the Workplace)
㉢ 공구와 설비디자인에 관한 원칙(Design of Tools and Equipment)
※ 가능한 한 낙하식 전달방식(슈트 사용)을 사용한다.

03 다음 중 국내의 작업장에서 1일 기준 8시간 노출될 때의 소음수준별 노출기준으로 옳은 것은?

① 90dB(A) ② 100dB(A)
③ 120dB(A) ④ 140dB(A)

해설

사업장에서의 소음 관계는 8시간을 기준으로 할 때 90dB이다.

04 다음 중 인간-기계시스템에서 성분(component)이 수행하는 기본적인 기능이 아닌 것은?

① 정보검출 ② 정보저장
③ 정보삭제 ④ 정보처리 및 결정

정답 01 ① 02 ④ 03 ① 04 ③

해설 인간-기계의 기본 기능

인간-기계 체계가 목적을 달성하기 위해 필요한 기능으로서 인간 또는 기계에 적절히 할당되어 수행되며 각 임무를 수행하는 데는 감지, 정보 보관, 정보처리 및 의사결정, 행동기능과 같은 4가지 기본기능이 필요하다.

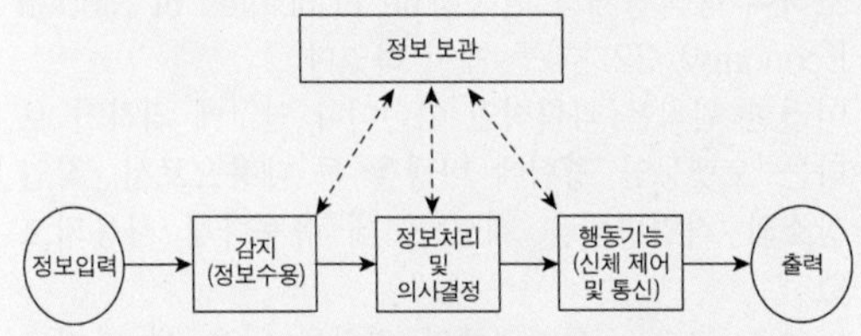

인간-기계 통합 시스템의 인간 또는 기계에 의해서 수행되는 기본 기능의 유형

05 다음 중 인간공학적인 조건을 설계에 반영하고자 할 때 기본적인 고려사항과 가장 거리가 먼 것은?

① 설계 집단의 능력
② 사용자 집단 특성치의 고려
③ 제품을 사용하는 집단의 능력
④ 사용자 집단의 민족적 특성 및 관습의 고려

해설 인간공학적인 조건을 설계에 반영하고자 할 때 기본적인 고려사항

㉠ 사용자 집단 특성치의 고려
㉡ 사용자 집단의 민족적 특성 및 관습의 고려
㉢ 제품을 사용하는 집단의 능력

06 다음 중 연속 소음 노출로 인하여 발생하는 청력 손실에 관한 설명으로 틀린 것은?

① 청력 손실은 4000Hz 부근에서 크게 나타난다.
② 청력 손실의 정도는 노출 소음수준에 따라 증가한다.
③ 강한 소음에 대해서 노출기간에 따른 청력 손실은 증가와 감소를 반복한다.
④ 개인에 따라 발생하는 청력 손실은 노출이 계속됨에 따라 회복량은 점점 줄어들어 영구 손실로 남게 된다.

해설

소음이 130dB 이상이면 청력이 상실되며 어느 정도 이상의 소음은 간접적으로 사람의 건강에 영향을 미친다. 개인에 따라 발생하는 청력 손실은 노출이 계속됨에 따라 회복량은 점점 줄어들어 영구 손실로 남게 된다.

※ 방음 보호구로 귀마개 사용(2000Hz에서 20dB, 4000Hz에서 25dB 차음효과)

07 다음 중 신체반응의 측정에 있어 국부적 근육 활동의 척도가 되는 것은?

① EEG ② EMG
③ ECG ④ EOG

해설 근전도(EMG : electromyography)

근육활동의 전위차를 기록한 것으로 심장근의 근전도를 특히 심전도(ECG : ecectrocardiogram)라 하며, 신경활동 전위차의 기록은 ENG(ecectroneurogram)라 한다. 신체반응의 측정에 있어 국부적 근육활동의 척도가 된다.

08 다음의 그림은 손조작시의 형상에 의한 코딩(cording)을 나타낸 것이다. 장치에 대한 설명으로 옳은 것은?

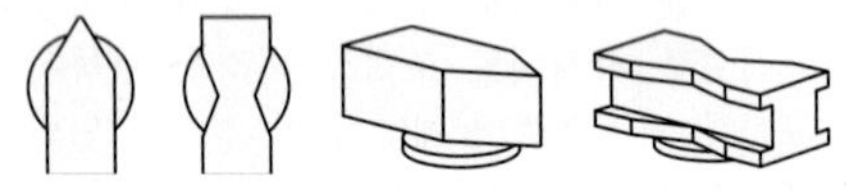

① 1회전 이상의 연속제어용이다.
② 1회전 미만의 연속제어용으로 방향과 무관하다.
③ 단계적 제어용으로 방향이 중요하다.
④ 움직임을 주지 않은 고정형이다.

해설

손잡이(knob)를 촉각정보를 통하여 분별, 확인할 수 있는 코딩(coding) 방법에서 그림의 경우 단계적 제어용으로 방향이 중요하다.

정답 05 ① 06 ③ 07 ② 08 ③

09 망막을 구성하고 있는 세포 중 색채를 식별하는 기능을 가진 세포는?

① 공막　② 원추체
③ 간상체　④ 모양체

해설 간상체와 추상체의 특성

㉠ 간상체 : 흑백으로 인식, 어두운 곳에서 반응, 사물의 움직임에 반응 – 흑백필름 (암순응)
㉡ 추상체(원추체) : 색상 인식, 밝은 곳에서 반응, 세부 내용파악 – 칼라필름 (명순응)

10 다음 중 음의 높고 낮음에 관계되는 것은?

① 진폭　② 리듬
③ 파형　④ 진동수

해설 소리의 3요소

㉠ 음의 세기 : 진폭
㉡ 음의 높이 : 진동수
㉢ 음색 : 파형
※ 가청범위 : 지각 가능한 소리의 주파수 및 음압수준(SPL : Sound Pressure Level)의 범위를 말한다. 가청범위는 각 주파수의 순음에 대한 최소 가청치와 최대 가청치를 연결한 곡선으로 둘러싸인 범위로 표시된다.

11 옷감을 고를 때 작은 견본을 보고 고른 후 완성 후에는 예상과 달리 색상이 뚜렷한 경우가 있다. 이것은 다음 중 어느 것과 관련이 있는가?

① 보색대비　② 연변대비
③ 색상대비　④ 면적대비

해설 면적대비(Area Contrast)

㉠ 같은 색이라도 면적의 크고 적음에 따라 색의 명도, 채도가 다르게 보이는 현상
㉡ 큰 면적의 색은 실제보다 명도와 채도가 높아 보이며 밝고 선명하게 보이나, 작은 면적의 색은 실제보다 명도와 채도가 낮아 보인다.
예) 노랑 3 : 파랑 8, 노랑 3 : 보라 9, 빨강 5 : 녹색 4, 빨강 1 : 파랑 1

12 한 번 분광된 빛은 다시 프리즘을 통과시켜도 그 이상 분광되지 않는다. 이와 같은 광은?

① 반사광　② 복합광
③ 투명광　④ 단색광

해설 단색광(單色光)

한번 분광(分光)된 빛은 다시 프리즘을 통과시켜도 그 이상 분광되지 않는 것

13 파장과 색명의 관계에서 보라 파장의 범위는?

① 380~450nm　② 480~500nm
③ 530~570nm　④ 640~780nm

해설 빛

㉠ 적외선 : 780~3,000nm, 열환경 효과, 기후를 지배하는 요소, "열선"이라고 함
㉡ 가시광선 : 380~780nm, 채광의 효과, 낮의 밝음을 지배하는 요소
㉢ 자외선 : 200~380nm, 보건위생적 효과, 건강효과 및 광합성의 효과, "화학선"이라고 함
290~320nm(2900~3,200Å) – 도르노선(건강선)
※ 1nm = 10Å = 10^{-9}m
※ 1nm = 1/100만mm

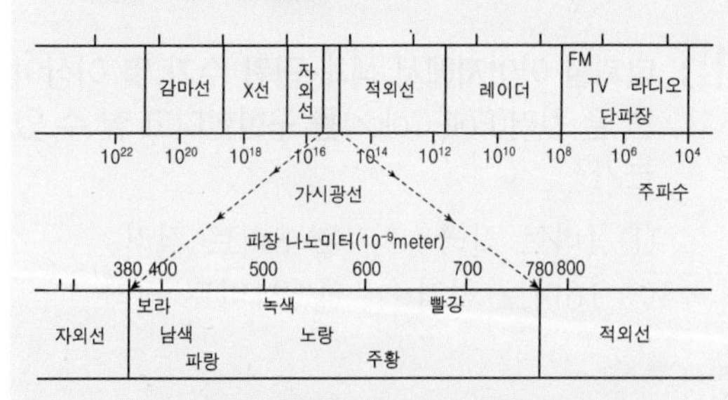

전자파 스펙트럼 파장과 빛의 효과

※ 파장이 긴 것부터 짧은 것 순서 : 빨강 – 주황 – 노랑 – 초록 – 파랑 – 남색 – 보라

14 오스트발트 색체계에 관한 설명 중 틀린 것은?

① 색상은 yellow, ultramarine blue, red, sea green을 기본으로 하였다.
② 색상환은 4원색의 중간색 4색을 합한 8색을 각각 3등분하여 24색상으로 한다.

정답	09 ②	10 ④	11 ④	12 ④	13 ①	14 ④

③ 무채색은 백색량 + 흑색량 = 100%가 되게 하였다.
④ 색표시는 색상기호, 흑색량, 백색량의 순으로 한다.

해설 오스트발트(W. Ostwald) 표색계

㉠ 오스트발트 표색계는 헤링의 4원색 이론을 기본으로 색량의 대소에 의하여, 즉 혼합하는 색량(色量)의 비율에 의하여 만들어진 체계이다.
㉡ 각 색상은 명도가 밝은 색부터 황·주황·적·자·청·청녹·녹·황녹의 8가지 주요 색상을 기본으로 하고 이를 3색상씩 분할해 24색환으로 하여 1에서 24까지의 번호가 매겨져 있다.
㉢ 8가지 주요 색상이 3분할되어 24색상환이 되는데 24색상환의 보색은 반드시 12번째 색이다.
㉣ 오스트발트는 백색량(W), 흑색량(B), 순색량(C)의 합을 100%로 하고 어떤 색이라도 혼합량의 합은 항상 일정하다. 순색량이 없는 무채색이라면 W+B=100%가 되도록 하고 순색량이 있는 유채색은 W+B+C=100%가 된다.
㉤ 이러한 색상환에 따라 정3각형의 동일 색상면을 차례로 세워서 배열하면 주산알 모양 같은 복원추체가 된다.

15 디지털 이미지에서 색채 단위 수가 몇 이상이면 풀 컬러(Full Color)를 구현한다고 할 수 있는가?

① 4비트 컬러 ② 8비트 컬러
③ 16비트 컬러 ④ 24비트 컬러

해설

디지털 이미지에서 색채 단위 수가 24비트 컬러 이상이면 풀 컬러(Full Color)를 구현한다고 할 수 있다.
※ 비트(bit)
㉠ 컴퓨터데이터의 가장 작은 단위로 하나의 2진수값(0과 1)을 가진다.
㉡ 픽셀 1개당 2진수 값을 표현할 수 있다.(흑과 백)
㉢ 8비트(2)를 조합하여 256음영단계(grayscale)를 가지게 된다.

16 오스트발트 색체계의 설명이 아닌 것은?

① '조화는 질서와 같다'는 오스트발트의 생각대로 대칭으로 구성되어 있다.
② 색의 3속성을 시각적으로 고른 색채단계가 되도록 구성하였다.
③ 등색상 삼각형 W, B와 평행선상에 있는 색으로 순색의 혼량이 같은 계열을 등순색 계열이라고 한다.
④ 현실에 존재하지 않는 이상적인 3가지 요소(B, W, C)를 가정하여 물체의 색을 체계화하였다.

해설 먼셀(Munsell)의 표색계

미국의 화가이며 색채연구가인 먼셀(A. H. Munsell)에 의해 1905년 창안된 체계로서 색의 3속성인 색상, 명도, 채도로 색을 기술하는 체계 방식으로 우리나라에서 채택하고 있는 한국산업규격(KS) 색채 표기법이다.

17 해상도에 대한 설명으로 틀린 것은?

① 한 화면을 구성하고 있는 화소의 수를 해상도라고 한다.
② 화면에 디스플레이된 색채 영상의 선명도는 해상도와 모니터의 크기에 좌우된다.
③ 해상도의 표현방법은 가로 화소 수와 세로 화소 수로 나타낸다.
④ 동일한 해상도에서 모니터가 커질수록 해상도는 높아져 더 선명해진다.

해설 해상도

㉠ 컴퓨터, TV, 팩시밀리, 화상기기 등에서 사용하는 화상 표현 능력의 척도이다.
㉡ 컴퓨터 모니터 화면과 같이 정보를 그래픽으로 표시하는 장치에서 출력되는 정보의 정밀도를 표시하기 위해 쓰이는 용어로서 픽셀(화소점, pixel) 수가 많을수록 해상도가 높다.
㉢ 해상도는 디스플레이 모니터 안에 있는 픽셀의 숫자로 가로방향과 세로방향의 픽셀의 개수를 곱하면 된다.
해상도 표시 = 수평해상도 × 수직해상도
예) 수평 방향으로 640개의 픽셀을 사용하고 수직 방향으로 480개의 픽셀을 사용하는 화면 장치의 해상도는 640×480으로 표시한다.

정답 15 ④ 16 ② 17 ④

18 다음 중 중간혼합에 해당하지 않는 것은?

① 회전혼색 ② 병치혼색
③ 감법혼색 ④ 점묘화

해설 색의 혼합(혼색)

(1) 가산혼합(가법혼색) : 혼합할수록 더 밝아지는 빛(색광)의 혼합을 말한다.
2차색은 1차색보다 명도가 높아진다.
(2) 감산혼합(감법혼색) : 혼합할수록 더 어두워지는 물감(색료)의 혼합을 말한다.
2차색은 1차색보다 명도가 낮아진다.
(3) 중간혼합(중간혼색) : 혼합하면 중간명도에 가까워지는 병치혼합과 회전혼합을 말한다.
두 색의 명도가 합쳐진 것의 평균 명도가 된다.
㉠ 병치혼합
- 빨간 털실과 파란털실로 짠 스웨터는 멀리서 보면 보라색으로 보인다.
- 화면에 빨간 점과 파란 점을 무수히 많이 찍으면 멀리서 보라색으로 보인다.
㉡ 회전혼합
팽이에 절반은 빨간색, 절반은 파란색을 칠하여 회전시키면 보라색으로 보인다.

19 다음 중 진출색이 지니는 조건이 아닌 것은?

① 따뜻한 색이 차가운 색보다 더 진출하는 느낌을 준다.
② 어두운 색이 밝은 색보다 더 진출하는 느낌을 준다.
③ 채도가 높은 색이 낮은 색보다 더 진출하는 느낌을 준다.
④ 유채색이 무채색보다 더 진출하는 느낌을 준다.

해설

(1) 색의 진출, 후퇴의 일반적인 성질
① 배경색과의 명도차가 큰 밝은 색은 진출되어 보인다.
② 배경색의 채도가 낮은 것에 대하여 채도가 높은 색은 진출한다.
③ 무채색보다는 난색계의 유채색이 진출되어 보인다.
④ 난색계는 한색계보다 진출되어 보인다.
(2) 진출과 후퇴, 팽창과 수축
① 진출, 팽창색 : 고명도, 고채도, 난색 계열의 색
- 예 : 적, 황
② 후퇴, 수축색 : 저명도, 저채도, 한색 계열의 색
- 예 : 녹, 청
※ 따뜻한 색 : 저명도, 난색
※ 차가운 색 : 고명도, 한색

20 다음 설명에 해당하는 감정의 색은?

> 이 색은 신비로운, 환상, 성스러움 등을 상징한다. 여성스러운 부드러움을 강좌는 역할을 하기도 하지만 반면 비애감과 고독감을 느끼게 하기도 한다.

① 빨강 ② 주황
③ 파랑 ④ 보라

해설

색의 연상 : 색채에는 색상에 따라 각각 특유한 색의 감정을 가지고 있다.
① 빨강 : 정열, 공포, 흥분, 불안
② 주황 : 정열, 애정, 야망, 쾌적, 만족, 풍부
③ 파랑 : 젊음, 차가움, 명상, 성실, 영원
④ 보라 : 창조, 우아, 고귀, 예술

정답 18 ③ 19 ② 20 ④

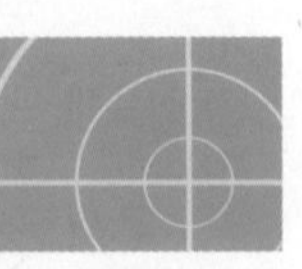

색채 및 인간공학 2015년 3월 8일(1회)

01 **다음 중 동작경제의 원칙과 가장 거리가 먼 것은?**

① 두 팔의 동작은 항상 같은 방향으로 움직인다.
② 모든 공구나 재료는 자기 위치에 있도록 한다.
③ 가능한 한 관성과 중력을 이용하여 작업을 한다.
④ 손의 동작은 완만하게 연속적인 동작이 되도록 한다.

해설

두 손의 동작을 동시에 개시하고 동시에 끝낸다.

02 **다음 중 경계 및 경고 신호의 선택이나 설계에 관한 일반적인 권장사항으로 가장 올바른 것은?**

① 멀리 보내는 신호는 1000Hz 이하의 낮은 주파수를 사용한다.
② 큰 장애물이나 칸막이를 넘어서 휘어가는 신호는 3000Hz 이상의 높은 주파수를 사용한다.
③ 상황에 따라 다른 경계신호를 사용하며, 이에 따라 상이한 반응이 요구될 때는 서로 식별되지 않는 것이어야 한다.
④ 귀가 가장 민감하지 않은 200Hz 이하를 사용한다.

해설 경계 및 경고신호의 선택 또는 설계시의 설계지침

㉠ 귀는 중음역에 가장 민감하므로 500~3,000Hz (또는 200~5,000Hz)의 진동수를 사용한다.
㉡ 장거리용(3,000m 이상)은 1,000Hz 이하의 진동수를 사용한다.
㉢ 신호가 장애물을 돌아가거나 칸막이를 사용할 때에는 500Hz 이하의 진동수를 사용한다.
㉣ 주의를 끌기 위해서는 변조된 신호(초당 1~8번 나는 소리, 초당 1~3번 오르내리는 소리 등) 사용한다.
㉤ 배경소음의 진동수와 구별되는 신호 사용한다.
㉥ 경보효과를 높이기 위해서 개시 시간이 짧은 고강도 신호를 사용한다.
㉦ 수화기를 사용하는 경우에는 좌우로 교번하는 신호를 사용한다.
㉧ 가능하면 확성기, 경적 등과 같은 별도의 통신계통을 사용한다.

03 **인간과 기계의 특성 중 기계가 인간보다 우수한 기능으로 옳은 것은?**

① 완전히 새로운 해결책을 찾아낸다.
② 오랜 기간에 걸쳐 작업을 수행한다.
③ 원칙을 적용하여 다양한 문제를 해결한다.
④ 다양한 운용상의 요건에 맞추어 신체적인 반응을 적응시킨다.

해설 기계가 인간보다 우수한 기능

㉠ X선, 레이더파나 초음파 같이 인간의 정상적인 감지 범위 밖에 있는 자극을 감지한다.
㉡ 자극이 일반적으로 분류한 어떤 급에 속하는가를 판별하는 것 같이 연역적으로 추리한다.
㉢ 사전에 명시된 사상, 특히 드물게 발생하는 사상을 감시한다.
㉣ 암호화 된 정보를 신속하고 또 대량으로 보관한다.
㉤ 구체적인 요청이 있을 때 암호화된 정보를 신속하고 정확하게 회수한다.
㉥ 명시된 프로그램에 따라 정략적인 정보 처리를 한다.
㉦ 입력 신호에 대해 신속하고 일관성 있는 반응을 한다.
㉧ 반복적인 작업을 신뢰성 있게 수행한다.
㉨ 상당히 큰 물리적인 힘을 규율 있게 발휘한다.
㉩ 긴 기간에 걸쳐 작업 수행을 한다.
㉪ 물리적인 양을 계수(計數)하거나 측정한다.
㉫ 여러 개의 프로그램 활동을 동시에 수행한다.
㉬ 큰 부하가 걸린 상황에서도 효율적으로 작동한다.
㉭ 주위가 소란하여도 효율적으로 작동한다.

정답 01 ① 02 ① 03 ②

04 **인간의 정보처리 중 정보의 보관과 관련되지 않은 것은?**

① 장기 기억(long-term memory)
② 감각 보관(sensory storage)
③ 단기 기억(short-term memory)
④ 인지 및 회상(recognition and recall)

해설 인간의 정보처리

표시 장치를 사용해서 인간에게 정보를 제시할 때에는, 실제 운용 상황 하에서 정보를 잘 사용할 수 있도록 제시해 주어야 한다. 인간 요소적 측면에서 이러한 정보를 사용한다는 것은 다음과 같은 여러 형태의 知覺(mediation) 혹은 인식 과정을 의미한다.

(1) 정보보관
㉠ 장기 기억(long-term memory)
㉡ 단기 기억(short-term memory) : 누구에게 전해야 할 전언같이, 관련 정보를 잠시 기억하는 것
㉢ 감각 보관(sensory storage) : 잔상과 같이 자극이 사라진 후에도 잠시 감각이 지속되는 것
(2) 정보의 회수 및 처리
㉠ 인지 – 관련 자극이나 신호의 인지 또는 검출을 포함하는 인식 과정
㉡ 회상 – 이미 습득한 실제 정보, 절차, 과정, 순서 등이 회상이나 위에서 설명한 단기 보관된 정보의 회상
㉢ 정보 처리 – 분류, 산정, 암호화, 계산, 항목화, 도표화, 해독 등
㉣ 문제 해결 및 의사 결정 – 분석, 산정, 선택, 비교, 계산, 추산, 계획 등
㉤ 신체 반응의 통제 – 조건 반응, 특정 자극에 적절한 반응의 선택, 축차적 반응 및 연속 통제 반응 등 광범위한 신체적 반응들을 통제한다.

05 **다음 중 인체 계측 자료를 이용하여 설계하고자 할 때 대상 자료를 선택하는 원칙에 해당되지 않는 것은?**

① 극단치를 이용한 설계
② 조절범위를 이용한 설계
③ 평균치를 기준으로 한 설계
④ 상대적 유의치수를 이용한 설계

해설 인체측정치 적용의 원칙(인체계측자료의 응용 3원칙)

(1) 최대 최소 치수
㉠ 최소 집단치 설계(도달 거리에 관련된 설계)
의자의 높이, 선반의 높이, 엘리베이터 조작버튼의 높이, 조종 장치의 거리 등과 같이 도달거리에 관련된 것들을 5퍼센타일을 사용한다.
㉡ 최대 집단치 설계 (여유 공간에 관련된 설계)
문, 탈출구, 통로와 같은 여유 공간에 관련된 것들은 95퍼센타일을 사용한다. 보다 많은 사람을 만족시킬 수 있는 설계가 되는 것이다.
(2) 조절 범위
통상 5% 차에서 95% 차까지의 90% 범위를 수용대상으로 설계하는 것이 관례이다.
예) 자동차의 좌식의 전후 조절, 사무실 의자의 상하 조절
(3) 평균치 설계
특정한 장비나 설비의 경우 최소 집단치나 최대 집단치를 기준으로 설계하는 것이 부적합하고 조절식으로 하기에도 부적절한 경우 부득이하게 평균치를 기준으로 설계해야 할 경우가 있다.
예) 손님 평균신장 기준의 은행의 계산대

06 **다음 중 푸르킨예(Purkinje effect) 현상이 적용되는 것은?**

① 명도대비 ② 착시현상
③ 암순응 ④ 시선의 이동

해설 푸르킨예 현상(purkinje 효과)

㉠ 저녁때 주위가 차츰 어두워지면 선명하게 보이던 붉은색이 어둡게 가라앉은 색깔로 보이게 되고, 반대로 푸른색이 선명하게 보이는 현상
㉡ 원인 : 명소시(명순응)에서 암소시(암순응)로 이동함에 따라 시감이 빨강에 가까운 쪽에서 파랑에 가까운 쪽으로 이동하기 때문이다.

07 **다음 중 인체측정치를 고려한 설계시 주의사항으로 가장 부적합한 것은?**

① 사람은 항상 움직이므로 여유 있는 치수를 잡아둔다.

정답 04 ④ 05 ④ 06 ③ 07 ④

② 가능한 한 장비나 설비의 치수를 조절할 수 있도록 한다.
③ 구조적 인체치수를 그대로 사용하기 보다는 기능적 인체치수를 측정하여 활용한다.
④ 대부분의 경우 평균치를 사용하는 것이 적합하다.

해설

특정한 장비나 설비의 경우 최소 집단치나 최대 집단치를 기준으로 설계하는 것이 부적합하고 조절식으로 하기에도 부적절한 경우 부득이하게 평균치를 기준으로 설계해야 할 경우가 있으나 대부분의 경우 평균치를 사용하는 것은 바람직하지 않다.

08 다음 중 위험표지판의 해골이나 뼈와 같이 사물이나 행동을 단순하고 정확하게 표현하는 부호를 무엇이라 하는가?

① 묘사적 부호 ② 추상적 부호
③ 임의적 부호 ④ 은유적 부호

해설 시각적 암호, 부호 및 기호의 유형

① 묘사적 부호 : 사물의 행동을 단순하고 정확하게 묘사한 것
(예 : 위험표지판의 해골과 뼈, 도보 표지판의 걷는 사람)
② 추상적 부호 : 전언(傳言)의 기본요소를 도식적으로 압축한 부호로써, 원개념과는 약간의 유사성이 있을 뿐이다.
③ 임의적 부호 : 부호가 이미 고안되어 있으므로 이를 배워야 하는 부호
(예 : 교통표지판의 삼각형 – 주의, 원형 – 규제, 사각형 – 안내표시)

09 머리와 안구를 고정하여 한 점을 주시했을 때 동시에 보이는 외계의 범위를 시야라 하는데 다음 중 시야가 가장 넓어지는 색은?

① 백색 ② 녹색
③ 적색 ④ 청색

해설

머리와 안구를 고정하여 한 점을 응시하였을 때 동시에 보이는 외계의 범위를 시야라 하고 이것은 녹색, 적색, 청색, 황색, 백색의 순으로 넓어진다.

10 흰색 종이의 반사율이 80%, 인쇄된 검정색 글자의 반사율이 15%라 할 때 대비는 얼마인가?

① 61% ② 70%
③ 81% ④ 88%

해설 대비(luminance contrast)

㉠ 사물이 보이는 것은 사물과 바탕이 밝은 정도의 차이와 색상의 차이가 있기 때문이다. 이처럼 표적과 배경의 밝기 차이를 대비라 한다.
㉡ 보통 표적의 광속발산도(Lt)와 배경의 광속발산도(Lb)의 차를 나타내는 척도이다.(광도대비, 휘도대비)
∴ 대비(%)

$$= \frac{\text{배경의 광속발산도}(Lb) - \text{표적의 광속발산도}(Lt)}{\text{배경의 광속발산도}(Lb)} \times 100$$

$$\therefore \frac{80-15}{80} \times 100 = 81.25 \fallingdotseq 81\%$$

11 우리 눈의 시각세포에 대한 설명 중 옳은 것은?

① 간상세포는 밝은 곳에서만 반응한다.
② 추상세포가 비정상이면 색맹 또는 색약이 된다.
③ 간상세포는 색상을 느끼는 기능이 있다.
④ 추상세포는 어두운 곳에서의 시각을 주로 담당한다.

해설 색맹(色盲)

㉠ 망막의 결함에 의해 색의 지각하는데 정상적으로 색을 느끼지 못하는 경우를 색맹(色盲)이라고 한다.
㉡ 색상의 식별이 전혀 되지 않는 색각 이상자로 전색맹(全色盲)이라 하고, 이 경우 색지각을 간상에만 의존하여 명암만 다소 구별할 수 있는 정도이며, 프로킨예 현상도 나타나지 않는다. 전색맹의 경우 언제나 정상자의 암순응 상태에 있고, 빛이 강할 때에는 눈이 부셔서 사물을 잘 볼 수 없는 현상이 일어나기도 한다.

정답 08 ① 09 ② 10 ③ 11 ②

※ 간상체와 추상체의 특성
㉠ 간상체 : 흑백으로 인식, 어두운 곳에서 반응, 사물의 움직임에 반응 – 흑백필름 (암순응)
㉡ 추상체(원추체) : 색상 인식, 밝은 곳에서 반응, 세부 내용파악 – 칼라필름 (명순응)

12 **보기의 ( )에 들어갈 적합한 색으로 옳은 것은?**

> <보기>
> 색채와 인간은 서로 영향을 주고 받는다. 색채는 마음을 흥분시키기도 하고 진정시키기도 한다. 이러한 색채 효과는 심리치료에 응용되는데, 주로 흥분하기 쉬운 환자는 (A)공간에서, 우울증 환자는 (B)공간에서 색채치료요법을 쓴다.

① A : 빨간색, B : 파란색
② A : 파란색, B : 빨간색
③ A : 노란색, B : 연두색
④ A : 연두색, B : 노란색

해설

색을 보았을 때 피로를 느끼는 색은 채도의 정도에 의한 것이다. 특히 오랜 시간을 보내야 하는 병원 등에서의 실내색채계획은 지루함을 덜 수 있도록 한 색계통이 효과적이다. 병원의 입원실처럼 안정을 요하는 공간에는 파란색 계열의 고명도, 저채도의 단파장의 계열색으로 칠하면 안정적이며 흥분을 가라앉히며 차분한 느낌을 준다.
※ 흥분색과 진정색
㉠ 흥분색 : 적극적인 색 – 빨강, 주황, 노랑 – 난색계통의 채도가 높은 색
㉡ 진정색 : 소극적인 색, 침정색 – 청록, 파랑, 남색 – 한색계통의 채도가 낮은 색

13 **서로 다른 색을 구분 할 수 있는 것은 빛의 무슨 성질 때문인가?**

① 파장　② 자외선
③ 적외선　④ 전파

해설

파장이 길고 짧음에 따라 굴절률이 다르며, 파장이 길면 굴절률도 작고 파장이 짧으면 굴절률도 크다. 빨강은 파장이 길어서 굴절률이 가장 작으며, 보라는 파장이 짧아서 굴절률이 가장 크다.
※ 파장이 긴 것부터 짧은 것 순서 : 빨강 – 주황 – 노랑 – 초록 – 파랑 – 남색 - 보라

14 **베졸드 효과(Bezold effect)의 설명으로 틀린 것은?**

① 빛이 눈의 망막 위에서 해석되는 과정에서 혼색효과를 가져다주는 일종의 가법혼색이다.
② 색점을 섞어 배열한 후 거리를 두고 관찰할 때 생기는 일종의 눈의 착각현상이다.
③ 여러 색으로 직조된 직물에서 하나의 색만을 변화시키거나 더할 때 생기는 전체 색조의 변화이다.
④ 밝기와 강도에서는 혼합된 색의 면적비율에 상관없이 강한 색에 가깝게 지각된다.

해설 베졸드 효과

색을 직접 섞지 않고 색점을 섞어 배열함으로써 전체 색조를 변화시키는 효과이다. 대비와는 반대되는 효과로 배경색이 더 밝아 보인다. 이것은 명도 대비와 반대되는 효과로 동화 현상 혹은 베졸드 효과라 불리는 현상이다.

15 **어두운 영화관에 들어갔을 때 한참 후에야 주위 환경을 지각하게 되는 시지각 현상은?**

① 명순응　② 색순응
③ 암순응　④ 시순응

정답 12 ② 13 ① 14 ④ 15 ③

해설 명순응과 암순응

안구의 내부에 입사하는 빛의 양에 따라 망막의 감도가 변화하는 현상과 변화하는 상태

(1) 명순응(Light Adaptation)
㉠ 어두운 곳에서 밝은 곳으로 나갈 때, 눈이 부시고 잘 보이지 않는 현상
㉡ 입사하는 빛의 양이 증가할 때(밝아질 때)는 망막의 감도가 낮아진다. 약 40초~1분이 지나면 잘 볼 수 있다.

(2) 암순응(Dark Adaptation)
㉠ 밝은 곳에 있다가 어두운 곳에 들어가면 처음에는 물체가 잘 보이지 않다가 시간이 흐르면서 보이는 현상
㉡ 입사하는 빛의 양이 감소할 때는 망막의 감도가 높아진다.
㉢ 암순응 능력을 파괴하지 않기 위해서는 단파장 계열의 색(초록색, 남색 등)이 적당하다.
예) 비상계단의 비상구 표시는 녹색으로 한다.

16 색각에 대한 학설 중 3원색설을 주장한 사람은?

① 헤링　② 영·헬름홀츠
③ 맥니콜　④ 먼셀

해설 영·헬름홀츠 설(Young–Helmholtz theory)

영국의 물리학자 영(Thomas Young 1773~1829)이 1802년에 발표했던 3원색설을 독일의 생리학자 헬름홀츠(Herman von Helmholtz ; 1821~1894)가 발전시킨 것이다. 영(Young)은 색광혼합의 실험결과에서 주로 물리적인 가산혼합의 현상에 대해서 주목하여 적·녹·짙은 보랏빛(청)의 3색을 3원색으로 했으며 헬름홀츠(Helmholtz)는 망막에 분포한 적·녹·청의 3종의 시세포에 의하여 여러가지 색지각이 일어난다는 설이다.

17 빨강, 파랑, 노랑과 같이 색지각 또는 색감각의 성질을 갖는 색의 속성은?

① 색상　② 명도
③ 채도　④ 색조

해설 색상

㉠ 색상은 색의 차이를 나타낸다.
㉡ 일반적으로 실무에서는 여러 색상을 원형으로 배치한 색상환을 자주 참고하는데, 검은색과 흰색을 제외한 순색 12컬러로 표시하거나 24컬러로 표시한다.

※ 색의 3속성은 색상, 명도, 채도의 3가지 속성을 가지고 있는데 색상은 색의 차이, 명도는 색상의 밝은 정도, 채도는 색상의 선명한 정도를 나타낸다. 색의 3속성을 인간의 눈이 가장 예민하게 감각 하는 것부터 순서는 명도 – 색상 – 채도이다.

18 색채관리에 대한 설명으로 거리가 먼 것은?

① 기업운영의 중요한 기술이라 할 수 있다.
② 디자인과 색채를 통일하여 좋은 기업상을 만들 수 있다.
③ 제품의 생산단계에서부터 도입하여 색채관리를 한다.
④ 소비자가 구매충동을 일으킬 수 있는 색채관리가 필요하다.

해설 색채관리

생산된 제품에 잘 어울리고, 사용하는 사람이 만족할 수 있게 좋은 색채를 계획하는 것부터 색채를 경제적으로 제작하는 방법에 이르기 까지 여러 단계의 체계를 말한다.

(1) 색채관리의 대상 : 주된 대상은 공업제품이며 그 밖에도 각종 색채재료, 인쇄, 도료, 염색, 컬러 TV, 컬러사진, 영상 등 여러 가지가 있다.

(2) 색채관리의 효과
㉠ 공업제품을 제작함에 참신하고 좋은 색채로 만들려는 방법을 찾게 한다.
㉡ 계획한 색채를 과학적이고 경제적으로 제작할 수 있게 한다.
㉢ 사용자의 요구와 사용목적에 부응하는 결과를 가져오게 한다.

정답 16 ② 17 ① 18 ③

19 다음 색체계 중 혼색계를 나타내는 것은?

① 먼셀 체계　② NCS 체계
③ CIE 체계　④ DIN 체계

해설 CIE 표색계(국제조명위원회 표색계)

㉠ 색의 전달을 위한 표시 방법 중 1931년 국제조명위원회에 의하여 결정한 가장 과학적이고 국제적 기준이 되는 색표시 방법으로 적, 녹, 청의 3색광을 혼합하여 3자극치에 따른 표색 방법이다.
㉡ CIE 색도도 : 스펙트럼 궤적과 단색광궤적으로 둘러쌓인 말발굽 형태의 색도도로 그 부분은 실제 광자극의 좌표를 발견할 수 있는 최대색도범위를 나타낸다.
㉢ CIE 표색계는 가장 과학적이며 표색의 기본으로 되어 있는데, 주로 광원이나 컬러텔레비전의 기술에 사용된다.

20 방화, 금지, 정지, 고도위험 등의 의미를 전달하기 위해 주로 사용되는 색은?

① 노랑　② 녹색
③ 파랑　④ 빨강

해설 색의 연상

색을 지각할 때 경험이나 심리작용에 의하여 활동 또는 상태와 관련 지어 보이는 것을 말한다. 우리가 색을 지각할 때는 특정한 사물이나 느낌이 연상된다. 하지만 색의 연상은 생활양식, 문화, 지역, 환경, 계절, 성별, 연령 등에 따라 심한 차이가 난다.
① 노랑(Y) : 명랑, 환희, 희망, 광명, 접근, 유쾌, 팽창, 천박, 황금, 바나나, 금발
② 녹색(G) : 평화, 상쾌, 희망, 휴식, 안전, 안정, 안식, 평정, 지성, 자연, 초여름, 잔디, 죽음
③ 파랑(B) : 젊음, 차가움, 명상, 심원, 성실, 영원, 냉혹, 추위, 바다, 호수
④ 빨강(R) : 자극적, 정열, 흥분, 애정, 위험, 혁명, 피, 분노, 더위, 열

색채 및 인간공학
2015년 5월 31일(2회)

01 다음 중 동작경제의 원칙과 가장 거리가 먼 것은?

① 두 팔은 서로 같은 방향의 비대칭적으로 움직인다.
② 두 손의 동작은 동시에 시작하고, 동시에 끝나도록 한다.
③ 손의 동작은 완만하게 연속적인 동작이 되도록 한다.
④ 휴식시간을 제외하고는 양손이 같이 쉬지 않도록 한다.

해설 동작경제의 원칙
(The Principles of Motion Economy)

㉠ 두 손의 동작을 동시에 개시하고 동시에 끝낸다.
㉡ 휴식시간 외에는 손을 놀리지 않는다.
㉢ 두 팔을 동시에 반대방향에서 대칭적으로 동작시킨다.
㉣ 주어진 일을 함에 있어서 작업을 너무 세밀하게 나누지 말고 필요한 최소량으로 한다.
㉤ 발이나 몸 등 신체의 다른 부위를 사용해도 좋은 작업을 모두 손으로 하지 않는다.
㉥ 동작의 범위를 최소로 한다.
㉦ 방향이 갑자기 변하는 직선적인 동작은 피하고, 연속된 곡선에 따라 부드럽게 동작하는 것이 바람직하다.
㉧ 동작의 순서를 자연스럽고 부드럽게 하기 위하여 합리적으로 한다.

02 다음 그림과 같이 가운데 위치한 두 원의 크기는 동일할 때 나타나는 착시 현상을 무엇이라 하는가?

① 분할의 착시　② 만곡의 착시
③ 대소의 착시　④ 각도의 착시

정답 19 ③　20 ④　/　01 ①　02 ③

해설 착시(Illusion)

대상의 물리적 조건이 동일하다면 누구나 그리고, 언제나 경험하게 되는 지각 현상으로 대상을 물리적 실체와 다르게 지각하는 경우가 흔히 착시라 한다. 지각의 항상성과 반대되는 현상이다.
☞ 보기의 그림은 대소의 착시라고 한다.

03 다음 중 인간공학에 관한 설명으로 가장 적절하지 않은 것은?

① 단일 학문으로서 깊이 있는 분야이므로 관련된 다른 학문과는 관련지을 수 없는 독립된 분야이다.
② 체계적으로 인간의 특성에 관한 정보를 연구하고 이들의 정보를 제품 및 환경 설계에 이용하고자 노력하는 학문이다.
③ 인간이 사용하는 제품이나 환경을 설계하는데 인간의 생리적, 심리적인 면에서의 특성이나 한계점을 체계적으로 응용한다.
④ 인간이 사용하는 제품이나 환경을 설계하는데 인간의 특성에 관한 정보를 응용함으로써 안전성, 효율성을 제고하고자 하는 학문이다.

해설

인간공학이란 기계나 환경을 인간의 기능과 특성에 적합하게 설계하고자 하는 학문 분야로서 인간의 신체적인 특성, 지적인 특성 뿐만 아니라 감성적인 면까지 고려한 제품설계나 환경개선을 다루는 분야이다. 즉, 인간을 위한 설계(Design for Human)가 바로 인간공학이다.

04 다음 중 한국인 인체치수조사 사업에 있어 인체치수의 기준 중 "얼굴수직길이"를 올바르게 나타낸 것은?

① 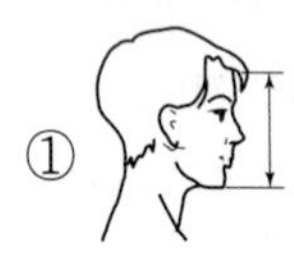
② 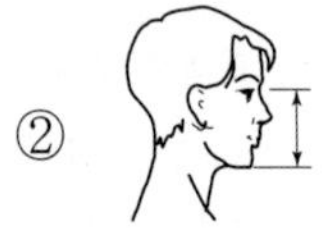
③ 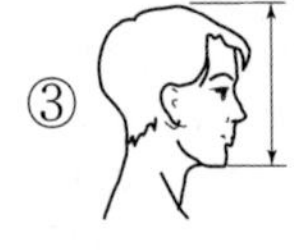
④ 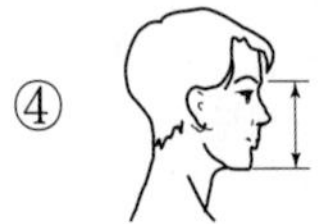

해설

한국인 인체치수조사 사업 'Size Korea'를 산업통상자원부 국가기술표준원에서 진행하고 있다.

05 다음 중 기계장치의 동작, 변화과정이나 결과, 환경조건 등의 변동에 관한 정보를 인간이 정확하고 신속하게 지각할 수 있게 하기 위한 연구로 가장 적합한 것은?

① 표시방식의 연구
② 제어방식의 연구
③ 공구의 조건에 관한 연구
④ 인간의 자질능력의 변이에 관한 연구

해설

표시방식의 연구는 기계장치의 동작, 변화과정이나 결과, 환경조건 등의 변동에 관한 정보를 인간이 정확하고 신속하게 지각할 수 있게 하기 위한 연구에 적합하다.

06 다음 중 수치를 정확히 읽어야 할 경우에 가장 적합한 표시장치의 형태는?

① 동침형 표시장치
② 동목형 표시장치
③ 계수형 표시장치
④ 수직-수평형 표시장치

정답 03 ① 04 ② 05 ① 06 ③

해설 정량적 표시장치

집약적으로 계량적인 값을 사용자에게 전달하는 것으로 변수의 정량적인 값을 표시한다.

(1) 지침 이동형(Moving Pointer) : 정목 동침형
㉠ 눈금이 고정되고 지침(pointer)이 움직이는 형
㉡ 주로 아날로그(Analogue) 표시로서 대체적인 값이나 시간적 변화를 필요로 하는 경우, 즉 연속과정의 제어에 적합하다.
[예] 라디오 주파 사이클, 오디오의 볼륨 레벨, 손목시계

(2) 지침 고정형(Moving Scale) : 정침 동목형
㉠ 지침이 고정되고 눈금이 움직이는 형
㉡ 표시값의 변화 범위가 비교적 크지만 계기판의 눈금을 작게 만들고도 값을 읽어야 할 때 적합
[예] 몸무게 저울(체중계)

(3) 계수형(Digital)
㉠ 정확한 값을 표시한다든가, 자릿수가 많은 정확한 경우에 사용
㉡ 시간적 변화의 표시에는 적당하지 않다.
㉢ 오독률(誤讀率)이 가장 작다.
[예] 디지털시계, 전력계, 택시요금계기, 카세트 테이프 레코더

07 다음 중 통화이해도를 나타내는 방법으로 적절하지 않은 것은?

① 명료도 지수 ② 통화 간섭 수준
③ 이해도 점수 ④ 주파수 분포 지수

해설 명료도와 요해도

㉠ 명료도(clarity) : 사람이 말을 할 때 어느 정도 정확할 수 있는가를 표시하는 기준을 백분율로 나타낸 것이다.
㉡ 요해도(intelligility) : 언어의 명료도에 의해서 말의 내용이 얼마나 이해되느냐 하는 정도를 백분율로 나타낸 것이다. 각 음절의 전부를 확실히 들을 수는 없어도 말의 내용이 이해되는 경우가 있으므로 요해도는 명료도보다 높은 값을 갖게 된다.

08 군인들이 다리를 건널 때는 다리의 붕괴를 방지하기 위하여 발을 맞추지 않는다. 이는 다음 중 어떠한 현상과 관련이 있는가?

① 감쇠(attenuation)
② 공명(resonance)
③ 관성(inertia)
④ 댐핑(damping)

해설 공명(resonance)

입사음의 진동수가 벽이나 천장 등의 고유 진동수와 일치되어 같이 소리를 내는 현상

09 다음 중 신체 부위의 동작유형과 그 사례가 올바르게 연결된 것은?

① 굴곡(flexion) : 굽혀있는 팔꿈치를 펴는 동작
② 신전(extension) : 완전히 펴져 있는 팔꿈치를 굽히는 동작
③ 내전(adduction) : 아래로 내린 팔을 옆으로 수평이 되도록 드는 동작
④ 회외(supination) : 팔을 아래로 내린 상태에서 손바닥을 전방으로 한 후 외측으로 돌리는 동작

해설 신체 역학

㉠ 굴곡(유착, flexion) : 신체 부분을 좁게 구부리거나 각도를 좁히는 동작으로 팔과 다리의 굴곡 외에 몇 가지의 굴곡 동작이 있다.
㉡ 신전(확장, extension) : 신체의 부위를 곧게 펴거나 각도를 늘리는 동작으로 굴곡에서 다시 돌아보는 동작을 말한다. 보통의 범위 이상의 관절 운동을 최대 신장이라고 한다.
㉢ 내전(adduction) : 신체의 부분이나 부분의 조합이 신체의 중앙이나 그것이 붙어있는 방향으로 움직이는 동작
㉣ 외전(abduction) : 신체의 중앙이나 신체의 부분이 붙어있는 부위에서 멀어지는 방향으로 움직이는 동작

정답 07 ④ 08 ② 09 ④

10 다음 중 점광원에서 어떤 물체나 표면에 도달하는 빛의 단위면적당 밀도로 빛을 받는 면의 밝기를 나타내는 것은?

① 휘도　　② 광도
③ 조도　　④ 명도

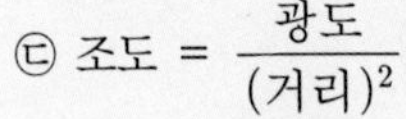
해설 조도

㉠ 표면에 도달하는 광의 밀도($1m^2$당 1lm의 광속이 들어 있는 경우 1lux)
㉡ 단위 : 룩스(lux, lx), lm/m^2
㉢ 조도 = $\frac{광도}{(거리)^2}$

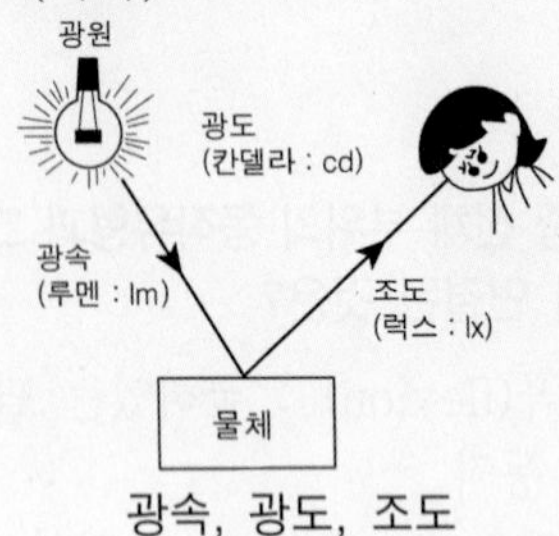

광속, 광도, 조도

11 빨간 사과를 태양광선 아래에서 보았을 때와 백열등 아래에서 보았을 때 빨간색은 동일하게 지각되는데 이 현상을 무엇이라고 하는가?

① 명순응　　② 대비현상
③ 항상성　　④ 연색성

해설 항상성(恒常性 ; constancy)

㉠ 물체에서 반사광의 분광특성이 변화되어도 거의 같은 색으로 보이는 현상으로 조명조건이 바뀌어도 일정하게 유지되는 색채의 감각을 말한다.
㉡ 항상성은 보는 밝기와 색이 조명등의 물리적 변화에 응하여 망막자극의 변화와 비례하지 않는 것을 말한다.
㉢ 밝기의 항상성은 밝은 물건 쪽이 강하며, 색의 항상성은 색광시야가 크면 강하다.
㉣ 흰 종이를 어두운 곳이나 밝은 곳에서 보았을 때 어두운 곳에 있을 때가 더 밝게 보이지만 여전히 우리 눈은 흰 종이를 인식한다.

12 헤링(E.Hering)의 색각이론 중 이화작용(dissimilation)과 관계가 있는 색은?

① 백색(white)　　② 녹색(green)
③ 청색(blue)　　④ 흑색(black)

해설 헤링의 반대색설(4원색설)

색의 기본감각으로서 백색 - 검정색, 빨간색 - 녹색, 노란색 - 파란색, 의 3조의 짝을 이루는 것으로 이 세 종류의 시세포질에서 여섯 종류의 빛으로 수용된 뒤 망막의 신경과정에서 합성된다는 것으로 반대색 잔상이 일어난다는 것에 의해 색지각을 설명한 학설이다.
각각의 물질은 빛에 따라 동화와 이화라고 하는 대립적인 화학적 변화를 일으킨다고 말했다.
• 동화작용(합성)에 의하여 녹·청·흑의 감각이 생김
• 이화작용(분해)에 의하여 적·황·백의 감각이 생김
오스트발트 색상분할에 기본이 되며 혼색과 색각이상을 잘 설명할 수 없는 단점이 있다.

13 우리 눈으로 지각할 수 있는 빛을 호칭하는 가장 적당한 말은?

① 가시광선　　② 적외선
③ X선　　④ 자외선

해설 빛

㉠ 적외선 : 780nm보다 긴 파장의 Red 계열의 광선
㉡ 가시광선 : 380~780nm, 빨강에서 보라까지의 우리가 물체를 보고 색을 감지할 수 있는 광선
㉢ 자외선, X선 : 380nm보다 짧은 파장의 보라 계열의 광선
※ 1nm = 10Å $=10^{-9}$m
※ 빛은 색지각을 일으키는 가장 기본적인 요건이다.

14 다음 중 가장 큰 팽창색은?

① 고명도, 저채도, 한색계의 색
② 저명도, 고채도, 난색계의 색
③ 고명도, 고채도, 난색계의 색
④ 저명도, 고채도, 한색계의 색

정답 10 ③　11 ③　12 ①　13 ①　14 ③

해설 진출과 후퇴, 팽창과 수축

㉠ 진출, 팽창색 : 고명도, 고채도, 난색 계열의 색
- 예 : 적, 황

㉡ 후퇴, 수축색 : 저명도, 저채도, 한색 계열의 색
- 예 : 녹, 청

※ 빨강(적)에서 노랑(황)까지는 난색계의 따뜻한 색으로 진출성, 팽창성이 있다.

※ 같은 색상일 경우 명도가 높으면 팽창해 보이고, 명도가 낮으면 수축해 보인다.

※ 살찐 사람이 입었을 때 날씬하게 보이는 옷의 배색은 세로 줄무늬, 저채도, 저명도, 한색으로 한다.

15 먼셀 표색계의 특징에 관한 설명 중 틀린 것은?

① 명도 5를 중간 명도로 한다.
② 실제 색입체에서 N9.5는 흰색이다.
③ R과 Y의 중간색상은 O로 표시한다.
④ 노랑의 순색은 5Y 8/14이다.

해설 먼셀(Munsell)의 표색계

우리나라에서 채택하고 있는 한국산업규격 색채 표기법이다.

㉠ 색상(Hue) : 원의 형태로 무채색을 중심으로 배열된다.
- 기본색 : 빨강(R), 노랑(Y), 녹색(G), 파랑(B), 보라(P)
- 중간색 : 주황(YR), 연두(GY), 청록(BG), 남색(PB), 자주(RP)

㉡ 명도(Value) : 수직선 방향으로 아래에서 위로 갈수록 명도가 높아진다.
- 빛의 반사율에 따른 색의 밝고 어두운 정도
- 이상적인 흑색을 0, 이상적인 백색을 10

㉢ 채도(Chroma) : 방사형의 형태로 안쪽에서 밖으로 나올수록 높아진다.
- 회색을 띄고 있는 정도 즉, 색의 순하고 탁한 정도
- 무채색을 0으로 그 색상에서 가장 순수한 색이 최대의 채도 값

※ 먼셀(Munsell)의 색 표기법
- 색상, 명도, 채도의 기호는 H, V, C이며 HV/C로 표기된다.
  예) 빨강의 순색은 5R 4/14라 적고, 색상이 빨강의 5R, 명도가 4이며, 채도가 14인 색채이다.

16 먼셀의 색상환에서 PB는 무슨 색인가?

① 주황　② 청록
③ 자주　④ 남색

해설

색상(Hue) : 원의 형태로 무채색을 중심으로 배열된다.
- 기본색 : 빨강(R), 노랑(Y), 녹색(G), 파랑(B), 보라(P)
- 중간색 : 주황(YR), 연두(GY), 청록(BG), 남색(PB), 자주(RP)

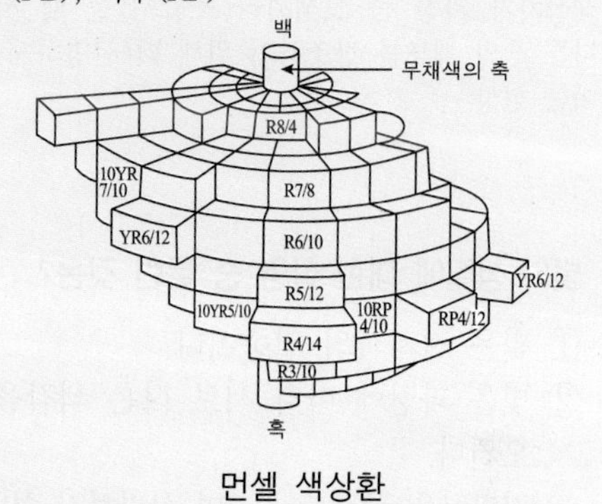

먼셀 색상환

17 검정바탕 위의 회색이 흰 바탕 위의 같은 회색보다 밝게 보이는 현상은?

① 명도대비　② 채도대비
③ 색상대비　④ 보색대비

해설 동시대비(Contrast) 현상

두 색 이상을 동시에 볼 때 일어나는 대비 현상으로 색상의 명도가 다를 때 구별되는 정도이다.
동시 대비에는 색상대비, 명도대비, 채도대비, 보색대비 등이 있다.

(1) 색상대비(Hue Contrast)
㉠ 두 가지 이상의 색을 동시에 볼 때 각 색상의 차이가 실제의 색과는 달라 보이는 현상
㉡ 배경이 되는 색이나 근접색의 보색 잔상의 영향으로 색상이 몇 단계 이동된 느낌을 받는다.
㉢ 빨간 바탕위의 주황색은 노란색의 느낌이, 노란색 바탕위의 주황색은 빨간색의 느낌이 난다.
㉣ 무채색의 대비, 유채색의 대비, 무채색과 유채색의 대비가 일어나지 않는다.

정답 15 ③　16 ④　17 ①

(2) 명도대비(Lightness Contrast)
어두운 색 가운데서 대비되어진 밝은 색은 한층 더 밝게 느껴지고, 밝은 색 가운데 있는 어두운 색은 더욱 어둡게 느껴지는 현상
(3) 채도대비(Saturation Contrast)
㉠ 어떤 색의 주위에 그것보다 선명한 색이 있으면 그 색의 채도가 원래 가지고 있는 채도보다 낮게 보이는 현상
㉡ 배경색의 채도가 낮으면 도형의 색이 더욱 선명해 보인다.
(4) 보색대비(Comlementary Contrast)
색상차가 가장 큰 보색끼리 조합 했을 때 서로 다른 색의 채도를 강조하기 위해 더 선명하게 보이는 현상

18 빛의 성질에 대한 설명 중 틀린 것은?

① 빛은 전자파의 일종이다.
② 빛은 파장에 따라 서로 다른 색감을 일으킨다.
③ 장파장은 굴절률이 크며 산란하기 쉽니다.
④ 빛은 간섭, 회절 현상 등을 보인다.

해설

파장이 길고 짧음에 따라 굴절률이 다르며, 파장이 길면 굴절률도 작고 파장이 짧으면 굴절률도 크다. 빨강은 파장이 길어서 굴절률이 가장 작으며, 보라는 파장이 짧아서 굴절률이 가장 크다.
※ 파장이 긴 것부터 짧은 것 순서 : 빨강 – 주황 – 노랑 – 초록 – 파랑 – 남색 – 보라

19 교통기관의 색채계획에 관한 일반적인 기준 중 가장 타당성이 낮은 것은?

① 내부는 밝게 처리하여 승객에게 쾌적한 분위기를 만들어준다.
② 출입이 잦은 부분에는 더러움이 크게 부각되지 않도록 색을 사용한다.
③ 차량이 클수록 쉬운 인지를 위하여 수축색을 사용하여야 한다.
④ 운전실 주위에는 반사량이 많은 색의 사용을 피한다.

해설

교통관련 공간은 티켓팅하고 대기하며, 승차하는 공간에서는 생동력 있는 브라이트한 색을 사용하고, 차량내부에서 보다 차분한 색을 사용하여 안락한 느낌을 준다.
차 내부의 제한된 공간 속에서 오랜 시간 머무는 것이 때로는 지루하고 불쾌하기 때문에 차분한 색이 바람직하다.
☞ 차량이 클수록 쉬운 인지를 위하여 팽창색을 사용하여야 한다.

20 가산혼합에 대한 설명으로 틀린 것은?

① 가산혼합의 1차색은 감산혼합의 2차색이다.
② 보색을 섞으면 어두운 회색이 된다.
③ 색은 섞을수록 맑아진다.
④ 기본색은 빨강, 녹색, 파랑이다.

해설 가산혼합(加算混合) 또는 가법혼색(加法混色)

(1) 빛의 혼합을 말하며, 색광 혼합의 3원색은 빨강(Red), 녹색(Green), 파랑(Blue)이다.
(2) 적색광과 녹색광을 흰 스크린에 투영하여 혼합하면 빨강이나 녹색보다 밝은 노랑이 된다. 이와 같이 빛을 더해서 혼합하는 방법을 가산혼합 또는 가법혼색이라고 한다.
(3) 2차색은 원색보다 명도가 높아진다. 보색끼리의 혼합은 무채색이 된다.
(4) 빨강·녹색·파랑의 색광을 여러 가지 세기로 혼합하면 거의 모든 색을 만들 수 있으므로 이 3색을 가산혼합(加算混合)의 삼원색이라고 한다.
㉠ 청자(B)+녹(G) = 청(C)
㉡ 초록(G)+빨강(R) = 노랑(Y)
㉢ 청자(B)+빨강(R) = 자주(M)
㉣ 청자(B)+초록(G)+빨강(R) = 하양(W)
(5) 컬러텔레비전의 수상기, 무대의 투광조명(投光照明), 분수의 채색조명 등에 이 원리가 사용된다.

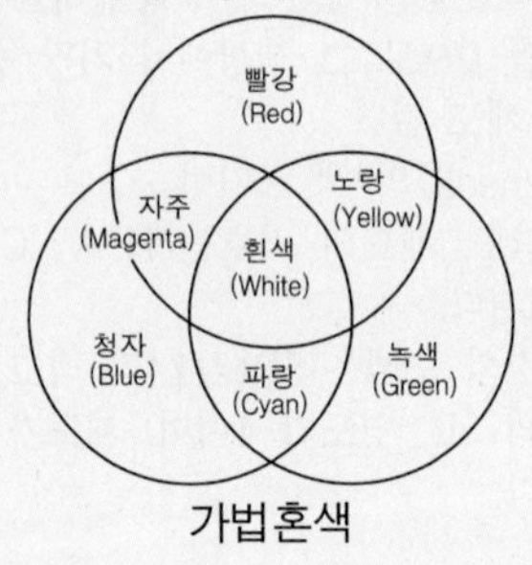

가법혼색

정답 18 ③ 19 ③ 20 ②

색채 및 인간공학
2015년 8월 16일(4회)

01 **다음 중 시야(視野)에 대한 설명으로 가장 옳은 것은?**

① 인간이 얼마만큼 멀리 볼 수 있는가를 말한다.
② 인간이 얼마만큼 가까이 볼 수 있는가를 말한다.
③ 어느 한 점에 눈을 돌렸을 때 보이는 범위를 시각으로 나타낸 것이다.
④ 어느 한 점에 눈을 돌렸을 때 보이는 범위를 거리로 나타낸 것이다.

해설 시야(視野, Visual Filed)

머리와 안구를 고정하여 한 점을 응시하였을 때 동시에 보이는 외계의 범위를 시야라 하고, 시야의 넓이는 물체의 색깔에 따라 달라진다. 시야가 좁아지는 색에서부터 넓어지는 색의 순서는 녹색 < 적색 < 청색 < 황색 < 백색 순으로 넓어진다.
※ 수직영역의 적정시야는 눈높이 아래 30° 정도이다.

02 **다음 중 작업효율에 관한 설명으로 가장 적절한 것은?**

① 어떤 조건 하에서 일정한 일을 함에 있어 신속, 확실, 효과적으로 해낼 수 있는 능력을 말한다.
② 신체적으로 보다 큰 에너지 소모가 있을 때 "작업효율이 있다."라고 한다.
③ 신경적으로는 보다 큰 긴장, 심리적으로는 보다 큰 노력감이 있을 때 "작업효율이 좋다."라고 한다.
④ 에너지소비량을 S, 실현하여 얻은 작업을 P라고 하면 작업효율(E)은 $\frac{S}{P}$로 정의할 수 있다.

해설 작업효율(작업능률)

㉠ 노동을 할 때 인간이 소비한 에너지량과 노동의 결과로 생긴 생산물량 또는 작업량의 비(比)로서 나타내는 노동효율
㉡ 어떤 조건 하에서 일정한 일을 함에 있어 신속, 확실, 효과적으로 해낼 수 있는 능력
㉢ 작업능률의 향상을 같은 양의 에너지로 보다 많은 생산물(작업)량을 얻는 것

03 **다음 중 인간공학에 대한 설명으로 틀린 것은?**

① 인간공학은 인간-기계 체계에 있어서 인간을 최우선적으로 고려한다.
② 장치의 설계에 있어서 인간공학은 효율성에 중점을 두고 있다.
③ 인간공학이 설계 기술자와 연관을 갖게 된 것을 2차 세계대전 이후부터이다.
④ 인간공학은 인간이 기계나 작업환경에 어떠한 방법으로 적응할 것인가에 대해 연구한다.

해설

인간공학은 인간-기계 체계에 있어서 인간을 최우선적으로 고려하며 장치의 설계에 있어서는 효율성에 중점을 두고 있다. 인간공학에 있어 인간-기계 시스템의 역할은 유기적 결합 체계를 형성하여 인간이 작업을 하는 데 있어서 보다 안락감을 높이고, 피로감을 줄이기 위해 인간이 접하고 있는 환경과 작업도구를 인간에게 적합하게 만드는 것이다.

04 **다음 중 정보이론에 있어 정보량의 단위로 옳은 것은?**

① code ② bit
③ byte ④ character

해설 비트(bit)

㉠ 정보의 측정단위
㉡ 1bit란 어떤 분야의 지식에 대한 무지를 반(1/2)으로 감소시키는 정보의 척도
㉢ 실현 가능성이 같은 2개의 대안 중 하나가 명시되었을 때 얻을 수 있는 정보량

정답 01 ③ 02 ① 03 ④ 04 ②

05 **다음 중 일반적으로 경계 및 경보 신호를 설계할 경우의 참고 되는 지침으로 틀린 것은?**

① 귀는 중음역에 가장 민감하므로 500~3000Hz의 진동수를 사용한다.
② 고음은 장거리에 유용하므로 장거리용으로는 1000Hz 이상의 진동수를 사용한다.
③ 신호가 장애물을 돌아가거나 칸막이를 사용할 때에는 500Hz 이하의 진동수를 사용한다.
④ 배경 소음의 진동수와 다른 신호를 사용한다.

해설

장거리용(3,000m 이상)은 1,000Hz 이하의 진동수를 사용한다.

06 **다음 중 문자-숫자 표시에 있어서 암순응이 필요한 경우 가장 적절한 배색은?**

① 흰 바탕에 검은 글씨
② 흰 바탕에 파랑 글씨
③ 검은 바탕에 흰 글씨
④ 검은 바탕에 빨강 글씨

해설

문자-숫자 표시에 있어서 암순응이 필요한 경우 적절한 배색은 검은 바탕에 흰 글씨로 자획의 굵기는 글씨 키의 약 1/7~1/8이 적당하다.

07 **다음 중 폰(Phon)과 손(sone)에 관한 설명으로 틀린 것은?**

① 40dB의 1000Hz 순음의 크기를 1sone이라 한다.
② 음량 수준이 10phon 증가하면 음량(sone)은 4배가 된다.
③ 한 음의 phon 값으로 표시한 음량 수준은 이 음과 같은 크기로 들리는 1000Hz 순음의 음압 수준(dB)이다.
④ 음량균형기법을 사용하여 정량적 평가를 하기 위한 음량 수준 척도를 작성하였고, 그 단위를 phon이라 한다.

해설 손(sone)

㉠ 청각의 감각량으로서 음의 감각적 크기를 보다 직접적으로 표시하기 위한 단위이다.
㉡ 40dB의 1,000Hz의 순음의 크기를 1Sone이라 한다.
㉢ 손(sone)값을 2배로 하면 음의 크기는 2배로 감지된다. (40폰의 값은 1손의 값과 똑같은 기준점이 된다.)
㉣ 1손(sone)은 40폰(phon)에 해당되며 손(sone)값을 2배로 하면 10phone씩 증가한다.
(1손 = 40phon, 2손 = 50phon, 4손 = 60phon…)

08 **다음 중 인체 측정치의 1, 5, 10% tile과 같은 하위 백분위수를 기준으로 디자인하는 것은?**

① 문의 넓이 ② 사다리의 강도
③ 선반의 높이 ④ 탈출구의 높이

해설 인체측정치 적용의 원칙(인체계측자료의 응용 3원칙)

(1) 최대 최소 치수
① 최소 집단치 설계(도달 거리에 관련된 설계)
의자의 높이, 선반의 높이, 엘리베이터 조작버튼의 높이, 조종 장치의 거리 등과 같이 도달거리에 관련된 것들을 5퍼센타일을 사용한다.
② 최대 집단치 설계(여유 공간에 관련된 설계)
문, 탈출구, 통로와 같은 여유 공간에 관련된 것들은 95퍼센타일을 사용한다. 보다 많은 사람을 만족시킬 수 있는 설계가 되는 것이다.

(2) 조절 범위
통상 5% 차에서 95% 차까지의 90% 범위를 수용대상으로 설계하는 것이 관례이다.
예) 자동차의 좌식의 전후 조절, 사무실 의자의 상하 조절

(3) 평균치 설계
특정한 장비나 설비의 경우 최소 집단치나 최대 집단치를 기준으로 설계하는 것이 부적합하고 조절식으로 하기에도 부적절한 경우 부득이하게 평균치를 기준으로 설계해야 할 경우가 있다.
예) 손님 평균신장 기준의 은행의 계산대

정답 05 ② 06 ③ 07 ② 08 ③

09 신체부위의 운동 중 '몸의 중심선으로의 이동'을 무엇이라 하는가?

① 내전(adduction) ② 외전(abduction)
③ 굴곡(flexion) ④ 신전(extension)

해설 신체 역학

㉠ 굴곡(유착, flexion) : 신체 부분을 좁게 구부리거나 각도를 좁히는 동작으로 팔과 다리의 굴곡 외에 몇 가지의 굴곡 동작이 있다.
㉡ 신전(확장, extension) : 신체의 부위를 곧게 펴거나 각도를 늘리는 동작으로 굴곡에서 다시 돌아보는 동작을 말한다. 보통의 범위 이상의 관절 운동을 최대 신장이라고 한다.
㉢ 내전(adduction) : 신체의 부분이나 부분의 조합이 신체의 중앙이나 그것이 붙어있는 방향으로 움직이는 동작
㉣ 외전(abduction) : 신체의 중앙이나 신체의 부분이 붙어있는 부위에서 멀어지는 방향으로 움직이는 동작

10 다음 중 생체리듬에 관한 설명으로 옳은 것은?

① 육체적 리듬(P)은 33일을 주기로 반복한다.
② 지성적 리듬(I)은 28일을 주기로 반복한다.
③ 감성적 리듬(S)은 23일을 주기로 반복한다.
④ 생체리듬은 (+)와 (−)를 반복하며, (+)와 (−)의 변화하는 점을 위험일이라 한다.

해설 생체리듬

㉠ 육체적 리듬(Physical rhythm)은 23일의 반복주기로 활동력, 지구력 등과 밀접한 관계가 있다.
㉡ 감성적 리듬(Sensitivity rhythm)은 28일의 반복주기, 신체 조직의 모든 기능을 통하여 발현되는 감정, 즉 정서적 희로애락, 주의력, 예감 및 통찰력 등을 좌우한다.
㉢ 지성적 리듬(Intellectual rhythm)은 33일의 반복주기로 사고력, 기억력, 의지 판단 및 비판력과 밀접한 관계가 있다.
㉣ 위험일(Critical day) : 3개의 서로 다른 육체(P), 감성(S), 지성(I) 리듬은 안정기(+)와 불안정기(−)를 교대하면서 반복하여 싸인(sine) 곡선을 그려나가는데 (+)리듬에서 (−)리듬으로 또는 (−) 리듬에서 (+) 리듬으로 변화하는 점을 영(zero) 또는 위험일이라 하며, 이런 위험일은 한 달에 6일 정도 일어난다.

11 문·스펜서의 조화론 중 유사조화에 해당되는 색상은? (단, 기본색이 R인 경우)

① YR ② P
③ B ④ G

해설 문·스펜서(P. Moon·D. E. Spencer)의 색채 조화론

두 색의 간격이 애매하지 않은 배색, 오메가(ω) 공간에 간단한 기하학적 관계가 되도록 선택한 배색을 가정으로 조화와 부조화로 분류하고, 색채 조화에 관한 원리들을 정량적인 색좌표에 의해 과학적으로 설명하였다.

(1) 조화의 원리
㉠ 동등(Identity) 조화 : 같은 색의 배색
㉡ 유사(Similarity) 조화 : 유사한 색의 배색
㉢ 대비(Contrast) 조화 : 대비관계에 있는 배색

(2) 부조화의 원리
㉠ 제1 부조화(First Ambiguity) : 서로 판단하기 어려운 배색
㉡ 제2 부조화(Second Ambiguity) : 유사조화와 대비조화 사이에 있는 배색
㉢ 눈부심(Glare) 조화 : 극단적인 반대색의 부조화

12 노랑색 무늬를 어떤 바탕색 위에 놓으면 가장 채도가 높아 보이는가?

① 황토색 ② 흰색
③ 회색 ④ 검정색

정답 09 ① 10 ④ 11 ① 12 ④

해설

채도는 색의 선명도를 나타낸 것으로 회색을 띠고 있는 정도 즉, 색의 순하고 탁한 정도이다. 순색일수록 채도가 높다. 노랑색 무늬를 검정색 바탕색 위에 놓으면 가장 채도가 높아 보인다.

13 먼셀의 색채조화 원리에 대한 설명으로 틀린 것은?

① 평균명도가 N5가 되는 색들은 조화된다.
② 중간 정도 채도의 보색은 동일 면적으로 배색할 때 조화를 이룬다.
③ 명도는 같으나 채도가 다른 색들은 조화를 이룬다.
④ 색상이 다른 여러 색을 배색할 경우 동일한 명도와 채도를 적용하면 조화를 이루지 못한다.

해설

배색과 조화에서 색상의 차이가 적을 때는 채도의 차이가 적은 것이 조화롭고, 색상의 차이가 클 때는 채도의 차이가 큰 것이 조화롭다.

14 다음 중 보색관계가 아닌 것은?

① 빨강 - 청록　② 노랑 - 남색
③ 파랑 - 주황　④ 보라 - 초록

해설 보색

빨강과 녹색, 노랑과 파랑, 녹색과 보라 등의 색광은 서로 보색이며, 이들의 어울림을 보색대비라 한다. 색상환 속에서 서로 마주보는 위치에 놓인 색은 모두 보색관계를 이루는데 이들을 배색하면 선명한 인상을 준다. 이것은 눈의 망막상의 색신경이 어떤 색의 자극을 받으면 그 색의 보색에 대한 감수성이 높아지기 때문이다.

15 디지털 색채시스템에서 RGB형식으로 검정을 표현하기에 적절한 수치는?

① R=255, G=255, B=255
② R=0, G=0, B=255
③ R=0, G=0, B=0
④ R=255, G=255, B=0

해설

모니터 화면의 검은색 조정에서 RGB 각각에 R=0, G=0, B=0과 같은 수치를 주어 디스플레이하면 전압영역이 검은색이 된다.
※ RGB : R은 Red, G는 Green, B는 Blue

16 컬러 TV의 화면이나 인상파 화가의 점묘법, 직물 등에서 발견되는 색의 혼색방법은?

① 동시감법혼색　② 계시가법혼색
③ 병치가법혼색　④ 감법혼색

해설 병치가법혼색(병치혼합)

색광에 의한 병치혼합으로 작은 색점을 섬세하게 병치시키는 방법으로 빨강, 초록, 청자 3색의 작은 점들이 규칙적으로 배열되어 혼색이 되어 현상을 말한다.
예 : 칼라 TV의 화상, 모자이크 벽화, 신인상파 화가의 점묘화법, 직물의 색조디자인
※ 고호, 쇠라, 시냑 등 인상파 화가들의 표현기법과 관계 깊다.

17 다음 중 한색과 난색에 대한 설명이 잘못된 것은?

① 노랑 계통은 난색이고 진출색, 팽창색이다.
② 파랑 계통은 한색이고 후퇴색, 수축색이다.
③ 보라 계통은 한색이고 후퇴색, 수축색이다.
④ 빨강 계통은 난색이고 진출색, 팽창색이다.

정답 13 ④　14 ④　15 ③　16 ③　17 ③

해설 진출과 후퇴, 팽창과 수축

㉠ 진출, 팽창색 : 고명도, 고채도, 난색 계열의 색
 – 예 : 적, 황
㉡ 후퇴, 수축색 : 저명도, 저채도, 한색 계열의 색
 – 예 : 녹, 청
※ 따뜻한 색 : 저명도, 난색
※ 차가운 색 : 고명도, 한색

18 색의 3속성에 관한 설명으로 옳은 것은?

① 명도는 빨강, 노랑, 파랑 등과 같은 색감을 말한다.
② 채도는 색의 강도를 나타내는 것으로 순색의 정도를 의미한다.
③ 채도는 빨강, 노랑, 파랑 등과 같은 색상의 밝기를 말한다.
④ 명도는 빨강, 노랑, 파랑 등과 같은 색상의 선명함을 말한다.

해설 먼셀(Munsell)의 표색계

미국의 화가이며 색채연구가인 먼셀(A. H. Munsell)에 의해 1905년 창안된 체계로서 색의 3속성인 색상, 명도, 채도로 색을 기술하는 체계 방식이다.
(1) 색상(Hue) : 원의 형태로 무채색을 중심으로 배열된다.
 ㉠ 기본색 : 빨강(R), 노랑(Y), 녹색(G), 파랑(B), 보라(P)
 ㉡ 중간색 : 주황(YR), 연두(GY), 청록(BG), 남색(PB), 자주(RP)
(2) 명도(Value) : 수직선 방향으로 아래에서 위로 갈수록 명도가 높아진다.
 ㉠ 빛의 반사율에 따른 색의 밝고 어두운 정도
 ㉡ 이상적인 흑색을 0, 이상적인 백색을 10
(3) 채도(Chroma) : 방사형의 형태로 안쪽에서 밖으로 나올수록 높아진다.
 ㉠ 회색을 띠고 있는 정도 즉, 색의 순하고 탁한 정도
 ㉡ 무채색을 0으로 그 색상에서 가장 순수한 색이 최대의 채도 값

19 혼색계에 대한 설명 중 올바른 것은?

① 심리, 물리적인 빛의 혼색 실험에 기초를 둠
② 오스트발트 표색계
③ 먼셀표색계
④ 물체색을 표시하는 표색계

해설 혼색계와 현색계

(1) 혼색계(color mixing system)
 ㉠ 색(Colar of Light)을 표시하는 표색계로서 심리적, 물리적인 병치의 혼색 실험에 기초를 두는 것으로서 현재 측색학의 기본이 되고 있다.
 ㉡ 오늘날 사용하고 있는 CIE 표준 표색계 (XYZ 표색계)가 가장 대표적인 것이다.
(2) 현색계(color appearance system)
 ㉠ 색채(물체색, Color)를 표시하는 표색계로서 특정의 착색물체, 즉 색표로서 물체 표준을 정하여 여기에 적당한 번호나 기호를 붙여서 시료 물체의 색채와 비교에 의하여 물체의 색채를 표시하는 체계이다.
 ㉡ 현색계의 가장 대표적인 표색계는 먼셀 표색계와 오스트발트 표색계이다.

20 색채 측정 및 색채 관리에 가장 널리 활용되고 있는 것은 어느 것인가?

① Lab 형식 ② RGB 형식
③ HSB 형식 ④ CMY 형식

해설 Lab 시스템

국제 색상체계 표준화인 CIE에서 발표한 색체계로 서로 다른 환경에서도 이미지의 색상을 최대한 유지시켜 주기 위한 컬러모드이다. L(명도), a와 b는(각각 빨강/초록, 노랑/파랑의 보색축)라는 값으로 색상을 정의하고 있다.

정답 18 ② 19 ① 20 ①

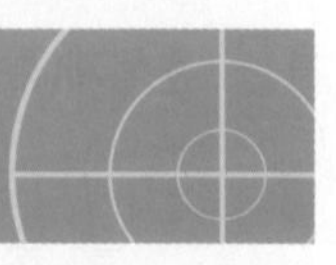

색채 및 인간공학
2016년 3월 6일(1회)

01 인체의 구조에 있어 근육의 부착점인 동시에 체격을 결정지으며 수동적 운동을 하는 기관은?

① 소화계 ② 신경계
③ 골격계 ④ 감각기계

해설

운동기관계 = 골격계(Skeletal system) + 근육계(Muscular system)
뼈는 관절로 연결되고 근육의 작용으로 수동적인 운동을 하나, 근육은 능동적인 기능을 발휘하여 뼈(대소 200여개로 구성)를 움직이며 운동을 하게 된다.

02 폰(phon)에 관한 설명으로 틀린 것은?

① 1000Hz, 40dB 음은 40폰에 해당된다.
② 폰값은 음의 상대적인 크기를 나타낸다.
③ 음량(loudness)을 나타내기 위하여 사용하는 척도의 하나이다.
④ 특정 음과 같은 크기로 들리는 1000Hz 순음의 음압수준(dB)값으로 정의된다.

해설 phon(폰)

㉠ 귀에 들리는 소리의 크기가 같다고 느껴지는 1,000Hz의 순음의 음압레벨(귀의 감각적 변화를 고려한 주관적인 척도)
㉡ 같은 크기로 들리는 소리를 주파수별 음압수주를 측정하여 등감도곡선(Loudness curve)을 얻는다. 이 소리의 크기를 나타내는 단위가 폰(phon)이다.
㉢ 1,000Hz 순음의 음압이 최소 가정 값에 해당하는 $20\mu Pa(=20\mu N/m^2)$일 때를 0폰으로 한다.
※ 등감도 곡선(Loudness curve)에서 1000Hz의 100dB의 소리와 같은 크기로 들리는 소리는 100폰이다.

03 인간공학에 있어 시스템 설계 과정의 주요 단계가 다음과 같은 경우 단계별 순서를 맞게 나열한 것은?

[다음]
㉠ 촉진물 설계
㉡ 목표 및 성능 명세 결정
㉢ 계면 설계
㉣ 기본 설계
㉤ 시험 및 평가
㉥ 체계의 정의

① ㉡→㉥→㉣→㉢→㉠→㉤
② ㉡→㉣→㉢→㉥→㉠→㉤
③ ㉥→㉢→㉣→㉡→㉠→㉤
④ ㉥→㉣→㉡→㉢→㉠→㉤

해설 시스템 설계 과정의 주요 단계(순서)

목표 및 성능 명세 결정 – 체계의 정의 – 기본 설계 – 계면(界面) 설계 – 촉진물 설계 – 시험 및 평가
※ 계면(界面)(interface) : 서로 다른 물질들을 구분하는 경계면

04 밝은 곳에서 어두운 곳으로 이동할 때 눈의 적응과정을 암순응이라 한다. 암순응을 촉진하기 위하여 사용하는 색으로 가장 적절한 것은?

① 적색 ② 백색
③ 초록색 ④ 노란색

해설 암순응(dark adaptation)

밝은 곳에 있다가 어두운 곳에 들어가면 처음에는 물체가 잘 보이지 않다가 시간이 흐르면서 보이는 현상
㉠ 동공이 확대된다.
㉡ 완전 암순응은 보통 30분 이내에 가능하다.
㉢ 암순응된 눈은 적색이나 보라색에 가장 둔감하다.
㉣ 색에 민감한 원추 세포는 감수성을 잃게 된다.
※ 암순응을 촉진하기 위해 사용하는 색안경은 빨간색(적색) 안경이 적합하다.

정답 01 ③ 02 ② 03 ① 04 ①

05 동작범위(range of motion) 중 머리가 좌우로 회전되는 정상적(normal) 동작범위는?

① 좌우 60°　② 좌우 120°
③ 좌우 180°　④ 좌우 360°

해설

머리가 좌우로 회전되는 정상적(normal) 동작범위는 좌우 120° 정도이다.

06 반사율이 가장 높아야 하는 곳은?

① 벽　② 바닥
③ 가구　④ 천정

해설 실내면 반사율의 추정치

천장 80~90% 〉 벽 40~60% 〉 탁상, 작업대, 기계 25~45% 〉 바닥 20~40%

※ 반사율(Reflectance) : 빛을 받은 평면에서 반사되는 빛의 밝기로 실내 빛의 배분은 광량과 광원 위치, 벽, 천장, 기타 실내 표면의 반사율에 의해 영향을 받는다.

07 일반적인 조명설계 방식으로 틀린 것은?

① 광원과 기물에 눈부신 반사가 없도록 할 것
② 작업 중 손 가까이를 적당한 밝기로 비출 것
③ 각 좌석은 왼쪽에서 빛이 들어오도록 할 것
④ 작업부분과 배경사이에 콘트라스트(contrast) 차이를 없앨 것

해설 조명설계시 필요한 요소

㉠ 작업 중 손 주변을 일정하게 비출 것
㉡ 작업 중 손 주변을 적당한 밝기로 비출 것
㉢ 작업부분과 배경사이에 대비(콘트라스트, contrast)가 있을 것
㉣ 광원 및 다른 물건에서도 눈부신 반사가 없도록 할 것
㉤ 광원이나 각 표면의 반사가 적당한 강도와 색을 지닐 것

08 동작경제의 법칙에서 벗어나는 것은?

① 동작의 범위는 최소화한다.
② 중심의 이동을 가급적 많이 한다.
③ 두 손의 동작은 같이 시작하고 같이 끝나도록 한다.
④ 급격한 방향 전환을 없애고 연속 곡선운동으로 바꾼다.

해설 동작경제의 원칙
(The Principles of Motion Economy)

㉠ 두 손의 동작을 동시에 개시하고 동시에 끝낸다.
㉡ 휴식시간 외에는 손을 놀리지 않는다.
㉢ 두 팔을 동시에 반대방향에서 대칭적으로 동작시킨다.
㉣ 주어진 일을 함에 있어서 작업을 너무 세밀하게 나누지 말고 필요한 최소량으로 한다.
㉤ 발이나 몸 등 신체의 다른 부위를 사용해도 좋은 작업을 모두 손으로 하지 않는다.
㉥ 동작의 범위를 최소로 한다.
㉦ 방향이 갑자기 변하는 직선적인 동작은 피하고, 연속된 곡선에 따라 부드럽게 동작하는 것이 바람직하다.
㉧ 동작의 순서를 자연스럽고 부드럽게 하기 위하여 합리적으로 한다.
※ 중심의 이동을 가급적 적게 한다.

09 다음은 시각표시장치의 그림이다. 판독시 오독율이 가장 높은 것은?

표시방식	모델
수직식	10 / 5 ← / 0
반원식	5 / 0 ↑ 10

표시방식	모델
수평식	↓ / 0 5 10
원형식	0 / 9 ↓ 3 / 6

① 수직식　② 수평식
③ 반원식　④ 원형식

정답　05 ②　06 ④　07 ④　08 ②　09 ①

해설

주어진 표시방식 중에서 수직식 표시방식이 오독률이 가장 높다.
※ 정량적 표시장치에서 계수형(Digital)은 오독률(誤讀率)이 가장 작다.
※ 글자의 굵기 : 글자의 폭 : 글자의 높이 =1 : 4 : 6에서 오독률이 가장 적어진다.

10 인간이 기계보다 우수한 내용으로 맞는 것은?

① 큰 힘과 에너지를 낸다.
② 상당한 기간 일할 수 있다.
③ 새로운 해결책을 찾아낸다.
④ 반복적인 작업에 대해 신뢰성이 높다.

해설

완전히 새로운 해결책을 찾아내는 것은 인간이 기계보다 우수하다.

11 색채 조절을 실시할 때 나타나는 효과와 가장 관계가 먼 것은?

① 눈의 긴장과 피로가 감소된다.
② 보다 빨리 판단할 수 있다.
③ 색채에 대한 지식이 높아진다.
④ 사고나 재해를 감소시킨다.

해설 색채조절(color conditioning)

색채가 지닌 물리적 성질과, 색채가 사람들에게 끼치는 심리적 영향을 효율적으로 응용하여 편리하고 능률적이며 좋은 환경 속에서 생활하기 함을 목적으로 하는 배색의 기술을 말한다.
(1) 색채조절의 대상 : 가정생활에서 공공생활에 이르기까지 모든 일상 활동뿐만 아니라, 그러한 활동에 관련되는 인공 환경이 모두 포함된다.
(2) 색채조절의 효과 : 피로를 줄이고 일의 능률을 향상시킨다. 쾌적한 실내분위기를 조정한다. 생활의 의욕을 고취시켜 명랑한 활동이 되게 한다.
㉠ 눈의 긴장감과 피로감을 감소된다.
㉡ 일의 능률을 향상되어 생산성이 높아진다.
㉢ 심리적으로 쾌적한 실내분위기를 느끼게 한다.
㉣ 사고나 재해가 감소된다.
㉤ 생활의 의욕을 고취시켜 명랑한 활동이 되게 한다.

12 다음 색 중 관용색명과 계통색명의 연결이 틀린 것은? (단, 한국산업표준 KS 기준)

① 커피색-탁한 갈색
② 개나리색-선명한 연두
③ 딸기색-선명한 빨강
④ 밤색-진한 갈색

해설

개나리색 - 크롬 옐로우(Chrome Yellow) - 3Y 8/12
※ 색명(色名)
㉠ 계통색명(系統色名) : 일반색명이라고 하며 색상, 명도, 채도를 표시하는 색명이다.
㉡ 관용색명(慣用色名, individual color name) : 고유색명 중에서 비교적 잘 알려져 예부터 습관적으로 사용되고 있는 색명을 말한다.
고유한 색명으로 동물, 식물, 지명, 인명 등이며 피부색(살색), 쥐색 등의 동물과 관련된 색이름 및 밤색, 살구색, 호박색 등 식물과 관련된 이름 등이 있다.

13 문(P.Moon)·스펜서(D.E. spencer)의 색채조화론에 있어서 조화의 종류가 아닌 것은?

① 배색의 조화　② 동등의 조화
③ 유사의 조화　④ 대비의 조화

해설 문·스펜서(P. Moon·D. E. Spencer)의 색채 조화론

두 색의 간격이 애매하지 않은 배색, 오메가(ω) 공간에 간단한 기하학적 관계가 되도록 선택한 배색을 가정으로 조화와 부조화로 분류하고, 색채 조화에 관한 원리들을 정량적인 색좌표에 의해 과학적으로 설명하였다.
(1) 조화의 원리
㉠ 동등(Identity) 조화 : 같은 색의 배색
㉡ 유사(Similarity) 조화 : 유사한 색의 배색
㉢ 대비(Contrast) 조화 : 대비관계에 있는 배색
(2) 부조화의 원리
㉠ 제1 부조화(First Ambiguity) : 서로 판단하기 어려운 배색
㉡ 제2 부조화(Second Ambiguity) : 유사조화와 대비조화 사이에 있는 배색
㉢ 눈부심(Glare) 조화 : 극단적인 반대색의 부조화

정답　10 ③　11 ③　12 ②　13 ①

14 다음 중 이성적이며 날카로운 사고나 냉정함을 표현할 수 있는 색은?

① 연두　② 파랑
③ 자주　④ 주황

해설 색의 연상과 상징

① 연두(GY) : 위안, 친애, 청순, 젊음, 신선, 생동, 안정, 순진, 자연, 초여름, 잔디
② 파랑(B) : 젊음, 차가움, 명상, 심원, 성실, 영원, 냉정, 추위, 바다, 호수
③ 자주(RP) : 사랑, 애정, 화려, 아름다움, 흥분, 슬픔
④ 주황(YR) : 기쁨, 원기, 즐거움, 만족, 온화, 건강, 활력, 따뜻함, 광명, 풍부, 가을

15 간상체는 전혀 없고 색상을 감지하는 세포인 추상체만이 분포하여 망막과 뇌로 연결된 시신경이 접하는 곳으로 안구로 들어온 빛이 상으로 맺히는 지점은?

① 맹점　② 중심와
③ 수정체　④ 각막

해설

① 맹점 : 시속 유두 때문에 광수용 세포가 중단되고 있는데 이 부분이 맹점이다. 시세포가 없어 빛이 모아져서 상이 맺혀져도 아무것도 볼 수가 없게 된다. 발견한 사람의 이름을 따서 마리오뜨의 맹점(Mariotte's Blind Spot) 또는 맹점이라 부른다.
② 중심와 : 간상체는 전혀 없고 색상을 감지하는 세포인 추상체만이 분포하여 망막과 뇌로 연결된 시신경이 접하는 곳으로 안구로 들어온 빛이 상으로 맺히는 지점
③ 수정체 : 물체가 멀리 있든 가까이 있든 잘 볼 수 있도록 핀트를 맞추어 주는 역할을 한다.
④ 각막 : 눈의 앞쪽 창문에 해당되는 이 부분은 광선을 질서 정연한 모양으로 굴절시킴으로써 보는 과정의 첫 단계를 담당한다.

16 색을 일반적으로 크게 구분하면 다음 중 어느 것인가?

① 무채색과 톤　② 유채색과 명도
③ 무채색과 유채색　④ 색상과 채도

해설 유채색과 무채색

(1) 유채색(Chromatic Color)
㉠ 유채색이란 채도가 있는 색을 말한다.
㉡ 무채색을 제외한 모든 색으로 스펙트럼의 단색에 의한 색상을 이룬 모든 색을 말한다.
㉢ 색을 3속성(색상, 명도, 채도)을 모두 가지고 있다.
(2) 무채색(Achromatic Color)
㉠ 흰색, 회색, 검정 등 색상이나 채도가 없고 명도만 있는 색을 무채색이라 한다.
㉡ 순수한 무채색은 검정, 백색을 포함하여 그 사이 색을 말한다.
㉢ 명도단계는 N0(검정), N1, N2, …, N9.5(흰색)까지 11단계로 되어 있다.
㉣ 반사율이 약 85%인 경우가 흰색이고, 약 30% 정도이면 회색, 약 3% 정도는 검정색이다.
㉤ 온도감은 따뜻하지도 차지도 않은 중성이다.

17 한국산업표준(KS)의 색이름에 대한 수식어 사용방법을 따르지 않은 색이름은?

① 어두운 보라　② 연두 느낌의 노랑
③ 어두운 적회색　④ 밝은 보랏빛 회색

해설 한국산업표준(KS)의 색이름에 대한 수식어

수식어	적용되는 기본 색이름
빨강 기미의	보라 – (빨강) – 노랑, 무채색의 기본 색이름
노랑 기미의	빨강 – (노랑) – 녹색, 무채색의 기본 색이름
녹색 기미의	노랑 – (녹색) – 파랑, 무채색의 기본 색이름
파랑 기미의	녹색 – (파랑) – 보라, 무채색의 기본 색이름
보라 기미의	파랑 – (보라) – 빨강, 무채색의 기본 색이름

※ 수식어 순서 : 수식어는 일반적으로 기본 색이름을 앞에 관한 수식어, 명도와 채도에 관한 수식어의 순으로 붙인다.
※ [보기] : 빨강 기미의 보라, 노랑 기미의 녹색
※ [주의] : ( )를 한 것은 '빨강 기미의 빨강' 등으로 쓰이지 않는다.

정답 14 ② 15 ② 16 ③ 17 ②

18 색의 경연감과 흥분 진정에 관한 설명으로 틀린 것은?

① 고명도, 저채도 색이 부드러운 느낌을 준다.
② 난색계, 고채도 색은 흥분색이다.
③ 라이트(light) 색조는 부드러운 느낌을 준다.
④ 한색보다 난색이 딱딱한 느낌을 준다.

해설 경연감

㉠ 시각적 경험에 의해 색채가 부드럽게 느껴지는 색과 딱딱하게 느껴지는 색이 있다. 이것을 색채의 경연감이라고 한다.
㉡ 경연감은 명도와 채도에 영향을 받는다.
- 부드러운 느낌 : 고명도의 색, 저채도의 색, 밝은 색, 따뜻한 색
- 딱딱한 느낌 : 저명도의 색, 고채도의 색, 어두운 색, 차가운 색

19 저드(D.B. Judd)의 색채 조화의 4원리가 아닌 것은?

① 대비의 원리 ② 질서의 원리
③ 친근감의 원리 ④ 명료성의 원리

해설 저드(D. B. Judd)의 색채조화론(정성적 조화론)

㉠ 질서성의 원리 : 질서 있는 계획에 따라 선택될 때 색채는 조화된다.
㉡ 친근성(숙지)의 원리 : 관찰자에게 잘 알려져 있는 배색이 조화를 이룬다.
㉢ 동류성(유사성)의 원리 : 배색된 색들끼리 공통된 양상과 성질이 내포되어 있을 때 조화된다.
㉣ 명료성(비모호성)의 원리 : 색상 차나 명도, 채도, 면적의 차이가 분명한 배색이 조화롭다.

20 다음 기업색채 계획의 순서 중 ( )안에 알맞은 내용은?

색채환경분석 → ( ) → 색채전달계획 → 디자인에 적용

① 소비계층 선택
② 색채심리 분석
③ 생산심리 분석
④ 디자인 활동 개시

해설 색채계획 과정

색채환경분석 – 색채심리분석 – 색채전달계획 – 디자인에 적용

(1) 색채환경분석
㉠ 기업색, 상품색, 선전색, 포장색 등 경합업체의 관용색 분석·색채 예측 데이터의 수집
㉡ 색채 예측 데이터의 수집 능력, 색채의 변별, 조색 능력이 필요

(2) 색채심리분석
㉠ 기업 이미지, 색채, 유행 이미지를 측정
㉡ 심리 조사 능력, 색채 구성 능력이 필요

(3) 색채전달계획
㉠ 기업 색채, 상품색, 광고색을 결정
㉡ 타사 제품과 차별화 시키는 마케팅 능력과 컬러 컨설턴트 능력이 필요

(4) 디자인에 적용
㉠ 색채의 규격과 시방서의 작성 및 컬러 매뉴얼의 작성
㉡ 아트 디렉션의 능력이 필요

정답 18 ④ 19 ① 20 ②

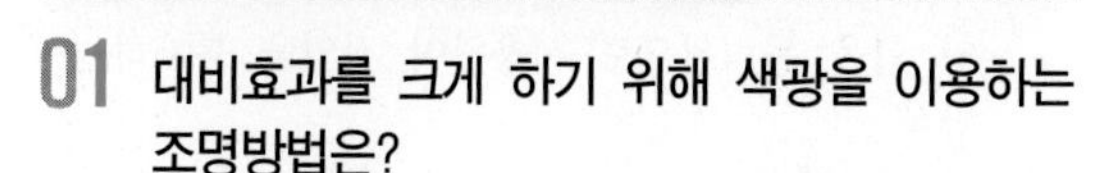

색채 및 인간공학
2016년 5월 8일(2회)

01 대비효과를 크게 하기 위해 색광을 이용하는 조명방법은?

① 색채조명 ② 투과조명
③ 방향조명 ④ 근자외선조명

해설

색채조명은 대비효과를 크게 하기 위해 색광을 이용하는 조명방법이다.

※ 대비효과의 특징

㉠ 대비효과는 두 색이 떨어져 있는 경우에 나타나지만, 두 색 사이의 간격이 클수록 효과는 감소된다.
㉡ 대비효과는 유도야(검사야가 아닌 나머지 배경부분)가 커질수록 커진다.
㉢ 대비효과는 검사야(한쪽색의 변화만을 문제시 할 때의 주된 도형부분)가 적을수록 현저하게 나타난다.
㉣ 대비효과는 색의 차이가 커질수록 증대된다.
㉤ 명도대비가 최소일 때 색대비가 최대가 된다.
㉥ 명도가 같을 경우 유도야색의 채도가 증가되면 색대비도 증대된다.

02 음량에 관한 척도 중 어떤 음을 phon 값으로 표시한 음량 수준은 이 음과 같은 크기로 들리는 몇 Hz 순음의 음압 수준(dB)인가?

① 10 ② 100
③ 500 ④ 1,000

해설 phon(폰)

㉠ 귀에 들리는 소리의 크기가 같다고 느껴지는 1,000Hz의 순음의 음압레벨(귀의 감각적 변화를 고려한 주관적인 척도)
㉡ 같은 크기로 들리는 소리를 주파수별 음압수주를 측정하여 등감도곡선(Loudness curve)을 얻는다. 이 소리의 크기를 나타내는 단위가 폰(phon)이다.
㉢ 1,000Hz 순음의 음압이 최소 가정 값에 해당하는 $20\mu Pa(=20\mu N/m^2)$일 때를 0폰으로 한다.

※ 등감도 곡선(Loudness curve)에서 1,000Hz의 100dB의 소리와 같은 크기로 들리는 소리는 100폰이다.

03 다음은 부품배치의 원리에 관한 내용이다. 각각의 번호와 해당하는 원리가 맞게 짝지어진 것은?

> ㉠ 가장 자주 사용되는 다이얼을 제어판 중심부에 위치시킨다.
> ㉡ 온도계와 온도제어장치는 한 곳에 모아야 한다.

① ㉠ 사용빈도의 원리, ㉡ 기능성의 원리
② ㉠ 사용빈도의 원리, ㉡ 중요도의 원리
③ ㉠ 중요도의 원리, ㉡ 사용순서의 원리
④ ㉠ 기능성의 원리, ㉡ 사용순서의 원리

해설 부품배치의 원리

㉠ 중요도의 원리 : 부품을 작동하는 성능이 목표달성에 중요한 정도에 따른 우선 순위 설정한다.
㉡ 사용빈도의 원리 : 부품을 사용하는 빈도에 따라 우선 순위를 설정한다.
㉢ 기능성의 원칙 : 기능적으로 관련된 부품들(표시장치, 조종장치 등)을 모아서 배치한다.
㉣ 사용순서의 원리 : 사용순서에 따라 장치들을 가까이 배치한다.

04 공장에서 작업자가 팔을 계속적으로 뻗어 기계의 부속품을 조립할 경우, 근육의 고정된 긴장 때문에 피로해지고 기술도 감소되므로 작업자가 자기 팔꿈치를 되도록 몸에 끌어당겨서 일할 수 있도록 기계가 설계되어야 한다. 이 때 상완과 하완 사이의 각도가 몇 도가 되도록 끌어당기는 것이 적합한가?

① 45° ② 60°
③ 90° ④ 120°

해설

공장에서 작업자가 팔을 계속적으로 뻗어 기계의 부속품을 조립할 경우, 근육의 고정된 긴장 때문에 피로해지고 기술도 감소되므로 이 때 작업자가 자기 팔꿈치의 상완과 하완 사이의 각도가 90°가 되도록 하여 몸에 끌어당겨서 일을 할 수 있도록 기계가 설계되어야 한다.

정답 01 ① 02 ④ 03 ① 04 ③

05 ON-OFF 스위치 혹은 증, 감에 대한 기본적 원리 중 적절치 않는 것은?

① ON이나 증은 윗 방향으로 OFF나 감은 아랫방향으로
② ON이나 증은 전방으로 OFF나 감은 후방으로
③ ON이나 증은 좌측으로 OFF나 감은 우측으로
④ 경사패널에 장치된 조작구에는 상하, 전후, 조작의 명확한 구별이 없음

해설

ON이나 증은 우측으로 OFF나 감은 좌측으로 한다.

06 소음성 난청이 가장 잘 발생할 수 있는 주파수의 범위로 맞는 것은?

① 1,000~2,000Hz
② 10,000~12,000Hz
③ 3,000~5,000Hz
④ 13,000~15,000Hz

해설

소음성 난청이 가장 잘 발생할 수 있는 주파수의 범위는 3,000~5,000Hz 이다.
※ 건강한 성인의 귀에 가장 민감한 소리의 진동수 : 3,000Hz
※ 인간의 노화현상으로 인해 듣지 못하는 진동수는 5,000Hz이다.

07 인간 - 기계의 통합체계 중 반자동 체계를 무엇이라 하는가?

① 수동 체계 ② 기계화 체계
③ 정보 체계 ④ 인력이용 체계

해설 인간-기계 통합 체계의 3분류

㉠ 수동 체계(Manual System) : 수동체계는 수공구나 기타 보조물로 이루어지며 자신의 신체적인 힘을 동력원으로 사용하여 작업을 통제하는 방식
㉡ 기계화 체계(Semi-Automatic System) : 반자동 체계라고도 한다. 작업 공정의 일부분을 기계화한 것으로 동력은 기계가 제공하고 이의 조정 및 통제는 인간이 하는 방식
㉢ 자동 체계(Automatic System) : 모든 작업공정이 자동화되어 감지, 정보 보관, 정보 처리 및 의사 결정, 행동 기능을 기계가 수행하며 인간은 감시 및 프로그램 제어 등의 기능을 담당하는 통제 방식

08 피로의 측정분류와 측정대상항목이 맞게 연결된 것은?

① 순환기능검사 : 뇌파
② 감각기능검사 : 안구운동
③ 자율신경기능 : 반응시간
④ 생화학적 측정 : 에너지대사

해설

㉠ 정신활동의 척도 - 뇌파 기록
㉡ 국소적 근육활동의 척도 - 근전도
㉢ 감각기능검사 : 안구운동
㉣ 자극 측정 : 반응시간
㉤ 작업 수행 측정 : 에너지대사
㉥ 생리적 부담의 척도 - 맥박수

09 인간의 오류를 줄이는 가장 적극적인 방법은?

① 오류경로제어(path control)
② 오류근원제어(source control)
③ 수용기제어(receiver control)
④ 작업조건의 법제화(legislative system)

정답 05 ③ 06 ③ 07 ② 08 ② 09 ②

해설

인간의 오류를 줄이는 방법에는 오류경로제어(path control), 오류근원제어(source control), 수용기제어(receiver control) 등이 있다. 이 중 인간의 오류를 줄이는 가장 적극적인 방법은 오류근원제어(source control)이다.

10 다음 손의 그림과 같이 손바닥 방향으로 꺾이는 관절 운동은?

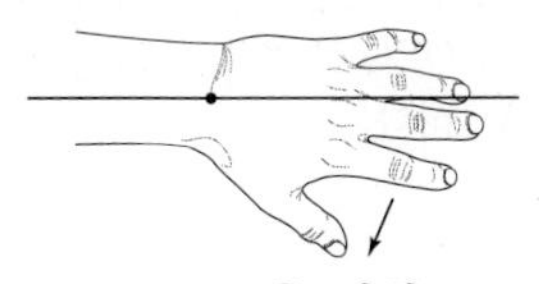

① 배굴 ② 외향
③ 내향 ④ 굴곡

해설

굴곡(유착, flexion)은 신체 부분을 좁게 구부리거나 각도를 좁히는 동작으로 팔과 다리의 굴곡 외에 몇 가지의 굴곡 동작이 있다.

11 상품의 색채기획단계에서 고려해야 할 사항으로 옳은 것은?

① 가공, 재료 특성보다는 시장성과 심미성을 고려해야 한다.
② 재현성에 얽매이지 말고 색상관리를 해야 한다.
③ 유사제품과 연계제품의 색채와의 관계성은 기획단계에서 고려되지 않는다.
④ 색료를 선택할 때 내광, 내후성을 고려해야 한다.

해설 상품의 색채기획단계에서 고려해야할 사항

㉠ 색료를 선택할 때 내광, 내후성을 고려해야 한다.
㉡ 재현성을 항상 염두에 두고 색채관리를 해야 한다.
㉢ 제품의 표면이 클수록 더욱 정밀한 색채의 통제가 요구된다.

12 색의 온도감을 좌우하는 가장 큰 요소는?

① 색상 ② 명도
③ 채도 ④ 면적

해설 온도감

㉠ 따뜻한 색 : 장파장의 난색
㉡ 차가운 색 : 단파장의 한색
※ 색의 온도감은 어떤 색의 색상에서 강하게 일어나지만 명도에 의해서도 영향을 받는다.

13 다음 중 (　　)의 내용으로 옳은 것은?

우리가 백열전구에서 느끼는 색감과 형광등에서 느끼는 색감이 차이가 나는 이유는 색의 (　　) 때문이다.

① 순응성 ② 연색성
③ 항상성 ④ 고유성

해설 연색성(演色性)

㉠ 태양광(주광)을 기준으로 하여 어느 정도 주광과 비슷한 색상을 연출을 할 수 있는가를 나타내는 지표
㉡ 일반적으로 인공조명은 태양광선 밑에서 본 것보다 색의 보임이 떨어진다.
㉢ 인공광원 중에서 연색성이 가장 좋은 것은 제논등이며, 가장 나쁜 것은 나트륨등이다.
※ 정육점에서는 고기가 싱싱해 보이도록 하기 위해 연색성이 좋은 등을 사용하는 것이 좋다.

14 두 가지 이상의 색을 목적에 알맞게 조화되도록 만드는 것은?

① 배색 ② 대비조화
③ 유사조화 ④ 대응색

해설

배색 : 두 가지 이상의 색을 목적에 알맞게 조화되도록 만드는 것
※ 배색과 조화에서 색상의 차이가 적을 때는 채도의 차이가 적은 것이 조화롭고, 색상의 차이가 클 때는 채도의 차이가 큰 것이 조화롭다.

정답 10 ④ 11 ④ 12 ① 13 ② 14 ①

15 다음 중 나팔꽃, 신비, 우아함을 연상시키는 색은?

① 청록　　② 노랑
③ 보라　　④ 회색

해설 색의 연상

어떤 색을 보았을 때 우리는 색에 대한 평소의 경험적 감정과 연상의 정도에 따라 그 색과 관계되는 여러 가지 사항을 연상하게 된다. 따라서, 색의 연상에는 구체적 연상과 추상적인 연상이 있다.

㉠ 구체적 연상 : 적색을 보고 불이라는 구체적인 대상을 연상하거나 청색을 보고 바다를 연상하는 것
㉡ 추상적 연상 : 적색을 보고 정열, 애정이라는 추상적 관념을 연상하거나 청색을 보고 청결이라는 관념을 연상하는 것
※ 보라색은 중성색으로 예술감이나 신앙심을 유발시키는 효과의 색상이다.
보라색은 신비로움, 우아함, 환상, 성스러움 등을 상징한다. 여성스러운 부드러움을 강좌는 역할을 하기도 하지만 반면 비애감과 고독감을 느끼게 하기도 한다.

16 비렌의 색채조화 원리에서 가장 단순한 조화이면서 일반적인 깨끗하고 신선해 보이는 조화는?

① COLOR - SHADE - BLACK
② TINT - TONE - SHADE
③ COLOR - TINT - WHITE
④ WHITE - GRAY - BLACK

해설 비렌의 색채 조화론

(1) 비렌의 조화론은 제시된 색삼각형의 연속된 위치에서 색들을 조합하면 그 색들 간에는 관련된 시각적 요소가 포함되어 있기 때문에 서로 조화롭다는 것이다.
(2) 비렌은 흰색, 검정색, 순색(빨강)을 꼭지점으로 하는 색삼각형은 Color(순색), White(흰색), Black(검정색), Gray(회색), Tint(밝은 색조), Shade(어두운 색조), Tone(톤)의 7가지 기본 범주에 의한 조화이론을 펼치고 있다.
(3) 비렌의 색삼각형은 검정색과 흰색를 각각 100으로 놓고 이 두 색의 값을 뺀 나머지가 순색의 값이 된다.
(4) 1차 요소에는 Color(순색), White(흰색), Black(검정색)으로 고정되어 있고, 2차 요소는 2개의 1차 요소가 합쳐질 때 나타날 것으로 예측되는 특징으로 각각 독특한 용어로서 표시된다.
㉠ 순색+흰색=명색조(Tint)
㉡ 흰색+검정색=회색(Gray)
㉢ 검정색+순색=암색조(Shade)
※ 비렌의 색채조화 원리에서 가장 단순한 조화이면서 일반적인 깨끗하고 신선해 보이는 조화는 순색(COLOR) - TINT(명색조) - WHITE(흰색) 이다.

17 한국의 전통색의 상징에 대한 설명으로 옳은 것은?

① 적색 - 남쪽　　② 백색 - 중앙
③ 황색 - 동쪽　　④ 청색 - 북쪽

해설 오방색(五方色)

음양오행사상에 의해 만들어졌으며 동쪽이 청, 서쪽이 백, 남쪽이 적, 북쪽이 흑, 가운데가 황으로 하였다.

㉠ 색채가 음양오행으로 의미화 될 수 있었던 철학은 중국으로부터 전해졌다. 즉, 우주만물은 음양과 오행으로 이루어져 있으며, 그 요소들이 서로 균형있는 통합을 이루어야 질서를 유지하게 된다는 논리이다.
㉡ 음양오행사상의 색채체계는 동서남북 및 중앙의 오방으로 이루어지며, 이 오방에는 각 방위에 해당하는 5가지 정색이 있다. 동쪽이 청, 서쪽이 백, 남쪽이 적, 북쪽이 흑, 가운데가 황으로 하였다.

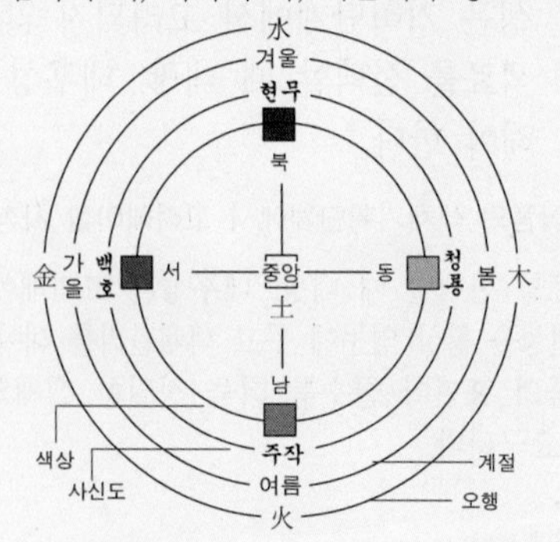

정답 15 ③　16 ③　17 ①

18 다음 색상 중 무채색이 아닌 것은?

① 연두색 ② 흰색
③ 회색 ④ 검정색

해설 유채색과 무채색

㉠ 유채색 : 채도가 있는 색을 말한다.
㉡ 무채색 : 흰색, 회색, 검정 등 색상이나 채도가 없고 명도만 있는 색을 무채색이라 한다.

19 오스트발트의 등색상 삼각형에서 흰색(W)에서 순색(C) 방향과 평행한 색상의 계열은?

① 등순색계열 ② 등흑색계열
③ 등백색계열 ④ 등가색계열

해설 오스트발트의 색채조화론의 등색상 삼각형

(1) 오스트발트의 색채 조화론의 등색상 삼각형에서의 조화에는 등백색 계열의 조화, 등흑색 계열의 조화, 등순색 계열의 조화, 등색상 계열의 조화가 있다.
(2) 기본이 되는 색채는 B=Black, W=White, C=Full color 이다.
(3) 등색상 삼각형에서의 조화
㉠ 등백색 계열의 조화 : 저사변의 평행선상
㉡ 등흑색 계열의 조화 : 위사변의 평행선상
㉢ 등순색 계열의 조화 : 수직선상
㉣ 등색상 계열의 조화 : 먼저 등순색 계열 속에서 2색을 선택하고 이들의 등백계열, 등흑계열의 교점에 해당하는 색을 선택하면 된다.

20 먼셀(Munsell) 색상환에서 GY는 어느 색인가?

① 자주 ② 연두
③ 노랑 ④ 하늘색

해설 먼셀(Munsell)의 표색계

미국의 화가이며 색채연구가인 먼셀(A. H. Munsell)에 의해 1905년 창안된 체계로서 색의 3속성인 색상, 명도, 채도로 색을 기술하는 체계 방식이다.

(1) 색상(Hue) : 원의 형태로 무채색을 중심으로 배열된다.
㉠ 기본색 : 빨강(R), 노랑(Y), 녹색(G), 파랑(B), 보라(P)
㉡ 중간색 : 주황(YR), 연두(GY), 청록(BG), 남색(PB), 자주(RP)
(2) 명도(Value) : 수직선 방향으로 아래에서 위로 갈수록 명도가 높아진다.
㉠ 빛의 반사율에 따른 색의 밝고 어두운 정도
㉡ 이상적인 흑색을 0, 이상적인 백색을 10
(3) 채도(Chroma) : 방사형의 형태로 안쪽에서 밖으로 나올수록 높아진다.
㉠ 회색을 띠고 있는 정도 즉, 색의 순하고 탁한 정도
㉡ 무채색을 0으로 그 색상에서 가장 순수한 색이 최대의 채도 값

정답 18 ① 19 ② 20 ②

색채 및 인간공학 2016년 8월 21일(4회)

01 다음 [그림]은 게스탈트(gestalt)의 법칙 중 무엇에 해당하는가?

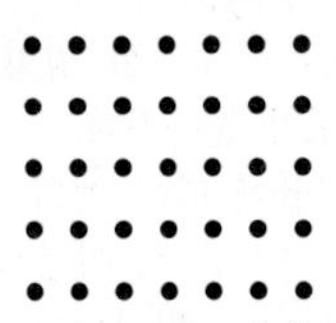

① 접근성 ② 단순성
③ 연속성 ④ 폐쇄성

해설 형태의 지각심리(게슈탈트의 지각심리)

㉠ 접근성 : 가까이 있는 시각 요소들을 패턴이나 그룹으로 인지하게 되는 지각심리
㉡ 유사성 : 형태와 색깔, 크기 등이 유사할 경우 함께 모여보이는 지각심리
㉢ 연속성 : 점들의 연속이 선으로 지각되어 형태를 만드는 지각심리
㉣ 폐쇄성 : 불완전한 시각 요소들을 완전한 형태로 지각하려는 심리
㉤ 단순화 : 어떤 형태를 접했을 때 복잡한 형태보다는 단순한 형태로 지각하려는 심리
㉥ 도형과 배경의 법칙 : 도형과 배경이 순간적으로 번갈아 보이면서 다른 형태로 지각되는 심리
- 그림과 바탕이 교체되는 도형을 '반전도형(反轉圖形)'이라고 한다.
[예] 루빈의 항아리

루빈의 항아리

※ 게슈탈트(gestalt)
주어진 정황 내에서 전체적으로 가장 단순하고 좋은 형태로 정리하려는 경향으로 지각은 특정의 자극에 대한 개별적 반응에 기준하여 발생하는 것이 아니며, 전체적인 자극에 대한 반응이다. 주된 개념의 하나는 프래그넌츠(pragnanz) 원리로서 될 수 있는 한 명료하고 단순하게 느껴지는 상태로 지각되는 현상이다.

02 인간-기계 체계(man-machine system)에서 "정보의 보관"과 관련한 것이 아닌 것은?

① CRT 모니터 ② 하드디스크
③ 콤팩트디스크 ④ USB저장장치

해설 인간-기계의 기본 기능

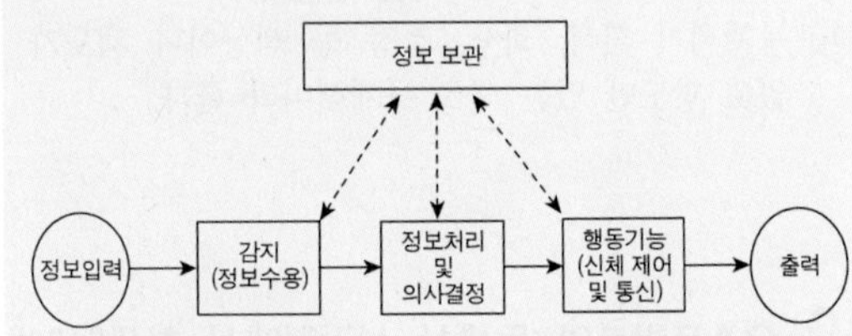

인간-기계 통합 시스템의 인간 또는 기계에 의해서 수행되는 기본 기능의 유형

(1) 감지(sensing)
㉠ 인간에 의한 감지 : 시각, 청각, 촉각과 같은 여러 감각기관
㉡ 기계에 의한 감지 : 전자, 사진, 기계적인 여러 종류

(2) 정보의 저장(information storage) : 기억
㉠ 인간의 정보 저장 : 기억
㉡ 기계의 정보 저장 : 펀치 카드, 녹음 테이프, 자기 테이프, 자료표

(3) 정보처리 및 의사결정(information processing and decision)
㉠ 정보 처리란 감지한 정보를 가지고 수행하는 여러 가지의 조작으로서 이 과정은 기억 재생 과정과 밀접히 연결되며, 정보의 평가는 분석과 판단 기능을 수행함으로써 이루어진다.
㉡ 분석과 판단 기능을 거친 정보는 행동 직전의 결심을 내리는 자료가 된다.
㉢ 컴퓨터 시스템의 중앙처리장치(CPU)가 이 과정에 해당된다.

(4) 행동 기능(action function)
㉠ 내려진 의사 결정의 결과로 발생하는 조작 행위
㉡ 조종장치를 작동시키거나 물리적인 조종행위나 과정 본질적인 통신행위 : 음향, 신호, 기록

정답 01 ① 02 ①

03 다음 그림과 같이 검지를 움직일 때 가동역을 표현한 것으로 맞는 것은?

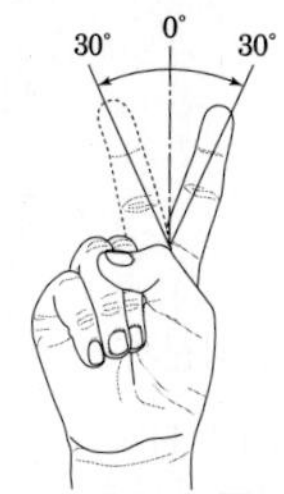

① 굴곡과 신전　② 내선과 외선
③ 상향과 하향　④ 내전과 외전

해설 신체 역학

㉠ 굴곡(유착, flexion) : 신체 부분을 좁게 구부리거나 각도를 좁히는 동작으로 팔과 다리의 굴곡 외에 몇 가지의 굴곡 동작이 있다.
㉡ 신전(확장, extension) : 신체의 부위를 곧게 펴거나 각도를 늘리는 동작으로 굴곡에서 다시 돌아보는 동작을 말한다. 보통의 범위 이상의 관절 운동을 최대 신장이라고 한다.
㉢ 내전(adduction) : 신체의 부분이나 부분의 조합이 신체의 중앙이나 그것이 붙어있는 방향으로 움직이는 동작
㉣ 외전(abduction) : 신체의 중앙이나 신체의 부분이 붙어있는 부위에서 멀어지는 방향으로 움직이는 동작

04 인간공학에 있어 체계 설계 과정의 주요 단계가 다음과 같을 때 가장 먼저 진행하는 단계는?

<다음>
- 기본 설계
- 체계의 정의
- 계면 설계
- 촉진물 설계
- 시험 및 평가
- 목표 및 성능명세 결정

① 기본 설계
② 계면 설계
③ 체계의 정의
④ 목표 및 성능명세 결정

해설 시스템 설계 과정의 주요 단계(순서)

목표 및 성능 명세 결정 – 체계의 정의 – 기본 설계 – 계면(界面) 설계 – 촉진물 설계 – 시험 및 평가

※ 계면(界面)(interface) : 서로 다른 물질들을 구분하는 경계면

05 다음 그림과 같이 (a)와 (b) 각각의 중앙부 각도는 같으나 (b)의 각도가 (a)의 각도보다 작게 보이는 착시 현상을 무엇이라 하는가?

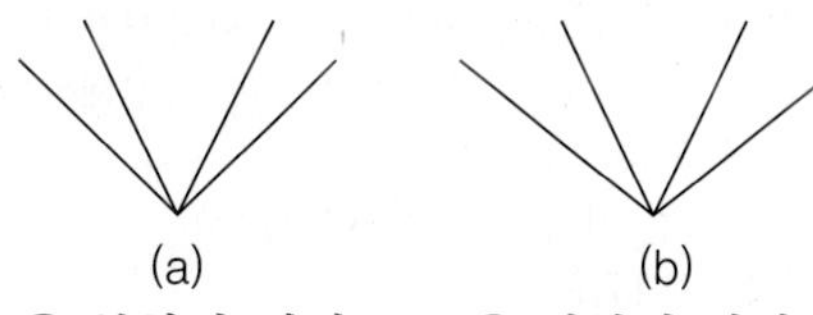

(a)　(b)

① 분할의 착시　② 방향의 착시
③ 대비의 착시　④ 동화의 착시

해설 대비의 착시

(a)와 (b)는 같은 길이와 같은 크기이지만 주변의 영향을 받아 다르게 보인다.

06 미국 NIOSH에서 제시한 들기 작업 지침에서 최적의 환경에서 들기 작업을 할 때의 최대 허용무게는 얼마인가?

① 15kg　② 23kg
③ 28kg　④ 30kg

해설

NIOSH(미국국립 직업안전건강연구소)에서 제시한 들기 작업 지침에서 최적의 환경에서 들기 작업을 할 때의 최대 허용무게는 23kg이다.

정답　03 ④　04 ④　05 ③　06 ②

07 감각수용기의 종류와 반응시간과의 관계에서 반응시간이 가장 빠른 감각은?

① 시각　　② 청각
③ 촉각　　④ 후각

해설 반응시간

동작을 개시할 때까지의 총 시간을 흔히 반응 시간이라 부른다. 이것은 동작 시간과는 별개이다.

㉠ 단순 반응시간 : 특정한 하나의 자극에 반응하는 시간으로 이러한 경우는 자극을 예상하고 있을 때인데, 반응시간이 가장 짧아서 0.15~0.2초이다. 개인 차이는 있을 수 있다.
㉡ 선택 반응시간 : 자극의 수가 여러 개일 경우의 반응시간으로 이러한 경우에는 반응시간이 길어지는데 그 이유는 정확한 반응을 결정해야 하는 중앙처리시간 때문이다.

※ 감각기관별 자극에 대한 반응시간
㉠ 청각 : 0.17초
㉡ 촉각 : 0.18초
㉢ 시각 : 0.20초
㉣ 미각 : 0.29초
㉤ 통각 : 0.70초

08 단위입체각당 광원에서 방출되는 광속으로 측정하는 광도의 단위는?

① lm　　② W
③ cd　　④ lx

해설 광속

㉠ 광원으로부터 발산되는 빛의 양
㉡ 균일한 1cd의 점광원이 단위 입체각(1sr)내에 방사하는 광량(光量)
㉢ 단위 : 루멘(lumen, lm)

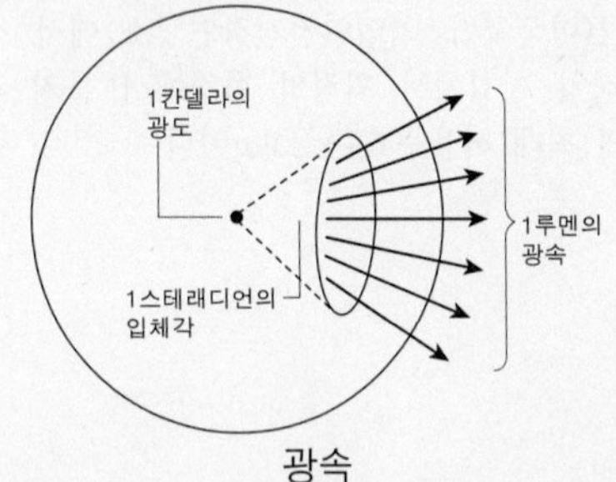

광속

※ 광속의 개념으로 표시하면 1cd의 광원이 발하는 광량은 4π(12.57)lumen이다.

09 신체 치수의 개략비율 중 신장의 길이를 H로 했을 때 앉은 높이로 가장 적당한 것은?

① $\frac{1}{4}H$　　② $\frac{3}{8}H$
③ $\frac{4}{5}H$　　④ $\frac{5}{9}H$

해설 신체 치수의 약산치

㉠ 신장(손끝너비) : H
㉡ 눈높이 : 11/12H(91%)
㉢ 어깨높이 : 4/5H(80%)
㉣ 앉은키 : 5/9H(55%)
㉤ 손끝높이 : 3/8H(38%)
㉥ 어깨너비 = 하퇴높이 - 1/4H(25%)
㉦ 손을 뻗은 높이 : 7/6H(117%)
☞ 인체 치수는 신장을 기준으로 각 부위의 약산치를 구할 수 있다. 신장과 인체 각 부위의 계측치와의 사이에 거의 비례적인 관계가 있기 때문이다.

10 청각의 마스킹(masking) 효과에 관한 설명으로 맞는 것은?

① 저음은 고음을 마스크하기 쉽다.
② 목적음(目的音)이 다른 음의 청취력을 감소시킨다.
③ 마스크 음의 음압수준이 커지면 주파수의 범위는 좁아진다.
④ 마스크 음의 음압수준이 커지면 마스킹 효과가 저하된다.

해설 마스킹(masking)

2가지음이 동시에 귀에 들어와서, 한쪽의 음 때문에 다른 쪽의 음이 작게 들리는 것으로 이는 dB이 높은 음과 낮은 음이 공존할 때 낮은 음이 강한 음에 가로막혀 숨겨져 들리지 않게 되는 현상이다.
※ 매스킹(masking) 효과 : 큰 소리에 의해 작은 소리가 들리는 것이 방해되는 현상으로 가까운 주파수, 비슷한 음원 사이에서 많이 일어난다.

정답　07 ②　08 ③　09 ④　10 ①

11 우리 눈으로 지각하는 가시광선의 파장 범위는?

① 약 280~680nm
② 약 380~780nm
③ 약 480~880nm
④ 약 580~980nm

해설 빛

㉠ 적외선 : 780nm보다 긴 파장의 Red 계열의 광선
㉡ 가시광선 : 380~780nm, 빨강에서 보라까지의 우리가 물체를 보고 색을 감지할 수 있는 광선
㉢ 자외선, X선 : 380nm보다 짧은 파장의 보라 계열의 광선
※ 1nm = 10Å $=10^{-9}$m
※ 빛은 색지각을 일으키는 가장 기본적인 요건이다.

12 일반적으로 사무실의 색체설계에서 가장 높은 명도가 요구되는 것은?

① 바닥 ② 가구
③ 벽 ④ 천장

해설

일반적으로 사무실의 색채설계는 위(천장)에서부터 아래(바닥)로 향하여 명도를 낮추어야 안정감이 생긴다.

13 다음 중 감법혼색을 사용하지 않은 것은?

① 컬러 슬라이드 ② 컬러 영화필름
③ 컬러 인화사진 ④ 컬러 텔레비전

해설 감법혼색(감산혼합)

㉠ 혼합할수록 더 어두워지는 물감(색료)의 혼합을 말한다.
㉡ 색료의 혼합(그림물감, 인쇄잉크, 염료 등)으로 섞을수록 명도가 낮아진다. 색을 겹치면 그만큼 빛의 양이 줄어 어두워지므로 어떤 색에서 어떤 부분의 빛을 없애는 것이다.
㉢ 2차색은 원색보다 명도와 채도가 낮아진다.
[예] 컬러 인화사진, 컬러 영화필름, 컬러 슬라이드

※ 병치가법혼색(병치혼합)
색광에 의한 병치혼합으로 작은 색점을 섬세하게 병치시키는 방법으로 빨강, 초록, 청자 3색의 작은 점들이 규칙적으로 배열되어 혼색이 되어 현상을 말한다.
[예] 칼라 TV의 화상, 모자이크 벽화, 신인상파 화가의 점묘화법, 직물의 색조디자인

14 CIELAB 모형에서 L이 의미하는 것은?

① 명도 ② 채도
③ 색상 ④ 순도

해설 디지털 색채 시스템

컴퓨터그래픽에서 표현할 수 있는 색체계는 크게 HSB, RGB, Lab, CMYK, Grayscale 등이 있다.
㉠ HSB 시스템 : 먼셀 색채계와 같이 색의 3속성인 색상(Hue), 명도(Brightness), 채도(Satuation) 모드로 구성되어 있다.
㉡ 16진수 표기법은 각각 두 자리씩 RGB(Red, Green, Blue)값을 나타낸다.
㉢ Lab 시스템 : 국제 색상체계 표준화인 CIE에서 발표한 색체계로 서로 다른 환경에서도 이미지의 색상을 최대한 유지시켜 주기 위한 컬러모드이다. L(명도), a와 b는(각각 빨강/초록, 노랑/파랑의 보색축)라는 값으로 색상을 정의하고 있다
㉣ CMYK는 인쇄의 4원색으로 C=Cyan, M= Magenta, Y=Yellow, K=Black을 나타내며 모드 각각의 수치 범위는 0~100%로 나타낸다.
※ CIELAB형식은 1976년 CIE가 추천하여 지각적으로 거의 균등한 간격을 가진 색공간이다.

15 오스트발트 색체계에서 등순계열의 조화에 해당하는 것은?

① ca - ea - ga - ia
② pa - pc - pe - pg
③ ig - le - ne - pa
④ gc - ie - lg - ni

정답 11 ② 12 ④ 13 ④ 14 ① 15 ④

해설 오스트발트의 색채 조화론의 등색상 3각형

- 등백색 계열의 조화 : 저사변의 평행선상
- 등흑색 계열의 조화 : 위사변의 평행선상
- 등순색 계열의 조화 : 수직선상
- 등색상 계열의 조화 : 먼저 등순색 계열 속에서 2색을 선택하고 이들의 등백계열, 등흑계열의 교점에 해당하는 색을 선택하면 된다.

※ 오스트발트의 등순색 계열의 조화
단색상 삼각형에 있어서 WB의 평행선 위에 있는 색은 어떤 단색상일지라도 순색량이 모두 같은 색의 계열로 조화롭다.
예 : gc - lg - pl

16 3색 이상 다른 밝기를 가진 회색을 단계적으로 배열했을 때 명도가 높은 회색과 접하고 있는 부분은 어둡게 보이고 반대로 명도가 낮은 회색과 접하고 있는 부분은 밝게 보인다. 이들 경계에서 보이는 대비 현상은?

① 보색대비　② 채도대비
③ 연변대비　④ 계시대비

해설 연변대비

㉠ 어느 두 색이 맞붙어 있을 때 그 경계 언저리는 멀리 떨어져 있는 부분보다 색상대비, 명도대비, 채도대비 현상이 더 강하게 일어나는 현상
㉡ 무채색은 명도 단계 배열시, 유채색은 색상별로 배열시 나타난다.

17 배색방법 중 하나로 단계적으로 명도, 채도, 색상, 톤의 배열에 따라서 시각적인 자연스러움을 주는 것으로 3색 이상의 다색배색에서 이와 같은 효과를 낼 수 있는 배색방법은?

① 반복배색　② 강조배색
③ 연속배색　④ 트리콜로 배색

해설 연속배색(그라데이션 효과)

단계적으로 명도, 채도, 색상, 톤의 배열에 따라서 시각적인 자연스러움을 주는 것으로 3색 이상의 다색배색에서 이와 같은 효과를 낼 수 있는 배색방법을 연속배색이라고 한다.

18 색채 계획에 관한 내용으로 적합한 것은?

① 사용 대상자의 유형은 고려하지 않는다.
② 색채 정보 분석 과정에서는 시장 정보, 소비자 정보 등을 고려한다.
③ 색채 계획에서는 경제적 환경 변화는 고려하지 않는다.
④ 재료나 기능보다는 심미성이 중요하다.

해설

① 사용 대상자의 유형을 고려한다.
③ 색채 계획에서는 경제적 환경 변화를 고려한다.
④ 공간에서의 색채계획은 공간의 주요 목적에 따라 크게 달라진다. 즉 재료나 기능이 우선인 공간이냐 심미성이 우선인 공간이냐 혹은 두 가지 모두 충족되어야 하는가에 따라 달라진다.

19 문·스펜서의 색체조화 이론에서 조화의 내용이 아닌 것은?

① 입체 조화　② 동일 조화
③ 유사 조화　④ 대비 조화

해설 문·스펜서(P. Moon·D. E. Spencer)의 색채 조화론

두 색의 간격이 애매하지 않은 배색, 오메가(ω) 공간에 간단한 기하학적 관계가 되도록 선택한 배색을 가정으로 조화와 부조화로 분류하고, 색채 조화에 관한 원리들을 정량적인 색좌표에 의해 과학적으로 설명하였다.

(1) 조화의 원리
㉠ 동등(Identity) 조화 : 같은 색의 배색
㉡ 유사(Similarity) 조화 : 유사한 색의 배색
㉢ 대비(Contrast) 조화 : 대비관계에 있는 배색

(2) 부조화의 원리
㉠ 제1 부조화(First Ambiguity) : 서로 판단하기 어려운 배색
㉡ 제2 부조화(Second Ambiguity) : 유사조화와 대비조화 사이에 있는 배색
㉢ 눈부심(Glare) 조화 : 극단적인 반대색의 부조화

정답 16 ③　17 ③　18 ②　19 ①

20 **중량감에 관한 색의 심리적인 효과에 가장 영향이 큰 것은?**

① 명도 ② 순도
③ 색상 ④ 채도

해설 중량감(무게감) – 색의 3속성 중 주로 명도에 요인

㉠ 가벼운 색 : 명도가 높은 색
㉡ 무거운 색 : 명도가 낮은 색
※ 중량감은 명도와 관련이 있어 일반적으로 명도가 높은 색이 가볍게 느껴진다.

정답 20 ①

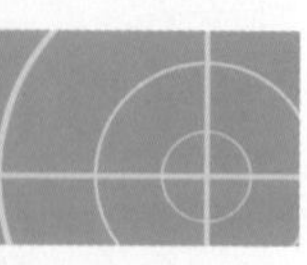

색채 및 인간공학 2017년 3월 5일(1회)

01 인간이 기계보다 우수한 기능에 해당하는 것은?

① 예기치 못한 사건의 감지
② 반복적인 작업의 신뢰성 있는 수행
③ 입력 신호에 대한 일관성 있는 반응
④ 암호화된 정보의 신속하고 대량 보관

해설 인간이 기계보다 우수한 기능

㉠ 어떤 종류의 매우 낮은 시각, 청각, 촉각, 미각적인 자극을 감지한다.
㉡ 수신 상태가 나쁜 음극선관(CRT)에 나타나는 영상과 같이 배경 잡음이 심한 경우에도 자극(신호)을 인지한다.
㉢ 항공사진의 피사체나 말소리처럼 상황에 따라 변화하는 복잡한 자극의 형태를 식별한다.
㉣ 주위의 이상하거나 예기치 못한 사건들을 감지한다.
㉤ 많은 양의 정보를 오랜 기간동안 보관(기억)한다.
㉥ 보관되어 있는 적절한 정보를 회수(상기)하며, 흔히 관련 있는 수많은 정보 항목을 회수한다.
㉦ 다양한 경험을 토대로 하여 의사 결정을 한다. 상황적 요구에 따라 적응적인 결정을 한다. 비상사태에 대처하여 임기웅변 할 수 있다.
㉧ 어떤 운용 방법이 실패할 경우 다른 방법을 선택한다.
㉨ 관찰을 통해서 일반화하여 귀납적으로 추리한다.
㉩ 원칙을 적용하여 다양한 문제를 해결한다.
㉪ 주관적으로 추산하고 평가한다.

02 인간공학적 사고방식과 관련이 가장 먼 것은?

① 인간과 기계와의 합리성 유지
② 작업설계 시 인간 중심의 수작업화 설계
③ 인간의 특성에 알맞은 기계나 도구의 설계
④ 인간의 건강상 문제 예방과 효율성 증대

해설 인간공학적 사고

인간공학이란 인간이 생활하고 일하는 환경을 알맞게 디자인하기 위해서 인간의 특성에 대해 연구하는 학문이다. 인간공학의 목적은 작업장의 배치, 작업방법, 기계설비, 전반적인 작업환경 등에서 작업자의 신체적인 특성이나 행동하는데 받는 제약조건 등이 고려된 시스템을 디자인하는 것이다. 인간공학적 사고를 이해하기 위해서는 우선 시스템 설계의 중심에 위치한 인간의 기능을 이해하는 것이 중요하다.

※ 최근에는 그 이외에도 쾌적함·불쾌함·안락함·불편함 등을 고려하는 감성적 기능 또한 중요한 인간 기능의 한 측면으로 인식되고 있다.

03 인체측정 자료의 응용원칙으로 볼 수 없는 것은?

① 조절식 설계원칙
② 맞춤식 설계원칙
③ 최대치를 이용한 설계원칙
④ 평균치를 이용한 설계원칙

해설 인체측정치 적용의 원칙(인체계측자료의 응용 3원칙)

(1) 최대 최소 치수
㉠ 최소 집단치 설계(도달 거리에 관련된 설계) 의자의 높이, 선반의 높이, 엘리베이터 조작버튼의 높이, 조종 장치의 거리 등과 같이 도달거리에 관련된 것들을 5퍼센타일을 사용한다.
㉡ 최대 집단치 설계(여유 공간에 관련된 설계) 문, 탈출구, 통로와 같은 여유 공간에 관련된 것들은 95퍼센타일을 사용한다. 보다 많은 사람을 만족시킬 수 있는 설계가 되는 것이다.

(2) 조절 범위
통상 5% 차에서 95% 차까지의 90% 범위를 수용대상으로 설계하는 것이 관례이다.
예) 자동차의 좌식의 전후 조절, 사무실 의자의 상하 조절

(3) 평균치 설계
특정한 장비나 설비의 경우 최소 집단치나 최대 집단치를 기준으로 설계하는 것이 부적합하고 조절식으로 하기에도 부적절한 경우 부득이하게 평균치를 기준으로 설계해야 할 경우가 있다.
예) 손님 평균신장 기준의 은행의 계산대

정답 01 ① 02 ② 03 ②

04 산업안전보건법상 근로자가 상시 작업하는 작업면의 조도기준으로 맞는 것은?(단, 갱내 작업장과 감광재료를 취급하는 작업장은 제외한다.)

① 기타 작업 : 100lux 이상
② 보통 작업 : 200lux 이상
③ 정밀 작업 : 300lux 이상
④ 초정밀 작업 : 800lux 이상

해설

근로자가 상시 작업하는 장소의 작업면 조도(照度)
[산업안전보건기준에 관한 규칙]
단, 갱내(坑內) 작업장과 감광재료(感光材料)를 취급하는 작업장은 제외한다.
㉠ 초정밀 작업 : 750럭스(lux) 이상
㉡ 정밀 작업 : 300럭스 이상
㉢ 보통 작업 : 150럭스 이상
㉣ 기타 작업 : 75럭스 이상

05 어떤 물체나 표면에 도달하는 광(光)의 밀도(密度)를 무엇이라 하는가?

① 휘도(brightness)
② 조도(illuminance)
③ 촉광(candle-power)
④ 광도(luminous intensity)

해설 조도

㉠ 표면에 도달하는 광의 밀도($1m^2$당 1 lm의 광속이 들어 있는 경우 1lux)
㉡ 단위 : 룩스(lux, lx), lm/m^2
㉢ 조도 = $\frac{광도}{(거리)^2}$

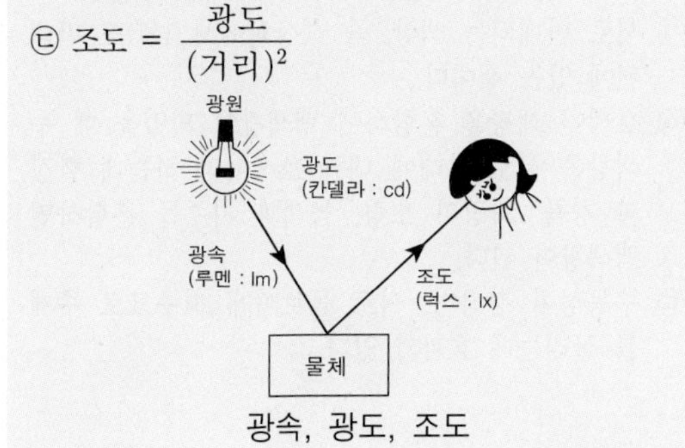

광속, 광도, 조도

06 작업공간의 디스플레이 설계에 대한 설명으로 맞는 것은?

① 조절장치는 키가 큰 사람의 도달영역 안에 있어야 한다.
② 디스플레이와 눈과의 거리는 연령이 증가할수록 가까워진다.
③ 작업자의 시선은 수평선상으로부터 아래로 30도 이하로 하는 것이 좋다.
④ 디스플레이 화면과 근로자의 눈과의 거리는 40cm 이상으로 확보하는 것이 좋다.

해설

시거리 : 눈과 화면의 중심 사이 거리는 40cm 이상
※ 영상표시단말기 취급근로자의 시선은 화면 상단과 눈높이가 일치할 정도로 하고, 작업 화면상의 시야 범위는 수평선상으로부터 10~15° 밑에 오도록 한다.
※ 표준형 키보드의 경사도 중 최적 유지의 각도는 15°~25° 정도이다.

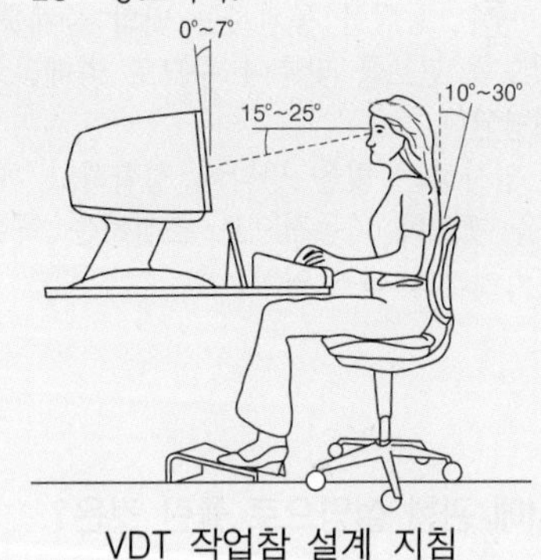

VDT 작업참 설계 지침

07 인간의 운동기능에서 진전(振顫·떨림)이 증가되는 경우는?

① 힘을 주고 있을 때
② 작업 대상물에 기계적인 마찰이 있을 때
③ 손 떨림의 경우 손이 심장 높이에 있을 때
④ 몸과 작업에 관계되는 부위가 잘 지지되어 있을 때

정답 04 ③ 05 ② 06 ④ 07 ①

해설 정적 반응

(1) 정적 자세를 유지할 때의 진전(振顫 : 떨림)진전은 납땜질에서 전극을 잡고 있을 때와 같이 신체 부위를 정확하게 한 자리에 유지해야 하는 작업활동에서 아주 중요하다.
(2) 진전을 감소시킬 수 있는 방법
㉠ 시각적 참조
㉡ 몸과 작업에 관계되는 부위를 잘 받친다.
㉢ 손이 심장 높이에 있을 때가 손떨림이 적다.
㉣ 작업 대상물에 기계적인 마찰이 있을 때
☞ 힘을 주고 있을 때 진전은 증가한다.

08 눈의 구조에 있어 광선의 초점이 망막 위에 상이 맺히도록 조절하는 부위는?

① 황반　　② 각막
③ 홍채　　④ 수정체

해설 수정체

㉠ 각막, 방수, 동공을 통과하는 빛의 물체를 잘 볼 수 있도록 핀트를 맞추어 주므로 카메라의 렌즈에 해당된다.
㉡ 눈에 입사하는 빛을 망막에 정확하고 깨끗하게 초점을 맺도록 자동적으로 조절하는 역할을 한다. (카메라의 렌즈 역할)

09 착시에 관한 설명으로 틀린 것은?

① 눈이 받는 자극에 대한 지각의 착각 현상을 말한다.
② "루빈의 항아리"의 예에서 보듯이 보는 관점에 따라 형태가 다르게 지각된다.
③ 동일한 길이의 선이라도 조건을 어떻게 부여하는가에 따라 길이가 다르게 지각된다.
④ "랜돌트(Landholt)의 C형 고리"는 착시현상을 설명하는 데 가장 널리 사용되고 있다.

해설 랜돌트(Landholt)의 C형 고리

보통 시력표에는 랜돌트 C형 고리를 이용하여 측정한다. 랜돌트 고리의 연결이 끊어진 부분이 눈에 대해 이루는 각도의 역수로 표현한다.

10 인간공학적 의자설계를 위한 일반적인 고려사항과 가장 거리가 먼 것은?

① 좌면의 무게 부하 분포
② 좌면의 높이와 폭 및 깊이
③ 앉은키의 크기 및 의자의 강도
④ 동체(胴體)의 안정성과 위치 변동의 편리성

해설 의자 설계의 원칙(의자의 인간공학적 설계를 위한 고려사항)

㉠ 체중 분포(좌면의 무게부하 분포)
㉡ 의자좌판의 높이
㉢ 의자좌판의 깊이와 폭(좌면의 깊이와 폭)
㉣ 몸통의 안정도[동체(胴體)의 안정성과 위치 변동의 편리성]

11 먼셀의 색입체 수직 단면도에서 중심축 양쪽에 있는 두 색상의 관계는?

① 인접색　　② 보색
③ 유사색　　④ 약보색

해설 보색(補色)

㉠ 서로 반대되는 색상, 즉 색상환에서 180도 반대편에 있는 색이다.
㉡ 보색인 색광을 혼합하여 백색광이 되었을 때 두 색광은 서로 상대에 대한 보색이라 하는데 빨강과 청록, 파랑과 노랑, 녹색과 자주를 혼합하면 백색광이 된다.
㉢ 주목성이 강하며, 서로 돋보이게 해주므로 주제를 살리는데 효과가 있다.

정답　08 ④　09 ④　10 ③　11 ②

12 시내버스, 지하철, 기차 등의 색채계획 시 고려할 사항으로 거리가 먼 것은?

① 도장 공정이 간단해야 한다.
② 조색이 용이해야 한다.
③ 쉽게 변색, 퇴색되지 않아야 한다.
④ 프로세스 잉크를 사용한다.

해설

프로세스 잉크 : 컬러 인쇄에 사용되는 잉크

13 우리나라의 한국산업표준(KS)으로 채택된 표색계는?

① 오스트발트 ② 먼셀
③ 헬름홀츠 ④ 헤링

해설 먼셀(Munsell)의 표색계

㉠ 미국의 화가이며 색채연구가인 먼셀(A. H. Munsell)에 의해 1905년 창안된 체계로서 색의 3속성인 색상, 명도, 채도로 색을 기술하는 체계 방식이다.
㉡ 먼셀 색상은 각각 Red(적), Yellow(황), Green(녹), Blue(청), Purple(자)의 R, Y, G, B, P 5가지 기본색과 주황(YR), 연두(GY), 청록(BG), 남색(PB), 자주(RP)의 5가지 중간색으로 10등분 되어지고 이러한 색을 각기 10단위로 분류하여 100색상으로 분할하였다.
㉢ 각 색상에는 1~10의 번호가 붙어 5번이 색상의 대표색이다.
㉣ 우리나라에서 채택하고 있는 한국산업표준(KS) 색채 표기법이다.

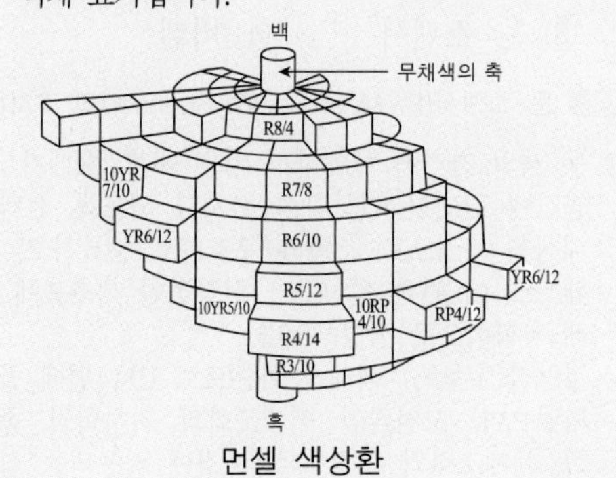

먼셀 색상환

14 감법혼색에서 모든 파장이 제거될 경우 나타날 수 있는 색은?

① 흰색 ② 검정
③ 마젠타 ④ 노랑

해설 색료혼합[감산혼합(감법혼색)]

㉠ 색료의 혼합으로 색료 혼합의 3원색은 청색(Cyan), 자주(Magenta), 노랑(Yellow)이다.
㉡ 색료를 혼합하여 색필터를 겹치거나 그림물감을 혼합하는 방법을 감산혼합(減算混合) 또는 감법혼색(減法混色), 색료혼합이라고 한다.
㉢ 색료 혼합의 3원색은 청색(Cyan), 자주(Magenta), 노랑(Yellow)을 모두 혼합하면 흑색(Black)이 된다.
㉣ 색료의 혼합(그림물감, 인쇄잉크, 염료 등)으로 섞을수록 명도가 낮아진다. 색을 겹치면 그만큼 빛의 양이 줄어 어두워지므로 어떤 색에서 어떤 부분의 빛을 없애는 것이다.
㉤ 2차색은 원색보다 명도와 채도가 낮아진다.

15 색의 동화작용에 관한 설명 중 옳은 것은?

① 잔상 효과로서 나중에 본 색이 먼저 본 색과 섞여 보이는 현상
② 난색 계열의 색이 더 커 보이는 현상
③ 색들끼리 영향을 주어서 옆의 색과 닮은 색으로 보이는 현상
④ 색점을 섬세하게 나열 배치해 두고 어느 정도 떨어진 거리에서 보면 쉽게 혼색되어 보이는 현상

해설 동화작용(동화현상)

㉠ 동시대비와는 반대 현상이며 옆에 있는 색과 닮은 색으로 변해 보이는 현상이다.
㉡ 색상동화, 명도동화, 채도동화가 있으나 이들은 모두 동시적으로 일어나는 현상으로 줄무늬와 같이 주위를 둘러싼 면적이 작거나 하나의 좁은 시야에 복잡하고 섬세하게 배치되었을 때에 일어난다.
㉢ 회화, 그래픽 디자인, 직물디자인 등의 모든 배색 조화에 필수적인 요소이다.

정답 12 ④ 13 ② 14 ② 15 ③

16 **먼셀의 색채조화이론 핵심인 균형원리에서 각 색들이 가장 조화로운 배색을 이루는 평균 명도는?**

① N4 ② N3
③ N5 ④ N2

해설 먼셀의 색채조화 원리

㉠ 평균명도가 N5가 되는 색들은 조화된다.
㉡ 중간 정도 채도의 보색은 동일 면적으로 배색할 때 조화를 이룬다.
㉢ 명도는 같으나 채도가 다른 색들은 조화를 이룬다.
㉣ 배색과 조화에서 색상의 차이가 적을 때는 채도의 차이가 적은 것이 조화롭고, 색상의 차이가 클 때는 채도의 차이가 큰 것이 조화롭다.

17 **컴퓨터 화면상의 이미지와 출력된 인쇄물의 색채가 다르게 나타나는 원인으로 거리가 먼 것은?**

① 컴퓨터상에서 RGB로 작업했을 경우 CMYK방식의 잉크로는 표현될 수 없는 색채범위가 발생한다.
② RGB의 색역이 CMYK의 색역 보다 좁기 때문이다.
③ 모니터의 캘리브레이션 상태와 인쇄기, 출력용지에 따라서도 변수가 발생한다.
④ RGB 데이터를 CMYK 데이터로 변환하면 색상 손상현상이 나타난다.

해설 디지털 색채 시스템

컴퓨터그래픽에서 표현할 수 있는 색체계는 크게 HSB, RGB, Lab, CMYK, Grayscale 등이 있다.
㉠ HSB 시스템 : 먼셀 색채계와 같이 색의 3속성인 색상(Hue), 명도(Brightness), 채도(Satuation) 모드로 구성되어 있다.
㉡ 16진수 표기법은 각각 두 자리씩 RGB(Red, Green, Blue)값을 나타낸다.
㉢ Lab 시스템 : 국제 색상체계 표준화인 CIE에서 발표한 색체계로 서로 다른 환경에서도 이미지의 색상을 최대한 유지시켜 주기 위한 컬러모드이다. L(명도), a와 b는(각각 빨강/초록, 노랑/파랑의 보색축)라는 값으로 색상을 정의하고 있다.
㉣ CMYK는 인쇄의 4원색으로 C = Cyan, M = Magenta, Y = Yellow, K = Black을 나타내며 모드 각각의 수치 범위는 0~100%로 나타낸다.
※ 컴퓨터그래픽에서 표현할 수 있는 색체계는 크게 HSB, RGB, Lab, CMYK, Grayscale 등이 있다. 16진수 표기법은 각각 두 자리씩 RGB(Red, Green, Blue)값을 나타낸다.

18 **유채색의 경우 보색잔상의 영향으로 먼저 본 색의 보색이 나중에 보는 색에 혼합되어 보이는 현상은?**

① 계시대비 ② 명도대비
③ 색상대비 ④ 면적대비

해설 계시대비(successive contrast)

㉠ 시간적인 차이를 두고, 2개의 색을 순차적으로 볼 때에 생기는 색의 대비현상으로 계속대비 또는 연속대비라고도 한다.
㉡ 어떤 색을 본 후에 다른 색을 보면 단독으로 볼 때와는 다르게 보인다. 즉 나중에 보았던 색은 처음에 보았던 색의 보색에 가까워져 보이며, 채도가 증가해서 선명하게 보인다.
㉢ [예] 파랑을 한참 본 뒤에 나타난 빨강은 보다 선명하게 보이는데 이것은 파랑의 보색인 주황이 빨강에 겹쳐 보였기 때문이다. 이것은 파랑의 보색잔상의 영향 때문이다.

19 **색을 지각적으로 고른 감도의 오메가 공간을 만들어 조화시킨 색채 학자는?**

① 오스트발트 ② 먼셀
③ 문·스펜서 ④ 비렌

해설 문·스펜서(P. Moon·D. E. Spencer)의 조화론

㉠ 두 색의 간격이 애매하지 않은 배색, 오메가(ω) 공간에 간단한 기하학적 관계가 되도록 선택한 배색을 가정으로 조화와 부조화로 분류하고, 색채 조화에 관한 원리들을 정량적인 색좌표에 의해 과학적으로 설명하였다.
㉡ 정량적(定量的) 색채 조화론으로 1944년에 발표되었으며, 고전적인 색채조화의 기하학적 공식화, 색채조화의 면적, 색채조화에 적용되는 심미도(美度, 미도) 등의 내용으로 구성되어 있다.
☞ 색의 연상, 기호, 상징성은 고려하지 않았다.

정답 16 ③ 17 ② 18 ① 19 ③

20 빛이 프리즘을 통과할 때 나타나는 분광현상 중 굴절현상이 제일 큰 색은?

① 보라 ② 초록
③ 빨강 ④ 노랑

해설 스펙트럼(Spectrum)

㉠ 1666년 영국의 과학자 뉴턴(Lssac Newton)이 이탈리아에서 프리즘(Prism)을 들여와, 이 프리즘(Prism)에 태양광선이 비치면 그 프리즘을 통과한 빛은 빨강·주황·노랑·초록·파랑·남색·보라색의 단색광으로 분광되는 것을 광학적으로 증명하였다. 이와 같이 분광된 색의 띠를 스펙트럼(Spectrum)이라고 하며 무지개 색과 같이 연속된 색의 띠를 가진다.
㉡ 파장이 길고 짧음에 따라 굴절률이 다르며, 파장이 길면 굴절률도 작고 파장이 짧으면 굴절률도 크다. 빨강은 파장이 길어서 굴절률이 가장 작으며, 보라는 파장이 짧아서 굴절률이 가장 크다.
※ 파장이 긴 것부터 짧은 것 순서 : 빨강 – 주황 – 노랑 – 초록 – 파랑 – 남색 – 보라

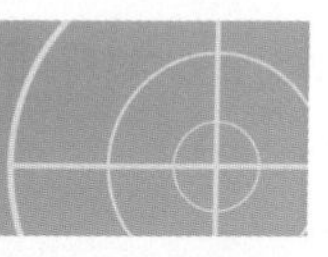

색채 및 인간공학 2017년 5월 7일(2회)

01 소음이 전달되지 못하도록 하기 위해서는 그 음원을 음폐하고, 그 한계 내에 있는 벽을 어떤 구조로 하는 것이 가장 바람직한가?

① 공명 ② 분산
③ 이동 ④ 흡음

해설

소음이 전달되지 못하도록 하기 위해서는 그 음원을 음폐하고, 그 한계 내에 있는 벽을 흡음 구조로 하는 것이 가장 바람직하다.

02 가까운 물체의 상이 망막 뒤에서 맺히는 상태를 무엇이라 하는가?

① 근시 ② 난시
③ 원시 ④ 정상시

해설 시력

㉠ 원시 : 안구의 길이가 짧거나 수정체가 얇아진 상태로 남아 있어 상이 망막 뒤에 맺히는 현상으로 가까운 물체를 보기 어렵다.
㉡ 근시 : 안구의 길이가 너무 길거나 수정체가 두꺼워진 상태로 남아 있어 상이 망막 앞에 맺히는 현상으로 먼 물체의 초점을 정확히 맞출 수 없다.
㉢ 난시 : 각막의 만곡도가 눈의 경로에 따라 부분적으로 흐려지는 현상
※ 원시 및 근시 교정방법 : 적당한 렌즈를 사용하여 광선이 수정체를 통과하기 전에 굴절시켜 망막상에 초점이 맺어지도록 교정한다.

03 인간-기계 시스템의 기본기능이 아닌 것은?

① 행동기능
② 감지(sensing)
③ 가치기준 유지
④ 정보처리 및 의사결정

정답 20 ① / 01 ④ 02 ③ 03 ③

해설 인간-기계의 기본 기능

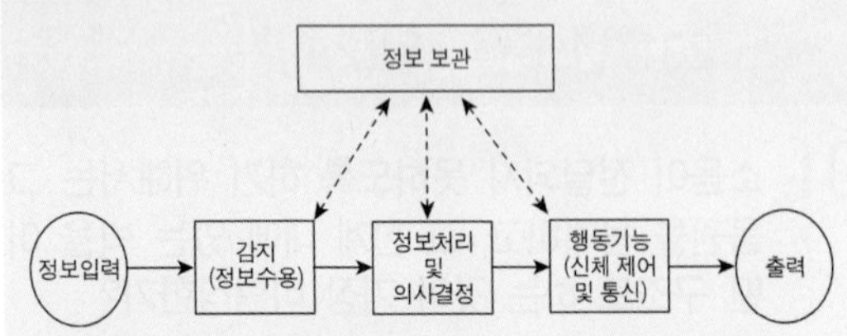

인간-기계 통합 시스템의 인간 또는 기계에 의해서 수행되는 기본 기능의 유형

04 인체의 구조를 체계적으로 나열한 것으로 맞는 것은?

① 세포(Cells) → 기관(Organs) → 조직(Tissues) → 계(System)
② 세포(Cells) → 조직(Tissues) → 기관(Organs) → 계(System)
③ 세포(Cells) → 조직(Tissues) → 계(System) → 기관(Organs)
④ 세포(Cells) → 계(System) → 기관(Organs) → 조직(Tissues)

해설 인체의 구조

㉠ 인간은 척추를 기본으로 가지고 있는 척추동물이다.
㉡ 구분 : 외형상으로 머리, 목, 몸통, 상지, 하지로 구분
※ 인체의 구조를 체계적으로 나열하면
세포(Cells) → 조직(Tissues) → 기관(Organs) → 계(System)

05 귀의 구조에 있어 내부에는 임파액(림프액)으로 차 있으며, 이 자극을 팽창시켜 청신경으로 보내는 기관은?

① 난원창　　② 중이골
③ 정원창　　④ 달팽이관

해설 귀의 구조 - 외이, 중이, 내이로 구분

㉠ 외이(外耳) : 귀바퀴, 외이도(귀구멍)
㉡ 중이(中耳) : 고막, 청소골(고막에서 생긴 진동을 증폭시키는 뼈), 유스타키오관(외부와의 기압차로 인한 고막 파손 방지)
㉢ 내이(內耳) : 달팽이관(청신경), 전정기관(위치감각), 반고리관(회전감각)

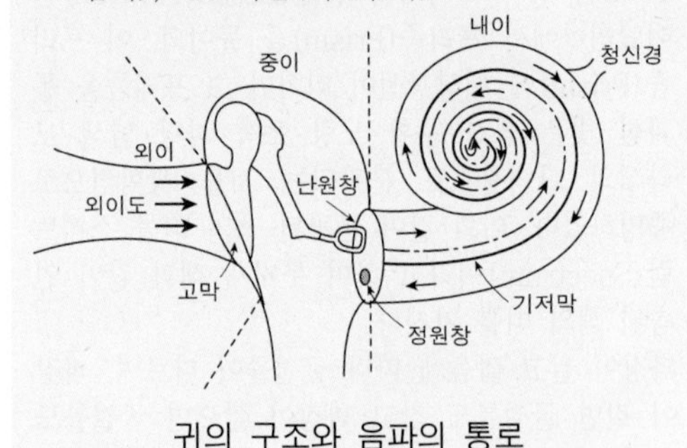

귀의 구조와 음파의 통로

06 정수기에서 청색은 냉수, 적색은 온수를 나타내는 것은 양립성(compatibility)의 종류 중 무엇에 해당 하는가?

① 운동 양립성　　② 개념적 양립성
③ 공간적 양립성　　④ 묘사적 양립성

해설 양립성(兩立性 ; compatibility)

인간공학에 있어 자극들 사이, 반응들 사이, 혹은 자극-반응 조합의 공간, 운동, 혹은 개념적 관계가 인간의 기대와 모순되지 않도록 하는 성질
㉠ 공간 양립성 : 어떤 사물들 특히 표시장치나 조종 장치에서 물리적 형태나 공간적인 배치의 양립성
예) 오른쪽 조리대는 오른쪽 조절장치로, 왼쪽 조리대는 왼쪽 조절장치로 조정하도록 설계하는 것
㉡ 운동 양립성 : 표시장치, 조종 장치, 체계반응의 운동방향의 양립성
㉢ 개념 양립성 : 어떤 암호 체계에서 청색이 정상을 나타내듯이 사람들이 가지고 있는 개념적 연상의 양립성
예) "냉·온수기의 손잡이 색상 중 빨간색은 뜨거운 물, 파란색은 차가운 물이 나오도록 설계한다."

정답 04 ② 05 ④ 06 ②

07 수공구 설계의 기본 원리로 볼 수 없는 것은?

① 손잡이의 단면은 원형을 피할 것
② 손잡이의 재질은 미끄럽지 않을 것
③ 양손잡이를 모두 고려한 설계일 것
④ 공구의 무게를 줄이고 무게의 균형이 유지될 것

해설 수공구의 일반적인 설계지침

㉠ 손목을 곧게 유지하도록 할 것
㉡ 양손잡이를 모두 고려한 설계일 것
㉢ 손잡이의 재질은 미끄럽지 않을 것
㉣ 공구의 무게를 줄이고 무게의 균형이 유지될 것
㉤ 반복적인 손가락 동작을 피하도록 할 것
㉥ 손잡이의 반경은 사용자의 손과 손가락이 닿는 면이 최대한이 되도록 될 수 있는 한 커야 할 것
㉦ 손가락으로 꽉 쥐는 손잡이는 깊은 홈이 패이지 않도록 할 것

08 시스템의 설계 과정에서 가장 먼저 수행되어야 할 단계는?

① 기본 설계 단계
② 시험 및 평가 단계
③ 시스템의 정의 단계
④ 목표 및 성능 명세 결정 단계

해설 시스템 설계 과정의 주요 단계(순서)

목표 및 성능 명세 결정 – 체계의 정의 – 기본 설계 – 계면(界面) 설계 – 촉진물 설계 – 시험 및 평가
※ 계면(界面)(interface) : 서로 다른 물질들을 구분하는 경계면

09 조명의 위치로 가장 적절한 것은?

① 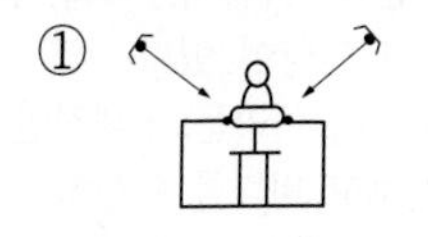

②  

③ 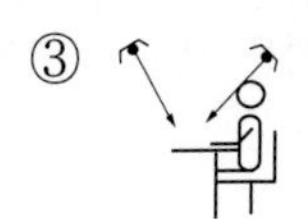

④ 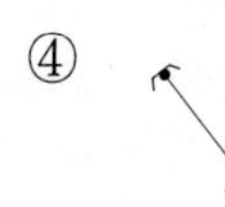 

해설

인간의 실내 활동은 태양 조명을 사용할 수 없는 경우에는 인공조명을 이용하여 활동을 수행하게 된다. 이때, 인간이 수행하기 만족스러운 작업환경을 설계하기 위해서는 인간 요소적인 관점에서 조명을 설계하여야 한다. 조명의 위치 선택시 고려해야 할 요소에는 작업의 섬세함, 작업자의 수, 작업자의 신체적 크기 등을 고려한다.
※ 책상에 앉아 있는 사람의 조명은 45°로 비추는 것이 좋다.

10 다음 그림 중 같은 무게의 짐을 운반할 때 가장 에너지가 적게 소모되는 방법은?

   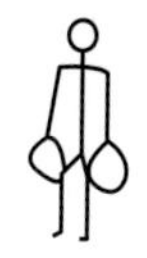

DOUBLE PACK　RICE BAG　YOKE　HANDS

① DOUBLE PACK ② RICE BAG
③ YOKE ④ HANDS

해설 짐을 나르는 방법의 에너지가(산소소비량) 비교

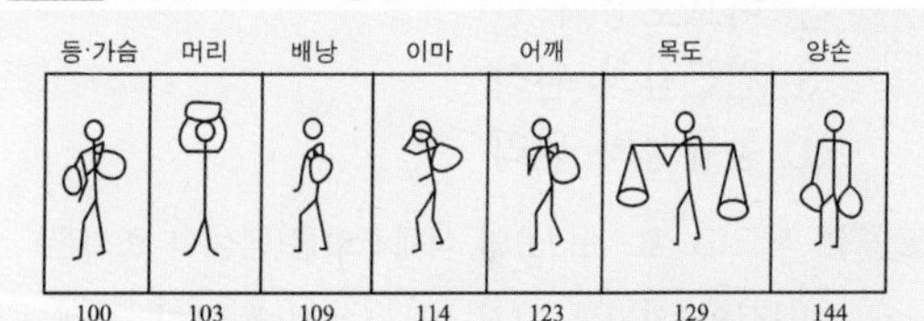

짐을 나르는 방법의 에너지가(산소소비량) 비교

※ 짐을 나르는 방법의 에너지가(산소소비량)은 양손 〉 목도 〉 어깨 〉 이마 〉 배낭 〉 머리 〉 등가슴 순이다.

11 식물의 이름에서 유래된 관용색명은?

① 피콕블루(peacock blue)
② 세피아(sepia)
③ 에메랄드 그린(emerald green)
④ 올리브(olive)

정답 07 ① 08 ④ 09 ① 10 ① 11 ④

해설 색명(色名)

㉠ 계통색명(系統色名) : 일반색명이라고 하며 색상, 명도, 채도를 표시하는 색명이다.
㉡ 관용색명(慣用色名, individual color name) : 고유색명 중에서 비교적 잘 알려져 예부터 습관적으로 사용되고 있는 색명을 말한다. 고유한 색명으로 동물, 식물, 지명, 인명 등이며 피부색(살색), 쥐색 등의 동물과 관련된 색이름 및 밤색, 살구색, 호박색 등 식물과 관련된 이름 등이 있다.
예) 관용색명과 계통색명의 연결(단, 한국산업표준 KS 기준)
- 커피색 : 탁한 갈색
- 딸기색 : 선명한 빨강
- 밤색 : 진한 갈색
- 개나리색 : 크롬 옐로우(Chrome Yellow)

12 '가을의 붉은 단풍잎, 붉은 저녁놀, 겨울 풍경색 등과 같이 친숙한 것들을 아름답게 생각하는 것'을 저드의 색채 조화이론으로 설명한다면 어느 원리인가?

① 질서의 원리
② 비모호성의 원리
③ 친근감의 원리
④ 동류성의 원리

해설 저드(D. B. Judd)의 색채조화론(정성적 조화론)

㉠ 질서성의 원리 : 질서 있는 계획에 따라 선택될 때 색채는 조화된다.
㉡ 친근성(숙지)의 원리 : 관찰자에게 잘 알려져 있는 배색이 조화를 이룬다.
㉢ 동류성(유사성)의 원리 : 배색된 색들끼리 공통된 양상과 성질이 내포되어 있을 때 조화된다.
㉣ 명료성(비모호성)의 원리 : 색상 차나 명도, 채도, 면적의 차이가 분명한 배색이 조화롭다.

13 밝은 곳에서 어두운 곳으로 이동하면 주위의 물체가 잘 보이지 않다가 어두움 속에서 시간이 지나면 식별할 수 있는 현상과 관련 있는 인체의 반응은?

① 항상성　② 색순응
③ 암순응　④ 고유성

해설 명순응과 암순응

안구의 내부에 입사하는 빛의 양에 따라 망막의 감도가 변화하는 현상과 변화하는 상태
(1) 명순응(Light Adaptation)
㉠ 어두운 곳에서 밝은 곳으로 나갈 때, 눈이 부시고 잘 보이지 않는 현상
㉡ 입사하는 빛의 양이 증가할 때(밝아질 때)는 망막의 감도가 낮아진다. 약 40초~1분이 지나면 잘 볼 수 있다.
(2) 암순응(Dark Adaptation)
㉠ 밝은 곳에 있다가 어두운 곳에 들어가면 처음에는 물체가 잘 보이지 않다가 시간이 흐르면서 보이는 현상
㉡ 입사하는 빛의 양이 감소할 때는 망막의 감도가 높아진다.
㉢ 암순응 능력을 파괴하지 않기 위해서는 단파장 계열의 색(초록색, 남색 등)이 적당하다.
예) 비상계단의 비상구 표시는 녹색으로 한다.

14 희망, 명랑함, 유쾌함과 같이 색에서 느껴지는 심리적 정서적 반응은?

① 구체적 연상　② 추상적 연상
③ 의미적 연상　④ 감성적 연상

해설 색의 연상

어떤 색을 보았을 때 우리는 색에 대한 평소의 경험적 감정과 연상의 정도에 따라 그 색과 관계되는 여러 가지 사항을 연상하게 된다. 따라서, 색의 연상에는 구체적 연상과 추상적인 연상이 있다.
㉠ 구체적 연상 : 적색을 보고 불이라는 구체적인 대상을 연상하거나 청색을 보고 바다를 연상하는 것
㉡ 추상적 연상 : 적색을 보고 정열, 애정이라는 추상적 관념을 연상하거나 청색을 보고 청결이라는 관념을 연상하는 것

정답 12 ③　13 ③　14 ②

15 다음 중 가장 짠맛을 느끼게 하는 색은?

① 회색 ② 올리브그린
③ 빨강색 ④ 갈색

해설 맛과 색채

(1) 난색계통의 색은 식욕을 자극한다.
(2) 난색은 단맛과 연관이 있고, 한색은 신맛, 쓴맛과 연관이 있다.
(3) 회색 계열의 색은 맛과 무관한 색이다.
(4) 맛과 연상되는 색채
㉠ 단맛 : 빨강색, 주황색, 적색을 띤 노란색
㉡ 달콤한 맛 : 핑크색
㉢ 신맛 : 녹색을 띤 황색, 황색을 띤 녹색
㉣ 짠맛 : 연한 청색과 회색, 연한 녹색과 흰색
㉤ 쓴맛 : 짙은 청색, 짙은 갈색, 자색

16 기본색명(basic color names)에 대한 설명 중 틀린 것은?

① 기본적인 색의 구별을 나타내기 위한 전문 용어이다.
② 국가와 문화에 따라 약간씩 차이가 있다.
③ 한국산업표준(KS) A0011에서는 무채색 기본색명으로 하양, 회색, 검정의 3개를 규정하고 있다.
④ 기본색명에는 스칼렛, 보랏빛 빨강, 금색 등이 있다.

해설

기본색명(basic color names)은 색에만 관련될 뿐 특별한 사물을 지칭하거나 그로 인해 이미지를 연상시키거나 다른 색을 함께 연상시키지 않는 색명이다. 빨강, 파랑, 하양, 검정과 같은 것이 그 예이다. 빨강과 비슷한 스칼렛은 빨강과 주황을 함께 연상시키기 때문에 기본색명으로 적당하지 않다. 또한 보랏빛 빨강과 같이 수식어가 있어서는 안 되고, 금색과 같이 특정대상의 용어가 아닌 일반적으로 보급되어 사용빈도가 높고 병용성이 있는 색명이어야 한다. 이 같은 기본색명은 국가와 문화에 따라 약간씩 차이가 있다.

17 방화, 금지, 정지, 고도위험 등의 의미를 전달하기 위해 주로 사용되는 색은?

① 노랑 ② 녹색
③ 파랑 ④ 빨강

해설

빨강(R) : 자극적, 정열, 흥분, 애정, 위험, 혁명, 피, 분노, 더위, 열
① 노랑(Y) : 명랑, 환희, 희망, 광명, 접근, 유쾌, 팽창, 천박, 황금, 바나나, 금발
② 녹색(G) : 평화, 상쾌, 희망, 휴식, 안전, 안정, 안식, 평정, 지성, 자연, 초여름, 잔디, 죽음
③ 파랑(B) : 젊음, 차가움, 명상, 심원, 성실, 영원, 냉정, 추위, 바다, 호수

18 디지털 이미지에서 색채 단위 수가 몇 이상이면 풀 컬러(Full Color)를 구현한다고 할 수 있는가?

① 4비트 컬러 ② 8비트 컬러
③ 16비트 컬러 ④ 24비트 컬러

해설

디지털 이미지에서 색채 단위 수가 24비트 컬러 이상이면 풀 컬러(Full Color)를 구현한다고 할 수 있다.
※ 비트(bit)
㉠ 컴퓨터데이터의 가장 작은 단위로 하나의 2진 수값(0과 1)을 가진다.
㉡ 픽셀 1개당 2진수 값을 표현할 수 있다.(흑과 백)
㉢ 8비트(2)를 조합하여 256음영단계(grayscale)를 가지게 된다.

19 "M = O/C"는 문 · 스펜서의 미도를 나타내는 공식이다. "O"는 무엇을 나타내는가?

① 환경의 요소 ② 복잡성의 요소
③ 구성의 요소 ④ 질서성의 요소

정답 15 ① 16 ④ 17 ④ 18 ④ 19 ④

해설 미도(美度)

(1) 배색에서 아름다움의 정도를 수량적으로 계산에 의해 구하는 것
(2) 버어크호프(G. D. Bir-khoff) 공식
M = O/C
M는 미도(美度), O는 질서성의 요소, C는 복잡성의 요소
㉠ 어떤 수치에 의해 조화의 정도를 비교하는 정량적 처리를 보여주는 것이다.
㉡ 배색의 아름다움을 계산으로 구하고, 그 수치에 의하여 조화의 정도를 비교한다는 정량적 처리 방법에 있다.
㉢ 복잡성의 요소가 적을수록, 질서성의 요소가 많을수록 미도는 높아진다는 것이다.
㉣ 미도는 0.5 이상의 값을 나타낼 경우 만족할 만한 것으로 제안하였다.

20 만화영화는 시간의 차이를 두고 여러 가지 그림이 전개되면서 사람들이 색채를 인식하게 되는데, 이와 같은 원리로 나타나는 혼색은?

① 팽이를 돌렸을 때 나타나는 혼색
② 컬러슬라이드 필름의 혼색
③ 물감을 섞었을 때 나타나는 혼색
④ 6가지 빛의 원색이 혼합되어 흰빛으로 보여 지는 혼색

해설 반대색상의 배색

㉠ 일반적으로 반대되는 색상을 맞추는 것을 말하며, 반대되는 색상 관계는 보색 관계이다.
㉡ 보색에는 물리 보색(物理 補色 : 색팽이를 회전시켰을 때 두 색이 혼색되어 어느 쪽의 색도 아닌 회색이 되는 색상끼리의 관계)과 심리(心理) 또는 생리보색(生理補色 : 적색을 보고 있으면 그 색의 자극으로 눈이 피곤해지므로 이를 풀기 위해 정반대색인 청록색을 우리 눈 속에 유발시킨다.)이 있다.
㉢ 색상이 대조적인 배색은 강한 자극과 큰 변화를 주기 때문에 단조로운 배색에 반대색상을 사용하면 전체에 생기가 돌게 된다.

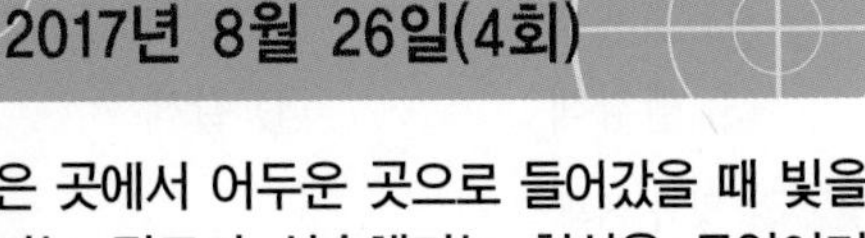

색채 및 인간공학 2017년 8월 26일(4회)

01 밝은 곳에서 어두운 곳으로 들어갔을 때 빛을 느끼는 정도가 상승해가는 현상을 무엇이라 하는가?

① 난시　　② 근시
③ 암순응　　④ 명순응

해설 명순응과 암순응

감각 기관이 자극의 정도에 따라 감수성이 변화되는 상태를 순응이라 하는데 추상체가 시야의 밝기에 따라서 감도가 작용하고 있는 상태를 눈의 명순응이라 하고, 간상체가 시야의 어둠에 순응하는 것을 암순응이라고 한다.
터널의 조명은 명순응과 암순응을 고려하여 낮의 경우 들어가는 입구 쪽과 나오는 출구 쪽에 나트륨 램프나 수은등과 같은 연색성은 낮아도 시감도가 높은 조명을 집중시키고 중간 부분은 조명을 띄엄띄엄 배치한다.

02 근육의 대사(metabolism)에 관한 설명으로 가장 거리가 먼 것은?

① 산소를 소비하여 에너지를 발생시키는 과정이다.
② 음식물을 기계적 에너지와 열로 전환하는 과정이다.
③ 신체 활동 수준이 아주 낮은 경우에는 젖산이 축적된다.
④ 산소 소비량을 측정하면 에너지 소비량을 측정할 수 있다.

해설

근육에 공급되는 산소량이 부족한 경우 혈액 중에 젖산이 축적된다.

정답 20 ① / 01 ③ 02 ③

03 인체치수의 개략비율에서 키를 H 로 했을 때 앉은 키는?

① $\frac{3}{8}$H ② $\frac{5}{9}$H
③ $\frac{3}{7}$H ④ $\frac{1}{4}$H

해설 인체 치수의 약산치(키 : H)

㉠ 신장(손끝너비) : H
㉡ 눈높이 : 11/12H(91%)
㉢ 어깨높이 : 4/5H(80%)
㉣ 앉은 키 : 5/9H(55%)
㉤ 손끝높이 : 3/8H(38%)
㉥ 어깨너비(하퇴높이) : 1/4H(25%)
㉦ 손을 뻗은 높이 : 7/6H(117%)

04 인간공학이라는 뜻으로 사용된 "에르고노믹스(ergonomics)"의 어원에 관한 내용 중 가장 거리가 먼 것은?

① 작업의 관리 ② 물체의 법칙
③ 학문의 의미 ④ 일의 자연적 법칙

해설 용어

그리스어인 ergo(노동)와 nomos(관리, 법칙), 그리고 ics(학문)의 세가지 용어를 조합하여 에르고노믹스(ergonomics)를 인간공학의 의미로 사용하고, 미국에서는 휴먼 팩터(Human-factors), 유럽에서는 에르고노믹스라고 부르는데 이 중 ergonomics가 널리 통용된다.
※『인간공학의 미국과 유럽의 차이』
㉠ 미국 : 심리학 중심 - Human Factor
㉡ 유럽 : 노동과학 중심 - Ergonomics

05 수평작업영역면에서 편하게 작업을 할 수 있도록 하면서 상완을 자연스럽게 몸에 붙인채로 전완을 움직였을 때에 생기는 영역을 무엇이라 하는가?

① 정상 작업영역 ② 최대 작업영역
③ 최소 작업영역 ④ 입체 작업영역

해설 정상 작업영역

팔을 자연스럽게 수직으로 늘어뜨린 채 손을 편하게 뻗어 파악할 수 있는 구역(35~45cm 정도의 범위)
※ 최대작업역 : 전완과 상완을 곧게 펴서 파악할 수 있는 구역(55~65cm 정도의 범위)
☞ 정상 작업역과 최대 작업역은 수평 작업대 설계의 기준의 된다.

06 계기반의 복합표시법 원칙으로 틀린 것은?

① 각 요소의 표시 양식을 통일시킬 것
② 관련성 있는 표시 형식만을 모아서 놓을 것
③ 불필요한 표시로 작업원을 혼란시키지 말 것
④ 한 개의 계기 내에는 3개 이상의 지침을 사용할 것

해설

지침 형태의 계기에서는 지침을 2개 이상 사용하면 안된다.
☞ 계기반의 종류는 다이얼형(눈금형)과 디지털형(계수기 형)이 있다. 다이얼형은 지침이 고정되어 있고 눈금판이 움직이는 고정지침형과 지침이 움직이는 가동지침형이 있다.

07 소리의 강도를 나타내는 단위로 맞는 것은?

① fL ② dB
③ lx ④ nit

해설 음(소리)의 크기를 정하는 3가지 단위

㉠ 데시벨(dB) : 음압 측정 비교
㉡ 폰(phon) : 청각의 감각량으로서 음의 크기 레벨의 단위(주관적인 척도)
㉢ 손(sone) : 청각의 감각량으로서 음의 감각적 크기를 보다 직접적으로 표시하기 위한 단위

정답 03 ② 04 ② 05 ① 06 ④ 07 ②

08 다음의 내용은 게스탈트의 법칙 중 어떤 요소를 설명하는 것인가?

> 더 가까이 있는 두 개 또는 그 이상의 시각요소들은 패턴이나 그룹으로 보여질 가능성이 크다.

① 배타성 ② 접근성
③ 연속성 ④ 폐쇄성

해설 게슈탈트의 4법칙(형태의 지각심리)

이러한 법칙을 알기 위해서 心象(Mental Picture)과 개념적 도형(Conceptual Drawing)을 알아야 한다. 4개의 법칙은 접근성, 유사성, 연속성, 폐쇄성의 법칙이며, 그 외에도 Figure-Ground의 법칙과 방향의 법칙 등이 있다.

㉠ 접근성 : 가까이 있는 시각 요소들을 패턴이나 그룹으로 인지하게 되는 지각심리
㉡ 유사성 : 형태와 색깔, 크기 등이 유사할 경우 함께 모여보이는 지각심리
㉢ 연속성 : 점들의 연속이 선으로 지각되어 형태를 만드는 지각심리
㉣ 폐쇄성 : 불완전한 시각 요소들을 완전한 형태로 지각하려는 심리

09 4개의 대안이 존재하는 경우 정보량은 몇 비트인가?

① 0.5 비트 ② 1 비트
③ 2 비트 ④ 4 비트

해설 비트(bit)

㉠ 정보의 측정단위
㉡ 1bit란 어떤 분야의 지식에 대한 무지를 반(1/2)으로 감소시키는 정보의 척도
㉢ 실현 가능성이 같은 2개의 대안 중 하나가 명시되었을 때 얻을 수 있는 정보량

※ 인간의 정보처리
일반적으로 실현가능성이 같은 N개의 대안이 있을 때 총정보량을 구하는 식은
총정보량(H) $=\log_2 N$ (bit) 이다.

㉠ 정보에 대한 대안이 2가지 뿐이라면, 정보는 1.0 bit이다.($\log_2 2 = 1$)
㉡ 두 가지 정보가 동일한 경우에는 1.0 bit이다.
㉢ 네 가지가 동일한 대안의 정보량은 2.0 bit이다.($\log_2 4 = 2$)

10 신체는 근육을 움직이지 않고 누워 있을 때에도 생명을 유지하기 위하여 일정량의 에너지를 필요로 한다. 이처럼 생명 유지에 필요한 단위시간당 에너지양을 무엇이라 하는가?

① 최소대사율 ② 최소에너지량
③ 신진대사율 ④ 기초대사율

해설 기초대사량

전날 저녁식사로부터 10시~18시쯤 경과한 공복 상태에 있을 때의 에너지 대사, 보통 깨어 있을 때의 최저 에너지 대사로 생명유지에 필요한 단위시간당 에너지양이 된다.

기초 대사량

$$= \frac{\text{산소 } 1\ell\text{당 소비칼로리} \times \text{산소소비량}}{\text{체표면적}}$$

11 식품에 대한 기호를 조사한 결과 단맛과 관계가 깊은 색은?

① 빨강 ② 노랑
③ 파랑 ④ 자주

해설 맛과 색채

(1) 난색계통의 색은 식욕을 자극한다.
(2) 난색은 단맛과 연관이 있고, 한색은 신맛, 쓴맛과 연관이 있다.
(3) 회색 계열의 색은 맛과 무관한 색이다.
(4) 맛과 연상되는 색채
㉠ 단맛 : 빨강색, 주황색, 적색을 띤 노란색
㉡ 달콤한 맛 : 핑크색
㉢ 신맛 : 녹색을 띤 황색, 황색을 띤 녹색
㉣ 짠맛 : 연한 녹색과 흰색, 연한 청색과 회색
㉤ 쓴맛 : 짙은 청색, 짙은 갈색, 자색

정답 08 ② 09 ③ 10 ④ 11 ①

12 **오스트발트 색체계에 관한 설명 중 틀린 것은?**

① 색상은 yellow, ultramarine, blue, red, sea green을 기본으로 하였다.
② 색상환은 4원색의 중간색 4색을 합한 8색을 각각 3등분 하여 24색상으로 한다.
③ 무채색은 백색량 + 흑색량 = 100%가 되게 하였다.
④ 색표시는 색상기호, 흑색량, 백색량의 순으로 한다.

해설 오스트발트(W. Ostwald) 표색계

㉠ 오스트발트 표색계는 헤링의 4원색 이론을 기본으로 색량의 대소에 의하여, 즉 혼합하는 색량(色量)의 비율에 의하여 만들어진 체계이다.
㉡ 각 색상은 명도가 밝은 색부터 황·주황·적·자·청·청녹·녹·황녹의 8가지 주요 색상을 기본으로 하고 이를 3색상씩 분할해 24색환으로 하여 1에서 24까지의 번호가 매겨져 있다.
㉢ 8가지 주요 색상이 3분할되어 24색상환이 되는데 24색상환의 보색은 반드시 12번째 색이다.
㉣ 오스트발트는 백색량(W), 흑색량(B), 순색량(C)의 합을 100%로 하고 어떤 색이라도 혼합량의 합은 항상 일정하다. 순색량이 없는 무채색이라면 W+B = 100%가 되도록 하고 순색량이 있는 유채색은 W+B+C = 100%가 된다.
㉤ 이러한 색상환에 따라 정3각형의 동일 색상면을 차례로 세워서 배열하면 주산알 모양 같은 복원추체가 된다.

※ 오스트발트의 색입체는 3각형을 회전시켜서 이루어지는 원뿔 2개를 맞붙여(위아래로) 놓은 모양으로, 즉 주판알과 같은 복원뿔체이다. 색입체 중에 포함되어 있는 유채색은 색상기호, 백색량, 흑색량의 순으로 표시한다.
예) 2Rne와 같이 표시하는데 2R은 색상이며 n은 백색량, e는 흑색량을 표시하는 것이다.

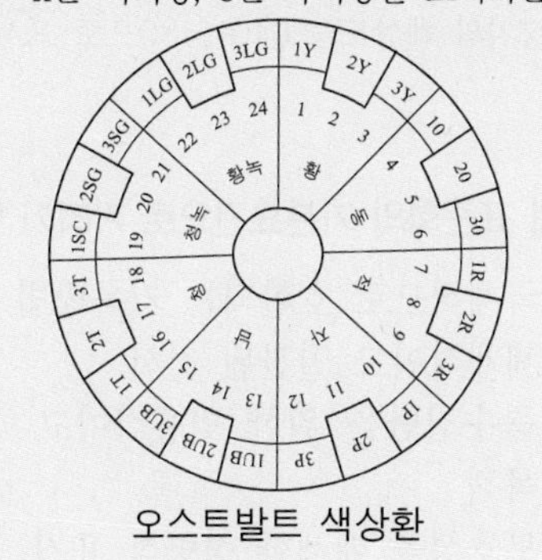

오스트발트 색상환

13 **오스트발트의 조화론과 관계가 없는 것은?**

① 다색조화
② 등가색환에서의 조화
③ 무채색의 조화
④ 제 1 부조화

해설 오스트발트의 색채조화론

㉠ 무채색의 조화
㉡ 등색상 삼각형에서의 조화 : 등백색 계열의 조화, 등흑색 계열의 조화, 등순색 계열의 조화, 등색상 계열의 조화
㉢ 등가색환의 조화(등치색환의 조화)
㉣ 보색 마름모꼴의 조화
㉤ 보색이 아닌 마름모꼴의 조화
㉥ 2색 또는 3색 조화의 일반 법칙
㉦ 윤성조화

※ 문·스펜서(P. Moon·D. E. Spencer)의 색채 조화론
두 색의 간격이 애매하지 않은 배색, 오메가(ω) 공간에 간단한 기하학적 관계가 되도록 선택한 배색을 가정으로 조화와 부조화로 분류하고, 색채 조화에 관한 원리들을 정량적인 색좌표에 의해 과학적으로 설명하였다.
㉠ 조화의 원리 : 동등 조화, 유사 조화, 대비 조화
㉡ 부조화의 원리 : 제1 부조화, 제2 부조화, 눈부심 조화

14 **인류생활, 작업상의 분위기, 환경 등을 상쾌하고 능률적으로 꾸미기 위한 것과 관련된 용어는?**

① 색의 조화 및 배색 (Color harmony and combination)
② 색채조절(Color conditioning)
③ 색의대비(Color contrast)
④ 컬러 하모니 매뉴얼(Color harmony manual)

정답 12 ④ 13 ④ 14 ②

해설 색채조절(color conditioning)

색채가 지닌 물리적 성질과, 색채가 사람들에게 끼치는 심리적 영향을 효율적으로 응용하여 편리하고 능률적이며 좋은 환경 속에서 생활하기 함을 목적으로 하는 배색의 기술을 말한다.

(1) 색채조절의 대상 : 가정생활에서 공공생활에 이르기까지 모든 일상 활동뿐만 아니라, 그러한 활동에 관련되는 인공 환경이 모두 포함된다.
(2) 색채조절의 효과 : 피로를 줄이고 일의 능률을 향상시킨다. 쾌적한 실내분위기를 조정한다. 생활의 의욕을 고취시켜 명랑한 활동이 되게 한다.
  ㉠ 눈의 긴장감과 피로감을 감소된다.
  ㉡ 일의 능률을 향상되어 생산성이 높아진다.
  ㉢ 심리적으로 쾌적한 실내분위기를 느끼게 한다.
  ㉣ 사고나 재해가 감소된다.
  ㉤ 생활의 의욕을 고취시켜 명랑한 활동이 되게 한다.

15 색료 혼합에 대한 설명으로 틀린 것은?

① Magenta와 Yellow를 혼합하면 Red가 된다.
② Red와 Cyan을 혼합하면 Blue가 된다.
③ Cyan과 Yellow를 혼합하면 Green이 된다.
④ 색료 혼합의 2차색은 Red, Green, Blue이다.

해설 색료의 3원색

㉠ 색료(물감)의 3원색 청색(Cyan), 자주(Magenta), 노랑(Yellow)을 말하며, 이들 3원색을 여러 가지 비율로 혼합하면, 모든 색상을 만들 수 있다. 반대로 다른 색상을 혼합해서는 이 3원색을 만들 수 없다.
㉡ 이들 3원색을 1차색이라고 부르며, 빨강과 노랑을 혼합해서 만든 주황과 노랑과 파랑을 혼합해서 만든 초록과, 파랑과 빨강을 혼합해서 만든 보라색은 2차색이라고 부른다.

16 동일한 색상이라도 주변색의 영향으로 실제와 다르게 느껴지는 현상은?

① 보색　② 대비
③ 혼합　④ 잔상

해설 대비현상

어떤 색을 볼 때 인접색의 영향으로 원래 색과 다르게 보이는 현상

17 해상도에 대한 설명으로 틀린 것은?

① 한 화면을 구성하고 있는 화소의 수를 해상도라고 한다.
② 화면에 디스플레이된 색채 영상의 선명도는 해상도와 모니터의 크기에 좌우된다.
③ 해상도의 표현방법은 가로 화소 수와 세로 화소 수로 나타낸다.
④ 동일한 해상도에서 모니터가 커질수록 해상도는 높아져 더 선명해진다.

해설 해상도

㉠ 컴퓨터, TV, 팩시밀리, 화상기기 등에서 사용하는 화상 표현 능력의 척도이다.
㉡ 컴퓨터 모니터 화면과 같이 정보를 그래픽으로 표시하는 장치에서 출력되는 정보의 정밀도를 표시하기 위해 쓰이는 용어로서 픽셀(화소점, pixel) 수가 많을수록 해상도가 높다.
㉢ 해상도는 디스플레이 모니터 안에 있는 픽셀의 숫자로 가로방향과 세로방향의 픽셀의 개수를 곱하면 된다.
해상도 표시 = 수평해상도 × 수직해상도
예) 수평 방향으로 640개의 픽셀을 사용하고 수직 방향으로 480개의 픽셀을 사용하는 화면장치의 해상도는 640×480으로 표시한다.

18 색채 표준화의 기본요건으로 거리가 먼 것은?

① 국제적으로 호환되는 기록방법
② 체계적이고 일관된 질서
③ 특수집단을 위한 범용적이고 실용적인 목적
④ 모호성을 배제한 정량적 표기

정답 15 ② 16 ② 17 ④ 18 ③

해설 색채 표준화의 기본요건

색채표준화는 국내 전 산업의 경쟁력 향상 및 고부가가치 창출의 중요한 매개체인 색채에 대한 기준을 통일, 표준화하여 색채를 과학적이고 합리적으로 관리할 수 있는 기반을 조성하는 것을 말한다.
㉠ 국제적으로 호환되는 기록방법
㉡ 색채간의 지각적 등보성 유지
㉢ 모호성을 배제한 정량적 표기
㉣ 표준화된 색채언어로 색의 마찰 해소, 클레임방지, 시간절약

19 **문 · 스펜서의 색채조화론 중 조화의 영역이 아닌 것은?**

① 동일 조화 ② 유사 조화
③ 대비 조화 ④ 눈부심

해설 문·스펜서(P. Moon·D. E. Spencer)의 조화론

㉠ 두 색의 간격이 애매하지 않은 배색, 오메가(ω) 공간에 간단한 기하학적 관계가 되도록 선택한 배색을 가정으로 조화와 부조화로 분류하고, 색채 조화에 관한 원리들을 정량적인 색좌표에 의해 과학적으로 설명하였다.
㉡ 정량적(定量的) 색채 조화론으로 1944년에 발표되었으며, 고전적인 색채조화의 기하학적 공식화, 색채조화의 면적, 색채조화에 적용되는 심미도(美度, 미도) 등의 내용으로 구성되어 있다.
☞ 색의 연상, 기호, 상징성은 고려하지 않았다.

※ 문 · 스펜서의 색채조화론
(1) 조화의 원리
㉠ 동등(Identity) 조화 : 같은 색의 배색
㉡ 유사(Similarity) 조화 : 유사한 색의 배색
㉢ 대비(Contrast) 조화 : 대비 관계에 있는 배색
(2) 부조화의 원리
㉠ 제1 부조화(First Ambiguity) : 서로 판단하기 어려운 배색
㉡ 제2 부조화(Second Ambiguity) : 유사조화와 대비조화 사이에 있는 배색
㉢ 눈부심(Glare) 조화 : 극단적인 반대색의 부조화

20 **명도와 채도에 관한 설명으로 틀린 것은?**

① 순색에 검정을 혼합하면 명도와 채도가 낮아진다.
② 순색에 흰색을 혼합하면 명도와 채도가 높아진다.
③ 모든 순색의 명도는 같지 않다.
④ 무채색의 명도 단계도(Value Scale)는 명도 판단의 기준이 된다.

해설

어떠한 색상의 순색에 무채색(흰색, 검정색)을 혼합할 때 그 포함량이 많을수록 채도가 낮아진다.
㉠ 순색 + 흰색 = 명청색
㉡ 순색 + 검정색 = 암청색
※ 청색에 흰색 또는 검정을 혼색하면 청색보다 명도는 높아지고 채도는 낮아진다.

정답 19 ④ 20 ②

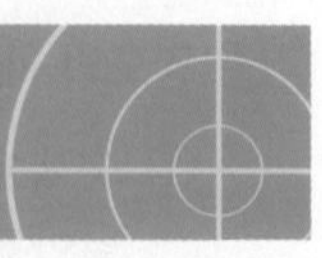

색채 및 인간공학
2018년 3월 4일(1회)

01 원래의 감각과 반대의 밝기 또는 색상을 가지는 잔상은?

① 정의 잔상　② 양성적 잔상
③ 음성적 잔상　④ 명도적 잔상

해설 잔상(after image)

㉠ 색상에 의하여 망막이 자극을 받게 되면 시세포의 흥분이 중추에 전해져 자극이 끝난 후에도 계속해서 생기는 시감각 현상
㉡ 시적 잔상이라고 말하는 현상에는 정의 잔상, 부의 잔상 또는 보색잔상이 있다.
- 정의(양성)잔상 : 자극으로 생긴 상의 밝기와 색이 똑같은 느낌으로 계속해서 보이는 현상
- 부의(음성)잔상 : 자극으로 생긴 상의 밝기나 색상 등이 정반대로 느껴지는 현상
- 보색(심리)잔상 : 어떤 원색을 보다가 백색면으로 시선을 옮기면 그 원색의 보색이 보이는 현상으로 망막의 피로현상 때문에 생기는 현상이다.

㉢ 영화, TV 등과 같이 계속적인 움직임의 영상은 정의 잔상 현상을 이용한 것이고, 보색잔상은 부의 잔상의 예라 할 수 있다.

02 인간공학에 관한 설명으로 가장 거리가 먼 것은?

① 단일 학문으로서 깊이 있는 분야이므로 다른 학문과는 관련지을 수 없는 독립된 분야이다.
② 체계적으로 인간의 특성에 관한 정보를 연구하고 이들의 정보를 제품 및 환경 설계에 이용하고자 노력하는 학문이다.
③ 인간이 사용하는 제품이나 환경을 설계하는데 인간의 생리적, 심리적인 면에서의 특징이나 한계점을 체계적으로 응용한다.
④ 인간이 사용하는 제품이나 환경을 설계하는데 인간의 특성에 관한 정보를 응용함으로써 안전성, 효율성을 제고하고자하는 학문이다.

해설

인간공학이란 기계나 환경을 인간의 기능과 특성에 적합하게 설계하고자 하는 학문 분야로서 인간의 신체적인 특성, 지적인 특성 뿐만 아니라 감성적인 면까지 고려한 제품설계나 환경개선을 다루는 분야이다. 즉, 인간을 위한 설계(Design for Human)가 바로 인간공학이다.

※ 인간공학의 필요성
인간이 작업을 하는 데 있어서 보다 안락감을 높이고, 피로감을 줄이기 위해 인간이 접하고 있는 환경과 작업도구를 인간에게 적합하게 만들기 위해 필요한 학문이다.

03 그림과 같은 인간-기계 시스템의 정보 흐름에 있어 빈 칸의 (a)와 (b)에 들어갈 용어로 맞는 것은?

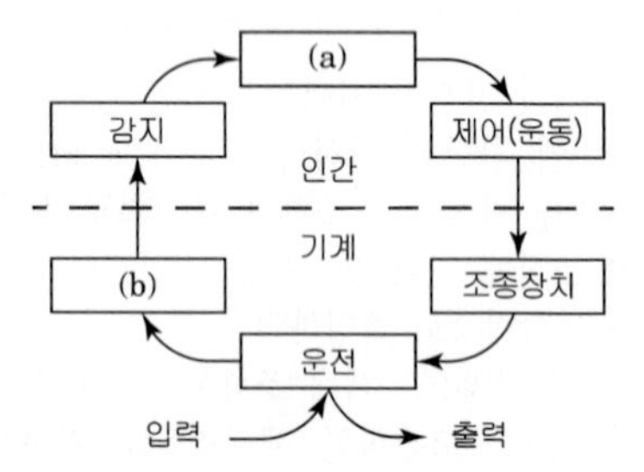

① (a) 표시장치, (b) 정보처리
② (a) 의사결정, (b) 정보저장
③ (a) 표시장치, (b) 의사결정
④ (a) 정보처리, (b) 표시장치

해설

보기의 그림은 기계화 체계에서 볼 수 있는 인간-기계 체계의 개략적인 묘사를 나타낸 것이다. (Chapanis) 인간은 표시장치를 통하여 체계의 상태에 대한 정보를 받고, 정보처리 및 의사 결정 기능을 수행하여 결심한 것을 조종장치를 사용하여 실행한다.

※ 인간-기계시스템에서 인터페이스의 구성요소는 표시장치 및 조종장치이다.

정답 01 ③　02 ①　03 ④

04 **표시장치를 디자인할 때 고려해야 할 내용으로 틀린 것은?**

① 지시가 변한 것을 쉽게 발견해야 한다.
② 계기는 요구된 방법으로 빨리 읽을 수 있어야 한다.
③ 그 계기는 다른 계기와 동일한 모양이어야 한다.
④ 제어의 움직임과 계기의 움직임이 직관적으로

해설 표시장치를 디자인할 때 고려해야 할 요소(지시장치의 적부 판정법)

㉠ 제어의 움직임과 계기의 움직임이 직관적으로 일치하고 있는가
㉡ 지시가 변한 것을 쉽게 발견할 수 있는가
㉢ 계기는 요구된 방법으로 빨리 읽을 수 있는가
㉣ 그 계기는 다른 계기와 잘 구별이 되고 있는가

05 **인간의 청각을 고려한 신호 표현을 구상할 때의 내용으로 틀린 것은?**

① 청각으로 과부하 되지 않게 한다.
② 지나치게 고강도의 신호를 피한다.
③ 지속적인 신호로 인지할 수 있게 한다.
④ 주변 소음 수준에 상대적인 세기로 설정한다.

해설

신호 효과를 높이기 위해서 개시시간이 짧은 고강도 신호를 사용하며. 지나치게 고강도의 신호를 피한다.
※ 청각적 신호를 받는 경우, 신호의 성질에 따라 수반되는 3가지 기능
㉠ 검출(detection) : 신호의 존재 여부를 결정
㉡ 상대식별 : 2가지 이상의 신호가 근접하여 제시되었을 때, 이를 구별
㉢ 절대식별 : 어떤 부류에 속하는 특정한 신호가 단독으로 제시되었을 때, 이를 구별
※ 상대식별 및 절대식별은 강도, 진동수, 지속시간, 방향 등 여러 자극 차원에서 이루어질 수 있다.

06 **피로조사의 목적과 가장 거리가 먼 것은?**

① 작업자의 건강관리
② 작업자 능력의 우열평가
③ 작업조건, 근무제의 개선
④ 노동부담의 평가와 적정화

해설 피로조사의 목적

㉠ 작업자의 건강관리
㉡ 가장 능률적인 작업 방법 발견, 재료·공구 및 설비의 표준화
㉢ 작업조건, 근무제의 개선
㉣ 보통 속도로 작업하는 경우의 소요시간 결정
㉤ 노동부담의 평가와 적정화

07 **일반적으로 관찰되는 인체 측정자료의 분포곡선으로 맞은 것은?**

①

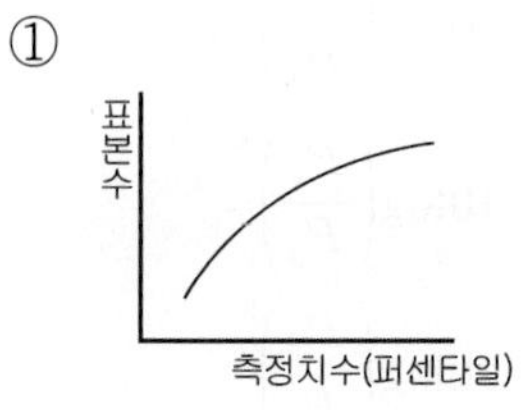

②

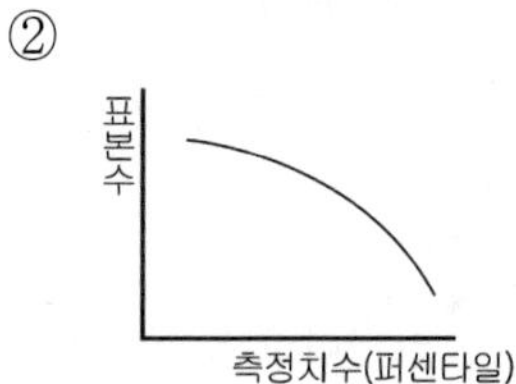

③

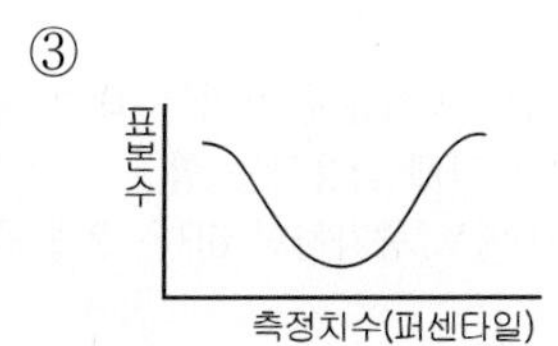

④

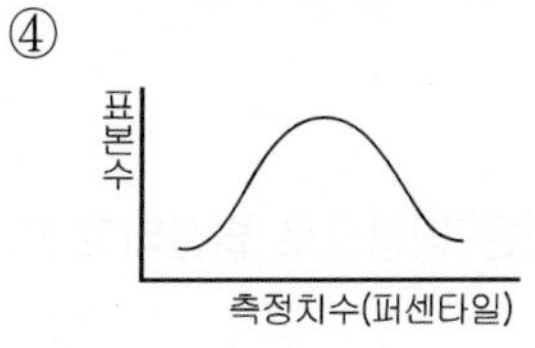

정답 04 ③ 05 ③ 06 ② 07 ④

해설

인체측정에 있어 표본수와 측정치수(퍼센타일)의 관계로 볼 때 일반적으로 관찰되는 인체 측정자료의 분포곡선은 ④번 형태가 된다.

☞ 퍼센타일(percentiles) : 일정한 어떤 부위의 신체규격을 가진 사람들과 이보다 작은 사람들의 비율을 말한다. 디자인의 특성에 따라 5퍼센타일, 95퍼센타일을 주로 수용하며 이렇게 하는 것이 보다 많은 사람들에게 만족되는 수치가 된다.

08 음압수준(sound pressure level)을 산출하는 식으로 맞는 것은?(단, P_0은 기준음압, P_1은 주어진 음압을 의미한다.)

① dB수준 = $10\log\left(\frac{P_1}{P_0}\right)$

② dB수준 = $20\log\left(\frac{P_1}{P_0}\right)$

③ dB수준 = $10\log\left(\frac{P_1}{P_0}\right)^3$

④ dB수준 = $20\log\left(\frac{P_1}{P_0}\right)^3$

해설 음압수준(sound pressure level)을 산출하는 식

dB 수준 = $20\log\left(\frac{P_1}{P_0}\right)$

(단, P_0는 기준음압, P_1은 주어진 음압을 의미)

※ 데시벨(dB) : 음압 측정 비교

※ 음압 : 음파에 의해 공기층에 생기는 대기 중의 진동으로서 단위 면적에 작용하는 힘

※ 음압의 수준이 10배로 증가하면 dB은 2배 증가된다.

09 단위시간에 어떤 방향으로 발산되고 있는 빛의 양은?

① 광도 ② 광량
③ 광속 ④ 휘도

해설 광도

㉠ 단위면적당 표면에서 반사 또는 방출되는 광량

㉡ 단위 : 칸델라(candela, cd)

㉢ 대부분 표시장치에서 중요한 척도가 된다.

※ 1cd : 점광원을 중심으로 하여 1㎡의 면적을 뚫고 나오는 광속이 1lumen일 때 그 방향의 광도

[주] 100W 전구의 평균 구면광도는 약 100cd

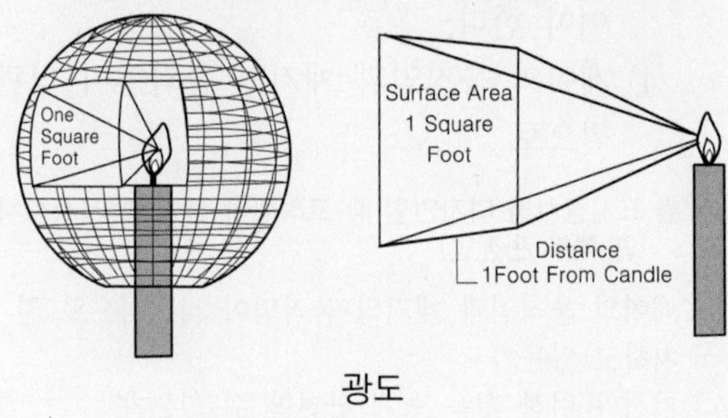

광도

10 인간이 수행하는 작업의 노동 강도를 나타내는 것은?

① 인간생산성 ② 에너지소비량
③ 기초대사율 ④ 노동능력 대사율

해설 에너지소비량 : 인간이 수행하는 작업의 노동 강도

※ 육체 활동에 따른 에너지 소비량

수 면 : 1.3	앉은 자세의 작업 : 2.7
앉은 자세 : 1.6	도끼질 : 8.0
선 자세 : 2.25	삽 질 : 8.5
벽돌 쌓기 : 4.0	짐 나르기(어깨) : 16.2
톱 질 : 6.8	

11 색채조화 이론에서 보색조화와 유사색조화 이론과 관계있는 사람은?

① 슈브럴(M.E.Chevreul)
② 베졸드(Bezold)
③ 브뤼케(Brucke)
④ 럼포드(Rumford)

정답 08 ② 09 ① 10 ② 11 ①

해설 슈브뢸(M. E. Chevreul)의 조화 이론

색의 3속성에 근거한 독자적 색채 체계를 만들어 유사성과 대비성의 관계에서 조화를 규명하고 "색채의 조화는 유사성의 조화와 대조에서 이루어진다."라는 학설을 내세웠으며 현대 색채조화론으로 발전시켰다.

※ 슈브럴(M.E. Chevreul) : 19세기의 화학자로 『Contrast on Color』를 저술하여 근대 색채조화론의 기초를 만든 사람이다.

12 색의 요소 중 시각적인 감각이 가장 예민한 것은?

① 색상 ② 명도
③ 채도 ④ 순도

해설 명도(Value, Lightness)

㉠ 먼셀 표색계에서는 Value로 표기하며 색상끼리의 명암 상태 또는 색채의 밝기를 나타내는 성질로 이러한 밝음의 감각을 척도화한 것을 말한다.
㉡ 고명도, 중명도, 저명도로 나누고, 11단계로 나누는 것이 보통이다.
- 고명도(light color) : 7~10도(4단계)이며, tint라고 한다.
- 중명도(middle color) : 4~6도(3단계)이며, pure라고 한다.
- 저명도(dark color) : 0~3도(4단계)이며, shade라고 한다.

㉢ 색의 요소 중 시각적인 감각이 가장 예민하다.

13 1905년에 색상, 명도, 채도의 3속성에 기반한 색채분류 척도를 고안한 미국의 화가이자 미술 교사였던 사람은?

① 오스트발트 ② 헤링
③ 먼셀 ④ 저드

해설 먼셀(Munsell)의 표색계

㉠ 미국의 화가이며 색채연구가인 먼셀(A. H. Munsell)에 의해 1905년 창안된 체계로서 색의 3속성인 색상, 명도, 채도로 색을 기술하는 체계 방식이다.
㉡ 먼셀 색상은 각각 Red(적), Yellow(황), Green(녹), Blue(청), Purple(자)의 R, Y, G, B, P 5가지 기본색과 주황(YR), 연두(GY), 청록(BG), 남색(PB), 자주(RP)의 5가지 중간색으로 10등분 되어지고 이러한 색을 각기 10단위로 분류하여 100색상으로 분할하였다.
㉢ 각 색상에는 1~10의 번호가 붙어 5번이 색상의 대표색이다.
㉣ 우리나라에서 채택하고 있는 한국산업표준(KS) 색채 표기법이다.

※ 먼셀(Munsell)의 색 표기법
- 색상, 명도, 채도의 기호는 H, V, C이며 HV/C로 표기된다.

예) 빨강의 순색은 5R 4/14라 적고, 색상이 빨강의 5R, 명도가 4이며, 채도가 14인 색채이다.

14 다음 이미지 중에서 주로 명도와 가장 상관관계가 높은 것은?

① 온도감 ② 중량감
③ 강약감 ④ 경연감

해설 중량감(무게감) – 색의 3속성 중 주로 명도에 요인

㉠ 가벼운 색 : 명도가 높은 색
㉡ 무거운 색 : 명도가 낮은 색

15 KS(한국산업표준)의 색명에 대한 설명이 틀린 것은?

① KS A 0011에 명시되어 있다.
② 색명은 계통색명만 사용한다.
③ 유채색의 기본색이름은 빨강, 주황, 노랑, 연두, 초록, 청록, 파랑, 남색, 보라, 자주, 분홍, 갈색이다.
④ 계통색명은 무채색과 유채색 이름으로 구분한다.

정답 12 ② 13 ③ 14 ② 15 ②

해설 색명(色名)

한국산업표준(KS) A 0011에 명시되어 있다.

㉠ 계통색명(系統色名) : 일반색명이라고 하며 색상, 명도, 채도를 표시하는 색명이다.
㉡ 관용색명(慣用色名, individual color name) : 고유색명 중에서 비교적 잘 알려져 예부터 습관적으로 사용되고 있는 색명을 말한다.
고유한 색명으로 동물, 식물, 지명, 인명 등이며 피부색(살색), 쥐색 등의 동물과 관련된 색이름 및 밤색, 살구색, 호박색 등 식물과 관련된 이름 등이 있다.

[예] 관용색명과 계통색명의 연결(단, 한국산업표준 KS 기준)

- 커피색 : 탁한 갈색
- 딸기색 : 선명한 빨강
- 밤색 : 진한 갈색
- 개나리색 : 크롬 옐로우(Chrome Yellow)

16 색의 온도감에 대한 설명 중 틀린 것은?

① 색의 온도감은 대상에 대한 연상작용과 관계가 있다.
② 난색은 일반적으로 포근, 유쾌, 만족감을 느끼게 하는 색채이다.
③ 녹색, 자색, 적자색, 청자색 등은 중성색이다.
④ 한색은 일반적으로 수축, 후퇴의 성질을 가지고 있다.

해설 온도감

㉠ 색의 온도감은 대상에 대한 연상작용과 관계가 있다.
㉡ 따뜻해 보인다고 느끼는 색을 난색이라고 하며, 일반적으로 적극적인 효과가 있으며, 추워 보인다고 느끼는 색을 한색이라고 하며, 진정적인 효과가 있다. 중성은 난색과 한색의 중간으로 따뜻하지도 춥지도 않은 성격으로 효과도 중간적이다.
- 따뜻한 색 : 장파장의 난색
- 차가운 색 : 단파장의 한색

㉢ 색채의 온도감은 어떤 색의 색상에서 강하게 일어나지만 명도에 의해 영향을 받는다.

17 제품색채 설계 시 고려해야 할 사항으로 옳은 것은?

① 내용물의 특성을 고려하여 정확하고 효과적인 제품색채 설계를 해야 한다.
② 전달되는 표면색채의 질감 및 마감처리에 의한 색채 정보는 고려하지 않아도 된다.
③ 상징적 심벌은 동양이나 서양이나 반드시 유사하므로 단일 색채를 설계해도 무방하다.
④ 스포츠 팀의 색채는 지역과 기업을 상징하기에 보다 배타적으로 설계를 고려하여야 한다.

해설 제품의 색채계획

㉠ 이미지 동일화(Identification)의 중요한 요소의 의미를 갖는다.
㉡ 제품 성격의 이미지를 형성할 수 있는 색채로 한다.
㉢ 제품에 흥미를 일으켜 매력을 주는 색채로 한다.
㉣ 눈에 띄기 쉽고, 타사 경쟁 상품과의 차별성이 뛰어난 색채로 한다.
㉤ 제품의 용도·소비자 기호·제품환경에 맞는 색채로 한다.

※ 제품의 색채는 제품의 용도에 맞는 색, 소비자 기호에 맞는 색, 제품 환경에 맞는 색으로 하여 제품의 이미지를 강조하고 구매력을 일으키도록 색채효과를 올려야 한다.

18 먼셀 표색계에서 정의한 5개의 기본 색상 중에 해당되지 않는 것은?

① 빨강 ② 보라
③ 파랑 ④ 주황

해설

먼셀(Munsell)의 표색계에서 색상은 각각 Red(적), Yellow(황), Green(녹), Blue(청), Purple(자)의 R, Y, G, B, P 5가지 기본색과 주황(YR), 연두(GY), 청록(BG), 남색(PB), 자주(RP)의 5가지 중간색으로 10등분 되어지고 이러한 색을 각기 10단위로 분류하여 100색상으로 분할하였다.

정답 16 ③ 17 ① 18 ④

19 다음 중 유사색상의 배색은?

① 빨강-노랑　② 연두-녹색
③ 흰색-흑색　④ 검정-파랑

해설 유사색 조화

색상환에서 30~60° 각도의 범위 내에 있는 색은 서로 유사한 색상으로 매우 조화로운 색이다.
[예] 5R와 2.5YR~7.5YR, 10P와 2.5YR, 5Y(노랑)와 10YR(귤색)
※ 유사색상 배색의 느낌 : 화합적, 평화적, 안정적

20 문·스펜서의 색채조화론에 대한 설명 중 틀린 것은?

① 먼셀 표색계로 설명이 가능하다.
② 정량적으로 표현 가능하다.
③ 오메가 공간으로 설정되어 있다.
④ 색채의 면적관계를 고려하지 않았다.

해설 문·스펜서(P. Moon·D. E. Spencer)의 색채 조화론

두 색의 간격이 애매하지 않은 배색, 오메가(ω) 공간에 간단한 기하학적 관계가 되도록 선택한 배색을 가정으로 조화와 부조화로 분류하고, 색채 조화에 관한 원리들을 정량적인 색좌표에 의해 과학적으로 설명하였다.

(1) 조화의 원리
㉠ 동등(Identity) 조화 : 같은 색의 배색
㉡ 유사(Similarity) 조화 : 유사한 색의 배색
㉢ 대비(Contrast) 조화 : 대비관계에 있는 배색

(2) 부조화의 원리
㉠ 제1 부조화(First Ambiguity) : 서로 판단하기 어려운 배색
㉡ 제2 부조화(Second Ambiguity) : 유사조화와 대비조화 사이에 있는 배색
㉢ 눈부심(Glare) 조화 : 극단적인 반대색의 부조화

※ 문·스펜서의 면적효과
㉠ 우리의 눈이 어떤 밝기의 시야에서 순응하고 있는가에 따라서 색의 느낌이 달라진다.
㉡ 색채조화에 배색이 면적에 미치는 영향을 고려하여 종래의 저채도의 약한 색은 면적을 넓게, 고채도의 강한 색은 면적을 좁게 해야 균형이 맞는다는 원칙을 정량적으로 이론화 하였다.

색채 및 인간공학
2018년 4월 28일(2회)

01 인체 계측 데이터의 적용 시 최소치 설계 기준이 필요한 항목은?

① 의자의 폭　② 비상구의 높이
③ 선반의 높이　④ 그네의 지지하중

해설 인체 계측 데이터의 적용 시 최대 최소치 설계 기준

㉠ 최소 집단치 설계(도달 거리에 관련된 설계)
의자의 높이, 선반의 높이, 엘리베이터 조작버튼의 높이, 조종 장치의 거리 등과 같이 도달거리에 관련된 것들을 5퍼센타일을 사용한다.
㉡ 최대 집단치 설계(여유 공간에 관련된 설계)
문, 탈출구, 통로와 같은 여유 공간에 관련된 것들은 95퍼센타일을 사용한다. 보다 많은 사람을 만족시킬 수 있는 설계가 되는 것이다.

02 인간공학이 추구하는 목적을 가장 잘 설명한 것은?

① 인간요소를 연구하여 환경요소에 통합하려는 것이다.
② 작업, 직무, 기계설비, 방법, 기구, 환경 등을 개선하여 인간을 환경에 적응시키기 위한 것이다.
③ 인간이 좀 더 편리하고 쉽게 살아갈 수 있도록 환경 요소에 대한 특정을 찾아내고자 하는 것이다.
④ 인간과 그 대상이 되는 환경요소에 관련된 학문을 연구하여 인간과의 적합성을 연구해 나가는 것이다.

해설

인간공학이란 기계나 환경을 인간의 기능과 특성에 적합하게 설계하고자 하는 학문 분야로서 인간의 신체적인 특성, 지적인 특성뿐만 아니라 감성적인 면까지 고려한 제품설계나 환경개선을 다루는 분야이다. 즉, 인간을 위한 설계(Design for Human)가 바로 인간공학이다.

정답　19 ②　20 ④　/　01 ③　02 ④

03 인간의 가청 주파수 범위로 가장 적절한 것은?

① 10~10000Hz ② 20~20000Hz
③ 30~30000Hz ④ 40~40000Hz

해설

인간이 감지할 수 있는 음의 가청주파수 범위는 20~20,000Hz이다.

※ 주파수 : 음이 1초간에 진동하는 횟수, 단위는 cycle/sec 또는 Hz
- ㉠ 초저주파 : 20Hz 이하
- ㉡ 가청주파 : 20~20,000Hz
- ㉢ 초고주파 : 20,000Hz 이상

04 제어장치(control)의 인간공학적 설계 고려사항 중 틀린 것은?

① 사용할 때 심리적, 역학적 능률을 고려할 것
② 제어장치 움직임과 위치, 제어대상이 서로 맞을 것
③ 제어장치의 운동과 표시장치의 표시가 같은 방향일 것
④ 가장 자주 사용하는 제어장치는 어깨전방의 상단에 설치할 것

해설

가장 많이 사용하는 제어장치는 팔꿈치에서 어깨의 높이에 설치하여야 한다. 손으로 더듬을 때는 어깨의 앞쪽에서 조금 아래쪽이 가장 닿기 쉽다.

05 시간적 변화를 필요로 하는 경우와 연속과정의 제어에 적합한 시각표시 장치의 설계 형태는?

① 지침이동형 ② 계수형
③ 지침고정형 ④ 계산기형

해설 정량적 표시장치

집약적으로 계량적인 값을 사용자에게 전달하는 것으로 변수의 정량적인 값을 표시한다.

(1) 지침 이동형(Moving Pointer) : 정목 동침형
- ㉠ 눈금이 고정되고 지침(pointer)이 움직이는 형
- ㉡ 주로 아날로그(Analogue) 표시로서 대체적인 값이나 시간적 변화를 필요로 하는 경우, 즉 연속과정의 제어에 적합하다.
  [예] 라디오 주파 사이클, 오디오의 볼륨 레벨, 손목시계

(2) 지침 고정형(Moving Scale) : 정침 동목형
- ㉠ 지침이 고정되고 눈금이 움직이는 형
- ㉡ 표시값의 변화 범위가 비교적 크지만 계기판의 눈금을 작게 만들고도 값을 읽어야 할 때 적합
  [예] 몸무게 저울(체중계)

(3) 계수형(Digital)
- ㉠ 정확한 값을 표시한다든가, 자릿수가 많은 정확한 경우에 사용
- ㉡ 시간적 변화의 표시에는 적당하지 않다.
- ㉢ 오독률(誤讀率)이 가장 작다.
  [예] 디지털시계, 전력계, 택시요금계기, 카세트 테이프 레코더

06 수작업을 위한 인공조명 중 가장 효율이 높은 방법은?

① 간접조명 ② 확산조명
③ 직접조명 ④ 투과조명

해설 직접조명

- ㉠ 밝히고 싶은 면과 물건에 100~90%의 직접광을 비치는 배광방식
- ㉡ 천정에는 거의 빛이 닿지 않으므로 침착한 분위기가 얻어진다.
- ㉢ 빛의 반사 없이 직접적으로 작업면에 도달하기 때문에 기구의 구조에 따라 눈부심이 발생할 수 있다.

정답 03 ② 04 ④ 05 ① 06 ③

07 호흡계에 관한 설명으로 틀린 것은?

① 인두(pharynx)는 호흡기계와 소화기계에 공통으로 관여하는 근육성 관이다.
② 호흡계의 기관(trachea)은 기능에 따라 전도영역과 호흡영역으로 구분된다.
③ 비강(nasal cavity)은 코 속의 원통공간으로 공기를 여과하고 따뜻하게 하는 기능을 가진다.
④ 호흡기는 상기도와 하기도로 구성되어 있으며 이 중 상기도는 코, 비강, 후두로 하기도는 인두, 기관, 기관지, 폐로 구성되어 있다.

해설 호흡계(respiratory system)

㉠ 호흡계는 단순히 공기가 지나는 통로 역할을 수행하는 기도, 가스 교환을 담당하는 폐, 폐에서의 가스교환을 돕는 흉곽으로 이루어져 있다.
㉡ 호흡은 숨을 들이마시고 내뿜는 것으로서 생명체가 생명 활동에 필요한 산소를 받아들이고, 물질대사의 과정에서 생성된 이산화탄소를 배출하는 과정을 말한다.
㉢ 호흡계의 구성은 크게 가스 교환에는 참여하지 않고 단순히 공기의 통로 역할만 하는 기도, 가스교환을 직접 담당하는 폐와 호흡운동으로 폐를 환기시키는 흉곽으로 나눌 수 있다.
인체의 폐에는 근육이 없이 스스로 호흡을 할 수 없으며, 횡격막과 바깥 사이 늑골근의 수축과 이완 작용으로 호흡이 일어난다.
㉣ 인체의 호흡 활동은 외호흡과 내호흡으로 나눌 수 있다.
ⓐ 내호흡 : 조직 호흡으로서 혈액과 조직 세포 사이의 가스 교환 과정이다. 숨을 들이쉬는 것으로 늑골은 올라가고 횡경막은 내려가면서 폐가 팽창하는 것이다. O_2를 공급받고 CO_2를 방출한다.
ⓑ 외호흡 : 폐호흡이라고도 하며, 폐포 내 공기와 혈액 사이의 가스 교환 과정을 말한다. 숨을 내쉬는 것으로 내호흡과 반대로 늑골은 내려가고 횡격막은 올라간다. O_2를 혈액에 공급해 주고 CO_2를 흡수한다.

08 신체 진동의 영향을 가장 많이 받는 것은?

① 시력(視力) ② 미각(味覺)
③ 청력(聽力) ④ 근력(筋力)

해설 시력(視力)

㉠ 물체의 형을 변별할 수 있는 능력
㉡ 시력은 광선의 초점이 망막 위에 맺어지도록 수정체를 조절하는 눈의 조절작용에 주로 달려 있다.
㉢ 신체 진동의 영향을 가장 많이 받는다.

09 시지각 과정에서의 게스탈트 법칙을 설명한 것으로 틀린 것은?

① 최대 질서의 법칙으로서 분절된 게스탈트마다 어떤 질서를 가지는 것을 의미한다.
② 다양한 내용에서 각자 다른 원리를 표현하고자 하는 것의 이론화 작업이다.
③ 지각에 있어서의 분리를 규정하는 요인으로 공통분모가 되는 것을 끄집어내는 일의 법칙이다.
④ 구조를 가지고 있기 때문에 에너지가 있고, 운동과 적절한 긴장이 내포되어 역동적, 역학적이다.

해설 게슈탈트의 4법칙(형태의 지각심리)

이러한 법칙을 알기 위해서 心象(Mental Picture)과 개념적 도형(Conceptual Drawing)을 알아야 한다. 4개의 법칙은 접근성, 유사성, 연속성, 폐쇄성의 법칙이며, 그 외에도 Figure-Ground의 법칙과 방향의 법칙 등이 있다.
㉠ 접근성 : 가까이 있는 시각 요소들을 패턴이나 그룹으로 인지하게 되는 지각심리
㉡ 유사성 : 형태와 색깔, 크기 등이 유사할 경우 함께 모여보이는 지각심리
㉢ 연속성 : 점들의 연속이 선으로 지각되어 형태를 만드는 지각심리
㉣ 폐쇄성 : 불완전한 시각 요소들을 완전한 형태로 지각하려는 심리

정답 07 ④ 08 ① 09 ②

※ 게슈탈트(gestalt)
주어진 정황 내에서 전체적으로 가장 단순하고 좋은 형태로 정리하려는 경향으로 지각은 특정의 자극에 대한 개별적 반응에 기준하여 발생하는 것이 아니며, 전체적인 자극에 대한 반응이다. 주된 개념의 하나는 프래그넌츠(pragnanz) 원리로서 될 수 있는 한 명료하고 단순하게 느껴지는 상태로 지각되는 현상이다.

10 **한 감각을 대상으로 두 가지 이상의 신호가 동시에 제시되었을 때 같고 다름을 비교 · 판단하는 것과 관련이 깊은 용어는?**

① 시배분 ② 상대식별
③ 경로용량 ④ 절대식별

해설 청각적 신호를 받는 경우, 신호의 성질에 따라 수반되는 3가지 기능

㉠ 검출(detection) : 신호의 존재 여부를 결정
㉡ 상대식별 : 2가지 이상의 신호가 근접하여 제시되었을 때, 이를 구별
㉢ 절대식별 : 어떤 부류에 속하는 특정한 신호가 단독으로 제시되었을 때, 이를 구별
※ 신호검출이론(SDT, signal detection theory) :
ⓐ 가능한 한 잡음(noise)이 실린 신호의 분포는 잡음만의 분포와는 뚜렷이 구별되어야 한다.
ⓑ 어느 정도의 중첩이 불가피한 경우에는 어떤 과오를 좀더 묵인할 수 있는가를 결정하여 관측자의 판정기준 설정에 도움을 주어야 한다.
※ 상대 및 절대식별은 강도, 진동수, 지속시간, 방향 등 여러 자극 차원에서 이루어질 수 있다.

11 **다음 중 (　)에 들어갈 말로 옳은 것은?**

> 빨강 물감에 흰색 물감을 섞으면 두 개 물감의 비율에 따라 진분홍, 분홍, 연분홍 등으로 변화한다. 이런 경우에 혼합으로 만든 색채들의 (　　　)는 혼합할수록 낮아진다.

① 명도 ② 채도
③ 밀도 ④ 명시도

해설 채도

㉠ 색의 맑기로 색의 선명도, 즉 색채의 강하고 약한 정도를 말한다.
㉡ 채도는 명도가 독립적으로 나타낼 수 있는 것과는 달리 색상이 있을 때만 나타낸다.
㉢ 순색일수록 채도가 높다. 순색의 채도가 가장 높은 색은 빨강색(red)이다.
㉣ 채도는 순색에 흰색을 섞으면 낮아진다.
㉤ 검정, 회색, 흰색은 무채색이므로 채도가 없다.

12 **먼셀 색체계의 설명으로 옳은 것은?**

① 먼셀 색상환의 중심색은 빨강(R), 노랑(Y), 녹색(G), 파랑(B), 자주(P)이다.
② 먼셀의 명도는 1~10까지 모두 10단계로 되어 있다.
③ 먼셀의 채도는 처음의 회색을 1로 하고 점차 높아지도록 하였다.
④ 각각의 색상은 채도 단계가 다르게 만들어지는데 빨강은 14개, 녹색과 청록은 8개이다.

해설

㉠ 먼셀 색상은 각각 Red(적), Yellow(황), Green(녹), Blue(청), Purple(자)의 R, Y, G, B, P 5가지 기본색과 주황(YR), 연두(GY), 청록(BG), 남색(PB), 자주(RP)의 5가지 중간색으로 10등분 되어지고 이러한 색을 각기 10단위로 분류하여 100색상으로 분할하였다.
㉡ 명도란 색상의 밝은 정도를 말하며 저명도 0~3도(4단계), 중명도 4~6도(3단계), 고명도 7~10도(4단계)로 나누어 모두 11단계로 나누는 것이 보통이다.
㉢ 채도가 가장 높은 색은 순색이며, 무채색을 섞으면 채도가 낮아진다.

13 **나뭇잎이 녹색으로 보이는 이유를 색채 지각적 원리로 옳게 설명한 것은?**

① 녹색의 빛은 투과하고 그 밖의 빛은 흡수하기 때문이다.

정답 10 ② 11 ② 12 ④ 13 ③

② 녹색의 빛은 산란하고 그 밖의 빛은 반사하기 때문이다.
③ 녹색의 빛은 반사하고 그 밖의 빛은 흡수하기 때문이다.
④ 녹색의 빛은 흡수하고 그 밖의 빛은 반사하기 때문이다.

해설

나뭇잎이 녹색으로 보이는 이유는 다른 색은 흡수하고, 녹색 색광만 반사하기 때문이다.

14 먼셀 색체계의 기본 5색상이 아닌 것은?

① 빨강 ② 보라
③ 녹색 ④ 자주

해설

먼셀 색상은 각각 Red(빨강), Yellow(노랑), Green(녹색), Blue(파랑), Purple(보라)의 R, Y, G, B, P 5가지 기본색과 주황(YR), 연두(GY), 청록(BG), 남색(PB), 자주(RP)의 5가지 중간색으로 10등분되어지고 이러한 색을 각기 10단위로 분류하여 100색상으로 분할하였다.

15 다음 중 색채의 감정적 효과로서 가장 흥분을 유발시키는 색은?

① 한색계의 높은 채도
② 남색계의 높은 채도
③ 난색계의 낮은 명도
④ 한색계의 높은 명도

해설 흥분과 진정

㉠ 흥분 효과색 : 난색계통의 채도가 높은 색
㉡ 진정 효과색 : 한색계통의 채도가 낮은 색

16 조명이나 색을 보는 객관적 조건이 달라져도 주관적으로는 물체색이 달라져 보이지 않는 특성을 가리키는 것은?

① 동화 현상 ② 푸르킨예 현상
③ 색채 항상성 ④ 연색성

해설 항상성(恒常性 ; constancy)

㉠ 물체에서 반사광의 분광특성이 변화되어도 거의 같은 색으로 보이는 현상으로 조명조건이 바뀌어도 일정하게 유지되는 색채의 감각을 말한다.
㉡ 항상성은 보는 밝기와 색이 조명등의 물리적 변화에 응하여 망막자극의 변화와 비례하지 않는 것을 말한다.
㉢ 밝기의 항상성은 밝은 물건 쪽이 강하며, 색의 항상성은 색광시야가 크면 강하다.
㉣ 흰 종이를 어두운 곳이나 밝은 곳에서 보았을 때 어두운 곳에 있을 때가 더 밝게 보이지만 여전히 우리 눈은 흰 종이를 인식한다.

17 다음 중 유사색상 배색의 특징은?

① 동적이다.
② 자극적인 효과를 준다.
③ 부드럽고 온화하다.
④ 대비가 강하다.

해설 유사색(인근색) 조화

색상환에서 30~60° 각도의 범위 내에 있는 색은 서로 유사한 색상으로 매우 조화로운 색이다.
[예] 5R와 2.5YR~7.5YR, 10P와 2.5YR, 5Y(노랑)와 10YR(귤색)
※ 유사색상 배색의 느낌 : 화합적, 평화적, 안정적

18 문 · 스펜서(P.Moon and D.E. Spencer)의 색채조화론 중 거리가 먼 것은?

① 동일의 조화(identity)
② 유사의 조화(similarity)
③ 대비의 조화(contrast)
④ 통일의 조화(unity)

정답 14 ④ 15 ② 16 ③ 17 ③ 18 ④

해설 문·스펜서(P. Moon·D. E. Spencer)의 색채조화론의 종류

㉠ 동등(Identity) 조화 : 같은 색의 배색
㉡ 유사(Similarity) 조화 : 유사한 색의 배색
㉢ 대비(Contrast) 조화 : 대비관계에 있는 배색

19 다음 중 부엌을 칠할 때 요리대 앞면의 벽색으로 가장 적합한 것은?

① 명도 2정도, 채도 9
② 명도 4정도, 채도 7
③ 명도 6정도, 채도 5
④ 명도 8정도, 채도 2이하

해설 주택의 색채계획

• 식당 : 난색계통
• 부엌 : 무채색계열 또는 낮은 채도의 색상
• 욕실 : 고명도, 저채도로 처리
☞ 요리대 앞면의 벽색 : 명도 8정도, 채도 2이하

20 디지털색채시스템에서 CMYK 형식에 대한 설명으로 옳은 것은?

① CMYK 4가지 컬러를 혼합하면 검정이 된다.
② 가법혼합방식에 기초한 원리를 사용한다.
③ RGB 형식에서 CMYK 형식으로 변환되었을 경우 컬러가 더욱 선명해 보인다.
④ 표현할 수 있는 컬러의 범위가 RGB 형식보다 넓다.

해설 컬러 4도 : CMYK(시안, 마젠타, 옐로우, 블랙)

즉, 컬러 4도란 청색(Cyan), 자주(Magenta), 노랑(Yellow), 흑색(Black)을 말한다.
CMYK 4가지 컬러를 혼합하면 검정이 된다.

색채 및 인간공학
2018년 8월 19일(4회)

01 기계가 인간을 능가하는 기능으로 볼 수 있는 것은? (단, 인공지능은 제외한다.)

① 귀납적으로 추리, 분석한다.
② 새로운 개념을 창의적으로 유도한다.
③ 다양한 경험을 토대로 의사결정을 한다.
④ 구체적 요청이 있을 때 정보를 신속, 정확하게 상기한다.

해설

①, ②, ③은 인간이 기계의 능력을 능가하는 기능에 해당된다.

02 인간의 동작 중 굴곡에 관한 설명이 맞는 것은?

① 손바닥을 아래로
② 부위간의 각도 감소
③ 몸의 중심선으로의 이동
④ 몸의 중심선으로의 회전

해설

굴곡(유착, flexion)은 신체 부분을 좁게 구부리거나 각도를 좁히는 동작으로 팔과 다리의 굴곡 외에 몇 가지의 굴곡 동작이 있다.

03 동작경제의 원리에 관한 내용으로 틀린 것은?

① 가능하다면 낙하식 운반방법을 사용한다.
② 자연스러운 리듬이 생기도록 동작을 배치한다.
③ 두 손의 동작은 동시에 시작하고, 각각 끝나도록 한다.
④ 두 팔의 동작은 서로 반대방향으로 대칭되도록 움직인다.

정답 19 ④ 20 ① / 01 ④ 02 ② 03 ③

해설 동작경제(motion economy)의 3원칙

㉠ 동작의 범위는 최소로 한다.
㉡ 동작의 순서를 합리화한다.
㉢ 동작을 가급적 조합하여 하나의 동작으로 한다.
※ 양 손의 동작을 동시에 개시하고 동시에 끝낸다.

04 일반적으로 인간공학 연구에서 사용되는 기준의 요건이 아닌 것은?

① 적절성
② 고용률
③ 무오염성
④ 기준 척도의 신뢰성

해설 인간공학 연구의 3가지 기준 요건

㉠ 적절성
㉡ 기준척도의 신뢰성
㉢ 무오염성

05 소리에 관한 설명으로 틀린 것은?

① 굴절현상 시 진동수는 변함없다.
② 저주파일수록 회절이 많이 발생한다.
③ 반사 시 입사각과 반사각은 동일하다.
④ 은폐(masking)효과는 은폐음과 피은폐음의 종류와 무관하다.

해설 은폐(masking)

2가지음이 동시에 귀에 들어와서, 한쪽의 음 때문에 다른 쪽의 음이 작게 들리는 현상

06 정신적 피로의 징후가 아닌 것은?

① 긴장감 감퇴
② 의지력 저하
③ 기억력 감퇴
④ 주의 범위가 넓어짐

해설

정신적 피로의 징후에는 긴장감 감퇴, 기억력 감퇴, 의지력 저하 등의 징후가 보인다.
정신적 피로도를 평가하기 위한 측정방법에는 대뇌피질활동 측정, 호흡순환기능 측정, 점멸융합주파수(Flicker)치 측정 등이 있다.
※ 정신적 작업부하의 측정 척도는 다른 과업의 상황을 직관적으로도 구별할 수 있는 척도이어야 한다.

07 랜돌트의 링(Landholt ring)과 관계가 깊은 것은?

① 시력측정 ② 청력측정
③ 근력측정 ④ 심전도측정

해설 랜돌트(Landholt)의 C형 고리

보통 시력표에는 랜돌트 C형 고리를 이용하여 측정한다.
랜돌트 고리의 연결이 끊어진 부분이 눈에 대해 이루는 각도의 역수로 표현한다.

08 동일한 작업 시 에너지 소비량에 영향을 끼치는 인자가 아닌 것은?

① 심박수 ② 작업방법
③ 작업자세 ④ 작업속도

해설

동일한 작업시 에너지 소비량은 작업자세, 작업방법, 작업속도, 작업의 종류에 따라 다르다.
※ 심박수(맥박수) : 작업활동이 인체에 끼치는 생리적 부담의 측정법
※ 생리적 부담의 측정
작업이 인체에 미치는 생리적 부담을 측정하는 것으로는 맥박수와 산소소비량 측정이 있다.
(1) 심장 활동의 측정
㉠ 심장 수축에 따르는 전기적 변화를 피부에 부착한 전극들로 검축-증폭 기록한 것을 심전도(ECG)라 한다.
㉡ 맥박수도 심장 활동의 측정 중 하나로 감정적 압박의 영향을 잘 나타낸다.
㉢ 개인차가 심하므로 작업부하의 지표로는 부적합하다.

정답 04 ② 05 ④ 06 ④ 07 ① 08 ①

(2) 산소소비량
㉠ 이를 측정하기 위해서는 우선 더글라스 낭(Douglas bag)을 사용하여 배기를 수집한다.
㉡ 낭(bag)에서 배기의 표본을 취하여 가스분석장치로 성분을 분석하고 나머지 배기는 가스미터를 통과시켜 배기량을 측정한다.
㉢ 흡기의 부피는 다음 자료에 의해 구할 수 있다.
㉣ 흡기량과 산소소비량은 체내에서 대사되지 않는 질소의 부피 비율 변화로부터 다음과 같이 구한다.

09 조명의 적절성을 결정하는 요소가 아닌 것은?

① 작업의 형태
② 작업자 성별
③ 작업에 나타나는 위험정도
④ 작업이 수행되는 속도와 정확성

해설

조명의 적절성을 결정하는 요소는 작업의 형태, 작업에 나타나는 위험정도, 작업이 수행되는 속도와 정확성 등을 감안하여 결정한다.
※ 조명의 4대 요소
㉠ 조명의 4대 요소는 노출 시간, 명도, 대비, 크기이다.
㉡ 실내에서의 조명은 인간에게 능률적인 생산을 위한 기능적인 효과는 물론 휴식이나 안정이라는 생리적 효과도 갖는다.

10 패널레이아웃(panel layout) 설계시 표시 장치의 그룹핑에 가장 많이 고려하여야 할 설계 원칙은?

① 접근성　② 연속성
③ 유사성　④ 폐쇄성

해설

패널레이아웃(panel layout) 설계시 표시 장치의 그룹핑에 가장 많이 고려하여야 할 설계원칙은 유사성이다.
※ 패널 레이아웃(panel layout) : 장치를 조작하는 볼륨 손잡이나 스위치의 배치를 말한다.

11 음(音)과 색에 대한 공감각의 설명 중 틀린 것은?

① 저명도의 색은 낮은 음을 느낀다.
② 순색에 가까운 색은 예리한 음을 느끼게 된다.
③ 회색을 띤 둔한 색은 불협화음을 느낀다.
④ 밝고 채도가 낮은 색은 높은 음을 느끼게 된다.

해설 색채의 공감각

색채는 색채에 따라 색채의 공감각을 갖게 되는데 보는 것과 동시에 다른 감각의 느낌을 수반하게 된다.
[예] 황색이나 레몬색에서 과일냄새를 느끼는 것과 같은 감각현상
※ 색채와 모양에 대한 공감각
㉠ 빨강 – 사각형
㉡ 노랑 – 삼각형
㉢ 초록 – 육각형
㉣ 파랑 – 원
㉤ 보라 – 타원
㉥ 흰색 – 반원
㉦ 검정 – 사다리꼴

12 색각에 대한 학설 중 3원색설을 주장한 사람은?

① 헤링　② 영 · 헬름홀츠
③ 맥니콜　④ 먼셀

해설 영·헬름홀츠 설(Young–Helmholtz theory)

영국의 물리학자 영(Thomas Young 1773~1829)이 1802년에 발표했던 3원색설을 독일의 생리학자 헬름홀츠(Herman von Helmholtz ; 1821~1894)가 발전시킨 것이다. 영(Young)은 색광혼합의 실험 결과에서 주로 물리적인 가산혼합의 현상에 대해서 주목하여 적·녹·짙은 보랏빛(청)의 3색을 3원색으로 했으며 헬름홀츠(Helmholtz)는 망막에 분포한 적·녹·청의 3종의 시세포에 의하여 여러가지 색지각이 일어난다는 설이다.

정답 09 ② 10 ③ 11 ④ 12 ②

13 L*a*b*색 체계에 대한 설명으로 틀린 것은?

① a*와 b*는 모두 +값과 −값을 가질 수 있다.
② a*가 −값이면 빨간색 계열이다.
③ b*가 +값이면 노란색 계열이다.
④ L이 100이면 흰색이다.

해설 디지털 색채

㉠ 디지털(Digital)이란 문자나 영상 등을 0과 1이나 ON과 OFF라는 전자적인 부호로 전환해 표시하는 방식을 말한다.
㉡ 디지털 색채는 디지털 영화나 컴퓨터 게임, 인터넷 영상 등 디지털 컨텐츠에서 색상으로 구현되는 정보코드를 말한다.
㉢ L*a*b* 색공간에서 L*은 명도를, a*는 빨강과 초록을, b*는 노랑과 파랑을 나타낸다.
㉣ 컴퓨터에서 색채를 표현할 때는 비트(bit)로 나타내게 된다.
※ 컬러 4도 : CMYK(시안, 마젠타, 옐로우, 블랙) 즉, 컬러 4도란 청색(Cyan), 자주(Magenta), 노랑(Yellow), 흑색(Black)을 말한다.
CMYK 4가지 컬러를 혼합하면 검정이 된다.

14 색채의 상징에서 빨강과 관련이 없는 것은?

① 정열 ② 희망
③ 위험 ④ 흥분

해설 빨강(R)

자극적, 정열, 흥분, 애정, 위험, 혁명, 피, 분노, 더위, 열
☞ 빨강 : 7월 탄생석(보석)의 색으로 힘, 권력 등을 상징하고, 심장질환 치료 등의 효과와 의미를 갖는 색
※ 노랑(Y) : 명랑, 환희, 희망, 광명, 접근, 유쾌, 팽창, 천박, 황금, 바나나, 금발

15 다음 (　)의 내용으로 옳은 것은?

서로 다른 두 색이 인접했을 때 서로의 영향으로 밝은 색은 더욱 밝아 보이고, 어두운 색은 더욱 어두워 보이는 현상을 (　)대비라고 한다.

① 색상 ② 채도
③ 명도 ④ 동시

해설 동시대비

㉠ 색상 대비 : 두 가지 이상의 색을 동시에 볼 때 각 색상의 차이가 실제의 색과는 달라 보이는 현상
㉡ 명도 대비 : 어두운 색 가운데서 대비되어진 밝은 색은 한층 더 밝게 느껴지고, 밝은 색 가운데 있는 어두운 색은 더욱 어둡게 느껴지는 현상
㉢ 채도 대비 : 어떤 색의 주위에 그것보다 선명한 색이 있으면 그 색의 채도가 원래 가지고 있는 채도보다 낮게 보이는 현상
㉣ 보색 대비 : 색상차가 가장 큰 보색끼리 조합 했을 때 서로 다른 색의 채도를 강조하기 위해 더 선명하게 보이는 현상

16 색명을 분류하는 방법으로 톤(tone)에 대한 설명 중 옳은 것은?

① 명도만을 포함하는 개념이다.
② 채도만을 포함하는 개념이다.
③ 명도와 채도를 포함하는 복합 개념이다.
④ 명도와 색상을 포함하는 복합 개념이다.

해설 톤(tone)

색의 3속성 중 명도와 채도를 포함하는 복합적인 색조(色調)의 개념이다.
※ 톤(tone)은 색조, 색의 농담, 명암으로 미국에서의 톤은 명암을 의미하고, 영국에서는 그림의 주로 명암과 색채를 의미한다. 채도의 강한 느낌의 색을 톤(tone)으로 말하면 비비드(Vivid ; 선명한), 브라이트(Bright ; 밝은) 등으로 표현할 수 있다.

정답 13 ② 14 ② 15 ③ 16 ③

17 백터 방식(Vector)에 대한 설명으로 옳지 않은 것은?

① 일러스트레이터, 플래쉬와 같은 프로그램 사용 방식이다.
② 사진 이미지 변형, 합성 등에 적절하다.
③ 비트맵 방식보다 이미지의 용량이 적다.
④ 확대 축소 등에도 이미지 손상이 없다.

해설 백터 방식(Vector)

면, 선으로 이루어지는 것으로 일러스트레이터, 플래쉬와 같은 프로그램에서 사용하는 방식이다.
㉠ 장점
- 크기를 조절해도 깨지지 않는다.
- 고해상도의 출력이 가능하다.
㉡ 단점
- 이미지를 합성하거나, 편집하기에는 적합하지 않다.
☞ 픽셀(Pixel) 방식 : 사진 이미지 변형, 합성 등에 적절하다.

18 다음 중 색채에 대한 설명이 틀린 것은?

① 난색계의 빨강은 진출, 팽창되어 보인다.
② 노란색은 확대되어 보이는 색이다.
③ 일정한 거리에서 보면 노란색이 파란색보다 가깝게 느껴진다.
④ 같은 크기일 때 파랑, 청록 계통이 노랑, 빨강계열보다 크게 보인다.

해설 진출과 후퇴, 팽창과 수축

㉠ 진출, 팽창색 : 고명도, 고채도, 난색 계열의 색 - 예 : 적, 황
㉡ 후퇴, 수축색 : 저명도, 저채도, 한색 계열의 색 - 예 : 녹, 청
※ 같은 색상일 경우 명도가 높으면 팽창해 보이고, 명도가 낮으면 수축해 보인다.
※ 빨강(적)에서 노랑(황)까지는 난색계의 따뜻한 색으로 진출성, 팽창성이 있다.
☞ 같은 크기일 때 노랑, 빨강계열이 파랑, 청록 계통보다 크게 보인다.

19 문 · 스펜서의 색채조화론에 대한 설명이 아닌 것은?

① 먼셀 표색계에 의해 설명된다.
② 색채 조화론을 보다 과학적으로 설명하도록 정량적으로 취급한다.
③ 색의 3속성에 대하여 지각적으로 고른 색채단계를 가지는 독자적인 색입체로 오메가 공간을 설정하였다.
④ 상호간에 어떤 공통된 속성을 가진 배색으로 등가색 조화가 좋은 예이다.

해설 문·스펜서(P. Moon·D. E. Spencer)의 조화론

㉠ 두 색의 간격이 애매하지 않은 배색, 오메가(ω) 공간에 간단한 기하학적 관계가 되도록 선택한 배색을 가정으로 조화와 부조화로 분류하고, 색채 조화에 관한 원리들을 정량적인 색좌표에 의해 과학적으로 설명하였다.
㉡ 정량적(定量的) 색채 조화론으로 1944년에 발표되었으며, 고전적인 색채조화의 기하학적 공식화, 색채조화의 면적, 색채조화에 적용되는 심미도(美度, 미도) 등의 내용으로 구성되어 있다.
※ 색의 연상, 기호, 상징성은 고려하지 않았다.
☞ 등가색환의 조화는 오스트발트의 색채조화론에 해당된다.

20 먼셀기호 5B 8/4, N4에 관한 다음 설명 중 맞는 것은?

① 유채색의 명도는 5이다.
② 무채색의 명도는 8이다.
③ 유채색의 채도는 4이다.
④ 무채색의 채도는 N4이다.

해설

유채색의 명도는 8 채도는 4이다.

정답 17 ② 18 ④ 19 ④ 20 ③

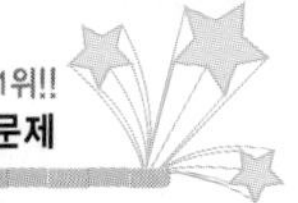

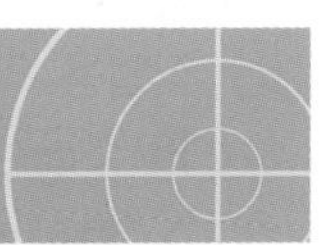

색채 및 인간공학
2019년 3월 3일(1회)

01 온도, 압력, 속도와 같이 연속적으로 변하는 변수의 대략적인 값이나 변화 추세를 알고자 할 때 주로 사용되는 시각적 표시장치는?

① 계수 표시기
② 묘사적 표시장치
③ 정성적 표시장치
④ 정량적 표시장치

해설 정성적 정보(정성적 표시장치)

㉠ 온도, 압력, 속도와 같이 연속적으로 변하는 변수의 대략적인 값이나 변화 추세, 비율 등을 알고자 할 때 주로 사용한다.
㉡ 색을 이용하여 각 범위 값들을 따로 암호화하여 설계를 최적화 시킬 수 있다.
㉢ 색채 암호가 부적합한 경우에는 구간을 형상 암호화 할 수 있다.
㉣ 상태점검, 즉 나타내는 값이 정상 상태인지의 여부를 판정하는 데도 사용한다.
※ 정량적 정보(정량적 표시장치)는 집약적으로 계량적인 값을 사용자에게 전달하는 것으로 변수의 정량적인 값을 표시한다.

02 집단 작업공간의 조명 방법으로 조도분포를 일정하게 하고, 시야의 밝기를 일정하게 만들어 작업의 환경 여건을 개선할 수 있는 것은?

① 방향조명 ② 전반조명
③ 투과조명 ④ 근자외선조명

해설 전반조명

㉠ 여러 개의 조명기구를 일정한 높이와 간격으로 하향 방사되도록 배치하여 균등하게 조명하는 가장 일반적인 방법이다.
㉡ 실내 전체를 일률적으로 밝히는 방법으로 눈의 피로가 적어지므로 비교적 사고나 재해가 적어지는 조명법이다.
㉢ 눈의 피로가 적으나 정밀작업을 하는 장소에는 곤란하다.

03 인간-기계 체계의 기본 유형이 아닌 것은?

① 수동 체계 ② 인간화 체계
③ 자동 체계 ④ 기계화 체계

해설 인간-기계 통합 체계의 3분류

㉠ 수동 체계(Manual System) : 수동체계는 수공구나 기타 보조물로 이루어지며 자신의 신체적인 힘을 동력원으로 사용하여 작업을 통제하는 방식
㉡ 기계화 체계(Semi-Automatic System) : 반자동 체계라고도 한다. 작업 공정의 일부분을 기계화한 것으로 동력은 기계가 제공하고 이의 조정 및 통제는 인간이 하는 방식
㉢ 자동 체계(Automatic System) : 모든 작업공정이 자동화되어 감지, 정보 보관, 정보 처리 및 의사 결정, 행동 기능을 기계가 수행하며 인간은 감시 및 프로그램 제어 등의 기능을 담당하는 통제 방식

04 뼈의 구성요소가 아닌 것은?

① 골질 ② 골수
③ 골지체 ④ 연골막

해설

세포생물학에서 골지장치 혹은 골지체 골지복합체는 식물·동물균류 등의 대부분의 진핵세포에서 발견되는 세포소기관이다.

05 사람의 청각으로 소리를 지각하는 범위는?

① 20~20000Hz ② 30~30000Hz
③ 50~50000Hz ④ 60~60000Hz

해설

인간이 감지할 수 있는 음의 가청주파수 범위는 20~20000Hz이다.
※ 주파수 : 음이 1초간에 진동하는 횟수, 단위는 cycle/sec 또는 Hz
㉠ 초저주파 : 20Hz 이하
㉡ 가청주파 : 20~20000Hz
㉢ 초고주파 : 20000Hz 이상

정답 01 ③ 02 ② 03 ② 04 ③ 05 ①

06 인간공학에서 고려하여야 될 인간의 특성 요인 중 비교적 거리가 먼 것은?

① 성격차이
② 지각, 감각능력
③ 신체의 크기
④ 민족적, 성별차이

해설 인간공학적 설계

인간공학이란 인간이 생활하고 일하는 환경을 알맞게 디자인하기 위해서 인간의 특성에 대해 연구하는 학문이다. 인간공학의 목적은 작업장의 배치, 작업방법, 기계설비, 전반적인 작업환경 등에서 작업자의 신체적인 특성이나 행동하는데 받는 제약조건 등이 고려된 시스템을 디자인하는 것이다. 인간공학적 설계를 이해하기 위해서는 우선 시스템 설계의 중심에 위치한 인간의 기능을 이해하는 것이 중요하며, 인간의 기능은 크게 세 가지로 구분된다.

㉠ 신체적 기능 : 키·몸무게 등의 인체 치수와 힘·속도·자세 등을 고려
㉡ 감각적 기능 : 시각·청각·촉각 등을 고려
㉢ 인지적 기능 : 기억력·주의력·정보처리능력 등을 고려
※ 최근에는 그 이외에도 쾌적함·불쾌함·안락함·불편함 등을 고려하는 감성적 기능 또한 중요한 인간 기능의 한 측면으로 인식되고 있다.

07 소음이 발생하는 작업 환경에서 소음방지 대책으로 가장 소극적인 형태의 방법은?

① 차단벽 설치
② 소음원의 격리
③ 저소음기계의 사용
④ 작업자의 보호구 착용

해설 소음(noise)을 통제하는 일반적인 방법

㉠ 소음원을 통제
㉡ 소음의 격리
㉢ 차폐장치 및 흡음재 사용
㉣ 음향 처리재 사용
㉤ 소음원의 설비를 적절하게 배치
※ 작업자의 보호구 착용은 소극적인 소음방지대책이다.

08 작업용 의자의 설계 고려사항으로 가장 적당한 것은?

① 팔받침대가 있는 의자
② 등받침의 경사 103° 인 의자
③ 등받침이 어깨 높이까지 높은 의자
④ 흉추이하의 높이에 요추지지대가 있고 이동이 편리한 의자

해설 작업용 의자

㉠ 좌판의 높이와 허리의 지지부는 높이가 조정될 수 있도록 해야 한다.
㉡ 좌판의 높이는 책상의 윗면 모서리에서 밑으로 27~30cm가 적당하다.
㉢ 앞으로 숙인 자세 또는 중립 자세용으로, 때로는 등받이 또는 허리를 받치기 위해서 기대는데 적합한 것이어야 한다.
㉣ 좌판 앞 가장자리는 둥글게 하며, 약간 뒤쪽으로 경사지게 한다.
㉤ 등받이는 접촉면을 크게 하는 의미에서 반경 45~50cm로 수평면에서 오목하게 한다.
㉥ 나쁜 자세를 갖지 않게 하기 위해 발 받침대가 중요하다.
※ 작업용 의자의 설계 시 흉추이하의 높이에 요추지지대가 있고 이동이 편리한 의자가 되도록 고려하여야 한다.

09 인간의 눈의 구조에서 색을 구별하는 기능을 가진 것은?

① 각막　　② 간상세포
③ 수정체　　④ 원추세포

해설 눈의 구조

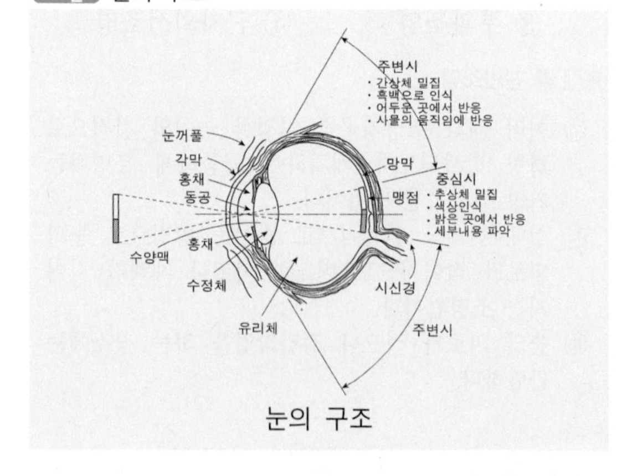

눈의 구조

정답 06 ① 07 ④ 08 ④ 09 ④

※ 간상체와 추상체의 특성
㉠ 간상체 : 흑백으로 인식, 어두운 곳에서 반응, 사물의 움직임에 반응 – 흑백필름 (암순응)
㉡ 추상체(원추체) : 색상 인식, 밝은 곳에서 반응, 세부 내용파악 – 칼라필름 (명순응)
☞ 사람의 한 눈에는 1억 3천만여개의 간상세포가 있다.

10 다음 그림은 어느 부위의 관절운동을 보여 주는가?

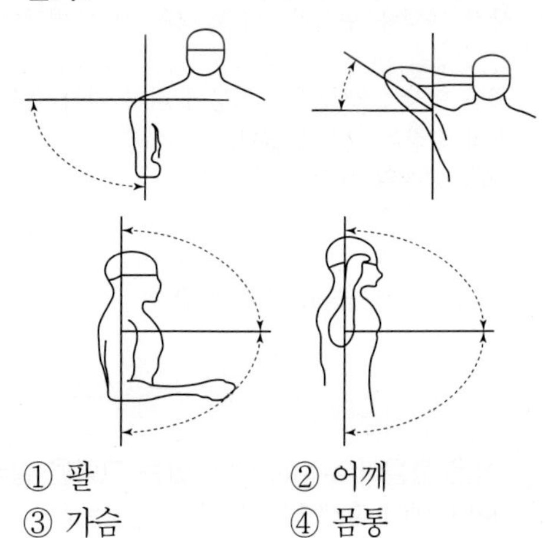

① 팔 ② 어깨
③ 가슴 ④ 몸통

해설 관절의 자유도

㉠ 어깨 : 굴곡 180°, 신전 60°, 외전 130°, 내전 50°
㉡ 팔꿈치 : 외선 30°, 내선 100°
㉢ 손목 : 외전 30°, 내전 15°
㉣ 무릎 : 굴곡 135°, 외선 35°, 내선 30°
※ 어깨 : 자유도가 가장 큰 관절

11 색채계획 과정의 올바른 순서는?

① 색채계획 및 설계 → 조사 및 기획 → 색채관리 → 디자인에 적용
② 색채심리분석 → 색채환경분석 → 색채전달계획 → 디자인에 적용
③ 색채환경분석 → 색채심리분석 → 색채전달계획 → 디자인에 적용
④ 색채심리분석 → 색채상황분석 → 색채전달계획 → 디자인에 적용

해설 색채계획 과정

색채환경분석 – 색채심리분석 – 색채전달계획 – 디자인에 적용

(1) 색채환경분석
㉠ 기업색, 상품색, 선전색, 포장색 등 경합업체의 관용색 분석·색채 예측 데이터의 수집
㉡ 색채 예측 데이터의 수집 능력, 색채의 변별, 조색 능력이 필요

(2) 색채심리분석
㉠ 기업 이미지, 색채, 유행 이미지를 측정
㉡ 심리 조사 능력, 색채 구성 능력이 필요

(3) 색채전달계획
㉠ 기업 색채, 상품색, 광고색을 결정
㉡ 타사 제품과 차별화 시키는 마케팅 능력과 컬러 컨설턴트 능력이 필요

(4) 디자인에 적용
㉠ 색채의 규격과 시방서의 작성 및 컬러 매뉴얼의 작성
㉡ 아트 디렉션의 능력이 필요

12 오스트발트의 색상환을 구성하는 4가지 기본색은 무엇을 근거로 한 것인가?

① 헤링(Hering)의 반대색설
② 뉴턴(Newton)의 광학이론
③ 영 · 헬름홀츠(Young–Helmholtz)의 색각이론
④ 맥스웰(Maxwell)의 회전색 원판 혼합이론

해설 오스트발트 표색계

㉠ 등색상 삼각형에서 무채색축과 평행선상에 있는 색들은 순색 혼량이 같은 색계열이다.
㉡ 무채색에 포함되는 백에서 흑까지의 비율은 백이 증가하는 방법을 등비급수적으로 선택하고 있다.
㉢ 헤링의 4원색설을 기본으로 하여 색상 분할을 원주의 4등분이 서로 보색이 되도록 하였다.
㉣ 오스트발트의 색입체는 1923년 정삼각형의 꼭지점에 순색, 하양, 검정을 배치한 3각 좌표를 만든 등색상 삼각형의 형태이다.

정답 10 ② 11 ③ 12 ①

13 오스트발트의 색채조화론에 관한 내용으로 틀린 것은?

① 무채색 조화
② 등색상 삼각형에서의 조화
③ 등가 색환에서의 조화
④ 대비 조화

해설 오스트발트의 색채조화론

㉠ 무채색의 조화
㉡ 등색상 삼각형에서의 조화 - 등백색 계열의 조화, 등흑색 계열의 조화, 등순색 계열의 조화, 등색상 계열의 조화
㉢ 등가색환의 조화(등치색환의 조화)
㉣ 보색 마름모꼴의 조화
㉤ 보색이 아닌 마름모꼴의 조화
㉥ 2색 또는 3색 조화의 일반 법칙
㉦ 윤성조화
☞ 대비 조화는 문·스펜서(P. Moon·D. E. Spencer) 색채조화론에 해당된다.

14 현재 우리나라 KS규격 색표집이며 색채 교육용으로 채택된 표색계는?

① 먼셀 표색계
② 오스트발트 표색계
③ 문 · 스펜서 표색계
④ 져드 표색계

해설 먼셀(Munsell)의 표색계

미국의 화가이며 색채연구가인 먼셀(A. H. Munsell)에 의해 1905년 창안된 체계로서 색의 3속성인 색상, 명도, 채도로 색을 기술하는 체계 방식으로 우리나라에서 채택하고 있는 한국산업규격(KS) 색채 표기법이다.

15 일반적으로 떠오르는 빨간색의 추상적 연상과 관계있는 내용으로 맞는 것은?

① 피, 정열, 흥분
② 시원함, 냉정함, 청순
③ 팽창, 희망, 광명
④ 죽음, 공포, 악마

해설 색의 연상

어떤 색을 보았을 때 우리는 색에 대한 평소의 경험적 감정과 연상의 정도에 따라 그 색과 관계되는 여러 가지 사항을 연상하게 된다. 따라서, 색의 연상에는 구체적 연상과 추상적인 연상이 있다.
㉠ 구체적 연상 : 적색을 보고 불이라는 구체적인 대상을 연상하거나 청색을 보고 바다를 연상하는 것
㉡ 추상적 연상 : 적색을 보고 정열, 애정이라는 추상적 관념을 연상하거나 청색을 보고 청결이라는 관념을 연상하는 것
※ 색의 연상 : 색채에는 색상에 따라 각각 특유한 색의 감정을 가지고 있다.
㉠ 빨강 : 정열, 공포, 흥분, 불안
㉡ 연두 : 휴식, 위안, 친애, 생장
㉢ 자주 : 열정, 정열, 화려, 비애
㉣ 보라 : 창조, 우아, 고귀, 예술

16 작은 점들이 무수히 많이 있는 그림을 멀리서 보면 색이 혼색되어 보이는 현상은?

① 마이너스 혼색 ② 감법 혼색
③ 병치 혼색 ④ 계시 혼색

해설 중간혼합(중간혼색)

직접적인 혼합이 아니고 주위 조건에 따라 혼합효과가 나타나는 것으로 명도, 채도가 크게 달라지지 않아 중간혼합이라고 한다. 혼합하면 중간명도에 가까워지는 병치혼합과 회전혼합을 말한다. 두 색의 명도가 합쳐진 것의 평균 명도가 된다.
㉠ 병치혼합
- 빨간 털실과 파란털실로 짠 스웨터는 멀리서 보면 보라색으로 보인다.
- 화면에 빨간 점과 파란 점을 무수히 많이 찍으면 멀리서 보라색으로 보인다.
㉡ 회전혼합
팽이에 절반은 빨간 색, 절반은 파란색을 칠하여 회전시키면 보라색으로 보인다.

정답 13 ④ 14 ① 15 ① 16 ③

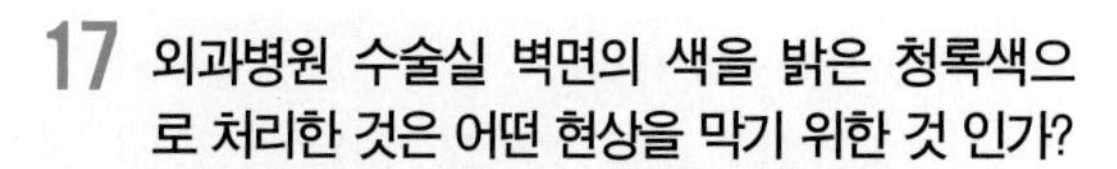

17 외과병원 수술실 벽면의 색을 밝은 청록색으로 처리한 것은 어떤 현상을 막기 위한 것 인가?

① 푸르킨예 현상　② 연상작용
③ 동화현상　④ 잔상현상

해설

병원에서 의사들은 흰 가운을 입는데 수술실에서는 초록색 수술복을 입는다. 그 이유는?
대부분의 수술에는 출혈이 불가피한데 만약 의사가 강한 조명 아래서 오랫동안 수술하면서 붉은 피를 계속해서 보고 있으면 빨간색을 감지하는 원추세포가 피로해진다. 이때 하얀 가운을 입은 동료 의사나 간호사를 바라보면 빨간색의 보색인 녹색의 잔상이 남게 된다. 이 잔상은 의사의 시야를 혼동시켜 집중력을 떨어뜨릴 수 있기에 잔상을 느끼지 못하도록 수술실에서는 엷은 청녹색 가운을 입는 것이다. 수술실의 의사는 장시간의 수술로 빨간색의 피를 오랫동안 보기 때문에 눈의 피로를 경감하기 위하여 그 보색이 되는 녹색으로 보여 주는 것이 효과적이다.
※ 잔상(after image) : 색상에 의하여 망막이 자극을 받게 되면 시세포의 흥분이 중추에 전해져 자극이 끝난 후에도 계속해서 생기는 시감각 현상

18 오스트발트색상환은 무채색 축을 중심으로 몇 색상이 배열되어 있는가?

① 9　② 10
③ 24　④ 35

해설 오스트발트(W. Ostwald) 표색계

㉠ 오스트발트 표색계는 헤링의 4원색 이론을 기본으로 색량의 대소에 의하여, 즉 혼합하는 색량(色量)의 비율에 의하여 만들어진 체계이다.
㉡ 각 색상은 명도가 밝은 색부터 황·주황·적·자·청·청녹·녹·황녹의 8가지 주요 색상을 기본으로 하고 이를 3색상씩 분할해 24색환으로 하여 1에서 24까지의 번호가 매겨져 있다.
㉢ 8가지 주요 색상이 3분할되어 24색상환이 되는데 24색상환의 보색은 반드시 12번째 색이다.
㉣ 오스트발트는 백색량(W), 흑색량(B), 순색량(C)의 합을 100%로 하였기 때문에 등색상면 뿐만 아니라 어떠한 색이라도 혼합량의 합은 항상 일정하다.
가령 순색량이 없는 무채색이라면 W+B=100%가 되도록 하고 순색량이 있는 유채색은 W+B+C=100%가 된다.
㉤ 이러한 색상환에 따라 정3각형의 동일 색상면을 차례로 세워서 배열하면 주산알 모양 같은 복원추체가 된다.

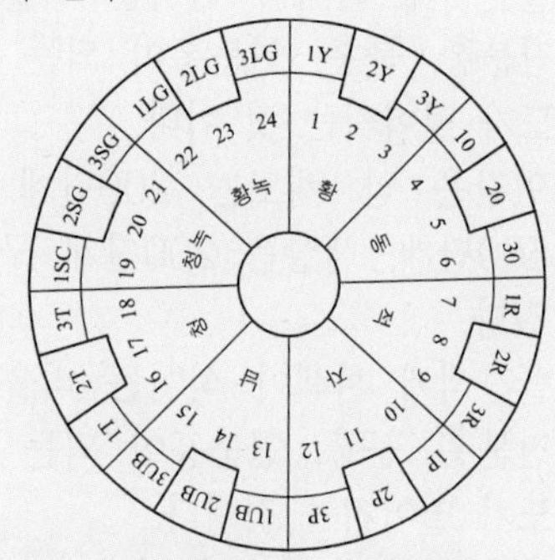

오스트발트 색상환

※ 오스트발트(W. Ostwald)의 색상과 명도 단계 : 24색상, 명도 8단계

19 색채조절시 고려할 사항으로 관계가 적은 것은?

① 개인의 기호
② 색의 심리적 성질
③ 사용 공간의 기능
④ 색의 물리적 성질

해설 색채조절(color conditioning)시 고려해야 할 요소

㉠ 눈의 긴장감과 피로를 감소시켜야 한다.
㉡ 작업의 활동적인 의욕을 높일 수 있도록 고려한다.
㉢ 각종 사고나 재해에 대해 위험을 방지하는 안전을 고려하여야 한다
㉣ 과학적인 색채계획으로 심리적으로 쾌적한 실내 분위기를 느끼게 한다.
☞ 소비자 기호에 맞는 색(소비자가 원하는 통제된 색)은 제품의 색채설계에서 검토해야 할 조건의 하나이다.

정답 17 ④　18 ③　19 ①

20 인간의 색채지각 현상에 관한 설명으로 맞는 것은?

① 빨간색에 흰색이 섞이는 비율에 따라 진분홍, 분홍, 연분홍이 되는 것은 명도가 떨어지는 것 이다.
② 인간은 약 채도는 200단계, 명도는 500단계, 색상은 200단계 구분할 수 있다.
③ 빨간색에 흰색이 섞이는 비율에 따라 진분홍, 분홍, 연분홍이 되는 것은 채도가 떨어지는 것이다.
④ 인간은 색의 강도의 변화에 따라 200단계, 색상 500단계, 채도 100단계 구분할 수 있다.

해설 색료혼합[감산혼합(감법혼색)]

㉠ 색료의 혼합으로 색료 혼합의 3원색은 청색(Cyan), 자주(Magenta), 노랑(Yellow)이다.
㉡ 색료를 혼합하여 색필터를 겹치거나 그림물감을 혼합하는 방법을 감산혼합(減算混合) 또는 감법혼색(減法混色), 색료혼합이라고 한다.
㉢ 색료 혼합의 3원색은 청색(Cyan), 자주(Magenta), 노랑(Yellow)을 모두 혼합하면 흑색(Black)이 된다.
㉣ 색료의 혼합(그림물감, 인쇄잉크, 염료 등)으로 섞을수록 명도가 낮아진다. 색을 겹치면 그만큼 빛의 양이 줄어 어두워지므로 어떤 색에서 어떤 부분의 빛을 없애는 것이다.
㉤ 2차색은 원색보다 명도와 채도가 낮아진다.

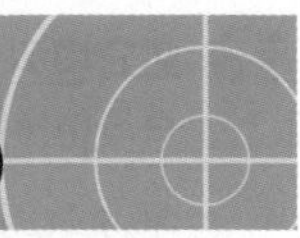

색채 및 인간공학
2019년 4월 27일(2회)

01 제어표시체계에 대한 설명으로 틀린 것은?

① 부착면을 달리한다.
② 대칭면으로 배치한다.
③ 전체의 색상을 통일한다.
④ 표시나 제어 그래프는 수직보다 수평으로 간격을 띄우는 것이 좋다.

해설

가장 읽기 쉽게 하기 위해서는 글자 혹은 숫자의 그 글자나 숫자가 놓여 있는 바탕의 색상 대비가 적절해야 한다.

02 pictorial graphics에서 "금지"를 나타내는 표시방식으로 적합한 것은?

① 대각선으로 표시
② 삼각형으로 표시
③ 사각형으로 표시
④ 다이아몬드형으로 표시

해설

pictorial graphics에서 "금지"를 나타내는 형태는 대각선으로 표시한다.

03 실내표면에서 추천 반사율이 가장 높은 곳은?

① 벽 ② 바닥
③ 가구 ④ 천장

해설 실내면 반사율의 추정치

천장 80~90% 〉 벽 40~60% 〉 탁상, 작업대, 기계 25~45% 〉 바닥 20~40%
☞ 천장 : 반사율 약 80~90%의 백색, 상아(象牙)색, 크림(cream)색

정답 20 ③ / 01 ③ 02 ① 03 ④

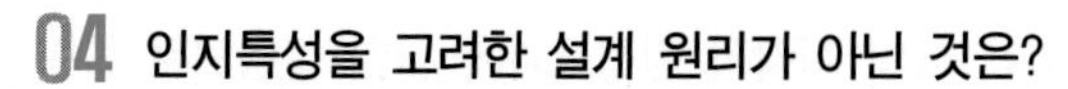

04 인지특성을 고려한 설계 원리가 아닌 것은?

① 가시성 ② 피드백
③ 양립성 ④ 복잡성

해설 인지특성을 고려한 설계 원리

㉠ 양립성(compatibility) : 인간공학에 있어 자극들 사이, 반응들 사이, 혹은 자극-반응 조합의 공간, 운동, 혹은 개념적 관계가 인간의 기대와 모순되지 않도록 하는 것
㉡ 가시성(명시성) : 색의 주위의 색과 얼마나 구별이 잘 되느냐에 따라 잘 보이는 색과 잘 보이지 않는 색이 있기 마련이다. 얼마만큼 잘 보이는가를 가시성 또는 명시성이라 한다.
㉢ 피드백(feedback) : 원인에 의해 나타난 결과가 다시 원인에 작용해 그 결과를 줄이거나 늘리는 자동 조절 원리를 말하며 이러한 피드백 과정을 통해 인체의 항상성이 유지된다.

05 두 소리의 강도(强度)를 압력으로 측정한 결과 나중에 발생한 소리가 처음보다 압력이 100배 증가하였다면 두 음의 강도차는 몇 dB인가?

① 40 ② 60
③ 80 ④ 100

해설 음압수준(sound pressure level)을 산출하는 식

$$\text{dB 수준} = 20\log(\frac{P_1}{P_0})$$

(단, P_0는 기준음압, P_1은 주어진 음압을 의미)

$$\therefore \text{dB 수준} = 20\log(\frac{P_1}{P_0}) = 20\log(\frac{100}{1}) = 20\log(10^2) = 40$$

06 근육의 국부적인 피로를 측정하기 위한 것으로 가장 적합한 것은?

① 심전도(ECG) ② 안전도(EOG)
③ 뇌전도(EEG) ④ 근전도(EMG)

해설

근전도(EMG ; electromyography) : 근육활동의 전위차를 기록한 것으로 심장근의 근전도를 특히 심전도(ECG ; ecectrocardiogram)라 하며, 신경활동 전위차의 기록은 ENG(ecectroneurogram)라 한다. 신체반응의 측정에 있어 국부적 근육활동의 척도가 된다.
※ 뇌전도(EEG) : 생리적 상태 변동을 전류로 변환하여 측정되는 것으로 뇌파 전위도를 기록하는 것
※ 심전도(ECG) : 심장 수축에 따르는 전기적 변화를 피부에 부착한 전극들로 검축-증폭 기록한 것

07 골격의 기능으로 볼 수 없는 것은?

① 인체의 지주 ② 내부의 장기보호
③ 신경계통의 전달 ④ 골수의 조혈기능

해설 인체 골격이 하는 주요 기능

㉠ 몸을 지탱하여 그 외형을 보호한다.
㉡ 체강(體腔)을 형성하며 체강 내의 장기를 보호한다.
㉢ 골격근의 기동적 수축에 따라 수동운동을 한다.
㉣ 골격 내부에 골수를 넣어 조혈작용을 한다.

08 인체의 구조에 있어 근육의 부착점인 동시에 체격을 결정 지으며 수동적 운동을 하는 기관은?

① 소화계 ② 신경계
③ 골격계 ④ 감각기계

해설

운동기관계 = 골격계(Skeletal system) + 근육계(Muscular system)
뼈는 관절로 연결되고 근육의 작용으로 수동적인 운동을 하나, 근육은 능동적인 기능을 발휘하여 뼈(대소 200여개로 구성)를 움직이며 운동을 하게 된다.

정답 04 ④ 05 ① 06 ④ 07 ③ 08 ③

09 다음과 같은 착시현상과 가장 관계가 깊은 것은?

[다음]

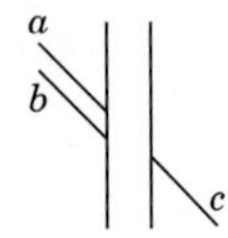

실제로는 a와 c가 일직선상에 있으나 b와 c가 일직선으로 보인다.

① Köhler의 착시(윤곽착오)
② Hering의 착시(분할착오)
③ Poggendorf의 착시(위치착오)
④ Müler-Lyer의 착시(동화착오)

해설

그림은 Poggendorf의 착시(위치 착오)에 해당하는 착시현상이다.
※ 뮬러-라이어(Müler-Lyer)의 착시(동화착오) : 두 직선의 길이가 동일하나 아래쪽 직선이 25~30% 정도 더 길게 보이는 현상

10 인간공학적 산업디자인의 필요성을 표현한 것으로 가장 적절한 것은?

① 보존의 편리 ② 효능 및 안전
③ 비용의 절감 ④ 설비의 기능 강화

해설

인간공학적 산업디자인에서 발달해 온 사고방법은 외관의 미적 감각과 함께 인간에게 편리한 기능을 연구하여 디자인에 적용하는 것으로 효능과 안전이 중요시 된다.
※ 제품디자인에 인간공학을 적용할 때 필요한 일반적인 정보에는 표준(standards), 인체측정치 (anthropometric data), 체크리스트(checklist) 등이 있다.

11 색의 지각과 감정효과에 관한 설명으로 틀린 것은?

① 색의 온도감은 빨강, 주황, 노랑, 연두, 녹색, 파랑, 하양 순으로 파장이 긴 쪽이 따뜻하게 지각된다.
② 색의 온도감은 색의 삼속성 중 명도의 영향을 많이 받는다.
③ 난색계열의 고채도는 심리적 흥분을 유도하나 한색계열의 저채도는 심리적으로 침정된다.
④ 연두, 녹색, 보라 등은 때로는 차갑게 때로는 따뜻하게 느껴질 수도 있는 중성색이다.

해설 온도감

㉠ 온도감은 색상에 의한 효과가 극히 강하다.
㉡ 따뜻해 보인다고 느끼는 색을 난색이라고 하며, 일반적으로 적극적인 효과가 있으며, 추워 보인다고 느끼는 색을 한색이라고 하며, 진정적인 효과가 있다. 중성은 난색과 한색의 중간으로 따뜻하지도 춥지도 않은 성격으로 효과도 중간적이다.
※ 색온도 변화의 순서 : 빨강 - 주황 - 노랑 - 연두 - 녹색 - 파랑 - 하양

12 연기 속으로 사라진다는 뜻으로 색을 미묘하게 연속 변화시켜 형태의 윤곽이 엷은 안개에 쌓인 것처럼 차차 사라지게 하는 기법은?

① 그라데이션(gradation)
② 데칼코마니(decalcomanie)
③ 스푸마토(sfumato)
④ 메조틴트(mezzotint)

해설 그라데이션(Gradation)

그라데이션이란 한 가지 색이 다른 색으로 옮겨갈 때 진행되는 색의 변조를 뜻하는 것으로 점층법이라고도 한다. 양복지 디자인을 할 때 동일한 요소 도형의 배열을 연속적으로 비슷하게 하는 방법이다. 즉 단계적으로 일관성 있게 변화를 주는 방법으로, 한 가지 요소를 점층적으로 확대하거나 반대로 축소함으로써 변화를 가져오게 하는 방법이다.

정답 09 ③ 10 ② 11 ② 12 ③

※ 그라데이션(gradation, 연속배색) : 단계적으로 명도, 채도, 색상, 톤의 배열에 따라서 시각적인 자연스러움을 주는 것으로 3색 이상의 다색배색에서 이와 같은 효과를 낼 수 있는 배색방법을 연속배색이라고 한다.
※ 데칼코마니(decalcomanie) : 장식 기법 중 하나로, 도자기 혹은 기타 물건 등에 판화 혹은 미술 작품을 옮기는 것을 말한다.
※ 메조틴트(Mezzotint) : 요판 인쇄 기법 중 하나로, 조각한 판면을 약품을 이용해 부식시키는 과정(에칭)을 거치지 않기 때문에 드라이포인트 기법에 속한다. 선이나 점으로 음영을 표현하지 않고 직접 중간 톤을 인쇄할 수 있는 기법이다.

13 색의 항상성(Color Constancy)을 바르게 설명한 것은?

① 배경색에 따라 색채가 변하여 인지된다.
② 조명에 따라 색채가 다르게 인지된다.
③ 빛의 양과 거리에 따라 색채가 다르게 인지된다.
④ 배경색과 조명이 변해도 색채는 그대로 인지된다.

해설 항상성(恒常性, constancy)

㉠ 물체에서 반사광의 분광특성이 변화되어도 거의 같은 색으로 보이는 현상으로 조명조건이 바뀌어도 일정하게 유지되는 색채의 감각을 말한다.
㉡ 항상성은 보는 밝기와 색이 조명등의 물리적 변화에 응하여 망막자극의 변화와 비례하지 않는 것을 말한다.
㉢ 밝기의 항상성은 밝은 물건 쪽이 강하며, 색의 항상성은 색광시야가 크면 강하다.
㉣ 흰 종이를 어두운 곳이나 밝은 곳에서 보았을 때 어두운 곳에 있을 때가 더 밝게 보이지만 여전히 우리 눈은 흰 종이를 인식한다.

14 다음 중 감산혼합을 바르게 설명한 것은?

① 2개 이상의 색을 혼합하면 혼합한 색의 명도는 낮아진다.
② 가법혼색, 색광혼합이라고도 한다.
③ 2개 이상의 색을 혼합하면 색의 수에 관계없이 명도는 혼합하는 색의 평균 명도가 된다.
④ 2개 이상의 색을 혼합하면 색의 수에 관계없이 무채색이 된다.

해설 색료혼합[감산혼합(감법혼색)]

㉠ 색료의 혼합으로 색료 혼합의 3원색은 청색(Cyan), 자주(Magenta), 노랑(Yellow)이다.
㉡ 색료를 혼합하여 색필터를 겹치거나 그림물감을 혼합하는 방법을 감산혼합(減算混合) 또는 감법혼색(減法混色), 색료혼합이라고 한다.
㉢ 혼합할수록 더 어두워지는 물감(색료)의 혼합을 말한다.
㉣ 색료의 혼합(그림물감, 인쇄잉크, 염료 등)으로 섞을수록 명도가 낮아진다. 색을 겹치면 그만큼 빛의 양이 줄어 어두워지므로 어떤 색에서 어떤 부분의 빛을 없애는 것이다.
㉤ 2차색은 원색보다 명도와 채도가 낮아진다.

15 다음은 먼셀의 표색계이다. (A)에 맞는 요소는?

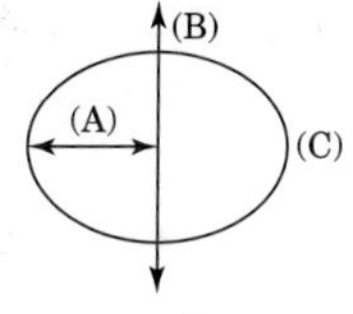

① White ② Hue
③ Chroma ④ Value

해설 먼셀 표색계

색상(Hue), 명도(Value), 채도(Chroma)의 기호는 H, V, C이며 HV/C로 표기된다.

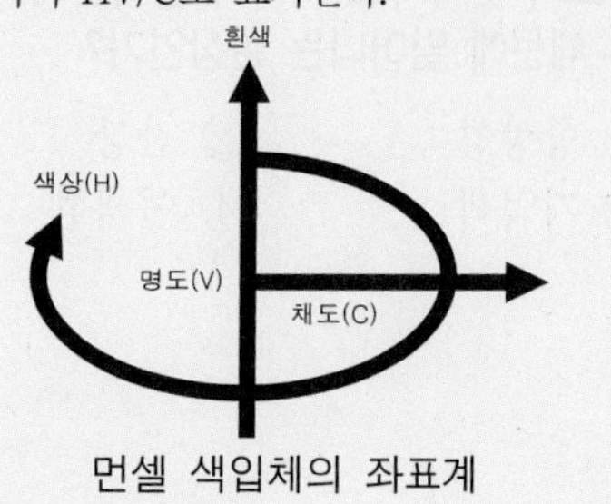

먼셀 색입체의 좌표계

정답 13 ④ 14 ① 15 ③

16 다음 색 중 명도가 가장 낮은 색은?

① 2R 8/4　② 5Y 6/6
③ 7.5G 4/2　④ 10B 2/2

해설 먼셀(Munsell)의 색입체(Color Soild)

색의 3속성인 색상, 명도, 채도에 의해 색을 조직적으로 배열하여 한눈에 알아볼 수 있도록 입체적으로 만든 구조체로 1898년 먼셀이 창안한 것으로 색채나무(Color Tree)라 한다.

㉠ 색상(Hue) : 원의 형태로 무채색을 중심으로 배열된다.
㉡ 명도(Value) : 수직선 방향으로 아래에서 위로 갈수록 명도가 높아진다.
㉢ 채도(Chroma) : 방사형의 형태로 안쪽에서 밖으로 나올수록 높아진다.
※ 먼셀 색상은 각각 적(Red), 황(Yellow), 녹(Green), 청(Blue), 자(Purple)의 R, Y, G, B, P 기본 5색상으로 하고, 다음 주황(YR), 연두(GY), 청록(BG), 남색(PB), 자주(RP)의 중간색을 두어 10개의 색상으로 등분한다.

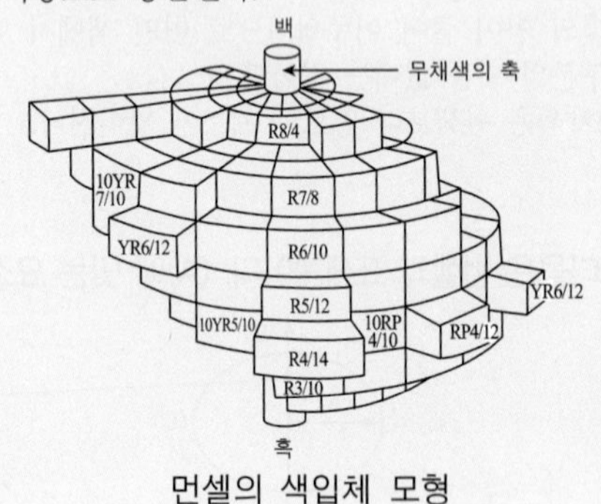

먼셀의 색입체 모형

17 적색의 육류나 과일이 황색 접시 위에 놓여 있을 때 육류와 과일의 적색이 자색으로 보여 신선도가 낮아지고 미각이 떨어진다. 이것은 무엇 때문에 일어나는 현상인가?

① 항상성　② 잔상
③ 기억색　④ 연색성

해설 잔상(after image)

㉠ 색상에 의하여 망막이 자극을 받게 되면 시세포의 흥분이 중추에 전해져 자극이 끝난 후에도 계속해서 생기는 시감각 현상
㉡ 시적 잔상이라고 말하는 현상에는 정의 잔상, 부의 잔상 또는 보색잔상이 있다.
- 정의(양성)잔상 : 자극으로 생긴 상의 밝기와 색이 똑같은 느낌으로 계속해서 보이는 현상
- 부의(음성)잔상 : 자극으로 생긴 상의 밝기나 색상 등이 정반대로 느껴지는 현상
- 보색(심리)잔상 : 어떤 원색을 보다가 백색면으로 시선을 옮기면 그 원색의 보색이 보이는 현상으로 망막의 피로현상 때문에 생기는 현상이다.

㉢ 영화, TV 등과 같이 계속적인 움직임의 영상은 정의 잔상 현상을 이용한 것이고, 보색잔상은 부의 잔상의 예라 할 수 있다.

18 배색에 관한 일반적인 설명으로 옳은 것은?

① 가장 넓은 면적의 부분에 주로 적용되는 색채를 보조색이라고 한다.
② 통일감 있는 색채 계획을 위해 보조색은 전체 색채의 50% 이상을 동일한 색채로 사용하여야 한다.
③ 보조색은 항상 무채색을 적용해야 한다.
④ 강조색은 주로 작은 면적에 사용되면서 시선을 집중시키는 효과를 나타낸다.

해설 주조색, 보조색, 강조색

㉠ 주조색(70% 정도) : 배색의 기본이 되는 색으로 전체 면적을 기준으로 약 70%를 차지한다.
㉡ 보조색(20~25% 정도) : 주조색을 보완해주는 색으로 한가지 또는 여러 색인 경우가 있지만 주조색과 색상이나 톤의 차가 작고 유사하게 하면 통일감 있는 조화를 이룰 수 있다.
㉢ 강조색(5% 정도) : 전체의 기조를 해치지 않는 범위에서 강조하는 색으로 주로 작은 면적에 사용되면서 포인트를 주어 전체 분위기에 생명력을 심어 주는 역할을 하여 시선을 집중시키는 효과를 나타낸다.

정답　16 ④　17 ②　18 ④

19 다음 ( )에 들어갈 용어를 순서대로 짝지은 것은?

> 일반적으로 모니터상에서 ( )형식으로 색채를 구현하고, ( )에 의해 색채를 혼합한다.

① RGB – 가법혼색② CMY – 가법혼색
③ Lab – 감법혼색 ④ CMY – 감법혼색

해설 가법혼색

색광의 3원색은 빨강(R), 녹색(G), 파랑(B) 색이다. 이들 삼원색은 서로 일정한 양을 합하여 백색광을 나타내는데 이처럼 빛의 색을 서로 더해서 빛이 점점 밝아지는 원리를 가법혼색(加法混色)이라고 한다. 컬러텔레비전의 수상기, 무대의 투광조명(投光照明), 분수의 채색조명 등에 이 원리가 사용된다.

※ 컴퓨터그래픽에서 표현할 수 있는 색체계는 크게 HSB, RGB, Lab, CMYK, Grayscale 등이 있다. 16진수 표기법은 각각 두 자리씩 RGB(Red, Green, Blue)값을 나타낸다.

20 슈브릴(M. E. Chevreul)의 색채조화 원리가 아닌 것은?

① 분리효과
② 도미넌트컬러
③ 등간격 2색의 조화
④ 보색배색의 조화

해설 슈브릴(M. E. Chevreul)의 색채조화론

슈브릴 (M. E. Chevreul : 1786~1889)의 이론으로 현대 색채 조화론의 출발이다. 색의 3속성에 근거한 독자적 색채 체계를 만들어 유사성과 대비성의 관계에서 조화를 규명하고 "색채의 조화는 유사성의 조화와 대조에서 이루어진다."라는 학설을 내세웠으며 현대 색채 조화론으로 발전시켰다.

㉠ 인접색의 조화 : 색상환에서 보면 배열이 가까운 관계에 있는 인접 색채끼리는 시각적 안정감이 있는 인접색의 조화가 이루어진다.
㉡ 반대색의 조화 : 반대색의 동시 대비 효과는 서로 상대색의 강도를 높여 주며, 오히려 쾌적감을 준다고 표현할 수 있다.
㉢ 근접 보색의 조화 : 보색 조화의 격조 높은 다양한 효과를 얻을 수 있는 대비가 근접 보색을 쓰는 방법이다. 즉, 하나의 기조색(基調色)이 그 양 옆의 정반대색의 두 색과 결합하는 것이다.
㉣ 등간격 3색의 조화 : 색상환에서 등간격 3색의 배열에 있는 3색의 배합을 가리키는데, 근접 보색의 배열보다 한층 화려하고 원색적인 효과를 가질 수 있는 방법이다.

※ 슈브릴 (M. E. Chevreul : 1786~1889)
17세 때 천연색소를 연구하고, 이어서 동물성지방의 연구를 시작하였다. 뛰어난 분석기술로 1810년부터 13년간 연구한 성과는 유지(油脂)의 근대적 연구의 기초가 되었다. 또 1813년에 최초의 연구로 비누가 산(酸)에 의해 여러 가지 지방산으로 변하는 사실을 발견하여 결국 지방이 지방산과 글리세롤로 되어 있음을 밝혀냈다. 올레인산, 스테아르산 등의 지방산의 명명도 그에 의한 것이다. 1824년에는 유명한 고블랭 염직공장의 염색주임이 되어 염료와 색채대조법을 연구하였는데, 이것은 공업뿐만 아니라 신인상파에도 영향을 주었으며, 염색기술을 직접 체험하면서 조화의 기초이론을 정립하게 되었다. 색채의 3속성 개념을 도입한 색상환에서 정량적 색채조화론을 제시하였다.

※ 등간격 2색의 조화는 오스트발트의 색채조화론의 원리이다.

정답 19 ① 20 ③

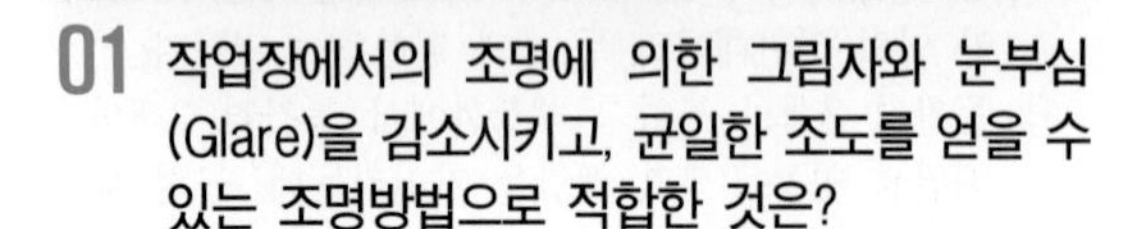

01 작업장에서의 조명에 의한 그림자와 눈부심(Glare)을 감소시키고, 균일한 조도를 얻을 수 있는 조명방법으로 적합한 것은?

① 자연광　　② 직접조명
③ 간접조명　　④ 국소조명

해설 간접조명

상향광속이 90~100%, 하향광속이 0~10%로, 반사광으로 조도를 구하는 조명방식이다. 간접조명은 조명효율이 낮고 입체감은 약하나, 작업장에서의 조명에 의한 눈부심(Glare)을 감소시키고 균일한 조도와 차분한 분위기를 얻을 수 있다.

02 음의 높고 낮음과 관련이 있는 음의 특성으로 옳은 것은?

① 진폭　　② 리듬
③ 파형　　④ 진동수

해설 소리의 3요소

㉠ 음의 세기 : 진폭
㉡ 음의 높이 : 진동수
㉢ 음색 : 파형

03 다음의 짐 운반방법 중 상대적에너지 소비량이 가장 큰 운반방법에 해당하는 것은?

① 배낭메기　　② 머리에 올리기
③ 쌀자루메기　　④ 양손으로 들기

해설 짐을 나르는 방법의 에너지가(산소소비량) 비교

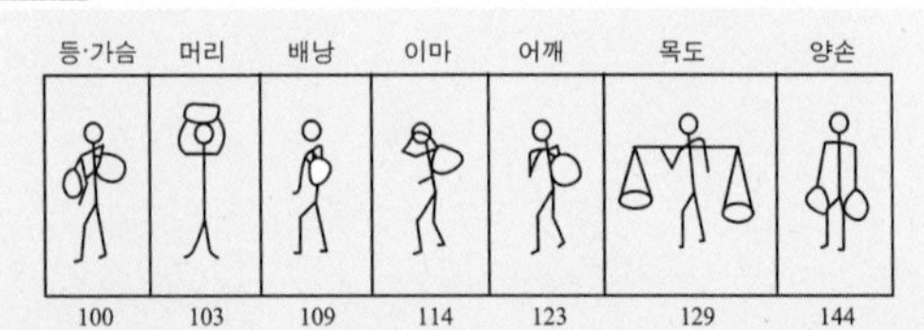

※ 짐을 나르는 방법의 에너지가(산소소비량)은 양손 > 목도 > 어깨 > 이마 > 배낭 > 머리 > 등·가슴 순이다.

04 다음 중 한국인 인체치수조사 사업의 표준인체 측정항목 중 등길이로 옳은 것은?

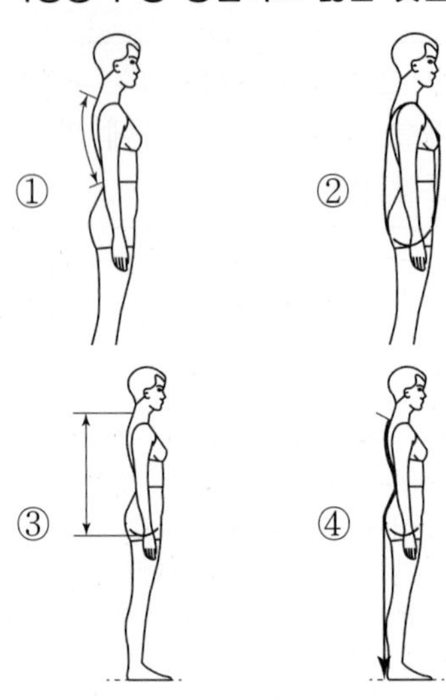

해설

한국인 인체치수조사 사업 'Size Korea'를 산업통상자원부 국가기술표준원에서 진행하고 있다. 한국인 인체치수조사 사업에 있어 표준인체측정법에 따라 허리 높이를 측정하는 방법은 인체공학적 선 자세를 취하고, 피측정자의 허리앞점과 바닥 사이의 수직거리를 측정한다.

☞ 표준인체측정법항목에 있어 등길이는 그림 ①과 같이 한다.

05 경계 및 경보 신호를 설계할 때의 지침으로 옳지 않은 것은?

① 배경 소음의 진동수와 다른 신호를 사용한다.
② 장거리 (300m 이상)용으로는 1000Hz 이상의 진동수를 사용한다.
③ 귀는 중음역에 가장 민감하므로 500~3000Hz의 진동수를 사용한다.
④ 신호가 장애물을 돌아가거나 칸막이를 사용할 때에는 500Hz 이하의 진동수를 사용한다.

정답　01 ③　02 ④　03 ④　04 ①　05 ②

해설 경계 및 경보신호의 선택 또는 설계시의 설계지침

㉠ 귀는 중음역에 가장 민감하므로 500~3,000Hz (또는 200~5,000Hz)의 진동수를 사용한다.
㉡ 장거리용(3,000m 이상)은 1,000Hz 이하의 진동수를 사용한다.
㉢ 신호가 장애물을 돌아가거나 칸막이를 사용할 때에는 500Hz 이하의 진동수를 사용한다.
㉣ 주의를 끌기 위해서는 변조된 신호(초당 1~8번 나는 소리, 초당 1~3번 오르내리는 소리 등) 사용한다.
㉤ 배경 소음의 진동수와 구별되는 신호를 사용한다.
㉥ 경보효과를 높이기 위해서 개시 시간이 짧은 고강도 신호를 사용한다.
㉦ 수화기를 사용하는 경우에는 좌우로 교번하는 신호를 사용한다.
㉧ 가능하면 확성기, 경적 등과 같은 별도의 통신계통을 사용한다.

06 산업안전보건법령상 영상표시단말기(VDT) 취급근로자의 작업자세에 관한 설명으로 옳지 않은 것은?

① 작업자의 손목을 지지해 줄 수 있도록 작업대 끝면과 키보드의 사이는 15cm 이상을 확보한다.
② 작업자의 시선은 수평선상으로부터 아래로 10~15° 이내로 한다.
③ 눈으로부터 화면까지의 시거리는 40cm 이상을 유지한다.
④ 무릎의 내각(knee angle)은 120° 이상이 되도록 한다.

해설

무릎의 내각(Knee Angle)은 90도 전후가 되도록 하되, 의자의 앉는 면의 앞부분과 영상표시단말기 취급근로자의 종아리 사이에는 손가락을 밀어 넣을 정도의 틈새가 있도록 하여 종아리와 대퇴부에 무리한 압력이 가해지지 않도록 할 것

07 눈과 카메라의 구조상 동일한 기능을 수행하는 기관을 연결한 것으로 적합하지 않은 것은?

① 망막 – 필름
② 동공 – 조리개
③ 수정체 – 렌즈
④ 시신경 – 셔터

해설 눈의 구조와 카메라의 비교

㉠ 동공 – 조리개의 역할
㉡ 수정체 – 렌즈의 역할
㉢ 망막 – 필름의 역할
㉣ 유두 – 셔터의 역할

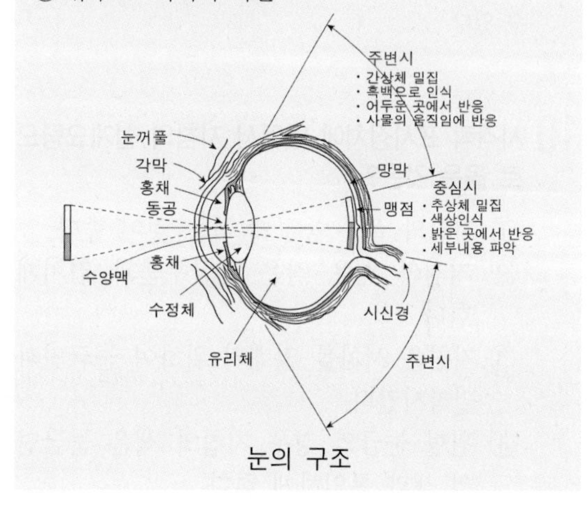

눈의 구조

08 최적의 조건에서 시각적 암호의 식별 가능 수준 수가 가장 큰 것은?

① 숫자
② 면색(面色)
③ 영문자
④ 색광(色光)

해설

최적의 조건하에서 시각적 암호의 식별 가능 수준수가 가장 큰 것은 영문자로 하는 것이다.

09 인간-기계 시스템의 평가척도 중 인간기준이 아닌 것은?

① 성능척도
② 객관적 응답
③ 생리적 지표
④ 주관적 반응

정답 06 ④ 07 ④ 08 ③ 09 ②

해설 인간공학 연구에 사용되는 인간 기준(human criteria)의 척도

㉠ 인간성능 척도(performance measure) : 빈도 척도, 강도 척도, 지연성 척도, 지속성 척도 등을 조합하여 사용
㉡ 생리학적 지표(physiological index) : 육체적, 정신적 작업과 환경의 영향에 따라 발생하는 심박수, 혈압, 호흡률, 산소소비량, 시력, 청력 등을 통해 인간의 스트레스 측정에 사용
㉢ 주관적 반응(subjective response) : 기준을 측정할 때 실험 참가자의 의견, 평가, 판단 등을 기초로 의자의 안락감, 컴퓨터 시스템의 편리성, 마우스의 선호도 등을 주관적 응답을 통해 얻을 수 있다.

10 시각적 표시장치에 있어서 지침의 설계요령으로 옳은 것은?

① 지침의 끝은 둥글게 하는 것이 좋다.
② 지침의 끝은 작은 눈금부분과 겹치게 한다.
③ 지침은 시차를 없애기 위하여 눈금면과 밀착시킨다.
④ 원형 눈금의 경우 지침의 색은 눈금면의 색과 동일하게 한다.

해설

① 지침의 끝은 가는 눈금선과 같은 폭으로 한다.
② 지침의 끝과 작은 눈금이 겹치지 않도록 한다.
④ 원형 눈금의 경우 지침의 색은 선단에서 눈금의 중심까지 칠한다.

11 색의 3속성에 대한 설명으로 가장 관계가 적은 것은?

① 색의 3속성이란 색자극 요소에 의해 일어나는 세 가지 지각성질을 말한다.
② 색의 3속성은 색상, 명도, 채도이다.
③ 색의 밝기에 대한 정도를 느끼는 것을 명도라 부른다.
④ 색의 3속성 중 채도만 있는 것을 유채색이라 한다.

해설 색의 3속성

① 인간은 색의 3속성에 의해 색을 여러 가지로 지각하게 된다.
② 색의 3속성은 빛의 물리적 3요소인 주파장, 분광률, 포화도에 의해 결정된다.
③ 인간이 물체에 대한 색을 느낄 때는 명도가 먼저 지각되고 다음으로 색상, 채도 순이다.
④ 명도는 빛의 분광률에 의해 다르게 나타나며, 완전한 흰색과 검정색은 존재하지 않는다.
⑤ 채도는 색의 선명도를 나타낸 것으로 회색을 띄고 있는 정도 즉, 색의 순하고 탁한 정도이다. 순색일수록 채도가 높다.
☞ 유채색은 무채색을 제외한 모든 색으로 스펙트럼의 단색에 의한 색상을 이룬 모든 색을 말한다. 색을 3속성(색상, 명도, 채도)을 모두 가지고 있다.

12 옷감을 고를 때 작은 견본을 보고 고른 후 옷이 완성된 후에는 예상과 달리 색상이 뚜렷한 경우가 있다. 이것은 다음 중 어느 것과 관련이 있는가?

① 보색대비　② 연변대비
③ 색상대비　④ 면적대비

해설 면적대비(Area Contrast)

㉠ 같은 색이라도 면적의 크고 적음에 따라 색의 명도, 채도가 다르게 보이는 현상
㉡ 큰 면적의 색은 실제보다 명도와 채도가 높아 보이며 밝고 선명하게 보이나, 작은 면적의 색은 실제보다 명도와 채도가 낮아 보인다.
[예] 노랑 3 : 파랑 8, 노랑 3 : 보라 9, 빨강 5 : 녹색 4, 빨강 1 : 파랑 1

13 24비트 컬러 중에서 정해진 256 컬러표를 사용하는 단일 채널 이미지는?

① 256 vector colors
② grayscale
③ bitmap color
④ indexed color

정답 10 ③ 11 ④ 12 ④ 13 ④

해설

컴퓨터에서 색채를 표현할 때는 비트(bit)로 나타내게 되며, 24비트(bit) 컬러는 사람의 육안으로 볼 수 있는 전체 컬러를 망라하지는 못하지만 거의 그에 가깝게 표현할 수 있다. 디지털 이미지에서 색채단위 수가 24비트 컬러 이상이면 풀 컬러(Full Color)를 구현한다고 할 수 있다.
※ 비트(bit)
㉠ 컴퓨터데이터의 가장 작은 단위로 하나의 2진수값(0과 1)을 가진다.
㉡ 픽셀 1개당 2진수 값을 표현할 수 있다.(흑과 백)
㉢ 8비트(2)를 조합하여 256음영단계(grayscale)를 가지게 된다.

14 다음 그림과 같은 색입체는?

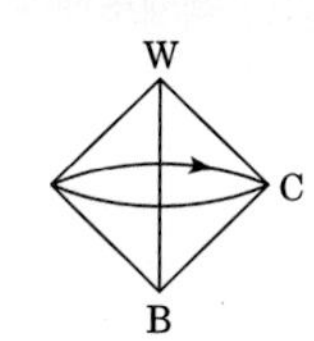

① 오스트발트 ② 먼셀
③ L*a*b* ④ 괴테

해설 오스트발트의 색입체

㉠ 3각형을 회전시켜서 이루어지는 원뿔 2개를 맞붙여(위아래로) 놓은 모양으로, 즉 주판알과 같은 복원뿔체이다. 색입체 중에 포함되어 있는 유채색은 색상기호, 백색량, 흑색량의 순으로 표시한다.
[예] 2Rne와 같이 표시하는데 2R은 색상이며 n은 백색량, e는 흑색량을 표시하는 것이다.
㉡ 명도단계를 수직축으로 하여, 최상단을 백, 최하단을 흑으로 하여 수직축을 세우고 이것을 한 변으로 하는 정삼각형을 만들어, 그 정점에 각 색상의 색표로써 순색을 배치하고 있다. 이 정삼각형의 원리는 모든 색에 적용된다.

15 빨간 사과를 태양광선 아래에서 보았을 때와 백열등 아래에서 보았을 때 빨간색이 동일하게 지각되는데 이 현상을 무엇이라고 하는가?

① 명순응 ② 대비현상
③ 항상성 ④ 연색성

해설 항상성(恒常性 ; constancy)

㉠ 물체에서 반사광의 분광특성이 변화되어도 거의 같은 색으로 보이는 현상으로 조명조건이 바뀌어도 일정하게 유지되는 색채의 감각을 말한다.
㉡ 항상성은 보는 밝기와 색이 조명등의 물리적 변화에 응하여 망막자극의 변화와 비례하지 않는 것을 말한다.
㉢ 밝기의 항상성은 밝은 물건 쪽이 강하며, 색의 항상성은 색광시야가 크면 강하다.
㉣ 흰 종이를 어두운 곳이나 밝은 곳에서 보았을 때 어두운 곳에 있을 때가 더 밝게 보이지만 여전히 우리 눈은 흰 종이를 인식한다.

16 문 · 스펜서의 조화론에서 색의 중심이 되는 순응점은?

① N5 ② N7
③ N9 ④ N10

해설

문·스펜서(P. Moon·D. E. Spencer)의 조화론에서는 색의 중심이 되는 순응점은 N5로 한다. 문스펜서의 오메가(ω)공간(색공간)에서 N5보다 클 때는 명도의 단계가 높아지므로 자극적이며 따뜻한 심리효과를 얻을 수 있다. 순응점으로부터 지정된 색까지의 입체적 거리는 스칼라 모멘트이다.

17 다음 중 뚱뚱한 체격의 사람이 피해야 할 의복의 색은 무엇인가?

① 청색 ② 초록색
③ 노란색 ④ 바다색

해설

노란색은 확대되어 보이는 색이다.
※ 진출과 후퇴, 팽창과 수축
㉠ 진출, 팽창색 : 고명도, 고채도, 난색 계열의 색 – 예 : 적, 황
㉡ 후퇴, 수축색 : 저명도, 저채도, 한색 계열의 색 – 예 : 녹, 청
☞ 살찐 사람이 입었을 때 날씬하게 보이는 옷의 배색은 세로 줄무늬, 저채도, 저명도, 한색으로 한다.

정답 14 ① 15 ③ 16 ① 17 ③

18 다음은 색의 어떤 성질에 대한 설명인가?

> 흔히 태양광선 아래에서 본 물체와 형광등 아래에서 본 물체는 색이 다르게 보일 수 있는데 이는 광원에 따라 다른 성질을 보인 것이다.

① 조건등색　② 색각이상
③ 베졸드 효과　④ 연색성

해설 연색성

㉠ 광원에 의해 조명되어 나타나는 물체의 색을 연색이라 하고, 태양광(주광)을 기준으로 하여 어느 정도 주광과 비슷한 색상을 연출을 할 수 있는가를 나타내는 지표를 연색성이라 한다. 즉, 같은 물체색이라도 조명에 따라 다르게 보이는 현상을 말한다.
㉡ 백열등과 메탈할라이트등은 연색성이 좋다. 주광색 형광등은 연색성이 좋은 편이나 수은등은 연색성이 그다지 좋지 않고, 나트륨등은 청색이 강조되는 데 연색성이 좋지 않아 개선한 등으로 써야 한다.

19 먼셀의 20색상환에서 보색대비의 연결은?

① 노랑 - 남색　② 파랑 - 초록
③ 보라 - 노랑　④ 빨강 - 초록

해설 보색

㉠ 서로 반대되는 색상, 즉 색상환에서 180도 반대편에 있는 색이다.
㉡ 보색인 색광을 혼합하여 백색광이 되었을 때 두 색광은 서로 상대에 대한 보색이라 하는데 빨강과 청록, 파랑과 노랑, 녹색과 자주를 혼합하면 백색광이 된다.
㉢ 주목성이 강하며, 서로 돋보이게 해주므로 주제를 살리는데 효과가 있다.
㉣ 보색을 적절히 이용하여 고급스러운 분위기의 차분함을 연출하는 기법을 보색터치라고 한다.
㉤ 밝은 색상을 만들기 위해 흰색과 원색만으로 색을 만들면 너무 튀는 색상이 만들어지는데 이때에는 보색을 아주 조금 섞어주면 차분하고 고급스러운 색상이 만들어진다.

20 색의 조화에 관한 설명 중 옳은 것은?

① 색채의 조화, 부조화는 주관적인 것이기 때문에 인간 공통의 어떠한 법칙을 찾아내는 것은 불가능하다.
② 일반적으로 조화는 질서 있는 배색에서 생긴다.
③ 문·스펜서 조화론은 오스트발트 표색계를 사용한 것이다.
④ 오스트발트 조화론은 먼셀 표색계를 사용한 것이다.

해설

색채의 조화는 의식할 수 있고 효과적인 반응을 일으키는 질서 있는 계획에 따른 색채들에서 생긴다고 하는 질서의 원리는 색채조화의 이론에 있어서 보편적으로 공통되는 원리에 해당된다.

정답　18 ④　19 ①　20 ②

색채 및 인간공학
2020년 6월 6일(1·2회)

01 주의(attention)의 특징으로 볼 수 없는 것은?

① 선택성 ② 양립성
③ 방향성 ④ 변동성

해설 양립성(兩立性 ; compatibility)

인간공학에 있어 자극들 사이, 반응들 사이, 혹은 자극-반응 조합의 공간, 운동, 혹은 개념적 관계가 인간의 기대와 모순되지 않도록 하는 성질

㉠ 공간 양립성 : 어떤 사물들 특히 표시장치나 조종 장치에서 물리적 형태나 공간적인 배치의 양립성
[예] 오른쪽 조리대는 오른쪽 조절장치로, 왼쪽 조리대는 왼쪽 조절장치로 조정하도록 설계하는 것
㉡ 운동 양립성 : 표시장치, 조종 장치, 체계반응의 운동방향의 양립성
㉢ 개념 양립성 : 어떤 암호 체계에서 청색이 정상을 나타내듯이 사람들이 가지고 있는 개념적 연상의 양립성
[예] "냉·온수기의 손잡이 색상 중 빨간색은 뜨거운 물, 파란색은 차가운 물이 나오도록 설계한다."

02 일반적으로 실현가능성이 같은 N개의 대안이 있을 때 총 정보량을 구하는 식으로 옳은 것은?

① $\log_2 N$ ② $\log_{10} 2N$
③ $\frac{N}{\log_{10} N}$ ④ $\frac{1}{2}N^2$

해설 비트(bit)

과학적 탐구를 하기 위해서는 연구에 관련된 변수들을 비교적 계량적이고 객관적인 입장에서 측정하거나 식별할 수 있어야 한다. 즉, bit(binary digit)

① 비트(bit)란 실현 가능성이 같은 2개의 대안 중 하나가 명시되었을 때 우리가 얻는 정보량
㉠ 일반적으로 실현가능성이 같은 N개의 대안이 있을 때 총정보량을 구하는 식
총정보량(H) $=\log_2 N$ (bit)
㉡ p를 각 대안의 실현 확률이라 하면
총정보량(H) $=\log_2 \frac{1}{p}$ (bit)
② 가장 간단한 경우, 여러 대안의 실현 확률이 같을 때, 두 가지 대안 밖에 없다면 정보량은 그의 밑에 2인 대수치, 즉 1bit

03 다음 조종장치 중 단회전용 조종 장치로 가장 적합한 것은?

① 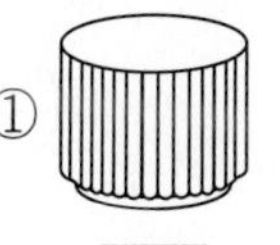 ② 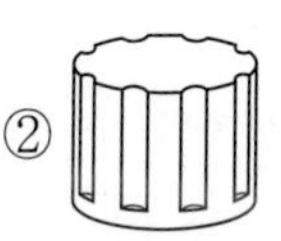

③ 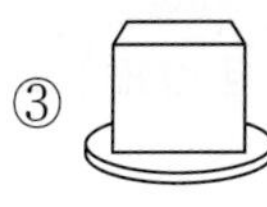 ④ 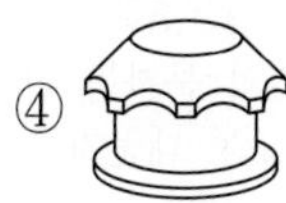

해설

③의 손잡이는 단회전용 조작장치로 사용하는 것이 적합하다.

04 조명을 설계할 때 필요한 요소와 관련이 없는 것은?

① 작업 중 손 가까이를 일정하게 비출 것
② 작업 중 손 가까이를 적당한 밝기로 비출 것
③ 작업부분과 배경사이에 적당한 콘트라스트가 있을 것
④ 광원과 다른 물건에서도 눈부신 반사가 조금 있도록 할 것

해설 조명설계시 필요한 요소

㉠ 작업 중 손 주변을 일정하게 비출 것
㉡ 작업 중 손 주변을 적당한 밝기로 비출 것
㉢ 작업부분과 배경사이에 대비(콘트라스트, contrast)가 있을 것
㉣ 광원 및 다른 물건에서도 눈부신 반사가 없도록 할 것
㉤ 광원이나 각 표면의 반사가 적당한 강도와 색을 지닐 것

정답 01 ② 02 ① 03 ③ 04 ④

05 다음 중 시각표시장치의 설계에 필요한 지침으로 옳은 설명은?

① 보통 글자의 폭 – 높이 비는 5:3이 좋다.
② 정량적 눈금에는 일반적으로 1단위의 수열이 사용하기 좋다.
③ 계기판의 문자는 소문자, 지침류의 문자는 대문자를 채택하는 방식이 좋다.
④ 흰 바탕에 검은 글씨로 표시할 경우에 획폭비는 글씨 높이의 1/3이 좋다.

해설

① 보통 글자의 폭–높이 비는 1 : 1의 비가 적당하며, 3 : 5까지는 독해성에 영향이 없고, 숫자의 경우는 3 : 5를 표준으로 한다.
③ 계기판의 문자는 간결한 말로 된 상표나 표지판에는 모두 대문자를 써야 한다.
(긴 안내문 문구에서는 대문자와 소문자를 함께 사용한다.)
④ 흰 바탕에 검은 글씨로 표시할 경우 자획의 굵기는 글씨 키의 약 1/6이 좋다.

06 다음 그림에서 에너지소비가 큰 것에서부터 작은 순서대로 올바르게 나열된 것은?

① ㉢ → ㉠ → ㉡ → ㉣
② ㉢ → ㉡ → ㉠ → ㉣
③ ㉡ → ㉠ → ㉢ → ㉣
④ ㉡ → ㉢ → ㉠ → ㉣

해설 신체 활동의 에너지

여러 신체활동에 따르는 에너지(kcal/분)

07 물체의 상이 맺히는 거리를 조절하는 눈의 구성요소는?

① 망막 ② 각막
③ 홍채 ④ 수정체

해설 눈의 구조와 기능

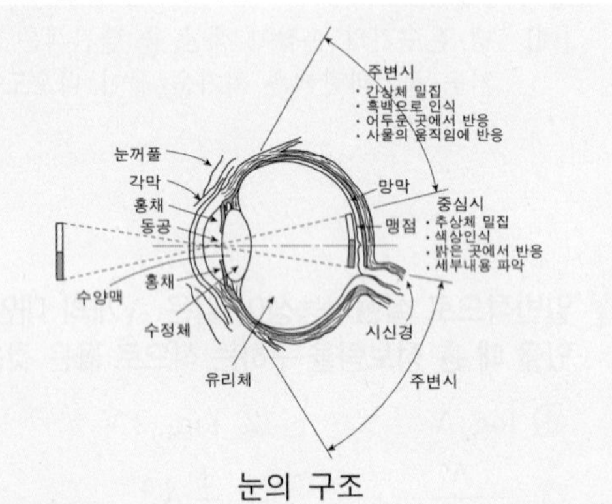

눈의 구조

① 각막
눈의 앞쪽 창문에 해당되는 이 부분은 광선을 질서 정연한 모양으로 굴절시킴으로써 보는 과정의 첫 단계를 담당한다.

② 동공
㉠ 조절이 가능한 광선의 통로
㉡ 홍채를 통해 눈으로 들어오는 빛의 양을 조절 (카메라의 조리개 역할)
㉢ 눈부신 햇빛 속에서는 거의 닫히고 어두운 밤에는 활짝 열린다.

정답 05 ② 06 ① 07 ④

③ 수정체
㉠ 각막, 방수, 동공을 통과하는 빛의 물체를 잘 볼 수 있도록 핀트를 맞추어 주므로 카메라의 렌즈에 해당된다.
㉡ 눈에 입사하는 빛을 망막에 정확하고 깨끗하게 초점을 맺도록 자동적으로 조절하는 역할을 한다. (카메라의 렌즈 역할)
④ 망막
㉠ 빛이 수정체를 통과하면 수정체는 눈의 안쪽 후면 2/3를 덮고 있는 얇은 반투명 벽지 모양의 망막에 정확히 초점을 맞춘다.
㉡ 망막에는 1억 3천만 개의 감광세포가 들어 있다.
㉢ 700만개는 색을 식별하는 기능을 하는 원추모양의 원추세포 또는 추상세포이다.
⑤ 초자체
㉠ 수정체 뒤와 망막 사이에 안구의 형태를 구형으로 유지하는 액체
㉡ 만일 이 액체가 적어지면 노안시가 된다.
※ 눈의 구조와 카메라의 비교
㉠ 동공 - 조리개의 역할
㉡ 수정체 - 렌즈의 역할
㉢ 망막 - 필름의 역할
㉣ 유두 - 셔터의 역할

08 온도 변화에 대한 인체의 영향에 있어 적정온도에서 추운 환경으로 바뀌었을 때의 현상으로 옳지 않은 것은?

① 피부온도가 내려간다.
② 몸이 떨리고 소름이 돋는다.
③ 직장의 온도가 약간 올라간다.
④ 많은 양의 혈액이 피부를 경유하게 된다.

해설 온도 변화에 따른 인체의 적응

① 적온(適溫)에서 추운 환경으로 바뀔 때
㉠ 피부온도가 내려간다.
㉡ 피부를 경유하는 혈액순환량이 감소하고, 많은 양의 혈액이 몸의 중심부를 순환한다.
㉢ 직장(直腸) 온도가 약간 올라간다.
㉣ 소름이 돋고 몸이 떨린다.
② 적온에서 더운 환경으로 바뀔 때
㉠ 피부온도가 올라간다.
㉡ 많은 양의 혈액이 피부를 경유한다.
㉢ 직장(直腸) 온도가 내려간다.
㉣ 발한이 시작된다.
※ 고온은 심장에서 흐르는 혈액의 대부분을 냉각시키기 위하여 외부 모세혈관으로 순환을 강요하게 되므로 뇌중추에 공급할 혈액의 순환 예비량을 감소시킨다.

09 일반적으로 인체측정치의 최대 집단치를 기준으로 설계하는 것은?

① 선반의 높이
② 출입문의 높이
③ 안내 데스크의 높이
④ 공구 손잡이 둘레길이

해설 인체측정치 적용의 원칙(인체계측자료의 응용 3원칙)

(1) 최대 최소 치수
㉠ 최소 집단치 설계(도달 거리에 관련된 설계)
의자의 높이, 선반의 높이, 엘리베이터 조작버튼의 높이, 조종 장치의 거리 등과 같이 도달거리에 관련된 것들을 5퍼센타일을 사용한다.
㉡ 최대 집단치 설계 (여유 공간에 관련된 설계)
문, 탈출구, 통로와 같은 여유 공간에 관련된 것들은 95퍼센타일을 사용한다. 보다 많은 사람을 만족시킬 수 있는 설계가 되는 것이다.
(2) 조절 범위
통상 5% 차에서 95% 차까지의 90% 범위를 수용대상으로 설계하는 것이 관례이다.
예) 자동차의 좌식의 전후 조절, 사무실 의자의 상하 조절
(3) 평균치 설계
특정한 장비나 설비의 경우 최소 집단치나 최대 집단치를 기준으로 설계하는 것이 부적합하고 조절식으로 하기에도 부적절한 경우 부득이하게 평균치를 기준으로 설계해야 할 경우가 있다.
예) 손님 평균신장 기준의 은행의 계산대

10 인간-기계 시스템의 기능 중 행동에 대해 결정을 내리는 것으로 표현되는 기능은?

① 감각(sensing)
② 실행(execution)
③ 의사결정(decision making)
④ 정보저장(information storage)

정답 08 ④ 09 ② 10 ③

해설 인간-기계의 기본 기능

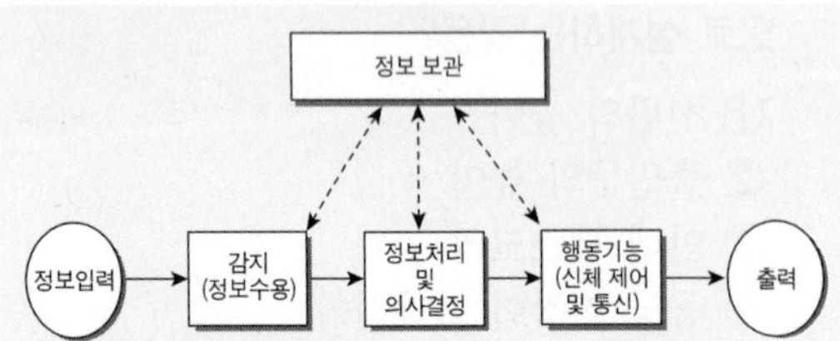

인간-기계 통합 시스템의 인간 또는 기계에 의해서 수행되는 기본 기능의 유형

(1) 감지(sensing)
① 인간에 의한 감지 : 시각, 청각, 촉각과 같은 여러 감각기관
② 기계에 의한 감지 : 전자, 사진, 기계적인 여러 종류

(2) 정보의 저장(information storage) : 기억
① 인간의 정보 저장 : 기억
② 기계의 정보 저장 : 펀치 카드, 녹음 테이프, 자기 테이프, 자료표

(3) 정보처리 및 의사결정(information processing and decision)
① 정보 처리란 감지한 정보를 가지고 수행하는 여러 가지의 조작으로서 이 과정은 기억 재생 과정과 밀접히 연결되며, 정보의 평가는 분석과 판단 기능을 수행함으로써 이루어진다.
② 분석과 판단 기능을 거친 정보는 행동 직전의 결심을 내리는 자료가 된다.
③ 컴퓨터 시스템의 중앙처리장치(CPU)가 이 과정에 해당된다.

※ 인간의 심리적 정보처리 단계 : 회상(recall), 인식(recognition), 정리(집적 : retention)
※ 인간의 정보처리시간 : 0.5초(인간의 정보처리능력 한계)

(4) 행동 기능(action function)
① 내려진 의사 결정의 결과로 발생하는 조작 행위
② 조종장치를 작동시키거나 물리적인 조종행위나 과정
본질적인 통신행위 : 음향, 신호, 기록

11 표면색(surface color)에 대한 용어의 정의는?

① 광원에서 나오는 빛의 색
② 빛의 투과에 의해 나타나는 색
③ 물체에 빛이 반사하여 나타나는 색
④ 빛의 회절현상에 의해 나타나는 색

해설 색의 현상성

㉠ 광원색 : 조명에 의해 물체의 색을 지각하는 색
㉡ 면색 : 거리감, 물체감이 없이 면적의 느낌으로 색지각을 느끼는 색으로 평면색이라고도 한다.
㉢ 공간색 : 공간에 색물질로 차 있는 상태에서 색지각을 느끼는 색
㉣ 표면색 : 물체의 표면에서 빛이 반사되어 색지각을 느끼는 색
㉤ 투과색 : 어떤 대상을 빛이 투과하는 경우의 색

12 비렌의 색채조화 원리에서 가장 단순한 조화이면서 일반적으로 깨끗하고 신선해 보이는 조화는?

① COLOR – SHADE – BLACK
② TINT – TONE – SHADE
③ COLOR – TINT – WHITE
④ WHITE – GRAY – BLACK

해설 비렌의 색채 조화론

㉠ 비렌의 조화론은 제시된 색삼각형의 연속된 위치에서 색들을 조합하면 그 색들 간에는 관련된 시각적 요소가 포함되어 있기 때문에 서로 조화롭다는 것이다.
㉡ 비렌은 흰색, 검정색, 순색(빨강)을 꼭지점으로 하는 색삼각형은 Color(순색), White(흰색), Black(검정색), Gray(회색), Tint(밝은 색조), Shade(어두운 색조), Tone(톤)의 7가지 기본 범주에 의한 조화이론을 펼치고 있다.
㉢ 비렌의 색삼각형은 검정색과 흰색를 각각 100으로 놓고 이 두 색의 값을 뺀 나머지가 순색의 값이 된다.
㉣ 1차 요소에는 Color(순색), White(흰색), Black(검정색)으로 고정되어 있고, 2차 요소는 2개의 1차 요소가 합쳐질 때 나타날 것으로 예측되는 특징으로 각각 독특한 용어로서 표시된다.
• 순색+흰색=명색조(Tint)
• 흰색+검정색=회색(Gray)
• 검정색+순색=암색조(Shade)

※ 비렌의 색채조화 원리에서 가장 단순한 조화이면서 일반적인 깨끗하고 신선해 보이는 조화는 순색(COLOR) – TINT(명색조) – WHITE(흰색)이다.

정답 11 ③ 12 ③

13 CIE LAB 모형에서 L이 의미하는 것은?

① 명도 ② 채도
③ 색상 ④ 순도

해설 CIE LAB 색공간

CIE가 추천하여 지각적으로 거의 균등한 간격을 가진 색공간
☞ CIE LAB 색공간에서 L은 명도를, A는 빨강과 초록을, B는 노랑과 파랑을 나타낸다.

14 다음 배색 중 가장 차분한 느낌을 주는 것은?

① 빨강 – 흰색 - 검정
② 하늘색 – 흰색 – 회색
③ 주황 – 초록 - 보라
④ 빨강 – 흰색 – 분홍

해설

한색, 저채도일수록 차분한 느낌이다. 하늘색 - 흰색 - 회색

15 감범혼색의 설명으로 틀린 것은?

① 3원색은 cyan, magenta, yellow이다.
② 감법혼색은 감산혼합, 색료혼합이라고도 하며, 혼색 할수록 탁하고 어두워진다.
③ magenta와 yellow를 혼색하면 빛의 3원색인 red가 된다.
④ magenta와 cyan의 혼합은 green이다.

해설 감산혼합(減算混合), 감법혼색(減法混色) – 색료혼합

① 색료의 혼합으로 색료 혼합의 3원색은 청색(Cyan), 자주(Magenta), 노랑(Yellow)이다.
② 색료를 혼합하여 색필터를 겹치거나 그림물감을 혼합하는 방법을 감산혼합(減算混合) 또는 감법혼색(減法混色), 색료혼합이라고 한다.
③ 2차색은 원색보다 명도와 채도가 낮아진다.
④ 색료 혼합의 3원색은 청색(Cyan), 자주(Magenta), 노랑(Yellow)을 모두 혼합하면 흑색(Black)이 된다.
⑤ 자주(마젠타)·노랑·청색(시안)을 여러 강도로 섞으면 어떤 색이라도 만들 수 있다. 따라서 이 3색을 감산혼합(減算混合)의 3원색이라고 한다.
㉠ 자주(M)+노랑(Y) = 빨강(R)
㉡ 노랑(Y)+파랑(C) = 초록(G)
㉢ 파랑(C)+자주(M) = 청자(B)
㉣ 자주(M)+노랑(Y)+파랑(C) = 검정(B)
⑥ 컬러사진, 컬러인쇄, 수채화 등에 이 원리가 사용된다.

16 디지털 컬러모드인 HSB모델의 H에 대한 설명이 옳은 것은?

① 색상을 의미, 0 ~ 100%로 표시
② 명도를 의미, 0 ~ 255°로 표시
③ 색상을 의미, 0 ~ 360°로 표시
④ 명도를 의미, 0 ~ 100%로 표시

해설 HSB 시스템

㉠ 먼셀 색채계와 같이 색의 3속성인 색상(Hue), 명도(Brightness), 채도(Satuation) 모드로 구성되어 있다.
㉡ 프로그램 상에서는 H모드, S모드, B모드를 볼 수 있다.
- H모드 : 색상을 선택하는 방법, 0~360°로 표시
- S모드 : 채도 즉, 색채의 포화도를 선택하는 방법
- B모드 : 명도를 선택하는 방법

17 유채색의 경우 보색잔상의 영향으로 먼저 본 색의 보색이 나중에 보는 색에 혼합되어 보이는 현상은?

① 계시대비 ② 명도대비
③ 색상대비 ④ 면적대비

해설 계시대비(successive contrast)

㉠ 시간적인 차이를 두고, 2개의 색을 순차적으로 볼 때에 생기는 색의 대비현상으로 계속대비 또는 연속대비라고도 한다.
㉡ 어떤 색을 본 후에 다른 색을 보면 단독으로 볼 때와는 다르게 보인다. 즉 나중에 보았던 색은 처음에 보았던 색의 보색에 가까워져 보인다.
㉢ [예] 빨강 색지를 보다가 흰 색지를 볼 때 희미하게 청록색으로 보이는 것은 보색잔상의 영향 때문이다.

정답 13 ① 14 ② 15 ④ 16 ③ 17 ①

18 **식욕을 감퇴시키는 효과가 가장 큰 색은?**

① 빨강색 ② 노란색
③ 갈색 ④ 파란색

해설

난색계통의 색은 식욕을 자극한다. 난색은 단맛과 연관이 있고, 한색은 신맛, 쓴맛과 연관이 있다.

19 **오스트발트(W. Ostwald)의 등색상 삼각형의 흰색(W)에서 순색(C) 방향과 평행한 색상의 계열은?**

① 등순계열 ② 등흑계열
③ 등백계열 ④ 등가색환계열

해설 오스트발트의 색채 조화론의 등색상 삼각형

① 오스트발트의 색채 조화론의 등색상 삼각형에서의 조화에는 등백색 계열의 조화, 등흑색 계열의 조화, 등순색 계열의 조화, 등색상 계열의 조화가 있다.
② 기본이 되는 색채는 B=Black, W=White, C=Full color 이다.
③ 등색상 삼각형에서의 조화
㉠ 등백색 계열의 조화 : 저사변의 평행선상
㉡ 등흑색 계열의 조화 : 위사변의 평행선상
㉢ 등순색 계열의 조화 : 수직선상
㉣ 등색상 계열의 조화 : 먼저 등순색 계열 속에서 2색을 선택하고 이들의 등백계열, 등흑계열의 교점에 해당하는 색을 선택하면 된다.
※ 등흑색 계열의 조화 : 등색상 3각형의 위쪽 사변에 평행한 선상의 색들은 조화된다.
뒤 알파벳이 같으면 등흑색 계열의 조화이다.

20 **색채계획에 있어 효과적인 색 지정을 하기 위하여 디자이너가 갖추어야 할 능력으로 거리가 먼 것은?**

① 색채변별능력 ② 색채조색능력
③ 색채구성능력 ④ 심리조사능력

해설 색채계획 과정에서 필요한 능력

㉠ 색채환경분석 : 색채 예측 데이터의 수집 능력, 색채의 변별, 조색 능력이 필요
㉡ 색채심리분석 : 심리 조사 능력, 색채 구성 능력이 필요
㉢ 색채전달계획 : 타사 제품과 차별화 시키는 마케팅 능력과 컬러 컨설턴트 능력이 필요
㉣ 디자인에 적용 : 아트 디렉션의 능력이 필요

정답 18 ④ 19 ② 20 ④

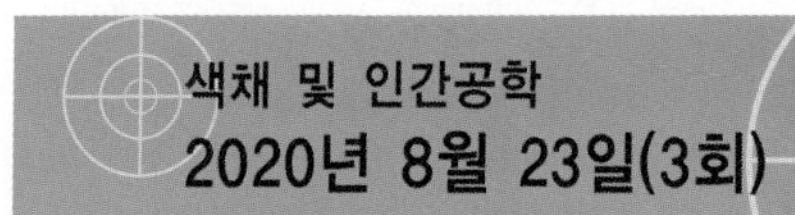

색채 및 인간공학
2020년 8월 23일(3회)

01 **근육의 대사(metabollism)에 관한 설명으로 옳지 않은 것은?**

① 산소를 소비하여 에너지를 발생시키는 과정이다.
② 음식물을 기계적 에너지와 열로 전환하는 과정이다.
③ 신체 활동 수준이 아주 낮은 경우에 젖산이 다량 축적된다.
④ 산소 소비량을 측정하면 에너지 소비량을 추정할 수 있다.

해설 근육의 대사(代謝)

근육에 공급되는 산소량이 부족한 경우 혈액 중에 젖산이 축적된다. 젖산은 유기성 과정에 의하여 물과 CO_2로 분해되어 발산된다. 일정 수준 이상의 활동이 종료된 후에도 일정 기간 동안은 산소가 더 필요하게 된다.
※ 당원(Glycogen)은 에너지의 원천으로 포도당(Glucose) 분자가 모여서 된 것이다. 당원은 에너지로 전환되는데 이 때 산소가 필요하며 산소가 부족할 때는 젖산(Lacticacid)이 생산된다.
※ 근육 운동을 시작한 직후에는 혐기성 대사에 의하여 에너지가 공급되는데 이때 소비되는 에너지원은 글리코겐, 크레아틴 인산(CP), 아데노신 삼인산(ATP) 등이 있다.

02 **그림과 같은 인간 - 기계 시스템의 정보흐름에 있어 빈 칸의 (a) 와 (b) 에 들어갈 용어로 옳은 것은?**

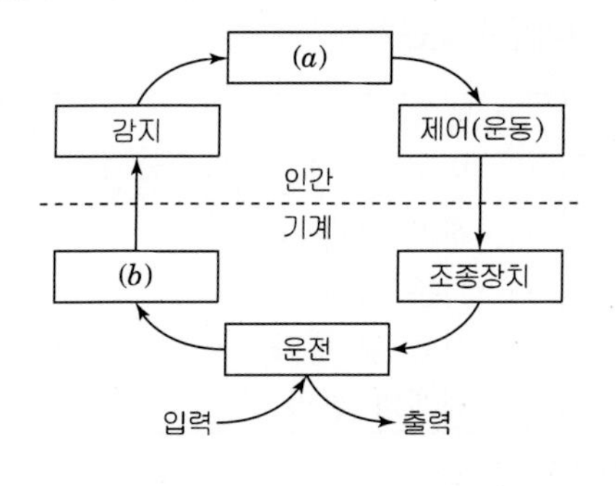

① (a) : 표시장치, (b) : 정보처리
② (a) : 의사결정, (b) : 정보저장
③ (a) : 표시장치, (b) : 의사결정
④ (a) : 정보처리, (b) : 표시장치

해설

보기의 그림은 기계화 체계에서 볼 수 있는 인간-기계 체계의 개략적인 묘사를 나타낸 것이다. (Chapanis) 인간은 표시장치를 통하여 체계의 상태에 대한 정보를 받고, 정보처리 및 의사 결정 기능을 수행하여 결심한 것을 조종장치를 사용하여 실행한다.
※ 인간-기계시스템에서 인터페이스의 구성요소는 표시장치 및 조종장치이다.

03 **수공구 설계의 기본 원리로 볼 수 없는 것은?**

① 손잡이의 단면은 원형을 피할 것
② 손잡이의 재질은 미끄럽지 않을 것
③ 양손잡이를 모두 고려한 설계일 것
④ 수공구의 무게를 줄이고 무게의 균형이 유지될 것

해설 수공구 설계의 기본 원리

㉠ 손목을 곧게 유지하도록 할 것
㉡ 양손잡이를 모두 고려한 설계일 것
㉢ 손잡이의 재질은 미끄럽지 않을 것
㉣ 공구의 무게를 줄이고 무게의 균형이 유지될 것
㉤ 반복적인 손가락 동작을 피하도록 할 것
㉥ 손잡이의 반경은 사용자의 손과 손가락이 닿는 면이 최대한이 되도록 될 수 있는 한 커야 할 것
㉦ 손가락으로 꽉 쥐는 손잡이는 깊은 홈이 패이지 않도록 할 것
※ 사용자의 손이 손잡이에 닿는 접촉면적을 가능한 한 넓히고, 반경이 매우 작은 손잡이라면 손잡이 표면에 돌기를 만들어서 사용자가 단단히 쥘 수 있게 한다.

04 **시각 자극에 대한 정보처리 과정에서 자극에 의미를 부여하고 해석하는 것은?**

① 감각 ② 지각
③ 감성 ④ 정서

정답 01 ③ 02 ④ 03 ① 04 ②

해설

지각이란 인간의 감각기관을 통해 현존하는 환경의 자극에 대한 정보를 받아들이게 되는 과정으로 감각, 지각, 촉각 등이 있다.

05 1cd인 광원에서는 약 몇 루멘(lm)의 광량을 방출하는가?

① 3.14　　② 6.28
③ 9.42　　④ 12.57

해설 광속

㉠ 광원으로부터 발산되는 빛의 양
㉡ 균일한 1cd의 점광원이 단위 입체각(1sr)내에 방사하는 광량(光量)
㉢ 단위 : 루멘(lumen, lm)

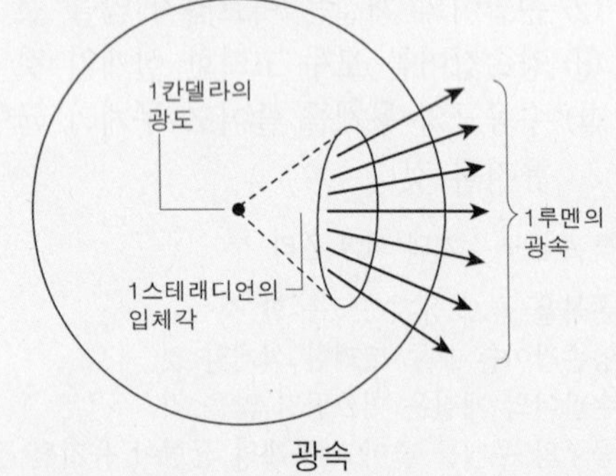

광속

※ 광속의 개념으로 표시하면 1cd의 광원이 발하는 광량은 4π(12.57)lumen이다.

06 다음 중 정량적 표시장치의 지침(指針) 설계에 있어 일반적인 요령으로 적절하지 않은 것은?

① 선각이 20° 정도 되는 뾰족한 지침을 사용한다.
② 지침의 끝은 작은 눈금과 겹치도록 한다.
③ 시차를 없애기 위하여 지침을 눈금면에 밀착시킨다.
④ 원형 눈금의 경우 지침의 색은 선단에서 눈금의 중심까지 칠한다.

해설

지침의 끝은 가장 가는 눈금선과 같은 폭이어야 하며 지침의 끝과 눈금의 사이는 될 수 있으면 좁은 것이 좋고 1.6mm 이상이 되어서는 안 된다.

07 피로 측정방법의 분류에 있어 감각기능검사에 속하는 것은?

① 심박수 검사
② 근전도 검사
③ 단순반응시간 검사
④ 에너지대사량 검사

해설 반응시간

동작을 개시할 때까지의 총 시간을 흔히 반응 시간이라 부른다. 이것은 동작 시간과는 별개이다.

㉠ 단순 반응시간 : 특정한 하나의 자극에 반응하는 시간으로 이러한 경우는 자극을 예상하고 있을 때인데, 반응시간이 가장 짧아서 0.15~0.2초이다. 개인 차이는 있을 수 있다.
㉡ 선택 반응시간 : 자극의 수가 여러 개일 경우의 반응시간으로 이러한 경우에는 반응시간이 길어지는데 그 이유는 정확한 반응을 결정해야 하는 중앙처리시간 때문이다.

※ 감각기관별 자극에 대한 반응시간

㉠ 청각 : 0.17초
㉡ 촉각 : 0.18초
㉢ 시각 : 0.20초
㉣ 미각 : 0.29초
㉤ 통각 : 0.70초

08 인간공학에 있어 시스템 설계 과정의 주요단계가 아래와 같은 경우 단계별 순서가 올바르게 나열된 것은?

ㄱ. 촉진물 설계
ㄴ. 목표 및 성능 명세 결정
ㄷ. 계면 설계
ㄹ. 기본 설계
ㅁ. 시험 및 평가
ㅂ. 체계의 정의

정답 05 ④ 06 ② 07 ③ 08 ①

① ㉡ → ㉥ → ㉣ → ㉢ → ㉠ → ㉤
② ㉡ → ㉣ → ㉢ → ㉥ → ㉠ → ㉤
③ ㉥ → ㉢ → ㉣ → ㉡ → ㉠ → ㉤
④ ㉥ → ㉣ → ㉡ → ㉢ → ㉠ → ㉤

해설 시스템 설계 과정의 주요 단계(순서)

목표 및 성능 명세 결정 – 체계의 정의 – 기본 설계 – 계면(界面) 설계 – 촉진물 설계 – 시험 및 평가
※ 계면(界面)(interface) : 서로 다른 물질들을 구분하는 경계면

09 망막을 구성하고 있는 세포 중 색채를 식별하는 기능을 가진 세포는?

① 공막　② 원추체
③ 간상체　④ 모양체

해설 간상체와 추상체의 특성

㉠ 간상체 : 흑백으로 인식, 어두운 곳에서 반응, 사물의 움직임에 반응 – 흑백필름 (암순응)
㉡ 추상체(원추체) : 색상 인식, 밝은 곳에서 반응, 세부 내용파악 – 칼라필름 (명순응)
☞ 사람의 한 눈에는 1억 3천만여개의 간상세포가 있다.
☞ 추상체(원추체)는 망막의 중심와에 약 650만 개가 모여 있는 원뿔 형태의 세포로, 색을 판단하는 색채 시각과 관련이 있다.

10 신체동작의 유형 중 팔굽혀펴기와 같은 동작에서 팔꿈치를 굽히는 동작에 해당하는 것은?

① 굴곡(flexion)　② 신전(extension)
③ 외전(aduction)　④ 내전(adduction)

해설 신체 역학

㉠ 굴곡(유착, flexion) : 신체 부분을 좁게 구부리거나 각도를 좁히는 동작으로 팔과 다리의 굴곡 외에 몇 가지의 굴곡 동작이 있다. [예] 팔굽혀펴기와 같은 동작에서 팔꿈치를 굽히는 동작
㉡ 신전(확장, extension) : 신체의 부위를 곧게 펴거나 각도를 늘리는 동작으로 굴곡에서 다시 돌아보는 동작을 말한다. 보통의 범위 이상의 관절운동을 최대 신장이라고 한다.
㉢ 내전(adduction) : 신체의 부분이나 부분의 조합이 신체의 중앙이나 그것이 붙어있는 방향으로 움직이는 동작
㉣ 외전(abduction) : 신체의 중앙이나 신체의 부분이 붙어있는 부위에서 멀어지는 방향으로 움직이는 동작

11 색채를 표시하는 방법 중 인간의 색 지각을 기초로 지각적 등보성에 근거한 것은?

① 현색계　② 혼색계
③ 혼합계　④ 표준계

해설 색의 표시

① 혼색계(color mixing system)
㉠ 색(Colar of Light)을 표시하는 표색계로서 심리적, 물리적인 병치의 혼색 실험에 기초를 두는 것으로서 현재 측색학의 기본이 되고 있다.
㉡ 오늘날 사용하고 있는 CIE 표준 표색계 (XYZ 표색계)가 가장 대표적인 것이다.
② 현색계(color appearance system)
㉠ 색채(물체색, Color)를 표시하는 표색계로서 특정의 착색물체, 즉 색표로서 물체 표준을 정하여 여기에 적당한 번호나 기호를 붙여서 시료물체의 색채와 비교에 의하여 물체의 색채를 표시하는 체계이다.
㉡ 현색계의 가장 대표적인 표색계는 먼셀 표색계와 오스트발트 표색계이다.

12 인쇄의 혼색과정과 동일한 의미의 혼색을 설명하고 있는 것은?

① 컴퓨터 모니터, TV 브라운관에서 보여지는 혼색
② 팽이를 돌렸을 때 보여지는 혼색
③ 투명한 색유리를 겹쳐 놓았을 때 보여지는 혼색
④ 채도 높은 빨강의 물체를 응시한 후 녹색의 잔상이 보이는 혼색

해설

4도 오프셋 인쇄에 적용된 색채 혼합의 원리는 감법혼색과 병치혼색이다.

정답 09 ② 10 ① 11 ① 12 ③

13 **ISCC-NBS 색명법 색상 수식어에서 채도, 명도의 가장 선명한 톤을 지칭하는 수식어는?**

① pale ② brilliant
③ vivid ④ strong

해설 ISCC – NBS 색명법

㉠ 1939년에 미국 ISCC(색채연락협의회)의 D·B. 저드와 K·L. 켈리에 의해서 고안되고 NBS(국립표준국)에 의해 세부적으로 발전시켜 설정한 「색이름 부르는 법」으로 먼셀의 색입체를 267개단위로 나눈 색이름이다.
㉡ 색이름을 계통적으로 체계화 시켜서 현생활에 실제로 쓰고 있는 이름과 일치하도록 만들어 세계 여러 나라의 색이름 기준으로 사용된다.
㉢ KS A 0011(한국산업규격 규정 색명)에는 일반 색명에 대하여 자세히 규정하고 있으며 미국의 ISCC – NBS 색명법에 근거를 두고 있다.
※ 명도 및 채도에 관한 수식어
- Vivid : 선명하다/고채도/중명도/순색
- Light : 연하다/중채도/고명도/순색+회미량
- Deep : 진하다/고채도/저명도/순색+흑색량
- Pale : 없다/저채도/고명도/순색+백색량

14 **다음 중 현색계에 속하지 않는 것은?**

① Munsell 색체계 ② CIE 색체계
③ NCS 색체계 ④ DIN 색체계

해설 혼색계(color mixing system)

㉠ 색(Colar of Light)을 표시하는 표색계로서 심리적, 물리적인 병치의 혼색 실험에 기초를 두는 것으로서 현재 측색학의 기본이 되고 있다.
㉡ 오늘날 사용하고 있는 CIE 표준 표색계 (XYZ 표색계)가 가장 대표적인 것이다.

15 **문·스펜서(P. Moon & D. E. Spencer)의 색채 조화론에 대한 설명 중 틀린 것은?**

① 먼셀 색체계로 설명이 가능하다.
② 정량적으로 표현 가능하다.
③ 오메가 공간으로 설정되어 있다.
④ 색채의 면적관계를 고려하지 않았다.

해설 문·스펜서(P. Moon·D. E. Spencer)의 조화론

㉠ 두 색의 간격이 애매하지 않은 배색, 오메가(ω) 공간에 간단한 기하학적 관계가 되도록 선택한 배색을 가정으로 조화와 부조화로 분류하고, 색채 조화에 관한 원리들을 정량적인 색좌표에 의해 과학적으로 설명하였다.
㉡ 정량적(定量的) 색채 조화론으로 1944년에 발표되었으며, 고전적인 색채조화의 기하학적 공식화, 색채조화의 면적, 색채조화에 적용되는 심미도(美度, 미도) 등의 내용으로 구성되어 있다.
☞ 색의 연상, 기호, 상징성은 고려하지 않았다.

16 **사람의 눈의 기관 중 망막에 대한 설명으로 옳은 것은?**

① 색을 지각하게 하는 간상체, 명암을 지각하는 추상체가 있다.
② 추상체에는 RED, YELLOW, BLUE를 지각하는 3가지 세포가 있다.
③ 시신경으로 통하는 수정체 부분에는 시세포가 존재한다.
④ 망막의 중심와 부분에는 추상체가 밀집하여 분포되어 있다.

해설

사람의 한 눈에는 1억 3천만여개의 간상세포가 있다. 추상체(원추체)는 망막의 중심와에 약 650만개가 모여 있는 원뿔 형태의 세포로, 색을 판단하는 색채 시각과 관련이 있다.

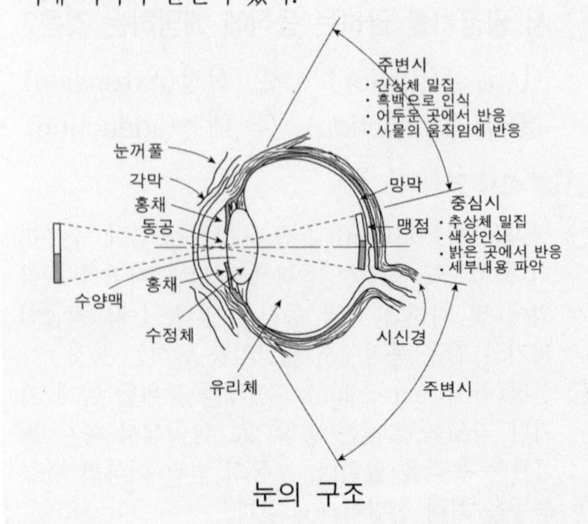

눈의 구조

정답 13 ③ 14 ② 15 ④ 16 ④

17 푸르킨예 현상에 대한 설명으로 옳은 것은?

① 어떤 조명 아래에서 물체색을 오랫동안 보면 그 색의 감각이 약해지는 현상
② 수면에 뜬 기름이나, 전복껍질에서 나타나는 색의 현상
③ 어두워질 때 단파장의 색이 잘 보이는 현상
④ 노랑, 빨강, 초록 등 유채색을 느끼는 세포의 지각 현상

해설 푸르킨예(Purkinje) 현상

㉠ 명소시에서 암소시 상태로 옮겨질 때 물체색의 밝기가 어떻게 변하는가를 살펴보면 빨간 계통의 색은 어둡게 보이게 되고, 파랑 계통의 색은 반대로 시감도가 높아져서 밝게 보이기 시작하는 시감각에 관한 현상을 말한다.
㉡ 어둡게 되면(새벽녘과 저녁때 등) 가장 먼저 보이지 않는 색은 빨강이며, 다른 색은 추상체에서 간상체로 작용이 옮겨감에 따라 색이 사라져 회색으로 느껴진다. 따라서 어두운 곳에서는 빨강이 부적당하여 비상계단 등의 발 닿는 윗부분의 색은 파랑 계통의 밝은 색으로 하는 것이 어두운 가운데서도 쉽게 식별할 수 있다.

18 건강, 산, 자연, 산뜻함 등을 상징하는 색상은?

① 보라 ② 파랑
③ 초록 ④ 흰색

해설

① 보라 : 고귀, 우아, 장엄, 경솔, 불안, 창조
② 파랑 : 젊음, 차가움, 명상, 성실, 영원
③ 초록 : 건강, 산, 자연, 산뜻함, 평정, 안정
④ 흰색 : 순수, 순결, 신성, 정직, 소박, 청결

19 인류생활, 작업상의 분위기, 환경 등을 상쾌하고 능률적으로 꾸미기 위한 것과 관련된 용어는?

① 색의 조화 및 배색(Color harmony and combination)
② 색채조절(Color conditioning)
③ 색의대비(Color contrast)
④ 컬러 하모니 매뉴얼(Color harmony manual)

해설 색채조절(color conditioning)

색채가 지닌 물리적 성질과, 색채가 사람들에게 끼치는 심리적 영향을 효율적으로 응용하여 편리하고 능률적이며 좋은 환경 속에서 생활하기 함을 목적으로 하는 배색의 기술을 말한다.
① 색채조절의 대상 : 가정생활에서 공공생활에 이르기까지 모든 일상 활동뿐만 아니라, 그러한 활동에 관련되는 인공 환경이 모두 포함된다.
② 색채조절의 효과 : 피로를 줄이고 일의 능률을 향상시킨다. 쾌적한 실내분위기를 조정한다. 생활의 의욕을 고취시켜 명랑한 활동이 되게 한다.
㉠ 눈의 긴장감과 피로감을 감소된다.
㉡ 일의 능률을 향상되어 생산성이 높아진다.
㉢ 심리적으로 쾌적한 실내분위기를 느끼게 한다.
㉣ 사고나 재해가 감소된다.
㉤ 생활의 의욕을 고취시켜 명랑한 활동이 되게 한다.

20 상품의 색채기획단계에서 고려해야 할 사항으로 옳은 것은?

① 가공, 재료 특성보다는 시장성과 심미성을 고려해야 한다.
② 재현성에 얽매이지 말고 색상관리를 해야 한다.
③ 유사제품과 연계제품의 색채와의 관계성은 기획단계에서 고려되지 않는다.
④ 색료를 선택할 때 내광, 내후성을 고려해야 한다.

해설 상품의 색채기획단계에서 고려해야할 사항

㉠ 색료를 선택할 때 내광, 내후성을 고려해야 한다.
㉡ 재현성을 항상 염두에 두고 색채관리를 해야 한다.
㉢ 제품의 표면이 클수록 더욱 정밀한 색채의 통제가 요구된다.

정답 17 ③ 18 ③ 19 ② 20 ④

색채 및 인간공학(CBT 복원문제)
2020년 9월 23일(4회)

01 다음 색 중 중량감이 가장 가볍게 느껴지는 것은?

① 주황　② 노랑
③ 연두　④ 노란연두

해설 중량감

색채에서 색의 밝기가 어두움에 따라 무거움과 가벼움을 느낀다. 이는 색의 명도에 의해 좌우되는 것으로 명도가 낮은 색은 무겁게 느껴지며 명도가 높은 색은 가볍게 느껴진다. 색채의 중량감은 색상보다는 명도의 차이가 크게 좌우되는 것이다.
㉠ 가벼운 색 : 명도가 높은 색, 밝은 색
㉡ 무거운 색 : 명도가 낮은 색, 어두운 색 – 남색, 남보라, 감청

02 오스트발트 색채조화론에 의한 조화법칙 중 틀린 것은?

① 색상이 동일하고 색의 기호가 다르면 두 색은 조화하지 않는다.(예 : 5ge – 5ne)
② 색상이 달라도 색의 기호가 동일한 두 색은 조화한다.(예 : 5ne – 8ne)
③ 색의 기호 중 앞의 문자가 동일한 두 색은 조화한다.(예 : ga – ge)
④ 색의 기호 중 앞의 문자와 뒤의 문자가 같은 색은 조화한다.(예 : la – pl)

해설 오스트발트 색채 조화론의 2색 또는 3색 조화의 일반 법칙

① 동일 색상의 2색은 조화한다. (5ge – 5ne)
② 동일 기호의 2색은 조화한다. (5ne – 8ne)
③ 어느 유채색과 표색의 기호가 동일한 무채색은 서로 조화한다. (gc – c, gc – g)
④ 표색의 기호 중 앞의 알파벳 기호와 같은 색은 조화한다. (ga – ge)
⑤ 표색의 기호 중 뒤의 알파벳 기호가 같은 색은 조화한다. (ec – nc)
⑥ 표색의 기호 중 앞의 알파벳과 뒤의 알파벳 기호가 동일한 2색은 조화한다. (등흑색 계열) (la – pl)
⑦ 임의의 2색과 조화하는 3번째 색은 2색의 속성을 가진 색으로 조화한다. (lc – ig는 ic, lg, gc, li)

03 무지개색의 순서대로 색을 배치하였을 때, 다음 어떤 사항과 관련이 가장 큰가?

① 채도조화　② 색상조화
③ 보색대비　④ 명도대비

해설 색상조화

㉠ 명도가 비슷한 인접 색상을 동시에 배색했을 때 얻어지는 조화
㉡ 스펙트럼 위에서와 같이 적절한 연속이 이루어질 때 유사명도의 다른 조화를 효과적으로 동반한다.

04 어둠이 깔리기 시작하면 추상체와 간상체가 작용하여 상이 흐릿하게 보이는 상태는?

① 시감도　② 박명시
③ 항상성　④ 색순응

해설 박명시(薄明視 ; mesopic vision)

㉠ 추상체와 간상체가 같이 작용할 때를 말하며 날이 저물기 직전의 약간 어두움이 깔리기 시작할 무렵에 작용하며 사물의 색체와 형태를 약간 식별할 수 있다.
㉡ 주간시와 야간시의 중간 상태의 시각을 박명시(mesopic vision)라고 하며, 박명시는 주간시나 야간시와 다른 밝기의 감도를 갖게 되나, 색상의 변별력은 있다.

05 다음 중 가장 진출, 팽창되어 보이는 색은?

① 채도가 높은 한색계열
② 명도가 낮은 난색계열
③ 채도가 높은 난색계열
④ 명도가 높은 한색계열

해설 진출과 후퇴, 팽창과 수축

㉠ 진출, 팽창색 : 고명도, 고채도, 난색 계열의 색 – 예 : 적, 황
㉡ 후퇴, 수축색 : 저명도, 저채도, 한색 계열의 색 – 예 : 녹, 청
※ 빨강(적)에서 노랑(황)까지는 난색계의 따뜻한 색으로 진출성, 팽창성이 있다.
※ 같은 색상일 경우 명도가 높으면 팽창해 보이고, 명도가 낮으면 수축해 보인다.

정답 01 ② 02 ① 03 ② 04 ② 05 ③

06 고호, 쇠라, 시냑 등 인상파 화가들의 표현기법과 관계 깊은 것은?

① 계시대비 ② 동시대비
③ 회전혼합 ④ 병치혼합

해설 병치가법혼색

색광에 의한 병치혼합으로 작은 색 점을 섬세하게 병치시키는 방법으로 빨강, 초록, 청자 3색의 작은 점들이 규칙적으로 배열되어 혼색이 되어 현상을 말한다.
예 : 칼라 TV의 화상, 모자이크 벽화, 점묘화법, 직물의 색조디자인
※ 병치혼합
- 빨간 털실과 파란털실로 짠 스웨터는 멀리서 보면 보라색으로 보인다.
- 화면에 빨간 점과 파란 점을 무수히 많이 찍으면 멀리서 보라색으로 보인다.

07 문·스펜서 색채조화론의 균형점에서 색상 YR, 채도가 5보다 클때 심리적 효과는?

① 자극적, 서늘함 ② 안정감, 온도감
③ 안정감, 중성감 ④ 자극적, 따뜻함

해설 문·스펜서(P. Moon·S. Spencer)의 색채 조화론

두 색의 간격이 애매하지 않은 배색, 오메가(ω)공간에 간단한 기하학적 관계가 되도록 선택한 배색을 가정으로 조화와 부조화로 분류하고, 색채 조화에 관한 원리들을 정량적인 색좌표에 의해 과학적으로 설명하였다.
(1) 조화의 원리
① 동등(Identity) 조화
② 유사(Similarity) 조화
③ 대비(Contrast) 조화
(2) 부조화의 원리
① 제1 부조화(First Ambiguity)
② 제2 부조화(Second Ambiguity)
③ 눈부심(Glare) 조화
※ 문·스펜서(P. Moon·S. Spencer)의 오메가(ω) 공간(색공간)에서 N5보다 클 때는 명도의 단계가 높아지므로 자극적이며 따뜻한 심리효과를 얻을 수 있다.
※ 색상 YR, 채도가 5보다 클 때 심리적 효과는 채도가 높으므로 강한 색이고, 따뜻한 온도감을 느낄 수 있다.

08 산업계에서 색채를 잘 사용하여 생산량을 증가시키려고 한다. 다음 중 가장 합당한 경우는?

① 여러 색상의 표식을 만든다.
② 기계 등에 명시성이 높고, 명쾌한 색을 사용한다.
③ 채도가 낮은 색을 주로 사용한다.
④ 강조색과 환경색을 동일색으로 한다.

해설

산업계에서 색채를 잘 사용하여 생산량을 증가시키려면 기계 등에 명시성이 높고, 명쾌한 색을 사용하는 것이 효과적이다.

09 빨강색 바탕 위의 주황색과 노랑색 바탕 위의 주황색이 서로 다르게 보이는 가장 큰 대비 현상은?

① 채도대비 ② 색상대비
③ 보색대비 ④ 면적대비

해설 동시대비(Contrast) 현상

두 색 이상을 동시에 볼 때 일어나는 대비 현상으로 색상의 명도가 다를 때 구별되는 정도이다.
동시 대비에는 색상대비, 명도대비, 채도대비, 보색대비 등이 있다.
① 색상대비(Hue Contrast)
㉠ 두 가지 이상의 색을 동시에 볼 때 각 색상의 차이가 실제의 색과는 달라보이는 현상
㉡ 배경이 되는 색이나 근접색의 보색 잔상의 영향으로 색상이 몇 단계 이동된 느낌을 받는다.
㉢ 빨간 바탕위의 주황색은 노란색의 느낌이, 노란색 바탕위의 주황색은 빨간색의 느낌이 난다.
㉣ 무채색의 대비, 유채색의 대비, 무채색과 유채색의 대비가 일어나지 않는다.
② 명도대비(Lightness Contrast)
어두운 색 가운데서 대비되어진 밝은색은 한층 더 밝게 느껴지고, 밝은색 가운데 있는 어두운 색은 더욱 어둡게 느껴지는 현상
③ 채도대비(Saturation Contrast)
㉠ 어떤 색의 주위에 그것보다 선명한 색이 있으면 그 색의 채도가 원래 가지고 있는 채도보다 낮게 보이는 현상

정답 06 ④ 07 ④ 08 ② 09 ②

㉡ 배경색의 채도가 낮으면 도형의 색이 더욱 선명해 보인다.
④ 보색대비(Comlementary Contrast)
색상차가 가장 큰 보색끼리 조합했을 때 서로 다른 색의 채도를 강조하기 위해 더 선명하게 보이는 현상

10 **KS A 0011 유채색의 수식형용사에 의한 다음 색 중 가장 채도가 높은 색은?**

① 연한 연두 ② 진한 연두
③ 밝은 연두 ④ 선명한 연두

해설 P.C.C.S. 표색계의 톤(tone) 분류법

㉠ 색의 3속성 중 명도와 채도를 포함하는 복합적인 색조(色調)의 개념이다.
㉡ 일본 색채연구소에서 만든 분류법이다
㉢ 각 색상마다 12톤으로 분류하였다
※ 채도의 강한 느낌의 색을 톤(tone)으로 말하면 비비드(Vivid ; 선명한), 브라이트(Bright ; 밝은) 등으로 표현할 수 있다.
※ KS A 0011(한국산업규격 규정 색명)에는 일반색명에 대하여 자세히 규정하고 있으며 미국의 ISCC – NBS 색명법에 근거를 두고 있다.
※ [참고] 명도 및 채도에 관한 수식어
① Vivid : 선명하다/고채도/중명도/순색
② Light : 연하다/중채도/고명도/순색+회미량
③ Deep : 진하다/고채도/저명도/순색+흑색량
④ Pale : 없다/저채도/고명도/순색+백색량

11 **일반적인 환경하에서 계단설계시 가장 알맞은 각도는?**

① 10 ~ 15° ② 15 ~ 20°
③ 20 ~ 25° ④ 30 ~ 45°

해설

일반적인 환경하에서 계단설계시 각도 30 ~ 45° 가 적당하다.

12 **다음 중 실내 면의 추천반사율이 가장 낮은 것은?**

① 바닥 ② 천정
③ 가구 ④ 벽

해설 실내면 반사율의 추정치

천장 80~90% 〉 벽 40~60% 〉 탁상, 작업대, 기계 25~45% 〉 바닥 20~40%

13 **동작경제의 법칙에서 벗어나는 것은?**

① 동작의 범위는 최소화 한다.
② 급격한 방향 전환을 없애고 연속 곡선 운동으로 바꾼다.
③ 중심의 이동을 가급적 많이 한다.
④ 양손의 동작은 가급적 동시에 하도록 한다.

해설 동작경제(motion economy)의 3원칙

① 동작의 범위는 최소로 한다.
② 동작의 순서를 합리화한다.
③ 동작을 가급적 조합하여 하나의 동작으로 한다.

14 **소음이 청력에 영향을 미치는 요인이 아닌 것은?**

① 소음의 고저 주파수
② 개인적인 감수성
③ 소음의 강약
④ 소음의 속도

해설 소음이 청력에 영향을 미치는 요인

㉠ 소음의 고저인 주파수
㉡ 소음의 강약
㉢ 소음의 연속도와 충격도
㉣ 개인적인 감수성
㉤ 폭로시간

정답 10 ④ 11 ④ 12 ① 13 ③ 14 ④

15 인간의 시각영역에 대한 설명 중 맞는 것은?

① 수평영역과 수직영역이 비슷하다.
② 수평영역과 수직영역보다 작다.
③ 수평영역이 수직영역보다 크다.
④ 수평영역과 수직영역이 같다.

해설

인간의 시각영역 : 수평 영역이 수직 영역보다 크다.

16 앉아 있을 때 가장 큰 힘이 작용하는 제어장치의 손잡이 위치는?

① 어깨의 높이
② 가슴의 높이
③ 배꼽의 높이
④ 팔꿈치 높이

해설

앉아 있을 때 가장 큰 힘이 작용하는 제어장치의 손잡이 위치는 팔꿈치 높이, 서 있을 때는 어깨 높이로 한다.

17 자극이 과다한 경우의 결과에 대한 설명 중 잘못된 것은?

① 당면한 것만 처리한다.
② 올바른 반응을 못한다.
③ 중요한 정보를 놓친다.
④ 정보 수용량이 많아진다.

해설

자극이 과다한 경우 올바른 반응을 못하며, 당면한 것만 처리하게 되고 중요한 정보를 놓치게 된다.

18 팔, 다리 또는 다른 신체 부위의 동작에서 몸의 중심선을 향하는 이동 동작을 무엇이라 하는가?

① 신전(extention)
② 내전(adduction)
③ 외전(abduction)
④ 상향(supination)

해설 신체 역학

㉠ 굴곡(유착, flexion) : 신체 부분을 좁게 구부리거나 각도를 좁히는 동작으로 팔과 다리의 굴곡 외에 몇 가지의 굴곡 동작이 있다. [예] 팔굽혀 펴기와 같은 동작에서 팔꿈치를 굽히는 동작
㉡ 신전(확장, extension) : 신체의 부위를 곧게 펴거나 각도를 늘리는 동작으로 굴곡에서 다시 돌아보는 동작을 말한다. 보통의 범위 이상의 관절 운동을 최대 신장이라고 한다.
㉢ 내전(adduction) : 신체의 부분이나 부분의 조합이 신체의 중앙이나 그것이 붙어있는 방향으로 움직이는 동작
㉣ 외전(abduction) : 신체의 중앙이나 신체의 부분이 붙어있는 부위에서 멀어지는 방향으로 움직이는 동작

19 인간-기계 통합 체계에서 인간 또는 기계에 의해서 수행되는 기본 기능과 가장 거리가 먼 것은?

① 감지기능
② 상호보완기능
③ 정보보관기능
④ 정보처리 및 의사결정 기능

해설 인간-기계의 기본 기능

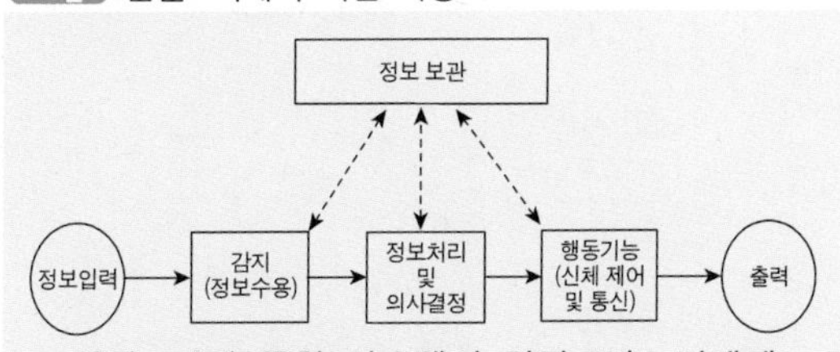

인간-기계 통합 시스템의 인간 또는 기계에 의해서 수행되는 기본 기능의 유형

정답 15 ③ 16 ④ 17 ④ 18 ② 19 ②

20 **사람의 신체모양과 크기를 수량적으로 표현하기 위하여 인체를 계측하고 그 자료를 활용하는 분야는?**

① 작업생리학 ② 생산관리
③ 인체측정학 ④ 작업관리학

해설

※ 작업생리학 : 근로자가 근력을 이용한 작업을 수행할 때 받게 되는 다양한 형태의 스트레스와 관련 인간 조직체의 생리학적 기능에 대한 연구를 주 연구 대상으로 한다. 이러한 연구의 궁극적인 목적은 근로자들이 과도한 피로 없이 작업할 수 있도록 하는데 있다.

※ 인체측정학 : 사람의 신체모양과 크기를 수량적으로 표현하기 위하여 인체를 계측하고 그 자료를 활용하는 분야이다.

정답 20 ③

제 3 편
건축재료

section 1 목재

1 목재의 특징

1) 장점

① 건물이 경량하고 시공이 간편하다.

② 비중이 작고 비중에 비해 강도가 크다.

③ 열전도율이 적다.(보온, 방한, 방서)

④ 내산, 내약품성이 있고 염분에 강하다.

⑤ 수종이 다양하고 색채, 무늬가 미려하다.

2) 단점

① 고층건물이나 큰 Span의 구조가 불가능하다.

② 착화점이 낮아서 비내화적이다.

③ 내구성이 약하다.(충해 및 풍화로 부패)

④ 함수율에 다른 변형 및 팽창 수축이 크다.

2 침엽수와 활엽수

① 침엽수 : 사계절이 있는 온대이북지방에 분포
소나무, 전나무, 삼나무, 측백나무, 낙엽송, 잣나무 등

② 활엽수 : 열대에서 온대에 걸쳐 폭 넓게 분포
참나무, 단풍나무, 느티나무, 밤나무, 오동나무 등

※ 침엽수는 활엽수에 비해 수분함유량이 적으므로 수축이 적다.

3 목재의 심재와 변재

비 교	심 재	변 재
위 치	수심 가까이 위치	겉껍질에 가까이
특 성	견고성을 높인다	수액의 유통과 저장역할을 한다
비 중	크다	적다
신축성(수축율)	적다	크다
내후성, 내구성	크다	작다
강 도	크다	작다

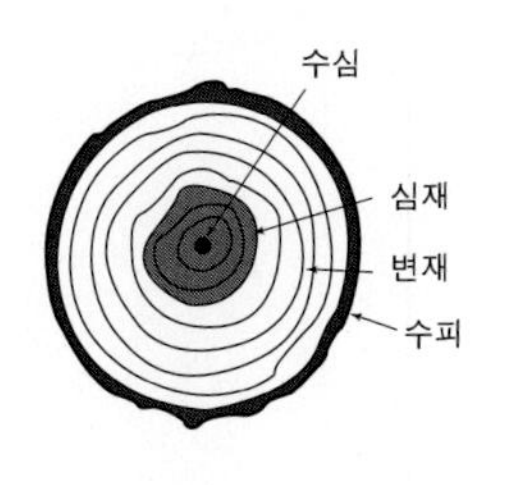

그림. 수목의 횡단면

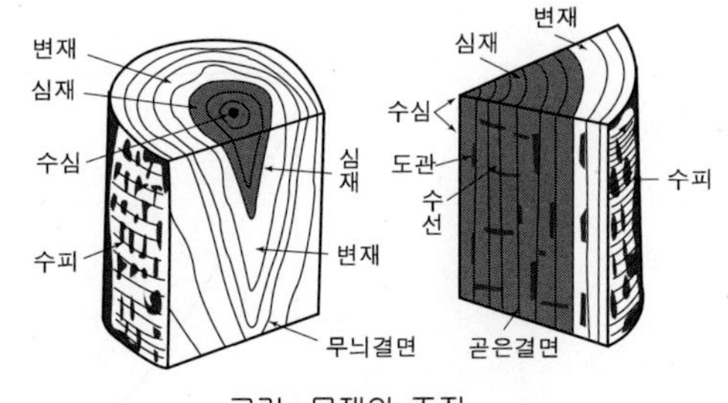

그림. 목재의 조직

4 목재의 비중

① 목재의 비중은 섬유질과 공극률에 의하여 결정된다.

$$V = (1 - \frac{\gamma}{1.54}) \times 100\%$$

γ : 절건비중, 1.54 : 목재의 비중

② 비중이 크면 공극률이 작아진다.

5 목재의 함수율

① $\text{함수율(U)} = \frac{\text{건조전중량} - \text{절대건조시중량}}{\text{절대건조시중량}} \times 100(\%)$

② 함수율에 의한 재질변화

㉠ 목재나 수분의 감소는 수축, 균열의 원인, 세포수의 증감에 따라 수축 및 팽창현상이 나타난다.

㉡ 섬유포화점 : 목재내의 수분이 증발시 유리수가 증발한 후 세포수가 증발하는 경계점

섬유포화점 이하에서 목재의 수축·팽창 등 재질의 변화가 일어나고 섬유포화점 이상에서는 변화가 없다.

㉢ 목재의 강도 : 섬유포화점 이하에서 함수율이 감소하면 강도는 증가하고 탄성은 감소하며 섬유포화점 이상에서는 불변한다.

③ 함수율

상태	함수율
섬유포화점	30%
기건재	15%
전건재	0%

※ 실내장식 및 가구재료로서 쓰이는 목재의 건조시 함수율은 10% 이하로 한다.

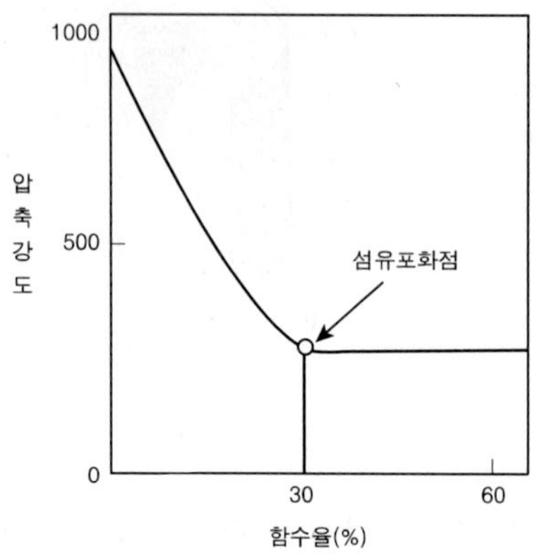

그림. 목재의 함수율과 압축강도와의 관계

예제 1

중량 5kg 인 목재를 건조시켜 전건중량이 4kg가 되었다. 건조전의 목재의 함수율은 몇 %인가?

㉮ 8% ㉯ 20%

㉰ 25% ㉱ 40%

해설 목재의 함수율 계산

$$\text{함수율(U)} = \frac{\text{건조전중량} - \text{절대건조시중량}}{\text{절대건조시중량}} \times 100(\%) \text{ 에서}$$

㉠ 건조전 목재중량(W_1) : 5kg

㉡ 절대건조시 목재중량(W_2) : 4kg

$$\therefore \text{ 함수율(U)} = \frac{5\text{kg} - 4\text{kg}}{4\text{kg}} \times 100(\%) = 25\%$$

6 목재의 수축과 팽창

① 목재나 수분의 감소는 수축, 균열의 원인, 세포수의 증감에 따라 수축 및 팽창현상이 나타난다.

② 섬유포화점 이상의 함수율에서는 수축과 팽창은 생기지는 않으나, 섬유포화점 이하에서는 함수율에 비례하여 수축팽창한다.

③ 접선(널결・판목・촉)방향 〉 직각(곧은결・반경・지름)방향 〉 섬유(길이・축)방향

100 : 60 : 4

④ 변재는 심재보다, 추재는 춘재보다, 활엽수가 침엽수보다 신축이 더 크다.

7 목재의 수축 및 팽창을 줄이는 방법

① 기건상태 이상으로 건조한 목재를 사용한다.
② 가능한 한 곧은결 목재를 사용한다.
③ 될 수 있으면 가벼운 목재를 쓰고, 고온 처리 과정을 거친 목재를 사용한다.
④ 사용하는 재의 뒤쪽(심재쪽)을 미리 홈을 파둔다.
⑤ 저장 중에 공기의 습도를 일정하게 유지한다.

8 열전도

① 열전도율은 섬유방향, 목재의 비중, 함수율에 따라 변화한다.
② 겉보기 비중은 작은 다공질의 목재가 열전도율이 작다.

※ 겉보기 비중 = $\dfrac{\text{건조중량}}{\text{표면건조포화상태}}$

• 각종 재료의 열전도율(λ) (단위 : W/m·K)

재　료	콘크리트	유리	벽돌	물	목재	코르크판	공기
열전도율	1.4	1.05	0.84	0.6	0.14	0.043	0.025

9 목재의 역학적 성질

(1) 목재의 강도 순서
인장강도 〉 휨강도 〉 압축강도 〉 전단강도

• 각종 강도의 관계 비교

강도의 종류	섬유방향	섬유직각방향
압축강도	100	10~20
인장강도	약 200	7~20
휨강도	약 150	10~20
전단강도	침엽수 16 활엽수 19	–

[주] 섬유방향의 압축강도를 100으로 기준하였다.

※ 소나무(육송)의 강도
휨강도(89Mpa) 〉 인장강도(51.9MPa) 〉 압축강도(48MPa) 〉 전단강도(10.1MPa)

(2) 허용 강도 : 목재의 최고 강도의 1/7~1/8 정도
(3) 섬유평행강도가 섬유직각방향의 강도보다 크다.
(4) 허용응력도 : 목재의 파괴강도를 안전율로 나눈 값

10 목재의 건조

1) 목재 건조의 목적
① 목재의 중량을 가볍게 한다.
② 부패나 충해를 방지한다.
③ 강도를 증가시킨다.
④ 수축이나 균열, 변형이 일어나지 않게 한다.
⑤ 도장이나 약재 처리가 용이하게 한다.
※ 목재는 건조기간을 단축시키기 위하여 목재 건조시 생재를 수중에 일정 기간 침수시킨다.

2) 목재의 건조방법
① 대기건조법
② 침수건조법(수침법) : 생목을 수중에 약 3~4주간 이상 수침시켜 수액을 뺀 후 대기에 건조시키는 방법으로서 건조기간을 단축할 수 있다.
③ 인공건조법 : 열기건조법, 증기건조법, 진공건조법, 전기건조법, 표면탄화법, 건조제법

11 목재의 부패조건

① 온도 : 25~35℃가 가장 적합하며 4℃ 이하, 45℃ 이상은 거의 번식하지 못한다.
② 습도 : 80~85% 정도가 적합하고, 20% 이하에서는 사멸 또는 번식이 중단된다.
③ 공기 : 호기성이기 때문에 완전히 수중에 잠기면 부식되지 않는다.
※ 목재의 부패균 활동이 가장 왕성한 조건 : 온도 25~35℃, 습도 95~99%
※ 목재의 부패도 측정법
㉠ 목재의 중량 감소에 의한 방법
㉡ 압축강도 감소율 측정에 의한 방법
㉢ 못빼기 내력도에 의한 방법
㉣ 인공 부패균에 의한 판정법

12 방부제의 종류

1) 유성방부제
① 크레오소토 오일(Creosoto Oil) : 방부성이 우수하고, 화기위험, 철재부식이 적다.
처리재의 강도저하가 없다. 악취가 나고, 흑갈색으로 외관이 불미하므로 눈에 보이지 않는 토대, 기둥 등에 이용된다.

② 콜타르(Coal Tar) : 가열도포하며 흑갈색으로 위에 페인트 도장이 불가능하다.
③ 아스팔트(Asphalt) : 가열도포하며 흑색이다.
④ 페인트(Paint) : 피막형성, 방습, 방부효과가 좋으며 착색이 자유로와 미관이 좋다.

2) 수성방부제
① 황산동 1%용액 : 방부성은 좋으나 철재를 부식시키고 인체에 유해하다.
② 염화아연 4%용액 : 목질부를 약화시키고 전기전도율이 증가하며 비내구적
③ 염화 제2수은 1%용액 : 철재를 부식시키고 인체에 유해하다.
④ 불화소오다 2%용액 : 철재나 인체에 무해하며 페인트 도장이 가능하나 내구성이 부족하다. 고가(高價)이다.

3) 유용성 방부제(P.C.P : Penta Chloro Phenol)
목재에 관한 방부력이 가장 우수하고 무색제품이 생산되며 침투성도 매우 양호한 수용성, 유용성 겸용 방부제이다.

13 목재의 제품

1) 합판
① 단판을 3·5·7매 등의 홀수로 섬유방향이 직교하도록 접착제를 붙여 만든 것이다.
② 함수율 변화에 의한 뒤틀림, 신축 등의 변형이 적고 방향성이 없다.
③ 일반 판재에 비해 균질하고, 강도가 높으며, 넓은 단판을 만들 수 있다.
④ 곡면 가공하여도 균열이 생기지 않고 무늬도 일정하다.
⑤ 표면가공법으로 흡음효과를 낼 수 있다.
⑥ 용도 : 내장용(천장, 칸막이벽, 내벽의 바탕), 거푸집재 및 창호재

2) 집성목재(Glued laminated timber)
두께가 15~50mm의 판자를 여러 장으로 겹쳐서 접착시킨 것
① 판을 섬유방향과 평행으로 접착한 것으로 판이 홀수가 아니라도 된다.
② 목재의 강도를 인공적으로 자유롭게 조절할 수 있다.
③ 응력에 따라 필요한 단면을 만들 수 있다.
④ 건조도가 균일하며 건조균열 및 변형을 피할 수 있다.
⑤ 경량 단면의 구조재료를 설계, 제작할 수 있다.
⑥ 방부성, 방충성, 방화성이 높은 인공목재 제조가 가능하다.

3) 마루판

종 류	특 징
플로어링 보드	· 표면을 곱게 대패질하여 마감하고 양측면을 제혀쪽매로 한 것 · 두께 9mm, 나비 60mm, 길이 600mm 정도를 가장 많이 사용한다.
플로어링 블록	· 플로어링 보드를 3~5장씩 붙여서 길이와 나비가 같게 4면을 제혀쪽매로 만든 정사각형의 블록
파키트리 보드	· 경목재판을 9~15mm, 나비 60mm, 길이는 나비의 3~5배로 한 것 · 제혀쪽매로 하고 표면은 상대패로 마감한 판재
파키트리 패널	· 두께 15mm의 파키트리 보드를 4매씩 조합하여 만든 24cm 각판 · 의장적으로 아름답고 마모성도 작은 우수한 마루판재
파키트리 블록	· 파키트리 보드를 3~5장씩 조합하여 18cm 각이나 30cm 각판으로 만들어 방습처리한 것

4) 경질섬유판(hard fiber board)

① 가로, 세로의 신축이 거의 같으므로 비틀림이 작다.

② 표면이 평활하고, 내마모성이 크며, 경도가 크다.

③ 시공이 용이하며 구멍내기, 휨 등도 가능하다.

5) 파티클 보오드(Particle Board)

톱밥, 대패밥, 나무부수러기 등의 목재 소편(Particle)을 원료로 충분히 건조시킨 후 합성수지 접착제 등을 첨가 혼합하고 고열고압으로 처리하여 나무섬유를 고착시켜 만든 견고한 판으로 칩보드(chip board)라고도 한다.

① 강도의 방향성이 없으며 큰 면적을 얻을 수 있다.

② 두께는 자유로이 만들 수 있다.

③ 표면이 평활하고 경도가 크다.

④ 방충, 방부성이 좋다.

⑤ 음 및 열의 차단성이 우수하다.

⑥ 용도 : 상판, 칸막이벽, 가구 등에 사용

6) 코펜하겐 리브(copenhagen rib)

① 두께 5cm, 나비 10cm 정도의 긴 판에다 표면을 리브로 가공한 것

② 음향조절효과, 장식효과가 있다.

③ 용도 : 강당, 극장, 집회장 등의 천장이나 내벽

7) MDF(Medium Density Fiberboard)

① 섬유질, 특히 장섬유를 가진 수종의 나무를 분쇄하여 섬유질을 추출한 후 양표면용과 Core용의 섬유질을 분리하고 접착제를 투입하여 층을 쌓은 후 Press로 눌러 표면 연마(Sending) 처리한 제품을 말한다.

② 톱밥을 압축가공해서 목재가 가진 리그닌 단백질을 이용하여 목재섬유를 고착시켜 만든 것이다.

③ 습기에 약하고 무게가 많이 나가지만 마감이 깔끔한 인조 목재판이다.

section 2 점토제품

1 점토의 물리적 성질

① 비중 : 비중 2.5~2.6 정도(양질의 점토는 3.0 내외), 불순물이 많을수록 비중은 작고, 알루미늄의 분포가 많을수록 크다.

② 입도 : 입자 크기 25~0.1μ

③ 강도 : 미립 점토의 인장 강도는 0.3~1MPa이고, 압축 강도는 인장 강도의 5배 정도이다.

④ 가소성(可塑性) : 양질의 점토는 습윤 상태에서 현저한 가소성을 나타낸다. (Al_2O_3가 많은 점토가 양질의 점토이다. 점토 입자가 미세할수록 가소성은 좋아진다.)

⑤ 공극률 : 점토 전 용적의 백분율로 표시하여 30~90% 내외이다.

⑥ 수축 : 건조하면 수분의 일부가 방출되어 수축하게 된다.

⑦ 함수율 : 기건시 작은 것은 7~10%, 큰 것은 40~50%이다.

⑧ 색상 : 철산화물이 많은 점토는 적색을 띠고, 석회물질이 많으면 황색을 띠게 된다.

2 타일의 종류

종 류	소성온도	소 지		투명정도	건축재료
		흡수율	색		
토기(土器)	700~900℃	20%이하	유색	불투명	기와, 벽돌, 토관
도기(陶器)	1000~1300℃	10%이하	백색, 유색	불투명	타일, 테라코타 타일
석기(石器)	1300~1400℃	3~10%	유색	불투명	마루타일, 클링커타일
자기(磁器)	1300~1450℃	0~1%	백색	반투명	모자이크 타일, 위생도기

※ 흡수율과 소성온도 비교

① 흡수율 : 자기 〈 석기 〈 도기 〈토기

- 흡수율이 가장 작은 점토제품 - 자기질 타일
- 흡수율이 가장 높은 점토제품 - 토기질 타일

② 소성온도 : 자기 〉 석기 〉 도기 〉 토기

자기(1300~1450℃) 〉 석기(1300~1400℃) 〉 도기(1000~1300℃) 〉 토기(700~900℃)

3 타일의 성형

명 칭	성형 방법	제조 가능 형태	정밀도	용 도
건식법	가압 성형	보통 타일 (간단한 형태)	치수·정밀도가 높고 고능률이다.	바닥타일, 내장타일, 모자이크 타일
습식법	압출 성형	보통 타일 (복잡한 형태 가능)	정밀도가 낮다.	바닥타일, 외장타일

4 점토벽돌(붉은벽돌)의 치수 및 허용값

(단위 : mm)

구 분 \ 종 류	길이(B)	너비(A)	두께
기존형(재래형)	210	100	60
기본형(표준형)	190	90	57
보일러형	225	109	60
허용값±(%)	3	3	4

※ 너비는 길이에서 줄눈의 뺀 것의 반으로 되어 있다.

5 점토벽돌

점토벽돌은 불순물이 많은 비교적 저급 점토를 사용하며 필요에 따라 탈점제로서 강모래를 첨가하거나 색조를 조절하기 위하여 석회를 가하여 원토를 조절한다. 점토 벽돌이 적색 또는 적갈색을 띠고 있는 것은 원료 점토 중에 포함되어 있는 산화철에 기인한다. 제조공정은 원토조정 → 혼합 → 원료배합 → 성형 → 건조 → 소성의 순서로 이루어진다.
점토벽돌의 품질기준은 KS L 4201에 규정되어 있다.

점토벽돌의 품질기준

구 분	1종	2종	3종
허용압축강도(N/mm^2)	24.50	20.59	10.78
흡수율(%)	10 이하	13 이하	15 이하

※ $1N/mm^2 = 1MPa$

6 내화벽돌

① 미색으로 600~2,000℃의 고온에 견디는 벽돌
② 세게르 콘(SK) No. 26 (연화온도 1,580℃) 이상의 내화도를 가진 것
③ 크기는 230mm×114mm×65mm로 보통벽돌보다 약간 크다.
④ 줄눈에는 내화 모르타르(샤모트 · 규석 분말 + 내화점토)를 사용한다.
⑤ 용도 : 굴뚝, 난로의 안쌓기용, 보일러 내부용 등

7 경량벽돌

① 저급점토, 목탄가루, 톱밥 등을 혼합하여 성형 후 소성한 것으로 속이 비어있는 중공 벽돌과 무수한 공간이 있는 다공질 벽돌로 구분한다.
② 구멍벽돌
  ㉠ 중앙에 구멍이 있는 것으로 속빈벽돌, 공동(空洞)벽돌이라고 하며 다공질 벽돌은 못치기, 절단 등이 유리하다.
  ㉡ 공동벽돌 : 벽돌 실체적이 겉보기 체적의 80% 미만의 벽돌로 각 구멍의 단면적이 300mm^2 이상, 단면의 10mm 이상이다.
  ㉢ 용도 : 단열, 방음벽 및 건물의 경량화를 위한 칸막이벽 등에 쓰인다.
③ 다공질 벽돌
  ㉠ 점토에 톱밥 · 분탄 · 겨 등의 분말을 혼합하여 성형 소성한 것으로 비중 1.2~1.5 정도로 가볍다.
  ㉡ 용도 : 방음 · 방열 또는 경미한 칸막이벽 및 단순한 치장재로 쓰인다. 구조용으로는 불가능하다.

8 테라코타(Terracotta)

점토를 반죽하여 조각 형틀로 찍어낸 점토 소성 제품이다.
① 종류
  ㉠ 구조용 테라코타 : 바닥, 칸막이벽에 사용되는 속이 빈 제품
  ㉡ 장식용 테라코타 : 판형, 쇠시리형, 조각물이 있고 난간벽, 돌림대, 창대, 주두에 사용
② 특징
  ㉠ 일반석재보다 가볍고 색소나 모양의 임의 가공이 가능하다.
  ㉡ 화강암보다 내화력이 강하고, 대리석보다 풍화에 강하므로 외장에 적당하다.
  ㉢ 압축강도는 800~900kg/cm^{2}로서 강도는 화강암의 1/2정도이다.
  ㉣ 형상, 치수오차가 심하다
  ㉤ 주용도 : 버팀대, 돌림대, 기둥주두, 파라펫 등 주로 내 · 외장식재

9 세라믹재료

① 내구성, 내열성, 화학저항성이 우수하다
② 단단하고, 압축강도가 높으며, 전기절연성이 있다.
③ 고온에서 소성된 것은 내수·방화성이 있는데 반해 탄성은 낮아서 충격변형에 약하다.

10 연질타일계 바닥재

① 고무계 타일 : 내마모성이 우수하고 내수성이 있다.
② 리놀륨계 타일 : 내유성이 우수하고 탄력성이 있으나 내알칼리성, 내마모성, 내수성이 약하다.
③ 전도성 타일 : 정전기 발생이 우려되는 반도체, 전기전자제품의 생산 장소에 주로 사용
④ 아스팔트계 타일 : 내유성, 내산성이 우수하나 내알칼리성이 나쁘다.

11 제겔 추(seger keger cone, S.K)

① 특수한 점토 원료를 조합하여 만든 삼각추
② 노(爐)중의 고온도(600~2000℃)를 측정하는 온도계이며, 세모뿔의 경화 정도로써 온도를 알 수 있다. 온도 사이를 59종으로 나누어 번호(S.K-No)로 표시하고, 콘(cone)이 연화되어 휘어지는 때의 S.K 번호의 온도를 소성온도로 한다.
③ 굴뚝·난로 등의 내부쌓기용으로는 S.K-No 26~29 정도의 것이 사용된다.

시멘트

1 포틀랜드시멘트

석회석 + 점토 + Slag —(1400~1500℃ 소성)→ 클링커(Clinker) ——→ 분해 + 석고 3%

※ 포틀랜드시멘트 제조시 시멘트의 응결시간을 조절하기 위해 3~4%의 석고를 넣는다.

2 시멘트의 풍화

① 응고 현상을 일으킨 것이나 풍화된 시멘트는 사용하지 않는다. 저장시 통풍이 되지 않게 하며, 환기창을 설치하지 않는다.
② 시멘트는 대기 중에 저장하면 풍화되는데 비중과 비표면적이 감소하고 압축강도가 크게 저하되며 응결시간이 지연된다. 시멘트 저장기간에 따라 1개월은 15%, 3개월은 30%, 1년은 50%정도 압축강도가 저하된다.
③ 시멘트의 풍화정도를 알아보기 위하여 실시하는 강열감량은 시멘트 시료를 1,000℃로 가열한 경우에 감소한 질량으로 풍화의 척도로 사용한다. 강열감량이 너무 큰 것은 사용하지 않는 것이 좋다.

3 수화작용

① 시멘트와 물이 접촉하여 응결, 경화가 진행되는 현상
※ 온도 20℃±3℃, 습도 80% 이상 상태에서 응결, 경화시간은 1~10시간 정도이다.
② 수화작용은 온도가 높을수록, 시멘트분말도가 높을수록 빨리 진행된다.
③ 시멘트의 수화열은 시멘트가 물과 반응하면 125cal/g 정도의 열이 발생하고, 시멘트 풀의 온도가 40~60℃까지 올라간다.
※ 응결에 영향을 주는 요소 : 시멘트의 화학성분, 분말도, 혼합물, 혼화제의 성질, 온습도, 풍화의 정도 등

- 수화작용에 관계있는 혼합물과 특성
  ① 알루민산삼석회(화학식 : $3CaO \cdot Al_2O_3$, 약호 : C_3A)
  ㉠ 수화작용이 대단히 빠르므로 재령 1주 이내에 초기강도를 발현한다.
  ㉡ 화학저항성이 약하고, 건조수축이 크다.
  ※ 응결 시간이 빠른 순서(큰 것→작은 것) : 발열량이크다.
  C_3A(알루민산삼석회) > C_3S(규산삼석회) > C_4AF(알루민산철사석회) > C_2S (규산이석회)

4 시멘트 분말도

① 1g입자의 표면적의 합계로 표시하며, 보통 2800~3600cm^2/g 정도이다.
→ 단위중량에 대한 표면적, 즉 비표면적에 의하여 표시

② 분말도가 크면 수화작용이 빠르다. 풍화작용도 빠르다.
※ 분말도 : 시멘트의 성능 중 수화반응, 블리딩, 초기강도 등에 크게 영향을 준다.

▪ 시멘트의 분말도와 응결

분말도가 크면	응결시간이 빠른 경우
① 물과의 접촉면이 커지므로 수화작용이 빠르다.	① 분말도가 클수록
② 발열량이 커지고, 초기강도 크다.	② 온도가 높고, 습도가 낮을수록
③ 시공연도 좋고, 수밀한 콘크리트 가능	③ C_3A 성분이 많을수록
④ 균열 발생이 크고, 풍화가 쉽다.	④ 물시멘트비가 적을수록
⑤ 장기강도는 저하된다.	⑤ 풍화가 적게 될 수록

5 시멘트의 종류 및 특성

① 보통 포틀랜드 시멘트(%)
㉠ 주성분 : CaO(64.2), SiO_2(22.2%), Al_2O_3(5.2), Fe_2O_2(3.1), SO_2(2.1) MgO(1.4), Na_2O(0.6), K_2O(0.2), H_2O(0.6), Co_2(0.1)
㉡ 비중 : 3.05~3.15
㉢ 단위용적 중량 : 1500kg/m^3
㉣ 분말도 : 3,000cm^3/g
㉤ 응결시간 : 1~10시간

② 중용열 포틀랜드시멘트
㉠ 시멘트의 발열량을 저감시킬 목적으로 제조한 시멘트
㉡ 수화열이 작고 수화속도가 비교적 느리다.
㉢ 건조수축이 작고, 화학저항성이 일반적으로 크다.
㉣ 내산성(내황산염성)이 우수하며, 내구성이 좋다.
㉤ 주로 댐 콘크리트, 도로포장, 매스콘크리트용으로 사용된다.

③ 조강 포틀랜드 시멘트
㉠ 조기강도가 크다 (보통 포틀랜드 시멘트28일 강도를 7일에 발현)
㉡ 수화열이 크다
㉢ 수밀성, 방수성 및 황산염에 대한 화학적 저항성 향상
㉣ 동기공사, 긴급공사

④ 고로 시멘트
㉠ 포틀랜드 시멘트의 Clinker + Slag(급냉) + 석고 → 미분해
㉡ 조기강도는 적으나, 장기강도가 크다

㉢ 내열성이 크고, 수밀성이 양호하다.
㉣ 건조수축이 크며, 응결시간이 느린 편으로 충분한 양생이 필요하다.
㉤ 화학 저항성이 높아 해수·하수·폐수 등에 접하는 콘크리트에 적합하다.
㉥ 수화열이 적어 매스콘크리트에 적합하다.
㉦ 해수에 대한 저항성이 커서 해안, 항만공사에 적합하다.

⑤ 실리카(포졸란) 시멘트
㉠ 실리카 시멘트에 혼합된 천연 및 인공인 것을 총칭하여 포졸란이라고 한다.(비중 2.7~2.9)
㉡ 화학 저항성이 향상되며, 시공연도가 좋아진다.
㉢ 해안 구조물, 단면이 큰 곳에 사용한다.

⑥ 플라이애시(Fly-Ash) 시멘트
㉠ 포틀랜드 시멘트 + Fly-Ash
㉡ 콘크리트의 워커빌리티를 좋게하고 사용 수량을 감소시킨다.
㉢ 수밀성이 향상되고, 수화열과 건조수축이 적다.
㉣ 초기 재령의 강도는 다소 작으나 장기 재령의 강도는 상당히 크다.
㉤ 용도 : 댐공사

⑦ 알루미나 시멘트
㉠ Al원석 + 석회석 → 전기로, 반사로에서 용융 냉각하여 미분쇄
㉡ 내화성, 급결성(1일에 28일강도 발현), 내화학성
㉢ 발열량이 크기 때문에 긴급공사, 한중공사
㉣ 고가이다.

⑧ 팽창시멘트
㉠ 석회, 보크사이트, 석고를 원료를 하여 소성 후 분쇄한 것을 포틀랜드 시멘트에 혼합하여 제조한 것
㉡ 수축률이 20~30% 감소한다.
㉢ 용도 : 바닥 슬래브의 균열제거, 역타설 콘크리트의 이어치기 개선용, 수조 등 콘크리트구조물의 케미컬 스트레스 도입용

⑨ 폴리머 시멘트
㉠ 콘크리트의 방수성, 내약품성, 변형 성능의 향상을 목적으로 고분자재료를 혼입시킨 시멘트
㉡ 시멘트에 폴리머를 혼입하여 폴리머 시멘트 콘크리트, 폴리머 콘크리트, 폴리머 침투 콘크리트를 만든다.

※ 시멘트의 압축강도 : 1일 - 3일 - 7일 - 28일

※ 시멘트의 조기강도 :
알루미나 시멘트 〉 조강포틀랜드 시멘트 〉 보통 포틀랜드 시멘트 〉 고로 시멘트 〉 중용열 포틀랜드 시멘트

section 4 콘크리트

1 콘크리트의 장·단점

(1) 장점

① 압축강도가 크다.

② 내화, 내구, 내수적이다.

③ 강재와의 접착이 잘 되고, 방청력이 크다.

(2) 단점

① 무게가 크다. (철근콘크리트 : 2.4t/m³)

② 인장강도가 작다. (압축강도의 1/10~1/13)

③ 경화할 때 수축에 의한 균열이 발생하기 쉽다.

2 골재의 함수상태

① 절건상태(노건조상태) : 110℃ 이내에서 24시간 건조

② 기건상태 : 공기 중 건조상태

③ 표면건조 내부포수상태 : 외부표면은 건조하고 내부는 물이 젖어있는 상태

④ 습윤상태 : 내, 외부 포수상태이고 외부는 물이 젖어있는 상태

⑤ 흡수량 : 표면건조 내부포수상태의 골재중에 포함하는 물의 양

⑥ 유효 흡수량 : 표면건조 내부포수상태와 기건상태의 골재 내에 함유된 수량과의 차

⑦ 함수량 : 습윤상태의 골재의 내외에 함유하는 전체수량

⑧ 표면수량 : 함수량과 흡수량의 차

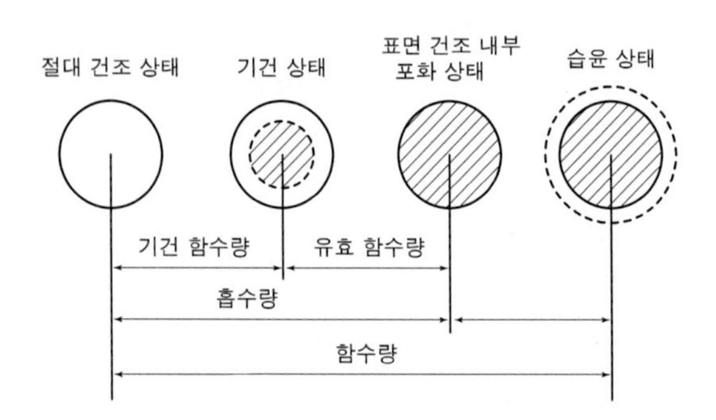

㉠ 절건상태 : 110℃ 이내로 24시간 정도 건조

㉡ 기건상태 : 물시멘트비 결정시 기준

㉢ 표건상태(표면건조내부포수상태) : 콘크리트 배합설계의 기준, 세골재

예제

자갈 시료의 표면수를 포함한 중량이 2,100g이고 표면건조내부포화상태의 중량이 2,090g이며 절대건조상태의 중량이 2,070g이라면 흡수율과 표면수율은 약 몇 % 인가?

㉮ 흡수율 0.48%, 표면수율 0.48%
㉯ 흡수율 0.48%, 표면수율 1.45%
㉰ 흡수율 0.97%, 표면수율 0.48%
㉱ 흡수율 0.97%, 표면수율 1.45%

해설 ① $\text{흡수율} = \dfrac{\text{표면건조상태} - \text{절대건조상태}}{\text{절대건조상태}} \times 100(\%)$

$= \dfrac{2090 - 2070}{2070} \times 100 = 0.97\%$

② $\text{표면수율} = \dfrac{\text{습윤상태} - \text{표면건조상태}}{\text{표면건조상태}} \times 100(\%)$

$= \dfrac{2100 - 2090}{2090} \times 100 = 0.48\%$

3 실적률과 공극률

① 실적률 : 골재의 단위용적 중 실적용적률을 백분률로 나타낸 값
실적률이 클수록 건조수축 및 수화열이 적으며, 경제적인 강도발현, 수밀성, 내구성, 마모저항성이 증대된다.

② 공극률 : 골재의 단위용적 중의 공극률 백분률로 나타 낸 값
공극이 적을수록 시멘트량이 적게 들고 콘크리트의 팽창, 수축이 작다.

㉠ $\text{공극률} = 1 - \dfrac{\text{단위용적중량}}{\text{비중}} \times 100(\%)$

㉡ $\text{실적률} + \text{공극률} = 1(100\%)$

예제

자갈 1 l를 저울에 달아 보았더니 1.7kg이었다. 비중이 2.65라면 이 골재의 공극률로 맞는 것은?

㉮ 25% ㉯ 28%
㉰ 36% ㉰ 42%

해설 공극률
골재의 단위용적 중의 공극률 백분률로 나타낸 값
공극이 적을수록 시멘트량이 적게 들고 콘크리트의 팽창, 수축이 작다.

㉠ $공극률 = 1 - \frac{단위용적중량}{비중} \times 100(\%)$

㉡ 실적률 + 공극률 = 1(100%)

$\therefore 공극률 = 1 - \frac{단위용적중량}{비중} \times 100(\%)$

$= 1 - \frac{1.7}{2.65} \times 100(\%) = 0.36 \times 100 = 36\%$

4 생콘크리트 성능(굳지 않은 콘크리트의 성능)

Workability	작업의 난이성 및 재료분리 저항성	시공연도
Consistency	반죽의 되고 진정도	반죽질기
Plasticity	거푸집에 쉽게 다져 넣을 수 있는 정도	성형성
Finishability	마무리 정도	마감성
Pumpability	펌프동 콘크리트의 Workability	압송성

5 Bleeding 현상

콘크리트 타설 후 물과 미세한 물질(석고, 불순물 등) 등은 상승하고, 무거운 골재나 시멘트 등은 침하하게 되는 현상을 Bleeding 현상이라 한다.

Bleeding현상은 일종의 재료분리 현상으로서 laitance 현상을 유발시켜 콘크리트의 품질을 저하시키는 원인이 된다.

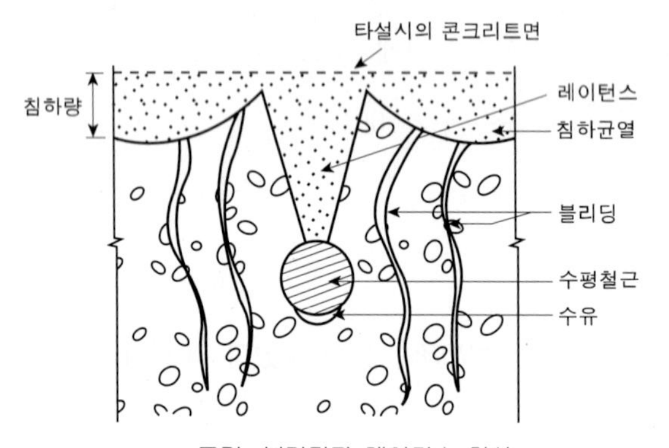

그림. 블리딩과 레이턴스 현상

6 콘크리트의 압축강도와 각종 강도의 비교

콘크리트의 강도는 4주간(28일) 양생한 시험체의 압축강도를 표준으로 한다. 콘크리트의 양생에서 4주 중 초기가 가장 중요한 시기로 콘크리트의 강도에 영향을 미친다.

※ 콘크리트의 압축강도와 각종 강도의 비교
① 인장강도 / 압축강도 = 1/10~1/13
② 휨 강 도 / 압축강도 = 1/5~1/7
③ 전단강도 / 압축강도 = 1/4~1/7

7 콘크리트의 강도에 영향을 주는 요소

① 물 · 시멘트비　② 골재 혼합비
③ 골재의 성질과 입도　④ 시험체의 형상과 크기
⑤ 양생방법과 재령　⑥ 시험방법

※ 여러 요소 중 콘크리트의 강도에 가장 큰 영향을 주는 것은 물 · 시멘트비이다.

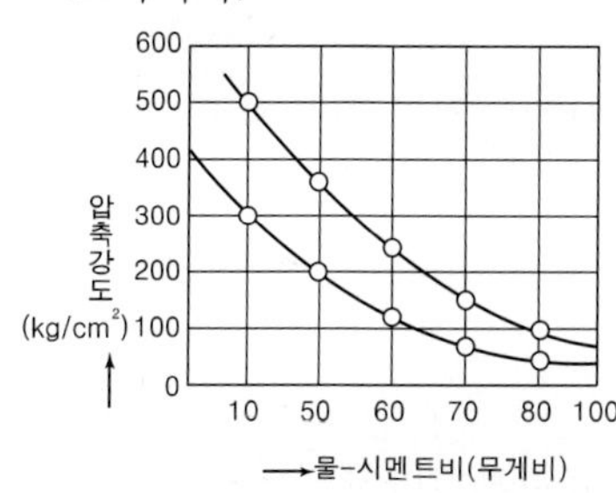

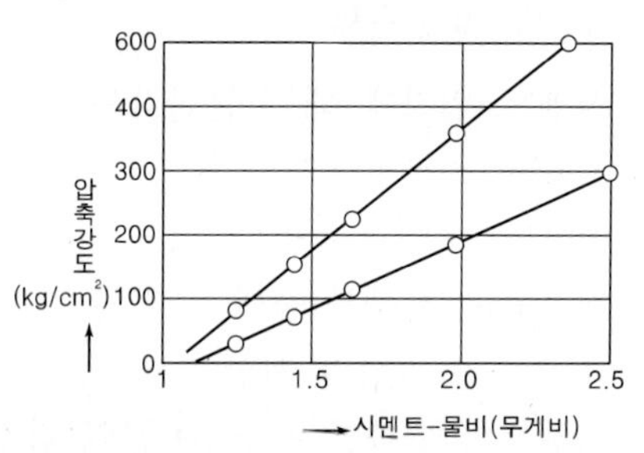

그림. W/C 와 콘크리트 강도와의 관계

8 콘크리트 종류별 물·시멘트비

① 수밀 · 고강도 · 제치장 · 해수 · 동결융해 콘크리트 : 55% 이하
② 경량 · 한중 · 차폐 · 고성능 콘크리트 : 60% 이하
③ 보통 · 유동화 콘크리트 : 65% 이하
※ 보통 콘크리트 : 50~70%

예제

콘크리트 배합설계 시 물의 양은 150ℓ/m³, 시멘트 양은 100ℓ/m³로 하였을 경우 물-시멘트비는? (단, 시멘트의 밀도는 3.14g/cm³임)

① 34%　② 48%
③ 67%　④ 85%

해설 ㉠ 비중 $= \frac{\text{중량}}{\text{부피}}$　∴ 중량 = 비중×부피

시멘트 중량 = 시멘트 비중(밀도)×부피 $= 3.14 \times 100 = 314$

㉡ W/C비 $= \frac{\text{물의중량}}{\text{시멘트중량}} \times 100\% = \frac{150}{314} \times 100 = 47.7 \fallingdotseq 48\%$

9 혼화재료

① 굳지 않는 콘크리트나 경화된 콘크리트의 제성질을 개선하기 위하여 콘크리트 비빔시 첨가하여 사용하는 재료
② 사용량이 많아 그 자체의 부피가 콘크리트 배합에 개선되는 혼화재(additive)와 소량으로 무시되는 혼화제(Agent)로 구분한다.
③ 혼화재료의 분류
㉠ 혼화재(混和材) : 포졸란, 플라이 애쉬, 고로 슬래그 분말, 실리카 흄
㉡ 혼화제(混和劑) : AE제, 감수제, AE감수제, 응결·경화 촉진제, 발포제, 방수제, 방동제, 유동화제, 착색재

10 감수제, AE감수제

① 시멘트 입자에 대한 분산작용을 하여 시멘트 입자끼리 서로 반발하게 함으로써 콘크리트의 단위수량을 감소시킨다.
② 워커빌러티, 피니셔빌러티의 향상
③ 재료분리 저항성 증대, 블리딩 감소
④ 내구성, 수밀성의 개선
⑤ 시멘트의 수화열 감소 → 균열 감소 → 철근부식방지
※ 고성능 감수제는 고강도 콘크리트 제조나 콘크리트 제품 등의 분야에 많이 사용하고 있다.

11 콘크리트의 건조수축

습윤상태에 있는 콘크리트가 건조하여 수축하는 현상으로 하중과는 관계없는 콘크리트의 인장응력에 의한 균열이다.
① 단위시멘트량 및 단위수량이 클수록 크다.
② 골재중의 점도분이 많을수록 크다.
③ 공기량이 많으면 공극이 많아지므로 크다.
④ 골재가 경질이고 탄성계수가 클수록 적다.
⑤ 충분한 습윤양생을 할수록 적다.

12 콘크리트의 크리프

하중이 지속하여 재하될 경우, 변형이 시간과 더불어 증대하는 현상
① 단위수량이 많을수록 크다.
② 온도가 높을수록 크다.
③ 시멘트페이스트가 많을수록 크다.
④ 물시멘트비가 클수록 크다.

⑤ 작용응력이 클수록 크다.
⑥ 재하재령이 빠를수록 크다.
⑦ 부재단면이 작을수록 크다.
⑧ 외부 습도가 낮을수록 크다.

13 콘크리트의 중성화

① 경화한 conc는 시멘트의 수화 생성물로서 수산화석회를 유리하여 강알칼리성을 나타낸다.
② 중성화는 수산화석회가 시간의 경과와 함께 conc 표면으로부터 공기 중의 CO_2의 영향을 받아 서서히 탄산석회로 변하여 알칼리성을 상실하게 되는 현상을 말한다.
$CaO + H_2O \rightarrow Ca(OH)_2$ (알칼리성),
$Ca(OH)_2 + CO_2 \rightarrow CaCO_3 + H_2O$(알칼리성 상실)
③ 중성화의 영향
㉠ 철근 녹 발생 → 체적팽창(2.6배) → con'c 균열발생
㉡ 균열부분으로 물, 공기 유입 → 철근부식 가속화
㉢ 철근 및 con'c 강도 약화로 구조물 노후화 → 내구성 저하
㉣ 균열발생으로 수밀성 저하 → 누수발생
㉤ 생활환경 → 누수로 실내습기 증가, 곰팡이 발생

14 A·E 콘크리트

콘크리트에 표면활성제(AE제)를 사용하여 콘크리트 중에 미세한 기포(0.03~0.3mm)를 발생하여 단위수량을 적게 하고, 시공연도를 개선시킨 콘크리트
① 시공연도(Workabilility) 향상
② 단위수량이 감소
③ 동결융해에 대한 저항성이 증대(동기공사 가능)
④ 수화열이 적다.
⑤ 내구성, 수밀성이 크다.
⑥ 재료분리, 블리딩현상이 감소
⑦ 화학작용에 대한 저항성이 크다.
⑧ 강도가 감소한다.(공기량 1% 증가에 대해 4~6%의 압축강도가 저하한다.)
[주] AE제를 사용한 보통 콘크리트의 공기량은 콘크리트 용적의 3%~5% 정도가 적당하다. 6% 이상이 되면 내구성이 저하된다. 공기량이 많으면 시공연도가 좋다.
※ 공기량 1% 증가 : Slump 2cm 증가, 압축강도 4~6% 감소, 휨강도 2~3% 감소

15 한중 콘크리트

대기 온도가 2℃ 이하가 되고 보온설비가 없으면 콘크리트 공사를 중지하여야 한다. 작업 중 기온이 2~5℃이면 물을 가열하고, 0℃ 이하이면 물・모래 -10℃ 이하이면 물・모래・자갈을 가열하는데 어떤 경우라도 시멘트는 가열하지 않는다. 초기 동해의 피해 방지를 위해 5MPa 이상 될 때까지 5℃ 이상 유지하여 양생한다. (단열보온・가열보온 양생)

① W/C = 60% 이하
② 재료가열온도 : 60℃ 이하이며, 시멘트는 절대 가열하지 않는다.
③ 믹서내 온도 : 40℃ 이하이며, 시멘트는 맨나중에 투입한다.
④ A.E제, A.E감수제, 고성능 A.E감수제 중 하나는 반드시 사용한다.

16 서중(暑中) 콘크리트

일평균기온이 25℃를 초과시 타설하는 콘크리트
※ 서중(暑中) 콘크리트의 일반적인 문제점
① 콘크리트의 공기연행이 어려우며, 공기량 조절이 곤란하다.
② 슬럼프의 저하가 크다. → 소요 슬럼프는 18cm 이하로 한다.
③ 동일 슬럼프를 얻기 위한 단위수량이 많다.
④ 콘크리트 응결이 빠르므로 콜드죠인트가 발생하기 쉽다.
⑤ 초기강도의 발현이 빠르다.

※ 콜드 조인트(Cold joint) : 콘크리트 시공과정 중 휴식시간 등으로 응결하기 시작한 콘크리트에 새로운 콘크리트를 이어칠 때 일체화가 저해되어 생기게 되는 줄눈

17 수밀 콘크리트(Water tight concrete)

콘크리트 자체가 밀도가 높고 내구적, 방수적이어서 물의 침투나 방지나 지하에 방수를 요할 때 쓰인다.
① 물결합재비 : 50% 이하
② 된비빔 콘크리트로 하고 진동다짐을 원칙으로 한다.
③ 혼합은 3분 이상 충분히 하고 slump값은 18cm 이하로 한다.
④ 수밀성을 개선하기 위하여 표면활성제(A.E제)를 사용한다.

18 경량 콘크리트

① 구조물의 경량화를 목적으로 경량 골재를 사용하는 콘크리트
② 설계기준강도 24MPa 이하, 기건비중이 2.0 이하, 단위용적중량이 1.4~2.0 ton/m^3

③ 배합 전 충분히 흡수시키고, 표면건조내부 포수상태의 골재를 사용한다.
④ 골재로서 슬래그(slag)를 사용하기 전에 시멘트가 수화하는데 필요한 수량을 확보하기 위해 물축임한다.
⑤ 시공연도 확보를 위하여 AE제, AE 감수제를 사용하고 공기량은 5% 정도로 한다.
⑥ Slump 값 18cm 이하로 한다.
⑦ W/C비는 60% 이하로 한다.
⑧ 특징
㉠ 장점 : 건물의 경감, 내화성, 방음성, 단열성, 흡음성이 우수
㉡ 단점 : 강도가 적고, 건조수축이 크다. 동결 융해 저항성이 떨어진다.

19 쇄석 콘크리트(깬 자갈 콘크리트)

깬자갈 콘크리트는 보통 강자갈 대신에 인공적으로 부순돌(깬자갈)을 사용한 것으로 안산암이 많이 이용된다.
① 강도 : 보통 콘크리트보다 10~20% 정도 증가된다.
② 시공연도가 좋지 않으므로 반드시 AE제를 사용한다.
③ 배합설계 : 시멘트량은 보정하지 않는다. 모래량(가는 모래) 10% 증가, 모르타르량 8% 증가, 자갈량 10% 감소

20 매스 콘크리트(mass concrete)

부재의 단면이 커서 시멘트의 수화열로 인해 온도균열이 생길 가능성이 큰 구조물에 타설하는 콘크리트로 온도균열을 제어하는 것이 중요하다.
※ 부재단면의 치수가 80cm 이상, 하부가 구속된 50cm 이상의 벽체 등과 내부 최고온도와 외기 온도의 차이가 25℃ 이상으로 예상되는 콘크리트를 매스 콘크리트(mass concrete)라고 정의한다.(건축공사표준시방서)
① 재료를 적정온도 이하가 되도록 하여 사용한다.
② 수화열이 작은 중용열 포틀랜드시멘트를 사용하고, 골재는 중정석・자철광을 사용한다.
③ 플라이 애쉬, 고로슬래그, 실리카 흄 등 혼화재를 사용하고, 단위 시멘트량을 적게 한다.
※ 매스 콘크리트 구조물의 시공, 시멘트의 수화열에 의한 온도응력 및 온도균열에 관련한 방지대책으로 저발열성시멘트를 사용하고, 파이프쿨링을 이용한 수화열 제어를 하며, 물시멘트비를 낮추는 대책이 필요하다.

21 ALC(Autoclaved Light-weight Concrete)

① 오토클레이브(autoclave)에 고온 고압 증기양생한 경량기포콘크리트이다.
② 원료 : 생석회, 규사, 규석, 시멘트, 플라이 애시, 알루미늄 분말 등
③ 장점
㉠ 경량성 : 기건비중은 보통콘크리트의 1/4 정도(0.5~0.6)
㉡ 단열성 : 열전도율은 보통콘크리트의 약 1/10 정도(0.15W/m · K)
㉢ 불연 · 내화성 : 불연재인 동시에 내화구조 재료이다.
㉣ 흡음 · 차음성 : 흡음률은 10~20% 정도이며, 차음성이 우수하다(투과손실 40dB)
㉤ 시공성 : 경량으로 인력에 의한 취급은 가능하고, 현장에서 절단 및 가공이 용이하다.
㉥ 건조수축률이 매우 작고, 균열발생이 어렵다.
④ 단점
㉠ 강도가 비교적 적은 편이다.(압축강도 4MPa)
㉡ 기공(氣孔)구조이기 때문에 흡수성이 크며, 동해에 대한 방수 · 방습처리가 필요하다.

section 5 금속재료

1 강의 물리적 성질

구분 \ 종류	비중	융점	열전도율 (W/m · K)	선팽창 계수
강	7.85	1425~1530	43	$10.4\times10^{-6}\times11.5\times10^{-6}$
동	8.90	1083	386	16.8×10^{-6}
알루미늄	2.70	659	164	23.1×10^{-6}

① 강의 성질은 탄소 함유량 이외에도 가공 온도에 따라 달라진다.

② 일반적으로 상온에서는 비중, 열팽창계수, 열전도율은 탄소의 양이 증가함에 따라 감소하고, 비열, 전기저항 등은 증가한다.

2 철강의 용도

① 연강 : 리벳, 관, 교량, 조선, 보일러, 건축(철골, 철근, 강판)

② 최경강 : 축, 외륜, 공구, 강선, 스프링

③ 경강 : 축류, 공구, 레일, 스프링, 실린더재

④ 반경강 : 건축, 조선용 판

3 강재의 응력-변형도 곡선

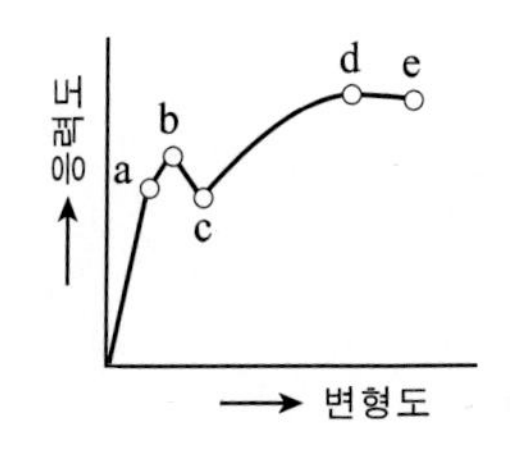

① 비례한도(a점) : 응력이 작을 때에는 변형이 응력에 비례하여 커진다. 이 비례 관계가 성립되는 최대한도를 말한다.

② 탄성한도 : 외력을 제거했을 때 응력과 변형이 완전히 영(Zero)으로 돌아가는 최대한도를 말한다.

③ 상, 하위 항복점(b, c점) : 외력 이 더욱 작용되어 상위항복점이 변형되면 응력은 별로 증가하지 않으나 변형은 크게 증가하여 하위항복점에 도달한다.

④ 최대강도(극한강도, d점) : 응력과 변형이 비례하지 않는 상태
⑤ 파괴강도(e점) : 응력은 증가하지 않아도 저절로 변형이 커져서 파괴된다.
※ 인장강도, 탄성한도 항복점은 탄소의 양이 증가함에 따라 올라가 약 0~85%에서 최대가 되고 그 이상이 되면 내려가며 그 사이의 신장률은 점점 작아진다.

4 강재의 온도에 따른 기계적 성질

강은 온도에 따라 강도가 변화하는데 100℃ 이상되면 강도가 증가하여 250℃에서 최대가 된다. (250℃ 이상 되면 강도는 감소한다.)

① 500℃에서는 0℃일때의 1/2로 감소한다.
② 600℃에서는 0℃일때의 1/3로 감소한다.
③ 900℃에서는 0℃일때의 1/10로 감소한다.

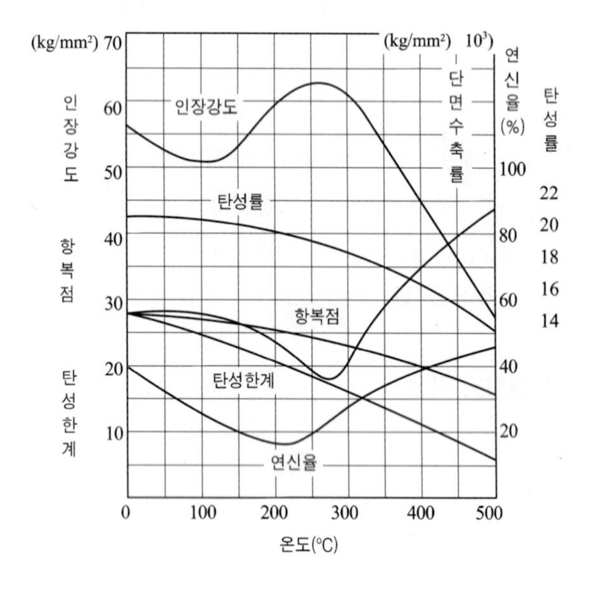

그림. 탄소강의 온도에 의한 기계적 성질변화

5 철강의 열처리

구분 / 방법	열처리방법	특 성
1) 풀림	강을 800~1,000℃로 가열한 다음 노속에서 천천히 냉각시키는 것	· 강철의 결정 입자가 미세하게 된다. · 변형이 제거된다. · 조직이 균일화 된다.
2) 불림	강을 800~1,000℃로 가열한 다음 공기 중에서 천천히 냉각시키는 것	· 강철의 결정이 미세화 된다. · 강철의 결정이 연화된다.
3) 담금질	가열된 강을 물 또는 기름 속에서 급히 냉각시키는 것	· 강도, 경도가 증가한다. · 저탄소강은 담금질이 어렵고, 담금질 온도가 높아진다. · 탄소 함유량이 클수록 담금질 효과가 크다.
4) 뜨임질	담금질한 강의 인성을 부여하기 위하여 강을 200~600℃정도로 다시 가열한 다음, 공기 중에서 천천히 냉각시키는 것	· 강의 변형이 없어진다. · 강인한 강이 된다.

6 주철

① 보통주철(백주철, 회주철)과 가단주철이 있다.
② 탄소 함유량이 2.1~6.7%인 철을 주철이라 한다.(보통 사용 탄소함유량 2.5~5%)
③ 용융점이 낮아 복잡한 모양으로 쉽게 주조할 수 있다.
④ 압연, 단조 등 기계적 가공은 안된다.
⑤ 일반 강재보다 내식성이 우수하여 오수관 등에 사용된다.
⑥ 인장강도가 작아서 휨모멘트를 받는 곳에는 부적당하다.
⑦ 용도 : 급・배수관, 방열기, 장식 철물, 창호 철물, 맨홀 뚜껑

7 회주철

① 백주철보다 많이 사용된다.
② 용융 주철의 규소(Si)가 많을수록, 탄소량이 많을수록 회주철이 되기 쉽다.
③ 용융 주철의 냉각속도가 늦을수록 회주철이 되기 쉽다.
④ 수축은 백주철에 비해 작으며 주조가 용이하다.
⑤ 흑연을 다량 함유하고 있어 윤활유의 공급이 있으면 강보다 마모계수가 작다.
⑥ 인장강도가 비교적 작다.($10 \sim 15kg/mm^2$)

8 구리(銅)

① 열전도율과 전기 전도율이 크다.
② 아름다운 색과 광택을 지니고 있다.
③ 청록이 생겨 내부를 보호해서 내식성이 철강보다 크다.
④ 전연성(展延性)·인성·가공성은 우수하다.
⑤ 주조하기 어렵고, 주조된 것은 조직이 거칠고 압연재보다 불완전하다.
⑥ 산·알칼리에 약하며 암모니아에 침식된다.
⑦ 해안지방에서는 동의 내구성이 떨어진다.
⑧ 용도 : 지붕재료, 장식재료, 냉·난방용 설비 재료, 전기공사용 재료

9 황동

① 구리에 아연(Zn) 10~45%정도를 가하여 만든 합금
② 구리보다 단단하고 주조가 잘되며, 가공하기 쉽다. 내식성이 크고 외관이 아름답다
③ 색깔은 주로 아연의 양에 따라 정해진다.
④ 용도 : 창호철물

10 청동

① 구리와 주석(Sn) 4~12% 정도의 합금이다.
② 황동보다 내식성이 크고, 주조하기가 쉽다.
③ 표면은 특유의 아름다운 청록색이다.
④ 용도 : 장식철물, 공예재료

11 납(鉛, Pb)

① 금속 중에서 가장 비중(11.34)이 크고 연질이다.
② 주조가공성 및 단조성이 풍부하다.
③ 열전도율이 작으나 온도 변화에 따른 신축이 크다.
④ 공기 중에서 탄산납($PbCO_3$)의 피막이 생겨 내부를 보호한다. (방사선 차단 효과)
⑤ 내산성은 크나, 알칼리에는 침식된다.
⑥ 용도 : 송수관, 가스관, X선실, 홈통재, 황산 제조공장

12 주석

① 전성과 연성이 풍부하다. (상온에서 얇은 강판제조, 철사와 같은 선재(線材)로는 부적당하다.)

② 용융점이 낮고 내식성이 크다.
③ 산소나 이산화탄소의 작용을 받지 않는다.
④ 유기산에 거의 침식되지 않는다.
⑤ 공기중이나 수중에서 녹이 나지 않는다.
⑥ 알칼리에 천천히 침식된다.
※ 용도 : 청동(구리와 주석의 합금), 방식피복재료(식료품, 음료수용 금속재료), 땜납(주석과 납의 합금

13 알루미늄(Aluminum)

① 전기나 열전도율이 높다.
② 비중(2.7로서 철의 약 1/3)에 비하여 강도가 크다.
③ 내화성이 적고, 열팽창계수가 크다.(철의 2배)
④ 공기 중에서 표면에 산화막이 생겨 내식성이 크다.
⑤ 반사율이 크므로 열차단재로 쓰인다.
⑥ 가공이 용이하다.
⑦ 산, 알칼리에 약하다.
⑧ 용도 : 지붕잇기, 실내장식, 가구, 창호, 커어튼 레일

14 금속의 부식

① 금속의 부식작용
㉠ 대기에 의한 부식　㉡ 물에 의한 부식
㉢ 흙 속에서의 부식　㉣ 전기작용에 의한 부식
② 전기작용에 의한 부식 : 서로 다른 금속이 접촉하여 그 부분에 수분이 있을 경우전기분해가 일어나 이온화경향이 큰 금속이 음극으로 되어 전기적 부식현상을 일으키게 된다.
※ 금속의 이온화경향(큰 것 - 작은 것 순서) :
K〉 Ca〉 Na〉 Mg〉 Al〉 Cr〉 Mn〉 Zn〉 Fe〉 Ni〉 Sn〉 H〉 Cu〉 Hg〉 Ag〉 Pt〉 Au

15 금속재의 부식 방지 방법

① 균질의 것을 선택하고 사용할 때 큰 변형을 주지 않는다.
② 표면을 평활, 청결하게 하고 가능한 한 건조상태로 유지한다.
③ 가능한 상이한 금속은 이를 인접 또는 접촉시켜 사용하지 않는다.
④ 가공 중에 생긴 변형은 가능한 한 풀림, 뜨임 등에 의하여 제거하여 사용한다.
⑤ 도료나 내식성이 큰 금속으로 표면에 피막하여 보호한다.

16 금속제품

(1) 긴결 철물, 고정 철물, 목구조용 철물

① 듀벨(Dubel)

목구조에 사용하는 보강철물로 보울트와 같이 사용하여 듀벨은 전단력에 저항하고, 보울트는 인장력에 저항케 한다.

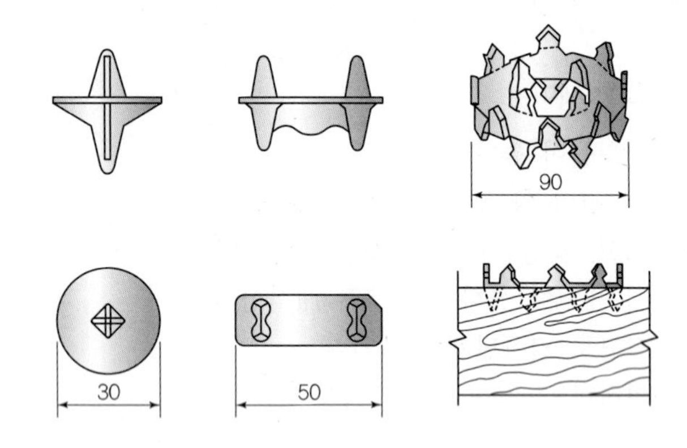

그림. 각종 듀벨

② 인서트(Insert)

구조물 등을 달아매기 위하여 콘크리트 표면 등에 미리 묻어 넣은 고정 철물로 수축이 적고 가공하기 쉬운 주물을 재질로 사용한다.

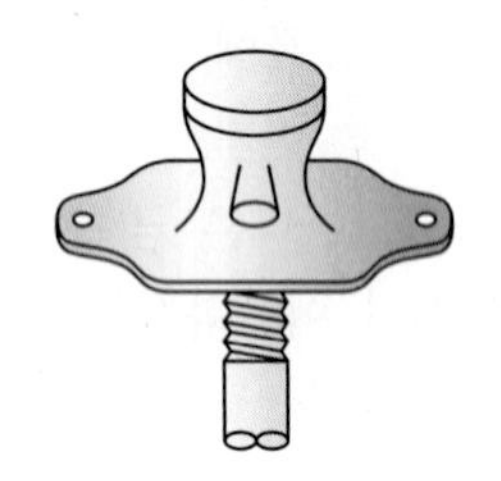

그림. 인서트(Insert)

③ 익스팬션 볼트(Expansion Bolt)

콘크리트에 창틀, 기타 실내 장식장을 볼트로 고정시키기 위한 준비로서 미리 볼트 결합을 위해 암나사나 절삭이 되어 있는 부품을 매립하는데 사용하는 볼트이다. 콘크리트면의 구멍에 볼트를 박으면 볼트 끝이 벌어져 고정시킨다.

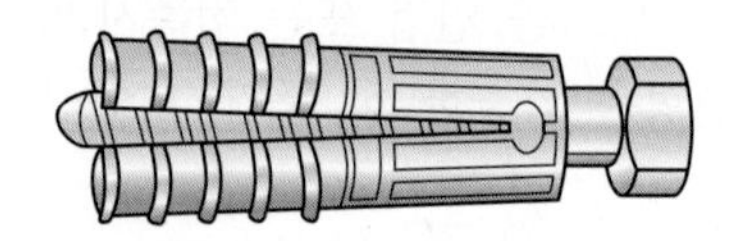

그림. 익스팬션볼트(Expansion bolt)

④ 드라이브 핀(Drive Pin)

화약을 사용하는 발사총으로 콘크리트벽이나 강제 등에 쳐박는 못

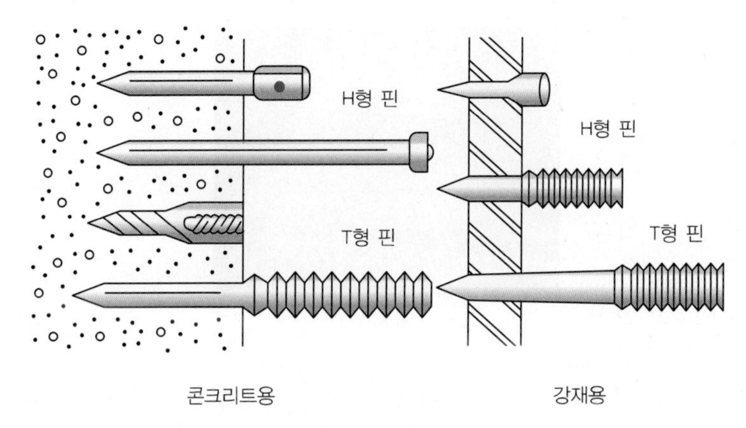

그림. 드라이브 핀

(2) 수장, 장식용 철물

① 조이너(Joiner) : 벽, 천장, 바닥 등에 보드류(판재)를 붙일 때 그 이음새를 감추거나 이질재와의 접착부에 사용한다. 재료는 아연도금철판재, 황동재 등으로 만든다.

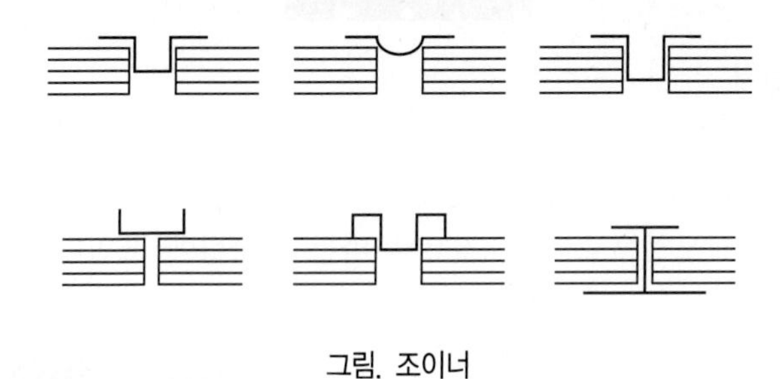

그림. 조이너

② 코너 비드(Corner Bead)

미장 공사에서 기둥이나 벽의 모서리 부분을 보호하기 위하여 쓰는 철물이다. 박강판, 평판 등을 가공하여 만들며, 재질로는 아연 철판, 황동판 제품 등이 있다.

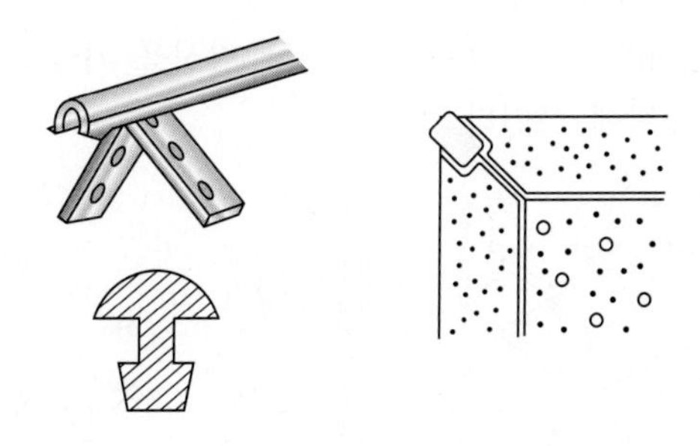

그림. 코너비드

③ 논 슬립(Non-Slip) : 계단의 디딤판 모서리에 미끄럼을 방지하기 위하여 설치하는 것으로 놋쇠, 고무제, 황동제, 스테인리스 강제 등이 있다.

④ 펀칭 메탈(Punching Metal)

두께 1.2mm 이하의 박강판을 여러 가지 무늬 모양으로 구멍을 뚫어 만든 것으로 환기구, 라지에이터(방열기) 덮개 등에 쓰인다. 때로는 황동판, 알루미늄판으로 만들기도 한다.

(3) 미장용 철물

① 메탈 라아스(Metal Lath)

박강판에 일정한 간격으로 자르는 자국을 많이 내어 이것을 옆으로 잡아당겨 그물코 모양으로 만든 것으로 바름벽 바탕에 쓰인다.

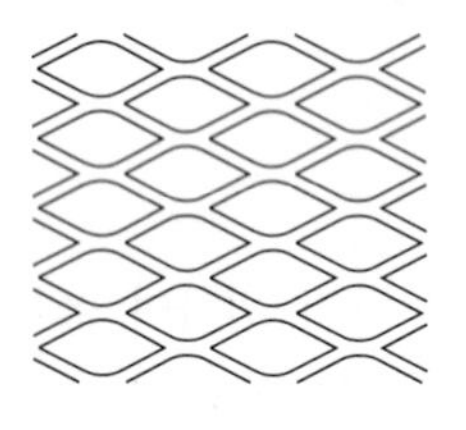
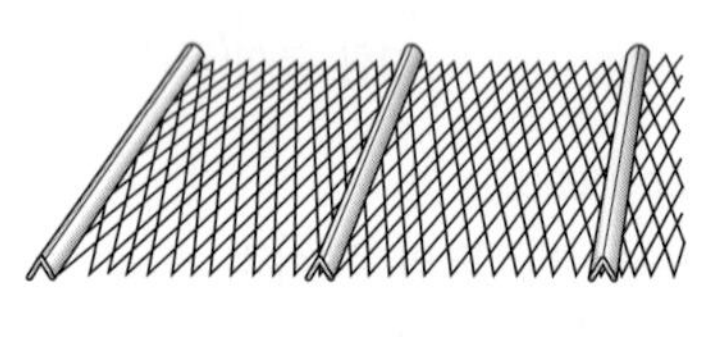
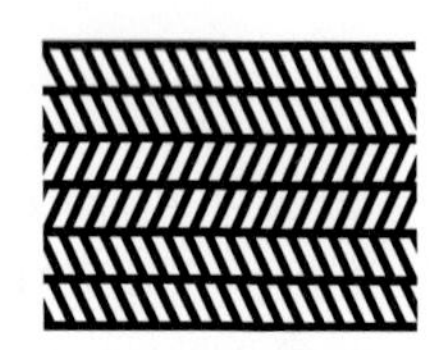

② 와이어 라아스(Wire Lath)

지름 0.9~1.2mm의 철선 또는 아연도금 철선을 가공하여 만든 것으로 모르타르 바름 바탕에 쓰인다.

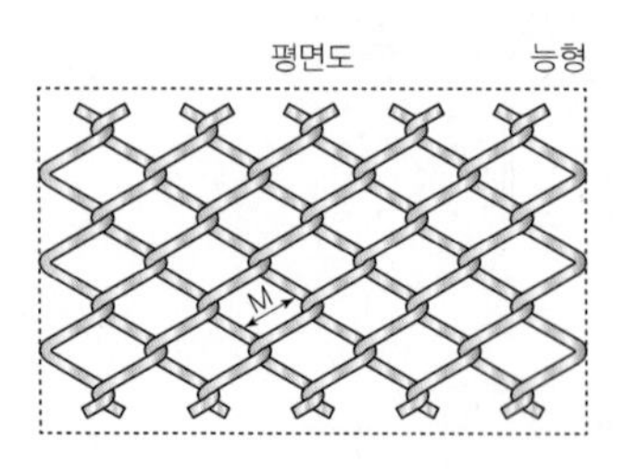

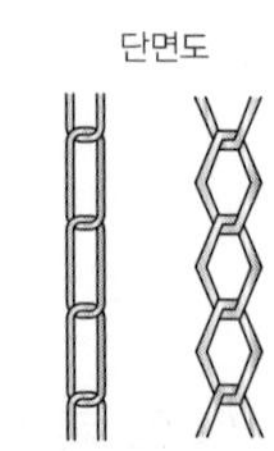

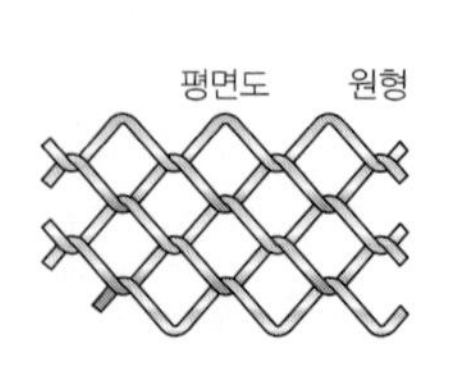

(4) 콘크리트 타설용 철물

① 와이어 메시(wire mesh)

연강 철선을 격자형으로 짜서 접점을 전기 용접한 것으로 방형 또는 장방형으로 만들어 블록을 쌓을 때나 보호 콘크리트를 타설할 때 사용하여 균열을 방지하고 교차 부분을 보강하기 위해 사용한다. 용도로는 콘크리트 보강용, 도로포장용으로 쓰인다.

② 데크 플레이트(Deck Plate)

얇은 강판에 골모양을 내어 만든 강판 성형품으로 콘크리트 슬래브의 거푸집패널 또는 바닥판 및 지붕판으로 사용되는 금속성형 가공제품

section 6 미장재료

1 구성 재료에 따른 분류

① 결합재료
㉠ 다른 미장재료를 결합하여 경화시키는 재료(바름벽의 기본 소재)
㉡ 시멘트, 소석회, 돌로마이트 플라스터, 점토, 합성수지 등
② 혼화재료
㉠ 결합재료에 방수, 착색, 내화, 단열, 차음 등의 성능을 갖도록 하거나, 응결시간을 단축, 지연, 촉진시키기 위하여 첨가하는 재료
㉡ 방수제, 촉진제, 급결제, 지연제, 안료, 방동제, 착색제 등
③ 보강재료
㉠ 자신은 고체화에 직접 관계하지 않으며 균열방지 등을 보강하는 재료
㉡ 여물, 풀, 수염, 종려잎 등
④ 부착재료
㉠ 바름벽과 바탕재료를 붙이는 역할을 하는 재료
㉡ 못, 스테이플, 커터침 등

2 경화방식에 따른 미장재료의 분류

① 기경성 미장재료 : 공기 중에서 경화하는 것으로 공기가 없는 수중에서는 경화되지 않는 성질
- 진흙질, 회반죽, 돌로마이트 플라스터
② 수경성 미장재료 : 물과 작용하여 경화하고 차차 강도가 크게 되는 성질
- 석고플라스터, 무수석고(경석고)플라스터, 시멘트모르타르

3 회반죽 바름

① 재료 : 소석회 + 모래 + 여물 + 해초풀
㉠ 소석회 : 주원료(석회석+열 = 생석회 → 생석회+물 = 소석회)
㉡ 모래 : 강도를 높이고 점도를 줄인다.
㉢ 여물 : 수축의 분산(균열 방지)
㉣ 해초풀 : 점성이 늘어나 바르기 쉽고 바름 후 부착이 잘 되도록 한다.(접착력 증대)
② 회반죽은 기경성 미장재료이다.
③ 회반죽과 회사벽의 고결재인 수산화석회는 공기 중의 CO_2(탄산가스)와 반응하여 단단한 석회가 된다.

4 돌로마이터 플라스터 바름

재료 : 돌로마이트(마그네샤질 석회) + 모래 + 여물

① 가소성(점성)이 높기 때문에 풀을 혼합할 필요가 없다.
② 공기 중의 탄산가스(CO_2)와 반응하여 화학변화를 일으켜 경화한다.
③ 곰팡이의 발생, 변색, 냄새가 나지 않는다.
④ 보수성이 크기 때문에 바름, 고름작업이 용이하다.
⑤ 응결시간이 비교적 길기 때문에 시공이 용이하다.
⑥ 조기강도를 내며 강도도 큰 편이다.
⑦ 착색이 용이하다.
⑧ 시공이 용이하고, 값이 싸다.
⑨ 알카리성이며 페인트도장이 불가능하다.
⑩ 건조수축 커서 균열이 생기기 쉬우므로 여물을 혼합하여 잔금을 방지한다.
⑪ 기경성이므로 습기 및 물에 약해 지하실에는 사용하지 않는다.

5 석고 플라스터(gypsum plaster)

조립식 및 건식공법의 가장 획기적인 마감재료로서 프리캐스트나 ALC 등에 적합하며 주로 건물 내외부 벽면에 사용하는 미장재료로서 종류에는 순석고 플라스터, 혼합석고 플라스터, 경석고 플라스터(Keen's Cement)가 있다.

1) 재료
① 석고질
㉠ 순석고 플라스터 : 순석고 + 석회죽
- 경화속도가 너무 빠르다 (15~20분)
㉡ 혼합석고 플라스터 : 소석고(25%) + 회반죽(공정에서 미리 혼합제품)
- 초벌용 : 물과 모래 혼합
- 정벌용 : 물만 혼합(여물×)
- 약알카리성이며 경화속도는 보통이다
㉢ 보드용 석고 플라스터 : 부착강도가 높으며 석고판 붙임용에 적합
② 혼화제 : 수용성 고분자 수지 에멀젼, 고분자 라텍스
③ 여물 : 백모, 종이, 무명, 짚

2) 특징
① 순백색이며, 미려하고 석회보다 변색이 적다.
② 경화강도가 강하다.
③ 수경성 재료로 급경성이다.
④ 수축이 없으므로 정벌바름에 여물을 넣을 필요가 없다.
⑤ 습기에 의해 변질이 쉽다.

6 경석고 플라스터(Keen's Cement) : 무수석고

석고원석 ⟶ 소석고 ⟶ 무수석고 ⟶ 경석고

180~190℃ 소성·분쇄 / 500℃ 소성 / 500~1,000℃ 명반+석고

① 응결이 대단히 느리므로 촉진제(명반) 사용한다.
② 산성재료로서 철류와 접촉하면 녹이 쓴다.
③ 석회계와 소석고계와 혼용 사용을 금한다.
④ 여물을 혼합할 필요가 없다.
⑤ 수축·균열이 거의 없고 목욕실, 주방에 사용된다.
⑥ 표면강도가 높고, 바르기 쉽고 광택이 있어 바닥재로 사용된다.

7 시멘트 모르타르 바름

1) 재료 : 보통포틀랜드 시멘트 + 모래 + 소석회
보통포틀랜드 시멘트와 모래에 시공성을 좋게 하기 위하여 소석회를 혼합하여 사용한다.

2) 특징
① 미장공사에 주로 사용되는 수경성 미장재료로서 내수성 및 강도는 크나 작업성이 나쁘다.
② 시멘트모르타르는 지하실과 같이 공기의 유통이 나쁜 장소의 미장공사에 적당하다.
③ 재료배합은 바탕에 가까울수록 부배합, 정벌에 가까울수록 빈배합이 원칙이다.
④ 초벌바름은 바탕면에 물축이기를 한 후 초벌 바른다. 초벌바름 후 1~2주 방치하여 충분한 경화, 균열발생 후 고름질을 하고 재벌 바른다.
⑤ 바름두께는 바닥은 1회 바름으로 마감하고, 벽·기타는 2~3회 바른다. 얇게 여러 번 바르는 것이 두껍게 바르는 것보다 좋다.

8 마그네시아 시멘트(magnesia cement)

① 산화마그네슘의 분말에 염화마그네슘을 가하여 섞은 시멘트
② 톱밥, 코르크 가루, 안료 등을 첨가하여 바닥마감에 사용된다.
② 리그노이드(lignoid)의 주원료가 한다.
③ 착색이 용이하고 경화가 빠르다.
④ 흡수성이 심하고 수축성이 커서 균열을 발생하기 쉽다.
⑤ 고온에 약하고, 철물류를 부식하게 한다.

9 테라조(terrazzo) 현장바름

① 백시멘트·안료·대리석 부순 돌을 섞어서 정벌바름을 하고, 굳은 후에 여러 번 갈아주고 수산으로 청소한 후 왁스로 광내기 마무리한 것

② 시공순서 : 바탕처리 → 줄눈대 대기 → 초벌 모르타르바름 → 정벌바름 → 양생 → 초벌갈기 → 시멘트풀 먹임 → 중갈기 → 정벌갈기 → 왁스칠

③ 갈기는 정벌바름 후 손갈기 2일 이상, 기계갈기 5일 이상 지난 후에 한다.

④ 줄눈대는 황동제로 사용하며, 보통 간격 90cm, 최대 2m 이내로 한다.

⑤ 주로 바닥에 쓰이고 벽에는 공장제품 테라조판을 붙인다.

※ 설치 목적 : 균열방지, 보수용이, 바름구획 구분

10 특수미장바름

1) 러프 코트(rough coat)

시멘트, 모래, 잔자갈, 안료 등을 반죽한 것을 바탕바름이 마르기 전에 뿌려 바르는 거친 벽마무리(일종의 인조석 바름)

2) 리신 바름(lithin coat)

돌로마이트에 화강석 부스러기, 색모래, 안료 등을 섞어 정벌 바름하고 충분히 굳지 않은 때에 표면에 거친 솔, 얼레빗 같은 것으로 긁어 거친 면으로 마무리한 것

3) 모조석(의석, Imitation Stone)

백시멘트, 종석, 안료를 혼합하여 천연석과 유사한 외관으로 만든 인조석

4) 리그노이드

마그네시아 시멘트에 톱밥, 코르크 가루, 안료 등을 혼합한 모르타르 반죽한 것으로 탄성이 있어 건물, 차량, 선박 등의 마무리 재료로 사용한다.

section 7 합성수지

1 합성수지(Plastic)의 장·단점

장 점	단 점
① 우수한 가공성으로 성형, 가공이 쉽다. ② 경량, 착색용이, 비강도 값이 크다. ③ 내구, 내수, 내식, 내충격성이 강하다. ④ 접착성이 강하고 전기 절연성이 있다. ⑤ 내약품성·내투습성	① 내마모성, 표면 강도가 약하다. ② 열에 의한 신장(팽창, 수축)이 크므로 열에 의한 신축을 고려 ③ 내열성, 내후성은 약하다. ④ 압축강도 이외의 강도, 탄성계수가 작다.

2 합성수지의 분류

① 열가소성 수지 : 고형상에 열을 가하면 연화 또는 용융하여 가소성 및 점성이 생기며 냉각하면 다시 고형상으로 되는 수지(중합반응)

→ 아크릴수지, 염화비닐수지, 초산비닐수지, 스티롤수지(폴리스티렌), 폴리에틸렌 수지, ABS 수지, 비닐아세틸 수지, 매틸메탈 크릴수지, 폴리아미드수지(나일론), 셀룰로이드

② 열경화성수지 : 고형체로 된 후 열을 가하면 연화하지 않는 수지(축합반응)

→ 페놀수지, 요소수지, 멜라민수지, 알키드수지, 폴리에스틸수지, 폴리우레탄수지, 실리콘수지, 에폭시수지

3 열가소성수지와 열경화성수지

1) 열가소성수지

종 류	특 징	주 용 도
아크릴수지	투광성이 크고 내후성이 양호하며 착색이 자유롭다. 자외선 투과율 크다 초산에스텔, 아세톤 등의 용제사용금지	채광판, 유리대용품, 내충격 강도가 유리의 10배이다
염화비닐수지	강도, 전기전열성, 내약품성이 양호하고 가소제에 의하여 유연고무와 같은 품질이 되며 고온, 저온에 약함	바닥용 타일, 시트, 접착제, 조인트재료, 파이프, 도료
초산비닐수지	무색투명, 접착성이 양호, 각종 용제에 가용 내열성이 부족	도료, 접착제, 비닐론 도료
스티롤수지 (폴리스티렌)	무색투명, 전기절연성, 내수성, 내약품성이 크다	창유리, 파이프, 발포보온판, 벽용타일, 채광용
폴리 에틸렌 수지	물보다 가볍고, 유연, 내열성이 결핍된 것도 있다 내약품성, 전기절연성, 내수성이 대단히 양호함	건축용 성형품, 방수필름, 벽재, 발포 보온관
비닐아세틸 수지	무색투명, 밀착성이 양호	안전유리중간막, 접착제, 도료
메탈 아크릴 수지	무색투명, 강인, 내약품성이 상당히 크다	방풍유리, 조명기구
폴리아미드수지 (나일론)	강인하고, 내마모성이 큼	건축물 장식용품
셀룰로이드	투명, 가소성, 가공성이 양호하나 내열성이 없음	유리대용품으로 사용

2) 열경화성수지

종 류	특 징	주 용 도
페놀수지	강도, 전기절연성, 내산성, 내열성, 내수성 모두 양호하나, 내알카리성이 약함. 용제에 강하다.	벽, 덕트, 파이프, 발포보온관, 접착제, 배전판 전기통신 자재 수요량의 60%를 차지한다
요소수지	대체로 페놀수지의 성질과 유사하나, 무색으로 착색이 자유롭고, 내수성이 약간 약하다.	마감재, 조작재, 가구재, 도료, 접착재
멜라민수지	요소수지와 같으나 경도가 크고, 내수성은 약하다.	마감재, 조작재, 가구재, 전기부품
알키드수지	접착성이 좋고 내후성이 양호, 성형이 가능. 전기적 성능이 우수하다.	도료, 접착제
불포화폴리에스틸수지	전기절연성, 내열성, 내약품성이 좋고 가압성형이 가능하다. 유리섬유를 보강재로한 것은 대단히 강하다.	커튼월, 창틀 ,덕트, 파이프, 도료, 욕조, 큰 성형품, 접착제
실리콘수지	열전연성이 크고, 내약품성, 내후성이 좋으며, 전기적 성능이 우수하다.	방수피막, 발포보온관, 도료, 접착재
에폭시수지	금속의 접착력이 크고, 내약품성이 양호하며, 내열성이 우수하다. 다소 고가이다.	금속도료 및 접착제, 보온보냉제, 내수피막 200℃이상 견딘다

4 합성수지계 접착제

종 류	특 징
에폭시 수지 (Epoxy Resin Paste)	내수성, 내습성, 내약품성, 전기절연이 우수, 접착력 강함. 피막이 단단하고 유연성 부족, 값이 비싸다. 금속, 항공기 접착에도 쓰인다. 현재까지의 접착제 중 가장 우수하다.
페놀수지 (Phenol Resin Paste)	합판, 목재 제품 등에 사용된다. 접착력, 내열, 내수성이 우수하다. 유리나 금속의 접착에는 적당하지 않다.
초산비닐수지 (Vinyle Rein Paste)	값이 싸고 작업성이 좋고, 다양한 종류의 접착에 알맞다. 일반적으로 많이 사용한다. 목재가구 및 창호, 종이 도배, 천도배, 논슬립 등의 접착에 사용한다.
요소수지 (Ureaformaldehyde Resen Paste)	목재 접합, 합판 제조 등에 사용, 가장 값이 싸고, 접착력이 우수, 집성목재, 파티클보드에 많이 쓰인다.
멜라민 수지 (MelamineResin Paste)	내수성, 내열성이 좋고, 목재와의 접착성이 우수하다. 내수합판등에 쓰인다. 값이 비싸다. 단독으로 쓸 경우는 적다. 금속, 고무, 유리 접착은 부적당하다.
실리콘수지 (Silicon Resin Paste)	특히 내수성이 우수하다. 내열성 우수(200℃), 내연성, 전기적 절연성, 유리섬유판, 텍스, 피혁류 등 모든 접착 가능. 방수제로도 사용한다.
푸란수지	내산, 내알카리, 접착력이 좋다. 화학공장의 벽돌, 타일 붙이기의 유일한 접착제(180℃까지 고온에 견딤)이다.

도장재료

1 도장(칠)의 목적

도장을 하면 내수성(방수, 방습), 방부성(살균, 살충), 내후성, 내화성, 내열성, 내구성, 내화학성을 향상시키고, 내마모성을 높이고 또한 발광효과, 전기절연 등의 목적도 있다.

2 도료 보관 창고

① 독립한 단층 건물로 주위 건물에서 1.5m 이상 떨어지게 띄운다.
② 내화 구조이어야 한다.
③ 바닥은 침투성이 없는 내화재료를 사용한다.
④ 지붕은 경량의 불연재료로 잇고, 천장은 만들지 않는다.
⑤ 실내는 환기를 충분히 하고 직사광선을 피한다.

3 안료의 종류

물, 기름, 기타 용제에 녹지 않는 착색 분말로서 전색제와 섞어 도료를 착색하고, 유색의 불투명한 도막을 만들며, 철재의 방청 등에 쓰이기도 한다.
① 녹색 : 크롬녹, 산화크롬녹
② 금속색 : 알미늄
③ 백색 : 산화아연, 티탄백, 연백
④ 적색 : 광명단, 펜칼라
⑤ 청색 : 감청, 군청, 코발트
⑥ 흑색 : 카본블랙, 흑연
⑦ 갈색 : 산화철분

4 유성 Paint

① 안료+보일드유(건성유+건조재)+희석재
② 값이 싸며, 두꺼운 도막을 형성한다.
③ 내후성, 내마모성이 좋다.
④ 알칼리에 약하므로 콘크리트, 모르타르, 플라스터면에는 부적당하다.
⑤ 용도 : 목재, 석고판류, 철재류 도장
[주] 석고 플라스터는 경화가 빠르므로 플라스터 바름 작업후 바로 유성페인트를 칠할 수 있다.

5 수성 Paint

① 안료+아교 또는 카세인+물
② 취급이 간단, 건조가 빠르고 작업성이 좋다.
③ 내알칼리성
④ 용도 : 모르타르, 벽돌, 석고판, 텍스, 콘크리트 표면

6 에나멜페인트

① 유성바니쉬+안료+건조제
② 유성페인트와 유성바니쉬의 중간
③ 유성페인트보다 건조시간이 빠르다.
(건조시간 : 유성페인트는 20시간, 에나멜페인트는 10시간, 락카 1시간, 수성페인트 1시간 정도)
④ 도막이 견고하고 광택이 좋다.
⑤ 솔칠보다 뿜칠이 좋다.
⑥ 내수성, 내후성, 내열성, 내유성, 내약품성이 좋다.
⑦ 용도 : 금속기구, 자동차부품

7 바니시(Vanish)

수지 또는 역청질 등을 건성유 또는 휘발성 용제로 용해한 것으로, 주로 옥내 목부바탕의 투명 마감도료로 사용된다.

(1) 유성 바니시(Oil varnish)
① 유용성수지+건성유(용제)+희석재
② 무색 또는 담갈색의 투명도료로서 보통 니스라고 한다.
③ 건조가 빠르고, 투명성, 광택이 우수하다.
④ 옥내 목부 바탕의 투명 마감시 사용한다.(내후성이 적어 옥외에는 사용하지 않는다.)
⑤ 눈메꿈누름, 착색누름 시공시 셀라크(10) : 알코올(90)을 배합한 것을 1~2회 바른다.
⑥ 용도 : 목재 내부용

(2) 휘발성 바니시
① 수지+휘발성용제+안료
② 건조가 빠르고(약 30분), 견고성, 광택이 좋다.
③ 내열성, 내광성이 없다.
④ 용도 : 내장, 가구용(마감용으로는 부적당)

8 클리어래커(투명래커)

① 질산섬유소(초산섬유소) + 수지 + 휘발성용제
② 목재면의 투명도장, 담색의 우아한 광택이 있다
③ 내후성이 적어서 보통 내부용에 사용한다.

9 합성수지 도료

① 건조시간이 빠르다.
② 도막이 단단하여 인화할 염려가 없어 방화성이 우수하다.(비교적 얇은 도막을 만들 수 있다.)
③ 내산·내알칼리성이 있어 콘크리트나 플라스터면에 사용된다.
④ 투명한 합성수지를 사용하면 더욱 선명한 색을 낼 수 있다.

10 방청도료

① 광명단(光明丹) : 사산화삼납(Pb_3O_4)을 주성분으로 하는 유독성 적색 안료이다. 적연(赤鉛)·연단(鉛丹)이라고도 한다. 철골 녹막이칠, 금속재료의 녹막이를 위하여 사용하는 바탕칠 도료로서 가장 많이 쓰이며 비중이 크고 저장이 곤란하다.
② 징크로메이트 : 알루미늄이나 아연철판 초벌 녹막이칠에 쓰이는 것으로, 크롬산 아연을 안료로 하고 알키드 수지를 전색 도료한 것
③ 알루미늄 도료 : 알루미늄 분말을 안료로 하는 것으로 방청효과 외에 광선, 열반사 효과가 있다.

section 9 유리재료

1 유리의 일반적 성질

① 보통 유리의 비중은 2.5 내외이다.
② 보통 유리의 강도는 풍압에 의한 휨강도를 말한다. (휨강도 43~63MPa 정도)
③ 열전도율(콘크리트의 1/2) 및 열팽창률이 작다.
④ 비열이 크기 때문에 부분적으로 급히 가열하거나 냉각하면 파괴되기 쉽다.
⑤ 열에 약하며, 얇은 유리보다 두꺼운 유리가 열에 의해 쉽게 파괴된다.
⑥ 적외선은 잘 투과하나 자외선은 잘 투과되지 않는다.

2 유리의 열에 대한 성질

① 유리는 열전도율 및 열팽창률이 작고 비열이 크기 때문에 부분적으로 급히 가열하거나 냉각하면 파괴되기 쉽다.
② 유리는 열에 약하며, 얇은 유리보다 두꺼운 유리가 열에 의해 쉽게 파괴된다.
③ 두께 1.9mm는 105℃, 두께 3mm는 80~100℃, 두께 5mm는 60℃ 이상의 부분적인 온도차가 발생하면 파괴된다.

3 소다석회 유리(소다 유리, 보통 유리, 크라운 유리)

① 용융하기 쉽고 풍화되기 쉽다.
② 산에 강하나, 알카리에 약하다.
③ 팽창률이 크고 강도가 높다.
④ 용도 : 건축 일반용 창호유리, 병유리 등

4 보통 판유리(Sheet Glass)

① 박판유리(6mm 미만)와 후판유리(6mm 이상)로 분류한다.
② 기포, 규사 함유량에 따라 등급 판정하며, 비중은 2.5정도이다.
③ 보통 판유리의 강도는 풍압에 의한 휨강도를 말한다. (휨강도 43~63MPa 정도)
④ 열전도율이 콘크리트보다 작다.
⑤ 연화점은 720℃~730℃ 정도이다.

5 글래스블록(유리블록)

① 사각형, 원형 모양을 잘 맞추어 600℃에서 용착시켜서 일체로 한 유리이다.
② 열전도율이 벽돌의 1/4배 정도이고 실내 냉,난방에 효과가 있다.
③ 접착제는 물유리를 사용한다.
④ 용도 : 의장용, 방음용, 단열용

6 망입유리

① 유리 내부에 금속망(철, 놋쇠, 알루미늄 망)을 삽입하여 압착 성형한 것으로 도난방지 유류창고에 사용한다.
② 열을 받아서 유리가 파손되어도 떨어지지 않으므로 을종방화문에 사용한다.

7 강화유리

① 평면 및 곡면, 판유리를 600℃ 이상의 가열로 균등한 공기를 뿜어 급냉시켜 제조한다.
② 내충격, 하중강도는 보통 유리의 3~5배, 휨강도 6배 정도이다.
③ 200℃이상의 고온에서 견디므로 강철유리라고도 한다.
④ 현장에서의 가공, 절단이 불가능하다.
⑤ 용도 : 무테문, 자동차, 선박 등에 쓰며 커튼월에 쓰이는 착색강화유리도 있다.

8 접합유리

① 2장 이상의 판유리 사이에 폴리비닐을 넣고 150℃의 고열로 강하게 접합하여 파손시 파편이 안떨어지게 한 유리로 접합안전유리라고도 한다.
② 필름의 인장력으로 인한 충격흡수력이 높다.

9 복층유리(Pair Glass)

① 이중유리, 겹유리라고도 한다.
② 단열·방음·방서효과가 크고, 결로 방지용으로 우수하다.
③ 현장가공이 불가능하므로 주문제작시 치수지정에 주의가 필요하다.
④ 안전유리용으로 분류하기로 한다.

10 열선반사유리

① 판유리 표면에 금속피막을 코팅한 것으로 냉방부하의 경감과 동시에 실내 온도의 균일화에 우수한 성능을 가진 유리로 밝은 편에서 보면 거울효과가 있다.
② 열선 에너지의 단열효과가 매우 우수하다.

11 열선흡수유리

① 판유리에 소량의 니켈, 코발트, 세렌, 철 등을 함유시켜 열선의 흡수율을 높인 착색투명한 유리로 색조의 종류에는 청색, 회색, 갈색 등이 있다.
② 일반 판유리보다 약 4~6배의 태양복사열을 흡수하기 때문에 온도차가 심하면 파손되기 쉽다.

12 프리즘 유리(prism glass)

① 좁은 천창(天窓)을 통하여 실내에 균일한 채광효과를 얻고자 할 때 가장 적당한 유리이다. (지하실, 지붕 등의 채광용)
② 투과광선의 방향을 변화시키거나 집중 확산시킬 목적으로 프리즘 이론을 응용해서 만든 유리로 Deck Glass, Top Light, 포도유리라고도 한다.

13 스테인드 유리(stained glass)

① 각종 색유리의 작은 조각을 도안에 맞추어 조립하여 모양을 낸 유리이다.
② 성당의 창, 상업건축의 장식용으로 사용된다.

14 스팬드럴 유리(spandrel glass)

① 판유리의 한쪽 면에 세라믹질 도료를 코팅한 다음 고온에서 융착 반 강화시킨 불투명한 색유리로 미려한 금속성을 만든다.
② 코팅 처리 후 강화되기 때문에 일반 유리에 비해 내구성이 뛰어나고 일반 유리보다 몇 배의 강도를 가진다. 또한 열에 강하다.
③ 다양한 색상의 세라믹질의 도료가 코팅되어 중후한 느낌을 준다.

section 10 기타재료(석재 · 방수재 · 단열재)

1 석재

(1) 석재의 장 · 단점

① 장점

㉠ 불연성이고 압축강도가 크다.

㉡ 내수성, 내구성, 내화학성이 풍부하고 내마모성이 크다.

㉢ 종류가 다양하고 색도와 광택이 있어 외관이 장중 미려하다.

② 단점

㉠ 장대재를 얻기가 어려워 가구재로는 부적당하다.

㉡ 비중이 크고 가공성이 좋지 않다.

(2) 석재의 성인(成因)에 의한 분류

① 화성암 : 화강암, 안산암, 경석

② 수성암 : 점판암, 응회암, 석회석, 사암

③ 변성암 : 대리석, 사문암

(3) 석재의 비교

① 석재의 비중 크기 : 대리석(2.72) 〉 화강암(2.65) 〉 안산암(2.54) 〉 사암(2.02) 〉 응회암(1.45) 〉 부석(1.0)

② 압축강도 크기 : 화강암 〉 점판암 〉 대리석 〉 안산암 〉 사문암 〉 사암 〉 응회암 〉 부석

③ 흡수율(%) 크기 : 응회암(19%) 〉 사암(18%) 〉 안산암(2.5%) 〉 점판암, 화강암(0.3%) 〉 대리석(0.14%)

④ 내화도

㉠ 1000℃ : 화산암, 안산암, 사암, 응회암

㉡ 700~800℃ : 대리석

㉢ 800℃ : 화강암

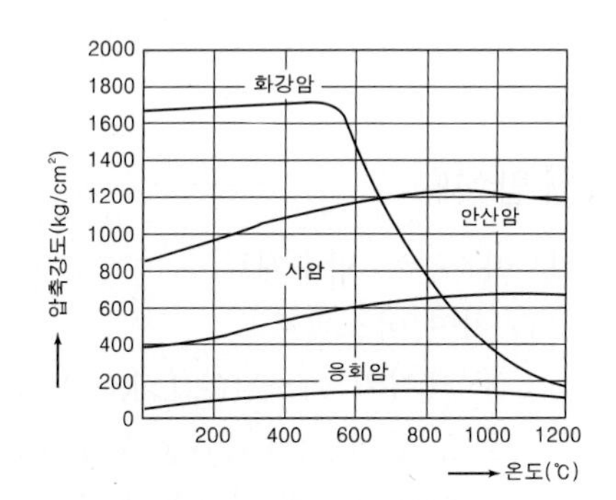

그림. 내화성과 압축 강도

(4) 석재의 종류

1) 화강암(Granite)

① 강도가 크고 (압축강도 : 1600kg/cm² 정도), 광택이 양호하다.

② 흡수성이 적고, 내마모성, 내구성이 크고, 돌결의 간격이 커서 큰재를 얻을 수 있다.

③ 가공성이 우수하여 구조용, 장식용으로 사용된다.

④ 열에 약하다. (내열 온도 : 570℃)

2) 안산암

① 강도, 경도, 비중이 크며, 내화적이고 석질이 극히 치밀하여 주로 구조용으로 사용한다.

② 큰 재를 얻기 어렵고 광택은 화강암보다 못하다.

③ 콘크리트용 쇄석의 주원료이다.

3) 대리석(Marble)

① 석회암이 변성작용에 의해서 결정질이 뚜렷하게 된 변성암의 대표적 석재이다.

② 강도는 크나(압축강도 : 120~140MPa 정도), 산과 열에 약하고, 내구성이 적어 외장재로는 부적당하다. (주로 내장재로 사용)

③ 광택과 빛깔, 무늬가 아름다워 장식용·조각용으로 사용된다.

④ 마모가 심한 장소, 통행이 많은 장소, 화학약품을 사용하는 장소에는 적합하지 못하다.

⑤ 색상 및 품질의 변화가 심하여 균열이 많다.

⑥ 대리석 붙이기 공사에는 주로 석고 모르타르가 사용된다.

4) 인조석

① 인조석은 천연석을 모방하여 인공으로 만든 건축재료의 일종으로서 모조석(imitation stone ; 擬石)이라고도 한다.

② 원래는 천연석을 모조할 목적으로 만들었지만(모조석), 천연석과는 별개인 인조석 자체의 특징을 갖춘 것도 만들어지고 있는데 가장 일반적인 것으로 테라조(terrazzo)가 여기에 해당된다.

※ 테라조 : 대리석의 쇄석, 백색시멘트, 안료, 물을 혼합하여 매끈한 면에 타설후 가공 연마하여 대리석과 같은 광택을 내도록 한 제품

③ 인조석에 쓰이는 종석의 재료로는 화강암, 사문암, 대리석 등이 쓰인다.

2 방수재

(1) 아스팔트 방수재료

1) 천연 아스팔트

① 레이키 아스팔트(Laky Asphalt) : 도로포장, 내산공사에 사용

② 로크 아스팔트(Rock Asphalt) : 역청분이 모래, 사암에 침투되어 있는 것

③ 아스팔트 타이트(Asphalt Tight) : 방수, 포장, 절연재료의 원료로 사용

2) 석유 아스팔트

① 스트레이트 아스팔트 : 신축이 좋고 교착력이 우수하나, 연화점이 낮아 지하실에 쓰인다.

② 블로운 아스팔트 : 지붕방수에 많이 쓰이며 연화점이 높다.

③ 아스팔트 컴파운드 : 블로운 아스팔트에 동식물성 유지나 광물성분말을 혼합하여 만든 신축성이 가장 크고 최우량품이다.

④ 아스팔트 프라이머 : 블로운 아스팔트에 휘발성 용제를 넣어 묽게 한 것으로, 방수층 바탕에 침투시켜 부착이 잘 되게 한다.

3) 펠트, 루핑류

① 아스팔트 펠트 : 유기성 섬유를 펠트(Felt)상으로 만든 원지를 가열 용융한 침투용 아스팔트를 통과시켜 만든 것

② 아스팔트 루핑 : 원지에 아스팔트를 침투시킨 다음, 양면에 피복용 아스팔트를 도포하고, 광물질분말을 살포시켜 마무리한 것이다.

③ 특수루핑 : 마포, 면포 등을 원지 대신 사용한 것으로 망형 루핑이라고도 한다.

4) 아스팔트 제품

① 아스팔트 유제 : 유화제를 넣은 수용액에 아스팔트 분말을 다량 혼입한 것으로 바탕에 침투가 쉽고 수용성이나, 프라이머보다 접착력이 약하다.

② 아스팔트 코킹제 : 틈서리, 줄눈 등에 사춤하여 방수처리 하는 것

③ 아스팔트 코팅제 : 아스팔트, 가솔린, 석면 등을 혼입하여 방수층의 치켜올림부에 사용한다.

(2) 아스팔트의 품질을 결정하는 기준

침입도(針入度), 연화점(軟化點), 감온비(感溫比), 신장(伸度, 늘임도), 인화점(引火點), 가열감량(加熱減量), 비중(比重), 이유화탄소(CS_2) 가용분, 고정탄소(固定炭素) 등

※ 침입도(PI : Penetration Index)

㉠ 아스팔트의 경도를 표시한 값으로, 클수록 부드러운 아스팔트이다.

㉡ 0.1mm 관입시 침입도 PI=1로 본다. (25℃, 100g, 5sec 조건으로 측정)

㉢ 아스팔트 양부 판정시 가장 중요하다. 침입도와 연화점은 반비례 관계이다.

3 단열재

(1) 단열의 목적

단열은 건물외피와 주위환경간의 열류를 차단하는 역할

① 냉, 난방부하를 대폭 줄임으로써 Energy Saving

② 쾌적한 실내온도를 유지시켜 쾌적한 실내환경 조성

③ 냉난방 가동시간 단축

(2) 단열의 요구성능

① 열전도율이 낮을 것(0.07~0.08 W/m·K 이하)

② 흡수율이 낮을 것

③ 투습성이 적고, 내화성이 있을 것

④ 비중이 작고 상온에서 시공성이 좋을 것

⑤ 기계적인 강도가 있을 것

⑥ 내후성·내산성·내알카리성 재료로 부패되지 않을 것

⑦ 유독성 가스가 발생 되지 않고, 인체에 유해 않을 것

(3) 단열재의 종류

① 무기질 단열재료

㉠ 유리면

- 용융시킨 유리를 압축공기로 불어 섬유형태로 만든 제품으로서 유리솜 또는 글라스울이라고 한다.
- 보온성, 단열성, 흡음성, 방음성, 내식성, 내수성, 전기절연성 우수
- 단열재, 보온재, 방음재, 전기절연재, 축전지용 격벽재 등에 사용

㉡ 암면

- 암석(안산암, 현무암, 사문암 등)을 용융시킨 후 급랭하여 광물섬유상태로 만든 것
- 단열성, 흡음성이 뛰어나다.
- 내화성이 우수, 상온에서 열전도율이 낮은 장점을 가지고 있으며, 흡음률이 높다
- 보온재, 단열재, 흡음재, 철골 내화피복재 등에 사용

㉢ 세라믹 파이버(섬유)

- 원료 : 실리카, 알루미나
- 단열재료 중에서 가장 높은 온도(1,000℃ 이상)에서 사용할 수 있다.
- 열전도율이 매우 낮다.
- 단열재, 내열성 보온재, 우주항공기 등에 사용

㉣ 펄라이트판

- 펄라이트 입자를 압축성형하여 만든다.
- 경량이며 수분침투에 대한 저항성이 있다.
- 내열성이 높아 배관용 단열재 등에 사용

㉤ 규산 칼슘판

- 규산질분말과 석회분말을 주원료로 오토클레이브 처리하여 보강섬유를 첨가하여 만든다.
- 가볍고 내열성, 단열성, 내수성이 우수하다.
- 단열재, 철골 내화피복재 등에 사용

㉥ 경량 기포콘크리트

② 유기질 단열재료

㉠ 셀룰로즈 섬유판
- 천연의 목질섬유를 가공처리하여 만든다.
- 단열성, 보온성 우수

㉡ 연질섬유판
- 식물섬유를 물리적, 화학적 처리하여 섬유화하여 열압성형하여 만든다.
- 단열, 보온, 흡음성이 있다.

㉢ 폴리스틸렌 폼
- 무색투명한 수지로 전기절연성, 단열성이 좋다.
- 단열재, 보온재로 사용

㉣ 경질 우레탄 폼
- 방수성, 내투습성이 뛰어나다.
- 단열성이 매우 뛰어나다.
- 전기냉장고, 냉동선 등에 사용

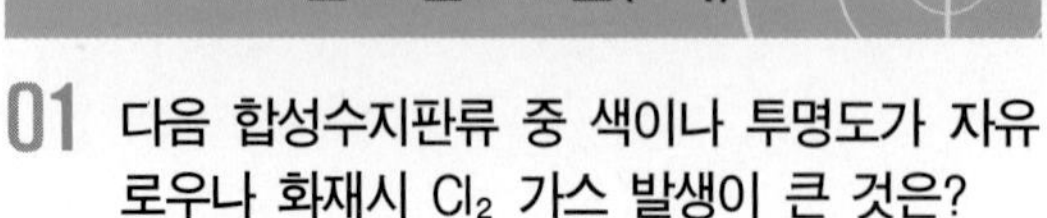

01 다음 합성수지판류 중 색이나 투명도가 자유로우나 화재시 Cl_2 가스 발생이 큰 것은?

① 염화비닐판 ② 폴리에스테르판
③ 멜라민 치장판 ④ 페놀수지판

해설 염화비닐수지

㉠ 강도, 전기전열성, 내약품성이 양호하고 가소제에 의하여 유연고무와 같은 품질이 되며 고온, 저온에 약하다.
㉡ PVC라 불리우며 사용 온도는 -10~60℃이며 필름, 지붕재, 벽재(평판 타일, 리브판, 조이너), 급·배수관, 스펀지, 시이트, 레일, 블라인드, 도료, 접착제로 사용된다.

02 얇은 강판에 골모양을 내어 만든 강판 성형품으로 콘크리트 슬래브의 거푸집패널 또는 바닥판 및 지붕판으로 사용되는 금속성형 가공제품은?

① 데크 플레이트(deck plate)
② 스팬드럴 패널(spandrel panel)
③ 익스팬디드 메탈(expanded metal)
④ 와이어 라스(wire lath)

해설 익스펜디드 메탈(expanded metal)

금속판에 구멍을 내어서 형성된 메시로 된 메탈 라스의 일종이다.
※ 와이어 라스(wire lath) : 지름 0.9~1.2mm의 철선 또는 아연 도금 철선을 가공하여 만든 것으로 모르타르 바름 바탕에 쓰인다.

03 수지를 지방유와 가열융합하고, 건조제를 첨가한 다음 용제를 사용하여 희석하여 만든 도료는?

① 유성바니시 ② 래커
③ 유성페인트 ④ 내열도료

해설 바니시(Vanish)

천연수지·합성수지 또는 역청질 등을 건성유 또는 휘발성 용제로 용해한 것으로, 주로 옥내 목부바탕의 투명 마감도료로 사용된다.
㉠ 유성 바니시(Oil varnish) : 유용성수지+건성유(용제)+희석재
무색 또는 담갈색의 투명도료로서 보통 니스라고 한다. 목재 내부용으로 쓰인다.
㉡ 휘발성 바니시 : 수지+휘발성용제+안료
건조가 빠르고(약 30분), 견고성, 광택이 좋다. 내장, 가구용(마감용으로는 부적당)으로 쓰인다.

04 목재를 건조시키는 목적과 가장 관계가 먼 것은?

① 접착성의 개선 ② 강도의 증진
③ 도장의 용이 ④ 내화성의 강화

해설 목재의 건조 목적

㉠ 목재의 중량을 가볍게 한다.
㉡ 부패나 충해를 방지한다.
㉢ 목재의 강도를 증가시킨다.
㉣ 수축이나 균열, 변형이 일어나지 않게 한다.
㉤ 도장이나 약재 처리가 용이하게 한다.

05 철근콘크리트구조의 부착강도에 대한 설명으로 옳지 않은 것은?

① 최초 시멘트페이스트의 점착력에 따라 발생한다.
② 콘크리트 압축강도가 증가함에 따라 일반적으로 증가한다.
③ 압축강도가 클수록 부착강도의 증가율은 높아진다.
④ 이형철근의 부착강도가 원형철근보다 크다.

해설 철근과 콘크리트의 부착력 성질

㉠ 철근의 단면 모양과 표면 상태에 따라 부착력의 차이가 있다.
㉡ 가는 철근을 많이 넣어 표면적을 크게 하면 철근과 콘크리트가 부착하는 접촉 면적이 커져서 부착력이 증대된다.
㉢ 콘크리트의 압축강도가 클수록 크다.
㉣ 콘크리트의 부착력은 철근의 주장(길이)에 비례한다.

정답 01 ① 02 ① 03 ① 04 ④ 05 ③

06 벽, 기둥 등의 모서리를 보호하기 위하여 미장 바름을 할 때 붙이는 보호용 철물은?

① 조이너 ② 코너비드
③ 논슬립 ④ 펀칭메탈

해설

① 조이너(joiner) : 벽·천장 등에 보드류를 붙일 때 그 이음새를 감추고 누르는데 사용한다.
② 코너비드(corner bead) : 미장 공사에서 기둥이나 벽의 모서리 부분을 보호하기 위하여 쓰는 철물이다. 박강판, 평판 등을 가공하여 만들며, 재질로는 아연 철판, 황동판 제품 등이 있다.
③ 논슬립(non-slip) : 계단의 디딤판 모서리에 미끄럼을 방지하기 위하여 설치하는 것으로 놋쇠, 고무제, 황동제, 스테인리스 강제 등이 있다.
④ 펀칭메탈(punching metal) : 두께 1.2mm 이하의 박강판을 여러 가지 무늬 모양으로 구멍을 뚫어 만든 것으로 환기구, 라지에이터(방열기) 덮개 등에 쓰인다. 때로는 황동판, 알루미늄판으로 만들기도 한다.

07 도료상태의 방수재를 바탕면에 여러번 칠하여 방수막을 형성하는 방수법은?

① 아스팔트 루핑 방수
② 도막 방수
③ 시멘트 방수
④ 시트 방수

해설 도막(塗膜) 방수

도막방수는 도료상의 방수재를 바탕면에 여러 번 칠하여 상당한 살두께의 방수막을 만드는 방수방법으로 고분자계 방수공법의 일종이다.
도막방수에 사용되는 고분자재료는 내후, 내수, 내알칼리, 내마모, 난연성 등의 여러 가지 성질을 구비하지 않으면 안 되며, 유제형 도막방수와 용제형 도막 방수 공법이 주로 쓰인다.
㉠ 연신율이 뛰어나며 경량의 장점이 있다.
㉡ 방수층의 내수성, 내화성이 우수하다.
㉢ 균일한 두께를 확보하기 어렵고 두꺼운 층을 만들 수 없다.
㉣ 시공이 간편하며, 누수사고가 생기면 아스팔트 방수에 비해 보수가 용이하다.

08 목재는 화재가 발생하면 순간적으로 불이 확산하여 큰 피해를 주는데 이를 억제하는 방법으로 가장 부적절한 것은?

① 목재의 표면에 플라스터를 피복한다.
② 염화비닐수지로 도포한다.
③ 방화페인트로 도포한다.
④ 인산암모늄 약제로 도포한다.

해설 목재의 방화법

㉠ 목재 표면에 불연성 도료를 칠하여 방화막을 만드는 방법(방화페인트의 도포)
㉡ 약제를 이용하여 가연성 가스의 발생을 막거나 인화를 곤란하게 하는 방법(난연 처리)
㉢ 표면에 불연재이고 단열성이 큰 층을 만들어 목재가 화재 위험 온도에 도달하지 않게 하는 방법(불연성 막이나 층에 의한 피복)
※목재의 방화성능을 향상시키기 위한 방안
㉠ 목부의 노출을 적게 한다.
㉡ 인산암모늄(방연제)을 도포한다.
㉢ 표면에 시멘트 모르타르를 바른다.

09 창호철물 중 열려진 여닫이문이 저절로 닫히게 하는 것은?

① 도어 스톱(door Stop)
② 도어 캐치(door catch)
③ 도어 체크(door check)
④ 도어 홀더(door holder)

해설

㉠ 도어 스톱(door stop) : 열려진 문을 제자리에 머물게 하는 철물이다.
㉡ 도어 체크(door check) : 열려진 여닫이문이 저절로 닫아지게 하는 장치로 door closer라고도 한다.

10 다음 중 콘크리트의 응결속도가 빨라지는 경우가 아닌 것은?

① 조강성의 시멘트를 사용할수록
② 동일 시멘트상에서 슬럼프가 클수록

정답 06 ② 07 ② 08 ② 09 ③ 10 ②

③ 물시멘트비가 작을수록
④ 골재나 물에 염분이 포함될수록

해설 시멘트의 응결시간이 빠른 경우

㉠ 분말도가 클수록
㉡ 온도가 높고, 습도가 낮을수록
㉢ C_3A 성분이 많을수록
㉣ 물시멘트비가 작을수록
㉤ 풍화가 적게 될 수록

11 **프탈산과 글리세린 수지에 지방산, 유지, 천연 수지를 넣어 변성시킨 포화 폴리에스테르 수지로써 페인트, 바니시, 래커 등의 도료로 이용되는 것은?**

① 실리콘 수지　② 멜라민 수지
③ 알키드 수지　④ 폴리우레탄 수지

해설

① 실리콘 수지 : 열경화성수지로 열절연성이 크고, 내약품성, 내후성이 좋다. 전기적 성능이 우수하다. 도막방수재 및 실링재, 기포성 보온재, 도료, 접착재로 사용된다.
② 멜라민 수지 : 열경화성수지로 내수성, 내열성, 내약품성이 좋고, 목재와의 접착성이 우수하다. 값이 비싸다. 단독으로 쓸 경우는 적다. 용도로는 가구의 표면치장판, 내수합판 등으로 사용된다. 금속, 고무, 유리 접착은 부적당하다.
④ 폴리우레탄 수지 : 열경화성수지로 발포시킨 것은 강하고 내노화성(耐老化性), 내약품성이 좋다. 단열 방음재, 쿠션재, 줄눈재, 도막방수재 및 실링제로 사용된다.

12 **내약품성, 내마모성이 우수하여, 화학공장의 방수층을 겸한 바닥 마무리재로 가장 적합한 것은?**

① 합성고분자 방수
② 무기질 침투방수
③ 아스팔트 방수
④ 에폭시 도막방수

해설 시트(Sheet, 합성수지 고분자) 방수

합성수지계로 된 얇은 박판의 발수성으로 이용하는 방수법으로 아스팔트처럼 여러 겹으로 완성하는 것이 아닌 시트 1겹으로 방수 처리하는 방법이다.

13 **다음 중 수성페인트의 원료로 사용되지 않는 것은?**

① 안료　② 카세인
③ 아라비아 고무　④ 건성유

해설 수성페인트

㉠ 안료＋아교 또는 카세인(주원료 : 우유)＋물
㉡ 취급이 간편, 작업성이 좋고 내알칼리성이다.
㉢ 내구성과 내수성이 떨어지며, 무광택이다.
㉣ 용도 : 모르타르, 벽돌, 석고판, 텍스, 콘크리트 표면 등 내부에 사용
※ 콘크리트는 알카리성이므로 내알칼리성인 수성페인트로 도장해야 한다.
※ 유성 페인트=안료＋보일드유(건성유＋건조재)＋희석재

14 **벽돌벽 두께 1.5B, 벽면적 40m² 쌓기에 소요되는 붉은벽돌의 소요량은? (단, 벽돌은 표준형이며 할증률을 고려한다.)**

① 8,850장　② 8,960장
③ 9,229장　④ 9,408장

해설 벽돌쌓기의 벽돌량(매/m²당)

쌓기 / 벽돌형	0.5B (매)	1.0B (매)	1.5B (매)	2.0B (매)	할증률
기존형 (재래형)	65	130	195	260	붉은 벽돌 : 3%
표준형 (기본형)	75	149	224	298	시멘트벽돌 : 5%

※ 일반적으로 줄눈너비는 10mm로 한다.
표준형 붉은벽돌 $1m^2$당 1.5B쌓기
정미량 = 224매
∴ 벽돌량(1.5B 쌓기, 표준형, 붉은벽돌)
$= 40m^2 \times 224$매 $\times 1.03 = 9{,}228.8 \fallingdotseq 9{,}229$매

정답　11 ③　12 ④　13 ④　14 ③

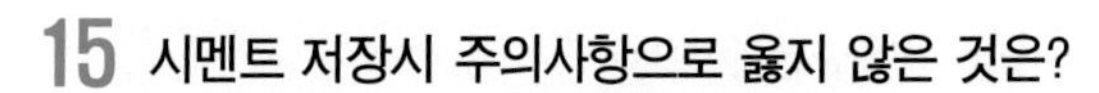

15 시멘트 저장시 주의사항으로 옳지 않은 것은?

① 시멘트는 방습적인 구조로 된 사일로 또는 창고에 종류별로 구분하여 저장한다.
② 지상 30cm 이상 되는 통풍이 잘되는 마루위에 보관한다.
③ 포대의 올려쌓기는 13포대 이하로 한다.
④ 조금이라도 굳은 시멘트는 사용하지 않는다.

해설 시멘트의 저장시 주의사항

㉠ 저장 창고의 바닥은 지반에서 30cm 이상 띄워서 방습 처리한 곳에 적재할 것
㉡ 단시일 사용분을 제외하고는 13포대 이상, 장기간 저장은 7포대 이상 쌓지 말 것
㉢ 필요한 출입구, 채광창 외에는 공기의 유통을 막기 위해 될 수 있는 대로 개구부를 설치하지 않는다. (통풍은 풍화를 촉진)
㉣ 시멘트는 입하(入荷) 순서대로 사용한다.
㉤ 3개월 이상 저장한 경우에는 반드시 실험을 한 후에 사용해야 한다. (3개월 이상 저장하면 30~40% 강도가 감소)

16 시멘트 모르타르 미장에 대한 설명으로 옳지 않은 것은?

① 바름층별로 배합비를 달리하는 것이 좋다.
② 시멘트와 모래의 배합비는 1：1~1：3 정도이다.
③ 잔모래를 많이 사용할수록 균열발생은 줄어든다.
④ 부배합(富配合)일수록 균열발생이 많다.

해설 시멘트 모르타르 바름

(1) 재료 : 보통포틀랜드 시멘트 + 모래 + 소석회
보통포틀랜드 시멘트와 모래에 시공성을 좋게 하기 위하여 소석회를 혼합하여 사용한다.
(2) 특징
㉠ 미장공사에 주로 사용되는 수경성 미장재료로서 내수성 및 강도는 크나 작업성이 나쁘다.
㉡ 시멘트모르타르는 지하실과 같이 공기의 유통이 나쁜 장소의 미장공사에 적당하다.
㉢ 재료배합은 바탕에 가까울수록 부배합, 정벌에 가까울수록 빈배합이 원칙이다.
㉣ 초벌바름은 바탕면에 물축이기를 한 후 초벌 바른다. 초벌바름 후 1~2주 방치하여 충분한 경화, 균열발생 후 고름질을 하고 재벌 바른다.
㉤ 바름두께는 바닥은 1회 바름으로 마감하고, 벽·기타는 2~3회 바른다. 얇게 여러 번 바르는 것이 두껍게 바르는 것보다 좋다.

17 석고플라스터 미장재료에 대한 설명으로 옳지 않은 것은?

① 응결시간이 길고, 건조수축이 크다.
② 가열하면 결정수를 방출하므로 온도상승이 억제된다.
③ 물에 용해되므로 물과 접촉하는 부위에서의 사용은 부적합하다.
④ 일반적으로 소석고를 주성분으로 한다.

해설 석고 플라스터(gypsum plaster)

조립식 및 건식공법의 가장 획기적인 마감재료로서 프리캐스트나 ALC 등에 적합하며 주로 건물 내외부 벽면에 사용하는 미장재료로서 종류에는 순석고 플라스터, 혼합석고 플라스터, 경석고 플라스터(Keen's Cement)가 있다.
㉠ 순백색이며, 미려하고 석회보다 변색이 적다.
㉡ 수경성 재료로 경화강도가 빠르며(速乾性, 속건성), 내화성을 갖는다.
㉢ 경화, 건조시 치수 안정성을 갖는다.
㉣ 수축이 없으므로 정벌바름에 여물을 넣을 필요가 없다.(건조시 무수축성)
㉤ 물에 용해되는 성질이 있어 물을 사용하는 장소에는 부적합하다. (습기에 의해 변질이 쉽다.)

18 KS규정에 의하면 1종 점토벽돌의 흡수율은 최대 얼마 이하인가?

① 10%　　② 15%
③ 20%　　④ 23%

정답　15 ②　16 ③　17 ①　18 ①

해설 점토벽돌의 허용압축강도와 흡수율

㉠ 1종 : 24.50 N/mm^2 이상, 10% 이하
㉡ 2종 : 20.59 N/mm^2 이상, 13% 이하
㉢ 3종 : 10.78 N/mm^2 이상, 15% 이하
※ 점토벽돌은 불순물이 많은 비교적 저급 점토를 사용하며 필요에 따라 탈점제로서 강모래를 첨가하거나 색조를 조절하기 위하여 석회를 가하여 원토를 조절한다. 점토 벽돌이 적색 또는 적갈색을 띠고 있는 것은 원료 점토 중에 포함되어 있는 산화철에 기인한다. 제조공정은 원토조정 → 혼합 → 원료배합 → 성형 → 건조 → 소성의 순서로 이루어진다.

19 다음 중 플라이애쉬 시멘트의 특징으로 옳지 않은 것은?

① 수밀성이 좋다. ② 건조수축이 적다.
③ 장기강도가 크다. ④ 수화열이 높다.

해설 플라이애시(fly-ash) 시멘트

㉠ 포틀랜드 시멘트 + fly-ash
㉡ 콘크리트의 워커빌리티(workability)를 좋게 하고 사용수량을 감소시킨다.
㉢ 수밀성이 향상되고, 수화열과 건조수축이 적다.
㉣ 초기 강도는 다소 작으나, 장기 강도는 상당히 크다.
㉤ 용도 : 댐공사

20 유리의 주성분 중 가장 많이 함유되어 있는 것은?

① 석회 ② 소다
③ 규산 ④ 붕산

해설 유리의 주성분

성분 / 기호	SiO_2 (규산)	Na_2O (소다)	CaO (석회)	MgO	Al_2O_3
성분량 (%)	71~73	14~16	8~15	1.5~3.5	0.5~1.5

※ 유리의 주성분은 규산(SiO_2)이다.
※ 보통 창유리의 강도는 휨강도를 말한다.

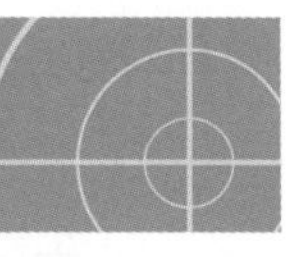

건축재료 2011년 6월 12일(2회)

01 목재의 함수율에서 섬유포화점은 얼마 정도의 함수율을 기준으로 하는가?

① 10% ② 15%
③ 30% ④ 100%

해설 목재의 함수율

상태	함수율
섬유포화점	30%
기건재	15%
전건재	0%

※ 섬유포화점 : 목재내의 수분이 증발시 유리수가 증발한 후 세포수가 증발하는 경계점으로 섬유포화점 이하에서 목재의 수축·팽창 등 재질의 변화가 일어나고 섬유포화점 이상에서는 변화가 없다.

02 알칼리 화합물과 폴리할로겐 탄화수소의 반응에 의하여 얻어지는 고무상의 고분자로서 줄눈재, 또는 구멍을 메우는 용도로 사용되는 것은?

① 카세인
② 치오콜
③ 아스팔트 프라이머
④ 탄성실런트

해설 치오콜

알칼리 황화물과 폴리할로겐 탄화수소의 반응으로 얻어지는 고무상의 고분자물질로 내유성, 내약품성이 우수하며, 줄눈재 또는 구멍 메꿈재로 사용되는 접착제이다.

03 점토의 종류별 특성과 용도에 대한 설명으로 옳지 않은 것은?

① 자토는 백색으로 가소성이 부족하며 도자기 원료로 쓰인다.

정답 19 ④ 20 ③ / 01 ③ 02 ② 03 ③

② 석기점토는 유색의 견고치밀한 구조로 내화도가 높으며 유색도기의 원료로 쓰인다.
③ 석회질 점토는 용해되기가 어려우며 경질도기의 원료로 쓰인다.
④ 내화점토는 회백색 또는 담색이며 내화벽돌, 유약원료로 쓰인다.

해설 점토의 종류

종류	성질	용도
자토	백색으로 내화성이 있고, 가소성이 부족하다.	도자기 원료
내화점토	회백색 또는 담색이며 내화도 1,580℃ 이상이고 가소성이 있다.	내화벽돌, 유약원료
석기점토	유색의 견고 치밀한 구조로 내화도가 높고 가소성이 있다.	유색도기의 원료
석회질 점토	백색이며 용해되기 쉽고, 백회질의 포함량이 많다.	연질도기의 원료
사질점토	적갈색이며 내화성이 부족하고 세사 및 불순물이 포함	보통 벽돌·기와·토관 등의 원료

04 풍화되기 쉬우므로 실외용으로 적합하지 않으나, 석질이 치밀하고 견고할 뿐만 아니라 연마하면 아름다운 광택을 내므로 실내장식용으로 적합한 석재는?

① 대리석 ② 사문암
③ 안산암 ④ 점판암

해설 대리석(Marble)

㉠ 석회암이 변성작용에 의해서 결정질이 뚜렷하게 된 변성암의 대표적 석재이다.
㉡ 강도는 크나(압축강도 : 120~140MPa 정도), 내화성이 낮고 풍화하기 쉬워 주로 내장재로 쓰인다.
㉢ 마모가 심한 장소, 통행이 많은 장소, 화학약품을 사용하는 장소에는 적합하지 못하다.
㉣ 색상 및 품질의 변화가 심하여 균열이 많다.
※ 트레버틴(다공질 대리석) : 대리석의 일종으로 다공질이며 실내 장식용으로 사용한다.

05 다음 합성수지 중 열가소성수지가 아닌 것은?

① 염화비닐수지 ② 아크릴수지
③ 폴리에틸렌수지 ④ 페놀수지

해설 합성수지의 분류

㉠ 열가소성 수지 : 고형상에 열을 가하면 연화 또는 용융하여 가소성 및 점성이 생기며 냉각하면 다시 고형상으로 되는 수지(중합반응)
- 아크릴수지, 염화비닐수지, 초산비닐수지, 스티롤수지(폴리스티렌), 폴리에틸렌 수지, ABS 수지, 비닐아세틸 수지, 메틸메탈 크릴수지, 폴리아미드수지(나일론), 셀룰로이드

㉡ 열경화성 수지 : 고형체로 된 후 열을 가하면 연화하지 않는 수지(축합반응)
- 페놀수지, 요소수지, 멜라민수지, 알키드수지, 폴리에스틸수지, 폴리우레탄수지, 실리콘수지, 에폭시수지

06 유리가 화재시 파손되는 원인과 관계가 적은 것은?

① 열팽창 계수가 크기 때문이다.
② 급가열시 부분적 면내(面內) 온도차가 커지기 때문이다.
③ 용융온도가 낮아 녹기 때문이다.
④ 열전도율이 작기 때문이다.

해설 유리의 열에 대한 성질

㉠ 유리는 열전도율 및 열팽창률이 작고 비열이 크기 때문에 부분적으로 급히 가열하거나 냉각하면 파괴되기 쉽다.
㉡ 유리는 열에 약하며, 얇은 유리보다 두꺼운 유리가 열에 의해 쉽게 파괴된다.
㉢ 두께 1.9mm는 105℃, 두께 3mm는 80~100℃, 두께 5mm는 60℃ 이상의 부분적인 온도차가 발생하면 파괴된다.

정답 04 ① 05 ④ 06 ③

07 수성페인트의 특성에 대한 설명 중 옳지 않은 것은?

① 건조가 빠른 편이다.
② 내알칼리성이 우수하다.
③ 광택이 우수하다.
④ 독성 및 화재발생 위험이 없다.

해설 수성페인트

㉠ 안료+아교 또는 카세인(주원료 : 우유)+물
㉡ 취급이 간단하고, 건조가 빠르며 작업성이 좋다.
㉢ 내알칼리성이 우수하다.
㉣ 내구성과 내수성이 떨어지며, 무광택이다.
㉤ 용도 : 모르타르, 벽돌, 석고판, 텍스, 콘크리트 표면 등 내부에 사용
※ 콘크리트는 알카리성이므로 내알칼리성인 수성페인트로 도장해야 한다.

08 염화비닐과 적산비닐을 주원료로 하여 석면, 펄프 등을 충전제로 하고 안료를 혼합하여 롤러로 성형 가공한 것으로 폭 90cm, 두께 2.5mm 이하의 두루마리형으로 되어 있는 것은?

① 염화비닐 타일
② 아스팔트 타일
③ 폴리스티렌 타일
④ 비닐 시트

해설 타일모양 바닥재

① 염화비닐 타일 : 내마모성이 뛰어나고, 각종 형상을 자유로이 재현할 수 있다.
② 아스팔트 타일 : 흡수팽창이 있고, 내유성, 내산성, 내열성이 없다. 고온에서 연화하지 않고 변질된다. 부서지기 쉬워 옥외사용이 불가능하다.
④ 비닐 시트 : 염화비닐과 적산비닐을 주원료로 하여 석면, 펄프 등을 충전제로 하고 안료를 혼합하여 롤러로 성형 가공한 것으로 폭 90cm, 두께 2.5mm 이하의 두루마리형으로 되어 있다.

09 다음 표에서 설명하고 있는 내용은?

시멘트에 물을 첨가한 후 화학반응이 발생하여 굳어져 가는 상태를 말하며 또한 강도가 증진되는 과정을 의미한다.

① 수화 ② 연화
③ 경화 ④ 풍화

해설 경화(硬化)

물건이나 몸의 조직 따위가 단단하게 굳어지는 정도

10 다음 중 공기 중의 탄산가스와 화학반응을 일으켜 경화하는 미장재료는?

① 경석고 플라스터
② 시멘트 모르타르
③ 돌로마이트 플라스터
④ 혼합석고 플라스터

해설

돌로마이트 플라스터는 가소성(점성)이 높기 때문에 풀을 혼합할 필요가 없으며, 응결시간이 비교적 길기 때문에 시공이 용이하다. 건조수축이 커서 균열이 생기므로 여물을 혼합하여 잔금을 방지한다. 대기 중의 이산화탄소(CO_2)와 화합해서 경화하는 기경성 미장재료로 습기 및 물에 약해 지하실에는 사용하지 않는다.

11 유리에 관한 설명 중 옳지 않은 것은?

① 일반 창유리의 비중은 2.5 정도이다.
② 판유리의 용도상 가장 중요한 강도는 휨강도이다.
③ 일반적으로 사용되는 창유리는 붕규산 유리이다.
④ 유리는 일반적으로 취성파괴 재료이다.

정답 07 ③ 08 ④ 09 ③ 10 ③ 11 ③

해설 보통 판유리(Sheet Glass)

㉠ 박판유리(6mm 미만)와 후판유리(6mm 이상)로 분류한다.
㉡ 기포, 규사 함유량에 따라 등급 판정하며, 비중은 2.5정도이다.
㉢ 보통 판유리의 강도는 풍압에 의한 휨강도를 말한다. (휨강도 43~63MPa 정도)
㉣ 열전도율이 콘크리트보다 작다.
㉤ 연화점은 720~730℃ 정도이다.
※ 소다석회 유리(보통 유리, 소다 유리, 크라운 유리) : 산에 강하나, 알칼리에 약하며, 팽창률이 크고 강도가 높다. 용융하기 쉽고 풍화되기 쉽다. 건축 일반용 창호유리, 병유리 등에 사용된다.

12 두꺼운 아스팔트 루핑을 4각형 또는 6각형 등으로 절단하여 경사지붕재로 사용하는 역청제품의 명칭은?

① 아스팔트 싱글
② 망상 루핑
③ 아스팔트 시트
④ 석면 아스팔트 펠트

해설 아스팔트 제품

㉠ 아스팔트 유제 : 스트레이트 아스팔트를 가열하여 액상으로 만들고 유화제를 혼합한 것으로 침투용, 혼합용, 콘크리트 양생용 등이 있고 대부분 도로 포장에서 사용되는 Spray Gun으로 뿌려서 도포한다.
㉡ 아스팔트 블록 : 아스팔트 모르타르를 벽돌형으로 만든 것으로 화학공장의 내약품 바닥마감재로 이용된다.
㉢ 아스팔트 싱글 : 모래붙임루핑에 유사한 제품을 석면플레이트판과 같이 지붕재료로 사용하기 좋은 형으로 만든 것이다.
㉣ 아스팔트 펠트 : 유기천연섬유 또는 석면섬유를 결합한 원지에 연질의 스트레이트 아스팔트를 침투시킨 것이다.
㉤ 아스팔트 프라이머 : 블로운 아스팔트를 용제에 녹인 것으로 아스팔트 방수의 바탕처리재로 이용된다. 콘크리트 등의 모체에 침투가 용이하여 콘크리트와 아스팔트 부착이 잘 되게 가장 먼저 도포한다.

13 목재의 강도에 관한 설명 중에서 옳지 않은 것은?

① 함수율이 높을수록 강도가 크다.
② 심재가 변재보다 강도가 크다.
③ 옹이가 많은 것은 강도가 작다.
④ 추재는 일반적으로 춘재보다 강도가 크다.

해설 목재의 강도

㉠ 목재의 강도 순서 : 인장강도 〉 휨강도 〉 압축강도 〉 전단강도
[표] 각종 강도의 관계 비교

강도의 종류	섬유방향	섬유직각방향
압축강도	100	10~20
인장강도	약 200	7~20
휨강도	약 150	10~20
전단강도	침엽수 16 활엽수 19	–

※ 섬유방향의 압축강도를 100으로 기준
㉡ 섬유평행방향의 강도가 섬유직각방향의 강도보다 크다.
㉢ 함수율이 낮을수록 강도가 크며, 섬유포화점(함수율 30%) 이상에서는 강도의 변화가 없다.

14 방수공사에 사용되는 아스팔트의 양부(良否) 판정과 가장 거리가 먼 항목은?

① 침입도　　② 연화점
③ 마모도　　④ 감온비

해설 아스팔트의 품질을 결정하는 기준

침입도(針入度), 연화점(軟化點), 감온비(感溫比), 늘임도(伸度), 인화점(引火點), 가열감량(加熱減量), 비중(比重), 이유화탄소(CS2) 가용분, 고정탄소(固定炭素) 등
※ 침입도(PI : Penetration Index) : 아스팔트 양부 판정시 가장 중요하다. 침입도와 연화점은 반비례 관계이다.

정답 12 ① 13 ① 14 ③

15 점토제품의 특성에 대한 설명으로 옳지 않은 것은?

① 도기는 유약을 사용하지 않는다.
② 석기의 흡수율은 10% 이내이다.
③ 자기는 타일, 위생도기 등에 사용된다.
④ 토기는 불투명하며, 흡수성이 크다.

해설 점토제품의 분류

종류	소성온도	소 지		투명도	건축재료
		흡수율	색		
토기(土器)	700~900℃	20% 이하	유색	불투명	기와, 벽돌, 토관
도기(陶器)	1000~1300℃	10% 이하	백색, 유색	불투명	타일, 테라코타 타일
석기(石器)	1300~1400℃	3~10%	유색	불투명	마루타일, 클링커타일
자기(磁器)	1300~1450℃	0~1%	백색	반투명	모자이크 타일, 위생도기

16 강의 기계적 가공법 중 회전하는 롤러에 가열 상태의 강을 끼워 성형해 가는 방법은?

① 압출　　② 압연
③ 사출　　④ 단조

해설 압연법

롤러 사이를 여러 번 왕복하면서 필요한 모양으로 압연하는 것으로 강판, 봉강, 형강 등의 제조에 많이 사용하는 방법이다.

17 볼트 중 표면마감 상태가 제일 좋은 것은?

① 중볼트　　② 상볼트
③ 주걱볼트　　④ 흑볼트

해설

볼트는 연강을 가공하여 만들며 가공 정도에 따라 상(上), 중(中), 흑(黑) 볼트로 구분한다.
① 상(上) 볼트 : Pin 접합용
② 중(中) 볼트 : 진동·충격이 없는 내력부
③ 흑(黑) 볼트 : 가조임용

18 강(鋼)에 함유된 탄소성분이 강에 미치는 영향이 아닌 것은?

① 강도　　② 신율
③ 내산성　　④ 경도

해설

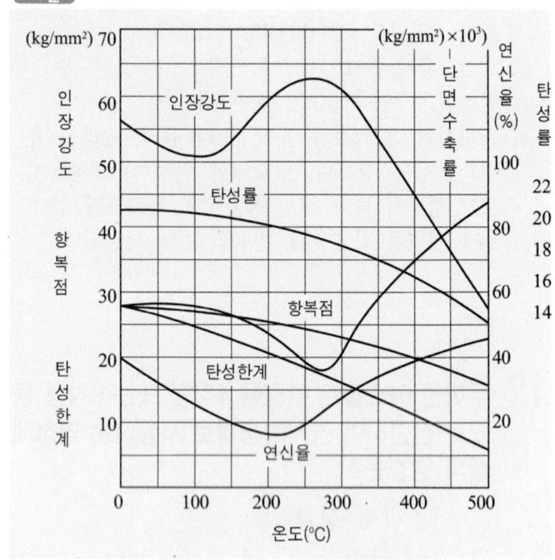

19 다음 중 목재의 결점이 아닌 것은?

① 가연성이다.
② 진동 감속성이 작다.
③ 함수율에 따라 변형이 크다.
④ 내구성이 약하다.

해설 목재의 특징

(1) 장점
① 건물이 경량하고 시공이 간편하다.
② 비중이 작고 비중에 비해 강도가 크다. (비강도가 크다.)
③ 열전도율이 적다. (보온, 방한, 방서)
④ 내산, 내약품성이 있고 염분에 강하다.
⑤ 수종이 다양하고 색채, 무늬가 미려하다.

(2) 단점
① 고층건물이나 큰 스팬(span)의 구조가 불가능하다.
② 착화점이 낮아서 비내화적이다.
③ 내구성이 약하다. (충해 및 풍화로 부패)
④ 함수율에 다른 변형 및 팽창 수축이 크다.

정답 15 ①　16 ②　17 ②　18 ③　19 ②

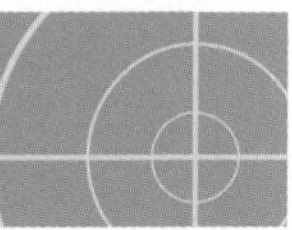

20 다음 중 석재의 장점에 해당되지 않는 것은?

① 내화성이며 압축강도가 크다.
② 비중이 작으며 가공성이 좋다.
③ 종류가 다양하고 색조와 광택이 있어 외관이 장중하고 미려하다.
④ 내구성·내수성·내화학성이 풍부하다.

해설 석재의 장·단점

(1) 장점
㉠ 불연성이고 압축강도가 크다.
㉡ 내수성, 내구성, 내화학성이 풍부하고 내마모성이 크다.
㉢ 종류가 다양하고 색도와 광택이 있어 외관이 장중 미려하다.
(2) 단점
㉠ 장대재(長大材)를 얻기가 어려워 가구재(架構材)로는 부적당하다.
㉡ 비중이 크고 가공성이 좋지 않다.

건축재료 2011년 8월 21일(4회)

01 목재 자연 건조법의 주의 사항 중 옳지 않은 것은?

① 건조시간의 절약을 위해 가능한 한 마구리를 노출한다.
② 목재 상호간의 간격을 충분히 하고 지면에서는 20cm 이상 높이의 굄목을 놓고 쌓는다.
③ 건조를 균일하게 하기 위해 때때로 상하 좌우로 환적한다.
④ 뒤틀림을 막기 위해 오림목을 고루 괴어둔다.

해설

목재 자연건조법(대기건조법)에서 마구리 부분은 급격히 건조되면 갈라짐이 생기기 때문에 이를 방지하기 위해 마구리에 페인트 등으로 도장한다.

02 다음 중 실(seal)재가 아닌 것은?

① 코킹재 ② 퍼티
③ 실링재 ④ 트래버틴

해설 실(seal)재

퍼티, 코킹, 실런트 등의 총칭으로서, 건축물의 프리패브 공법, 커튼월 공법 등의 공장 생산화가 추진되면서 주목받기 시작한 재료
※ 트래버틴(다공질 대리석) : 대리석의 일종으로 석질이 불균일하고 다공질이며, 실내 장식용으로 사용한다.

03 종이 표면에 모양을 프린트하고 그 위에 투명 염화비닐 필름을 압착한 것으로 주로 수입벽지에서 많이 보이는 것은?

① 비닐 라미네이트 벽지
② 발포 염화비닐 벽지

정답 20 ② / 01 ① 02 ④ 03 ①

③ 코르크 벽지
④ 염화비닐 칩 벽지

해설

비닐벽지는 종이, 마직, 실크, 메탈 등 모든 질감의 표현이 가능하고, 습기에도 강해 주방, 욕실 및 세면장 벽면에도 사용된다.

04 화산석으로 된 진주석을 900 ~ 1200℃의 고열로 팽창시켜 만들며, 주로 단열, 보온, 흡음 등의 목적으로 사용되는 재료는?

① 트래버틴(Travertine)
② 펄라이트(Pearlite)
③ 테라조(Terrazzo)
④ 석면(Asbestos)

해설

① 트레버틴(다공질 대리석) : 대리석의 일종으로 석질이 불균일하고 다공질이며, 실내 장식용으로 사용한다.
③ 테라조 : 대리석의 쇄석, 백색시멘트, 안료, 물을 혼합하여 매끈한 면에 타설 후 가공 연마하여 대리석과 같은 광택을 내도록 한 제품
④ 석면 : 불연성, 절연성, 보온성이 우수하나 피부질환, 호흡기 질환, 폐암 등 각종 질환의 원인이 되고 있어 선진국에서는 사용을 금지하고 있는 실정이다.

05 표면활성제의 일종으로 기포작용은 하지 않고 분산 및 습윤작용에 의해 시멘트 입자를 분산시켜 시멘트 페이스트의 유동성을 증가시킴으로써 콘크리트의 워커빌리티를 개선하여 단위수량을 감소시키는 혼화제는?

① 경화 촉진제　　② 방수제
③ 감수제　　④ 방청제

해설 감수제

소정의 시공연도를 가지면서 단위수량을 감소시킬 목적으로 사용되는 콘크리트 혼화제

※ 경화촉진제
㉠ 염화칼슘, 규산나트륨, 규산칼슘 등이 있다.
㉡ 특히 염화칼슘을 많이 쓰는데 경화촉진제로서 한중콘크리트에 사용하는 것으로 수화열의 발생과 조기강도의 발전을 촉진시킴으로써 콘크리트의 보호기간을 단축하여 거푸집의 제거시간을 앞당기는 장점이 있으나 내구성이 떨어지고 철근을 부식시키는 단점이 있는 촉진제다.

06 각종 미장재료에 대한 설명으로 옳지 않은 것은?

① 석고플라스터는 가열하면 결정수를 방출하여 온도상승을 억제하기 때문에 내화성이 있다.
② 바라이트 모르타르는 방사선 방호용으로 사용된다.
③ 돌로마이트플라스터는 수축률이 크고 균열이 쉽게 발생한다.
④ 혼합석고플라스터는 약산성이며 석고라스 보드에 적합하다.

해설 혼합석고 플라스터

소석고(25%) + 회반죽(공정에서 미리 혼합제품)
㉠ 초벌용 : 물과 모래를 혼합
㉡ 정벌용 : 물만 혼합(여물은 사용안함)
㉢ 약알카리성이며 경화속도는 보통이다.

07 철선은 일반적으로 어떤 성형법에 의하여 제작되는가?

① 단조　　② 가공
③ 압연　　④ 인발

해설

① 단조 : 금속을 고온으로 가열하여 연화된 상태에서 힘을 가하여 변형 가공하는 작업이다. 대부분의 단조작업은 높은 온도에서 금속재료가 쉽게 늘어나는 성질을 이용한 열간가공이다.

정답　04 ②　05 ③　06 ④　07 ④

③ 압연 : 회전하는 압연기의 롤(roll) 속에 상온이나 고온으로 열한 금속을 넣어서 봉상 또는 판상으로 만드는 일이다.
④ 인발 : 강의 기계적 가공법의 하나로 다이스(dies)를 통하여 강재를 소요의 단연재로 뽑아내는 방법이다. 직경 5mm 미만의 철선은 상온으로 뽑아낼 수 있다.

08 파티클 보드(particle board)에 대한 설명 중 옳지 않은 것은?

① 강도는 섬유의 방향에 따라 차이가 크다.
② 경질 파티클보드는 변형이 적다.
③ 폐재, 부산물 등 저가치재를 이용하여 넓은 면적의 판상제품을 만들 수 있다.
④ 경량 파티클보드는 흡음성, 열차단성이 경질 파티클보드보다 크다.

해설 파티클 보오드(Particle Board)

톱밥, 대패밥, 나무 부수러기 등의 목재 소편(Particle)을 원료로 충분히 건조시킨 후 합성수지 접착제 등을 첨가 혼합하고 고열고압으로 처리하여 나무섬유를 고착시켜 만든 견고한 판으로 칩보드(chip board)라고도 한다.
㉠ 강도의 방향성이 없으며 큰 면적을 얻을 수 있다.
㉡ 두께는 자유로이 만들 수 있다.
㉢ 표면이 평활하고 경도가 크다.
㉣ 방충, 방부성이 좋다.
㉤ 음 및 열의 차단성이 우수하다.
㉥ 용도 : 상판, 간막이벽, 가구 등에 사용

09 타일형 바닥재 중 내마모성이 뛰어나고, 각종 형상을 자유자재로 재현할 수 있는 것은?

① 경질비닐타일
② 순염화비닐타일
③ 아스팔트타일
④ 적층비닐타일

해설 타일모양 바닥재

㉠ 염화비닐 타일 : 내마모성이 뛰어나고, 각종 형상을 자유로이 재현할 수 있다.
㉡ 아스팔트 타일 : 흡수팽창이 있고, 내유성, 내산성, 내열성이 없다. 고온에서 연화하지 않고 변질된다. 부서지기 쉬워 옥외사용이 불가능하다.
㉢ 비닐 시트 : 염화비닐과 적산비닐을 주원료로 하여 석면, 펄프 등을 충전제로 하고 안료를 혼합하여 롤러로 성형 가공한 것으로 폭 90cm, 두께 2.5mm 이하의 두루마리형으로 되어 있다.

10 다음 금속 중 이온화 경향이 가장 큰 것은?

① Zn ② Cu
③ Ni ④ Fe

해설 금속의 부식

(1) 금속의 부식작용
㉠ 대기에 의한 부식
㉡ 물에 의한 부식
㉢ 흙 속에서의 부식
㉣ 전기작용에 의한 부식
(2) 전기작용에 의한 부식 : 서로 다른 금속이 접촉하여 그 부분에 수분이 있을 경우에는 전기분해가 일어나 이온화 경향이 큰 금속이 음극으로 되어 전기적 부식현상을 일으키게 된다.
※ 금속의 이온화 경향(큰 것 - 작은 것 순서) : K 〉 Ca 〉 Na 〉 Mg 〉 Al 〉 Cr 〉 Mn 〉 Zn 〉 Fe 〉 Ni 〉 Sn 〉 H 〉 Cu 〉 Hg 〉 Ag 〉 Pt 〉 Au

11 연강철선을 가로·세로로 대어 전기용접하여 정방형 또는 장방형으로 만들어 콘크리트 도로 바탕용 등에 처짐 및 균열에 대응하도록 만든 철물은?

① 와이어라스 ② 메탈라스
③ 와이어메시 ④ 코너비드

해설 금속제품

① 와이어라스(wire lath) : 지름 0.9~1.2mm의 철선 또는 아연 도금 철선을 가공하여 만든 것으로 모르타르 바름 바탕에 쓰인다.

정답 08 ① 09 ② 10 ① 11 ③

② 메탈라스(metal lath) : 박강판에 일정한 간격으로 자르는 자국을 많이 내어 이것을 옆으로 잡아당겨 그물코 모양으로 만든 것으로 벽, 천장의 모르타르 바름 바탕용에 쓰인다.
③ 와이어메시(wire mesh) : 연강 철선을 격자형으로 짜서 접점을 전기 용접한 것으로 방형 또는 장방형으로 만들어 블록을 쌓을 때나 보호 콘크리트를 타설할 때 사용하여 균열을 방지하고 교차 부분을 보강하기 위해 사용한다.
④ 코너비드(corner bead) : 미장 공사에서 기둥이나 벽의 모서리 부분을 보호하기 위하여 쓰는 철물이다. 박강판, 평판 등을 가공하여 만들며, 재질로는 아연 철판, 황동판 제품 등이 있다.

12 **철근콘크리트 구조용 골재로 해사를 사용할 경우 우선 조치하여야 할 사항은?**

① 해사를 충분히 건조시킨 후 사용한다.
② 물 – 시멘트비를 증가시킨다.
③ 조골재를 많이 넣어 잔골재율을 낮춘다.
④ 해사를 충분히 물에 씻어 사용한다.

해설

철근콘크리트에 염분이 포함된 바다모래를 사용하면 염소이온이 철근의 방청(防錆) 피복을 파괴시켜 철근에 녹이 슨다. 철근콘크리트에 사용되는 모래는 철근의 방청상 염분(NaCl)함유량이 0.04% 이하를 사용해야 한다. 규정치를 초과하는 경우 방청조치 방법으로 ㉠ 물시멘트비의 저감, ㉡ 피복두께의 증가, ㉢ 아연도금 철근의 사용 등이 있다.
※ 철근콘크리트 구조용 골재로 해사를 사용할 경우 해사를 충분히 물에 씻어 사용한다.

13 **도배지를 붙이는 바탕을 조정하기 위하여 사용하는 바탕 조정제 중, 석고나 탄산칼슘을 주원료로 하고, 바탕의 요철이나 줄눈, 균열이나 구멍 보수에 사용하는 것은?**

① 수용성 실러(sealer)
② 용제형 실러(sealer)
③ 퍼티(putty)
④ 코킹(cocking)

해설 코킹

이질재와의 접합부 균열 등에 틈을 메꾸어주는 재료로서 내후성, 접착성이 커야 하며 흡수성이 없어야 한다.

14 **암석이 가장 쪼개지기 쉬운 면을 말하며 절리보다 불분명하지만 방향이 대체로 일치되어 있는 것은?**

① 석리 ② 입상조직
③ 석목 ④ 선상조직

해설 석재의 조직

(1) 절리 : 화성암의 조직으로서 자연적으로 갈라진 금
(2) 층리 : 퇴적암 및 변성암에 나타나는 평행의 절리
(3) 편리 : 변성암에 생기는 절리
(4) 석리 : 석재 표면의 구성 조직
 ㉠ 결정질(結晶質) : 화강암
 ㉡ 반정질(半晶質) : 안산암
 ㉢ 비결정질(非結晶質, 유리질) : 화산암(부석), 현무암
 [주] • 결정질(結晶質) – 석재 표면의 구성 조직을 육안으로 볼 수 있는 것 (예) 화강암
 • 비결정질(非結晶質, 유리질) – 석재 표면의 구성 조직을 육안으로 볼 수 없는 것 (예) 화산암
(5) 석목 : 절리 외에 서로 직교하는 3방향의 가장 쪼개지기 쉬운 면을 말하며 절리보다 불분명하지만 방향이 대체로 일치되어 있다.

15 **목재의 유용성 방부제로 사용되는 것은?**

① 크레오소트유
② 콜타르
③ 불화소다 2%용액
④ P.C.P

정답 12 ④ 13 ③ 14 ③ 15 ④

해설 방부제의 종류

(1) 유성방부제

① 크레오소토 오일(Creosoto Oil) : 방부성이 우수하고, 화기위험, 철재부식이 적다. 처리재의 강도저하가 없다. 악취가 나고, 흑갈색으로 외관이 불미하므로 눈에 보이지 않는 토대, 기둥 등에 이용된다.

② 콜타르(Coal Tar) : 가열하여 칠하면 방부성은 좋으나 흑갈색으로 만들고, 페인트칠도 불가능하므로 보이지 않는 곳이나 가설재 등에 사용할 수 있다.

③ 아스팔트(Asphalt) : 열을 가해 녹여서 목재에 도포하면 방부성이 우수하나 흑색으로 착색되어 페인트칠이 불가능하므로 보이지 않는 곳에서만 사용할 수 있다.

④ 페인트(Paint) : 피막형성, 방습, 방부효과가 좋으며 착색이 자유로워 미관이 좋다.

(2) 수성방부제

① 황산동 1%용액 : 방부성은 좋으나 철재를 부식시키고 인체에 유해하다.

② 염화아연 4%용액 : 목질부를 약화시키고 전기전도율이 증가하며 비내구적이다.

③ 염화 제2수은 1%용액 : 철재를 부식시키고 인체에 유해하다.

④ 불화소오다 2%용액 : 철재나 인체에 무해하며 페인트 도장이 가능하나 내구성이 부족하며 고가(高價)이다.

(3) 유용성 방부제(P.C.P : Penta Chloro Phenol)
목재에 관한 방부력이 가장 우수하고 무색제품이 생산되며 침투성도 매우 양호한 수용성, 유용성 겸용 방부제이다.

16 목재의 일반적 성질에 관한 설명 중 옳지 않은 것은?

① 일반적으로 강도는 전단강도를 제외하고 응력의 방향이 섬유방향과 직각인 경우 최소가 된다.
② 목재가 수분을 많이 함유하고 있는 상태가 건조한 상태보다 약하다.
③ 널결재는 곧은결재보다 뒤틀림이 적다.
④ 활엽수가 침엽수보다 일반적으로 비중이 크다.

해설 목재의 수축과 팽창

㉠ 목재나 수분의 감소는 수축, 균열의 원인, 세포수의 증감에 따라 수축 및 팽창현상이 나타난다.
㉡ 섬유포화점(함수율 약 30%) 이상의 함수율에서는 수축과 팽창은 생기지는 않으나, 섬유포화점 이하에서는 함수율에 비례하여 수축 팽창한다.
㉢ 접선(널결·판목·촉)방향 > 직각(곧은결·반경·지름)방향 > 섬유(길이·축)방향
100 : 60 : 4
㉣ 변재는 심재보다, 추재는 춘재보다, 활엽수가 침엽수보다 신축이 더 크다.

17 점토의 성질에 관한 설명 중 옳지 않은 것은?

① 알루미나가 많은 점토는 가소성이 좋다.
② 양질의 점토는 건조상태에서 현저한 가소성을 나타내며 가소성이 너무 작은 경우에는 모래 등을 첨가하여 조절한다.
③ 점토의 비중은 일반적으로 2.5~2.6의 범위이나 Al_2O_3가 많은 점토는 3.0에 이른다.
④ 강도는 점토의 종류에 따라 광범위하며, 압축강도는 인장강도의 약 5배 정도이다.

해설 점토의 물리적 성질

㉠ 비중 : 비중 2.5~.6 정도(양질의 점토는 3.0 내외), 불순물이 많을수록 비중은 작고, 알루미늄의 분포가 많을수록 크다.
㉡ 입도 : 입자 크기 25~0.1 μ
㉢ 강도 : 미립 점토의 인장 강도는 0.3~1MPa이고, 압축강도는 인장강도의 5배 정도이다.
㉣ 가소성(可塑性) : 양질의 점토는 습윤 상태에서 현저한 가소성을 나타낸다. (Al_2O_3가 많은 점토가 양질의 점토이다. 점토 입자가 미세할수록 가소성은 좋아진다.)
㉤ 공극률 : 점토 전 용적의 백분율로 표시하여 30~90% 내외이다.
㉥ 수축 : 건조하면 수분의 일부가 방출되어 수축하게 된다.
㉦ 함수율 : 기건시 작은 것은 7~10%, 큰 것은 40~50%이다.

정답 16 ③ 17 ②

◎ 색상 : 철산화물이 많은 점토는 적색을 띠고, 석회 물질이 많으면 황색을 띠게 된다.
※ 점토의 기본 성질에는 점성(粘性), 기경성(氣硬性), 가소성(可塑性), 소고성(燒固性) 등이 있다.

18 **도장재료인 안료에 관한 설명 중 옳지 않은 것은?**

① 안료는 유색의 불투명한 도막을 만듦과 동시에 도막의 기계적 성질을 보완한다.
② 무기안료는 내광성·내열성이 크다.
③ 유기안료는 레이크(lake)라고도 한다.
④ 무기안료는 유기용제에 잘 녹고 색의 선명도에서 유기 안료보다 양호하다.

해설 안료

㉠ 물, 기름, 기타 용제에 녹지 않는 착색 분말로서 전색제와 섞어 도료를 착색하고, 유색의 불투명한 도막을 만들며, 철재의 방청 등에 쓰이기도 한다.
㉡ 종류 : 무기안료, 유기안료, 체질안료
㉢ 무기안료는 내광성·내열성이 크다.
㉣ 유기안료는 레이크(lake)라고도 한다.
※ 유기안료는 무기안료에 비해 색이 선명하고 비중이 작으며 투명성이 양호하다.

19 **시멘트의 수화반응속도에 영향을 주는 요인으로 가장 거리가 먼 것은?**

① 시멘트의 화학성분
② 골재의 강도
③ 분말도
④ 혼화제

해설

시멘트의 수화반응속도에 영향을 주는 요인 : 시멘트의 화학성분, 분말도, 혼화제
• 분말도 : 시멘트의 성능 중 수화반응, 블리딩, 초기강도 등에 크게 영향을 준다.
※ 수화반응 : 시멘트 등이 물과 결합하는 화학적 변화
※ 콘크리트 골재의 구비조건에서 골재의 강도는 콘크리트 중의 경화시멘트 페이스트의 강도보다 커야 한다.

20 **다음 중 목재의 무늬를 가장 잘 나타내는 투명 도료는?**

① 유성페인트 ② 클리어래커
③ 수성페인트 ④ 에나멜페인트

해설 클리어 래커(clear lacquer, 투명 래커)

㉠ 질산섬유소(초산섬유소) + 수지 + 휘발성용제
㉡ 안료를 가하지 않은 투명의 것으로 주로 목재면의 투명도장에 사용된다.
㉢ 도막이 얇으나 견고하고 담색의 우아한 광택이 있다.
㉣ 내수성·내알카리성·내충격성이 크다.
㉤ 내후성이 좋지 않아 보통 내부용으로 주로 쓰인다.

정답 18 ④ 19 ② 20 ②

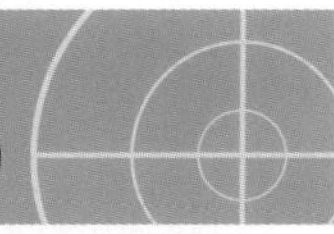

건축재료 2012년 3월 4일(1회)

01 지하실 방수공사에 사용되며, 아스팔트 펠트, 아스팔트 루핑 방수재료의 원료로 사용되는 것은?

① 스트레이트 아스팔트
② 블로운 아스팔트
③ 아스팔트 컴파운드
④ 아스팔트 프라이머

해설 석유 아스팔트

① 스트레이트 아스팔트 : 신축이 좋고 교착력이 우수하나, 연화점이 낮아 지하실에 쓰인다.
② 블로운 아스팔트 : 온도에 대한 감수성 및 신도가 적어 지붕방수에 많이 쓰이며 연화점이 높다.
③ 아스팔트 컴파운드 : 블로운 아스팔트에 동식물성 유지나 광물성 분말을 혼합하여 만든 신축성이 가장 크고 최우량품이다.
④ 아스팔트 프라이머 : 블로운 아스팔트에 휘발성 용제를 넣어 묽게 한 것으로, 방수층 바탕에 침투시켜 부착이 잘 되게 한다.

02 블로운 아스팔트(blown asphalt)를 휘발성용제로 녹인 저점도의 액체로서 아스팔트방수의 바탕 처리제는?

① 아스팔트 컴파운드
② 아스팔트 프라이머
③ 아스팔트 유제
④ 스트레이트 아스팔트

해설

① 아스팔트 컴파운드 : 블로운 아스팔트에 동식물성 유지나 광물성 분말을 혼합하여 만든 신축성이 가장 크고 최우량품이다.
② 아스팔트 프라이머 : 블로운 아스팔트에 휘발성 용제를 넣어 묽게 한 것으로, 방수층 바탕에 침투시켜 부착이 잘 되게 한다.
③ 아스팔트 유제 : 스트레이트 아스팔트를 가열하여 액상으로 만들고 유화제를 혼합한 것으로 침투용, 혼합용, 콘크리트 양생용 등이 있고 대부분 도로 포장에서 사용되는 Spray Gun으로 뿌려서 도포한다.
④ 스트레이트 아스팔트 : 신축이 좋고 교착력이 우수하나, 연화점이 낮아 지하실에 쓰인다.

03 안료를 수용성 고착제와 섞어 만드는 것으로 습기가 없는 곳에 주로 사용하는 것은?

① 에멀션 페인트 ② 수성 페인트
③ 에나멜 페인트 ④ 유성 페인트

해설 수성페인트

㉠ 안료+아교 또는 카세인(주원료 : 우유)+물
㉡ 취급이 간단하고, 건조가 빠르며 작업성이 좋다.
㉢ 내알칼리성이 우수하다.
㉣ 내구성과 내수성이 떨어지며, 무광택이다.
㉤ 용도 : 모르타르, 벽돌, 석고판, 텍스, 콘크리트 표면 등 내부에 사용
※ 콘크리트는 알카리성이므로 내알칼리성인 수성페인트로 도장해야 한다.

04 점토 제품에 대한 설명으로 옳지 않은 것은?

① 점토의 주요 구성 성분은 알루미나, 규산이다.
② 점토입자가 미세할수록 가소성이 좋으며 가소성이 너무 크면 샤모트 등을 혼합 사용한다.
③ 점토제품의 소성온도는 도기질의 경우 1100~1230℃ 정도이며, 자기질은 이보다 낮다.
④ 소성온도는 점토의 성분이나 제품에 따라 다르며, 온도 측정은 제게르 콘(Seger cone)으로 한다.

해설 점토제품의 분류

종류	소성 온도	소지		투명 정도	건축재료
		흡수율	색		
토기(土器)	700~900℃	20% 이하	유색	불투명	기와, 벽돌, 토관
도기(陶器)	1000~1300℃	10% 이하	백색, 유색	불투명	타일, 테라코타 타일
석기(石器)	1300~1400℃	3~10%	유색	불투명	마루타일, 클링커타일
자기(磁器)	1300~1450℃	0~1%	백색	반투명	모자이크 타일, 위생도기

※ 흡수율 : 자기 < 석기 < 도기 < 토기
※ 소성온도 : 자기 > 석기 > 도기 > 토기

정답 01 ① 02 ② 03 ② 04 ③

05 콘크리트의 배합설계 시 고려할 사항으로 가장 거리가 먼 것은?

① 잔골재율　　② 양생
③ 혼화제량　　④ 물-시멘트비

해설 보양(양생)

(1) 목적 : 수화작용을 충분히 발휘시킴과 동시에 건조 및 외력에 의한 균열발생을 방지하고 오손·파괴·변형 등을 보호하는 것이다.
(2) 주의사항
　㉠ 일광의 직사, 풍우, 상설(霜雪)에 대하여 노출면을 보호한다.
　㉡ 경화될 때까지 충격 및 하중을 가하지 않게 한다.
　㉢ 상당한 온도(5℃ 이상)를 유지하고 건조를 방지한다.
　㉣ 항상 습윤상태로 유지한다.
(3) 종류 : 습윤 보양, 증기보양, 전기보양, 피막보양
※ 동절기 공사라도 콘크리트 양생 시에는 직접 가열하여서는 아니된다.

06 다음 금속 중 이온화 경향이 큰 것부터 순서대로 옳게 나열한 것은?

① Fe > Al > Cu > Ni
② Fe > Cu > Al > Ni
③ Al > Ni > Fe > Cu
④ Al > Fe > Ni > Cu

해설 금속의 부식

(1) 금속의 부식작용
　㉠ 대기에 의한 부식
　㉡ 물에 의한 부식
　㉢ 흙 속에서의 부식
　㉣ 전기작용에 의한 부식
(2) 전기작용에 의한 부식 : 서로 다른 금속이 접촉하여 그 부분에 수분이 있을 경우에는 전기분해가 일어나 이온화 경향이 큰 금속이 음극으로 되어 전기적 부식현상을 일으키게 된다.
※ 금속의 이온화 경향(큰 것 – 작은 것 순서) : K > Ca > Na > Mg > Al > Cr > Mn > Zn > Fe > Ni > Sn > H > Cu > Hg > Ag > Pt > Au

07 금속재료 중 주방용품, 건축용 철물, 외장 재료로 사용되는 것은?

① 펀칭메탈(punching metal)
② 무늬강판(checkered steel plate)
③ 아연도 강판(galvanized steel sheet)
④ 스테인레스 강판(stainless steel plate)

해설 펀칭 메탈(punching metal)

두께 1.2mm 이하의 박강판을 여러 가지 무늬 모양으로 구멍을 뚫어 만든 것으로 환기구, 라지에이터(방열기) 덮개 등에 쓰인다. 때로는 황동판, 알루미늄판으로 만들기도 한다.

08 굳지 않은 콘크리트의 성질이 아닌 것은?

① 스태빌리티(stability)
② 워커빌리티(workability)
③ 컨시스턴시(consistency)
④ 피니셔빌리티(finishability)

해설 생콘크리트의 성능(굳지 않은 콘크리트의 성능)

용어	내용
Workability (시공연도)	작업의 난이정도 및 재료분리 저항하는 정도
Consistency (반죽질기)	반죽의 되고 진 정도 (유동성의 정도)
Plasticity (성형성)	거푸집에 쉽게 다져 넣을 수 있는 정도
Finishability (마감성)	마무리 하기 쉬운 정도
Pumpability (압송성)	펌프동 콘크리트의 Workability

09 에폭시(epoxy)수지 접착제에 관한 설명 중 옳은 것은?

① 가열하면 접착시 효과가 좋지 않다.
② 경금속의 접착 성능이 좋지 않다.
③ 경화제를 필요로 한다.
④ 내수성이 약하다.

정답 05 ② 06 ④ 07 ④ 08 ① 09 ③

해설 에폭시수지 접착제

기본 점성이 크며 내수성, 내약품성, 전기절연성이 모두 우수한 만능형 접착제로 금속, 플라스틱, 도자기, 유리, 콘크리트 등의 접합에 사용되며 내구력도 큰 합성수지계 접착제이다.
※ 건축공사에 주로 사용되는 접착제는 에폭시수지 접착제와 초산비닐수지 접착제이다.

10 합판(plywood)의 특성에 관한 설명 중 옳지 않은 것은?

① 방향성이 있다.
② 신축변형이 적다.
③ 흡음효과를 낼 수 있다.
④ 곡면가공시에도 균열이 적다.

해설 합판

㉠ 단판을 3·5·7매 등의 홀수로 섬유방향이 직교하도록 접착제를 붙여 만든 것이다.
㉡ 함수율 변화에 의한 뒤틀림, 신축 등의 변형이 적고 방향성이 없다.
㉢ 일반 판재에 비해 균질하고, 강도가 높으며, 넓은 단판을 만들 수 있다.
㉣ 곡면 가공하여도 균열이 생기지 않고 무늬도 일정하다.
㉤ 표면가공법으로 흡음효과를 낼 수 있다.
㉥ 용도 : 내장용(천장, 칸막이벽, 내벽의 바탕), 거푸집재 및 창호재

11 석고보드공사에 대한 설명으로 옳지 않은 것은?

① 석고보드는 두께 9.5mm 이상의 것을 사용한다.
② 목조 바탕의 띠장 간격은 300mm 내외로 한다.
③ 경량철골 바탕의 칸막이벽 등에서는 기둥, 샛기둥의 간격을 450mm 내외로 한다.
④ 석고보드용 평머리못 및 기타 설치용 철물은 용융아연 도금 또는 유니크롬 도금이 된 것으로 한다.

해설

석고보드는 석고를 원료로 하여 양면에 내열성이 강한 두꺼운 종이를 대고 압축시킨 판이다.
※ 석고보드(gypsum wall board)
㉠ 내화성이 크고 경량이다.
㉡ 가공이 용이하다.
㉢ 방화성능 및 보온성이 우수하다.
㉣ 저렴하고 방습성이 우수하다.
㉤ 수축·팽창·변형이 적다.
㉥ 설치 후 도료로 도포할 수 있다.
㉦ 충격에 약하다.
※ 목재띠장 바탕에는 못으로, 철재띠장 바탕에는 나사못으로 설치하고, 띠장 간격은 15cm 이내로 한다. 못 및 나사못 시공주위는 요철이 없도록 평활하게 마무리한다.

12 단열재의 단열효과에 대한 설명으로 옳지 않은 것은?

① 공기층의 두께와는 무관하며, 단열재의 두께에 비례한다.
② 단열재의 열전도율, 열전달률이 작을수록 단열효과가 크다.
③ 열전도율이 같으면 밀도 및 흡수성이 작은 재료가 단열 효과가 더 작다.
④ 열관류율(K) 값이 클수록 열저항력이 작아지므로 단열 성능은 떨어진다.

해설

단열재의 열전도율, 열전달률이 작을수록 단열효과가 크며, 흡수성 및 투습성이 낮을수록 좋다.
※ 일반적으로 단열재에 습기나 물기가 침투하면 열전도율이 높아져 단열성능이 나빠진다.

13 콘크리트의 각종 성질에 관한 설명 중 옳지 않은 것은?

① 콘크리트의 반죽질기는 단위수량이 많을수록 커진다.
② 물·시멘트비는 강도에 큰 영향을 준다.

정답 10 ① 11 ② 12 ③ 13 ④

③ 콘크리트의 워커빌리티는 플로우시험으로 측정할 수 있다.
④ 유동화콘크리트의 슬럼프 경시변화는 보통콘트리트보다 낮아 시공상 유리하다.

해설 유동화 콘크리트

미리 비벼낸 콘크리트에 유동화제를 첨가하고 이것을 교반시켜 유동성을 증대시킨 콘크리트이다.
일반적으로 유동성을 높이기 위하여 화학혼화제를 사용하는데 유동화제는 고성능감수제의 일종으로 멜라민계, 나프탈린계 및 변성리그닌계의 것 등이 있다.
㉠ 단위수량 및 시멘트를 저감시킴으로서 건조수축 및 블리딩의 감소한다.
㉡ 수밀성 및 내구성이 향상된다.
㉢ 수화열에 의한 균열이 감소된다.

14 재료와 그 용도가 잘못 짝지어진 것은?

① 인슐레이션 보드 – 방화
② 크레오소트 – 방부
③ 유공보드 – 흡음
④ 블로운 아스팔트 – 방수

해설

인슐레이션 보드, 인슐레이션 페인트 – 단열

15 재료가 외력을 받으면서 발생하는 변형에 저항하는 정도를 나타내는 것은?

① 가소성　② 강성
③ 연성　④ 좌굴

해설 재료의 역학적 성질(기계적 성질)

① 가소성(소성, plasticity) : 재료가 외력을 받아서 변형을 일으킨 것이 외력을 제거했을 때에도 원형으로 되돌아오지 못하고, 변형된 상태로 남아 있는 성질
② 강성(stiffness) : 재료가 외력을 받을 때 변형을 적게 하려는 성질
③ 연성(ductility) : 어떤 재료에 인장력을 가하였을 때, 파괴되기 전에 길게 늘어나는 성질
④ 좌굴 : 가는 기둥이나 얇은 판 등을 압축하면 어떤 하중에 이르러 갑자기 가는 방향으로 휘어지며 이후 그 휨이 급격히 증대하는 성질

16 목재의 조직에 해당되자 않은 것은?

① 입피　② 수피
③ 목질부　④ 수심

해설 수피(樹皮)

나무줄기의 코르크 형성층(形成層)보다 바깥 조직을 말한다. 보통 수목이 비대해지면, 처음 피층에 코르크층이 생기고 그 후 새로운 코르크층의 형성이 체관부의 안쪽까지 미치게 되어 그 바깥쪽으로 격리된 체관부 등의 조직세포는 죽게 된다. 이러한 죽은 조직과 코르크층의 호층을 수피라 한다. 수피에는 체내외의 통기작용을 하는 피목이라는 조직이 있다.
※ 수심 쪽을 널안, 심재라고 하고, 수피 쪽을 널밖, 변재라고 한다.
※ 심재(心材)는 변재(邊材)보다 짙은 색을 띤다.

17 점토 제품의 흡수성과 관계된 현상으로 가장 거리가 먼 것은?

① 녹물 오염　② 백화(白華)
③ 균열　④ 동해(凍害)

해설 점토 제품의 흡수성과 관계된 현상 : 균열, 백화(白華), 동해(凍害)

※ 점토제품의 흡수율 : 자기 < 석기 < 도기 < 토기
㉠ 흡수율이 가장 작은 점토제품 – 자기질 타일 (흡수율 : 자기 < 석기 < 도기 < 토기)
㉡ 흡수율이 가장 높은 점토제품 – 토기질 타일

18 미장재료 중에서 경화수축에 의한 균열을 방지하기 위하여 섬유재를 사용하지 않는 것은?

① 석고 플라스터
② 돌로마이트 플라스터
③ 시멘트 페이스트
④ 회반죽

해설 석고 플라스터(gypsum plaster)

조립식 및 건식공법의 가장 획기적인 마감재료로서 프리캐스트나 ALC 등에 적합하며 주로 건물 내외부 벽면에 사용하는 미장재료로서 종류에는 순석고 플라스터, 혼합석고 플라스터, 경석고 플라스터(Keen's Cement)가 있다. 경화와 건조가 빠르고, 균열에 대한 강도가 상당히 양호하다.
※ 석고 플라스터(gypsum plaster)는 건조시 무수축성의 성질을 가진 재료이다.

정답　14 ①　15 ②　16 ①　17 ①　18 ①

19 단열재의 일반적인 성질에 대한 설명으로 옳지 않은 것은?

① 흡습과 흡수를 하면 단열성능이 떨어진다.
② 열전도율은 재료가 표건상태일 때 가장 작다.
③ 일반적으로 재료 밀도가 크면 열전도가 커진다.
④ 재료의 관류열량은 재료표면에 생기는 대류현상에 영향을 받는다.

해설 단열재

(1) 열관류율이 높은 것이 용이하며, 낮을수록 단열효과가 좋다.
(2) 열전달계수가 낮은 재료가 단열성이 크다.
(3) 밀도가 작을수록 열전도율이 낮다.
(4) 단열재의 구비 조건
㉠ 열전도율이 낮을수록 좋다.
㉡ 흡수성이 낮을수록 좋다.
㉢ 투습성이 낮을수록 좋다.
㉣ 내화성이 있어야 한다.

20 날망치로 일정방향으로 다듬기를 하는 석재의 가공법은?

① 혹두기 ② 정다듬
③ 도드락다듬 ④ 잔다듬

해설 석재의 가공 및 표면마감

가공 공정	가공 공구	내 용
메다듬(혹두기)	쇠메	쇠메로 큰 요철을 없애는 거친면 마무리
정다듬	정	정으로 쪼고 평평하게 마감(거친다듬, 중다듬, 고운다듬)
도드락다듬	도드락망치	도드락망치로 세밀히 평평하게 다듬는 것
잔다듬	날망치	정다듬 또는 도드락다듬한 면에 일정한 방향으로 날망치로 평행선 자국을 남기면서 평탄하게 다듬는 과정
물갈기 및 광내기	금강사, 숫돌	표면에 철사, 금강사로 물을 주면서 갈고 광택마감

건축재료 2012년 5월 20일(2회)

01 합성수지계 접착제가 아닌 것은?

① 비닐수지 ② 에폭시
③ 요소수지 ④ 카세인

해설 접착제의 분류

㉠ 동물성 단백질계 접착제 : 카세인, 아교
㉡ 식물성 단백질계 접착제 : 콩풀, 전분
㉢ 고무계 접착제 : 천연 고무풀, 아라비아 고무풀
※ 네오프렌(neoprene) – 합성고무 접착제로서 접착력이 우수하다.
㉣ 합성수지계 접착제 : 요소 수지풀, 에폭시 수지풀, 페놀 수지풀, 멜라민 수지풀, 실리콘 수지풀, 프란 수지풀, 초산 비닐수지 수지풀
※ 건축공사에 주로 사용되는 접착제는 에폭시수지 접착제와 초산비닐수지 접착제이다.

02 목재의 열전도율을 다른 재료와 비교 설명한 것으로 옳지 않은 것은?

① 목재의 열전도율은 콘크리트의 열전도율보다 작다.
② 동일함수율에서 소나무는 오동나무보다 열전도율이 작다.
③ 목재의 열전도율은 철의 열전도율보다 작다.
④ 목재의 열전도율은 화강암의 열전도율보다 작다.

해설 목재의 열전도율

㉠ 목재는 조직 가운데 공간이 있기 때문에 열의 전도가 더디다.
㉡ 열전도율은 섬유방향, 목재의 비중, 함수율에 따라 변화한다.
㉢ 겉보기 비중은 작은 다공질의 목재가 열전도율이 작다.

※ 겉보기 비중 $= \dfrac{\text{건조중량}}{\text{표면건조포화상태}}$

정답 19 ② 20 ④ / 01 ④ 02 ②

[표] 각종 재료의 열전도율(λ)

(단위 : W/m·K)

재료	콘크리트	유리	벽돌	물	목재	코르크판	공기
열전도율	1.4	1.05	0.84	0.6	0.14	0.043	0.025

※ 목재의 열전도율(0.14)은 공기(0.025)보다 크며, 물(0.6)보다 작다.

※ 목재는 열전도율이 적어 보온, 방한, 방서적이다.

[참고] 열전도율이란 두께 1m의 물체 두 표면에 단위 온도차가 1℃일 때 재료를 통한 열의 흐름을 와트(W)로 측정한 것으로 단위는 W/m·℃이다. kcal/m·h로 표시할 경우 1W/m = 0.86kcal/m·h이다. 즉, kcal/h 대신 W를 쓰면 된다.

03 유리 중 현장에서 절단 가공할 수 없는 것은?

① 망입 유리　② 강화 유리
③ 소다석회 유리　④ 무늬 유리

해설 강화유리

㉠ 평면 및 곡면, 판유리를 600℃ 이상의 가열로 균등한 공기를 뿜어 급냉시켜 제조한다.
㉡ 내충격, 하중강도는 보통 유리의 3~5배, 휨강도 6배 정도이다.
㉢ 200℃ 이상의 고온에서 견디므로 강철유리라고도 한다.
㉣ 현장에서의 가공, 절단이 불가능하다.
㉤ 파손시 예리하지 않는 둔각 파편으로 흩어지므로 안전상 유리하다.
㉥ 용도 : 무테문, 자동차, 선박 등에 쓰며 커튼월에 쓰이는 착색강화유리도 있다.

04 단열재의 특성에서 전열의 3요소가 아닌 것은?

① 전도　② 대류
③ 복사　④ 결로

해설

결로는 공기 중의 수증기에 의해서 발생하는 습윤상태를 말한다.

05 시멘트 액체방수제의 방수성분이 아닌 것은?

① 금속비누　② 규산질 미분
③ 수산화칼슘　④ 염화칼슘

해설 시멘트액체방수법

방수성이 높은 모르타르로 방수층을 만들어 지하실의 안방수나 소규모인 지붕방수 등과 같은 비교적 경미한 방수공사에 활용되는 공법

(1) 방수제의 주성분 : 염화칼슘, 금속비누, 지방산칼슘, 규산나트륨 등
(2) 공정순서
㉠ 제1공정 : 방수액 침투 → 시멘트풀 → 방수액 침투 → 시멘트모르타르
㉡ 제2공정 : 방수액 침투 → 시멘트풀 → 방수액 침투 → 시멘트모르타르
(3) 특징 : 보통 건조, 보수처리 엄밀히 하여야 하고, 바탕바름은 필요 없다. 시공이 용이하고 가격이 저렴하다. 방수성능은 비교적 의심이 간다.

06 석재의 단점으로 옳지 않는 것은?

① 비중이 크다.
② 가공성이 불량하다.
③ 다양한 외관표현이 어렵다.
④ 인장강도가 압축강도의 1/10~1/40로 매우 작다.

해설 석재의 장·단점

(1) 장점
㉠ 불연성이고 압축강도가 크다.
㉡ 내수성, 내구성, 내화학성이 풍부하고 내마모성이 크다.
㉢ 종류가 다양하고 색도와 광택이 있어 외관이 장중 미려하다.
(2) 단점
㉠ 장대재(長大材)를 얻기가 어려워 가구재(架構材)로는 부적당하다.
㉡ 비중이 크고 가공성이 좋지 않다.

정답 03 ② 04 ④ 05 ③ 06 ③

07 AE콘크리트의 특징으로 옳지 않은 것은?

① 수밀성이 감소한다.
② 단위수량이 적게 든다.
③ 알칼리골재반응의 영향이 적어진다.
④ 동결융해에 대한 저항성이 크게 된다.

해설 AE 콘크리트

콘크리트에 표면활성제(AE제)를 사용하여 콘크리트 중에 미세한 기포(0.03~0.3mm)를 발생하여 단위수량을 적게 하고, 시공연도를 개선시킨 콘크리트
㉠ 시공연도(workability) 향상
㉡ 단위수량이 감소
㉢ 동결융해에 대한 저항성이 증대(동기공사 가능)
㉣ 수화열이 적다.
㉤ 내구성, 수밀성이 크다.
㉥ 재료분리, 블리딩 현상이 감소
㉦ 화학작용에 대한 저항성이 크다.
㉧ 강도가 감소한다.(공기량 1% 증가에 대해 4~6%의 압축강도가 저하한다.)

08 미장공사에 대한 설명으로 옳지 않은 것은?

① 유색 시멘트 : 천연모래와 암석을 부순 모래 또는 인공적으로 착색, 제조한 것
② 석고계 셀프레벨링재 : 석고에 모래, 경화지연제, 유동화제 등을 혼합하여 자체 평탄성이 있는 것
③ 수지플라스터 : 합성수지 에멜션, 탄산칼슘 기타 충전재, 골재 및 안료 등을 공장에서 배합한 것
④ 시멘트계 셀프레벨링재 : 포틀랜드 시멘트에 모래, 분산제, 유동화제 등을 혼합하여 자체 평탄성이 있는 것

해설 유색(Color) 시멘트

백색포틀랜드 시멘트에 각종 안료를 첨가한 시멘트

09 미장용 또는 인조석 등의 2차 제품이나 타일의 줄눈 등에 사용되는 시멘트는?

① 백색 포틀랜드 시멘트
② 초조강 포틀랜드 시멘트
③ 중용열 포틀랜드 시멘트
④ 알루미나 포틀랜드 시멘트

해설 백색 포틀랜드시멘트

순백색으로 안료를 섞으면 각종 착색 시멘트를 만들 수 있다. 마감용, 각종 인조석 제조 등에 사용된다.

10 합성수지의 일반적인 특성으로 옳지 않은 것은?

① 피막이 강하고 광택이 있어 도료에 적합하다.
② 산·알칼리에 약하여 별도의 화학처리가 필요하다.
③ 내화성이 적고 연소시 유독가스가 발생한다.
④ 흡수성과 투수성이 없어 방수 피막제로 사용된다.

해설

산·알칼리·가스 등에 대한 저항성과 부식성에 대한 저항성이 우수하다.

11 벽, 기둥 등의 모서리 부분에 미장바름을 보호하기 위한 철물은?

① 줄눈대 ② 조이너
③ 인서트 ④ 코너비드

해설

① 줄눈대(metallic joiner) : 인조석 갈기, 미장 바름벽의 균열 방지 및 의장효과를 위해 구획하는 줄눈에 넣는 철물이다.
② 조이너(joiner) : 바닥, 벽, 천장 등에 인조석, 보드류를 붙여댈 때 이음 줄눈으로 쓰인다.

정답 07 ① 08 ① 09 ① 10 ② 11 ④

③ 인서트(insert) : 구조물 등을 달아매기 위하여 콘크리트 표면 등에 미리 묻어 넣은 고정 철물로 수축이 적고 가공하기 쉬운 주물을 재질로 사용한다.
④ 코너비드(corner bead) : 미장 공사에서 기둥이나 벽의 모서리 부분을 보호하기 위하여 쓰는 철물이다. 박강판, 평판 등을 가공하여 만들며, 재질로는 아연 철판, 황동판 제품 등이 있다.

12 석재의 성질에 대한 설명으로 옳은 것은?

① 강도는 비중에 반비례한다.
② 압축강도는 함수상태의 영향을 받는다.
③ 내화성은 조성결정과 공극률이 클수록 커진다.
④ 내구성은 조암광물의 조직이 클수록 우수하다.

해설 석재의 강도

㉠ 석재의 강도 중에서 압축강도가 가장 크고 인장, 휨 및 전단강도는 압축강도에 비하여 매우 작다. 휨, 인장강도가 약하므로 압축력을 받는 곳에만 사용하여야 한다.(인장강도는 압축강도의 1/10~1/40 정도로 매우 작다.)
㉡ 석재의 압축강도는 단위용적 중량이 클수록 일반적으로 크며, 공극률이 작을수록 또는 구성입자가 작을수록 크고, 결정도와 그 결합상태가 좋을수록 크다. 또한 함수율에 의한 영향을 받으며 함수율이 높을수록 강도가 저하된다.

13 알루미늄의 성질이 아닌 것은?

① 알칼리에 강하다.
② 내화성이 부족하다.
③ 내식성이 우수하며 연하기 때문에 가공성이 좋다.
④ 역학적 성질이 우수하며, 열과 전기의 전도성이 크다.

해설 알루미늄(Aluminum)

㉠ 전기나 열전도율이 높다.
㉡ 비중(2.7로서 철의 약 1/3)에 비하여 강도가 크다.
㉢ 내화성이 적고, 열팽창계수가 크다. (철의 2배)
㉣ 공기 중에서 표면에 산화막이 생겨 내식성이 크다.
㉤ 반사율이 크므로 열차단재로 쓰인다.
㉥ 가공이 용이하다.
㉦ 산, 알칼리 및 해수에 침식되기 쉽다.
㉧ 용도 : 지붕잇기, 실내장식, 가구, 창호, 커어튼레일

14 목재의 성질로 옳은 것은?

① 강도는 섬유포화점 이상에서는 함수율의 증감에 따라 변화하지 않는다.
② 기건상태의 함수율은 일반적으로 30% 정도이다.
③ 수축률은 수종에 관계없이 일정하다.
④ 심재는 변재보다 썩기 쉽다.

해설 섬유포화점

목재내의 수분이 증발시 유리수가 증발한 후 세포수가 증발하는 경계점으로 섬유포화점(함수율 약 30%) 이하에서 목재의 수축·팽창 등 재질의 변화가 일어나고 섬유포화점 이상에서는 변화가 없다.
※ 목재의 수축, 팽창은 수종이나 수령에 관계없이 함수율이 섬유포화점(함수율 약 30%) 이상의 범위에서는 일어나지 않는다. 그러나 그 이하에서는 거의 직선적으로 진행하게 된다. 따라서 함수율의 변동이 없으면 목재의 수축, 팽창은 생기지 않는다.

15 콘크리트 내구성에 대한 설명으로 옳지 않은 것은?

① 콘크리트 초기동해는 경화콘크리트 내부에 있는 수분이 동결할 때 발생한다.
② 콘크리트 중성화는 표면에서 내부로 진행하며 페놀프탈렌 용액을 분무하여 판단한다.

정답 12 ② 13 ① 14 ① 15 ①

③ 콘크리트가 열을 받으면 시멘트 페이스트는 수축하고 골재는 팽창하므로 팽창 균열이 생긴다.
④ 콘크리트에 함유되는 염화물은 콘크리트 자체에는 크게 유해하지 않지만 철근 부식을 촉진시킨다.

해설

경화콘크리트 내부에 있는 수분이 동결하면 체적팽창이 일어나 콘크리트에 팽창압으로 작용하게 된다. 온도차이가 큰 곳에서는 이러한 동결융해가 지속적으로 반복하게 되어 그로 인하여 균열, 박리 등이 발생한다.
※ 동기공사시 콘크리트를 혼합할 때 콘크리트의 동해를 방지하기 위하여 염화마그네슘을 사용한다. 다량 사용하면 장기강도가 저하될 우려가 있다.

16 조적조의 백화현상 방지법으로 옳지 않은 것은?

① 우천시에는 조적을 금지한다.
② 가용성 염류가 포함되어 있는 해사를 사용한다.
③ 줄눈용 모르타르에는 방수제를 섞어서 사용하거나, 흡수율이 적은 벽돌을 선택한다.
④ 내벽과 외벽사이 조적하단부와 상단부에 통풍구를 만들어 통풍을 통한 건조상태를 유지한다.

해설 백화현상

(1) 벽돌 벽체에 물이 스며들면 벽돌의 성분과 모르타르 성분이 결합하여 벽돌 벽체에 흰가루가 돋는 현상을 말한다.
(2) 원인 : 벽표면에 수분이 침입해서 줄눈 모르타르 부분의 CaO가 $Ca(OH)_2$로 되어 표면에서 공기중의 CO_2 또는 벽의 유황분과 결합하여 생긴다.
(3) 방지법
㉠ 잘 구워진 벽돌을 사용한다.
㉡ 10% 이하의 흡수율을 가진 양질의 벽돌을 사용한다.
㉢ 벽돌면 상부에 빗물막이를 설치한다.
㉣ 줄눈에 방수제를 섞어 사용한다.
㉤ 벽면에 실리콘 방수를 한다.
㉥ 벽 표면에 파라핀 도료를 발라 염류의 유출을 막는다.
※ 해사를 사용할 경우 우선 조치하여야할 사항은 해사를 충분히 물에 씻어 사용한다.

17 각종 강의 용도로 옳지 않은 것은?

① 경강은 못 등에 쓰인다.
② 반 경강은 볼트, 강 널말뚝 등에 쓰인다.
③ 반 연강은 레일, 차량, 기계용 형강 등에 쓰인다.
④ 연강은 철근, 조선용 형강, 강판 등에 쓰인다.

해설 철강의 용도

㉠ 연강 : 리벳, 관, 교량, 조선, 보일러, 건축(철골, 철근, 강판)
㉡ 반연강 : 레일, 차량, 기계용 형강
㉢ 최경강 : 축, 외륜, 공구, 강선, 스프링
㉣ 경강 : 축류, 공구, 레일, 스프링, 실린더재
㉤ 반경강 : 볼트, 건축(강 널말뚝), 조선용 판

18 다음 각 도료에 대한 설명으로 옳지 않은 것은?

① 방청도료 : 금속면의 보호와 부식을 방지하기 위해 사용한다.
② 방화도료 : 가열성 물질에 칠하여 연소를 방지하는 기능이 필요한 곳에 사용한다.
③ 방균도료 : 소지 또는 도막에 균류(곰팡이)발생을 방지하기 위해 사용한다.
④ 발광도료 : 수지를 지방유과 가열융합해서 건조제를 넣고 용제에 녹인 것으로 주로 옥내·외에 사용한다.

해설 발광도료

형광체인광체의 안료를 적당히 전색제에 넣어 만든 도료이다. 선전, 광고, 어두운 곳에서 식별에 필요한 계기류의 눈금, 지시판, 스위치 등의 표시에 사용된다.

정답 16 ② 17 ① 18 ④

19 ALC 제품의 특성으로 옳지 않은 것은?

① 흡수성이 크다.
② 단열 및 차음성이 크다.
③ 경량으로서 시공이 용이하다.
④ 강알카리성이며 변형과 균열의 위험이 크다.

해설 ALC(Autoclaved Light-weight Concrete : 경량 기포 콘크리트)

(1) 오토클레이브(autoclave)에 고온(180℃) 고압(0.98MPa) 증기양생한 경량 기포 콘크리트이다.
(2) 원료 : 생석회, 규사, 규석, 시멘트, 플라이 애시, 알루미늄 분말 등
(3) 장점
㉠ 경량성 : 기건비중은 보통콘크리트의 1/4 정도(0.5~0.6)
㉡ 단열성 : 열전도율은 보통콘크리트의 약 1/10 정도로 단열성능이 우수하다.
㉢ 불연·내화성 : 불연재인 동시에 내화구조 재료이다.
㉣ 흡음·차음성 : 흡음률은 10~20% 정도이며, 차음성이 우수하다(투과손실 40dB)
㉤ 시공성 : 경량으로 인력에 의한 취급은 가능하고, 현장에서 절단 및 가공이 용이하다.
㉥ 건조수축률이 매우 작고, 균열발생이 어렵다.
(4) 단점
㉠ 강도가 비교적 적은 편이다.
(압축강도 40MPa)
㉡ 기공(氣孔)구조이기 때문에 흡수성이 크며, 동해에 대한 방수방습처리가 필요하다.

20 아스팔트 방수공사에서 콘크리트의 수분증발로 인한 방수층의 부풀림 현상을 방지하기 위한 것은?

① 구멍 뚫린 아스팔트 루핑
② 스트레치 아스팔트 루핑
③ 망상 아스팔트 루핑
④ 아스팔트 펠트

해설

※ 망상아스팔트루핑 : 망상으로 짠 원단에 아스팔트를 침투시켜 롤로 만든 것
※ 아스팔트 펠트 : 양모, 마사, 폐지 등을 원료로 하여 만든 원지에 연질의 스트레이트 아스팔트를 가열·용융시켜 충분히 흡수시킨 후 회전로에서 건조와 함께 두께를 조정하여 롤형으로 만든 것

정답 19 ④ 20 ①

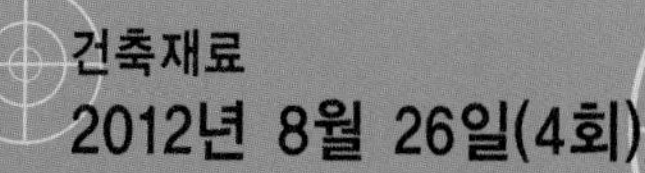
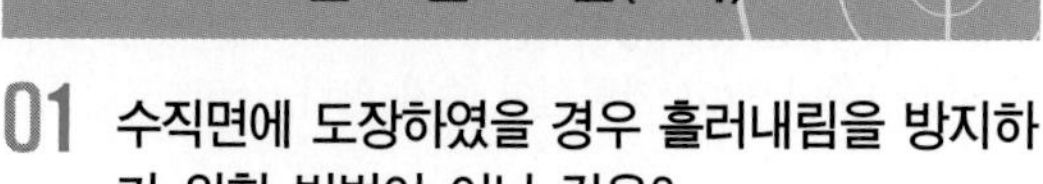

건축재료 2012년 8월 26일(4회)

01 수직면에 도장하였을 경우 흘러내림을 방지하기 위한 방법이 아닌 것은?

① 규정 도막을 유지한다.
② 희석량을 늘여 점도를 낮게 한다.
③ 사전에 시험도장을 하여 확인 후 도장한다.
④ airless 도장 시 팁 사이즈를 줄여 도료 토출량을 적게 하고 2차압을 높인다.

해설 도막이 흘러내리는 현상의 원인

㉠ 너무 두껍게 바름
㉡ 너무 희석시킴
㉢ 시너를 너무 많이 사용함
※ 희석제 : 도료의 점도를 저하시키고 증발 속도를 조절하는 칠의 원료

02 점토의 물리적 성질에 대한 설명으로 옳지 않은 것은?

① 비중은 불순 점토 일수록 낮다.
② 인장강도는 0.3~1MPa 정도이다.
③ 압축강도는 인장강도의 약 10배이다.
④ 자기류는 밀도, 비중이 가장 크다.

해설 점토의 물리적 성질

㉠ 비중 : 비중 2.5~2.6 정도(양질의 점토는 3.0 내외), 불순물이 많을수록 비중은 작고, 알루미늄의 분포가 많을수록 크다.
㉡ 입도 : 입자 크기 25~0.1μ
㉢ 강도 : 미립 점토의 인장 강도는 0.3~1MPa이고, 압축강도는 인장강도의 5배 정도이다.
㉣ 가소성(可塑性) : 양질의 점토는 습윤 상태에서 현저한 가소성을 나타낸다. (Al_2O_3가 많은 점토가 양질의 점토이다. 점토 입자가 미세할수록 가소성은 좋아진다.)
㉤ 공극률 : 점토 전 용적의 백분율로 표시하여 30~90% 내외이다.
㉥ 수축 : 건조하면 수분의 일부가 방출되어 수축하게 된다.
㉦ 함수율 : 기건시 작은 것은 7~10%, 큰 것은 40~50%이다.
㉧ 색상 : 철산화물이 많은 점토는 적색을 띠고, 석회물질이 많으면 황색을 띠게 된다.

03 흡음재료의 특성에 대한 설명으로 옳은 것은?

① 유공판재료는 연질섬유판, 흡음텍스가 있다.
② 판상재료는 뒷면의 공기층에 강제진동으로 흡음효과를 발휘한다.
③ 유공판재료는 재료내부의 공기진동으로 고음역의 흡음 효과를 발휘한다.
④ 다공질재료는 적당한 크기나 모양의 관통구멍을 일정간격으로 설치하여 흡음효과를 발휘한다.

해설

판상 흡음재는 재료의 부착방법과 배후조건에 의해 특성이 달라진다. 판상 흡음재는 막 진동하기 쉬운 얇은 것일수록 흡음률이 크며, 뒷면의 공기층에 강제진동으로 흡음효과를 발휘한다.

04 투명성, 착색성, 내후성이 우수하며, 표면의 손상이 쉽고 열에 약한 합성수지는?

① 아크릴 수지 ② 폴리스티렌 수지
③ 초산 비닐 수지 ④ 폴리에틸렌 수지

해설

① 아크릴 수지 : 투광성이 크고 내후성이 양호하며 착색이 자유롭다. 자외선 투과율 크며, 내충격 강도가 유리의 10배이다. 평판 성형되어 글라스와 같이 이용되는 경우가 많고 유기글라스라고도 불리우며, 주용도로는 채광판, 유리대용품으로 쓰인다.

정답 01 ② 02 ③ 03 ② 04 ①

② 폴리스티렌 수지(스티롤 수지) : 열가소성 수지로 무색투명, 전기절연성, 내수성, 내약품성이 크다. 주용도로 창유리, 파이프, 발포보온판, 벽용타일, 채광용으로 사용된다.
③ 초산 비닐 수지 : 무색·투명하고 접착성이 양호하나 내열성이 부족하다. 도료, 접착제, 비닐론도료로 사용된다.
④ 폴리에틸렌 수지 : 열가소성수지로 내수성, 내약품성, 전기절연성이 있으며 방습시트, 포장필름 등에 사용된다. 내화학성의 파이프로도 쓰이지만, 도료로서의 사용은 곤란한 합성수지이다.

05 콘크리트에 대한 설명 중 옳지 않은 것은?

① 단위수량이 클수록 건조수축이 작아지며 작업성은 좋아진다.
② 슬럼프가 지나치게 크면 재료분리 및 블리딩이 많이 발생한다.
③ 슬럼프값은 작업이 적합한 범위 내에서 가능한 작게 한다.
④ 하절기에 슬럼프 저하가 큰 콘크리트는 AE감수제 지연형을 사용한다.

해설

단위수량이 클수록 건조수축이 커지며, 컨시스턴시(Consistency, 반죽질기)가 좋아 작업이 용이하지만, 재료분리 현상이 일어날 수 있다.

06 석재의 장점으로 옳지 않은 것은?

① 외관이 장중하고, 치밀하다.
② 내수성, 내구성, 내화학성이 풍부하다.
③ 다양한 외관과 색조의 표현이 가능하다.
④ 장대재를 얻기 쉬워 구조용으로 적합하다.

해설 석재의 장·단점

(1) 장점
㉠ 불연성이고 압축강도가 크다.
㉡ 내수성, 내구성, 내화학성이 풍부하고 내마모성이 크다.
㉢ 종류가 다양하고 색도와 광택이 있어 외관이 장중 미려하다.

(2) 단점
㉠ 장대재(長大材)를 얻기가 어려워 가구재(架構材)로는 부적당하다.
㉡ 비중이 크고 가공성이 좋지 않다.

07 시멘트 액체방수제의 품질기준을 정하고 있는 KS F 4925에서 확인하지 않는 성능항목은?

① 응결시간 ② 투수비
③ 부착강도 ④ 신장률

해설 시멘트 액체방수제의 품질기준(KS F 4925) 성능항목

㉠ 압축강도 ㉡ 부착강도
㉢ 응결시간(초결, 종결) ㉣ 안정성
㉤ 물흡수계수비 ㉥ 투수비

08 목재의 역학적 성질 중 옳지 않은 것은?

① 섬유에 평행방향의 휨 강도와 전단강도는 거의 같다.
② 강도와 탄성은 가력방향과 섬유방향과의 관계에 따라 현저한 차이가 있다.
③ 섬유에 평행방향의 인장강도는 압축강도보다 크다.
④ 목재의 강도는 일반적으로 비중에 비례한다.

해설

목재의 강도 순서 : 인장강도 > 휨강도 > 압축강도 > 전단강도

[표] 각종 강도의 관계 비교

강도의 종류	섬유방향	섬유직각방향
압축강도	100	10~20
인장강도	약 200	7~20
휨강도	약 150	10~20
전단강도	침엽수 16 활엽수 19	–

※ 섬유방향의 압축강도를 100으로 기준

정답 05 ① 06 ④ 07 ④ 08 ①

09 다음 중 건조시간이 가장 빠른 미장재료는?

① 시멘트 모르타르
② 돌로마이트 플라스터
③ 경석고 플라스터
④ 회반죽

해설 경석고 플라스터(Keen's Cement) : 무수석고 플라스터

석고원석 →	소석고 →	무수석고 →	경석고
	180~190℃	500℃	500~1,000℃
	소성·분쇄	소성	명반+석고

㉠ 응결이 대단히 느리므로 경화촉진제(명반, 붕사 등)를 사용한다.
㉡ 산성재료로서 철류와 접촉하면 녹이 쓴다.
㉢ 석회계와 소석고계와 혼용 사용을 금한다.
㉣ 물만 혼합하여 사용한다. (여물을 혼합할 필요가 없다.)
㉤ 강도가 크고, 수축·균열이 거의 없어 주로 청정 가능한 벽면(욕실, 주방)에 사용된다.
㉥ 표면강도가 높고, 바르기 쉽고 광택이 있어 바닥재로 사용된다.

10 시멘트의 분말도에 대한 설명으로 옳지 않은 것은?

① 시멘트의 분말도는 단위중량에 대한 표면적이다.
② 분말도가 큰 시멘트일수록 물과 접촉하는 표면적이 증대되어 수화반응이 촉진된다.
③ 분말도가 큰 시멘트일수록 응결 및 강도 증진이 작다.
④ 분말도가 지나치게 클 경우에는 풍화하기가 쉽다.

해설 시멘트의 분말도

(1) 단위중량에 대한 표면적(비표면적)에 의하여 표시한다.
(2) 시멘트의 분말도 시험법으로는 체분석법, 피크노메타법, 브레인법 등이 있다.
(3) 시멘트의 분말도가 높으면
㉠ 물과의 접촉 면적이 증대하므로 수화작용이 빠르다.
㉡ 시공연도가 증진한다.
㉢ 초기 강도 발생이 빠르다.
㉣ 투수성이 적어 수밀성이 커진다.
㉤ 블리딩이 감소하며, 발열량이 높아진다.
㉥ 풍화하기 쉽다.
㉦ 건조수축이 커져서 균열이 발생하기 쉽다.
※ 분말도는 시멘트의 성능 중 수화반응, 블리딩, 초기강도 등에 크게 영향을 준다.
※ 수화반응 : 시멘트 등이 물과 결합하는 화학적 변화

11 고 발포 경질품 제품에 대한 설명으로 옳지 않은 것은?

① 건축공사에서 단열재로 쓰인다.
② 독립기포의 집합체로 열전도율이 극히 작다.
③ 밀도가 크고 작은 것이 있으나 열전도율은 어느 것이나 같다.
④ 단열재로 사용할 때는 판과 판의 접촉부는 밀착시켜야 한다.

해설

재료의 밀도에 따라 열전도율은 차이가 있다.

12 재료의 열팽창계수에 대한 설명으로 옳지 않은 것은?

① 온도의 변화에 따라 물체가 팽창·수축하는 비율을 말한다.
② 길이에 관한 비율인 선팽창계수와 용적에 관한 체적팽창계수가 있다.
③ 일반적으로 체적팽창계수는 선팽창계수의 3배이다.
④ 체적팽창계수의 단위는 W/m·K 이다.

정답 09 ③ 10 ③ 11 ③ 12 ④

해설 열팽창계수

온도의 변화에 따라 재료가 팽창·수축하는 비율을 말하며, 선팽창계수와 체팽창계수가 있다.
㉠ 선팽창계수 : 길이에 관한 비율, 선팽창계수로체팽창계수를 알 수 있으므로 주로 이용
㉡ 체팽창계수 : 용적에 관한 비율, 체팽창계수는 선팽창계수의 3배, 단위는 ℓ/℃

13 각종 금속의 특성에 관한 설명으로 옳지 않은 것은?

① 동(銅)은 알칼리의 침식에는 약하나, 산이나 암모니아에 대해서는 내식성이 강하다.
② 알루미늄은 대기 중에서 쉽게 부식되지 않으나 콘크리트와 접촉시 쉽게 부식된다.
③ 납은 알칼리에 약하므로, 콘크리트에 매립사용은 좋지 않다.
④ 아연은 내식성이 크므로, 철강의 피복재로 많이 사용된다.

해설 구리(銅)

㉠ 열전도율과 전기 전도율이 크다. [열전도율(λ) : 386W/m·k]
㉡ 아름다운 색과 광택을 지니고 있다.
㉢ 청록이 생겨 내부를 보호해서 내식성이 철강보다 크다.
㉣ 전연성(展延性)·인성·가공성은 우수하다.
㉤ 주조하기 어렵고, 주조된 것은 조직이 거칠고 압연재보다 불완전하다.
㉥ 산·알칼리에 약하며 암모니아에 침식된다.
㉦ 해안지방에서는 동의 내구성이 떨어진다.
㉧ 용도 : 지붕재료, 장식재료, 냉·난방용 설비 재료, 전기공사용 재료

14 국내산 수종으로 변형이 적어 가구·수장재로 적당한 나무는?

① 회양목 ② 화살나무
③ 단풍나무 ④ 쥐똥나무

해설

단풍나무는 변형이 적어 창호재, 가구재, 수장재로 적당하다.
※ 실내 치장용 : 느티나무, 단풍나무, 오동나무

15 콘크리트의 내구성과 관련된 설명 중 옳지 않은 것은?

① 중성화현상은 경화콘크리트 중의 알칼리성분이 탄산가스 등의 침입으로 중성화되는 현상이다.
② 알칼리골재반응을 일으키는 주요인은 반응성골재, 알칼리성분 및 수분이다.
③ 수화열저감이 요구될 경우에는 플라이애쉬시멘트나 고로시멘트를 사용한다.
④ 바닷모래는 세척을 하여도 콘크리트용 골재로 사용해서는 안 된다.

해설

철근콘크리트에 염분이 포함된 바다모래를 사용하면 염소이온이 철근의 방청(防錆) 피복을 파괴시켜 철근에 녹이 슨다.
철근콘크리트 구조용 골재로 해사를 사용할 경우 우선 조치하여야할 사항은 해사를 충분히 물에 씻어 사용한다. 무근 콘크리트는 바다 모래를 사용해도 무방하다.

16 건축용 점토제품에 대한 설명으로 옳은 것은?

① 저온 소성제품이 화학저항성이 크다.
② 흡수율이 큰 제품이 백화의 가능성이 크다.
③ 제품의 소성온도는 동해저항성과 무관하다.
④ 알루미나가 많은 점토는 가소성이 나쁘다.

해설

점토제품의 흡수율이 크면 모르타르 중의 함유수를 흡수하여 백화 발생의 원인이 된다.

정답 13 ① 14 ③ 15 ④ 16 ②

17 창호와 창호철물과의 연결이 옳지 않은 것은?

① 회전창 – 스프링캐치
② 오르내리창 – 플로어 힌지
③ 미닫이문 – 창호바퀴와 창호레일
④ 외여닫이문 – 도어 클로저

해설

크레센트(crescent) : 오르내리창을 잠그는데 사용된다.
※ 플로어 힌지(floor hinge) : 금속제 용수철과 완충유와의 조합작용으로 열린 문이 자동으로 닫혀지게 하는 것(자재여닫이문)으로 바닥에 설치되며, 일반적으로 무게가 큰 중량 창호에 사용된다.

18 도막방수공사에서 부직포를 방수층 중간에 삽입하는 목적이 아닌 것은?

① 도막방수재의 강도 보강
② 도막방수재의 신장률 증가
③ 도막방수재의 균일한 두께 확보
④ 수직면이나 경사면 도막방수재 흘러내림 방지

해설 도막(塗膜) 방수

도막방수는 도료상의 방수재를 바탕면에 여러 번 칠하여 상당한 살두께의 방수막을 만드는 방수방법으로 고분자계 방수공법의 일종이다.
도막방수에 사용되는 고분자재료는 내후, 내수, 내알칼리, 내마모, 난연성 등의 여러 가지 성질을 구비하지 않으면 안되며, 유제형 도막방수와 용제형 도막 방수 공법이 주로 쓰인다.
㉠ 연신율이 뛰어나며 경량의 장점이 있다.
㉡ 방수층의 내수성, 내화성이 우수하다.
㉢ 균일한 두께를 확보하기 어렵고 두꺼운 층을 만들 수 없다.
㉣ 시공이 간편하며, 누수사고가 생기면 아스팔트 방수에 비해 보수가 용이하다.
※ 도막(塗膜) 방수공사에서 부직포를 방수층 중간에 삽입하는 이유는 도막방수재의 강도를 보강하고 균일한 두께를 확보하며 수직면이나 경사면의 도막방수재가 흘러내리는 현상을 방지하기 위함이다.

19 수경성 미장재료가 아닌 것은?

① 시멘트모르타르
② 마그네시아시멘트
③ 석고 플라스터
④ 돌로마이트 플라스터

해설 미장재료의 분류

㉠ 기경성 미장재료 : 공기 중에서 경화하는 것으로 공기가 없는 수중에서는 경화되지 않는 성질
 – 진흙질, 회반죽, 돌로마이트 플라스터
㉡ 수경성 미장재료 : 물과 작용하여 경화하고 차차 강도가 크게 되는 성질
 – 석고 플라스터, 무수석고(경석고) 플라스터, 시멘트모르타르, 인조석 바름, 마그네시아 시멘트

20 도료 중 내알칼리성이 아닌 것은?

① 알루미늄 페인트
② 페놀수지바니시
③ 래커에나멜
④ 합성수지에멀션 도료

해설 도료와 적응장소

㉠ 유성 페인트 – 목재, 석고판류, 철재류 도장
㉡ 수성 페인트 – 목부, 알칼리성 바탕/모르타르, 벽돌, 석고판, 텍스, 콘크리트 표면
㉢ 유성 바니시 – 목재 내부용
㉣ 휘발성 바니시 – 내장, 가구용(마감용으로는 부적당)
㉤ 에나멜 페인트 – 금속기구, 자동차부품
㉥ 멜라민수지 도료 – 철부
㉦ 염화비닐수지 도료 – 콘크리트 표면도장
※ 콘크리트는 알카리성이므로 내알칼리성인 수성페인트로 도장해야 한다.
※ 알루미늄 도료 : 알루미늄 분말을 안료로 하는 것으로 방청효과 외에 광선, 열반사 효과가 있다.

정답 17 ② 18 ② 19 ④ 20 ①

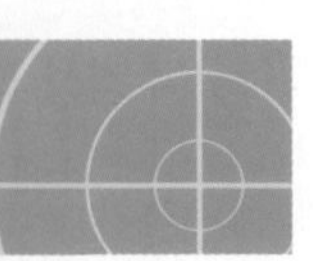

건축재료
2013년 3월 10일(1회)

01 다음 중 창호 철물이 아닌 것은?

① 경첩　② 플로어 힌지
③ 지도리　④ 익스팬션 볼트

해설 익스팬션 볼트(expansion bolt)

콘크리트에 창틀, 기타 실내 장식장을 볼트로 고정시키기 위한 준비로서 미리 볼트 결합을 위해 암나사나 절삭이 되어 있는 부품을 매립하는데 사용하는 볼트이다.

02 유성페인트에 관한 설명 중 옳지 않은 것은?

① 저온다습할 경우 특히 건조시간이 길다.
② 붓바름 작업성 및 내후성이 뛰어나다.
③ 보일유와 안료를 혼합한 것을 말한다.
④ 내알칼리성이 우수하다.

해설

유성페인트는 값이 싸며, 두꺼운 도막을 형성하여 내후성, 내마모성이 좋으나 알칼리에 약하므로 콘크리트, 모르타르, 플라스터면에는 부적당하다.
※ 콘크리트는 알카리성이므로 내알칼리성인 수성페인트로 도장해야 한다.

03 응결된 시멘트가 시간의 경과에 따라 조직이 굳어져 강도가 커지는 상태를 무엇이라고 하는가?

① 경화　② 수화
③ 풍화　④ 종결

해설

경화(硬化) : 물건이나 몸의 조직 따위가 단단하게 굳어지는 정도
※ 경화(硬化) : 시멘트에 물을 첨가한 후 화학반응이 발생하여 굳어져 가는 상태를 말하며 또한 강도가 증진되는 과정을 의미한다.

04 내열성이 매우 우수하며 물을 튀기는 발수성을 가지고 있어서 방수재료는 물론 개스킷, 패킹, 전기절연재, 기타 성형품의 원료로 이용되는 합성수지는?

① 멜라민 수지　② 페놀 수지
③ 실리콘 수지　④ 폴리에틸렌 수지

해설 실리콘(Silicon)수지

㉠ 열경화성수지로 열절연성이 크고, 내약품성, 내후성이 좋으며, 전기적 성능이 우수하다.
㉡ 탄력성, 내수성 등이 아주 우수하기 때문에 접착제, 도료로서 주로 사용된다.
㉢ 가소물이나 금속을 성형할 때 이형제로 쓸 수 있을 정도로 피복력이 있다.
㉣ 발수성이 있기 때문에 건축물, 전기 절연물 등의 방수에 쓰인다.

※ ① 멜라민 수지 : 내수성, 내열성, 내약품성이 좋고, 목재와의 접착성이 우수하나, 값이 비싸며, 단독으로 쓸 경우는 적다. 가구의 표면치장판, 내수합판 등에 쓰인다. 금속, 고무, 유리 접착은 부적당하다.
② 페놀 수지 : 열경화성수지로 '베이클라이트(bakelite)'라는 이름으로 알려져 있으며 주로 전기통신 기자재류로 많이 쓰이는 합성수지이다. 강도, 전기절연성, 내산성, 내열성, 내수성 모두 양호하다. 벽, 덕트, 파이프, 발포보온관, 접착제, 배전판 등에 사용된다.
④ 폴리에틸렌 수지 : 열가소성수지로 내수성, 내약품성, 전기절연성이 있으며 방습시트, 포장필름 등에 사용된다. 내화학성의 파이프로도 쓰이지만, 도료로서의 사용은 곤란한 합성수지이다.

05 콘크리트의 강도에 영향을 미치는 요인들에 대한 설명으로 옳지 않은 것은?

① 일반적으로 강자갈 보다 쇄석을 사용한 콘크리트의 강도가 크다.
② 굵은 골재의 최대치수가 클수록 콘크리트의 강도가 크다.
③ 물시멘트비는 콘크리트 강도에 영향을 주는 주요한 인자이다.
④ 공기량이 증가할수록 콘크리트의 강도는 낮아진다.

정답 01 ④ 02 ④ 03 ① 04 ③ 05 ②

해설 콘크리트의 강도에 영향을 주는 요소

물·시멘트비, 골재 혼합비, 골재의 성질과 입도, 시험체의 형상과 크기, 양생방법과 재령, 시험방법 등이 있다. 여러 요소 중 콘크리트의 강도에 가장 큰 영향을 주는 것은 물·시멘트비이다.
※ 굵은 골재의 치수가 작으면 시공연도는 좋으나, 강도가 저하한다.

06 건축물 내외장면의 마감, 각종 인조석, 현장타설 착색콘크리트로 사용하는 시멘트는?

① 고로 시멘트
② 실리카 시멘트
③ 중용열포틀랜드 시멘트
④ 백색포틀랜드 시멘트

해설

① 고로 시멘트 : 포틀랜드시멘트 클링커에 슬래그를 혼합하여 만든 시멘트로 조기강도는 적으나, 장기강도가 크다. 내열성이 크고, 수밀성이 양호하며 해수에 대한 저항성이 커서 해안, 항만공사에 적합하다.
② 실리카 시멘트 : 화학 저항성이 향상되며, 시공연도가 좋아진다. 해안 구조물, 단면이 큰 곳에 사용한다.
③ 백색포틀랜드 시멘트 : 포틀랜드시멘트의 알루민산철3석회를 극히 적게 하여 백색을 띤 시멘트로 건축물의 내외장면의 마감, 각종 인조석, 현장타설 착색콘크리트로 사용한다.
④ 중용열포틀랜드 시멘트 : 시멘트의 발열량을 저감시킬 목적으로 제조한 시멘트로 건조수축이 작고, 화학저항성이 일반적으로 크다. 내산성(내황산염성)이 우수하며, 내구성이 좋다.

07 목재의 각종 성질에 대한 설명으로 옳지 않은 것은?

① 목재는 내부에 치밀한 섬유조직으로 구성되어 있어 금속이나 콘크리트에 비해 열전도율이 크다.
② 목재의 전기저항은 함수율에 따라 다르다.
③ 흡음률은 일반적으로 비중이 작은 것이 크다.
④ 일반적으로 단면에서는 곧은결면, 널결면 순서로 광택도가 크다.

해설

목재의 열전도율은 콘크리트의 열전도율보다 작다. 목재는 열전도율이 적어 보온, 방한, 방서적이다.
[표] 각종 강도의 관계 비교

강도의 종류	섬유방향	섬유직각방향
압축강도	100	10~20
인장강도	약 200	7~20
휨강도	약 150	10~20
전단강도	침엽수 16 활엽수 19	–

※ 섬유방향의 압축강도를 100으로 기준
[표] 각종 재료의 열전도율(λ)
(단위 : W/m·K)

재료	콘크리트	유리	벽돌	물	목재	코르크판	공기
열전도율	1.4	1.05	0.84	0.6	0.14	0.043	0.025

[참고] 열전도율이란 두께 1m의 물체 두 표면에 단위 온도차가 1℃일 때 재료를 통한 열의 흐름을 와트(W)로 측정한 것으로 단위는 W/m·℃이다. kcal/m·h로 표시할 경우 1W/m = 0.86kcal/m·h 이다. 즉, kcal/h 대신 W를 쓰면 된다.

08 재료나 구조부위의 단열성에 영향을 미치는 요인이 아닌 것은?

① 재료의 두께
② 재료의 밀도
③ 재료의 강도
④ 재료의 표면상태

해설 단열재의 단열성능

㉠ 공기층의 두께와는 무관하며, 단열재의 두께에 비례한다.
㉡ 단열재의 열전도율, 열전달률이 작을수록 단열효과가 크다.
㉢ 열관류율(K) 값이 클수록 열저항력이 작아지므로 단열 성능은 떨어진다.
㉣ 재료의 관류열량은 재료표면에 생기는 대류현상에 영향을 받는다.
㉤ 일반적으로 재료 밀도가 크면 열전도가 커진다.
㉥ 흡습과 흡수를 하면 단열성능이 떨어진다.

정답 06 ④ 07 ① 08 ③

09 **화재 시 개구부에서의 연소(延燒)를 방지하는 효과가 있는 유리는?**

① 망입유리　② 접합유리
③ 열선흡수유리　④ 열선반사유리

해설

① 망입유리 : 유리 내부에 금속망(철, 놋쇠, 알루미늄 망)을 삽입하여 압착 성형한 것으로 도난방지 유류창고에 사용한다. 열을 받아서 유리가 파손되어도 떨어지지 않으므로 을종방화문에 사용한다.
② 접합유리 : 2장 이상의 판유리 사이에 폴리비닐을 넣고 150℃의 고열로 강하게 접합하여 파손 시 파편이 안떨어지게 한 유리로 접합안전유리라고도 한다.
③ 열선흡수유리 : 판유리에 소량의 니켈, 코발트, 세렌, 철 등을 함유시켜 열선의 흡수율을 높인 착색투명한 유리로 색조의 종류에는 청색, 회색, 갈색 등이 있다. 일반 판유리보다 약 4~6배의 태양복사열을 흡수하기 때문에 온도차가 심하면 파손되기 쉽다.
④ 열선반사유리 : 판유리 표면에 금속피막을 코팅한 것으로 냉방부하의 경감과 동시에 실내온도의 균일화에 우수한 성능을 가진 유리로 밝은 편에서 보면 거울효과가 있으며, 열선 에너지의 단열효과가 매우 우수하다.

10 **된비빔 콘크리트의 컨시스턴시를 측정하고 진동다짐의 난이 정도를 판정하기 위한 시험은?**

① 슬럼프 시험　② 플로우 시험
③ 다짐계수 시험　④ 비비 시험

해설 콘크리트의 워커빌리티(Workability, 시공연) 측정하는 시험법

㉠ 슬럼프 시험(slump test) : 콘크리트의 반죽질기를 간단히 측정하는 시험
㉡ 플로우 시험(flow test) : 콘크리트가 흘러 퍼지는 데에 따라 변형 저항을 측정하는 시험
㉢ 다짐계수 시험 : 콘크리트의 다짐계수를 측정하여 시공연도를 알아보는 시험
㉣ 비비 시험(Vee-Bee test) : 콘크리트의 침하도를 측정하여 시공연도를 알아보는 시험
㉤ 구 관입시험(ball penetration test) : 주로 콘크리트를 섞어 넣은 직후의 반죽질기를 측정하는 시험
㉥ 리모울딩 시험(remoulding test) : 슬럼프 시험과 플로우 시험을 혼합한 시험

11 **구조용 목재의 종류와 각각의 특성에 대한 설명으로 옳은 것은?**

① 낙엽송 - 활엽수로서 강도가 크고 곧은 목재를 얻기 쉽다.
② 느티나무 - 활엽수로서 강도가 크고 내부식성이 크므로 기둥, 벽판, 계단판 등의 구조체에 국부적으로 쓰인다.
③ 흑송 - 재질이 무르고 가공이 용이하며 수축이 적어 주택의 내장재로 주로 사용된다.
④ 떡갈나무 - 곧은 대재(大材)이며, 미려하여 수장겸용 구조재로 쓰인다.

해설 느티나무

㉠ 비중이 크고 강도가 크며, 결이 우아하다.
㉡ 내구성 및 내습성이 크며, 수축 및 변형이 적다.
㉢ 용도 : 구조재, 수장재, 가구재, 특히 마루널 및 내장의 고급 건축용
※ 낙엽송 : 곧고 내구성이 크다. 강도는 약하나 탄력성이 크다. 쪼개지기 쉽고 뒤틀림이 생기기 쉽다. 용도로는 구조재, 말뚝으로 사용된다.

12 **알루미늄의 성질에 관한 설명 중 옳지 않은 것은?**

① 융점이 낮기 때문에 용해주조도는 좋으나 내화성이 부족하다.
② 열·전기 전도성이 크고 반사율이 높다.
③ 알칼리나 해수에는 부식이 쉽게 일어나지 않지만 대기 중에서는 쉽게 침식된다.
④ 비중이 철의 1/3 정도로 경량이다.

정답 09 ① 10 ④ 11 ② 12 ③

해설 알루미늄(Aluminum)

㉠ 독특한 흰 광택을 지닌 경금속이다. (비중 2.7로서 철의 약 1/3정도)
㉡ 전기 전도율이 다른 금속보다 크며 열전도율도 높다.
㉢ 내화성이 매우 떨어진다. (온도상승에 따른 강도가 급히 감소)
㉣ 강성이 적으며(탄성계수의 1/2~1/3), 열팽창계수가 크다. (철의 2배)
㉤ 공기 중에서 표면에 산화막이 생겨 내식성이 크다.
㉥ 광선 및 열의 반사율이 크므로 열차단재로 쓰인다.
㉦ 압연, 인발 등의 가공성이 좋다. (전연성이 좋다.)
㉧ 산, 알칼리 및 해수에 침식되기 쉽다.
㉨ 용도 : 지붕잇기, 실내장식, 가구, 창호, 커어튼레일

13 경량 형강에 관한 설명 중 옳지 않은 것은?

① 단면적에 비해 단면의 성능계수를 크게 한 것이다.
② 처짐과 국부좌굴에 유리하다.
③ 경미한 구조물, 실내 구조물 및 보조재로 사용한다.
④ 부식에 약하며 외부 사용이 어렵다.

해설 경량 형강

㉠ 단면적에 비해 단면의 성능계수를 크게 한 것이다.
㉡ 처짐과 국부좌굴이 불리하다
㉢ 부식에 약하며 외부 사용이 어렵다.
㉣ 경미한 구조물, 실내 구조물 및 보조재로 사용한다.

14 비교적 두꺼운 외부바닥용 타일로 시유 또는 무유의 석기질 타일의 명칭은?

① 모자이크 타일 ② 논슬립 타일
③ 클링커 타일 ④ 내장 타일

해설 클링커(clinker) 타일

고온으로 충분히 소성한 두께 2.5cm 정도의 바닥용 석기질 타일로 표면에 거칠게 요철무늬를 넣은 것으로 평지붕, 현관에 적합하며, 장식효과와 미끄럼막이로도 사용된다.
※ 모자이크 타일 : 소형 타일로서 바닥에 많이 쓰이고, 자기질 타일로 아트 모자이크 타일도 있다. 아름다운 무늬를 만들 수 있다.

15 단열재에 대한 설명 중 옳지 않은 것은?

① 유리면 – 유리섬유를 이용하여 만든 제품으로서 유리솜 또는 글라스울이라고 한다.
② 암면 – 상온에서 열전도율이 낮은 장점을 가지고 있으며 철골 내화피복재로서 많이 이용되고 있다.
③ 석면 – 불연성, 보온성이 우수하고 습기에도 강하여 사용이 적극 권장되고 있다.
④ 펄라이트 보온재 – 경량이며 수분침투에 대한 저항성이 있어 배관용의 단열재로 사용된다.

해설

석면은 불연성, 절연성, 보온성이 우수하나 피부질환, 호흡기 질환, 폐암 등 각종 질환의 원인이 되고 있어 선진국에서는 사용을 금지하고 있는 실정이다.

16 고온소성의 무수석고를 특별한 화학처리한 것으로 경화 후 아주 단단하며, 킨스시멘트라고도 불리우는 것은?

① 돌로마이터 플라스터
② 스탁코
③ 순석고 플라스터
④ 경석고 플라스터

정답 13 ② 14 ③ 15 ③ 16 ④

해설

경석고 플라스터(Keen's Cement) : 무수석고 플라스터
석고원석 → 소석고 → 무수석고 → 경석고
180~190℃ 500℃ 500~1,000℃
소성·분쇄 소성 명반+석고

㉠ 응결이 대단히 느리므로 경화촉진제(명반, 붕사 등)를 사용한다.
㉡ 산성재료로서 철류와 접촉하면 녹이 쓴다.
㉢ 석회계와 소석고계와 혼용 사용을 금한다.
㉣ 물만 혼합하여 사용한다. (여물을 혼합할 필요가 없다.)
㉤ 강도가 크고, 수축·균열이 거의 없어 주로 청정 가능한 벽면(욕실, 주방)에 사용된다.
㉥ 표면강도가 높고, 바르기 쉽고 광택이 있어 바닥재로 사용된다.

17 다음 중 외장용으로 부적합한 석재는?

① 화강암 ② 안산암
③ 대리석 ④ 점판암

해설 대리석(Marble)

㉠ 석회암이 변성작용에 의해서 결정질이 뚜렷하게 된 변성암의 대표적 석재이다.
㉡ 강도는 크나(압축강도 : 120~140MPa 정도), 내화성이 낮고 풍화하기 쉬워 주로 내장재로 쓰인다.
㉢ 마모가 심한 장소, 통행이 많은 장소, 화학약품을 사용하는 장소에는 적합하지 못하다.
㉣ 색상 및 품질의 변화가 심하여 균열이 많다.
※ 대리석은 풍화되기 쉬우므로 실외용으로 적합하지 않으나, 석질이 치밀하고 견고할 뿐만 아니라 연마하면 아름다운 광택을 내므로 실내장식용으로 적합하다.

18 점토에 대한 설명 중 옳지 않은 것은?

① 양질의 점토일수록 가소성이 좋다.
② 점토를 소성하면 강도가 현저히 증대된다.
③ 가소성이 너무 클 때는 모래 또는 샤모테 등의 제점제를 섞어서 조절한다.
④ 불순물이 많은 점토일수록 비중이 크다.

해설

점토의 비중 2.5~2.6 정도(양질의 점토는 3.0 내외)이다. 불순물이 많을수록 비중은 작고, 알루미늄의 분포가 많을수록 크다.

19 바탕과 칠과의 관계 중 연결이 옳지 않은 것은?

① 목재 – 수성페인트
② 회반죽 – 유성페인트
③ 라디에이터 – 은색 에나멜 페인트
④ 콘크리트 – 에멀션 페인트

해설

유성페인트는 값이 싸며, 두꺼운 도막을 형성하여 내후성, 내마모성이 좋으나 알칼리에 약하므로 콘크리트, 모르타르, 플라스터면에는 부적당하다.

20 미장재료에 관한 설명 중 옳지 않은 것은?

① 회반죽에 석고를 약간 혼합하면 수축균열을 방지할 수 있는 효과가 있다.
② 회반죽은 소석회에 모래, 해초풀, 여물 등을 혼합하여 바르는 미장재료로서 목조바탕, 콘크리트블록 및 벽돌 바탕 등에 바른다.
③ 돌로마이트 플라스터는 소석회에 비해 점성이 높고 작업성이 좋다.
④ 무수석고는 가수 후 급속경화하지만, 반수석고는 경화가 늦기 때문에 경화촉진제를 필요로 한다.

해설

경석고(무수석고) 플라스터는 응결이 대단히 느리므로 경화촉진제(명반)를 사용한다.
무수석고는 강도가 크고, 수축균열이 거의 없어 주로 청정 가능한 벽면(욕실, 주방)에 사용된다.

정답 17 ③ 18 ④ 19 ② 20 ④

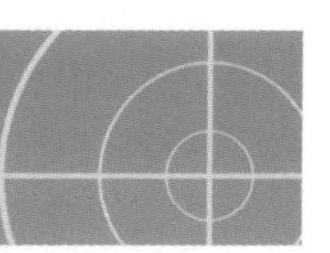
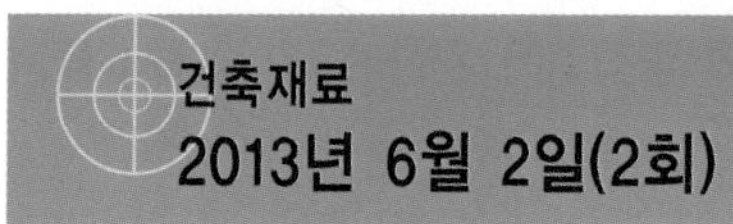

건축재료 2013년 6월 2일(2회)

01 다음 중 수량에 의한 굳지 않은 콘크리트의 유동성 정도를 나타내는 용어는?

① 워커빌리티 ② 컨시스턴시
③ 펌퍼빌리티 ④ 플라스티시티

해설 생콘크리트의 성능(굳지 않은 콘크리트의 성능)

용어	내용
Workability (시공연도)	작업의 난이정도 및 재료분리 저항하는 정도
Consistency (반죽질기)	반죽의 되고 진 정도 (유동성의 정도)
Plasticity (성형성)	거푸집에 쉽게 다져 넣을 수 있는 정도
Finishability (마감성)	마무리 하기 쉬운 정도
Pumpability (압송성)	펌프동 콘크리트의 Workability

02 다음 유리의 주성분 중 가장 많이 함유되어 있는 것은?

① 붕산 ② 소다
③ 규산 ④ 석회

해설 유리의 주성분

성분 / 기호	SiO_2 (규산)	Na_2O (소다)	CaO (석회)	MgO	Al_2O_3
성분량 (%)	71~73	14~16	8~15	1.5~3.5	0.5~1.5

※ 유리의 주성분은 규산(SiO_2)이다.
※ 보통 창유리의 강도는 휨강도를 말한다.

03 목재 가공제품에 관한 설명 중에서 옳은 것은?

① 집성목재란 구조재료보다 주로 장식재로 사용되는 인공 목재이다
② 베니어판은 함수율 변화에 따라 신축변형이 크다.
③ 코펜하겐리브는 내장 및 보온 목적으로 사용한다.
④ 파티클 보드는 음 및 열의 차단성이 우수하고 강도가 크다.

해설

① 집성목재 : 두께가 15~50mm의 판자를 여러 장으로 겹쳐서 접착시킨 것으로 목재의 강도를 인공적으로 자유롭게 조절할 수 있다. 방부성, 방충성, 방화성이 높은 인공목재 제조가 가능하다. 직경이 작은 목재들을 접착하여 장대재(長大材)로 활용할 수 있으므로 자원을 절약할 수 있다.
② 합판 : 단판을 3·5·7매 등의 홀수로 섬유방향이 직교하도록 접착제를 붙여 만든 것으로 함수율 변화에 의한 뒤틀림, 신축 등의 변형이 적고 방향성이 없다. 일반 판재에 비해 균질하고, 강도가 높으며, 넓은 단판을 만들 수 있다.
③ 코펜하겐 리브 : 넓은 강당, 극장 등의 음향 조절효과, 장식 효과를 얻기 위해 안벽에 붙인다.
④ 파티클 보드 : 톱밥, 대패밥, 나무 부수러기 등의 목재 소편(Particle)을 원료로 충분히 건조시킨 후 합성수지 접착제 등을 첨가 혼합하고 고열고압으로 처리하여 나무섬유를 고착시켜 만든 견고한 판으로 칩보드(chip board)라고도 한다.

04 석재 중 석영 30%, 장석 65% 등이 포함되어 있고 견고하고 대형재가 생산되어 구조재로 많이 사용되는 것은?

① 화강암 ② 응회암
③ 트래버틴 ④ 감람석

해설 화강암의 특징

㉠ 견고(압축강도 : 160MPa 정도)하고, 풍화작용이나 마멸에 강하다.
㉡ 내화도가 낮아서 고열을 받는 곳에 적당하지 않다.
㉢ 건축, 토목의 구조에 내·외장재로 많이 사용된다.
㉣ 세밀한 조각이 필요한 곳에는 가공이 불편하여 적당하지 않다.
※ 화강암 3가지 주요 성분 : 석영(30%), 장석(65%), 운모

정답 01 ② 02 ③ 03 ④ 04 ①

05 다음 중 금속면의 표면처리재용 도장재의 명칭으로 적합한 것은?

① 셀락니스 ② 와셔프라이머
③ 캐슈 ④ 크레오소트

해설 워시 프라이머(wash primer)

㉠ 합성수지를 전색제로 쓰고 소량의 안료와 인산을 첨가한 도료
㉡ 철면에 도장하여 금속표면 처리와 녹방지 도막 형성을 동시에 하는 밑칠 도료
※ 워시 프라이머 = 합성수지 + 안료 + 인산

06 점토의 물리적 성질에 대한 설명 중에서 옳지 않은 것은?

① 점토의 인장강도는 입자 크기에 큰 영향을 받는다.
② 점토의 가소성은 점토 입자가 미세할수록 좋다.
③ 점토의 수축은 건조 및 소성시 주로 발생한다.
④ 점토 색상은 석고 물질이 많으면 적색을 띤다.

해설 점토의 물리적 성질

㉠ 비중 : 비중 2.5~2.6 정도(양질의 점토는 3.0 내외), 불순물이 많을수록 비중은 작고, 알루미늄의 분포가 많을수록 크다.
㉡ 입도 : 입자 크기 25~0.1μ
㉢ 강도 : 미립 점토의 인장강도는 0.3~1MPa이고, 압축강도는 인장강도의 5배 정도이다.
㉣ 가소성(可塑性) : 양질의 점토는 습윤 상태에서 현저한 가소성을 나타낸다.
(Al_2O_3가 많은 점토가 양질의 점토이다. 점토 입자가 미세할수록 가소성은 좋아진다.)
㉤ 공극률 : 점토 전 용적의 백분율로 표시하여 30~90% 내외이다.
㉥ 수축 : 건조하면 수분의 일부가 방출되어 수축하게 된다.
㉦ 함수율 : 기건시 작은 것은 7~10%, 큰 것은 40~50%이다.
㉧ 색상 : 철산화물이 많은 점토는 적색을 띠고, 석회물질이 많으면 황색을 띠게 된다.

07 콘크리트의 중성화에 관한 설명 중에서 옳지 않은 것은?

① pH가 5.0 정도의 산성인 콘크리트가 pH 7.0 정도의 중성을 띠게 되는 현상을 말한다.
② 중성화가 진행되어도 콘크리트의 강도는 거의 변화가 없으나, 중성화되면 철근이 부식하기 쉽게 된다.
③ 콘크리트의 중성화는 주로 공기 중의 이산화탄소 침투에 기인하는 것이다.
④ 콘크리트의 중성화에 영향을 미치는 요인으로는 물시멘트비, 시멘트와 골재의 종류, 혼화재료의 사용유무 등이 있다.

해설 콘크리트의 중성화

㉠ 대기 중의 탄산가스의 작용으로 콘크리트 내 수산화칼슘이 탄산칼슘으로 변하면서 알칼리성을 상실하는 현상을 말한다.
㉡ 콘크리트의 중성화는 주로 공기 중의 이산화탄소 침투에 기인하는 것이다.
㉢ 중성화가 진행되어도 콘크리트의 강도는 거의 변화가 없으나, 중성화되면 철근이 부식되어 내구성이 저하된다.
㉣ 콘크리트의 중성화에 미치는 요인으로 물시멘트비, 시멘트와 골재의 종류, 혼화재료의 유무 등이 있다.
※ 콘크리트의 중성화란 pH가 12.0 정도인 강알칼리성 콘크리트가 pH가 7.0 정도의 중성을 띠게 되는 현상을 말한다.

08 다음 중에서 바닥강화재의 사용목적과 가장 거리가 먼 것은?

① 내화학성 증진 ② 내마모성 증진
③ 분진방지성 증진 ④ 내수성 증진

해설

바닥강화재는 내마모성, 내약품성, 내화학성, 분진방지성 등을 가져야 한다.
※ 내마모성은 바닥재 그 자체의 내구성에 영향을 주는 동시에 미끄러움의 정도, 색조에도 영향을 준다.

정답 05 ② 06 ④ 07 ① 08 ④

09 **깬자갈(crushed stone)을 사용한 콘크리트가 강자갈을 사용한 콘크리트에 비해 우수한 점은?**

① 수밀성·내구성이 높다.
② 시공연도가 좋다.
③ 시멘트 페이스트와의 접착성이 높다.
④ 단위수량이 적다.

해설

쇄석콘크리트는 하천골재 대신에 쇄석을 사용한 콘크리트를 말하며, 강자갈 콘크리트에 비해 단위수량이 약간 증가하지만, 시멘트 페이스트와의 접착성이 높아서 동일 물·시멘트일 경우 강도가 커지는 장점이 있다.

10 **물 시멘트 비 65%로 콘크리트 $1m^3$를 만드는데 필요한 물의 양으로 적당한 것은? (단, 콘크리트 $1m^3$당 시멘트 8포대이며, 1포대는 40kg임)**

① $0.1m^3$ ② $0.2m^3$
③ $0.3m^3$ ④ $0.4m^3$

해설 물의 양 계산

물의 양 = 시멘트량 × 물·시멘트비
시멘트의 중량 = 8포대 × 40kg/포대 = 320kg

$$\text{물·시멘트비} = \frac{\text{물의중량}}{\text{시멘트의중량}} \text{이므로}$$

∴ 물의 중량 = 시멘트량 × 물·시멘트비
= 320kg × 0.65 = 208kg
= $0.208m^3$

※ 물 $1m^3$ = 1,000kg

11 **미장재료 중 돌로마이트 플라스터에 대한 설명 중에서 옳지 않은 것은?**

① 소석회보다 점성이 크다.
② 돌로마이트에 모래, 여물을 섞어 반죽한 것이다.
③ 회반죽에 비하여 최종강도는 작지만 착색이 쉽다.
④ 건조수축이 커서 균열이 생기기 쉽다.

해설 돌로마이터 플라스터 바름

㉠ 재료 : 돌로마이트(마그네샤질 석회) + 모래 + 여물
㉡ 가소성(점성)이 높기 때문에 풀을 혼합할 필요가 없으며, 응결시간이 비교적 길기 때문에 시공이 용이하다.
㉢ 건조수축이 커서 균열이 생기므로 여물을 혼합하여 잔금을 방지한다.
㉣ 대기 중의 이산화탄소(CO_2)와 화합해서 경화하는 기경성 미장재료로 습기 및 물에 약해 지하실에는 사용하지 않는다.
㉤ 조기강도를 내며 강도도 큰 편이며, 착색이 용이하다.

12 **점토재료 중 자기에 대한 설명이다. 그 내용이 옳은 것은?**

① 흡수율이 5% 이상이다.
② 소지는 적색이며, 다공질로써 두드리며 탁음이 난다.
③ 1000℃ 이하에서 소성된다.
④ 위생도기 및 모자이크 타일 등으로 사용된다.

해설 자기(磁器)

양질의 도토 또는 장석분을 원료로 하며, 흡수율이 1% 이하로 거의 없고, 백색이며, 소성온도가 약 1230~1460℃인 점토 제품으로 위생도기 및 모자이크 타일 등으로 사용된다.
※ 흡수율 : 자기 < 석기 < 도기 < 토기
※ 소성온도 : 자기 > 석기 > 도기 > 토기

13 **다음 중에서 천장에 달대를 고정시키기 위하여 사전에 매설하는 철물에 해당하는 것은?**

① 인서트(insert)
② 익스팬션 볼트(expansion bolt)
③ 드라이브 핀(drive pin)
④ 스크류 앵커(screw anchor)

정답 09 ③ 10 ② 11 ③ 12 ④ 13 ①

해설

인서트(insert)는 콘크리트 바닥판에 반자틀이나 기타 구조물을 달아매고자 할 때 볼트 또는 달쇠의 걸침이 되는 것으로 콘크리트 속에 미리 묻어 둔다.

※ 드라이브 핀 : 타정 총으로 소량의 화약을 사용하여 콘크리트·벽돌벽·강재 등에 드라이브 핀을 순간적으로 박는다. 고정철물인 드라이브 핀에는 콘크리트용과 철제용이 있으며, H형과 T형이 있다.

※ 익스팬션 볼트(expansion bolt) : 콘크리트에 창틀, 기타 실내 장식장을 볼트로 고정시키기 위한 준비로서 미리 볼트 결합을 위해 암나사나 절삭이 되어 있는 부품을 매립하는데 사용하는 볼트이다.

14 **다음 중 FRP, 욕조, 물탱크 등에 사용되는 내후성과 내약품성이 뛰어난 열경화성 수지는?**

① 초산비닐수지
② 불소수지
③ 폴리우레탄수지
④ 불포화 폴리에스테르 수지

해설 불포화 폴리에스테르 수지

㉠ 열경화성수지이다.
㉡ 유리섬유로 보강된 것은 플라스틱(강화플라스틱 : FRP)으로 대단히 강하다.
㉢ 사용한계온도는 100~150℃ 정도이고, 영하 90℃에도 내성이 크다.
㉣ 전기절연성, 내열성, 내약품성이 좋고 가압성형이 가능하다.
㉤ 내약품성은 산류 및 탄화수소계 용제는 강하나, 알칼리·산화성산에는 약하다.
㉥ 주용도 : 커튼월, 창틀, 덕트, 파이프, 도료, 욕조, 큰 성형품, 접착제

15 **인공석재에 대한 설명 중에서 옳지 않은 것은?**

① 인조석은 점토와 슬래그 미분말을 1,450℃에서 고온소성하여 급랭하여 만든 것이다.
② 질석은 운모계 광석을 1,000℃ 정도로 가열 팽창시킨 다공질 경석이다.
③ 펄라이트는 진주암을 분쇄하여 1,000℃ 정도로 가열 팽창시킨 경량골재이다.
④ 암면은 현무암·안산암·사문암 등을 용융시켜 세공으로 분출시키면서 고압공기로 불어 날려 섬유화 시킨 다음 냉각시켜 면상으로 만든 것이다.

해설 인조석

㉠ 천연석을 모방하여 인공으로 만든 건축재료의 일종으로서 모조석(imitation stone ; 擬石, 의석)이라고도 한다.
㉡ 원래는 천연석을 모조할 목적으로 만들었지만(모조석), 천연석과는 별개인 인조석 자체의 특징을 갖춘 것도 만들어지고 있는데 가장 일반적인 것으로 테라조(terrazzo)가 여기에 해당된다.
㉢ 인조석에 쓰이는 종석의 재료로는 화강암, 사문암, 대리석 등이 쓰인다.
㉣ 결합재로는 시멘트 대신에 합성수지를 사용한 것도 있다.
㉤ 주로 바닥의 마무리 재료로 쓰인다.

16 **다음 고로시멘트의 특징에 관한 설명 중 옳지 않은 것은?**

① 장기강도가 크다.
② 도로, 철도, 교량 등 토목공사에 이용된다.
③ 매스콘크리트에 적용된다.
④ 초기 수화열이 크다.

해설 고로 시멘트

㉠ 포틀랜드 시멘트의 Clinker + Slag(급냉) + 석고 → 미분해
㉡ 조기강도는 적으나, 장기강도가 크다.
㉢ 내열성이 크고, 수밀성이 양호하다.
㉣ 건조수축이 크며, 응결시간이 느린 편으로 충분한 양생이 필요하다.
㉤ 화학 저항성이 높아 해수·하수·폐수 등에 접하는 콘크리트에 적합하다.
㉥ 수화열이 적어 매스콘크리트에 적합하다.
㉦ 해수에 대한 저항성이 커서 해안, 항만공사에 적합하다.

정답 14 ④ 15 ① 16 ④

17 다음 콘크리트 혼화제 중 재료의 응집작용을 향상시켜 재료분리를 억제하기 위한 것은?

① AE감수제 ② 증점제
③ 기포제 ④ 유동화제

해설 콘크리트용 혼화재료

㉠ AE제 : 작업성능이나 동결융해 저항성능의 향상
㉡ 유동화제 : 강력한 감수효과를 이용한 유동성의 대폭적인 개선
㉢ 증점제 : 점성, 응집작용 등을 향상시켜 재료분리를 억제
㉣ 방청제 : 염화물에 의한 강재의 부식을 억제

18 다음 중 플라이 애시(fly-ash)를 시멘트에 혼합하였을 때의 효과로 옳지 않은 것은?

① 수화열과 건조수축이 작아진다.
② 수밀성이 증대된다.
③ 워커빌리티가 좋아진다.
④ 초기강도는 증가하지만 장기강도는 감소된다.

해설 플라이애시(fly-ash) 시멘트

㉠ 포틀랜드 시멘트 + fly-ash
㉡ 콘크리트의 워커빌리티(workability)를 좋게 하고 사용수량을 감소시킨다.
㉢ 수밀성이 향상되고, 수화열과 건조수축이 적다.
㉣ 초기강도는 다소 작으나, 장기강도는 상당히 크다.
㉤ 용도 : 댐공사

19 목재의 일반적인 성질에 대한 설명 중에서 옳지 않은 것은?

① 건조한 것은 타기 쉽고 건조가 불충분한 것은 썩기 쉽다.
② 석재나 금속에 비하여 가공하기가 쉽다.
③ 열전도율이 커서 보온재료로 사용이 곤란하다.
④ 아름다운 색채와 무늬로 장식효과가 우수하다.

해설 목재의 열전도율

㉠ 목재는 조직 가운데 공간이 있기 때문에 열의 전도가 더디다.
㉡ 열전도율은 섬유방향, 목재의 비중, 함수율에 따라 변화한다.
㉢ 겉보기 비중은 작은 다공질의 목재가 열전도율이 작다.

※ 겉보기 비중 = $\frac{\text{건조중량}}{\text{표면건조포화상태}}$

[표] 각종 재료의 열전도율(λ)

(단위 : W/m·K)

재료	콘크리트	유리	벽돌	물	목재	코르크판	공기
열전도율	1.4	1.05	0.84	0.6	0.14	0.043	0.025

※ 목재의 열전도율(0.14)은 공기(0.025)보다 크며, 물(0.6)보다 작다.
※ 목재는 열전도율이 적어 보온, 방한, 방서적이다.

20 절대건조비중(r)이 0.75인 목재의 공극률은?

① 약 25.0% ② 약 38.6%
③ 약 51.3% ④ 약 75.0%

해설 공극률

$$V = (1-\frac{\gamma}{1.54})\times 100\%$$

γ : 전건비중, 1.54 : 목재의 비중

$$\therefore V = (1-\frac{\gamma}{1.54})\times 100\% = (1-\frac{0.75}{1.54})\times 100\% = 51.3\%$$

정답 17 ② 18 ④ 19 ③ 20 ③

건축재료 2013년 8월 18일(4회)

01 돌로마이트 플라스터에 대한 설명 중에서 옳은 것은?

① 물과 반응하여 경화하는 수경성 재료이다.
② 여물을 혼합하여도 건조수축이 크기 때문에 수축 균열을 발생하는 결점이 있다.
③ 회반죽에 비해 조기강도 및 최종강도가 작다.
④ 소석회에 비해 점성이 낮고, 작업성이 좋지 않다.

해설 돌로마이터 플라스터 바름

㉠ 재료 : 돌로마이트(마그네샤질 석회) + 모래 + 여물
㉡ 가소성(점성)이 높기 때문에 풀을 혼합할 필요가 없으며, 응결시간이 비교적 길기 때문에 시공이 용이하다.
㉢ 건조수축이 커서 균열이 생기므로 여물을 혼합하여 잔금을 방지한다.
㉣ 대기 중의 이산화탄소(CO_2)와 화합해서 경화하는 기경성 미장재료로 습기 및 물에 약해 지하실에는 사용하지 않는다.

02 다음 중에서 테라조판(terrazzo tile)의 종석으로 주로 활용되는 것은?

① 수성암　② 대리석
③ 화강암　④ 안산암

해설 테라조(terrazzo) 현장바름

백시멘트·안료·대리석 부순 돌을 섞어서 정벌바름을 하고, 굳은 후에 여러 번 갈아주고 수산으로 청소한 후 왁스로 광내기 마무리한 것으로 주로 바닥에 쓰이고 벽에는 공장제품 테라조판을 붙인다.

03 생산능률이 가장 높고 목재의 낭비가 적으며 작은 나무로 넓은 단판(單板, Veneer)을 만들 수 있는 방식은?

① 로터리 베니어(Rotary veneer)
② 반(半)로터리 베니어(Semi rotary veneer)
③ 소드 베니어(Sawed veneer)
④ 슬라이스드 베니어(Sliced veneer)

해설 합판의 제조 방법

종류	제조 방법	특징
로터리 베니어 (Rotary Veneer)	원목이 회전함에 따라 넓은 기계대패로 나이테를 따라 두루마리로 연속적으로 벗기는 것	얼마든지 넓은 단판을 얻을 수 있다. 단판이 널결만으로 되어 표면이 거칠다. 합판제조법의 90% 정도이다.
슬라이스드 베니어 (Sliced Veneer)	원목을 미리 적당한 각재로 만들어 엷게 절단한 것	합판 표면에 곧은결이나 널결의 아름다운 결로 장식적으로 이용한다.
소드 베니어 (Sawed Veneer)	판재를 만드는 것과 같이 얇게 톱으로 쪼개는 것	아름다운 결을 얻을 수 있다. 좌우 대칭형 무늬를 만들 때에 효과적이다.

04 다음 목재에 관한 설명 중에서 옳지 않은 것은?

① 불에 타는 단점이 있으나 열전도도가 매우 낮아 여러 가지 보온재료로 사용된다.
② 인장강도는 응력방향이 섬유방향에 수직인 경우에 최대가 된다.
③ 활엽수는 일반적으로 침엽수에 비해 단단한 것이 많아 경재(硬材)라 부른다.
④ 섬유포화점 이상의 함수상태에서는 함수율의 증감에도 불구하고 신축을 거의 일으키지 않는다.

정답 01 ② 02 ② 03 ① 04 ②

해설 목재의 강도

목재의 강도 순서 : 인장강도 > 휨강도 > 압축강도 > 전단강도

[표] 각종 강도의 관계 비교

강도의 종류	섬유방향	섬유직각방향
압축강도	100	10~20
인장강도	약 200	7~20
휨강도	약 150	10~20
전단강도	침엽수 16, 활엽수 19	-

※ 섬유방향의 압축강도를 100으로 기준

05 다음 중에서 석회석을 900~1,200℃로 소성하면 생성되는 것은?

① 회반죽 ② 생석회
③ 돌로마이트 석회 ④ 소석회

해설 석회의 제조

석회석(주원료) + 열 = 생석회 → 생석회 + 물 = 소석회

㉠ 가소 : 석회석을 900~1,200℃로 가열 소성하여 생석회(강회)를 얻는다.
㉡ 소화 : 생석회에 물을 가하면 수산화석회(소석회)를 얻는다.
㉢ ㉠, ㉡ 과정으로 만든 소석회를 분쇄기로 가늘게 분쇄한 것이 미장용 소석회이다.(보통 석회라고 일컫는다.)
※ 소석회는 공기 중의 탄산가스와 반응하여 굳어지는 기경성 재료이다.

06 강화 유리에 대한 설명 중에서 옳지 않은 것은?

① 보통 판유리를 2장 이상으로 접합한 것이다.
② 강화열처리 후 가공, 절단이 불가능하다.
③ 내열성이 커서 200℃ 이상에서도 견딘다.
④ 보통 유리에 비해 3~5배 정도 강하다.

해설 강화 유리

㉠ 평면 및 곡면, 판유리를 600℃ 이상의 가열로 균등한 공기를 뿜어 급냉시켜 제조한다.
㉡ 내충격, 하중강도는 보통 유리의 3~5배, 휨강도 6배 정도이다.
㉢ 200℃ 이상의 고온에서 견디므로 강철유리라고도 한다.
㉣ 현장에서의 가공, 절단이 불가능하다.
㉤ 파손시 예리하지 않는 둔각 파편으로 흩어지므로 안전상 유리하다.
㉥ 용도 : 무테문, 자동차, 선박 등에 쓰며 커튼월에 쓰이는 착색강화유리도 있다.

07 콘크리트에 일정한 하중이 지속적으로 작용하면 하중의 증가가 없어도 콘크리트의 변형이 시간에 따라 증가하는 현상은?

① 크리프(creep)
② 탄성(elasticity)
③ 소성(plasticity)
④ 체적변화(cubic volume change)

해설 콘크리트 구조물의 크리프(creep) 현상

콘크리트에 하중이 작용하면 그것에 비례하는 순간적인 변형이 생긴다. 그 후에 하중의 증가는 없는데 하중이 지속하여 재하될 경우, 변형이 시간과 더불어 증대하는 현상

㉠ 단위수량이 많을수록 크다.
㉡ 온도가 높을수록 크다.
㉢ 시멘트페이스트가 많을수록 크다.
㉣ 물시멘트비가 클수록 크다.
㉤ 작용응력이 클수록 크다.
㉥ 재하재령이 빠를수록 크다.
㉦ 부재단면이 작을수록 크다.
㉧ 외부 습도가 낮을수록 크다.

※ 하중지속시간
- 처음 28일 동안 : 전체 creep의 50%
- 4개월 내 : 전체 creep의 80%
- 2년 내 : 전체 creep의 90%
- 4~5년 후 : creep 발생 완료

정답 05 ② 06 ① 07 ①

08 **콘크리트의 블리딩 현상에 대한 설명 중에서 옳지 않은 것은?**

① AE콘크리트는 보통 콘크리트에 비하여 블리딩 현상이 적다.
② 콘크리트의 컨시스턴시가 클수록 블리딩은 증대한다.
③ 블리딩 현상에 의해 떠오른 미립물은 상호간 접착력을 증대시킨다.
④ 블리딩에 의한 콘크리트의 침하는 콘크리트 타설 높이의 영향을 받는다.

해설 블리딩 현상 (Bleeding 현상)

콘크리트 타설 후 물과 미세한 물질(석고, 불순물 등) 등은 상승하고, 무거운 골재나 시멘트 등은 침하하게 되는 현상을 Bleeding 현상이라 한다. Bleeding 현상은 일종의 재료분리 현상으로서 laitance 현상을 유발시켜 콘크리트의 품질을 저하시키는 원인이 된다.
※ 레이턴스(laitance) 현상
Bleeding 수의 증가에 따라 콘크리트면에 침적된 백색의 미세한 물질

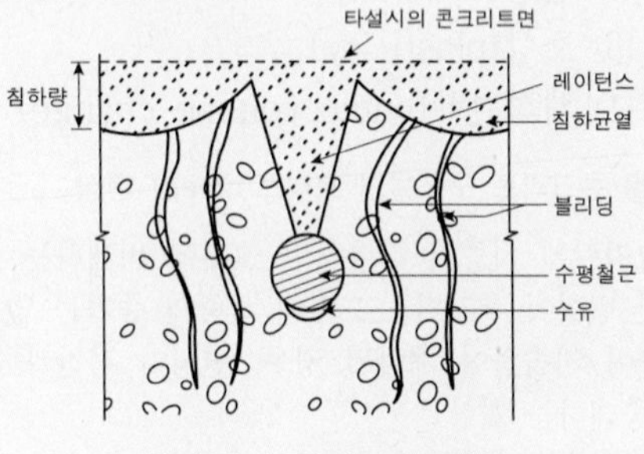

블리딩과 레이턴스 현상

09 **다음 중에서 방청도료와 가장 거리가 먼 것은?**

① 역청질 페인트 ② 알루미늄 페인트
③ 워시 프라이머 ④ 오일 서페이서

해설 방청도료

㉠ 광명단 : 철골 녹막이칠, 금속 재료의 녹막이를 위하여 사용하는 바탕칠 도료로서 가장 많이 쓰이며 비중이 크고 저장이 곤란하다.
㉡ 징크로메이트 : 알루미늄이나 아연철판 초벌 녹막이칠에 쓰이는 것으로, 크롬산 아연을 안료로 하고 알키드 수지를 전색 도료한 것
㉢ 알루미늄 도료 : 알루미늄 분말을 안료로 하는 것으로 방청효과 외에 광선, 열반사 효과가 있다.
㉣ 방청 산화철 도료 : 산화철에 아연화, 아연분말, 연단, 납 시안아미드 등을 가한 것을 안료로 하고, 이것을 스탠드 오일, 합성수지 등에 녹인 것이다.
※ 워시 프라이머 : 합성수지를 전색제로 쓰고 소량의 안료와 인산을 첨가한 도료

10 **콘크리트의 성질 중 용이하게 거푸집에 충전시킬 수 있으며 거푸집을 제거하면 서서히 형태가 변화하나 무너지거나 재료가 분리되지 않는 굳지 않은 콘크리트의 성질은 무엇인가?**

① 컨시스턴시 ② 워커빌리티
③ 플라스티시티 ④ 피니셔빌리티

해설 생콘크리트의 성능(굳지 않은 콘크리트의 성능)

용어	내용
Workability (시공연도)	작업의 난이정도 및 재료분리 저항하는 정도
Consistency (반죽질기)	반죽의 되고 진 정도(유동성의 정도)
Plasticity (성형성)	거푸집에 쉽게 다져 넣을 수 있는 정도
Finishability (마감성)	마무리 하기 쉬운 정도
Pumpability (압송성)	펌프동 콘크리트의 Workability

11 **다음 중에서 국내산 침엽수 중 치장재·창호재·수장재로 쓰이지 않는 것은?**

① 잣나무 ② 가문비나무
③ 소나무 ④ 전나무

해설

소나무는 나뭇결이 곧고 탄력이 좋으며 가공이 용이하다. 물 및 습기에 강하나, 뒤틀림이 심하다. 용도로는 구조재, 창호재, 말뚝으로 사용된다.
※ 실내 치장용 : 느티나무, 단풍나무, 오동나무

정답 08 ③ 09 ④ 10 ③ 11 ③

12 커튼월이나 프리패브재의 접합부, 새시 부착 등의 충전재로 가장 적당한 것은?

① 알부민 ② 아교
③ 실링재 ④ 아스팔트

해설 실링재(sealing material)

㉠ 사용시 유동성이 있는 상태이나 공기 중에서 시간 경과와 함께 탄성이 풍부한 고무상태의 물체가 된다.
㉡ 접착력이 크고 기밀성·수밀성이 풍부하여 충전재로 적당한 재료이다.
㉢ 코킹재와 구별하기 위하여 실링재라 하고 있다.
㉣ 용도에 따라 금속용, 콘크리트용, 유리용 등으로 구분한다.
㉤ 시공계절은 춘추 이외에 하기용, 동기용으로 구분하기도 한다.
㉥ 유동성에 따라 수직부위 사용과 수평부위 사용으로 분류할 수 있다.

13 기본 점성이 크며 내수성, 내약품성, 전기절연성이 모두 우수한 만능형 접착제로 금속, 플라스틱, 도자기, 유리, 콘크리트 등의 접합에 사용되며 내구력도 큰 합성수지계 접착제는?

① 에폭시수지 접착제
② 페놀수지 접착제
③ 요소수지 접착제
④ 네오프렌

해설 에폭시수지 접착제

㉠ 내수성, 내습성, 내약품성, 전기절연이 우수하며 접착력 강하다.
㉡ 피막이 단단하고 유연성이 부족하고 값이 비싸다.
㉢ 금속, 항공기 접착에 쓰인다. 현재까지의 접착제 중 가장 우수하다.
[주] 건축공사에 주로 사용되는 접착제는 에폭시수지 접착제와 초산비닐수지 접착제이다.

14 다음은 건축용으로 많이 사용되는 석재에 대한 설명이다. 옳지 않은 것은?

① 현무암은 석질이 견고하므로 토대, 석축 등에 쓰인다.
② 응회암은 특수 장식재, 경량골재 및 내화재 등으로 사용된다.
③ 화강암은 내구성 및 강도가 크다.
④ 대리석은 산과 풍화에 강하여 외장재로 많이 사용된다.

해설 대리석(Marble)

㉠ 석회암이 변성작용에 의해서 결정질이 뚜렷하게 된 변성암의 대표적 석재이다.
㉡ 강도는 크나(압축강도 : 1200~1400kgf/cm^2 정도), 내화성이 낮고 풍화하기 쉬워 주로 내장재로 쓰인다.
㉢ 마모가 심한 장소, 통행이 많은 장소, 화학약품을 사용하는 장소에는 적합하지 못하다.
㉣ 색상 및 품질의 변화가 심하여 균열이 많다.
※ 트레버틴(다공질 대리석) : 대리석의 일종으로 석질이 불균일하고 다공질이며, 황갈색 반문이 있어 실내 장식용으로 사용한다.

15 타일의 제조공정에서 건식제법에 대한 설명 중에서 옳지 않은 것은?

① 치수 정도(精度)가 좋다.
② 제조능률이 높다.
③ 내장타일은 주로 건식제법으로 제조된다.
④ 복잡한 형상의 것에 적당하다.

해설 타일의 성형

명 칭	성형 방법	제조 가능 형태	정밀도	용 도
건식법	가압 성형	보통 타일 (간단한 형태)	치수·정밀도가 높고 고능률이다.	바닥타일, 내장타일, 모자이크 타일
습식법	압출 성형	보통 타일 (복잡한 형태 가능)	정밀도가 낮다.	바닥타일, 외장타일

정답 12 ③ 13 ① 14 ④ 15 ④

16 동에 관한 설명 중에서 옳지 않은 것은?

① 암모니아 등의 알칼리성 용액에 침식된다.
② 열과 전기에 대한 전도율이 매우 우수하다.
③ 맑은 물에는 침식되나 해수에는 침식되지 않는다.
④ 전연성이 풍부하다.

해설 구리(銅)

㉠ 열전도율과 전기 전도율이 크다. [열전도율(λ) : 386W/m·k]
㉡ 아름다운 색과 광택을 지니고 있다.
㉢ 청록이 생겨 내부를 보호해서 내식성이 철강보다 크다.
㉣ 전연성(展延性)·인성·가공성은 우수하다.
㉤ 주조하기 어렵고, 주조된 것은 조직이 거칠고 압연재보다 불완전하다.
㉥ 산·알칼리에 약하며 암모니아에 침식된다.
㉦ 해안지방에서는 동의 내구성이 떨어진다.
㉧ 용도 : 지붕재료, 장식재료, 냉·난방용 설비 재료, 전기공사용 재료

17 다음 각 합성수지에 대한 설명 중에서 옳지 않은 것은?

① 요소수지는 열경화성수지로 공업용보다는 일용품, 장식품 등에 많이 사용된다.
② 폴리스티렌수지는 성형하여 단열재로 널리 사용된다.
③ 페놀수지는 내알칼리성이 우수하며 성형품, 접착제보다는 도료로 많이 쓰인다.
④ 실리콘수지는 탄성을 가지며 내후성 및 내화학성 등이 우수하기 때문에 접착제, 도료로서 주로 사용된다.

해설 페놀 수지

㉠ 열경화성수지로 '베이클라이트(bakelite)'라는 이름으로 알려져 있으며 주로 전기통신 기자재류로 많이 쓰이는 합성수지이다.
㉡ 강도, 전기절연성, 내산성, 내열성, 내수성 모두 양호하다.
㉢ 비중 1.5 정도이며, 압축강도 200MPa 정도로 큰 편이다.
㉣ 내알카리성이 약하다.
㉤ 주용도 : 벽, 덕트, 파이프, 발포보온관, 접착제, 배전판
* 전기통신 자재 수요량의 60%를 차지한다.

18 다음 ( )속에 들어갈 내용을 순서대로 바르게 나열한 것은?

> 목재는 사용 전에 건조하여 사용하는데 구조용재는 함수율 ( ) 이하로, 마감 및 가구재는 ( ) 이하로 하는 것이 좋다.

① 20%, 15%　② 15%, 15%
③ 15%, 10%　④ 15%, 5%

해설

목재는 사용 전에 될 수 있는 한 건조시킬 필요가 있으며, 구조용재는 함수율 15% 이하로, 마감 및 가구재는 10% 이하로 하는 것이 좋다.

19 점토제품의 종류 중에서 가장 고온으로 소성되고 흡수율이 적으며 위생도기, 모자이크 타일 등으로 이용되는 것은?

① 도기　② 자기
③ 토기　④ 석기

해설 점토제품의 분류

종 류	소성 온도	소 지		투명 정도	건축 재료
		흡수율	색		
토기(土器)	700~900℃	20% 이하	유색	불투명	기와, 벽돌, 토관
도기(陶器)	1000~1300℃	10% 이하	백색, 유색	불투명	타일, 테라코타 타일
석기(石器)	1300~1400℃	3~10%	유색	불투명	마루타일, 클링커타일
자기(磁器)	1300~1450℃	0~1%	백색	반투명	모자이크 타일, 위생도기

※ 흡수율 : 자기 〈 석기 〈 도기 〈 토기
※ 소성온도 : 자기 〉 석기 〉 도기 〉 토기

정답 16 ③ 17 ③ 18 ③ 19 ②

20 **시멘트와 그 용도와의 관계를 나타낸 것 중에서 옳지 않은 것은?**

① 중용열포틀랜드시멘트 – 댐공사
② 조강포틀랜드시멘트 – 한중공사
③ 고로시멘트 – 타일 줄눈공사
④ 내황산염포틀랜드시멘트 – 온천지대나 하수도 공사

해설 고로시멘트

포틀랜드시멘트 클링커에 슬래그를 혼합하여 만든 시멘트로 조기강도는 적으나, 장기강도가 크다. 내열성이 크고, 수밀성이 양호하며 해수에 대한 저항성이 커서 해안, 항만공사에 적합하다.

정답 20 ③

건축재료 2014년 3월 2일(1회)

01 드라이비트 용 도료에 대한 설명으로 옳지 않은 것은?

① 수용성 아크릴 수지와 천연 골재가 주원료이다.
② 단열성이 우수하고, 부착성이 좋다.
③ 일반적으로 도료 경화 후 무광택 래커나 폴리우레탄 래커 등으로 마감코팅한다.
④ 내수성, 내약품성, 내구성이 우수하다.

해설

드라이비트용 도료는 수용성 아크릴 수지와 천연 골재를 주원료로 하며, 단열성이 우수하고, 부착성이 좋으며 또한 내수성, 내약품성, 내구성이 우수하다.

02 다음 건축재료 중 열전도율이 가장 작은 것은?

① 시멘트 모르타르
② 알루미늄
③ ALC
④ 유리섬유

해설 유리섬유(glass fiber)

㉠ 고온 용융시킨 유리를 노즐에서 직경 1~30μm 정도의 가느다란 섬유모양으로 뽑아낸 것으로 단섬유와 장섬유가 있다.
㉡ 인장강도는 크고, 특히 가격이 매우 싼 편이나 내알칼리성에 약간의 어려움이 있다.
㉢ 암면과 같은 단열, 흡음재로 사용되며 불연성 직물(극장 무대막이나 커튼)로도 사용된다.
흡음률은 광물섬유 중 최고인 85% 이다.
㉣ 내화성, 불연성, 내수성이 좋다.
㉤ 탄성이 적고 전기절연성이 크다.(열전도율이 작다)
㉥ 내벽·외벽의 내부·천장재 등으로 사용된다.

03 시멘트콘크리트 제품 중 대리석의 쇄석을 종석으로 하여 대리석과 같이 미려한 광택을 갖도록 마감한 것은?

① 석면 ② 테라조
③ 질석 ④ 고압벽돌

해설 테라조

대리석의 쇄석, 백색시멘트, 안료, 물을 혼합하여 매끈한 면에 타설 후 가공 연마하여 대리석과 같은 광택을 내도록 한 제품

※ 모조석(imitation stone : 擬石)은 백시멘트, 종석, 안료를 혼합하여 천연석과 유사한 외관으로 만든 건축재료의 일종으로서 인조석 또는 캐스트 스톤(cast stone)이라고도 한다. 원래는 천연석을 모조할 목적으로 만들었지만(모조석), 천연석과는 별개인 인조석 자체의 특징을 갖춘 것도 만들어지고 있는데 가장 일반적인 것으로 테라조(terrazzo)가 여기에 해당된다.

04 방사선 차단성이 가장 큰 금속은?

① 납 ② 알루미늄
③ 동 ④ 주철

해설 납(鉛, Pb)

㉠ 금속 중에서 가장 비중(11.34)이 크고 연질이다.
㉡ 주조가공성 및 단조성이 풍부하다.
㉢ 열전도율이 작으나 온도 변화에 따른 신축이 크다.
㉣ 공기 중에서 탄산납($PbCO_3$)의 피막이 생겨 내부를 보호한다.(방사선 차단효과)
㉤ 내산성은 크나, 알칼리에는 침식된다.
㉥ 증류수에 용해된다.
㉦ 용도 : 송수관, 가스관, X선실, 홈통재, 황산 제조공장

05 고성능 AE 감수제 사용목적과 가장 거리가 먼 것은?

① 응결 촉진제 용도로 사용
② 유동화 콘트리트 제조에 사용
③ 고강도 콘크리트의 슬럼프 로스 방지
④ 단위수량 대폭 감소 및 고내구성 콘크리트 제조

정답 01 ③ 02 ④ 03 ② 04 ① 05 ①

해설 감수제, AE감수제

㉠ 시멘트 입자에 대한 분산작용을 하여 시멘트 입자끼리 서로 반발하게 함으로써 콘크리트의 단위수량을 감소시킨다.
㉡ 워커빌리티(시공연도), 피니셔빌리티(마감성)의 향상
㉢ 재료분리 저항성 증대, 블리딩 감소
㉣ 내구성, 수밀성의 개선
㉤ 시멘트의 수화열 감소 → 균열 감소 → 철근부식 방지
※ 고성능 감수제는 고강도 콘크리트 제조나 콘크리트 제품 등의 분야에 많이 사용하고 있다.

06 경질섬유판의 성질에 관한 설명 중 옳지 않은 것은?

① 가로·세로의 신축이 거의 같으므로 비틀림이 적다.
② 표면이 평활하고 비중이 0.7 이하이며 경도가 작다.
③ 구멍뚫기, 본뜨기, 구부림 등의 2차 가공도 용이하다.
④ 펄프를 접착제로 제판하여 양면을 열압 건조시킨 것이다.

해설 경질섬유판(hard fiber board)

㉠ 펄프를 접착제로 제판하여 양면을 열압 건조시킨 것으로 비중이 0.8 이상이다.
㉡ 가로, 세로의 신축이 거의 같으므로 비틀림이 작다.
㉢ 표면이 평활하고, 내마모성이 크며, 경도·강도가 크다.
㉣ 시공이 용이하며 구멍뚫기, 본뜨기, 구부림 등의 2차 가공에도 용이하다.
㉤ 건축용 외에도 가구, 전기기구용, 자동차, 철도차량 등에 많이 쓰인다.

07 콘크리트의 응결경화 촉진제로 쓰이는 것은?

① 염화칼슘　　② 리그닌설폰산염
③ 인산염　　④ 산화아연

해설

염화칼슘은 물의 빙점을 강하시키고 시멘트의 응결을 촉진시켜 콘크리트의 동결을 방지하는데 효과가 있는 응결경화촉진제이다.
※ 경화촉진제 : 염화칼슘, 규산나트륨, 규산칼슘 등이 있다.

08 기존 건축마감재의 재료성능 한계를 극복하기 위하여 바이오기술, 환경기술 및 나노기술을 융합한 친환경건축마감자재 개발이 활발하게 진행되고 있다. 이 중 기능성 마감소재인 광촉매의 기능과 가장 거리가 먼 것은?

① 원적외선 방출 기능
② 항균·살균 기능
③ 자정(self-cleaning) 기능
④ 유기오염물질 분해 기능

해설 광촉매

어떤 물질이 광 에너지를 받았을 때 광(光)에 의해 화학반응을 촉진할 수 있거나 촉매작용을 갖게 되는 물질을 말한다. 이 경우의 대표적인 촉매반응으로 물분자분해 촉매반응, 유기물질분해 촉매반응, 친수성표면 개질반응, self cleaning 반응 등이 있다.

09 목재의 함수율에 관한 설명으로 옳지 않은 것은?

① 함수율이 30% 이상에서는 함수율의 증감에 따라 강도의 변화가 거의 없다.
② 기건목재의 함수율은 15% 정도이다.
③ 목재의 진비중은 일반적으로 2.54 정도이다.
④ 목재의 함수율 30% 정도를 섬유포화점이라 한다.

해설 목재의 비중

㉠ 목재의 비중은 섬유질과 공극률에 의하여 결정된다.
$$V = (1 - \frac{\gamma}{1.54}) \times 100\%$$
γ : 절건비중, 1.54 : 목재의 비중
㉡ 비중이 크면 공극률이 작아진다.
㉢ 비중이 큰 목재가 강도도 크다.
㉣ 비중이 증가할수록 외력에 대한 저항이 증가한다.

정답　06 ②　07 ①　08 ①　09 ③

10 **시멘트와 그 용도와의 관계를 나타낸 것으로 옳지 않은 것은?**

① 조강포틀랜드시멘트 – 한중공사
② 중용열포틀랜드시멘트 – 댐공사
③ 백색포틀랜드시멘트 – 타일 줄눈공사
④ 고로시멘트 – 마감용 착색공사

해설 고로시멘트

포틀랜드시멘트 클링커에 슬래그를 혼합하여 만든 시멘트로 조기강도는 적으나, 장기강도가 크다. 내열성이 크고, 수밀성이 양호하며 해수에 대한 저항성이 커서 해안, 항만공사에 적합하다.

11 **건축공사의 일반창유리로 사용되는 것은?**

① 석영유리 ② 붕규산유리
③ 칼라석회유리 ④ 소다석회유리

해설 소다석회 유리(소다 유리, 보통 유리, 크라운 유리)

㉠ 용융하기 쉽고 풍화되기 쉽다.
㉡ 산에 강하나, 알카리에 약하다.
㉢ 팽창률이 크고 강도가 높다.
㉣ 용도 : 건축 일반용 창호유리, 병유리 등

12 **아스팔트 에멀션(asphalt emulsion)이란 어떤 방법으로 만들어진 아스팔트 제품인가?**

① 아스팔트를 휘발성 용제에 녹인 것
② 아스팔트를 적당한 온도로 가열하여 용융시킨 것
③ 아스팔트를 유화제에 의해 물에 미립자로 분산시킨 것
④ 아스팔트에 소량의 모래를 섞고 가열한 것

해설 아스팔트 에멀션(asphalt emulsion)

아스팔트를 $1 \sim 3\mu m$의 미립자로 수중에 분산시킨 것으로 주로 도로포장용에 사용되며, 시멘트와 혼합하여 사용하기도 한다. 아스팔트의 함유량은 약 50~70%이다.

13 **물시멘트비가 60%, 단위시멘트량이 300kg/m³ 일 경우 필요한 단위수량은?**

① $150kg/m^3$ ② $180kg/m^3$
③ $210kg/m^3$ ④ $340kg/m^3$

해설

단위수량 = $300kg/m^3 \times 0.6 = 180kg/m^3$

14 **다음 목재 중 실내 치장용으로 사용하기에 적합하지 않은 것은?**

① 느티나무 ② 단풍나무
③ 오동나무 ④ 소나무

해설

소나무는 나뭇결이 곧고 탄력이 좋으며 가공이 용이하다. 물 및 습기에 강하나, 뒤틀림이 심하다. 용도로는 구조재, 창호재, 말뚝으로 사용된다.
※ 실내 치장용 : 느티나무, 단풍나무, 오동나무

15 **콘크리트의 건조수축에 대한 설명으로 옳은 것은?**

① 단위수량이 증가하면 건조수축량이 감소한다.
② 부재치수가 클수록 건조수축량이 적다.
③ 골재 중에 포함한 미립분이나 점토는 건조수축량을 감소시킨다.
④ 습윤양생기간은 길수록 건조수축량을 증가시킨다.

해설 콘크리트의 건조수축

습윤상태에 있는 콘크리트가 건조하여 수축하는 현상으로 하중과는 관계없는 콘크리트의 인장응력에 의한 균열이다.
㉠ 단위시멘트량 및 단위수량이 클수록 크다.
㉡ 골재 중의 점도분이 많을수록 크다.
㉢ 공기량이 많으면 공극이 많아지므로 크다.
㉣ 골재가 경질이고 탄성계수가 클수록 적다.
㉤ 충분한 습윤양생을 할수록 적다.

정답 10 ④ 11 ④ 12 ③ 13 ② 14 ④ 15 ②

※ ① 골재로서 사암이나 점판암을 이용한 콘크리트는 수축량이 크고, 석영·석회암·화강암을 이용한 것은 적다.
③ 골재 중에 포함된 미립분이나 점토, 실트는 일반적으로 건조수축을 증대시킨다.
④ 콘크리트 습윤양생기간의 장단은 건조수축에 그다지 큰 영향을 주지 않는다.

16 중밀도 섬유판(MDF)의 특징이 아닌 것은?

① 흡음, 단열성능이 우수하다.
② 천연원목에 비하여 가격이 저렴하다.
③ 갈라짐 등의 외관상 결점이 없다.
④ 내수성이 뛰어나다.

해설 MDF(Medium Density Fiberboard, 중밀도 섬유판)

㉠ 섬유질, 특히 장섬유를 가진 수종의 나무를 분쇄하여 섬유질을 추출한 후 양표면용과 core용의 섬유질을 분리하고 접착제를 투입하여 층을 쌓은 후 Press로 눌러 표면 연마(sending) 처리한 제품을 말한다.
㉡ 톱밥을 압축가공해서 목재가 가진 리그닌 단백질을 이용하여 목재섬유를 고착시켜 만든 것이다.
㉢ 천연목재보다 강도가 크고 변형이 적다.
㉣ 습기에 약하고 무게가 많이 나가지만 마감이 깔끔한 인조 목재판이다.
㉤ 곡면가공이 용이하여 인테리어 내장용으로 많이 사용된다.

17 흑색 또는 회색 등이 있으며 얇은 판으로 뜰 수도 있어 천연슬레이트라 하며 치밀한 방수성이 있어 지붕, 벽, 재료로 쓰이는 것은?

① 감람석　　② 응회석
③ 점판암　　④ 안산암

해설

점판암은 석질이 치밀하고 박판으로 채취할 수 있으므로 슬레이트로서 지붕 등에 사용된다.

18 목재가 건축재료로서 갖는 장점에 해당되지 않는 것은?

① 비강도가 커 기둥·보 등에 적합하다.
② 건습에 의한 신축변형이 작아 시간경과에 따른 부작용이 없다.
③ 종류가 많고 각각 다른 미려한 외관을 갖고 있어 선택의 폭이 넓다.
④ 열전도율이 적으므로 보온·방한·방서성이 뛰어나다.

해설 목재의 특징

(1) 장점
㉠ 건물이 경량하고 시공이 간편하다.
㉡ 비중이 작고 비중에 비해 강도가 크다. (비강도가 크다.)
㉢ 열전도율이 적다. (보온, 방한, 방서)
㉣ 내산, 내약품성이 있고 염분에 강하다.
㉤ 수종이 다양하고 색채, 무늬가 미려하다.

(2) 단점
㉠ 고층건물이나 큰 스팬(span)의 구조가 불가능하다.
㉡ 착화점이 낮아서 비내화적이다.
㉢ 내구성이 약하다. (충해 및 풍화로 부패)
㉣ 함수율에 다른 변형 및 팽창 수축이 크다.

※ 비강도(比强度)
㉠ 재료의 비중에 대한 강한 정도를 말한다.
㉡ 경량이면서 강해야 이상적이다. 즉, 강도와 비중의 비가 클수록 좋다.
㉢ 비강도 $= \frac{강도}{비중}$

- 비강도가 크다 : 비중에 비해 강도가 크다는 의미이다.
- 비강도가 작다 : 비중에 비해 강도가 작다는 의미이다.

☞ 구조용 강은 비강도(比强度)의 크기가 작은 재료이며, 목재는 비강도가 큰 재료이다.

정답 16 ④　17 ③　18 ②

19 목재의 부패에 관한 설명으로 옳지 않은 것은?

① 부패균(腐敗菌)은 섬유질을 분해·감소시킨다.
② 부패균이 번식하기 위한 적당한 온도는 20 ~ 35℃ 정도이다.
③ 부패균은 산소가 없어도 번식할 수 있다.
④ 부패균은 습기가 없으면 번식할 수 없다.

해설 목재의 부패조건

목재가 부패되면 성분의 변질로 비중이 감소되고, 강도 저하율은 비중의 감소율의 4~5배가 된다.
부패의 조건으로서 적당한 온도, 수분, 양분, 공기는 부패균의 필수적인 조건으로 그 중 하나만 결여되더라도 번식을 할 수가 없다.
㉠ 온도 : 25 ~ 35℃가 가장 적합하며 4℃ 이하, 45℃ 이상은 거의 번식하지 못한다.
㉡ 습도 : 80 ~ 85% 정도가 가장 적합하고, 20% 이하에서는 사멸 또는 번식이 중단된다.
㉢ 공기 : 완전히 수중에 잠기면 목재는 부패되지 않는데 이는 공기가 없기 때문이다.(호기성)
※ 목재의 부패균 활동이 가장 왕성한 조건 : 온도 25 ~ 35℃, 습도 95 ~ 99%

20 미장작업 시 코너비드(corner bead)는 주로 어디에 사용되는가?

① 천장　② 거푸집
③ 계단 디딤판　④ 기둥의 모서리

해설 코너 비드(corner bead)

미장 공사에서 기둥이나 벽의 모서리 부분을 보호하기 위하여 쓰는 철물이다. 박강판, 평판 등을 가공하여 만들며, 재질로는 아연 철판, 황동판 제품 등이 있다.

건축재료 2014년 5월 25일(2회)

01 지하 외벽에 방수하는 벤토나이트 방수재의 외관 형상이 아닌 것은?

① 벤토나이트 패널
② 벤토나이트 필름
③ 벤토나이트 시트
④ 벤토나이트 매트

해설 벤토나이트 방수의 주요구성

① 방수바탕 만들기
② 벤토나이트 패널
③ 벤토나이트 시트
④ 벤토나이트 매트

02 목재 중에서 압축강도가 가장 큰 것은?

① 참나무　② 라왕
③ 소나무　④ 밤나무

해설 압축강도

① 참나무 : 64.1MPa
② 라왕 : 37.8MPa
③ 소나무 : 48.0MPa
④ 밤나무 : 39.0MPa
※ 목재의 강도 순서
인장강도 > 휨강도 > 압축강도 > 전단강도
[표] 각종 강도의 관계 비교

강도의 종류	섬유방향	섬유직각방향
압축강도	100	10~20
인장강도	약 200	7~20
휨강도	약 150	10~20
전단강도	침엽수 16 활엽수 19	-

※ 섬유방향의 압축강도를 100으로 기준하였다.

정답 19 ③　20 ④　/　01 ②　02 ①

03 **금속재료의 부식을 방지하는 방법이 아닌 것은?**

① 이종 금속을 인접 또는 접촉시켜 사용하지 말 것
② 균질한 것을 선택하고 사용 시 큰 변형을 주지 말 것
③ 큰 변형을 준 것은 풀림(Annealing)하지 않고 사용할 것
④ 표면을 평활하고 깨끗이 하며, 가능한 건조 상태로 유지할 것

해설 금속재의 부식방지 방법

㉠ 균질의 것을 선택하고 사용할 때 큰 변형을 주지 않는다.
㉡ 표면을 평활, 청결하게 하고 가능한 한 건조상태를 유지하며, 부분적인 녹은 빨리 제거한다.
㉢ 가능한 상이한 금속은 이를 인접 또는 접촉시켜 사용하지 않는다.
㉣ 가공 중에 생긴 변형은 가능한 한 풀림, 뜨임 등에 의하여 제거하여 사용한다.
㉤ 도료나 내식성이 큰 금속으로 표면에 피막하여 보호한다.

04 **굳지 않은 콘크리트의 성질 중 플라스티시티(Plasticity)에 대한 설명으로 옳은 것은?**

① 수량에 의해 변화하는 유동성의 정도
② 거푸집에 용이하게 충전할 수 있는 정도
③ 마감성의 난이를 표시하는 성질
④ 콘크리트의 작업성 난이 정도

해설 생콘크리트의 성능(굳지 않은 콘크리트의 성능)

용어	내용
Workability (시공연도)	작업의 난이정도 및 재료분리 저항하는 정도
Consistency (반죽질기)	반죽의 되고 진 정도 (유동성의 정도)
Plasticity (성형성)	거푸집에 쉽게 다져 넣을 수 있는 정도
Finishability (마감성)	마무리 하기 쉬운 정도
Pumpability (압송성)	펌프동 콘크리트의 Workability

※ 플라스티시티(Plasticity) : 용이하게 거푸집에 충전시킬 수 있으며 거푸집을 제거하면 서서히 형태가 변화하나 무너지거나 재료가 분리되지 않는 굳지 않은 콘크리트의 성질

05 **점토제품인 위생도기의 구비조건으로 옳지 않은 것은?**

① 외관이 아름답고 청결할 것
② 내산성 및 내알카리성이 클 것
③ 수세나 청소에 적합할 것
④ 탄력성이 있어 파손이 쉽게 되지 않을 것

해설

흡수성이 적고, 내식성·내마모성이 좋을 것

06 **점토 및 점토제품에 대한 설명 중 옳지 않은 것은?**

① 과소벽돌은 견고하기 때문에 일반 구조용 재료로 적당하다.
② 화학성분 중 규산의 비율이 높은 경우 산에 대한 저항성이 증가한다.
③ 건축용 점토제품의 소성색은 철화합물, 망간화합물, 소결상황, 소결온도에 따라 달라진다.
④ 3% 이상의 흡수율을 갖는 석기질과 도기질은 동해를 일으키기 쉬우므로 외부에는 사용하지 않는 것이 좋다.

해설

과소벽돌은 질이 견고하고, 흡수율이 낮아 바닥의 포장용으로 적당하다.

07 **콘크리트 골재의 요구 성능으로 옳지 않은 것은?**

① 굳고 단단해서 내구성과 내화성이 클 것
② 대량공급이 가능하며. 흡수율이 높을 것
③ 입형은 구형이나 입방체에 가까운 것
④ 물리, 화학적으로 안정된 것

정답 03 ③ 04 ② 05 ④ 06 ① 07 ②

해설 콘크리트용 골재

㉠ 골재는 청정, 강경하고, 내구성이 있고, 화학적, 물리적으로는 안정하고 알모양이 둥글거나 입방체에 가깝고 입도가 적당하고 유기 불순물(유해량 이상의 염분 등)이 포함되지 않아야 한다.
㉡ 콘크리트에 유동성을 갖도록 하며, 공극률이 적어 시멘트를 절약할 수 있는 둥근 것이 좋고, 넓거나 길죽한 것이나 예각으로 된 것은 좋지 않다.
㉢ 골재의 강도는 콘크리트 중 경화한 시멘트 풀(cement paste)의 강도보다 커야 한다.

08 알루미늄의 특성에 대한 설명으로 옳지 않은 것은?

① 독특한 흰광택을 지닌 경금속으로 광선 및 열의 반사율이 크다.
② 타 금속에 비하여 열전도율이 낮은 편이다.
③ 열팽창계수는 강보다 약 2배 크다.
④ 전도성이 좋아서 판, 선, 봉으로 가공하기 쉽다.

해설 알루미늄(Aluminum)

㉠ 독특한 흰 광택을 지닌 경금속이다. (비중 2.7로서 철의 약 1/3정도)
㉡ 전기 전도율이 다른 금속보다 크며 열전도율도 높다.
㉢ 내화성이 매우 떨어진다. (온도상승에 따른 강도가 급히 감소)
㉣ 강성이 적으며(탄성계수의 1/2~1/3), 열팽창계수가 크다. (철의 2배)
㉤ 공기 중에서 표면에 산화막이 생겨 내식성이 크다.
㉥ 광선 및 열의 반사율이 크므로 열차단재로 쓰인다.
㉦ 압연, 인발 등의 가공성이 좋다. (전연성이 좋다.)
㉧ 산, 알칼리 및 해수에 침식되기 쉽다.
㉨ 용도 : 지붕잇기, 실내장식, 가구, 창호, 커어튼레일

09 미장재료 중 수축률이 큰 순으로 옳게 나열한 것은?

① 순수석고 플라스터 > 돌로마이터 플라스터 > 소석회
② 소석회 > 순수석고 플라스터 > 돌로마이터 플라스터
③ 돌로마이터 플라스터 > 소석회 > 순수석고 플라스터
④ 소석회 > 돌로마이터 플라스터 > 순수석고 플라스터

해설

수축률이 큰 것에서 작은 순서 : 돌로마이터 플라스터 > 소석회 > 순석고 플라스터
㉠ 돌로마이터 플라스터 바름 : 돌로마이트(마그네샤질 석회) + 모래 + 여물
※ 건조수축 커서 균열이 생기기 쉬우므로 여물을 혼합한다.
㉡ 소석회
석회석(주원료) + 열 = 생석회 → 생석회 + 물 = 소석회
※ 소석회는 공기 중의 탄산가스와 반응하여 굳어지는 기경성 재료이다.
㉢ 석고 플라스터(gypsum plaster)
조립식 및 건식공법의 가장 획기적인 마감재료로서 프리캐스트나 ALC 등에 적합하며 주로 건물 내외부 벽면에 사용하는 미장재료로서 종류에는 순석고 플라스터, 혼합석고 플라스터, 경석고 플라스터(=Keen's Cement)가 있다.
※ 수축이 없으므로 정벌바름에 여물을 넣을 필요가 없다.

10 목재에 관한 설명 중 옳은 것은?

① 인장강도와 압축강도는 섬유방향에 대한 강도가 가장 크다.
② 탄성계수는 축방향, 반지름방향, 함수율과 관련이 없다.
③ 전단강도는 직각방향이 평행방향보다 작다.
④ 휨강도는 옹이의 크기와 위치에 상관없이 동일하다.

정답 08 ② 09 ③ 10 ①

해설 목재의 강도 순서

인장강도 > 휨강도 > 압축강도 > 전단강도

[표] 각종 강도의 관계 비교

강도의 종류	섬유방향	섬유직각방향
압축강도	100	10~20
인장강도	약 200	7~20
휨강도	약 150	10~20
전단강도	침엽수 16 활엽수 19	-

※ 섬유방향의 압축강도를 100으로 기준하였다.

11 열전도율이 큰 순서에서 작은 순서로 옳게 나열한 것은?

A : 구리 B : 철
C : 보통콘크리트 D : 유리

① A – B – D – C
② A – B – C – D
③ B – A – D – C
④ A – C – B – C

해설 목재의 열전도율

㉠ 목재는 조직 가운데 공간이 있기 때문에 열의 전도가 더디다.
㉡ 열전도율은 섬유방향, 목재의 비중, 함수율에 따라 변화한다.
㉢ 겉보기 비중은 작은 다공질의 목재가 열전도율이 작다.

※ 겉보기 비중 = $\dfrac{\text{건조중량}}{\text{표면건조포화상태}}$

[표] 각종 재료의 열전도율(λ)(단위 : W/m·K)

재료	구리	알루미늄	철	콘크리트	유리	벽돌	물	목재	코르크판	공기
열전도율	386	164	43	1.4	1.05	0.84	0.6	0.14	0.043	0.025

※ 목재의 열전도율(0.14)은 공기(0.025)보다 크며, 물(0.6)보다 작다.
※ 목재는 열전도율이 적어 보온, 방한, 방서적이다.

12 콘크리트의 시공연도(Workability)를 측정하는 시험방법이 아닌 것은?

① 슬럼프 시험 ② 낙하 시험
③ 리몰딩 시험 ④ 압축강도 시험

해설 콘크리트의 워커빌리티(Workability, 시공연도) 측정하는 시험법

㉠ 슬럼프 시험(slump test) : 콘크리트의 반죽질기를 간단히 측정하는 시험
㉡ 플로우 시험(flow test) : 콘크리트가 흘러 퍼지는 데에 따라 변형 저항을 측정하는 시험
㉢ 다짐계수 시험 : 콘크리트의 다짐계수를 측정하여 시공연도를 알아보는 시험
㉣ 비비 시험(Vee-Bee test) : 콘크리트의 침하도를 측정하여 시공연도를 알아보는 시험
㉤ 구 관입시험(ball penetration test) : 주로 콘크리트를 섞어 넣은 직후의 반죽질기를 측정하는 시험
㉥ 리모울딩 시험(remoulding test) : 슬럼프 시험과 플로우 시험을 혼합한 시험

※ 시공연도에 영향을 주는 요소는 단위수량, 단위시멘트량, 시멘트 성질, 공기량, 골재의 입도, 혼화재료, 비빔 시간, 온도 등

13 목재의 무늬를 그대로 살릴 수 있는 도료는?

① 유성페인트 ② 생 옻칠
③ 바니쉬 ④ 에나멜페인트

해설 바니쉬(Vanish)

합성수지, 아스팔트, 안료 등에 건성유나 용제를 첨가한 것으로, 건조가 빠르고 광택, 작업성, 점착성 등이 좋아 주로 옥내 목부바탕의 투명마감도료로 사용된다.

14 플라스틱재료와 그 용도와의 관계로 옳은 것은?

① 염화비닐 수지 – 조명기구, 천창
② 폴리에틸렌 수지 – 실내바닥재, 천창
③ 아크릴 수지 – 파이프, 수도관
④ 폴리스틸렌 수지 – 단열재, 방진포장재

정답 11 ② 12 ④ 13 ③ 14 ④

해설

① 염화비닐 수지 : 강도, 전기전열성, 내약품성이 양호하고 가소제에 의하여 유연고무와 같은 품질이 되며 고온, 저온에 약하다. PVC라 불리우며 사용 온도는 −10~60℃이며 필름, 지붕재, 벽재, 급·배수관, 스펀지, 시이트, 레일, 도료, 접착제로 사용된다.
② 폴리에틸렌 수지 : 열가소성수지로 내수성, 내약품성, 전기절연성이 있으며 방습시트, 포장필름 등에 사용된다. 내화학성의 파이프로도 쓰이지만, 도료로서의 사용은 곤란한 합성수지이다.
③ 아크릴 수지 : 무색 투명판으로 착색이 자유롭고 내충격강도가 무기유리의 10배 정도가 되며 내약품성이 우수한 수지제품으로 유기유리로도 불리운다.
④ 폴리스티렌 수지(스티롤 수지) : 열가소성 수지로 무색투명, 전기절연성, 내수성, 내약품성이 크다. 주용도로 창유리, 파이프, 발포보온판, 벽용타일, 채광용으로 사용된다.

15 돌로마이트 플라스터(Dolomite Plaster)에 대한 설명으로 옳지 않은 것은?

① 점성이 커서 풀이 필요 없다.
② 수경성 미장재료에 해당된다.
③ 다른 미장재료에 비해 비중이 큰 편이다.
④ 냄새, 곰팡이가 없어 변색될 염려가 없다.

해설 돌로마이터 플라스터 바름

㉠ 재료 : 돌로마이트(마그네샤질 석회)+모래+여물
㉡ 가소성(점성)이 높기 때문에 풀을 혼합할 필요가 없으며, 응결시간이 비교적 길기 때문에 시공이 용이하다.
㉢ 건조수축이 커서 균열이 생기므로 여물을 혼합하여 잔금을 방지한다.
㉣ 대기 중의 이산화탄소(CO_2)와 화합해서 경화하는 기경성 미장재료로 습기 및 물에 약해 지하실에는 사용하지 않는다.

16 건축재료 중 압축강도가 일반적으로 가장 큰 것부터 작은 순서로 나열된 것은?

① 화강암 – 보통콘크리트 – 시멘트벽돌 – 참나무
② 보통콘크리트 – 화강암 – 참나무 – 시멘트벽돌
③ 화강암 – 참나무 – 보통콘크리트 – 시멘트벽돌
④ 보통콘크리트 – 참나무 – 화강암 – 시멘트벽돌

해설 압축강도

화강암(160MPa) – 참나무(64.1MPa) – 보통 콘크리트(15MPa 이상) – 시멘트벽돌(10~15MPa)

17 유리에 관한 설명으로 옳지 않은 것은?

① 강화유리의 강도는 플로트 판유리에 비해 3~5배이다.
② 복층유리는 2장 이상의 판유리 틈새에 압력공기를 채운 것이다.
③ 접합유리는 2장 이상의 판유리를 합성수지로 전면 접착한 것이다.
④ 스팬드럴유리는 규산분이 많은 유리로서 그 성분은 석영유리와 유사하다.

해설 스팬드럴 유리(spandrel glass)

판유리의 한쪽 면에 세라믹질 도료를 코팅한 다음 고온에서 융착 반 강화시킨 불투명한 색유리로 미려한 금속성을 만든다. 코팅 처리 후 강화되기 때문에 일반 유리에 비해 내구성이 뛰어나고 일반유리보다 몇 배의 강도를 가진다.

18 석재의 특성에 대한 설명으로 옳은 것은?

① 비중이 작고 운반이 편리하다.
② 큰 판재를 얻기 쉽다.
③ 석재상호간의 접합이나 바탕의 설치가 쉽다.
④ 경질이어서 가공하기가 곤란하다.

정답 15 ② 16 ③ 17 ④ 18 ④

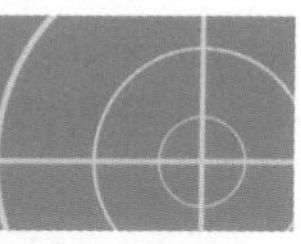

해설 석재의 장·단점

(1) 장점
㉠ 불연성이고 압축강도가 크다.
㉡ 내수성, 내구성, 내화학성이 풍부하고 내마모성이 크다.
㉢ 종류가 다양하고 색도와 광택이 있어 외관이 장중 미려하다.
(2) 단점
㉠ 장대재(長大材)를 얻기가 어려워 가구재(架構材)로는 부적당하다.
㉡ 비중이 크고 가공성이 좋지 않다.

19 다음 건축용 도료 중 내수성, 내산성, 내알카리성, 내열성이 가장 우수한 것은?

① 유성 페인트(Oil Paint)
② 에나멜 페인트(Enamel Paint)
③ 래커(Lacquer)
④ 합성수지 페인트

해설

합성수지 페인트 : 콘크리트나 플라스터면에 사용

20 도막 방수재를 사용한 방수공사에 있어서, 방수시공의 제1공정에 사용되는 것은?

① 접착제 ② 프라이머
③ 희석제 ④ 마감도료

해설 아스팔트 프라이머

블로운 아스팔트를 용제에 녹인 것으로 아스팔트 방수의 바탕처리재로 이용된다. 콘크리트 등의 모체에 침투가 용이하여 콘크리트와 아스팔트 부착이 잘 되게 가장 먼저 도포한다.

건축재료 2014년 8월 17일(4회)

01 점토의 성질에 관한 설명으로 틀린 것은?

① 알루미나가 많은 점토는 가소성이 좋다.
② 양질의 점토는 건조상태에서 현저한 가소성을 나타내며 가소성이 너무 작은 경우에는 모래 등을 첨가하여 조절한다.
③ 점토의 비중은 일반적으로 2.5~2.6의 범위이나 Al_2O_3가 많은 점토는 3.0에 이른다.
④ 강도는 점토의 종류에 따라 광범위하며, 압축강도는 인장강도의 약 5배 정도이다.

해설

가소성이 너무 큰 경우에는 모래 또는 사모테(구운 점토분말)를 첨가하여 조절한다. 점토 반죽에 가소성 조절용으로 모래 또는 사모테를 첨가하여 사용한다.
※ 가소성(可塑性) : 양질의 점토는 습윤 상태에서 현저한 가소성을 나타낸다. (Al_2O_3가 많은 점토가 양질의 점토이다. 점토 입자가 미세할수록 가소성은 좋아진다.)

02 방사선 차폐용 콘크리트 제작에 사용되는 골재로서 적합하지 않은 것은?

① 흑요석 ② 적철광
③ 중정석 ④ 자철광

해설

방사선 차폐용 콘크리트 제작에 사용되는 골재로는 적철광, 중정석, 자철광이 쓰인다.

03 1종 점토벽돌의 압축강도는 최소 얼마 이상이어야 하는가?

① $10.78N/mm^2$ ② $18.6N/mm^2$
③ $20.59N/mm^2$ ④ $24.5N/mm^2$

정답 19 ④ 20 ② / 01 ② 02 ① 03 ④

해설 점토벽돌(소성벽돌, 붉은벽돌)의 허용압축강도와 흡수율(KSL 4201, 12년 4월 13일 개정)

㉠ 1종 : 24.50 N/mm² 이상, 10% 이하
㉡ 2종 : 20.59 N/mm² 이상, 13% 이하
㉢ 3종 : 10.78 N/mm² 이상, 15% 이하

04 중용열 포틀랜드시멘트에 대한 설명으로 틀린 것은?

① 매스콘크리트용으로 사용된다.
② 조기강도는 보통포틀랜드시멘트보다 높으나 장기강도는 조금 낮다.
③ 건조수축이 작고 내황산염성이 크다.
④ 시멘트의 발열량이 작다.

해설 중용열 포틀랜드시멘트

㉠ 시멘트의 발열량을 저감시킬 목적으로 제조한 시멘트
㉡ 수화열이 작고 수화속도가 비교적 느리다.
㉢ 건조수축이 작고, 화학저항성이 일반적으로 크다.
㉣ 내산성(내황산염성)이 우수하며, 내구성이 좋다.
㉤ 주로 댐 콘크리트, 도로포장, 매스콘크리트용으로 사용된다.
※ 중용열 포틀랜드시멘트는 CaS나 CaA가 적고, 장기강도를 지배하는 C_2S를 많이 함유한 시멘트이다.

05 다음 중 방청도료에 해당되지 않는 것은?

① 광명단 도료　② 규산염 도료
③ 오일서페이서　④ 징크로메이트 도료

해설 방청도료

㉠ 광명단 : 철골 녹막이칠, 금속 재료의 녹막이를 위하여 사용하는 바탕칠 도료로서 가장 많이 쓰이며 비중이 크고 저장이 곤란하다.
㉡ 징크로메이트 : 알루미늄이나 아연철판 초벌 녹막이칠에 쓰이는 것으로, 크롬산 아연을 안료로 하고 알키드 수지를 전색 도료한 것
㉢ 알루미늄 도료 : 알루미늄 분말을 안료로 하는 것으로 방청효과 외에 광선, 열반사 효과가 있다.
㉣ 방청 산화철 도료 : 산화철에 아연화, 아연분말, 연단, 납 시안아미드 등을 가한 것을 안료로 하고, 이것을 스탠드 오일, 합성수지 등에 녹인 것이다.

06 알루미늄에 관한 설명으로 틀린 것은?

① 용해주조도는 좋으나 내화성이 부족하다.
② 알칼리나 해수에 약하다.
③ 내식도료로 광명단을 사용한다.
④ 열·전기전도성이 크고 반사율이 높다.

해설 알루미늄(Aluminum)

㉠ 독특한 흰 광택을 지닌 경금속이다. (비중 2.7로서 철의 약 1/3정도)
㉡ 전기 전도율이 다른 금속보다 크며 열전도율도 높다.
㉢ 내화성이 매우 떨어진다. (온도상승에 따른 강도가 급히 감소)
㉣ 강성이 적으며(탄성계수의 1/2~1/3), 열팽창계수가 크다. (철의 2배)
㉤ 공기 중에서 표면에 산화막이 생겨 내식성이 크다.
㉥ 광선 및 열의 반사율이 크므로 열차단재로 쓰인다.
㉦ 압연, 인발 등의 가공성이 좋다. (전연성이 좋다.)
㉧ 산, 알칼리 및 해수에 침식되기 쉽다.
㉨ 용도 : 지붕잇기, 실내장식, 가구, 창호, 커어튼레일

07 주 용도가 도료로 사용되는 합성수지를 옳게 고른 것은?

① 셀룰로오스 수지, 요소수지
② 알키드수지, 요소수지
③ 알키드수지, 셀룰로오스수지
④ 셀룰로오스수지, 에틸섬유소수지

정답　04 ②　05 ③　06 ③　07 ③

해설 도료로 사용되는 합성수지

알키드수지, 셀룰로오스수지
※ 알키드수지 : 프탈산과 글리세린수지를 변성시킨 포화폴리에스테르수지로 내후성, 접착성이 우수하며 도료나 접착제 등으로 사용된다.

08 콘크리트 부재 또는 구조물의 치수가 커서 시멘트의 수화열에 의한 온도의 상승을 고려하여 시공해야 하는 콘크리트는?

① 매스콘크리트
② 고강도콘크리트
③ 섬유보강 콘크리트
④ 프리스트레스트 콘크리트

해설 매스 콘크리트(mass concrete)

부재의 단면이 커서 시멘트의 수화열로 인해 온도균열이 생길 가능성이 큰 구조물에 타설하는 콘크리트로 온도균열을 제어하는 것이 중요하다.
※ 부재단면의 치수가 80cm 이상, 하부가 구속된 50cm 이상의 벽체 등과 내부 최고온도와 외기온도의 차이가 25℃ 이상으로 예상되는 콘크리트를 매스 콘크리트(mass concrete)라고 정의한다.(건축공사표준시방서)

09 유리 중 현장에서 절단 가공할 수 없는 것은?

① 망입 유리 ② 강화 유리
③ 소다석회 유리 ④ 무늬 유리

해설 강화유리

㉠ 평면 및 곡면, 판유리를 600℃ 이상의 가열로 균등한 공기를 뿜어 급냉시켜 제조한다.
㉡ 내충격, 하중강도는 보통 유리의 3~5배, 휨강도 6배 정도이다.
㉢ 200℃ 이상의 고온에서 견디므로 강철유리라고도 한다.
㉣ 현장에서의 가공, 절단이 불가능하다.
㉤ 파손시 예리하지 않는 둔각 파편으로 흩어지므로 안전상 유리하다.
㉥ 용도 : 무테문, 자동차, 선박 등에 쓰며 커튼월에 쓰이는 착색강화유리도 있다.

10 경량 기포 콘크리트(ALC)의 특징으로 틀린 것은?

① 흡수성이 낮아 동해에 대한 저항성이 강하다.
② 흡음률이 보통콘크리트에 비해 크다.
③ 다공질로서 강도가 작다.
④ 열전도율이 낮다.

해설 ALC(Autoclaved Light-weight Concrete : 경량 기포 콘크리트)

(1) 오토클레이브(autoclave)에 고온(180℃) 고압(0.98MPa) 증기양생한 경량 기포 콘크리트이다.
(2) 원료 : 생석회, 규사, 규석, 시멘트, 플라이 애시, 알루미늄 분말 등
(3) 장점
㉠ 경량성 : 기건비중은 보통콘크리트의 1/4 정도(0.5~0.6)
㉡ 단열성 : 열전도율은 보통콘크리트의 약 1/10 정도(0.15W/m·K)
㉢ 불연·내화성 : 불연재인 동시에 내화구조 재료이다.
㉣ 흡음·차음성 : 흡음률은 10~20% 정도이며, 차음성이 우수하다(투과손실 40dB)
㉤ 시공성 : 경량으로 인력에 의한 취급은 가능하고, 현장에서 절단 및 가공이 용이하다.
㉥ 건조수축률이 매우 작고, 균열발생이 어렵다.
(4) 단점
㉠ 강도가 비교적 적은 편이다.(압축강도 4MPa)
㉡ 기공(氣孔)구조이기 때문에 흡수성이 크며, 동해에 대한 방수방습처리가 필요하다.

11 최근 에너지저감 및 자연친화적인 건축물의 확대정책에 따라 에너지저감, 유해물질저감, 자원의 재활용, 온실가스 감축 등을 유도하기 위한 건설자재 인증제도와 거리가 먼 것은?

① 환경표지 인증제도
② GR(Good Recycle) 인증제도
③ 탄소성적표지 인증제도
④ GD(Good Design)마크 인증제도

정답 08 ① 09 ② 10 ① 11 ④

12 목재의 방부제가 갖추어야 할 성질로서 틀린 것은?

① 균류에 대한 저항성이 클 것
② 화학적으로 안정할 것
③ 휘발성이 있을 것
④ 침투성이 클 것

해설 목재의 방부제 조건

㉠ 방부성이 강하고, 효력이 영구적일 것
㉡ 침투가 잘되고, 비인화성일 것
㉢ 저렴하며, 방부처리가 용이할 것
㉣ 방부처리 후 표면에 페인트칠을 할 수 있을 것
㉤ 인체 등에 무해하며, 금속을 부식시키지 않을 것

13 두꺼운 아스팔트 루핑을 4각형 또는 6각형 등으로 절단하여 경사지붕재로 사용하는 역청제품의 명칭은?

① 아스팔트 싱글
② 망상 루핑
③ 아스팔트 시트
④ 석면 아스팔트 펠트

해설 아스팔트 싱글

모래붙임루핑에 유사한 제품을 석면플레이트판과 같이 지붕재료로 사용하기 좋은 형으로 만든 것이다.

14 긴 판을 가공하여 강당 등의 음향조절용으로 이용되며, 의장 효과도 겸할 수 있는 목재 제품은?

① 코펜하겐 리브　② 파키트리 보드
③ 플로링 패널　④ 파키트리 블록

해설 코펜하겐 리브(copenhagen rib)

㉠ 두께 5cm, 나비 10cm 정도의 긴 판에다 표면을 리브로 가공한 것이다.
㉡ 원래 코펜하겐의 방송국 벽에 음향효과를 내기 위해 사용한 것이 최초이다.
㉢ 음향조절효과, 장식효과가 있다.
㉣ 용도 : 강당, 극장, 영화관, 집회장 등의 천장이나 내벽

15 퍼티, 코킹, 실런트 등의 총칭으로서, 건축물의 프리패브 공법, 커튼월 공법 등의 공장 생산화가 추진되면서 주목받기 시작한 재료는?

① 아스팔트재　② 실재
③ 셀프 레벨링재　④ FRP 보강재

해설 실(seal)재

퍼티, 코킹, 실런트 등의 총칭으로서, 건축물의 프리패브 공법, 커튼월 공법 등의 공장 생산화가 추진되면서 주목받기 시작한 재료

16 점토 재료에서 SK 번호는 무엇을 의미하는가?

① 소성하는 가마의 종류를 표시
② 소성온도를 표시
③ 제품의 종류를 표시
④ 점토의 성분을 표시

해설

세게르 콘(SK) No는 소성온도를 나타낸다.
※ 내화벽돌은 미색으로 600~2,000℃의 고온에 견디는 벽돌로 세게르 콘(SK) No. 26(소성온도 1,580℃) 이상의 내화도를 가진 것으로 크기는 230mm×114mm×65mm로 보통벽돌보다 약간 크다.

17 콘크리트용 골재로서 요구되는 골재의 성질이 아닌 것은?

① 콘크리트강도를 확보하는 강성을 지닐 것
② 입도는 조립에서 세립까지 연속적으로 균등히 혼합되어 있을 것
③ 골재의 입형은 편평, 세장할 것
④ 잔골재는 유기불순물시험에 합격한 것

해설 콘크리트용 골재

㉠ 골재는 청정, 강경하고, 내구성이 있고, 화학적, 물리적으로는 안정하고 알모양이 둥글거나 입방체에 가깝고 입도가 적당하고 유기 불순물(유해량 이상의 염분 등)이 포함되지 않아야 한다.

정답　12 ③　13 ①　14 ①　15 ②　16 ②　17 ③

㉡ 콘크리트에 유동성을 갖도록 하며, 공극률이 적어 시멘트를 절약할 수 있는 둥근 것이 좋고, 넓거나 길죽한 것이나 예각으로 된 것은 좋지 않다.
㉢ 골재의 강도는 콘크리트 중 경화한 시멘트 풀(cement paste)의 강도보다 커야 한다.

18 열경화성 수지 중 내후성이 우수하여 FRP, 욕조 등의 용도에 사용되는 수지는?

① 멜라민수지
② 실리콘수지
③ 알키드수지
④ 불포화 폴리에스테르수지

해설 불포화 폴리에스테르 수지(폴리에스틸 수지)

㉠ 열경화성수지이다.
㉡ 유리섬유로 보강된 것은 플라스틱(강화플라스틱 : FRP)으로 대단히 강하다.
㉢ 사용한계온도는 100~150℃ 정도이고, 영하 90℃에도 내성이 크다.
㉣ 전기절연성, 내열성, 내약품성이 좋고 가압성형이 가능하다.
㉤ 내약품성은 산류 및 탄화수소계 용제는 강하나, 알칼리·산화성산에는 약하다.
㉥ 주용도 : 커튼월, 창틀, 덕트, 파이프, 도료, 욕조, 큰 성형품, 접착제

19 목재의 일반적인 성질에 대한 설명 중 틀린 것은?

① 비중이 작다.
② 가공성이 좋다.
③ 건조한 것은 불에 타기 쉽다.
④ 열전도율이 크다.

해설 목재의 특징

(1) 장점
① 건물이 경량하고 시공이 간편하다.
② 비중이 작고 비중에 비해 강도가 크다. (비강도가 크다.)
③ 열전도율이 적다. (보온, 방한, 방서)
④ 내산, 내약품성이 있고 염분에 강하다.
⑤ 수종이 다양하고 색채, 무늬가 미려하다.

(2) 단점
① 고층건물이나 큰 스팬(span)의 구조가 불가능하다.
② 착화점이 낮아서 비내화적이다.
③ 내구성이 약하다.(충해 및 풍화로 부패)
④ 함수율에 다른 변형 및 팽창 수축이 크다.

20 응력의 방향이 섬유방향에 평행할 경우 목재의 강도 중 가장 약한 것은?

① 압축강도　② 휨강도
③ 인장강도　④ 전단강도

해설 목재의 강도 순서(섬유방향)

인장강도(약 200) > 휨강도(약 150) > 압축강도(100) > 전단강도(16)
※ 섬유방향의 압축강도를 100으로 기준

정답 18 ④ 19 ④ 20 ④

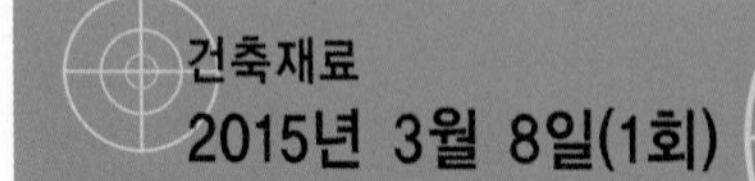
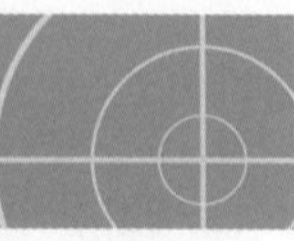

건축재료
2015년 3월 8일(1회)

01 파티클 보드에 관한 설명 중 틀린 것은?

① 강도에 방향성이 없다.
② 두께는 비교적 자유로이 선택할 수 있다.
③ 방충, 방부성이 크다.
④ 못이나 나사못의 지지력이 일반목재에 비해 매우 작다.

해설 파티클 보드(Particle Board)

목재 또는 기타 식물질을 절삭 또는 파쇄하여 소편(조각)으로 하여 충분히 건조시킨 후 합성 수지 접착제로 열압 제판한 보드이다.
㉠ 강도에 방향성이 없으며 큰 면적을 얻을 수 있다.
㉡ 흡음, 단열, 차단성이 양호하다.
㉢ 두께는 자유로이 만들 수 있다.
㉣ 표면이 평활하고 경도가 크다
㉤ 방충, 방부성이 좋다.
㉥ 용도 : 상판, 칸막이벽, 가구 등에 사용

02 석회암($CaCO_3$)을 900~1200℃ 정도로 가열 소성하여 얻어지는 것은?

① 소석회 ② 생석회
③ 무수석고 ④ 마그네시아 석회

해설 소석회

석회석($CaCO_3$) + 열(900~1200℃ 정도)
= 생석회 → 생석회 + 물 = 소석회
※ 소석회는 공기 중의 탄산가스와 반응하여 굳어지는 기경성 재료이다.

03 다음 합성수지 중 방수성이 가장 강한 수지는?

① 푸란수지 ② 멜라민수지
③ 실리콘수지 ④ 알키드수지

해설 방수성(내수성)의 크기

실리콘 수지 > 에폭시 수지 > 페놀 수지 > 멜라민 수지 > 요소 수지
※ 실리콘(Silicon)수지
㉠ 열경화성수지로 열절연성이 크고, 내약품성, 내후성이 좋으며, 전기적 성능이 우수하다.
㉡ 탄력성, 내수성 등이 아주 우수하기 때문에 접착제, 도료로서 주로 사용된다.
㉢ 가소물이나 금속을 성형할 때 이형제로 쓸 수 있을 정도로 피복력이 있다.
㉣ 발수성이 있기 때문에 건축물, 전기 절연물 등의 방수에 쓰인다.

04 석재의 재료적 특징에 대한 설명으로 틀린 것은?

① 외관이 장중하고 석질이 치밀한 것을 갈면 미려한 광택이 난다.
② 압축강도는 인장강도에 비해 매우 작아 장대재(長大材)를 얻기 어렵다.
③ 화열에 닿으면 화강암은 균열이 발생하여 파괴된다.
④ 비중이 크고 가공이 불편하다.

해설 석재의 장·단점

(1) 장점
㉠ 불연성이고 압축강도가 크다.
㉡ 내수성, 내구성, 내화학성이 풍부하고 내마모성이 크다.
㉢ 종류가 다양하고 색도와 광택이 있어 외관이 장중 미려하다.
(2) 단점
㉠ 장대재(長大材)를 얻기가 어려워 가구재(架構材)로는 부적당하다.
㉡ 비중이 크고 가공성이 좋지 않다.

05 다음 중 점토 제품이 아닌 것은?

① 테라죠 ② 테라코타
③ 타일 ④ 내화벽돌

정답 01 ④ 02 ② 03 ③ 04 ② 05 ①

해설 테라죠

대리석의 쇄석을 종석으로 하여 대리석과 같이 미려한 광택을 갖도록 마감한 것

06 한번에 두꺼운 도막을 얻을 수 있으며 넓은 면적의 평판도장에 최적인 도장방법은?

① 브러시칠 ② 롤러칠
③ 에어스프레이 ④ 에어리스 스프레이

해설 에어리스 스프레이(airless spray)

㉠ Graco의 펌프, 스프레이 건 및 이액형 프로포셔너를 이용하여 도장하는 방법으로 생산성이 향상되고 비용이 절감되며, 보호 목적의 도장에 성능을 발휘한다.
㉡ 한번에 두꺼운 도막을 얻을 수 있으며 넓은 면적의 평판도장에 최적인 도장방법이다.

07 콘크리트의 배합설계 시 고려할 사항으로 가장 거리가 먼 것은?

① 잔골재율 ② 양생
③ 혼화제량 ④ 물-시멘트비

해설 보양(양생)

수화작용을 충분히 발휘시킴과 동시에 건조 및 외력에 의한 균열발생을 방지하고 오손 파괴 변형 등을 보호하는 것이다.

08 철강의 부식 및 방식에 대한 설명 중 틀린 것은?

① 철강의 표면은 대기 중의 습기나 탄산가스와 반응하여 녹을 발생시킨다.
② 철강은 물과 공기에 번갈아 접촉되면 부식되기 쉽다.
③ 방식법에는 철강의 표면을 Zn, Sn, Ni 등과 같은 내식성이 강한 금속으로 도금하는 방법이 있다.
④ 일반적으로 산에는 부식되지 않으나 알칼리에는 부식된다.

해설

철은 일반적으로 알칼리에는 부식되지 않으나 산에는 부식된다. 철강은 철판 표면을 황산으로 씻고 아연 또는 주석 용액에 담가서 도금하는 방식 방법 등이 있다.

09 섬유벽 바름에 대한 설명으로 틀린 것은?

① 주원료는 섬유상 또는 입상물질과 이들의 혼합재이다.
② 균열발생은 크나, 내구성이 우수하다.
③ 목질섬유, 합성수지 섬유, 암면 등이 쓰인다.
④ 시공이 용이하기 때문에 기존벽에 덧칠하기도 한다.

해설 섬유벽 바름

㉠ 목면, 펄프, 인견, 각종 합성섬유, 톱밥, 코르크분, 왕겨, 수목껍질, 암면 등의 각종 섬유상의 재료를 접착제로 접합해서 벽에 바른 것을 말한다.
㉡ 일반의 무기질계 재료보다 균열의 염려가 적고, 방음, 단열성이 크다.
㉢ 현장작업이 용이하다.
㉣ 시공이 용이하기 때문에 기존벽에 덧칠하기도 한다.

10 실리카시멘트의 특징이 아닌 것은?

① 블리딩 감소 및 워커빌리티를 증가시킬 수 있다.
② 건조수축은 감소하나, 화학저항성 및 내수성이 약하다.
③ 초기강도는 약간 적으나 장기강도는 크다.
④ 알칼리골재반응에 의한 팽창의 저지에 유효하다.

정답 06 ④ 07 ② 08 ④ 09 ② 10 ②

해설 실리카시멘트

㉠ 화학 저항성이 향상되며, 시공연도가 좋아진다.
㉡ 블리딩이 감소된다.
㉢ 초기강도는 약간 적으나 장기강도는 크다.
㉣ 알칼리골재반응에 의한 팽창의 저지에 유효하다.
㉤ 해안 구조물, 단면이 큰 곳에 사용한다.

11 알루미늄(aluminium)의 일반적 성질에 대한 설명으로 틀린 것은?

① 광선 및 열반사율이 높다.
② 해수 및 알칼리에 강하다.
③ 독성이 없고 내구성이 좋다.
④ 압연, 인발 등의 가공성이 좋다.

해설 알루미늄(Aluminum)

㉠ 독특한 흰 광택을 지닌 경금속이다. (비중 2.7로서 철의 약 1/3정도)
㉡ 전기 전도율이 다른 금속보다 크며 열전도율도 높다.
㉢ 내화성이 매우 떨어진다. (온도상승에 따른 강도가 급히 감소)
㉣ 강성이 적으며(탄성계수의 1/2~1/3), 열팽창계수가 크다. (철의 2배)
㉤ 공기 중에서 표면에 산화막이 생겨 내식성이 크다.
㉥ 광선 및 열의 반사율이 크므로 열차단재로 쓰인다.
㉦ 압연, 인발 등의 가공성이 좋다. (전연성이 좋다.)
㉧ 산, 알칼리 및 해수에 침식되기 쉽다.
㉨ 용도 : 지붕잇기, 실내장식, 가구, 창호, 커어튼레일

12 기건상태에서 목재의 평균 함수율로 옳은 것은?

① 15% 내외 ② 20% 내외
③ 25% 내외 ④ 30% 내외

해설 목재의 함수율

상태	함수율
섬유포화점	30%
기건재	15%
전건재	0%

※ 섬유포화점 : 목재내의 수분이 증발시 유리수가 증발한 후 세포수가 증발하는 경계점으로 섬유포화점(함수율 약 30%) 이하에서 목재의 수축·팽창 등 재질의 변화가 일어나고 섬유포화점 이상에서는 변화가 없다.

13 건축용으로 많이 사용되는 석재의 역학적 성질 중 압축강도에 대한 설명으로 틀린 것은?

① 중량이 클수록 강도가 크다.
② 결정도와 결합상태가 좋을수록 강도가 크다.
③ 공극률과 구성입자가 클수록 강도가 크다.
④ 함수율이 높을수록 강도는 저하된다.

해설 석재의 압축강도

㉠ 석재의 강도 중에서 압축강도가 가장 크고 인장, 휨 및 전단강도는 압축강도에 비하여 매우 작다. 휨, 인장강도가 약하므로 압축력을 받는 곳에만 사용하여야 한다.(인장강도는 압축강도의 1/10~1/40 정도로 매우 작다.)
㉡ 석재의 압축강도는 단위용적 중량이 클수록 일반적으로 크며, 공극률이 작을수록 또는 구성입자가 작을수록 크고, 결정도와 그 결합상태가 좋을수록 크다. 또한 함수율에 의한 영향을 받으며 함수율이 높을수록 강도가 저하된다.

※ 석재의 흡수율은 공극률에 따라 달라지며, 석재의 내구성에 큰 영향을 끼친다. 즉, 흡수율이 크다는 것은 석재가 다공질이라는 것을 의미하며, 동해나 풍화의 피해 가능성이 높다.

☞ 흡수율(%) 크기 : 응회암(19%) > 사암(18%) > 안산암(2.5%) > 점판암, 화강암(0.3%) > 대리석(0.14%)

14 목재의 단판(veneer)제법 중 원목을 회전시키면서 연속적으로 얇게 벗기는 것으로 넓은 단판을 얻을 수 있고 원목의 낭비가 적은 것은?

① 로터리 베니어
② 슬라이스드 베니어

정답 11 ② 12 ① 13 ③ 14 ①

③ 소오드 베니어
④ 반 소오드 베니어

해설 합판의 제조 방법

종류	제조 방법	특징
로터리 베니어 (Rotary Veneer)	원목이 회전함에 따라 넓은 기계대패로 나이테를 따라 두루마리로 연속적으로 벗기는 것	얼마든지 넓은 단판을 얻을 수 있다. 단판이 널결만으로 되어 표면이 거칠다. 합판제조법의 90% 정도이다.
슬라이스드 베니어 (Sliced Veneer)	원목을 미리 적당한 각재로 만들어 엷게 절단한 것	합판 표면에 곧은결이나 널결의 아름다운 결로 장식적으로 이용한다.
소드 베니어 (Sawed Veneer)	판재를 만드는 것과 같이 얇게 톱으로 쪼개는 것	아름다운 결을 얻을 수 있다. 좌우 대칭형 무늬를 만들 때에 효과적이다.

15 **목재의 유성 방부제로서 방부성은 우수하나 악취가 나고 흑갈색으로 외관이 불미하여 눈에 보이지 않는 토대, 기둥, 도리 등에 사용되는 것은?**

① 크레오소트유
② PF방부제
③ CCA 방부제
④ P.C.P 방부제

해설 크레오소트 오일(Creosoto Oil)

㉠ 유성방부제로 방부력이 우수하고 가격이 저렴하다.
㉡ 화기위험, 철재부식이 적다.
㉢ 처리재의 강도저하가 없다.
㉣ 도장은 불가능하며 독성이 적다.
㉤ 악취가 나고, 흑갈색으로 외관이 불미하므로 눈에 보이지 않는 토대, 기둥, 도리 등에 이용된다.

16 **시멘트에 대한 일반적인 내용으로 옳지 않은 것은?**

① 시멘트의 수화반응에서 경화 이후의 과정을 응결이라 한다.
② 시멘트의 분말도가 클수록 수화작용이 빠르다.
③ 시멘트가 풍화되면 수화열이 감소된다.
④ 시멘트는 풍화되면 비중이 작아진다.

해설

시멘트의 수화반응에서 경화 이전의 과정을 응결이라 한다.

17 **주철관이 오수관(汚水管)으로 사용되는 가장 큰 이유는?**

① 인장강도가 크기 때문이다.
② 압축강도가 크기 때문이다.
③ 내식성이 뛰어나기 때문이다.
④ 가공성이 좋기 때문이다.

해설 주철

㉠ 보통주철(백주철, 회주철)과 가단주철이 있다.
㉡ 탄소 함유량이 2.1~6.7%인 철을 주철이라 한다. (보통 사용 탄소함유량 2.5~5%)
㉢ 용융점이 낮아 복잡한 모양으로 쉽게 주조할 수 있다.
㉣ 압연, 단조 등 기계적 가공은 안 된다.
㉤ 일반 강재보다 내식성이 우수하여 오수관(汚水管) 등에 사용된다.
㉥ 인장강도가 작아서 휨모멘트를 받는 곳에는 부적당하다.
㉦ 용도 : 급·배수관, 방열기, 장식 철물, 창호 철물, 맨홀 뚜껑

18 **구조용 강재에 반복하중이 작용하면 항복점 이하의 강도에서도 파괴될 수 있다. 이와 같은 현상을 무엇이라 하는가?**

① 피로 파괴　② 인성 파괴
③ 연성 파괴　④ 취성 파괴

정답 15 ① 16 ① 17 ③ 18 ①

해설 강재의 응력-변형도 곡선

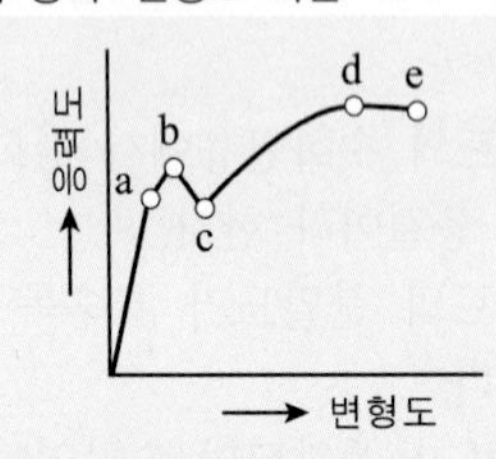

㉠ 비례한도(a점) : 응력이 작을 때에는 변형이 응력에 비례하여 커진다. 이 비례 관계가 성립되는 최대한도를 말한다.
㉡ 탄성한도 : 외력을 제거했을 때 응력과 변형이 완전히 영(Zero)으로 돌아가는 최대한도를 말한다.
㉢ 상, 하위 항복점(b, c점) : 외력이 더욱 작용되어 상위항복점이 변형되면 응력은 별로 증가하지 않으나 변형은 크게 증가하여 하위항복점에 도달한다.
㉣ 최대강도(극한강도, d점) : 응력과 변형이 비례하지 않는 상태
㉤ 파괴강도(e점) : 응력은 증가하지 않아도 저절로 변형이 커져서 파괴된다.(피로파괴)
※ 인장강도, 탄성한도 항복점은 탄소의 양이 증가함에 따라 올라가 약 0~85%에서 최대가 되고 그 이상이 되면 내려가며 그 사이의 신장률은 점점 작아진다.

19 접착제로서 알루미늄 접착에 가장 적합한 것은?

① 요소수지 ② 에폭시수지
③ 알키드수지 ④ 푸란수지

해설 에폭시 수지(Epoxy Resin Paste)

㉠ 내수성, 내습성, 내약품성, 전기절연이 우수, 접착력 강하다.
㉡ 피막이 단단하며, 유연성이 부족하고, 값이 비싸다.
㉢ 다른 방수의 보조제 또는 바탕 콘크리트의 균열 보수에 사용되며, 균열저항성이 적다.
㉣ 현재까지의 접착제 중 가장 우수하다.
㉤ 주용도로 금속, 항공기 접착에 쓰인다.

20 다음 흡음재료 중 고음역 흡음재료로 가장 적당한 것은?

① 파티클 보드
② 구멍 뚫린 석고 보드
③ 구멍 뚫린 알루미늄 판
④ 목모 시멘트 판

정답 19 ② 20 ④

건축재료
2015년 5월 31일(2회)

01 합판에 대한 설명으로 옳은 것은?

① 얇은 판을 섬유방향이 서로 평행하도록 짝수로 적층하면서 접착시킨 판을 말한다.
② 함수율 변화에 의한 신축변형이 크며 방향성이 있다.
③ 곡면가공을 하면 균열이 쉽게 발생한다.
④ 표면가공법으로 흡음효과를 낼 수가 있고 의장적 효과도 높일 수 있다.

해설 합판(plywood)

㉠ 단판을 3·5·7매 등의 홀수로 섬유방향이 직교하도록 접착제를 붙여 만든 것이다.
㉡ 함수율 변화에 의한 뒤틀림, 신축 등의 변형이 적고 방향성이 없다.
㉢ 일반 판재에 비해 균질하고, 강도가 높으며, 넓은 단판을 만들 수 있다.
㉣ 곡면 가공하여도 균열이 생기지 않고 무늬도 일정하다.
㉤ 표면가공법으로 흡음효과를 낼 수 있다.
㉥ 용도 : 내장용(천장, 칸막이벽, 내벽의 바탕), 거푸집재 및 창호재

02 한수석(寒水石, 백회석)의 주 용도는?

① 테라코타 제조용
② 콘크리트 골재용
③ 인조석 바름의 종석용
④ 내화벽돌 제조용

해설

인조석 바름의 재료 = 백시멘트, 종석, 안료, 돌가루, 물
※ 한수석(寒水石, 백회석)의 주용도 : 인조석 바름의 종석용
☞ 인조석 바름
모르타르로 바름 바탕을 한 위에 화강석, 석회석 등의 부순 돌과 보통시멘트 또는 백색시멘트와 안료, 돌가루 등을 배합하여 바른 후에 씻어내기, 갈기 또는 다듬기 등으로 마무리한다.

03 창호 철물로서 도어체크를 달 수 있는 문은?

① 미닫이문 ② 여닫이문
③ 접이문 ④ 미서기문

해설 도어 체크(door check)

열려진 여닫이문이 저절로 닫아지게 하는 장치로 door closer라고도 한다.

04 다음 석재 중 압축강도가 일반적으로 가장 큰 것은?

① 화강암 ② 사문암
③ 사암 ④ 응회암

해설 압축강도의 크기

화강암 > 점판암 > 대리석 > 안산암 > 사문암 > 사암 > 응회암 > 부석
※ 화강암(Granite)
㉠ 강도가 크고(압축강도 : 160MPa 정도), 광택이 양호하다.
㉡ 흡수성이 적고, 내마모성, 내구성이 크고, 돌결의 간격이 커서 큰 재를 얻을 수 있다.
㉢ 가공성이 우수하여 구조용, 장식용으로 사용된다.
㉣ 열에 약하다. (내열 온도 : 570℃)

05 화재시 개구부에서의 연소(延燒)를 방지하는 효과가 있는 유리는?

① 망입판유리 ② 자외선투과유리
③ 열선흡수유리 ④ 열선반사유리

해설 망입유리

유리 내부에 금속망(철, 놋쇠, 알루미늄 망)을 삽입하여 압착 성형한 것으로 도난방지 유류창고에 사용한다. 열을 받아서 유리가 파손되어도 떨어지지 않으므로 을종방화문에 사용한다.

정답 01 ④ 02 ③ 03 ② 04 ① 05 ①

06 블론 아스팔트의 성능을 개량하기 위해 동식물성 유지와 광물질 분말을 혼입하여 제작한 것은?

① 아스팔트 프라이머
② 아스팔트 컴파운드
③ 아스팔트 코팅
④ 아스팔트 에멀젼

해설 아스팔트 컴파운드

블로운 아스팔트에 동식물성 유지나 광물성 분말을 혼합하여 만든 신축성이 가장 크고 최우량품이다.
※ 아스팔트 프라이머 : 블로운 아스팔트에 휘발성 용제를 넣어 묽게 한 것으로, 방수층 바탕에 침투시켜 부착이 잘 되게 한다.
※ 아스팔트 에멀션(asphalt emulsion) : 아스팔트를 1~3μm의 미립자로 수중에 분산시킨 것으로 주로 도로포장용에 사용되며, 시멘트와 혼합하여 사용하기도 한다. 아스팔트의 함유량은 약 50~70%이다.

07 불림하거나 담금질한 강을 다시 200~600℃로 가열한 후 공기 중에서 냉각하는 처리를 말하며, 내부응력을 제거하며 연성과 인성을 크게 하기 위해 실시하는 것은?

① 뜨임질 ② 압출
③ 중합 ④ 단조

해설 뜨임질(소려, Tempering)

담금질한 그대로의 강은 너무 경도가 커서 내부에 변형을 일으키는 경우가 많으므로, 인성을 부여하기 위하여 이것을 200~600℃ 정도로 다시 가열한 다음 공기 중에서 천천히 식히면 변형이 없어지고 강인한 강이 된다. 이것을 뜨임이라 한다.

08 시멘트 제조시 클링커(clinker)에 석고를 첨가하는 주된 이유는?

① 조기강도의 증진
② 응결속도의 조절
③ 시멘트 색의 조절
④ 내약품성의 증대

해설

보통 포틀랜드 시멘트는 석회질의 원료와 점토질의 원료를 혼합하여 소성한 것으로 클링커에 석고(응결조절용)를 가하여 분쇄한 것이다.

$$\text{석회석} + \text{점토} + \text{Slag} \xrightarrow[\text{소성}]{1400\sim1500℃} \text{클링커}$$

(Clinker) ⟶ 분해 + 석고 3%

09 건축용 각종 금속재료 및 제품에 관한 설명 중 틀린 것은?

① 구리는 화장실 주위와 같이 암모니아가 있는 장소나, 시멘트, 콘크리트 등 알칼리에 접하는 경우에는 빨리 부식하기 때문에 주의해야 한다.
② 납은 방사선의 투과도가 낮아 건축에서 방사선 차폐재료로 사용된다.
③ 알루미늄은 대기 중에서는 부식이 쉽게 일어나지만 알칼리나 해수에는 강하다.
④ 니켈은 전연성이 풍부하고 내식성이 크며 아름다운 청백색 광택이 있어 공기 중 또는 수중에서 색이 거의 변하지 않는다.

해설 알루미늄(Aluminum)

㉠ 독특한 흰 광택을 지닌 경금속이다. (비중 2.7로서 철의 약 1/3정도)
㉡ 전기 전도율이 다른 금속보다 크며 열전도율도 높다.
㉢ 내화성이 매우 떨어진다. (온도상승에 따른 강도가 급히 감소)
㉣ 강성이 적으며(탄성계수의 1/2~1/3), 열팽창계수가 크다. (철의 2배)
㉤ 공기 중에서 표면에 산화막이 생겨 내식성이 크다.
㉥ 광선 및 열의 반사율이 크므로 열차단재로 쓰인다.
㉦ 압연, 인발 등의 가공성이 좋다. (전연성이 좋다.)
㉧ 산, 알칼리 및 해수에 침식되기 쉽다.
㉨ 용도 : 지붕잇기, 실내장식, 가구, 창호, 커어튼레일

정답 06 ② 07 ① 08 ② 09 ③

10 실링재가 갖추어야 할 조건에 대한 설명으로 틀린 것은?

① 기밀성이 우수해야 한다.
② 부재와 밀착성이 양호해야 한다.
③ 줄눈의 여러 가지 움직임에 추종하지 않고 저항하는 고정성이 우수해야 한다.
④ 내구성이 우수해야 한다.

해설 실링재(sealing material)가 갖추어야 할 조건

㉠ 기밀성·수밀성이 우수해야 한다.
㉡ 내구성이 우수해야 한다.
㉢ 부재와 밀착성이 양호해야 한다.
㉣ 줄눈의 여러 가지 움직임에 추종하며 유동성이 우수해야 한다.

11 목재의 강도에 관한 설명 중 틀린 것은?

① 함수율이 높을수록 강도가 크다.
② 심재가 변재보다 강도가 크다.
③ 옹이가 많은 것은 강도가 작다.
④ 추재는 일반적으로 춘재보다 강도가 크다.

해설 목재의 강도

섬유포화점(함수율 약 30%) 이하에서 함수율이 감소하면 강도는 증가하고 탄성은 감소하며, 섬유포화점 이상에서는 불변한다.

12 다음 방수공법 중 멤브레인 방수공법이 아닌 것은?

① 아스팔트 방수
② 시트 방수
③ 도막 방수
④ 무기질계 침투방수

해설 멤브레인(membrane, 膜) 방수

㉠ 아스팔트 루핑, 시트 등의 각종 루핑류를 방수 바탕에 접착시켜 막모양의 방수층을 형성시키는 공법
㉡ 방수공법 : 아스팔트 방수, 시트 방수, 도막 방수

13 건축재료로서 사용되는 합성수지의 일반적인 특성으로 옳은 것은?

① 흡수성과 투수성이 적다.
② 내열성, 내화성이 크다.
③ 강성이 크고 탄성계수가 강재보다 크다.
④ 마모가 크고 탄력성이 작다.

해설 합성수지(Plastic)의 장·단점

장점	단점
① 우수한 가공성으로 성형, 가공이 쉽다. ② 경량, 착색용이, 비강도 값이 크다. ③ 내구, 내수, 내식, 내충격성이 강하다. ④ 접착성이 강하고 전기 절연성이 있다. ⑤ 내약품성·내투습성	① 내마모성, 표면 강도가 약하다. ② 열에 의한 신장(팽창, 수축)이 크므로 열에 의한 신축을 고려 ③ 내열성, 내후성은 약하다. ④ 압축강도 이외의 강도, 탄성계수가 작다.

14 단열재가 갖추어야 할 조건으로 틀린 것은?

① 열전도율이 낮을 것
② 비중이 클 것
③ 흡수율이 낮을 것
④ 내화성이 좋을 것

해설 단열재

(1) 단열재의 열전도율 : 0.05~0.12W/m·K 정도
(2) 열관류율이 높은 것이 용이하며, 낮을수록 단열효과가 좋다.
(3) 열전달계수가 낮은 재료가 단열성이 크다.
(4) 밀도가 작을수록 열전도율이 낮다.
(5) 단열재의 구비 조건
㉠ 열전도율이 낮을수록 좋다.
㉡ 흡수성이 낮을수록 좋다.
㉢ 투습성이 낮을수록 좋다.
㉣ 내화성이 있어야 한다.
※ 일반적으로 단열재에 습기나 물기가 침투하면 열전도율이 높아져 단열성능이 나빠진다.

정답 10 ③ 11 ① 12 ④ 13 ① 14 ②

15 목재에 관한 설명 중 틀린 것은?

① 구조재로서 비강도가 크고 가공성이 좋다는 장점이 있다.
② 목재의 함유수분은 그 존재 상태에 따라 자유수와 결합수로 대별된다.
③ 섬유포화점 이상의 함수 상태에서는 함수율의 증감에도 불구하고 신축을 일으키지 않는다.
④ 응력의 방향이 섬유에 평행할 경우 목재의 압축강도가 인장강도보다 크다.

해설 목재의 강도

목재의 강도 순서 : 인장강도 > 휨강도 > 압축강도 > 전단강도

[표] 각종 강도의 관계 비교

강도의 종류	섬유방향	섬유직각방향
압축강도	100	10~20
인장강도	약200	7~20
휨강도	약150	10~20
전단강도	침엽수 16, 활엽수 19	–

※ 섬유방향의 압축강도를 100으로 기준

16 탄소강의 성질에 대한 설명으로 옳은 것은?

① 합금강에 비해 강도와 경도가 크다.
② 보통 저탄소강은 철근이나 강판을 만드는데 쓰인다.
③ 열처리를 해도 성질의 변화가 없다.
④ 탄소함유량이 많을수록 강도는 지속적으로 커진다.

해설 탄소 함유량에 의한 철의 분류

명칭	탄소량(%)	성질
연철 (순철)	0~0.035	연질이고 가단성(可鍛性)이 크다.
탄소강	0.035~1.7	가단성, 주조성, 담금질 효과가 있다.
주 철	1.7 이상	주조성이 좋고 결질이고 취성(脆性)이 크다.

※ 탄소 함유량
주철(1.7~6.67%) > 강(0.04~1.7%) > 주강(0.1~0.5%) > 연철(0.04% 이하)

※ 강재의 탄소 함유량
㉠ 강재는 탄소 함유량에 따라 각종 성질이 변한다.
㉡ 강재의 인장강도는 탄소량 0.85% 정도에서 최대이나, 그 이상이 증가하면 강도는 감소한다.
㉢ 탄소함유량 : 극연강 < 연강 < 경강 < 최경강

17 콘크리트의 골재시험과 관계없는 것은?

① 단위용적질량 시험
② 안정성 시험
③ 체가름 시험
④ 크리프 시험

해설 크리프(creep)

콘크리트에 일정한 하중이 지속적으로 작용하면 하중의 증가가 없어도 콘크리트의 변형이 시간에 따라 증가하는 현상

18 보통 철선 또는 아연도금철선으로 마름모형, 갑옷형으로 만들며 시멘트 모르타르 바름 바탕에 사용되는 금속제품은?

① 와이어 라스(wire lath)
② 와이어 메시(wire mesh)
③ 메탈 라스(metal lath)
④ 익스팬디드 메탈(expanded metal)

해설

① 와이어 라스(wire lath) : 지름 0.9~1.2mm의 철선 또는 아연 도금 철선을 가공하여 만든 것으로 모르타르 바름 바탕에 쓰인다.
② 와이어 메시(wire mesh) : 연강 철선을 격자형으로 짜서 접점을 전기 용접한 것으로 방형 또는 장방형으로 만들어 블록을 쌓을 때나 보호 콘크리트를 타설할 때 사용하여 균열을 방지하고 교차 부분을 보강하기 위해 사용한다.
③ 메탈 라스(metal lath) : 얇은 강판에 마름모꼴의 구멍을 연속적으로 뚫어 그물처럼 만든 것으로 천장, 벽 등의 미장 바탕에 쓰인다.
④ 익스펜디드 메탈(expanded metal) : 금속판에 구멍을 내어서 형성된 메시로 된 메탈 라스의 일종이다.

정답 15 ④ 16 ② 17 ④ 18 ①

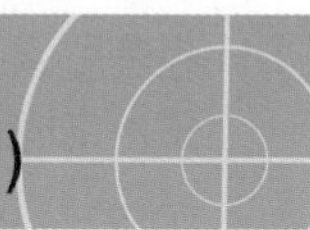

19 목재 및 기타 식물의 섬유질 소편에 합성수지 접착제를 도포하여 가열압착 성형한 판상제품의 명칭은?

① 플로어링블록 ② 코르크판
③ 파티클보드 ④ 연질섬유판

해설 파티클 보드(particle board)

톱밥, 대패밥, 나무 부수러기 등의 목재 소편(Particle)을 원료로 충분히 건조시킨 후 합성수지 접착제 등을 첨가 혼합하고 고열고압으로 처리하여 나무섬유를 고착시켜 만든 견고한 판으로 칩보드(chip board)라고도 한다.
㉠ 강도의 방향성이 없으며 큰 면적을 얻을 수 있다.
㉡ 두께는 자유로이 만들 수 있다.
㉢ 표면이 평활하고 경도가 크다.
㉣ 방충, 방부성이 좋다.
㉤ 음 및 열의 차단성이 우수하다.
㉥ 용도 : 상판, 간막이벽, 가구 등에 사용

20 투명도가 높아 유기유리라고도 불리우며 착색이 자유롭고 내충격강도가 크며 채광판, 도어판, 칸막이벽 제조에 적합한 합성수지는?

① 불소수지 ② 아크릴수지
③ 페놀수지 ④ 실리콘수지

해설 아크릴수지

㉠ 열가소성수지
㉡ 투광성이 크고 내후성이 양호하며 착색이 자유롭다.
㉢ 자외선 투과율 크며, 내충격 강도가 유리의 10배이다.
㉣ 평판 성형되어 글라스와 같이 이용되는 경우가 많고 유기글라스라고도 불리우며, 주용도로는 채광판, 유리대용품으로 쓰인다.

건축재료
2015년 8월 16일(4회)

01 비철금속에 관한 설명으로 옳은 것은?

① 이온화 경향이 높을수록 부식되기 어렵다.
② 동의 전기전도율, 열전도율은 은 다음으로 높다.
③ 알루미늄은 산에는 침식되지만 내해수성은 우수하다.
④ 아연은 내산, 내알칼리성이 우수하여 도금제로 사용된다.

해설 구리(銅)

㉠ 열전도율과 전기 전도율이 크다. [열전도율(λ) : 386W/m·K]
㉡ 아름다운 색과 광택을 지니고 있다.
㉢ 청록이 생겨 내부를 보호해서 내식성이 철강보다 크다.
㉣ 전연성(展延性)·인성·가공성은 우수하다.
㉤ 주조하기 어렵고, 주조된 것은 조직이 거칠고 압연재보다 불완전하다.
㉥ 산·알칼리에 약하며 암모니아에 침식된다.
㉦ 해안지방에서는 동의 내구성이 떨어진다.
㉧ 용도 : 지붕재료, 장식재료, 냉·난방용 설비 재료, 전기공사용 재료
☞ 열전도율(λ) : 은(429W/m·K) > 동(386W/m·K) > 알루미늄(164W/m·K) > 철(43W/m·K)

02 황동의 주성분으로 옳은 것은?

① 구리와 아연
② 구리와 니켈
③ 구리와 알루미늄
④ 구리와 철

해설 황동

㉠ 구리에 아연(Zn) 10~45% 정도를 가하여 만든 합금으로 색깔은 주로 아연의 양에 따라 정해진다.
㉡ 구리보다 단단하고 주조가 잘되며, 가공하기 쉽다.
㉢ 내식성이 크고 외관이 아름답다
㉣ 용도 : 계단 논슬립, 난간, 코너비드

정답 19 ③ 20 ② / 01 ② 02 ①

03 건축용 유리 중 데크유리라고도 하며, 지하실 또는 지붕의 채광용으로 이용되는 것은?

① 강화유리 ② 열반사유리
③ 기포유리 ④ 프리즘유리

해설 프리즘 유리(prism glass)

좁은 천창(天窓)을 통하여 실내에 균일한 채광효과를 얻고자 할 때 가장 적당한 유리로 지하실, 지붕 등의 채광용으로 이용된다. 투과광선의 방향을 변화시키거나 집중 확산시킬 목적으로 프리즘 이론을 응용해서 만든 유리로 Deck Glass, Top Light, 포도 유리라고도 한다.

04 목재의 건조 목적과 거리가 먼 것은?

① 목재의 강도 증진
② 도료, 주입제 및 접착제의 효과 증대
③ 균류 발생의 방지
④ 수지낭(resin pocket)과 연륜의 제거

해설 목재의 건조 목적

㉠ 강도의 증진 ㉡ 중량의 경감
㉢ 부패의 방지 ㉣ 도장의 용이
㉤ 접착성의 개선

05 시멘트의 조성 화합물 중에서 수화작용을 빠르게 하여 1주 이내의 강도 발생에 결정적인 역할을 하는 것은?

① 규산 3석회 ② 규산 2석회
③ 알루민산 3석회 ④ 알루민산철 4석회

해설 알루민산삼석회(화학식 : $3CaO \cdot Al_2O_3$, 약호 : C_3A)

㉠ 수화작용이 대단히 빠르므로 재령 1주 이내에 초기강도를 발현한다.
㉡ 화학저항성이 약하고, 건조수축이 크다.
※ 응결 시간이 빠른 순서(큰 것에서 작은 것)
C_3A(알루민산 3석회) > C_3S(규산 3석회) > C_4AF(알루민산철 4석회) > C_2S(규산 2석회)

06 골재의 함수상태에 관한 설명 중 옳지 않은 것은?

① 절대건조상태란 대기 중에서 완전히 건조한 상태이다.
② 기건상태란 골재 내부에 약간의 수분이 있으나 포화되지 않은 상태이다.
③ 표면건조상태란 골재 내부와 표면의 패인 곳이 물로 채워져 표면에 여분의 물을 갖고 있지 않을 때의 상태를 말한다.
④ 습윤상태란 골재의 내부가 포수상태이고 외부는 표면수에 의해 젖어있는 상태이다.

해설 골재의 함수상태

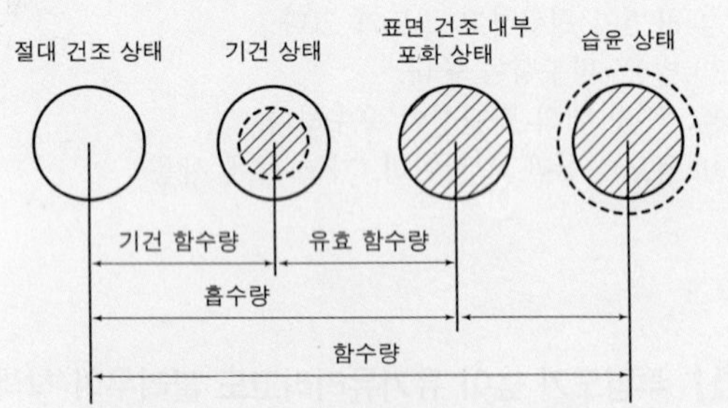

㉠ 절건상태 : 110℃ 이내로 24시간 정도 건조
㉡ 기건상태 : 물시멘트비 결정시 기준
㉢ 표건상태(표면건조내부포수상태) : 콘크리트 배합설계의 기준, 세골재
※ 골재의 단위용적 중량을 계산할 때 골재는 굵은 골재가 아닌 경우 절대건조상태를 기준으로 한다.

07 ALC(Autoclaved lightweight concrete)의 특성에 관한 설명 중 옳지 않은 것은?

① 열전도율이 우수한 단열성을 갖고 있지만 단열성으로 인해 발생되는 결로에 유의해야 한다.
② 무기질의 불연성 재료로서 내화구조로 사용할 정도의 내화성을 갖고 있다.
③ 흡음률 및 차음성이 우수하여 높은 흡음성이 요구되는 곳에 특별한 마감 없이 사용할 수 있다.
④ 비중에 비하여 높은 압축강도를 갖고 있지만 구조재로서는 부적합하여 주로 비내력벽으로 사용된다.

정답 03 ④ 04 ④ 05 ③ 06 ① 07 ③

해설 ALC(Autoclaved Light-weight Concrete : 경량 기포 콘크리트)

(1) 오토클레이브(autoclave)에 고온(180℃) 고압(0.98MPa) 증기양생한 경량 기포 콘크리트이다.
(2) 원료 : 생석회, 규사, 규석, 시멘트, 플라이 애시, 알루미늄 분말 등
(3) 장점
㉠ 경량성 : 기건비중은 보통콘크리트의 1/4 정도(0.5~0.6)
㉡ 단열성 : 열전도율은 보통콘크리트의 약 1/10 정도(0.15W/m·K)
㉢ 불연·내화성 : 불연재인 동시에 내화구조 재료이다.
㉣ 흡음·차음성 : 흡음률은 10~20% 정도이며, 차음성이 우수하다(투과손실 40dB)
㉤ 시공성 : 경량으로 인력에 의한 취급은 가능하고, 현장에서 절단 및 가공이 용이하다.
㉥ 건조수축률이 매우 작고, 균열발생이 어렵다.
(4) 단점
㉠ 강도가 비교적 적은 편이다.(압축강도 4MPa)
㉡ 기공(氣孔)구조이기 때문에 흡수성이 크며, 동해에 대한 방수·방습처리가 필요하다.

08 단열재의 선정조건 중 옳지 않은 것은?

① 비중이 작을 것
② 투기성이 클 것
③ 흡수율이 낮을 것
④ 열전도율이 낮을 것

해설 단열재의 선정조건

㉠ 열전도율이 낮을 것(0.07~0.08W/m·K 이하)
㉡ 흡수율이 낮을 것
㉢ 투습성이 낮으며, 내화성이 있을 것
㉣ 비중이 작고 상온에서 시공성이 좋을 것
㉤ 기계적인 강도가 있을 것
㉥ 내후성·내산성·내알카리성 재료로 부패되지 않을 것
㉦ 유독성 가스가 발생 되지 않고, 인체에 유해 않을 것
※ 단열재의 열전도율, 열전달률이 작을수록 단열효과가 크며, 흡수성 및 투습성이 낮을수록 좋다.
※ 일반적으로 단열재에 습기나 물기가 침투하면 열전도율이 높아져 단열성능이 나빠진다.

09 구조용 목재의 종류와 각각의 특성에 대한 설명으로 옳은 것은?

① 낙엽송 – 활엽수로서 강도가 크고 곧은 목재를 얻기 쉽다.
② 느티나무 – 활엽수로서 강도가 크고 내부식성이 크므로 기둥, 벽판, 계단판 등의 구조체에 국부적으로 쓰인다.
③ 흑송 – 재질이 무르고 가공이 용이하며 수축이 적어 주택의 내장재로 주로 사용된다.
④ 떡갈나무 – 곧은 대재(大材)이며, 미려하여 수장겸용 구조재로 쓰인다.

해설 느티나무

㉠ 비중이 크고 강도가 크며, 결이 우아하다.
㉡ 내구성 및 내습성이 크며, 수축 및 변형이 적다.
㉢ 용도 : 구조재, 수장재, 가구재, 특히 마루널 및 내장의 고급 건축용

10 방청도료에 해당되지 않는 것은?

① 광명단 ② 에칭 프라이머
③ 래커 ④ 크롬산 아연도료

해설 방청도료

금속 바탕에 녹방지를 위해 사용되는 도료이며, 종류는 광명단(연단)과 연백 페인트, 징크로메이트와 징크 더스트계 도료, 오일 프라이머를 주원료로 한 유성 페인트 등이다.
※ 래커(lacquer)
㉠ 건조가 매우 빠르기 때문에 솔로 칠하기는 어려우므로 스프레이 건(spray gun)을 사용한다.
㉡ 광택이 좋다.
㉢ 내수성·내후성·내산성·내알카리성이 우수하다.
㉣ 도막이 얇고 부착력이 약하다.
㉤ 래커와 시너를 1 : 1로 섞어서 사용한다.
㉥ 래커(lacquer)의 종류에는 클리어 래커, 래커 에나멜, 하이 솔리드 래커, 핫 래커 등이 있다.

정답 08 ② 09 ② 10 ③

11 **목재의 역학적 성질에 대한 설명 중 옳지 않은 것은?**

① 섬유포화점 이상에서는 함수율 변화에 따른 강도가 일정하나 섬유포화점 이하에서는 함수율이 감소할수록 강도는 증대한다.
② 비중이 증가할수록 외력에 대한 저항이 증가한다.
③ 목재의 강도나 탄성은 가력방향과 섬유방향과의 관계에 따라 현저한 차이가 있다.
④ 압축강도는 옹이가 있으면 감소하나 인장강도는 영향을 받지 않는다.

해설

옹이는 목재의 압축강도를 현저히 감소시키며, 옹이 지름이 클수록 더욱 감소한다.
☞ 옹이(knot) : 가지가 줄기의 조직에 말려들어간 것

12 **점토제품의 흡수성과 관계된 현상으로 가장 거리가 먼 것은?**

① 녹물 오염 ② 백화(白華)
③ 균열 ④ 동해(凍害)

해설

점토제품의 흡수성과 관계된 현상으로 백화(白華), 동해(凍害), 균열 등이 있다.
☞ 점토제품의 흡수율이 크면 모르타르 중의 함유수를 흡수하여 백화 발생의 원인이 된다.

13 **개구부재료에 요구되는 성능과 가장 거리가 먼 것은?**

① 기밀성 ② 내풍압성
③ 개폐성 ④ 내동결융해성

해설

개구부재료는 기밀성, 내풍압성, 개폐성 등의 성능이 요구된다.

14 **각종 석재에 관한 설명 중 옳지 않은 것은?**

① 화강암은 내구성 및 강도는 크지만, 내화성이 약하다.
② 대리석은 석회석이 변화되어 결정화한 것으로 내화성이 크고 연질이다.
③ 석회석은 석질은 치밀하고 강도가 크나 화학적으로 산에 약하다.
④ 안산암은 강도, 경도, 비중이 크고 내화성도 우수하다.

해설 대리석(Marble)

㉠ 석회암이 변성작용에 의해서 결정질이 뚜렷하게 된 변성암의 대표적 석재이다.
㉡ 강도는 크나(압축강도 : 120~140MPa 정도), 내화성이 낮고 풍화하기 쉬워 주로 내장재로 쓰인다.
㉢ 마모가 심한 장소, 통행이 많은 장소, 화학약품을 사용하는 장소에는 적합하지 못하다.
㉣ 색상 및 품질의 변화가 심하여 균열이 많다.

15 **물시멘트비가 50%일 때 시멘트 10포를 쓴 콘크리트에 필요한 물의 양을 계산하면?(단, 시멘트 1포 중량은 40kg으로 한다.)**

① 150L ② 200L
③ 250L ④ 300L

해설 물의 양 계산

물의 양 = 시멘트량 × 물·시멘트비
시멘트의 중량 = 10포대 × 40kg/포대 = 400kg

$$\text{물·시멘트비} = \frac{\text{물의 중량}}{\text{시멘트의 중량}}\text{이므로}$$

∴ 물의 중량 = 시멘트량 × 물·시멘트비
= 400kg × 0.5 = 200kg
= $0.2m^3$ = 200ℓ

※ 물 $1m^3$ = 1,000kg = 1,000 ℓ
물의 비중 = 1kg/ ℓ

정답 11 ④ 12 ① 13 ④ 14 ② 15 ②

16 유리섬유로 보강하여 FRP(Fiber Reinforced Plastics)를 만드는데 이용되는 수지는?

① 폴리염화비닐수지
② 폴리카보네이트
③ 폴리에틸렌수지
④ 불포화 폴리에스테르수지

해설 불포화 폴리에스테르 수지

㉠ 열경화성수지이다.
㉡ 유리섬유로 보강된 것은 플라스틱(강화플라스틱 : FRP)으로 대단히 강하다.
㉢ 사용한계온도는 100~150℃ 정도이고, 영하 90℃에도 내성이 크다.
㉣ 전기절연성, 내열성, 내약품성이 좋고 가압성형이 가능하다.
㉤ 내약품성은 산류 및 탄화수소계 용제는 강하나, 알칼리·산화성산에는 약하다.
㉥ 주용도 : 커튼월, 창틀, 덕트, 파이프, 도료, 욕조, 큰 성형품, 접착제

17 열가소성 수지에 해당되지 않는 것은?

① 염화비닐수지
② 아크릴수지
③ 실리콘수지
④ 폴리에틸렌수지

해설 합성수지의 분류

㉠ 열가소성 수지 : 고형상에 열을 가하면 연화 또는 용융하여 가소성 및 점성이 생기며 냉각하면 다시 고형상으로 되는 수지(중합반응)
- 아크릴수지, 염화비닐수지, 초산비닐수지, 스티롤수지(폴리스티렌), 폴리에틸렌 수지, ABS 수지, 비닐아세틸 수지, 메틸메탈 크릴수지, 폴리아미드수지(나일론), 셀룰로이드

㉡ 열경화성 수지 : 고형체로 된 후 열을 가하면 연화하지 않는 수지(축합반응)
- 페놀수지, 요소수지, 멜라민수지, 알키드수지, 폴리에스틸수지, 폴리우레탄수지, 실리콘수지, 에폭시수지

18 콘크리트의 강도를 결정하는 변수에 관한 설명으로 옳지 않은 것은?

① 물시멘트비가 일정한 콘크리트에서 공기량 증가에 따른 콘크리트 강도는 감소한다.
② 물시멘트비가 일정할 때 빈배합콘크리트가 부배합의 경우보다 높은 강도를 낼 수 있다.
③ 콘크리트 비빔방법 중 손비빔으로 하는 것 보다 기계비빔으로 하는 것이 강도가 커진다.
④ 물시멘트비가 일정할 때 굵은 골재의 최대 치수가 클수록 콘크리트의 강도는 커진다.

해설

물시멘트비가 일정할 때 굵은 골재의 최대 치수가 클수록 콘크리트의 강도는 감소한다.

19 콘크리트의 시공연도 시험방법과 거리가 먼 것은?

① 슬럼프시험 ② 플로우시험
③ 체가름시험 ④ 리몰딩시험

해설 콘크리트의 워커빌리티(Workability, 시공연도) 측정하는 시험법

㉠ 슬럼프 시험(slump test) : 콘크리트의 반죽질기를 간단히 측정하는 시험
㉡ 플로우 시험(flow test) : 콘크리트가 흘러 퍼지는 데에 따라 변형 저항을 측정하는 시험
㉢ 다짐계수 시험 : 콘크리트의 다짐계수를 측정하여 시공연도를 알아보는 시험
㉣ 비비 시험(Vee-Bee test) : 콘크리트의 침하도를 측정하여 시공연도를 알아보는 시험
㉤ 구 관입시험(ball penetration test) : 주로 콘크리트를 섞어 넣은 직후의 반죽질기를 측정하는 시험
㉥ 리모울딩 시험(remoulding test) : 슬럼프 시험과 플로우 시험을 혼합한 시험

☞ 체가름시험은 골재의 품질시험에 해당된다.

정답 16 ④ 17 ③ 18 ④ 19 ③

20 **벽지에 관한 설명 중 옳지 않은 것은?**

① 비닐벽지 – 플라스틱으로 코팅한 벽지와 순수한 비닐로만 이루어진 벽지로 구분되며 불에 강하지만 오염이 되었을 시 제거가 어렵다.
② 종이벽지 – 가격이 상대적으로 저렴하며 색상, 무늬 등이 다양하고 질감도 부드럽다.
③ 직물벽지 – 질감이 부드럽고 자연미가 있어 온화하고 고급스러운 분위기를 자아내므로 벽지 중 가장 고급품에 속한다.
④ 무기질벽지 – 질석벽지, 금속박 벽지 등이 있다.

해설

비닐벽지는 종이, 마직, 실크, 메탈 등 모든 질감의 표현이 가능하고, 습기에도 강해 주방, 욕실 및 세면장 벽면에도 사용된다. 비닐벽지에는 비닐실크벽지, 발포벽지, 케미컬벽지 등이 있다.

정답 20 ①

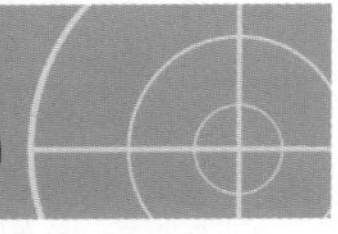

건축재료
2016년 3월 6일(1회)

01 내화벽돌은 최소 얼마 이상의 내화도를 가져야 하는가?

① SK 10 이상　② SK 15 이상
③ SK 21 이상　④ SK 26 이상

해설 내화벽돌

㉠ 미색으로 600~2,000℃의 고온에 견디는 벽돌(주원료 광물 : 납석)
㉡ 세게르 콘(SK) No. 26(연화온도 1,580℃) 이상의 내화도를 가진 것
㉢ 크기는 230mm×114mm×65mm로 보통벽돌보다 약간 크다.
㉣ 줄눈에는 내화 모르타르(샤모트·규석 분말 + 내화점토)를 사용한다.
㉤ 용도 : 굴뚝, 난로의 안쌓기용, 보일러 내부용 등
※ 내화벽돌로 벽체를 시공하는 경우 접합에 기경성인 내화점토를 사용하므로 물축임을 하지 않는다.

02 열가소성 수지가 아닌 것은?

① 염화비닐수지　② 초산비닐수지
③ 요소수지　④ 폴리스티렌수지

해설 합성수지의 분류

㉠ 열가소성 수지 : 고형상에 열을 가하면 연화 또는 용융하여 가소성 및 점성이 생기며 냉각 하면 다시 고형상으로 되는 수지(중합반응)
- 아크릴수지, 염화비닐수지, 초산비닐수지, 스티롤수지(폴리스티렌), 폴리에틸렌 수지, ABS 수지, 비닐아세틸 수지, 메틸메탈 크릴수지, 폴리아미드수지(나일론), 셀룰로이드
㉡ 열경화성 수지 : 고형체로 된 후 열을 가하면 연화하지 않는 수지(축합반응)
- 페놀수지, 요소수지, 멜라민수지, 알키드수지, 폴리에스틸수지, 폴리우레탄수지, 실리콘수지, 에폭시수지

03 단열재에 관한 설명으로 옳지 않은 것은?

① 열전도율이 낮은 것일수록 단열효과가 좋다.
② 열관류율이 높은 재료는 단열성이 낮다.
③ 같은 두께인 경우 경량재료인 편이 단열효과가 나쁘다.
④ 단열재는 보통 다공질의 재료가 많다.

해설

같은 두께인 경우 경량재료인 편이 단열효과가 좋다.

04 콘크리트의 수밀성에 관한 설명으로 옳지 않은 것은?

① 물시멘트비가 작을수록 수밀성은 커진다.
② 다짐이 불충분할수록 수밀성은 작아진다.
③ 습윤양생이 충분할수록 수밀성은 작아진다.
④ 혼화재 중 플라이애쉬는 콘크리트의 수밀성을 향상시킨다.

해설 콘크리트의 수밀성

수화반응에 필요한 수량은 35% 정도이며, 나머지 수량은 건조 증발하여 내부에 공간이 생기게 되므로 수밀성이 필요한 콘크리트는 수밀성을 증가시켜야 한다.
※ 수밀성 증가시키는 방법
㉠ 물·시멘트비를 50% 이하로 한다. (물·시멘트비가 작을수록 수밀성은 커진다.)
㉡ 시멘트 사용량을 증가시킨다.
㉢ 골재 입도의 배열과 혼합을 잘한다.
㉣ 진동다짐을 하여 균질한 콘크리트를 만든다.
㉤ 습윤상태에서 양생한다.
㉥ 혼화재 중 플라이애쉬는 콘크리트의 수밀성을 향상시킨다.

05 목재의 화재위험온도(인화점)는 평균 얼마 정도인가?

① 160℃　② 240℃
③ 330℃　④ 450℃

정답　01 ④　02 ③　03 ③　04 ③　05 ②

해설 목재의 연소

㉠ 인화점 : 목재에 열을 가하면 100℃ 전후해서 수분 증발하고 200℃ 전후 평균 240℃ 이상이 되면 가연성 가스가 발생하는데 이 온도를 인화점이라고 한다.
㉡ 착화점 : 온도 260~270℃가 되면 가연성 가스의 발생이 많아지고 불꽃에 의하여 목재에 불이 붙는다.
㉢ 발화점 : 목재의 온도가 400~450℃가 되면 화기가 없더라도 자연 발화된다.
㉣ 화재의 위험온도 : 불이 붙기 쉽고 저절로 꺼지기 어려운 온도로 260~270℃를 말한다.

06 콘크리트의 방수성, 내약품성, 변형성능의 향상을 목적으로 다량의 고분자재료를 혼입한 시멘트는?

① 내황산염포틀랜드시멘트
② 저열포틀랜드시멘트
③ 메이슨리시멘트
④ 폴리머시멘트

해설 폴리머 시멘트

㉠ 콘크리트의 방수성, 내약품성, 변형 성능의 향상을 목적으로 고분자재료를 혼입시킨 시멘트
㉡ 시멘트에 폴리머를 혼입하여 폴리머 시멘트 콘크리트, 폴리머 콘크리트, 폴리머 침투 콘크리트를 만든다.

※ 폴리머 시멘트 콘크리트의 특징
㉠ 모르타르, 강재, 목재 등의 각종 재료와 잘 접착한다.
㉡ 방수성 및 수밀성이 우수하고 동결융해에 대한 저항성이 양호하다.
㉢ 휨, 인장강도 및 신장능력이 우수하다.

07 콘크리트용 골재에 관한 설명으로 옳지 않은 것은?

① 바다모래를 콘크리트에 사용하기 위해서는 세척을 하고 난 후 사용하여야 한다.
② 골재가 콘크리트에서 차지하는 체적은 약 70~80% 정도이다.
③ 쇄석골재는 보통 안산암을 파쇄하여 쓴다.
④ 강자갈과 쇄석을 쓴 콘크리트 중 물시멘트비 등의 제반 조건이 같으면 강자갈을 쓴 콘크리트의 강도가 크다.

해설

깬자갈은 강자갈에 비하여 표면이 거칠어 시멘트풀의 부착력이 크므로 동일 물·시멘트비에서 깬자갈을 사용한 콘크리트의 강도가 보통 콘크리트의 강도보다 크다.

08 목재의 일반적인 성질에 대한 설명으로 옳지 않은 것은?

① 석재나 금속에 비하여 가공하기가 쉽다.
② 건조한 것은 타기 쉽고 건조가 불충분한 것은 썩기 쉽다.
③ 열전도율이 커서 보온재료로 사용이 곤란하다.
④ 아름다운 색채와 무늬로 장식효과가 우수하다.

해설 목재의 열전도율

[표] 각종 재료의 열전도율(λ)(단위 : W/m·K)

재료	구리	알루미늄	철	콘크리트	유리	벽돌	물	목재	코르크판	공기
열전도율	386	164	43	1.4	1.05	0.84	0.6	0.14	0.043	0.025

※ 목재의 열전도율(0.14)은 공기(0.025)보다 크며, 물(0.6)보다 작다.
※ 목재는 열전도율이 적어 보온, 방한, 방서적이다.

09 금속과의 접착성이 크고 내약품성과 내열성이 우수하여 금속 도료 및 접착제, 콘크리트 균열 보수제 등으로 사용되는 열경화성 수지는?

① 에폭시 수지 ② 아크릴 수지
③ 염화비닐 수지 ④ 폴리에틸렌 수지

정답 06 ④ 07 ④ 08 ③ 09 ①

해설 에폭시 수지(Epoxy Resin Paste)

㉠ 내수성, 내습성, 내약품성, 전기절연이 우수, 접착력 강하다.
㉡ 피막이 단단하며, 유연성이 부족하고, 값이 비싸다.
㉢ 다른 방수의 보조제 또는 바탕 콘크리트의 균열 보수에 사용되며, 균열저항성이 적다.
㉣ 현재까지의 접착제 중 가장 우수하다.
㉤ 주용도로 금속, 항공기 접착에 쓰인다.

10 방화(防火)도료의 원료와 가장 거리가 먼 것은?

① 아연화 ② 물유리
③ 제2인산 암모늄 ④ 염소 화합물

해설 방화도료

물유리, 제2인산 암모늄, 염소 화합물 등의 원료를 사용한 도료로서 가열성 물질에 칠하여 연소를 방지하는 기능이 필요한 곳에 사용한다.
※ 아연화는 충전재, 점토제품 제조시 표면시유제, 방청 산화철 도료의 재료 등의 원료로 사용된다.

11 잔골재를 각 상태에서 계량한 결과 그 무게가 다음과 같을 때 이골재의 유효흡수율은?

- 절건상태 : 2,000g
- 기건상태 : 2,066g
- 표면건조 내부 포화상태 : 2,124g
- 습윤상태 : 2,152g

① 1.32% ② 2.81%
③ 6.20% ④ 7.60%

해설

유효 흡수량 : 표면건조 내부포화상태와 기건상태의 골재 내에 함유된 수량과의 차
유효흡수율

$$=\frac{\text{표면건조 내부 포화상태}-\text{기건상태}}{\text{기건상태}}\times 100\%$$

$$=\frac{2,124-2,066}{2,066}\times 100 = 2.81\%$$

12 콘크리트에 일정한 하중이 지속적으로 작용하면 하중의 증가가 없어도 콘크리트의 변형이 시간에 따라 증가하는 현상은?

① 크리프(creep)
② 폭렬(explosive fracture)
③ 좌굴(buckling)
④ 체적변화(cubic volume change)

해설 콘크리트의 크리프(creep)

콘크리트에 하중이 작용하면 그것에 비례하는 순간적인 변형이 생긴다. 그 후에 하중의 증가는 없는데 하중이 지속하여 재하될 경우, 변형이 시간과 더불어 증대하는 현상
㉠ 단위수량이 많을수록 크다.
㉡ 온도가 높을수록 크다.
㉢ 시멘트페이스트가 많을수록 크다.
㉣ 물시멘트비가 클수록 크다.
㉤ 작용응력이 클수록 크다.
㉥ 재하재령이 빠를수록 크다.
㉦ 부재단면이 작을수록 크다.
㉧ 외부 습도가 낮을수록 크다.

13 목재의 부패조건에 관한 설명으로 옳은 것은?

① 목재에 부패균이 번식하기에 가장 최적의 온도조건은 35~45℃로서 부패균은 70℃까지 대다수 생존한다.
② 부패균류가 발육가능한 최저습도는 45% 정도이다.
③ 하등생물인 부패균은 산소가 없으면 생육이 불가능하므로, 지하수면 아래에 박힌 나무말뚝은 부식되지 않는다.
④ 변재는 심재에 비해 고무, 수지, 휘발성 유지등의 성분을 포함하고 있어 내식성이 크고, 부패되기 어렵다.

해설 목재의 부패조건

목재가 부패되면 성분의 변질로 비중이 감소되고, 강도 저하율은 비중의 감소율의 4~5배가 된다.
부패의 조건으로서 적당한 온도, 수분, 양분, 공기는 부패균의 필수적인 조건으로 그 중 하나만 결여되더라도 번식을 할 수가 없다.

정답 10 ① 11 ② 12 ① 13 ③

㉠ 온도 : 25~35℃가 가장 적합하며 4℃ 이하, 45℃ 이상은 거의 번식하지 못한다.
㉡ 습도 : 80~85% 정도가 가장 적합하고, 20% 이하에서는 사멸 또는 번식이 중단된다.
㉢ 공기 : 완전히 수중에 잠기면 목재는 부패되지 않는데 이는 공기가 없기 때문이다.(호기성)
※ 목재의 부패균 활동이 가장 왕성한 조건 : 온도 25~35℃, 습도 95~99%

14 담금질을 한 강에 인성을 주기 위하여 변태점 이하의 적당한 온도에서 가열한 다음 냉각시키는 조작을 의미하는 것은?

① 풀림 ② 불림
③ 뜨임질 ④ 사출

해설 뜨임질(소려, Tempering)

담금질한 그대로의 강은 너무 경도가 커서 내부에 변형을 일으키는 경우가 많으므로, 인성을 부여하기 위하여 이것을 200~600℃ 정도로 다시 가열한 다음 공기 중에서 천천히 식히면 변형이 없어지고 강인한 강이 된다. 이것을 뜨임질이라 한다.

15 강의 기계적 가공법 중 회전하는 롤러에 가열상태의 강을 끼워 성형해 가는 방법은?

① 압출 ② 압연
③ 사출 ④ 단조

해설 압연법

롤러 사이를 여러 번 왕복하면서 필요한 모양으로 압연하는 것으로 강판, 봉강, 형강 등의 제조에 많이 사용하는 방법이다.

16 유성 페인트에 대한 설명 중 옳지 않은 것은?

① 내알칼리성이 우수하다.
② 건조시간이 길다.
③ 붓바름 작업성이 뛰어나다.
④ 보일유와 안료를 혼합한 것을 말한다.

해설 유성 페인트

㉠ 안료+보일드유(건성유+건조재)+희석재
㉡ 값이 싸며, 두꺼운 도막을 형성한다.
㉢ 내후성, 내마모성이 좋다.
㉣ 알칼리에 약하므로 콘크리트, 모르타르, 플라스터면에는 부적당하다.
㉤ 저온 다습할 경우 특히 건조시간이 길다.
㉥ 붓바름 작업성이 뛰어나다.
㉦ 용도 : 목재, 석고판류, 철재류 도장
[주] ※ 석고 플라스터는 경화가 빠르므로 플라스터 바름 작업 후 바로 유성페인트를 칠할 수 있다.

17 다음 석재 중 내화도가 가장 큰 것은?

① 사문암 ② 대리석
③ 석회석 ④ 응회암

해설 석재의 내화도

㉠ 1000℃ : 화산암, 안산암, 응회암, 사암
㉡ 700~800℃ : 대리석
㉢ 800℃ : 화강암

18 목재는 화재가 발생하면 순간적으로 불이 확산하여 큰 피해를 주는데 이를 억제하는 방법으로 옳지 않은 것은?

① 목재의 표면에 플라스터로 피복한다.
② 염화비닐수지로 도포한다.
③ 방화페인트로 도포한다.
④ 인산암모늄 약제로 도포한다.

해설

목재의 방화성능을 향상시키기 위한 방안
㉠ 목부의 노출을 적게 한다.
㉡ 인산암모늄 약제(방연제)로 도포한다.
㉢ 표면에 시멘트 모르타르를 바른다.
㉣ 목재의 표면에 플라스터를 피복한다.
㉤ 방화페인트로 도포한다.

정답 14 ③ 15 ② 16 ① 17 ④ 18 ②

19 **흡음재료의 특성에 대한 설명으로 옳은 것은?**

① 유공판재료는 연질섬유판, 흡음텍스가 있다.
② 판상재료는 뒷면의 공기층에 강제진동으로 흡음효과를 발휘한다.
③ 유공판재료는 재료내부의 공기진동으로 고음역의 흡음효과를 발휘한다.
④ 다공질재료는 적당한 크기나 모양의 관통구멍을 일정 간격으로 설치하여 흡음효과를 발휘한다.

해설 판진동 흡음재(membrane absorbers)

㉠ 합판, 섬유판, 석고보드, 석면 슬레이트, 플라스틱판 등의 얇은 판에 음이 입사되면 판진동(板振動)이 일어나서 음에너지의 일부가 그 내부 마찰에 의하여 소비된다. 이 재료의 흡음 특성은 판의 밀도, 강성, 배후 공기층 두께 등에 따라 좌우된다.
㉡ 판진동 흡음재는 얇을수록 흡음률이 커진다.
㉢ 판진동 흡음재들은 일반적으로 저주파 대역의 음에 대한 높은 흡음력을 나타낸다.

20 **ALC 제품에 관한 설명으로 옳지 않은 것은?**

① 압축강도에 비해서 휨·인장강도는 상당히 약한 편이다.
② 열전도율이 보통콘크리트의 1/10 정도로서 단열성이 유리하다.
③ 내화성능을 보유하고 있다.
④ 흡수율이 낮아 물에 노출된 곳에서도 사용이 가능하다.

해설 ALC(Autoclaved Light-weight Concrete : 경량 기포 콘크리트)

(1) 오토클레이브(autoclave)에 고온(180℃) 고압(0.98MPa) 증기양생한 경량 기포 콘크리트이다.
(2) 원료 : 생석회, 규사, 규석, 시멘트, 플라이 애시, 알루미늄 분말 등
(3) 장점
㉠ 경량성 : 기건비중은 보통콘크리트의 1/4 정도(0.5~0.6)
㉡ 단열성 : 열전도율은 보통콘크리트의 약 1/10 정도(0.15W/m·K)
㉢ 불연·내화성 : 불연재인 동시에 내화구조 재료이다.
㉣ 흡음·차음성 : 흡음률은 10~20% 정도이며, 차음성이 우수하다(투과손실 40dB)
㉤ 시공성 : 경량으로 인력에 의한 취급은 가능하고, 현장에서 절단 및 가공이 용이하다.
㉥ 건조수축률이 매우 작고, 균열발생이 어렵다.
(4) 단점
㉠ 강도가 비교적 적은 편이다.(압축강도 4MPa)
㉡ 기공(氣孔)구조이기 때문에 흡수성이 크며, 동해에 대한 방수·방습처리가 필요하다.

정답 19 ② 20 ④

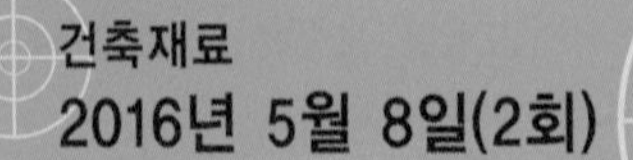
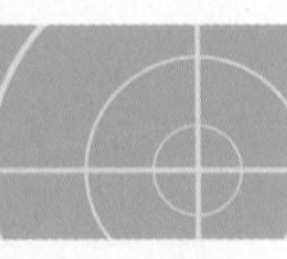

건축재료 2016년 5월 8일(2회)

01 다음 재료 중 비강도(比强度)가 가장 큰 것은?

① 소나무　② 탄소강
③ 콘크리트　④ 화강암

해설 비강도(比强度)

(1) 재료의 비중에 대한 강한 정도를 말한다.
(2) 경량이면서 강해야 이상적이다. 즉, 강도와 비중의 비가 클수록 좋다.
(3) 비강도 $= \dfrac{강도}{비중}$
㉠ 비강도가 크다 : 비중에 비해 강도가 크다는 의미이다.
㉡ 비강도가 작다 : 비중에 비해 강도가 작다는 의미이다.
※ 구조용 강은 비강도(比强度)의 크기가 작은 재료이며, 목재는 비강도가 큰 재료이다.

02 합판(plywood)의 특성이 아닌 것은?

① 순수 목재에 비하여 수축팽창율이 크다.
② 비교적 좋은 무늬를 얻을 수 있다.
③ 필요한 소정의 두께를 얻을 수 있다.
④ 목재의 결점을 배제한 양질의 재를 얻을 수 있다.

해설 합판(plywood)

㉠ 단판을 3·5·7매 등의 홀수로 섬유방향이 직교하도록 접착제를 붙여 만든 것이다.
㉡ 함수율 변화에 의한 뒤틀림, 신축 등의 변형이 적고 방향성이 없다.
㉢ 일반 판재에 비해 균질하고, 강도가 높으며, 넓은 단판을 만들 수 있다.
㉣ 곡면 가공하여도 균열이 생기지 않고 무늬도 일정하다.
㉤ 표면가공법으로 흡음효과를 낼 수 있다.
㉥ 용도 : 내장용(천장, 칸막이벽, 내벽의 바탕), 거푸집재 및 창호재

03 트럭믹서에 재료만 공급받아서 현장으로 가는 도중에 혼합하여 사용하는 콘크리트는?

① 센트럴 믹스트 콘크리트
② 슈링크 믹스트 콘크리트
③ 트랜싯 믹스트 콘크리트
④ 배쳐플랜트 콘크리트

해설 레디 믹스트 콘크리트(Ready Mixed Concrete)

콘크리트 제조설비를 갖춘 곳(레미콘 공장)에서 생산되며, 아직 굳지 않은 상태로 현장에서 운반되는 콘크리트를 ready mixed concrete라 한다.
㉠ 센트럴 믹스트 콘크리트(Central mixed concrete) : 비빔이 완료된 콘크리트를 현장까지 운반하는 것
㉡ 슈링크 믹스트 콘크리트(Shrink mixed concrete) : 공장에서 어느 정도 비빔된 것을 운반 도중 완전히 비비는 것
㉢ 트랜싯 믹스트 콘크리트(Transit mixed concrete) : 트럭믹서로 운반 도중 모두 비비는 원거리용

04 KS F 2503(굵은 골재의 밀도 및 흡수율 시험방법)에 따른 흡수율 산정식은 다음과 같다. 여기서 A가 의미하는 것은?

$$Q = \frac{B-A}{A} \times 100(\%)$$

① 절대건조상태 시료의 질량(g)
② 표면건조포화상태 시료의 질량(g)
③ 시료의 수중질량(g)
④ 기건상태시료의 질량(g)

해설 흡수율 산정식

$Q = \dfrac{B-A}{A} \times 100(\%)$
A : 절대건조상태 시료의 질량(g)
B : 표면건조포화상태 시료의 질량(g)

정답 01 ① 02 ① 03 ③ 04 ①

05 각 시멘트의 성질에 관한 설명으로 옳지 않은 것은?

① 조강포틀랜드시멘트는 발열량이 높아 저온에서도 강도발현이 가능하다.
② 플라이애쉬시멘트는 메스 콘크리트공사, 항만공사 등에 적용된다.
③ 실리카흄 시멘트를 사용한 콘크리트는 강도 및 내구성이 뛰어나다.
④ 고로시멘트를 사용한 콘크리트는 해수에 대한 내식성이 좋지 않다.

해설 고로 시멘트

㉠ 포틀랜드 시멘트의 Clinker + Slag(급냉) + 석고 → 미분해
㉡ 조기강도는 적으나, 장기강도가 크다.
㉢ 내열성이 크고, 수밀성이 양호하다.
㉣ 건조수축이 크며, 응결시간이 느린 편으로 충분한 양생이 필요하다.
㉤ 화학 저항성이 높아 해수·하수·폐수 등에 접하는 콘크리트에 적합하다.
㉥ 수화열이 적어 매스콘크리트에 적합하다.
㉦ 해수에 대한 저항성이 커서 해안, 항만공사에 적합하다.

06 목재의 함수율에 관한 설명으로 옳지 않은 것은?

① 함수율 30% 이상에서는 함수율 증감에 따른 강도의 변화가 거의 없다.
② 기건상태인 목재의 함수율은 15% 정도이다.
③ 목재의 진비중은 일반적으로 2.54 정도이다.
④ 목재의 함수율 30% 정도를 섬유포화점이라 한다.

해설

목재가 공극을 포함하지 않은 실제 부분의 비중을 진비중이라 하며, 일반적으로 1.54 정도이다.

07 다음 중 방청도료에 해당되지 않는 것은?

① 광명단　　② 알루미늄도료
③ 징크로메이트　　④ 오일스테인

해설 방청도료

㉠ 광명단 : 철골 녹막이칠, 금속 재료의 녹막이를 위하여 사용하는 바탕칠 도료로서 가장 많이 쓰이며 비중이 크고 저장이 곤란하다.
㉡ 징크로메이트 : 알루미늄이나 아연철판 초벌 녹막이칠에 쓰이는 것으로, 크롬산 아연을 안료로 하고 알키드 수지를 전색 도료한 것
㉢ 알루미늄 도료 : 알루미늄 분말을 안료로 하는 것으로 방청효과 외에 광선, 열반사 효과가 있다.
㉣ 방청 산화철 도료 : 산화철에 아연화, 아연분말, 연단, 납 시안아미드 등을 가한 것을 안료로 하고, 이것을 스탠드 오일, 합성수지 등에 녹인 것이다.

☞ 오일 스테인(oil stain)은 유용성 염료 또는 길소나이트를 용제에 용해한 유성 착색제로 침투성이 크고 퇴색이 적으며, 재면이 손상되지 않는다. 그러나, 목재에 물이 스며들어 그 흡수차에 의해 얼룩이 생기는 단점이 있다.

08 철근 콘크리트 바닥판 밑에 반자틀이 계획되어 있음에도 불구하고 실수로 인하여 인서트(insert)를 설치하지 않았다고 할 때 인서트의 효과를 낼 수 있는 철물의 설치방법으로 옳지 않은 것은?

① 익스팬션 볼트(expansion bolt) 설치
② 스크루 앵커(screw anchor) 설치
③ 드라이브 핀(drive pin) 설치
④ 개스킷(gasket) 설치

해설

인서트(insert)는 콘크리트 바닥판에 반자틀이나 기타 구조물을 달아매고자 할 때 볼트 또는 달쇠의 걸침이 되는 것으로 콘크리트 속에 미리 묻어 둔다.

정답 05 ④　06 ③　07 ④　08 ④

09 원목을 일정한 길이로 절단하여 이것을 회전시키면서 연속적으로 얇게 벗긴 것으로 원목의 낭비를 막을 수 있는 합판 제조법은?

① 슬라이스드 베니어
② 소드 베니어
③ 로터리 베니어
④ 반원 슬라이스드 베니어

해설 합판의 제조 방법

종류	제조 방법	특징
로터리 베니어 (Rotary Veneer)	원목이 회전함에 따라 넓은 기계대패로 나이테를 따라 두루마리로 연속적으로 벗기는 것	얼마든지 넓은 단판을 얻을 수 있다. 단판이 널결만으로 되어 표면이 거칠다. 합판제조법의 90% 정도이다.
슬라이스드 베니어 (Sliced Veneer)	원목을 미리 적당한 각재로 만들어 엷게 절단한 것	합판 표면에 곧은결이나 널결의 아름다운 결로 장식적으로 이용한다.
소드 베니어 (Sawed Veneer)	판재를 만드는 것과 같이 얇게 톱으로 쪼개는 것	아름다운 결을 얻을 수 있다. 좌우 대칭형 무늬를 만들 때에 효과적이다.

10 바람벽이 바탕에서 떨어지는 것을 방지하는 역할을 하는 것으로서 충분히 건조되고 질긴 삼, 어저귀, 종려털 또는 마닐라 삼을 사용하는 재료는?

① 라프코트(rough coat)
② 수염
③ 리신바름(lithin coat)
④ 테라조바름

해설 미장재료의 혼화재

㉠ 해초풀 : 회반죽 시공시 점도를 증가시켜 작업성을 좋게 한다.
㉡ 여물 : 건조, 수축, 균열방지, 끈기를 돋우고 처져 떨어짐을 방지한다.
㉢ 수염 : 바름벽이 바탕에서 떨어지는 것을 방지한다.

11 화산석으로 된 진주석을 900~1200℃의 고열로 팽창시켜 만들며, 주로 단열, 보온, 흡음 등의 목적으로 사용되는 재료는?

① 트래버틴(Travertine)
② 펄라이트(Pearlite)
③ 테라조(Terrazzo)
④ 석면(Asbestos)

해설

펄라이트 모르타르 바름 :
펄라이트(perlite)+시멘트(수경성) = 단열재
※ 펄라이트(perlite)
㉠ 재료는 화산석으로 된 진주암 또는 흑요석을 900~1200℃로 소성한 후 분쇄하여 소성 팽창시킨 것이다.
㉡ 아주 가볍고 단열성이 크며, 내화성도 크다. (내화피복재 바름)
㉢ 단열, 보온, 흡음 등의 목적으로 사용되며, 모르타르 또는 플라스터의 골재로 사용된다.
㉣ 흡수성이 있으므로 외부 마감재료로는 부적당하다.

12 다음 중 외장용으로 가장 부적합한 석재는?

① 화강암 ② 안산암
③ 대리석 ④ 점판암

해설 대리석(Marble)

㉠ 석회암이 변성작용에 의해서 결정질이 뚜렷하게 된 변성암의 대표적 석재이다.
㉡ 강도는 크나(압축강도 : 120~140MPa 정도), 내화성이 낮고 풍화하기 쉬워 주로 내장재로 쓰인다.
㉢ 마모가 심한 장소, 통행이 많은 장소, 화학약품을 사용하는 장소에는 적합하지 못하다.
㉣ 색상 및 품질의 변화가 심하여 균열이 많다.

13 각 벽돌에 관한 설명 중 옳은 것은?

① 과소벽들은 질이 견고하고 흡수율이 낮아 구조용으로 적당하다.
② 건축용 내화벽돌의 내화도는 500~600℃의 범위이다.

정답 09 ③ 10 ② 11 ② 12 ③ 13 ③

③ 중공벽돌의 방음벽, 단열벽 등에 사용된다.
④ 포도벽돌은 주로 건물 외벽의 치장용으로 사용된다.

해설

① 과소벽돌 : 질이 견고하고, 흡수율이 낮아 바닥의 포장용으로 적당하다.
② 내화벽돌 : 미색으로 600~2,000℃의 고온에 견디는 벽돌로 높은 온도를 요하는 장소인 굴뚝, 난로의 안쌓기용, 보일러 내부용 등에 사용된다. (세게르 콘(SK) No. 26 (연화온도 1,580℃) 이상의 내화도를 가진 것)
③ 중공벽돌 : 살 두께가 매우 얇고 벽돌 속이 비어 있는 구조로 구멍벽돌 또는 속빈벽돌이라고도 하며 방음벽, 단열벽 등에 사용된다.
④ 포도벽돌 : 마멸이나 충격에 강하고, 흡수율이 작으며, 내화력이 강한 두꺼운 벽돌이다. 포장용, 건축물 옥상 포장용이나 공장바닥용으로 사용된다.

14 프탈산과 글리세린수지를 변성시킨 포화폴리에스테르수지로 내후성, 접착성이 우수하며 도료나 접착제 등으로 사용되는 합성수지는?

① 알키드 수지　② A.B.S 수지
③ 스티롤 수지　④ 에폭시 수지

해설

① 알키드 수지 : 단독 도료로 쓰거나 각종 합성수지 도료와 혼합해서 각종 도료(페인트, 바니쉬, 래커 등)의 원료로 사용된다. 알키드 수지는 상온에서 가용성과 밀착성이 좋고, 내후성이 양호하며, 성형이 가능하다.
② ABS 수지 : 열가소성 수지로 충격성, 안정성, 강도, 치수 등 모든 면에서 우수하다. 다른 수지에 혼합하여 성형성, 내충격성을 개량하는 변성제로 많이 쓰이며, 주로 파이프, 전기부품, 판재 등에 사용된다.
③ 스티롤 수지(폴리스티렌 수지) : 열가소성 수지로 무색투명, 전기절연성, 내수성, 내약품성이 크다. 주용도로 창유리, 파이프, 발포보온판, 벽용타일, 채광용으로 사용된다.
④ 에폭시 수지 : 내수성, 내습성, 내약품성, 전기절연이 우수, 접착력 강하다. 피막이 단단하며, 유연성이 부족하고, 값이 비싸다. 주용도로 금속, 항공기 접착에 쓰인다. 현재까지의 접착제 중 가장 우수하다.

15 강의 일반적 성질에 관한 설명으로 옳지 않은 것은?

① 탄소함유량이 증가할수록 강도는 증가한다.
② 탄소함유량이 증가할수록 비열·전기저항이 커진다.
③ 탄소함유량이 증가할수록 비중·열전도율이 올라간다.
④ 탄소함유량이 증가할수록 연신율·열팽창계수가 떨어진다.

해설 강재의 탄소 함유량 증가에 따른 변화

㉠ 강재는 탄소 함유량에 따라 각종 성질이 변한다.
㉡ 역학적 성질 : 강도와 경도는 높아지고 내식성을 좋게 하지만, 인성과 연성은 낮아져 신장률을 감소시키고 용접성이 나빠진다.
㉢ 물리적 성질 : 비열과 전기저항은 높아지나 비중·열전도율·열팽창계수은 낮아진다.

16 다음 중 수경성 미장재료가 아닌 것은?

① 시멘트모르타르
② 돌로마이트 플라스터
③ 인조석 바름
④ 석고 플라스터

해설 미장재료의 분류

㉠ 기경성 미장재료 :
공기 중에서 경화하는 것으로 공기가 없는 수중에서는 경화되지 않는 성질(기화 건조에 의해 경화)
→ 진흙질, 회반죽, 돌로마이트 플라스터(마그네시아 석회)
㉡ 수경성 미장재료 :
물과 작용하여 경화하고 차차 강도가 크게 되는 성질(물과 화학반응하여 경화)
→ 석고 플라스터, 무수석고(경석고) 플라스터, 시멘트모르타르, 인조석 바름, 마그네시아시멘트

정답 14 ① 15 ③ 16 ②

17 **목재의 자연건조 시 유의할 점으로 옳지 않은 것은?**

① 지면에서 20cm 이상 높이의 굄목을 놓고 쌓는다.
② 잔적(piling) 내 공기순환 통로를 확보해야한다.
③ 외기의 온습도의 영향을 많이 받을 수 있으므로 세심한 주의가 필요하다.
④ 건조기간의 단축을 위하여 마구리 부분을 일광에 노출시킨다.

해설

목재 자연건조법(대기건조법)에서 마구리 부분은 급격히 건조되면 갈라짐이 생기기 때문에 이를 방지하기 위해 마구리에 페인트 등으로 도장한다.

18 **미장재료에 여물을 사용하는 가장 주된 이유는?**

① 유성페인트로 착색하기 위해서
② 균열을 방지하기 위해서
③ 점성을 높여주기 위해서
④ 표면의 경도를 높여주기 위해서

해설

회반죽 바름의 재료 : 소석회 + 모래 + 여물 + 해초풀
㉠ 소석회 : 주원료(석회석 + 열 = 생석회 → 생석회 + 물 = 소석회)
㉡ 모래 : 강도를 높이고 점도를 줄인다.
㉢ 여물 : 수축의 분산(균열 방지)
㉣ 해초풀 : 점성이 늘어나 바르기 쉽고 바름 후 부착이 잘 되도록 한다. (접착력 증대)
※ 미장재료(회반죽 바름)에 여물을 사용하면 수축의 분산을 막을 수 있다.(균열의 방지)

19 **시멘트와 그 용도와의 관계를 나타낸 것으로 옳지 않은 것은?**

① 조강포틀랜드시멘트 – 한중공사
② 중용열포틀랜드시멘트 – 댐공사
③ 백색포틀랜드시멘트 - 타일 줄눈공사
④ 고로슬래그시멘트 - 마감용 착색공사

해설

고로슬래그는 용광로에서 선철을 제조할 때 생성되는 혼화재로 수화발열 감소, 장기강도 증진, 수밀성 향상 등의 효과가 있다.

20 **콘크리트 타설 중 발생되는 재료분리에 대한 대책으로 가장 알맞은 것은?**

① 굵은골재의 최대치수를 크게 한다.
② 바이브레이터로 최대한 진동을 가한다.
③ 단위수량을 크게 한다.
④ AE제나 플라이애시 등을 사용한다.

해설 콘크리트의 재료분리현상

(1) 균질하게 비벼진 콘크리트의 균질성이 소실되는 현상으로 시공시 침하 및 균열의 원인이 되고, 경화된 콘크리트의 강도, 내구성 등이 저하된다.
(2) 대책
㉠ 물시멘트비를 작게 한다.
㉡ 표면 활성제를 사용한다.
㉢ 잔골재 중에 세립분을 증가시킨다.
㉣ 단위수량을 감소시킨다.
㉤ 혼화재료(AE제, 플라이애시 등)를 사용한다.
㉥ 콘크리트의 플라스틱시티(Plasticity)를 증가시킨다.

정답 17 ④ 18 ② 19 ④ 20 ④

건축재료 2016년 8월 21일(4회)

01 멜라민수지에 관한 설명 중 옳지 않은 것은?

① 무색투명하며 착색이 자유롭다.
② 내열성이 600℃ 정도로 높다.
③ 전기절연성이 우수하다.
④ 판재류, 식기류, 전화기 등에 쓰인다.

해설 멜라민수지 접착제

㉠ 내수성, 내열성이 좋고, 목재와의 접착성이 우수하여 내수합판 등에 쓰인다.
㉡ 투명, 백색이므로 착색이 자유롭다.
㉢ 값이 비싸고, 단독으로 쓸 경우는 적다.
㉣ 용도 : 목재·합판의 접착제로 사용되며, 금속·고무·유리 접착은 부적당하다.

02 특수모르타르의 일종으로서 주용도가 광택 및 특수 치장용으로 사용되는 것은?

① 규산질모르타르
② 질석모르타르
③ 석면모르타르
④ 합성수지혼화모르타르

해설

합성수지혼화모르타르는 주용도가 광택 및 특수 치장용으로 사용되는 특수모르타르의 일종이다.
※ 특수모르타르
㉠ barite모르타르(방사선차단용) : 시멘트, barite 분말, 모래
㉡ 질석모르타르(경량몰탈 – 블록제조용) : 시멘트, 질석
㉢ 석면모르타르(균열방지용 – 슬레이트) : 시멘트, 석면, 모래
㉣ 합성수지혼화모르타르(경도, 치밀성, 광택, 특수 치장용) : 시멘트, 합성수지, 모래

03 감람석이 변질된 것으로 암녹색 바탕에 흑백색의 무늬가 있고, 경질이나 풍화성으로 인하여 실내장식용으로서 대리석 대용으로 사용되는 암석은?

① 사문암 ② 응회암
③ 안산암 ④ 점판암

해설

사문암은 암녹색, 청록색, 황록색 등을 띠며, 감람석 등 마그네슘이 풍부한 초염기성암이 열수(熱水)에 의해 교체작용을 받거나 변성작용 등을 받아 생성된다. 일반적으로 띠 모양의 관입암체를 이루며 조산대에 존재하는데 실내장식용 석재로 많이 쓰이는 석재이다.

04 보크사이트와 석회석을 원료로 하는 시멘트로 화학저항성 및 내수성이 우수하며 조기에 극히 치밀한 경화체를 형성할 수 있어 긴급공사 등에 이용되는 시멘트는?

① 고로시멘트
② 실리카시멘트
③ 중용열포틀랜드시멘트
④ 알루미나시멘트

해설 알루미나 시멘트

㉠ Al 원석 + 석회석 → 전기로, 반사로에서 용융 냉각하여 미분쇄
㉡ 내화성, 급결성(1일에 28일강도 발현), 내화학성이 크다.
㉢ 응결 및 경화시 발열량이 크기 때문에 긴급공사, 한중공사에 사용한다.
㉣ 고가이다.

정답 01 ② 02 ④ 03 ① 04 ④

05 **미장바름에 쓰이는 착색재에 요구되는 성질로 옳지 않은 것은?**

① 물에 녹지 않아야 한다.
② 입자가 굵어야 한다.
③ 내알칼리성이어야 한다.
④ 마장재료에 나쁜 영향을 주지 않는 것이어야 한다.

해설

입자가 가늘어야 한다.
※ 착색재 : 미장용 착색제로서는 무기질의 금속 산화물이 쓰이는데, 인공적인 것 보다는 천연적인 것이 많다. 착색재에는 합성산화철, 카본블랙, 이산화망간, 산화크롬 등이 있다.

06 **목재 및 기타 식물의 섬유질소편에 합성수지 접착제를 도포하여 가열압착성형한 판상제품은?**

① 파티클 보드
② 시멘트목질판
③ 집성목재
④ 합판

해설 파티클 보드(Particle Board)

목재 또는 기타 식물질을 절삭 또는 파쇄하여 소편(조각)으로 하여 충분히 건조시킨 후 합성수지 접착제로 열압 제판한 보드이다.
㉠ 강도에 방향성이 없으며 큰 면적을 얻을 수 있다.
㉡ 흡음, 단열, 차단성이 양호하다.
㉢ 두께는 자유로이 만들 수 있다.
㉣ 표면이 평활하고 경도가 크다
㉤ 방충, 방부성이 좋다.
㉥ 용도 : 상판, 칸막이벽, 가구 등에 사용

07 **유리 내부에 특수금속막 코팅으로 적외선을 반사시켜 열의 이동을 극소화 시킨 고기능성 유리로 창을 통해 흡수 손실되는 에너지 흐름을 제한하여 단열성을 향상시킨 유리는?**

① 로이유리 ② 접합유리
③ 열선반사유리 ④ 스팬드럴유리

해설 로이유리(low-E glass)

유리 표면에 금속 또는 금속산화물을 얇게 코팅한 것으로 열의 이동을 최소화 시켜주는 에너지 절약형 유리이며 저방사유리라고도 한다. 로이(Low-E : low-emissivity)는 낮은 방사율을 뜻한다. 특성상 단판으로 사용하기 보다는 복층으로 가공하며, 코팅면이 내판 유리의 바깥쪽으로 오도록 만든다.

08 **시멘트의 분말도가 클수록 나타나는 콘크리트의 성질에 해당되지 않는 것은?**

① 수화작용이 촉진된다.
② 초기강도가 증진된다.
③ 풍화작용이 억제된다.
④ 응결속도가 빨라진다.

해설 시멘트의 분말도

(1) 단위중량에 대한 표면적(비표면적)에 의하여 표시한다.
(2) 시멘트의 분말도 시험법으로는 체분석법, 피크노메타법, 브레인법 등이 있다.
(3) 시멘트의 분말도가 높으면(크면)
㉠ 물과의 접촉 면적이 증대하므로 수화작용이 빠르다.
㉡ 시공연도가 증진한다.
㉢ 초기 강도 발생이 빠르다.
㉣ 투수성이 적어 수밀성이 커진다.
㉤ 블리딩이 감소하며, 발열량이 높아진다.
㉥ 풍화하기 쉽다.
㉦ 건조수축이 커져서 균열이 발생하기 쉽다.
☞ 시멘트의 분말도는 단위중량에 대한 표면적(비표면적, cm^2/g)에 의하여 표시한다.

09 **건축용 구조재로 사용하기에 가장 부적당한 것은?**

① 경질사암 ② 응회암
③ 휘석안산암 ④ 화강암

해설

응회암은 연질, 다공질 암석으로 내화성이 크며, 흡수율이 가장 크다. 경량골재, 내화재, 특수 장식재로 사용한다.

정답 05 ② 06 ① 07 ① 08 ③ 09 ②

10 **KS F 4052에 따라 방수공사용 아스팔트는 사용용도에 따라 4종류로 분류된다. 이 중, 감온성이 낮은 것으로서 주로 일반지역의 노출지붕 또는 기온이 비교적 높은 지역의 지붕에 사용하는 것은?**

① 1종(침입도 지수 3 이상)
② 2종(침입도 지수 4 이상)
③ 3종(침입도 지수 5 이상)
④ 4종(침입도 지수 6 이상)

해설 침입도(PI : Penetration Index)

㉠ 아스팔트의 경도를 표시한 값으로, 클수록 부드러운 아스팔트이다.
㉡ 0.1mm 관입시 침입도 PI=1로 본다. (25℃, 100g, 5sec 조건으로 측정)
㉢ 아스팔트 양부 판정시 가장 중요하다. 침입도와 연화점은 반비례 관계이다.
※ 아스팔트 방수용 아스팔트는 KS F 4052(방수공사용 아스팔트)에 합격한 것으로 한다.

11 **면의 날실에 천연칡잎을 씨실로 하여 짠 것으로 우아하지만 충격에 약한 벽지는?**

① 실크벽지 ② 비닐벽지
③ 무기질벽지 ④ 갈포벽지

해설 갈포벽지(葛布壁紙)

삶은 칡덩굴의 껍질로 만든 벽지로, 자연미가 있는 것이 특징이다. 다른 벽지에 비하여 질감이 거친 편이고, 비교적 값이 싸며 사용하기가 용이할 뿐 아니라, 그 위에 칠도 할 수 있다. 실내의 온도조절, 방음, 부드러운 색상으로 보안(保眼)이 되는 등의 장점이 있어, 1970년대 후반부터 한국에 많이 보급되기 시작하였다. 그러나 때가 묻었을 때 물로 닦아낼 수 없고, 디자인과 색상이 다양하지 못한 것이 단점이다. 주택의 응접실·거실, 일반 사무실, 영업장 등의 벽에 많이 쓰인다.

12 **스텐인리스강(Stainless Steel)은 탄소강에 어떤 주요 금속을 첨가한 합금강인가?**

① 알루미늄(Al) ② 구리(Cu)
③ 망간(Mn) ④ 크롬(Cr)

해설 스테인리스강

㉠ 탄소량이 적고 녹이 잘 슬지 않는 특수용 합금강이다.
㉡ 전기저항성이 크고, 열전도율이 낮다.
㉢ 대기 중이나 물 속에서 거의 녹슬지 않는다.
㉣ 탄소강에 크롬(Cr)을 첨가하면 내식성과 내열성이 향상되고, 니켈을 첨가하면 기계적 성질이 개선되는 강이다.
㉤ 벽체의 마감재, 전기기구, 장식철물 등에 사용된다.

13 **콘크리트의 배합설계에 관한 설명으로 옳지 않은 것은?**

① 콘크리트의 배합강도는 설계기준강도와 양생온도나 강도편차를 고려하여 정한다.
② 용적배합의 표시방법으로는 절대 용적배합, 표준계량 용적배합, 현장계량 용적배합 등이 있다.
③ 콘크리트의 배합은 각 구성 재료의 단위용적의 합이 $1.8m^3$가 되는 것을 기준으로 한다.
④ 콘크리트의 배합은 시멘트, 물, 잔골재, 굵은골재의 혼합비율을 결정하는 것이다.

해설

콘크리트의 배합은 각 구성 재료의 단위용적의 합이 $1m^3$가 되는 것을 기준으로 한다.
※ 용적배합의 표시방법 : 중량배합, 절대 용적배합, 표준계량 용적배합, 현장계량 용적배합
☞ 중량배합 : 콘크리트 $1m^3$를 비벼내는 데 소요되는 각 재료의 양을 중량(kg)으로 표시한 배합으로 가장 정확한 방법이다. 단, 골재는 절건중량을 기준으로 한다.

14 **시멘트의 주요 조성화합물 중에서 재령 28일 이후 시멘트 수화물의 강도를 지배하는 것은?**

① 규산제3칼슘
② 규산제2칼슘
③ 알루민산제3칼슘
④ 알루민산철제4칼슘

정답 10 ③ 11 ④ 12 ④ 13 ③ 14 ②

해설

시멘트의 주요 조성화합물 중에서 재령 28일 이후 시멘트 수화물의 강도를 지배하는 것은 규산제2칼슘이다.
※ 규산 : 규소 · 산소 · 수소가 화합한 가장 약산 산

15 다음 재료 중 단열재료에 해당하는 것은?

① 우레아 폼
② 아코스틱 텍스
③ 유공석고보드
④ 테라죠판

해설 단열재의 분류

㉠ 무기질계 단열재 : 유리면, 암면, 세라믹 파이버, 펄라이트 판, 규산 칼슘판, 경량 기포콘크리트(ALC 판넬)
㉡ 유기질계 단열재 : 셀룰로즈 섬유판, 연질 섬유판, 폴리스틸렌 폼, 경질 우레탄 폼

16 다음 금속재료에 대한 설명 중 옳지 않은 것은?

① 청동은 황동과 비교하여 주조성이 우수하다.
② 아연함유량 50% 이상의 황동은 구조용으로 적합하다.
③ 알루미늄은 상온에서 판, 선으로 압연가공하면 경도와 인장강도가 증가하고 연신율이 감소한다.
④ 아연은 청색을 띤 백색 금속이며, 비점이 비교적 낮다.

해설

황동은 구리에 아연(Zn) 10~45% 정도를 가하여 만든 합금으로 구리보다 단단하고 주조가 잘되며, 가공하기 쉽다. 내식성이 크고 외관이 아름다우며, 색깔은 주로 아연의 양에 따라 정해진다. 창호철물에 사용된다.

17 절대건조비중(r)이 0.75인 목재의 공극률은?

① 약 25.0% ② 약 38.6%
③ 약 51.3% ④ 약 75.0%

해설 목재의 비중과 공극률

목재의 비중은 섬유질과 공극률에 의하여 결정된다.

$V = (1 - \frac{\gamma}{1.54}) \times 100\%$

γ : 절건비중, 1.54 : 목재의 비중

$\therefore V = (1 - \frac{0.75}{1.54}) \times 100\% \fallingdotseq 51.3\%$

☞ 비중이 크면 공극률이 작아진다.

18 목재의 외관을 손상시키며 강도와 내구성을 저하시키는 목재의 흠에 해당하지 않는 것은?

① 갈라짐(crack) ② 옹이(knot)
③ 지선(脂線) ④ 수피(樹皮)

해설 수피(樹皮)

나무줄기의 코르크 형성층(形成層)보다 바깥 조직을 말한다. 보통 수목이 비대해지면, 처음 피층에 코르크층이 생기고 그 후 새로운 코르크층의 형성이 체관부의 안쪽까지 미치게 되어 그 바깥쪽으로 격리된 체관부 등의 조직세포는 죽게 된다. 이러한 죽은 조직과 코르크층의 호층을 수피라 한다. 수피에는 체내외의 통기작용을 하는 피목이라는 조직이 있다.

19 열가소성수지로서 평판성형되어 유리와 같이 이용되는 경우가 많고 유기유리라고도 불리우는 것은?

① 아크릴수지 ② 멜라민수지
③ 폴리에틸렌수지 ④ 폴리스티렌수지

해설 아크릴수지

㉠ 열가소성수지
㉡ 투광성이 크고 내후성이 양호하며 착색이 자유롭다.
㉢ 자외선 투과율 크며, 내충격 강도가 유리의 10배이다.
㉣ 평판 성형되어 글라스와 같이 이용되는 경우가 많고 유기글라스라고도 불리우며, 주용도로는 채광판, 유리대용품으로 쓰인다.

정답 15 ① 16 ② 17 ③ 18 ④ 19 ①

20 **점토소성제품에 대한 설명으로 옳은 것은?**

① 내부용 타일은 흡수성이 적고 외기에 대한 저항력이 큰 것을 사용한다.
② 오지벽돌은 도로나 마룻바닥에 까는 두꺼운 벽돌을 지칭한다.
③ 장식용 테라코타는 난간벽, 주두, 창대 등에 많이 사용된다.
④ 경량벽돌은 굴뚝, 난로 등의 내부 쌓기용으로 주로 사용된다.

해설 테라코타(Terracotta)

점토를 반죽하여 조각 형틀로 찍어낸 점토 소성 제품이다.

(1) 종류
㉠ 구조용 테라코타 : 바닥, 칸막이벽에 사용되는 속이 빈 제품
㉡ 장식용 테라코타 : 판형, 쇠시리형, 조각물이 있고 난간벽, 돌림대, 창대, 주두에 사용

(2) 특징
㉠ 일반석재보다 가볍고 색소나 모양의 임의 가공이 가능하다.
㉡ 화강암보다 내화력이 강하고, 대리석보다 풍화에 강하므로 외장에 적당하다.
㉢ 압축강도는 80~90MPa로서 강도는 화강암의 1/2 정도이다.
㉣ 형상, 치수오차가 심하다.
㉤ 주용도 : 버팀대, 돌림대, 기둥주두, 파라펫 등 주로 내·외장식재

정답 20 ③

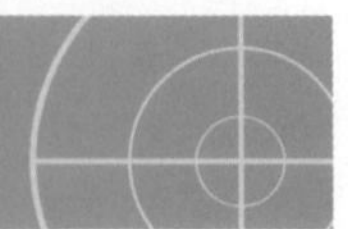

건축재료 2017년 3월 5일(1회)

01 다음 건축재료 중 열전도율이 가장 작은 것은?

① 시멘트 모르타르 ② 알루미늄
③ ALC ④ 유리섬유

해설 각종 재료의 열전도율(λ)

(단위 : W/m·K)

재료	구리	알루미늄	철	콘크리트	유리	벽돌	물	목재	코르크판	공기
열전도율	386	164	43	1.4	1.05	0.84	0.6	0.14	0.043	0.025

※ 열전도율이란 두께 1m의 물체 두 표면에 단위 온도차가 1℃일 때 재료를 통한 열의 흐름을 와트(W)로 측정한 것으로 단위는 W/m·℃이다. kcal/m·h로 표시할 경우 1W/m = 0.86kcal/m·h이다. 즉, kcal/h 대신 W를 쓰면 된다.

02 수경성 미장재료에 해당되는 것은?

① 회반죽
② 돌로마이트 플라스터
③ 석고 플라스터
④ 회사벽

해설 미장재료의 분류

㉠ 기경성 미장재료 : 공기 중에서 경화하는 것으로 공기가 없는 수중에서는 경화되지 않는 성질
- 진흙질, 회반죽, 돌로마이트 플라스터(마그네시아 석회)

㉡ 수경성 미장재료 : 물과 작용하여 경화하고 차차 강도가 크게 되는 성질
- 석고 플라스터, 무수석고(경석고) 플라스터, 시멘트모르타르, 인조석 바름, 마그네시아시멘트

03 복층유리의 사용효과로서 옳지 않은 것은?

① 전기전도성 향상
② 결로의 방지
③ 방음성능 향상
④ 단열효과에 따른 냉·난방부하 경감

해설 복층유리(Pair Glass)

KS L2003에 규정된 유리로서 2장 이상의 판유리 등을 나란히 넣고, 그 틈새에 대기압에 가까운 압력의 건조한 공기를 채우고 그 주변을 밀봉·봉착한 유리이다.

㉠ 이중유리, 겹유리라고도 한다.
㉡ 단열·방음·방서효과가 크고, 결로 방지용으로 우수하다.
㉢ 현장가공이 불가능하므로 주문제작시 치수지정에 주의가 필요하다.
㉣ 안전유리용으로 분류하기로 한다.

04 벽돌벽 두께 1.5B, 벽면적 $40m^2$ 쌓기에 소요되는 점토벽돌(190×90×57mm)의 소요량은? (단, 할증률은 3%로 계산)

① 8850장 ② 8960장
③ 9229장 ④ 9408장

해설 벽돌쌓기의 벽돌량(매/m^2당)

쌓기 벽돌형	0.5B (매)	1.0B (매)	1.5B (매)	2.0B (매)	할증률
기존형 (재래형)	65	130	195	260	붉은벽돌 : 3% 시멘트벽돌 : 5%
표준형 (기본형)	75	149	224	298	

※ 일반적으로 줄눈너비는 10mm로 한다.
표준형 붉은벽돌 $1m^2$당 1.5B쌓기 정미량
= 224매
∴ 벽돌량(1.5B 쌓기, 표준형, 붉은벽돌)
= $40m^2$×224매×1.03 = 9,228.8 ≒ 9,229매

정답 01 ④ 02 ③ 03 ① 04 ③

05 목재 건조방법 중 자연건조법에 해당되는 것은?

① 훈연건조 ② 수침법
③ 진공건조 ④ 증기건조

해설 목재의 건조방법

㉠ 대기건조법(자연건조법) : 직사광선, 비를 막고 통풍만으로 건조하여 20cm 이상 굄목을 받친다. 정기적으로 바꾸어 놓는다. 우수한 건조법이다.
㉡ 침수건조법(수침법) : 생목을 수중에 약 3~4주간 이상 수침시켜 수액을 뺀 후 대기에 건조시키는 방법으로서 건조기간을 단축할 수 있다.
㉢ 인공건조법 : 건조기간이 짧으므로 많이 사용하며, 변색이나 부패를 방지하기 위해서는 인공건조법이 이상적이다. 건조법에는 열기건조법, 증기건조법, 훈연건조법, 진공건조법, 전기건조법, 표면탄화법, 건조제법 등이 있다.

06 콘크리트의 재료적 특성에 관한 설명으로 옳지 않은 것은?

① 압축 및 인장강도가 높다.
② 내화, 내구적이다.
③ 철근 및 철골 등의 철재에 대한 방청력이 뛰어나다.
④ 수축 및 균열 발생의 우려가 크다.

해설 콘크리트의 장·단점 (콘크리트의 재료적 특성)

(1) 장점
① 압축강도가 크다.
② 내화, 내구, 내수적이다.
③ 강재와의 접착이 잘 되고, 방청력이 크다.

(2) 단점
① 무게가 크다. (철근콘크리트 : $2.4t/m^3$)
② 인장강도가 작다. (압축강도의 1/10~1/13)
③ 경화할 때 수축에 의한 균열이 발생하기 쉽다.

07 각종 금속의 성질에 관한 설명으로 옳지 않은 것은?

① 알루미늄은 콘크리트와 접촉하면 침식된다.
② 동은 대기 중에서는 내구성이 있으나 암모니아에는 침식되기 쉽다.
③ 동은 주물로 하기 어려우나 청동이나 황동은 쉽다.
④ 납은 산이나 알칼리에 강하므로 콘크리트에 매설해도 침식되지 않는다.

해설 납(鉛, Pb)

㉠ 금속 중에서 가장 비중(11.34)이 크고 연질이다.
㉡ 주조가공성 및 단조성이 풍부하다.
㉢ 열전도율이 작으나 온도 변화에 따른 신축이 크다.
㉣ 공기 중에서 탄산납($PbCO_3$)의 피막이 생겨 내부를 보호한다.(방사선 차단효과)
㉤ 내산성은 크나, 알칼리에는 침식된다.
㉥ 증류수에 용해된다.
㉦ 용도 : 송수관, 가스관, X선실, 홈통재, 황산 제조공장

08 리녹신에 수지, 고무물질, 코르크 분말, 안료 등을 섞어 마포(hemp cloth) 등에 발라 두꺼운 종이 모양으로 압연·성형한 제품은?

① 염화비닐판 ② 비닐타일
③ 리놀륨 ④ 무석면타일

해설 리놀륨(Linoluem)

㉠ 리녹신(아마인유의 산화물질)에 고무질 물질, 코르크 가루, 안료 등을 섞어 삼베에 압착하여 만든 합성수지 제품이다.
㉡ 탄성력이 풍부하여 보행감이 좋고 소음이 안 생긴다.
㉢ 내수성·내구성·내화학성이 있으며, 마루 마감재료로 매우 우수하다.

정답 05 ② 06 ① 07 ④ 08 ③

09 **건물의 바닥 충격음을 저감시키는 방법에 관한 설명으로 옳지 않은 것은?**

① 완충재를 바닥공간 사이에 넣는다.
② 부드러운 표면마감재를 사용하여 충격력을 작게 한다.
③ 바닥을 띄우는 이중바닥으로 한다.
④ 바닥슬래브의 중량을 작게 한다.

해설 바닥 충격음에 대한 차음대책

㉠ 구조체에 전해 오는 소음은 소음원 자체를 구조체와 분리시키고, 바닥은 밀도가 높은 재료로 시공한다.
㉡ 뜬바닥 구조를 활용한다.(바닥을 띄우는 이중바닥으로 한다.)
㉢ 철근콘크리트 슬래브의 중량을 증가시킨다.
㉣ 천장반자 시공에 의한 이중천장을 설치한다.
㉤ 쿠션성이 있는 바닥마감재를 사용한다.

10 **석고나 탄산칼슘을 주원료로 하고 도배지를 붙이는 바탕의 요철이나 줄눈, 균열이나 구멍 보수에 사용하는 것은?**

① 수용성 실러(sealer)
② 용제형 실러(sealer)
③ 퍼티(putty)
④ 코킹(cocking)

해설 퍼티(putty)

㉠ 탄산칼슘, 연백, 아연화 등의 충전재를 각종 건성유로 반죽한 것
㉡ 도배지를 붙이는 바탕을 조정하기 위하여 사용하는 바탕 조정제 중, 석고나 탄산칼슘을 주원료로 하고, 바탕의 요철이나 줄눈, 균열이나 구멍 보수에 사용한다.

11 **유리의 표면을 초고성능 조각기로 특수가공 처리하여 만든 유리로서 5mm 이상의 후판유리에 그림이나 글 등을 새겨 넣은 유리는?**

① 에칭유리　② 강화유리
③ 망입유리　④ 로이유리

해설 에칭 유리

유리면에 부식액의 방호막을 붙이고 이 막을 모양에 맞게 오려내고 그 부분에 유리부식액을 발라 소요 모양으로 만들어 장식용, 조각유리용으로 사용하는 유리

12 **아스팔트를 천연아스팔트와 석유아스팔트로 구분할 때 천연아스팔트에 해당되지 않는 것은?**

① 레이크아스팔트　② 로크아스팔트
③ 블로운아스팔트　④ 아스팔타이트

해설 아스팔트

㉠ 천연 아스팔트 : 레이크아스팔트, 로크아스팔트, 아스팔타이트
㉡ 석유 아스팔트 : 스트레이트 아스팔트, 블로운 아스팔트, 아스팔트 컴파운드, 아스팔트 프라이머

13 **점토에 톱밥, 겨, 탄가루 등을 30~50% 정도 혼합, 소성한 것으로 비중은 1.2~1.5정도이며 절단, 못치기 등의 가공성이 우수한 벽돌은?**

① 포도벽돌　② 과소벽돌
③ 내화벽돌　④ 다공벽돌

해설

㉠ 포도벽돌 : 마멸이나 충격에 강하고, 흡수율이 작으며, 내화력이 강한 두꺼운 벽돌이다. 포장용, 건축물 옥상 포장용이나 공장바닥용으로 사용된다.
㉡ 내화벽돌 : 미색으로 600~2,000℃의 고온에 견디는 벽돌로 높은 온도를 요하는 장소인 굴뚝, 난로의 안쌓기용, 보일러 내부용 등에 사용된다. (세게르 콘(SK) No. 26 (연화온도 1,580℃) 이상의 내화도를 가진 것)
㉢ 과소벽돌 : 압축강도가 매우 높아 질이 견고하고, 흡수율이 매우 적어 바닥의 포장용, 기초쌓기나 특수 장식용으로 사용된다.

정답 09 ④　10 ③　11 ①　12 ③　13 ④

14 합성수지별 주용도를 표기한 것으로 옳지 않은 것은?

① 실리콘수지 – 방수피막
② 에폭시수지 – 접착제
③ 멜라민수지 – 가구판재
④ 알키드수지 - 바닥판재

해설

도료로 사용되는 합성수지 : 알키드수지, 셀룰로오스수지
※ 알키드수지 : 프탈산과 글리세린수지를 변성시킨 포화폴리에스테르수지로 내후성, 접착성이 우수하며 도료나 접착제 등으로 사용된다.

15 굳지 않은 콘크리트의 성질로서 주로 물의 양이 많고 적음에 따른 반죽의 되고 진 정도를 나타내는 용어는?

① 컨시스턴시　② 플라스티시티
③ 피니셔빌리티　④ 펌퍼빌리티

해설 생콘크리트의 성능(굳지 않은 콘크리트의 성능)

용어	내용
Workability (시공연도)	작업의 난이정도 및 재료분리 저항하는 정도
Consistency (반죽질기)	반죽의 되고 진 정도(유동성의 정도)
Plasticity (성형성)	거푸집에 쉽게 다져 넣을 수 있는 정도
Finishability (마감성)	마무리 하기 쉬운 정도
Pumpability (압송성)	펌프동 콘크리트의 Workability

16 목재 및 기타 식물의 섬유질 소편에 합성수지 접착제를 도포하여 가열압착 성형한 판상제품은?

① 합판　② 파티클보드
③ 집성목재　④ 파키트리보드

해설 파티클 보드(Particle Board)

톱밥, 대패밥, 나무 부수러기 등의 목재 소편(Particle)을 원료로 충분히 건조시킨 후 합성수지 접착제 등을 첨가 혼합하고 고열고압으로 처리하여 나무섬유를 고착시켜 만든 견고한 판으로 칩보드(chip board)라고도 한다.
㉠ 강도의 방향성이 없으며 큰 면적을 얻을 수 있다.
㉡ 두께는 자유로이 만들 수 있다.
㉢ 표면이 평활하고 경도가 크다.
㉣ 방충, 방부성이 좋다.
㉤ 음 및 열의 차단성이 우수하다.
㉥ 용도 : 상판, 간막이벽, 가구 등에 사용

17 다음 암석 중 화성암에 속하지 않는 것은?

① 화강암　② 안산암
③ 섬록암　④ 석회암

해설 석재의 성인(成因)에 의한 분류

㉠ 화성암 : 화강암, 안산암, 현무암, 경석(부석)
㉡ 수성암 : 점판암, 응회암, 석회암, 사암
㉢ 변성암 : 대리석, 사문암, 석면

18 강의 기계적 성질 중 항복비를 옳게 나타낸 것은?

① $\frac{\text{인장강도}}{\text{항복강도}}$　② $\frac{\text{항복강도}}{\text{인장강도}}$
③ $\frac{\text{변형률}}{\text{인장강도}}$　④ $\frac{\text{인장강도}}{\text{변형률}}$

해설 항복비

㉠ 강재의 항복점과 인장강도의 비(항복점/인장강도)
㉡ 강재의 기계적 성질을 나타내는 하나의 지표
㉢ 항복비가 커지면 부재의 변형 능력을 저하한다.

정답 14 ④　15 ①　16 ②　17 ④　18 ②

19 용제 또는 유제상태의 방수제를 바탕면에 여러번 칠하여 방수막을 형성하는 방수법은?

① 아스팔트 루핑 방수
② 도막 방수
③ 시멘트 방수
④ 시트 방수

해설 도막(塗膜) 방수

도막방수는 도료상의 방수재를 바탕면에 여러 번 칠하여 상당한 살두께의 방수막을 만드는 방수방법으로 고분자계 방수공법의 일종이다.
도막방수에 사용되는 고분자재료는 내후, 내수, 내알칼리, 내마모, 난연성 등의 여러 가지 성질을 구비하지 않으면 안되며, 유제형 도막방수와 용제형 도막 방수 공법이 주로 쓰인다.
㉠ 연신율이 뛰어나며 경량의 장점이 있다.
㉡ 방수층의 내수성, 내화성이 우수하다.
㉢ 균일한 두께를 확보하기 어렵고 두꺼운 층을 만들 수 없다.
㉣ 시공이 간편하며, 누수사고가 생기면 아스팔트 방수에 비해 보수가 용이하다.

20 중용열 포틀랜드시멘트의 특징이나 용도에 해당되지 않는 것은?

① 수화속도가 비교적 빠르다.
② 수화열이 적다.
③ 건조수축이 적다.
④ 댐공사 등에 사용된다.

해설 중용열 포틀랜드시멘트(제2종 포틀랜드시멘트)

㉠ 시멘트의 발열량을 저감시킬 목적으로 제조한 시멘트
㉡ 수화열이 작고 수화속도가 비교적 느리다.
㉢ 건조수축이 작고, 화학저항성이 일반적으로 크다.
㉣ 내산성(내황산염성)이 우수하며, 내구성이 좋다.
㉤ 주로 댐 콘크리트, 도로포장, 매스콘크리트용으로 사용된다.
※ 중용열 포틀랜드시멘트는 CaS나 CaA가 적고, 장기강도를 지배하는 C_2S를 많이 함유한 시멘트이다.

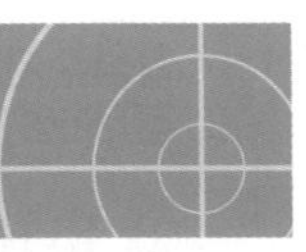

건축재료 2017년 5월 7일(2회)

01 가공이 용이하고 내식성이 커 논슬립, 난간, 코너비드 등의 부속철물로 이용되는 금속은?

① 니켈 ② 아연
③ 황동 ④ 주석

해설 황동

㉠ 구리에 아연(Zn) 10~45% 정도를 가하여 만든 합금으로 색깔은 주로 아연의 양에 따라 정해진다.
㉡ 구리보다 단단하고 주조가 잘되며, 가공하기 쉽다.
㉢ 내식성이 크고 외관이 아름답다
㉣ 용도 : 계단 논슬립, 난간, 코너비드

02 보통 판유리의 연화온도의 범위로 가장 적당한 것은?

① 1400~1500℃ ② 1000~1200℃
③ 700~750℃ ④ 500~550℃

해설 보통 판유리(Sheet Glass)

㉠ 박판유리(6mm 미만)와 후판유리(6mm 이상)로 분류한다.
㉡ 기포, 규사 함유량에 따라 등급 판정하며, 비중은 2.5정도이다.
㉢ 보통 판유리의 강도는 풍압에 의한 휨강도를 말한다. (휨강도 43~63MPa 정도)
㉣ 내후성이 있으며, 빛·열을 잘 투과한다.
㉤ 충격에 약하고, 차음성능이 다소 떨어지며, 열전도율이 콘크리트보다 작다.
㉥ 연화점은 720~730℃ 정도이다.
㉦ 용도 : 실내차단용, 칸막이벽, 스크린, 통유리문, 가구 및 특수구조 등

03 급경성으로 내알칼리성 등의 내화학성이나 접착력이 크고 내수성이 우수하며 금속, 석재, 도자기, 유리, 콘크리트, 플라스틱재 등의 접착에 모두 사용되는 접착제는?

① 페놀수지 접착제
② 요소수지 접착제

정답 19 ② 20 ① / 01 ③ 02 ③ 03 ④

③ 멜라민수지 접착제
④ 에폭시수지 접착제

해설 에폭시수지 접착제

㉠ 내수성, 내습성, 내약품성, 전기절연이 우수하며 접착력 강하다.
㉡ 피막이 단단하고 유연성이 부족하고 값이 비싸다.
㉢ 금속, 항공기 접착에 쓰인다. 현재까지의 접착제 중 가장 우수하다.
[주] ※ 건축공사에 주로 사용되는 접착제는 에폭시수지 접착제와 초산비닐수지 접착제이다.

04 KS L 4201에 따른 점토벽돌의 치수로 옳은 것은? (단, 단위는 mm)

① 190×90×57　② 190×90×60
③ 210×90×57　④ 210×90×60

해설 벽돌의 치수 및 허용값

(단위 : mm)

구분 \ 종류	길이(B)	너비(A)	두께
기존형(재래형)	210	100	60
기본형(표준형)	190	90	57

※ 너비는 길이에서 줄눈의 뺀 것의 반으로 되어 있다.

05 수지를 지방유와 가열융합하고, 건조제를 첨가한 다음 용제를 사용하여 희석하여 만든 도료는?

① 래커　② 유성바니시
③ 유성페인트　④ 내열도료

해설 유성바니시

수지를 지방유와 가열융합하고, 건조제를 첨가한 다음 용제를 사용하여 희석하여 만든 도료
㉠ 건조가 더디며, 무색(담갈색)의 투명도료
㉡ 유성페인트보다 내후성이 작아서 옥외에는 사용 안하며, 목재 내부용

06 열린 여닫이문이 저절로 닫히게 하는 철물로서 여닫이 문의 윗막이대와 문틀 상부에 설치하는 창호철물은?

① 크레센트　② 도어클로저
③ 도어스톱　④ 도어홀더

해설 도어클로저

열린 여닫이문이 저절로 닫히게 하는 철물로서 여닫이 문의 윗막이대와 문틀 상부에 설치하는 철물이다.
※ 도어스톱(door stop) : 열려진 문을 제자리에 머물게 하는 철물이다.
※ 크레센트(crescent) : 오르내리창을 잠그는데 사용된다.

07 내충격성, 내열성, 내후성, 투명성 등의 특징이 있고, 유연성 및 가공성이 우수하며 강화유리의 150배 이상의 충격도를 가진 재료는?

① 아크릴 시트　② 고무타일
③ 폴리카보네이트　④ 블라인드

해설 폴리카보네이트(polycarbonate)

㉠ 비스페놀 A와 포스젠의 연쇄 구조로 이루어진 열가소성 플라스틱 중합체이다.
㉡ 쉽게 가공할 수 있고, 사출 성형이 되며, 열성형이 된다.
㉢ 충격성, 내열성, 내후성, 투명성이 있고, 유연성 및 가공성이 우수하다.
㉣ 강화유리의 150배 이상의 충격도를 가진다.
㉤ 현대 화학공업에서 널리 사용된다.

08 단열재의 선정조건으로 옳지 않은 것은?

① 흡수율이 낮을 것
② 비중이 클 것
③ 열전도율이 낮을 것
④ 내화성이 좋을 것

정답 04 ① 05 ② 06 ② 07 ③ 08 ②

해설 단열재의 선정조건

㉠ 열전도율이 낮을 것(0.07~0.08W/m·K 이하)
㉡ 흡수율이 낮을 것
㉢ 투습성이 낮으며, 내화성이 있을 것
㉣ 비중이 작고 상온에서 시공성이 좋을 것
㉤ 기계적인 강도가 있을 것
㉥ 내후성·내산성·내알카리성 재료로 부패되지 않을 것
㉦ 유독성 가스가 발생 되지 않고, 인체에 유해 않을 것
※ 단열재의 열전도율, 열전달률이 작을수록 단열 효과가 크며, 흡수성 및 투습성이 낮을수록 좋다.
※ 일반적으로 단열재에 습기나 물기가 침투하면 열전도율이 높아져 단열성능이 나빠진다.

09 상온에서 건조되지 않기 때문에 도포 후 도막 형성을 위해 가열공정을 거치는 도장재료는?

① 소부 도료　② 에나멜 페인트
③ 아연 분말 도료　④ 락카샌딩실러

해설 소부 도료(stoving painting)

일정 온도로 일정 시간 가열함으로써 칠한 도막 중의 합성수지를 반응 경화시켜 튼튼한 도막을 이루게 하는 도장재료이다.

10 모르타르 배합수 중의 미응결수나 빗물 등에 의해 시멘트 중의 가용성 성분이 용해되어 그 용액이 조적조 표면에 백색 물질로 석출되는 현상은?

① 백화현상　② 침하현상
③ 크리프변형　④ 체적변형

해설 백화현상

㉠ 벽돌 벽체에 물이 스며들면 벽돌의 성분과 모르타르 성분이 결합하여 벽돌 벽체에 흰가루가 돋는 현상을 말한다.
㉡ 원인 : 벽표면에 수분이 침입해서 줄눈 모르타르 부분의 CaO가 $Ca(OH)_2$로 되어 표면에서 공기 중의 CO_2 또는 벽의 유황분과 결합하여 생긴다.
☞ 시멘트 중의 물에 녹을 수 있는 가용성 염류(수산화칼슘, 황산칼슘, 황산칼륨, 황산나트륨 등)가 침투수에 의해 용해되고 용해물이 모세관에 의해 표면으로 이동하여 수분이 증발하는 현상을 일으킨다.

11 석회암이 변화되어 결정화한 것으로 실내장식재, 조각재로 사용되는 것은?

① 화강암　② 대리석
③ 응회암　④ 안산암

해설 대리석(Marble)

㉠ 석회암이 변성작용에 의해서 결정질이 뚜렷하게 된 변성암의 대표적 석재이다.
㉡ 강도는 크나(압축강도 : 120~140MPa 정도), 내화성이 낮고 풍화하기 쉬워 주로 내장재로 쓰인다.
㉢ 마모가 심한 장소, 통행이 많은 장소, 화학약품을 사용하는 장소에는 적합하지 못하다.
㉣ 색상 및 품질의 변화가 심하여 균열이 많다.

12 다음 중 도막 방수재를 사용한 방수공사 시공 순서에 있어 가장 먼저 해야 할 공정은?

① 바탕정리　② 프라이머 도포
③ 담수시험　④ 보호재 시공

해설 도막(塗膜) 방수

도막방수는 도료상의 방수재를 바탕면에 여러 번 칠하여 상당한 살두께의 방수막을 만드는 방수방법으로 고분자계 방수공법의 일종이다.
도막방수에 사용되는 고분자재료는 내후, 내수, 내알칼리, 내마모, 난연성 등의 여러 가지 성질을 구비하지 않으면 안 되며, 유제형 도막방수와 용제형 도막 방수 공법이 주로 쓰인다.
㉠ 연신율이 뛰어나며 경량의 장점이 있다.
㉡ 방수층의 내수성, 내화성이 우수하다.
㉢ 균일한 두께를 확보하기 어렵고 두꺼운 층을 만들 수 없다.
㉣ 시공이 간편하며, 누수사고가 생기면 아스팔트 방수에 비해 보수가 용이하다.
☞ 도막 방수는 용제 또는 유제상태의 방수제를 바탕면에 여러 번 칠하여 방수막을 형성하는 방수법으로 가장 먼저 해야 할 공정은 바탕정리이다.

정답　09 ①　10 ①　11 ②　12 ①

13 각종 단열재에 관한 설명으로 옳지 않은 것은?

① 암면은 암석으로부터 인공적으로 만들어진 내열성이 높은 광물섬유를 이용하여 만드는 제품으로 단열성, 흡음성이 뛰어나다.
② 세라믹 파이버의 원료는 실리카와 알루미나이며, 알루미나의 함유량을 늘리면 내열성이 상승한다.
③ 경질 우레탄폼은 방수성, 내투습성이 뛰어나기 때문에 방습층을 겸한 단열재로 사용된다.
④ 펄라이트 판은 천연의 목질섬유를 원료로 하며, 단열성이 우수하여 주로 건축물의 외벽 단열재 바름에 사용된다.

해설 펄라이트판

- 펄라이트 입자를 압축성형하여 만든다.
- 경량이며 수분침투에 대한 저항성이 있다.
- 내열성이 높아 배관용 단열재 등에 사용된다.

14 보통유리에 관한 설명으로 옳지 않은 것은?

① 건조상태에서 전도체이다.
② 급히 가열하거나 냉각시키면 파괴되기 쉽다.
③ 불연재료이지만 방화용으로서는 적당하지 않다.
④ 창유리의 강도는 보통 휨강도를 말한다.

해설 소다석회 유리(보통 유리, 소다 유리, 크라운 유리)

㉠ 용융하기 쉽고 풍화되기 쉽다.
㉡ 산에 강하나, 알카리에 약하다.
㉢ 팽창률이 크고 강도가 높다.
㉣ 용도 : 건축 일반용 창호유리, 병유리 등

15 다음 시멘트 중 조기강도가 가장 큰 것은?

① 중용열포틀랜드시멘트
② 고로시멘트
③ 알루미나시멘트
④ 실리카시멘트

해설 알루미나시멘트

보크사이트와 석회석을 원료로 하는 시멘트로 화학저항성 및 내수성이 우수하며 조기에 극히 치밀한 경화체를 형성할 수 있어 긴급공사 등에 이용되는 시멘트이다.
※ 시멘트의 조기강도 :
알루미나 시멘트 > 조강포틀랜드 시멘트 > 보통 포틀랜드 시멘트 > 고로 시멘트 > 중용열 포틀랜드 시멘트

16 다음 도료 중 내마모성, 내수성, 내후성이 우수하나 도막이 얇고 부착력이 약한 도료는?

① 수성 페인트 ② 유성 페인트
③ 유성 바니쉬 ④ 래커

해설 래커(lacquer)

㉠ 건조가 매우 빠르기 때문에 솔로 칠하기는 어려우므로 스프레이 건(spray gun)을 사용한다.
㉡ 광택이 좋다.
㉢ 내수성·내후성·내산성·내알카리성이 우수하다.
㉣ 도막이 얇고 부착력이 약하다.
㉤ 래커와 시너를 1 : 1로 섞어서 사용한다.
㉥ 래커(lacquer)의 종류에는 클리어 래커, 래커 에나멜, 하이 솔리드 래커, 핫 래커 등이 있다.

17 1종 점토벽돌의 압축강도는 최소 얼마 이상이어야 하는가?

① 10.78N/mm^2 ② 18.6N/mm^2
③ 20.59N/mm^2 ④ 24.5N/mm^2

정답 13 ④ 14 ① 15 ③ 16 ④ 17 ④

해설 점토벽돌의 허용압축강도와 흡수율

㉠ 1종 : 24.50 N/mm^2 이상, 10% 이하
㉡ 2종 : 20.59 N/mm^2 이상, 13% 이하
㉢ 3종 : 10.78 N/mm^2 이상, 15% 이하
※ 점토벽돌은 불순물이 많은 비교적 저급 점토를 사용하며 필요에 따라 탈점제로서 강모래를 첨가하거나 색조를 조절하기 위하여 석회를 가하여 원토를 조절한다. 점토 벽돌이 적색 또는 적갈색을 띠고 있는 것은 원료 점토 중에 포함되어 있는 산화철에 기인한다. 제조공정은 원토조정 → 혼합 → 원료배합 → 성형 → 건조 → 소성의 순서로 이루어진다.

18 목재의 유용성 방부제로 사용되는 것은?

① 크레오소트유
② 콜타르
③ 불화소다 2%용액
④ P.C.P

해설 유용성 방부제(P.C.P : Penta Chloro Phenol)

목재에 관한 방부력이 가장 우수하고 무색제품이 생산되며 침투성도 매우 양호한 수용성, 유용성 겸용 방부제이다.

19 목재를 소편(小片, chip)으로 만들어 유기질의 접착제를 첨가하여 가열·압착 성형한 판재 제품은?

① 섬유판　② 파티클보드
③ 목모보드　④ 코펜하겐리브

해설 파티클 보드(Particle Board)

목재 또는 기타 식물질을 절삭 또는 파쇄하여 소편(조각)으로 하여 충분히 건조시킨 후 합성 수지 접착제로 열압 제판한 보드이다.
㉠ 강도에 방향성이 없으며 큰 면적을 얻을 수 있다.
㉡ 흡음, 단열, 차단성이 양호하다.
㉢ 두께는 자유로이 만들 수 있다.
㉣ 표면이 평활하고 경도가 크다
㉤ 방충, 방부성이 좋다.
㉥ 용도 : 상판, 칸막이벽, 가구 등에 사용

20 중용열포틀랜드시멘트에 관한 설명으로 옳지 않은 것은?

① 수화열량이 적어 한중공사에 적합하다.
② 단기강도는 조강포틀랜드시멘트보다 작다.
③ 내구성이 크며 장기강도가 크다.
④ 방사선 차단용 콘크리트에 적합하다.

해설 중용열 포틀랜드시멘트(제2종 포틀랜드시멘트)

㉠ 시멘트의 발열량을 저감시킬 목적으로 제조한 시멘트
㉡ 수화열이 작고 수화속도가 비교적 느리다.
㉢ 건조수축이 작고, 화학저항성이 일반적으로 크다.
㉣ 내산성(내황산염성)이 우수하며, 내구성이 좋다.
㉤ 주로 댐 콘크리트, 도로포장, 매스콘크리트용, 방사선 차단용 콘크리트로 사용된다.
※ 중용열 포틀랜드시멘트는 CaS나 CaA가 적고, 장기강도를 지배하는 C_2S를 많이 함유한 시멘트이다.

정답 18 ④ 19 ② 20 ①

건축재료
2017년 8월 26일(4회)

01 여닫이 창호용 철물이 아닌 것은?

① 경첩 ② 도어체크
③ 도어스톱 ④ 레일

해설

여닫이 창호용 철물 : 경첩, 도어체크, 도어스톱
※ 창호에 사용되는 창호철물의 연결
㉠ 미닫이문 : 호차와 레일
㉡ 오르내리창 : 크레센트와 창도르래
㉢ 대형접이문 : 도어행거와 갈구리 걸쇠
㉣ 외여닫이문 : 도어클로저와 자유정첩

02 KS F 2527에 규정된 콘크리트용 부순 굵은 골재의 물리적 성질을 알기 위한 시험항목 중 흡수율의 기준으로 옳은 것은?

① 1% 이하 ② 3% 이하
③ 5% 이하 ④ 10% 이하

해설

건축공사표준시방서에서 골재의 품질은 한국산업규격(KS F 2527 : 콘크리트용 부순 돌, KS F 2558 : 콘크리트용 부순 모래)에서 정하고 있다.
보통골재의 품질

종류	절건비중	흡수율(%)	점토량(%)	염화물 (NaCl)(%)
굵은 골재	2.5 이상	3.0 이하	0.25 이하	−
잔골재	2.5 이상	3.5 이하	1.0 이하	0.04 이하

03 시멘트의 응결과 경화에 영향을 주는 요인에 관한 설명으로 옳지 않은 것은?

① 온, 습도가 높으면 응결, 경화가 빠르다.
② 혼합 용수가 많으면 응결, 경화가 늦다.
③ 풍화된 시멘트는 응결, 경화가 늦다.
④ 분말도가 낮으면 응결, 경화가 빠르다.

해설 시멘트의 응결시간이 빠른 경우

㉠ 분말도가 클수록
㉡ 온도가 높고, 습도가 낮을수록
㉢ C_3A 성분이 많을수록
㉣ 물시멘트비가 적을수록
㉤ 풍화가 적게 될수록
☞ 분말도가 큰 시멘트일수록 물과 접촉하는 표면적이 증대되어 수화반응이 촉진된다. 분말도가 지나치게 클 경우에는 풍화하기가 쉽다.

04 기본 점성이 크며 내수성, 내약품성, 전기절연성이 모두 우수한 만능형 접착제로 금속, 플라스틱, 도자기, 유리, 콘크리트 등의 접합에 사용되며 내구력도 큰 합성수지계 접착제는?

① 에폭시수지 접착제
② 네오프렌 접착제
③ 요소수지 접착제
④ 페놀수지 접착제

해설 에폭시수지 접착제

급경성으로 내알칼리성 등의 내화학성이나 접착력이 크고 내수성이 우수하며 금속, 석재, 도자기, 유리, 콘크리트, 플라스틱재 등의 접착에 모두 사용되는 접착제이다.

05 구리와 주석의 합금으로 내식성이 크며 주조하기 쉽고 표면에 특유의 아름다운 청록색을 가지고 있어 건축장식철물 또는 미술공예 재료에 사용되는 것은?

① 황동 ② 청동
③ 양은 ④ 적동

해설 청동

㉠ 구리와 주석(Sn) 4~2% 정도의 합금이다.
㉡ 황동보다 내식성이 크고, 주조성이 우수하다.
㉢ 표면은 특유의 아름다운 청록색이다.
㉣ 용도 : 장식철물, 공예재료

정답 01 ④ 02 ② 03 ④ 04 ① 05 ②

06 목재 또는 기타 식물질을 절삭 또는 파쇄하여 소편으로 하여 충분히 건조시킨 후 합성수지 접착제와 같은 유기질의 접착제를 첨가하여 열압제판한 것은?

① 연질 섬유판 ② 단판 적층재
③ 플로어링 보드 ④ 파티클 보드

해설 파티클 보드(Particle Board)

톱밥, 대패밥, 나무 부수러기 등의 목재 소편(Particle)을 원료로 충분히 건조시킨 후 합성수지 접착제 등을 첨가 혼합하고 고열고압으로 처리하여 나무섬유를 고착시켜 만든 견고한 판으로 칩보드(chip board)라고도 한다.
㉠ 강도의 방향성이 없으며 큰 면적을 얻을 수 있다.
㉡ 두께는 자유로이 만들 수 있다.
㉢ 표면이 평활하고 경도가 크다.
㉣ 방충, 방부성이 좋다.
㉤ 음 및 열의 차단성이 우수하다.
㉥ 용도 : 상판, 간막이벽, 가구 등에 사용

07 각 점토제품에 관한 설명으로 옳은 것은?

① 자기질 타일은 흡수율이 매우 낮다.
② 테라코타는 주로 구조재로 사용된다.
③ 내화벽돌은 돌을 분쇄하여 소성한 것으로 점토제품에 속하지 않는다.
④ 소성벽돌이 붉은색을 띠는 것은 안료를 넣었기 때문이다.

해설

② 테라코타 : 건축물의 패러핏, 주두 등의 장식에 사용되는 공동의 대형 점토제품을 말한다.
③ 내화벽돌 : 미색으로 600~2,000℃의 고온에 견디는 벽돌로 높은 온도를 요하는 장소인 굴뚝, 난로의 안쌓기용, 보일러 내부용 등에 사용된다. (세게르 콘(SK) No. 26(연화온도 1,580℃) 이상의 내화도를 가진 것)
④ 점토벽돌(소성벽돌, 붉은벽돌) : 불순물이 많은 비교적 저급 점토를 사용하며 필요에 따라 탈점제로서 강모래를 첨가하거나 색조를 조절하기 위하여 석회를 가하여 원토를 조절한다. 점토 벽돌이 적색 또는 적갈색을 띠고 있는 것은 원료점토 중에 포함되어 있는 산화철에 기인한다.

08 콘크리트 표면에 도포하면, 방수재료 성분이 침투하여 콘크리트 내부 공극의 물이나 습기 등과 화학작용이 일어나 공극내에 규산칼슘 수화물 등과 같은 불용성의 결정체를 만들어 조직을 치밀하게 하는 방수재는?

① 규산질계 도포 방수재
② 시멘트 액체 방수제
③ 실리콘계 유기질 용액 방수재
④ 비실리콘계 고분자 용액 방수재

해설 방수 모르타르

액체방수 모르타르, 발수제 모르타르, 규산질 모르타르

09 석고계 플라스터 중 가장 경질이며 벽 바름 재료뿐만 아니라 바닥 바름 재료로도 사용되는 것은?

① 킨스시멘트
② 혼합석고 플라스터
③ 회반죽
④ 돌로마이트 플라스터

해설 킨스 시멘트(Keen's cement)

킨스 시멘트 무수석고를 주성분으로 한 시멘트로 벽 및 바닥 도료재로 사용된다. 철을 녹슬게 하는 성질이 있으므로 졸대박이 못은 아연, 도금 못, 흙손은 양은 또는 스테인레스제를 사용한다.

10 물시멘트비가 60%, 단위시멘트량이 300kg/m³일 경우 필요한 단위수량은?

① 150kg/m³ ② 180kg/m³
③ 210kg/m³ ④ 340kg/m³

해설

단위수량 = $300kg/m^3 \times 0.6 = 180kg/m^3$

정답 06 ④ 07 ① 08 ① 09 ① 10 ②

11 각 석재에 관한 설명으로 옳지 않은 것은?

① 대리석은 강도는 높지만 내화성이 낮고 풍화되기 쉽다.
② 현무암은 내화성은 좋으나 가공이 어려우므로 부순돌로 많이 사용된다.
③ 트래버틴은 화성암의 일종으로 실내장식에 쓰인다.
④ 점판암은 얇은 판 채취가 용이하여 지붕재료로 사용된다.

해설 트래버틴(다공질 대리석)

㉠ 변성암으로 황갈색의 반문이 있으며, 탄산석회를 포함한 물에서 침전, 생성된 것이다.
㉡ 석질이 불균일하고 다공질이며 실내 장식용으로 사용된다.

12 목재의 난연성을 높이는 방화제의 종류가 아닌 것은?

① 제2인산암모늄　② 황산암모늄
③ 붕산　④ 황산동 1% 용액

해설 수성방부제

㉠ 황산동 1%용액 : 방부성은 좋으나 철재를 부식시키고 인체에 유해하다.
㉡ 염화아연 4%용액 : 목질부를 약화시키고 전기전도율이 증가하며 비내구적이다.
㉢ 염화 제2수은 1%용액 : 철재를 부식시키고 인체에 유해하다.
㉣ 불화소오다 2%용액 : 철재나 인체에 무해하며 페인트 도장이 가능하나 내구성이 부족하며 고가(高價)이다.

13 건축공사의 일반창유리로 사용되는 것은?

① 석영유리　② 붕규산유리
③ 칼라석회유리　④ 소다석회유리

해설 소다석회 유리(보통 유리, 소다 유리, 크라운 유리)

㉠ 용융하기 쉽고 풍화되기 쉽다.
㉡ 산에 강하나, 알카리에 약하다.
㉢ 팽창률이 크고 강도가 높다.
㉣ 용도 : 건축 일반용 창호유리, 병유리 등

14 주로 열경화성 수지로 분류되며, 유리섬유로 강화된 평판 또는 판상제품, 욕조 등에 사용되는 것은?

① 아크릴수지　② 폴리에스테르수지
③ 폴리에틸렌수지　④ 초산비닐수지

해설 폴리에스테르수지

㉠ 알키드 수지(포화 폴리에스테르 수지) : 열경화성수지로 단독 도료로 쓰거나 각종 합성수지 도료와 혼합해서 각종 도료(페인트, 바니쉬, 래커 등)의 원료로 사용된다. 알키드 수지는 상온에서 가용성과 밀착성이 좋고, 내후성이 양호하며, 성형이 가능하다.
㉡ 불포화 폴리에스테르 수지(폴리에스테르 수지) : 열경화성수지로 전기절연성, 내열성, 내약품성이 좋고 가압성형이 가능하다. 유리섬유를 보강재로 한 것(강화플라스틱 : FRP)은 대단히 강하다. 커튼월, 창틀, 덕트, 파이프, 도료, 욕조, 큰 성형품, 접착제로 사용된다.

15 커튼월이나 프리패브재의 접합부, 새시 부착 등의 충전재로 가장 적당한 것은?

① 아교　② 알부민
③ 실링재　④ 아스팔트

해설 실링재(sealing material)

㉠ 사용시 유동성이 있는 상태이나 공기 중에서 시간 경과와 함께 탄성이 풍부한 고무상태의 물체가 된다.
㉡ 접착력이 크고 기밀성 · 수밀성이 풍부하여 충진재로 적당한 재료이다.
㉢ 코킹재와 구별하기 위하여 실링재라 하고 있다.
㉣ 용도에 따라 금속용, 콘크리트용, 유리용 등으로 구분한다.
㉤ 시공계절은 춘추 이외에 하기용, 동기용으로 구분하기도 한다.
㉥ 유동성에 따라 수직부위 사용과 수평부위 사용으로 분류할 수 있다.

정답　11 ③　12 ④　13 ④　14 ②　15 ③

16 기존 건축마감재의 재료성능 한계를 극복하기 위하여 바이오기술, 환경기술 및 나노기술을 융합한 친환경건축마감자재 개발이 활발하게 진행되고 있다. 이 중 기능성 마감소재인 광촉매의 기능과 가장 거리가 먼 것은?

① 원적외선 방출 기능
② 향균·살균 기능
③ 자정(self-cleaning) 기능
④ 유기오염물질 분해 기능

해설 광촉매

어떤 물질이 광 에너지를 받았을 때 광(光)에 의해 화학반응을 촉진할 수 있거나 촉매작용을 갖게 되는 물질을 말한다. 이 경우의 대표적인 촉매반응으로 물분자분해 촉매반응, 유기물질분해 촉매반응, 친수성표면 개질반응, self cleaning 반응 등이 있다.

17 목재의 강도에 영향을 주는 요소와 가장 거리가 먼 것은?

① 수종 ② 색깔
③ 비중 ④ 함수율

해설 목재의 강도에 영향을 주는 요소 : 수종, 비중, 함수율

※ 목재의 강도에 가장 큰 영향을 미치는 것은 썩은 옹이이며 죽은 옹이는 수목이 성장하는 도중에 가지를 잘라버린 자국으로서 목질부가 단단히 굳어 있어 가공이 어려워 용재로는 적당하지 않다.
☞ 목재의 강도 : 섬유포화점(함수율 약 30%) 이하에서 함수율이 감소하면 강도는 증가하고 탄성은 감소하며, 섬유포화점 이상에서는 불변한다.

18 목재의 결점에 해당되지 않는 것은?

① 옹이 ② 지선
③ 입피 ④ 수선

해설 수선

목재의 횡단면에서 나이테를 횡단하여 방사상으로 달리는 선으로, 수목의 양분의 운반이나 저장의 구실을 가진 부분이다.

19 각종 시멘트에 관한 설명으로 옳지 않은 것은?

① 보통 포틀랜드 시멘트 - 석회석이 주원료이다.
② 알루미나 시멘트 - 보크사이트와 석회석을 원료로 한다.
③ 실리카 시멘트 - 수화열이 크고 내해수성이 작다.
④ 고로 시멘트 - 초기강도는 약간 낮지만 장기강도는 높다.

해설 실리카 시멘트

㉠ 화학 저항성이 향상(블리딩 감소)되며, 워커빌리티(시공연도)를 증가시킬 수 있다.
㉡ 초기강도는 약간 적으나 장기강도는 크다.
㉢ 알칼리 골재반응에 의한 팽창의 저지에 유효하다.
㉣ 해안 구조물, 단면이 큰 곳에 사용한다.

20 보통 페인트용 안료를 바니쉬로 용해한 것은?

① 클리어 래커 ② 에멀션 페인트
③ 에나멜 페인트 ④ 생옻칠

해설 에나멜 페인트

㉠ 유성바니쉬 + 안료 + 건조제
㉡ 유성페인트와 유성바니쉬의 중간
㉢ 유성페인트보다 건조시간이 빠르다.
(건조시간 : 유성페인트는 20시간, 에나멜페인트는 10시간, 락카 1시간, 수성페인트 1시간 정도)
㉣ 도막이 견고하고 광택이 좋다.
㉤ 솔칠보다 뿜칠이 좋다
㉥ 금속기구, 자동차부품

정답 16 ① 17 ② 18 ④ 19 ③ 20 ③

건축재료 2018년 3월 4일(1회)

01 카세인 주원료에 해당하는 것은?

① 소, 돼지 등의 혈액
② 녹말
③ 우유
④ 소, 말 등의 가죽이나 뼈

해설

카세인 주원료는 우유로 구성되어 있다.
수성페인트 = 안료+아교 또는 카세인
(주원료 : 우유)+물

02 석고보드에 관한 설명으로 옳지 않은 것은?

① 방수, 방화 등 용도별 성능을 갖도록 제작할 수 있다.
② 벽, 천장, 칸막이 등에 합판대용으로 주로 사용된다.
③ 내수성, 내충격성은 매우 강하나 단열성, 차음성이 부족하다.
④ 주원료인 소석고에 혼화제를 넣고 물로 반죽한 후 2장의 강인한 보드용 원지 사이에 채워 넣어 만든다.

해설 석고보드(gypsum wall board)

㉠ 내화성·단열성이 높고 경량이다.
㉡ 저렴하고 가공이 용이하다.
㉢ 방화성능 및 보온성이 우수하다.
㉣ 수축·팽창·변형이 적다.
㉤ 설치 후 도료로 도포할 수 있다.
㉥ 부식이 안되고 충해를 받지 않는다.
㉦ 흡수로 인해 강도가 현저하게 저하된다.
㉧ 충격에 약하다.

03 2장 이상의 판유리 사이에 접착성이 강한 플라스틱 필름을 삽입하고 고열·고압으로 처리한 유리는?

① 강화유리 ② 복층유리
③ 망입유리 ④ 접합유리

해설

① 강화유리 : 평면 및 곡면, 판유리를 600℃ 이상의 가열로 균등한 공기를 뿜어 급냉시켜 제조하는 유리로 내충격, 하중강도는 보통 유리의 3~5배, 휨강도 6배 정도이다. 200℃ 이상의 고온에서 견디므로 강철유리라고도 하며 현장에서의 가공, 절단이 불가능하다. 무테문, 자동차, 선박 등에 쓰며 커튼월에 쓰이는 착색강화유리도 있다.
② 복층유리(Pair Glass) : 이중유리, 겹유리라고도 하며, 단열·방음·방서효과가 크고, 결로 방지용으로 우수하다. 현장가공이 불가능하므로 주문제작 시 치수지정에 주의가 필요하다.
③ 망입유리 : 유리 내부에 금속망(철, 놋쇠, 알루미늄 망)을 삽입하여 압착 성형한 것으로 도난방지 유류창고에 사용한다. 열을 받아서 유리가 파손되어도 떨어지지 않으므로 을종방화문에 사용한다.
④ 접합유리 : 2장 이상의 판유리 사이에 폴리비닐을 넣고 150℃의 고열로 강하게 접합하여 파손 시 파편이 안떨어지게 한 유리로 접합안전유리라고도 한다.

04 석재의 일반적인 특징에 관한 설명으로 옳지 않은 것은?

① 내구성, 내화학성, 내마모성이 우수하다.
② 외관이 장중하고, 석질이 치밀한 것을 갈면 미려한 광택이 난다.
③ 압축강도에 비해 인장강도가 작다.
④ 가공성이 좋으며 장대재를 얻기 용이하다.

해설 석재의 장·단점

(1) 장점
㉠ 불연성이고 압축강도가 크다.
㉡ 내수성, 내구성, 내화학성이 풍부하고 내마모성이 크다.
㉢ 종류가 다양하고 색도와 광택이 있어 외관이 장중 미려하다.

정답 01 ③ 02 ③ 03 ④ 04 ④

(2) 단점
㉠ 장대재(長大材)를 얻기가 어려워 가구재(架構材)로는 부적당하다.
㉡ 비중이 크고 가공성이 좋지 않다.

05 인조석 등 2차 제품의 제작이나 타일의 줄눈 등에 사용하는 시멘트는?

① 백색 포틀랜드 시멘트
② 초조강 포틀랜드 시멘트
③ 중용열 포틀랜드 시멘트
④ 알루미나 시멘트

해설 백색 포틀랜드시멘트

순백색으로 안료를 섞으면 각종 착색 시멘트를 만들 수 있다. 미장용 또는 인조석 등의 2차 제품이나 타일의 줄눈 등에 사용되는 시멘트이다.
※ 포틀랜드 시멘트의 종류
㉠ 보통 포틀랜드 시멘트 : 석회질의 원료와 점토질의 원료를 혼합하여 소성한 것으로 클링커에 석고(응결조절용)를 가하여 분쇄한 것이다.
㉡ 중용열 포틀랜드시멘트 : 시멘트의 발열량을 저감시킬 목적으로 제조한 시멘트로 건조수축이 작고, 화학저항성이 일반적으로 크다. 내산성(내황산염성)이 우수하며, 내구성이 좋다.
㉢ 조강 포틀랜드 시멘트 : 조기강도가 커서 동기공사, 긴급공사에 사용된다. (보통 포틀랜드 시멘트 28일 강도를 7일에 발현)
※ 알루미나 시멘트 : 내화성, 급결성(1일에 28일 강도 발현), 내화학성이 크다. 응결 및 경화시 발열량이 크기 때문에 긴급공사, 한중공사에 사용한다.

06 콘크리트 슬럼프용 시험기구에 해당되지 않는 것은?

① 수밀평판　② 압력계
③ 슬럼프콘　④ 다짐봉

해설

슬럼프 시험(slump test)은 시공연도가 적당한지 파악하기 위하여 콘크리트의 반죽질기를 간단히 측정하는 시험이다.
※ 콘크리트 슬럼프용 시험기구
㉠ 슬럼프콘(윗지름 10cm, 밑지름 20cm, 높이가 30cm인 금속제)
㉡ 다짐대(지름 16mm, 길이 60cm인 둥근 강)
㉢ 수밀한 평판
㉣ 슬럼프 측정자
㉤ 작은 삽

07 단열재에 관한 설명으로 옳지 않은 것은?

① 유리면 - 유리섬유를 이용하여 만든 제품으로서 유리솜 또는 글라스울이라고 한다.
② 암면 - 상온에서 열전도율이 낮은 장점을 가지고 있으며 철골 내화피복재로서 많이 이용된다.
③ 석면 - 불연성, 보온성이 우수하고 습기에도 강하여 사용이 적극 권장되고 있다.
④ 펄라이트 보온재 - 경량이며 수분침투에 대한 저항성이 있어 배관용의 단열재로 사용된다.

해설 석면

불연성, 절연성, 보온성이 우수하나 피부질환, 호흡기 질환, 폐암 등 각종 질환의 원인이 되고 있어 선진국에서는 사용을 금지하고 있는 실정이다.

08 전건(全乾)목재의 비중이 0.4일 때, 이 전건(全乾)목재의 공극률은?

① 26%　② 36%
③ 64%　④ 74%

정답 05 ①　06 ②　07 ③　08 ④

해설 공극률

$$V = (1 - \frac{\gamma}{1.54}) \times 100\%$$

γ : 전건비중, 1.54 : 목재의 비중

$$\therefore V = (1 - \frac{\gamma}{1.54}) \times 100\%$$

$$= (1 - \frac{0.4}{1.54}) \times 100\% = 74\%$$

09 다음 철물 중 창호용이 아닌 것은?

① 안장쇠 ② 크레센트
③ 도어체인 ④ 플로어힌지

해설 안장쇠

목구조의 맞춤에 사용되는 보강철물로 큰 보와 작은 보의 연결부에 사용한다.

10 실외 조적공사 시 조적조의 백화현상 방지법으로 옳지 않은 것은?

① 우천시에는 조적을 금지한다.
② 가용성 염류가 포함되어 있는 해사를 사용한다.
③ 줄눈용 모르타르에 방수제를 섞어서 사용하거나, 흡수율이 적은 벽돌을 선택한다.
④ 내벽과 외벽사이 조적하단부와 상단부에 통풍구를 만들어 통풍을 통한 건조상태를 유지한다.

해설 백화현상

(1) 벽돌 벽체에 물이 스며들면 벽돌의 성분과 모르타르 성분이 결합하여 벽돌 벽체에 흰가루가 돋는 현상을 말한다.
(2) 원인 : 벽표면에 수분이 침입해서 줄눈 모르타르 부분의 CaO가 $Ca(OH)_2$로 되어 표면에서 공기 중의 CO_2 또는 벽의 유황분과 결합하여 생긴다.
(3) 방지법
㉠ 잘 구워진 벽돌을 사용한다.
㉡ 10% 이하의 흡수율을 가진 양질의 벽돌을 사용한다.
㉢ 벽돌면 상부에 빗물막이를 설치한다.
㉣ 줄눈에 방수제를 섞어 사용한다.
㉤ 벽면에 실리콘 방수를 한다.
㉥ 벽 표면에 파라핀 도료를 발라 염류의 유출을 막는다.
(4) 처리법
염산 : 물 = 1 : 5의 용액으로 씻어내면 백화를 제거할 수도 있으나, 완전제거는 곤란하고 시일의 경과에 따라 생기는 것이 조금씩 줄어든다.

11 석탄산과 포르말린의 축합반응에 의하여 얻어지는 합성수지로서 전기절연성, 내수성이 우수하며 덕트, 파이프, 접착제, 배전판 등에 사용되는 열경화성 합성수지는?

① 페놀수지
② 염화비닐수지
③ 아크릴수지
④ 불소수지

해설 페놀 수지

㉠ 열경화성수지로 '베이클라이트(bakelite)'라는 이름으로 알려져 있으며 주로 전기통신 기자재류로 많이 쓰이는 합성수지이다.
㉡ 강도, 전기절연성, 내산성, 내열성, 내수성 모두 양호하다.
㉢ 비중 1.5 정도이며, 압축강도 200MPa 정도로 큰 편이다.
㉣ 내알카리성이 약하다.
㉤ 주용도 : 벽, 덕트, 파이프, 발포보온관, 접착제, 배전판
* 전기통신 자재 수요량의 60%를 차지한다.

12 유리에 관한 설명으로 옳지 않은 것은?

① 강화유리는 보통유리보다 3~5배 정도 내충격 강도가 크다.
② 망입유리는 도난 및 화재 확산방지 등에 사용된다.

정답 09 ① 10 ② 11 ① 12 ④

③ 복층유리는 방음, 방서, 단열효과가 크고 결로 방지용으로도 우수하다.
④ 판유리 중 두께 6mm 이하의 얇은 판유리를 후판유리라고 한다.

해설

판유리 중 두께 6mm 이상의 판유리를 후판유리라 고 한다.
※ 보통 판유리(Sheet Glass)
㉠ 박판유리(6mm 미만)와 후판유리(6mm 이상)로 분류한다.
㉡ 기포, 규사 함유량에 따라 등급 판정하며, 비중은 2.5정도이다.
㉢ 보통 판유리의 강도는 풍압에 의한 휨강도를 말한다. (휨강도 43~63MPa 정도)
㉣ 내후성이 있으며, 빛·열을 잘 투과한다.
㉤ 충격에 약하고, 차음성능이 다소 떨어지며, 열전도율이 콘크리트보다 작다.
㉥ 연화점은 720~730℃ 정도이다.
㉦ 용도 : 실내차단용, 칸막이벽, 스크린, 통유리문, 가구 및 특수구조 등

13 스트레이트 아스팔트(A)와 블로운 아스팔트(B)의 성질을 비교한 것으로 옳지 않은 것은?

① 신도는 A가 B보다 크다.
② 연화점은 B가 A보다 크다.
③ 감온성은 A가 B보다 크다.
④ 접착성은 B가 A보다 크다.

해설

(A) 스트레이트 아스팔트(Straight asphalt) : 석유계 아스팔트로 점착성, 방수성은 우수하지만 연화점이 비교적 낮고 내후성 및 온도에 의한 변화정도가 커 지하실 방수공사 이외에 사용하지 않는다.
(B) 블로운 아스팔트 : 온도에 대한 감수성 및 신도가 적어 지붕방수에 많이 쓰이며 연화점이 높다.

14 금속면의 화학적 표면처리재용 도장재로 가장 적합한 것은?

① 셀락니스　② 에칭프라이머
③ 크레오소트유　④ 캐슈

해설 에칭 프라이머(etching primer)

금속 표면 처리용에 사용하는 도료로, 부틸 수지, 알코올, 인산, 방청 안료 등을 주요 원료로 하고 있다. 주제와 첨가제의 2액으로 나누어져 있으며, 사용 직전에 2액을 혼합하여 사용하고 있다.

15 각 합성수지와 이를 활용한 제품의 조합으로 옳지 않은 것은?

① 멜라민수지 - 천장판
② 아크릴수지 - 채광판
③ 폴리에스테르수지 - 유리
④ 폴리스티렌수지 - 발포보온판

해설 폴리에스테르수지

㉠ 알키드 수지(포화 폴리에스테르 수지) : 열경화성수지로 단독 도료로 쓰거나 각종 합성수지 도료와 혼합해서 각종 도료(페인트, 바니쉬, 래커 등)의 원료로 사용된다. 알키드 수지는 상온에서 가용성과 밀착성이 좋고, 내후성이 양호하며, 성형이 가능하다.
㉡ 불포화 폴리에스테르 수지(폴리에스테르 수지) : 열경화성수지로 전기절연성, 내열성, 내약품성이 좋고 가압성형이 가능하다. 유리섬유를 보강재로 한 것(강화플라스틱 : FRP)은 대단히 강하다. 커튼월, 창틀, 덕트, 파이프, 도료, 욕조, 큰 성형품, 접착제로 사용된다.

16 목재 섬유포화점에서의 함수율은 약 몇 %인가?

① 20%　② 30%
③ 40%　④ 50%

정답　13 ④　14 ②　15 ③　16 ②

해설 목재의 함수율

상태	함수율
섬유포화점	30%
기건재	15%
전건재	0%

※ 섬유포화점 : 목재내의 수분이 증발시 유리수가 증발한 후 세포수가 증발하는 경계점으로 섬유포화점(함수율 약 30%) 이하에서 목재의 수축·팽창 등 재질의 변화가 일어나고 섬유포화점 이상에서는 변화가 없다.

17 속빈 콘크리트 블록(KS F 4002)의 성능을 평가하는 시험항목과 거리가 먼 것은?

① 기건 비중 시험
② 전 단면적에 대한 압축강도 시험
③ 내충격성 시험
④ 흡수율 시험

해설 속빈 콘크리트 블록(KS F 4002)의 성능평가 시험항목

㉠ 기건비중 시험
㉡ 전 단면적에 대한 압축강도 시험
㉢ 흡수율 시험
※ 속빈 콘크리트 블록(KS F 4002)의 주요 시험·검사설비에는 골재시험용기구, 치수측정설비, 기건비중시험설비, 압축강도시험설비, 흡수율시험설비가 있다.

18 미장재료의 종류와 특성에 관한 설명으로 옳지 않은 것은?

① 시멘트 모르타르는 시멘트 결합재로 하고 모래를 골재로 하여 이를 물과 혼합하여 사용하는 수경성 미장재료이다.
② 테라조 현장바름은 주로 바닥에 쓰이고 벽에는 공장제품 테라조판을 붙인다.
③ 소석회는 돌로마이트 플라스터에 비해 점성이 높고, 작업성이 좋기 때문에 풀을 필요로 하지 않는다.
④ 석고플라스터는 경화·건조시 치수안정성이 우수하며 내화성이 높다.

해설 소석회의 제조

석회석(주원료) + 열 = 생석회 → 생석회 + 물 = 소석회
㉠ 가소 : 석회석을 900~1,200℃로 가열 소성하여 생석회(강회)를 얻는다.
㉡ 소화 : 생석회에 물을 가하면 수산화석회(소석회)를 얻는다.
㉢ ㉠, ㉡ 과정으로 만든 소석회를 분쇄기로 가늘게 분쇄한 것이 미장용 소석회이다.(보통 석회라고 일컫는다.)
※ 소석회는 공기 중의 탄산가스와 반응하여 굳어지는 기경성 재료이다.
[참고] 회반죽 바름 = 소석회 + 모래 + 여물 + 해초풀
☞ 해초풀은 점성이 늘어나 바르기 쉽고 바름 후 부착이 잘 되도록 한다.

19 점토의 물리적 성질에 관한 설명으로 옳지 않은 것은?

① 비중은 불순한 점토 일수록 낮다.
② 점토입자가 미세할수록 가소성은 좋아진다.
③ 인장강도는 압축강도의 약 10배이다.
④ 비중은 약 2.5~2.6 정도이다.

해설 점토의 물리적 성질

㉠ 비중 : 비중 2.5~2.6 정도(양질의 점토는 3.0 내외), 불순물이 많을수록 비중은 작고, 알루미늄의 분포가 많을수록 크다.
㉡ 입도 : 입자 크기 25~0.1 μ
㉢ 강도 : 미립 점토의 인장강도는 0.3~1MPa이고, 압축강도는 인장강도의 5배 정도이다.
㉣ 가소성(可塑性) : 양질의 점토는 습윤 상태에서 현저한 가소성을 나타낸다.
(Al_2O_3가 많은 점토가 양질의 점토이다. 점토입자가 미세할수록 가소성은 좋아진다.)
㉤ 공극률 : 점토 전 용적의 백분율로 표시하여 30~90% 내외이다.

정답 17 ③ 18 ③ 19 ③

ⓑ 수축 : 건조하면 수분의 일부가 방출되어 수축하게 된다.
ⓢ 함수율 : 기건시 작은 것은 7~10%, 큰 것은 40~50%이다.
ⓞ 색상 : 철산화물이 많은 점토는 적색을 띠고, 석회물질이 많으면 황색을 띠게 된다.

20 시멘트의 수화열을 저감시킬 목적으로 제조한 시멘트로 매스콘크리트용으로 사용되며, 건조수축이 적고 화학저항성이 일반적으로 큰 것은?

① 조강 포틀랜드시멘트
② 중용열 포틀랜드시멘트
③ 실리카 시멘트
④ 알루미나 시멘트

해설 중용열 포틀랜드시멘트(제2종 포틀랜드시멘트)

㉠ 시멘트의 발열량을 저감시킬 목적으로 제조한 시멘트
㉡ 수화열이 작고 수화속도가 비교적 느리다.
㉢ 건조수축이 작고, 화학저항성이 일반적으로 크다.
㉣ 내산성(내황산염성)이 우수하며, 내구성이 좋다.
㉤ 주로 댐 콘크리트, 도로포장, 매스콘크리트용, 방사선 차단용 콘크리트로 사용된다.
※ 중용열 포틀랜드시멘트는 CaS나 CaA가 적고, 장기강도를 지배하는 C_2S를 많이 함유한 시멘트이다.

건축재료 2018년 4월 28일(2회)

01 페어 글라스라고도 불리우며 단열성, 차음성이 좋고 결로방지에 효과적인 유리는?

① 복층유리 ② 강화유리
③ 자외선차단유리 ④ 망입유리

해설 복층유리(Pair Glass)

KS L2003에 규정된 유리로서 2장 이상의 판유리 등을 나란히 넣고, 그 틈새에 대기압에 가까운 압력의 건조한 공기를 채우고 그 주변을 밀봉·봉착한 유리이다.
㉠ 이중유리, 겹유리라고도 한다.
㉡ 단열·방음·방서효과가 크고, 결로 방지용으로 우수하다.
㉢ 현장가공이 불가능하므로 주문제작시 치수지정에 주의가 필요하다.
㉣ 안전유리용으로 분류하기로 한다.

02 목재의 구성요소 중 세포 내의 세포내강이나 세포간극과 같은 빈 공간에 목재조직과 결합되지 않은 상태로 존재하는 수분을 무엇이라 하는가?

① 세포수 ② 혼합수
③ 결합수 ④ 자유수

해설

목재는 함수율이 감소하면 수축하고 증가하면 팽윤한다. 우리가 목조주택을 시공시 건조재를 사용하는 이유도 생재를 사용하게 되면 수분이 증발하면서 목재가 수축을 하여 하자를 초래하기 때문이다. 목재에 있어서 결합수(목재의 수분에는 자유수, 결합수, 구조수 등으로 구성)가 감소함에 따라 목재 강도와 강성이 증가하며 목재의 강도적 또는 전기적 성질에 많은 영향을 끼친다.
※ 자유수 : 목재 구성 세포 내의 세포내강이나 세포간극과 같은 빈 공간에 목재조직과 결합되지 않은 상태로 존재하는 수분

정답 20 ② / 01 ① 02 ④

03 목재의 방부제가 갖추어야 할 성질로 옳지 않은 것은?

① 균류에 대한 저항성이 클 것
② 화학적으로 안정할 것
③ 휘발성이 있을 것
④ 침투성이 클 것

해설 목재의 방부제 조건

㉠ 방부성이 강하고, 효력이 영구적일 것
㉡ 침투가 잘되고, 비인화성일 것
㉢ 저렴하며, 방부처리가 용이할 것
㉣ 방부처리 후 표면에 페인트칠을 할 수 있을 것
㉤ 인체 등에 무해하며, 금속을 부식시키지 않을 것

04 아스팔트 방수재료로서 천연 아스팔트가 아닌 것은?

① 아스팔타이트(asphaltite)
② 로크 아스팔트(rock asphalt)
③ 레이크 아스팔트(lake asphalt)
④ 블론 아스팔트(blown asphalt)

해설 아스팔트

㉠ 천연 아스팔트 : 레이크 아스팔트, 로크 아스팔트, 아스팔타이트
㉡ 석유 아스팔트 : 스트레이트 아스팔트, 블로운 아스팔트, 아스팔트 컴파운드, 아스팔트 프라이머

05 타일에 관한 설명으로 옳지 않은 것은?

① 일반적으로 모자이크타일 및 내장타일은 건식법, 외장타일은 습식법에 의해 제조된다.
② 바닥타일, 외부타일로는 주로 도기질 타일이 사용된다.
③ 내부벽용 타일은 흡수성과 마모저항성이 조금 떨어지더라도 미려하고 위생적인 것을 선택한다.
④ 타일은 일반적으로 내화적이며, 형상과 색조의 표현이 자유로운 특성이 있다.

해설

자기질 타일은 내장타일, 외장타일, 바닥타일, 모자이크타일로 사용된다.
※ 자기질 타일
㉠ 규석, 석회석 등의 석분을 사용한다. (고온소성 : 1300℃ 이상)
㉡ 경질, 소리가 맑으며, 흡수율이 적다. (흡수율 : 1%)
㉢ 용도 : 바닥 내·외장용(모자이크 타일)

06 멜라민수지에 관한 설명으로 옳지 않은 것은?

① 열가소성 수지이다.
② 내수성, 내약품성, 내용제성이 좋다.
③ 무색투명하며 착색이 자유롭다.
④ 내열성과 전기적 성질이 요소수지보다 우수하다.

해설 멜라민수지(Melamine Resin Paste)

㉠ 열경화성수지
㉡ 내수성, 내열성, 내약품성이 좋고, 목재와의 접착성이 우수하다.
㉢ 값이 비싸다. 단독으로 쓸 경우는 적다.
㉣ 용도 : 가구의 표면치장판, 내수합판 등에 쓰인다. 금속, 고무, 유리 접착은 부적당하다.

07 인조석바름 재료에 관한 설명으로 옳지 않은 것은?

① 주재료는 시멘트, 종석, 돌가루, 안료 등이다.
② 돌가루는 부배합의 시멘트가 건조수축할 때 생기는 균열을 방지하기 위해 혼입한다.
③ 안료는 물에 녹지 않고 내알칼리성이 있는 것을 사용한다.
④ 종석의 알의 크기는 2.5mm 체에 100% 통과하는 것으로 한다.

정답 03 ③ 04 ④ 05 ② 06 ① 07 ④

08 침엽수에 관한 설명으로 옳지 않은 것은?

① 수고가 높으며 통직형이 많다.
② 비교적 경량이며 가공이 용이하다.
③ 건조가 어려우며 결함 발생 확률이 높다.
④ 병충해에 약한 편이다.

해설 침엽수

㉠ 일반적으로 활엽수에 비하여 직통대재가 많고 가공이 용이하다.
㉡ 활엽수에 비해 수분함유량이 적으므로 수축이 적다.
㉢ 활엽수에 비해 비중과 경도가 작다.
㉣ 병충해에 약한 편이다.
㉤ 일반적으로 구조용재로 사용된다.
㉥ 종류로는 소나무, 전나무, 삼나무, 측백나무, 낙엽송, 잣나무 등이 있다.

09 용융하기 쉽고, 산에는 강하나 알칼리에 약한 특성이 있으며 건축 일반용 창호유리, 병유리에 자주 사용되는 유리는?

① 소다석회 유리 ② 칼륨석회 유리
③ 보헤미아유리 ④ 납유리

해설 소다석회 유리(보통 유리, 소다 유리, 크라운 유리)

㉠ 용융하기 쉽고 풍화되기 쉽다.
㉡ 산에 강하나, 알카리에 약하다.
㉢ 팽창률이 크고 강도가 높다.
㉣ 용도 : 건축 일반용 창호유리, 병유리 등

10 강도, 경도, 비중이 크며 내화적이고 석질이 극히 치밀하여 구조용 석재 또는 장식재로 널리 쓰이는 것은?

① 화강암 ② 응회암
③ 캐스트스톤 ④ 안산암

해설 안산암

㉠ 강도, 경도, 비중이 크며, 내화적이고 석질이 극히 치밀하여 주로 구조용으로 사용한다.
㉡ 조직 및 색조가 균일하지 않고 석리가 있어 채석과 가공이 용이하다.
㉢ 큰 재를 얻기 어렵고 광택은 화강암보다 못하다.
㉣ 콘크리트용 쇄석의 주원료이다.

11 철골 부재간 접합방식 중 마찰접합 또는 인장접합 등을 이용한 것은?

① 메탈터치 ② 컬럼쇼트닝
③ 필릿용접접합 ④ 고력볼트접합

해설 철골구조의 고력볼트 접합의 특성

고장력 볼트로 접합하는 부재를 서로 강력히 압착시켜 압착면에 생기는 마찰력에 의해 응력을 전달시키는 방법이다

㉠ 접합부의 강성이 높아서 접합부의 변형이 거의 없다.
㉡ 볼트에는 마찰접합의 경우 전단력이 생기지 않는다.
㉢ 계기공구를 사용하여 죄므로 정확한 강도를 얻을 수 있다.
㉣ 리벳접합에 비해 시공이 확실하다.
㉤ 공기가 단축되고 노동력이 절약된다.
㉥ 품질검사가 용이하다.
㉦ 피로강도가 높다.
㉧ 접합판재 유효단면에서 하중이 적게 전달된다.
※ 접합방식에는 마찰접합과 지압접합 및 인장접합으로 분류되며, 일반적으로 고력볼트접합이라고 하면 마찰접합을 말한다.

12 재료의 일반적 성질 중 재료에 외력을 제거하여도 재료가 원상으로 돌아가지 않고 변형된 그대로의 상태로 남아 있는 성질을 무엇이라고 하는가?

① 탄성 ② 소성
③ 점성 ④ 인성

해설

※ 탄성(elasticity) : 재료가 외력을 받아 변형을 일으킨 것이 외력을 제거했을 때, 완전히 원형으로 되돌아오려는 성질
※ 인성(toughness) : 어떤 재료에 큰 외력을 가하였을 때, 큰 변형을 나타내면서도 파괴되지 않고 견딜 수 있는 성질

정답 08 ③ 09 ① 10 ④ 11 ④ 12 ②

13 **시멘트의 조성 화합물 중 수화작용이 가장 빠르며 수화열이 가장 높고 경화과정에서 수축률도 높은 것은?**

① 규산 3석회
② 규산 2석회
③ 알루미산 3석회
④ 알루민산 철 4석회

해설 알루민산삼석회(화학식 : $3CaO \cdot Al_2O_3$, 약호 : C_3A)

㉠ 수화작용이 대단히 빠르므로 재령 1주 이내에 초기강도를 발현한다.
㉡ 화학저항성이 약하고, 건조수축이 크다.
※ 응결 시간이 빠른 순서(큰 것에서 작은 것)
C_3A(알루민산 3석회) > C_3S(규산 3석회) > C_4AF(알루민산철 4석회) > C_2S(규산 2석회)

14 **도료의 전색제 중 천연수지로 볼 수 없는 것은?**

① 로진(Rosin)
② 댐머(Dammer)
③ 멜라민(Melamine)
④ 셸락(Shellac)

해설

멜라민은 무색에서 백색을 띠는 단결정 크리스탈 또는 각기둥 또는 백색 분말로 서서히 가열시 승화된다.
※ 멜라민 수지(Melamine Resin Paste)
㉠ 열경화성수지
㉡ 내수성, 내열성, 내약품성이 좋고, 목재와의 접착성이 우수하다.
㉢ 값이 비싸다. 단독으로 쓸 경우는 적다.
㉣ 용도 : 가구의 표면치장판, 내수합판 등에 쓰인다. 금속, 고무, 유리 접착은 부적당하다.

15 **경질섬유판의 성질에 관한 설명으로 옳지 않은 것은?**

① 가로·세로의 신축이 거의 같으므로 비틀림이 적다.
② 표면이 평활하고 비중이 0.5 이하이며 경도가 작다.
③ 구멍뚫기, 본뜨기, 구부림 등의 2차 가공이 가능하다.
④ 펄프를 접착제로 제판하여 양면을 열압건조 시킨 것이다.

해설 경질섬유판(hard fiber board)

㉠ 펄프를 접착제로 제판하여 양면을 열압 건조시킨 것으로 비중이 0.8 이상이다.
㉡ 가로, 세로의 신축이 거의 같으므로 비틀림이 작다.
㉢ 표면이 평활하고, 내마모성이 크며, 경도·강도가 크다.
㉣ 시공이 용이하며 구멍뚫기, 본뜨기, 구부림 등의 2차 가공에도 용이하다.
㉤ 건축용 외에도 가구, 전기기구용, 자동차, 철도차량 등에 많이 쓰인다.

16 **점토제품 중에서 흡수성이 가장 큰 것은?**

① 토기 ② 도기
③ 석기 ④ 자기

해설 점토제품의 분류

종류	소성 온도	소지		투명 정도	건축재료
		흡수율	색		
토기(土器)	700~900℃	20% 이하	유색	불투명	기와, 벽돌, 토관
도기(陶器)	1000~1300℃	10% 이하	백색, 유색	불투명	타일, 테라코타 타일
석기(石器)	1300~1400℃	3~10%	유색	불투명	마루타일, 클링커타일
자기(磁器)	1300~1450℃	0~1%	백색	반투명	모자이크 타일, 위생도기

※ 흡수율 : 자기 〈 석기 〈 도기 〈 토기
※ 소성온도 : 자기 〉 석기 〉 도기 〉 토기

17 **알루미늄의 성질에 관한 설명으로 옳지 않은 것은?**

① 융점이 낮기 때문에 용해주조도는 좋으나 내화성이 부족하다.
② 열·전기 전도성이 크고 반사율이 높다.

정답 13 ③ 14 ③ 15 ② 16 ① 17 ③

③ 알칼리나 해수에는 부식이 쉽게 일어나지 않지만 대기 중에서는 쉽게 침식된다.
④ 비중이 철의 1/3 정도로 경량이다.

해설 알루미늄(Aluminum)

㉠ 독특한 흰 광택을 지닌 경금속이다. (비중 2.7로서 철의 약 1/3 정도)
㉡ 전기 전도율이 다른 금속보다 크며 열전도율도 높다.
㉢ 내화성이 매우 떨어진다. (온도상승에 따른 강도가 급히 감소)
㉣ 강성이 적으며(탄성계수의 1/2~1/3), 열팽창계수가 크다. (철의 2배)
㉤ 공기 중에서 표면에 산화막이 생겨 내식성이 크다.
㉥ 광선 및 열의 반사율이 크므로 열차단재로 쓰인다.
㉦ 압연, 인발 등의 가공성이 좋다. (전연성이 좋다.)
㉧ 산, 알칼리 및 해수에 침식되기 쉽다.
㉨ 용도 : 지붕잇기, 실내장식, 가구, 창호, 커어튼 레일

18 시멘트를 저장할 때의 주의사항으로 옳지 않은 것은?

① 장기간 저장 시에는 7포 이상 쌓지 않는다.
② 통풍이 원활하도록 한다.
③ 저장소는 방습처리에 유의한다.
④ 3개월 이상 된 것은 재시험하여 사용한다.

해설 시멘트의 저장시 주의사항

㉠ 저장 창고의 바닥은 지반에서 30cm 이상 띄워서 방습 처리한 곳에 적재할 것
㉡ 단시일 사용분을 제외하고는 13포대 이상, 장기간 저장은 7포대 이상 쌓지 말 것
㉢ 필요한 출입구, 채광창 외에는 공기의 유통을 막기 위해 될 수 있는 대로 개구부를 설치하지 않는다. (통풍은 풍화를 촉진)
㉣ 시멘트는 입하(入荷) 순서대로 사용한다.
㉤ 3개월 이상 저장한 경우에는 반드시 실험을 한 후에 사용해야 한다. (3개월 이상 저장하면 30~40% 강도가 감소)

19 다음 중 시멘트의 안정성 측정 시험법은?

① 오토클레이브 팽창도 시험
② 브레인법
③ 표준체법
④ 슬럼프 시험

해설 시멘트의 안정성

시멘트가 경화 중에 체적이 팽창하여 균열이나 휨 등의 변형이 생기는 정도
※ 시멘트의 안정성 시험법 : 오토클레이브 팽창도 시험
※ 시멘트의 분말도 시험법 : 체분석법, 피크노메타법, 브레인법
※ 시멘트의 비중 시험법 : 르샤틀리에의 비중병

20 목재 건조의 목적이 아닌 것은?

① 부재 중량의 경감
② 강도 및 내구성 증진
③ 부패방지 및 충해 예방
④ 가공성 증진

해설 목재 건조의 목적

㉠ 목재의 중량을 가볍게 한다.
㉡ 부패나 충해를 방지한다.
㉢ 목재의 강도를 증가시킨다.
㉣ 수축이나 균열, 변형이 일어나지 않게 한다.
㉤ 도장이나 약재 처리가 용이하게 한다.

정답 18 ② 19 ① 20 ④

01 골재의 함수상태에 관한 식으로 옳지 않은 것은?

① 흡수량=(표면건조상태의 중량)−(절대건조상태의 중량)
② 유효흡수량=(표면건조상태의중량)−(기건상태의 중량)
③ 표면수량=(습윤상태의 중량)−(표면건조상태의 중량)
④ 전체함수량=(습윤상태의 중량)−(기건상태의 중량)

해설 골재의 함수상태

㉠ 절건상태(노건조상태) : 110℃ 이내에서 24시간 건조
㉡ 기건상태 : 공기 중 건조상태
㉢ 표면건조 내부포수상태 : 외부표면은 건조하고 내부는 물이 젖어있는 상태
㉣ 습윤상태 : 내, 외부 포수상태이고 외부는 물이 젖어있는 상태
㉤ 흡수량 : 표면건조 내부포수상태의 골재중에 포함하는 물의 양
㉥ 유효 흡수량 : 표면건조 내부포수상태와 기건상태의 골재 내에 함유된 수량과의 차
㉦ 함수량 : 습윤상태의 골재의 내외에 함유하는 전체수량
㉧ 표면수량 : 함수량과 흡수량의 차

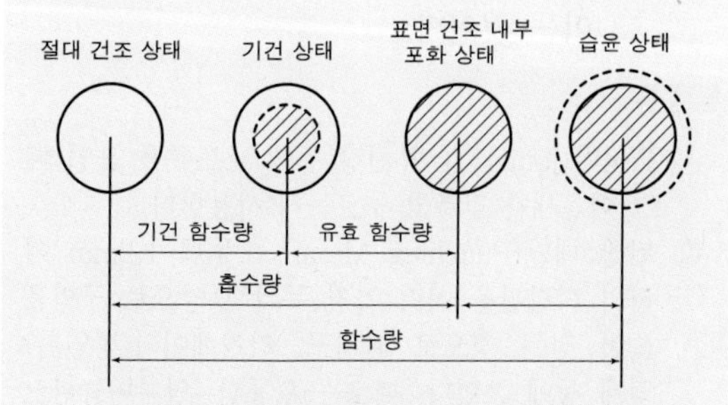

- 절건상태 : 110℃ 이내로 24시간 정도 건조
- 기건상태 : 물시멘트비 결정시 기준
- 표건상태(표면건조내부포수상태) : 콘크리트 배합설계의 기준, 세골재

02 석재의 성질에 관한 설명으로 옳지 않은 것은?

① 화강암은 온도상승에 의한 강도저하가 심하다.
② 대리석은 산성비에 약해 광택이 쉽게 없어진다.
③ 부석은 비중이 커서 물에 쉽게 가라앉는다.
④ 사암은 함유광물의 성분에 따라 암석의 질, 내구성, 강도에 현저한 차이가 있다.

해설 석재의 비중 크기

대리석(2.72) > 화강암(2.65) > 안산암(2.54) > 사암(2.02) > 응회암(1.45) > 부석(1.0)
※ 화산암 : 일명 부석(浮石)이라고 하며 화산에서 분출된 마그마가 급냉각하여 응고된 다공질로 경량골재나 내화재로 사용된다.
※ 석재의 성인(成因)에 의한 분류
㉠ 화성암 : 화강암, 안산암, 현무암, 경석(부석)
㉡ 수성암 : 점판암, 응회암, 석회석, 사암
㉢ 변성암 : 대리석, 사문암, 석면

03 알루미늄과 철재의 접촉면 사이에 수분이 있을 때 알루미늄이 부식되는 현상은 어떠한 작용에 기인한 것인가?

① 열분해 작용 ② 전기분해 작용
③ 산화 작용 ④ 기상 작용

해설 전기작용에 의한 부식

서로 다른 금속이 접촉하여 그 부분에 수분이 있을 경우에는 전기분해가 일어나 이온화경향이 큰 금속이 음극으로 되어 전기적 부식현상을 일으키게 된다.
※ 금속의 이온화경향(큰 것 − 작은 것 순서) : K > Ca > Na > Mg > Al > Cr > Mn > Zn > Fe > Ni > Sn > H > Cu > Hg > Ag > Pt > Au

정답 01 ④ 02 ③ 03 ②

04 회반죽바름 시 사용하는 해초풀은 채취 후 1~2년 경과된 것이 좋은데 그 이유는 무엇인가?

① 염분제거가 쉽기 때문이다.
② 점도가 높기 때문이다.
③ 알칼리도가 높기 때문이다.
④ 색상이 우수하기 때문이다.

해설

해초풀(듬북이나 은행초 등)은 봄이나 가을에 채취하여 1년 정도 건조한 뒤 뿌리나 줄기를 제거(흰가루의 염분 제거)하고 끓이면 점성(풀기)이 높은 액상으로 되는데 이때 불용해분이 중량으로 25% 이하이어야 한다.

05 강화유리에 관한 설명으로 옳지 않은 것은?

① 판유리를 600℃ 이상의 연화점까지 가열한 후 급랭시켜 만든다.
② 파괴 시 파편이 예리하여 위험하다.
③ 강도는 보통 유리의 3~5배 정도이다.
④ 제조 후 현장가공이 불가하다.

해설 강화유리

㉠ 평면 및 곡면, 판유리를 600℃ 이상의 가열로 균등한 공기를 뿜어 급냉시켜 제조한다.
㉡ 내충격, 하중강도는 보통유리의 3~5배, 휨강도 6배 정도이다.
㉢ 200℃ 이상의 고온에서 견디므로 강철유리라고도 한다.
㉣ 현장에서의 가공, 절단이 불가능하다.
㉤ 파손시 예리하지 않는 둔각 파편으로 흩어지므로 안전상 유리하다.
㉥ 용도 : 무테문, 자동차, 선박 등에 쓰며 커튼월에 쓰이는 착색강화유리도 있다.

06 침엽수에 관한 설명으로 옳은 것은?

① 대표적인 수종은 소나무와 느티나무, 박달나무 등이다.
② 재질에 따라 경재(hard wood)로 분류된다.
③ 일반적으로 활엽수에 비하여 직통대재가 많고 가공이 용이하다.
④ 수선세포는 뚜렷하게 아름다운 무늬로 나타난다.

해설 침엽수

㉠ 일반적으로 활엽수에 비하여 직통대재가 많고 가공이 용이하다.
㉡ 활엽수에 비해 수분함유량이 적으므로 수축이 적다.
㉢ 활엽수에 비해 비중과 경도가 작다.
㉣ 병충해에 약한 편이다.
㉤ 일반적으로 구조용재로 사용된다.
㉥ 종류로는 소나무, 전나무, 삼나무, 측백나무, 낙엽송, 잣나무 등이 있다.

07 금속 가공제품에 관한 설명으로 옳은 것은?

① 조이너는 얇은 판에 여러 가지 모양으로 도려낸 철물로서 환기구 · 라디에이터 커버 등에 이용된다.
② 펀칭메탈은 계단의 디딤판 끝에 대어 오르내릴 때 미끄러지지 않게 하는 철물이다.
③ 코너비드는 벽·기둥 등의 모서리부분의 미장바름을 보호하기 위하여 사용한다.
④ 논슬립은 천장·벽 등에 보드류를 붙이고 그 이음새를 감추고 누르는 데 쓰이는 것이다.

해설

① 조이너(joiner) : 벽·천장 등에 보드류를 붙일 때 그 이음새를 감추고 누르는데 사용한다.
② 펀칭 메탈(Punching Metal) : 두께 1.2mm 이하의 박강판을 여러 가지 무늬 모양으로 구멍을 뚫어 만든 것으로 환기구, 라지에이터(방열기) 덮개 등에 쓰인다. 때로는 황동판, 알루미늄판으로 만들기도 한다.
④ 논 슬립(non-slip) : 계단의 디딤판 모서리에 미끄럼을 방지하기 위하여 설치하는 것으로 놋쇠, 고무제, 황동제, 스테인리스 강제 등이 있다.

정답 04 ① 05 ② 06 ③ 07 ③

08 **콘크리트용 혼화제에 관한 설명으로 옳은 것은?**

① 지연제는 굳지 않은 콘크리트의 운송시간에 따른 콜드 조인트 발생을 억제하기 위하여 사용된다.
② AE제는 콘크리트의 워커빌리티를 개선하지만 동결융해에 대한 저항성을 저하시키는 단점이 있다.
③ 급결제는 초미립자로 구성되며 이를 사용한 콘크리트의 초기강도는 작으나, 장기강도는 일반적으로 높다.
④ 감수제는 계면활성제의 일종으로 굳지 않은 콘크리트의 단위수량을 감소시키는 효과가 있으나 골재분리 및 블리딩 현상을 유발하는 단점이 있다.

해설 경화촉진제

경화촉진제로는 염화칼슘, 규산나트륨, 규산칼슘 등이 있으며 특히 염화칼슘을 많이 쓰인다. 한국콘크리트학회에 따르면 콘크리트의 응결, 경화시간 조절제로 4가지가 있다.
㉠ 급결제 : 주입콘크리트에 사용하여 콘크리트의 순간적인 응결, 경화가 일어나도록 하는 혼화제
㉡ 급경제 : 긴급 보수공사 등과 같이 단시간 내에 강도를 발현시켜야 하는 경우나 터널공사시 용수나 누수를 막기 위해 속경성과 수압에 견딜 수 있는 조기강도의 발현이 필요한 경우에 쓰이는 혼화제
㉢ 촉진제 : 시멘트의 수화작용을 촉진하는 혼화제
㉣ 지연제 : 시멘트의 수화작용을 지연하는 혼화제

09 **중밀도 섬유판을 의미하는 것으로 목섬유(wood fiber)에 액상의 합성수지 접착제, 방부제 등을 첨가·결합시켜 성형·열압하여 만든 것은?**

① 파티클보드 ② M.D.F
③ 플로어링보드 ④ 집성목재

해설 MDF(Medium Density Fiberboard, 중밀도 섬유판)

㉠ 섬유질, 특히 장섬유를 가진 수종의 나무를 분쇄하여 섬유질을 추출한 후 양표면용과 core용의 섬유질을 분리하고 접착제를 투입하여 층을 쌓은 후 Press로 눌러 표면 연마(sending) 처리한 제품을 말한다.
㉡ 톱밥을 압축가공해서 목재가 가진 리그닌 단백질을 이용하여 목재섬유를 고착시켜 만든 것이다.
㉢ 천연목재보다 강도가 크고 변형이 적다.
㉣ 습기에 약하고 무게가 많이 나가지만 마감이 깔끔한 인조 목재판이다.
㉤ 곡면가공이 용이하여 인테리어 내장용으로 많이 사용된다.

10 **아스팔트 방수공사에서 솔, 롤러 등으로 용이하게 도포할 수 있도록 아스팔트를 휘발성 용제에 용해한 비교적 저점도의 액체로서 방수시공의 첫 번째 공정에 사용되는 바탕처리재는?**

① 아스팔트 컴파운드
② 아스팔트 루핑
③ 아스팔트 펠트
④ 아스팔트 프라이머

해설 석유 아스팔트

㉠ 스트레이트 아스팔트 : 신축이 좋고 교착력이 우수하나, 연화점이 낮아 지하실에 쓰인다.
㉡ 블로운 아스팔트 : 온도에 대한 감수성 및 신도가 적어 지붕방수에 많이 쓰이며 연화점이 높다.
㉢ 아스팔트 컴파운드 : 블로운 아스팔트에 동식물성 유지나 광물성 분말을 혼합하여 만든 신축성이 가장 크고 최우량품이다.
㉣ 아스팔트 프라이머 : 블론 아스팔트를 용제에 녹인 것으로 아스팔트 방수의 바탕처리재로 이용된다. 콘크리트 등의 모체에 침투가 요이하여 콘크리트와 아스팔트 부착이 잘 되게 가장 먼저 도포한다.

정답 08 ① 09 ② 10 ④

11 회반죽의 주요 배합재료로 옳은 것은?

① 생석회, 해초풀, 여물, 수염
② 소석회, 모래, 해초풀, 여물
③ 소석회, 돌가루, 해초풀, 생석회
④ 돌가루, 모래, 해초풀, 여물

해설 회반죽 바름 = 소석회 + 모래 + 여물 + 해초풀

㉠ 소석회 : 주원료
㉡ 모래 : 강도를 높이고 점도를 줄인다.
㉢ 여물 : 수축의 분산(균열 방지)
㉣ 해초풀 : 점성이 늘어나 바르기 쉽고 바름 후 부착이 잘 되도록 한다.(접착력 증대)

12 다음 판유리제품 중 경도(硬度)가 가장 작은 것은?

① 플린트 유리
② 보헤미아 유리
③ 강화유리
④ 연(鉛)유리

해설

• 연(鉛)유리 : 판유리제품 중 경도(硬度)가 가장 작다.
• 칼륨연유리 : 광선에 대한 굴절율이 크나 열(熱), 산(酸)에는 약하고 쉽게 용융되는 성질을 가지고 있으며 광학렌즈, 고급식기, 모조보석용으로 쓰인다.

13 목재의 성질에 관한 설명으로 옳은 것은?

① 목재의 진비중은 수종, 수령에 따라 현저하게 다르다.
② 목재의 강도는 함수율이 증가하면 할수록 증대된다.
③ 일반적으로 인장강도는 응력의 방향이 섬유방향에 평행한 경우가 수직인 경우보다 크다.
④ 목재의 인화점은 400~490℃ 정도이다.

해설 목재의 강도

㉠ 목재의 강도 순서 : 인장강도 > 휨강도 > 압축강도 > 전단강도

[표] 각종 강도의 관계 비교

강도의 종류	섬유방향	섬유직각방향
압축강도	100	10~20
인장강도	약 200	7~20
휨강도	약 150	10~20
전단강도	침엽수 16, 활엽수 19	–

※ 섬유방향의 압축강도를 100으로 기준
㉡ 섬유평행방향의 강도가 섬유직각방향의 강도보다 크다.
㉢ 취재율에 따라 비중이 다르며, 강도는 비중에 정비례하고, 비중이 클수록 강도가 크다.
㉣ 함수율이 낮을수록 강도가 크며, 섬유포화점(함수율 30%) 이상에서는 강도의 변화가 없다.
㉤ 건조된 목재일수록 강도가 크다.
㉥ 일반적으로 동일 수종에서는 심재가 변재보다 강도, 비중, 내후성, 내구성이 크다.
㉦ 옹이는 목재의 압축강도를 현저히 감소시키며, 옹이 지름이 클수록 더욱 감소한다.
㉧ 목재의 허용강도는 최고 강도의 1/7~1/8 정도이다.
※ 목재의 연소
㉠ 인화점 : 180℃
㉡ 착화점 : 260~270℃
㉢ 발화점 : 400~450℃
㉣ 화재의 위험온도 : 260~270℃

14 플라스틱 재료의 특징으로 옳지 않은 것은?

① 가소성과 가공성이 크다.
② 전성과 연성이 크다.
③ 내열성과 내화성이 작다.
④ 마모가 작으며 탄력성도 작다.

해설

플라스틱은 내마모성 및 표면강도가 약하다.
※ 가소성(plasticity) : 재료가 외력을 받아서 변형을 일으킨 것이 외력을 제거했을 때에도 원형으로 되돌아오지 못하고, 변형된 상태로 남아 있는 성질
※ 전성(malleability) : 어떤 재료를 망치로 치거나 로울러로 누르면 얇게 퍼지는 성질
※ 연성(ductility) : 어떤 재료에 인장력을 가하였을 때, 파괴되기 전에 길게 늘어나는 성질

정답 11 ② 12 ④ 13 ③ 14 ④

15 **콘크리트 내구성에 관한 설명으로 옳지 않은 것은?**

① 콘크리트 동해에 의한 피해를 최소화하기 위해서는 흡수성이 큰 골재를 사용해야 한다.
② 콘크리트 중성화는 표면에서 내부로 진행하며 페놀프탈레인 용액을 분무하여 판단한다.
③ 콘크리트가 열을 받으면 골재는 팽창하므로 팽창균열이 생긴다.
④ 콘크리트에 포함되는 기준치 이상의 염화물은 철근부식을 촉진시킨다.

해설

경화콘크리트 내부에 있는 수분이 동결하면 체적팽창이 일어나 콘크리트에 팽창압으로 작용하게 된다. 온도차이가 큰 곳에서는 이러한 동결융해가 지속적으로 반복하게 되어 그로 인하여 균열, 박리 등이 발생한다.
※ 동기공사시 콘크리트를 혼합할 때 콘크리트의 동해를 방지하기 위하여 염화마그네슘을 사용한다. 다량 사용하면 장기강도가 저하될 우려가 있다.

16 **건축용 점토제품에 관한 설명으로 옳은 것은?**

① 저온 소성제품이 화학저항성이 크다.
② 흡수율이 큰 제품이 백화의 가능성이 크다.
③ 제품의 소성온도는 동해저항성과 무관하다.
④ 규산이 많은 점토는 가소성이 나쁘다.

해설

점토제품의 흡수율이 크면 모르타르 중의 함유수를 흡수하여 백화 발생의 원인이 된다.

17 **수경성 미장재료로 경화 · 건조 시 치수 안정성이 우수한 것은?**

① 회사벽
② 회반죽
③ 돌로마이트 플라스터
④ 석고 플라스터

해설 석고 플라스터(gypsum plaster)

조립식 및 건식공법의 가장 획기적인 마감재료로서 프리캐스트나 ALC 등에 적합하며 주로 건물 내외부 벽면에 사용하는 미장재료로서 종류에는 순석고 플라스터, 혼합석고 플라스터, 경석고 플라스터(Keen' s Cement)가 있다. 경화와 건조가 빠르고, 균열에 대한 강도가 상당히 양호하다.
※ 미장재료의 분류
㉠ 기경성 미장재료 : 공기 중에서 경화하는 것으로 공기가 없는 수중에서는 경화되지 않는 성질 – 진흙질, 회반죽, 돌로마이트 플라스터(마그네시아 석회)
㉡ 수경성 미장재료 : 물과 작용하여 경화하고 차차 강도가 크게 되는 성질 – 석고 플라스터, 무수석고(경석고) 플라스터, 시멘트모르타르, 인조석 바름, 마그네시아 시멘트

18 **합성수지도료에 관한 설명으로 옳지 않은 것은?**

① 일반적으로 유성페인트보다 가격이 매우 저렴하여 널리 사용된다.
② 유성페인트보다 건조시간이 빠르고 도막이 단단하다.
③ 유성페인트보다 내산, 내알칼리성이 우수하다.
④ 유성페인트보다 방화성이 우수하다.

해설 합성수지 도료(합성수지 에멀션 페인트)

㉠ 건조시간이 빠르다.
㉡ 도막이 단단하여 인화할 염려가 없어 방화성이 우수하다.(비교적 얇은 도막을 만들 수 있다.)
㉢ 내산·내알칼리성이 있어 콘크리트나 플라스터면에 사용된다.
㉣ 투명한 합성수지를 사용하면 더욱 선명한 색을 낼 수 있다.
※ 합성수지 도료는 유성페인트보다 가격이 비싸다.

정답 15 ① 16 ② 17 ④ 18 ①

19 **금속면의 보호와 금속의 부식방지를 목적으로 사용되는 도료는?**

① 방화도료 ② 발광도료
③ 방청도료 ④ 내화도료

해설 방청도료

금속면의 보호와 금속의 부식방지를 목적으로 사용되는 도료
㉠ 광명단 : 철골 녹막이칠, 금속 재료의 녹막이를 위하여 사용하는 바탕칠 도료로서 가장 많이 쓰이며 비중이 크고 저장이 곤란하다.
㉡ 징크로메이트 : 알루미늄이나 아연철판 초벌 녹막이칠에 쓰이는 것으로, 크롬산 아연을 안료로 하고 알키드 수지를 전색 도료한 것
㉢ 알루미늄 도료 : 알루미늄 분말을 안료로 하는 것으로 방청효과 외에 광선, 열반사 효과가 있다.
㉣ 방청 산화철 도료 : 산화철에 아연화, 아연분말, 연단, 납 시안아미드 등을 가한 것을 안료로 하고, 이것을 스탠드 오일, 합성수지 등에 녹인 것이다.

20 **점토제품 중 소성온도가 가장 높고 흡수성이 작으며 타일이나 위생도기 등에 쓰이는 것은?**

① 토기 ② 도기
③ 석기 ④ 자기

해설 흡수율과 소성온도 비교

(1) 소성온도 : 소성온도 : 자기 > 석기 > 도기 > 토기
※ 자기(1300~1450℃) > 석기(1300~1400℃) > 도기(1000~1300℃) > 토기(700~900℃)
(2) 흡수율 : 자기 < 석기 < 도기 < 토기
㉠ 흡수율이 가장 작은 점토제품 – 자기질 타일 (흡수율 : 자기 < 석기 < 도기 < 토기)
㉡ 흡수율이 가장 높은 점토제품 – 토기질 타일

정답 19 ③ 20 ④

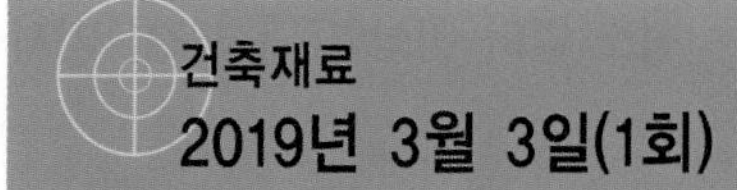
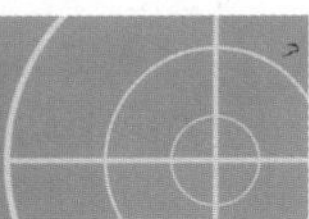

건축재료 2019년 3월 3일(1회)

01 석재의 장점으로 옳지 않은 것은?

① 외관이 장중하고, 치밀하다.
② 장대재를 얻기 쉬워 구조용으로 적합하다.
③ 내수성, 내구성, 내화학성이 풍부하다.
④ 다양한 외관과 색조의 표현이 가능하다.

해설 석재의 장·단점

(1) 장점
㉠ 불연성이고 압축강도가 크다.
㉡ 내수성, 내구성, 내화학성이 풍부하고 내마모성이 크다.
㉢ 종류가 다양하고 색도와 광택이 있어 외관이 장중 미려하다.
(2) 단점
㉠ 장대재(長大材)를 얻기가 어려워 가구재(架構材)로는 부적당하다.
㉡ 비중이 크고 가공성이 좋지 않다.

02 주로 합판, 목재 제품 등에 사용되며, 접착력, 내열 · 내수성이 우수하나 유리나 금속의 접착에는 적당하지 않은 합성수지계 접착제는?

① 페놀 수지 접착제
② 에폭시 수지 접착제
③ 치오콜
④ 카세인

해설 페놀 수지 접착제

접착력, 내열, 내수성이 우수하여 합판, 목재 제품 등에 사용되며, 수용형, 용제형, 분말형 등이 있다. 유리나 금속의 접착에는 적당하지 않다.
※ 접착제의 성능이 큰 것부터 작은 것의 순서 : 에폭시수지 > 요소수지 > 멜라민수지 > 페놀수지

03 모자이크 타일의 소지질로 가장 알맞은 것은?

① 토기질 ② 도기질
③ 석기질 ④ 자기질

해설 자기질 타일

㉠ 규석, 석회석 등의 석분을 사용한다. (고온소성 : 1300℃ 이상)
㉡ 경질, 소리가 맑으며, 흡수율이 적다. (흡수율 : 1%)
㉢ 용도 : 바닥 내·외장용(모자이크 타일)
※ 자기질 타일은 내장타일, 외장타일, 바닥타일, 모자이크타일로 사용된다.

04 건축용 각종 금속재료 및 제품에 관한 설명으로 옳지 않은 것은?

① 구리는 화장실 주위와 같이 암모니아가 있는 장소나 시멘트, 콘크리트 등 알칼리에 접하는 경우에는 빨리 부식하기 때문에 주의해야 한다.
② 납은 방사선의 투과도가 낮아 건축에서 방사선 차폐재료로 사용된다.
③ 알루미늄은 대기 중에서는 부식이 쉽게 일어나지만 알칼리나 해수에는 강하다.
④ 니켈은 전연성이 풍부하고 내식성이 크며 아름다운 청백색 광택이 있어 공기 중 또는 수중에서 색이 거의 변하지 않는다.

해설 알루미늄(Aluminum)

㉠ 독특한 흰 광택을 지닌 경금속이다. (비중 2.7로서 철의 약 1/3 정도)
㉡ 전기 전도율이 다른 금속보다 크며 열전도율도 높다.
㉢ 내화성이 매우 떨어진다. (온도상승에 따른 강도가 급히 감소)
㉣ 강성이 적으며(탄성계수의 1/2~1/3), 열팽창계수가 크다. (철의 2배)
㉤ 공기 중에서 표면에 산화막이 생겨 내식성이 크다.
㉥ 광선 및 열의 반사율이 크므로 열차단재로 쓰인다.
㉦ 압연, 인발 등의 가공성이 좋다. (전연성이 좋다.)
㉧ 산, 알칼리 및 해수에 침식되기 쉽다.
㉨ 용도 : 지붕잇기, 실내장식, 가구, 창호, 커어튼 레일

정답 01 ② 02 ① 03 ④ 04 ③

05 인조석이나 테라조 바름에 쓰이는 종석이 아닌 것은?

① 화강석　② 사문암
③ 대리석　④ 샤모트

해설 테라조판

대리석, 사문암, 화강암의 쇄석을 종석으로 하여 보통포틀랜드 시멘트 또는 백색포틀랜드 시멘트에 안료를 섞어 충분히 다진 후 양생하여 가공연마 한 것으로 미려한 광택을 나타내는 시멘트 제품
☞ 가소성 조절용 : 규석, 규사, 샤모트

06 강화유리에 관한 설명으로 옳지 않은 것은?

① 보통 판유리를 600℃ 정도 가열했다가 급랭시켜 만든 것이다.
② 강도는 보통 판유리의 3~5배 정도이고 파괴 시 둔각파편으로 파괴되어 위험이 방지된다.
③ 온도에 대한 저항성이 매우 약하므로 적당한 완충제를 사용하여 튼튼한 상자에 포장한다.
④ 가공 후 절단이 불가하므로 소요치수대로 주문 제작한다.

해설 강화유리

㉠ 평면 및 곡면, 판유리를 600℃ 이상의 가열로 균등한 공기를 뿜어 급냉시켜 제조한다.
㉡ 내충격, 하중강도는 보통유리의 3~5배, 휨강도 6배 정도이다.
㉢ 200℃ 이상의 고온에서 견디므로 강철유리라고도 한다.
㉣ 현장에서의 가공, 절단이 불가능하다.
㉤ 파손시 예리하지 않는 둔각 파편으로 흩어지므로 안전상 유리하다.
㉥ 용도 : 무테문, 자동차, 선박 등에 쓰며 커튼월에 쓰이는 착색강화유리도 있다.

07 내화벽돌은 최소 얼마 이상의 내화도를 가져야 하는가?

① S.K(제게르콘) 26 이상
② S.K(제게르콘) 21 이상
③ S.K(제게르콘) 15 이상
④ S.K(제게르콘) 10 이상

해설 내화벽돌

㉠ 미색으로 600~2,000℃의 고온에 견디는 벽돌(주원료 광물 : 납석)
㉡ 세게르 콘(SK) No. 26 (연화온도 1,580℃) 이상의 내화도를 가진 것
㉢ 크기는 230mm×114mm×65mm로 보통벽돌보다 약간 크다.
㉣ 줄눈에는 내화 모르타르(샤모트·규석 분말 + 내화점토)를 사용한다.
㉤ 용도 : 굴뚝, 난로의 안쌓기용, 보일러 내부용 등
※ 내화벽돌로 벽체를 시공하는 경우 접합에 기경성인 내화점토를 사용하므로 물축임을 하지 않는다.

08 보통포틀랜드 시멘트의 품질규정(KS L 5201)에서 비카시험의 초결시간과 종결시간으로 옳은 것은?

① 30분 이상 – 6시간 이하
② 60분 이상 – 6시간 이하
③ 30분 이상 – 10시간 이하
④ 60분 이상 – 10시간 이하

해설

보통포틀랜드 시멘트의 품질규정(KS L 5201)에서 비카시험의 초결시간과 종결시간은 60분 이상 – 10시간 이하로 한다.

09 감람석이 변질된 것으로 색조는 암녹색 바탕에 흑백색의 아름다운 무늬가 있고 경질이나 풍화성이 있어 외벽보다는 실내장식용으로 사용되는 것은?

① 현무암　② 점판암
③ 응회암　④ 사문암

정답 05 ④　06 ③　07 ①　08 ④　09 ④

해설

사문암은 암녹색, 청록색, 황록색 등을 띠며, 감람석 등 마그네슘이 풍부한 초염기성암이 열수(熱水)에 의해 교체작용을 받거나 변성작용 등을 받아 생성된다. 일반적으로 띠 모양의 관입암체를 이루며 조산대에 존재하는데 실내장식용 석재로 많이 쓰이는 석재이다.

10 단열재가 갖추어야 할 조건으로 옳지 않은 것은?

① 열전도율이 낮을 것
② 비중이 클 것
③ 흡수율이 낮을 것
④ 내화성이 좋을 것

해설 단열재가 구비해야 할 조건

㉠ 열전도율이 낮을 것(0.07~0.08W/m·K 이하)
㉡ 흡수율이 낮을 것
㉢ 투습성이 낮으며, 내화성이 있을 것
㉣ 비중이 작고 상온에서 시공성이 좋을 것
㉤ 기계적인 강도가 있을 것
㉥ 내후성·내산성·내알카리성 재료로 부패되지 않을 것
㉦ 유독성 가스가 발생 되지 않고, 인체에 유해 않을 것

※ 단열재의 열전도율, 열전달률이 작을수록 단열효과가 크며, 흡수성 및 투습성이 낮을수록 좋다.
※ 일반적으로 단열재에 습기나 물기가 침투하면 열전도율이 높아져 단열성능이 나빠진다.

11 ALC(autoclaved lightweight concrete) 제품에 관한 설명으로 옳지 않은 것은?

① 주원료는 백색포틀랜드 시멘트이다.
② 보통콘크리트에 비해 다공질이고 열전도율이 낮다.
③ 물에 노출되지 않는 곳에서 사용하도록 한다.
④ 경량재이므로 인력에 의한 취급이 가능하고 현장가공 등 시공성이 우수하다.

해설 ALC(Autoclaved Light-weight Concrete : 경량기포 콘크리트)

(1) 오토클레이브(autoclave)에 고온(180℃) 고압(0.98MPa) 증기양생한 경량 기포 콘크리트이다.
(2) 원료 : 생석회, 규사, 규석, 시멘트, 플라이 애시, 알루미늄 분말 등
(3) 장점
㉠ 경량성 : 기건비중은 보통콘크리트의 1/4 정도(0.5~0.6)
㉡ 단열성 : 열전도율은 보통콘크리트의 약 1/10 정도(0.15W/m·K)
㉢ 불연·내화성 : 불연재인 동시에 내화구조 재료이다.
㉣ 흡음·차음성 : 흡음률은 10~20% 정도이며, 차음성이 우수하다(투과손실 40dB)
㉤ 시공성 : 경량으로 인력에 의한 취급은 가능하고, 현장에서 절단 및 가공이 용이하다.
㉥ 건조수축률이 매우 작고, 균열발생이 어렵다.
(4) 단점
㉠ 강도가 비교적 적은 편이다.(압축강도 4MPa)
㉡ 기공(氣孔)구조이기 때문에 흡수성이 크며, 동해에 대한 방수·방습처리가 필요하다.

12 강재의 인장시험 시 탄성에서 소성으로 변하는 경계는?

① 비례한계점 ② 변형경화점
③ 항복점 ④ 인장강도점

해설 강재의 응력-변형도(stress-strain curve) 선도

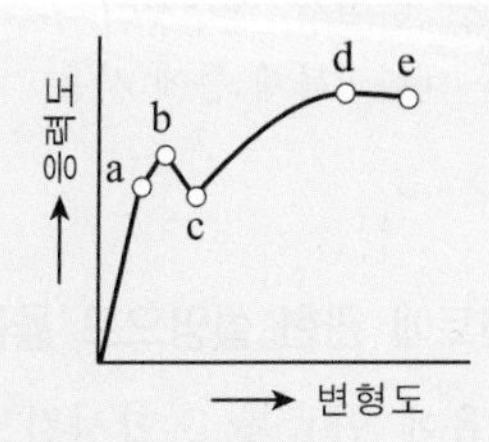

㉠ 비례한도(a점, 비례한계점) : 응력이 작을 때에는 변형이 응력에 비례하여 커진다. 이 비례 관계가 성립되는 최대한도를 말한다.
㉡ 탄성한도 : 외력을 제거했을 때 응력과 변형이 완전히 영(Zero)으로 돌아가는 최대한도를 말한다.

정답 10 ② 11 ① 12 ③

㉢ 상, 하위 항복점(b, c점) : 외력이 더욱 작용되어 상위항복점이 변형되면 응력은 별로 증가하지 않으나 변형은 크게 증가하여 하위항복점에 도달한다.
㉣ 최대강도(극한강도, d점) : 응력과 변형이 비례하지 않는 상태
㉤ 파괴강도(e점) : 응력은 증가하지 않아도 저절로 변형이 커져서 파괴된다.(피로파괴)
※ 인장강도, 탄성한도 항복점은 탄소의 양이 증가함에 따라 올라가 약 0~85%에서 최대가 되고 그 이상이 되면 내려가며 그 사이의 신장률은 점점 작아진다.
※ 항복비
㉠ 항복점/인장강도
㉡ 항복비가 낮을수록 항복점과 인장강도 사이의 격차는 크다.
☞ 탄성구간의 기울기를 탄성계수라 한다.

13 **무기질 단열재료 중 규산질 분말과 석회분말을 오토클레이브 중에서 반응시켜 얻은 겔에 보강섬유를 첨가하여 프레스 성형하여 만드는 것은?**

① 유리면　② 세라믹 섬유
③ 펄라이트 판　④ 규산 칼슘판

해설 규산 칼슘판

- 규산질분말과 석회분말을 주원료로 오토클레이브 처리하여 보강섬유를 첨가하여 만든다.
- 가볍고 내열성, 단열성, 내수성이 우수하다.
- 단열재, 철골 내화피복재 등에 사용

14 **유성페인트에 관한 설명으로 옳은 것은?**

① 보일유에 안료를 혼합시킨 도료이다.
② 안료를 적은 양의 물로 용해하여 수용성 교착제와 혼합한 분말상태의 도료이다.
③ 천연수지 또는 합성수지 등을 건성유와 같이 가열·융합시켜 건조제를 넣고 용제로 녹인 도료이다.
④ 니트로셀룰로오스와 같은 용제에 용해시킨 섬유계 유도체를 주성분으로 하여 여기에 합성수지, 가소제와 안료를 첨가한 도료이다.

해설 유성 페인트

㉠ 안료+보일드유(건성유+건조재)+희석재
㉡ 값이 싸며, 두꺼운 도막을 형성한다.
㉢ 내후성, 내마모성이 좋다.
㉣ 알칼리에 약하므로 콘크리트, 모르타르, 플라스터면에는 부적당하다.
㉤ 저온 다습할 경우 특히 건조시간이 길다.
㉥ 붓바름 작업성이 뛰어나다.
㉦ 용도 : 목재, 석고판류, 철재류 도장
[주] ※ 석고 플라스터는 경화가 빠르므로 플라스터 바름 작업 후 바로 유성페인트를 칠할 수 있다.

15 **각종 유리의 성질에 관한 설명으로 옳지 않은 것은?**

① 유리블록은 실내의 냉·난방에 효과가 있으며 보통 유리창보다 균일한 확산광을 얻을 수 있다.
② 열선반사유리는 단열유리라고도 불리우며 태양광선 중 장파부분을 흡수한다.
③ 자외선차단유리는 자외선의 화학작용을 방지할 목적으로 의류품의 진열창, 식품이나 약품의 창고 등에 쓴다.
④ 내열유리는 규산분이 많은 유리로서 성분은 석영유리에 가깝다.

해설 열선반사유리

판유리 표면에 금속피막을 코팅한 것으로 냉방부하의 경감과 동시에 실내온도의 균일화에 우수한 성능을 가진 유리로 밝은 편에서 보면 거울효과가 있으며, 열선 에너지의 단열효과가 매우 우수하다.
※ 열선흡수유리 : 열선흡수를 크게 하여 착색이 되는 것으로 실내냉방효과가 증대된다.

정답 13 ④　14 ①　15 ②

16 다음과 같은 목재의 3종의 강도에 대하여 크기의 순서를 옳게 나타낸 것은?

A : 섬유 평행방향의 압축강도
B : 섬유 평행방향의 인장강도
C : 섬유 평행방향의 전단강도

① A > C > B ② B > C > A
③ A > B > C ④ B > A > C

해설 목재의 강도

㉠ 목재의 강도 순서 : 인장강도 > 휨강도 > 압축강도 > 전단강도
[표] 각종 강도의 관계 비교

강도의 종류	섬유방향	섬유직각방향
압축강도	100	10~20
인장강도	약 200	7~20
휨강도	약 150	10~20
전단강도	침엽수 16, 활엽수 19	-

※ 섬유방향의 압축강도를 100으로 기준
㉡ 섬유평행방향의 강도가 섬유직각방향의 강도보다 크다.

17 합성수지의 일반적인 특성에 관한 설명으로 옳지 않은 것은?

① 경량이면서 강도가 큰 편이다.
② 연성이 크고 광택이 있다.
③ 내열성이 우수하고, 화재 시 유독가스의 발생이 없다.
④ 탄력성이 크고 마모가 적다.

해설 합성수지(Plastic)의 장·단점

장점	단점
① 우수한 가공성으로 성형, 가공이 쉽다. ② 경량, 착색용이, 비강도 값이 크다. ③ 내구, 내수, 내식, 내충격성이 강하다. ④ 접착성이 강하고 전기절연성이 있다. ⑤ 내약품성·내투습성	① 내마모성, 표면 강도가 약하다. ② 열에 의한 신장(팽창, 수축)이 크므로 열에 의한 신축을 고려 ③ 내열성, 내후성은 약하다. ④ 압축강도 이외의 강도, 탄성계수가 작다.

18 콘크리트용 골재에 요구되는 품질 또는 성질로 옳지 않은 것은?

① 골재의 입형은 가능한 한 편평하거나 세장하지 않을 것
② 골재의 강도는 콘크리트 중의 경화시멘트 페이스트의 강도보다 작을 것
③ 공극률이 작아 시멘트를 절약할 수 있는 것
④ 입도는 조립에서 세립까지 연속적으로 균등히 혼합되어 있을 것

해설 콘크리트 골재의 구비조건

㉠ 잔골재 : 5mm 체에서 중량비 85% 이상 통과하는 콘크리트용 골재
굵은 골재 : 5mm 체에서 중량비 85% 이상 남는 콘크리트용 골재
㉡ 재질 : 모래·자갈은 청정, 강경하고, 내구성이 있고, 화학적, 물리적으로는 안정하고 알모양이 둥글거나 입방체에 가깝고 입도가 적당하고 유기불순물(유해량 이상의 염분)이 포함되지 않아야 하며[유해량은 3% 이하, 잔골재의 염분허용한도는 0.04%(NaCl) 이하], 소요의 내화성 및 내구성을 가진 것이라야 한다.
㉢ 골재의 모양 : 콘크리트에 유동성이 있게 하고 공극률이 적어 시멘트를 절약할 수 있는 둥근 것이 좋고 넓거나 길죽한 것, 예각으로 된 것은 좋지 않다.
㉣ 골재의 강도 : 콘크리트 중의 경화시멘트 페이스트의 강도보다 커야 한다.
※ 알칼리-골재 반응성이 없는 것이어야 하며, 알칼리-골재 반응 우려 시에는 반응성 골재의 알칼리량은 0.6% 이하로 한다.

19 도막 방수재료의 특징으로 옳지 않은 것은?

① 복잡한 부위의 시공성이 좋다.
② 누수 시 결함 발견이 어렵고, 국부적으로 보수가 어렵다.
③ 신속한 작업 및 접착성이 좋다.
④ 바탕면의 미세한 균열에 대한 저항성이 있다.

정답 16 ④ 17 ③ 18 ② 19 ②

해설 도막(塗膜) 방수

도막방수는 도료상의 방수재를 바탕면에 여러 번 칠하여 상당한 살두께의 방수막을 만드는 방수방법으로 고분자계 방수공법의 일종이다.
도막방수에 사용되는 고분자재료는 내후, 내수, 내알칼리, 내마모, 난연성 등의 여러 가지 성질을 구비하지 않으면 안되며, 유제형 도막방수와 용제형 도막 방수 공법이 주로 쓰인다.

㉠ 연신율이 뛰어나며 경량의 장점이 있다.
㉡ 방수층의 내수성, 내화성이 우수하다.
㉢ 균일한 두께를 확보하기 어렵고 두꺼운 층을 만들 수 없다.
㉣ 시공이 간편하며, 누수사고가 생기면 아스팔트 방수에 비해 보수가 용이하다.
☞ 도막 방수시 가장 먼저 해야 할 공정은 바탕정리이다.

20 FRP, 욕조, 물탱크 등에 사용되는 내후성과 내약품성이 뛰어난 열경화성 수지는?

① 불소수지
② 불포화 폴리에스테르 수지
③ 초산비닐수지
④ 폴리우레탄수지

해설 불포화 폴리에스테르 수지(폴리에스틸 수지)

㉠ 열경화성수지이다.
㉡ 유리섬유로 보강된 것은 플라스틱(강화플라스틱 : FRP)으로 대단히 강하다.
㉢ 사용한계온도는 100~150℃ 정도이고, 영하 90℃에도 내성이 크다.
㉣ 전기절연성, 내열성, 내약품성이 좋고 가압성형이 가능하다.
㉤ 내약품성은 산류 및 탄화수소계 용제는 강하나, 알칼리·산화성산에는 약하다.
㉥ 주용도 : 커튼월, 창틀, 덕트, 파이프, 도료, 욕조, 큰 성형품, 접착제

건축재료
2019년 4월 27일(2회)

01 특수도료 중 방청도료의 종류와 가장 거리가 먼 것은?

① 인광도료 ② 알루미늄 도료
③ 역청질 도료 ④ 징크로메이트 도료

해설 방청도료

㉠ 광명단 : 철골 녹막이칠, 금속 재료의 녹막이를 위하여 사용하는 바탕칠 도료로서 가장 많이 쓰이며 비중이 크고 저장이 곤란하다.
㉡ 징크로메이트 : 알루미늄이나 아연철판 초벌 녹막이칠에 쓰이는 것으로, 크롬산 아연을 안료로 하고 알키드 수지를 전색 도료한 것
㉢ 알루미늄 도료 : 알루미늄 분말을 안료로 하는 것으로 방청효과 외에 광선, 열반사 효과가 있다.
㉣ 방청 산화철 도료 : 산화철에 아연화, 아연분말, 연단, 납 시안아미드 등을 가한 것을 안료로 하고, 이것을 스탠드 오일, 합성수지 등에 녹인 것이다.
㉤ 역청질 도료 : 비튜멘을 전색제로 한 방청도료로 팽윤 타르를 사용한 타르 에폭시수지 도료가 많이 알려져 있다.

02 시멘트를 대기 중에 저장하게 되면 공기 중의 습기와 탄산가스가 시멘트와 결합하여 그 품질상태가 변질되는데 이 현상을 무엇이라 하는가?

① 동상현상 ② 알카리 골재반응
③ 풍화 ④ 응결

해설 풍화현상

시멘트를 대기 중에 저장하게 되면 공기 중의 습기와 탄산가스가 시멘트와 결합하여 그 품질상태가 변질되는 현상
※ 동상현상 :흙 속의 공극수가 동결되어 부피가 팽창하면서 지표면이 부풀어 오르는 현상
※ 알카리 골재반응 : 골재 중에 포함되어 있는 실리카와 시멘트 중의 알칼리 금속성분이 물속에서 장기간 반응하여 규산소다를 만들고 이때 팽창압에 의해 콘크리트에 균열을 발생시키는 현상
※ 응결 : 시멘트의 수화반응에서 경화 이전의 과정을 응결이라 한다.

정답 20 ② / 01 ① 02 ③

03 목재 방부제에 요구되는 성질에 관한 설명으로 옳지 않은 것은?

① 목재의 인화성, 흡수성 증가가 없을 것
② 방부처리 후 표면에 페인트칠을 할 수 있을 것
③ 목재에 접촉되는 금속이나 인체에 피해가 없을 것
④ 목재에 침투가 되지 않고 전기전도율을 감소시킬 것

해설 목재 방부제에 요구되는 성질

㉠ 방부성이 강하고, 효력이 영구적일 것
㉡ 침투가 잘되고, 비인화성일 것
㉢ 저렴하며, 방부처리가 용이할 것
㉣ 방부처리 후 표면에 페인트칠을 할 수 있을 것
㉤ 인체 등에 무해하며, 금속을 부식시키지 않을 것
㉥ 목재의 인화성, 흡수성 증가가 없을 것

04 보통포틀랜드시멘트 제조 시 석고를 넣는 주 목적으로 옳은 것은?

① 강도를 높이기 위하여
② 균열을 줄이기 위하여
③ 응결시간 조절을 위하여
④ 수축팽창을 줄이기 위하여

해설

포틀랜드시멘트 제조시 시멘트의 응결시간을 조절하기 위해 3~4%의 석고를 넣는다.

05 한 번에 두꺼운 도막을 얻을 수 있으며 넓은 면적의 평판도장에 최적인 도장 방법은?

① 브러시칠　② 롤러칠
③ 에어스프레이　④ 에어리스 스프레이

해설 에어리스 스프레이(airless spray)

㉠ Graco의 펌프, 스프레이 건 및 이액형 프로포셔너를 이용하여 도장하는 방법으로 생산성이 향상되고 비용이 절감되며, 보호 목적의 도장에 성능을 발휘한다.
㉡ 한 번에 두꺼운 도막을 얻을 수 있으며 넓은 면적의 평판도장에 최적인 도장방법이다.

06 도로나 바닥에 깔기 위해 만든 두꺼운 벽돌로서 원료로 연화토, 도토 등을 사용하여 만들며 경질이고 흡습성이 적은 특징이 있는 것은?

① 이형벽돌　② 포도벽돌
③ 치장벽돌　④ 내화벽돌

해설

① 이형벽돌 : 아치벽돌, 원형벽체를 쌓는데 쓰이는 원형벽돌과 같이 형상, 치수가 규격에서 정한 바와 다른 벽돌로서 특수한 구조체에 사용될 목적으로 제조되는 벽돌이다.
② 포도벽돌 : 경질이며 흡습성이 적은 특성이 있으며 도로나 마룻바닥에 까는 두꺼운 벽돌로서 원료로 연와토 등을 쓰고 식염유로 시유소성한 벽돌이다.
③ 치장벽돌 : 외부에 노출되는 마감용 벽돌로써 벽돌면의 색깔, 형태, 표면의 질감 등의 효과를 얻기 위한 것 벽돌
④ 내화벽돌 : 미색으로 600~2,000℃의 고온에 견디는 벽돌로 높은 온도를 요하는 장소인 굴뚝, 난로의 안쌓기용, 보일러 내부용 등에 사용된다. (세게르 콘(SK) No. 26 (연화온도 1,580℃) 이상의 내화도를 가진 것)

07 점토 벽돌(KS L 4201)의 시험방법과 관련된 항목이 아닌 것은?

① 겉모양　② 압축강도
③ 내충격성　④ 흡수율

해설 점토벽돌

점토벽돌은 불순물이 많은 비교적 저급 점토를 사용하며 필요에 따라 탈점제로서 강모래를 첨가하거나 색조를 조절하기 위하여 석회를 가하여 원토를 조절한다. 점토 벽돌이 적색 또는 적갈색을 띠고 있는 것은 원료 점토 중에 포함되어 있는 산화철에 기인한다. 제조공정은 원토조정→혼합→원료배합→성형→건조→소성의 순서로 이루어진다. 점토벽돌의 품질기준은 KS L 4201에 규정되어 있다.
[점토벽돌의 품질기준]

	1종	2종	3종
허용압축강도(N/mm^2)	24.50	20.59	10.78
흡수율(%)	10 이하	13 이하	15 이하

정답 03 ④　04 ③　05 ④　06 ②　07 ③

08 **인조석바름의 반죽에 필요한 재료를 가장 옳게 나열한 것은?**

① 백색포틀랜드시멘트, 종석, 강모래, 해초풀, 물
② 백색포틀랜드시멘트, 종석, 안료, 돌가루, 물
③ 백색포틀랜드시멘트, 강자갈, 강모래, 안료, 물
④ 백색포틀랜드시멘트, 강자갈, 해초풀, 안료, 물

해설 인조석 바름

모르타르로 바름 바탕을 한 위에 화강석, 석회석 등의 부순 돌과 보통시멘트 또는 백색포틀랜드시멘트와 안료, 돌가루 등을 배합하여 바른 후에 씻어내기, 갈기 또는 다듬기 등으로 마무리한다.
☞ 인조석 바름의 재료 = 백색포틀랜드시멘트, 종석, 안료, 돌가루, 물

09 **철강제품 중에서 내식성, 내마모성이 우수하고 강도가 높으며, 장식적으로도 광택이 미려한 Cr-Ni 합금의 비자성 강(鋼)은?**

① 스테인리스강 ② 탄소강
③ 주철 ④ 주강

해설 스테인리스강

㉠ 탄소량이 적고 녹이 잘 슬지 않는 특수용 합금강이다.
㉡ 전기저항성이 크고, 열전도율이 낮다.
㉢ 대기 중이나 물 속에서 거의 녹슬지 않는다.
㉣ 탄소강에 크롬(Cr)을 첨가하면 내식성과 내열성이 향상되고, 니켈을 첨가하면 기계적 성질이 개선되는 강이다.
㉤ 벽체의 마감재, 전기기구, 장식철물 등에 사용된다.

10 **목재의 부패조건에 관한 설명으로 옳은 것은?**

① 목재에 부패균이 번식하기에 가장 최적의 온도조건은 35~45℃로서 부패균은 70℃까지 대다수 생존한다.
② 부패균류가 발육 가능한 최저습도는 65% 정도이다.
③ 하등생물인 부패균은 산소가 없으면 생육이 불가능하므로, 지하수면 아래에 박힌 나무말뚝은 부식되지 않는다.
④ 변재는 심재에 비해 고무, 수지, 휘발성 유지 등의 성분을 포함하고 있어 내식성이 크고, 부패되기 어렵다.

해설 목재의 부패조건

목재가 부패되면 성분의 변질로 비중이 감소되고, 강도 저하율은 비중의 감소율의 4~5배가 된다.
부패의 조건으로서 적당한 온도, 수분, 양분, 공기는 부패균의 필수적인 조건으로 그 중 하나만 결여되더라도 번식을 할 수가 없다.
㉠ 온도 : 25~35℃가 가장 적합하며 4℃ 이하, 45℃ 이상은 거의 번식하지 못한다.
㉡ 습도 : 80~85% 정도가 가장 적합하고, 20% 이하에서는 사멸 또는 번식이 중단된다.
㉢ 공기 : 완전히 수중에 잠기면 목재는 부패되지 않는데 이는 공기가 없기 때문이다.(호기성)
※ 목재의 부패균 활동이 가장 왕성한 조건 : 온도 25~35℃, 습도 95~99%
※ 목재의 부패도 측정법
㉠ 목재의 중량 감소에 의한 방법
㉡ 압축강도 감소율 측정에 의한 방법
㉢ 못빼기 내력도에 의한 방법
㉣ 인공 부패균에 의한 판정법

11 **각종 색유리의 작은 조각을 도안에 맞추어 절단하여 조합해서 만든 것으로 성당의 창 등에 사용되는 유리제품은?**

① 내열유리 ② 유리타일
③ 샌드블라스트유리 ④ 스테인드글라스

해설

① 내열유리 : 규산분이 많은 유리로 성분은 석영유리에 가깝다. 연화온도가 높고 열팽창계수가 작아서 금고실, 난로앞 가리게, 방화용 창에 이용된다.
② 유리타일 : 색유리를 작은 조각으로 잘라 타일형으로 만든 것으로 색채가 다양하고 불흡수성이며, 절단·가공이 자유롭다. 외부 장식용으로 사용된다.(모자이크 클래스)
③ 샌드블라스트유리(sand blast glass : 흐린 유리) : 금강사, 모래 등을 분사기로 뿜거나 거칠게 가공, 장식용 창, screen 등에 사용된다.

정답 08 ② 09 ① 10 ③ 11 ④

12 **재료의 열팽창계수에 관한 설명으로 옳지 않은 것은?**

① 온도의 변화에 따라 물체가 팽창·수축하는 비율을 말한다.
② 길이에 관한 비율인 선팽창계수와 용적에 관한 체적팽창계수가 있다.
③ 일반적으로 체적팽창계수는 선팽창계수의 3배이다.
④ 체적팽창계수의 단위는 W/m·K이다.

해설 열팽창계수

물체가 열에 의해 그 길이 또는 체적을 증대하는 비율을 단위온도 당으로 표시한 값으로 전자는 선팽창계수, 후자는 체적팽창계수이다.
선팽창계수의 단위는 m/m·K이며, 체적팽창계수의 단위는 m^3/m·K이다.

13 **목재에 관한 설명으로 옳지 않은 것은?**

① 춘재부는 세포막이 얇고 연하나 추재부는 세포막이 두껍고 치밀하다.
② 심재는 목질부 중 수심 부근에 위치하고 일반적으로 변재보다 강도가 크다.
③ 널결은 곧은결에 비해 일반적으로 외관이 아름답고 수축변형이 적다.
④ 4계절 중 벌목의 가장 적당한 시기는 겨울이다.

해설 목재의 수축과 팽창

㉠ 목재나 수분의 감소는 수축, 균열의 원인, 세포수의 증감에 따라 수축 및 팽창현상이 나타난다.
㉡ 섬유포화점(함수율 약 30%) 이상의 함수율에서는 수축과 팽창은 생기지는 않으나, 섬유포화점 이하에서는 함수율에 비례하여 수축 팽창한다.
㉢ 접선(널결·판목·촉)방향 > 직각(곧은결·반경·지름)방향 > 섬유(길이·축)방향
100 : 60 : 4
㉣ 변재는 심재보다, 추재는 춘재보다, 활엽수가 침엽수보다 신축이 더 크다.

14 **단열모르타르에 관한 설명으로 옳지 않은 것은?**

① 바닥, 벽, 천장 등의 열손실 방지를 목적으로 사용된다.
② 골재는 중량골재를 주재료로 사용한다.
③ 시멘트는 보통포틀랜드시멘트, 고로슬래그시멘트 등이 사용된다.
④ 구성재료를 공장에서 배합하여 만든 기배합 미장재료로서 적당량의 물을 더하여 반죽상태로 사용하는 것이 일반적이다.

해설 단열모르타르

㉠ 바닥, 벽, 천장 등의 열손실 방지를 목적으로 사용된다.
㉡ 시멘트는 보통포틀랜드시멘트, 고로슬래그시멘트 등이 사용된다.
㉢ 구성재료를 공장에서 배합하여 만든 기배합 미장재료로서 적당량의 물을 더하여 반죽상태로 사용하는 것이 일반적이다.
㉣ 보통 모르타르와 마찬가지로 점착력이 있고 유연하게 시공할 수 있다.
㉤ 불규칙하게 생긴 부분이나 곡면 등에 특히 사용이 용이하다.

15 **투명도가 높으므로 유기유리라는 명칭이 있고 착색이 자유로워 채광판, 도어판, 칸막이판 등에 이용되는 것은?**

① 아크릴수지 ② 알키드수지
③ 멜라민수지 ④ 폴리에스테르수지

해설

① 아크릴수지 : 열가소성 수지의 일종으로 광선이나 자외선의 투과성이 크고, 내후성, 내약품성이 큰 무색투명판 등으로 활용된다.
② 알키드수지 : 프탈산과 글리세린수지를 변성시킨 포화폴리에스테르수지로 내후성, 접착성이 우수하며 도료나 접착제 등으로 사용된다.
③ 멜라민수지 : 내수성, 내열성, 내약품성이 좋고, 목재와의 접착성이 우수하나, 값이 비싸며, 단독으로 쓸 경우는 적다. 가구의 표면치장판, 내수합판 등에 쓰인다. 금속, 고무, 유리 접착은 부적당하다.

정답 12 ④ 13 ③ 14 ② 15 ①

④ 폴리에스테르수지(불포화 폴리에스테르수지) : 열경화성수지로 전기절연성, 내열성, 내약품성이 좋고 가압성형이 가능하다. 유리섬유를 보강재로 한 것(강화플라스틱 : FRP)은 대단히 강하다. 커튼월, 창틀, 덕트, 파이프, 도료, 욕조, 큰 성형품, 접착제로 사용된다.

16 다음 중 지하방수나 아스팔트 펠트 삼투용(滲透用)으로 쓰이는 것은?

① 스트레이트 아스팔트
② 블로운 아스팔트
③ 아스팔트 컴파운드
④ 콜타르

해설 석유 아스팔트

㉠ 스트레이트 아스팔트 : 신축이 좋고 교착력이 우수하나, 연화점이 낮아 지하실에 쓰인다.
㉡ 블로운 아스팔트 : 온도에 대한 감수성 및 신도가 적어 지붕방수에 많이 쓰이며 연화점이 높다.
㉢ 아스팔트 컴파운드 : 블로운 아스팔트에 동식물성 유지나 광물성 분말을 혼합하여 만든 신축성이 가장 크고 최우량품이다.
㉣ 아스팔트 프라이머 : 블로운 아스팔트에 휘발성 용제를 넣어 묽게 한 것으로, 방수층 바탕에 침투시켜 부착이 잘 되게 한다.

17 다음 중 방수성이 가장 우수한 수지는?

① 푸란수지　② 실리콘수지
③ 멜라민수지　④ 알키드수지

해설 실리콘 수지

열경화성수지로 열절연성이 크고, 내약품성, 내후성이 좋다. 전기적 성능이 우수하다. 도막방수재 및 실링재, 기포성 보온재, 도료, 접착재로 사용된다.
※ 방수성의 크기
실리콘 수지 > 에폭시 수지 > 페놀 수지 > 멜라민 수지 > 요소 수지

18 플라스틱 재료의 일반적인 성질에 관한 설명으로 옳지 않은 것은?

① 플라스틱의 강도는 목재보다 크며 인장강도가 압축강도보다 매우 크다.
② 플라스틱은 상호간 접착이나 금속, 콘크리트, 목재, 유리 등 다른 재료에도 부착이 잘되는 편이다.
③ 플라스틱은 일반적으로 전기절연성이 양호하다.
④ 플라스틱은 열에 의한 팽창 및 수축이 크다.

해설 합성수지(Plastic)의 장·단점

장점	단점
① 우수한 가공성으로 성형, 가공이 쉽다. ② 경량, 착색용이, 비강도 값이 크다. ③ 내구, 내수, 내식, 내충격성이 강하다. ④ 접착성이 강하고 전기절연성이 있다. ⑤ 내약품성·내투습성	① 내마모성, 표면 강도가 약하다. ② 열에 의한 신장(팽창, 수축)이 크므로 열에 의한 신축을 고려 ③ 내열성, 내후성은 약하다. ④ 압축강도 이외의 강도, 탄성계수가 작다.

19 다음 석재 중 압축강도가 일반적으로 가장 큰 것은?

① 화강암　② 사문암
③ 사암　④ 응회암

해설 석재의 비교

㉠ 석재의 비중 크기
대리석(2.72) > 화강암(2.65) > 안산암(2.54) > 사암(2.02) > 응회암(1.45) > 부석(1.0)
㉡ 압축강도 크기
화강암 > 점판암 > 대리석 > 안산암 > 사문암 > 사암 > 응회암 > 부석
㉢ 흡수율(%) 크기
응회암(19%) > 사암(18%) > 안산암(2.5%) > 점판암, 화강암(0.3%) > 대리석(0.14%)

정답 16 ① 17 ② 18 ① 19 ①

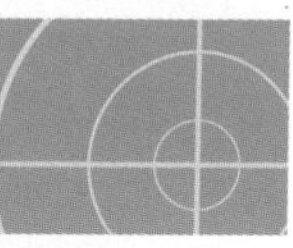

㉣ 내화도
㉠ 1000℃ : 화산암, 안산암, 응회암, 사암
㉡ 700~800℃ : 대리석
㉢ 800℃ : 화강암

20 금속재에 관한 설명으로 옳지 않은 것은?

① 알루미늄은 경량이지만 강도가 커서 구조 재료로도 이용된다.
② 두랄루민은 알루미늄 합금의 일종으로 구리, 마그네슘, 망간, 아연 등을 혼합한다.
③ 납은 내식성은 우수하나 방사선 차단효과가 적다.
④ 주석은 단독으로 사용하는 경우는 드물고, 철판에 도금을 할 때 사용된다.

해설 납(鉛, Pb)

㉠ 금속 중에서 가장 비중(11.34)이 크고 연질이다.
㉡ 주조가공성 및 단조성이 풍부하다.
㉢ 열전도율이 작으나 온도 변화에 따른 신축이 크다.
㉣ 공기 중에서 탄산납($PbCO_3$)의 피막이 생겨 내부를 보호한다.(방사선 차단효과)
㉤ 내산성은 크나, 알칼리에는 침식된다.
㉥ 증류수에 용해된다.
㉦ 용도 : 송수관, 가스관, X선실, 홈통재, 황산 제조공장

건축재료 2019년 8월 4일(3회)

01 표준형 점토벽돌의 치수로 옳은 것은?

① 210×90×57mm
② 210×110×60mm
③ 190×100×60mm
④ 190×90×57mm

해설 벽돌의 치수 및 허용값

(단위 : mm)

구분 \ 종류	길이(B)	너비(A)	두께
기존형(재래형)	210	100	60
기본형(표준형)	190	90	57

※ 너비는 길이에서 줄눈의 뺀 것의 반으로 되어 있다.

02 콘크리트용 골재의 품질조건으로 옳지 않은 것은?

① 유해량의 먼지, 유기불순물 등을 포함하지 않은 것
② 표면이 매끈한 것
③ 구형에 가까운 것
④ 청정한 것

해설 콘크리트용 골재의 품질조건

㉠ 콘크리트강도를 확보하는 강성을 지닐 것
㉡ 입도는 조립에서 세립까지 연속적으로 균등히 혼합되어 있을 것
㉢ 골재의 입형은 알모양이 둥글거나 입방체에 가까울 것
㉣ 잔골재는 유기불순물시험에 합격한 것

03 시멘트에 관한 설명으로 옳지 않은 것은?

① 시멘트의 밀도는 3.15g/m^3 정도이다.
② 시멘트의 분말도는 비표면적으로 표시한다.

정답 20 ③ / 01 ④ 02 ② 03 ③

③ 강열감량은 시멘트의 소성반응의 완전 여부를 알아내는 척도가 된다.
④ 시멘트의 수화열은 균열발생의 원인이 된다.

해설

시멘트의 풍화정도를 알아보기 위하여 실시하는 강열감량은 시멘트 시료를 1,000℃로 가열한 경우에 감소한 질량으로 풍화의 척도로 사용한다. 강열감량이 너무 큰 것은 사용하지 않는 것이 좋다.
※ 강열감량(强熱減量, ignition)
㉠ 시멘트 또는 흙 등의 시료를 950±50℃로 열을 가했을 때의 질량 손실량
㉡ 시멘트 풍화작용으로 생기며 풍화의 척도가 된다.

04 유리의 일반적인 성질에 관한 설명으로 옳지 않은 것은?

① 철분이 많을수록 자외선 투과율이 높아진다.
② 깨끗한 창유리의 흡수율은 2~6% 정도이다.
③ 투과율은 유리의 맑은 정도, 착색, 표면상태에 따라 달라진다.
④ 열전도율은 대리석, 타일보다 작은 편이다.

해설

유리에 함유되어 있는 성분 가운데 산화제2철(Fe_2O_3)은 자외선을 차단해 주고 적외선은 통과시키는 성질이 있다.
※ 유리의 일반적 성질
㉠ 보통 유리의 비중은 2.5 내외이다.
㉡ 보통 유리의 강도는 풍압에 의한 휨강도를 말한다. (휨강도 43~63MPa 정도)
㉢ 열전도율(콘크리트의 1/2) 및 열팽창률이 작다.
㉣ 비열이 크기 때문에 부분적으로 급히 가열하거나 냉각하면 파괴되기 쉽다.
㉤ 열에 약하며, 얇은 유리보다 두꺼운 유리가 열에 의해 쉽게 파괴된다.
㉥ 적외선은 잘 투과하나 자외선은 잘 투과되지 않는다.
㉦ 약한 산에는 침식되지 않지만 염산·황산·질산 등에는 서서히 침식된다.

05 목재의 흠의 종류 중 가지가 줄기의 조직에 말려 들어가 나이테가 밀집되고 수지가 많아 단단하게 된 것은?

① 옹이 ② 지선
③ 할렬 ④ 잔적

해설 목재의 강도에 영향을 주는 요소 : 수종, 비중, 함수율

※ 목재의 강도에 가장 큰 영향을 미치는 것은 썩은 옹이이며 죽은 옹이는 수목이 성장하는 도중에 가지를 잘라버린 자국으로서 목질부가 단단히 굳어 있어 가공이 어려워 용재로는 적당하지 않다.
☞ 목재의 강도 : 섬유포화점(함수율 약 30%) 이하에서 함수율이 감소하면 강도는 증가하고 탄성은 감소하며, 섬유포화점 이상에서는 불변한다.

06 용융하기 쉽고, 산에는 강하나 알칼리에 약하며 창유리, 유리블록 등에 사용하는 유리는?

① 물유리 ② 유리섬유
③ 소다석회유리 ④ 소다석회유리

해설 소다석회유리(소다유리, 보통유리, 크라운유리)

㉠ 용융하기 쉽고 풍화되기 쉽다.
㉡ 산에 강하나, 알카리에 약하다.
㉢ 팽창률이 크고 강도가 높다.
㉣ 용도 : 건축 일반용 창호유리, 병유리 등

07 차음재료의 요구성능에 관한 설명으로 옳은 것은?

① 비중이 작을 것
② 음의 투과손실이 클 것
③ 밀도가 작을 것
④ 다공질 또는 섬유질이어야 할 것

해설

차음성능은 투과손실이 클수록 높다.
※ 벽체의 차음 성능은 투과손실로 나타낸다.
☞ 재질이 단단하고, 무거우며, 치밀하고, 투과손실(TL)이 클수록 재료는 차음성이 높다.

정답 04 ① 05 ① 06 ③ 07 ②

08 금속의 부식방지를 위한 관리대책으로 옳지 않은 것은?

① 가능한 한 이종금속을 인접 또는 접촉시켜 사용할 것
② 큰 변형을 준 것은 가능한 한 풀림하여 사용할 것
③ 표면을 평활하고 깨끗이 하며, 가능한 한 건조상태를 유지할 것
④ 부분적으로 녹이 발생하면 즉시 제거할 것

해설 금속부식을 방지하기 위한 방법

㉠ 균질의 것을 선택하고 사용할 때 큰 변형을 주지 않는다.
㉡ 표면을 평활, 청결하게 하고 가능한 한 건조상태를 유지하며, 부분적인 녹은 빨리 제거한다.
㉢ 가능한 한 이종금속을 인접 또는 접촉시켜 사용하지 않는다.
㉣ 가공 중에 생긴 변형은 가능한 한 풀림, 뜨임 등에 의하여 제거하여 사용한다.
㉤ 도료나 내식성이 큰 금속으로 표면에 피막하여 보호한다.

09 도장재료에 관한 설명으로 옳지 않은 것은?

① 바니시는 천연수지, 합성수지 또는 역청질 등을 건성유와 같이 가열·융합시켜 건조제를 넣고 용제로 녹인 것을 말한다.
② 유성조합페인트는 붓바름작업성 및 내후성이 뛰어나다.
③ 유성페인트는 보일유와 안료를 혼합한 것을 말한다.
④ 수성페인트는 광택이 매우 뛰어나고, 마감면의 마모가 거의 없다.

해설 수성페인트

㉠ 안료+아교 또는 카세인(주원료 : 우유)+물
㉡ 취급이 간단하고, 건조가 빠르며 작업성이 좋다.
㉢ 내알칼리성이 우수하다.
㉣ 내구성과 내수성이 떨어지며, 무광택이다.
㉤ 용도 : 모르타르, 벽돌, 석고판, 텍스, 콘크리트 표면 등 내부에 사용
※ 콘크리트는 알카리성이므로 내알칼리성인 수성페인트로 도장해야 한다.

10 다음 중 유기 재료에 속하는 것은?

① 목재 ② 알루미늄
③ 석재 ④ 콘크리트

해설 유기재료와 무기재료

㉠ 유기재료(有機材料) : 유기 화합물로 이루어진 재료를 말한다. 즉 솜·양모·비단과 같은 천연 섬유와 목재·고무·천연 수지·향료·가죽 등의 천연유기재료 및 인공적으로 합성하여 만든 플라스틱·합성 섬유·합성 고무 등의 합성유기재료를 말한다.
㉡ 무기재료(無機材料) : 철이나 구리 따위의 금속 재료, 유리·도자기·시멘트 등을 만드는 요업재료, 전자재료 및 기타 재료로 나눌 수 있다. 무기 재료는 일반적으로 비중과 강도가 크고 열에 잘 견디며 부식에 잘 견디는 것이 특징이다.

11 다음 접착제 중 고무상의 고분자물질로서 내유성 및 내약품성이 우수하며 줄눈재, 구멍메움재로 사용되는 것은?

① 천연고무 ② 치오콜
③ 네오프렌 ④ 아교

해설 치오콜

알칼리 황화물과 폴리할로겐 탄화수소의 반응으로 얻어지는 고무상의 고분자물질로 내유성, 내약품성이 우수하며, 줄눈재 또는 구멍 메꿈재로 사용되는 접착제이다.

12 목재의 강도에 관한 설명으로 옳지 않은 것은?

① 심재의 강도가 변재보다 크다.
② 함수율이 높을수록 강도가 크다.
③ 추재의 강도가 춘재보다 크다.
④ 절건비중이 클수록 강도가 크다.

해설 목재의 강도

㉠ 목재의 강도 순서 : 인장강도 > 휨강도 > 압축강도 > 전단강도

정답 08 ① 09 ④ 10 ① 11 ② 12 ②

[표] 각종 강도의 관계 비교

강도의 종류	섬유방향	섬유직각방향
압축강도	100	10~20
인장강도	약 200	7~20
휨강도	약 150	10~20
전단강도	침엽수 16, 활엽수 19	–

※ 섬유방향의 압축강도를 100으로 기준

㉡ 섬유평행방향의 강도가 섬유직각방향의 강도보다 크다.
㉢ 취재율에 따라 비중이 다르며, 강도는 비중에 정비례하고, 비중이 클수록 강도가 크다.
㉣ 함수율이 낮을수록 강도가 크며, 섬유포화점(함수율 30%) 이상에서는 강도의 변화가 없다.
㉤ 건조된 목재일수록 강도가 크다.
㉥ 일반적으로 동일 수종에서는 심재가 변재보다 강도, 비중, 내후성, 내구성이 크다.
㉦ 옹이는 목재의 압축강도를 현저히 감소시키며, 옹이 지름이 클수록 더욱 감소한다.
㉧ 목재의 허용강도는 최고 강도의 1/7~1/8 정도이다.

13 콘크리트 1m^{3}를 제작하는데 소요되는 각 재료의 양을 질량(kg)으로 표시한 배합은?

① 질량배합 ② 용적배합
③ 현장배합 ④ 계획배합

해설

콘크리트의 배합은 각 구성 재료의 단위용적의 합이 1m^{3}가 되는 것을 기준으로 한다.
※ 용적배합의 표시방법 : 중량배합, 절대 용적배합, 표준계량 용적배합, 현장계량 용적배합
☞ 중량배합(질량배합) : 콘크리트 1m^{3}를 비벼내는데 소요되는 각 재료의 양을 중량(kg)으로 표시한 배합으로 가장 정확한 방법이다. 단, 골재는 절건중량을 기준으로 한다.

14 도장재료인 안료에 관한 설명으로 옳지 않은 것은?

① 안료는 유색의 불투명한 도막을 만듦과 동시에 도막의 기계적 성질을 보완한다.
② 무기안료는 내광성·내열성 이 크다.
③ 유기안료는 레이크(lake)라고도 한다.
④ 무기안료는 유기용제에 잘 녹고 색의 선명도에서 유기안료보다 양호하다.

해설 안료

① 물, 기름, 기타 용제에 녹지 않는 착색 분말로서 전색제와 섞어 도료를 착색하고, 유색의 불투명한 도막을 만들며, 철재의 방청 등에 쓰이기도 한다.
② 종류 : 무기안료, 유기안료, 체질안료
③ 무기안료는 내광성·내열성이 크다.
④ 유기안료는 레이크(lake)라고도 한다.
※ 유기안료는 무기안료에 비해 색이 선명하고 비중이 작으며 투명성이 양호하다.

15 아스팔트와 피치(pitch)에 관한 설명으로 옳지 않은 것은?

① 아스팔트와 피치의 단면은 광택이 있고 흑색이다.
② 피치는 아스팔트보다 냄새가 강하다.
③ 아스팔트는 피치보다 내구성이 있다.
④ 아스팔트는 상온에서 유동성이 없지만 가열하면 피치보다 빨리 부드러워진다.

해설

① 아스팔트(Asphalt) : 열을 가해 녹여서 목재에 도포하면 방부성이 우수하나 흑색으로 착색되어 페인트칠이 불가능하므로 보이지 않는 곳에서만 사용할 수 있다.
② 피치 : 콜타르(저급 아스팔트)의 일종으로 목재에 도포하면 방부성은 좋으나 목재가 흑갈색으로 착색되어 페인트칠도 불가능하기 때문에 보이지 않은 곳이나 가설재 등에 이용하는 것이 좋다.
☞ 아스팔트는 피치에 비해 냄새는 있으나 피치만큼 강하지 않으며, 내구성이 있고, 상온에서 약간 유동성이 있다.

정답 13 ① 14 ④ 15 ④

16 열가소성 수지에 관한 설명으로 옳지 않은 것은?

① 축합반응으로부터 얻어진다.
② 유기용제로 녹일 수 있다.
③ 1차원적인 선상구조를 갖는다.
④ 가열하면 분자결합이 감소하여 부드러워지고 냉각하면 단단해진다.

해설 합성수지의 분류

(1) 열가소성 수지
- 고형상에 열을 가하면 연화 또는 용융하여 가소성 및 점성이 생기며 냉각하면 다시 고형상으로 되는 수지(중합반응)
- 아크릴수지, 염화비닐수지, 초산비닐수지, 스티롤수지(폴리스티렌), 폴리에틸렌 수지, ABS 수지, 비닐아세틸 수지, 메틸메탈 크릴수지, 폴리아미드수지(나일론), 셀룰로이드
  ① 자유로운 형상으로 성형이 가능하다.
  ② 투과성이 좋다.
  ③ 강도 및 연화점이 낮다.
  ④ 구조재료로는 적당치 않고, 주로 마감재로 사용된다.
  ⑤ 유기용제에 녹고 2차 성형이 가능
  ⑥ 연화온도 : 60~80℃

(2) 열경화성 수지
- 고형체로 된 후 열을 가하면 연화하지 않는 수지(축합반응)
- 페놀수지, 요소수지, 멜라민수지, 알키드수지, 폴리에스틸수지, 폴리우레탄수지, 실리콘수지, 에폭시수지
  ① 강도 및 열경화점이 높다.
  ② 내후성이 우수하다
  ③ 가격이 비싸고 성형성이 부족하다(성형이 불가능)
  ④ 연화온도 : 130~200℃

17 강재의 탄소량과 강도와의 관계에서 강재의 인장강도 및 경도가 최대에 도달하게 되는 강의 탄소함유량은 약 얼마인가?

① 0.15%　② 0.35%
③ 0.55%　④ 0.85%

해설 강재의 탄소함유량

㉠ 강재는 탄소 함유량에 따라 각종 성질이 변한다.
㉡ 강재의 인장강도는 탄소량 0.85% 정도에서 최대이나, 그 이상이 증가하면 강도는 감소한다.
㉢ 탄소함유량 : 극연강 < 연강 < 경강 < 최경강

18 석재의 특징에 관한 설명으로 옳지 않은 것은?

① 압축강도가 큰 편이다.
② 불연성이다.
③ 비중이 작은 편이다.
④ 가공성이 불량하다.

해설 석재의 특징

① 장점
㉠ 불연성이고 압축강도가 크다.
㉡ 내수성, 내구성, 내화학성이 풍부하고 내마모성이 크다.
㉢ 종류가 다양하고 색도와 광택이 있어 외관이 장중 미려하다.

② 단점
㉠ 장대재(長大材)를 얻기가 어려워 가구재(架構材)로는 부적당하다.
㉡ 비중이 크고 가공성이 좋지 않다.

19 클링커타일(Clinker tile)이 주로 사용되는 장소에 해당하는 곳은?

① 침실의 내벽
② 화장실의 내벽
③ 테라스의 바닥
④ 화학실험실의 바닥

해설

건물의 바닥 끝맺임 재료 : 고무 타일, 아스팔트 타일, 클링커 타일, 모자이크 타일, 리놀륨 시트류, 테라조판, 인조대리석판, 쪽매마루

정답 16 ① 17 ④ 18 ③ 19 ③ 20 ③

20 도장공사 시 작업성을 개선하기 위한 보조첨가제(도막형성 부요소)로 볼 수 없는 것은?

① 산화촉진제 ② 침전방지제
③ 전색제 ④ 가소제

해설 전색제

안료를 포함하는 도료에 있어서 안료 이외의 액상의 성분을 말한다. 예를 들면 유성페인트 경우 보일유 및 기타의 건조성 유류, 수성페인트 경우 접착제를 포함한 수용액, 에나멜 경우 기름성 바니시나 스탠드유 등이 전색제이다.

정답 20 ③

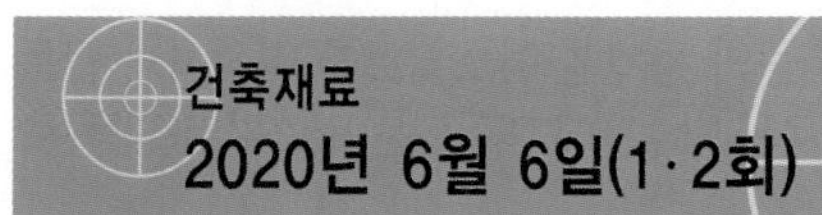

01 석회석을 900~1200℃로 소성하면 생성되는 것은?

① 돌로마이트 석회
② 생석회
③ 회반죽
④ 소석회

해설 소석회의 제조

석회석(주원료) + 열 = 생석회 → 생석회 + 물 = 소석회
㉠ 가소 : 석회석을 900~1,200℃로 가열 소성하여 생석회(강회)를 얻는다.
㉡ 소화 : 생석회에 물을 가하면 수산화석회(소석회)를 얻는다.
㉢ : ㉠, ㉡ 과정으로 만든 소석회를 분쇄기로 가늘게 분쇄한 것이 미장용 소석회이다.(보통 석회라고 일컫는다.)
※ 소석회는 공기 중의 탄산가스와 반응하여 굳어지는 기경성 재료이다.

02 주로 수량의 다소에 의해 좌우되는 굳지 않은 콘크리트의 변형 또는 유동에 대한 저항성을 무엇이라 하는가?

① 컨시스턴시　② 피니셔빌리티
③ 워커빌리티　④ 펌퍼빌리티

해설 굳지 않은 콘크리트의 성질을 나타내는 용어

① 컨시스턴시(consistency) : 주로 수량의 다소에 의해 좌우되는 굳지 않은 콘크리트의 변형 또는 유동에 대한 저항성을 말한다.
② 피니셔빌리티(finishability)는 마무리하기 쉬운 정도를 말한다.
③ 워커빌리티(workability)는 컨시스턴시에 의한 부어넣기의 난이도 정도 및 재료분리에 저항하는 정도를 나타낸다.
④ 펌퍼빌리티(pumpability)는 콘크리트 펌프를 사용하여 시공하는 콘크리트의 워커빌리티를 판단하는 하나의 척도로 사용된다.

03 목재의 성질에 관한 설명으로 옳지 않은 것은?

① 변재부는 심재부보다 신축 변형이 크다.
② 비중이 큰 목재일수록 신축 변형이 작다.
③ 섬유포화점이란 함수율이 30% 정도인 상태를 말한다.
④ 목재의 널결면은 수축팽창의 변형이 크다.

해설

목재는 세포막질, 공극 및 수분의 3요소로 구성되어 있는 다공체이기 때문에 공극을 함유하지 않는 비중을 진비중이라 하고, 공극을 함유한 용적중량을 통상 비중이라고 한다.
목재의 비중은 동일 건조상태이면 비중이 큰 것일수록 강도, 탄성계수, 용적변화가 크다.

04 스테인리스강(stainless steel)은 어떤 성분의 금속이 많이 포함되어 있는 금속재료인가?

① 망간(Mn)　② 규소(Si)
③ 크롬(Cr)　④ 인(P)

해설 스테인리스강(stainless steel)

㉠ 탄소량이 적고 녹이 잘 슬지 않는 특수용 합금강이다.
㉡ 전기저항성이 크고, 열전도율이 낮다.
㉢ 대기 중이나 물 속에서 거의 녹슬지 않는다.
㉣ 탄소강에 크롬(Cr)을 첨가하면 내식성과 내열성이 향상되고, 니켈을 첨가하면 기계적 성질이 개선되는 강이다.
㉤ 벽체의 마감재, 전기기구, 장식철물 등에 사용된다.

05 목재의 인화에 있어 불꽃이 없어도 자체 발화하는 온도는 대략 몇 ℃ 정도 이상인가?

① 100℃　② 150℃
③ 250℃　④ 450℃

정답 01 ② 02 ① 03 ② 04 ③ 05 ④

해설 목재의 연소

㉠ 인화점 : 목재에 열을 가하면 100℃ 전후해서 수분 증발하고 200℃ 전후 평균 240℃ 이상이 되면 가연성 가스가 발생하는데 이 온도를 인화점이라고 한다.
㉡ 착화점 : 온도 260~270℃가 되면 가연성 가스의 발생이 많아지고 불꽃에 의하여 목재에 불이 붙는다.
㉢ 발화점 : 목재의 온도가 400~450℃가 되면 화기가 없더라도 자연 발화된다.
㉣ 화재의 위험온도 : 불이 붙기 쉽고 저절로 꺼지기 어려운 온도로 260~270℃를 말한다.

06 유리의 표면을 초고성능 조각기로 특수가공 처리하여 만든 유리로서 5mm 이상의 후판 유리에 그림이나 글 등을 새겨 넣은 유리는?

① 에칭유리 ② 강화유리
③ 망입유리 ④ 로이유리

해설

① 에칭유리 : 유리면에 부식액의 방호막을 붙이고 이 막을 모양에 맞게 오려내고 그 부분에 유리 부식액을 발라 소요 모양으로 만들어 장식용, 조각유리용으로 사용하는 유리
② 강화유리 : 평면 및 곡면, 판유리를 600℃ 이상의 가열로 균등한 공기를 뿜어 급냉시켜 제조하는 유리로 내충격, 하중강도는 보통 유리의 3~5배, 휨강도 6배 정도이다. 200℃이상의 고온에서 견디므로 강철유리라고도 하며 현장에서의 가공, 절단이 불가능하다. 무테문, 자동차, 선박 등에 쓰며 커튼월에 쓰이는 착색강화유리도 있다.
③ 망입유리 : 유리 내부에 금속망(철, 놋쇠, 알루미늄 망)을 삽입하여 압착 성형한 것으로 도난방지 유류창고에 사용한다. 열을 받아서 유리가 파손되어도 떨어지지 않으므로 을종방화문에 사용한다.
④ 로이유리 : 열적외선을 반사하는 은소재 도막으로 코팅하여 방사율과 열관류율을 낮추고 가시광선 투과율을 높인 유리

07 휘발유 등의 용제에 아스팔트를 희석시켜 만든 유액으로서 방수층에 이용되는 아스팔트 제품은?

① 아스팔트 루핑
② 아스팔트 프라이머
③ 아스팔트 싱글
④ 아스팔트 펠트

해설 아스팔트 제품

① 아스팔트 유제 : 스트레이트 아스팔트를 가열하여 액상으로 만들고 유화제를 혼합한 것으로 침투용, 혼합용, 콘크리트 양생용 등이 있고 대부분 도로 포장에서 사용되는 Spray Gun으로 뿌려서 도포한다.
② 아스팔트 블록 : 아스팔트 모르타르를 벽돌형으로 만든 것으로 화학공장의 내약품 바닥마감재로 이용된다.
③ 아스팔트 싱글 : 모래붙임루핑에 유사한 제품을 석면플레이트판과 같이 지붕재료로 사용하기 좋은 형으로 만든 것이다.
④ 아스팔트 펠트 : 유기천연섬유 또는 석면섬유를 결합한 원지에 연질의 스트레이트 아스팔트를 침투시킨 것이다.
⑤ 아스팔트 프라이머 : 블로운 아스팔트를 용제에 녹인 것으로 아스팔트 방수의 바탕처리재로 이용된다. 콘크리트 등의 모체에 침투가 용이하여 콘크리트와 아스팔트 부착이 잘 되게 가장 먼저 도포한다.

08 원목을 적당한 각재로 만들어 칼로 엷게 절단하여 만든 베니어는?

① 로터리 베니어(rotary veneer)
② 슬라이스드 베니어(sliced veneer)
③ 하프 라운드 베니어(half round veneer)
④ 소드 베니어(sawed veneer)

해설 합판의 제조 방법

종류	제조 방법	특징
로터리 베니어 (Rotary Veneer)	원목이 회전함에 따라 넓은 기계대패로 나이테를 따라 두루마리로 연속적으로 벗기는 것	얼마든지 넓은 단판을 얻을 수 있다. 단판이 널결만으로 되어 표면이 거칠다. 합판제조법의 90% 정도이다.

정답 06 ① 07 ② 08 ②

종류	제조 방법	특징
슬라이스드 베니어(Sliced Veneer)	원목을 미리 적당한 각재로 만들어 엷게 절단한 것	합판 표면에 곧은결이나 널결의 아름다운 결로 장식적으로 이용한다.
소드 베니어(Sawed Veneer)	판재를 만드는 것과 같이 얇게 톱으로 쪼개는 것	아름다운 결을 얻을 수 있다. 좌우 대칭형 무늬를 만들 때에 효과적이다.

09 색을 칠하여 무늬나 그림을 나타낸 판유리로서 교회의 창, 천장 등에 많이 쓰이는 유리는?

① 스테인드글라스(stained glass)
② 강화유리(tempered glass)
③ 유리블록(glass block)
④ 복층유리(pair glass)

해설 스테인드글라스(stained glass)

각종 색유리의 작은 조각을 도안에 맞추어 조립하여 모양을 낸 것으로 성당의 창, 상업건축의 장식용으로 사용된다.

10 강의 역학적 성질에서 재료에 가해진 외력을 제거한 후에도 영구변형하지 않고 원형으로 되돌아 올 수 있는 한계를 의미하는 것은?

① 탄성한계점　② 상위항복점
③ 하위항복점　④ 인장강도점

해설 강재의 응력–변형도 곡선(stress–strain curve) 선도

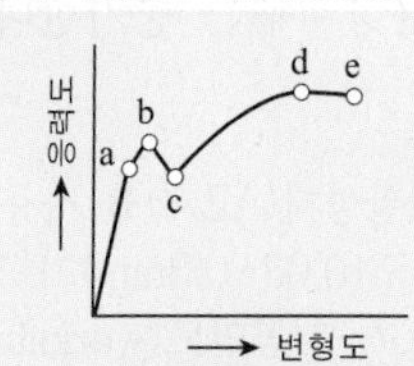

㉠ 비례한도(a점, 비례한계점) : 응력이 작을 때에는 변형이 응력에 비례하여 커진다. 이 비례 관계가 성립되는 최대한도를 말한다.
㉡ 탄성한도(탄성한계점) : 외력을 제거했을 때 응력과 변형이 완전히 영(Zero)으로 돌아가는 최대한도를 말한다.
㉢ 상, 하위 항복점(b, c점) : 외력이 더욱 작용되어 상위항복점이 변형되면 응력은 별로 증가하지 않으나 변형은 크게 증가하여 하위항복점에 도달한다.
㉣ 최대강도(극한강도, d점) : 응력과 변형이 비례하지 않는 상태
㉤ 파괴강도(e점) : 응력은 증가하지 않아도 저절로 변형이 커져서 파괴된다.(피로파괴)
※ 인장강도, 탄성한도 항복점은 탄소의 양이 증가함에 따라 올라가 약 0~85%에서 최대가 되고 그 이상이 되면 내려가며 그 사이의 신장률은 점점 작아진다.

11 타일의 제조공법에 관한 설명으로 옳지 않은 것은?

① 건식제법에는 가압성형과정이 포함된다.
② 건식제법이라 하더라도 제작과정 중에 함수하는 과정이 있다.
③ 습식제법은 건식제법에 비해 제조능률과 치수·정밀도가 우수하다.
④ 습식제법은 복잡한 형상의 제품제작이 가능하다.

해설 타일의 제조공법

명 칭	성형 방법	제조 가능 형태	정밀도	용 도
건식법	가압 성형	보통 타일 (간단한 형태)	치수·정밀도가 높고 고능률이다.	바닥타일, 내장타일, 모자이크 타일
습식법	압출 성형	보통 타일 (복잡한 형태 가능)	정밀도가 낮다.	바닥타일, 외장타일

정답 09 ① 10 ① 11 ③

12 **합성섬유 중 폴리에스테르섬유의 특징에 관한 설명으로 옳지 않은 것은?**

① 강도와 신도를 제조공정상에서 조절할 수 있다.
② 영계수가 커서 주름이 생기지 않는다.
③ 다른 섬유와 혼방성이 풍부하다.
④ 유연하고 울에 가까운 감촉이다.

해설 폴리에스테르 섬유(폴리에스터 섬유)

㉠ 에스테르 결합을 갖는 중합물을 원료로 한 섬유로, 테레프탈산과 에틸렌글리콜을 중합하여 만들어진다.
㉡ 폴리에스테르 섬유는 잡아당겼을 때의 강도가 나일론 다음으로 강하며 물에 젖었을 때의 강도도 변함이 없다. 특히 구김 회복도는 양모와 같을 정도이며 물에 젖었을 때의 회복도는 더욱 높다.
㉢ 흡습성이 약하며 신축성이 거의 없고 건조도가 매우 높아 세탁해서 바로 입을 수 있어 셔츠의 소재로 적합하다.
㉣ 단섬유로서 양모와 흡사한 성질이 있기 때문에, 양모나 기타 실과 혼방되어서 신사복 정장 소재 등의 신분야 개척에도 크게 이바지하고 있다.

13 **다음 도장재료 중 도포한 후 도막으로 남는 도막형성 요소와 가장 거리가 먼 것은?**

① 안료　② 유지
③ 희석제　④ 수지

해설 도료의 희석제

㉠ 휘발성 용제, 신전제라고도 하며 보통 신너(thinner)라고 한다.
㉡ 도료를 묽게 하여 솔질이 잘 되게 하며, 칠의 바탕에 침투하여 고착이 잘되게 한다.
㉢ 송지 건류품(테레핀유), 석유 건류품(휘발유, 석유, 미네랄 스피릿), 타르 건류품(벤졸, 솔벤트 나프타), 알코올, 초산 에스테르

14 **단열재가 구비해야 할 조건으로 옳지 않은 것은?**

① 불연성이며, 유독가스가 발생하지 않을 것
② 열전도율 및 흡수율이 낮을 것
③ 비중이 높고 단단할 것
④ 내부식성과 내구성이 좋을 것

해설 단열재가 구비해야 할 조건

㉠ 열전도율이 낮을 것(0.07~0.08W/m·K 이하)
㉡ 흡수율이 낮을 것
㉢ 투습성이 낮으며, 내화성이 있을 것
㉣ 비중이 작고 상온에서 시공성이 좋을 것
㉤ 기계적인 강도가 있을 것
㉥ 내후성·내산성·내알카리성 재료로 부패되지 않을 것
㉦ 유독성 가스가 발생 되지 않고, 인체에 유해 않을 것
※ 단열재의 열전도율, 열전달률이 작을수록 단열효과가 크며, 흡수성 및 투습성이 낮을수록 좋다.
※ 일반적으로 단열재에 습기나 물기가 침투하면 열전도율이 높아져 단열성능이 나빠진다.

15 **혼화제 중 A.E제의 특징으로 옳지 않은 것은?**

① 굳지 않은 콘크리트의 워커빌리티를 개선시킨다.
② 블리딩을 감소시킨다.
③ 동결융해작용에 의한 파괴나 마모에 대한 저항성을 증대시킨다.
④ 콘크리트의 압축강도는 감소하나, 휨강도와 탄성계수는 증가한다.

해설 AE제

콘크리트에 표면활성제(AE제)를 사용하면 콘크리트 중에 미세한 기포(0.03~0.3mm)가 발생하여 단위수량을 적게 하고, 시공연도(workabilility) 향상시킬 수 있으며, 동결융해에 대한 저항성이 증대되어 동기공사가 가능하다.
㉠ 콘크리트의 시공연도(workability) 향상
㉡ 콘크리트 내구성 향상
㉢ 동결에 대한 저항성 증대

정답 12 ④　13 ③　14 ③　15 ④

16 다음 석재 중 박판으로 채취할 수 있어 슬레이트 등에 사용되는 것은?

① 응회암 ② 점판암
③ 사문암 ④ 트래버틴

해설

① 응회암 : 연질, 다공질 암석으로 내화성이 크며, 흡수율이 가장 크다. 경량골재, 내화재, 특수 장식재로 사용한다.
② 점판암 : 흑색 또는 회색 등이 있으며 얇은 판으로 뜰 수도 있어 천연슬레이트라 하며 치밀한 방수성이 있어 지붕, 벽, 재료로 쓰인다.
③ 사문암 : 감람석 또는 섬록암이 변질된 것으로, 색조는 암녹색 바탕에 흑백색의 아름다운 무늬가 있고, 경질이나 풍화성이 있어 외벽보다는 실내장식용으로 사용되는 석재이다.
④ 트레버틴(다공질 대리석) : 대리석의 일종으로 석질이 불균일하고 다공질이며, 황갈색 반문이 있어 실내 장식용으로 사용한다.

17 콘크리트의 건조수축에 관한 설명으로 옳은 것은?

① 골재가 경질이고 탄성계수가 클수록 건조수축은 커진다.
② 물－시멘트비가 작을수록 건조수축이 크다.
③ 골재의 크기가 일정할 때 슬럼프값이 클수록 건조수축은 작아진다.
④ 물－시멘트비가 같은 경우 건조수축은 단위시멘트량이 클수록 크다.

해설 콘크리트의 건조수축

습윤상태에 있는 콘크리트가 건조하여 수축하는 현상으로 하중과는 관계없는 콘크리트의 인장응력에 의한 균열이다.
㉠ 단위시멘트량 및 단위수량이 클수록 크다.
㉡ 골재 중의 점도분이 많을수록 크다.
㉢ 공기량이 많으면 공극이 많아지므로 크다.
㉣ 골재가 경질이고 탄성계수가 클수록 적다.
㉤ 충분한 습윤양생을 할수록 적다.

18 1종 점토벽돌의 압축강도는 최소 얼마 이상인가?

① 8.87MPa ② 10.78MPa
③ 20.59MPa ④ 24.50MPa

해설 점토벽돌의 허용압축강도와 흡수율

㉠ 1종 : 24.50 N/mm^2 이상, 10% 이하
㉡ 2종 : 20.59 N/mm^2 이상, 13% 이하
㉢ 3종 : 10.78 N/mm^2 이상, 15% 이하
※ 점토벽돌은 불순물이 많은 비교적 저급 점토를 사용하며 필요에 따라 탈점제로서 강모래를 첨가하거나 색조를 조절하기 위하여 석회를 가하여 원토를 조절한다. 점토 벽돌이 적색 또는 적갈색을 띠고 있는 것은 원료 점토 중에 포함되어 있는 산화철에 기인한다. 제조공정은 원토조정 → 혼합 → 원료배합 → 성형 → 건조 → 소성의 순서로 이루어진다.

19 재료가 외력을 받으면서 발생하는 변형에 저항하는 정도를 나타내는 것은?

① 가소성 ② 강성
③ 크리프 ④ 좌굴

해설

① 가소성(소성, plasticity) : 재료가 외력을 받아서 변형을 일으킨 것이 외력을 제거했을 때에도 원형으로 되돌아오지 못하고, 변형된 상태로 남아 있는 성질
② 강성(stiffness) : 재료가 외력을 받을 때 변형을 적게 하려는 성질
③ 크리프(creep) : 콘크리트에 일정한 하중이 지속적으로 작용하면 하중의 증가가 없어도 콘크리트의 변형이 시간에 따라 증가하는 현상
④ 좌굴 : 가는 기둥이나 얇은 판 등을 압축하면 어떤 하중에 이르러 갑자기 가는 방향으로 휘어지며 이후 그 휨이 급격히 증대하는 성질

정답 16 ② 17 ④ 18 ④ 19 ②

20 재료에 외력을 가했을 때 작은 변형에도 곧 파괴되는 성질은?

① 전성 ② 인성
③ 취성 ④ 탄성

해설 역학적 성질(기계적 성질)

① 전성(malleability) : 어떤 재료를 망치로 치거나 로울러로 누르면 얇게 펴지는 성질
② 인성(toughness) : 어떤 재료에 큰 외력을 가하였을 때, 큰 변형을 나타내면서도 파괴되지 않고 견딜 수 있는 성질
③ 취성(취약성, brittleness) : 어떤 재료에 외력을 가하였을 때, 작은 변형만 나타내도 곧 파괴되는 성질
④ 탄성(elasticity) : 재료가 외력을 받아 변형을 일으킨 것이 외력을 제거했을 때, 완전히 원형으로 되돌아오려는 성질

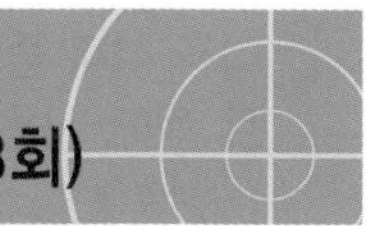

건축재료 2020년 8월 23일(3회)

01 다음 중 무기질 단열재료가 아닌 것은?

① 암면 ② 유리섬유
③ 펄라이트 ④ 셀룰로오스

해설 단열재의 분류

㉠ 무기질 단열재 : 유리면, 암면, 세라믹 파이버, 펄라이트 판, 규산 칼슘판, 경량 기포콘크리트(ALC 판넬)
㉡ 유기질 단열재 : 셀룰로즈 섬유판, 연질 섬유판, 폴리스틸렌 폼, 경질 우레탄 폼

02 건축용으로 많이 사용되는 석재의 역학적 성질 중 압축강도에 관한 설명으로 옳지 않은 것은?

① 중량이 클수록 강도가 크다.
② 결정도와 결합상태가 좋을수록 강도가 크다.
③ 공극률과 구성입자가 클수록 강도가 크다.
④ 함수율이 높을수록 강도는 저하된다.

해설 석재의 압축강도

㉠ 석재의 강도 중에서 압축강도가 가장 크고 인장, 휨 및 전단강도는 압축강도에 비하여 매우 작다. 휨, 인장강도가 약하므로 압축력을 받는 곳에만 사용하여야 한다.(인장강도는 압축강도의 1/10~1/40 정도로 매우 작다.)
㉡ 석재의 압축강도는 단위용적 중량이 클수록 일반적으로 크며, 공극률이 작을수록 또는 구성입자가 작을수록 크고, 결정도와 그 결합상태가 좋을수록 크다. 또한 함수율에 의한 영향을 받으며 함수율이 높을수록 강도가 저하된다.
※ 석재의 흡수율은 공극률에 따라 달라지며, 석재의 내구성에 큰 영향을 끼친다. 즉, 흡수율이 크다는 것은 석재가 다공질이라는 것을 의미하며, 동해나 풍화의 피해 가능성이 높다.
☞ 흡수율(%) 크기 : 응회암(19%) > 암(18%) > 안산암(2.5%) > 점판암, 화강암(0.3%) > 대리석(0.14%)

정답 20 ③ / 01 ④ 02 ③

03 목재 건조의 목적 및 효과가 아닌 것은?

① 중량의 경감
② 강도의 증진
③ 가공성 증진
④ 균류 발생의 방지

해설 목재의 건조 목적

㉠ 강도의 증진
㉡ 중량의 경감
㉢ 부패의 방지
㉣ 도장의 용이
㉤ 접착성의 개선

04 시멘트 종류에 따른 사용용도를 나타낸 것으로 옳지 않은 것은?

① 조강 포틀랜드시멘트 - 한중콘크리트 공사
② 중용열 포틀랜드시멘트 - 매스콘크리트 및 댐공사
③ 고로시멘트 - 타일 줄눈공사
④ 내황산염 포틀랜드시멘트 - 온천지대나 하수도공사

해설 고로 시멘트

㉠ 포틀랜드 시멘트의 Clinker + Slag(급냉) + 석고 → 미분해
㉡ 조기강도는 적으나, 장기강도가 크다.
㉢ 내열성이 크고, 수밀성이 양호하다.
㉣ 건조수축이 크며, 응결시간이 느린 편으로 충분한 양생이 필요하다.
㉤ 화학 저항성이 높아 해수·하수·폐수 등에 접하는 콘크리트에 적합하다.
㉥ 수화열이 적어 매스콘크리트에 적합하다.
㉦ 해수에 대한 저항성이 커서 해안, 항만공사에 적합하다.

05 콘크리트의 배합설계 시 표준이 되는 골재의 상태는?

① 절대건조상태
② 기건상태
③ 표면건조 내부포화상태
④ 습윤상태

해설 골재의 함수상태

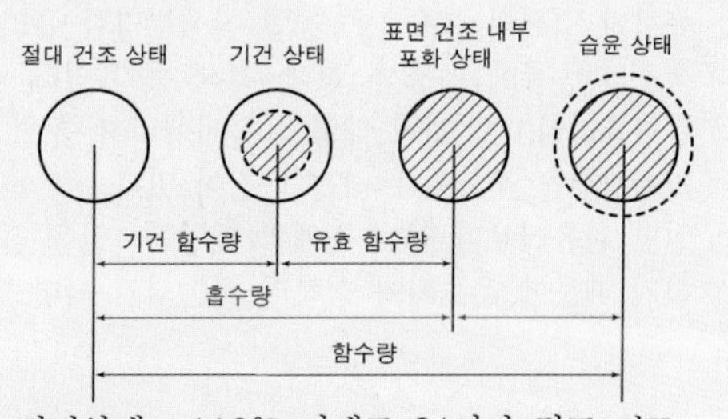

㉠ 절건상태 : 110℃ 이내로 24시간 정도 건조
㉡ 기건상태 : 물시멘트비 결정시 기준
㉢ 표건상태(표면건조 내부포수상태) : 콘크리트 배합설계의 기준, 세골재
※ 골재의 단위용적 중량을 계산할 때 골재는 굵은 골재가 아닌 경우 절대건조상태를 기준으로 한다.

06 알루미늄에 관한 설명으로 옳지 않은 것은?

① 250~300℃에서 풀림한 것은 콘크리트 등의 알칼리에 침식되지 않는다.
② 비중은 철의 1/3 정도이다.
③ 전연성이 좋고 내식성이 우수하다.
④ 온도가 상승함에 따라 인장강도가 급격히 감소하고 600℃에 거의 0이 된다.

해설 알루미늄(Aluminum)

㉠ 독특한 흰 광택을 지닌 경금속이다. (비중 2.7로서 철의 약 1/3 정도)
㉡ 전기 전도율이 다른 금속보다 크며 열전도율도 높다.
㉢ 내화성이 매우 떨어진다. (온도상승에 따른 강도가 급히 감소)
㉣ 강성이 적으며(탄성계수의 1/2~1/3), 열팽창계수가 크다. (철의 2배)
㉤ 공기 중에서 표면에 산화막이 생겨 내식성이 크다.
㉥ 광선 및 열의 반사율이 크므로 열차단재로 쓰인다.
㉦ 압연, 인발 등의 가공성이 좋다. (전연성이 좋다.)
㉧ 산, 알칼리 및 해수에 침식되기 쉽다.
㉨ 용도 : 지붕잇기, 실내장식, 가구, 창호, 커어튼 레일

정답 03 ③ 04 ③ 05 ③ 06 ①

07 보통 판유리의 조성에 산화철, 니켈, 코발트 등의 금속 산화물을 미량 첨가하고 착색이 되게 한 유리로서, 단열유리라고도 불리는 것은?

① 망입유리 ② 열선흡수유리
③ 스팬드럴유리 ④ 강화유리

해설 열선흡수유리

㉠ 판유리에 소량의 니켈, 코발트, 세렌, 철 등을 함유시켜 열선의 흡수율을 높인 착색투명한 유리
㉡ 색조의 종류에는 청색, 회색, 갈색 등이 있다.
㉢ 단열유리라고도 하며 태양의 복사에너지 흡수 및 가시광선을 부드럽게 하는 특징이 있다.
㉣ 일반 판유리보다 약 4~6배의 태양복사열을 흡수하기 때문에 온도차가 심하면 파손되기 쉽다.

08 방수공사에서 아스팔트 품질 결정요소와 가장 거리가 먼 것은?

① 침입도 ② 신도
③ 연화점 ④ 마모도

해설 아스팔트의 품질을 결정하는 기준

침입도(針入度), 연화점(軟化點), 감온비(感溫比), 늘임도(伸度), 인화점(引火點), 가열감량(加熱減量), 비중(比重), 이유화탄소(CS_2) 가용분, 고정탄소(固定炭素) 등

※ 침입도(PI : Penetration Index)
㉠ 아스팔트의 경도를 표시한 값으로, 클수록 부드러운 아스팔트이다.
㉡ 0.1mm 관입시 침입도 PI=1로 본다.
(25℃, 100g, 5sec 조건으로 측정)
㉢ 아스팔트 양부 판정시 가장 중요하다. 침입도와 연화점은 반비례 관계이다.

09 보통 철선 또는 아연도금철선으로 마름모형, 갑옷형으로 만들며 시멘트 모르타르 바름 바탕에 사용되는 금속제품은?

① 와이어 라스(wire lath)
② 와이어 메시(wire mesh)
③ 메탈 라스(metal lath)
④ 익스팬디드 메탈(expanded metal)

해설 금속제품

㉠ 메탈 라스(metal lath) : 박강판에 일정한 간격으로 자르는 자국을 많이 내어 이것을 옆으로 잡아당겨 그물코 모양으로 만든 것으로 벽, 천장의 모르타르 바름 바탕용에 쓰인다.
㉡ 익스펜디드 메탈(Expanded Metal) : 금속판에 구멍을 내어서 형성된 메시로 된 메탈 라스의 일종이다.
㉢ 펀칭 메탈(punching metal) : 두께 1.2mm 이하의 박강판을 여러 가지 무늬 모양으로 구멍을 뚫어 만든 것으로 환기구, 라지에이터(방열기) 덮개 등에 쓰인다. 때로는 황동판, 알루미늄판으로 만들기도 한다.
㉣ 코너 비드(corner bead) : 미장 공사에서 기둥이나 벽의 모서리 부분을 보호하기 위하여 쓰는 철물이다. 박강판, 평판 등을 가공하여 만들며, 재질로는 아연 철판, 황동판 제품 등이 있다.
㉤ 와이어 라스(wire lath) : 지름 0.9~1.2mm의 철선 또는 아연 도금 철선을 가공하여 만든 것으로 모르타르 바름 바탕에 쓰인다.

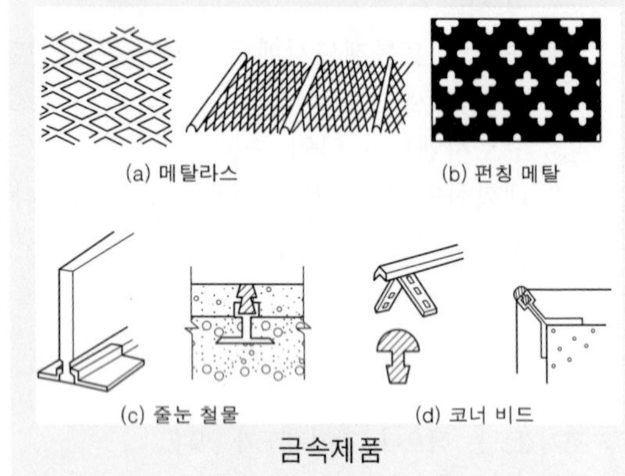

금속제품

10 석고계 플라스터 중 가장 경질이며 벽 바름 재료뿐만 아니라 바닥 바름 재료로도 사용되는 것은?

① 킨스시멘트
② 혼합석고 플라스터
③ 회반죽
④ 돌로마이트 플라스터

정답 07 ② 08 ④ 09 ① 10 ①

해설 킨스 시멘트(Keen's cement)

킨스 시멘트 무수석고를 주성분으로 한 시멘트로 벽 및 바닥 도료재로 사용된다. 철을 녹슬게 하는 성질이 있으므로 졸대박이 못은 아연, 도금 못, 흙손은 양은 또는 스테인레스제를 사용한다.

11 다음 미장재료 중 수경성에 해당되지 않는 것은?

① 보드용 석고 플라스터
② 돌로마이트 플라스터
③ 인조석 바름
④ 시멘트 모르타르

해설 미장재료의 분류

㉠ 기경성 미장재료 : 공기 중에서 경화하는 것으로 공기가 없는 수중에서는 경화되지 않는 성질
- 진흙질, 회반죽, 돌로마이트 플라스터(마그네시아 석회)

㉡ 수경성 미장재료 : 물과 작용하여 경화하고 차차 강도가 크게 되는 성질
- 석고 플라스터, 무수석고(경석고) 플라스터, 시멘트모르타르, 인조석 바름, 마그네시아 시멘트

12 접착제의 분류에 따른 그 예로 옳지 않은 것은?

① 식물성 접착제 - 아교, 알부민, 카세인
② 고무계 접착제 - 네오프렌, 치오콜
③ 광물질 접착제 - 규산소다, 아스팔트
④ 합성수지계 접착제 - 요소수지 접착제, 아크릴수지 접착제

해설 접착제의 분류

① 동물성 단백질계 접착제 : 카세인, 아교
② 식물성 단백질계 접착제 : 콩풀, 전분
③ 고무계 접착제 : 천연 고무풀, 아라비아 고무풀
※ 네오프렌(neoprene) - 합성고무 접착제로서 접착력이 우수하다.
④ 합성수지계 접착제 : 요소 수지풀, 에폭시 수지풀, 페놀 수지풀, 멜라민 수지풀, 실리콘 수지풀, 프란 수지풀, 초산 비닐수지 수지풀
※ 건축공사에 주로 사용되는 접착제는 에폭시수지 접착제와 초산비닐수지 접착제이다.

13 타일의 제조공정에서 건식제법에 관한 설명으로 옳지 않은 것은?

① 내장타일은 주로 건식제법으로 제조된다.
② 제조능률이 높다.
③ 치수 정도(精度)가 좋다.
④ 복잡한 형상의 것에 적당하다.

해설

습식제법은 복잡한 형상의 제품제작이 가능하다.

14 목재의 작은 조각을 합성수지 접착제와 같은 유기질의 접착제를 사용하여 가열 압축해 만든 목재 제품을 무엇이라고 하는가?

① 집성목재　　② 파티클보드
③ 섬유판　　④ 합판

해설 파티클 보드(Particle Board)

톱밥, 대패밥, 나무 부수러기 등의 목재 소편(Particle)을 원료로 충분히 건조시킨 후 합성수지 접착제 등을 첨가 혼합하고 고열고압으로 처리하여 나무섬유를 고착시켜 만든 견고한 판으로 칩보드(chip board)라고도 한다.
㉠ 강도의 방향성이 없으며 큰 면적을 얻을 수 있다.
㉡ 두께는 자유로이 만들 수 있다.
㉢ 표면이 평활하고 경도가 크다.
㉣ 방충, 방부성이 좋다.
㉤ 음 및 열의 차단성이 우수하다.
㉥ 용도 : 상판, 칸막이벽, 가구 등에 사용

15 다음 중 열경화성 합성수지에 속하지 않는 것은?

① 페놀수지　　② 요소수지
③ 초산비닐수지　　④ 멜라민수지

해설 합성수지의 분류

㉠ 열가소성 수지 : 고형상에 열을 가하면 연화 또는 용융하여 가소성 및 점성이 생기며 냉각하면 다시 고형상으로 되는 수지(중합반응)
- 아크릴수지, 염화비닐수지, 초산비닐수지, 스티롤수지(폴리스티렌), 폴리에틸렌 수지, ABS 수지, 비닐아세틸 수지, 메틸메탈 크릴수지, 폴리아미드수지(나일론), 셀룰로이드

정답 11 ② 12 ① 13 ④ 14 ② 15 ③

㉡ 열경화성 수지 : 고형체로 된 후 열을 가하면 연화하지 않는 수지(축합반응)
- 페놀수지, 요소수지, 멜라민수지, 알키드수지, 폴리에스틸수지, 폴리우레탄수지, 실리콘수지, 에폭시수지

16 아래 설명에 해당하는 유리를 무엇이라고 하는가?

> 2장 또는 그 이상의 판유리사이에 유연성 있는 강하고 투명한 플라스틱필름을 넣고 판유리 사이에 있는 공기를 완전히 제거한 진공상태에서 고열로 강하게 접착하여 파손되더라도 그 파편이 접착제로부터 떨어지지 않도록 만든 유리이다.

① 연마판유리 ② 복층유리
③ 강화유리 ④ 접합유리

해설

접합유리는 2장 이상의 판유리 사이에 폴리비닐을 넣고 150℃의 고열로 강하게 접합하여 파손시 파편이 안떨어지게 한 유리로 접합안전유리라고도 한다.
※ 넓은 의미의 안전유리는 복층유리, 망입유리, 접합유리, 강화유리 등이 있다.

17 철근콘크리트에 사용하는 굵은 골재의 최대치수를 정하는 가장 중요한 이유는?

① 철근의 사용수량을 줄이기 위해서
② 타설된 콘크리트가 철근사이를 자유롭게 통과 가능하도록 하기 위해서
③ 콘크리트의 인장강도 증진을 위해서
④ 사용골재를 줄이기 위해서

해설

철근콘크리트에 사용하는 굵은 골재의 최대치수를 정하는 이유는 타설된 콘크리트가 철근사이를 자유롭게 통과 가능하도록 하기 위함이다.
둥근 골재는 시공연도가 좋아지고, 편평한 골재는 불리하다. 굵은 골재의 치수가 작으면 시공연도는 좋으나, 강도가 저하하며, 잔골재율이 클수록 시공연도는 좋으나, 강도가 저하한다.
※ 워커빌리티(Workability, 시공연도)란 작업의 난이도 및 재료의 분리에 저항하는 정도를 나타내며 골재의 입도와도 밀접한 관계가 있다.
※ 피니셔빌리티(Finishability)란 굵은 골재의 최대치수, 잔골재율, 골재의 입도, 반죽질기 등에 따라 마무리 하기 쉬운 정도를 말한다.

18 수지를 지방유와 가열융합하고, 건조제를 첨가한 다음 용제를 사용하여 희석하여 만든 도료는?

① 래커 ② 유성바니시
③ 유성페인트 ④ 내열도료

해설 유성바니쉬

수지를 지방유와 가열융합하고, 건조제를 첨가한 다음 용제를 사용하여 희석하여 만든 도료
㉠ 건조가 더디며, 무색(담갈색)의 투명도료
㉡ 유성페인트보다 내후성이 작아서 옥외에는 사용안하며, 목재 내부용

19 목재의 부패에 관한 설명으로 옳지 않은 것은?

① 부패균(腐敗菌)은 섬유질을 분해·감소시킨다.
② 부패균이 번식하기 위한 적당한 온도는 20~35℃ 정도이다.
③ 부패균은 산소가 없어도 번식할 수 있다.
④ 부패균은 습기가 없으면 번식할 수 없다.

정답 16 ④ 17 ② 18 ② 19 ③

해설 목재의 부패조건

목재가 부패되면 성분의 변질로 비중이 감소되고, 강도 저하율은 비중의 감소율의 4~5배가 된다.
부패의 조건으로서 적당한 온도, 수분, 양분, 공기는 부패균의 필수적인 조건으로 그 중 하나만 결여되더라도 번식을 할 수가 없다.
① 온도 : 25~35℃가 가장 적합하며 4℃ 이하, 45℃ 이상은 거의 번식하지 못한다.
② 습도 : 80~85% 정도가 가장 적합하고, 20% 이하에서는 사멸 또는 번식이 중단된다.
③ 공기 : 완전히 수중에 잠기면 목재는 부패되지 않는데 이는 공기가 없기 때문이다.(호기성)
※ 목재의 부패균 활동이 가장 왕성한 조건 : 온도 25~35℃, 습도 95~99%
※ 목재의 부패도 측정법
㉠ 목재의 중량 감소에 의한 방법
㉡ 압축강도 감소율 측정에 의한 방법
㉢ 못빼기 내력도에 의한 방법
㉣ 인공 부패균에 의한 판정법

20 다음 중 회반죽에 여물을 넣는 가장 주된 이유는?

① 균열을 방지하기 위하여
② 강도를 높이기 위하여
③ 경화속도를 높이기 위하여
④ 경도를 높이기 위하여

해설

회반죽 바름 = 소석회 + 모래 + 여물 + 해초풀
㉠ 소석회 : 주원료
㉡ 모래 : 강도를 높이고 점도를 줄인다.
㉢ 여물 : 수축의 분산(균열 방지)
㉣ 해초풀 : 점성이 늘어나 바르기 쉽고 바름 후 부착이 잘 되도록 한다.(접착력 증대)

건축재료(CBT 복원문제)
2020년 9월 23일(4회)

01 모르타르(mortar)에 대한 설명 중 틀린 것은?

① 시멘트, 모래와 함께 수축균열방지, 접착력 증가, 작업성의 향상 등을 위해 혼화재를 첨가하여 배합한다.
② 배합재료는 백화현상을 방지하기 위해 가용성 염류가 함유된 것을 사용한다.
③ 목조주택을 방화구조로 하는데 사용되기도 한다.
④ 다른 마감재의 접착제로도 사용된다.

해설

배합시 백화현상을 방지하기 위해 가용성 염류가 함유되지 않은 재료를 사용한다.

02 벽, 기둥 등의 모서리를 보호하기 위하여 미장 바름질을 할 때 붙이는 보호용 철물은?

① 조이너 ② 코너비드
③ 논슬립 ④ 펀칭메탈

해설

① 조이너(joiner) : 벽·천장 등에 보드류를 붙일 때 그 이음새를 감추고 누르는데 사용한다.
② 코너비드(Corner Bead) : 미장 공사에서 기둥이나 벽의 모서리 부분을 보호하기 위하여 쓰는 철물이다. 박강판, 평판 등을 가공하여 만들며, 재질로는 아연 철판, 황동판 제품 등이 있다.
③ 논 슬립(non-slip) : 계단의 디딤판 모서리에 미끄럼을 방지하기 위하여 설치하는 것으로 놋쇠, 고무제, 황동제, 스테인리스 강제 등이 있다.
④ 펀칭 메탈(Punching Metal) : 두께 1.2mm 이하의 박강판을 여러 가지 무늬 모양으로 구멍을 뚫어 만든 것으로 환기구, 라지에이터(방열기) 덮개 등에 쓰인다. 때로는 황동판, 알루미늄판으로 만들기도 한다.

정답 20 ① / 01 ② 02 ②

03 목재는 사용 전에 될 수 있는 한 건조시킬 필요가 있으며, 구조용재는 함수율 (　　) 이하로, 마감 및 가구재는 (　　)이하로 하는 것이 좋다. (　　)에 알맞은 것은?

① 20%, 15%　② 15%, 5%
③ 15%, 10%　④ 15%, 15%

해설
목재는 사용 전에 될 수 있는 한 건조시킬 필요가 있다. 그 건조 정도는 대략 생나무 무게의 1/3 이상 경감할 대까지로 한다. 구조용재는 기건상태, 즉 함수율 20% 이하로, 마감 및 가구재는 15% 이하로 하는 것이 좋다.

04 폴리에스테르수지에 대한 설명 중 옳지 않은 것은?

① 알키드수지라 불리는 것은 포화 폴리에스테르를 말한다.
② 포화 폴리에스테르 수지는 거의 도료용으로 쓰인다.
③ 불포화 폴리에스테르 수지는 유리섬유로 보강하여 건축재로 이용된다.
④ 폴리에스테르 수지는 열가소성 수지이다.

해설 폴리에스테르수지
㉠ 알키드 수지(포화 폴리에스테르 수지) : 열경화성수지로 단독 도료로 쓰거나 각종 합성수지 도료와 혼합해서 각종 도료(페인트, 바니쉬, 래커 등)의 원료로 사용된다. 알키드 수지는 상온에서 가용성과 밀착성이 좋고, 내후성이 양호하며, 성형이 가능하다.
㉡ 불포화 폴리에스테르 수지(폴리에스테르 수지) : 열경화성수지로 전기절연성, 내열성, 내약품성이 좋고 가압성형이 가능하다. 유리섬유를 보강재로 한 것(강화플라스틱 : FRP)은 대단히 강하다. 커튼월, 창틀, 덕트, 파이프, 도료, 욕조, 큰 성형품, 접착제로 사용된다.

05 다음 중 플라스틱재료의 열적 성질에 대한 설명으로 옳지 않은 것은?

① 내열온도가 일반적으로 낮다.
② 열에 의한 팽창 및 수축이 크다.
③ 실리콘수지는 열변형온도가 150℃ 정도이며, 내열성이 낮다.
④ 가열을 심하게 하면 분자간의 재결합이 불가능하여 강도가 현저하게 저하되는 현상이 발생한다.

해설 합성수지(Plastic)의 장 · 단점

장점	단점
① 우수한 가공성으로 성형, 가공이 쉽다. ② 경량, 착색용이, 비강도값이 크다. ③ 내구, 내수, 내식, 내충격성이 강하다. ④ 접착성이 강하고 전기절연성이 있다. ⑤ 내약품성·내투습성	① 내마모성, 표면 강도가 약하다. ② 열에 의한 신장(팽창, 수축)이 크므로 열에 의한 신축을 고려 ③ 내열성, 내후성은 약하다. ④ 압축강도 이외의 강도, 탄성계수가 작다.

※ 실리콘 수지 : 열경화성수지로 열절연성이 크고, 내약품성, 내후성이 좋다. 전기적 성능이 우수하다. 도막방수재 및 실링재, 기포성 보온재, 도료, 접착재로 사용된다.

06 클로로프렌고무 접착제에 관한 기술중 옳지 않은 것은?

① 도자기질 내장 타일의 접착제로 주로 사용된다.
② 합성고무계 접착제로서 내수성, 내화학성이 우수하다
③ 제품명 네오프렌(Neoprene)으로 널리 알려져 있다.
④ 석유계 용제에 녹지 않는다.

정답 03 ① 04 ④ 05 ③ 06 ①

해설 클로로프렌고무 접착제(=네오프렌(neoprene) 접착제)

㉠ 클로로프렌을 중합시킨 합성고무 접착제로서 접착력이 우수하다.
㉡ 내수성, 내화학성이 우수한 접착제이다.
㉢ 석유계 용제에 녹지 않는다.
㉣ 고무와 금속의 접착, 콘크리트·유리·가죽·천 등의 접착에도 사용된다.
㉤ 네오프렌은 미국 듀퐁(Du pont)사 제품인 합성고무의 상품명이다.

07 콘크리트용 골재에 대한 일반적인 조건 중 알맞지 않은 것은?

① 불순물이 없어야 한다.
② 표면이 거칠고 구형에 가까운 것이어야 한다.
③ 강도가 커야 한다.
④ 알칼리-골재 반응성이 있는 것이어야 한다.

해설 콘크리트 골재의 구비조건

① 잔골재 : 5mm 체에서 중량비 85% 이상 통과하는 콘크리트용 골재
굵은 골재 : 5mm 체에서 중량비 85% 이상 남는 콘크리트용 골재
② 재질 : 모래·자갈은 청정, 강경하고, 내구성이 있고, 화학적, 물리적으로는 안정하고 알모양이 둥글거나 입방체에 가깝고 입도가 적당하고 유기 불순물(유해량 이상의 염분)이 포함되지 않아야 하며[유해량은 3% 이하, 잔골재의 염분허용한도는 0.04%(NaCl) 이하], 소요의 내화성 및 내구성을 가진 것이라야 한다.
③ 골재의 모양 : 콘크리트에 유동성이 있게 하고 공극률이 적어 시멘트를 절약할 수 있는 둥근 것이 좋고 넓거나 길죽한 것, 예각으로 된 것은 좋지 않다.
④ 골재의 강도 : 콘크리트 중의 경화시멘트 페이스트의 강도보다 커야 한다.
※ 알칼리-골재 반응성이 없는 것이어야 하며, 알칼리-골재 반응 우려시에는 반응성 골재의 알칼리량은 0.6% 이하로 한다.

08 다음 중 인조석에 대한 설명이 잘못된 것은?

① 각종 재료를 혼합 성형한 천연석의 모조품이다.
② 주로 바닥의 마무리 재료로 쓰인다.
③ 안산암을 종석으로 한 것을 테라조라 부른다.
④ 의석도 인조석의 일종이다.

해설

인조석은 천연석을 모방하여 인공으로 만든 건축재료의 일종으로서 모조석(imitation stone ; 擬石)이라고도 한다. 원래는 천연석을 모조할 목적으로 만들었지만(모조석), 천연석과는 별개인 인조석 자체의 특징을 갖춘 것도 만들어지고 있는데 가장 일반적인 것으로 테라조(terrazzo)가 여기에 해당된다.

09 다음의 콘크리트에 관한 설명 중 틀린 것은?

① 콘크리트와 철근의 선팽창계수는 거의 같다.
② 콘크리트의 인장강도는 압축강도에 비하여 상당히 작고 그 크기는 압축강도의 1/10~1/13 정도이다.
③ 단위시멘트량이 동일한 경우 물시멘트비가 큰 콘크리트가 건조수축량이 크다.
④ 콘크리트의 크리프는 물시멘트비가 클수록 작다.

해설 콘크리트의 크리프(creep)

하중이 지속하여 재하될 경우, 변형이 시간과 더불어 증대하는 현상
㉠ 단위수량이 많을수록 크다.
㉡ 온도가 높을수록 크다.
㉢ 시멘트페이스트가 많을수록 크다.
㉣ 물시멘트비가 클수록 크다.
㉤ 작용응력이 클수록 크다.
㉥ 재하재령이 빠를수록 크다.
㉦ 부재단면이 작을수록 크다.
㉧ 외부 습도가 낮을수록 크다.

정답 07 ④ 08 ③ 09 ④

10 점토광물 중 적갈색으로 내화성이 부족하고 보통벽돌, 기와, 토관의 원료로 사용되는 것은?

① 석기점토　　② 사질점토
③ 내화점토　　④ 자토

해설 점토제품의 분류

종류	소성 온도	소지		투명 정도	건축 재료
		흡수율	색		
토기(土器)	700~900℃	20% 이하	유색	불투명	기와, 벽돌, 토관
도기(陶器)	1000~1300℃	10% 이하	백색, 유색	불투명	타일, 테라코타 타일
석기(石器)	1300~1400℃	3~10%	유색	불투명	마루타일, 클링커타일
자기(磁器)	1300~1450℃	0~1%	백색	반투명	타일, 위생도기

※ 벽돌, 기와는 토기에 해당된다.
※ 사질점토는 적갈색으로 내화성이 부족하고 보통벽돌, 기와, 토관의 원료로 사용된다.

11 다음 중 목재의 길이에 따른 규격의 분류상 정척물에 속하지 않는 것은 ?

① 1.8m　　② 4.5m
③ 3.6m　　④ 2.7m

해설 목재의 정척 길이상의 분류

㉠ 단척물(短尺物) : 1.8m 이하인 것
㉡ 정척물(定尺物) : 길이가 규격에 맞게 일정하게 된 것으로 1.8m, 2.7m, 3.6m가 있다.
㉢ 장척물(長尺物) : 정척물보다 긴 것
㉣ 난척물(亂尺物) : 정척물이 아닌 것

12 다음 점토소성제품에 관한 설명 중 올바른 것은?

① 테라코타는 속이 빈 대형점토 소성제품으로 난간벽, 주두 등에 사용된다.
② 내부벽용 타일은 외부벽용에 비하여 내마모성이 강하고 흡수율이 적은 것을 사용해야 한다.
③ 점토소성제품의 흡수성은 토기, 자기, 석기, 도기 순으로 크다.
④ 내화벽돌로 벽체를 시공하는 경우 벽돌의 부착강도를 크게 하기 위하여 물축임을 실시한다.

해설

① 테라코타는 건축물의 패러핏, 주두 등의 장식에 사용되는 공동의 대형 점토제품으로 화강암보다 내화력이 강하고, 대리석보다 풍화에 강하므로 외장에 적당하다.
② 외부벽용 타일은 내마모성이 강하고 흡수율이 적은 것을 사용해야 한다.
③ 점토소성제품의 흡수성은 토기, 도기, 석기, 자기 순으로 크며, 소성온도는 자기, 석기, 도기, 토기 순으로 크다.
④ 내화벽돌로 벽체를 시공하는 경우 접합에 기경성인 내화점토를 사용하므로 물축임을 하지 않는다.

13 금속제 용수철과 완충유와의 조합작용으로 열린문이 자동으로 닫혀지게 하는 것으로 바닥에 설치되며, 일반적으로 무게가 큰 중량창호에 사용되는 것은?

① 레버터리 힌지　　② 플로어 힌지
③ 피봇 힌지　　④ 도어 클로우저

해설 창호 철물

① 자유 정첩 : 안팎으로 개폐할 수 있는 정첩으로 자재문에 사용된다.
② 레버터리 힌지(lavatory hinge) : 공중전화 박스, 공중변소에 사용하는 것으로 15cm 정도 열려진 것

정답　10 ②　11 ②　12 ①　13 ②

③ 플로어 힌지(floor hinge) : 금속제 용수철과 완충유와의 조합작용으로 열린문이 자동으로 닫혀지게 하는 것(자재여닫이문)으로 바닥에 설치되며, 일반적으로 무게가 큰 중량 창호에 사용된다.
④ 피봇 힌지(pivot hinge) : 용수철을 쓰지 않고 문장부식으로 된 힌지, 가장 중량문에 사용한다.
⑤ 도어 체크(door check) : 열려진 여닫이문이 저절로 닫아지게 하는 장치로 door closer라고도 한다.
⑥ 도어 스톱(door stop) : 열려진 문을 제자리에 머물게 하는 철물이다.
⑦ 크레센트(crescent) : 오르내리창을 잠그는데 사용된다.
⑧ 멀리온(mullion) : 창면적이 클 때 기존 창 frame을 보강하는 중간선대로 커튼월 구조에서는 버팀대, 수직 지지대로 불리운다.

14 **마루판 재료 중에서 보통 두께 9mm, 나비 60mm 정도되는 판재로서 양측면이 제혀쪽매로 하여 접합이 편리하게 한 것은?**

① 파키트리 보드
② 파키트리 블록
③ 플로어링 보드
④ 플로어링 블록

해설 마루판

종류	특징
플로어링 보드	• 표면을 곱게 대패질하여 마감하고 양측면을 제혀쪽매로 한 것 • 두께 9mm, 나비 60mm, 길이 600mm 정도를 가장 많이 사용한다.
플로어링 블록	• 플로어링 보드를 3~5장씩 붙여서 길이와 나비가 같게 4면을 제혀쪽매로 만든 정사각형의 블록
파키트리 보드	• 경목재판을 9~15mm, 나비 60mm, 길이는 나비의 3~5배로 한 것 • 제혀쪽매로 하고 표면은 상대패로 마감한 판재
파키트리 패널	• 두께 15mm의 파키트리 보드를 4매씩 조합하여 만든 24cm 각판 • 의장적으로 아름답고 마모성도 작은 우수한 마루판재
파키트리 블록	• 파키트리 보드를 3~5장씩 조합하여 18cm 각이나 30cm 각판으로 만들어 방습처리한 것

15 **도료의 사용목적과 가장 관계가 먼 것은?**

① 내화학성 ② 단면증가
③ 광택효과 ④ 방수, 방습

해설 도장(칠)의 목적

도장을 하면 내수성(방수, 방습), 방부성(살균, 살충), 내후성, 내화성, 내열성, 내구성, 내화학성을 향상시키고, 내마모성을 높이고 또한 발광효과, 전기절연 등의 목적도 있다.

16 **유리의 종류에 따른 용도를 표기한 것으로 옳지 않은 것은?**

① 강화유리 – 내충격용
② 복층유리 – 보온 및 방음
③ 망입유리 – 방화 및 방범용
④ 형판유리 – 진열창, 거울

정답 14 ③ 15 ② 16 ④

해설 형판유리

무늬유리라고도 하며, 한 면에 여러 가지 무늬모양이 있는 것으로 현장에서 절단 가공이 가능하다.
※ 주요 유리제품의 용도
㉠ 강화유리 : 내충격용
㉡ 복층유리 : 방음, 단열, 결로방지용
㉢ 망입유리 : 도난 및 화재방지용
㉣ 프리즘 유리 : 지하실, 지붕 등의 채광용
㉤ 색유리 : 스테인드글라스, 벽, 천장 등의 판넬용
㉥ 자외선 차단유리 : 의류품의 진열창, 식품이나 약품의 창고 등

17 석재 중 변성암이 아닌 것은?

① 안산암 ② 대리석
③ 사문암 ④ 트레버틴

해설 석재의 성인(成因)에 의한 분류

① 화성암 : 화강암, 안산암, 경석
② 수성암 : 점판암, 응회암, 석회석, 사암
③ 변성암 : 대리석, 사문암, 석면
※ 트레버틴(다공질 대리석) : 대리석의 일종으로 다공질이며 실내 장식용으로 사용한다.

18 콘크리트 시공연도 시험법이 아닌 것은?

① 슬럼프 시험(slump test)
② 재하 시험(loading test)
③ 플로우 시험(flow test)
④ 리모울딩 시험(remoulding test)

해설 콘크리트 시공연도 시험법

① 슬럼프 시험(slump test) : 콘크리트의 반죽질기를 간단히 측정하는 시험
② 플로우 시험(flow test) : 콘크리트가 흘러퍼지는 데에 따라 변형 저항을 측정하는 시험
③ 다짐 계수 시험 : 콘크리트의 다짐계수를 측정하여 시공연도를 알아보는 시험
④ 비비 시험(Vee-Bee test) : 콘크리트의 침하도를 측정하여 시공연도를 알아보는 시험
⑤ 구 관입시험(ball penetration test) : 주로 콘크리트를 섞어 넣은 직후의 반죽질기를 측정하는 시험
⑥ 리모울딩 시험(remoulding test) : 슬럼프 시험과 플로우 시험을 혼합한 시험
※ 재하 시험(loading test) : 지반의 지지력을 조사하는 시험

19 미장재료 중 석고 플라스터에 대한 설명으로 옳지 않은 것은?

① 경화·건조시 치수안정성이 좋다.
② 내화성이 우수하다.
③ 보드용 석고 플라스터는 킨스시멘트라고도 불리운다.
④ 석고플라스터는 원칙적으로 해초 또는 풀즙을 사용하지 않는다.

해설 석고 플라스터(gypsum plaster)

조립식 및 건식공법의 가장 획기적인 마감재료로서 프리캐스트나 ALC 등에 적합하며 주로 건물 내외부 벽면에 사용하는 미장재료로서 종류에는 순석고 플라스터, 혼합석고 플라스터, 경석고 플라스터(=Keen's Cement)가 있다.
1) 재료
① 석고질
㉠ 순석고 플라스터 : 소석고 + 모래 + 물(석회죽 또는 돌로마이트도 배합)
• 경화속도가 너무 빠르다 (15~20분), 중성이다.
㉡ 혼합석고 플라스터 : 소석고(25%) + 회반죽(공정에서 미리 혼합제품)
• 초벌용 : 물과 모래 혼합

정답 17 ① 18 ② 19 ③

- 정벌용 : 물만 혼합(여물×)
- 약알카리성이며 경화속도는 보통이다.

㉢ 경석고(무수석고) 플라스터 : 응결이 대단히 느리므로 경화촉진제(명반)를 사용
- 강도가 크고, 수축·균열이 거의 없어 주로 청정 가능한 벽면(욕실, 주방)에 사용된다.

㉣ 보드용 석고 플라스터 : 소석고의 양을 많게 하여 접착성과 강도를 크게 한 제품
- 부착강도가 높으며 석고판 붙임용에 적합하다.

② 혼화제 : 수용성 고분자 수지 에멀젼, 고분자 라텍스

③ 여물 : 백모, 종이, 무명, 짚

2) 특징

① 순백색이며, 미려하고 석회보다 변색이 적다.
② 수경성 재료로 경화강도가 빠르며, 내화성을 갖는다.
③ 경화, 건조시 치수 안정성을 갖는다.
④ 수축이 없으므로 정벌바름에 여물을 넣을 필요가 없다.
⑤ 물에 용해되는 성질이 있어 물을 사용하는 장소에는 부적합하다.(습기에 의해 변질이 쉽다.)

20 금속의 성질에 관한 설명 중 옳은 것은?

① 강의 담금질은 강을 연화하거나 내부응력을 제거할 목적으로 실시한다.
② 동은 건조한 공기 중에서 산화되어 염기성 탄산동이 되나, 알칼리에 대한 저항성은 크다.
③ 알루미늄은 산이나 해수에 침식되므로 해안이나 콘크리트에 접하는 장소에서는 사용하지 않는다.
④ 납은 융점이 높아 가공은 어려우나 내식성이 우수하고 방사선의 투과도가 낮아 건축에서 방사선 차폐용 벽체에 이용된다.

해설

① 담금질(소입, Quenching or hardening)은 풀림에서와 같이 천천히 식히는 것과는 반대로, 물 또는 기름 속에서 급히 식히는 것으로 강도, 경도가 증가한다.
② 구리(銅)은 열전도율과 전기 전도율이 크며, 산·알칼리에 약하며 암모니아에 침식된다. 해안지방에서는 동의 내구성이 떨어진다.
④ 납(鉛, Pb)은 금속 중에서 가장 비중(11.34)이 크고 연질로서 주조가공성 및 단조성이 풍부하다. 열전도율이 작으나 온도 변화에 따른 신축이 크며, 내산성은 크지만 알칼리에는 침식된다. 납은 송수관, 가스관, X선실, 홈통재, 황산 제조공장 등에 이용된다.

정답 20 ③

제 4 편

건축일반

section 1 총론

1 총론

(1) 주체재료에 의한 분류

재료에 의한 분류	장점	단점
철근콘크리트 구조(RC)	· 내진, 내화, 내구 · 설계 자유, 경제적 · 고층건물에 적합	· 습식구조 긴 공기 · 균일시공 곤란 · 큰 자중
철골철근콘크리트 구조(SRC)	· 내진, 내화, 내구 · 고층 및 대건축에 적합	· 고가, 시공 복잡 · 긴 공기
철골 구조(SS)	· 큰 Span 가능 · 내진, 내풍 · 시공 용이, 해체 용이	· 공사비 고가 · 좌굴에 취약 · 내화성 부족
벽돌 구조	· 내구, 보온성(방한, 방서) · 방화, 외관 장중	· 횡력에 약함 · 결로발생
목 구조	· 구조방법 간단 · 시공 용이 · 외관 미려	· 부패 우려 · 내구력 부족 · 내화성 부족

(2) 구성양식에 의한 분류

구조별	설명	예
가구식 구조 (Post & Lintel)	목재, 강재 등 가늘고 긴 부재를 접합하여 뼈대를 만드는 구조로 부재접합부에 따라 구조 강성이 결정된다.	· 목 구조 · 철골 구조 (용접은 일체식 구조로 본다.)
조적식 구조 (Masonry)	개개의 재료를 접착재료로 쌓아 만든 구조로 재료와 접착제 강도에 따라 전체 구조의 강도가 결정된다.	· 벽돌 구조 · 블록 구조 · 돌 구조
일체식 구조 (Monolithic)	전 구조체를 일체가 되도록 한 구조	· 철근콘크리트 구조 · 철골철근콘크리트 구조
조립식구조 (Prefabricated)	주요 부재를 공장에서 제작, 현장에 운반하여 짜맞춘 구조	· 알루미늄 커튼월조 · 프리패브조 · 조립식 철근콘크리트조

(3) 시공 방법에 의한 구조의 분류

① 습식구조 : 모르타르, 콘크리트를 쓰는 구조로서, 물을 사용하는 공정을 가진 구조로서 조적식, 일체식 구조가 이에 속한다.

② 건식구조 : 기성재를 짜 맞추어 구성하는 것으로서, 물은 거의 사용하지 않는다. 작업이 간단하고 공사기간을 단축할 수 있으며 대량생산과 경제성을 고려한 것이다. 가구식 구조가 이에 속한다.

③ 현장구조 : 건축자재를 현장에서 수입하여 제작 가공하여 조립 · 설치하는 구조

④ 조립식구조 : 일명 공장구조라고도 하는 것으로, 구조부재를 일정한 공장에서 생산가공 또는 부분 조립하여 현장에서 짜 맞추는 구조

(4) 특수 구조

① 곡면식 구조 : dome, shell 구조, 철근콘크리트 등 얇은 곡면으로 된 구조

② 절판식 구조 : 철근콘크리트 구조체를 꺽어서 만든 형태의 구조

③ 현수식 구조 : 경간이 큰 구조에서 사용하며 케이블로 구조체를 매달아 하중을 받는 구조

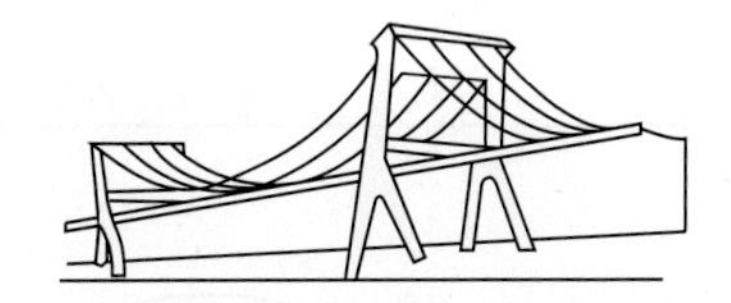

④ 공기막 구조 : 한 두 겹의 막 내부에 공기를 넣어 가압에 의해 하중을 부담하는 구조

section 2 목구조

1 목구조

(1) 목구조의 특성

1) 장점

① 건물이 경량하고 시공이 간편하다.
② 비중이 작고 비중에 비해 강도가 크다.
③ 열전도율이 적다.(보온, 방한, 방서)
④ 내산, 내약품성이 있고 염분에 강하다.
⑤ 수종이 다양하고 색체, 무늬가 미려하다.

2) 단점

① 고층건물이나 큰 스팬(Span)의 구조가 불가능하다.
② 착화점이 낮아서 비내화적이다.
③ 내구성이 약하다.(충해 및 풍화로 부패)
④ 함수율에 다른 변형 및 팽창 수축이 크다.

(2) 목재의 성질

1) 목재의 심재와 변재

비 교	심 재	변 재
위 치	수심 가까이 위치	걸껍질에 가까이
특 성	견고성을 높인다	수액의 유통과 저장역할을 한다
비 중	크다	적다
신축성(수축율)	적다	크다
내후성, 내구성	크다	작다
강 도	크다	작다

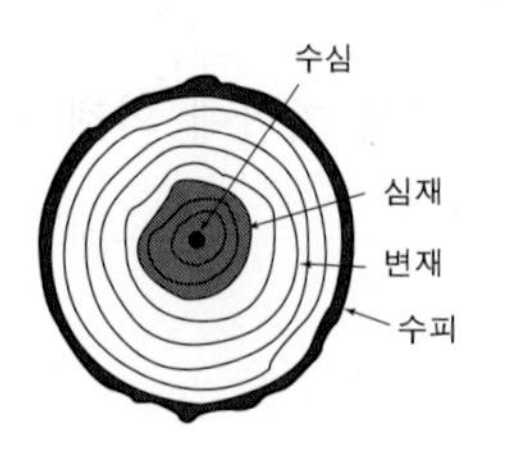

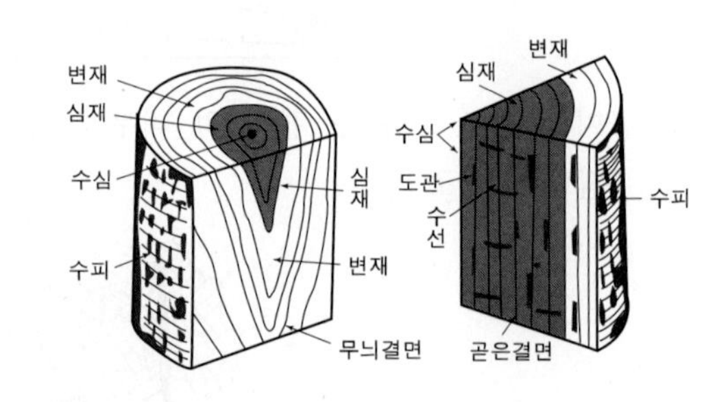

2) 목재의 역학적 성질

① 목재의 강도 순서 : 인 → 휨 → 압 → 전
인장강도>휨강도>압축강도>전단강도

■ 각종 강도의 관계 비교

강도의 종류	섬유방향	섬유직각방향
압축강도	100	10~20
인장강도	약 200	7~20
휨강도	약 150	10~20
전단강도	침엽수 16 활엽수 19	–

[주] 섬유방향의 압축강도를 100으로 기준하였다.

※ 소나무(육송)의 강도
휨강도(89MPa) > 인장강도(51.9MPa) > 압축강도(48MPa) > 전단강도 (10.1MPa)

② 허용 강도 : 목재의 최고 강도의 1/7~1/8 정도
③ 섬유평행강도가 섬유직각방향의 강도보다 크다.
④ 허용응력도 : 목재의 파괴강도를 안전율로 나눈 값

(3) 목재의 접합

1) 이음 및 맞춤시 주의사항

① 응력이 작은 곳에서 응력의 방향에 직각되게 한다.
② 단순한 모양으로 완전 밀착시킨다.
③ 트러스, 평보는 왕대공 가까이에서 이음한다.
④ 재는 될 수 있는 한 적게 깎아내어 약하게 되지 않게 하고, 또 국부적으로 큰 응력이 작용하지 않도록 한다.
⑤ 공작이 간단한 것을 쓰고 모양에 치중하지 않으며, 맞춤시 보강철물을 사용한다.

학습포인트

목재 접합의 종류

① 이음(connection) : 2개 이상의 부재를 길이 방향으로 접합하는 것(수평결합)
② 맞춤(joint) : 한 부재가 직각 또는 경사지어 맞추어지는 자리 또는 그 맞추는 방법 (수직결합)
③ 쪽매 : 판재 등을 가로로 넓게 접합시키는 것

2) 이음(connection)

2개 이상의 부재를 길이 방향으로 접합하는 것(수평결합)

이음의 종류	형 태	사용용도
맞댄 이음	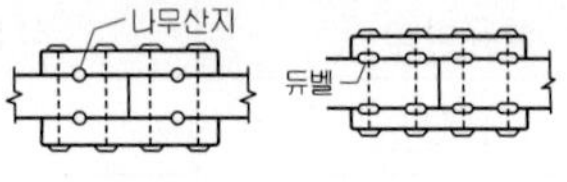 나무산지, 듀벨	평보
겹친 이음	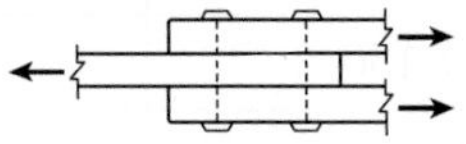	트러스 접합
엇걸이 이음	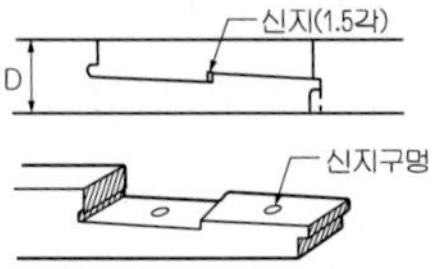 신지(1.5각), D, 신지구멍	토대, 처마도리, 중도리, 깔도리
기타 이음	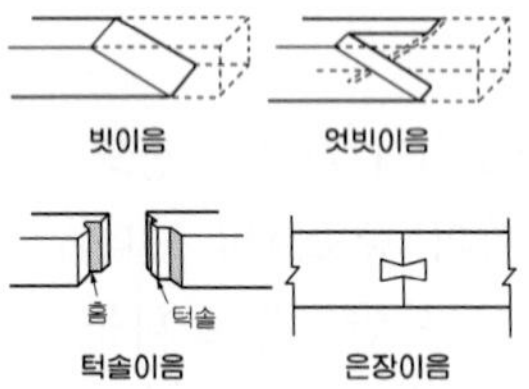 빗이음, 엇빗이음, 춤, 턱솔, 턱솔이음, 은장이음	· 빗이음 : 서까래, 장선, 띠장 · 엇빗이음 : 반자틀 · 턱솔이음 : 걸레받이 · 은장이음 : 난간두겁대

3) 맞춤

한 부재가 직각 또는 경사지어 맞추어지는 자리 또는 그 맞추는 방법(수직결합)

① 걸침턱 맞춤 : 상하 부재가 직각으로 교차될 때 접합면을 서로 따서 물리게 한 것으로 좌우이동을 막는다.

② 안장 맞춤 : 빗잘라 중간을 따서 두 갈래로 된 것을 양 옆을 경사지게 딴 자리에 끼워서 맞춘 것이다.

③ 가름장 맞춤 : 큰 부재를 중간에 따서 두 갈래로 하여 작은 부재에 끼워대거나, 가름장에 작은 부재를 얹지만 그 속에 장부를 낸 것이다.

④ 연귀맞춤 : 직교되거나 경사로 교차되는 부재의 마구리가 보이지 않게 서로 45°또는 맞닿는 경사각의 반으로 빗잘라대는 맞춤이다.

⑤ 부채장부 맞춤 : 장부 한쪽은 넓고 다른 쪽은 좁게 하여 부채모양으로 된 것으로 장부구멍이 파괴되어도 장부는 빠지지 않는다.

⑥ 반턱 맞춤 : 부재 춤을 반씩 따서 직각으로 맞춘 것이다.

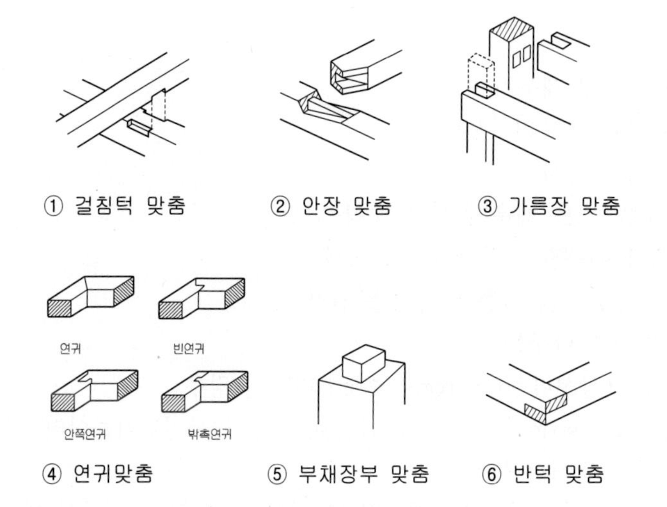

① 걸침턱 맞춤 ② 안장 맞춤 ③ 가름장 맞춤

④ 연귀맞춤 ⑤ 부채장부 맞춤 ⑥ 반턱 맞춤

4) 쪽매

① 맞댄 쪽매 : 툇마루 등에 틈서리가 있게 의장하여 깔 때, 또는 경미한 널대기에 쓰인다.

② 빗 쪽매 : 간단한 지붕·반자널 쪽매 등에 쓰인다.

③ 반턱 쪽매 : 15mm 미만 두께의 널은 세밀한 공작물이 아니고서는 제혀쪽매로 할 수 없으므로 얇은 널은 이 방법으로 한다.

④ 틈막이대 쪽매 : 널에 반턱을 내고 따로 틈막이대를 깔아 쪽매하는 것이다. 이것은 징두리판벽 등에 쓰이고, 간단한 판장에는 틈막이대를 덧댄다.

⑤ 딴혀 쪽매 : 널의 양옆에 홈을 파서 혀를 딴쪽으로 끼워대고, 홈 속에서 못질한다.

⑥ 제혀 쪽매 : 널 한쪽에 홈을 파고 딴 쪽에 혀를 내어 물리고, 혀 위에서 빗 못질하므로, 진동있는 마루널에도 못이 빠져나올 우려가 없다. 또 널마구리에도 혀와 홈을 내서 쓰면 이음은 반드시 장선 위에서 하지 않아도 된다. 보행진동에 대하여 가장 저항성이 크고 마루널의 접합에 가장 좋은 쪽매 방법

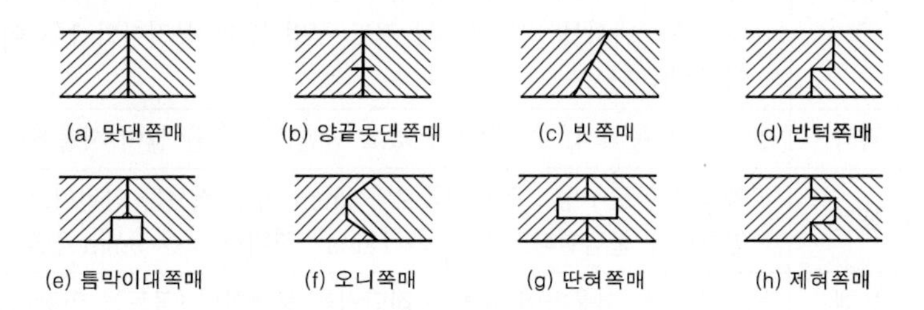
(a) 맞댄쪽매 (b) 양끝못댄쪽매 (c) 빗쪽매 (d) 반턱쪽매
(e) 틈막이대쪽매 (f) 오니쪽매 (g) 딴혀쪽매 (h) 제혀쪽매

5) 세우기

① 목조건물 뼈대 세우기 순서
기둥-인방보-층도리-큰보

② 목공사 시공 순서
수평규준틀-기초 세우기-지붕-수장-미장

③ 2층주택의 마루판과 천장판 시공순서
2층 바닥-2층 천장-1층 바닥-1층 천장

④ 목구조의 2층 마루틀
㉠ 홑마루틀(장선마루) : span이 2.5m 미만인 경우
㉡ 보마루틀 : span이 2.5~6.4m(작은보+장선+마루널) 이하이며, 보간격은 1.8m가 적당하다.
㉢ 짠마루틀 : span이 6.4m 이상일 때 사용(큰보+작은보+장선+마루널)

⑤ 반자틀 짜는 순서
달대받이-달대-반자틀받이-반자틀

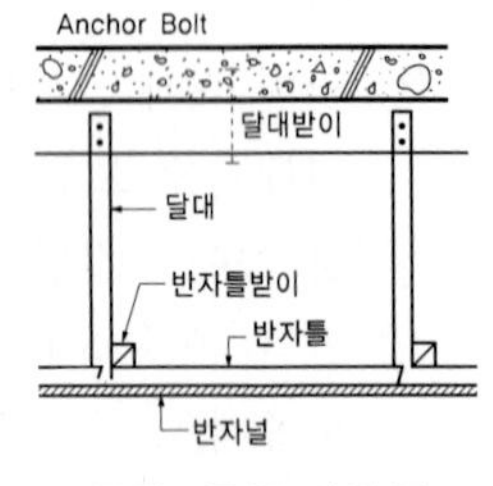

그림. 목조 반자틀

㉠ 달대받이 : 바닥판에 묻어둔 철물(인서트)에 9cm 각의 목재를 고정
㉡ 달대 : 4.5cm 각재를 120cm 간격으로 상부는 달대받이에 못박아 대고 하부 반자틀에 주먹턱 맞춤을 한다.
㉢ 반자틀받이 : 4.5cm 각재를 90cm 간격으로 배치하여 달대에 고정
㉣ 반자틀 : 4.5cm 각재를 45cm 간격으로 반자틀받이에 못박아댄다.
㉤ 반자돌림대 : 벽과 반자가 맞닿는 곳에 벽과 반자를 잘 마무리하여 장식효과를 겸한다.

6) 목재의 보강철물

종 류	특 징
못	・못의 지름 : 널두께의 1/6 이하 ・못의 길이 : 판두께의 2.5~3배(마구리는 3~3.5배) ・못은 15° 정도 기울게 박는다. ・나사못 : 나사못 지름의 1/2 정도 구멍 뚫고, 못길이의 1/3 이상은 틀어서 박는다.
꺽쇠	엇꺽쇠, 보통꺽쇠, 주걱꺽쇠가 있고 단면은 원형을 많이 사용한다.
볼트	・목재의 볼트구멍 : 볼트지름보다 2mm 이상 커서는 안된다. ・인장력을 분담한다. 구조용은 12mm, 경미한 곳은 9mm 정도를 쓴다.
듀벨	볼트와 같이 사용하여 듀벨은 전단력을 분담한다.(볼트는 인장력을 분담)
띠쇠	보통띠쇠, ㄱ자쇠, 감잡이쇠, 안장쇠 등이 있다.

7) 맞춤에 사용되는 보강철물

① 띠쇠 : 기둥과 층도리, ㅅ자보와 왕대공 맞춤부에 사용

② 감잡이쇠 : 평보를 대공에 달아맬 때, 평보와 ㅅ자보의 밑에 사용

③ ㄱ자쇠 : 모서리 기둥과 층도리의 맞춤에 사용

④ 안장쇠 : 큰 보와 작은 보의 연결부에 사용

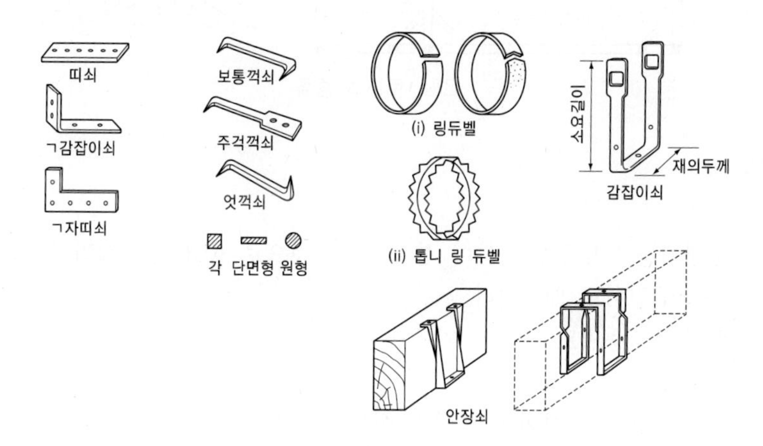

(4) 목구조 벽체구조

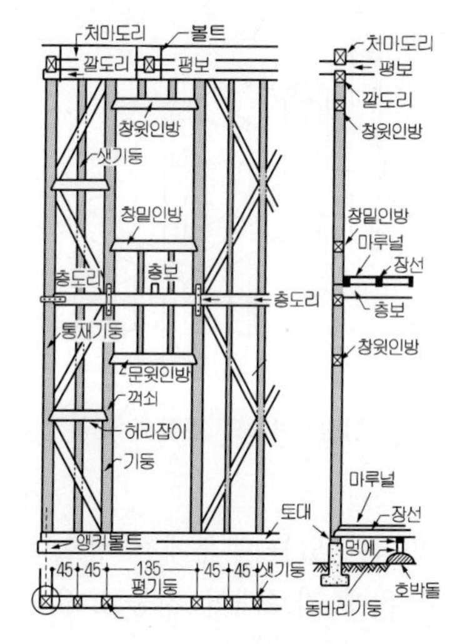

그림. 목조 벽체의 구성

1) 토대

① 상부의 하중을 기초에 전달하는 역할을 하는 구성재이다. 기초에 2~4m마다 앵커볼트를 연결하여 기둥 밑을 고정한다.

② 지상에서 최소 20cm 이상으로 높게 설치하고, 밑은 방부처리를 하여 습기가 차지 않게 한다.

③ 토대와 토대의 이음은 턱걸이 주먹장이음, 엇걸이 산지이음으로 한다.

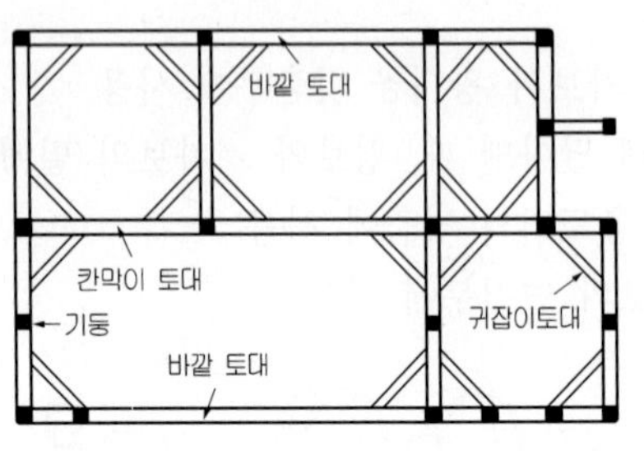

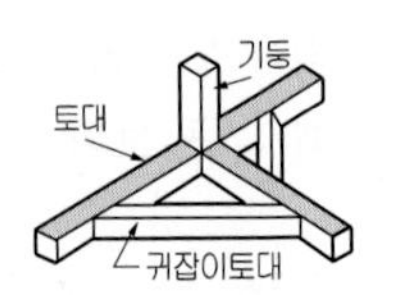

그림. 토대의 종류

2) 기둥

① 본기둥

㉠ 통재기둥 : 1, 2층 기둥이 통재로 된 것으로 중요한 모서리나 중간에 5~7m 길이로 배치한다.

㉡ 평기둥 : 층별로 구분된 기둥으로 통재기둥 사이에 1.8m 간격으로 배치한다.

② 샛기둥 : 본기둥 사이에 벽체를 이루는 기둥으로 가새의 옆휨을 막는데 유효하다. 크기는 본기둥의 1/4쪽으로 간격은 40~60cm로 한다.

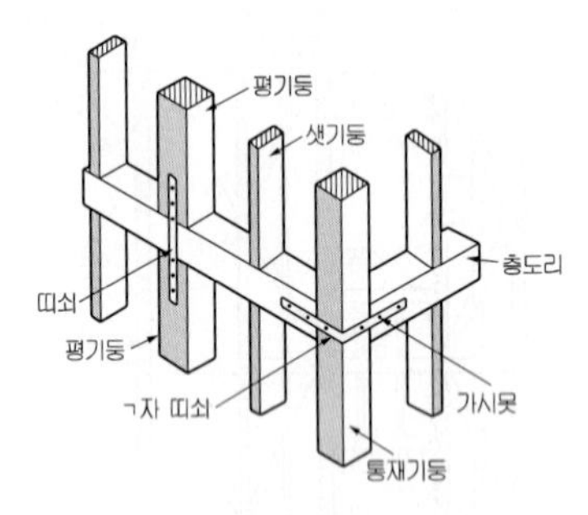

그림. 기둥의 종류와 보강

3) 도리

① 층도리 : 2층 마루 바닥이 있는 부분에 수평으로 대는 가로재이다.

② 깔도리 : 상층 기둥 위에 가로대어 지붕보 또는 양식 지붕틀의 평보를 받는 도리이다.

③ 처마도리 : 양식 구조에서 깔도리 위에 지붕틀을 걸고 지붕틀 평보 위에 깔도리와 같은 방향으로 처마도리를 걸쳐댄다. 크기는 기둥과 같게 하거나 다소 작은 부재를 사용하여 이음 및 맞춤은 엇걸이산지이음으로 한다. 한식구조와 일식구조에서는 처마도리가 깔도리를 겸하고 있다.

4) 밑둥잡이

1층 또는 2층 마루바닥을 받치기 위하여 기둥과 기둥 사이에 옆면으로 대는 것

5) 가새

① 벽체에 가해지는 수평력에 견디게 하는 대각선으로 댄 부재로 목조 건물에 있어서 가장 중요한 요소로서 가새의 배치법과 치수를 검토하여 내진(耐震)설계를 하여야 한다.

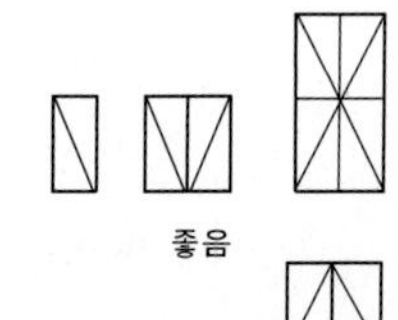

그림. 가새

② 가새의 설치 원칙

㉠ 기둥이나 보의 중간에 가새의 끝단을 대지 말 것

㉡ 기둥이나 보에 대칭이 되도록 할 것

㉢ ×자형으로 배치할 것

㉣ 상부보다 하부에 많이 배치할 것

※ 귀잡이와 버팀대 : 가새를 댈 수 없을 때 그 모서리에 짧게 수평으로 빗댄 것을 귀잡이라 하고 수직으로 빗댄 것을 버팀대라 한다.

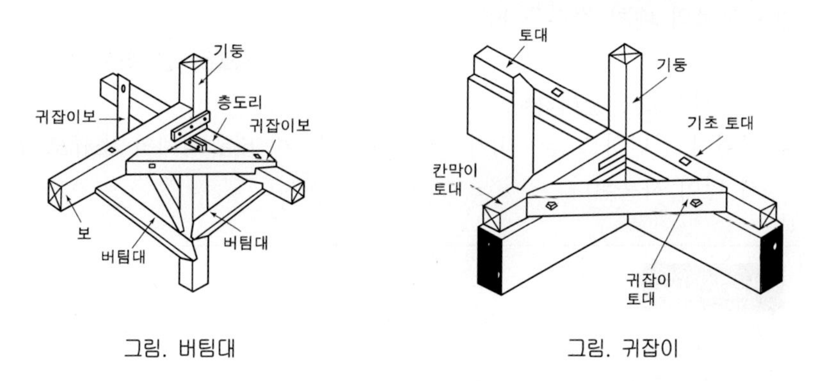

그림. 버팀대 그림. 귀잡이

6) 인방

둥과 기둥에 가로대어 창문틀의 상하벽을 받고 하중을 기둥에 전달하며, 창문틀을 끼워대는 뼈대가 되는 것이다.

(5) 지붕틀

1) 왕대공(King Post) 지붕틀

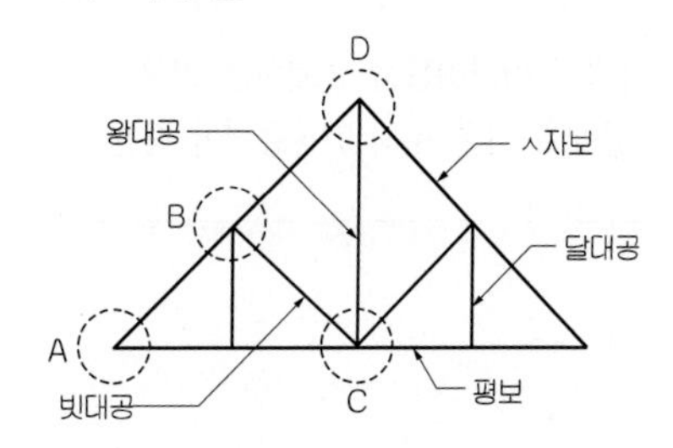

① 응력 상태

㉠ ㅅ자보 : 압축 응력과 중도리에 의한 휨모멘트

㉡ 평보 : 인장 응력과 천장 하중에 의한 휨모멘트

㉢ 왕대공, 달대공(수직부재) : 인장
㉣ 빗대공 : 압축 응력
※ ㅅ자보 : 압축재
평보, 왕대공, 달대공 : 인장재

② 부재의 크기

ㅅ자보	왕대공·평보	마룻대	중도리	빗대공
100×200	100×180	100×120	100×100	100×90

2) 절충식 목조지붕틀
① 처마도리 위에 지중보를 걸쳐대고 그 위에 동자기둥과 대공을 세우면서 중도리와 마루대를 걸쳐대어 서까래를 받게 한 지붕틀이다.
② 지붕보의 배치 간격은 1.8m 정도로 한다.
③ 지붕의 하중은 수직재를 통해 지붕보에 전달되므로 큰 휨모멘트가 생겨 구조적으로는 불리하다.
④ 작업이 간단하고 공사비가 저렴하여 간사이 6m 이내의 소규모 건물에서 많이 사용된다.

학습포인트

▸ 지붕보
· 벽체 위에 약 1.8m 간격으로 걸쳐대고 지붕에서 오는 하중을 받게 한다.
· 처마도리 위에 두겁주먹장 걸침으로 하고, 주걱볼트로 보와 도리를 연결한다.

▸ ㅅ자보
왕대공 지붕틀에서 압축 응력과 중도리에 의한 휨모멘트를 동시에 받는 부재이다.

▸ 달대공
왕대공 지붕틀에서 ㅅ자보와 빗대공의 재축 교점에서 수직으로 대어 ㅅ자보와 평보를 연결한 것

▸ 지붕틀에서 왕대공에 가깝게 평보이음을 설치하는 이유?
평보는 인장재이므로 대공에 가까운 곳의 인장응력이 적은 곳에서 이음을 해야 한다.

section 3 조적조

1 벽돌구조

(1) 벽돌

1) 벽돌의 치수 및 허용값(단위 : mm)

구분 / 종류	길이(B)	너비(A)	두께
기존형(재래형)	210	100	60
표준형(기본형)	190	90	57
허용값±(%)	3	3	4

※ 너비는 길이에서 줄눈의 뺀 것의 반으로 되어 있다.

∴ 표준형 벽돌 2.0B 벽두께 치수=190mm+10mm+190mm=390mm

2) 점토벽돌의 품질기준(KSL 4201)

구 분	1종	2종	3종
압축강도(kgf/cm^2)	210	160	110
흡수율(%)	10 이하	13 이하	15 이하

※ 벽돌의 품질시험 : 압축강도와 흡수율

(2) 모르타르 배합비

1) 시멘트와 모래의 용적 배합비

① 쌓기용 모르타르-1 : 3~1 : 5

[예] 시멘트 : 석회 : 모래=1 : 1 : 3

② 아치 쌓기용 모르타르-1 : 2

③ 치장 줄눈용 모르타르-1 : 1

2) 물을 부어 섞은 모르타르는 1시간 이내에 사용해야 한다.

(3) 벽돌쌓기 시공에 대한 주의 사항

① 벽돌은 쌓기 2, 3일 전에 물을 충분히 흡수시켜 쌓을 때는 표면건조 내부 습윤상태에서 모르타르의 수분흡수를 방지한다.

② 벽돌 1일 쌓기 높이는 1.2m~1.5m(17~20켜)로 한다.

③ 내화벽돌은 물을 사용하지 않고 내화 모르타르로 쌓아야 한다.

④ 벽돌나누기를 정확히 하되 토막벽돌이 나지 않도록 한다.

⑤ 모르타르 강도는 벽돌강도 이상이 되도록 한다.

⑥ 굳기 시작한 모르타르는 절대로 사용하지 말고, 줄눈 양생 전 하중을 가하지 않는다.

⑦ 가로, 세로줄눈의 너비는 10mm가 표준이며, 통줄눈이 생기지 않도록 한다.
⑧ 도면이나 특기시방서에 정하는 바가 없을 때는 영식 또는 화란식 쌓기법으로 한다.
⑨ 하루 작업이 끝날 때 켜에 차이가 나면 층단 들여쌓기로 하고, 모서리벽의 물림은 켜걸음 들여쌓기로 한다.

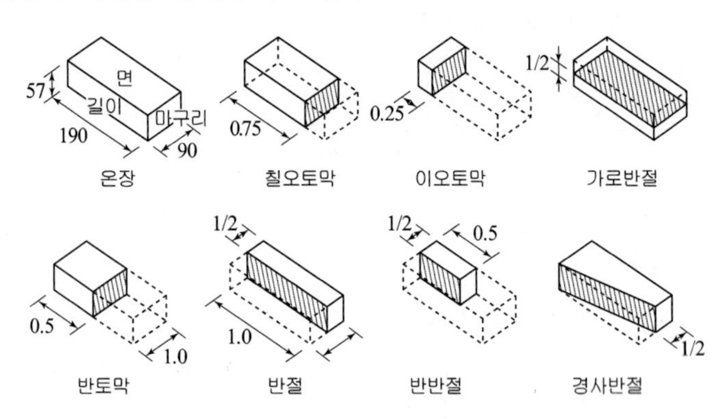

그림. 벽돌의 마름질

(4) 벽돌의 줄눈

벽돌조에서 내력벽을 쌓을 때 막힌줄눈으로 하면 상부의 하중이 골고루 분산되고 클랙 발생이 적으며 방습상도 유리하다. 조적조에서는 응력을 분산시키기 위하여 막힌줄눈 쌓기를 원칙으로 한다.

① 통줄눈 ② 막힌줄눈

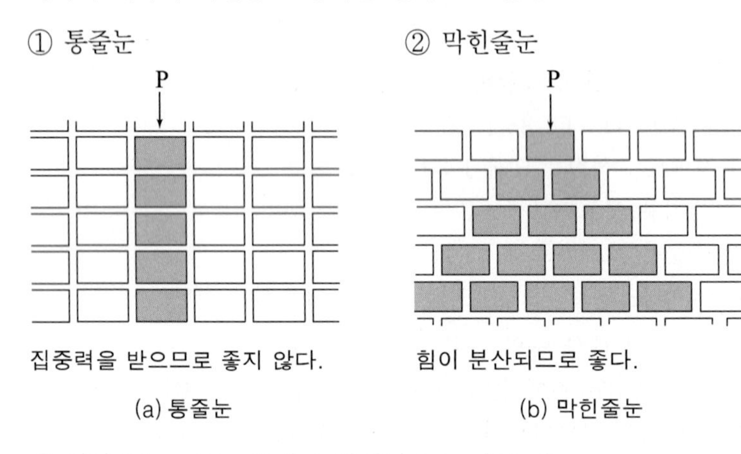

(a) 통줄눈 (b) 막힌줄눈

③ 치장줄눈 : 줄눈 부위를 장식적으로 만든 것

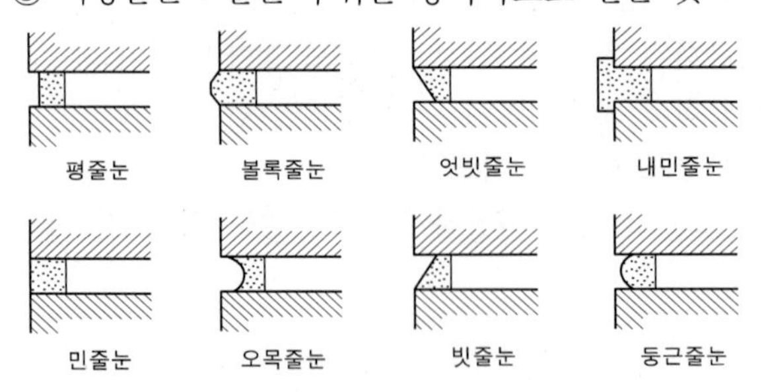

(5) 벽돌 쌓기법

분 류	특 징
영국식 쌓기	길이 쌓기와 마구리 쌓기를 한 켜씩 번갈아 쌓아 올리며, 벽의 끝이나 모서리에는 이오토막 또는 반절을 사용하여 통줄눈이 생기지 않는 가장 튼튼하고 좋은 쌓기법이다.
미국식 쌓기	5~6켜는 길이 쌓기를 하고, 다음 1켜는 마구리 쌓기를 하여 영국식 쌓기로 한 뒷벽에 물려서 쌓는 방법이다.
프랑스식 쌓기	매 켜에 길이와 마구리가 번갈아 나오게 쌓는 것으로, 통줄눈이 많이 생겨 구조적으로는 튼튼하지 못하다. 외관이 좋기 때문에 강도를 필요로 하지 않고 의장을 필요로 하는 벽체 또는 벽돌담 쌓기 등에 쓰인다.
화란식 쌓기	영국식 쌓기와 같으나, 벽의 끝이나 모서리에 칠오토막을 사용하여 쌓는 것이다. 벽의 끝이나 모서리에 칠오토막을 써서 쌓기 때문에 일하기 쉽고 모서리가 튼튼하므로, 우리나라에서도 비교적 많이 사용하고 있다.

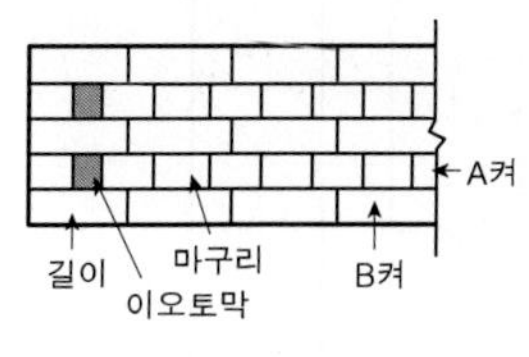

(a) 영국식 벽돌쌓기

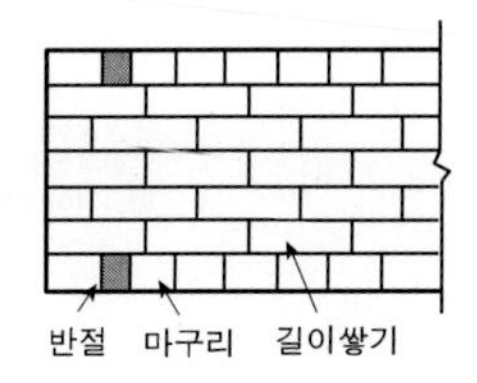

(b) 미국식 벽돌쌓기

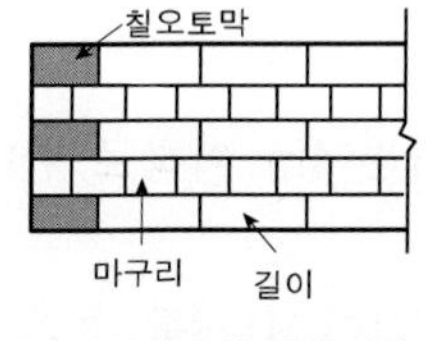

(c) 네덜란드식 벽돌쌓기

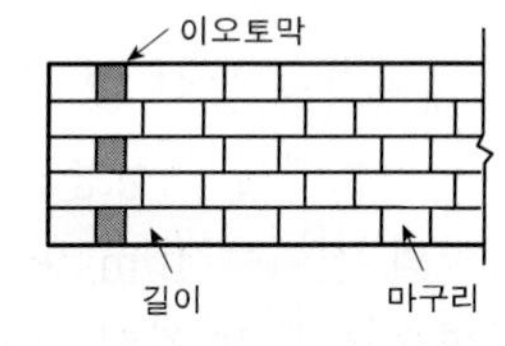

(d) 프랑스식 벽돌쌓기

(6) 내쌓기

① 벽체에 마루를 놓거나 방화벽으로 처마부분을 가리기 위하여 벽돌을 벽면에서 부분적으로 내쌓는다.

② 1단씩 1/8B 정도, 2단씩 1/4B 정도씩을 내어 쌓고, 내미는 최대한도는 2.0B로 한다.

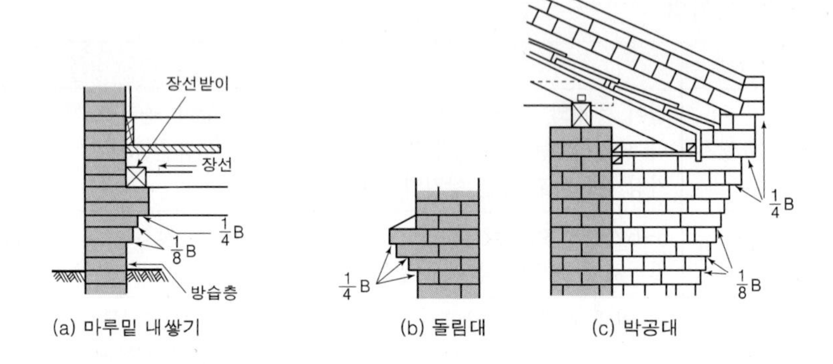

(a) 마루밑 내쌓기 (b) 돌림대 (c) 박공대

(7) 공간쌓기

습기 방지, 방음, 단열 등을 목적으로 0.5B 정도 공간을 두고 쌓는 것으로 수직거리(세로방향) 40cm 정도마다, 수평거리(가로방향) 90cm 정도마다 연결 철물 또는 연결 벽돌을 설치한다.

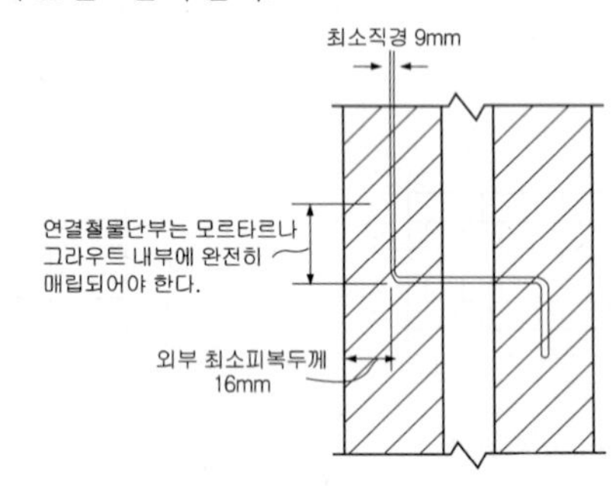

(8) 벽돌조의 구조제한

1) 조적조 내벽력의 높이 및 길이

① 2, 3층 건물에서 최상층의 내력벽 높이는 4m 이하로 한다.

② 내력벽의 길이는 10m 이하로 한다.

③ 내력벽으로 둘러 쌓인 부분의 바닥 면적이 $80m^2$를 초과할 수 없다.

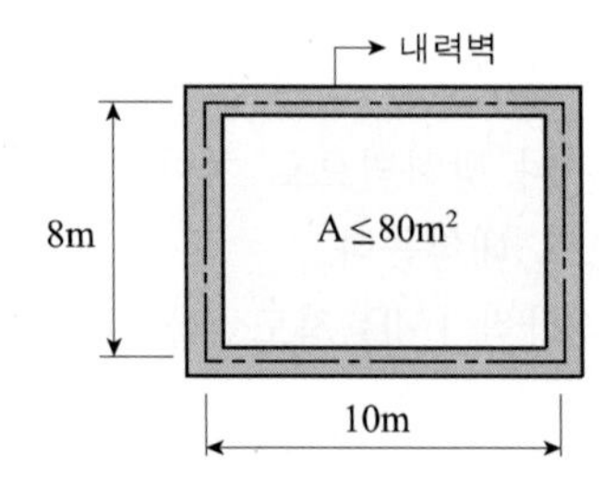

2) 조적조 내력벽의 두께

조적식 구조인 내력벽의 두께는 그 건축물의 층수높이 및 벽의 길이에 따라 각각 다음표의 두께 이상으로 하되, 조적재가 벽돌인 경우에는 당해 벽높이의 1/20 이상, 블록인 경우에는 1/16 이상으로 하여야 한다.

건축물의 높이 / 층별 / 벽의 길이	5m 미만		5m 이상 11m 미만		11m 이상	
	8m 미만	8m 이상	8m 미만	8m 이상	8m 미만	8m 이상
1층	15	19	19	29	29	39
2층			19	19	19	29
3층			19	19	19	19

※ 조적조에서 벽체의 두께를 결정하는 요소

① 건축물의 높이 ② 벽의 길이 ③ 건축물의 층수

④ 벽높이 ⑤ 조적되는 재료의 종류

3) 테두리보

건축물의 각 층의 조적식 구조인 내력벽 위에는 그 춤이 벽두께 1.5배 이상인 철골구조 또는 철근콘크리트구조인 테두리보를 설치하여야 한다. 다만, 1층인 건축물로서 벽두께가 벽의 높이의 1/16 이상이거나 벽길이가 5m 이하인 경우에는 목조의 테두리보를 설치 할 수 있다.

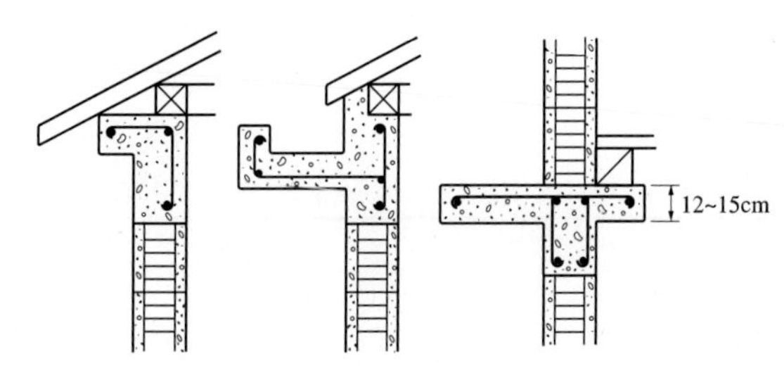

그림. 테두리보

4) 벽돌 벽체의 개구부

① 분할 면적을 구성하는 벽의 개구부 너비의 총계는 벽길이의 1/2 이하

② 각층 개구부 너비의 총계는 당해 층의 벽길이의 1/3 이하

③ 문꼴의 상하 수직거리는 60cm 이상

④ 개구부 폭이 1.8m 이상인 때는 철근 콘크리트 웃인방 설치

⑤ 가로홈 : 길이는 3m 이하, 홈 깊이는 벽두께의 1/3 이하

⑥ 세로홈 : 층 높이의 3/4 이상 연속 홈을 설치할 때 홈의 깊이는 벽두께의 1/3 이하

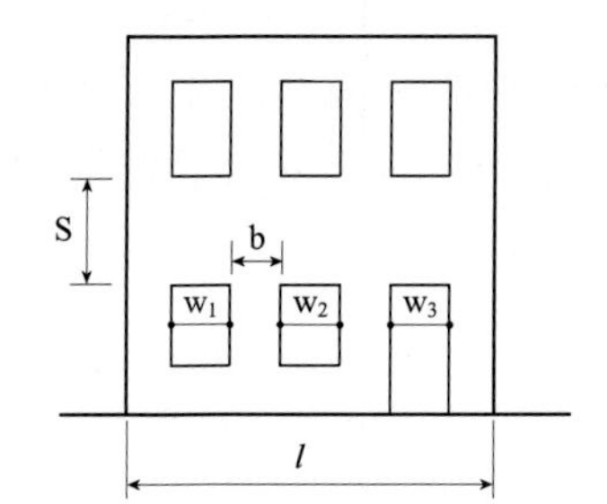

① S=60cm 이상

② b=2t 이상

③ $w_1 + w_2 + w_3 \leq l/2$

그림. 벽체의 개구부 설치

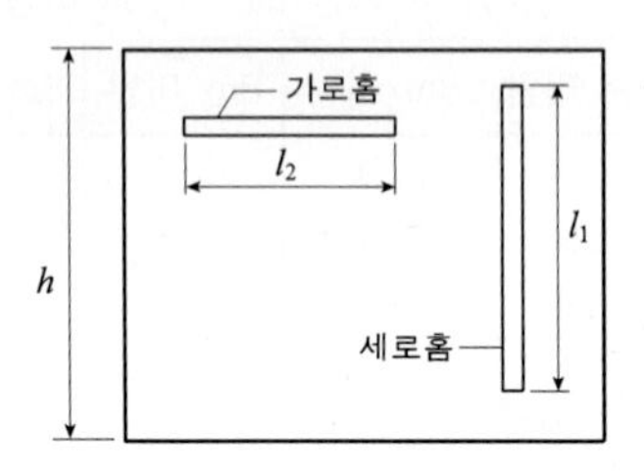

- l_1=세로홈길이 3/4h 이상일 때 홈깊이 1/3t 이하
- l_2=가로홈길이 3m 이하일 때 홈깊이 1/3t 이하
- h=층 높이
- t=벽 두께

그림. 벽체의 홈파기

(9) 벽돌벽의 균열 및 백화현상

1) 벽돌벽의 균열

계획설계상의 미비	시공상의 결함
① 기초의 부동 침하 ② 문꼴 크기의 불합리 ③ 불균형 또는 큰 집중하중, 횡력 및 충격 ④ 건물의 평면, 입면의 불균형 및 벽의 불합리한 배치 ⑤ 벽돌벽의 길이, 높이, 두께와 벽돌벽체의 강도	① 모르타르 바름의 신축 및 들뜨기 ② 벽돌 및 모르타르의 강도 부족과 신축성 ③ 벽돌벽의 부분적 시공 결함 ④ 이질 재료와 접합부 ⑤ 장막벽의 상부

2) 백화현상

① 벽돌 벽체에 물이 스며들면 벽돌의 성분과 모르타르 성분이 결합하여 벽돌 벽체에 흰가루가 돋는 현상을 말한다.

② 원인 : 벽표면에 수분이 침입해서 줄눈 모르타르 부분의 CaO가 $Ca(OH)_2$로 되어 표면에서 공기 중의 CO_2 또는 벽의 유황분과 결합하여 생긴다.

③ 방지법

㉠ 파라핀 도료를 발라 염류가 나오는 것을 방지한다.

㉡ 질이 좋은 벽돌, 모르타르를 사용하고, 빗물이 침입하지 않도록 한다.

㉢ 깨끗한 물을 사용한다.

㉣ 벽면에 비늣물이나 명반용액을 바른다.

㉤ 비막이를 둔다.

④ 처리법

염산 : 물 = 1 : 5의 용액으로 씻어내면 백화를 제거할 수도 있으나, 완전 제거는 곤란하고 시일의 경과에 따라 생기는 것이 조금씩 줄어든다.

2 블록구조

(1) 블록구조의 종류

① 조적식 블록조 - 블록을 모르타르를 써서 올려 벽체를 구성한 것으로서 1, 2층 정도의 소규모건물에 쓰인다.

② 장막식 블록조 - 철근콘크리트조 또는 철골조 등의 주체 구조에 단순히 간막이벽을 쌓는 것으로 비내력벽 구조에 속한다.

③ 보강 블록조 - 블록의 빈 속에 철근을 배근하고 콘크리트를 부어 넣어 수직하중과 수평하중에 안전하게 견딜 수 있도록 보강한 것으로 가장 이상적인 블록 구조이다.

④ 거푸집 블록조 - 살두께가 얇고 속이 없는 ㄱ자형, ㄷ자형, ㅁ자형들의 블록을 콘크리트의 거푸집으로 써서, 그 안에 철근을 배근하여 콘크리트를 부어 넣어 벽체를 만들어 외력을 받게 한 내력벽이다.

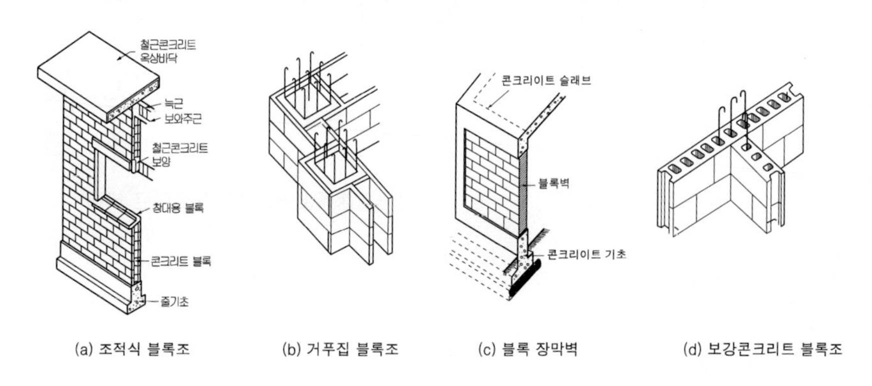

(a) 조적식 블록조 (b) 거푸집 블록조 (c) 블록 장막벽 (d) 보강콘크리트 블록조

(2) 블록의 규격

기본형 시멘트블록의 규격 (단위 : mm)

형상	치수			허용값	
	길이	높이	두께	길이·두께	높이
기본형블록	390	190	190 150 100	±2	±3

(3) 블록 쌓기의 일반 사항

① 모르타르의 배합은 1:3~1:5 이하가 되지 않도록 한다.

② 모르타르의 강도는 블록 강도의 1.3~1.5배

③ 시공 연도는 슬럼프치 8cm 이고, W/C는 60~70%

④ 살두께가 두꺼운 쪽을 위로 하여 쌓는다.(하중 분산에 적합)

⑤ 하루의 쌓아 올릴 높이는 1.2~1.5m(6~7켜)를 표준으로 한다.

⑥ 인방 블록은 좌우벽에 20cm 이상(보통 40cm) 물리게 한다.

⑦ 사춤은 1:3~1:5 정도의 모르타르를 블록 3~4켜마다 블록 윗면 5cm 정도 아래까지 붓고 다진다.

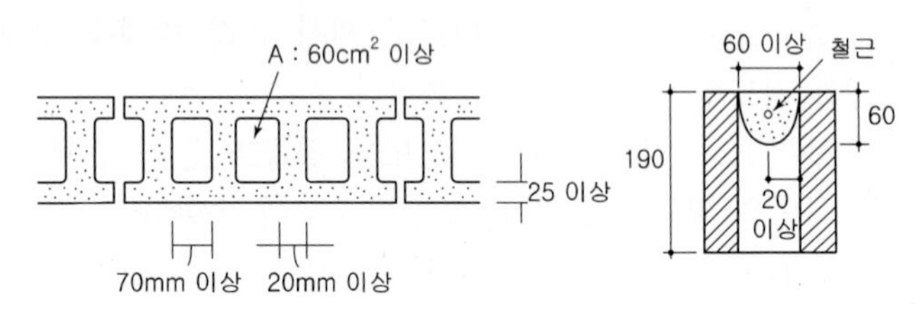

그림. 블록의 살두께

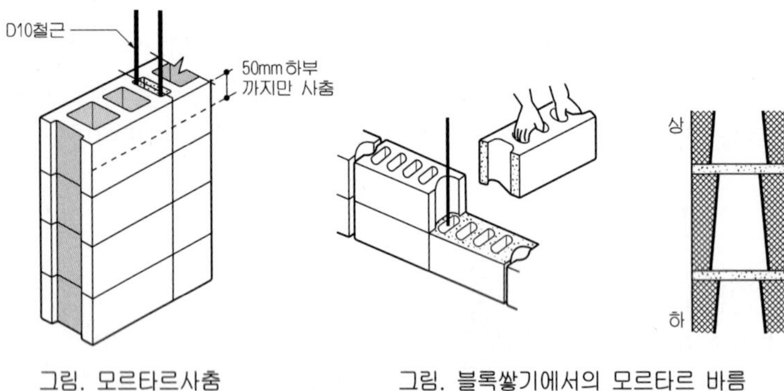

그림. 모르타르사춤

그림. 블록쌓기에서의 모르타르 바름

(4) 보강콘크리트 블록조

1) 벽의 길이

① 내력벽 길이 : 10m 이하

② 평면상 내력벽의 최소 길이 : 55cm 이상

③ 좌우측 창문 평균 높이의 30% 이상

④ 부분적 벽길이의 합계 : 그 벽길이의 1/2 이상으로 하고, 총 벽길이의 2/3 이상

⑤ 부축벽(扶築壁)의 길이 : 벽높이의 1/3 이상

2) 보강블록조 내력벽

① 벽량이 $15cm/m^2$ 이상이어야 한다.

② 대린벽 중심선 간의 거리는 10m 이하로 하여야 한다.

③ 내력벽으로 둘러싸인 부분의 바닥면적은 $60m^2$를 넘을 수 없다.

④ 내력벽 두께는 15cm 이상으로 한다.

3) 내력벽의 두께

보강 콘크리트 블록조의 내력벽의 두께는 15cm 이상으로 하며, 그 내력벽의 구조내력상 주요한 지점간의 수평거리의 1/50 이상으로 한다.

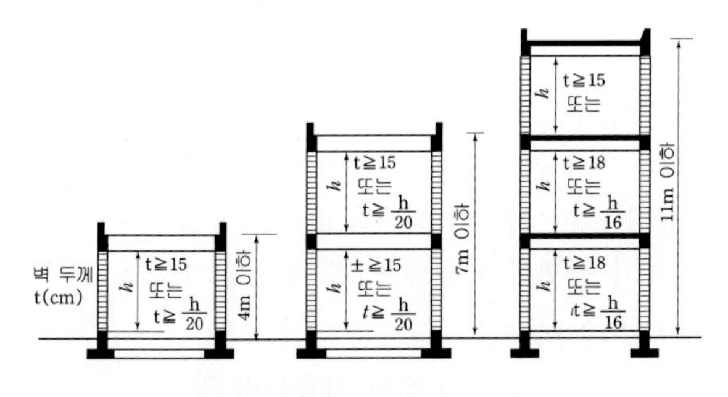

그림. 블록조의 규모와 벽두께

4) 벽량

① 보강 블록조에서는 벽두께를 두껍게 하는 것보다 벽의 길이를 길게 하여 내력벽의 양을 증가시키는 것이 바람직하다.

② 벽량 - 내력벽의 전체 길이 cm를 합한 것을 그 층의 바닥면적 m^2 으로 나누어 얻은 값

$$벽량(cm/m^2) = \frac{벽의길이(cm)}{바닥면적(m^2)}$$

층 별	벽 량(cm/m²)		
	단층·최상층	위에서 둘째층	위에서 셋째층
A 종	15 이상	-	-
B 종	15 이상	21 이상	-
C 종	15 이상	15 이상	24 이상

5) 테두리보

각 층의 내력벽 위에 연속해서 돌린 철근콘크리트보

* 테두리보를 설치하는 이유

㉠ 수평력에 견디기 위해서

㉡ 횡력에 의한 수직 균열을 방지하기 위해서

㉢ 세로근의 정착을 위해서

㉣ 분산된 벽체를 일체로 하여 하중을 균등히 분포시키기 위해서

㉤ 집중하중을 받는 부분을 보강하기 위해서

㉥ 자중을 내력벽에 전달하기 위해서

3 돌구조

(1) 돌구조의 특징

1) 장점

① 내구, 내화, 방한, 방서적이다.

② 압축과 풍화가 강하며 외관이 장중 미려하다.

2) 단점
① 자체 중량이 무겁고, 지진이나 풍하중 등 횡력에 약하다.
② 긴 부재를 얻기 곤란하며 가공이 어렵다.
③ 공사기간이 길며 시공이 까다롭고 가격이 고가이다.
④ 벽체 두께가 두꺼워져 실내유효면적이 줄어든다.

(2) 석재 시공시 주의사항
① $1m^3$ 이상의 석재는 높은 곳에서 사용하지 말 것
② 동일 건축물은 동일 석재로 사용할 것 : 물량계획 및 조달계획 수립이 필요하다.
③ 구조재는 직압력에만 사용하고 인장재로는 사용하지 말 것
④ 심한 예각부나 구멍이 패어지지 않게 할 것
⑤ 판석을 붙일 때 시멘트나, 모르타르가 연석에 의해 화학작용이 일어나지 않게 할 것

(3) 석재의 가공 및 표면마감

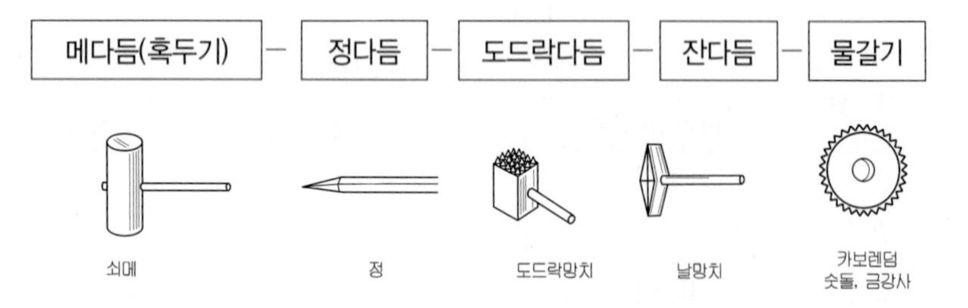

가공 공정	가공 공구	내 용
메다듬(혹두기)	쇠메	쇠메로 큰 요철을 없애는 거친면 마무리
정다듬	정	정으로 쪼고 평평하게 마감(거친다듬, 중다듬, 고운다듬)
도드락다듬	도드락망치	도드락망치로 세밀히 평평하게 다듬는 것
잔다듬	날망치	정다듬 또는 도드락다듬한 면에 일정한 방향으로 날망치로 평행선 자국을 남기면서 평탄하게 다듬는 과정
물갈기 및 광내기	금강사, 숫돌	표면에 철사, 금강사로 물을 주면서 갈고 광택마감

(4) 돌쌓기 종류

쌓기 방식	내 용
바른층 쌓기	돌쌓기 1켜의 높이가 모두 동일하여 줄눈이 일직선이 되게 쌓는 방식
허튼층 쌓기	줄눈을 부분적으로 연속되게 쌓는 방식
층지움 쌓기	허튼층으로 쌓으면서 3켜 정도마다 수평줄눈이 직선이 되게 쌓는 방식
거친돌 막쌓기	거친돌을 불규칙하게 쌓는 방식

section 4 철근콘크리트 구조

1 개요

(1) 철근콘크리트구조의 장단점

철근 콘크리트(Reinforced Concrete)구조란 철근은 인장력을 부담하고 콘크리트는 압축력을 부담하도록 설계한 일체식으로 구성된 구조로써 우수한 내진구조이다.

① 장점

㉠ 내구, 내화, 내진적이다.

㉡ 설계와 의장이 자유롭다.

㉢ 유지비, 관리비가 적게 든다.

㉣ 재료 구입이 용이하다.

② 단점

㉠ 중량이 무겁다. (철근콘크리트 : 2.4t/m^3, 무근콘크리트 : 2.3t/m^3)

㉡ 습식구조이므로 공사기간이 길어진다.

㉢ 공사의 성질상 가설물(거푸집 등)의 비용이 많이 든다.

㉣ 균열발생이 쉽고 국부적으로 파손되기 쉽다.

㉤ 재료의 재사용 및 파괴가 곤란하다.

㉥ 전음도가 크다.

(2) 철근 콘크리트구조 성립 이유

① 철근은 인장력을 부담하고, 콘크리트는 압축력을 부담한다.

② 콘크리트 속에 매립된 철근은 녹스는 일이 없어 내구성이 좋다.
(철근은 산성, 콘크리트는 알카리성이므로)

③ 철근과 콘크리트의 온도에 대한 선팽창계수가 거의 유사하며 온도변화에 비슷한 거동을 보인다.

④ 철근과 콘크리트와의 부착강도가 커서 잘 부착되며, 콘크리트 속에서 철근의 좌굴이 방지된다.

학습포인트

철근과 콘크리트의 부착력 성질

① 철근의 단면 모양과 표면 상태에 따라 부착력의 차이가 있다.

② 가는 철근을 많이 넣어 표면적을 크게 하면 철근과 콘크리트가 부착하는 접촉면적이 커져서 부착력이 증대된다.

③ 콘크리트의 부착력은 철근의 주장(길이)에 비례한다.

④ 콘크리트의 압축강도가 클수록 크다.

2 철근

(1) 철근의 이음 및 정착길이(d : 철근지름)

구 분	압축력 또는 작은 인장력	큰 인장력
보통 콘크리트	25d 이상	40d 이상
경량 콘크리트	30d 이상	50d 이상

(2) 철근의 이음 및 정착위치

1) 철근의 이음

① 인장력이 적은 곳에서 이음을 하고, 동일 장소에서 철근수의 반 이상을 잇지 않는다.

② D29(ϕ28) 이상의 철근은 겹친이음으로 하지 않는다.

③ 철근지름이 다를 때에는 작은 지름의 철근을 기준으로 한다.

④ 보 철근이음은 상부근은 중앙, 하부근은 단부에서 한다.

2) 철근의 정착위치

① 기둥의 주근 : 기초에 정착

② 보의 주근 : 기둥에 정착(기둥 중심선을 지나 외측에 정착시킨다.)

③ 작은 보의 주근 : 큰 보에 정착

④ 직교하는 단부 보밑 기둥이 없을 때 : 보 상호간에 정착

⑤ 벽 철근 : 기둥, 보 또는 바닥판에 정착

⑥ 바닥 철근 : 보 또는 벽체에 정착(보 중심선을 지나 외측에 정착시킨다.)

⑦ 지붕보 주근 : 기초 또는 기둥에 정착

(3) 철근의 피복

① 피복두께 : 콘크리트 표면에서 가장 근접한 철근 표면까지의 두께(mm)

② 피복의 목적 : 내구성(철근의 방청), 내화성, 부착력 확보

③ 현장치기 콘크리트의 최소피복두께 기준

<table>
<tr><th colspan="2">종 류</th><th colspan="2">피복두께</th></tr>
<tr><td colspan="2">수중에 타설하는 콘크리트</td><td colspan="2">100mm</td></tr>
<tr><td colspan="2">흙에 접하여 콘크리트를 친 후 영구히 흙에 묻혀있는 콘크리트</td><td colspan="2">80mm</td></tr>
<tr><td rowspan="3">흙에 접하거나 옥외의 공기에 직접 노출되는 콘크리트</td><td>D29 이상 철근</td><td colspan="2">60mm</td></tr>
<tr><td>D25 이하 철근</td><td colspan="2">50mm</td></tr>
<tr><td>D16 이하 철근</td><td colspan="2">40mm</td></tr>
<tr><td rowspan="4">옥외의 공기나 흙에 직접 접하지 않는 콘크리트</td><td rowspan="2">슬래브, 벽체, 장선</td><td>D35 초과 철근</td><td>40mm</td></tr>
<tr><td>D35 이하 철근</td><td>20mm</td></tr>
<tr><td colspan="2">보, 기둥</td><td>40mm</td></tr>
<tr><td colspan="2">쉘, 절판두께</td><td>20mm</td></tr>
</table>

※ 철근의 피복두께 유지 목적

① 내화성 유지(철근은 350℃에서 항복점이 급격히 저하, 600℃에서 항복점이 1/2로 된다.)

② 내구성(철근의 방청) 유지

③ 시공상 콘크리트치기의 유동성 유지(굵은 골재의 유동성 유지)

④ 구조내력상 피복으로 부착력 증대

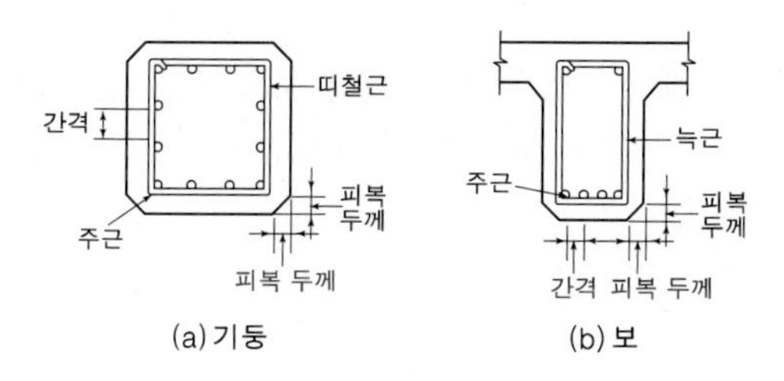

(a) 기둥　　(b) 보

> **학습포인트**
>
> **거푸집에 사용되는 부속재료**
>
> ① 격리재(Seperator) : 거푸집 상호간의 간격을 유지, 오그라드는 것 방지
>
> ② 긴장재(Form tie) : 거푸집의 형상을 유지, 벌어지는 것 방지
>
> ③ 간격재(Spacer) : 철근과 거푸집의 간격을 유지
>
> ④ 박리제 : 콘크리트와 거푸집의 박리를 용이하게 하는 것으로 중유, 석유, 동식물유, 아마인유, 파라핀, 합성수지 등을 사용

3 콘크리트

(1) 시멘트의 종류

1) 포틀랜드 시멘트

① 보통 포틀랜드 시멘트

㉠ 주성분 : 점토(실리카, 알루미나), 산화철, 석회석 → 클링커+3%석고(응결시간조절용) → 시멘트

㉡ 비중 및 단위용적 중량 : 비중은 3.15 전후이고, 단위용적 중량은 1,300~2,000kg/m^{3}로 보통 1,500kg/m^3

㉢ 분말도 : 수화작용 속도에 큰 영향을 미치고, 시공연도, 공기량, 수밀성 및 내구성에도 영향을 주나, 분말도가 지나치게 크면 풍화가 쉽다.

㉣ 응결 : 수량, 온도, 분말도, 화학성분, 풍화, 습도에 따라 다르다.

② 조강 포틀랜드 시멘트 : 조기강도 우수(28일 압축강도를 7일에 낸다). 긴급공사, 한중공사에 적당

③ 중용열 포틀랜드 시멘트 : 조기강도는 늦으나 장기강도는 우수, 방사선 차단효과

2) 혼합 시멘트

① 고로 시멘트 : 응결시간이 약간 느리고, Bleeding 현상이 적어진다. 장기강도가 우수하고 해수에 대한 저항력이 크다. 댐공사에 적당

② 실리카 시멘트 : 시공연도 증진, Bleeding현상 감소, 비중이 가장 작다.

③ 플라이애쉬 시멘트 : 수밀성이 좋고 수화열과 건조수축이 적다. 댐공사에 적당

3) 기타 시멘트

① 알루미나 시멘트 : 내화성, 급결성 보일러실, 긴급을 요하는 공사에 사용되며, 초기강도가 매우 높다. (보통포틀랜드시멘트 강도 28일의 강도를 1일에 낸다.)

② 팽창 시멘트 : 수축률 20~30% 감소, slab 균열제거용, 이어치기 콘크리트용

※ 시멘트의 압축강도 : 1일 - 3일 - 7일 - 28일

※ 시멘트의 조기강도(응결 빠른 순서) : 알루미나 시멘트 〉 조강 포틀랜드 시멘트 〉 보통 포틀랜드 시멘트 〉 고로 시멘트 〉 중용열 포틀랜드 시멘트

※ 시멘트의 성분별(응결 빠른 순서) : C_3A 〉 C_3S 〉 C_4AF 〉 C_2S

(2) 골재

1) 골재의 분류

① 세골재(잔 골재) : 5mm 체에서 중량비 85% 이상 통과하는 콘크리트용 골재

② 조골재(굵은 골재) : 5mm 체에서 중량비 85% 이상 남는 콘크리트용 골재

2) 재질

모래 자갈은 청정, 강경하고, 내구성이 있고, 화학적, 물리적으로는 안정하며, 알모양이 둥글거나 입방체에 가깝고 입도가 적당하고 유기 불순물이 포함되지 않아야 하며, 소요의 내화성 및 내구성을 가진 것이라야 한다.

3) 골재의 모양

콘크리트에 유동성이 있게 하고 공극률이 적어 시멘트를 절약할 수 있는 둥근 것이 좋고 넓거나 길죽한 것, 예각으로 된 것은 좋지 않다.

(3) 물

① 물은 유해량의 기름, 산, 알카리, 유기 불순물 등을 포함하지 않는 깨끗한 것이어야 한다.

② 철근 콘크리트에는 해수를 사용해서는 안 된다(해수는 철근 부식의 주원인). 무근 콘크리트에는 바닷물을 사용해도 무방하다. → 철근 방청상 염분 0.04% 이하

③ 당분이 포함되어 있으면 콘크리트의 경화가 지연된다. → 당분 0.1% 이하

(4) 혼화재료

① 굳지 않는 콘크리트나 경화된 콘크리트의 제성질을 개선하기 위하여 콘크리트비빔시 첨가하여 사용하는 재료

② 혼화재(混和材)는 사용량이 비교적 많아서 그 자체의 부피가 콘크리트의 배합 계산에 관계되는 것이며, 혼화제(混和劑)는 사용량이 적어서 배합 계산에서 무시된다.

③ 혼화재료의 분류

㉮ 혼화재(混和材, material) : 시멘트 사용량의 5% 이상(다량)을 사용하는 대체 재료(양) → 포졸란, 플라이 애쉬, 고로 슬래그 분말, 실리카 흄

㉯ 혼화제(混和濟, agent) : 시멘트 사용량의 1% 미만(소량)을 사용하여 시멘트의 성질을 개선(질) → AE제, 감수제, AE감수제, 응결·경화 촉진제, 발포제, 방수제, 방동제, 유동화제, 착색재

(5) 콘크리트공사 일반

1) 생콘크리트의 성질(굳지 않은 콘크리트의 성질)

용 어	내 용
Workability(시공연도)	작업의 난이정도 및 재료분리 저항하는 정도
Consistency(반죽질기)	반죽의 되고 진 정도(유동성의 정도)
Plasticity(성형성)	거푸집에 쉽게 다져 넣을 수 있는 정도
Finishability(마감성)	마무리 하기 쉬운 정도
Pumpability(압송성)	펌프동 콘크리트의 Workability

2) Bleeding 현상

콘크리트 타설 후 물과 미세한 물질(석고, 불순물 등) 등은 상승하고, 무거운 골재나 시멘트 등은 침하하게 되는 현상을 Bleeding 현상이라 한다. Bleeding 현상은 일종의 재료분리 현상으로서 laitance 현상을 유발시켜 콘크리트의 품질을 저하시키는 원인이 된다.

※ 레이턴스(laitance) 현상 : Bleeding 수의 증가에 따라 콘크리트면에 침적된 백색의 미세한 물질

3) 콘크리트의 압축강도와 각종 강도의 비교

콘크리트의 강도는 4주간(28일) 양생한 시험체의 압축강도를 표준으로 한다. 콘크리트의 양생에서 4주 중 초기가 가장 중요한 시기로 콘크리트의 강도에 영향을 미친다.

※ 콘크리트의 압축강도와 각종 강도의 비교

① 인장강도/압축강도 = 1/10~1/13

② 휨 강 도/압축강도 = 1/5~1/7

③ 전단강도/압축강도 = 1/4~1/7

4) 콘크리트의 강도에 영향을 주는 요소

① 물・시멘트비 ② 골재 혼합비

③ 골재의 성질과 입도 ④ 시험체의 형상과 크기

⑤ 양생방법과 재령 ⑥ 시험방법

※ 여러 요소 중 콘크리트의 강도에 가장 큰 영향을 주는 것은 물・시멘트비이다.

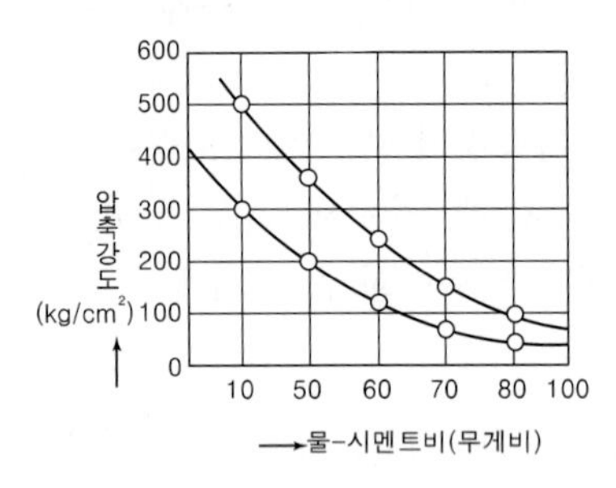

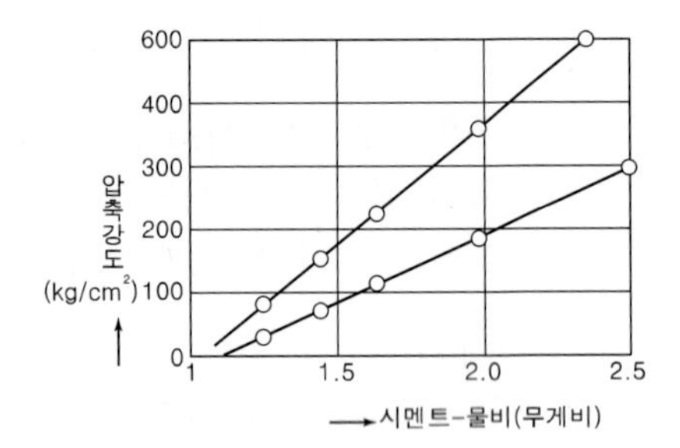

(6) 콘크리트의 배합

1) 콘크리트의 배합설계 순서

설계기준강도(소요강도) 결정 → 배합강도 결정 → 시멘트강도 결정 → 물시멘트비 결정 → 슬럼프 값 결정 → 골재입도 결정 → 배합의 결정 → 보정 → 재료계량 → 배합의 변경

※ 고강도 콘크리트의 설계기준강도(건축공사 표준시방서 규정)

① 보통콘크리트 : $40N/mm^2$ 이상(40MPa 이상)

② 경량콘크리트 : $27N/mm^2$ 이상(27MPa 이상)

※ $1MPa = 1N/mm^2$

2) 설계기준강도(f_{ck}) 결정

① 콘크리트의 28일 압축강도를 말하며 설계기준강도(f_{ck})는 150, 180, 210, 240, 270, $300kgf/cm^2$로 한다.

② 설계기준강도(f_{ck}) = 장기 허용응력도×3 = 단기 허용응력도×1.5

3) 물・시멘트비(W/C)의 산정(콘크리트 표준시방서 기준)

① 소요의 강도, 내구성, 수밀성 및 균열저항성 등을 고려하여 정한다.

② 압축강도와 물시멘트비의 관계는 시험에 의해 정하는 것을 원칙으로 한다.

③ 물・시멘트비는 60% 이하가 원칙이다.

※ 물・시멘트비 (W/C비)는 콘크리트 강도에 가장 큰 영향을 주는 요소이다.

※ 물・시멘트비 (W/C비)가 크면→강도 저하, 재료분리 증가, 균열 증가

4) 슬럼프(slamp)값

① 슬럼프(slamp)값은 시공연도(Workability)의 양부를 결정한다.

② 표준 슬럼프값

구 분	진동다짐	진동다짐 아닐 때	소요 Slump 표준값	
보, 바닥	5~10cm	15~18cm	고급	18cm 이하
기둥, 벽	10~15cm	18~21cm	보통	21cm 이하

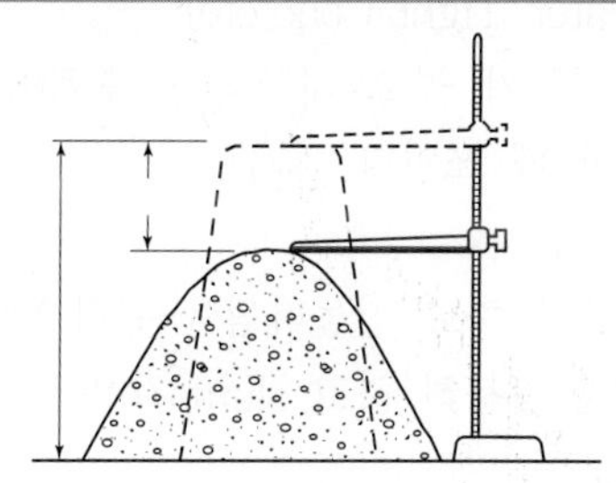

그림. 슬럼프 시험

(7) 콘크리트 이어붓기

1) 콘크리트 이어붓기 위치

개 소	이어붓기 위치
기 둥	보, 바닥판 또는 기초 윗면에서 수평으로
보, 슬래브	스팬 중앙부에서 수직으로(작은 보 있는 바닥판 : 작은보 나비의 2배 떨어진 위치에서)
벽	개구부 주위(문틀, 끊기 좋고 이음자리 막이를 떼어내기 쉬운 곳에서 수직, 수평)
아 치	아치축에 직각으로
켄틸레버	이어붓기 안하는 것을 원칙

(8) 특수 콘크리트

1) A.E 콘크리트

콘크리트에 표면활성제(AE제)를 사용하여 콘크리트 중에 미세한 기포(0.03~0.3mm)를 발생하여 단위수량을 적게 하고, 시공연도를 개선시킨 콘크리트이다.

① 시공연도(workability)의 향상

② 단위수량이 감소

③ 동결 융해에 대한 저항성이 증대(동기공사 가능)

④ 내구성, 수밀성이 크다.

⑤ 재료분리, 블리딩 현상이 감소

⑥ 화학작용에 대한 저항성이 크다.

⑦ 콘크리트 경화에 따른 발열량이 적어진다.
⑧ 부착강도가 저하된다.(공기량 1% 증가에 대해 4~6%의 압축강도가 저하)
※ 공기량의 성질 : AE제를 많이 넣으면 공기량은 증가, 압축강도는 감소한다. 공기량 약 5%는 내구성을 증대시키나, 지나친 공기량(6% 이상)은 압축강도와 내구성은 감소된다.

2) 수밀 콘크리트(Water Tight Concrete)
콘크리트 자체가 밀도가 높고 내구적, 방수적이어서 물의 침투나 방지나 지하에 방수를 요할 때 쓰인다.
① W/C = 50% 이하
② 된비빔 콘크리트로 하고 진동다짐을 원칙으로 한다.
③ 혼합은 3분 이상 충분히 하고 slump값은 18cm 이하로 한다.
④ 수밀성을 개선하기 위하여 표면활성제(A.E제)를 사용한다.

3) 경량 콘크리트
구조물의 경량화를 목적으로 경량 골재를 사용하며, 기건비중이 2.0 이하, 설계기준 강도 15MPa 이상 24MPa 이하, 단위중량 1.4~2.0t/m^3 정도의 콘크리트이다.
① 자중이 적다. 내화성이 크고 열전도율이 적으며 방음효과가 있다.
② 시공이 번거롭고 재료처리가 필요하다.
③ 강도가 적다. 건조수축이 크고, 다공질이다.
④ 시공연도 확보를 위하여 AE제, AE 감수제를 사용하며, 표면건조내부 포수상태의 골재를 사용한다.
⑤ W/C비는 60% 이하로 하고, Slump 값 18cm 이하로 한다.

4) 프리스트레스트 콘크리트(Prestressed Concrete, PS concrete)
PC강재에 미리 인장력을 가한 상태로 콘크리트는 넣고 완전 경화 후 강현재 단부에서 인장력을 푸는 방법으로 만든 콘크리트이다.
㉠ 프리스트레스를 도입하는 공법에는 프리텐션(Pretension Method) 공법과 포스트텐션(Posttension Method) 공법 등이 있다.
ⓐ Pre-tension 공법 : 공장제작으로 대량제조가 가능, 대형부재 제작에는 불리하다.
ⓑ Post-tension 공법 : 현장제작으로 대형 구조물에 적당하다.
㉡ 장 스팬구조가 가능하고 균열 발생이 없으며, 구조물의 자중 경감과 부재단면을 줄일 수 있다.
㉢ 내구성, 복원성이 크고 공기단축이 가능하다.
㉣ 화재에 약하여 5cm 이상의 내화피복이 필요하다.

4 각부 구조

(1) 보

1) 단순보

① 단순보는 양단이 조적조 등에 단순히 얹혀 있는 상태의 보이다.

② 보의 하부에는 인장력이 생겨 균열이 되므로 재의 축(길이)방향으로 철근을 넣어 보강한다.

③ 단순보의 인장력은 보의 중앙부의 하부에서 최대가 되고, 단부의 하부로 갈수록 작아지므로 단부에서는 하부 철근이 많이 필요하지 않다.

※ 보의 배근

① 단순보의 주근은 중앙부에서는 하부에 많이 넣는다.

② 단순보의 주근은 단부에서는 상부에 많이 넣는다.

③ 단순보의 늑근(스터럽)은 중앙부보다 단부에서 좁게 배치한다.

2) 철근콘크리트 보의 배근

① 보의 주근 지름은 D13 이상으로 한다.

② 철근의 이음은 중앙부에서는 상부에 둔다.

③ 스터럽은 중앙부보다 단부에 많이 넣는다.

④ 보 하부의 중앙부에는 인장력을 받는다.

⑤ 인장측과 압축측에 철근을 배근하는 보를 복근보라고 한다.

⑥ 인장력에 대항하는 보의 축방향력의 철근을 주근이라고 한다.

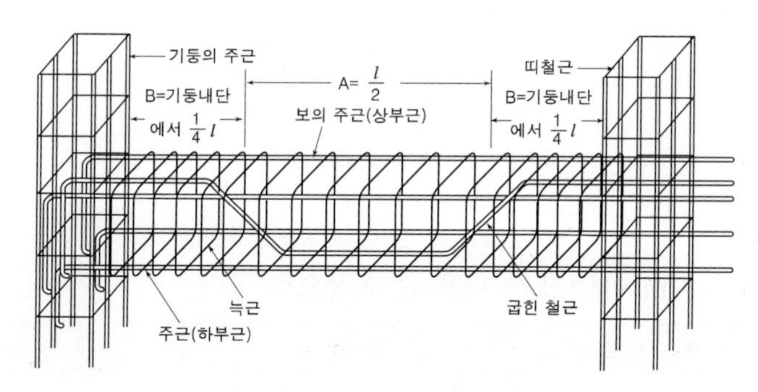

그림. 철근 콘크리트보의 배근

3) 철근콘크리트 보에서 늑근(스터럽, stirrup)을 두는 목적

① 전단력에 의한 균열 방지

② 균열 후 그 균열의 증대 방지

③ 주철근 상호간의 위치 보존

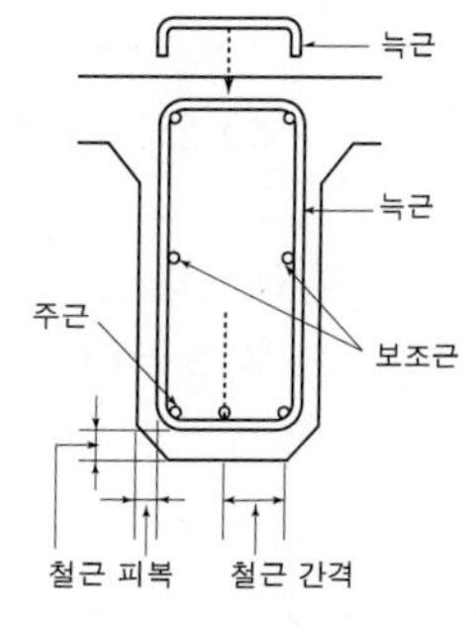

그림. 주근과 늑근

(2) 기둥

① 기둥 단면의 최소 치수는 20cm 이상이고 최소 단면적은 $600cm^2$ 이상이어야 한다.

② 주근은 13mm 이상으로 하고 주근의 개수는 장방형 기둥에서 최소 4개 이상, 원형 기둥에서는 4개 이상(나선철근 : 6개 이상)이어야 한다.

③ 띠철근은 직경 6mm 이상의 철근을 쓰며 띠철근의 간격은 다음 중 작은 값으로 한다.

㉠ 축방향 철근 직경의 16배

㉡ 띠철근 직경의 48배

㉢ 기둥의 최소폭

㉣ 30cm

④ 나선 철근은 직경 6mm 이상이 철근을 쓰며 나선 철근의 정착길이로서 이음과 기둥 단부에서는 1.5회를 여분으로 감는다.

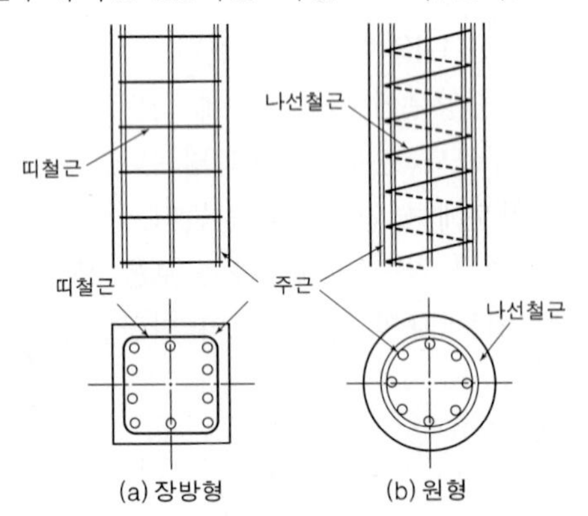

그림. 기둥의 배근

(3) 슬래브

① 두께는 8cm 이상 또는 다음 값 이상으로 한다.

지 지 조 건	주 변 고 정	캔 틸 레 버
$\lambda \le 2$의 2방향 슬래브	$\frac{\lambda lx}{16+24\lambda}$	–
$\lambda > 2$의 1방향 슬래브	$\frac{lx}{32}$	$\frac{lx}{10}$

② 슬래브의 인장 철근은 ϕ9(D10) 이상 철근 또는 6mm 이상의 용접철망을 사용하며 간격은 아래와 같다.

방 향	철근 보통콘크리트
단 변 방 향	20cm 이하, 직경9mm 미만의 용접철망에서는 15cm 이하
장 변 방 향	30cm 이하, 슬래브두께의 3배 이하, 직경 9mm 미만의 용접철망에서는 20cm 이하

③ 슬래브 각 방향의 최소 철근비는 0.2% 이상(원형 철근 0.25%)
④ 철근의 피복 두께는 2cm 이상
⑤ 경미한 슬래브나 특수 슬래브는 위 구조 제한에 따르지 않을 수 있다.

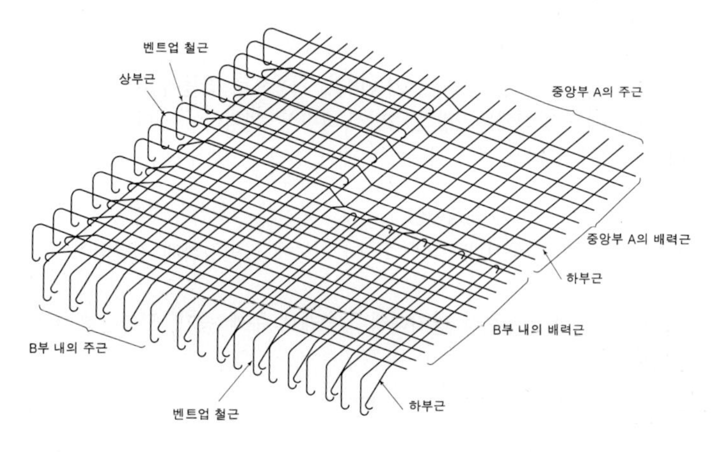

그림. 슬래브의 배근

※ 4변 고정인 장방형 슬래브에 등분포하중이 작용할 때 최대 휨모멘트의 크기를 고려하여 철근을 배근하게 된다. 슬래브의 배근에서 단변 방향(x축)의 인장철근을 주근이라 하고, 장변 방향(y축)의 인장철근을 배력근(부근)이라 한다. 휨모멘트가 큰 부분에 철근을 많이 배근한다. 최대 휨모멘트의 크기는 단변 단부 > 단변 중앙부 > 장변 단부 > 장변 중앙부 순이다.

학습포인트

무량판 구조(Flat slab)

외부 보를 제외하고 내부에는 보 없이 바닥판을 구성하여 하중을 기둥에 직접 전달하는 구조

- 장점 : 구조가 간단, 공사비가 저렴, 실내 이용율이 높다. 층고를 낮출 수 있다.
- 단점 : 고정하중의 증대된다, 뼈대의 강성을 기대하기는 곤란하다.

① 두께는 15cm 이상 (지붕 Slab를 제외)
② 기둥의 폭(원형 기둥은 지름)은 다음 큰 것으로 한다.
  ㉠ 각 방향 중심거리 lx, ly의 1/20 이상
  ㉡ 30cm 이상
  ㉢ 층높이의 1/15 이상
③ 단면 형태는 바닥판, 받침판, 기둥머리, 기둥으로 만들어진다.
④ 철근의 배근 방식에는 2방식, 3방식, 4방식, 원형식이 있다.
무량판 구조에서 가장 많이 사용하는 배근 방법 : 2방식 또는 4방식

플랫슬래브(flat slab)의 펀칭현상

플랫 슬래브에서 슬래브에 얹힌 하중이 기둥에 불안정하게 전달되어 접합부가 뚫리는 현상

※ 플랫슬래브의 펀칭현상 방지대책 : 슬래브 두께 증가, 드롭판넬 설치, 캐피탈 설치

(4) 계단

① 경사 슬래브식 계단 : 측보를 설치하지 않고 2변 이상이 보나 벽으로 지지된 형식
② 굴절식 계단 : 계단참과 계단 슬래브가 일체로 연결된 형식
③ 캔틸레버보식 계단 : 계단실 측벽 또는 보에서 바닥판을 내민 형식

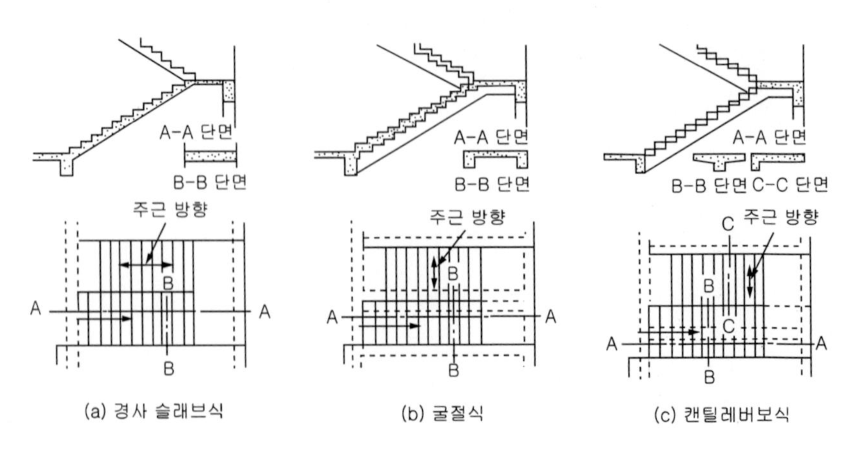

그림. 철근 콘크리트 계단

(5) 벽체

1) 내력벽(내진벽)

① 기둥과 보로 둘러 쌓인 벽으로 지진, 바람 등 수평하중을 받는다.

② 두께 15cm 이상으로 하고 25cm 이상일 경우 복근으로 배근한다.

③ 사용 철근은 D10(ϕ9) 이상을 사용하고 간격은 45cm 이하로 한다.

④ 개구부는 없는 것이 좋으나 있을 경우는 D13 이상의 철근으로 주위를 보강한다.

2) 장막벽

① 단순히 공간을 막아 주기 위해 설치한 것

② 반드시 철근 콘크리트 구조로 할 필요는 없다.

③ 나무구조, 벽돌구조, 블록구조, 경량 철골구조 등 적합한 것을 사용하도록 한다.

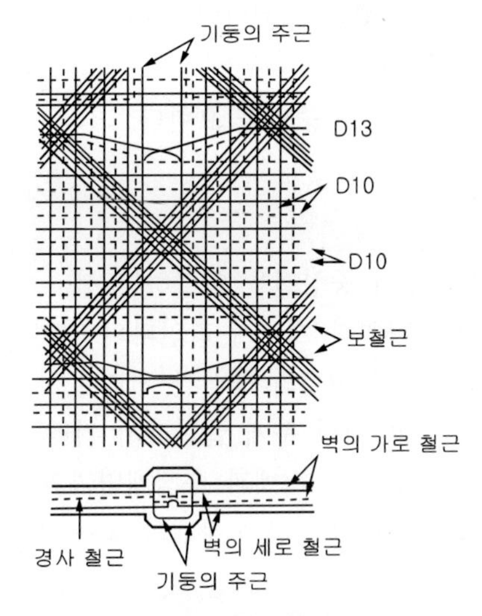

그림. 내력벽 배근

section 5 철골 구조

1 철골구조

(1) 철골구조의 특성

1) 장점

① 수평력에 대해 강하고, 내진적이며 인성이 크다.

② 자중이 가볍고 고강도이다.

③ 조립과 해체가 용이하다.

④ 큰 스팬(span) 건물과 고층 건물이 가능하다. (대규모 건축에 이용)

2) 단점

① 화재에 불리하다. (비내화성)

② 부재가 세장하므로 좌굴이 생기기 쉽다.

③ 부재가 고가(高價)이다.

④ 조립구조이므로 접합에 주의를 요한다.

(2) 리벳접합

1) 리벳용어

① 게이지라인 : 리벳의 중심선을 연결하는 선

② 게이지 : 게이지 라인과 게이지 라인과의 거리

③ 피치(Pitch) : 리벳과 리벳의 중심간 거리

④ 연단거리 : 리벳구멍에서 부재 끝단까지 거리

⑤ 클리어런스(Clearance) : 리벳과 수직재면과의 거리

⑥ 그립(Grip) : 리벳으로 접합하는 부재의 총두께(그립의 길이는 5d 이하)

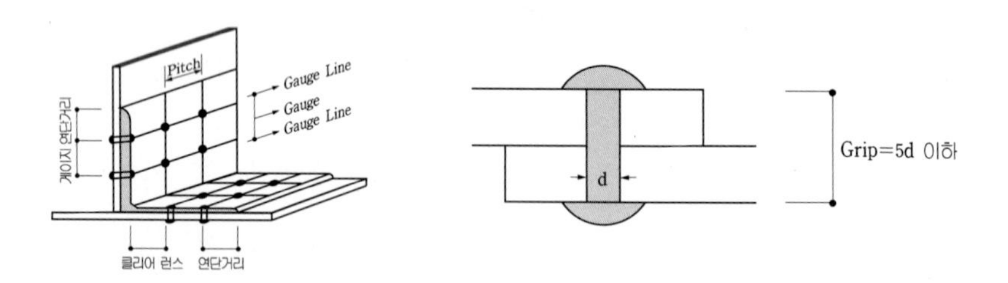

2) 리벳치기

① 리벳의 종류는 머리의 형태에 따라 구분을 한다.(둥근머리, 민머리, 평머리 리벳)

② 가장 많이 사용하는 리벳의 종류는 둥근머리 리벳을 사용하며, 또한 강도의 변화가 적다.

③ 리벳의 가열온도는 600~1,100℃ 정도로 한다.(800℃가 적당하고, 600℃ 이하에서는 시공금지)

④ 리벳의 배치는 엇모배치와 정렬배치가 있는데 일반적으로 정렬배치가 많이 사용된다.

⑤ 리벳의 피치(pitch) 간격은 최소 2.5d~3d이고, 보통은 4d를 사용한다. (d : 리벳의 지름)

(3) 용접 접합

1) 용접접합의 종류

종 류	방 법
가스압접	· 가스 불꽃을 이용하는 압접방법 · 접합하려는 부재의 면에 축방향의 압축압력을 가하고 접합부위를 가열하여 접합
가스용접	· 가스 불꽃의 열을 이용하여 철재의 일부를 녹여 접합 · 높은 강도를 기대할 수 없으나, 절단용으로는 극히 중요하다.
아크용접	· 아크에 의한 발열을 이용하여 금속을 용접하는 방법 · 3,500℃의 아크열 사용한다. · 모재와 용접봉이 용해되어 모재 사이에 틈 또는 살붙임 피복으로 한다. · 철골공사에 가장 많이 사용한다.
전기저항용접	접합하는 양금속을 접합시켜 전류를 흐르게 하면 접촉부는 고온이 된다. 이때 기계적 압력을 가하여 접합시키는 용접법

2) 용접 접합의 장·단점

장 점	단 점
· 공해(소음, 진동)가 없다. · 강재의 양을 절약할 수 있다. (중량 감소) · 접합부의 강성이 크며, 응력의 전달이 확실하다. · 일체성, 수밀성이 확보된다.	· 용접의 숙련공이 필요하다. · 용접부 결합의 검사가 어렵고 비용, 장비, 시간이 많이 걸린다. · 용접열에 의한 변형 발생이 우려된다. · 용접 모재의 재질 상태에 따라 응력의 집중현상이 크다.

3) 용접의 결함

① 슬래그(slag) 감싸들기 : 용접시 슬래그가 용착금속 안에 출입되는 현상

② 언더컷(under cut) : 용접선 끝에 용착금속이 채워지지 않아 생긴 작은 홈

③ 오버랩(overlap) : 용착금속이 모재와 융합되지 않고 겹쳐있는 현상(들떠 있는 현상)

④ 피트(pit) : 용접 비드(bead) 표면에 뚫린 구멍이나 모재의 화학성분의 불량 등으로 인해 발생하는 미세한 표면의 흠

⑤ 블로우 홀(blow hole) : 금속이 녹아들 때 생기는 기포나 작은 틈

⑥ 클랙(crack) : 용접 후 냉각시 갈라진다.

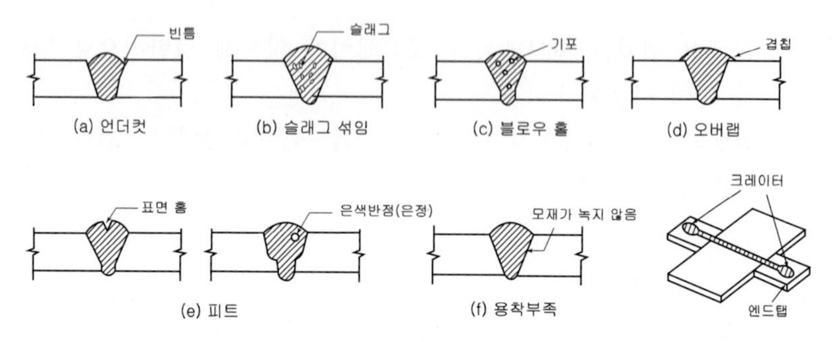

그림. 용접의 결함

(4) 고력 볼트(HTB, High-tension Bolt) 접합 일반사항

고장력 볼트로 접합하는 부재를 서로 강력히 압착시켜 압착면에 생기는 마찰력에 의해 응력을 전달시키는 방법이다.

① 조임기기 : 임팩트 렌치, 토크렌치
② 조임방법 : 1차조임 80%, 2차조임 100%
③ 조임순서 : 중앙부에서 주변부로 조인다.
④ Bolt수의 10% 이상, 각 볼트군에 1개 이상
⑤ 마찰면 처리 : 마찰계수 0.45 이상의 거친면으로 한다.
⑥ 고력 볼트(High-tension Bolt) 접합의 특성
㉠ 접합부의 강성이 높아서 접합부의 변형이 거의 없다.
㉡ 볼트에는 마찰접합의 경우 전단력이 생기지 않는다.
㉢ 계기공구를 사용하여 죄므로 정확한 강도를 얻을 수 있다.
㉣ 리벳접합에 비해 시공이 확실하다.
㉤ 공기가 단축되고 노동력이 절약된다.

(5) 용어

① Anchor Bolt : 토대, 기둥, 보, 도리 혹은 기계류 등을 기초나 돌, 콘크리트 구조체에 정착시킬 때 쓰는 복박이 볼트
② Base Plate : 철골구조에서 기초 위에 높아 앵커볼트와 연결시키기 위해 까는 철판
③ Side Angle : 철골의 주각부의 윙플레이트와 베이스 플레이트를 접합하는 형강
④ Clip Angle : 사이드 앵글과 같은 형태로 철골 접합부를 보강하든가 또는 접합을 목적으로 사용하는 앵글
⑤ Web Plate : 보, 거어더, 트러스 등의 중간부를 형성하는 강판으로 전단력을 받음
⑥ Wing(Side) Plate : 주각의 응력을 베이스플레이트로 전달하기 위한 플레이트로 주각부를 보강하여 응력의 분산을 도모하기 위해 설치하는 강판
⑦ Lattice : 교차시켜 그물모양(격자형)을 이루는 부재

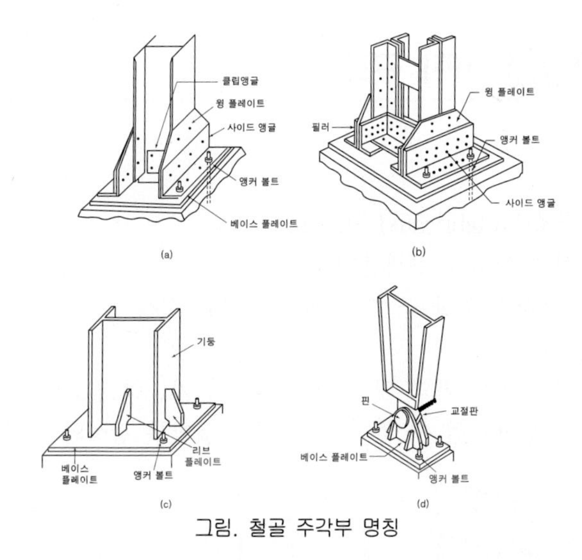

그림. 철골 주각부 명칭

(6) 보의 종류

① 격자보 : 웨브재를 상하부 플랜지에 90°로 조립한 보로서 가장 경미한 하중을 받는 곳에 주로 사용되며, 콘크리트 피복이 필요하다.

② 형강 보 : H형강, ㄷ형강, I형강 등을 주로 사용하며 가동이 간단하고 현장 조립이 신속하며 재료가 적게 들어 경제적이다. 중도리, 장선, 간사이 작은보 등에 쓰인다.

③ 판보(plate girder) : 웨브에 철판을 대고 상하부에 플랜지 철판을 용접하거나 ㄴ형강을 리벳 접합한 것으로 강재가 많이 사용되어 비용이 많이드나 트러스보다 안전한 형태로 전단력이 크게 작용하는 철교나 크레인 등에 사용한다.

④ 래티스 보 : 형강과 래티스로 조립된 것으로 전단력에 약하여 경미한 철골 구조나 철골철근 콘크리트조에 이용된다.

⑤ 트러스 보 : 각종 형강과 가셋 플레이트(Gusset plate)를 사용하여 조립한 보로서 보의 춤이 커서 모멘트 및 전단력에 강하므로 Span이 큰 구조물에 이용된다.

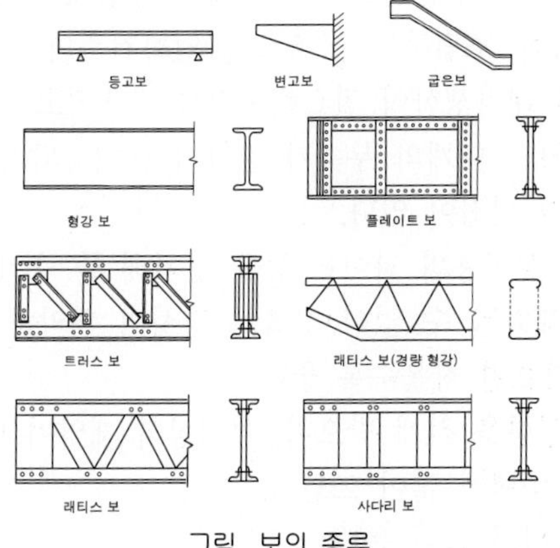

그림. 보의 종류

section 6 기타 구조

1 기타구조

(1) 조립식 구조(Prefabricated Structure)

① 공장생산에 의한 대량생산 가능

② 기계화 시공에 의한 공기단축과 시공능률 향상

③ 공사비 절감

④ 자재운반에 따른 제약 및 설치시 고도의 기술력 필요

⑤ 접합부가 일체화될 수 없는 데에 따른 접합부 강성의 취약

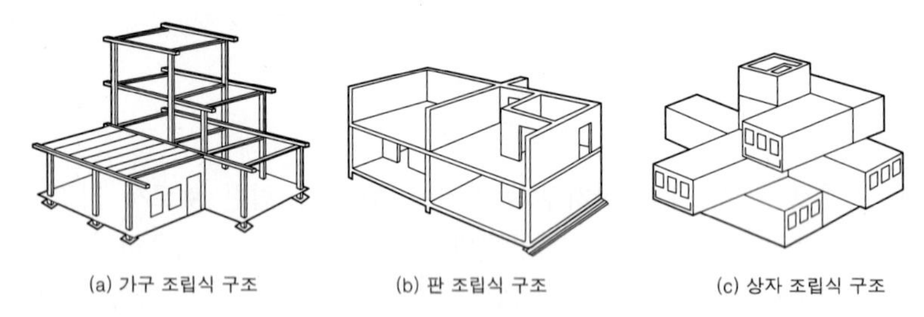

(a) 가구 조립식 구조　(b) 판 조립식 구조　(c) 상자 조립식 구조

그림. 조립식구조의 분류

> **학습포인트**
>
> 조립식 구조의 공법
>
> ① 필드 공법 : 공사현장에서 거푸집을 짜서 콘크리트를 부어 넣는 방법
>
> ② 틸트업 공법 : 부재를 현장에서 크레인 등을 이용하여 수직으로 세우면서 조립하는 공법
>
> ③ 리프트업 공법 : 공기가 짧고 정밀시공이 가능해 한층 진보된 공법으로 바닥판을 기중기를 이용하여 끌어 올려 설치한다.

(2) PC(precast concrete : 프리캐스트 콘크리트) 구조

기둥, 벽, 보 및 바닥 철근콘크리트 부재를 공장에서 제작하고, 현장에서 양중장비를 이용하여 조립하는 구조로 공업화건축의 하나이다. 건설 수요의 급증으로 인하여 대량생산이 필요해지면서 적용되고 있는 구조이다.

① 골조를 구성하는 대개의 부재가 공장에서 제작되기 때문에 품질의 향상, 공기단축 등의 이점이 있다.

② 사전에 창호, 설비용의 파이프 등을 설치해 둘 수가 있다.

③ 접합부가 일체화될 수 없어 접합부 강성의 취약하므로 PC 부재의 접합(이음)부가 작으면 작을수록 좋다.

④ 기후변화에 영향을 적게 받으며, 설계상의 제약이 따른다.

⑤ 중층의 공동 주택에 많이 쓰인다.

※ 초기시설투자비가 많이 든다.

(3) 프리스트레스트 콘크리트(Prestressed concrete) 구조

고강도 강선을 사용하여 인장응력을 미리 부여함으로서 단면을 적게 하면서 큰 응력을 받을 수 있는 콘크리트이다.

① 장점

㉠ 내구성, 수밀성이 양호하다.

㉡ 경량구조, 장대구조가 가능하고 미관이 양호하다.

㉢ 처짐이 적다.

㉣ 구조물의 안전성이 크다.

㉤ 연결시공, 분할시공, 현장타설 시공이 가능하다.

② 단점

㉠ 철근콘크리트구조에 비해 단면을 작게 할 수 있으나 강성이 작아 진동되기 쉽고 변형하기 쉽다.

㉡ 고강도 강재는 고온 하에서 강도가 급격히 감소한다.

㉢ 철근콘크리트구조에 비해 응력검토과정이 복잡하여 세심한 주의가 요구된다.

㉣ 철근콘크리트구조에 비해 고가이다.

(4) 커튼월(curtain wall) 구조

건물의 무게를 지지하는 것은 기둥과 보가 담당하고, 외벽은 단지 건물 내부와 외부라는 공간을 칸막이하는 커튼의 구실만 하도록 한 비내력벽 구조체로 건축물 모체에 패스너(Fastener)를 부착해 설치, 해체가 자유로운 구조를 말하며, 금속패널, 유리, PC콘크리트 등을 부착하는 공사를 말한다.

1) 커튼월의 특성 및 요구 성능

① 건축생산의 프리패브(Prefab)화와 외벽의 경량화, 품질의 향상이 가능하다.

② 층간변위에 대한 추종성과 내풍압성, 기밀성, 수밀성이 확보된다.

③ 내구성, 열적 안전성, 차음, 단열성능이 있어야 한다.

2) 커튼월의 분류

분 류	방 식
커튼월의 외관형태	멀리온(mullion, 샛기둥) 방식, 스팬드럴(spandrel) 방식, 격자(grid) 방식, 피복(sheath) 방식
커튼월의 구조방식	멀리온(mullion) 방식, 패널(panel) 방식, 커버(cover) 방식
커튼월의 판넬 부착방식	슬라이딩 방식, 로킹 방식, 고정 방식

3) 패스너(Fastener)

외벽 커튼월과 골조를 긴결하는 중요한 부품으로서 커튼월에 가해지는 외력을 지탱하므로 충분한 강도를 가져야 한다.

학습포인트

초고층 건축물의 골조 형식
① 모멘트저항골조
② 내력벽구조
③ 건물골조구조
④ 이중골조구조
⑤ 아웃리거-벨트트러스구조
⑥ 튜브구조
⑦ 스파인구조
⑧ 다이아그리드구조
⑨ 메가구조
⑩ 전단벽코어-슈퍼칼럼구조
※ 제진구조 : 지진에너지를 각종 제어장치(댐퍼)를 이용하여 감소시키는 방식으로 장치는 TMD(turn mass damper), HMD(hybrid mass damper), TLD(Tuned Liquid Damper) 시스템 등이 있다.

2 방수

1) 아스팔트 방수 재료

① 석유 아스팔트

㉠ 스트레이트 아스팔트 : 신축이 좋고 교착력이 우수하나, 연화점이 낮아 지하실에 쓰인다.

㉡ 블로운 아스팔트 : 지붕방수에 많이 쓰이며 연화점이 높다.

㉢ 아스팔트 컴파운드 : 블로운 아스팔트에 동식물성 유지나 광물성분말을 혼합하여 만든 신축성이 가장 크고 최우량품이다.

㉣ 아스팔트 프라이머 : 블로운 아스팔트에 휘발성 용제를 넣어 묽게 한 것으로, 방수층 바탕에 침투시켜 부착이 잘 되게 한다.

② 펠트, 루핑류

㉠ 아스팔트 펠트 : 유기성 섬유를 펠트(Felt)상으로 만든 원지를 가열 용융한 침투용 아스팔트를 통과시켜 만든 것

㉡ 아스팔트 루핑 : 원지에 아스팔트를 침투시킨 다음, 양면에 피복용 아스팔트를 도포하고, 광물질분말을 살포시켜 마무리한 것이다.

㉢ 특수루핑 : 마포, 면포 등을 원지 대신 사용한 것으로 망형 루우핑이라고도 한다.

※ 아스팔트의 품질을 결정하는 기준

침입도(針入度), 연화점(軟化點), 감온비(感溫比), 신장(伸度, 늘임도), 인화점(引火點), 가열감량(加熱減量), 비중(比重), 이유화탄소(CS_2) 가용분, 고정탄소(固定炭素) 등

※ 침입도(PI : Penetration Index)

① 아스팔트의 경도를 표시한 값으로, 클수록 부드러운 아스팔트이다.

② 0.1mm 관입시 침입도 PI=1로 본다. (25℃, 100g, 5sec 조건으로 측정)

③ 아스팔트 양부 판정시 가장 중요하다. 침입도와 연화점은 반비례 관계이다.

3 창호·금속

(1) 알루미늄 창호

장 점	단 점
· 경량이다.(비중이 철의 약 1/3 정도) · 녹슬지 않고 사용연한이 길다. · 공작이 자유롭고 기밀, 수밀성이 우수하다. · 내식성이 강하고 착색이 가능하다. · 여닫음이 경쾌하다.	· 철에 비하여 강도가 약하다. · 모르타르, 콘크리트, 회반죽 등 알칼리에 약하다. · 내화성이 약하다. 염분에 약하다. · 이질 금속과 접하면 부식된다. · 강성이 적고, 수축 팽창이 크다. (철의 2배)

(2) 창호 철물

종 류	내 용
① 자유 정첩 (Spring hinge)	Spring hinge라고 하며, 안밖으로 개폐할 수 있는 정첩, 자재문에 사용
② 레버터리 힌지 (Labatory hinge)	공중전화 출입문, 공중변소에 사용, 15cm 정도 열려진 것
③ 플로어 힌지 (Floor hinge)	정첩으로 지탱할 수 없는 무거운 자재 여닫이문에 사용
④ 피보트 힌지 (Pivot hinge)	용수철을 쓰지 않고 문장부식으로 된 정첩, 가장 무거운 문에 사용
⑤ 도어체크 (Door check)	문 윗틀과 문짝에 설치하여 자동으로 문을 닫는 장치 (=Door closer)
⑥ 함 자물쇠 (Rimlock)	Latch bolt(손잡이를 돌리면 열리는 자물통)와 Dead bolt(열쇠로 회전시켜 잠그는 자물쇠)가 함께 있다.
⑦ 실린더 자물쇠	Pin tumbler lock, Mono lock이라고도 하며, 자물통이 실린더로 된 것으로 텀블러 대신 핀을 넣은 실린더 록으로 고정
⑧ 나이트 래치 (Night latch)	바깥에서는 열쇠, 안에서는 손잡이로 여는 실린더 장치
⑨ 엘보우 래치 (Elbow latch)	팔꿈치 조작식 문 개폐장치, 병원 수술실·현관 등에 사용

⑩ 도어홀더, 도어스톱	도어 홀더(문열림 방지), 도어 스톱(벽, 문짝 보호)
⑪ 오르내리 꽂이쇠	쌍여닫이문(주로 현관문)에 상하 고정용으로 달아서 개폐방지
⑫ 크레센트(Crescent)	오르내리창이나 미서기창의 잠금장치(자물쇠)
⑬ 멀리온(Mullion)	창면적이 클 때 기존 창 Frame을 보강하는 중간 선대로 커튼월 구조에서는 버팀대, 수직지지대로 불리운다.

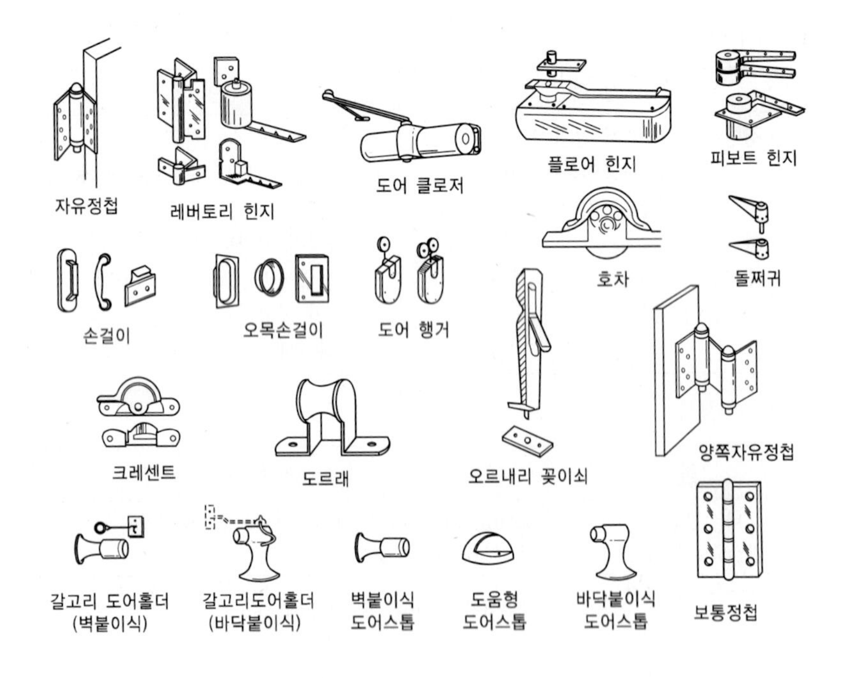

(3) 금속철물

구 분		특 징
기성철물	미끄럼막이 (Non-slip)	계단의 디딤판 모서리에 미끄럼을 방지하기 위하여 설치하는 철물
	코너비드 (Comer bead)	기둥, 벽 등의 모서리에 대어 미장바름을 보호하는 철물
	황동 줄눈대	· 인조석 테라죠갈기에 쓰이는 바닥용 줄눈대로 I자형이다. · 바름 구획, 균열 방지, 보수 용이를 위하여 사용하며, 길이 90cm가 표준
	조이너 (Joiner)	· 벽, 천장, 바닥용 줄눈대 · 18mm 정도의 줄눈 가림재로 이질재와의 접촉부에 사용
	와이어 라스 (Wire lath)	· 철선을 꼬아서 만든 것으로, 벽, 천장의 미장공사에 사용 · 원형, 마름모, 갑형 등 3종류가 있다.
	메탈 라스 (Metal lath)	· 박강판에 자국을 내어 잎으로 잡아 당겨 그물코 모양으로 만든 것 · 벽, 천장의 미장바름에 사용
	와이어 메쉬 (Wire Mesh)	· 연강 철선을 격자형으로 짜서 접점을 선기 용접한 것 · 블록을 쌓을 때나 보호 콘크리트를 타설할 때 균열을 방지 및 교차 부분을 보강하기 위해 사용
	블록 메쉬 (Black Mesh)	블록 보강용 와이어 메쉬로 15cm 간격으로 전기용접한 것
고정철물	인서트(Insert)	· 구조물 등을 달아매기 위하여 콘크리트 바닥판에 미리 묻어 놓는 수장 철물 · 철근, 철물, 핀, 볼트 등도 사용
	익스팬션 볼트 (Expansion bolt)	· 콘크리트에 구멍을 뚫고 볼트를 틀어박으면 그 끝이 벌어지게 되어 있는 철물(인발력 270~500kg)
	스크류 앵커 (Screw anchor)	· 콘크리트나 벽돌조에 매입된 연질 금속의 플러그에 나사못을 박는 것으로 익스팬션 볼트과 같은 원리이다.(인발력 50~115kg)
	드라이브 핀 (Drive pin, Drive gun)	· 타정 총으로 소량의 화약을 사용하여 콘크리트, 벽돌벽, 강재 등에 드라이브 핀을 순간적으로 박는 특수못
장식철물	펀칭 메탈 (Punching metal)	· 판두께 1.2mm 이하의 각종 무늬 모양으로 구멍을 뚫어 만든 것 · 환기구, 라지에이터(방열기) 덮개 등에 사용
	법랑 철판	· 0.6~2.0mm 두께의 저탄소 강판에 법랑(유기질 유약)을 소성한 것 · 주방용품, 욕조 등에 사용

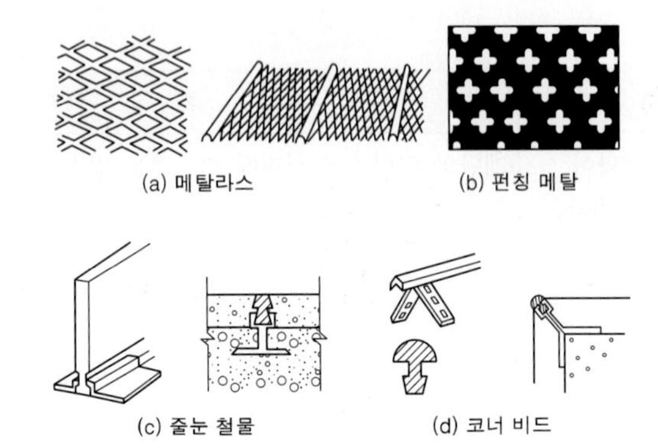

4 수장

(1) 반자의 종류

① 구성반자 : 응접실, 거실 등의 장식 겸 음향효과와 전기조명시 간접조명을 하기 위한 반자

② 우물반자 : 반자틀을 네모방틀 격자모양으로 하여 틀을 짜서 만든 반자로서, 서로 +자로 만나는 곳은 연귀턱맞춤으로 하며, 이음은 턱솔 또는 주먹장으로 한다.

③ 널반자 : 반자틀 밑에 널을 치올려 못박아 대는 반자로서 치받이널 반자라고도 한다.

④ 건축판반자 : 합판·각종 섬유재·석면시멘트판·석고판·금속판 등을 적당한 크기로 맞추어 모양에 맞게 졸대를 붙이는 반자

⑤ 바름반자 : 반자틀에 약 7.5cm 간격으로 못박아 대고, 그 위에 수염을 사방에 약 30cm 간격에 하나씩 박아 늘이고 회반죽, 플라스터, 모르타르 등을 바른 반자이다.

⑥ 층단반자 : 천장 주위 또는 구석 일부의 반자를 일단 낮게 하여 일반반자와 대조가 되게 한 것이다.

(2) 목조계단

① 디딤판 : 디딤판은 옆판에 통넣고 쇄기치기를 하여 고정시킨다.

② 챌판 : 챌판은 상부 디딤판에 홈을 파넣고 좌, 우는 옆판에 통넣고 쇄기치기를 한다.

③ 옆판 : 디딤판과 챌판의 하중이 모이는 곳이므로 두께는 5~10cm 정도로 하며 아래는 멍에에, 위는 계단받이 보에 걸치고 주걱 Bolt 조임을 하며 엄지 기둥에 주먹 장부 넣기로 한다.

④ 계단멍에 : 계단나비가 1.2m를 초과할 때 디딤판의 처짐 및 보행진동을 막기 위해서 중간에 보강한다.

⑤ 난간, 엄지기둥, 난간두겁, 난간동자 등

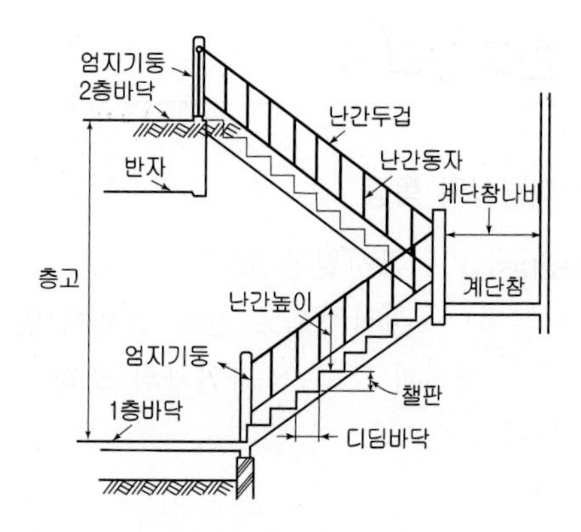

그림. 계단의 각부 명칭

section 1 한국건축사

1 한국건축의 조형 의장상의 특징

① 기둥의 배흘림(entasis) - 착시현상 교정
② 기둥의 안쏠림(오금법) - 시각적으로 건물 전체에 안정감
③ 우주의 솟음 - 처마 곡선과 조화 - 자연과의 조화
④ 지붕의 처마 곡선미
⑤ 비대칭적 평면구성
⑥ 인간적 척도 - 친근감을 주는 척도

2 한국 전통 목조건축에서 기둥의 의장 기법

① 배흘림(entasis) - 착시현상 교정
② 귀솟음 : 건물의 우주(隅柱)보다 높게 하는 일
③ 기둥의 안쏠림(오금법) - 시각적으로 건물 전체에 안정감을 준다.
※ 우주(隅柱) : 건물의 귀퉁이에 세워진 기둥(귀기둥)

3 목조 건축 양식[공포(두공)의 형식]

(1) 주심포식 : 주두와 첨차, 소로들로 구성되는 공포를 짜는 식
- 특징 : 쌍 S 자각, 배흘림 기둥, 굽면이 곡면인 주두
- 예 : 봉정사 극락전, 부석사 무량수전, 강릉 객사문

(2) 다포식 : 평방을 놓고 그 위에 주두와 첨차, 소로들로 구성되는 공포를 짜는 식, 화려한 형태
- 특징 : 평방, 우물천장, 굽받침이 없다.
- 예 : 심원사 보광전(다포식으로 가장 오래된 것.)

(3) 익공식 : 기둥위에만 공포가 있는 형식, 소규모 건축
- 예 : 서울 문묘 명륜당, 강릉 오죽헌, 경복궁 향원정, 수원 화서문

(4) 절충식 : 주심포식과 다포식 수법이 혼용된 것.
- 예 : 개심사 대웅전

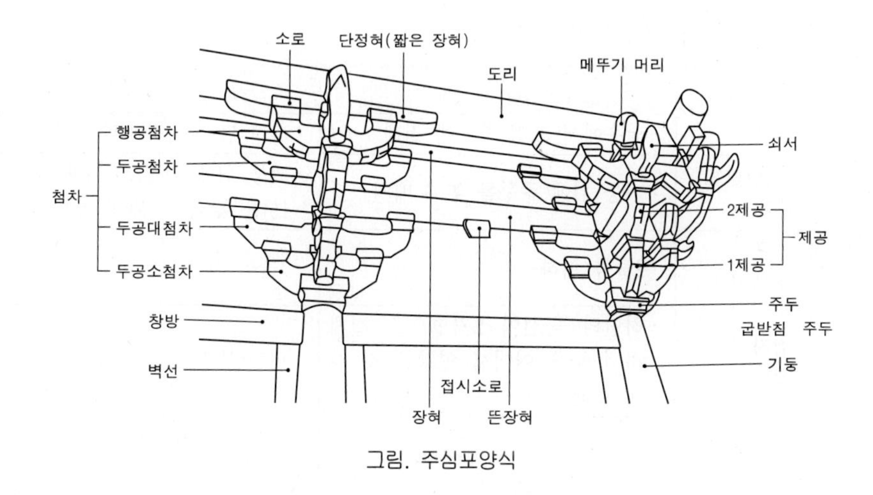

그림. 주심포양식

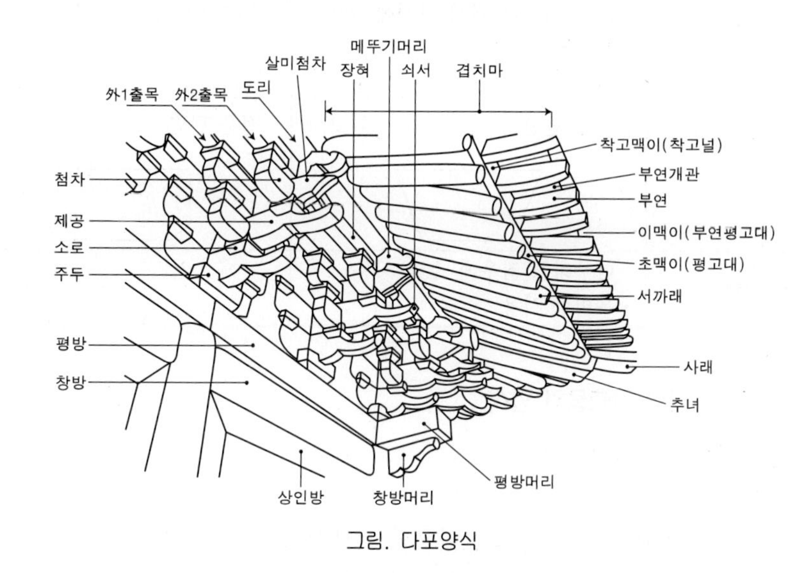

그림. 다포양식

※ 주심포식과 다포식의 특징 비교

분 류	주 심 포 식	다 포 식
1. 전례	· 남송에서 고려 중기에 전래	· 고려 말 원나라에서 전래
2. 공포(栱包) 배치	· 기둥 위에 주두를 놓고 배치	· 기둥 위에 창방(昌枋)과 평방(平枋)을 놓고 그 위에 공포 배치
3. 공포의 출목(出目)	· 2출목 이하	· 3출목 이상
4. 첨차의 형태	· 하단의 곡선이 S자형으로 길게 하여 둘을 이어서 연결한 것 같은 형태	· 밋밋한 원호곡선으로 조각
5. 소로배치	· 비교적 자유스럽게 배치	· 상하로 동일 수직선상에 위치를 고정
6. 내부 천장 구조	· 가구재의 개개 형태에 대한 장식화와 더불어 전체 구성에 미적인 효과를 노렸다.(연등천장)	· 가구재가 눈에 뜨이지 않으므로 구조상의 필요만 충족시켰다.(우물천장)
7. 보의 단면 형태	· 위가 넓고 아래가 좁은 4각형을 접은 단면	· 춤이 높은 4각형으로 아랫모를 접은 단면
8. 기타	· 마루대공 좌우에 소슬 사용 · 우미량 사용	

4 우리나라 근대 건축물의 양식

① 성공회성당 - 로마네스크 양식
② 약현성당, 명동성당 - 고딕 양식
③ 서울역 - 르네상스 양식(비잔틴풍의 르네상스 양식)
④ 한국은행 본점 구관(舊館) - 르네상스 양식
⑤ 국립중앙박물관 - 르네상스 양식
⑥ 경성 부민관 - 합리주의 양식
⑦ 화신백화점 - 합리주의 양식

5 우리나라의 현대건축가의 주요 작품

① 박동진 : 고려대학교 본관 및 도서관, 조선일보 구사옥, 영락교회
② 박길룡 : 문예진흥원, 화신백화점(철거)
③ 김수근 : 국회의사당, 자유센터, 경동교회, 타워호텔
④ 김중업 : 명보극장, 삼일로빌딩, 서강대, 건국대

6 한옥의 기능

① 안채 : 집안의 주인마님을 비롯한 여성들의 공간으로 대문으로부터 가장 안쪽에 위치하며 보통 안방, 안대청, 건넌방, 부엌으로 구성된다.

② 사랑채 : 외부로부터 온 손님들에게 숙식을 대접하는 장소로 쓰이거나 이웃이나 친지들이 모여서 친목을 도모하고 집안 어른이 어린 자녀들에게 학문과 교양을 교육하는 장소이기도 하였다.

③ 행랑채 : 경제적으로 여유가 있는 집안의 경우에는 안채와 사랑채 외에도 하인들이 기거하거나 곡식등을 저장해두는 창고로서 쓰였던 행랑채가 따로 있었다.

④ 반빗간 : 일반 사대부 집안에서 별채로 만든 부엌간이다. 창덕궁 안에 있는 연경당은 사대부집을 모델로 지었으므로 비록 궁궐 안에 있다 하더라도 반빗간이라고 부른다.

⑤ 사당채 : 조상 숭배의식의 정착과 함께 대문으로부터 가장 안쪽, 안채의 안대청 뒤쪽이나 사랑채 뒤쪽 제일 높은 곳에 '사당'이라는 의례 공간을 마련하기도 하였다.

⑥ 별당채 : 규모가 있는 집안의 가옥에는 별당이 집의 뒤, 안채의 뒷쪽에 자리하고 있으며 이용하는 사람에 따라 그 이름이 다르게 불리웠다. 결혼전의 딸들이 기거하는 별당은 '초당'으로 부르고, 또한 결혼전의 남자 아이들의 글공부를 위해 '서당'이 따로 마련되어 있는 집도 있었다.

7 한국 창호의 특징

① 기능성과 예술성을 가진다.

② 사계절의 기후가 뚜렷하고, 대가족제 속에서 개인적인 공간을 확보해야 했던 영향으로 한옥은 개방적이면서도 폐쇄적인 이중성을 띠고 있다.

③ 창호는 이러한 이중성을 조절해주는 중요한 장치였다.

④ 중국과 일본이 창호지를 바깥으로 붙이는 것이 일반적인데 대하여 한국은 안으로 붙인다.

section 2 서양건축사

※ 서양건축양식의 순서
이집트 - 서아시아 - 그리이스 - 로마 - 초기 기독교 - 비잔틴 - 로마네스크 - 고딕 - 르네상스 - 바로크 - 로코코 - 고전주의 - 낭만주의 - 절충주의

1 이집트 건축

(1) 특징
① 점토 및 석재를 주로 사용
② 분묘 및 신전 건축이 성행
③ 이집트의 특수한 장식 사용(와형문양, 연꽃과 파피루스 문양, 박육조각, 유익태양판 등)

(2) 건축물의 예
마스터바, 피라미드, 암굴분묘, 암몬 대신전, 오벨리스크

2 서아시아 건축

(1) 특징
① 주재료는 주로 햇볕에 말린 점토, 흙벽돌, 아스팔트 등을 사용한 조적식 구법이 발달
② 아치(arch)구법과 궁륭(voult)구법이 발달
③ 궁전 및 천문대 건축이 성행
④ 장식에는 박육조각, 색기와, 기하학적인 모양 사용

(2) 건축물의 예
바빌로니아 신전, 앗시리아의 사르곤 왕궁, 소로몬 신전, 지구렛

3 그리이스 건축

(1) 특징
① 평면은 균형있는 형태로 전면, 측면, 후면에는 열주로 되어 있다.
② 극장, 경기장은 자연적 지형을 이용 관람석을 만듬.
③ 기둥에는 엔타시스(entasis)를 두어 착각교정을 하는 정도로 과학적이다.
④ 석재를 쌓을 때 모르타르를 쓰지 않고 철물을 사용
⑤ 장식은 사생적이다.
⑥ 그리스 건축의 3가지 오더(order)

㉠ 도릭(Doric)식 : 가장 단순하고 간단한 양식으로 직선적이고 장중하여 남성적인 느낌
㉡ 이오니아(Ionian)식 : 소용돌이 형상의 주두가 특징. 우아, 경쾌, 곡선적이며 여성적인 느낌
㉢ 코린트(Corinthian)식 : 주두를 아칸더스 나뭇잎 형상으로 장식. 가장 장식적이고 화려한 느낌

(a) 도리아식 주범의 주두

(b) 이오니아식 주범의 주두

(c) 코린트식 주범의 주두

그림. 그리스 건축의 주범 양식

(2) 건축물의 예

파르테논 신전(도리아식), 에렉테이온 신전(이오니아식), 포세이돈 신전, 헤라이온 신전, 에피다우로스 극장, 아테네의 스타디엄 올림피아의 팔레스트라

※ 그리스 신전은 고대 그리스의 주된 형태로 엄격한 형식으로 구성되었다. 정면 현관이 보통 동쪽을 향하고 크게 원주(column), 엔타블레이처(entablature), 박공 3부분으로 구성되어 있다. 장방향의 평면으로 측면 길이가 정면의 2배 이상이며, 3단의 기단 위에 전주랑실(pronaos), 내실, 후주랑실(opistodomus)로 구성되어 있다.

※ 엔타시스(Entasis : 배흘림)
① 그리스 신전에 사용된 착시 교정 수법이다.
② 기둥의 중간부분이 가늘어 보이는 착시현상을 교정하기 위해 기둥을 약간 배부르게 처리하여 시각적으로 안정감을 부여하는 수법
② 모서리쪽의 기둥 간격을 보다 좁게 하였다.
④ 기단, 아키트레이브, 코니스에 의해 형성되는 긴 수평선을 위쪽으로 약간 불룩하게 하였다.

4 로마 건축

(1) 특징
① 여러나라 건축 양식을 통일 종합 하였다.
② 건축의 실용적인 면을 발달시켰다.
③ 기둥양식(order)을 발전 시켰다.

④ 건축의 규모가 웅대하다.
⑤ 장식을 많이 사용하였다.
⑥ 재료는 주로 석재와 화산재 + 석회석의 concrete 사용
⑦ 로마 건축의 5가지 오더(order)
㉠ 도릭(Doric)식 : 가장 단순하고 간단한 양식으로 직선적이고 장중하여 남성적인 느낌
㉡ 이오니아(Ionian)식 : 소용돌이 형상의 주두가 특징. 우아, 경쾌, 곡선적이며 여성적인 느낌
㉢ 코린트(Corinthian)식 : 주두를 아칸더스 나뭇잎 형상으로 장식. 가장 장식적이고 화려한 느낌
㉣ 터스칸(Tuscan)식 : 그리스 도릭(Doric)식을 단순화시킨 주범양식
㉤ 콤포지트(Composite)식 : 이오니아(Ionian)식과 코린트(Corinthian)식 주범을 복합시킨 주범 양식

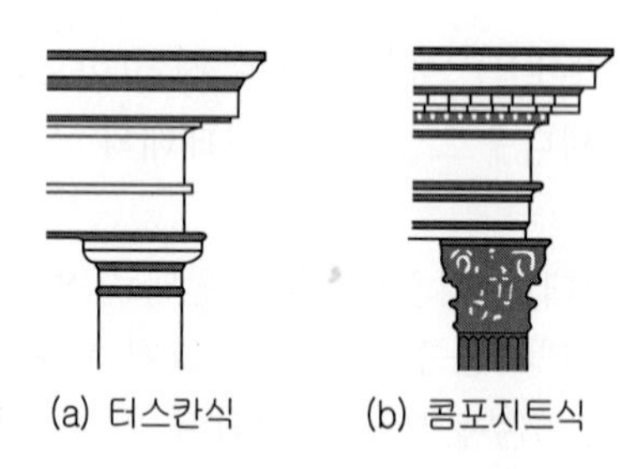

그림. 로마 건축의 기둥 양식

(2) 건축물의 예
판테온 신전, 포름(forum), 바실리카, 카타킬라 욕장, 마루셀루스 극장, 콜로세움, 콘스탄틴 개선문

5 초기 기독교 건축

(1) 특징
① 종교적 건축만이 발달하고 다른 건축은 부진하게 됨.
② 장식 및 구조가 간단하며 양식의 완성을 보게 되었다.
③ 초기의 교회는 폐허와된 주택, 지하의 카타콤(catacomb)을 사용하기도 하였다.

(2) 건축물의 예
바실리카식 교회당, 로마의 콘스탄틴 세례장

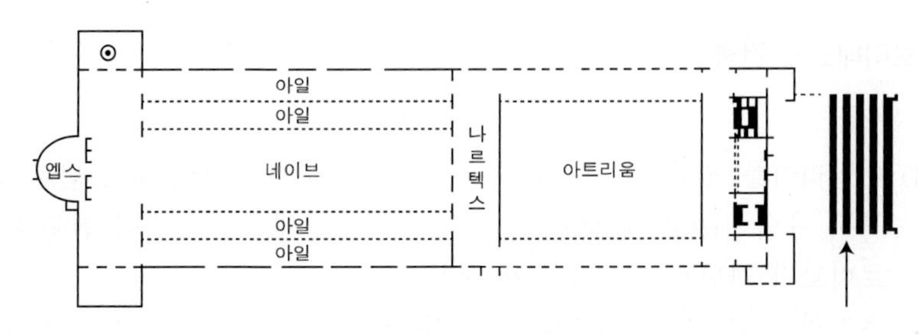

그림. 바실리카식 교회당

6 비잔틴 건축

(1) 특징

① 사라센 문화의 영향을 받았다.

② 도움 및 펜덴티브(pendentive)도움 아아케이트 구법이 발달

③ 강렬한 색채의 평면장식을 주로 하고 조각, 모울딩 등의 입체적 장식은 적었다.

(2) 건축물의 예

성 소피아 사원, 성 마르크 사원, 메트로폴 사원

※ 펜덴티브(pendentive) 돔은 정사각형의 평면에 돔을 올리는 구조법으로 비쟌틴건축에서 주로 사용되었으며 대표적인 예로는 성 소피아 성당이 있다.

※ 스테인드 글라스(stainede glass)는 비잔틴 건축에서 처음 사용하였고, 로마네스크 건축에서는 고측창에 착색유리를 장식용으로 사용하였고, 고딕건축에서 전성기를 이루게 되었다.

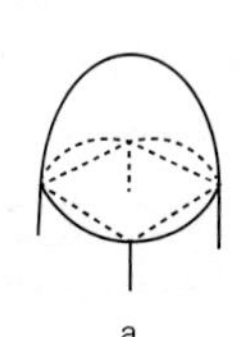

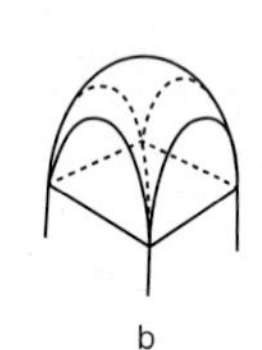

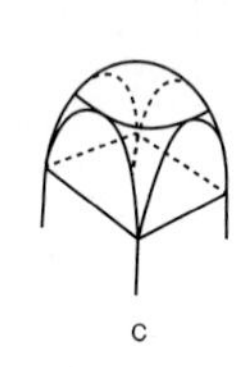

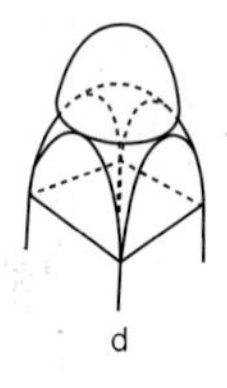

그림. 펜덴티브 돔의 구성방법

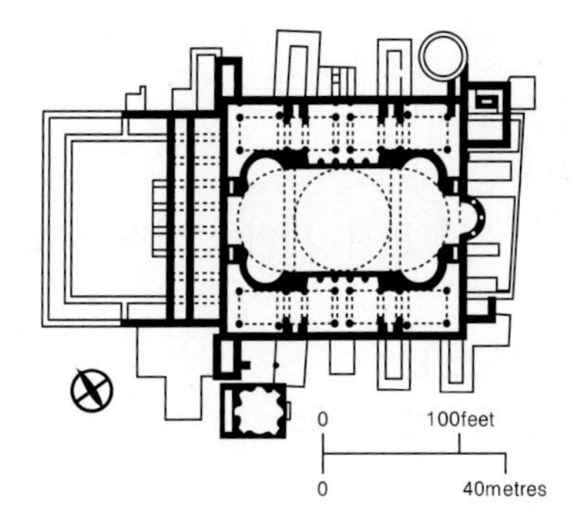

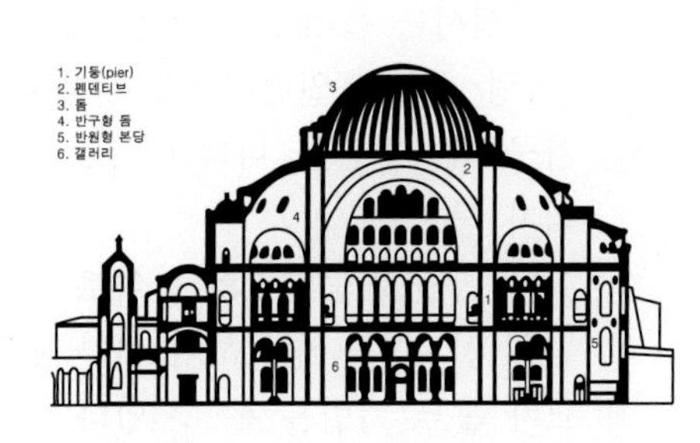

그림. 성소피아 성당

7 로마네스크 건축

(1) 특징

① 이탈리아를 중심으로 한 유럽지역에 광범한 지역에 펼쳐져 남부 유럽과 북부 유럽 사이에는 서로 다른 경향으로 전개된 과도기적 건축양식으로 로마보다 한단계 아래라는 뜻이다.

② 초기의 크리스트교 건축과 고딕 건축의 중간 양식이며, 크리스트교 건축이다.

③ 단위석재를 사용하여 아치, 볼트, 피어 등을 조적하여 교차 볼트기법이 발달했다.

④ 교회 건축은 창문이 적고 실내는 어두우며 채광창은 착색유리로 교회당 내부를 부드럽게 했다. 벽의 반원 아치 사용은 로마네스크의 가장 특징적인 요소이다.

⑤ 장식은 괴기한 모양이다.

(2) 건축물의 예

피사 성당, 성 미카엘 교회

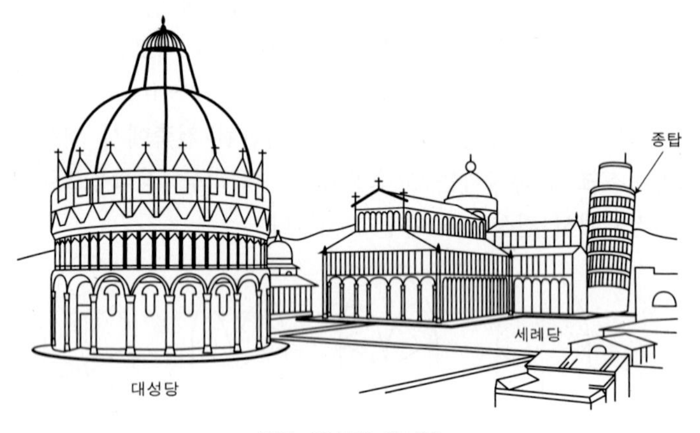

그림. 피사의 대성당

※ 로마네스크 건축의 실내디자인 특징

㉠ 주택에서는 홀(hall) 공간을 매우 중요시 하였다.

㉡ ×자형 스툴이 일반적으로 사용되었다.

㉢ 가구류는 신분을 나타내기도 하였다.(농민 의자, 바이킹 의자, 수납장 의자 등)

㉣ 3차원적인 기둥간격의 단위로 구성되어졌다.

㉤ 높은 천정고를 형성하기 위한 구조적 기초가 닦였다.

㉥ 교차 볼트 기법을 볼 수 있다.

㉦ 고측창은 착색유리로 장식되었다.

8 고딕 건축

(1) 특징

① 북부 유럽적인 양식으로 중세 교회건축을 완성함으로써 역사상 종교건축의 최고 절정기를 이룬다.

② 예배당 건축이 주가 되었으며, 구조적 문제를 역학적으로 해결하였다.

③ 첨두형 아치(Pointed Arch), 리브 볼트(Rib Vault), 플라잉 버트리스(Flying Buttress)가 발달하였다.

④ 스테인드 글라스(stainede glass) 등의 채광 양식이 더욱 발전되었다. 원형창이 특징이며, 고창을 넓게 형성하였다.

(2) 건축물의 예

노틀담 성당, 밀라노 대성당, 퀼른 대성당, 아미앵 사원

※ 고딕건축을 구성하는 구조적 요소

㉠ 첨두형 아치(Pointed Arch)와 첨두형 볼트(Point Arch) : 아치의 반지름을 자유로이 가감함으로써 아치의 정점의 위치가 자유로이 변화

㉡ 리브 볼트(Rib Vault) : 로마네스크 양식에서 사용되었던 교차 볼트(cross vault)에 첨두형 아치의 리브(rib)를 덧대어 구조적으로 보강한 것

㉢ 플라잉 버트리스(Flying Buttress) : 플라잉 버트레스(flying buttress)는 고딕건축에서 부축벽 상부에 소첨탑(小尖塔)을 첨가하여 부축벽의 자중을 증가시켜 횡압력에 대한 저항을 증가시키는 건축기법이다.

※ 고딕건축에 사용된 트레이서리(tracery)는 창문의 전체 첨두아치와 세부 첨두아치 사이의 공간을 장식하고 유리를 지탱하기 위하여 고안된 창살 장식이다.

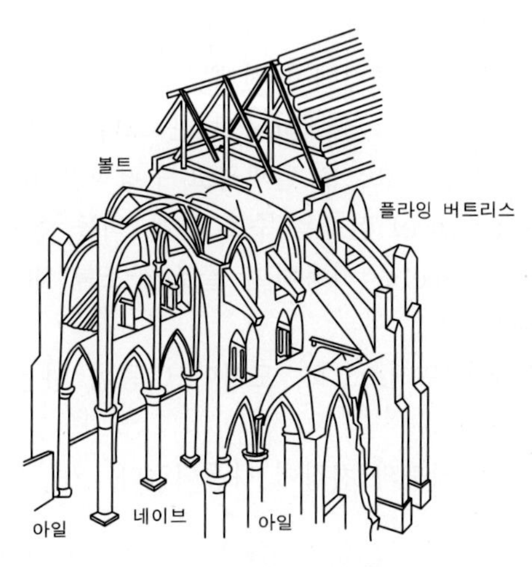

그림. 고딕성당의 구조

그림. 고딕 리브 볼트

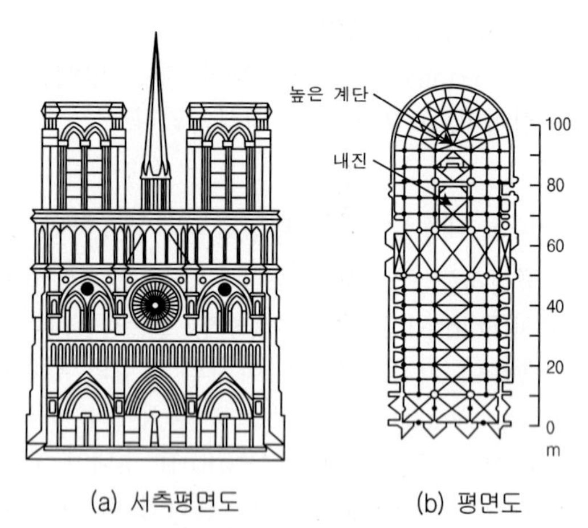

(a) 서측평면도 (b) 평면도

그림. 파리의 노틀담 사원

9 르네상스 건축

(1) 특징

① 르네상스란 다시 태어난다는 의미로 건축분야에서는 로마 건축을 기본으로 한 건축으로 15세기초 이탈리아에서 발생되어 15, 16세기에 걸쳐 이탈리아를 중심으로 유럽에서 전개된 고전주의적 경향의 건축양식이다.

② 교회당 평면은 간단하고 장대하다. 탑은 그다지 사용되지 않았다.

③ 고딕건축의 수직적인 요소를 탈피하고 수평적인 요소를 강조하였다.

④ 르네상스(Renaissance) 건축은 주로 석재, 벽돌, 콘크리트 등을 주재료로 이용하였고, 돔(dome)을 사용하여 골조 구조를 내외로 마감하는 이중구조로 시공 하였다.

⑤ 착색유리 대신에 프레스코화, 모자이크 등이 사용되었으며 금속장식도 사용하였다.

⑥ 지붕은 망사르드 지붕과 천장이 사용되었다.

(2) 건축물의 예

- 대표적인 건축물 : 로마에 위치한 성 베드로대성당(미켈란젤로)
- 대표적인 궁(Palazzo) : 메디치 궁, 피티궁, 파르네제궁, 루첼라이궁

※ 브로넬레스키(Brunelleschi)는 15C 이탈리아의 르네상스 건축 양식의 창시자로 원근법(투시도법)을 창안하였으며 대표적인 건축물로 파치예배당과 플로렌스 대성당의 돔 등이 있다.

※ 미켈란젤로(Michelangelo Buonarroti, 1475~1564)는 이탈리아의 화가·조각가·건축가·시인으로 활동하였으며, 르네상스의 예술가로 바로크 건축의 아버지로 불리운다.

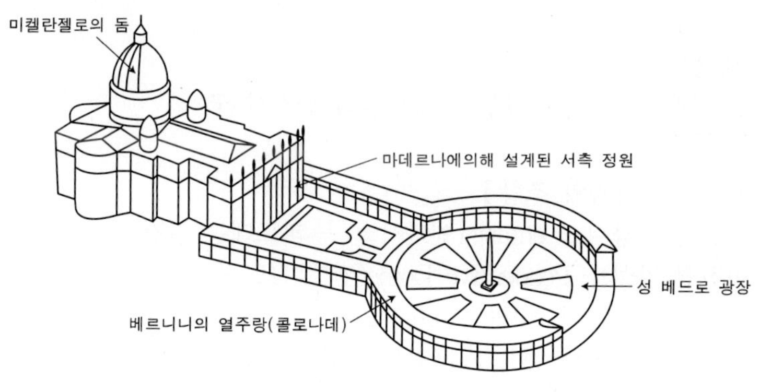

그림. 성 베드로 사원

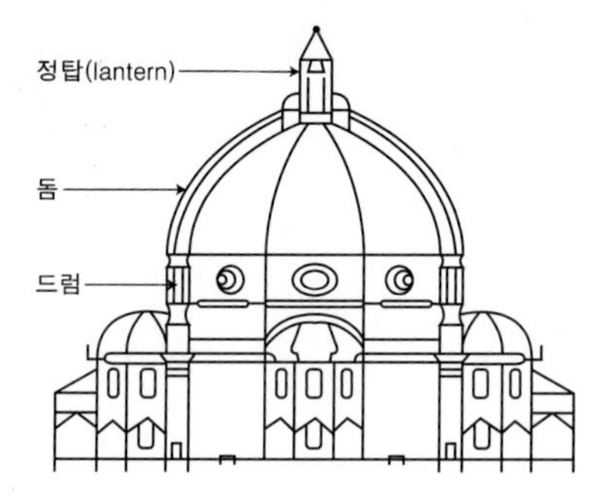

그림. 플로렌스 대성당의 돔

10 바로크 건축

(1) 특징

① 17세기말 이탈리아를 중심으로 인간의 공적인 생활을 위주로 한 실내 장식에 중점을 둔 양식이다.

② 양식의 규모가 크고 전체와 부분의 취급이 양감적이며 감각적이다. 심한 요철이 생기는 벽면 장식을 사용하였다.

③ 베르사이유 궁전은 넓은 판유리 제작 기술을 이용하여 실내 중앙에 거대한 거울의 방(Galerie de Glasse)을 만들어 놓은 바로크 양식의 대표적 건축물이다.

(2) 건축물의 예

베르사이유 궁전, 성 로렌조 성당

11 로코코 건축

(1) 특징

① 18세기 프랑스를 중심으로 개인의 독립성을 위주로 한 양식이다.

② 장대한 것과 규칙성을 배제하고 소규모적이며 우아하고 섬세하며 개인적인 공간을 형성하였다.

③ 수평선과 직각을 피하고 곡선으로 공간성를 창조한 경쾌한 장식을 채용하였다.

(2) 건축물의 예

팬턴 하우스, 조지안 하우스, 포츠담의 산스시 궁

【건축물과 양식과의 조합】

① 그리이스 양식 - entasis(엔타시스) - 파르테논 신전

② 비잔틴 양식 - Pendentive Dome(펜덴티브도움) - 성 소피아 사원

③ 로마네스크 양식 - Rib Arch(리브아치) - 피사 대사원

④ 고딕 양식 - Pointed Arch(첨두아치) - 노틀담 사원

section 3 근대건축사

1 고전주의 건축

① 근대 과도기 건축(18~19세기 말)으로 프랑스에서 시작되었으며 바로코, 로코코 건축 등의 장식이 과잉적이고 퇴폐적인 경향에 반발하여 고전주의를 부흥시킨 신고전주의 건축이다.
② 그리스 건축과 로마 건축의 주범의 양식을 모방했다
③ 그리스 건축과 로마 건축에 대한 추억, 지성 및 아름다운 기품과 위대한 재현을 목표로 했다.
④ 대표 건축물 : 베를린 왕립극장, 베를린 고대 미술관, 성 쥬느비에 교회

2 낭만주의 건축

① 고전주의에 대한 반발로 시작하여 중세의 고딕양식에 주목하였다.
② 구조와 재료의 정직한 표현이라는 진실성이 반영된 고딕건축의 양식과 방법을 그대로 유지하려고 시도하였다.
③ 영국의 낭만주의는 현대건축운동인 미술공예운동을 유발하였다.
④ 대표 건축물 : 영국 국회의사당, 보티브 성당

3 절충주의 건축

① 그리스, 로마 위주의 고전주의 건축과 고딕 위주의 낭만주의 건축을 통해 과거 건축형식의 복원에 의한 새로운 건축양식의 접근방법을 습득하였다.
② 고전주의 건축과 낭만주의 건축처럼 일정한 양식에 국한하지 않고 과거의 모든 양식을 이용하였다.
③ 일정한 기준이 없이 건축가의 주관에 의해 각종 양식을 선택하거나 종합하였다.
④ 대표 건축물 : 파리 오페라 하우스, 파리 국립 박물관, 로얄 파빌리온, 웨스트민스트 사원

※ 근대 건축재료 3 요소 : 철, 시멘트, 유리

section 4 현대건축사

1 미술공예운동

① 윌리암 모리스는 19세기 후반~20세기 초 대량생산과 기계에 의한 저급제품 생산에 반기를 든 영국인으로 장식이 과다한 빅토리아 시대의 제품을 지양하고, 수공예에 의한 예술의 복귀, 민중을 위한 예술 등을 주장하고 간결한 선과 비례를 중요시 했다.

② 대표적 건축물 : 윌리암 모리스의 붉은 집(Red House)

※ 붉은집(Red House, 1859)

㉠ 필립 웨브(Pillp Webb)와 윌리엄 모리스(William Morris)에 의해 설계되었다.

㉡ 고딕 양식으로 디자인 하였다.

㉢ 자유롭고 비대칭형인 1층 평면, 쾌적하고 논리적인 관련을 갖고 있는 방, 교묘한 배치, 내부와 외부의 통일성, 성실한 재료의 사용, 그리고 과장되지 않는 정면에 정방형, 장방형, 원형, 포인티드 아치 등의 다양한 형태의 개구부가 나타나 있다.

㉣ 벽체의 입면에는 붉은 벽돌이 그대로 나타나 있다.

㉤ 이는 주택건축분야에서 새로운 양식을 창조하려는 최초의 시도였다.

그림. 붉은 집(Red House)

2 아루누보(Art Nourveau) : 1890~1910년

① 영국의 수공예운동과 상징주의의 영향에 의해 벨기에의 브뤼셀에서 일어나 전 유럽에 확산된 낭만주의적 예술운동으로서 곡선적 형태로서 철의 조형적 가능성과 예술의 종합 및 과거 양식에서의 탈피를 모색하였다.

② 아르누보(Art Nouveau)건축은 19세기말 벨기에에서 발생되어 전유럽에 퍼진 낭만주의적 예술운동으로 "예술에는 일정한 형식이 없다." 라고 주장하면서 예술가의 주관성과 창작력에 의한 새로운 예술 양식의 창조를 주장하였다.

③ 벽돌과 거친 콘크리트의 노출 및 강철을 이용하였다.
④ 창시자는 시카고의 루이스 설리반과 브뤼셀의 빅토르 오르타이다.
⑤ 설리반의 장식 수법은 넓고 당당한 선으로 구성된 구조된 구조에 알맞은 유기적인 장식이나, 오르타는 구조체와는 관련없이 그쳤음에도 불구하고 근대적 성격을 띤 운동으로 높이 평가되는 이유는 철을 사용한 데에 있다.
⑥ 안토니오 가우디는 건축물 전체를 아르누보 스타일로 디자인한 대표적인 작가이다.
⑦ 건축물의 예
㉠ 빅토르 오르타 : 타셀주택(튜린가 17번지 주택)
㉡ 반 데 벨데(van de velde) : 헤이그의 폴크방 미술관, 네덜란드 오테를로의 크륄러뮐러 미술관
㉢ 안토니오 가우디(Antonio Gaudi) : 카사밀라(Casa Mila), 성 가정 교회(Sagrade Familia)
㉣ 헥토르 기마르 : 파리 지하철 역사 출입문, 튜린가의 저택
㉤ 찰스 레니 맥킨토시(Charles R. Machintosh) : 영국 글래스고 미술학교

3 세제션(빈 분리파) 건축

① 1897년 오스트리아 건축가 호프만에 의해 제창된 운동으로 일체의 과거 양식에서 분리, 해방을 지향하는 운동
② 빈 공방(1903년) : 직선을 주조로 한 수평과 수직에 의한 단순한 기하학적 구성의 인테리어와 가구의 디자인을 표시하여 제작 생산하였다.
③ 빈의 분리파 : 요셉 호프만, 오토 바그너
④ 대표적 건축물
㉠ 요셉 호프만 : 브뤼셀의 스코클레 저택
㉡ 오토 바그너 : 빈 우체국
㉢ 피터 베렌스 : 터빈 공장

4 표현주의

① 이지적이고 비합리적인 건축이며, 주관적 개인주의 표현을 추구해 유토피아적이라고 할 수 있으며, 공간을 유기적 형태로 구성한 건축사조이다.
② 1919년 독일에서 세계 1차대전 후의 생활이 불안한 상태, 학대받은 인간상, 패전 국가의 혼란 등에 의해 억압된 불안한 생활에서 감정의 반발로 생긴 일시적 사조이다.
③ 불안정하고 동적인 느낌이 강조되며, 독일 사람들의 현실에 대한 반항과 새로운 사회에 대한 동경심에 영합하였다.

④ 대표적 건축물 : 한스 펠치히의 베를린 대극장, 에릭 멘델존의 아인슈타인 탑

5 데 스틸(De Stijl) 건축

① 데 스틸 그룹은 1917년 네덜란드에서 정기간행물『데 스틸(De Stijl)』지와 함께 창설되었다.
② 화가 몬드리안의 신조형주의 이론으로부터 유래된 데 스틸의 조형적, 미학적 기본원리로 하여 회화, 조각, 건축 등 조형예술 전반에 걸쳐 전개하였다.
③ 단순, 명쾌, 획일, 간결, 객관성을 미학적, 윤리적 기초로 삼은 근대운동이다.

6 바우하우스(Bauhaus)

① 예술과 공업의 통합
② 표준화 공업화를 통한 공장생산과 대량생산 방식의 예술로의 도입
③ 건축을 중심으로 한 모든 예술의 통합
※ 대표적 건축가 : 월터 그로피우스, 미스 반 데어 로에

7 구성주의

① 1차 세계대전 직후 모스크바에서 일어나 전 유럽으로 번졌다.
② 구조가 모든 면에서 최대한 강조되고 가장 효율적인 공간으로 조성된 형태에서 미를 추구했다.
③ 프랑스의 르 꼬르뷔제와 오장팡, 러시아의 랄레비치, 헝가리의 로올리나가, 네덜란드의 몬드리안과 도제부르크에 의해 주장되고 이들은 입체파를 합리화하는 시도에서 시작되었다.
④ 대표 건축가 : 르 꼬르뷔제 - Modular 라는 설계단위를 설정하고 실천(형태비례에 대한 학설)

8 시카고파

① 미국의 시카고에서 19세기말 시작했으며, 재래의 양식주의 건축과 달리 합리주의적, 기능주의적 사상을 주장했다.
② 건물에는 철골 구조를 사용하고 개구부를 폭넓은 유리창으로 하여 단순한 벽면을 구성했으며 근대적인 사무소 건축 발전에 이바지한 바가 크다.
③ 대표적 건축가와 건축물
㉠ 제니 - 호움보험회사의 빌딩
㉡ 홀라버어드 - 타코마빌딩
㉢ 루이스 설리반 - 개런티 빌딩, 시카고 교통관
㉣ 프랭크 로드 라이트 - 낙수장, 도오쿄오 제국 호텔, 존슨빌딩, 구겐하임 미술관

9 국제 건축

① 1920년에서 1930년경 널리 유행하였으며 국제주의 건축이라는 용어를 제창자인 월터 그로피우스가 사용하므로서 민족적 지역간의 격차를 해소하였다.
② 실용적, 기능의 중시와 재료, 구조의 합리적 적용
③ 민족적, 지역적 격차를 없애고 세계 어느 곳에서도 적합한 형태의 건축양식을 창조하는데 있다.
④ 대표적 건축가 : 월터 그로피우스, 미스 반 데어 로에, 르 코르뷔지에, 프랭크 로이드 라이트, 알바 알토
⑤ 대표적 건축가와 건축물
　㉠ 르 꼬르뷔제, 오장팡 : 에스프리누보(신정신)잡지 발표
　㉡ 미스 반 데어 로에 : 주로 대단위 면적 유리 사용
　㉢ 몬드리안, 도제부르크, 오오도 : 잡지 "드 스틸" 발간

10 신조형주의(neo platicism)

① 입체파에서 나타난 대상의 단순화, 순수화, 추상화의 개념을 발전시켜 완성한 몬드리안의 기하학적 추상이론이다.
② 수평면, 수직면의 순수 기하학적 구성에 의한 비대칭적 균형과 조화를 추구하고 추상주의를 표방하는 사조이다.
③ 기하학적 형태의 공간의 구성과 4차원적 공간 개념으로 20세기 합리주의 건축에 영향을 주었다.
④ 명쾌한 비례와 재료의 진실한 사용을 중시했다.

11 포스트 모던(Post-Modern ; 탈 현대주의)

① 대중적이고 유기적 장식을 한 상징적인 건축 양식의 한 사조로 건축의 구조, 기능의 합리적인 구현으로 장식을 배제한 매너리즘의 표현 개체의 가치 존중과 독창성 등이 있다.
② 매너리즘 건축은 매너리즘적인 디자인 수법의 포스트 모더니즘을 지칭한다.
③ 대표 건축가 : 로버트 벤투리, 로버트 스톤, 찰스 무어, 필립 존슨, 알 도로시, 랄프 어스킨

※ 포스트 모던(Post-Modern) 건축의 특성
　㉠ 대중적
　㉡ 복합성
　㉢ 기호론적 형태

※ 포스트 모던(Post-Modern) 디자인의 특성
㉠ 매너리즘적인 디자인 수법
㉡ 토착적이고 대중적인 디자인 요소의 사용
㉢ 기념비적인 형상과 익살스런 형태의 구사

12 레이트 모던(Late Modern, 후기 현대주의)

① 현대 건축의 구조, 기능, 기술 등의 합리적 해결 방식을 받아들여 현대 건축의 이념과 원리를 지속적으로 계승하고 발전시킴으로써 새로운 미학을 창조하려는 건축사조
② 레이트 모던(Late Modern) 디자인의 특성
· 공업기술을 바탕으로 기술적 이미지를 과장
· 반사유리, 금속판으로 피복
· 현대건축의 이념 원리 계승
· 기계미학 : 퐁피두 센터
③ 대표적 건축가 : 시저 펠리, 노만 포스터

【건축가와 주요 작품】

[1] 요셉 팩스톤(Joseph Paxton)
수정궁(Crystal Palace ; 1850~1851)은 요셉 팩스톤(Joseph Paxton)이 1851년 영국 박람회 때 영국관으로 설계한 건축물로 새로운 건축재료인 유리와 조립식 공법의 공업 기술에 의한 현대건축의 가능성을 예시한 현대건축의 효시적인 작품이다.

그림. 수정궁-팩스톤

[2] 윌리엄 모리스(William Morris)
① 미술공예운동을 전개하였다.
② 필립 웨브(Pillp Webb)와 함께 붉은집(Red House)을 설계하였다.

[3] 루이스 설리번(Louis Sullivan)
① 프랭크 로이드 라이트의 스승으로 '형태는 기능에 따른다'라는 유명한 말(기능주의 이론)을 남긴 시카코파의 대표적 건축가이다.

② 주요 작품 : 개런티 빌딩, 시카고 교통관

[4] 월터 그로피우스(Walter Gropius : 1883~1967)

① 독일공작연맹, 바우하우스를 통하여 국제주의 양식을 확고한 교육자 겸 건축가

② 건축에 있어서 표준화, 대량생산 시스템과 합리적 기능주의를 추구하였다.

③ 월터 그로피우스, 미스 반 데어 로에, 르 코르뷔지에 3명의 현대건축의 거장은 피터 배흐랜(Peter Behrens)의 사무소에 근무하면서 그의 수업을 받았다.

④ 주요 작품 : 데사우 바우하우스, 하버드대학 대학원, 보스턴 백베이센터, 그랜드 센튜럴 빌딩

※ 현대건축의 4대 거장

월터 그로피우스, 미스 반 델 로에, 르 코르뷔지에, 프랭크 로이드 라이트

[5] 미스 반 데어 로에(Mies Van der Rohe : 1886~1969)

① 현대건축의 대표적 재료인 철과 유리를 주재료로 하여 커튼월공법과 강철구조를 건축의 기본형식으로 이용하였다.

② "적을수록 풍부하다(Less is More)"라는 주장대로 철과 유리라는 단순하고 제한적인 재료에 의해 다양한 건축적 언어를 구사하였다.

③ 특히 철골구조의 가능성을 추구한 건축가로 유니버설 스페이스(Universal Space)의 개념을 주장한 건축가이다.

④ 대표작품 : 바르셀로나 박람회 독일관(1929), I.I.T공대 크라운 홀(1956), 시그램 빌딩(1958)

[6] 르 꼬르뷔제(Le Corbusier ; 1887~1965)

① 20세기 초 추상예술운동의 출발점인 입체파의 영향으로 순수 기하학을 추구하며, 20세기 중반에는 브루탈리즘 경향을 보였다.(노출 콘크리트를 체계적으로 연구)

② 20C 중엽의 국제주의 건축의 건축가에 속한다.

③ modular라는 설계 단위를 설정하고 실천(르 모듈러 - 형태 비례에 대한 학설)한 건축가

④ 근대건축 5원칙을 제안

㉠ 필로티(pilotis)
㉡ 자유스러운 평면
㉢ 옥상 정원(roof garden)
㉣ 자유스러운 입면(free facade)
㉤ 연속된 창

⑤ 조적구조에 의한 전통적 시공법을 부정하고 기둥, 바닥판(slab), 상하 연결 계단에 의한 도미노 구조(domino system)를 창안

* 도미노 구조(domino system)계획안 : 6개의 기둥, 3개의 슬래브, 계단으로 구성된 2층의 철근콘크리트 구조체

⑥ 주요작품 : 사보아 주택, 마르세이유 집단주택, UN 본부 빌딩, 롱샹교회당, 브뤼쎌 필립관

[7] 프랭크 로이드 라이트(Frank Lloyd Wright : 1869~1959)

① 유기주의, 자연주의적 건축구성 원리 - 낙수장

② 전원주택, 유소시안(Usosian) 주택을 창안하여 미국 건축의 발전에 계도적 역할을 하였다.

③ 주요작품 : 낙수장, 동경제국 Hotel, 존슨 왁스 Building, 구겐하임 미술관, 로비하우스

※ 프랭크 로이드 라이트의 스승은 '형태는 기능에 따른다'라는 유명한 말(기능주의 이론)을 남긴 시카코파의 대표적 건축가인 루이스 설리번(Louis Sullivan)이다.

[8] 오장팡(A.Ozeafaut)

르 꼬르뷔지에(Le Corbusier)와 함께 에스프리누보(신정신)라는 잡지를 통하여 종합적인 큐비즘의 엄밀화라고 할 만한 작품을 발표하였고 오장팡미술학교를 창설하였다.

[9] 알바 알토(Alvar Aalto ; 1898~1976)

① 핀란드 출생으로 핀란드의 아름다운 자연환경의 영향을 받아 자연적, 낭만적, 유기적, 민족적 건축으로 잘 표현한 건축가이다.

② 1929년부터 현대건축 국제주의(C.I.A.M)에 참여 하였다.

③ 목재, 벽돌 등의 자연적 재료를 주로 사용하여 자연재료의 따뜻한 느낌을 표현하였다.

④ 주요작품 : 파이미오 요양소, 비이프리 시립도서관, 마이레아 주택, 핀란디아 홀, 헬싱키 문화회관, MIT 기숙사

[10] 루이스 칸(Louis I. Kahn ; 1901~1974)

① 재료의 표현과 광선의 추이를 면밀히 하여 완성한 공간의 철학적 사조이다.

② 건물의 기능, 구조, 설비를 외부적으로 솔직하게 표현함으로서 서비스 공간과 주체 공간을 명확히 표출하고 형태의 자율성을 강조하였다.(브루탈리즘 건축)

③ 주요작품 : 킴벨 미술관, 리차드 의학연구소, 예일대 미술관 증축, 방글라데시 정부종합청사

【건축가와 설계이론】

① 루이스 설리번 - 브루탈리즘 - '형태는 기능에 따른다'라는 유명한 말(기능주의 이론)을 남긴 시카코파의 대표적 건축가

② 미스 반 데어 로에 - 보편적 공간, 유니버설 스페이스(Universal Space) - 시그램 빌딩

③ 르 꼬르뷔제 - 르 모듈러 - 마르세이유의 주택단지
④ 프랭크 로이드 라이트 - 유기주의, 자연주의적 건축구성원리 - 낙수장
⑤ 로버트 벤츄리 - 대중주의 건축의 선구적 건축가 - 길드 하우스

section 1 건축법

1 총칙

(1) 건축법의 목적

건축법은 건축물의 대지(垈地), 구조(構造), 설비(設備)의 기준과 건축물의 용도(用途) 등을 정하여 건축물의 안전, 기능, 환경 및 미관을 향상시킴으로써 공공복리의 증진에 이바지함을 목적으로 한다.

학습포인트

1. **법의 체계**

헌법 → (건축)법 → (건축법)시행령 → (건축법)시행규칙 → (건축법)시행세칙

법률 > 대통령령 > 국토교통부령 > 도 · 시 · 군 · 읍령

※상위 법령이 항상 우선한다. 건축법은 특별법이다.

2. **건축법에 관련된 규정**

㉠ 건축법, 시행령, 시행규칙
㉡ 건축물의 구조기준 등에 관한 규칙
㉢ 건축물의 피난 · 방화구조 등의 기준에 관한 규칙
㉣ 건축물의 설비기준 등에 관한 규칙
㉤ 건축물대장의 기재 및 관리에 관한 규칙
㉥ 표준설계도서 등의 운영에 관한 규칙

(2) 용어의 정의

1) 건축물

① 정 의

㉠ 토지에 정착하는 공작물 중 지붕과 기둥 또는 벽이 있는 것
㉡ 건축물에 부수되는 담장, 대문 등의 시설물
㉢ 지하 또는 고가의 공작물에 설치하는 사무소, 공연장, 점포, 차고, 창고 등

② 건축물로 취급하는 공작물

공작물의 종류	규 모
1. 옹벽 또는 담장	높이 2m를 넘는 것
2. 광고판, 광고탑	높이 4m를 넘는 것
3. 태양에너지 발전설비	높이 5m를 넘는 것
4. 굴뚝, 장식탑, 기념탑	높이 6m를 넘는 것
5. 골프연습장 등의 운동시설을 위한 철탑과 주거지역 및 상업지역 안에 설치하는 통신용 철탑 등	높이 6m를 넘는 것

6. 고가수조	높이 8m를 넘는 것
7. 기계식 주차장 및 철골조립식 주차장(바닥면이 조립식이 아닌 것을 포함)으로서 외벽이 없는 것	높이 8m 이하(단, 위험방지를 위한 난간높이 제외)
8. 지하대피호	바닥면적 $30m^2$를 넘는 것
9. 건축조례가 정하는 제조시설, 저장시설(시멘트저장용 싸이로 포함), 유희시설 기타 이와 유사한 것	
10. 건축물의 구조에 심대한 영향을 줄 수 있는 중량물로서 건축조례로 정하는 것	

※ 건축물로 취급하는 공작물은 특별자치시장・특별자치도지사 또는 시장・군수・구청장에게 건축신고로 축조할 수 있다.

2) 건축물의 용도

건축물의 종류를 유사한 구조・이용목적 및 형태별로 묶어 분류한 것으로 그 용도는 다음과 같이 28종류의 시설로 구분하며 각 용도에 속하는 건축물의 종류는 대통령령으로 정한다.

① 건축물의 용도분류

1. 단독주택
2. 공동주택
3. 제1종 근린생활시설
4. 제2종 근린생활시설
5. 문화 및 집회시설
6. 종교시설
7. 판매시설
8. 운수시설
9. 의료시설
10. 교육연구시설
11. 노유자(老幼者 : 노인 및 어린이)시설
12. 수련시설
13. 운동시설
14. 업무시설
15. 숙박시설
16. 위락(慰樂)시설
17. 공장
18. 창고시설
19. 위험물저장 및 처리시설
20. 자동차관련시설
21. 동물 및 식물관련시설
22. 자원순환관련시설
23. 교정(矯正) 및 군사시설
24. 방송통신시설
25. 발전시설
26. 묘지관련시설
27. 관광휴게시설
28. 장례식장
29. 야영장시설

② 주요 건축물의 용도분류

대 분 류	소 분 류
① 단독주택 [단독주택의 형태를 갖춘 가정어린이집·공동생활가정·지역아동센터 및 노인복지시설(노인복지주택은 제외)을 포함]	가. 단독주택(가정보육시설을 포함) 나. 다중주택[학생 또는 직장인 등 여러 사람이 장기간 거주할 수 있는 구조로 되어 있는 것으로 독립된 주거의 형태를 갖추지 아니한 것(각 실별로 욕실은 설치할 수 있으나, 취사시설은 설치하지 아니한 것), 연면적이 330m² 이하이고 층수가 3층 이하 인 것] 다. 다가구주택(주택으로 쓰는 층수(지하층은 제외)가 3개층 이하일 것(단, 1층의 전부 또는 일부를 필로티 구조로 하여 주차장으로 사용하고 나머지 부분을 주택 외의 용도로 쓰는 경우에는 해당 층을 주택의 층수에서 제외)이고 1개동의 주택으로 쓰는 바닥면적(부설주차장 면적은 제외)의 합계가 660m² 이하이며, 19세대 이하가 거주할 수 있는 주택으로서 공동주택에 해당하지 아니하는 것을 말함) 라. 공관
② 공동주택 [공동주택의 형태를 갖춘 가정어린이집·공동생활가정·지역아동센터 및 노인복지시설(노인복지주택은 제외)·주택법시행령에 따른 원룸형 주택을 포함]	단, '가'목이나 '나'목에서 층수를 산정할 때 1층 전부를 필로티 구조로 하여 주차장으로 사용하는 경우에는 필로티 부분을 층수에서 제외하고, '다'목에서 층수를 산정할 때 1층의 전부 또는 일부를 필로티 구조로 하여 주차장으로 사용하고 나머지 부분을 주택 외의 용도로 쓰는 경우에는 해당 층을 주택의 층수에서 제외하며, '가'목부터 '라'목까지의 규정에서 층수를 산정할 때 지하층을 주택의 층수에서 제외한다. 가. 아파트(주택으로 쓰이는 층수가 5개층 이상인 주택) 나. 연립주택(주택으로 쓰이는 1개동의 바닥면적(2개 이상의 동을 지하주차장으로 연결하는 경우에는 각각의 동으로 본다) 합계가 660m²를 초과하고, 층수가 4개층 이하인 주택) 다. 다세대주택[주택으로 쓰는 1개 동의 바닥면적 합계가 660m² 이하이고, 층수가 4개 층 이하인 주택(2개 이상의 동을 지하주차장으로 연결하는 경우에는 각각의 동으로 보며, 지하주차장 면적은 바닥면적에서 제외)] 라. 기숙사[학교 또는 공장 등의 학생 또는 종업원 등을 위하여 쓰는 것으로서 1개 동의 공동취사시설 이용 세대수가 전체의 50% 이상인 것(학생복지주택을 포함)]
③ 제1종 근린생활시설	가. 수퍼마켓과 일용품(식품·잡화·의류·완구·서적·건축자재·의약품·의료기기 등) 등의 소매점으로서 같은 건축물에 해당 용도로 쓰는 바닥면적의 합계가 1,000m² 미만인 것 나. 휴게음식점으로서 *300m² 미만인 것 다. 이용원, 미용원, 일반목욕장, 세탁소(공장이 부설된 것을 제외) 라. 의원, 치과의원, 한의원, 침술원, 접골원, 조산원, 안마원, 산후조리원 마. 탁구장, 체육도장으로서 *500m² 미만인 것 바. 지역자치센터, 파출소, 지구대, 소방서, 우체국, 방송국, 보건소, 공공도서관, 지역건강보험조합 등 *1,000m² 미만인 것 등 사. 마을회관, 마을공동작업소, 마을공동구판장, 공중화장실, 대피소, 지역아동센터 아. 변전소, 도시가스배관시설, 통신용시설(1,000m² 미만)정수장, 양수장 등 자. 금융업소, 사무소, 부동산중개사무소, 결혼상담소 등 소개업소, 출판사 등 일반업무시설로서 같은 건축물에 해당 용도로 쓰는 바닥면적의 합계가 30m² 미만인 것

대 분 류	소 분 류
④ 제2종 근린생활시설	가. 공연장, 종교집회장으로서 500m² 미만인 것 나. 자동차영업소로서 1,000m² 미만인 것 다. 서점(제1종 근린생활시설에 해당하지 않는 것) 라. 총포판매소 마. 사진관, 표구점 바. 청소년게임제공업소, 인터넷컴퓨터게임시설제공업소 등으로서 500m² 미만인 것 사. 휴게음식점, 제과점 등으로서 300m² 이상인 것 아. 일반음식점 자. 장의사, 동물병원, 동물미용실, 그 밖에 이와 유사한 것 차. 학원(자동차학원 및 무도학원은 제외), 교습소(자동차 교습 및 무도 교습을 위한 시설은 제외), 직업훈련소(운전·정비 관련 직업훈련소는 제외)로서 500m² 미만인 것 카. 독서실, 기원 타. 테니스장, 체력단련장, 에어로빅장, 볼링장, 당구장, 실내낚시터, 골프연습장, 놀이형시설 등으로서 500m² 미만인 것 파. 금융업소, 사무소, 부동산중개사무소, 결혼상담소 등 소개업소, 출판사 등 일반업무시설로서 500m² 미만인 것 하. 다중생활시설로서 500m² 미만인 것 거. 제조업소, 수리점 등 물품의 제조·가공·수리 등을 위한 시설로서 500m² 미만인 것 너. 단란주점으로서 150m² 미만인 것 더. 안마시술소, 노래연습장
⑤ 운수시설	가. 여객자동차터미널 나. 철도시설 다. 공항시설 라. 항만시설
⑥ 의료시설	가. 병원 : 종합병원, 병원, 치과병원, 한방병원, 정신병원 및 요양병원 나. 격리병원 : 전염병원, 마약진료소 등
⑦ 교육연구시설(제2종 근린생활시설에 해당하는 것은 제외	가. 학교 : 유치원, 초등학교, 중학교, 고등학교, 전문대학, 대학, 대학교 등 나. 교육원(연수원 등을 포함) 다. 직업훈련소(운전 및 정비 관련 직업훈련소는 제외) 라. 학원(자동차학원 및 무도학원은 제외) 마. 연구소(연구소에 준하는 시험소와 계측계량소를 포함) 바. 도서관
⑧ 노유자시설	가. 아동 관련 시설(영유아보육시설, 아동복지시설 등으로서 단독주택, 공동주택 및 제1종 근린생활시설에 해당하지 아니하는 것) 나. 노인복지시설(단독주택과 공동주택에 해당하지 아니하는 것) 다. 그 밖에 다른 용도로 분류되지 아니한 사회복지시설 및 근로복지시설

대 분 류	소 분 류
⑨ 수련시설	가. 생활권 수련시설 : 청소년수련관, 청소년문화의집, 청소년특화시설, 그 밖에 이와 비슷한 것 나. 자연권 수련시설 : 청소년수련원, 청소년야영장, 그 밖에 이와 비슷한 것 다. 유스호스텔 라. 야영장시설(300m^2 이상)
⑩ 창고시설	가. 창고(일반창고와 냉장 및 냉동 창고를 포함) 나. 하역장 다. 물류터미널 라. 집배송 시설

학습포인트

건축물의 용도 분류

1. 주 택
   - ㉠ 단독주택[단독주택의 형태를 갖춘 가정어린이집 · 공동생활가정 · 지역아동센터 및 노인복지시설(노인복지주택은 제외)을 포함]
     - 단독주택
     - 다중주택(연면적 330m^2 이하, 3층 이하)
     - 다가구주택(바닥면적합계 660m^2 이하, 3개층 이하, 19세대 이하)
     - 공관
   - ㉡ 공동주택[공동주택의 형태를 갖춘 가정어린이집 · 공동생활가정 · 지역아동센터 및 노인복지시설(노인복지주택은 제외) · 주택법시행령에 따른 원룸형 주택을 포함]
     - 다세대주택 : 4개층 이하, 동당 연면적 660m^2 이하
     - 연립주택 : 4개층 이하, 동당 연면적 660m^2 초과
     - 아파트 : 5개층 이상
     - 기숙사

   (다세대주택·연립주택 구분 : 연면적 / 연립주택·아파트 구분 : 층 수)

2. 의료행위를 하는 시설
   - ㉠ 제1종 근린생활시설 : 의원 · 치과의원 · 한의원 · 침술원 · 접골원 · 조산원 · 산후조리원 · 안마원 · 보건소
   - ㉡ 제2종 근린생활시설 : 안마시술소 · 동물병원
   - ㉢ 의료시설 : 종합병원 · 병원 · 치과병원 · 한방병원 · 정신병원 · 요양병원 · 마약진료소

3. 학원계 시설
   - ㉠ 제2종 근린생활시설 : 바닥면적 500m^2 미만의 학원
   - ㉡ 교육연구시설 : 학원(제2종 근린생활시설 · 위락시설 · 자동차 관련시설은 제외)
   - ㉢ 위락시설 : 무도학원
   - ㉣ 자동차 관련시설 : 운전학원 · 정비학원

4. 기 타
㉠ 동물원·식물원 : 문화 및 집회시설(동물 및 식물 관련시설이 아님)
㉡ 극장·음악당 : 문화 및 집회시설(야외극장·야외음악당 : 관광휴게시설)
㉢ 유스호스텔 : 수련시설(숙박시설이 아님)
㉣ 물류터미널 : 창고시설(운수시설이 아님)
㉤ 집배송시설 : 창고시설(운수시설이 아님)
㉥ 어린이회관 : 관광휴게시설(문화 및 집회시설이 아님)

3) 건축설비 (법 제2조 3)

① 건축물에 설치하는 전기, 전화, 가스, 급수, 배수(配水), 배수(排水), 환기, 전배배수(電排排水), 난방, 소화, 배연(排煙), 오물처리의 설비
② 건축물에 설치하는 굴뚝, 승강기, 피뢰침, 국기게양대, 공동시청안테나, 유선방송 수신시설, 우편물수취함, 기타 정보통신시설 등
③ 건축물의 설비기준 등에 관한 규칙에서 정하는 설비

4) 지하층 (법 제2조 4)

건축물의 바닥이 지표면 아래에 있는 층으로서 당해 층의 바닥으로부터 지표면까지의 높이가 층고의 1/2 이상인 것을 지하층이라 한다.

$$h \geq \frac{1}{2}H$$

h : 바닥으로부터 지표면까지의 높이
H : 당해 층고

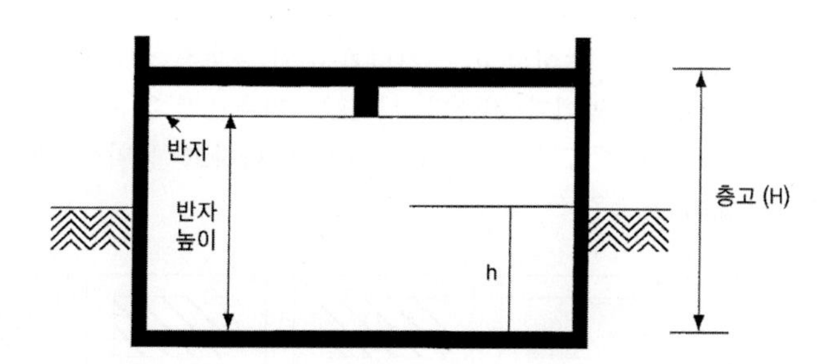

5) 거 실(居室) (법 제2조 5)

건축물 안에서 거주(居住), 집무, 작업, 집회, 오락 등의 용도로 사용되는 방을 말한다. 거실은 장시간 지속적으로 머무는 곳으로서 위생, 방화 및 피난 등 관련법의 규제가 강화된다.

※ 장시간 사용하지 않는 복도, 계단, 현관, 변소, 욕실 등과 사람이 거주하지 않는 창고, 기계실 등은 거실이 아니다.

6) 주요구조부 (법 제2조 6)

주요구조부라 함은 내력벽, 기둥, 바닥, 보, 지붕틀 및 주계단을 말한다.

예외 사잇벽, 사잇기둥, 최하층바닥, 작은보, 차양, 옥외계단, 기타 이와 유사한 것으로서 건축물의 구조상 중요하지 아니한 부분 및 기초는 주요구조부에서 제외된다.

주의 구조부재(構造部材) : 건축물의 기초 · 벽 · 기둥 · 바닥판 · 지붕틀 · 토대(土臺) · 사재(斜材 : 가새 · 버팀대 · 귀잡이 그 밖에 이와 유사한 것) · 가로재(보 · 도리 그 밖에 이와 유사한 것) 등으로 건축물에 작용하는 설계하중에 대하여 그 건축물을 안전하게 지지하는 기능을 가지는 건축물의 구조내력상 주요한 부분을 말한다.

7) 건축 (법 제2조 9, 영 제2조 ①)

건축물의 신축(新築) · 증축(增築) · 개축(改築) · 재축(再築) · 이전(移轉)하는 행위를 말한다.

① 신축 : 건축물이 없는 대지(기존 건축물이 철거 또는 멸실된 대지 포함)에 새로이 건축물을 축조하는 행위(부속 건축물만 있는 대지에 새로이 주된 건축물을 축조하는 것을 포함하되, 개축 또는 재축의 경우는 제외)

② 증축 : 기존 건축물이 있는 대지 안에서 건축물의 건축면적 · 연면적 또는 높이를 증가시키는 행위

③ 개축 : 기존 건축물의 전부 또는 일부[내력벽 · 기둥 · 보 · 지붕틀(한옥의 경우에는 지붕틀의 범위에서 서까래는 제외) 중 3개 이상이 포함되는 경우를 말함]를 철거하고, 그 대지 안에 종전과 동일한 규모의 범위 안에서 건축물을 다시 축조하는 행위

④ 건축물이 천재지변이나 그 밖의 재해(災害)로 멸실된 경우 그 대지에 다음의 요건을 모두 갖추어 다시 축조하는 행위

가. 연면적 합계는 종전 규모 이하로 할 것

나. 동(棟)수, 층수 및 높이는 다음의 어느 하나에 해당할 것

㉠ 동수, 층수 및 높이가 모두 종전 규모 이하일 것

㉡ 동수, 층수 또는 높이의 어느 하나가 종전 규모를 초과하는 경우에는 해당 동수, 층수 및 높이가 건축법, 영 또는 건축조례에 모두 적합할 것

⑤ 이전 : 건축물의 주요구조부를 해체하지 아니하고 동일한 대지 안의 다른 위치로 옮기는 행위

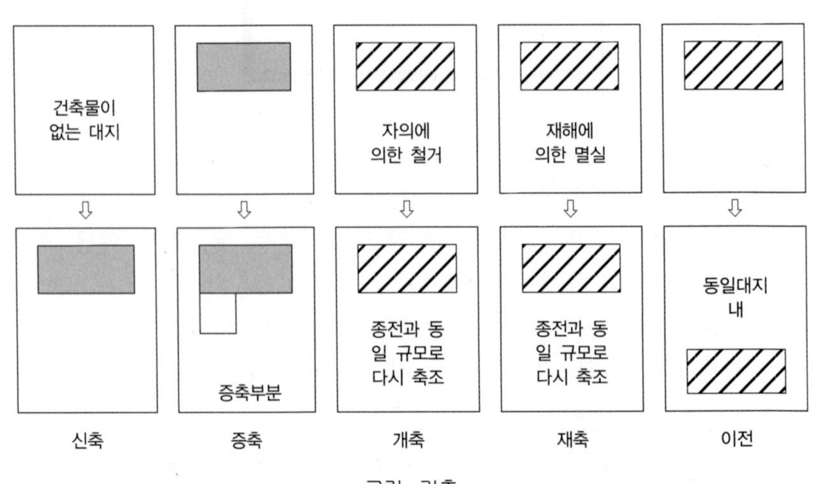

그림. 건축

학습포인트

건축행위

㉠ 건축행위(신축·증축·개축·재축·이전)는 허가대상이다.
㉡ 개축과 재축의 공통점과 차이점
- 공통점 : 동일한 규모범위 안에서 다시 축조하는 행위
- 차이점 : 개축은 인위적으로 철거하고 다시 축조하는 행위(自意)
  재축은 천재지변 등의 재해로 인해 축조하는 행위(他意)

※ 단, 규모를 초과하면 신축행위로 본다.

8) 대수선 (법 제2조 10, 영 제3조의 2)

건축물의 기둥・보・내력벽・주계단 등의 구조 또는 외부형태를 수선・변경 또는 증설하는 것으로서 다음에 해당하는 것으로서 증축・개축 또는 재축에 해당하지 아니하는 것을 말한다.

건축물의 부분(주요구조부)	대수선에 해당하는 내용
내력벽	증설・해체하거나 벽면적 30m^2 이상 수선・변경
기둥, 보, 지붕틀(한옥의 경우 지붕틀의 범위에서 서까래는 제외)	증설・해체하거나 각각 3개 이상 수선・변경
방화벽, 방화구획을 위한 바닥 및 벽	증설・해체하거나 수선・변경
주계단, 피난계단, 특별피난계단	증설・해체하거나 수선・변경
다가구주택 및 다세대주택의 가구 및 세대간	경계벽의 증설・해체하거나 수선・변경
다음 해당 건축물의 외벽에 사용하는 마감재료 -6층 이상 건축물 -높이 22m 이상 건축물 -상업지역(근린상업지역 제외) 안의 건축물 중 2000m^2 이상 다중이용업·공장으로부터 6m 이내의 건축물	증설・해체하거나 벽면적 30m^2 이상 수선, 변경

9) 리모델링

리모델링이란 건축물의 노후화를 억제하거나 기능 향상 등을 위하여 대수선하거나 일부 증축 또는 개축하는 행위를 말한다.

10) 도 로 (법 제2조 11, 영 제3조의 3)

① 정의 : 보행 및 자동차 통행이 가능한 너비 4m 이상의 도로로서 다음에 해당하는 도로 또는 그 예정도로를 말한다.

㉮ 국토의 계획 및 이용에 관한 법률, 도로법, 사도법(私道法) 등의 기타 관계법령에 의하여 신설 또는 변경 고시가 된 도로

㉯ 건축허가 또는 신고시 특별시장 · 광역시장 · 특별자치시장 · 도지사 · 특별자치도지사 또는 시장 · 군수 · 구청장(자치구의 구청장에 한함)이 그 위치를 지정한 도로

② 차량통행이 불가능한 경우의 도로
지형적 조건으로 차량통행을 위한 도로의 설치가 곤란하다고 인정하여 특별자치시장 · 특별자치도지사 또는 시장 · 군수 · 구청장이 그 위치를 지정 · 공고하는 구간 안의 너비 3m 이상인 도로 (단, 길이가 10m 미만인 막다른 도로인 경우에는 너비 2m 이상)

③ 막다른 도로의 폭
상기 ②에 해당되지 않는 막다른 도로로서 다음 표에 정하는 기준 이상인 도로

막다른 도로의 길이	당해 도로의 소요 너비
10m 미만	2m 이상
10m 이상 35m 미만	3m 이상
35m 이상	6m 이상 (도시지역이 아닌 읍 · 면의 구역에서는 4m 이상)

11) 내화구조(영 제2조 ① 7의 2, 피난 · 방화 규칙 제3조)
화재에 견딜 수 있는 성능을 가진 구조로서 국토교통부령이 정하는 기준에 적합한 구조

<table>
<tr><th colspan="2">구조 부분</th><th colspan="2">내화구조의 기준</th><th>기준 두께</th></tr>
<tr><td rowspan="7">1. 벽</td><td rowspan="7">( )
안은
외벽 중
비내력벽</td><td colspan="2">철근콘크리트조 · 철골철근콘크리트조</td><td>10cm(7cm) 이상</td></tr>
<tr><td colspan="2">벽돌조</td><td>19cm 이상</td></tr>
<tr><td rowspan="2">철골조의 골구 양면에</td><td>*철망모르타르로 덮을 때</td><td>4cm(3cm) 이상</td></tr>
<tr><td>콘크리트블록 · 벽돌 · 석재로 덮을 때</td><td>5cm(4cm) 이상</td></tr>
<tr><td colspan="2">철재로 보강된 콘크리트블록조 · 벽돌조 · 석조로서 철재에 덮은 콘크리트블록의 두께</td><td>5cm(4cm) 이상</td></tr>
<tr><td colspan="2">고온 · 고압증기양생된 경량기포 콘크리트패널 또는 경량기포콘크리트블록조 :</td><td>10cm 이상</td></tr>
<tr><td colspan="2">무근콘크리트조 · 콘크리트블록조 · 벽돌조 · 석조</td><td>7cm 이상</td></tr>
<tr><td colspan="2" rowspan="4">2. 기둥
(작은 지름이
25cm 이상인 것)
※</td><td colspan="2">철근콘크리트조 · 철골철근콘크리트조</td><td>-</td></tr>
<tr><td rowspan="3">철골에 ( )안은 경량골재를 사용한 경우</td><td>*철망모르타르로 덮을 것</td><td>6cm(5cm) 이상</td></tr>
<tr><td>콘크리트블록 · 벽돌 · 석재로 덮은 것</td><td>7cm 이상</td></tr>
<tr><td>콘크리트로 덮은 것</td><td>5cm 이상</td></tr>
</table>

<table>
<tr><td rowspan="4">2. 기둥
(작은 지름이 25cm 이상인 것)※</td><td colspan="2">철근콘크리트조 · 철골철근콘크리트조</td><td>두께 무관</td></tr>
<tr><td rowspan="3">철골에 (　)안은 경량 골재를 사용한 경우</td><td>*철망모르타르로 덮을 것</td><td>6cm(5cm) 이상</td></tr>
<tr><td>콘크리트블록 · 벽돌 · 석재로 덮은 것</td><td>7cm 이상</td></tr>
<tr><td>콘크리트로 덮은 것</td><td>5cm 이상</td></tr>
<tr><td rowspan="3">3. 바　닥</td><td colspan="2">철근콘크리트조 · 철골철근콘크리트조</td><td>10cm 이상</td></tr>
<tr><td colspan="2">철재로 보강된 콘크리트블록조 · 벽돌조 또는 석조로서 철재에 덮은 콘크리트블록 등의 두께</td><td>5cm 이상</td></tr>
<tr><td colspan="2">철재의 양면에 철망모르타르 또는 콘크리트로 덮은 것</td><td>5cm 이상</td></tr>
<tr><td rowspan="4">4. 보
(지붕틀을 포함)
※</td><td colspan="2">철근콘크리트조 · 철골철근콘크리트조</td><td>두께 무관</td></tr>
<tr><td rowspan="2">철골에 ( )안은 경량골재를 사용한 경우</td><td>*철망모르타르로 덮은 것</td><td>6cm(5cm) 이상</td></tr>
<tr><td>콘크리트로 덮은 것</td><td>5cm 이상</td></tr>
<tr><td colspan="3">철골조의 지붕틀로서 바로 아래에 반자가 없거나 불연재료로 된 반자가 있는 것(단, 바닥으로부터 지붕틀 아랫부분까지의 높이가 4m 이상인 것에 한한다)</td></tr>
<tr><td>5. 지　붕</td><td colspan="2">· 철근콘크리트조 · 철골철근콘크리트조
· 철재로 보강된 콘크리트블록조 · 벽돌조 · 석조
· 유리블록 · 망입유리로 된 것</td><td>두께 무관</td></tr>
<tr><td>6. 계　단</td><td colspan="2">· 철근콘크리트조 · 철골철근콘크리트조
· 무근콘크리트조 · 콘크리트블록조 · 벽돌조 · 석조
· 철재로 보강된 콘크리트블록조 · 벽돌조 · 석조
· 철골조</td><td>두께 무관</td></tr>
<tr><td>7. 기　타</td><td colspan="3">국토교통부장관이 지정하는 자 또는 한국건설기술연구원장이 실시하는 품질시험에서 그 성능이 확인된 것</td></tr>
</table>

*표시 : 그 바름 바탕을 불연재료로 한 것에 한한다.

※ 표시 : 고강도 콘크리트(설계기준강도가 50MPa 이상인 콘크리트를 말함)를 사용하는 경우에는 국토교통부장관이 정하여 고시하는 고강도 콘크리트 내화성능 관리기준에 적합하여야 한다.

12) 방화구조(영 제2조 ① 8, 피난・방화 규칙 제4조)

화염의 확산을 막을 수 있는 성능을 가진 구조로서 국토교통부장관이 정하는 적합한 구조

구조부분	방화구조의 기준
・철망모르타르 바르기	바름두께가 2cm 이상인 것
・석면시멘트판 또는 석고판 위에 시멘트모르타르 또는 회반죽을 바른 것 ・시멘트모르타르 위에 타일을 붙인 것	두께의 합계가 2.5cm 이상인 것
・심벽에 흙으로 맞벽치기한 것	두께에 관계없이 인정
・한국산업규격이 정하는 바에 의하여 시험한 결과 방화 2급 이상에 해당하는 것	

13) 불연재료・준불연재료・난연재료

구 분	기 준	설치규정
불연재료	불에 타지 아니하는 성능을 가진 재료	・콘크리트・석재・벽돌・기와・철강・알루미늄・유리・시멘트모르타르 및 회. 이 경우 시멘트모르타르 또는 회 등 ・한국산업규격이 정하는 바에 의하여 시험한 결과 질량감소율 등이 국토교통부장관이 정하여 고시하는 불연재료의 성능기준을 충족하는 것 ・불연성의 재료로서 국토교통부장관이 인정하는 재료
준불연재료	불연재료에 준하는 성질을 가진 재료	한국산업규격이 정하는 바에 의하여 시험한 결과 가스 유해성, 열방출량 등이 국토교통부장관이 정하여 고시하는 준불연재료의 성능기준을 충족하는 것
난연재료	불에 잘 타지 아니하는 성능을 가진 재료	한국산업규격이 정하는 바에 의하여 시험한 결과 가스 유해성, 열방출량 등이 국토교통부장관이 정하여 고시하는 난연재료의 성능기준을 충족하는 것

14) 기타

구 분	권한 및 의무
건축주	건축물의 건축・대수선・건축설비의 설치 또는 공작물의 축조에 관한 공사를 발주하거나 현장관리인을 두어 스스로 그 공사를 행하는 자
설계자	자기 책임하에(보조자의 조력을 받는 경우를 포함) 설계도서를 작성하고 그 설계도서에 의도한 바를 해설하며 지도・자문하는 자

공사감리자	자기 책임하에(보조자의 조력을 받는 경우를 포함) 건축법이 정하는 바에 의하여 건축물・건축설비 또는 공작물이 설계도서의 내용대로 시공되는지의 여부를 확인하고, 품질관리・공사관리 및 안전관리 등에 대하여 지도・감독하는 자
공사시공자	건설산업기본법(제2조 4) 규정에 의한 건축 등에 관한 공사를 행하는 자
관계전문 기술자	건축물의 구조・설비 등 건축물과 관련된 전문기술자격을 보유하고 설계 및 공사감리에 참여하여 설계자 및 공사감리자와 협력하는 자
설계도서	① 공사용 도면, 구조계산서, 시방서 ② 건축설비계산 관계서류 ③ 토질 및 지질 관계서류 ④ 기타 공사에 필요한 서류
초고층 건축물	층수가 50층 이상이거나 높이가 200m 이상인 건축물
준초고층 건축물	고층건축물 중 초고층 건축물이 아닌 것
고층 건축물	층수가 30층 이상이거나 높이가 120m 이상인 건축물
한 옥	기둥 및 보가 목구조방식이고 한식지붕틀로 된 구조로서 한식기와, 볏짚, 목재, 흙 등 자연재료로 마감된 우리나라 전통양식이 반영된 건축물 및 그 부속건축물
특별건축구역	조화롭고 창의적인 건축물의 건축을 통하여 도시경관의 창출, 건설기술 수준향상 및 건축 관련 제도개선을 도모하기 위하여 이 법 또는 관계 법령에 따라 일부 규정을 적용하지 아니하거나 완화 또는 통합하여 적용할 수 있도록 특별히 지정하는 구역

(3) 건축법의 적용 제외 (법 제3조, 영 제4조)

1) 건축법의 적용에서 제외되는 건축물

① 문화재보호법에 의한 지정・임시지정 문화재

② 철도 또는 궤도의 선로부지 안에 있는 운전보안시설, 철도선로의 상하를 횡단하는 보행시설, 플랫폼 당해 철도 또는 궤도사업용 급수・급탄・급유 시설

③ 고속도로 통행료 징수시설

④ 컨테이너를 이용한 간이창고(공장의 용도로만 사용되는 건축물의 대지 안에 설치하는 것으로서 이동이 용이한 것에 한한다.)

⑤ 하천구역 내의 수문조작실

2) 건축법의 전부를 적용하는 대상지역

국토의 계획 및 이용에 관한 법률에 의하여 지정된 다음의 지역은 건축법 전부를 적용한다.

① 도시지역

② 지구단위계획구역

③ 동 또는 읍의 지역(섬의 경우 인구 500인 이상인 경우에 한함)

3) 건축법의 일부 규정을 적용하지 않는 대상지역

① 국토의 계획 및 이용에 관한 법률에 의한 도시지역, 지구단위계획구역, 동・읍의 지역(섬의 경우 인구 500인 이상에 한함)을 제외한 다음의 지역은 건축법의 일부를 적용하지 않는다.

㉠ 농림지역

㉡ 관리지역(지구단위계획구역으로 지정된 지역 제외)

㉢ 자연환경보전지역

㉣ 동 또는 읍의 지역 이외의 지역

㉤ 인구 500인 미만인 동・읍 지역에 속하는 섬의 지역

② 건축법 중 적용받지 않는 조항

㉠ 대지와 도로와의 관계(법 제44조)

㉡ 도로의 지정・폐지 또는 변경(법 제45조)

㉢ 건축선의 지정(법 제46조)

㉣ 건축선에 의한 건축제한(법 제47조)

㉤ 방화지구 안의 건축물(법 제51조)

㉥ 대지면적의 분할규모(법 제57조)

학습포인트

국토의 계획 및 이용에 관한 법률상의 용도 지역

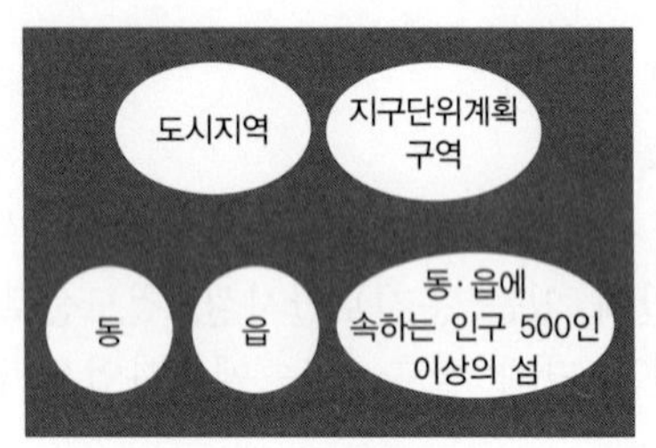

국토의 계획 및 이용에 관한 법률에 의한 용도 지역

□ 건축법의 전부를 적용하는 지역

■ 건축법의 일부 규정을 적용하지 않는 지역

- 농림지역
- 관리지역(지구단위계획구역으로 지정된 지역 제외)
- 자연환경보전지역
- 동 또는 읍의 지역 이외의 지역
- 인구 500인 미만인 동·읍 지역에 속하는 섬의 지역

(4) 리모델링에 대비한 특례

리모델링이 쉬운 구조의 공동주택에 대하여 다음의 기준을 완화하여 적용할 수 있다.

1. 용적률	120/100 범위 안에서 완화하여 적용
2. 건축물의 높이제한	
3. 일조권	

(5) 건축위원회

구 분	중앙건축위원회	지방건축위원회
설치	국토교통부	특별시 · 광역시 · 특별자치시 · 도 · 특별자치도 · 시 · 군 및 구(자치구)
위원	70인 이내(위원장 · 부위원장 포함)	25인 이상 150명 이내(위원장 · 부위원장 포함)
위원장	국토교통부장관이 임명 · 위촉	시 · 도시자 및 시장 · 군수 · 구청장의 임명 · 위촉
임기	2년(공무원이 아닌 위원 연임 가능)	3년 이내(건축조례에서 규정)
심의사항	① 표준설계도서의 인정에 관한 사항 ② 건축법 및 건축법시행령의 시행에 관한 사항 ③ 건축물의 건축 · 대수선 · 용도변경, 건축설비의 설치 또는 공작물의 축조와 관련된 분쟁의 조정 또는 재정에 관한 사항 ④ 다른 법령에 따라 건축위원회의 심의를 하는 경우 해당 법령에서 규정한 심의사항	① 건축조례의 제정 · 개정에 관한 사항(당해 지방자치단체의 장이 발의하는 건축조례에 한함) ② 건축선(建築線)의 지정에 관한 사항 ③ 다중이용 건축물 및 특수구조 건축물의 구조안전에 관한 사항 ④ 분양을 목적으로 하는 건축물로서 건축조례로 정하는 용도 및 규모에 해당하는 건축물의 건축에 관한 사항 ⑤ 다른 법령에 따라 건축위원회의 심의를 하는 경우 해당 법령에서 규정한 심의사항

※ 다중이용건축물의 정의

- 문화 및 집회시설(동 · 식물원 제외), 종교시설, 판매시설, 운수시설(여객용 시설만 해당), 의료시설 중 종합병원, 숙박시설 중 관광숙박시설의 용도로 쓰이는 바닥면적의 합계가 5,000m^2 이상인 건축물
- 16층 이상인 건축물

※ 준다중이용건축물의 정의

다중이용 건축물 외의 건축물로서 문화 및 집회시설(동물원 및 식물원은 제외), 종교시설, 판매시설, 운수시설 중 여객용 시설, 의료시설 중 종합병원, 교육연구시설, 노유자시설, 운동시설, 숙박시설 중 관광숙박시설, 위락시설, 관광 휴게시설, 장례식장의 용도로 쓰는 바닥면적의 합계가 1,000m^2 이상인 건축물

※ 특수구조 건축물의 정의

① 한쪽 끝은 고정되고 다른 끝은 지지(支持)되지 아니한 구조로 된 보·차양 등이 외벽의 중심선으로부터 3m 이상 돌출된 건축물

② 기둥과 기둥 사이의 거리(기둥의 중심선 사이의 거리를 말하며, 기둥이 없는 경우에는 내력벽과 내력벽의 중심선 사이의 거리를 말함)가 20m 이상인 건축물

③ 특수한 설계·시공·공법 등이 필요한 건축물로서 국토교통부장관이 정하여 고시하는 구조로 된 건축물

※ 특별시 · 광역시 또는 도에 설치된 지방건축위원회의 심의

다중이용건축물 중 21층 이상 또는 연면적 100,000m^2 이상인 다중이용건축물의 건축허가에 관한 사항인 경우에는 특별시 · 광역시 또는 도의 조례가 정하는 바에 의하여 이를 특별시 · 광역시 또는 도에 설치된 지방건축위원회의 심의사항으로 할 수 있다.

2 건축물의 건축

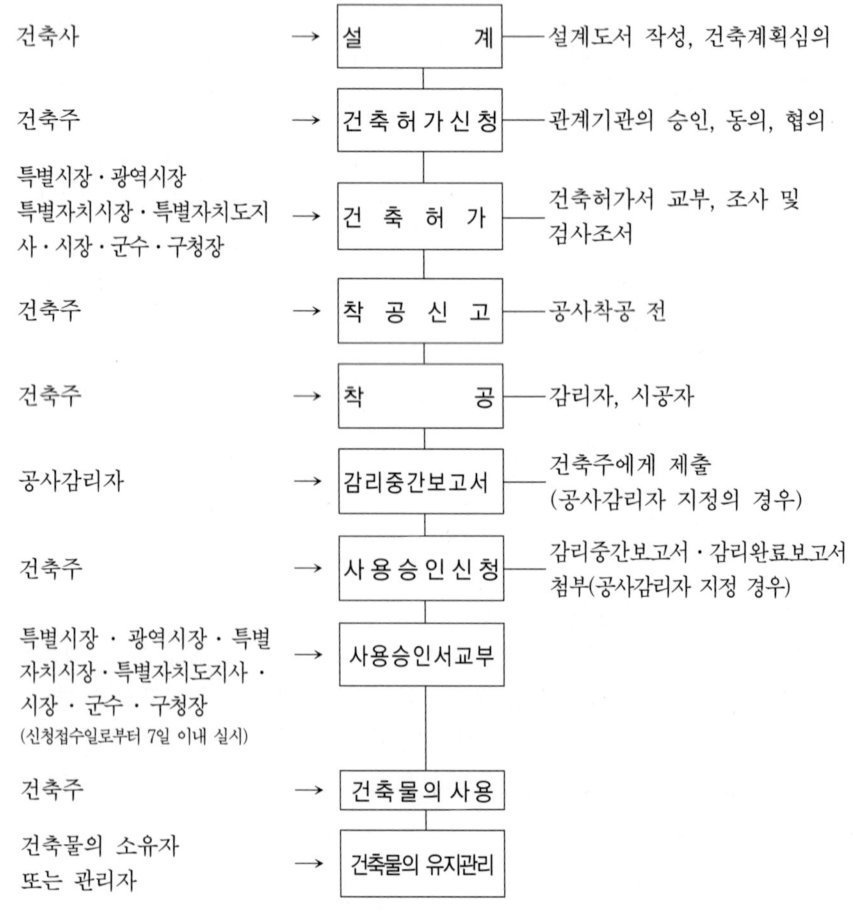

그림. 건축허가에서 준공까지의 행정절차

(1) 건축허가 및 신청

1) 건축허가

건축물을 건축 또는 대수선 하고자 하는 자는 특별자치시장 · 특별자치도지사 또는 시장 · 군수 · 구청장의 허가를 받아야 한다.

[단서] 층수가 21층 이상이거나 연면적의 합계가 10만m^2 이상인 건축물〔공장, 창고 및 지방건축위원회의 심의를 거친 건축물(초고층건축물은 제외)은 제외〕의 건축(연면적의 3/10 이상을 증축하여 층수가 21층 이상으로 되거나 연면적의 합계가 10만m^2 이상으로 되는 경우를 포함)은 특별시장 또는 광역시장의 허가를 받아야 한다.

2) 건축허가 등의 신청

① 건축물(가설건축물 포함)의 허가를 받고자 하는 자는 다음 서류를 허가권자(특별시장 · 광역시장 · 특별자치시장 · 특별자치도지사 또는 시장 · 군수 · 구청장)에게 제출해야 한다.

예외 방위산업시설은 설계자의 확인으로 관계서류에 갈음할 수 있다.

② 허가권자는 건축허가를 한 경우에는 건축허가서를 신청인에게 교부해야 한다.

③ 첨부해야 할 서류 및 도서

구 분	제출도서
건축허가신청시 제출 서류 및 설계도서	① 건축할 대지의 범위와 대지 소유 또는 사용에 관한 권리를 증명하는 서류 ② 기본설계도서(표준설계도서는 건축계획서 · 배치도에 한함) ※ 모든 도면의 축척은 임의로 함 가. 건축계획서 나. 배치도 다. 평면도 라. 입면도 마. 단면도 바. 구조도(구조안전 확인 또는 내진설계 대상 건축물) 사. 구조계산서(구조안전 확인 또는 내진설계 대상 건축물) 아. 시방서 자. 실내마감도 차. 소방설비도 카. 건축설비도 타. 토지굴착 및 옹벽도 ③ 허가 등을 받거나 신고를 하기 위하여 당해 법령에서 제출하도록 의무화하고 있는 신청서 및 구비서류(해당 사항이 있는 것에 한함)

■ 건축허가신청에 필요한 기본설계도서의 주요내용

도서의 종류	표시하여야 할 사항
건축 계획서	1. 개요(위치 · 대지면적 등) 2. 지역 · 지구 및 도시계획사항 3. 건축물의 규모(건축면적 · 연면적 · 높이 · 층수 등) 4. 건축물의 용도별 면적 5. 주차장규모 6. 에너지절약계획서(해당건축물에 한함) 7. 노인 및 장애인 등을 위한 편의시설 설치계획서 (관계법령에 의하여 설치의무가 있는 경우에 한함)
배치도	1. 축척 및 방위 2. 대지에 접한 도로의 길이 및 너비 3. 대지의 종 · 횡단면도 4. 건축선 및 대지경계선으로부터 건축물까지의 거리 5. 주차동선 및 옥외주차계획 6. 공개공지 및 조경계획
평면도	1. 1층 및 기준층 평면도 2. 기둥 · 벽 · 창문 등의 위치 3. 방화구획 및 방화문의 위치 4. 복도 및 계단의 위치 5. 승강기의 위치
입면도	1. 2면 이상의 입면계획 2. 외부마감재료
단면도	1. 종 · 횡단면도 2. 건축물의 높이, 각층의 높이 및 반자높이

※ 도서의 축척 : 임의

3) 건축허가에 관한 사전승인

① 자연환경 또는 주거환경 등의 보호를 위하여 지정 · 공고하는 구역 안에 건축하는 건축물 시장 · 군수는 건축허가 사전승인 대상 건축물을 허가하고자 하는 경우 미리 건축계획서와 기본설계도서 [별표 3]를 첨부하여 도지사의 승인을 얻은 후 허가하여야 한다. (특별시, 광역시가 아닌 경우)

건축물	용 도
자연환경 또는 수질보호를 위하여 지정 · 공고하는 구역 안에 건축하는 3층 이상 또는 연면적 합계 1,000m² 이상의 건축물	· 공동주택 · 제2종 근린생활시설 (일반음식점에 한함) · 업무시설(일반업무시설에 한함) · 숙박시설 · 위락시설
주거환경 또는 교육환경 등 주변환경의 보호상 필요하다고 인정하여 도지사가 지정 · 공고하는 구역 안에 건축하는 건축물	· 숙박시설 · 위락시설

■ 규칙 [별표 3] 사전승인신청시의 제출도서

구 분	분 야	도서의 종류
건축계획서	건 축	· 설계설명서 · 구조계획서 · 지질조사서 · 시방서
기본설계도서	건 축	· 투시도 또는 투시도 사진 · 평면도(주요층, 기준층) · 2면 이상의 입면도 · 2면 이상의 단면도 · 내외마감표 · 주차장 평면도
	설 비	· 건축설비도 · 소방설비도 · 상하수도 계통도
	기 타	필요한 도면

② 사전승인 대상 건축물의 규모 및 승인권자

사전승인 대상 건축물의 규모	승인권자	허가권자
① 21층 이상 건축물 ② 연면적 10만m^2 이상 건축물 [공장, 창고 및 지방건축위원회의 심의를 거친 건축물(초고층건축물은 제외)은 제외] ③ 연면적 3/10 이상의 증축으로 인하여 ①, ②의 대상이 되는 경우	도지사	시장 · 군수

4) 건축허가의 취소

허가권자는 건축허가를 받은 날로부터 2년 이내(공장의 경우 3년 이내)에 공사에 착공하지 아니한 경우와 공사를 착수하였으나 공사완료가 불가능하다고 인정되는 경우에는 그 허가를 취소해야 한다.

[예외] 허가권자는 정당한 사유가 있다고 인정하는 경우에는 1년의 범위 안에서 그 공사의 착수기간을 연장할 수 있다.

(2) 용도변경

1) 용도변경 시설군의 분류

분 류	시 설 군	절 차
자동차관련 시설군	· 자동차관련시설	① 허가대상 : 상위시설군(오름차순)에 해당하는 용도로 변경하는 행위
산업등 시설군	· 운수시설 · 창고시설 · 공장 · 위험물저장 및 처리시설 · 자원순환관련시설 · 묘지관련시설 · 장례식장	
전기통신시설군	· 방송통신시설 · 발전시설	
문화집회시설군	· 문화 및 집회시설 · 종교시설 · 위락시설 · 관광휴게시설	

<table>
<tr><td>영업시설군</td><td>· 판매시설 · 운동시설
· 숙박시설
· 제2종 근린생활시설 중 다중생활시설</td><td rowspan="5">② 신고대상 : 하위시설군(내림차순)에 해당하는 용도로 변경하는 행위
③ 건축물대장 기재변경 신청 : 동일한 시설군 내에서 용도변경 하는 행위</td></tr>
<tr><td>교육 및 복지시설군</td><td>· 의료시설 · 교육연구시설
· 노유자시설 · 수련시설
· 야영장시설</td></tr>
<tr><td>근린생활시설군</td><td>· 제1종 근린생활시설
· 제2종 근린생활시설(다중생활시설은 제외)</td></tr>
<tr><td>주거업무시설군</td><td>· 단독주택 · 공동주택
· 업무시설 · 교정 및 군사시설</td></tr>
<tr><td>기타 시설군</td><td>· 동물 및 식물관련시설</td></tr>
</table>

(3) 허용오차

1) 대지 관련 건축기준의 허용오차

<table>
<tr><th>항 목</th><th>허용되는 오차의 범위</th></tr>
<tr><td>건폐율</td><td>0.5% 이내(단, 건축면적 5m^{2}를 초과할 수 없다.)</td></tr>
<tr><td>용적률</td><td>1% 이내(단, 연면적 30m^{2}를 초과할 수 없다.)</td></tr>
<tr><td>건축선의 후퇴거리</td><td rowspan="2">3% 이내</td></tr>
<tr><td>인접 건축물과의 거리</td></tr>
</table>

2) 건축물관련 건축기준의 허용오차

<table>
<tr><th>항 목</th><th colspan="2">허용되는 오차의 범위</th></tr>
<tr><td>건축물높이</td><td rowspan="4">2% 이내</td><td>1m를 초과할 수 없다.</td></tr>
<tr><td>출구너비</td><td>—</td></tr>
<tr><td>반자높이</td><td>—</td></tr>
<tr><td>평면길이</td><td>건축물 전체길이는 1m를 초과할 수 없고, 벽으로 구획된 각 실은 10cm를 초과할 수 없다.</td></tr>
<tr><td>벽체두께</td><td colspan="2" rowspan="2">3% 이내</td></tr>
<tr><td>바닥판두께</td></tr>
</table>

학습포인트

허용오차범위(작은 것→큰 것 순서)

0.5% 이내	1% 이내	2% 이내	3% 이내
건 폐 율	**용** 적 률	**높** 이 **출** 구 너 비 **반** 자 높 이 **평** 면 길 이	**후** 퇴 거 리 **인** 동 거 리 **벽** 체 두 께 **바** 닥 판 두 께

3 건축물의 구조 및 재료

1 건축물의 구조 등

(1) 구조계산에 의한 구조안전의 확인 대상 건축물

구 분	구조계산 대상 건축물
1. 층수	2층 이상(기둥과 보가 목재인 목구조 경우 : 3층 이상)
2. 연면적	$200m^2$(목구조 : $500m^2$) 이상인 건축물(창고, 축사, 작물 재배사 및 표준설계도서에 따라 건축하는 건축물은 제외)
3. 높이	13m 이상
4. 처마높이	9m 이상
5. 경간	10m 이상 *경간 : 기둥과 기둥 사이의 거리(기둥이 없는 경우에는 내력벽과 내력벽 사이의 거리를 말함)
6. 국토교통부령으로 정하는 지진구역의 건축물	
7. 국가적 문화유산으로 보존할 가치가 있는 박물관·기념관 등으로서 연면적의 합계가 $5,000m^2$ 이상인 건축물	
8. 특수구조 건축물 중 3m 이상 돌출된 건축물과 특수한 설계·시공·공법 등이 필요한 건축물	
9. 단독주택 및 공동주택	

예외 지진에 대한 안전의 확인을 생략할 수 있는 건축물
사용승인서를 받은 후 5년이 지난 건축물을 증축(1/10분 이내의 증축 또는 1개 층의 증축만 해당)하거나 일부 개축하는 경우

(2) 내진 능력 공개

다음에 해당하는 건축물을 건축하고자 하는 자는 사용승인을 받는 즉시 건축물이 지진 발생 시에 견딜 수 있는 능력을 공개하여야 한다.

① 층수가 2층 이상(기둥과 보가 목재인 목구조 경우 : 3층 이상)인 건축물
② 연면적이 $200m^2$(목구조 : $500m^2$) 이상인 건축물(창고, 축사, 작물 재배사 및 표준설계도서에 따라 건축하는 건축물과 소규모건축구조기준을 적용한 건축물은 제외)
③ 그 밖에 건축물의 규모와 중요도를 고려하여 대통령령으로 정하는 건축물

(3) 계단 및 복도의 설치

1) 계단의 설치기준

① 높이 3m를 넘는 계단에는 높이 3m 이내마다 너비 1.2m 이상의 계단참을 설치할 것
② 높이 1m를 넘는 계단 및 계단참의 양측에는 난간(벽 등 이에 대치되는 것을 포함)을 설치할 것
③ 계단폭이 3m를 넘는 경우에는 계단의 중간에 폭 3m 이내마다 난간을 설치할 것

예외 단높이 15cm 이하이고, 단너비 30cm 이상인 계단

2) 계단의 구조

① 계단 및 계단참의 너비(옥내계단에 한함)·단높이·단너비

(단위 : cm)

계단의 종류	계단 및 계단참의 폭	단높이	단너비
·초등학교의 계단	150 이상	16 이하	26 이상
·중·고등학교의 계단	150 이상	18 이하	26 이상
·문화 및 집회시설(공연장, 집회장, 관람장에 한함) ·판매시설(도매시장·소매시장·상점에 한함) ·바로 위층 거실 바닥면적 합계가 200m² 이상인 계단 ·거실의 바닥면적 합계가 100m² 이상인 지하층의 계단 ·기타 이와 유사한 용도에 쓰이는 건축물의 계단	120 이상	–	–
·기타의 계단	60 이상	–	–
·작업장에 설치하는 계단(산업안전보건법에 의한)	산업안전기준에 관한 규칙에 의함.		

② 돌음계단의 단너비는 좁은 너비의 끝부분으로부터 30cm의 위치에서 측정한다.

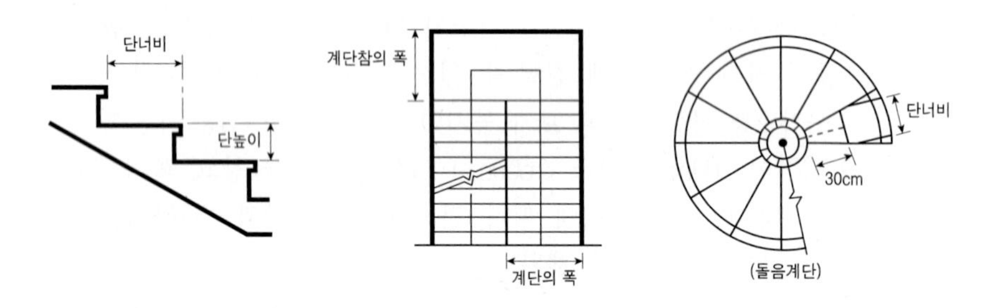

3) 노약자 및 신체장애인의 난간 및 바닥

① 설치 대상 건축물 : 공동주택(기숙사 제외), 제1종 근린생활시설, 제2종 근린생활시설, 문화 및 집회시설, 종교시설, 운수시설, 판매시설, 의료시설, 노유자시설, 업무시설, 숙박시설, 위락시설, 관광휴게시설의 용도에 쓰이는 건축물

② 난간 및 바닥의 설치기준

㉠ 아동의 이용에 안전하고 노약자 및 신체장애인의 이용에 편리한 구조로 하여야 하며, 양쪽에 벽 등이 있어 난간이 없는 경우에는 손잡이를 설치하여야 한다.

㉡ 손잡이는 최대 지름이 3.2cm 이상 3.8cm 이하인 원형 또는 타원형의 단면으로 할 것

㉢ 손잡이는 벽 등으로부터 5cm 이상 떨어지도록 하고, 계단으로부터의 높이는 85cm가 되도록 할 것

㉣ 계단이 끝나는 수평부분에서의 손잡이는 바깥쪽으로 30cm 이상 나오도록 설치할 것

4) 계단에 대체되는 경사로

① 경사도는 1 : 8 이하로 할 것

② 재료마감은 표면을 거친 면으로 하거나 미끄러지지 않는 재료로 마감할 것

5) 복도의 너비 및 설치기준

① 건축물에 설치하는 복도의 유효너비는 다음과 같이 하여야 한다.

구 분	양옆에 거실이 있는 복도	기타의 복도
유치원 · 초등학교 · 중학교 · 고등학교	2.4m 이상	1.8m 이상
공동주택 · 오피스텔	1.8m 이상	1.2m 이상
당해 층 거실의 바닥면적 합계가 $200m^2$ 이상인 경우	1.5m 이상(의료시설의 복도는 1.8m 이상)	1.2m 이상

② 문화 및 집회시설(종교집회장 · 공연장 · 집회장 · 관람장 · 전시장에 한함), 노유자시설(아동관련시설 · 노인복지시설에 한함) · 수련시설(생활권수련시설에 한함), 위락시설 중 유흥주점 및 장례식장의 관람실 또는 집회실과 접하는 복도의 유효너비는 다음에서 정하는 너비로 하여야 한다.

당해 층의 바닥면적의 합계	복도의 유효너비
$500m^2$ 미만	1.5m 이상
$500m^2$ 이상 $1,000m^2$ 미만	1.8m 이상
$1,000m^2$ 이상	2.4m 이상

③ 문화 및 집회시설 중 공연장에 설치하는 복도는 다음의 기준에 적합하여야 한다.

설치대상		설치기준
문화 및 집회시설 중 공연장의 복도	바닥면적 $300m^2$ 이상	공연장의 개별 관람실의 바깥쪽에는 그 양쪽 및 뒤쪽에 각각 복도 설치
	바닥면적 $300m^2$ 미만	하나의 층에 개별 관람실을 2개소 이상 연속하여 설치하는 경우에는 관람실 바깥쪽의 앞쪽과 뒤쪽에 각각 복도 설치

(4) 거실에 관한 기준

1) 거실의 반자높이

※ 단, 반자가 없는 경우에는 보 또는 바로 위층 바닥판의 밑면, 기타 이와 비슷한 것을 말한다.

거실의 종류	반자높이	예외 규정
① 일반용도의 거실	2.1m 이상	공장, 창고시설, 위험물 저장 및 처리시설, 동물 및 식물 관련시설, 자원순환 관련시설, 묘지관련시설
② 문화 및 집회시설(전시장 및 동・식물원 제외), 종교시설, 장례식장, 유흥주점의 용도에 쓰이는 건축물의 관람실 또는 집회실로서 바닥면적이 200m^2 이상인 것	4m 이상	기계환기장치를 설치한 경우
③ '②'의 노대 아래 부분	2.7m 이상	

2) 거실의 채광 및 환기

① 거실의 채광 및 환기 등을 위한 창문 등의 면적은 다음 기준에 적합하도록 설치하여야 한다.

구 분	건축물의 용도	창문 등의 면적	예외 규정
채광	・단독주택의 거실 ・공동주택의 거실 ・학교의 교실 ・의료시설의 병실 ・숙박시설의 객실	거실 바닥면적의 1/10 이상	거실의 용도에 따른 조도기준 [별표 1]의 조도 이상의 조명
환기		거실 바닥면적의 1/20 이상	기계장치 및 중앙관리방식의 공기조화설비를 설치한 경우

② 수시로 개방할 수 있는 미닫이로 구획된 2개의 거실은 거실의 채광 및 환기를 위한 규정을 적용함에 있어서 이를 1개의 거실로 본다.

■ 거실의 용도에 따른 조도기준 (제17조 관련)

거실의 용도구분 \ 조도구분		바닥에서 85cm의 높이에 있는 수평면의 조도(럭스)
1. 거 주	· 독서 · 식사 · 조리 · 기타	150 70
2. 집 무	· 설계 · 제도 · 계산 · 일반사무 · 기타	700 300 150
3. 작 업	· 검사 · 시험 · 정밀검사 · 수술 · 일반작업 · 제조 · 판매 · 포장 · 세척 · 기타	700 300 150 70
4. 집 회	· 회의 · 집회 · 공연 · 관람	300 150 70
5. 오 락	· 오락 일반 · 기타	150 30
기타 명시되지 아니한 것		1란 내지 5란에 유사한 기준을 적용함

3) 배연설비

① 6층 이상의 건축물로서 제2종 근린생활시설 중 300m² 이상인 공연장 · 종교집회장 · 인터넷컴퓨터게임시설제공업소 및 다중생활시설, 문화 및 집회시설, 종교시설, 판매시설, 운수시설, 의료시설(요양병원 및 정신병원은 제외), 연구소, 아동관련시설 · 노인복지시설(노인요양시설은 제외), 유스호스텔, 운동시설, 업무시설, 숙박시설, 위락시설, 관광휴게시설, 장례식장의 용도에 해당되는 건축물의 거실

예외 피난층인 경우

② 요양병원 및 정신병원, 노인요양시설 · 장애인 거주시설 및 장애인 의료재활시설의 용도에 해당되는 건축물

예외 피난층인 경우

4) 거실의 바닥 등

① 방습조치 : 건축물의 최하층에 있는 거실의 바닥이 목조인 경우에는 그 바닥높이를 지표면으로부터 45cm 이상으로 하여야 한다.

예외 지표면을 콘크리트 바닥으로 설치하는 등의 방습조치를 한 경우

② 내수재료의 마감 : 다음에 해당하는 욕실 또는 조리장의 바닥과 그 바닥으로부터 높이 1m까지의 안벽의 마감은 이를 내수재료로 하여야 한다.

㉮ 제1종 근린생활시설 중 목욕장의 욕실과 휴게음식점의 조리장
㉯ 제2종 근린생활시설 중 일반음식점 및 휴게음식점의 조리장과 숙박시설의 욕실

③ 추락방지를 위한 안전시설 설치 : 오피스텔에 거실 바닥으로부터 높이 1.2m 이하 부분에 여닫을 수 있는 창문을 설치하는 경우에는 높이 1.2m 이상의 난간이나 그 밖에 이와 유사한 추락방지를 위한 안전시설을 설치하여야 한다.

5) 경계벽 및 칸막이벽의 구조

① 경계벽 및 칸칵이벽 구조

대상 건축물의 용도	구획 부분	구조 제한 기준
· 다가구주택 · 공동주택(기숙사 제외)	각 가구간 또는 세대간의 경계벽(발코니 부분은 제외)	차음구조 및 내화구조로 하고 지붕밑 또는 바로 윗층 바닥판까지 닿게 하여야 한다.
· 학교의 교실 · 의료시설의 병실 · 숙박시설의 객실 · 기숙사의 침실	각 거실간의 칸막이벽	
· 제2종 근린생활시설 중 다중생활시설	호실 간 칸막이벽	
· 노유자시설 중 노인복지주택	세대 간 경계벽	
· 노유자시설 중 노인요양시설	호실 간 경계벽	

② 차음구조의 기준

경계벽 및 간막이벽의 차음구조는 다음과 같다.

벽체의 구조	두께 기준
철근콘크리트조, 철골철근콘크리트조	10cm 이상
무근콘크리트조, 석조	10cm 이상(시멘모르타르, 회반죽 또는 석고 플라스터의 바름두께 포함)
콘크리트 블록조, 벽돌조	19cm 이상

예외 다가구주택 및 공동주택 세대간의 경계벽은 주택건설기준에 관한 규정에 따른다.

6) 창문 등의 차면시설

인접대지경계선으로부터 직선거리 2m 이내에 이웃주택의 내부가 보이는 창문 등을 설치하는 경우에는 차면시설을 설치하여야 한다.

2 건축물의 피난시설

(1) 직통계단의 설치 기준

1) 피난층이 아닌 층에서의 보행거리

피난층이 아닌 층에서 거실 각 부분으로부터 피난층(직접 지상으로 통하는 출입구가 있는 층) 또는 지상으로 통하는 직통계단(경사로 포함)에 이르는 보행거리는 다음과 같다.

구 분	보행거리
원칙	30m 이하
주요구조부가 내화구조 또는 불연재료로 된 건축물	50m 이하 (16층 이상 공동주택 : 40m 이하) [자동화 생산시설에 스프링클러 등 자동식 소화설비를 설치한 공장으로서 국토교통부령으로 정하는 공장인 경우에는 그 보행거리가 75m(무인화 공장 경우 100m) 이하]

예외 지하층에 설치하는 건축물로서 바닥면적의 합계가 300m^2 이상인 공연장·집회장·관람장 및 전시장을 제외

2) 피난층에서의 보행거리

피난층의 계단 및 거실로부터 건축물 바깥쪽으로의 출구에 이르는 보행거리는 다음과 같다.

구 분	원 칙	주요구조부가 내화구조, 불연재료일 경우
계단으로부터 옥외로의 출구까지	30m 이하	50m 이하 (16층 이상 공동주택 : 40m)
거실로부터 옥외로의 출구까지(피난에 지장이 없는 출입구가 있는 것은 제외)	60m 이하	100m 이하 (16층 이상 공동주택 : 80m)

※ 피난층에 있는 비상용 승강장의 출입구로부터 도로·공지에 이르는 보행거리는 30m 이하이다.

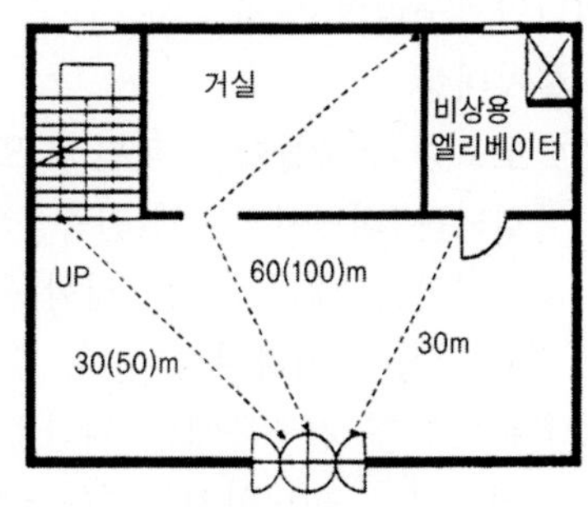

※( ) 안은 주요구조부가 내화구조 또는 불연재료일 경우

그림. 피난층이 아닌 층에서 보행거리 그림. 피난층에서 옥외로의 보행거리

3) 직통계단을 2개소 이상 설치하여야 하는 건축물

건축물의 피난층이 아닌 층에서 피난층 또는 지상으로 통하는 직통계단(경사로 포함)을 2개소 이상 설치하여야 하는 경우는 다음과 같다.

① 설치기준 : 2개소 이상 직통계단의 출입구는 피난에 지장이 없도록 일정한 간격을 두어 설치하고, 각 직통계단 상호간에는 각각 거실과 연결된 복도 등 통로를 설치하여야 한다.

② 설치대상

구 분	건축물의 용도	해당부분	면 적
①	· 문화 및 집회시설 (전시장 및 동 · 식물원 제외) · 300m² 이상인 공연장·종교집회장 · 종교시설 · 장례식장 · 위락시설 중 유흥주점	그 층의 관람실 또는 집회실의 바닥면적 합계	200m² 이상
②	· 단독주택 중 다중주택 · 다가구주택 · 제2종 근린생활시설 중 학원, 독서실 · 300m² 이상인 인터넷컴퓨터게임 시설제공업소 · 판매시설 · 운수시설(여객용시설만 해당) · 의료시설 (입원실이 없는 치과병원은 제외) · 교육연구시설 중 학원 · 노유자시설 중 아동시설, 노인복지시설 · 수련시설 중 유스호스텔 · 숙박시설 · 장례식장	3층 이상의 층으로서 그 층의 당해 용도로 쓰이는 거실바닥 면적 합계	
③	· 지하층	그 층의 거실바닥면적 합계	
④	· 공동주택(층당 4세대 이하는 제외) · 업무시설 중 오피스텔	그 층의 당해 용도에 쓰이는 거실의 바닥면적 합계	300m² 이상
⑤	위의 ①, ②, ④에 해당하지 않는 용도	3층 이상의 층으로 그 층의 거실 바닥면적 합계	400m² 이상

4) 피난안전구역의 설치

① 설치대상

㉠ 초고층 건축물에는 피난층 또는 지상으로 통하는 직통계단과 직접 연결되는 피난안전구역(건축물의 피난 · 안전을 위하여 건축물 중간층에 설치하는 대피공간을 말함)을 지상층으로부터 최대 30개 층마다 1개소 이상 설치하여야 한다.

㉡ 준초고층 건축물에는 피난층 또는 지상으로 통하는 직통계단과 직접 연결되는 피난안전구역을 해당 건축물 전체 층수의 1/2에 해당하는 층으로부터 상하 5개층 이내에 1개소 이상 설치하여야 한다.

예외 국토교통부령으로 정하는 기준에 따라 피난층 또는 지상으로 통하는 직통계단을 설치하는 경우

② 피난안전구역의 규모와 설치기준

㉠ 피난안전구역은 해당 건축물의 1개층을 대피공간으로 하며, 대피에 장애가 되지 아니하는 범위에서 기계실, 보일러실, 전기실 등 건축설비를 설치하기 위한 공간과 같은 층에 설치할 수 있다. 이 경우 피난안전구역은 건축설비가 설치되는 공간과 내화구조로 구획하여야 한다.

㉡ 피난안전구역에 연결되는 특별피난계단은 피난안전구역을 거쳐서 상·하층으로 갈 수 있는 구조로 설치하여야 한다.

㉢ 피난안전구역의 바로 아래층 및 위층은 단열재를 설치할 것. 이 경우 아래층은 최상층에 있는 거실의 반자 또는 지붕 기준을 준용하고, 위층은 최하층에 있는 거실의 바닥 기준을 준용할 것

㉣ 피난안전구역의 내부마감재료는 불연재료로 설치할 것

㉤ 건축물의 내부에서 피난안전구역으로 통하는 계단은 특별피난계단의 구조로 설치할 것

㉥ 비상용 승강기는 피난안전구역에서 승하차 할 수 있는 구조로 설치할 것

㉦ 피난안전구역에는 식수공급을 위한 급수전을 1개소 이상 설치하고 예비전원에 의한 조명설비를 설치할 것

㉧ 관리사무소 또는 방재센터 등과 긴급연락이 가능한 경보 및 통신시설을 설치할 것

㉨ 피난안전구역의 높이는 2.1m 이상일 것

(2) 피난계단의 설치기준

1) 피난계단, 특별피난계단의 설치대상

① 5층 이상의 층으로부터 피난층 또는 지상으로 통하는 직통계단

② 지하 2층 이하의 층으로부터 피난층 또는 지상으로 통하는 직통계단

③ 5층 이상의 층으로부터 피난층 또는 지상으로 통하는 직통계단과 직접 연결된 지하 1층의 계단

※ 판매시설(도매시장, 소매시장, 상점) 용도로 쓰이는 층으로부터의 직통계단은 1개소 이상 특별피난계단으로 설치하여야 한다.

예외 주요구조부가 내화구조, 불연재료로 된 건축물로서 5층 이상의 층의 바닥면적 합계가 200m^2 이하이거나, 바닥면적 200m^2 이내마다 방화구획이 된 경우

2) 특별피난계단의 설치대상

① 건축물(갓복도식 공동주택 제외)이 11층(공동주택은 16층) 이상으로부터 피난층 또는 지상으로 통하는 직통계단

예외 바닥면적 400m^2 미만인 층

② 지하 3층 이하의 층으로부터 피난층 또는 지상으로 통하는 직통계단

예외 바닥면적 400m^2 미만인 층

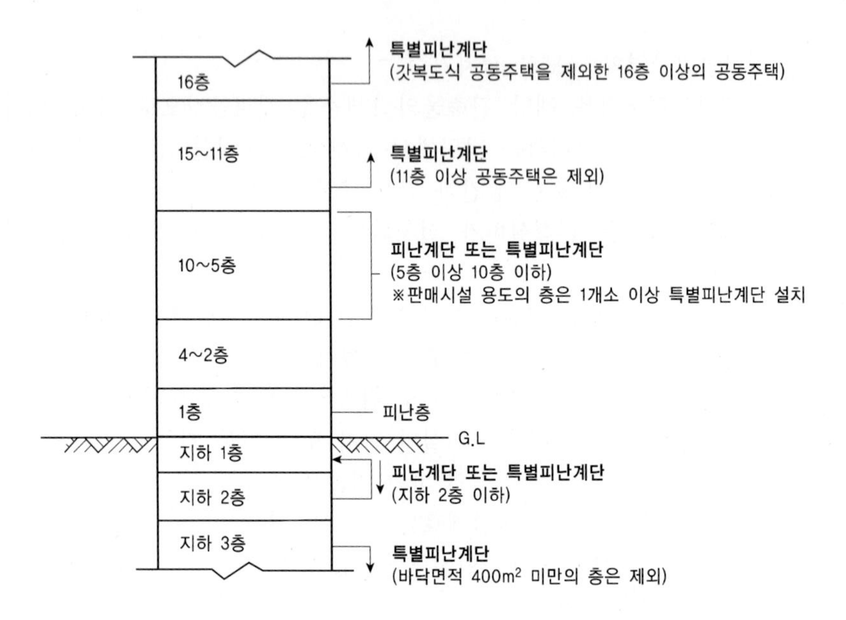

3) 직통계단 외에 별도의 피난계단, 특별피난계단의 설치대상

① 대상용도 : 문화 및 집회시설(전시장 및 동·식물원에 한함), 판매시설, 운수시설(여객용시설만 해당), 운동시설, 위락시설, 관광휴게시설(다중이 이용하는 시설에 한함), 수련시설(생활수련시설에 한함)

② 5층 이상의 층으로서 상기 ① 용도로 쓰이는 바닥면적 합계가 $2,000m^2$를 넘는 층에는 피난계단 또는 특별피난계단 외에 $2,000m^2$를 넘는 매 $2,000m^2$ 이내마다 1개소의 피난계단 또는 특별피난계단을 설치하여야 한다. 단, 설치되는 계단은 4층 이하의 층에는 쓰이지 않는 피난계단 또는 특별피난계단이라야 한다.

· 계단수의 산출

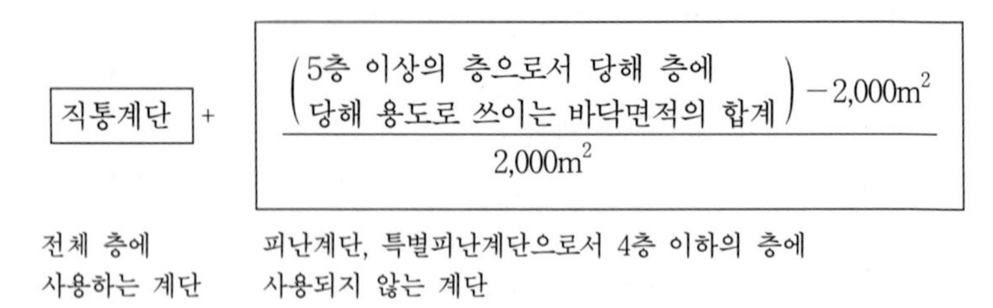

4) 옥외피난계단의 설치기준

건축물의 3층 이상의 층(피난층 제외)으로서 다음 용도에 쓰이는 층에는 직통계단 외에 그 층으로부터 지상으로 통하는 옥외계단을 따로 설치하여야 한다.

① 문화 및 집회 시설(공연장에 한함), 위락시설(주점영업에 한함)에 쓰이는 층으로서 그 층의 거실의 바닥면적의 합계가 $300m^2$ 이상인 것

② 문화 및 집회시설 중 집회장의 용도로 쓰이는 층으로서 그 층의 거실의 바닥면적 합계가 1,000m^2 이상인 것

5) 지하층과 피난층 사이의 개방공간 설치

바닥면적의 합계가 3,000m^2 이상인 공연장·집회장·관람장 또는 전시장을 지하층에 설치하는 경우에는 각 실에 있는 자가 지하층 각 층에서 건축물 밖으로 피난하여 옥외 계단 또는 경사로 등을 이용하여 피난층으로 대피할 수 있도록 천장이 개방된 외부 공간을 설치하여야 한다.

(3) 피난계단 및 특별피난계단의 구조

1) 피난계단의 구조

① 건축물 내부에 설치하는 피난계단의 구조(옥내피난계단)

㉠ 계단실의 구조 : 계단실은 창문, 출입구, 기타 개구부를 제외하고는 내화구조의 벽으로 구획할 것

㉡ 계단실의 마감 : 계단실의 실내에 접하는 부분(바닥 및 반자 등 실내에 면하는 모든 부분)의 마감(마감을 위한 바탕 포함)은 불연재료로 할 것

㉢ 계단실의 조명설비 : 계단실에는 예비전원에 의한 조명설비를 할 것

㉣ 계단실의 옥외에 접하는 창문 등 : 계단실 바깥쪽에 접하는 창문 등은 당해 건축물의 다른 부분에 설치하는 창문 등으로부터 2m 이상 띄울 것

예외 망입유리의 붙박이창으로서 그 면적이 각각 1m^2 이하인 것

㉤ 계단실의 옥내에 접하는 창문(출입구 제외) 등 : 망입유리의 붙박이창으로서 그 면적이 각각 1m^2 이하로 할 것

㉥ 계단실로 통하는 출입구의 구조

- 출입구의 유효너비는 0.9m 이상으로 한다.
- 피난방향으로 열 수 있도록 한다.
- 갑종방화문을 설치한다(방화문은 언제나 닫힌 상태를 유지하거나 화재시 연기의 발생 또는 온도의 상승에 의하여 자동으로 닫히는 구조일 것)

㉦ 계단은 내화구조로 하고 피난층 또는 지상까지 직접 연결되도록 할 것

㉧ 돌음계단으로 해서는 안 된다.

② 건축물 바깥쪽에 설치하는 피난계단의 구조(옥외피난계단)

㉠ 계단은 그 계단으로 통하는 출입구 외의 창문 등으로부터 2m 이상 거리를 두고 설치할 것

예외 망입유리 붙박이창으로서 그 면적이 각각 1m^2 이하인 것

㉡ 옥내로부터 계단으로 통하는 출입구에는 갑종방화문을 설치할 것

㉢ 계단의 유효너비는 0.9m 이상으로 할 것
㉣ 계단은 내화구조로 하고 지상까지 직접 연결되도록 할 것
㉤ 돌음계단으로 해서는 안 된다.

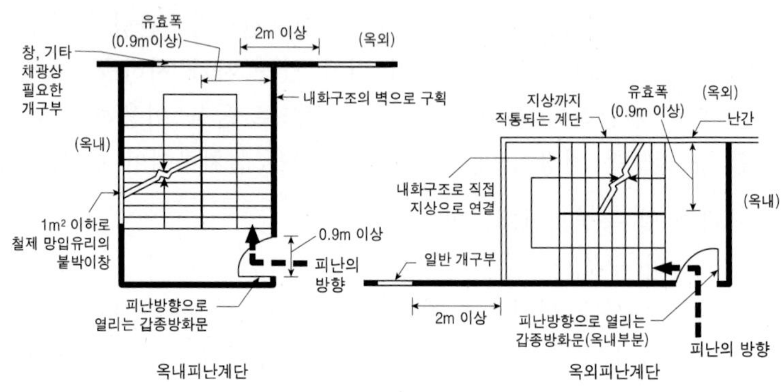

그림. 피난계단의 구조

2) 특별피난계단의 구조

① 계단실로의 출입

㉠ 노대를 통하여 연결

㉡ 외부를 향하여 열 수 있는 면적 $1m^2$ 이상인 창문(바닥으로부터 1m 이상의 높이에 설치한 것에 한함) 또는 건축물의 설비기준 등에 관한 규칙(제14조)의 규정에 적합한 구조의 배연설비가 있는 면적 $3m^2$ 이상인 부속실을 통하여 연결할 것

② 계단실 · 노대 및 부속실(건축물의 설비기준 등에 관한 규칙에 의하여 비상용 승강기의 승강장을 겸용하는 부속실을 포함) : 창문 등을 제외하고는 내화구조의 벽으로 구획할 것

③ 계단실 및 부속실의 마감 : 계단실 및 부속실의 실내에 접하는 부분(바닥 및 반자 등 실내에 면한 모든 부분)의 마감(마감을 위한 바탕 포함)은 불연재료로 할 것

④ 계단실의 조명설비 : 계단실에는 예비전원에 의한 조명설비를 할 것

⑤ 계단실 · 부속실 · 노대의 옥외에 접하는 창문 등 : 계단실 · 노대 · 부속실에 설치하는 건축물의 바깥쪽에 접하는 창문 · 출입문은 당해 건축물의 다른 부분에 설치하는 창문 출입문으로부터 2m 이상 거리를 두고 설치할 것

예외 망입유리 붙박이창으로서 각각 $1m^2$ 이하인 것

⑥ 창문 · 출입구 · 개구부 설치금지 : 계단실에는 노대 또는 부속실에 접하는 부분 외에는 건축물 안쪽에 접하는 창문 · 출입구 · 개구부를 설치하지 말 것

⑦ 계단실과 접하는 노대, 부속실의 창문 · 개구부 : 망입유리 붙박이창으로서 그 면적을 각각 $1m^2$ 이하로 할 것(단, 출입구는 제외)

⑧ 노대 및 부속실에는 계단실 외의 건축물 내부와 연결하는 창문 등을 설치하지 말 것(단, 출입구는 제외)

⑨ 출입구의 설치

㉠ 건축물의 내부에서 노대 또는 부속실로 통하는 출입구에는 갑종방화문을 설치할 것

㉡ 노대 또는 부속실로부터 계단실로 통하는 출입구에는 갑종방화문 또는 을종방화문을 설치할 것. 이 경우 갑종방화문 또는 을종방화문은 언제나 닫힌 상태를 유지하거나 화재로 인한 연기, 온도, 불꽃 등을 가장 신속하게 감지하여 자동적으로 닫히는 구조로 하여야 한다.

㉢ 출입구의 유효너비는 0.9m 이상으로 하고 피난방향으로 열 수 있을 것

⑩ 계단은 내화구조로 하고 피난층이나 지상까지 직접 연결되게 할 것

⑪ 돌음계단으로 해서는 안 된다.

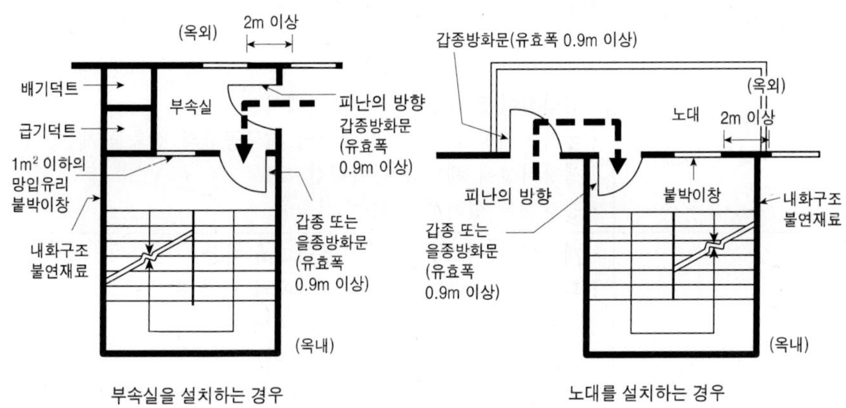

그림. 특별피난계단의 구조

(4) 관람실 등으로부터의 출구 설치기준

1) 문화 및 집회시설 등의 출구방향

문화 및 집회 시설(전시장 및 동·식물원 제외), 300m^2 이상인 공연장·종교집회장, 종교시설, 위락시설, 장례식장의 용도에 쓰이는 건축물의 관람실 또는 집회실로부터 밖으로의 출구에 쓰이는 문은 안여닫이로 해서는 안 된다.

2) 공연장의 개별 관람실의 출구기준

관람실의 바닥면적이 300m^2 이상인 경우의 출구는 다음 조건에 적합하여야 한다.

① 관람실별로 2개소 이상 설치할 것

② 각 출구의 유효폭은 1.5m 이상일 것

③ 개별 관람실 출구의 유효폭의 합계는 개별 관람실의 바닥면적 100m^{2}마다 0.6m 이상의 비율로 산정한 폭 이상일 것

(5) 건축물 바깥쪽으로의 출구(영 제39조, 피난 · 방화규칙 제11조)

구 분	기 준
대상 건축물	· 문화 및 집회시설(전시장 및 동 · 식물원을 제외) · 종교시설 · 판매시설 · 장례식장 · 국가 또는 지방자치단체의 청사 · 위락시설 · 연면적이 5,000m^2 이상인 창고시설 · 학교 · 승강기를 설치하여야 하는 건축물
출구 방향	용도 : 문화 및 집회시설(전시장, 동 · 식물원은 제외), 300m^2 이상인 공연장·종교집회장, 종교시설, 장례식장, 위락시설 → 안여닫이로 하여서는 아니된다. (밖여닫이)
보조출구 또는 비상구 설치	관람실의 바닥면적의 합계가 300m^2 이상인 집회장 또는 공연장은 바깥쪽으로 주된 출구 외에 보조출구 또는 비상구를 2개소 이상 설치하여야 한다.
판매시설의 피난층에 설치하는 출구 유효폭	출구유효폭 $\geq \dfrac{\text{당해 용도 최대인층의 바닥면적}(m^2)}{100m^2} \times 0.6m$
경사로 설치 대상	· 제1종 근린생활시설 중 * · 연면적이 5,000m^2 이상인 판매시설, 운수시설 · 학교 · 국가 · 지방자치단체의 청사와 외국공관의 건축물(제1종 근린생활시설에 해당하지 아니한 것) · 승강기를 설치해야 하는 건축물
회전문	· 계단이나 에스컬레이터로부터 2m 이상 · 회전문과 문틀사이 및 바닥사이의 간격 확보 - 회전문과 문틀 사이는 5cm 이상 - 회전문과 바닥 사이는 3cm 이하 · 회전문의 중심축에서 회전문과 문틀 사이의 간격을 포함한 회전문날개 끝부분까지의 길이는 140cm 이상 · 회전문의 회전속도는 분당회전수가 8회를 넘지 아니하도록 할 것

*제1종 근린생활시설 중

- 동사무소 · 경찰관파출소 · 소방서 · 우체국 · 전신전화국 · 방송국 · 보건소 · 공공도서관 · 지역의료보험조합 등 동일한 건축물 안에 당해 용도에 쓰이는 바닥면적의 합계가 1,000m^2 미만인 것
- 마을공화당 · 마을공동작업소 · 마을공동구판장 · 변전소 · 양수장 · 정수장 · 대피소 · 공중화장실

예 제

평지로 된 대지에 상점의 용도로 사용되는 지상 6층인 건축물의 피난층에 설치하는 바깥쪽으로의 출구 유효너비의 합계는 최소 얼마 이상으로 하여야 하는가? (단, 각 층의 바닥면적은 1층과 2층은 각각 1,000m^2이고, 3층부터 6층까지는 각각 1,500m^2 이다.)

㉮ 6m　　㉯ 9m

㉰ 12m　　㉱ 36m

해설 판매시설의 피난층에 설치하는 출구 유효폭 : 판매시설의 피난층에 설치하는 건축물 바깥쪽으로의 출구는 당해 용도에 쓰이는 바닥면적이 최대인 층의 바닥면적 $100m^2$ 마다 0.6m 이상의 비율로 산정한 너비 이상으로 한다.

$$출구유효폭 \geq \frac{당해\ 용도\ 최대인\ 층의\ 바닥면적(m^2)}{100m^2} \times 0.6m$$

$$\therefore 출구유효폭 \geq \frac{1500m^2}{100m^2} \times 0.6m = 9m$$

(6) 옥상광장 등의 설치

구 분	설치 대상 및 기준
난간 설치	옥상광장 또는 2층 이상의 층에 있는 노대의 주위에는 높이 1.2m 이상의 난간 설치
옥상광장의 설치	5층 이상의 층의 용도 : 문화 및 집회시설(전시장, 동·식물원 제외), $300m^2$ 이상인 공연장·종교집회장·인터넷컴퓨터게임시설제공업소, 종교시설, 판매시설, 주점영업, 장례식장
헬리포트의 설치	층수가 11층 이상인 건축물로서 11층 이상인 층의 바닥면적의 합계가 $10,000m^2$ 이상인 건축물(평지붕만 해당)의 옥상 · 헬리포트의 설치기준 - 길이와 너비 : 각각 22m 이상(15m까지 감축 가능) - 반경 12m 이내에는 장애가 되는 장애물 금지 - 주위한계선 : 백색으로 너비 38cm - 지름 8m의 Ⓗ 표지를 백색, "H"표지의 선너비 : 38cm, "○"표지의 선너비 : 60cm

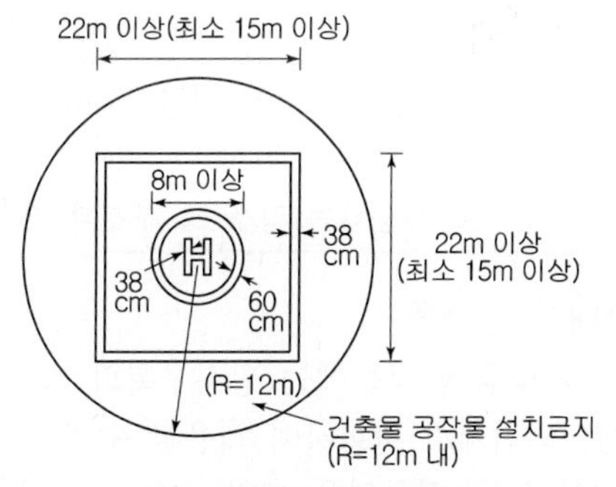

그림. 헬리포트의 설치기준

(7) 대지 안의 피난 및 소화에 필요한 통로의 설치

① 건축물의 대지 안에는 그 건축물 바깥쪽으로 통하는 주된 출구와 지상으로 통하는 피난계단 및 특별피난계단으로부터 도로 또는 공지(공원, 광장, 그 밖에 이와 비슷한 것으로서 피난 및 소화를 위하여 해당 대지의 출입에 지장이 없는 것을 말한다)로 통하는 통로를 기준에 따라 설치하여야 한다.

② 통로의 유효폭

용 도	유효너비
단독주택	0.9m 이상
바닥면적의 합계가 500m^2 이상인 문화 및 집회시설, 종교시설, 의료시설, 위락시설, 장례식장	3m 이상
기타	1.5m 이상

3 건축물의 방화시설 및 제한

(1) 방화구획

1) 방화구획의 기준

주요구조부가 내화구조 또는 불연재료로 된 건축물로 연면적이 1,000m^2를 넘는 것은 다음의 기준에 의한 내화구조의 바닥, 벽 및 갑종방화문(자동방화셔터 포함)으로 구획하여야 한다.

예외 원자력법에 의한 원자로 및 관계시설은 원자력법령이 정하는 바에 의한다.

<table>
<tr><th>건축물의 규모</th><th colspan="2">구 획 기 준</th><th>비 고</th></tr>
<tr><td>10층 이하의 층</td><td colspan="2">바닥면적 1,000m^2(3,000m^2) 이내마다 구획</td><td rowspan="4">*( )안의 면적은 스프링클러 등의 자동식 소화설비를 설치한 경우임</td></tr>
<tr><td>지상층, 지하층</td><td colspan="2">매층마다 구획(면적에 무관)</td></tr>
<tr><td rowspan="2">11층 이상의 층</td><td>실내마감이 불연재료의 경우</td><td>바닥면적 500m^2 (1,500m^2) 이내마다 구획</td></tr>
<tr><td>실내마감이 불연재료가 아닌 경우</td><td>바닥면적 200m^2 (600m^2) 이내마다 구획</td></tr>
<tr><td colspan="4">필로티의 부분을 주차장으로 사용하는 경우 그 부분과 건축물의 다른 부분을 구획</td></tr>
</table>

2) 방화구획 완화대상 건축물

다음에 해당하는 건축물의 부분에는 방화구획의 적용하지 아니하거나 그 사용에 지장이 없는 범위에서 완화하여 적용할 수 있다.

① 문화 및 집회시설(동·식물원은 제외), 종교시설, 운동시설 또는 장례식장의 용도로 쓰는 거실로서 시선 및 활동공간의 확보를 위하여 불가피한 부분

② 물품의 제조·가공·보관 및 운반 등에 필요한 고정식 대형기기 설비의 설치를 위하여 불가피한 부분

③ 계단실부분·복도 또는 승강기의 승강로 부분(해당 승강기의 승강을 위한 승강로비 부분을 포함)으로서 그 건축물의 다른 부분과 방화구획으로 구획된 부분

④ 건축물의 최상층 또는 피난층으로서 대규모 회의장·강당·스카이라운지·로비 또는 피난안전구역 등의 용도로 쓰는 부분으로서 그 용도로 사용하기 위하여 불가피한 부분
⑤ 복층형 공동주택의 세대별 층간 바닥 부분
⑥ 주요구조부가 내화구조 또는 불연재료로 된 주차장
⑦ 단독주택, 동물 및 식물 관련 시설 또는 교정 및 군사시설 중 군사시설(집회, 체육, 창고 등의 용도로 사용되는 시설만 해당)로 쓰는 건축물

(2) 방화에 장애가 되는 용도제한

1) 방화에 장애가 되는 용도제한

① 같은 건축물 안에는 ㉮ 용도와 ㉯ 용도의 건축물을 함께 설치할 수 없다.

대상 건축물
㉮ 의료시설, 노유자시설(아동관련시설 및 노인복지시설만 해당), 장례식장 또는 공동주택, 산후조리원
㉯ 위락시설, 위험물저장 및 처리시설, 공장, 자동차관련시설(정비공장만 해당)

② 다음에 해당하는 용도의 시설은 같은 건축물에 함께 설치할 수 없다.
㉠ 노유자시설 중 아동관련시설 또는 노인복지시설과 판매시설 중 도매시장 또는 소매시장
㉡ 단독주택(다중주택, 다가구주택에 한정), 공동주택, 제1종 근린생활시설 중 조산원·산후조리원과 제2종 근린생활시설 중 다중생활시설

2) 용도제한의 완화

다음의 완화 대상 건축물은 용도를 함께 설치할 수 있다.

· 완화 대상 건축물
① 공동주택(기숙사만 해당)과 공장이 같은 건축물에 있는 경우
② 중심상업지역·일반상업지역 또는 근린상업지역에서 도시 및 주거환경정비법에 따른 도시환경정비사업을 시행하는 경우
③ 공동주택과 위락시설이 같은 초고층 건축물에 있는 경우(단, 주거 안전을 보장과 주거환경을 보호할 수 있도록 주택의 출입구·계단 및 승강기 등을 주택 외의 시설과 분리된 구조로 한 경우)
④ 지식산업센터와 직장어린이집

(3) 건축물의 내화구조 및 방화벽

1) 건축물의 내화구조

다음에 해당하는 건축물(3층 이상의 건축물 및 지하층이 있는 건축물로서 2층 이하인 건축물의 경우에는 지하층 부분에 한함)의 주요구조부는 이를 내화구조로 하여야 한다.

예외 1. 연면적 $50m^2$ 이하인 단층 부속건축물로서 외벽 및 처마밑면을 방화구조로 한 것
2. 무대바닥

건축물의 용도	당해 용도의 바닥면적의 합계	비 고
① · 문화 및 집회시설(전시장 및 동 · 식물원 제외) · $300m^2$ 이상인 공연장·종교집회장 · 종교시설 · 장례식장 · 위락시설 중 주점영업의 용도에 쓰이는 건축물로서 관람실 · 집회실	$200m^2$ 이상	옥외 관람실의 경우에는 $1,000m^2$ 이상
② · 문화 및 집회시설 중 전시장 및 동 · 식물원 · 판매시설 · 운수시설 · 교육연구시설에 설치하는 체육관 · 강당 · 수련시설 · 운동시설 중 체육관 및 운동장 · 위락시설(주점영업 제외) · 창고시설 · 위험물 저장 및 처리시설 · 자동차 관련시설 · 방송국 · 전신전화국 및 촬영소 · 묘지관련시설 중 화장장 · 관광휴게시설	$500m^2$ 이상	—
③ · 공장	$2,000m^2$ 이상	*화재로 위험이 적은 공장으로서 국토교통부령이 정하는 공장은 제외
④ 건축물의 2층이 · 단독주택 중 다중주택 · 다가구주택 · 공동주택 · 제1종 근린생활시설(의료의 용도에 쓰이는 시설) · 제2종 근린생활시설 중 다중생활시설 · 의료시설 · 노유자시설 중 아동관련시설, 노인복지시설 · 수련시설 및 유스호스텔 · 업무시설 중 오피스텔 · 숙박시설 · 장례식장	$400m^2$ 이상	
⑤ · 3층 이상 건축물 · 지하층이 있는 건축물 예외 2층 이하인 경우는 지하층 부분에 한함	모든 건축물	단독주택(다중주택 · 다가구주택 제외), 동물 및 식물관련시설, 발전소, 교도소 및 감화원 또는 묘지관련시설(화장장 제외)와 철강 관련 업종의 공장 중 제어실로 사용하기 위하여 연면적 $50m^2$ 이하로 증축하는 부분은 제외

* 국토교통부령이 정하는 공장 : 주요구조부가 불연재료로 되어 있는 2층 이하의 공장(25개 업종)

2) 대규모 건축물의 방화벽 등

① 방화벽으로의 구획

연면적 $1,000m^2$ 이상인 건축물은 각 구획의 바닥면적이 $1,000m^2$ 미만이 되도록 다음 기준의 방화벽으로 구획하여야 한다.

예외 · 주요구조부가 내화구조이거나 불연재료인 건축물
· 단독주택
· 동물 및 식물 관련시설
· 교정 및 군사시설 중 교도소 및 감화원 또는 묘지관련시설(화장장은 제외)
· 창고(내부설비구조상 방화벽으로 구획할 수 없는 경우)

② 방화벽의 구조

㉠ 내화구조로서 홀로 설 수 있는 구조일 것
㉡ 방화벽의 양쪽 끝과 위쪽 끝을 건축물의 외벽면 및 지붕면으로부터 0.5m 이상 튀어나오게 할 것
㉢ 방화벽에 설치하는 출입문의 폭 및 높이는 각각 2.5m 이하로 하고, 출입문의 구조는 갑종방화문으로 할 것
㉣ 방화벽에 설치하는 갑종방화문은 언제나 닫힌 상태를 유지하거나 화재시 연기발생, 온도상승에 의하여 자동적으로 닫히는 구조로 할 것
㉤ 급수관, 배전관 등의 관이 방화벽을 관통하는 경우 관과 방화벽과의 틈을 시멘트모르타르 등의 불연재료로 메워야 한다.
㉥ 환기·난방·냉방 시설의 풍도가 방화벽을 관통하는 경우에는 그 관통부분 또는 근접한 부분에 다음 기준의 댐퍼를 설치할 것

· 철재로서 철판두께가 1.5mm 이상일 것
· 화재발생시 연기발생 또는 온도상승에 의하여 자동적으로 닫힐 것
· 닫힌 경우에는 방화에 지장이 있는 틈이 생기지 말 것
· 산업표준화법에 의한 한국산업규격상 방화댐퍼의 방연시험방법에 적합할 것

③ 연면적 $1,000m^2$ 이상인 목조건축물

외벽 및 처마 밑의 연소 우려가 있는 부분은 방화구조로 하거나 지붕은 불연재료로 하여야 한다.

④ 연소할 우려가 있는 부분

인접대지경계선, 도로중심선, 동일 대지 내 2동 이상의 건축물이 있는 경우는 상호 외벽간의 중심선(단, 연면적의 합계가 $500m^2$ 이하인 건축물은 하나의 건축물로 본다)으로부터 1층에서는 3m 이내, 2층 이상에서는 5m 이내에 있는 건축물의 각 부분을 말한다.

예외 공원, 광장, 하천의 공지나 수면 또는 내화구조의 벽 등에 접하는 부분은 제외

(4) 방화지구 안의 건축물

1) 방화지구 안의 건축물의 구조제한

국토의 계획 및 이용에 관한 법률에 의한 방화지구 안에서는 건축물의 주요구조부 및 외벽은 내화구조로 해야 한다.

예외 · 연면적이 30m² 미만인 단층 부속건축물로서 외벽 및 처마면이 내화구조 또는 불연재료로 된 것
· 주요구조부가 불연재료로 된 도매시장

2) 방화지구 내 공작물의 구조제한

방화지구 안의 공작물로서 다음에 해당하는 경우에는 그 주요구조부를 불연재료로 해야 한다.

① 간판 · 광고탑
② 대통령령이 정하는 공작물 중 지붕위에 설치하는 공작물
③ 높이 3m 이상의 공작물

3) 방화지구 안의 지붕 · 방화문 · 인접대지경계선에 접하는 외벽의 구조

① 방화지구 안 건축물의 지붕으로서 내화구조가 아닌 것은 불연재료로 해야 한다.
② 방화지구 안 건축물의 외벽에 설치하는 창문 등으로서 연소할 우려가 있는 부분에는 다음의 기준에 적합한 방화문 등의 방화설비를 설치하여야 한다.
㉠ 갑종방화문
㉡ 창문 등에 설치하는 드렌처(drencher)
㉢ 당해 창문 등과 연소할 우려가 있는 다른 건축물의 부분을 차단하는 내화구조나 불연재료로 된 벽, 담장 등의 방화설비
㉣ 환기구멍에 설치하는 불연재료로 된 방화커버 또는 그물눈 2mm 이하인 금속망

4) 방화문의 구조

재 료	갑종방화문	을종방화문
철제문	골구를 철재로 하고 그 양면에 각각 두께 0.5mm 이상의 철판을 붙인 것	철제 및 망입유리로 된 것
	철판의 두께가 1.5mm 이상인 것	철판의 두께가 0.8mm 이상 1.5mm 미만인 것
방화목재로 된 문		옥내 면에 두께 1.2cm 이상의 석고판을 붙이고 옥외 면에 철판을 붙인 것
기 타	국토교통부장관이 고시하는 기준에 따라 국토교통부장관이 지정하는 자 또는 한국건설기술연구원장이 실시하는 품질시험에서 그 성능이 확인된 것	

[주] 갑종방화문 및 을종방화문은 국토교통부장관이 정하여 고시하는 시험기준에 따라 시험한 결과 각각 비차열 1시간 이상(아파트 발코니에 설치하는 대피공간의 갑종방화문 : 차열 30분 이상) 및 비차열 30분 이상의 성능이 확보되어야 한다.

(5) 건축물의 내부마감재료

1) 건축물의 내장 제한(내부 마감재료의 제한)

구 분		마감재료
지상층	거실	불연재료, 준불연재료, 난연재료
	통로	불연재료, 준불연재료
지하층	거실, 통로	불연재료, 준불연재료

4 지하층의 설치 등

(1) 지하층의 구조

바닥면적의 규모	설치기준
거실의 바닥면적 50m^2 이상인 층	직통계단 외에 비상탈출구 및 환기통 설치 예외 직통계단이 2 이상이 된 경우 [주] 제2종 근린생활시설 중 공연장·단란주점·당구장·노래연습장, 문화 및 집회시설 중 예식장·공연장, 수련시설 중 생활권수련시설·자연권수련시설, 숙박시설 중 여관·여인숙, 위락시설 중 단란주점·유흥주점 또는 소방시설설치유지 및 안전에 관한 법률 시행령 규정에 의한 다중이용업의 용도에 쓰이는 층으로서 그 1층의 거실의 바닥면적의 합계가 50m^2 이상인 건축물에는 직통계단을 2개소 이상 설치할 것
바닥면적 1,000m^2 이상인 층	방화구획으로 구획하는 각 부분마다 1 이상의 피난계단 또는 특별피난계단 설치
거실의 바닥면적의 합계가 1,000m^2 이상인 층	환기설비 설치
지하층의 바닥면적이 300m^2 이상인 층	식수공급을 위한 급수전을 1개소 이상 설치

(2) 지하층에 설치하는 비상탈출구의 구조

비상탈출구	설치기준
비상탈출구의 크기	유효너비 0.75m×유효높이 1.5m 이상
비상탈출구의 방향	피난방향으로 열리도록 하고, 실내에서 항상 열 수 있는 구조로 하며 내부 및 외부에는 비상탈출구의 표시설치
비상탈출구	출입구로부터 3m 이상 떨어진 곳에 설치
사다리의 설치	지하층의 바닥으로부터 비상 탈출구의 아랫부분까지의 높이가 1.2m 이상이 되는 경우에는 벽체의 발판의 너비가 20cm 이상인 사다리를 설치할 것
피난통로의 유효너비	피난층 또는 지상으로 통하는 복도나 직통계단까지 이르는 피난통로의 유효너비는 0.75m 이상
비상탈출구의 통로마감	피난 통로의 실내에 접하는 부분의 마감과 그 바탕을 불연재료로 할 것
비상탈출구의 진입 부분의 피난통로	통행에 지장이 있는 물건을 방치하거나 시설물을 설치하지 아니할 것
비상탈출구의 유도등과 피난통로의 비상조명등의 설치	소방법령에서 정하는 바에 의한다.

※ 단, 주택의 경우에는 제외

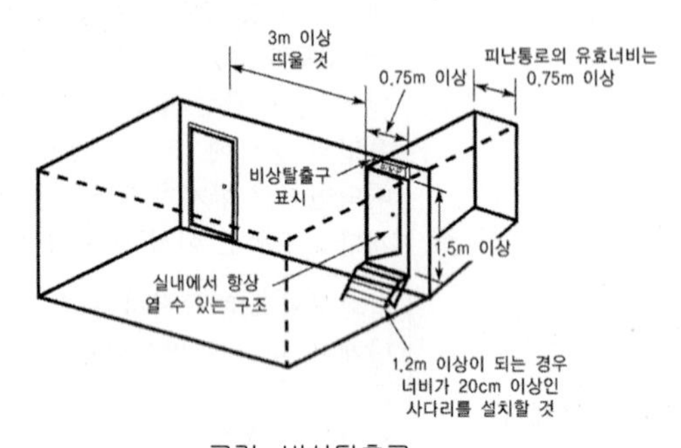

그림. 비상탈출구

(3) 건축물의 범죄예방

대상 건축물	구조 기준
• 아파트 • 다가구주택, 연립주택 및 다세대주택 • 제1종 근린생활시설 중 일용품 판매 소매점 • 제2종 근린생활시설 중 다중생활시설 • 문화 및 집회시설(동·식물원은 제외) • 교육연구시설(연구소 및 도서관은 제외) • 노유자시설 • 수련시설 • 업무시설 중 오피스텔 • 숙박시설 중 다중생활시설	국토교통부장관은 범죄를 예방하고 안전한 생활환경을 조성하기 위하여 건축물, 건축설비 및 대지에 관한 범죄예방 기준을 정하여 고시할 수 있다.

2 건축설비 등(설비규칙, 피·방규칙 포함)

(1) 건축설비의 기준 등

1) 공동주택 및 다중이용시설의 환기설비

신축 또는 리모델링하는 다음에 해당하는 주택 또는 건축물은 시간당 0.5회 이상의 환기가 이루어질 수 있도록 자연환기설비 또는 기계환기설비를 설치하여야 한다.

① 100세대 이상의 공동주택

② 주택을 주택 외의 시설과 동일건축물로 건축하는 경우로서 주택이 100세대 이상인 건축물

2) 개별난방설비 등

공동주택과 오피스텔의 난방설비를 개별난방방식으로 하는 경우에는 다음의 기준에 적합하여야 한다.

구 분	기 준
① 보일러 설치위치	· 거실 외의 곳에 설치 · 보일러실과 거실 사이의 경계벽은 내화구조의 벽으로 구획(출입구 제외)
② 보일러실의 환기	· 윗부분에 $0.5m^2$ 이상의 환기창 설치 · 지름 10cm 이상의 공기흡입구 및 배기구를 항상 열려진 상태로 외기와 접하도록 설치(단, 전기보일러 경우는 제외)
③ 기름저장소	· 기름보일러의 기름저장소는 보일러실 외에 설치할 것
④ 오피스텔의 난방구획	· 방화구획으로 구획할 것
⑤ 보일러실의 연도	· 내화구조로서 공동연도로 설치할 것
⑥ 가스보일러	· 보일러실과 거실 사이 출입구는 출입구가 닫힌 경우 가스가 거실에 들어갈 수 없는 구조일 것 · 중앙집중공급방식으로 공급하는 경우에는 ①의 규정에도 불구하고 관계법령이 정하는 기준에 의함

3) 배연설비

- 6층 이상의 건축물로서 제2종 근린생활시설 중 $300m^2$ 이상인 공연장·종교집회장·인터넷컴퓨터게임시설제공업소 및 다중생활시설, 문화 및 집회시설, 종교시설, 판매시설, 운수시설, 의료시설(요양병원 및 정신병원은 제외), 연구소, 아동관련시설·노인복지시설(노인요양시설은 제외), 유스호스텔, 운동시설, 업무시설, 숙박시설, 위락시설, 관광휴게시설, 장례식장의 용도에 해당되는 건축물의 거실

예외 피난층인 경우

- 요양병원 및 정신병원, 노인요양시설·장애인 거주시설 및 장애인 의료재활시설의 용도에 해당되는 건축물

예외 피난층인 경우

② 배연설비의 구조기준

구 분	기 준
① 배연창 개수	· 방화구획마다 1개소 이상의 배연창을 설치하되, 배연창의 상변과 천장 또는 반자로부터 수직거리가 0.9m 이내일 것(단, 반자높이가 바닥으로부터 3m 이상인 경우에는 배연창의 하변이 바닥으로부터 2.1m 이상의 위치에 놓이도록 설치하여야 한다)
② 배연창 유효면적	· $1m^2$ 이상으로 바닥면적이 1/100 이상일 것 [주] ㉠ 방화구획이 된 경우는 구획된 각 부분의 바닥면적으로 산정 ㉡ 바닥면적 산정시 거실 바닥면적의 1/20 이상의 환기창을 설치한 거실면적은 산입하지 않음.
③ 배연구 구조	· 연기감지기, 열감지기에 의하여 자동으로 열 수 있는 구조(수동개폐장치) · 예비전원에 의하여 열 수 있도록 할 것
④ 기계식 배연설비	· 상기 ①, ②, ③의 규정에도 불구하고 소방관계법령의 규정에 따를 것

③ 특별피난계단 및 비상용 승강기의 승강장에 설치하는 배연설비의 기준(설비규칙 제14조 ②)

구 분	구조 기준
배연구 및 배연풍도	불연재료로 하고, 화재가 발생한 경우 원활하게 배연시킬 수 있는 규모로서 외기 또는 평상시에 사용하지 아니하는 굴뚝에 연결할 것
배연구의 구조	· 배연구에 설치하는 수동개방장치 또는 자동개방장치(열감지기 또는 연기감지기에 한 것을 말함)는 손으로도 열고 닫을 수 있도록 할 것 · 평상시에는 닫힌 상태를 유지하고, 연 경우에는 배연에 의한 기류로 인하여 닫히지 아니하도록 할 것 · 배연구가 외기에 접하지 아니하는 경우에는 배연기를 설치할 것
배연기	· 배연구의 열림에 따라 자동적으로 작동하고, 충분한 공기배출 또는 가압능력이 있을 것 · 배연기에는 예비전원을 설치할 것
공기유입방식	· 급기가압방식 또는 급·배기 방식으로 하는 경우에는 소방관계법령의 규정에 적합하게 할 것

4) 배관설비

■ 주거용 건축물의 음용수의 급수관 지름 기준

가구 또는 세대수	1	2~3	4~5	6~8	9~16	17 이상
급수관 최소지름	15	20	25	32	40	50

① 가구수나 세대수가 불분명한 경우에는 주거에 쓰이는 바닥면적의 합계에 따라 다음과 같이 가구수를 산정한다.

㉠ 바닥면적 $85m^2$ 이하 : 1가구

㉡ 바닥면적 $85m^2$ 초과, $150m^2$ 이하 : 3가구

㉢ 바닥면적 $150m^2$ 초과, $300m^2$ 이하 : 5가구

㉣ 바닥면적 $300m^2$ 초과, $500m^2$ 이하 : 16가구

㉤ 바닥면적 $500m^2$ 초과 : 17가구

② 가압설비 등을 설치하여 급수시 각 기구에서 압력이 $1cm^2$당 0.7kg 이상인 경우는 상기 1의 기준을 적용하지 않는다.

5) 피뢰설비

① 설치 대상 : 낙뢰의 우려가 있는 건축물 또는 높이 20m 이상의 건축물 또는 공작물로서 높이 20m 이상의 공작물(건축물에 공작물을 설치하여 그 전체 높이가 20m 이상인 것을 포함)

② 피뢰설비의 구조 기준

구 분	설치 기준
피뢰설비	한국산업표준이 정하는 보호레벨등급 (위험물저장 및 처리시설 : 피뢰시스템레벨 Ⅱ 이상)
돌침	· 건축물의 맨 윗부분으로부터 25cm 이상 돌출시켜 설치할 것 · 설계하중에 견딜 수 있는 구조일 것
피뢰설비의 최소 단면적 (피복 없는 동선 기준)	· 수뢰부, 인하도선, 접지극 : $50mm^2$ 이상
철근(철골)구조체 사용시 인하도선	· 전기적 연속성이 보장될 것 · 구조체의 상단부와 하단부 사이의 전기저항이 0.2Ω 이하일 것
측면 낙뢰방지 (60m 초과 건축물)	· 지면에서 건축물 높이의 4/5가 되는 지점부터 최상단부분까지의 측면에 수뢰부를 설치하여야 하며, 지표레벨에서 최상단부의 높이가 150m를 초과하는 건축물은 120m 지점부터 최상단부분까지의 측면에 수뢰부를 설치할 것

(2) 승강기

1) 승용승강기의 설치

① 설치 대상 : 층수가 6층 이상으로서 연면적 $2,000m^2$ 이상인 건축물

예외 층수가 6층인 건축물로서 각층 거실 바닥면적 $300m^2$ 이내마다 1개소 이상 직통계단을 설치한 경우

② 승용승강기의 설치 기준

건축물의 용도	6층 이상 거실면적의 합계(Am^2)		
	$3,000m^2$ 이하	$3,000m^2$ 초과	공식
① 문화 및 집회시설 · 공연장 · 집회장 · 관람장 ② 판매시설 · 도매시장 · 소매시장 · 상점 ③ 의료시설 · 병원 · 격리병원	2대	2대에 $3,000m^2$ 초과하는 경우에는 그 초과하는 매 $2,000m^2$ 이내마다 1대의 비율로 가산한 대수	$2+\dfrac{A-3,000m^2}{2,000m^2}$
① 문화 및 집회시설 · 전시장 · 동 · 식물원 ② 업무시설 ③ 숙박시설 ④ 위락시설	1대	1대에 $3,000m^2$를 초과하는 경우에는 그 초과하는 매 $2,000m^2$ 이내마다 1대의 비율로 가산한 대수	$1+\dfrac{A-3,000m^2}{2,000m^2}$
① 공동주택 ② 교육연구시설 ③ 기타시설	1대	1대에 $3,000m^2$를 초과하는 경우에는 그 초과하는 매 $3,000m^2$ 이내마다 1대의 비율로 가산한 대수	$1+\dfrac{A-3,000m^2}{3,000m^2}$

※단, 승용승강기가 설치되어 있는 6층 이상의 건축물에 1개층을 증축하는 경우에는 승용승강기의 승강로를 연장하여 설치하지 않을 수 있다.

[주] 8인승 이상 15인승 이하를 기준으로 산정하며 16인승 이상의 승강기는 2대로 산정한다. 대수 산정시 소수점 이하는 1대로 본다.

예 제

각층 바닥면적이 2,000m^2인 아파트의 승용승강기의 최소대수는? (단, 20층짜리로 10층과 20층은 기계실임)

▶ 6층 이상의 거실 바닥면적 : 6층부터 20층까지 개층 가운데 10층과 20층 기계실은 바닥면적에서 제외되므로 13개층에 해당되는 26,000m^2이 거실 바닥면적의 합계이다.

해설 $\therefore 1+\frac{26,000-3,000}{3,000}=1+7.8=8.8$

∴ 9대 (소수점 이하는 1대로 본다.)

2) 비상용승강기

① 설치 대상 : 31m를 넘는 건축물

② 비상용승강기의 설치 기준

높이 31m를 넘는 각층의 바닥면적 중 최대바닥면적(Am^2)	설 치 대 수	공 식
1,500m^2 이하	1대 이상	
1,500m^2 초과	1대+1,500m^2를 넘는 3,000m^2 이내마다 1대씩 가산	$1+\frac{A-1,500m^2}{3,000m^2}$

[주] 2대 이상의 비상용승강기를 설치하는 경우에는 화재시 소화에 지장이 없도록 일정한 간격을 두고 설치한다. 대수 산정시 소수점 이하는 1대로 본다.

③ 비상용승강기를 설치하지 않아도 되는 건축물

㉮ 높이 31m를 넘는 각층을 거실 이외의 용도로 사용할 경우

㉯ 높이 31m를 넘는 각층의 바닥면적의 합계가 500m^2 이하인 건축물

㉰ 높이 31m를 넘는 부분의 층수가 4개층 이하로서 당해 각층 바닥면적 200m^2(500m^2)* 이내마다 방화구획을 한 건축물

*( ) 속의 수치는 실내의 벽 및 반자의 마감을 불연재료로 한 경우임

④ 비상용승강기 승강장의 구조

㉮ 승강장은 건축물의 다른 부분과 내화구조의 바닥·벽으로 구획(창문·출입구·개구부 제외)할 것

※ 단, 공동주택의 경우 승강장과 특별피난계단의 부속실과의 겸용부분을 특별피난계단의 계단실과 별도로 구획하는 때에는 승강장을 특별피난계단의 부속실과 겸용할 수 있다.

㉯ 승강장은 피난층을 제외한 각층의 내부와 연결될 수 있도록 하되, 그 출입구(승강로의 출입구 제외)에는 갑종방화문을 설치할 것

㉰ 노대 또는 외부를 향하여 열 수 있는 창문이나 배연설비(설비규칙 제14조 ②)를 설치할 것
㉱ 벽 및 반자가 실내에 접하는 부분의 마감재료(마감을 위한 바탕 포함)는 불연재료로 할 것
㉲ 채광이 되는 창문이 있거나 예비전원에 의한 조명설비를 할 것
㉳ 승강장의 바닥면적은 비상용승강기 1대에 대하여 6m^2 이상으로 할 것

예외 옥외에 승강장을 설치하는 경우

㉴ 피난층이 있는 승강장의 출입구(승강장이 없는 경우에는 승강로의 출입구)로부터 도로 또는 공지에 이르는 거리가 30m 이하일 것
㉵ 승강장 출입구 부근의 잘 보이는 곳에 당해 승강기가 비상용승강기임을 알 수 있는 표지를 할 것

(3) 지능형건축물의 인증

1) 지능형건축물 인증제도

① 국토해양부장관은 지능형건축물[Intelligent Building]의 건축을 활성화하기 위하여 지능형건축물 인증제도를 실시한다.
② 국토해양부장관은 지능형건축물의 인증을 위하여 인증기관을 지정할 수 있다.
③ 지능형건축물의 인증을 받으려는 자는 인증기관에 인증을 신청하여야 한다.

2) 건축기준의 완화 적용

허가권자는 지능형건축물로 인증을 받은 건축물에 대하여 다음과 같이 건축기준을 완화하여 적용할 수 있다.

완화 규정	완화 기준
대지 안의 조경(법 제42조)	$\frac{85}{100}$ 범위 안에서 완화적용
용적률(법 제56조) 건축물의 높이(법 제60조)	$\frac{115}{100}$ 범위 안에서 완화적용

(4) 건축물의 냉방설비

1) 에너지 합리적 이용을 위한 설계기준

다음에 해당하는 건축물은 산업통상자원부장관이 국토교통부장관과 협의하여 정하는 바에 따라 축냉식 또는 가스를 이용한 중앙집중냉방방식으로 하여야 한다.

규 모	건축물의 용도
① 바닥면적 합계 500m^2 이상	· 일반목욕장(제1종 근린생활시설) · 실내수영장(운동시설) · 실내물놀이형 시설

② 바닥면적 합계 2,000m² 이상	· 기숙사 · 병원(의료시설) · 유스호스텔(교육연구 및 복지시설) · 숙박시설
③ 바닥면적 합계 3,000m² 이상	· 연구소(교육연구시설) · 업무시설 · 판매시설 기타 에너지소비특성 및 이용상황 등이 이와 유사한 건축물
④ 연면적 합계 10,000m² 이상	· 문화 및 집회시설(동 · 식물원 제외) · 종교시설 · 장례식장 · 교육연구시설(연구소 제외) 기타 에너지소비특성 및 이용상황 등이 이와 유사한 건축물

(5) 관계전문기술자의 협력을 받아야 하는 건축물

관계전문기술자	건축물의 규모	용도 및 협력사항
건축구조기술사	· 6층 이상인 건축물 · 특수구조 건축물 · 다중이용 건축물 · 준다중이용 건축물 · 3층 이상의 필로티형식 건축물 · 지진구역 1의 중요도(특)에 해당하는 건축물	구조안전의 확인
건축기계설비기술사 · 공조냉동기계기술사 · 가스기술사	· 연면적 10,000m² 이상(창고시설은 제외) · 에너지를 대량으로 소비하는 건축물(바닥면적 합계 기준) ㉠ 500m² 이상 : 냉동냉장시설, 항온항습시설, 특수청정시설 ㉡ 규모에 관계없이 : 아파트 및 연립주택 ㉢ 500m²이상 : 목욕장, 실내 수영장, 실내물놀이형시설 ㉣ 2,000m² 이상 : 기숙사, 병원, 유스호스텔, 숙박시설 ㉤ 3,000m² 이상 : 연구소, 업무시설, 판매시설 ㉥ 10,000m² 이상 : 문화 및 집회시설(동 · 식물원 제외), 종교시설, 장례식장, 교육 연구시설(연구소 제외)	가스 · 급수 · 배수(配水) · 배수(排水) · 환기 · 난방 · 소화 · 배연 · 오물처리 설비 및 승강기 (기계 분야만 해당)
건축전기설비기술사 또는 발송배전기술사		전기, 승강기(전기 분야만 해당) 및 피뢰침
토목분야 기술사, 지질 및 기반기술사	· 깊이 10m 이상 토지굴착공사 · 높이 5m 이상의 옹벽 등 공사	· 지질조사 · 토공사의 설계 및 감리 · 흙막이벽 옹벽 설치 등에 관한 위해방지 및 기타 필요한 사항

section 2 화재예방·소방시설 설치유지 및 안전관리에 관한 법률

1 용어의 정의

1. 목적

이 법은 화재와 재난·재해, 그 밖의 위급한 상황으로부터 국민의 생명·신체 및 재산을 보호하기 위하여 화재의 예방 및 안전관리에 관한 국가와 지방자치단체의 책무와 소방시설등의 설치·유지 및 소방대상물의 안전관리에 관하여 필요한 사항을 정함으로써 공공의 안전과 복리 증진에 이바지함을 목적으로 한다.

2. 용어의 정의

[1] 소방대상물

건축물, 차량, 선박(선박법에 따른 선박으로서 항구안에 매어둔 선박에 한함), 선박건조구조물, 산림 그 밖의 공작물 또는 물건을 말한다.

[2] 소방시설

소화설비·경보설비·피난구조설비·소화용수설비 그 밖에 소화활동설비로서 대통령령이 정하는 것을 말한다.

구 분	소방설비의 종류
1. 소화설비 : 물 그 밖의 소화약제를 사용하여 소화하는 기계·기구 또는 설비로서 다음에 해당하는 것	① 소화기구 ㉠ 수동식소화기 ㉡ 자동식소화기·캐비넷형자동소화기 및 자동확산소화용구 ㉢ 소화약제에 의한 간이소화용구 ② 옥내소화전설비 ③ 스프링클러설비·간이스프링클러설비 및 화재조기진압용스프링클러설비 ④ 물분무소화설비·미분무소화설비·포소화설비·이산화탄소소화설비·할로겐 화합물소화설비·청정소화약제소화설비 및 분말소화설비 ⑤ 옥외소화전설비
2. 경보설비 : 화재발생 사실을 통보하는 기계·기구 또는 설비로서 다음에 해당하는 것	① 비상벨설비 및 자동식사이렌설비("비상경보설비"라 함) ② 단독경보형설비 ③ 비상방송설비 ④ 누전경보기 ⑤ 자동화재탐지설비 및 시각경보기 ⑥ 자동화재속보설비 ⑦ 가스누설경보기 ⑧ 통합감시시설

3. 피난구조설비 : 화재가 발생할 경우 피난하기 위하여 사용하는 기구 또는 설비로서 다음에 해당하는 것	① 미끄럼대 · 피난사다리 · 구조대 · 완강기 · 피난교 · 피난밧줄 · 공기안전매트 그 밖의 피난기구 ② 방열복 · 공기호흡기 및 인공소생기("인명구조기구"라 함) ③ 유도등 및 유도표지 ④ 비상조명등 및 휴대용비상조명등
4. 소화용수설비 : 화재를 진압하는데 필요한 물을 공급하거나 저장하는 설비로서 다음에 해당하는 것	① 상수도소화용수설비 ② 소화수조·저수조 그 밖의 소화용수설비
5. 소화활동설비 : 화재를 진압하거나 인명구조활동을 위하여 사용하는 설비로서 다음에 해당하는 것	① 제연설비 ② 연결송수관설비 ③ 연결살수설비 ④ 비상콘센트설비 ⑤ 무선통신보조설비 ⑥ 연소방지설비

[3] 소방시설등

소방시설과 비상구 · 방화문 · 영상음향차단장치 · 누전차단기 및 피난유도선으로 한다.

[4] 특정소방대상물

소방시설을 설치하여야 하는 소방대상물로서 대통령령이 정하는 것으로 [별표 2]에 규정된 것을 말한다.

[5] 소방용품

소방시설등을 구성하거나 소방용으로 사용되는 제품 또는 기기로서 대통령령으로 정하는 것을 말한다.

[6] 관계지역

소방대상물이 있는 장소 및 그 이웃지역으로서 화재의 예방 · 경계 · 진압, 구조 · 구급 등의 활동에 필요한 지역을 말한다.

[7] 관계인

소방대상물의 소유자 · 관리자 또는 점유자를 말한다.

[8] 소방본부장

특별시·광역시 또는 도("시·도"라 함)에서 화재의 예방·경계·진압·조사 및 구조·구급 등의 업무를 담당하는 부서의 장을 말한다.

[9] 소방대(消防隊)

화재를 진압하고 화재, 재난·재해 그 밖의 위급한 상황에서의 구조·구급활동 등을 하기 위하여 다음 각목의 자로 구성된 조직체를 말한다.

① 소방공무원법에 따른 소방공무원
② 의무소방대설치법에 따라 임용된 의무소방원
③ 의용소방대원

[10] 소방대장(消防隊長)

소방본부장 또는 소방서장 등 화재, 재난·재해 그 밖의 위급한 상황이 발생한 현장에서 소방대를 지휘하는 자를 말한다.

[11] 무창층

지상층 중 다음에 해당하는 요건을 모두 갖춘 개구부(건축물에서 채광·환기·통풍 또는 출입 등을 위하여 만든 창·출입구 그 밖에 이와 비슷한 것을 말함)의 면적의 합계가 당해 층의 바닥면적의 1/30 이하가 되는 층을 말한다.

① 개구부의 크기가 지름 50cm 이상의 원이 내접할 수 있을 것
② 해당 층의 바닥면으로부터 개구부 밑부분까지의 높이가 1.2m 이내일 것
③ 개구부는 도로 또는 차량이 진입할 수 있는 빈터를 향할 것
④ 화재시 건축물로부터 쉽게 피난할 수 있도록 개구부에 창살 그 밖의 장애물이 설치되지 아니할 것
⑤ 내부 또는 외부에서 쉽게 파괴 또는 개방할 수 있을 것

[12] 피난층

곧바로 지상으로 갈 수 있는 출입구가 있는 층을 말한다.

[13] 비상구

주된 출입구 외에 화재발생 등 비상시에 건축물 또는 공작물의 내부로부터 지상 그 밖에 안전한 곳으로 피난할 수 있는 가로 75cm 이상, 세로 150cm 이상 크기의 출입구를 말한다.

[14] 실내장식물

건축물 내부의 천장 또는 벽에 설치하는 것으로서 가구류(옷장·찬장·식탁 및 식탁용 의자 그 밖에 이와 비슷한 것을 말함)·집기류(사무용 책상·사무용 의자 및 계산대 그 밖에 이와 비슷한 것을 말함)와 너비 10cm 이하인 반자돌림대를 제외한 다음에 해당하는 것을 말한다.

① 종이류(두께가 2mm 이상인 것에 한함)·합성수지류 또는 섬유류를 주원료로 한 물품
② 합판 또는 목재
③ 실(室) 또는 공간을 구획하기 위하여 설치하는 칸막이 또는 간이 칸막이
④ 흡음 또는 방음을 위하여 설치하는 흡음재 또는 방음재

2 건축허가 등의 동의

[1] 소방본부장 또는 소방서장의 건축허가 및 사용 승인에 대한 동의 대상 건축물의 범위

1. 건축물	① 연면적 400m² 이상인 건축물 ② 학교시설의 경우 연면적 100m² 이상인 건축물 ③ 노유자시설 및 수련시설의 경우 연면적 200m² 이상인 건축물 ④ 정신의료기관(입원실이 없는 정신과의원은 제외), 장애인 의료재활시설의 경우 연면적 300m² 이상인 건축물
2. 지하층 또는 무창층이 있는 건축물	① 바닥면적이 150m² 이상인 층이 있는 것 ② 공연장의 경우 바닥면적 100m² 이상인 층이 있는 것
3. 차고·주차장 또는 주차 용도로 사용되는 시설	① 차고·주차장으로 사용되는 층 중 바닥면적이 200m² 이상인 층이 있는 시설 ② 승강기 등 기계장치에 의한 주차시설로서 자동차 20대 이상을 주차할 수 있는 시설
4. 면적에 관계없이 동의 대상 ① 층수가 6층 이상인 건축물 ② 항공기격납고, 관망탑, 항공관제탑, 방송용 송수신탑 ③ 위험물저장 및 처리시설, 지하구 ④ 노인 관련 시설, 아동복지시설(아동상담소, 아동전용시설 및 지역아동센터는 제외) ⑤ 장애인 거주시설, 정신질환자 관련 시설, 노숙인 관련 시설 중 노숙인자활시설, 노숙인재활시설 및 노숙인요양시설, 결핵환자나 한센인이 24시간 생활하는 노유자시설 ⑥ 요양병원(정신병원, 의료재활시설 제외)	

[2] 소방본부장 또는 소방서장의 건축허가 등의 동의대상에서 제외되는 특정소방대상물

① [별표 4]의 규정에 의하여 특정소방대상물에 설치되는 소화기구, 누전경보기, 피난기구, 방열복·공기호흡기 및 인공소생기("인명구조기구"라 함), 유도등 또는 유도표지가 화재안전기준에 적합한 경우 그 특정소방대상물

② 건축물의 증축 또는 용도변경으로 인하여 당해 특정소방대상물에 추가로 소방시설 등이 설치되지 아니하는 경우 그 특정소방대상물

3 소방시설의 설치·유지

[1] 소방시설 등의 종류

특정소방대상물의 관계인이 규모, 용도 및 수용인원 등을 고려하여 특정소방대상물에 갖추어야 하는 소방시설 등을 설치해야 한다.[영 별표4 중 중요사항]

종류	소방시설 적용기준	비고
소화기구	① 수동식소화기 또는 간이소화용구를 설치하여야 하는 것 ㉠ 연면적 33m² 이상인 것 ㉡ ㉠에 해당하지 아니하는 시설로서 지정문화재 및 가스시설 ㉢ 터널 ② 주거용 주방자동소화장치를 설치하여야 하는 것 : 아파트 및 30층 이상 오피스텔의 모든 층	노유자시설의 경우에는 투척용소화용구 등을 법 화재안전기준에 따라 산정된 소화기 수량의 1/2 이상으로 설치할 수 있다.

옥내소화전설비	① 연면적 3,000m² 이상인 소방대상물(지하가중 터널을 제외)이거나 지하층 · 무창층 또는 층수가 4층 이상인 층 중 바닥면적이 600m² 이상인 층이 있는 것은 모든 층 ② 지하가 중 터널의 경우 길이가 1,000m 이상인 것 ③ 상기 ①, ②에 해당하지 아니하는 근린생활시설 · 위락시설 · 판매시설 · 숙박시설 · 노유자시설 · 의료시설 · 업무시설 · 통신촬영시설 · 공장 · 창고시설 · 운수자동차관련시설 및 복합건축물로서 연면적 1,500m² 이상이거나 지하층 · 무창층 또는 층수가 4층 이상인 층 중 바닥면적이 300m² 이상인 층이 있는 것은 모든 층 ④ 상기 ①, ②, ③에 해당하지 아니하는 공장 및 창고시설로서 별표 4에서 정하는 수량의 750배 이상의 특수가연물을 저장 · 취급하는 것 ⑤ 건축물의 옥상에 설치된 차고 및 주차장으로서 주차의 용도로 사용되는 부분의 바닥면적이 200m² 이상인 것	위험물 저장 및 처리 시설 중 가스시설, 지하구 및 방재실 등에서 스프링클러설비 또는 물분무등소화설비를 원격으로 조정할 수 있는 업무시설 중 무인변전소는 제외
스프링클러설비	① 문화 및 집회시설(동 · 식물원은 제외), 종교시설(사찰 · 제실 · 사당은 제외), 운동시설(물놀이형 시설은 제외)로서 다음에 해당하는 경우에는 모든 층 ㉠ 수용인원이 100인 이상 ㉡ 영화상영관의 용도로 쓰이는 층의 바닥면적이 지하층 또는 무창층인 경우 500m² 이상, 그 밖의 층의 경우에는 1,000m² 이상 ㉢ 무대부가 지하층 · 무창층 또는 층수가 4층 이상인 층에 있는 경우에는 300m² 이상 ㉣ 무대부가 ㉢ 외의 층에 있는 경우에는 무대부의 면적이 500m² 이상 ② 판매시설, 운수시설 및 창고시설(물류터미널에 한정)로서 다음에 해당하는 경우에는 모든 층 ㉠ 바닥면적의 합계가 5,000m² 이상 ㉡ 수용인원이 500명 이상인 것 ③ 층수가 6층 이상인 특정소방대상물의 경우에는 모든 층* ④ 다음에 해당하는 용도로 사용되는 시설의 바닥면적의 합계가 600m² 이상인 것은 모든 층 ㉠ 의료시설 중 정신의료기관 · 요양병원(정신병원은 제외) ㉡ 노유자시설 ㉢ 숙박이 가능한 수련시설 ⑤ 천정 또는 반자(반자가 없는 경우에는 지붕의 옥내에 면하는 부분)의 높이가 10m를 넘는 랙크식창고(선반 또는 이와 비슷한 것을 설치하고 승강기에 의하여 수납물을 운반하는 장치를 갖춘 것을 말함)로서 연면적 1,500m² 이상인 것 ⑥ 지하가(터널을 제외)로서 연면적 1,000m² 이상인 것 ⑦ 상기 ① 내지 ⑤에 해당하지 아니하는 소방대상물(냉동창고 제외)의 지하층 · 무창층(축사 제외) 또는 층수가 4층 이상인 층으로서 바닥면적이 1,000m² 이상인 층 ⑧ 상기 ① 내지 ⑦의 소방대상물에 부속된 보일러실 또는 연결통로 등	가스시설, 지하구는 제외 *주택법령에 따라 기존의 아파트를 연면적 및 층고의 변경이 없는 리모델링 경우 사용검사 당시의 적용기준을 적용

	⑨ 교육연구시설, 수련시설 내에 있는 학생수용을 위한 기숙사 또는 복합건축물로서 연면적 5,000m² 이상인 것은 모든 층 ⑩ 마목에 해당하지 않는 공장 또는 창고시설로서 다음의 어느 하나에 해당하는 시설 ㉠ 「소방기본법 시행령」 별표 2에서 정하는 수량의 1,000배 이상의 특수가연물을 저장·취급하는 시설 ㉡ 「원자력법 시행령」에 따른 중·저준위방사성폐기물의 저장시설 중 소화수를 수집·처리하는 설비가 있는 저장시설	-
옥외소화전	① 지상 1층 및 2층의 바닥면적의 합계가 9,000m² 이상인 것. 이 경우 동일구 내에 둘 이상의 특정소방대상물이 행정안전부령으로 정하는 연소우려가 있는 구조인 경우에는 이를 하나의 특정소방 대상물로 본다. ② 「문화재보호법」에 따라 국보 또는 보물로 지정된 목조건축물 ③ ①에 해당하지 않는 공장 또는 창고시설로서 「소방기본법 시행령」에서 정하는 수량의 750배 이상의 특수가연물을 저장·취급하는 것	아파트, 위험물저장 및 처리 시설 중 가스시설, 지하구 또는 지하가 중 터널은 제외
비상경보설비	① 연면적 400m² 이상인 것(지하가 중 터널 또는 사람이 거주하지 아니하거나 벽이 없는 축사를 제외) ② 지하층 또는 무창층의 바닥면적이 150m²(공연장인 경우 100m²) 이상인 것 ③ 지하가 중 터널로서 길이가 500m 이상인 것 ④ 50명 이상의 근로자가 작업하는 옥내작업장	가스시설, 지하구는 제외
비상방송설비	① 연면적 3,500m² 이상인 것 ② 지하층을 제외한 층수가 11층 이상인 것 ③ 지하층의 층수가 3개층 이상인 것	가스시설, 지하구, 터널과 사람이 거주하지 않는 동물및식물관련시설은 제외
자동화재탐지설비	① 근린생활시설(목욕장은 제외), 의료시설, 숙박시설, 위락시설, 장례식장 및 복합건축물로서 연면적 600m² 이상인 것 ② 공동주택, 근린생활시설 중 목욕장, 문화 및 집회시설, 종교시설, 판매시설, 운수시설, 운동시설, 업무시설, 공장, 창고시설, 위험물 저장 및 처리 시설, 항공기 및 자동차 관련 시설, 교정 및 군사시설 중 국방·군사시설, 방송통신시설, 발전시설, 관광 휴게시설, 지하가(터널은 제외)로서 연면적 1,000m² 이상인 것 ③ 교육연구시설(교육시설 내에 있는 기숙사 및 합숙소를 포함), 수련시설(수련시설 내에 있는 기숙사 및 합숙소를 포함하며, 숙박시설이 있는 수련시설은 제외), 동물 및 식물 관련 시설(기둥과 지붕만으로 구성되어 외부와 기류가 통하는 장소는 제외), 분뇨 및 쓰레기 처리 시설, 교정 및 군사시설(국방·군사시설은 제외) 또는 묘지 관련 시설로서 연면적 2,000m² 이상인 것	-

	④ 지하구 ⑤ 지하가 중 터널로서 길이가 1,000m² 이상인 것 ⑥ 노유자 생활시설 ⑦ ⑥에 해당하지 않는 노유자시설로서 연면적 400m² 이상인 노유자시설 및 숙박시설이 있는 수련시설로서 수용인원 100명 이상인 것 ⑧ ②에 해당하지 않는 공장 및 창고시설로서 「소방기본법 시행령」 별표 2에서 정하는 수량의 500배 이상의 특수가연물을 저장 · 취급하는 것	
자동화재속보설비	① 업무시설, 공장, 창고시설, 교정 및 군사시설 중 국방·군사시설, 발전시설(사람이 근무하지 않는 시간에는 무인경비시스템으로 관리하는 시설만 해당)로서 바닥면적이 1,500m² 이상인 층 ② 노유자 생활시설 ③ ②에 해당하지 않는 노유자시설로서 바닥면적이 500m² 이상인 층이 있는 것	-
단독경보형감지기	① 연면적 1,000m² 미만의 아파트 ② 연면적 1,000m² 미만의 기숙사 ③ 교육연구시설 또는 수련시설 내에 있는 합숙소 또는 기숙사로서 연면적 2,000m² 미만인 것 ④ 연면적 600m² 미만의 숙박시설 ⑤ ④에 해당하지 않는 수련시설(숙박시설이 있는 것만 해당)	-
피난기구	특정소방대상물의 모든 층에 화재안전기준에 적합한 피난기구를 설치하여야 한다.	피난층 · 지상1층 · 지상2층 및 층수가 11층 이상인 층과 가스시설, 지하구, 지하가 중 터널은 제외
인명구조기구	지하층을 포함하는 층수가 7층 이상인 관광호텔 및 5층 이상인 병원에 설치하여야 한다.	병원인 경우 인공소생기를 설치하지 아니 할 수 있음
비상조명등	① 지하층을 포함하는 층수가 5층 이상인 건축물로서 연면적 3,000m² 이상인 것 ② ①에 해당하지 않는 특정소방대상물로서 그 지하층 또는 무창층의 바닥면적이 450m² 이상인 경우에는 그 지하층 또는 무창층 ③ 지하가 중 터널로서 그 길이가 500m 이상인 것	창고시설 중 창고 및 하역장 또는 위험물 저장 및 처리 시설 중 가스시설은 제외

소화용수설비	상수도소화용수설비를 설치하여야 하는 특정소방대상물은 다음과 같다. ① 연면적 5,000m² 이상인 것. 위험물 저장 및 처리시설 중 가스시설, 지하가 중 터널 또는 지하구의 경우에는 제외 ② 가스시설로서 지상에 노출된 탱크의 저장용량의 합계가 100톤 이상인 것	상수도소화용수설비를 설치하여야 하는 특정소방대상물의 대지 경계선으로부터 180m 이내에 구경 75mm 이상인 상수도용 배수관이 설치되지 아니한 지역에서는 소화수조 또는 저수조를 설치할 것
제연설비	① 문화 및 집회시설, 종교시설, 운동시설로서 무대부의 바닥면적이 200m² 이상 또는 문화 및 집회시설 중 영화상영관으로서 수용인원 100명 이상인 것 ② 근린생활시설, 판매시설, 운수시설, 숙박시설, 위락시설, 창고시설 중 물류터미널로서 지하층 또는 무창층의 바닥면적이 1,000m² 이상인 것은 해당 용도로 사용되는 모든 층 ③ 운수시설 중 시외버스정류장, 철도 및 도시철도시설, 공항시설 및 항만시설의 대합실 또는 휴게시설로서 지하층 또는 무창층의 바닥면적이 1,000m² 이상인 것 ④ 지하가(터널은 제외)로서 연면적 1,000m² 이상인 것 ⑤ 지하가 중 길이가 500m 이상으로서 교통량, 경사도 등 터널의 특성을 고려하여 행정안전부령으로 정하는 위험등급 이상에 해당하는 터널 ⑥ 특정소방대상물(갓복도형아파트는 제외)에 부설된 특별피난계단 또는 비상용승강기의 승강장	-
연결송수관설비	① 층수가 5층 이상으로서 연면적 6,000m² 이상인 것 ② ①에 해당하지 아니하는 특정소방대상물로서 지하층을 포함하는 층수가 7층 이상인 것 ③ ① 및 ②에 해당하지 아니하는 특정소방대상물로서 지하층의 층수가 3개층 이상이고 지하층의 바닥면적의 합계가 1,000m² 이상인 것 ④ 지하가 중 터널로서 길이가 1,000m 이상인 것	가스시설, 지하구는 제외

[2] 소방시설 설치의 예외

소방본부장 또는 소방서장은 특정소방대상물에 설치하여야 하는 소방시설 가운데 기능과 성능이 유사한 물분무소화설비 간이스프링클러 소화설비비상 경보설비 및 비상방송설비 등의 소화설비 경우 다음 기준에 따라 그 설치를 면제할 수 있다. [영 별표5 중 중요사항]

[영 별표5] 특정소방대상물의 소방시설 설치의 면제기준

설치가 면제되는 소방시설	설치면제 요건(*밑줄은 대체시설을 말함)
스프링클러설비	스프링클러설비를 설치하여야 하는 특정소방대상물에 물분무 등 소화설비를 화재안전기준에 적합하게 설치한 경우에는 그 설비의 유효범위(당해 소방시설이 화재를 감지·소화 또는 경보할 수 있는 부분을 말함)안의 부분에서 설치가 면제된다.
물분무등소화설비	물분무 등 소화설비를 설치하여야 하는 차고·주차장에 스프링클러설비를 화재안전기준에 적합하게 설치한 경우에는 그 설비의 유효범위안의 부분에서 설치가 면제된다.
간이스프링클러설비	간이스프링클러설비를 설치하여야 하는 특정소방대상물에 스프링클러설비, 물분무소화설비 또는 미분무소화설비를 화재안전기준에 적합하게 설치한 경우에는 그 설비의 유효범위안의 부분에서 설치가 면제된다.
제연설비	제연설비를 설치하여야 하는 특정소방대상물에 다음에 해당하는 설비를 설치한 경우에는 설치가 면제된다. ▪ 공기조화설비를 화재안전기준의 재연설비기준에 적합하게 설치하고 공기조화설비가 화재시 제연설비기능으로 자동전환되는 구조로 설치되어 있는 경우 ▪ 직접 외기로 통하는 배출구의 면적의 합계가 당해 제연구역[제연경계(제연설비의 일부인 천장을 포함)에 의하여 구획된 건축물 내의 공간을 말함] 바닥면적의 1/100 이상이며, 배출구로부터 각 부분의 수평거리가 30m 이내이고, 공기유입이 화재안전기준에 적합하게(외기를 직접 자연유입할 경우에 유입구의 크기는 배출구의 크기 이상인 경우) 설치되어 있는 경우
연소방지설비	연소방지설비를 설치하여야 하는 특정소방대상물에 스프링클러설비, 물분무소화설비 또는 미분무소화설비를 화재안전기준에 적합하게 설치한 경우에는 그 설비의 유효범위안의 부분에서 설치가 면제된다.
연결송수관설비	연결송수관설비를 설치하여야 하는 소방대상물에 옥외에 연결송수구 및 옥내에 방수구가 부설된 옥내소화전 설비·스프링클러설비·간이스프링클러설비 또는 연결살수설비를 화재안전기준에 적합하게 설치한 경우에는 그 설비의 유효범위안의 부분에서 설치가 면제된다.
자동화재탐지설비	자동화재탐지설비의 기능(감지·수신·경보기능을 말함)과 성능을 가진 준비작동식 스프링클러설비를 화재안전기준에 적합하게 설치한 경우에는 그 설비의 유효범위안의 부분에서 설치가 면제된다.

4 특정소방대상물의 방염 등

[1] 방염대상 특정소방대상물

(1) 방염성능기준 이상의 실내장식물 등을 설치하여야 하는 특정소방대상물

① 근린생활시설 중 의원, 체력단련장, 공연장 및 종교집회장

② 건축물의 옥내에 있는 문화 및 집회시설, 종교시설, 운동시설(수영장은 제외)

③ 의료시설, 노유자시설, 숙박시설, 숙박이 가능한 수련시설

④ 교육연구시설 중 합숙소

⑤ 방송통신시설 중 방송국 및 촬영소

⑥ 다중이용업소

⑦ 상기 ①부터 ⑥까지의 시설에 해당하지 아니하는 것으로서 층수(건축법시행령에 따라 산정한 층수)가 11층 이상인 것(아파트는 제외)

(2) 방염대상물품

제조 또는 가공공정에서 방염처리를 한 물품(합판·목재류의 경우에는 설치현장에서 방염처리를 한 것을 말함)으로서 다음의 하나에 해당하는 것을 말한다.

① 창문에 설치하는 커텐류(브라인드를 포함)

② 카페트, 두께가 2mm 미만인 벽지류로서 종이벽지를 제외한 것

③ 전시용 합판 또는 섬유판, 무대용 합판 또는 섬유판

④ 암막·무대막(영화상영관, 골프연습장업에 설치하는 스크린을 포함)

(3) 소방본부장 또는 소방서장의 방염제품 사용 권장

소방본부장 또는 소방서장은 규정에 의한 물품 외에 다중이용업소·의료시설·숙박시설 또는 장례식장에서 사용하는 침구류·소파 및 의자에 대하여 방염처리가 필요하다고 인정되는 경우에는 방염처리된 제품을 사용하도록 권장할 수 있다.

(4) 다중이용업소에 설치하는 실내장식물

특정소방대상물에서 사용하는 실내장식물과 방염대상물품은 방염성능기준 이상의 것으로 설치하여야 한다. 다만, 다중이용업소에 설치하는 실내장식물[합판 또는 목재로 설치한 실내장식물의 면적이 천장과 벽을 합한 면적의 3/10(스프링클러설비 또는 간이스프링클러설비가 설치된 경우에는 5/10) 이하인 경우와 반자돌림대 등 너비가 10cm 이하인 경우의 실내장식물을 제외]은 불연재료 또는 준불연재료로 하여야 한다.

[2] 방염성능기준

방염대상물품의 종류에 따른 구체적인 방염성능기준은 다음에 해당하는 기준의 범위 내에서 소방청장이 정하여 고시하는 바에 의한다.

① 버너의 불꽃을 제거한 때부터 불꽃을 올리며 연소하는 상태가 그칠 때까지 시간은 20초 이내
② 버너의 불꽃을 제거한 때부터 불꽃을 올리지 아니하고 연소하는 상태가 그칠 때까지 시간은 30초 이내
③ 탄화한 면적은 $50cm^2$ 이내, 탄화한 길이는 20cm 이내
④ 불꽃에 의하여 완전히 녹을 때까지 불꽃의 접촉횟수는 3회 이상
⑤ 소방청장이 정하여 고시한 방법으로 발연량을 측정하는 경우 최대연기밀도는 400 이하

[3] 방염업의 종류

방염업의 종류와 그 종류별 영업의 범위는 다음과 같다.

종 류	영업의 범위
1. 섬유류방염업	커텐 · 카페트 등 섬유류를 주된 원료로 하는 방염대상물품을 제조 또는 가공공정에서 방염처리
2. 합성수지류방염업	합성수지류를 주된 원료로 한 방염대상물품을 제조 또는 가공공정에서 방염처리
3. 합판 · 목재류방염업	합판 또는 목재를 제조 · 가공공정 또는 설치현장에서 방염처리

section 1 열 및 습기환경

1 건축 실내환경에 영향을 미치는 외부환경의 변화 현상

① 산성비와 해양오염 등 국경을 넘는 환경오염문제
② 프레온 등에 의한 오존층 파괴와 CO_2에 의한 지구온난화 등
③ 국지기후(micro climate)의 발생
④ 도시내부의 기온 상승에 의한 열섬현상(heat island)

2 환경 친화적인 건축의 요건

① 환경부하의 절감
지구환경을 보전하기 위해서는 지구환경의 순환계, 생태계가 더 이상 나빠지지 않도록 건축물을 건설할 때 지구환경에 나쁜 영향을 주는 요소를 줄이는 방안
② 자연과의 빈번한 접촉
건축물이나 사용자가 주변의 자연환경이나 생태계와 양호한 관계를 유지할 필요
③ 건강과 쾌적
건축물의 내부와 외부에서 거주환경의 건강 및 쾌적성 등의 실현에 대하여 계획, 유지관리, 주생활 등의 측면에서 적절한 배려

3 미기후(微氣候, micro-climate)

미기후(micro-climate)란 지구 표면에 아주 접근한 소범위 안에서 대기의 물리적 상태를 말한다. 그 범위 안에서는 지상의 물체에 의해 영향을 받고, 장소와 깊은 관계를 가진다.

* 미기후(微氣候, micro-climate) 발생 요소
① 지형 : 경사도, 방위, 풍우의 정도, 해발, 언덕, 계곡 등
② 지표면 : 자연 상태 혹은 인공적인 정도의 유무에 의한 지표면 반사율, 침투율, 토양 온도, 토질 등
③ 3차원적인 물체 : 나무, 울타리, 벽, 건물 등에 의한 기류의 변화와 응달 형성

4 연교차

① 일년 중 가장 추운 달(최한월, 1~2월)의 평균 기온과 가장 더운 달(최난월, 7~8월)의 평균 기온의 차이를 말한다.
② 저위도 지방에서 고위도 지방으로 갈수록 연교차가 더 크다.
③ 해안 지방보다 내륙 지방으로 갈수록 연교차가 더 크다.

5 자연형 조절기법

세계의 주요 기후지역별 풍토 건축을 통해 자연형 조절기법을 적용할 수 있다.

① 온난 기후 : 계절에 따른 일사차단 및 일사 유입

② 한냉 기후 : 고단열, 고기밀

③ 고온건조 기후 : 용량형 단열, 중량구조, 개구부 최소화, 야간 천공복사, 증발 냉각, 밝은 색 외피마감

④ 고온다습기후 : 저항형 단열, 경량구조, 개구부 극대화, 통풍 극대화

6 인체의 온열 조건

[1] 인체의 열생산

1) 인체의 대사작용

음식물을 통한 에너지 섭취는 80% 이상이 열로 전환된다. 20% 미만이 인체 활동의 에너지원이 된다. 기초대사와 근육대사의 생화학적 과정을 거친다.

2) 에너지대사(일반적으로 kJ, J로 표시)

① 기초 대사량

전날 저녁식사로부터 10시~18시쯤 경과한 공복 상태에 있을 때의 에너지 대사, 보통 깨어있을 때의 최저 에너지 대사

② 안정시 대사량

작업 자세로 안정하고 있을 때의 소비 칼로리이며 대개 식사 후 2시간 이상 경과 했을 때의 상태로서 대략 상온에서의 기초 대사량보다 20%정도 증가

③ 작업시 대사량

㉠ 어떤 작업을 하고 있을 때의 노동에 소비되는 열량 측량법

㉡ 호흡기에서 배출되는 탄산가스를 모두 흡수하는 장치를 사용하여 간접적으로 소비열량을 계산하는 방법

④ met

㉠ 대사의 양은 주로 met 단위로 측정

㉡ 1met는 조용히 앉아서 휴식을 취하는 성인 남성의 신체 표면적 $1m^2$에서 발생되는 평균 열량으로 $50kcal/m^2h$($58.2W/m^2$)에 해당한다.

㉢ 작업강도가 심할수록 met 값이 커진다.

⑤ 에너지 대사율(RMR : Relative Metabolic Rate)

㉠ 일정한 작업을 수행하기 위해 소비된 O_2 소비량이 기초 대사량의 몇 배인지를 나타낸다.

㉡ 산소호흡량을 측정하여 에너지 소모량을 결정하는 방식

$\therefore$ RMR = $\frac{M-1.2B}{B}$ M : 생산열량 B : 기초대사

㉢ 여러 작업에 대한 그 강도에 해당하는 에너지 대사를 나타내는 지수가 된다.

㉣ 작업강도의 구분

ⓐ 경 작 업 : 1~2 RMR

ⓑ 中 작 업 : 2~4 RMR

ⓒ 重 작 업 : 4~7 RMR

ⓓ 超重작업 : 7 RMR이상

[2] 인체의 열손실

피부를 통한 수증기의 환산작용, 땀분비 작용, 호흡, 복사, 대류 등에 의한 열손실이 이루어진다.

① 인체의 열손실 : 복사(45%), 대류(30%), 증발(25%)

㉮ 피부 확산에 의한 열손실

㉯ 땀분비 작용에 의한 열손실

㉰ 호흡에 의한 열손실

㉱ 복사에 의한 열손실

㉲ 대류에 의한 열손실

② 착의 상태로부터 대류 열손실은 인체의 표면과 주위 공기의 온도차에 비례하여 또한 대류 열전달률에도 좌우된다.

[3] 인체의 열평형

① 인체는 주로 복사(Radiation), 대류(Convection) 및 증발(Evaporation)의 열전달 과정을 통해 열을 외부로 배출한다.

② 증발은 땀과 호흡으로 발산되는 수증기의 잠열을 이용한 것

③ 실내온도가 높아질수록 증발을 통한 열손실이 많게 된다.

※ Fanger의 열평형 방정식

ΔS = M - W - E + (R + C)

ΔS : 인체의 열저장량 (+ : 체온상승, - : 체온하강, 0 : 생리적 균형)

M : 인체의 대사량(rate of metabolism)

W : 운동에 의해 소비되는 열량(rate of work)

E : 증발열손실량(evaporative heat loss)

(R + C) : 현열교환량(dry heat exchange) (R : 복사, C : 대류)

※ Fanger의 열쾌적 방정식 8가지 요소

㉠ 대사량 ㉡ 피부온도

㉢ 땀분비량 ㉣ 착의 상태(옷의 단열치, clo)

㉤ 평균복사온도 ㉥ 기온

㉦ 인체유효표피면적비 ㉧ 수증기압

※ 1clo의 열저항값 0.155m²℃/w

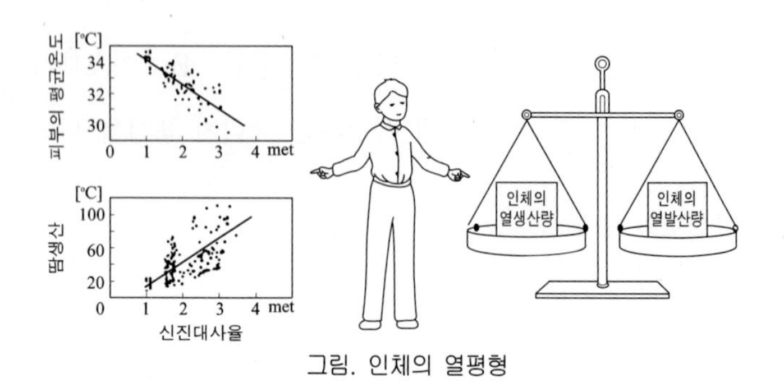

그림. 인체의 열평형

7 인체의 온열 감각에 영향을 주는 열적 요소

[1] 물리적 변수(physical variables, 열환경의 4요소)

① 온도(DBT)

건구온도의 쾌적범위 16~28℃

② 습도(RH)

쾌적온도 범위 내에서의 쾌적 습도 범위 : 55 ± 15%(40~70%)

③ 기류(m/sec)

기류는 대류에 의한 열손실에 증가시키고, 증발을 증가시켜 생리학적으로 인체를 냉각시킨다.

※ 기류속도에 따른 인체의 반응

㉠ 0.25 m/sec 이하 : 느끼지 못함

㉡ 0.25~0.5m/sec : 쾌적함

㉢ 0.5~1.0m/sec : 공기의 움직임을 느낌

㉣ 1.0~1.5m/sec : 냉각효과를 느낌

④ 복사열(MRT : Mean Radiant Temperature)

㉠ 평균복사온도(MRT)는 온도(DBT)보다 온열감에 2배 이상의 영향을 미친다.

㉡ 온도 1℃의 변화는 MRT 0.5~0.8℃ 변화한다.

㉢ 온도보다 2℃ 높은 MRT의 상태에서 인체가 가장 쾌적하다.

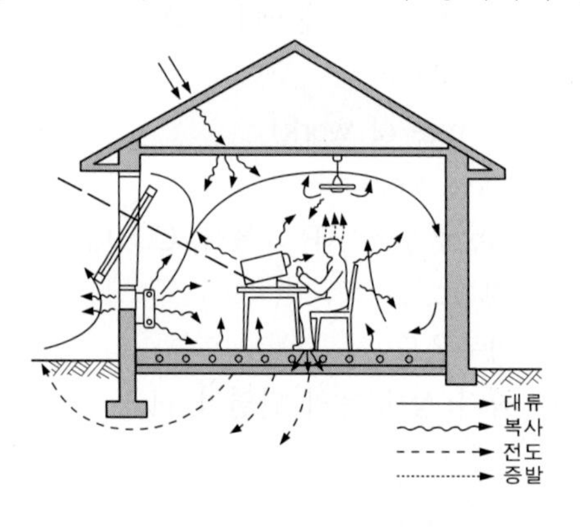

그림. 인체의 열교환

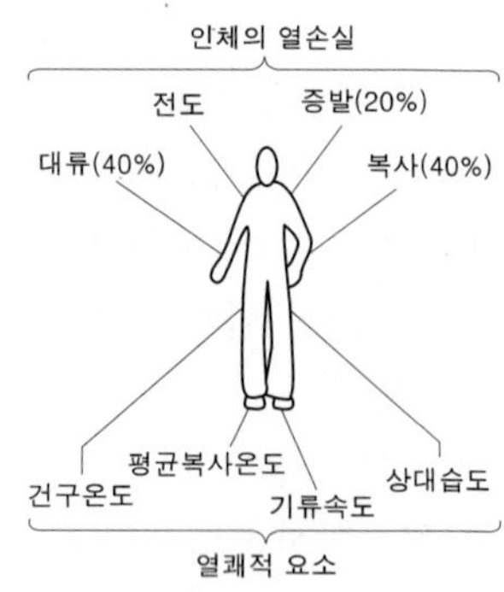

그림. 인체열손실과 열쾌적 요소

[2] 개인적(주관적) 변수(personal variables) : 주관적이며 정량화할 수 없는 요소

① 착의 상태(clothing) :

㉠ 인체에 단열 재료로 작용하고 쾌적한 온도 유지를 도와 준다. 인체의 피부 표면 온도유지에 직접 관계되며, 쾌적성에 큰 영향을 미친다. 의복의 단열성능을 측정하는 무차원단위 : clo(cloths)

㉡ 1clo의 조건

ⓐ 기온 21.2℃, 상대습도 50%, 기류 0.1m/s의 실내에서 착석, 휴식 상태의 쾌적 유지를 위한 의복의 열저항을 1clo로 하고 있다.

※ 1clo = 6.5W/m²℃(5.6Kcal/m²h℃)의 열관류율 값(또는 0.155m²℃/W의 열관류저항 값)에 해당하는 단열성능을 나타낸다.

ⓑ 실온이 약 6.8℃ 내려갈 때마다 1clo의 의복을 겹쳐 입는다.

나체 : 0 clo

반바지 : 0.1 clo

반바지와 짧은 소매셔츠 : 0.2 clo

양복 정장 : 약 1.0 clo

ⓒ 착의량의 총 clo값은 각각의 clo값을 합산한 후 0.82를 곱한 값이 된다.

착의량의 총 clo = 0.82×∑(각 의복의 clo)

② 활동량(activity) : 나이가 많은수록 감소하며 성인 여자는 남자에 비해 약 85% 정도이다.

③ 기타

㉠ 환경에 대한 적응도

㉡ 신체 형상 및 피하 지방량

㉢ 음식과 음료

㉣ 연령과 성별

㉤ 건강 상태

㉥ 재실 시간

8 열쾌적 범위

① 온도 : 건구 온도의 쾌적범위는 16~28℃이다.

② 습도 : 낮을수록 더욱 춥게 느껴지며 여름에는 40~70%이며, 겨울에는 40~50%이다.

③ 기류 : 쾌적한 기류속도는 0.25~0.5m/s이며, 더운 경우는 1.0m/s까지 쾌적하다.

④ 복사열 : 복사온도(MRT)가 기온보다 2℃ 정도 높을 때 가장 쾌적하다.

※ 실내 쾌적 온열환경조건

	건구온도	상대습도	기 류
여 름	25~27℃	50~55%	0.3m/s
겨 울	20~22℃	50~55%	0.3m/s

9 기류 측정

① 카타(kata)온도계

㉠ 실내기후 4가지를 온열조합에 의해서 결정하며, 매초 1m 이하 실내 미세 기류를 측정하는 미풍속계로 사용되고 냉각을 기준으로 체감온도를 측정한다.

㉡ 건카타(kata)온도계는 -6, 습카타(kata)온도계는 -18일 때 쾌적공기의 표준이라 할 수 있다.

② 글로브(globe)온도계

㉠ 일명 흑구온도계라고 하며, 복사와 대류에 의한 영향을 측정하는 데 이용된다.

㉡ 주벽의 평균복사온도를 알 수 있다.

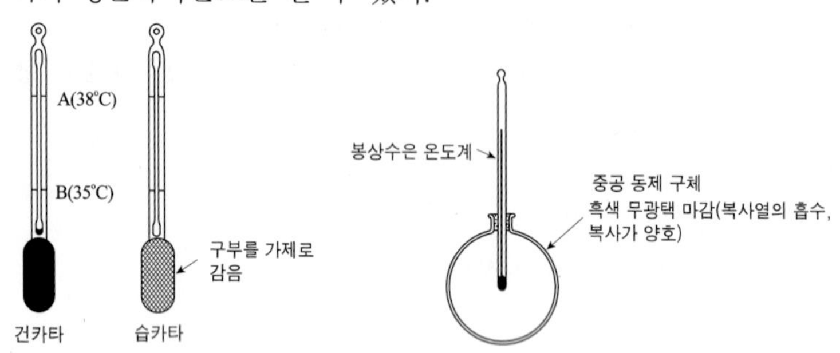

그림. 카타 온도계와 글로브 온도계

10 온열환경의 쾌적지표

① 유효온도(체감온도, 감각온도, Effective Temperature : ET)

㉠ 유효온도는 온도(또는 흑구온도), 기류, 습도를 조합한 감각 지표로서 효과온도, 감각온도, 실효온도 또는 체감온도라고도 한다.

㉡ 1923년 미국에서 Hougton과 Yaglou에 의해 처음 창안되어 공기조화(덕트식 냉난방)시의 평가에 널리 사용되었다.

㉢ 이것은 기온 θ, 상대습도 ϕ, 기류속도 v인 실내에서의 온감각과 같은 온감각을 주는 상대습도 100%이고, 풍속 v=0m/sec인 방의 실공기 온도이다.

㉣ 복사열이 고려되지 않음

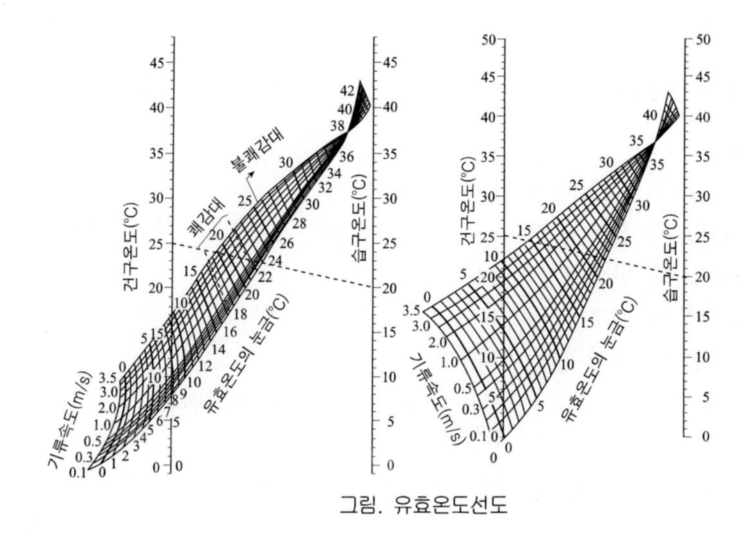

그림. 유효온도선도

② 수정유효온도(CET)

㉠ 글로브 온도를 건구온도 대신에 사용하고, 상당 습구온도를 습구온도 대신에 사용하여 유효온도(ET)를 구하는 쾌적지표

㉡ 온도, 습도, 기류, 복사열의 영향을 동시에 고려한 지표

③ 작용온도 (OT : Operative Temperature)

㉠ 체감에 대한 기온과 주변의 복사열 및 기류의 영향을 조합시킨 지표

㉡ 습도에 대하여 고려하지 않음

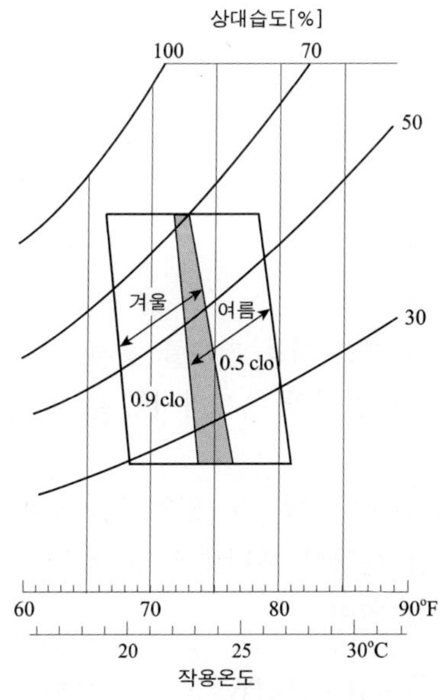

◇ 쾌적영역(comfort zone) : ASHRAE가 제안한 열환경 쾌적영역
→ 80%의 사람이 만족하는 범위

그림. ASHRAE의 쾌적 영역

11 온열환경의 분석적 지표

① 불쾌지수

DI = 0.72(t + t′) + 40.6에서

값이 70이하일 때 전부 쾌적

값이 75이하일 때 반쾌적

값이 80이하일 때 전부 불쾌

값이 85이상일 때 작업 불능

∴ DI = 0.72(20 + 20) + 40.6 = 69.4로서 전부 쾌적으로 판정한다.

② 기타

열응력지수, 4시간 발한예측, 열응력지표, 상대응력지표, 열스트레스지표 등이 있다.

12 전열이론

열은 고온측에서 저온측으로 이동하며 전도, 대류, 복사에 의해 전달되며, 건물 내에서의 전열과정은 전달, 전도, 관류로 나타난다.

① 열전달(heat transfer) : 유체(공기)와 벽체와의 전열 상황(전도, 대류, 복사가 조합된 상태)이다.(고체와 유체사이의 열교환)

$Q_1 = \alpha \cdot A \cdot (t_i - t_o)$

$= \alpha \cdot A \cdot \Delta t$ [W]

A : 표면적[m²]

t_i : 유체온도 [℃]

t_o : 고체 표면온도 [℃]

α: 열전달률[W/m² · K]

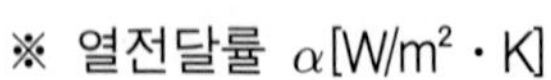
※ 열전달률 α[W/m² · K]

- 벽 표면과 유체간의 열의 이동 정도를 표시
- 벽 표면적 1m², 벽과 공기의 온도차 1℃일 때 단위 시간 동안에 흐르는 열량

② 열전도(heat conduction) : 열전도 있어서 온도차를 $\theta_1 > \theta_2$로 하면 정상상태의 경우 평행한 등질의 평면벽에 직각으로 흐르는 경우의 열량이다.(고체 자체 내에서의 열이동)

$$Q_2 = \lambda \frac{t_i - t_o}{d} A = \frac{\lambda}{d} \cdot A \cdot \Delta t \text{ [W]}$$

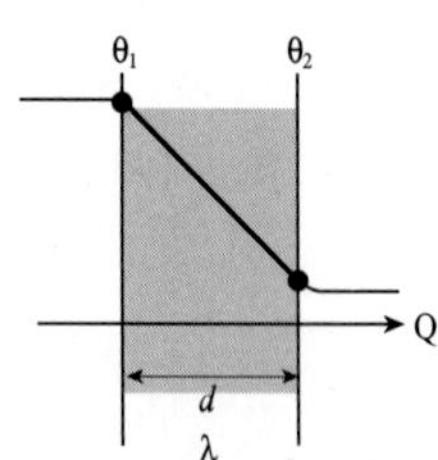

θ_1, θ_2 : 재료의 표면온도[℃]

λ : 열전도율[W/m · K]

d : 재료의 두께[m]

※ 열전도율 λ[W/m · K]

- 물체의 고유 성질로서 전도에 의한 열의 이동 정도를 표시
- 두께 1m의 재료 양쪽 온도차가 1℃일 때 단위 시간 동안에 흐르는 열량

③ 열관류(heat transmission) : 전달+전도+전달이 동시에 복합적으로 일어나는 현상

$Q = KA(t_i - t_o) = K \cdot A \cdot \Delta t$[W]

K : 열관류율[W/m² · K]

열관류 저항 : $\frac{1}{K} = \frac{1}{\alpha_1} + \frac{d}{\lambda} + \frac{1}{\alpha_2}$

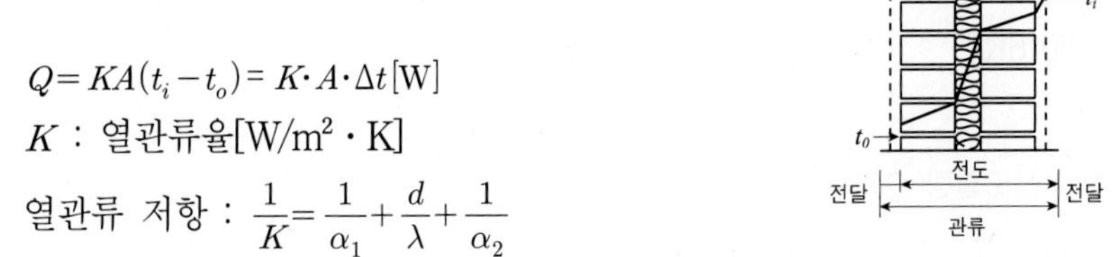

그림. 벽체의 열관류

※ 열관류율 K[W/m² · K]

- 전달+전도+전달이 동시에 복합적으로 일어나는 열의 이동 정도를 표시
- 벽표면적 1m², 단위 시간당 1℃의 온도차가 있을 때 흐르는 열량

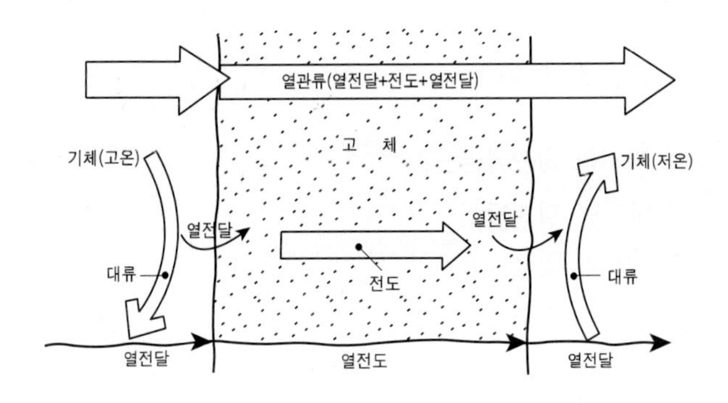

[참고] 열단위의 의미

㉠ 열전달률(α) : 고체 벽에서 이에 접촉하는 공기층으로의 이동 (W/m² · K)

㉡ 열전도율(λ) : 고체 내부에서 고온측으로부터 저온측으로의 이동 (W/m · K)

㉢ 열관류율(K) : 고체 벽을 사이에 둔 양 유체 사이의 열 이동 즉 전달+전도+전달의 과정(W/m² · K)

㉣ 열관류저항 : 열관류율의 역수값(m² · K/W)

$\lambda_1, \lambda_2, \lambda_3$: 재료의 열전도율(W/m · K)

d_1, d_2, d_3 : 재료의 두께(m)

α_o, α_i : 외, 내표면의 열전달율(W/m² · K)

열관류율(K) $= \dfrac{1}{\dfrac{1}{\alpha_o} + \Sigma\dfrac{d}{\lambda} + \dfrac{1}{\alpha_i}}$

예제 1

크기가 2m×0.8m, 두께 40mm, 열전도율이 0.14W/m · K인 목재문의 내측표면온도가 15℃, 외측표면 온도가 5℃일 때 문을 통하여 1시간 동안에 흐르는 열량은?

㉮ 20.16KJ ㉯ 201.6KJ
㉰ 2016KJ ㉱ 20160KJ

해설 열전도열량(Q_c) 계산

$Q = \frac{\lambda}{d} \cdot A \cdot \Delta t$ 에서

λ : 열전도율(W/m · K) d : 두께(m)
A : 표면적(m^2) Δt : 두 지점간의 온도차

$\therefore Q_c = \frac{\lambda}{d} \cdot A \cdot \Delta t = \frac{0.14}{0.04} \times (2 \times 0.8) \times (15-5) = 56\,W$

※ 1W = 3.6KJ이므로 56W×3.6KJ =201.6KJ

예제 2

다음과 같은 벽체의 열관류율은?

(보기) ① 내표면 열전달률 : 8W/m^2 · K
② 외표면 열전달률 : 20W/m^2 · K
③ 재료의 열전도율 [W/m · K]
: 콘크리트 1.2, 유리면 0.036, 타일 1.1

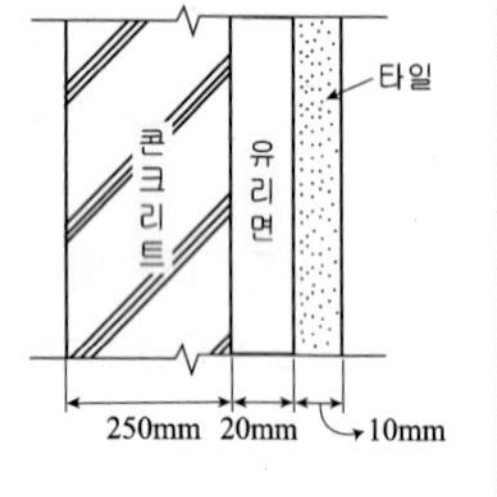

㉮ 약 0.9W/m^2 · K
㉯ 약 1.05W/m^2 · K
㉰ 약 1.2W/m^2 · K
㉱ 약 1.35W/m^2 · K

해설 열관류율$(K) = \dfrac{1}{\dfrac{1}{\alpha_1} + \Sigma\dfrac{d}{\lambda} + \dfrac{1}{\alpha_2}}$ (W/m^2 · K)

α : 열전달률(W/m^2 · K)
λ : 열전도율(W/m · K) d : 두께(m)

$$\therefore \text{열관류율}(K) = \frac{1}{\frac{1}{\lambda_1} + \Sigma\frac{d}{\lambda} + \frac{1}{\alpha_2}}$$

$$= \frac{1}{\frac{1}{8} + \left(\frac{0.25}{1.2} + \frac{0.02}{0.036} + \frac{0.01}{1}\right) + \frac{1}{20}}$$

$$= \frac{1}{0.965} = 1.05\,(\text{W/m}^2 \cdot \text{K})$$

예제 3

다음과 같이 구성된 구조체에서 1m² 당 관류열량은? (단, 실내온도 25℃, 외기 온도 10℃, 내표면 열전달률 8W/m² · K, 외표면 열전달률 20W/m² · K 임)

재 료	열전도율[W/m²·K]	두 께[mm]
석 고	0.1	10
콘크리트	1.3	150
모르타르	1.1	15

㉮ 15.66W　　㉯ 21.36W
㉰ 25.36W　　㉱ 37.13W

해설 열관류율(k)을 먼저 구하고 관류열량을 계산한다.

① 열관류율$(K) = \dfrac{1}{\dfrac{1}{\alpha_1}+\dfrac{d}{\lambda}+\dfrac{1}{\alpha_2}}$ W/m² · K

$$= \frac{1}{\dfrac{1}{8}+\left(\dfrac{0.01}{0.1}+\dfrac{0.15}{1.3}+\dfrac{0.015}{1.1}\right)+\dfrac{1}{20}} = 2.48\,\text{W/m}^2\cdot\text{K}$$

α : 열전달률(W/m² · K), λ : 열전도율(W/m · K), d : 두께(m)

② 관류열량 $Q=K\cdot A\cdot(t_i-t_o)=2.48\times1\times(25-10)=37.2\,\text{W}$

K : 열관류율(W/m² · K), A : 표면적(m²), Δt : 두 지점간의 온도차(t_i-t_o)

예제 4

다음과 같은 조건에서 두께 20cm인 콘크리트 벽체를 통과한 손실열량은?

· 실내공기온도 : 20℃　　· 실외온도 : 2℃
· 내표면 열전달률 : 11W/m² · K　　· 외표면 열전달률 : 22W/m² · K
· 콘크리트의 열전도율 : 1.56W/m · K

㉮ 약 45 W/m²　　㉯ 약 58 W/m²
㉰ 약 68 W/m²　　㉱ 약 75 W/m²

해설 열관류율(k)을 먼저 구하고 관류열량을 계산한다.

① 열관류율$(K) = \dfrac{1}{\dfrac{1}{\alpha_1}+\dfrac{d}{\lambda}+\dfrac{1}{\alpha_2}}$ W/m² · K

$$= \frac{1}{\dfrac{1}{11}+\dfrac{0.2}{1.56}+\dfrac{1}{22}} = 3.77\,\text{Wh/m}^2\cdot\text{K}$$

α : 열전달률(W/m² · K), λ : 열전도율(W/m · K), d : 두께(m)

② 관류열량 $Q=K\cdot A\cdot(t_i-t_o)=3.77\times1\times(20-2)\fallingdotseq 68\,\text{W}$

K : 열관류율(W/m² · K), A : 표면적(m²), Δt : 두 지점간의 온도차(t_i-t_o)

예제 5

다음과 같은 조건에서 벽체의 실내측 표면온도는?

- 실내온도 : 20℃
- 외기온도 : -10℃
- 벽체의 열관류율 : 2W/m² · K
- 실내측 표면 열전달률 : 10W/m² · K
- 실외측 표면 열전달률 : 30W/m² · K

㉮ 14℃ ㉯ 16℃
㉰ 18℃ ㉱ 20℃

해설 벽체의 열관류열량과 실내측 표면 열전달량은 같다.

① 구조체를 통한 열손실량 즉, 열관류량 $Q=K \cdot A \cdot (t_i - t_0)$

② 열전달량 $Q=\alpha \cdot A \cdot (t_i - t_s)$

여기서, Q : 열관류량[W]　　K : 열관류율[W/m² · K]
α : 열전달률[W/m · K]　　A : 전열면적[m²]
t_i : 실내 온도[℃]　　t_0 : 외기온도[℃]
t_s : 벽체의 실내표면온도[℃]

$Q = 2 \times 1 \times \{20-(-10)\} = 10 \times 1 \times (20 - t_s)$

$\therefore\ t_s = 14℃$

13 용어와 단위

① 열전달률(α) : W/m² · K(kcal/m²h℃)
② 열전도율(λ) : W/m · K(kcal/mh℃)
③ 열관류율(K) : W/m² · K(kcal/m²h℃)
④ 난방도일 : ℃ · day
⑤ 비열 : kJ/kg · K(kcal/kg℃)
⑥ 절대습도 : kg/kg′ 또는 kg/kg[DA]
⑦ 상대습도 : %
⑧ 비교습도 : %
⑨ 엔탈피 : kJ/kg(kcal/kg)
⑩ 수증기압 : mmHg

[주] 열량에 대한 SI기본단위는 K(켈빈온도, 절대온도)이며, ℃(섭씨온도)와 눈금크기는 동일하다.

14 온도구배

실내외의 온도차로 인해 벽체나 지붕 등의 구조체 내에서는 따뜻한 곳으로부터 찬 곳으로 점진적인 온도의 변화가 생김으로써 일정한 온도구배를 보이며, 특히 이질재료로 구성된 구조체의 온도구배는 달라지게 된다.

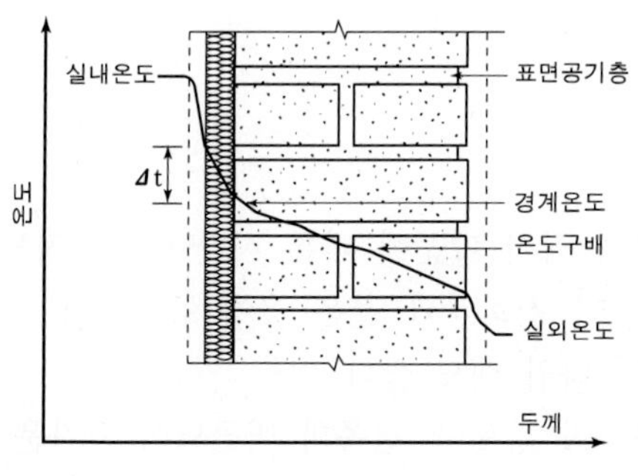

그림. 온도구배

① 온도구배를 단열층에서 가장 커지며, 온도구배의 계산으로 구조체 내의 경계온도를 예측할 수 있다.
 ㉠ 열전도저항이 높은 층 → 가파른 온도 구배
 ㉡ 열전도저항이 낮은 층 → 완만한 온도 구배
② 최상의 단열재는 양측 표면간에 최대의 온도차를 갖는다. 즉, 구조체 내에서의 온도변화 비율은 각층에 대한 열저항 비율에 비례한다.

15 용량형 단열

벽체에서 열전달을 억제하는 성질은 벽체의 단열 성능(주로 저항형과 반사형 단열 성능)으로 표현되며, 열전달을 지연시키는 성질은 벽체의 축열 성능으로 표현되는데, 이 성능은 벽체가 지니는 열용량에 의해 타임랙과 디크리먼트 팩터로 설명될 수 있다. 바로 열전달을 지연시키는 후자의 성질을 이용하여 단열을 유도하는 방법을 용량형 단열이라 한다.

① 타임 랙(time-lag : ϕ)
 열용량이 0인 벽체 내에서 발생하는 열류의 피크에 대하여 주어진 구조체에서 일어나는 피크의 지연 시간
② 진폭 감쇠율(decrement factor : μ)
 어떤 구조체의 하루 평균으로부터 열류의 최대 편차와 열용량이 0인 물체 내에서 발생하는 열류의 최대 편차와의 비

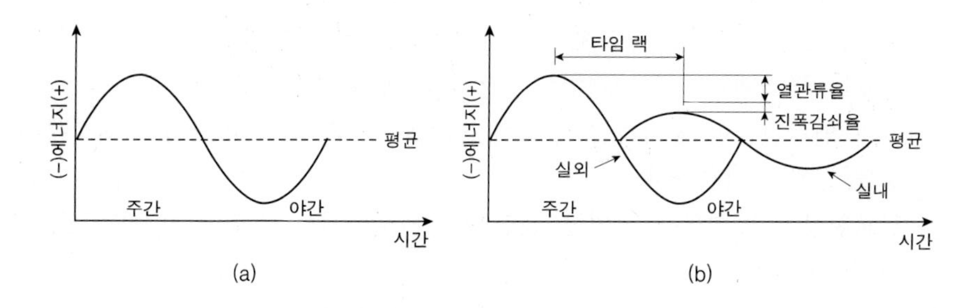

그림. 용량형 단열의 원리

16 단열공법

[1] 내단열

① 내단열은 열용량이 작기 때문에 빠른 시간에 더워지므로 간헐난방을 필요로 하는 강당이나 집회장과 같은 곳에 유리하나 실온변동의 폭은 외단열에 비해 크며 타임 랙도 짧다.

② 표면결로는 발생하지 않으나, 한쪽의 벽돌벽이 차가운 상태로 있기 때문에 내부결로가 발생하기 쉽다.

③ 모든 내단열 방법은 고온측에 방습막을 설치하는 것이 좋다.

④ 내단열에서는 칸막이나 바닥에서의 열교현상에 의한 국부열손실을 방지하기 어렵다.

[2] 외단열

① 내부측의 열용량이 커서 연속난방에 유리하며, 실온변동의 폭은 작아지며, 타임 랙도 길다.

② 전체 구조물의 보온에 유리하며, 내부결로의 위험도 감소시킬 수 있다.

③ 외단열은 벽체의 습기 뿐만 아니라 열적 문제에서도 유리한 방법이다.

④ 외단열은 단열재로 건조한 상태로 유지시켜야 하고, 내구성과 외부 충격에 견딜 뿐 아니라 외관의 표면처리도 보기 좋아야 한다.

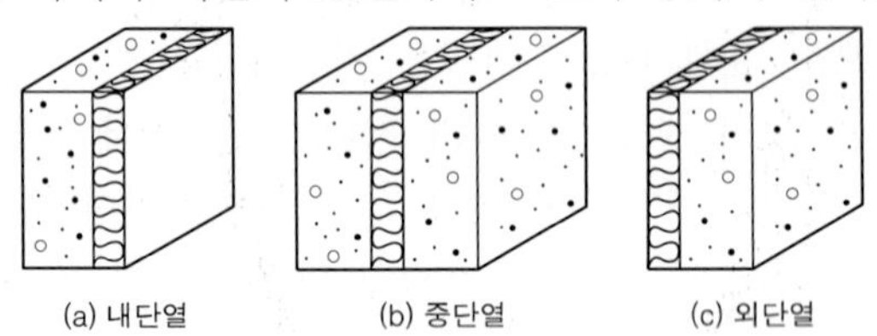

그림. 단열재의 설치 위치

17 열교현상

① 벽이나 바닥, 지붕 등의 건축물부위에 단열이 연속되지 않은 부분이 있을 때, 이 부분이 열적 취약부위가 되어 이 부위를 통한 열의 이동이 많아지며, 이것을 열교(heat bridge) 또는 냉교(cold bridge)라고 한다.

② 열교현상이 발생하면 구조체의 전체 단열성이 저하된다.

③ 열교는 구조체의 여러 형태로 발생하는 데 단열구조의지지 부재들, 중공벽의 연결철물이 통과하는 구조체, 벽체와 지붕 또는 바닥과의 접합부위, 창틀 등에서 발생한다.

④ 열교현상이 발생하는 부위는 표면온도가 낮아지며 결로가 발생되므로 쉽게 알 수 있다.

⑤ 열교현상을 방지하기 위해서는 접합 부위의 단열설계 및 단열재가 불연속됨이 없도록 철저한 단열시공이 이루어져야 한다.

⑥ 콘크리트 라멘조나 조적조 건축물에서는 근본적으로 단열이 연속되기 어려운 점이 있으나 가능한 한 외단열과 같은 방법으로 취약부위를 감소시키는 설계 및 시공이 요구된다.

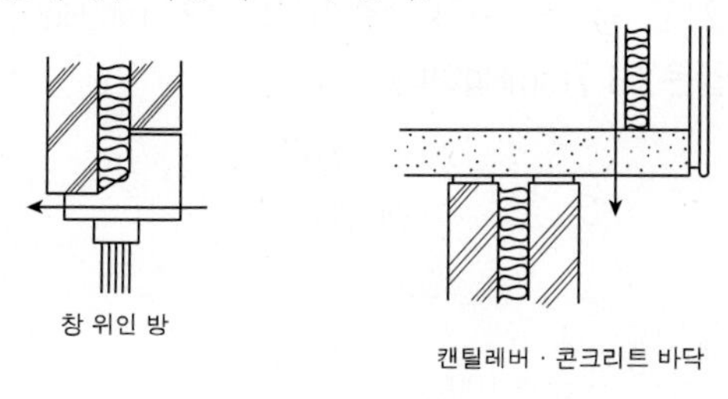

그림. 열교현상

18 현열과 잠열

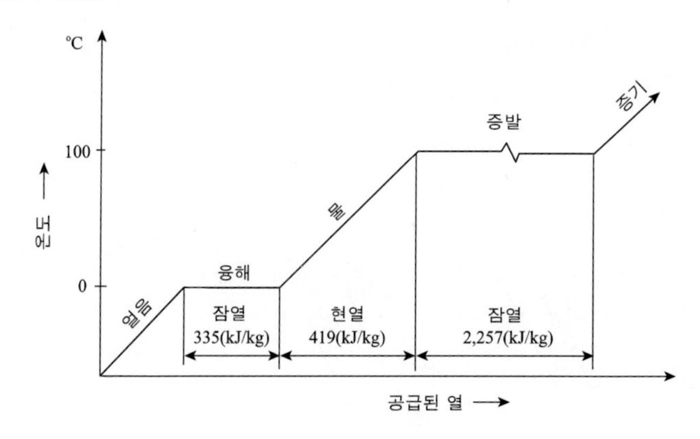

그림. 순수한 물의 상태변화도

① 현열 : 온도 변화에 따라 출입하는 열
- 온도 측정가능, 온도의 상승이나 강하의 요인이 되는 열량(현열량), 온수 난방에 이용

② 잠열 : 상태 변화에 따라 출입하는 열
- 습도의 변화를 주는 열량(잠열량), 온도는 일정, 증기 난방에 이용

19 습도의 표시

① 절대습도(SH) : 공기 중에 포함된 수분의 량
→ 단위: kg/kg′ 또는 kg/kg [DA], 기상학 - g/m^3, kg/m^3

② 상대습도(RH) : 공기의 습한 정도의 상태
(습공기가 함유하고 있는 습도의 정도를 나타내는 지표)
어느 온도에서 공기 $1m^3$에 포함할 수 있는 최대 수증기 양과 현재 온도에서 포함하고 있는 수증기 양과의 비(%) → 단위: %

예제

건구온도 21℃, 상대습도 50%의 공기를 건구온도 30℃로 가열했을 때 상대습도는? (단, 21℃ 공기의 포화 수증기압은 18.7mmHg이고, 30℃ 공기의 포화 수증기압은 31.7mmHg이다.)

㉮ 29.5%　　　　㉯ 36.0%
㉰ 43.5%　　　　㉱ 50.5%

해설 $상대습도 = \frac{현재수증기압}{포화수증기압} \times 100$

현재(21℃) 수증기압(x) ⇒ 50%

$= \frac{x}{18.7} \times 100$

$x = 9.35\text{mmHg}$

$30℃\ 상대습도 = \frac{9.35}{31.7} \times 100 = 29.5\%$

20 습공기 선도

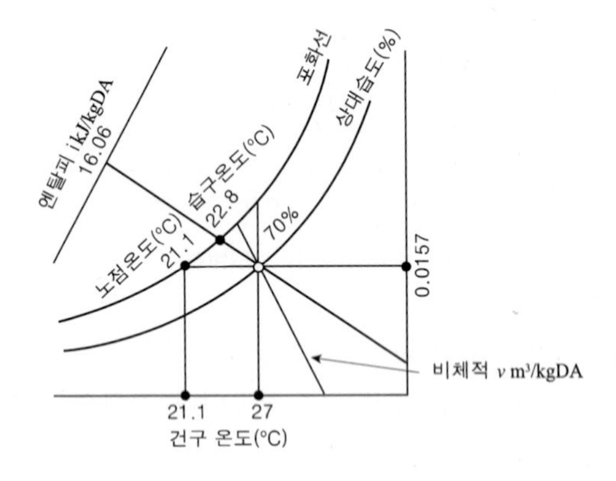

그림. 습공기 선도 보는 법

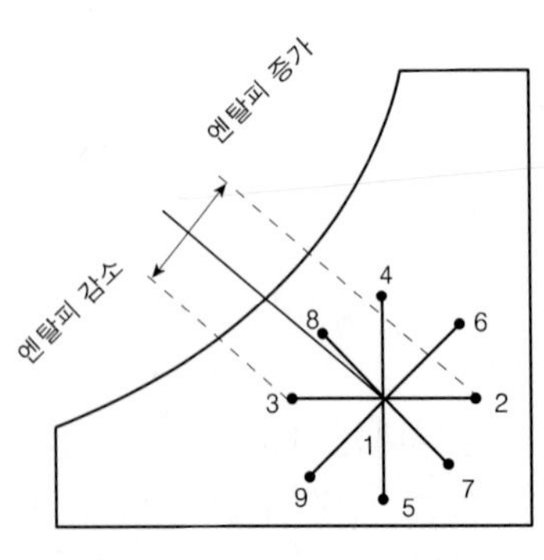

1→2 : 헌열 가열(sensible heating)
1→3 : 헌열 냉각(sensible cooling)
1→4 : 가습(hurnidification)
1→5 : 감습(dehurnidification)
1→6 : 가열 가습(heating and hurnidifyin)
1→7 : 가열감습(heating and dehurnidifying)
1→8 : 냉각 가습(cooling and hurnidifying)
1→9 : 냉각 감습(cooling and dehurnidifying)

그림. 공기조화의 각 과정

① 습공기 선도를 구성하는 요소들 : 건구온도, 습구온도, 노점온도, 절대습도, 상대습도, 수증기 분압, 비용적, 엔탈피, 현열비 등
② 습공기 선도를 구성하는 있는 요소들 중 2가지만 알면 나머지 모든 요소들을 알아낼 수 있다.
③ 공기 냉각 가열하여도 절대 습도는 변하지 않는다.
④ 공기를 냉각하면 상대습도는 높아지고 공기를 가열하면 상대습도는 낮아진다. - 절대습도의 변화(×)
⑤ 습구온도와 건구온도가 같다는 것은 상대습도가 100%인 포화공기임을 뜻한다.
⑥ 습구온도가 건구온도보다 높을 수는 없다.
☞ 참고 i-x 선도(Mollier 선도) : 공조설비에서 이용되는 공기선도
p-i 선도(Mollier 선도) : 냉동기에서 이용되는 선도
t-x 선도(Carrier 선도) : 냉동기에서 이용되는 선도

21 결로

결로는 공기 중의 수증기에 의해서 발생하는 습윤상태를 말한다.

[1] 결로의 원인

다음의 여러 가지 원인이 복합적으로 작용하여 발생한다.
① 실내외 온도차 : 실내외 온도차가 클수록 많이 생긴다.
② 실내 습기의 과다발생 : 가정에서 호흡, 조리, 세탁 등으로 하루 약 12kg의 습기 발생
③ 생활 습관에 의한 환기부족 : 대부분의 주거활동이 창문을 닫은 상태인 야간에 이루어짐
④ 구조체의 열적 특성 : 단열이 어려운 보, 기둥, 수평지붕
⑤ 시공불량 : 단열시공의 불완전
⑥ 시공직후의 미건조 상태에 따른 결로 : 콘크리트, 모르타르, 벽돌
※ 열전달률, 열전도율, 열관류율이 클수록 결로현상은 심하다.

[2] 결로방지 대책

① 실내 습기 방지책 : 실내 공기의 수증기압이 포화 수증기압보다 적도록 계획한다.
㉠ 환기 계획을 잘 할 것
㉡ 난방에 의한 수증기 발생을 제한할 것
㉢ 부엌 및 욕실에서 발생하는 수증기를 외부로 배출시킬 것
② 벽체의 열관류 저항을 크게 할 것
③ 열교 현상이 일어나지 않도록 단열 계획 및 시공을 완벽히 할 것
④ 실내측 벽의 표면온도를 실내 공기의 노점온도보다 높게 설계할 것
⑤ 벽에 방습층을 둘 것 (방습층을 설치할 경우 고온측인 실내측에 가깝게 시공)

section 2 공기환경

1 실내환기의 목적

① 호흡에 필요한 산소의 적절한 공급(인체 등에 적극적으로 신선한 공기 공급)
② 오염공기에 의한 감염 위험의 감소(실내를 정화하고 쾌적한 환경 유지)
③ 건물 내부의 결로방지(실내에서 발생된 열이나 수분 제거)
※ 공기조화의 목적 : 주어진 실내온도, 습도, 환기, 청정 및 기류 등을 함께 조절하여 실내의 사용목적에 알맞은 상태로 유지하기 위하여

2 실내에서 발생하는 오염물질

인체에 유익하지 않은 각종 유해물질이 실내에서 발생하여 산소 등을 공급하기 위하여 신선한 외기와 교환이 필요하다.
㉠ 호흡에 필요한 산소의 부족
㉡ CO_2 가스의 증가
㉢ 실내에서 열이 발생
㉣ 실내에서 수증기 발생
㉤ 분진 및 유해가스의 발생
㉥ 인체 및 실내에서 발생되는 각종 냄새(배기, 끽연 등) 발생
㉦ 쾌적한 환경조성에 필요한 적절한 기류
㉧ CO, 라돈가스 등의 발생
※ 탄산가스의 함유량에 비례해서 다른 오염원의 정도가 변화되므로 실내 공기의 오염정도를 판단하는 척도로 탄산가스 농도를 사용한다.

3 중앙관리방식의 공기조화설비의 기능[실내공기의 성능기준]

1. 부유분진량	공기 $1m^3$당 0.15mg 이하	4. 온도	17℃이상 28℃ 이하
2. CO 함유율	10ppm 이하	5. 상대습도	40% 이상 70% 이하
3. CO_2 함유율	1,000ppm 이하	6. 기류	0.5m/s 이하

4 개구부의 통풍량

① 직렬합성 : 몇 개의 개구부를 바람이 순차적으로 통과하는 경우로 각 실을 통과하는 풍량이 모두 같아서 각 실의 압력차에 따라 결정된다.
② 병렬합성 : 동일 벽면 2 이상의 개구부가 있으면 그 벽면을 통과하는 풍량은 각각의 개구부를 통과하는 풍량의 합이 된다.

5 개구부의 위치와 크기

① 유출구와 유입구의 크기와 수는 실내 유속에 큰 영향을 준다.
② 유출구의 폭이 고정되어 있고 유입구의 폭만 증가시킬 경우 실내 기류 속도에는 별다른 변화가 없다.
③ 유입구에 비례해서 유출구가 클 때는 실내 유속이 약간 증가하나 어느 한 쪽의 폭만 증가시킬 경우 별다른 효과가 없다.

6 필요 환기량

Q = n v

Q : 환기량(m^2/h) n : 환기회수(회/h) v : 실용적(m^2)

또한 $Q=\frac{M}{P_i-P_o}$

Q : 필요 환기량
M : 실내에서의 CO_2 발생량(m^3/h)
P_i : CO_2 허용 농도(m^3/m^3)
P_o : 신선공기CO_2 농도(m^3/m^3)

예제 1

300명을 수용하는 강당이 있다. 천장고는 10m이고, 1인당 바닥면적은 1.5m^2 이다. 이 강당의 환기횟수로 적당한 것은? (단, 1인당 CO_2 발생량은 0.02m^3/h, 외기 중 CO_2량은 0.03%, 실내의 CO_2 허용 한도량은 0.07%이다.)

㉮ 2.5회/h ㉯ 3.3회/h
㉰ 4.5회/h ㉱ 5.3회/h

해설 필요 환기량

$Q = nV$

Q : 환기량(m^3/h) n : 환기회수(회/h) V : 실용적(m^3)

또한 $Q=\frac{M}{P_i-P_o}$

Q : 필요 환기량 M : 실내에서의 CO_2 발생량(m^3/h)
P_i : CO_2 허용 농도(m^3/m^3) P_o : 신선공기 CO_2 농도(m^3/m^3)

환기량$Q=\frac{M}{P_i-P_o}=\frac{300\times0.02}{0.0007-0.0003}=15,000m^3$

실용적$(v)=300\times1.5\times10=4,500m^3$

환기회수$=\frac{Q}{V}=\frac{15,000}{4,500}=3.33$회

예제 2

다음과 같은 조건에서 실내 CO_2 허용한도를 0.15%로 하려면 필요 환기량은?

(보기) ① 재실자 1인당 탄산가스 배출량 0.03m³/h
② 외부 신선 공기의 CO_2 함유량 0.02%
③ 실내 재실자 30명

㉮ 90m³/h ㉯ 231m³/h
㉰ 692m³/h ㉱ 1059m³/h

해설 $Q=\frac{M}{P_i-P_o}$

Q : 필요 환기량
M : 실내에서의 CO_2 발생량(m³/h)
P_i : CO_2 허용 농도(m³/m³)
P_o : 신선공기CO_2 농도(m³/m³)
※M=0.03m³/h×30명=0.9m³/h
P_i=0.15% → 0.0015(m³/m³)
P_o : 0.02% → 0.0002(m³/m³)
$\therefore\ Q=\frac{0.9}{0.0015-0.0002}$
=692.3m³/h

7 환기의 종류

실내공간에서 이루어지는 자연환기는 공기의 온도차, 압력차, 밀도차에 의한 환기로 이루어진다.

1) 온도차에 의한 환기(중력환기)

건물의 실내외부에 온도차에 있으면 공기밀도의 차이로 압력차가 발생하고 이에 따라 자연배기가 발생

- 상부 : 실내공기 배출
- 하부 : 외기 유입
- 중성대 : 실내외 압력차가 0 (공기의 유출입이 없는 면)
- 고층건물 : 건물높이의 50~70% 지점
- 일반주택 : 천정높이의 중앙부위

※ 굴뚝효과(stack effect) : 고층건물의 엘리베이터실과 계단실 등은 천정이 매우 높기 때문에 큰 압력차가 생겨 강한 바람이 발생

2) 풍압차에 의한 환기

① 바람에 의해 건물 전체에 압력차가 발생한다.

② 극간풍(infiltration) : 창문이 닫혀 있을 경우에도 압력차가 크면 환기 발생

③ 풍압차에 의한 환기량

$Vs = \alpha A\sqrt{\frac{2g}{r}\Delta P}$ 에서

α : 통기율　　　　　　　　　　A : 개구 면적(m^2)

γ : 공기의 비중량($1.2kg/m^3$)　　　g : 중력 가속도($9.8m/sec^2$)

ΔP : 압력차(kg/m^2)

예제

동일 벽면에 각각 $3m^2$ 면적인 창이 2개 있을 때 이들을 통과하는 풍량의 합은 얼마인가? (단, 공기의 비중량 : $1.2kg/m^3$, 유량계수 : 각각 0.7, 실내·외 압력차 : $0.5kg/m^3$)

㉮ $8.0m^3/s$　　　　㉯ $9.0m^3/s$

㉰ $11.0m^3/s$　　　　㉱ $12.0m^3/s$

해설 풍압차에 의한 환기량

$Vs = \alpha A\sqrt{\frac{2g}{r}\Delta P}$ 에서

α : 통기율　　　　　　　　　　A : 개구 면적(m^2)

γ : 공기의 비중량($1.2kg/m^3$)　　　g : 중력 가속도($9.8m/sec^2$)

ΔP : 압력차(kg/m^2)

$\alpha A = \alpha_1 A_1 + \alpha_2 A_2 = 2 \times 0.7 \times 3 = 4.2$

$\therefore\ Vs = 4.2\sqrt{\frac{2 \times 9.8}{1.2} \times 0.5} = 12m^3/s$

8 풍속에 의한 환기량 계산

환기량은 풍속에 비례하므로 풍속에 의한 환기량은 다음과 같다.

Q = EAv

Q : 환기량(m^3/h)

A : 유입구 면적(m^3)

v : 유속(m/s)

E : 개구부의 효율, 개구부에 직각으로 바람이 부는 경우 : 0.5~0.6

　개구부에 45° 경사지게 부는 경우 : 위값의 50%

예제

어느 건물의 풍속 3m/s의 맞바람을 받고 있다. 유입구와 유출구의 면적이 $4m^2$ 로 서로 같을 때 환기량은? (단, 개구부의 효율 E = 0.6)

㉮ $1.8m^3/s$ ㉯ $2.4m^3/s$
㉰ $7.2m^3/s$ ㉱ $12.5m^3/s$

해설 풍압에 의한 환기량(Q)
유입구와 유출구의 면적이 같은 경우
$Q = E \cdot A \cdot v(m^3/s) = 0.6 \times 4 \times 3 = 7.2m^3/s$
여기서, E : 개구부의 효율
A : 유입구의 면적(m^2)
v : 풍속(m/s)

9 기계 환기

구 분	설 치 방 법	용 도
제 1종 환기 (병용식)	강제송풍+강제배풍	병원 수술실, 거실, 지하극장, 변전실
제 2종 환기 (압입식)	강제송풍+자연배풍	무균실, 반도체공장, 식당, 창고
제 3종 환기 (흡출식)	자연송풍+강제배풍	화장실, 욕실, 주방, 흡연실, 자동차차고

① 제 1종 환기 : 설비비, 운전비가 비싸다. 실내외의 압력차가 없어서 가장 양호한 환기법
③ 제 2종 환기 : 실내의 압력이 정압(+), 다른 실에서의 공기 침입이 없다. 가장 많이 사용한다. 일반실에 적합하다.
④ 제 3종 환기 : 실내의 압력이 부압(−), 실내의 냄새나 유해 물질을 다른 실로 흘려 보내지 않는다.
주방, 화장실, 유해가스 발생장소에 사용한다.

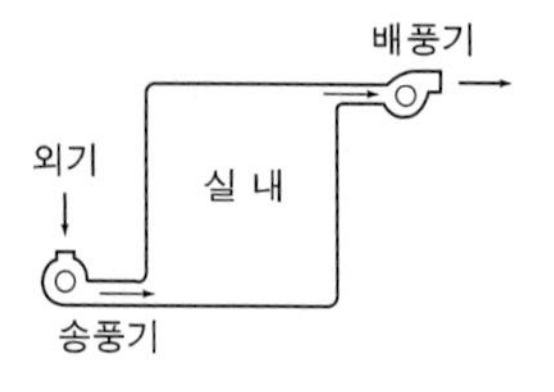

제1종 환기방식 :
설비비, 운전비가 비싸다.
가장 안전한 환기

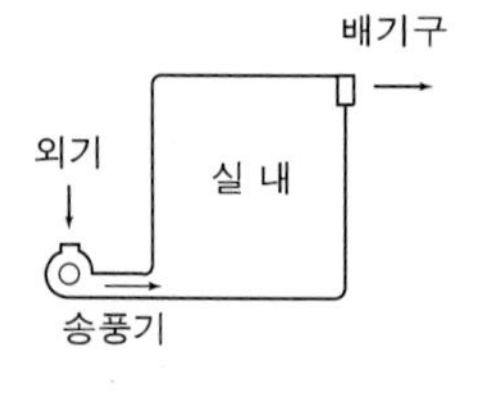

제2종 환기방식 :
실내의 압력이 정(+)압,
다른 실에서의 공기 침입이 없다.

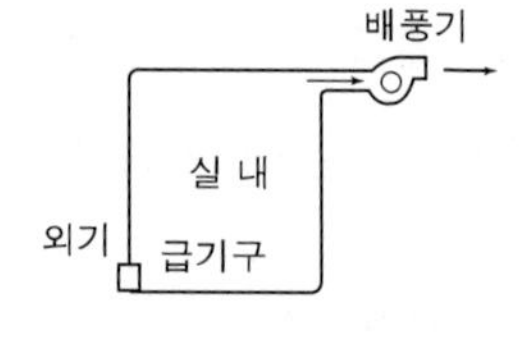

제3종 환기방식 :
실내의 압력이 부(+)압,
실내의 냄새나 유해물질을 다른 실로 흘려 보내지 않는다.
주방, 화장실,유해가스 발생 장소

그림. 기계 환기 방식

일조 및 일사환경

1 균시차

진태양시와 평균태양시와의 차이다.

① 진태양시 : 어느 지방에서 남중시에서 다음 남중시까지 1일

② 평균태양시 : 그 지방에서 남중에서 남중까지 24시간인 것처럼 가상의 태양

2 일조와 위생

① 적외선 : 780~3,000nm, 열환경효과, 기후를 지배하는 요소, '열선'이라고 함

② 가시광선 : 380~780nm, 채광의 효과, 낮의 밝음을 지배하는 요소

③ 자외선 : 200~380nm, 보건위생적 효과, 건강효과 및 광합성의 효과, '화학선'이라고 함

290~320nm(2900~3,200Å) - 도르노선(건강선)

※ 1nm = 10Å

3 일조율

일조시수를 주간시수로 나눈 값

$$\text{일조율} = \frac{\text{일조시간}}{\text{가조시간}} \times 100\%$$

① 일조시간 : 실제로 직사광선이 지표를 조사한 시간

② 가조시간 : 장애물이 없는 장소에서 청천시에 일출부터 일몰까지의 시간

4 벽의 방위별 가조시간

벽의 방위	하 지	춘·추분	동 지
남면	7시간 0분	12시간 0분	9시간 32분
남동면	8시간 4분	8시간 0분	8시간 6분
동면, 서면	7시간 14분	6시간 0분	4시간 46분
북면	3시간 44분	0분	0분
북동, 북서면	6시간 24분	4시간 0분	1시간 26분
남서면	8시간 4분	8시간 0분	8시간 6분

※ 벽면에 대한 가조시간이 가장 긴 것은 춘·추분의 남면벽이다.

5 남북간 인동간격 결정 요소

① 계절 : 겨울철 동지때 일조(4시간 이상의 일조 확보)
② 방위각 : 정남 - 태양의 고도(방위각, 일적위), 그 지방의 위도, 일영(그늘의 길이)
③ 지형 : 대지의 경사도, 대지의 경사 방향
④ 전면 건물의 높이
⑤ 개구부의 높이

6 루버의 종류

① 수직루버 : 동면과 서면에 좋고 태양의 방위각에 의한 조절이 좋다.
② 수평루버 : 남면과 북면에 좋고 태양의 고도 변화에 양호하다.
③ 격자루버 : 수직과 수평의 혼합한 형태로 가장 효과적인 차양방법이다.
④ 가동루버 : 태양의 위치에 따라 일조량이 변화한다.

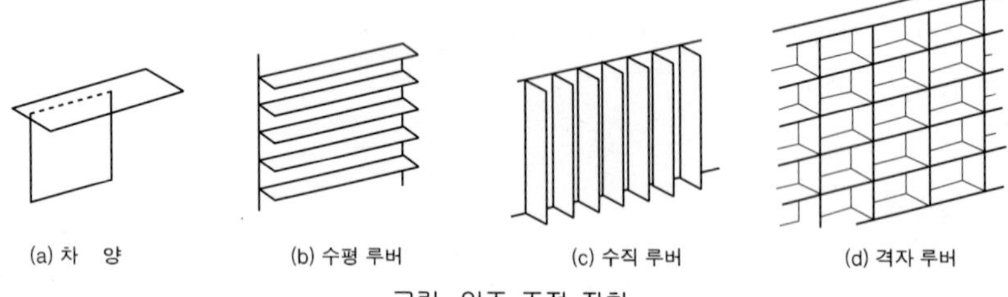

그림. 일조 조정 장치

7 자연형 태양열 시스템의 기본형식

① 직접획득 방식
② 축열벽 방식
③ 부착온실 방식
④ 축열지붕 방식
⑤ 자연대류 방식

8 자연형 태양열시스템(passive solar system)의 구성 요소

① 집열부
② 축열부
③ 이용부

9 설비형 태양열시스템(Active solar system)의 구성 요소

① 집열기 : 집열판(재질 : 동제, 알루미늄제, 철제, 플라스틱제)
② 축열기 : 축열조(열저장매체 : 물, 화학물질, 자갈 등)

③ 급열기 : 순환펌프
④ 열원보조장치 : 보조보일러
⑤ 제어장치 : 시스템의 자동제어

10 자연형 태양열 시스템을 설비형과 비교할 때의 특성

① 시스템 설비비의 저렴
② 작동 방법의 간편
③ 높은 신뢰도
④ 환경의 쾌적성(좋은 열적인 환경)
⑤ 특별한 장치의 불필요성
⑥ 기존 건축물에 대한 개수의 용이성
⑦ 좋은 외관미

section 4 빛환경

1 빛의 측정

(1) 광속

① 광원으로부터 발산되는 빛의 양

② 균일한 1cd의 점광원이 단위 입체각(1sr)내에 방사하는 光量

③ 단위 : 루멘(lumen, lm)

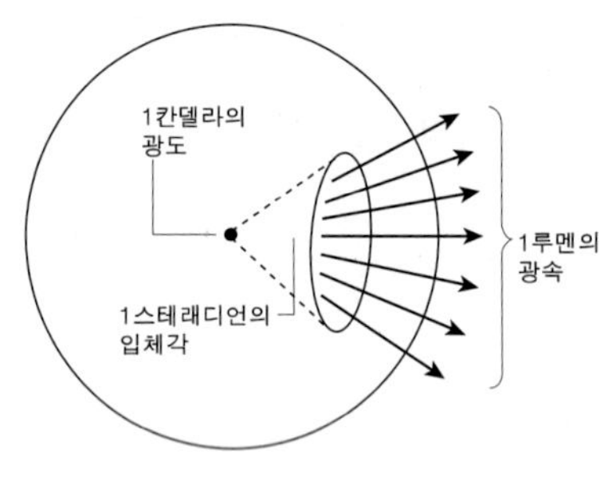

그림. 광속

(2) 광도

① 단위면적당 표면에서 반사 또는 방출되는 광량

② 단위 : 칸델라(candela, cd)

③ 대부분 표시장치에서 중요한 척도가 된다.

※ 1cd : 점광원을 중심으로 하여 $1m^2$의 면적을 뚫고 나오는 광속이 1 lumen일 때 그 방향의 광도

[주] 100W 전구의 평균 구면광도는 약 100cd

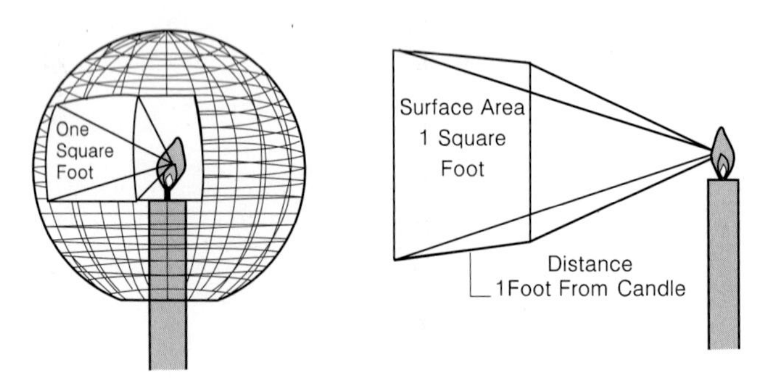

그림. 광도

(3) 조도

① 표면에 도달하는 광의 밀도($1m^2$당 1 lm의 광속이 들어 있는 경우 1Lux)

② 단위 : 룩스(lux, lx)

③ 조도 = 광도/(거리)

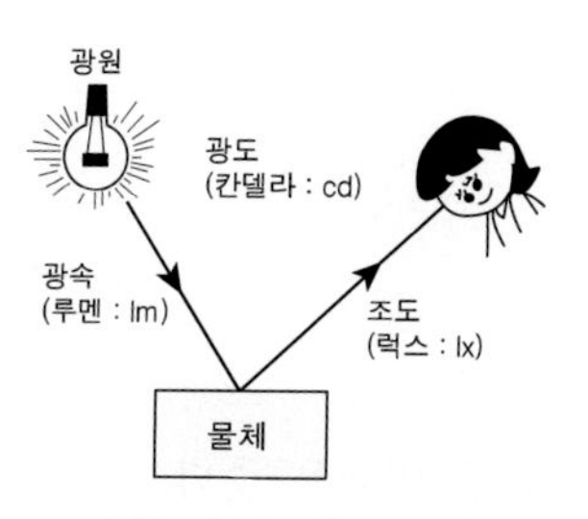

그림. 광속, 광도, 조도

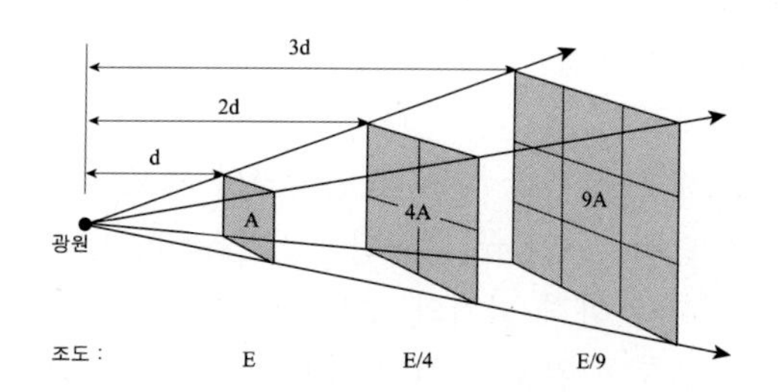

그림. 조도의 역자승 법칙

예제 1

실내에 1,000cd의 전등이 있을 때 이 전등으로부터 각각 2m, 4m 떨어진 두 곳의 표면 조도가 옳게 계산된 것은?

㉮ 250lux, 62.5lux　　㉯ 250lux, 125lux
㉰ 500lux, 250lux　　㉱ 1,000lux, 500lux

해설 $E=\frac{I}{d^2}(\mathrm{lx})$

$I=1,000cd, d_1=2m, d_2=4m$

$E=\frac{I}{{d_1}^2}=\frac{1,000}{2^2}=250\mathrm{lx}$

$E=\frac{I}{{d_2}^2}=\frac{1,000}{4^2}=62.5\mathrm{lx}$

예제 2

지름이 4m인 원형탁자 중심 바로 위 1.5m의 위치에 1,000cd의 백열등이 설치되어 있을 때 이 탁자 끝 부분의 조도로 맞는 것은? (단, 백열등을 점광원으로 가정하여 반사광은 무시한다.)

㉮ 112lux　　㉯ 108lux
㉰ 126lux　　㉱ 96lux

해설 $I=1,000cd, d^2=2^2+1.5^2=6.25,\ d=2.5$

$\cos\theta=\frac{1.5}{d}=\frac{1.5}{2.5}=0.6$

$E=\frac{1,000}{6.25}\cdot\cos\theta$를 이용하여

$E=\frac{1,000}{6.25}\times 0.6=96\mathrm{lx}$

(4) 휘도

① 빛을 방사할 때의 표면밝기의 척도

② 단위 : cd/cm^2(보조단위 : apostilb,sb)

③ 시각 환경 밝기의 분포를 나타낸다.

④ 휘도의 분포는 시대상의 잘 보임이나 시작업상에 큰 영향을 준다.

(5) 광속발산도(Luminance)

① 단위면적당 표면에서 반사 또는 방출되는 빛의 양

② 단위 Lambert(L), Foot-Lambert(FL), Nit(cd/m^2)

※ 측광량의 단위

용 어	기 호	단 위	정 의
광속(光速)	F	루 멘(lm)	광의 양
광도(光度)	I	칸 델 라(cd)	광의 강도
조도(照度)	E	럭 스(lx)	장소의 명도
휘도(輝度)	B	스 틸 브(sb)	반짝임
광속발산도	R	래드럭스(rlx)	물체의 명도

2 간상체와 추상체

① 간상체(rod)

망막의 시세포의 일종으로 주로 어두운 곳에서 작용하여 명암만을 구별한다. 망막의 주변부로 가는 것에 따라서 많이 존재한다. 그 형태가 간(막대기)과 같은 형을 하고 있는 것에서 간상체라 불린다.

② 추상체(cone)

망막의 시세포의 일종으로 밝은 곳에서 움직이고, 색각 및 시력에 관계한다. 망막 중심 부근에서 가장 조밀하고 주변으로 갈수록 적게 된다.

※ 간상체와 추상체의 특성

① 간상체 : 흑백으로 인식, 어두운 곳에서 반응, 사물의 움직임에 반응 - 흑백필름 (암순응)

② 추상체(원추체) : 색상 인식, 밝은 곳에서 반응, 세부 내용파악 - 칼라필름 (명순응)

※ 눈의 구조와 카메라의 비교

① 동공 - 조리개의 역할

② 수정체 - 렌즈의 역할

③ 망막 - 필름의 역할

④ 유두 - 셔터의 역할

3 푸르킨예(Purkinje) 현상

① 명소시에서 암소시 상태로 옮겨질 때 물체색의 밝기가 어떻게 변하는가를 살펴보면 빨간 계통의 색은 어둡게 보이게 되고, 파랑 계통의 색은 반대로 시감도가 높아져서 밝게 보이기 시작하는 시감각에 관한 현상을 말한다.

② 어둡게 되면(새벽녘과 저녁때 등) 가장 먼저 보이지 않는 색은 빨강이며, 다른 색은 추상체에서 간상체로 작용이 옮겨감에 따라 색이 사라져 회색으로 느껴진다. 따라서 어두운 곳에서는 빨강이 부적당하여 비상 계단 등의 발 닿는 윗부분의 색은 파랑 계통의 밝은 색으로 하는 것이 어두운 가운데서도 쉽게 식별할 수 있다.

4 건축조명의 질

현휘(글레어), 휘도와 휘도대비, 연색성, 빛의 방향성

주광선의 방향성은 조명의 질에 중요한 영향 요소로서 그 방향성을 정하는 것이 중요하다.

* 빛의 방향성

물체를 3차원의 형태로 표시하는데 영향을 미치는 것으로 빛의 질을 결정하는 중요 요소(음영 문제)이다.

① 벡터 조도 : 공간의 어떤 점에서의 빛의 흐름의 세기와 방향을 나타낸다. 수평조명과 같이 빛의 방향을 고려한 조명의 질을 말한다.

② 스칼라 조도 : 공간이 작은 구면상의 조도로서 평면조도와 같이 평면 기울기에 관계없고 임의의 점에서 하나의 값이 정해진다. 로비같이 특별한 작업면이 없는 실에서는 평면조도 보다 스칼라 조도가 기준으로 적합하다.

③ 벡터/스칼라 비 : 어떤 점에 있어서 빛의 방향에 대한 세기의 비율

㉠ 벡터/스칼라 비 - 3.0 : 스포트라이트, 직사일광 등과 같은 매우 강한 방향성

㉡ 벡터/스칼라 비 - 0.5 : 반사광에 의한 조명으로 방향성이 약해 물체를 밋밋하게 보이게 한다.

5 실내환경내에서 시작업시 눈의 피로를 야기시킬 수 있는 환경요인

① 부적합한 조도

② 작업과 배경사이의 휘도대비가 너무 클 때

③ 불쾌감을 주는 현휘가 발생할 때

④ 작업시 머리 위에 잘못 설치된 광원으로 인한 광막반사(光幕反射)

⑤ 연색성 불량 - 빛의 분광 특성이 색의 보임에 미치는 효과

⑥ 형광등의 플릭커(flicker : 깜박거림) 현상

⑦ 전반적인 작업환경에서 개인의 만족과 관련이 있는 심리적 인자 - 환경의 특징, 창의 유무, 색채의 특징, 램프의 색채, 모델링(modelling)의 정도 등에 의해 영향을 받는다.

6 자연채광

① 전천공일사 = 직달일사 + 천공일사(천공복사)

② 직달일사

㉠ 수평면 직달 일사량은 최대가 되는 것은 여름철의 서쪽면이다.

㉡ 남향 수직면의 일사량은 여름철이 적고, 겨울철이 많아진다.

㉢ 동(서)향 또는 남동(남서)향 수직면에서는 일사량이 여름철에 많아지고, 겨울철에 적어진다.

③ 천공 복사량은 태양광이 도중에서 난반사되어 지상에 도달하는 일사량이다.

7 주광률(Daylight factor : DF)

① 실내의 조도를 채광에 의해서 얻는 경우 야외의 주광 조도는 시시각각으로 변화하므로 실내의 조도도 이에 따라 변한다. 채광 설계에 있어서 이와같이 변화하는 조도를 실내밝기의 기준으로 하는 것은 불합리하므로 이에 대신하는 것으로서 주광률이 사용된다.

② 자연 채광에 의한 건축 설계의 기초로 실내의 최소 조도를 규정한다.

③ 주광은 광량(광속, 조도, 휘도)에 의한 방법과 상대치(주광률)에 의한 방법에 의해 정량화 할 수 있다.

④ 천공의 상대적인 휘도 분포, 창과 수조점의 기하학적인 관계, 실의 형태와 마감 등에 의해서 결정되며, 천공의 휘도치 그 자체의 영향을 받지 않는다. 따라서 천공의 상대적인 휘도 분포를 선정하면 주광률은 기하학적인 수치로써 결정되며, 채광 계산의 지표로 사용될 수 있다.

⑤ 주광률은 실내의 조도가 옥외의 조도 몇 %에 해당하는가를 나타내는 값으로 식은 다음과 같다.

$$DF = \frac{\text{실내 한 지점의 작업면 조도}(E)}{\text{실외의 수평면 조도(설계용 전청공조도)}(E_s)} \times 100(\%)$$

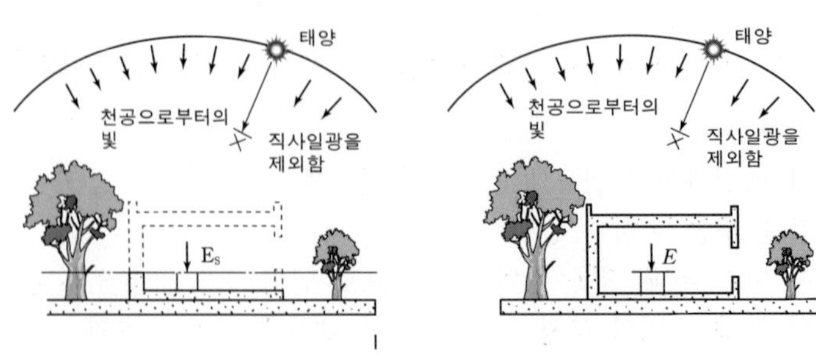

그림. 전천공조도

주광률: $D = \frac{E}{E_s} \times 100(\%)$

E_s : 전천공 조도. E : 실내의 조도

그림. 주광률

예제

초등학교 교실의 채광 설계에서 200럭스(lux)의 조도를 얻을 수 있는 주광률은? (단, 실외 천공광 기준 조도 = 5,000럭스(lux)

㉮ 0.4% ㉯ 2.5%
㉰ 4% ㉱ 25%

해설 $주광률 = \frac{실내\ 채광조도}{실외\ 전천공광\ 기준조도} \times 100(\%)$

$= \frac{200}{5,000} \times 100 = 4\%$

8 균제도(均制度)

① 휘도나 조도, 주광률 등의 분포를 나타내는 지표
② 휘도나 조도, 주광률 등의 평균치에 대한 최소치의 비
③ $균제도 = \frac{가장어두운주광율}{가장밝은주광율}$

※ 실내면 반사율의 추정치
천장 80~90% 〉 벽 40~60% 〉 탁상, 작업대, 기계 25~45% 〉 바닥 20~40%

9 자연채광 형식

[1] 정광창 형식(top light)
지붕 또는 천장의 중앙에 천창을 통한 채광 방식
① 전시실 중앙을 밝게 하여 조도 분포가 균일하지만 폐쇄된 분위기가 된다.
② 천창의 직접 광선을 막기 위해 천창 부분에 루버를 설치하거나 2중으로 한다.
③ 구조, 시공, 빗물처리 등이 어렵다.
④ 채광량이 많아(측창의 3배 정도) 조각품 전시에 적합하고, 유리창 내의 공예품 전시에는 부적합하다.

[2] 측광창 형식(side light)
벽면에 수직으로 낸 측창을 통한 채광 방식
① 실 깊이에 제한을 받으며 주변 상황에 영향을 받는다.
② 개폐와 조작이 용이하고 청소, 보수가 용이하다.
③ 광선의 확산, 광량의 조절, 열전열 설비를 병용하는 것이 좋다.
④ 전시실 채광 방식 중 가장 불리한 방식으로 소규모 전시실 이외는 부적합하다.

[3] 고측광창 형식(clerestory)

지붕면에 있는 수직창에 의한 채광 방식으로 정광창식, 측광창식의 절충 방식

① 중앙부는 어둡게 하고 전시실 벽면 조도는 충분하다. 광량이 약할 우려가 있다.

② 미술관에서 벽면 조도를 크게 할 경우, 공장 등에 이용되는 방식이다.

[4] 정측광창 형식(top side light monitor)

관람자가 서 있는 위치 상부에 천장을 불투명하게 하여 측벽에 가깝게 채광하는 방식

① 관람자의 위치(중앙부)는 어둡고 전시 벽면의 조도가 밝은 이상적인 형식으로 미술관 등의 채광방식으로 적당하다.

② 천장이 높기 때문에 측광창의 광선이 약할 우려가 있다.

③ 천창보다 구조가 간단하고 빗물, 시공, 개보수가 손쉽고 조망과 개방감이 좋다.

[5] 특수채광 형식

천창은 상부에서 경사 방향으로 빛을 도입하여 벽면을 주로 비치게 하는 방법

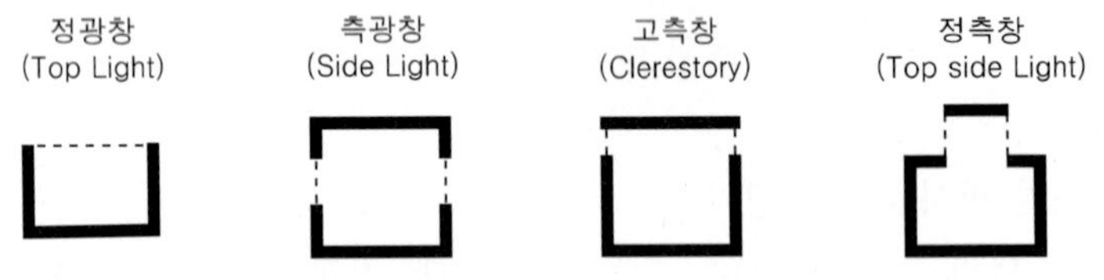

※ 그림은 건물의 수직단면상태를 나타낸 것임

10 주광 설계 지침

① 주요한 작업면에 직사광을 피하도록 하며, 작업면에 도달하는 주광은 반사의 과정을 거쳐 물체 표면이나 실내에 사입시킨다.

② 높은 곳에서 주광을 사입시키며 창문의 높이는 최소한 실 깊이의 1/2 이상에 오도록 설치한다.

③ 주광을 확산 또는 분산시킨다.

④ 양측 채광을 한다.

⑤ 천창, 고측창을 사용하며, 천창 장치에 의해 주광의 사입량을 증가시키기 위해 반사율이 높은 재료로써 마감한다.

⑥ 천창은 현휘를 감소시키도록 밝은 색이나 흰색으로 마감하고, 천창 밑에는 빛을 확산시키는 장치를 한다.

⑦ 현휘를 방지하기 위하여 예각 모서리의 개구부는 피하고, 개구부 부근의 벽면을 경사지게 한다.

⑧ 주광을 실내 깊숙이 사입시키기 위하여 곡면경이나 평면경을 사용한다.

⑨ 주광과 다른 요소들을 종합시켜 계획한다.

⑩ 작업 위치는 창과 평행하게 하고, 가능한 한 접근시킨다.

11 실내상시보조인공조명

[1] PSALI의 개념

① 정의

자연조명이 그 자체만으로 불충분하거나 또는 불쾌할 때에 건축물의 자연조명을 보조하기 위해 설치하는 실내 상시 보조 인공 조명(Permanent Supplementary Artifical Lighting in Interior)을 PSALI라고 정의한다.

② 목적 및 방법

㉠ PSALI의 목적은 창으로부터 멀리 떨어진 부분의 상대적인 조도 부족을 보충하기 위하여 인공조명으로 주광을 보충하는데 있다.

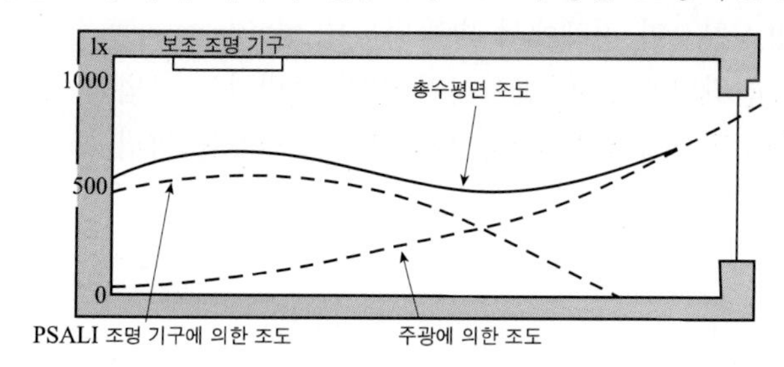

그림. PSALI 조도 곡선

㉡ PSALI 계획은 창 부근의 주광에 의하여 조명을 하고 실 깊은 곳에는 인공 조명을 한다. 인공 조명이 보조가 아니고 주체적으로 된다면 PSALI라고 말할 수 없다. 이와 같은 조명은 주체 조명이다.

12 광원의 종류와 특징

	백열등	형광등	수은등	나트륨등	메탈할라이드등	할로겐등
효율(lm/W)	10~20	50~90	40~65	95~145	70~95	20~22
수명(h)	1,000	7,000	10,000	6,000	9,000	2,500
연색성	좋다.			좋지 않다.	좋다.	
휘도	높다.	저휘도	높다.	높다.	높다.	높다.
용도	장식,국부 조명	옥내 전반 조명	높은 천정 조명, 경기장, 도로	터널, 도로	은행, 백화점, 가구점	높은 천정, 단관형은 영사기용
색상	적색 부분 많다	광색 조절이 용이	청백색	황등색	자연색에 가깝다.	주광색에 가깝다.
기타	열방사 많다. 점등이 빠르다. 온도 높을수록 주광색에 가깝다.	열방사 적다 점등에 시간이 걸린다. 주위 온도에 영향	1등당 큰 광속을 얻는다. 수명이 가장 길다.			

※ 광원의 효율

나트륨등 95~145 lm/W 〉 메탈할라이드등 70~95 lm/W 〉 형광등 50~90 lm/W 〉 수은등 45~65 lm/W 〉 백열등 10~20 lm/W

13 건축화 조명

· 천장, 벽, 기둥 등의 건축 부분에 광원을 만들어 실내를 조명하는 방식
· 눈부심이 적은 장점이 있는 반면, 조명 효율은 직접 조명에 비해 떨어진다.

① 다운 라이트 : 천장에 작은 구멍을 뚫어 그 속에 광원을 매입한 방법
② 루버 조명 : 천장면에 루버를 설치하고 그 속에 광원을 배치하는 방법
③ 광천정 조명 : 천장면 전체에서 발광되도록 한 것
④ 코퍼 조명 : 천장면에 빛을 반사시켜 간접 조명하는 방법
⑤ 코니스 조명 : 벽면에 빛을 반사시켜 간접 조명하는 방법

14 조명 설계

[1] 조명 설계 순서

① 소요 조도 결정
② 전등 종류 결정
③ 조명 방식 및 조명기구 선정
④ 광속의 계산
⑤ 광원의 크기와 그 배치

[2] 광속계산

$$F = \frac{A \cdot E \cdot D}{N \cdot U}$$

F : 광원 1개당 광속(lm)	N : 광원의 개수
U : 조명율	A : 실의 면적 → 실지수(K)
E : 소요조도(lx)	D : 감광보상율

※ 실지수(K) : 방의 크기와 형태를 나타내는 지수로서 광원에서 작업면에 직접 도달하는 빛은 실의 바닥면적에 대하여 천장의 높이가 낮을 때는 많고, 천장의 높이가 높을 때는 적어진다.

예제

면적이 100m² 인 방에 백열 전구 10개를 점등하였다. 평균 조도는 대략 얼마인가? (단, 전구 1개당 광속은 1,000lm, 조명률 0.6, 감광보상률 1.3임)

㉮ 35lx　　㉯ 40lx
㉰ 45lx　　㉱ 60lx

해설 $F=\dfrac{A\cdot E\cdot D}{N\cdot U}$

F : 광원 1개당 광속 (1,000lm)　　N : 광원 개수 (전구 10개)
U : 조명율 (0.6)　　A : 방의 면적 (100m²)
E : 평균조도(lx)　　D : 감광보상율(1.3)

따라서, $1{,}000=\dfrac{100\times E(lx)\times 1.3}{10\times 0.6}$

$E=46.15$ (lx)

[3] 광원의 크기와 배치

① $S \leq 1.5\mathrm{H}$

② $S_w \leq \dfrac{H}{2}$(벽측에서작업을하지않을때)

③ $S_w < \dfrac{H}{3}$(벽측에서작업을할때)

S : 광원간의 거리

S_w : 광원과 벽과의 거리

H : 작업면(바닥위 85cm)에서 광원까지 높이

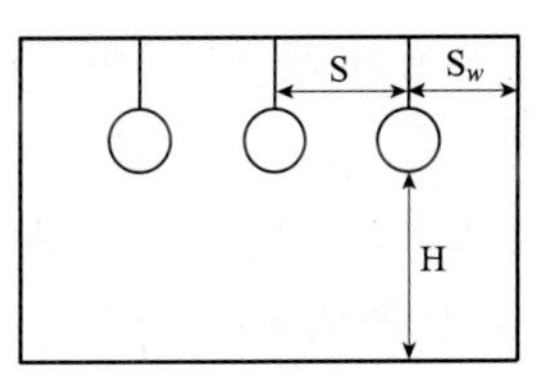

그림. 광원의 배치

15 창의 현휘를 조절하는 방법

① 일시적인 장치 : 사용자가 조절 가능한 커튼, 블라인드 장치
　㉠ 창내・외에 투명 커튼이나 블라인드 설치
　㉡ 수평, 수직 루버, 내외부에 슬랫 블라인드(slat blind)나 핀
② 영구적인 장치 : 돌출 차양, 어닝(awning), 깊이 후퇴한 창
③ 기타
　㉠ 실내 반사율을 증가시킨다.
　㉡ 스프레이 창은 대비를 감소시킨다.
　㉢ 스프레이, 창대, 멀리온 등은 과다한 대비를 방지하기 위해 밝은 색으로 한다.
　㉣ 실내 조명과 눈의 순응 능력을 높이기 위해 인방을 낮게 한다.
　㉤ 창을 청결히 함으로써 창 주위의 조도를 증가시킨다.

16 에너지 절약을 위한 조명 설계

① 과다한 조도를 피한다.
② 가능한 한 조도를 요하는 시작업으로 조닝한다.
③ 실내의 부위별 소요 조도가 다를 때에는 형광등 대신 다변 조도기 등을 사용하여 조도를 조절한다.
④ 개방형 평면은 벽체에 의한 차폐 에너지를 줄일 수 있다.
⑤ 실내 조명이 복도까지 비치도록 벽상부에 고창을 설치한다.

⑥ 선 주광 후 인공 조명 시스템으로 계획한다.
⑦ 각 실별 조도는 조도 기준에 따라 설계한다.
⑧ 조명 면적의 적정 설계를 한다.
⑨ 계단, 복도등은 층별 점멸이 가능하도록 설계한다.

17 에너지 절약을 위한 조명 계획

① 평면을 개방형으로 하고 가능한 한 동일 조도를 요하는 시작업으로 조닝한다.
② 적정한 조명 면적의 설계
③ 효율적인 창 및 차양 장치의 설계
④ 과다한 실내 조도를 피하기 위한 국부적인 선택 조명의 채택
⑤ 고효율의 광원 및 높은 조명률과 조도 자동 조절 장치를 지닌 조명 기구의 선택(역률형 안정기 사용)
⑥ PSALI(실내상시보조인공조명) 설비의 효율적인 설계

section 5 음환경

1 음의 파장

음의 파장(λ)은 음속을 주파수로 나눈 값이다.

$$\lambda = \frac{v}{f}(\text{m})$$

여기서, f : 주파수(Hz), v : 음속(m/s)

예제

1,000Hz 음의 파장은 얼마인가? (단, 음속은 340m/sec로 한다.)

㉮ 0.25m ㉯ 0.34m
㉰ 0.72m ㉱ 1.02m

해설 음의 파장(λ)은 음속을 주파수로 나눈 값이다.

$$\lambda = \frac{v}{f}(\text{m})$$

여기서, f : 주파수(Hz), v : 음속(m/s)

$$\therefore \lambda = \frac{340}{1,000} = 0.34(\text{m})$$

2 공기중에 전파되는 음의 속도

공기중에 전파되는 음의 속도(v)

v = 331.5 + 0.6t(m/s) t는 기온(℃)

t = 15℃일 때 v = 340m/s(공기중의 음속)

① 음속은 기온 1℃의 증가에 따라 음의 속도는 0.6m/s씩 증가한다.
여름철은 빠르고, 겨울철은 느리다.

② 음파는 물체의 진동횟수와는 관계없이 일정한 속도로 진행된다.
즉, 소리의 속도는 소리의 주파수 영향을 받지 않고 통과하는 물질의 성질에 따라 영향을 받는다.

3 가청범위

① 지각 가능한 소리의 주파수 및 음압 수준(SPL : Sound Pressure Level)의 범위

② 가청범위는 각 주파수의 순음에 대한 최소 가청치와 최대 가청치를 연결한 곡선으로 둘러싸인 범위로 표시된다.

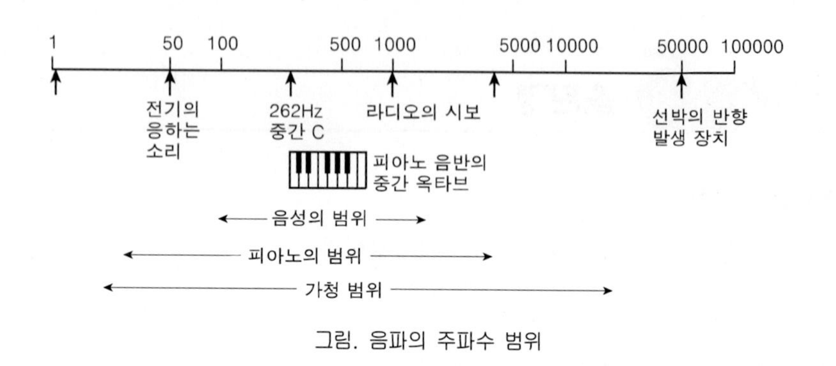

그림. 음파의 주파수 범위

③ 인간이 감지할 수 있는 음의 가청주파수 범위는 20~20,000Hz이다.

※ 주파수 : 음이 1초간에 진동하는 횟수, 단위는 cycle/sec 또는 Hz

㉠ 초저주파 : 20Hz 이하

㉡ 가청주파 : 20~20,000Hz

㉢ 초고주파 : 20,000Hz 이상

4 표준음

1) 대표적인 음 : 63, 125, 250, 500, 1,000, 2,000, 4,000, 8,000의 사이클의 순음(純音)

① 저음 : 125

② 중음 : 500(실내 혹은 재료 등의 음향적 성질을 표시할 때의 표준음)

③ 고음 : 2,000

2) 1,000cycle : 청각을 고려한 표준음

5 음의 성질

① 회절(diffraction) : 음이 진행 중에 장애물이 있으면 파동은 직진하지 않고 그 뒤쪽으로 되돌아오는 현상. 칸막이(장벽) 뒤의 소리가 들리는 것은 회절현상에 의한 것이다.

② 간섭(interference) : 2개 이상의 음파가 동시에 어떤 점에 도달하면 서로 강화하거나 약화시키는 현상

③ 울림(echo) : 진동수가 조금 다른 두 음의 간섭에 의해 생기는 현상

④ 공명 : 입사음의 진동수가 벽이나 천장 등의 진동수와 일치되어 같이 소리를 내는 현상

⑤ 반사(reflection) : 음은 흡수, 반사, 투과 또는 반사의 성질을 갖고 있으며 각각의 비율은 재료에 따라 다르다. 또한 입사각과 반사각은 같다.

⑥ 확산(diffusion) : 음파가 요철 표면에 부딪쳐 여러 개의 작은 파형으로 나뉘는 것

⑦ 공진(resonance) : 한 진동체가 다른 진동체에 이끌리어 그와 같은 진동수로 진동하는 현상

⑧ 은폐(masking) : 2가지음이 동시에 귀에 들어와서, 한쪽의 음 때문에 다른 쪽의 음이 작게 들리는 현상
⑨ 감쇠(damping) : 시간이 지남에 따라 진동의 진폭이 차츰 작아져 가는 현상
⑩ 정재파(定在波, standing wave) : 진행되는 음파가 반사면에 부딪칠 때 반대방향으로 되돌아오는 음파의 중첩으로 음압의 변동이 중복되면서 실내에 머물러있는 상태를 말한다.

6 음의 크기와 음의 크기레벨

① 음의 크기
㉠ 청각의 감각량으로서 음의 감각적 크기를 보다 직접적으로 표시하기 위해 사용한다
㉡ 단위 : 손(sone)
㉢ sone값을 2배로 하면 음크기는 2배로 감지된다.
② 음의 크기레벨
㉠ 귀의 감각적 변화를 고려한 주관적인 척도이다.
㉡ 단위 : 폰(phone)
㉢ 1손(sone)은 40폰(phone)에 해당되며 손(sone)값을 2배로 하면 10phone 씩 증가한다. ※ 손(sone)값을 2배로 하면 음의 크기는 2배로 감지된다. (1손= 40phone, 2손= 50phone, 4손= 60phone …..)

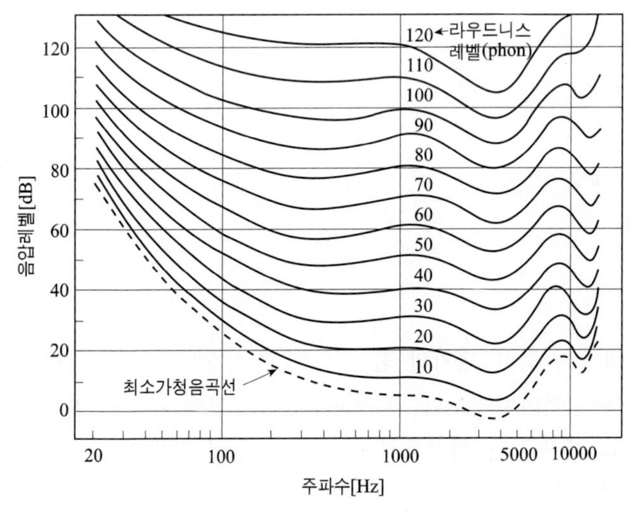

그림. 등감도곡선(Loudness curve)

7 음의 단위

① dB : 음압측정비교
② phon : 음크기레벨
③ W/m^2 : 음의 세기
④ N/m^2 : 음압

8 명료도와 요해도

① 명료도(clarity) : 사람이 말을 할 때 어느 정도 정확할 수 있는가를 표시하는 기준을 백분율로 나타낸 것이다.
음성레벨이 80bB, 잔향시간이 0초, 음성레벨과 소음 레벨의 차가 50bB일 때 최대명료도값(96%)을 갖는다.
명료도(PA) = 96 × Ke × Kr × Kn
여기서 Ke : 음의 세기에 의한 명료도의 저하율
Kr : 잔향시간에 의한 명료도의 저하율
Kn : 소음에 의한 명료도의 저하율
② 요해도(intelligility) : 언어의 명료도에 의해서 말의 내용이 얼마나 이해되느냐 하는 정도를 백분율로 나타낸 것을 요해도(了解度)라고 한다. 각 음절의 전부를 확실히 들을 수는 없어도 말의 내용이 이해되는 경우가 있으므로 요해도는 명료도보다 높은 값을 갖게 된다.

9 음절 명료도의 요소

① 강연자 음성의 평균 레벨
② 실의 잔향시간
③ 실내 소음 레벨
④ 방의 형태

10 잔향시간

① 정의 : 실내의 일정한 세기의 음을 내어 정상상태로 한 후 이것을 멈추어 실내의 평균 에너지밀도와 처음의 $1/10^6$(일백만분의 일), 음압으로서 1/1,000이 될 때까지의 시간으로서 실내의 평균 레벨이 60dB 감소하는 데 필요한 시간을 말한다.
② 요소 : 실용적, 실내 표면적, 실의 평균 흡음률
③ 실내음의 잔향시간은 실용적이나 실내 흡음력 외에 음원과 수음점의 거리나 반사면의 위치 등에 관계된다.
④ 잔향시간은 음원의 위치, 측정의 위치와 무관하다.

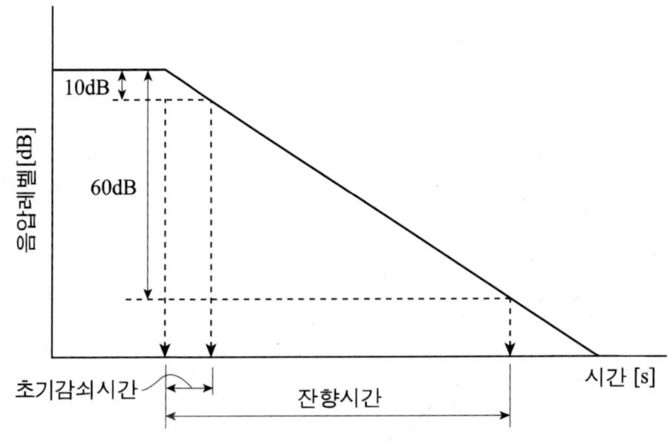

그림. 잔향시간 및 초기감쇠시간

⑤ 흡음재료의 위치와도 무관하다는 사실을 발견하고 $RT = K\frac{V}{A}$의 식을 유도했다.

RT : 잔향시간

K : 비례상수(0.162)

V : 실의 용적(m^3)

A : 흡음력 $=\overline{\alpha}$(평균흡음률) × S(실내표면적)(m^2)

잔향시간은 실용적에 비례하고 실내 흡음력에 반비례한다.

11 Sabin의 잔향이론

① $RT = K\frac{V}{A}$의 식에서

RT : 잔향시간(sec)

K : 비례상수(0.162)

V : 실의 용적(m^3)

A : 흡음력 $=\overline{\alpha}$(평균흡음률) × S(실내표면적)(m^2)

잔향시간은 실용적에 비례하고 실의 흡음력에 반비례한다.

② 요소 : 실용적, 실내 표면적, 실의 평균 흡음률

③ 잔향시간은 음원의 위치, 측정의 위치, 흡음재료의 위치와 무관하다.

예제 1

홀의 용적이 5,000m^3, 잔향시간이 1.2초, 비례상수가 0.16인 음악당의 흡음력은 얼마인가?

㉮ 666m^2 ㉯ 800m^2

㉰ 960m^2 ㉱ 1050m^2

해설 잔향시간(Sabin의 잔향이론)

잔향시간 $RT = K\frac{V}{A}$ 에서

RT : 잔향시간(sec)　　K : 비례상수(0.162)

V : 실의 용적(m^3)　　A : 흡음력 = $\overline{\alpha}$(평균흡음률) × S(실내표면적)(m^2)

잔향시간 $RT = K\frac{V}{A}$

$T = 0.162 \times \frac{5{,}000}{A}$ = 1.2초

∴ A = 666.6m^2

예제 2

다음과 같은 조건을 가진 강의실의 잔향시간으로 맞는 것은?(단, 강의실 크기 : 10×18×4.5M(가로×세로×높이) 500Hz에서의 흡음률 : 벽 0.3, 천장 0.04, 바닥 0.1)

㉮ 1.03초　　㉯ 1.29초

㉰ 1.34초　　㉱ 1.62초

해설 $RT = K\frac{V}{A}$의 식에서

비례상수 K : 0.162

실용적 V = $10 \times 18 \times 4.5 = 810m^3$

실내총흡음력 A = 실내표면적 × 평균흡음률

A_1 천정 : $(10 \times 18) = 180m^2$에서 $180 \times 0.04 = 7.2$

A_2 벽 : $(2 \times 10 \times 4.5) + (2 \times 18 \times 4.5) = 252m^2$에서 $252 \times 0.3 = 75.6$

A_3 바닥 : $10 \times 18 = 180$에서 $180 \times 0.1 = 18m^2$

∴ RT = $\frac{0.162 \times 810}{(7.2 + 75.6 + 18)} = 1.29$초

12 최적잔향시간(Optimun reverberation time)

① 잔향시간은 그 방의 사용 목적에 따라 적당한 길이를 필요로 하고, 또 같은 용도의 방이라도 용적이 클수록 긴 것이 좋다. 오디토리움에서 강연할 때 최적잔향시간은 1초이다.

② 강연이나 연극 등 언어를 주사용 목적으로 할 경우 잔향시간은 비교적 짧게 하여 음성의 명료도를 제일 조건으로 한다.

③ 음악(종교음악)은 좋은 음질과 적당한 여운, 풍부한 음량이 요구되므로 다소 긴 잔향시간이 필요하다.

④ 짧은 것에서 긴 것 순서 : 강연, 연극 - 실내악 - 종교음악

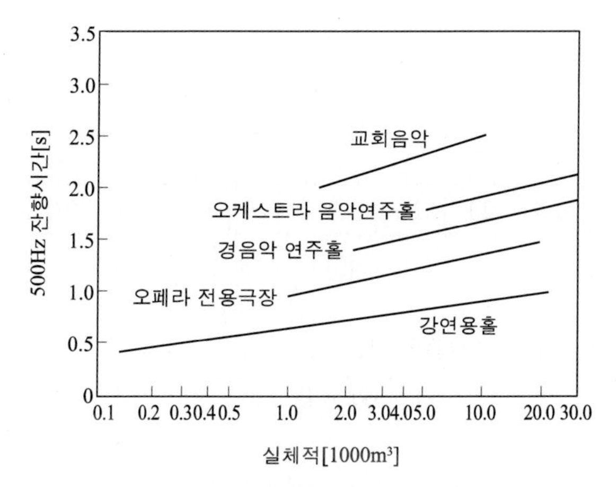

그림. 실의 용도 및 체적별 잔향시간

13 실내 음향 상태를 표현하는 표준

① 명료도
② 잔향시간
③ 소음레벨
④ 음압분포

14 음향상 장애가 되는 현상

① 에코(echo) : 진동수가 조금 다른 두 음의 간섭에 의해 생기는 현상
② 플러터 에코(flutter echo)현상 : 박수소리나 발자국 소리가 천장과 바닥면 및 옆벽과 옆벽 사이에서 왕복반사하여 독특한 음색으로 울리는 경우를 말한다.
③ 속삭임의 회랑 : 음원으로부터 나온 음이 커다란 요철면을 따라 반사를 되풀이하므로써 속삭임과 같은 작은 소리라도 먼 곳까지 들리는 현상
④ 음의 집점과 사점
㉠ 음파가 그 파장보다 큰 요철면에서는 반사한 음선에 의해 집점이 생기고, 그 점의 음압도 커지는 경우가 있다.
㉡ 반대로 다른 점에서 상대적으로 음압이 작아진다고 생각할 수 있고, 이와같이 음의 분포가 불균일한 장소를 사점이라 한다.

15 음향장해 현상의 하나인 공명을 피하기 위한 대책

① 실의 표면을 불규칙한 형태로 한다.
② 실의 형태면을 장방형으로 한다. (실내 높이 1, 폭 1.5, 길이 2.5의 비율을 조절)
③ 확산체를 적절히 사용한다.
④ 흡음재를 분산배치 시킨다.

16 합성음의 보정치(dB)

L_1 - L_2	0	1	2	3	4	5	6	7	8	9	10
보정치(α)	3	2.5	2.1	1.8	1.5	1.2	1.0	0.8	0.6	0.5	0.4

※ L_1 - L_2 : 두음의 차　　　보정치(α) : 큰 값쪽의 가산값

[예제] 60db의 두 음을 합성하면

음의 합성 $L_1 - L_2 = 60 - 60 = 0$

$\therefore L = 60 + 3 = 63$dB

1대에 60dB의 소음을 발생하는 송풍기를 2대 설치할 경우의 소음레벨은 63dB이다.

17 소음

1) 소음의 측정

① 소음계 : 인간의 청감에 대한 보정을 하여 음의 크기 레벨에 근사한 값을 측정할 수 있도록 한 계측기이다.

② 청감보정회로

㉠ A특성 : 등감도 곡선 40phon 곡선에 감도가 근사하도록 만든 것이다. 청각에 잘 대응하므로 소음 레벨로서 보통 A특성을 사용하며, 그 값은 dB(A)로 표시한다.

㉡ B특성 : 등감도 곡선 70phon 곡선에 감도가 근사하도록 만든 것이다. 별로 사용할 필요는 없지만 A특성과 C특성을 비교를 통해 그 소음의 대체적 성격을 아는데 유효하다.(특수 목적에 사용)

㉢ C특성 : 등감도 곡선 85phon 곡선에 감도가 근사하도록 만든 것이다. 물리적인 음압레벨에 근사하므로 분석이나 녹음을 할 때 사용한다.(음향 재생 기계시스템에 주로 사용)

㉣ D특성 : 항공기 소음 평가에 적용되는 청감보정회로

③ 주파수 분석 : 소음 레벨 측정으로는 불충분할 수 있으므로 주파수 분석을 통할 필요가 있다.

2) 소음의 평가

① 평가 소음 레벨(Lr) : 소음 레벨의 측정치에 소음 중에서도 시끄러움에 영향을 주는 요인이다.

② 등가 소음 레벨(Leq) : 교통 소음과 같이 소음의 크기가 일정하지 않고 시간에 따라 변하는 소음 에너지를 시간적으로 평균한 것이다.

③ 교통 소음 지수(TNI) : A 특성의 소음 척도이다.

④ 감각 소음 레벨(PNL) : 항공기 소음의 시끄러움에 관하여 주민을 대상으로 설문 조사를 행한 결과를 기본으로 구한 것이다.

⑤ 주야 등가 소음 레벨(Ldn) : 야간의 등가 소음 레벨에 10dB을 가산 보정한 것이다.

⑥ 실내 소음 평가 지수(NRN) : 소음을 청력 장애, 회화 장애, 시끄러움 등 3개의 관점에서 평가한 것이다.

※ NRN(noise rating number) : ISO에서 도입하여 장려한 소음평가 방법으로 소음 평가지수를 의미한다.

※ dBA(sound level : 소음수준)

소음수준 측정기에 사람의 청각과 비슷한 보정회로 (전기적)를 장치하여 소음을 평가하는데 처음에는 3가지 보정회로(A, B, C)를 이용하였으나 현재에는 A회로가 가장 소음 평가에 간편하고 적합하다는 것이 알려졌기 때문에 소음수준의 단위는 dBA를 사용하게 되었다.

※ 소음기준 곡선 (Noise Criterion Curve : NC 곡선)

미국에서 처음 제정하여 사용한 곡선으로 각 옥타브대의 중심 주파수에 기준을 둔 것으로 건물 내에서의 소음기준 적용시 주로 사용

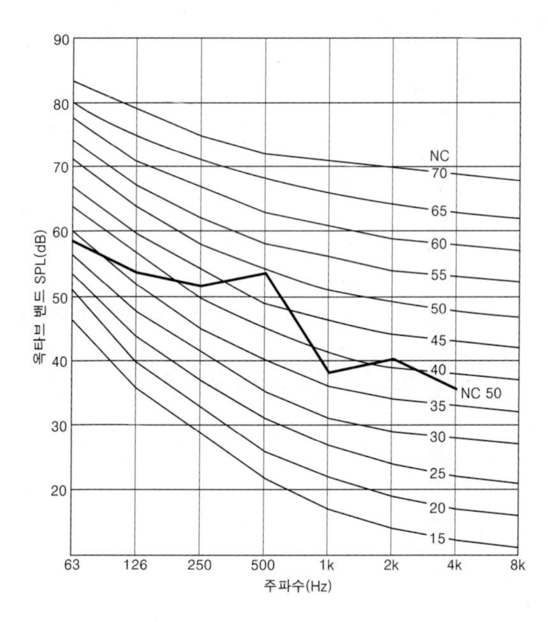

그림. NC(소음기준) 곡선

18 흡음재료의 특성

1) 다공성 흡음재

중 · 고주파수에서의 흡음률이 크지만, 저주파에서는 흡음률이 급격히 저하한다.

2) 판진동 흡음재

① 판진동 흡음재는 얇을수록 흡음률이 커진다.

② 판진동 흡음재는 중량이 큰 것을 사용할수록 공명주파수 범위가 저음역으로 이동한다.

③ 흡음률은 저음역에서 크고(0.2~0.5), 고음역에서는 10% 내외를 흡음하므로 반사판 구실을 한다.

④ 배후 공기층의 두께를 증가하면 최대 흡음율의 위치는 저음역으로 이동한다.

3) 공동공명기

공동공명기는 공명에 의해 특정 주파수의 음만을 효과적으로 흡음한다.

① 단일공동공명기는 특정주파수의 음만을 효과적으로 흡음한다.

② 천공판 공명기는 배후공기층의 두께를 증가시키면 최대 흡음률은 저음역에서 생긴다.

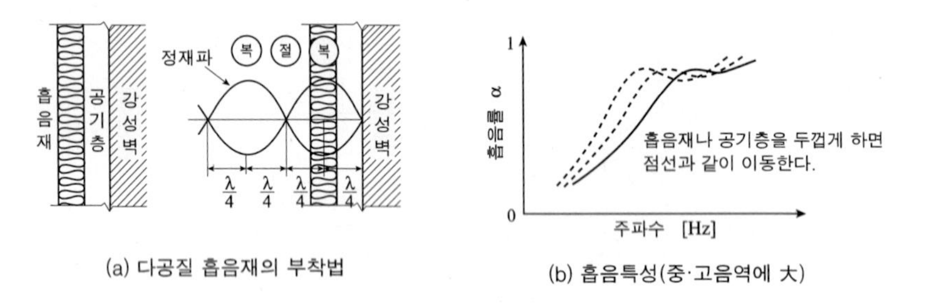

(a) 다공질 흡음재의 부착법

(b) 흡음특성(중·고음역에 大)

그림. 연속기포 다공질재의 흡음

01 다음 중 대리석의 줄눈으로 많이 쓰이는 것은?

① 맞댄줄눈 ② 둥근줄눈
③ 면회줄눈 ④ 오목줄눈

해설

대리석에는 맞댄줄눈을 많이 사용한다.
대리석 : 고대 그리스와 로마시대에 있어 상류계층들을 위한 극장에서 사용되었던 옥좌(의자)의 재료로서 광택과 빛깔, 무늬가 아름다워 장식용·조각용으로 사용된다. 산과 열에 약하고, 내구성이 적어 외장재로는 부적당하며 주로 내장재로 사용된다.

02 계단의 구성에서 보행에 피로가 생길 우려가 있어 도중에 3~4단을 하나의 넓은 단으로 하거나 꺾여 돌아가는 곳에 넓게 만든 것을 무엇이라 하는가?

① 계단실 ② 디딤단
③ 계단중정 ④ 계단참

해설

건축법상 높이 3m를 넘는 계단에는 높이 3m 이내마다 너비 1.2m 이상의 계단참을 설치하도록 되어 있다.

03 조적식 구조의 칸막이벽의 두께는 최소 얼마 이상으로 해야 하는가?

① 90mm ② 120mm
③ 150mm ④ 200mm

해설 조적식 구조인 칸막이벽의 두께

① 조적식 구조인 칸막이벽(내력벽이 아닌 기타의 벽을 포함)의 두께는 9cm 이상으로 하여야 한다.
② 조적식 구조인 칸막이벽의 바로 위층에 조적식 구조인 칸막이벽이나 주요구조물을 설치하는 경우에는 당해 칸막이벽의 두께는 19cm 이상으로 하여야 한다.

04 한국 정원(庭園)에 관한 설명으로 옳은 것은?

① 자연과의 조화를 강조하였으므로 전문가의 역할은 거의 없었다.
② 한국 정원은 동양정원에 속하므로 중국이나 일본 정원과 대동소이하다.
③ 한국 정원은 앞뜰을 중요한 요소로 삼고 후원은 잘 꾸미지 않았다.
④ 건물 뒤쪽 언덕을 단형정원으로 꾸미게 되는 것이 보통이다.

해설 한국 정원(庭園)

① 건축물의 외부공간을 실용적 또는 심미적으로 사용하기 위해 인위적으로 조성한 장소를 말한다.
② 정원(庭園)이란 말은 일본에서 쓰던 단어가 우리나라에 정착한 것으로서, 우리나라의 옛 문헌에는 가원 (家園)이나 임원(林園) 및 임천(林泉)과 정원(庭院) 그리고 화원(花園) 등으로 표기되었다.
③ 한국의 정원은 중국 정원 기법에 큰 영향을 받기도 했으나 여러 가지 측면에서 독창적인 모습을 보여주고 있다. 한국의 정원에서는 자연이 모방되거나 축소되기보다는 자연자체가 적극적으로 도입되는 특징을 볼 수 있다.
④ 한국 전통정원의 미와 풍취는 서울 종로의 석파정, 창덕궁의 후원인 비원, 강원도 강릉의 선교장, 전남 완도의 부용동 정원, 담양의 소쇄원, 경북 영양의 서석지, 봉화의 청암정, 경주의 안압지에 남아 있다.

05 철근콘크리트조의 보의 단면2차모멘트를 크게 하기 위한 방법 중 가장 유리한 것은? (단, 주근량은 같다.)

① 보의 깊이를 크게 한다.
② 보의 폭을 크게 한다.
③ 고강도 콘크리트를 사용한다.
④ 늑근의 설치 간격을 줄인다.

정답 01 ① 02 ④ 03 ① 04 ④ 05 ①

해설 철근콘크리트 보의 철근

① 철근콘크리트 보의 주근에 쓰이는 철근은 D13mm 이상으로 하고, 철근 사이의 간격은 2.5cm 이상 또는 공칭지름의 1.5배 이상으로 한다.
② 인장측에서만 철근을 넣은 보를 단근보(홑근보)라 하며, 중요한 보로서 압축측에도 철근을 배근한 것을 복근보라 한다.
③ 단순보의 주근은 중앙부분에서는 보의 하부에, 단부에서는 보의 상부에 배근한다.
④ 전단력을 보강하여 보의 주근 주위에 둘러 감은 철근을 늑근(스터럽, stirrup)이라 한다.
※ 철근콘크리트조의 보의 단면2차모멘트를 크게 하기 위해서는 주근량이 같을 때 보의 깊이를 크게 하는 것이 유리하다.

06 콘크리트 양생시 주의사항 중 옳지 않은 것은?

① 일광의 직사나 풍우에 대해 노출면을 보호한다.
② 수화작용이 이루어지지 않도록 습기를 제거하는 것이 좋다.
③ 일정 온도를 유지하여 경화시키고 급격한 건조를 피한다.
④ 충격 및 하중을 가하지 않도록 한다.

해설 보양(양생)

① 목적 : 수화작용을 충분히 발휘시킴과 동시에 건조 및 외력에 의한 균열발생을 방지하고 오손 파괴 변형 등을 보호하는 것이다.
② 주의사항
㉠ 일광의 직사, 풍우, 상설(霜雪)에 대하여 노출면을 보호한다.
㉡ 경화될 때까지 충격 및 하중을 가하지 않게 한다.
㉢ 상당한 온도(5℃ 이상)를 유지하고 건조를 방지한다.
㉣ 항상 습윤상태로 유지한다.
③ 종류 : 습윤 보양, 증기보양, 전기보양, 피막보양

07 다음 중 색이름과 먼셀기호가 잘못 연결된 것은?

① 빨강 – R　　② 주황 – YR
③ 자주 – PB　　④ 연두 – GY

해설

먼셀 색상은 각각 적(Red), 황(Yellow), 녹(Green), 청(Blue), 자주(Purple)의 R, Y, G, B, P 기본 5색상으로 하고, 다음 주황(YR), 연두(GY), 청록(BG), 남색(PB), 자주(RP)의 중간색을 두어 10개의 색상으로 등분한다.

08 다음 중 건축구조기술사의 협력을 받아 구조의 안전을 확인하여야 하는 건축물 기준으로 옳지 않은 것은?

① 6층 이상인 건축물
② 한쪽 끝은 고정되고 다른 끝은 지지되지 아니한 구조로 된 차양 등이 외벽의 중심선으로부터 3m 이상 돌출된 건축물
③ 다중이용 건축물
④ 기둥과 기둥사이의 거리가 30m 이상인 건축물

해설 건축구조기술사에 의한 구조계산

다음 건축물을 건축하거나 대수선할 경우의 구조계산은 구조기술사의 구조계산에 의해야 한다.
㉠ 6층 이상 건축물
㉡ 내민구조의 차양길이가 3m 이상인 건축물
㉢ 경간 20m 이상 건축물
㉣ 특수한 설계·시공·공법 등이 필요한 건축물
㉤ 다중이용건축물
㉥ 지진구역의 건축물 중 국토교통부령으로 정하는 건축물

09 철근콘크리트구조에서 철근과 콘크리트의 부착력에 대한 설명 중 옳지 않은 것은?

① 콘크리트의 부착력은 철근의 주장에 비례한다.
② 철근의 표면상태와 단면모양에 따라 부착력이 좌우된다.

정답 06 ② 07 ③ 08 ④ 09 ④

③ 부착력은 정착길이를 크게 증가함에 따라서 비례증가되지 않는다.
④ 압축강도가 큰 콘크리트일수록 부착력은 작아진다.

해설 철근과 콘크리트의 부착력 성질

① 철근의 단면 모양과 표면 상태에 따라 부착력의 차이가 있다.
② 가는 철근을 많이 넣어 표면적을 크게 하면 철근과 콘크리트가 부착하는 접촉면적이 커져서 부착력이 증대된다.
③ 콘크리트의 부착력은 철근의 주장(길이)에 비례한다.
④ 콘크리트의 압축강도가 클수록 크다.

10 다음 소방시설 중 소화설비에 해당되지 않는 것은?

① 연결살수설비
② 스프링클러설비
③ 옥외소화전설비
④ 소화기구

해설 소화설비

물 그 밖의 소화약제를 사용하여 소화하는 기계 · 기구 또는 설비로서 다음에 해당하는 것
① 소화기구
㉠ 수동식소화기
㉡ 자동식소화기·캐비닛형자동소화기 및 자동확산소화용구
㉢ 소화약제에 의한 간이소화용구
② 옥내소화전설비
③ 스프링클러설비·간이스프링클러설비 및 화재 조기 진압용 스프링클러 설비
④ 물분무소화설비·포소화설비·이산화탄소소화설비·할로겐화합물소화설비·청정소화약제소화설비 및 분말소화설비
⑤ 옥외소화전설비
※ 소방시설이란 소화설비·경보설비·피난설비·소화용수설비 그 밖의 소화활동설비를 말한다.
※ 소화활동설비 : 제연설비, 연결송수관설비, 연결살수설비, 비상콘센트설비, 무선통신보조설비, 연소방지설비

11 근대건축 작품과 건축가의 연결이 옳지 않은 것은?

① 킴벨 미술관 – 루이스 칸
② 롱샹 교회당 – 르 꼬르뷔제
③ 시그램 빌딩 – 미스 반데 로에
④ 뉴욕 구겐하임 미술관 – 그로피우스

해설 프랑크 로이드 라이트가 설계한 작품

로비하우스, 낙수장, 구겐하임 미술관, 존슨 왁스 사무소, 카푸만 저택

12 한식주택의 형식 중 일(一)자형 주택에 대한 설명으로 옳지 않은 것은?

① 모든 방을 남쪽으로 개구부를 만들 수 있다.
② 우리나라 농촌 민가에서는 보기 드문 형식이다.
③ 중부이남지역에서 볼 수 있는 주택이다.
④ 방 앞에 툇마루를 달거나 한 칸의 마루를 들이기도 한다.

해설 일(一)자형 주택

평안도와 황해도 북부의 일부지방에 분포된 형으로 부엌과 방들이 一자형으로 구성되어 "一자형"이라고도 한다. 남부지방의 가난한 서민주택들이 이 형을 많이 채택하기 때문에 거의 전국적으로 분포된다. 서민주택 중 비교적 여유가 있는 집에서는 일자형 몸체 이외에 광, 헛간, 외양간, 측간 등으로 구성된 부속채가 별도로 세워진다.

13 다음 목조 부재 중 일반적으로 단면이 가장 큰 것은?

① 수장목 ② 펠대
③ 오림목 ④ 체목

해설 체목(體木)

가지와 뿌리를 잘라낸 나무 몸통으로 집을 지을 때 기둥, 도리 따위에 쓰는 재목이다.

정답 10 ① 11 ④ 12 ② 13 ④

14 문화 및 집회시설 중 공연장의 개별관람실의 각 출구의 유효너비는 최소 얼마 이상인가? (단, 바닥면적이 300m² 이상인 경우)

① 1.2m ② 1.5m
③ 1.8m ④ 2.1m

해설 공연장의 개별 관람실의 출구기준

관람실의 바닥면적이 300m² 이상인 경우의 출구는 다음 조건에 적합하여야 한다.
① 관람실별로 2개소 이상 설치할 것
② 각 출구의 유효폭은 1.5m 이상일 것
③ 개별 관람실 출구의 유효폭의 합계는 개별 관람실의 바닥면적 100m² 마다 0.6m 이상의 비율로 산정한 폭 이상일 것

15 윌리엄 모리스의 모리스 주식회사(Morris & Co) 모체가 된 레드 하우스(Red House)를 설계한 사람은?

① 요셉 호프만(Josef Hoffman)
② 어니스트 김슨(Ernest Gimson)
③ 마독스 브라운(Madox Brown)
④ 필립 웨브(Philip Webb)

해설 붉은 집(Red House, 1859)

① 필립 웨브(Pillp Webb)와 윌리엄 모리스(William Morris)에 의해 설계되었다.
② 고딕 양식으로 디자인 하였다.
③ 자유롭고 비대칭형인 1층 평면, 쾌적하고 논리적인 관련을 갖고 있는 방, 교묘한 배치, 내부와 외부의 통일성, 성실한 재료의 사용, 그리고 과장되지 않는 정면에 정방형, 장방형, 원형, 포인티드 아치 등의 다양한 형태의 개구부가 나타나 있다.
④ 벽체의 입면에는 붉은 벽돌이 그대로 나타나 있다.
⑤ 이는 주택건축분야에서 새로운 양식을 창조하려는 최초의 시도였다.

16 20세기 중반의 실내장식가 모리스 라피더스(Morris Lapi-dus)에 관한 설명 중 옳은 것은?

① 지중해 연안에 위치한 일련의 휴양지 호텔장식을 하였다.
② 미국의 중류가정의 실내장식을 함으로서 실내장식의 개념을 대중화시키는데 기여하였다.
③ 현대적인 개념의 구성주의를 주된 모티브로 채택하였다.
④ 자연에서 모티브를 채택하고 매우 독창적인 디자인 양식을 추구하였다.

해설 모리스 라피더스(Morris Lapi-dus)

20세기 중반의 실내장식가 모리스 라피더스(Morris Lapi-dus)는 과학의 추상적 이미지들을 합체한 구조물들을 만든 모더니즘 건축가이자 실내장식가로 자연에서 모티브를 채택하였으며, 디자인의 유행 양식은 매우 독창적이면서 독특한 양식을 추구하였다.

17 다음 중 주심포 양식의 건물은?

① 창덕궁 인정전 ② 수덕사 대웅전
③ 봉정사 대웅전 ④ 창경궁 명정전

해설 주심포계 양식

① 고려시대 건물이 주류를 이룬다.
② 기둥 상부에만 공포(주두, 첨차, 소로)를 배치한 것으로 소로는 비교적 자유스럽게 배치된다.
③ 출목은 2출목 이하이고 대부분 연등천장 구조로 되어 있다.
④ 우리나라 공포양식 중 가장 오래된 것이다.
⑤ 대표적인 건물로는 봉정사 극락전, 수덕사 대웅전, 관음사 원통전이 있다.

18 건축물의 내부에 설치하는 피난계단의 구조에 대한 기준으로 옳지 않은 것은?

① 계단실은 창문·출입구 기타 개구부를 제외한 당해 건축물의 다른 부분과 내화구조의 벽으로 구획할 것

정답 14 ② 15 ④ 16 ④ 17 ② 18 ④

② 계단실에는 예비전원에 의한 조명설비를 할 것
③ 계단실의 바깥쪽과 접하는 창문 등은 당해 건축물의 다른 부분에 설치하는 창문 등으로부터 2m 이상의 거리를 두고 설치할 것
④ 계단실의 실내에 접하는 부분의 마감은 난연재료로 할 것

해설

건축물 내부에 설치하는 피난계단의 구조(옥내피난계단)의 계단실의 실내에 접하는 부분(바닥 및 반자 등 실내에 면하는 모든 부분)의 마감(마감을 위한 바탕 포함)은 불연재료로 할 것

19 **다음 중 문화집회 및 운동시설로서 스프링클러설비를 모든 층에 설치하여야 할 경우에 대한 기준으로 옳지 않은 것은?**

① 수용인원이 100인 이상인 것
② 무대부가 4층 이상의 층에 있는 경우에는 무대부의 면적이 200m² 이상인 것
③ 무대부가 지하층·무창층에 있는 경우 무대부의 면적이 300m² 이상인 것
④ 영화상영관의 용도로 쓰이는 층의 바닥면적이 지하층 또는 무창층인 경우 500m² 이상인 것

해설

문화집회 및 운동시설로서 무대부분(무대부에 부설된 장치물실 및 소품실을 포함)의 바닥면적이 다음의 기준 이상인 것
① 수용인원이 100인 이상
② 영화상영관의 용도로 쓰이는 층의 바닥면적이 지하층 또는 무창층인 경우 500m² 이상, 그 밖의 층의 경우에는 1,000m² 이상
③ 지하층·무창층 또는 층수가 4층 이상인 층에 있는 경우에는 300m² 이상
④ 그 밖의 층에 있는 경우에는 500m² 이상

20 **건축물에 설치하는 급수·배수 등의 용도로 쓰는 배관설비의 설치 및 구조에 관한 기준으로 옳지 않은 것은?**

① 배관설비의 오수에 접하는 부분은 방수재료를 사용할 것
② 지하실 등 공공하수도로 자연배수를 할 수 없는 곳에는 배수용량에 맞는 강제배수시설을 설치할 것
③ 우수관과 오수관은 분리하여 배관할 것
④ 콘크리트구조체에 배관을 매설하거나 배관이 콘크리트구조체를 관통할 경우에는 구조체에 덧관을 미리 매설하는 등 배관의 부식을 방지하고 그 수선 및 교체가 용이하도록 할 것

해설

배관설비의 오수에 접하는 부분은 내수재료를 사용할 것

정답 19 ② 20 ①

건축일반 2011년 6월 12일(2회)

01 그림과 같은 평면을 가진 지붕의 명칭은?

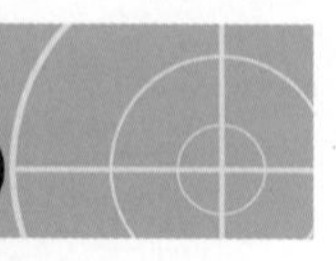

① 박공지붕 ② 합각지붕
③ 모임지붕 ④ 반박공지붕

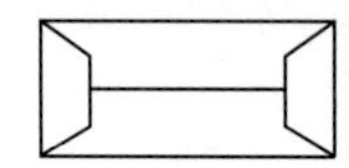

해설 합각지붕

한식 가옥의 지붕 구조의 하나로, 팔작지붕이라고도 한다. 지붕 위까지 박공이 달려 용마루 부분이 삼각형의 벽을 이루고 처마끝은 우진지붕과 같다. 맞배지붕과 함께 한식 가옥에 가장 많이 쓰는 지붕의 형태이다.

02 다음의 소방시설 중 소화설비에 해당되지 않는 것은?

① 옥내소화전설비
② 스프링클러설비
③ 옥외소화전설비
④ 연결송수관설비

해설 소화설비

물 그 밖의 소화약제를 사용하여 소화하는 기계·기구 또는 설비로서 다음에 해당하는 것
① 소화기구
 ㉠ 수동식소화기
 ㉡ 자동식소화기·캐비넷형 자동소화기및 자동확산소화용구
 ㉢ 소화약제에 의한 간이소화용구
② 옥내소화전설비
③ 스프링클러설비·간이스프링클러설비 및 화재조기진압용 스프링클러설비
④ 물분무소화설비·포소화설비·이산화탄소소화설비·할로겐화합물소화설비·청정소화약제 소화설비 및 분말소화설비
⑤ 옥외소화전설비
※ 연결송수관설비는 소화활동설비에 해당한다.

03 건축물에 설치하는 지하층의 구조 및 설비에서 직통계단 외에 피난층 또는 지상으로 통하는 비상탈출구 및 환기통을 설치하여야 하는 경우의 거실 최소 바닥면적 기준은? (단, 직통계단이 2개소 이상 설치되어 있지 않은 경우)

① $50m^2$ ② $80m^2$
③ $100m^2$ ④ $120m^2$

해설 지하층의 구조

바닥면적의 규모	설치기준
① 바닥면적 $50m^2$ 이상인 층	직통계단 외에 비상탈출구 및 환기통 설치 예외 직통계단이 2 이상이 된 경우 [주] 제2종 근린생활시설 중 공연장·단란주점·당구장·노래연습장, 문화 및 집회시설 중 예식장·공연장, 수련시설, 숙박시설 중 여관·여인숙, 위락시설 중 단란주점·유흥주점 또는 소방시설설치유지 및 안전에관한 법률 시행령 규정에 의한 다중이용업의 용도에 쓰이는 층으로서 그 1층의 거실의 바닥면적의 합계가 $50m^2$ 이상인 건축물에는 직통계단을 2개소 이상 설치할 것
② 바닥면적 $1,000m^2$ 이상인 층	방화구획으로 구획하는 각 부분마다 1 이상의 피난계단 또는 특별피난계단 설치
③ 거실의 바닥면적의 합계가 $1,000m^2$ 이상인 층	환기설비 설치
④ 지하층의 바닥면적이 $300m^2$ 이상인 층	식수공급을 위한 급수전을 1개소 이상 설치

04 지하층에 설치하는 비상탈출구의 유효너비 및 유효높이는 각각 최소 얼마 이상으로 하여야 하는가?

① 0.5m, 0.5m ② 0.5m, 0.75m
③ 0.75m, 0.75m ④ 0.75m, 1.5m

정답 01 ② 02 ④ 03 ① 04 ④

해설 지하층에 설치하는 비상탈출구의 구조

비상탈출구	설치기준
① 비상탈출구의 크기	유효너비 0.75m×유효높이 1.5m 이상
② 비상탈출구의 방향	피난방향으로 열리도록 하고, 실내에서 항상 열 수 있는 구조로 하며 내부 및 외부에는 비상탈출구의 표시설치
③ 비상탈출구	출입구로부터 3m 이상 떨어진 곳에 설치
④ 사다리의 설치	지하층의 바닥으로부터 비상 탈출구의 아랫부분까지의 높이가 1.2m 이상이 되는 경우에는 벽체의 발판의 너비가 20cm 이상인 사다리를 설치할 것
⑤ 피난통로의 유효너비	피난층 또는 지상으로 통하는 복도나 직통계단까지 이르는 피난통로의 유효너비는 0.75m 이상
⑥ 비상탈출구의 통로마감	피난 통로의 실내에 접하는 부분의 마감과 그 바탕을 불연재료로 할 것

※ 단, 주택의 경우에는 제외

05 건축물을 건축하거나 대수선하는 경우 해당 건축물의 설계자는 국토교통부령으로 정하는 구조기준 등에 따라 그 구조의 안전을 확인하여야 하는데 그 대상 건축물에 해당되지 않는 것은?

① 층수가 2층인 건축물
② 연면적이 $400m^2$인 건축물
③ 처마높이가 9m인 건축물
④ 기둥과 기둥 사이의 거리가 7m인 건축물

해설 구조계산에 의한 구조안전의 확인 대상 건축물

구 분	구조계산 대상 건축물
1. 층수	2층 이상 (기둥과 보가 목재인 목구조 경우 : 3층 이상)
2. 연면적	$200m^2$ (목구조 : $500m^2$) 이상인 건축물(창고, 축사, 작물 재배사 및 표준설계도서에 따라 건축하는 건축물은 제외)
3. 높이	13m 이상
4. 처마높이	9m 이상
5. 경간	10m 이상 *경간 : 기둥과 기둥 사이의 거리(기둥이 없는 경우에는 내력벽과 내력벽 사이의 거리를 말함)
6. 국토교통부령으로 정하는 지진구역의 건축물	
7. 국가적 문화유산으로 보존할 가치가 있는 박물관·기념관 등으로서 연면적의 합계가 $5,000m^2$ 이상인 건축물	
8. 특수구조 건축물 중 3m 이상 돌출된 건축물과 특수한 설계·시공·공법 등이 필요한 건축물	
9. 단독주택 및 공동주택	

06 인체의 치수에 바탕을 둔 모듈시스템을 창안하여 디자인에 응용한 사람은?

① 미스 반 데 로에
② 월터 그로피우스
③ 르 꼬르뷔지에
④ 루이스 설리반

해설 르 꼬르뷔제(Le Corbusier ; 1887~1965)

① 20세기 초 추상예술운동의 출발점인 입체파의 영향으로 순수 기하학을 추구하며, 20세기 중반에는 브루탈리즘 경향을 보였다. (노출 콘크리트를 체계적으로 연구)
② modular라는 설계 단위를 설정하고 실천(르 모듈러 - 형태 비례에 대한 학설)한 건축가
③ 근대건축 5원칙을 제안
④ 도미노 구조(domino system) 계획안
⑤ 주요작품 : 사보아 주택, 마르세이유 집단주택, UN 본부 빌딩, 롱샹교회당

07 목조건축물의 경우 그 구조를 방화구조로 하거나 불연재료로 하여야 하는 연면적 기준은?

① 연면적 $200m^2$ 이상
② 연면적 $500m^2$ 이상
③ 연면적 $1,000m^2$ 이상
④ 연면적 $1,500m^2$ 이상

정답 05 ④ 06 ③ 07 ③

해설

연면적 1,000m^2 이상인 목조건축물의 외벽 및 처마 밑의 연소 우려가 있는 부분은 방화구조로 하거나 지붕은 불연재료로 하여야 한다.

08 벽돌벽 아치(arch)에 관한 설명 중 옳지 않은 것은?

① 반원아치는 자연스러우며, 우아한 느낌의 의장효과가 있다.
② 상부에서 오는 직압력이 축선을 따라 좌우로 나뉘어 밑으로 직압력만으로 전달되게 한 것이다.
③ 조적조 개구부는 기준상의 폭이 되지 않으면 아치를 틀지 않는 것을 원칙으로 한다.
④ 부재의 하부에는 인장력이 생기지 않게 한 것이다.

해설 벽돌구조의 아치(arch)

① 상부에서 오는 수직하중이 아치의 중심선을 따라 좌우로 나누어져 직압력만 받게 하고 부재의 하부에 인장력이 생기지 않도록 한 구조이다.
② 창문 나비가 1.0m 정도일 때는 수평으로 아치를 틀은 평아치로 할 수도 있다.
③ 아치는 내외를 달리하여 밖에는 보기 좋게 본아치로 할 수 있다.
④ 문꼴나비가 2m 이상으로 집중하중이 올 때에는 인방보 등을 써서 보강해야 한다.
※ 아치벽돌을 특별히 주문 제작하여 만든 아치를 본아치라고 한다.

09 PS강재(Prestressing Steel)가 갖추어야 하는 조건 중 옳지 않은 것은?

① 콘크리트와의 부착력이 좋아야 한다.
② 릴렉세이션이 적어야 한다.
③ 표면경도가 높고 녹이나 부식이 없어야 한다.
④ 신축성이 높아야 한다.

해설

신축성이 적어야 한다.

10 서양 건축에서 석재로 마감된 벽면을 육중하고 대담한 효과를 주기 위해, 주로 1층이나 건물의 양단부에 거친 수법으로 처리하는 방식은?

① 러스티케이션(Rustication)
② 몰딩(Molding)
③ 모자이크(Mosaic)
④ 테라코타(Terra cotta)

해설 러스티케이션(Rustication)

① 벽면에 육중하고 대담한 효과를 주기 위해 석재의 표면을 거친 수법으로 처리하는 방식으로 건축에 쓰이는 장식 석공술(石工術)이다.
② 석재의 가운데 부분을 거칠게 처리하거나 뚜렷이 튀어나오게, 가장자리를 평평하게 깎아내는 방법을 말한다. 많은 건축양식에서 귓돌, 즉 모퉁이돌만 거칠게 다듬어 나머지 벽면과 대비 효과를 낸다.
③ 석공술에 이용된 러스티케이션은 일찍이 페르시아의 파사르가다에 있는 대왕 키로스 2세의 묘(BC 560)의 기단(基壇)에서 발견된 적이 있다.
④ 르네상스 초기의 이탈리아 건축가들은 전통적인 방식을 더 발전시켜 15세기 궁전들을 장식하는 데 이를 효과적으로 사용했다. (예) 피티 궁(1458)

11 초등학교에 계단을 설치하는 경우 계단참의 너비는 최소 얼마 이상으로 하여야 하는가?

① 120cm ② 150cm
③ 160cm ④ 170cm

정답 08 ③ 09 ④ 10 ① 11 ②

해설 계단의 구조

① 계단 및 계단참의 너비(옥내계단에 한함)·단높이·단너비

(단위 : cm)

계단의 종류	계단 및 계단참의 폭	단높이	단너비
• 초등학교의 계단	150 이상	16 이하	26 이상
• 중·고등학교의 계단	150 이상	18 이하	26 이상
• 문화 및 집회시설(공연장, 집회장, 관람장에 한함) • 판매시설(도매시장·소매시장·상점에 한함) • 바로 위층 거실 바닥면적 합계가 200m² 이상인 계단 • 거실의 바닥면적 합계가 100m² 이상인 지하층의 계단 • 기타 이와 유사한 용도에 쓰이는 건축물의 계단	120 이상	–	–
• 기타의 계단	60 이상	–	–
• 작업장에 설치하는 계단(산업안전보건법에 의한)	산업안전기준에 관한 규칙에 의함.		

② 돌음계단의 단너비는 좁은 너비의 끝부분으로부터 30cm의 위치에서 측정한다.

12 목구조에서 기둥과 보 접합부의 절점의 강성을 높이기 위하여 빗대는 부재는?

① ㅅ자보 ② 토대
③ 버팀대 ④ 달대

해설 버팀대

가새보다 수평력에 더 강하게 저항할 수는 없지만 건축물의 형상이나 기능상으로 가새를 댈 수 없는 곳에 사용한다.

13 철골구조의 분류에서 나머지 셋과 다른 분류 형식에 속하는 것은?

① 라멘구조
② 강관구조
③ 아치구조
④ 스페이스프레임구조

해설

강관구조는 접합이음이 복잡하고 이음, 맞춤부의 정밀도가 떨어지는 단점이 있다.

14 방염대상물품의 방염성능기준으로 옳지 않은 것은?

① 버너의 불꽃을 제거한 때부터 불꽃을 올리며 연소하는 상태가 그칠 때까지 시간은 20초 이내
② 버너의 불꽃을 제거한 때부터 불꽃을 올리지 아니하고 연소하는 상태가 그칠 때까지 시간은 20초 이내
③ 탄화한 면적은 $50m^2$ 이내, 탄화한 길이는 20cm 이내
④ 불꽃에 의하여 완전히 녹을 때까지 불꽃의 접촉횟수는 3회 이상

해설 소방시설 설치유지 및 안전관리에 관한 법률에 의한 방염성능기준

방염대상물품의 종류에 따른 구체적인 방염성능기준은 다음에 해당하는 기준의 범위 내에서 국민안전처장관이 정하여 고시하는 바에 의한다.
① 버너의 불꽃을 제거한 때부터 불꽃을 올리며 연소하는 상태가 그칠 때까지 시간은 20초 이내
② 버너의 불꽃을 제거한 때부터 불꽃을 올리지 아니하고 연소하는 상태가 그칠 때까지 시간은 30초 이내
③ 탄화한 면적은 $50cm^2$ 이내, 탄화한 길이는 20cm 이내
④ 불꽃에 의하여 완전히 녹을 때까지 불꽃의 접촉횟수는 3회 이상
⑤ 국민안전처장관이 정하여 고시한 방법으로 발연량을 측정하는 경우 최대연기밀도는 400 이하

정답 12 ③ 13 ② 14 ②

15 고대 그리스 건축양식의 특성에 관한 설명 중 옳지 않은 것은?

① 가구식 구조체계를 주로 사용하였다.
② 오더의 종류는 도리아식, 이오니아식, 코린트식 등이 있었다.
③ 이집트 건축양식에 큰 영향을 주어 대규모 신전건축이 만들어졌다.
④ 건축물의 내부공간보다는 외부공간에 중점을 두고 만들었다.

해설 그리이스 건축

① 평면은 균형 있는 형태로 전면, 측면, 후면에는 열주로 되어 있다.
② 건축물의 내부공간보다는 외부공간에 중점을 두고 만들었다.
③ 극장, 경기장은 자연적 지형을 이용하여 관람실을 만들었다.
④ 기둥에는 엔타시스(entasis)를 두어 착각교정을 하는 정도로 과학적이다.
⑤ 가구식 구조 체계를 주로 사용(석재를 쌓을 때 모르타르를 쓰지 않고 철물을 사용)
⑥ 장식은 사생적이다.
⑦ 그리스 건축의 3가지 오더(order)
㉠ 도릭(Doric)식 : 가장 단순하고 간단한 양식으로 직선적이고 장중하여 남성적인 느낌
㉡ 이오니아(Ionian)식 : 소용돌이 형상의 주두가 특징. 우아, 경쾌, 곡선적이며 여성적인 느낌
㉢ 코린트(Corinthian)식 : 주두를 아칸더스 나뭇잎 형상으로 장식. 가장 장식적이고 화려한 느낌
※ 서양건축양식의 순서 : 이집트 – 서아시아 – 그리이스 – 로마 – 초기기독교 – 비잔틴 – 로마네스크 – 고딕 – 르네상스 – 바로크 – 로코코 – 고전주의 – 낭만주의 – 절충주의

16 한국의 전통건축에서 주두의 일반적인 기능과 가장 거리가 먼 것은?

① 구조의 불안정을 교정
② 조형미의 교정
③ 시각적인 불안을 교정
④ 권위성을 상조

해설 한국의 전통건축에서 주두의 일반적인 기능

① 구조의 불안정을 교정
② 조형미의 교정
③ 시각적인 불안을 교정
※ 주두(柱頭) : 기둥머리 위에 놓여 포작(包作)을 받아 공포를 구성하는 대접처럼 넓적하게 네모난 나무로 상부의 하중을 균등하게 기둥에 전달하는 기능을 가지고 있다.

17 한식 기와잇기에서 추녀마루 처마 끝은 암키와장을 삼각형으로 다듬어 모서리에 대고 수키와는 그냥 덮는데 이 삼각형의 기와를 무엇이라 하는가?

① 머거불 ② 보습장
③ 용마루 ④ 착고

해설 기와 이음

① 한식기와 이음 : 아귀토, 보습장, 알매흙, 홍두깨흙, 암기와, 수키와, 착고, 부고, 암마루장, 숫마루장
② 걸침 기와 이음 : 펠트를 깔고, 기와살을 물매방향에 직각되게 같은 간격으로 못박아 댄다.

18 한국의 전통건축에서 단청의 기능과 목적 중 가장 거리가 먼 것은?

① 시각의 착시현상 교정
② 건물의 부식방지
③ 건물의 권위성 및 장엄성
④ 건물의 기능 및 성격표시

해설 한국 전통건축의 단청

① 단청에 사용되는 색은 흔히 오방색(五方色)으로 일컫는 청색, 백색, 적색, 흑색 및 황색을 주로 사용한다.
② 단청은 목조건축물 이외에 고분, 공예품 등에도 사용하였으며 서화에 병용되기도 하였다.
③ 단청은 건물의 미화와 내구적인 보호를 위해 사용되었다.

정답 15 ③ 16 ④ 17 ② 18 ①

④ 단청기법에는 모로단청, 금단청, 가칠단청이 사용되었으며 이 가운데 가장 복잡, 화려한 것은 금단청이다.

※ 단청의 기능과 목적
㉠ 건물의 부식방지
㉡ 건물의 권위성 및 장엄성
㉢ 건물의 기능 및 성격표시

19 **다음 중 건축물의 피난 · 방화구조 등의 기준에 관한 규칙에서 규정한 방화구조에 해당하지 않는 것은?**

① 철망모르타르로서 그 바름두께가 2.5cm 인 것
② 석고판위에 시멘트모르타르를 바른 것으로서 그 두께의 합계가 3cm 인 것
③ 시멘트모르타르위에 타일을 붙인 것으로서 그 두께의 합계가 2cm 인 것
④ 심벽에 흙으로 맞벽치기 한 것

해설 방화구조(영 제2조 ① 8, 피난·방화 규칙 제4조)

화염의 확산을 막을 수 있는 성능을 가진 구조로서 국토교통부장관이 정하는 적합한 구조

구조부분	방화구조의 기준
• 철망모르타르 바르기	바름두께가 2cm 이상인 것
• 석면시멘트판 또는 석고판 위에 시멘트모르타르 또는 회반죽을 바른 것 • 시멘트모르타르 위에 타일을 붙인 것	두께의 합계가 2.5cm 이상인 것
• 심벽에 흙으로 맞벽치기 한 것	두께에 관계없이 인정
• 한국산업규격이 정하는 바에 의하여 시험한 결과 방화 2급 이상에 해당하는 것	

20 **한국의 전통사찰에서 본당의 내부공간 구성요소가 아닌 것은?**

① 마루
② 기단
③ 천장
④ 개구부

해설 기단(基壇)

건물, 비석, 탑 따위의 밑에 한층 높게 만들어진 지단(地壇)을 말하는 데, 여염집에서는 '죽담' 이라 부른다. 튀는 빗물을 막고 땅의 습기를 피하며 건물의 권위를 높이기 위하여 건물 아랫도리에 돌을 쌓거나 다른 자재를 써서 쌓아 올린 단인데, 기와와 벽돌로 섞어 쌓기도 하고, 돌로만 쌓기도 하며, 돌과 벽돌을 섞어 쌓기도 한다.

정답 19 ③ 20 ②

건축일반
2011년 8월 21일(4회)

01 **목재의 이음 방법 중 따낸이음에 속하지 않는 것은?**

① 주먹장이음 ② 메뚜기장이음
③ 엇걸이이음 ④ 맞댄이음

해설 맞댄이음

평보와 같이 큰 인장력을 받는 곳에 주로 사용한다.
※ 이음(connection) : 2개 이상의 부재를 길이 방향으로 접합하는 것(수평결합)

02 **다음 중 피난층 또는 피난층의 승강장으로부터 건축물의 바깥쪽에 이르는 통로에 경사로를 설치하여야 하는 건축물이 아닌 것은?**

① 교육연구시설 중 학교
② 연면적이 1,000m^{2}인 판매시설
③ 제1종 근린생활시설 중 양수장
④ 제1종 근린생활시설 중 대피소

해설 경사로 설치

① 제1종 근린생활시설 중
㉠ 지역자치센터·파출소·지구대·소방서·우체국·전신전화국·방송국·보건소·공공도서관·지역의료보험조합 등 동일한 건축물 안에 당해 용도에 쓰이는 바닥면적의 합계가 1,000m^2 미만인 것
㉡ 마을공화당·마을공동작업소·마을공동구판장·변전소·양수장·정수장·대피소·공중화장실
② 연면적이 5,000m^2 이상인 판매시설, 운수시설
③ 교육연구시설 중 학교
④ 업무시설 중 국가 또는 지방자치단체의 청사와 외국공관의 건축물로서 제1종 근린생활시설에 해당하지 아니한 것
⑤ 승강기를 설치해야 하는 건축물

03 **소방시설 중 소화활동 설비에 해당되는 것은?**

① 비상 콘센트 설비
② 피난사다리
③ 비상조명등
④ 공기안전매트

해설 소화활동설비

제연설비, 연결송수관설비, 연결살수설비, 비상콘센트설비, 무선통신보조설비, 연소방지설비

04 **거실 용도에 따른 조도기준은 바닥에서 몇 cm의 수평면 조도를 말하는가?**

① 50cm ② 65cm
③ 75cm ④ 85cm

해설 거실의 용도에 따른 조도기준(제17조 관련)

거실의 용도구분 \ 조도구분		바닥 위 85cm의 수평면의 조도(럭스)
1. 거주	• 독서·식사·조리	150
	• 기타	70
2. 집무	• 설계·제도·계산	700
	• 일반사무	300
	• 기타	150
3. 작업	• 검사·시험·정밀검사·수술	700
	• 일반작업·제조·판매	300
	• 포장·세척	150
	• 기타	70
4. 집회	• 회의	300
	• 집회	150
	• 공연·관람	70
5. 오락	• 오락 일반	150
	• 기타	30
기타 명시되지 아니한 것		1란 내지 5란에 유사한 기준을 적용함.

05 **벽돌구조에서 줄눈형태별 용도 및 효과에 대한 설명으로 옳지 않은 것은?**

① 평줄눈은 벽돌의 형태가 고르지 않을 때 사용한다.
② 내민줄눈은 벽면이 고를 때 사용하며 거친 표면 질감을 만들어낸다.

정답 01 ④ 02 ② 03 ① 04 ④ 05 ②

③ 오목줄눈은 약한 음영을 만들면서 여성적 느낌을 준다.
④ 민줄눈은 형태가 고르고 깨끗한 벽돌에 사용된다.

해설 치장줄눈 형태별 용도 및 효과

① 평줄눈 : 벽돌의 형태가 고르지 않을 때 사용된다. 거친 질감의 효과를 내기에 적당하다.
② 민줄눈 : 형태가 고르고 깨끗한 벽돌에 사용된다. 질감을 깨끗하게 연출할 수 있으며 일반적으로 사용하는 줄눈이다.
③ 내민줄눈 : 벽면이 고르지 않을 때 사용하며 줄눈의 효과가 확실하다.
④ 오목줄눈 : 약한 음영을 만들면서 여성적 느낌을 준다.

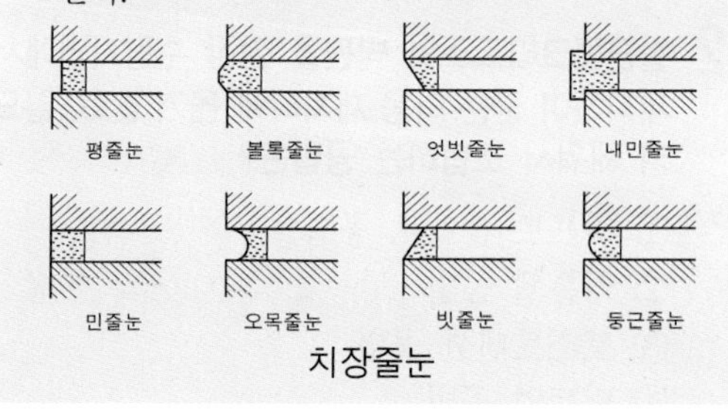

치장줄눈

06 다음 중 벽돌벽의 두께결정요소와 가장 거리가 먼 것은?

① 건축물의 높이 ② 벽돌의 쌓기법
③ 벽체의 길이 ④ 건축물의 층수

해설 조적조에서 벽체의 두께를 결정하는 요소

① 건축물의 높이 ② 벽의 길이
③ 건축물의 층수 ④ 벽높이
⑤ 조적되는 재료의 종류

07 연면적 1,000m² 이상인 목조 건축물에서 외벽의 구조 및 지붕의 재료로 옳은 것은?

① 내화구조의 외벽, 불연재료의 지붕
② 방화구조의 외벽, 불연재료의 지붕
③ 방화구조의 외벽, 난연재료의 지붕
④ 내화구조의 외벽, 난연재료의 지붕

해설

연면적 1,000m² 이상인 목조건축물의 외벽 및 처마 밑의 연소 우려가 있는 부분은 방화구조로 하거나 지붕은 불연재료로 하여야 한다.

08 다음 중 한식기와 이음에서 사용하지 않는 것은?

① 아귀토 ② 보습장
③ 알매흙 ④ 걸침기와

해설 기와 이음

① 한식기와 이음 : 아귀토, 보습장, 알매흙, 홍두깨흙, 암기와, 수키와, 착고, 부고, 암마루장, 숫마루장
② 걸침기와 이음 : 펠트를 깔고, 기와살을 물매 방향에 직각되게 같은 간격으로 못 박아 댄다.
※ 보습장 : 한식 기와잇기에서 추녀마루 처마 끝은 암키와장을 삼각형으로 다듬어 모서리에 대고 수키와는 그냥 덮는데 이 삼각형의 기와

09 다음 중 비상용승강기를 설치하지 아니할 수 있는 건축물 기준으로 옳지 않은 것은?

① 높이 31m를 넘는 각층을 거실 외의 용도로 쓰는 건축물
② 높이 31m를 넘는 층수가 4개층 이하로서 당해 각층의 바닥면적의 합계가 200m² 이내마다 방화구획으로 구획한 건축물
③ 높이 31m를 넘는 각층의 바닥면적의 합계가 500m² 이하인 건축물
④ 높이 31m를 넘는 층수가 4개층 이하로서 당해 각층의 바닥면적의 합계가 600m² 이내마다 방화구획으로 구획한 건축물(단, 벽 및 반자가 실내에 접하는 부분의 마감을 불연재료로 한 경우)

정답 06 ② 07 ② 08 ④ 09 ④

해설 비상용승강기를 설치하지 않아도 되는 건축물

① 높이 31m를 넘는 각층을 거실 이외의 용도로 사용할 경우
② 높이 31m를 넘는 각층의 바닥면적의 합계가 500m² 이하인 건축물
③ 높이 31m를 넘는 부분의 층수가 4개층 이하로서 당해 각층 바닥면적 200m² (500m²)* 이내마다 방화구획을 한 건축물
*( ) 속의 수치는 실내의 벽 및 반자의 마감을 불연재료로 한 경우임.

10 그리스 파르테논(Parthenon)신전에 대한 설명으로 옳지 않은 것은?

① 그리스 아테네의 아크로폴리스 언덕에 위치하고 있다.
② 기원전 5세기경 건축가 익티누스와 조각가 피디아스의 작품이다.
③ 아테네의 수호신 아테나를 숭배하기 위해 축조하였다.
④ 대부분 화강석 재료를 사용하여 건축하였다.

해설

로마건축의 재료는 주로 석재를 사용하였으며 콘크리트를 발명하였다. 로마건축은 대규모의 조적조 건물에 석회와 화산재를 사용한 천연 모르타르(접착제)를 써서 조적조를 획기적으로 발달하게 하였다.
※ 그리이스 건축 : 가구식 구조 체계를 주로 사용 (석재를 쌓을 때 모르타르를 쓰지 않고 철물을 사용)

11 절충식 목조지붕틀에 관한 설명 중 옳지 않은 것은?

① 지붕보의 배치 간격은 1.8m 정도로 한다.
② 대공이 매우 높을 때는 종보를 사용하기도 한다.
③ 모임지붕일 경우 지붕귀의 부분에는 대공을 받치도록 우미량을 사용한다.
④ 중도리는 대공 위에, 마루대는 동자기둥 위에 수평으로 걸쳐 대고 서까래를 받게 한다.

해설 절충식 목조지붕틀

① 처마도리 위에 지중보를 걸쳐대고 그 위에 동자기둥과 대공을 세우면서 중도리와 마루대를 걸쳐대어 서까래를 받게 한 지붕틀이다.
② 지붕의 하중은 수직재를 통해 지붕보에 전달되므로 큰 휨모멘트가 생겨 구조적으로는 불리하다.
③ 작업이 간단하고 공사비가 저렴하여 간사이 6m 이내의 소규모 건물에서 많이 사용된다.

12 철근콘크리트조의 벽판을 현장 수평지면에서 제작하여 굳은 다음 제자리에 옮겨 놓고, 일으켜 세워서 조립하는 공법은?

① 리프트 슬래브 공법
② 커튼웰 공법
③ 포스트텐션 공법
④ 틸트업 공법

해설 프리스트레스를 도입하는 공법

① Pre-tension 공법 : 공장제작으로 대량제조가 가능, 대형부재 제작에는 불리하다.
② Post-tension 공법 : 현장제작으로 대형 구조물에 적당하다.

13 건축구조기술사의 협력을 받아 구조의 안전을 확인하여야 하는 대상 건축물 기준에 해당하지 않는 것은?

① 기둥과 기둥 사이의 거리가 30m 이상인 건축물
② 6층 이상인 건축물
③ 다중이용건축물
④ 한쪽 끝은 고정되고 다른 끝은 지지되지 아니한 구조로 된 차양 등이 외벽의 중심선으로부터 2m 이상 돌출된 건축물

정답 10 ④ 11 ④ 12 ④ 13 ④

해설 건축구조기술사에 의한 구조계산

다음 건축물을 건축하거나 대수선할 경우의 구조계산은 구조기술사 등의 구조계산에 의해야 한다.
① 6층 이상 건축물
② 내민구조의 차양길이가 3m 이상인 건축물
③ 경간 20m 이상 건축물
④ 특수한 설계·시공·공법 등이 필요한 건축물
⑤ 다중이용건축물
⑥ 지진구역의 건축물 중 국토교통부령으로 정하는 건축물

14 벽돌벽 쌓기에서 비교적 시공이 용이하고, 벽면에 변화감을 내기 위해 45도 각도로 모서리면이 나오도록 쌓는 방법은?

① 공간쌓기　　② 영롱쌓기
③ 무늬쌓기　　④ 엇모쌓기

해설

① 공간쌓기 : 바깥벽의 방습, 방한, 방서, 방염 등을 위하여 벽 중간에 공간을 두고 쌓는 방식이다.
② 영롱쌓기 : 벽돌벽에 장식적으로 여러 모양으로 구멍을 내어 쌓는 것
③ 무늬쌓기 : 줄눈에 의장적 효과를 주기 위해서 벽돌면에 무늬를 넣어 쌓는 방식이다
④ 엇모쌓기 : 비교적 시공이 용이하고, 벽면에 음영 효과를 낼 수 있고 변화감을 줄 수 있는 45° 각도로 모서리면이 나오도록 쌓는 방식이다.

15 다음 중 익공계 양식에 관한 설명으로 옳지 않은 것은?

① 조선시대 초 우리나라에서 독자적으로 발전된 공포양식이다.
② 향교, 서원, 사당 등 유교건축물에서 주로 사용되었다.
③ 주심포 양식이 단순화되고 간략화된 형태이다.
④ 봉정사 극락전이 대표적인 건축물이다.

해설

익공 양식은 기둥 위에만 공포가 있는 형식으로 유교건축에서는 사당, 향교, 서원 등의 주요 건물에 쓰이고 주택에서 가끔 쓰이는 경우가 있으며 주로 소규모 건축에 사용되었다.
※ 익공계 양식의 예 : 서울 문묘 명륜당, 강릉 오죽헌, 경복궁 향원정, 수원 화서문
※ 봉정사 극락전은 주심포계 양식이다.

16 건축물의 주요구조부가 내화구조 또는 불연재료로 된 건축물로서 국토교통부령으로 정하는 기준에 따라 내화구조로 된 바닥·벽 및 갑종방화문으로 방화구획을 하기 위한 최소 연면적 기준은?

① 500m² 이상　　② 1,000m² 이상
③ 1,500m² 이상　　④ 2,000m² 이상

해설 방화구획의 기준

주요구조부가 내화구조 또는 불연재료로 된 건축물로 연면적이 1,000m²를 넘는 것은 다음의 기준에 의한 내화구조의 바닥, 벽 및 갑종방화문(자동방화셔터 포함)으로 구획하여야 한다.
[예외] 원자력법에 의한 원자로 및 관계시설은 원자력법령이 정하는 바에 의한다.

<table>
<tr><th>건축물의 규모</th><th colspan="2">구획기준</th><th>비고</th></tr>
<tr><td>10층 이하의 층</td><td colspan="2">바닥면적 1,000m² (3,000m²) 이내마다 구획</td><td rowspan="4">*( ) 안의 면적은 스프링클러 등의 자동식 소화설비를 설치한 경우임.</td></tr>
<tr><td>지상층, 지하층</td><td colspan="2">매층마다 구획(면적에 무관) [단, 지하 1층에서 지상으로 직접 연결하는 경사로 부위는 제외]</td></tr>
<tr><td rowspan="2">11층 이상의 층</td><td>실내마감이 불연재료의 경우</td><td>바닥면적 500m² (1,500m²)이내마다 구획</td></tr>
<tr><td>실내마감이 불연재료가 아닌 경우</td><td>바닥면적 200m² (600m²) 이내마다 구획</td></tr>
<tr><td colspan="4">필로티의 부분을 주차장으로 사용하는 경우 그 부분과 건축물의 다른 부분을 구획</td></tr>
</table>

정답 14 ④　15 ④　16 ②

17 12층의 바닥 면적이 1,500m²인 건축물로서 자동식 소화설비를 설치한 경우 방화구획으로 나뉘어지는 바닥은 몇 개소인가?(단, 디자인과 평면계획은 고려치 않음)

① 1개소 이상　② 2개소 이상
③ 3개소 이상　④ 4개소 이상

해설 방화구획의 기준(16번 해설 참조)

11층 이상의 층으로 실내마감이 불연재료가 아닌 경우 바닥면적 200m²(600m²) 이내마다 구획한다.
*( ) 안의 면적은 스프링클러 등의 자동식 소화설비를 설치한 경우임.

18 다음 중 작품과 건축가가 옳게 짝지어진 것은?

① 파리 오페라 하우스(Opera House, Paris) – 찰스 가르니에(Charles Garnier)
② 수정궁(Crystal Palace) – 구스타프 에펠(Gustave Eiffel)
③ 영국 국회 의사당(Houses of Parliament) – 존 러스킨(John Ruskin)
④ 베를린 알테스 박물관(Altes Museum) – 폰 클렌체(Von Klenze)

해설 수정궁(Crystal Palace ; 1850~1851)

요셉 팩스톤(Joseph Paxton)이 1851년 영국 박람회 때 영국관으로 설계한 건축물로 새로운 건축재료인 유리와 조립식 공법의 공업 기술에 의한 현대건축의 가능성을 예시한 현대건축의 효시적인 작품이다.

19 조선시대에 실내공간 분위기를 연출할 수 있도록 상징성과 암시적인 의미의 조각으로서 건축의 장식성을 두드러지게 한 건축물은 어느 것인가?

① 서원　② 주택
③ 사찰　④ 향교

해설 사찰의 배치

일반적으로 평지에 있으면 평지가람(平地伽藍), 산지에 있으면 산지가람(山地伽藍), 산지도 평지도 아닌 곳에 있을 때는 구릉가람(丘陵伽藍)이라 한다. 이러한 구분은 사찰이 어느 곳에 있느냐에 따라 달리 부르는 경우이며 그 안에서 탑이나 금당 그리고 여러 건물들이 서로 어떤 관계를 갖고 자리 잡느냐에 따라 일탑일금당식(一塔一金堂式), 일탑삼금당식(一塔三金堂式), 쌍탑식(雙塔式), 무탑식(無塔式), 자유식(自由式) 등으로 구분한다. 또 다른 분류 방법은 건물들을 배치할 때 주축(主軸)이 동서방향인지 남북방향인지에 따라 동서 주축 배치, 남북 주축 배치(자오선축 배치)등으로 구분한다.
• 평지가람 배치 : 송광사, 통도사
• 산지가람 배치 : 해인사, 쌍계사, 범어사, 개심사

20 다음 중 용접 결함이 아닌 것은?

① 언더 컷(under cut)
② 엔드 탭(end tab)
③ 오버랩(overlap)
④ 블로우 홀(blow hole)

해설 철골조 용접의 결함

① 슬래그(slag) 감싸들기 : 용접시 슬래그가 용착금속 안에 출입되는 현상
② 언더컷(under cut) : 용접선 끝에 용착금속이 채워지지 않아 생긴 작은 홈
③ 오버랩(overlap) : 용착금속이 모재와 융합되지 않고 겹쳐있는 현상(들떠 있는 현상)
④ 피트(pit) : 용접 비드(bead) 표면에 뚫린 구멍이나 모재의 화학성분의 불량 등으로 인해 발생하는 미세한 표면의 흠
⑤ 블로우 홀(blow hole) : 금속이 녹아들 때 생기는 기포나 작은 틈
⑥ 클랙(crack) : 용접 후 냉각시 갈라진다.
※ 앤드 탭(end tab) : 용접의 시작과 끝부분에 임시로 붙이는 보조판

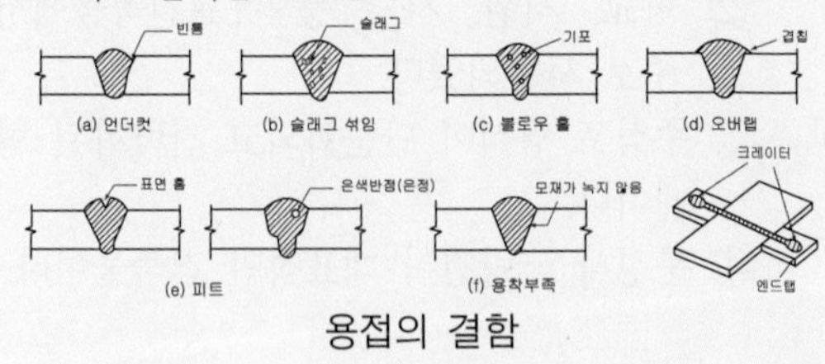

용접의 결함

정답 17 ③ 18 ① 19 ③ 20 ②

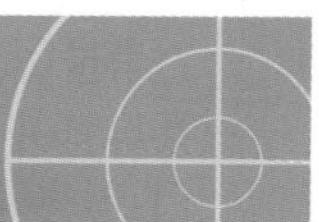
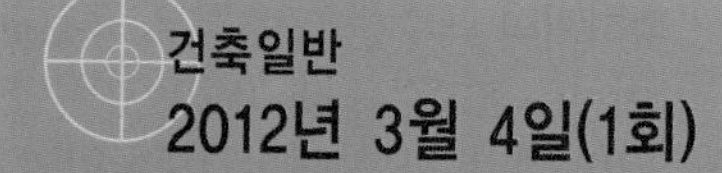

건축일반 2012년 3월 4일(1회)

01 목재에 대한 설명으로 옳지 않은 것은?

① 섬유방향에서 인장강도는 전단강도보다 크다.
② 비중이 클수록 강도가 크다.
③ 목재의 접합에 있어서 듀벨은 인장력을, 볼트는 전단력을 받는다.
④ 섬유포화점 이내에서 함수율이 클수록 강도는 작다.

해설 듀벨(Dubel)

보울트와 같이 사용하여 듀벨은 전단력에 저항하고, 보울트는 인장력에 저항하게 하는 목구조에 사용하는 보강철물이다.

02 다음 그림에서 맞춤의 명칭은?

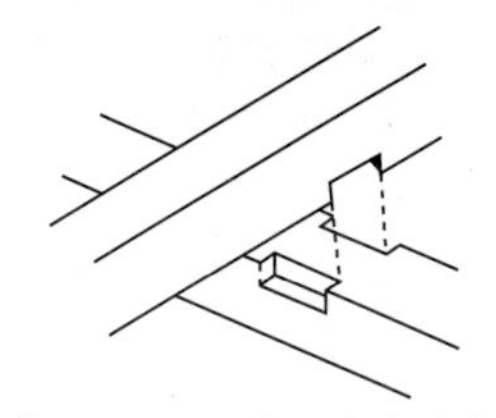

① 반턱맞춤 ② 안장맞춤
③ 걸침턱맞춤 ④ 가름장맞춤

해설

※ 맞춤(joint) : 한 부재가 직각 또는 경사지어 맞추어지는 자리 또는 그 맞추는 방법(수직결합)
① 반턱 맞춤 : 부재 춤을 반씩 따서 직각으로 맞춘 것이다.
② 안장 맞춤 : 빗잘라 중간을 따서 두 갈래로 된 것을 양 옆을 경사지게 판 자리에 끼워서 맞춘 것이다.
③ 걸침턱 맞춤 : 상하 부재가 직각으로 교차될 때 접합면을 서로 따서 물리게 한 것으로 좌우이동을 막는다.
④ 가름장 맞춤 : 큰 부재를 중간에 따서 두 갈래로 하여 작은 부재에 끼워대거나, 가름장에 작은 부재를 얹지만 그 속에 장부를 낸 것이다.

03 다음 중 대통령령으로 정하는 방염대상 물품이 아닌 것은?

① 무대막 ② 실내용 가구
③ 카페트 ④ 전시용 합판

해설

특정소방대상물에서 사용되는 방염대상물품 제조 또는 가공공정에서 방염처리를 한 물품(합판·목재류의 경우에는 설치현장에서 방염처리를 한 것을 말함)으로서 다음의 하나에 해당하는 것을 말한다.
① 창문에 설치하는 커텐류(브라인드를 포함)
② 카페트, 두께가 2mm 미만인 벽지류로서 종이벽지를 제외한 것
③ 전시용 합판 또는 섬유판, 무대용 합판 또는 섬유판
④ 암막·무대막(영화상영관에 설치하는 스크린을 포함)

04 건축허가 시 관할 소방서장의 동의를 받아야 하는 일반적인 대상건축물의 연면적은 최소 얼마 이상인가?

① $400m^2$ ② $450m^2$
③ $600m^2$ ④ $1000m^2$

해설 소방본부장 또는 소방서장의 건축허가 및 사용 승인에 대한 동의 대상 건축물의 범위

1. 연면적이 $400m^2$(학교시설의 경우 $100m^2$, 노유자시설 및 수련시설의 경우 $200m^2$, 정신의료기관, 장애인 의료재활시설의 경우 $300m^2$) 이상인 건축물
2. 차고·주차장 또는 주차용도로 사용되는 시설로서 다음에 해당하는 것
   ① 차고·주차장으로 사용되는 층 중 바닥면적이 $200m^2$ 이상인 층이 있는 시설
   ② 승강기 등 기계장치에 의한 주차시설로서 자동차 20대 이상을 주차할 수 있는 시설
3. 지하층 또는 무창층이 있는 건축물로서 바닥면적이 $150m^2$(공연장의 경우에는 $100m^2$) 이상인 층이 있는 것

정답 01 ③ 02 ③ 03 ② 04 ①

4. 면적에 관계없이 동의 대상
① 층수가 6층 이상인 건축물
② 항공기격납고, 관망탑, 항공관제탑, 방송용 송수신탑
③ 위험물저장 및 처리시설, 지하구
④ 노인 관련 시설, 아동복지시설(아동상담소, 아동전용시설 및 지역아동센터는 제외)
⑤ 장애인 거주시설, 정신질환자 관련 시설, 노숙인 관련 시설 중 노숙인자활시설, 노숙인재활시설 및 노숙인요양시설, 결핵환자나 한센인이 24시간 생활하는 노유자시설
⑥ 요양병원(정신병원, 의료재활시설 제외)

05 조립식 구조에 대한 설명 중 옳지 않은 것은?

① 부재의 공장생산이 가능하며 대량생산을 할 수 있다.
② 기계화 시공으로 단기완성이 가능하다.
③ 각부의 접합부를 일체화시킬 수 있다.
④ 건축부재의 규격화가 가능하다.

해설 조립식 구조(Prefabricated Structure)의 특징

① 공장생산에 의한 대량생산 가능
② 기계화 시공에 의한 공기단축과 시공능률 향상
③ 공사비 절감
④ 자재운반에 따른 제약 및 설치시 고도의 기술력 필요
⑤ 접합부가 일체화될 수 없는 데에 따른 접합부 강성의 취약

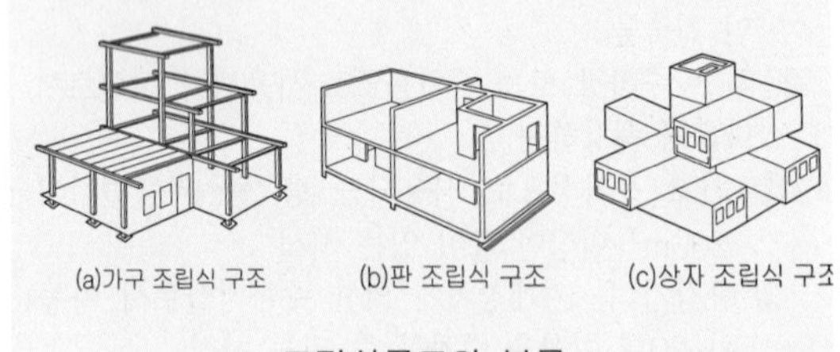

조립식구조의 분류

06 건축물을 건축하거나 대수선하는 경우 국토교통부령이 정하는 구조기준 등에 따라 그 구조의 안전을 확인하여야 하는 대상건축물의 기준으로 옳은 것은?

① 연면적이 $100m^2$ 이상인 건축물
② 처마높이가 6m 이상인 건축물
③ 기둥과 기둥사이의 거리가 10m 이상인 건축물
④ 건축물 높이 9m 이상인 건축물

해설 구조계산에 의한 구조안전의 확인 대상 건축물

구 분	구조계산 대상 건축물
1. 층수	2층 이상(기둥과 보가 목재인 목구조 경우 : 3층 이상)
2. 연면적	$200m^2$(목구조 : $500m^2$) 이상인 건축물 (창고, 축사, 작물 재배사 및 표준설계도서에 따라 건축하는 건축물은 제외)
3. 높이	13m 이상
4. 처마높이	9m 이상
5. 경간	10m 이상 *경간 : 기둥과 기둥 사이의 거리(기둥이 없는 경우에는 내력벽과 내력벽 사이의 거리를 말함)
6. 국토교통부령으로 정하는 지진구역의 건축물	
7. 국가적 문화유산으로 보존할 가치가 있는 박물관·기념관 등으로서 연면적의 합계가 $5,000m^2$ 이상인 건축물	
8. 특수구조 건축물 중 3m 이상 돌출된 건축물과 특수한 설계·시공·공법 등이 필요한 건축물	
9. 단독주택 및 공동주택	

07 문화 및 집회시설로서 당해 용도에 쓰이는 거실의 바닥면적의 합계가 얼마 이상일 때 내부 마감재료를 방화와 관련하여 국토교통부령이 정하는 기준에 따라야 하는가?(단, 예식장은 제외)

① $200m^2$ ② $300m^2$
③ $400m^2$ ④ $450m^2$

해설

문화 및 집회시설(예식장을 제외)·종교시설·판매시설·운수시설·위락시설(단란주점 및 유흥주점을 제외)로서 당해 용도에 쓰이는 거실의 바닥면적의 합계가 $200m^2$ 이상일 때 내부 마감재료를 방화와 관련하여 국토교통부령이 정하는 기준에 따라야 한다.

정답 05 ③ 06 ③ 07 ①

08 고딕양식의 특성이 아닌 것은?

① 석재를 자유자재로 사용하였다.
② 동방문화를 융합하여 화려한 색채와 표면장식을 애용하는 아시아적인 경향이 많이 가미되었다.
③ 뾰족아치(Pointed arch), 리브볼트(rib vault)를 사용 하였다.
④ 건물입면에 대한 장식수법이 창에 집중되어 트레이서리(tracery)가 발생되었다.

해설 고딕 건축의 특징

① 수직선을 의장의 주요소로 하여 하늘을 지향하는 종교적 신념과 그 사상을 합리적으로 반영시켜서 교회건축 양식을 완성하였다.
② 석재를 자유자재로 사용하였다.
③ 첨두형 아치(Pointed Arch)와 첨두형 볼트(Point Arch), 플라잉 버트레스(Flying Buttress)가 주로 사용되었다.
④ 대표작으로는 샤르트르 성당, 노트르담 성당, 아미앵 성당, 랭스 성당, 쾰른 성당, 밀라노 성당 등이 있다.

※ 고딕건축을 구성하는 구조적 요소
① 첨두형 아치(Pointed Arch)와 첨두형 볼트(Point Arch) : 아치의 반지름을 자유로이 가감함으로써 아치의 정점의 위치가 자유로이 변화
② 리브 볼트(Rib Vault) : 로마네스크 양식에서 사용되었던 교차 볼트(cross vault)에 첨두형 아치의 리브(rib)를 덧대어 구조적으로 보강한 것
③ 플라잉 버트레스(Flying Buttress) : 신랑 상부 리브볼트의 리브에 작용하는 횡압력을 수직력으로 변환시켜 측랑의 부축벽을 통하여 지상으로 전달하는 역할을 한다. 부축벽 상부에 소첨탑(小尖塔)을 첨가하여 부축벽의 자중을 증가시켜 횡압력에 대한 저항을 증가시키는 건축기법으로 고딕건축에서 사용되었다.
④ 트레이서리(tracery) : 창문의 전체 첨두아치와 세부 첨두아치 사이의 공간을 장식하고 유리를 지탱하기 위하여 고안된 창살 장식이다.

09 주요구조부를 내화구조로 하여야 하는 건축물의 기준으로 옳지 않은 것은?

① 전시장으로서 그 용도로 쓰이는 바닥면적 합계가 $500m^2$ 이상
② 판매시설로서 그 용도로 쓰이는 바닥면적 합계가 $500m^2$ 이상
③ 창고시설로서 그 용도로 쓰이는 바닥면적 합계가 $500m^2$ 이상
④ 공장의 용도로 쓰는 건축물로서 그 용도로 쓰이는 바닥면적 합계가 $500m^2$ 이상

해설

공장의 용도로 쓰는 건축물로서 그 용도로 쓰이는 바닥면적 합계가 $2,000m^2$ 이상인 경우에는 주요구조부를 내화구조로 하여야 한다.

10 다음 중 방염성능기준 이상의 실내장식물 등을 설치하여야 하는 특정소방대상물에 해당되지 않는 것은?

① 체력단력장
② 방송국
③ 종합병원
④ 층수가 11층인 아파트

해설 방염성능기준 이상의 실내장식물 등을 설치하여야 하는 특정소방대상물

① 근린생활시설 중 의원, 체력단련장, 공연장 및 종교집회장
② 건축물의 옥내에 있는 문화 및 집회시설, 종교시설, 운동시설(수영장은 제외)
③ 의료시설, 노유자시설, 숙박시설, 숙박이 가능한 수련시설
④ 교육연구시설 중 합숙소
⑤ 방송통신시설 중 방송국 및 촬영소
⑥ 다중이용업소
⑦ 상기 ①부터 ⑥까지의 시설에 해당하지 아니하는 것으로서 층수(건축법시행령에 따라 산정한 층수)가 11층 이상인 것(아파트는 제외)

정답 08 ② 09 ④ 10 ④

11 **철근콘크리트 기둥에 관한 설명 중 옳지 않은 것은?**

① 나선철근으로 둘러싸인 기둥은 주근을 6개 이상 배근한다.
② 사각형 기둥은 주근을 4개 이상 배근한다.
③ 띠철근은 수평력에 대한 전단보강의 작용을 한다.
④ 피복두께는 20mm 이상으로 해야 한다.

해설 철근 콘크리트 기둥의 구조 제한

① 기둥 단면의 최소 치수는 20cm 이상
② 최소 단면적은 $600cm^2$ 이상
③ 주근은 13mm 이상
④ 주근의 개수는 장방형 기둥에서 최소 4개 이상, 원형 기둥에서는 4개 이상(나선철근 : 6개 이상)
※ 옥외의 공기나 흙에 직접 접하지 않는 콘크리트의 경우의 피복 두께
가. 슬래브, 벽체, 장선 : 20mm 이상
나. 보, 기둥 : 40mm 이상
※ 기둥의 피복두께는 기둥의 주근을 감싸고 있는 띠철근(대근, hoop bar)의 외면에서 콘크리트 표면까지의 두께를 말한다.

12 **소화기구 중 소화기 또는 간이소화용구를 설치하여야 하는 특정소방대상물의 최소 연면적 기준은?**

① $20m^2$ 이상 ② $33m^2$ 이상
③ $42m^2$ 이상 ④ $50m^2$ 이상

해설 소화기구를 설치하여야 할 특정소방대상물

① 수동식소화기 또는 간이소화용구를 설치하여야 하는 것
㉠ 연면적 $33m^2$ 이상인 것
㉡ ㉠에 해당하지 아니하는 시설로서 지정문화재 및 가스시설
② 주방용자동소화장치를 설치하여야 하는 것 : 아파트 및 30층 이상 오피스텔의 모든 층
[비고] 노유자시설의 경우에는 투척용소화용구 등을 법 화재안전기준에 따라 산정된 소화기 수량의 1/2 이상으로 설치할 수 있다.

13 **벽돌 내쌓기 한도로 옳은 것은?**

① 1.0B ② 2.0B
③ 2.5B ④ 3.0B

해설 벽돌 내쌓기

① 벽체에 마루를 놓거나 방화벽으로 처마부분을 가리기 위하여 벽돌을 벽면에서 부분적으로 내쌓는다.
② 장선받이 등을 받거나 돌림띠를 만들 때 혹은 방화벽으로 처마를 가릴 때 쓰인다.
③ 1단씩 1/8B 정도, 2단씩 1/4B 정도씩을 내어 쌓고, 내미는 최대한도는 2.0B로 한다.
④ 내쌓기는 마구리쌓기로 하는 것이 강도와 시공면에서 유리하다.

14 **다음 중 두께에 관계없이 방화구조에 해당하는 것은?**

① 시멘트 모르타르 위에 타일 붙임
② 흙으로 맞벽치기 한 심벽
③ 철망 모르타르
④ 석고판 위에 회반죽을 바른 것

해설 방화구조(영 제2조 ① 8, 피난·방화 규칙 제4조)

화염의 확산을 막을 수 있는 성능을 가진 구조로서 국토교통부장관이 정하는 적합한 구조

구조 부분	방화구조의 기준
• 철망모르타르 바르기	바름두께가 2cm 이상인 것
• 석면시멘트판 또는 석고판 위에 시멘트모르타르 또는 회반죽을 바른 것 • 시멘트모르타르 위에 타일을 붙인 것	두께의 합계가 2.5cm 이상인 것
• 심벽에 흙으로 맞벽치기 한 것	두께에 관계없이 인정
• 한국산업규격이 정하는 바에 의하여 시험한 결과 방화 2급 이상에 해당하는 것	

정답 11 ④ 12 ② 13 ② 14 ②

15 건축물의 출입구에 설치하는 회전문은 계단이나 에스컬레이터로부터 최소 얼마 이상의 거리를 두어야 하는가?

① 2m ② 3m
③ 6m ④ 8m

해설 회전문의 설치기준

① 계단이나 에스컬레이터로부터 2m 이상의 거리를 둘 것
② 회전문과 문틀사이 및 바닥사이는 다음에서 정하는 간격을 확보하고 틈 사이를 고무와 고무펠트의 조합체 등을 사용하여 신체나 물건 등에 손상이 없도록 할 것
㉠ 회전문과 문틀 사이는 5cm 이상
㉡ 회전문과 바닥 사이는 3cm 이하
③ 출입에 지장이 없도록 일정한 방향으로 회전하는 구조로 할 것
④ 회전문의 중심축에서 회전문과 문틀 사이의 간격을 포함한 회전문날개 끝부분까지의 길이는 140cm 이상이 되도록 할 것
⑤ 회전문의 회전속도는 분당회전수가 8회를 넘지 아니하도록 할 것
⑥ 자동회전문은 충격이 가하여지거나 사용자가 위험한 위치에 있는 경우에는 전자감지장치 등을 사용하여 정지하는 구조로 할 것

16 문화 및 집회시설, 운동시설, 관광 휴게시설로서 자동화재 탐지설비를 설치하여야 할 특정소방대상물은 연면적 얼마 이상부터인가?

① 1,000m^2 ② 1,500m^2
③ 2,000m^2 ④ 2,300m^2

해설

공동주택, 근린생활시설 중 목욕장, 문화 및 집회시설, 종교시설, 판매시설, 운수시설, 운동시설, 업무시설, 공장, 창고시설, 위험물 저장 및 처리 시설, 항공기 및 자동차 관련 시설, 교정 및 군사시설 중 국방·군사시설, 방송통신시설, 발전시설, 관광 휴게시설, 지하가(터널은 제외)로서 연면적 1,000m^2 이상인 것은 자동화재탐지설비를 설치하여야 하는 특정소방대상물에 해당된다.

17 한국의 목조건축에서 기둥 밑에 놓아 수직재인 기둥을 고정하는 것은?

① 인방 ② 주두
③ 초석 ④ 부연

해설 한국의 목조건축 용어

① 인방(引枋) : 기둥과 기둥, 또는 문설주에 가로 질러 벽체의 뼈대 및 문틀이 되는 가로재로서 상인방, 중인방, 하인방이 있다.
② 주두(柱頭) : 기둥머리 위에 놓여 포작(包作)을 받아 공포를 구성하는 대접처럼 넓적하게 네모난 나무로 상부의 하중을 균등하게 기둥에 전달하는 기능을 가지고 있다.
③ 초석 : 기둥 밑에 놓아 수직재인 기둥을 고정하는 요소
④ 기단(基壇) : 건물, 비석, 탑 따위의 밑에 한층 높게 만들어진 지단(地壇)을 말하는 데, 여염집에서는 "죽담" 이라 부른다. 튀는 빗물을 막고 땅의 습기를 피하며 건물의 권위를 높이기 위하여 건물 아랫도리에 돌을 쌓거나 다른 자재를 써서 쌓아 올린 단인데, 기와와 벽돌로 섞어 쌓기도 하고, 돌로만 쌓기도 하며, 돌과 벽돌을 섞어 쌓기도 한다.

18 한국전통건축의 조형상 특징에 대한 설명 중 옳지 않은 것은?

① 평주(平柱)에는 솟음을 둔다.
② 대청의 천장은 일반적으로 연등천장이다.
③ 귀기둥(모서리기둥)에는 안쏠림을 둔다.
④ 기둥에는 배흘림이 있다.

해설 한국건축의 조형 의장상의 특징

① 기둥의 배흘림(entasis) – 착시현상 교정
② 기둥의 안쏠림(오금법) – 시각적으로 건물 전체에 안정감
③ 우주의 솟음 – 처마 곡선과 조화 – 자연과의 조화
④ 후림과 조로 – 지붕의 처마 곡선미
⑤ 비대칭적 평면구성
⑥ 인간적 척도 – 친근감을 주는 척도
※ 우주(隅柱)
: 건물의 귀퉁이에 세워진 기둥(귀기둥)

정답 15 ① 16 ① 17 ③ 18 ①

19 **이집트 건축에 관한 설명 중 옳은 것은?**

① 피라미드는 모서리가 동서남북과 일치한다.
② 주택의 지붕은 태양열을 견디기 위해 주로 박공형태를 했다.
③ 주로 사용된 색채는 청색, 녹색, 갈색이다.
④ 기둥은 이오니아식, 도리아식, 코린트식이 사용되었다.

해설 이집트 건축

① 특징
㉠ 점토 및 석재를 주로 사용
㉡ 분묘 및 신전 건축이 성행
㉢ 이집트의 특수한 장식 사용(와형문양, 연꽃과 파피루스 문양, 박육조각, 유익태양판 등)
② 건축물의 예
마스타바, 피라미드, 암굴분묘, 암몬 대신전, 오벨리스크
※ 피라미드는 장례용 복합단지로서 피라미드 본체가 완성되면 피라미드 주변에 성곽을 두르고 부속건물을 건설하였다.
※ 그리스 건축의 3가지 기둥 오더(order)는 이오니아식, 도리아식, 코린트식이 사용되었다.

20 **방화벽에 설치하는 출입문의 최대 한도 크기는?(단, 너비×높이로 표시)**

① 1.0m×1.0m ② 2.0m×2.0m
③ 2.0m×2.5m ④ 2.5m×2.5m

해설 방화벽의 구조

① 내화구조로서 홀로 설 수 있는 구조일 것
② 방화벽의 양쪽 끝과 위쪽 끝을 건축물의 외벽면 및 지붕면으로부터 0.5m 이상 튀어나오게 할 것
③ 방화벽에 설치하는 출입문의 폭 및 높이는 각각 2.5m 이하로 하고, 출입문의 구조는 갑종방화문으로 할 것
④ 방화벽에 설치하는 갑종방화문은 언제나 닫힌 상태를 유지하거나 화재시 연기발생, 온도상승에 의하여 자동적으로 닫히는 구조로 할 것
⑤ 급수관, 배전관 등의 관이 방화벽을 관통하는 경우 관과 방화벽과의 틈을 시멘트모르타르 등의 불연재료로 메워야 한다.

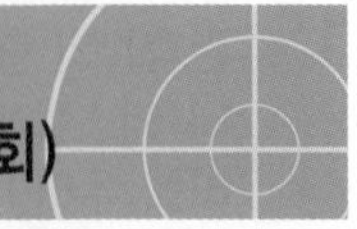

건축일반 2012년 5월 20일(2회)

01 **관계공무원에 의한 소방안전관리에 관한 특별조사의 항목에 해당하지 않는 것은?**

① 특정소방대상물의 소방안전관리 업무 수행에 관한 사항
② 특정소방대상물의 소방계획서 이행에 관한 사항
③ 특정소방대상물의 자체점검 및 정기점검 등에 관한 사항
④ 특정소방대상물의 소방안전관리자의 선임에 관한 사항

해설 소방 특별조사의 항목

① 소방안전관리 업무 수행에 관한 사항
② 소방계획서 이행에 관한 사항
③ 자체점검 및 정기점검 등에 관한 사항
④ 화재의 예방조치 등에 관한 사항
⑤ 불을 사용하는 설비 등의 관리와 특수가연물의 저장·취급에 관한 사항
⑥ 다중이용업소의 안전관리에 관한 특별법에 따른 안전관리에 관한 사항
⑦ 위험물 안전관리법에 따른 안전관리에 관한 사항
※ 소방특별조사
국민안전처장관, 소방본부장 또는 소방서장은 소방특별조사를 하려면 7일 전에 관계인에게 조사대상, 조사기간 및 조사사유 등을 서면으로 알려야 한다.

02 **로마건축에 관한 일반적인 설명으로 옳지 않은 것은?**

① 그리스 건축에 비하여 다양하고 복합적이다.
② 화산재를 혼합한 콘크리트를 사용하였다.
③ 볼트(Vault)가 발달하였다.
④ 실용적인 면보다는 형태미를 추구하였다.

정답 19 ③ 20 ④ / 01 ④ 02 ④

해설

로마건축은 콘크리트의 발명으로 구조 및 시공기술의 발달하였고, 건물의 대규모화 및 양식의 획일성 등을 유도하였다. 또한 석재 및 벽돌을 이용하여 조적술이 다양하게 발달하여 아치(arch) 및 볼트(vault) 등의 구법을 사용하였다.

※ 그리스 건축은 건축물의 내부공간보다는 외부공간에 중점을 두고 만들었고, 건축의 공간미보다는 형태미를 추구하여 건물 외관에 치중하였다.

03 주택의 거실에 채광을 위하여 설치하는 창문 등의 면적은 거실 바닥면적의 얼마 이상이어야 하는가?

① 1/2 ② 1/5
③ 1/10 ④ 1/20

해설 거실의 채광 및 환기

구분	건축물의 용도	창문 등의 면적	예외규정
채광	• 단독주택의 거실 • 공동주택의 거실 • 학교의 교실 • 의료시설의 병실 • 숙박시설의 객실	거실 바닥면적의 1/10 이상	거실의 용도에 따른 조도기준 [별표 1]의 조도 이상의 조명
환기		거실 바닥면적의 1/20 이상	기계장치 및 중앙관리방식의 공기조화설비를 설치한 경우

04 건축법 시행령에서 규정하는 방화구조가 되기 위한 철망 모르타르의 최소 바름두께는?

① 1.0cm ② 2.0cm
③ 2.7cm ④ 3.0cm

해설 방화구조(영 제2조 ① 8, 피난·방화 규칙 제4조)

화염의 확산을 막을 수 있는 성능을 가진 구조로서 국토교통부장관이 정하는 적합한 구조

구조 부분	방화구조의 기준
• 철망모르타르 바르기	바름두께가 2cm 이상인 것
• 석면시멘트판 또는 석고판 위에 시멘트모르타르 또는 회반죽을 바른 것 • 시멘트모르타르 위에 타일을 붙인 것	두께의 합계가 2.5cm 이상인 것
• 심벽에 흙으로 맞벽치기한 것	두께에 관계없이 인정
• 한국산업규격이 정하는 바에 의하여 시험한 결과 방화 2급 이상에 해당하는 것	

05 다음 중 소방시설의 구분에 속하지 않는 것은?

① 소화설비 ② 급수설비
③ 경보설비 ④ 소화용수설비

해설

소방시설이란 소화설비·경보설비·피난설비·소화용수설비 그 밖에 소화활동설비를 말한다.

06 다음 소방시설 중 피난설비에 해당되지 않는 것은?

① 유도등
② 비상방송설비
③ 비상조명등
④ 완강기

해설 피난설비

미끄럼대·피난사다리·구조대·완강기·피난교·피난밧줄·공기안전매트 그 밖의 피난기구, 방열복·공기호흡기 및 인공소생기("인명구조기구"라 함), 유도등 및 유도표지, 비상조명등 및 휴대용비상조명등

정답 03 ③ 04 ② 05 ② 06 ②

07 철근콘크리트조의 특성에 대한 설명 중 옳지 않은 것은?

① 동일한 조건의 경우 물시멘트비가 작으면 콘크리트의 강도는 커진다.
② 콘크리트는 알칼리성이므로 철근의 방청에 유리하다.
③ 온도가 저하되면 콘크리트의 경화는 지연된다.
④ 콘크리트와 철근의 온도에 대한 선팽창계수는 차이가 크다.

해설

철근과 콘크리트의 온도에 대한 선팽창계수가 거의 유사하며 온도변화에 비슷한 거동을 보인다.

08 서양건축 양식의 변화 과정으로 옳은 것은?

① 그리스-로마-초기기독교-로마네스크-고딕-르네상스
② 로마-비잔틴-르네상스-로마네스크-고딕
③ 고딕-르네상스-비잔틴-신고전주의-로마네스크
④ 이집트-그리스-고딕-비잔틴-르네상스

해설 서양건축양식의 순서[※ 이서그로초비로고르바로/고낭절]

이집트 - 서아시아 - 그리이스 - 로마 - 초기 기독교 - 비잔틴 - 로마네스크 - 고딕 - 르네상스 - 바로크 - 로코코 - 고전주의 - 낭만주의 - 절충주의

09 건축허가 등을 함에 있어서 미리 소방본부장 또는 소방서장의 동의를 받아야 하는 건축물의 최소 연면적 기준은? (단, 노유자시설 및 수련시설)

① 200m² 이상 ② 300m² 이상
③ 400m² 이상 ④ 500m² 이상

해설 소방본부장 또는 소방서장의 건축허가 및 사용 승인에 대한 동의 대상 건축물의 범위

1. 연면적이 400m²(학교시설의 경우 100m², 노유자시설 및 수련시설의 경우 200m², 정신의료기관, 장애인 의료재활시설의 경우 300m²) 이상인 건축물
2. 차고·주차장 또는 주차용도로 사용되는 시설로서 다음에 해당하는 것
 ① 차고·주차장으로 사용되는 층 중 바닥면적이 200m² 이상인 층이 있는 시설
 ② 승강기 등 기계장치에 의한 주차시설로서 자동차 20대 이상을 주차할 수 있는 시설
3. 지하층 또는 무창층이 있는 건축물로서 바닥면적이 150m²(공연장의 경우에는 100m²) 이상인 층이 있는 것
4. 면적에 관계없이 동의 대상
 ① 층수가 6층 이상인 건축물
 ② 항공기격납고, 관망탑, 항공관제탑, 방송용 송수신탑
 ③ 위험물저장 및 처리시설, 지하구
 ④ 노인 관련 시설, 아동복지시설(아동상담소, 아동전용시설 및 지역아동센터는 제외)
 ⑤ 장애인 거주시설, 정신질환자 관련 시설, 노숙인 관련 시설 중 노숙인자활시설, 노숙인재활시설 및 노숙인요양시설, 결핵환자나 한센인이 24시간 생활하는 노유자시설
 ⑥ 요양병원(정신병원, 의료재활시설 제외)

10 거실의 채광기준 적용대상이 아닌 것은?

① 공동주택의 거실
② 업무시설의 사무실
③ 숙박시설의 객실
④ 학교의 교실

해설 거실의 채광 및 환기

구분	건축물의 용도	창문 등의 면적	예외 규정
채광	• 단독주택의 거실 • 공동주택의 거실 • 학교의 교실 • 의료시설의 병실 • 숙박시설의 객실	거실 바닥면적의 1/10 이상	거실의 용도에 따른 조도기준 [별표1]의 조도 이상의 조명
환기		거실 바닥면적의 1/20 이상	기계장치 및 중앙관리방식의 공기조화설비를 설치한 경우

정답 07 ④ 08 ① 09 ① 10 ②

11 한국전통건축의 의장적 특징과 가장 거리가 먼 것은?

① 규준선 ② 배흘림
③ 안쏠림 ④ 귀솟음

해설 한국건축의 조형 의장상의 특징

① 기둥의 배흘림(entasis) - 착시현상 교정
② 기둥의 안쏠림(오금법) - 시각적으로 건물 전체에 안정감
③ 우주의 귀솟음 - 처마 곡선과 조화 - 자연과의 조화
④ 후림과 조로 - 지붕의 처마 곡선미
⑤ 비대칭적 평면구성
⑥ 인간적 척도 - 친근감을 주는 척도

12 블록구조의 장점을 설명한 것으로 옳은 것은?

① 내구, 내진적이다.
② 고층건물에 사용하기 적합하다.
③ 경량이며 내화적이다.
④ 통줄눈을 사용하여 응력을 고루 분산시킬 수 있다.

해설 블록 구조의 장·단점

1) 장 점
① 대량생산, 경량, 내화, 불연, 방음, 방서, 방한적인 구조이다.
② 시공이 간단하여 공기 단축 및 경비가 절감된다.
2) 단 점
① 부동침하가 작을 때에도 균열이 생기기 쉽다.
② 지진, 수평력에 약하다.

13 도로에 접한 대지의 건축물에 설치하는 냉방시설 및 환기시설의 배기구의 설치 기준이 아닌 것은?

① 상업지역 및 주거지역에서 적용된다.
② 도로면으로부터 2m 이상의 높이에 설치한다.
③ 도로경계선에서 2m 이상 후퇴하여 설치한다.
④ 막다른 도로로서 그 길이가 10m 미만인 경우는 적용을 제외한다.

해설

상업지역 및 주거지역에서 도로(막다른 도로로서 그 길이가 10m 미만인 경우를 제외)에 접한 대지의 건축물에 설치하는 냉방시설 및 환기시설의 배기구는 도로면으로부터 2m 이상의 높이에 설치하거나 배기장치의 열기가 보행자에게 직접 닿지 아니하도록 설치하여야 한다.

14 옥상광장 또는 2층 이상의 층에 있는 노대의 주위에 설치하여야 하는 난간의 높이 기준은?

① 1.0m 이상 ② 1.1m 이상
③ 1.2m 이상 ④ 1.5m 이상

해설

옥상광장 또는 2층 이상의 층에 있는 노대 기타 이와 유사한 것의 주위에는 높이 1.2m 이상 의 난간을 설치하여야 한다.

15 건축구조에서 일체식 구조에 속하는 것은?

① 철골구조
② 돌구조
③ 벽돌구조
④ 철골·철근 콘크리트구조

해설 구조 형식에 의한 분류

① 가구식 구조 : 목재, 강재로 된 가늘고 긴 부재를 이음, 맞춤 및 조립에 의해 뼈대를 만드는 구조 - 목구조, 철골구조
② 조적식 구조 : 벽돌, 블록 및 돌 등의 낱낱의 재료를 쌓아서 만드는 구조 - 벽돌구조, 블록구조, 돌구조
③ 일체식 구조 : 전체 구조체를 일체로 만든 구조 - 철근콘크리트구조, 철골철근콘크리트구조
④ 조립식 구조 : 주요 건축 구조체를 공장에서 제작하여 현장에서 짜 맞춘 구조
⑤ 그 외 절판식 구조, 곡면식 구조 등이 있다.

정답 11 ① 12 ③ 13 ③ 14 ③ 15 ④

16 **철골구조에서 서로 관련 없는 것끼리 짝지어 진 것은?**

① 기둥의 보의 접합 - 거셋플레이트
② 플레이트기둥 - 스티프너
③ 플레이트보 - 래티스
④ 주각(柱脚) - 윙 플레이트

해설 판보(plate girder)

웨브에 철판을 대고 상하부에 플랜지 철판을 용접하거나 ㄴ형강을 리벳 접합한 것으로 강재가 많이 사용되어 비용이 많이 드나 트러스보다 안전한 형태로 전단력이 크게 작용하는 철교나 크레인 등에 사용한다.

17 **한국 전통건축의 내부공간에서 의장적 중요성을 가장 잘 나타낸 공포는?**

① 주심포계 양식
② 미도리 양식
③ 다포계 양식
④ 익공계 양식

해설 다포계 양식

① 창방 위에 평방을 놓고 그 위에 주두와 첨차, 소로들로 구성되는 공포를 짜는 식
② 고려 말에 나타나서 조선시대에 널리 사용되었으며, 화려한 형태이다.
③ 주로 궁궐이나 사찰 등의 정전에 사용되었다.
④ 특징 : 평방, 우물천장, 굽받침이 없다.
⑤ 예 : 심원사 보광전(다포식으로 가장 오래된 것)

18 **그림과 같은 한식기와의 명칭은?**

① 착고막이　　② 보습장
③ 내림새　　④ 숫막새기와

해설

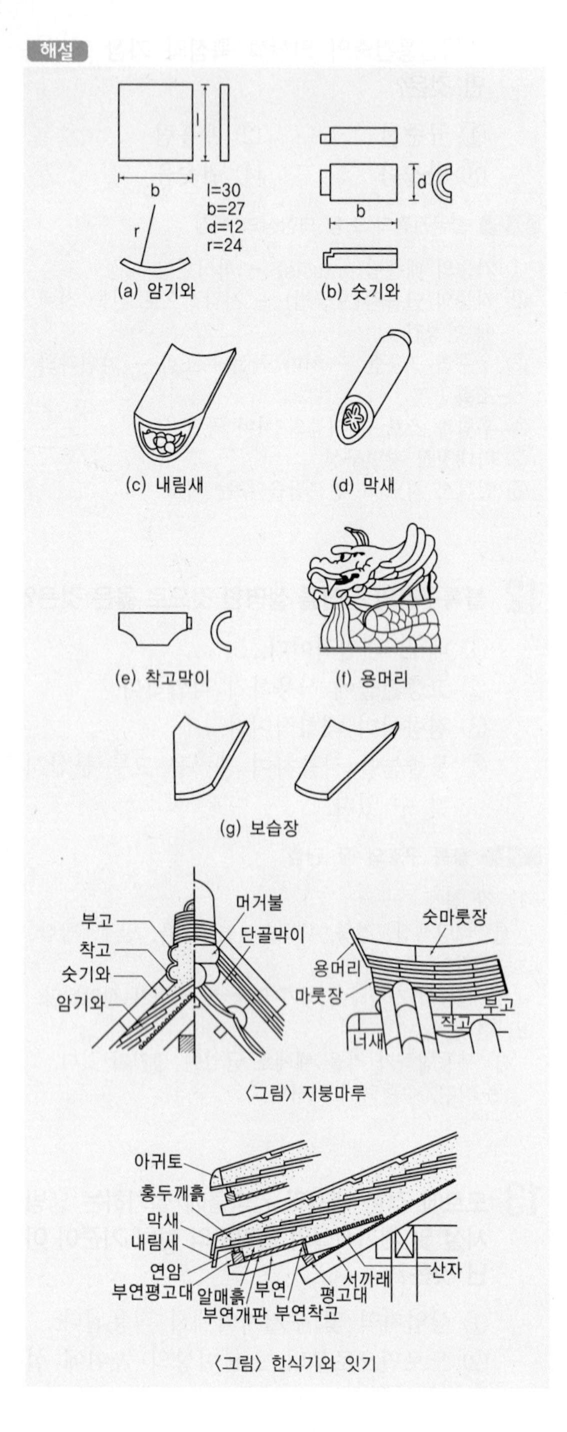

〈그림〉 지붕마루

〈그림〉 한식기와 잇기

정답 16 ③ 17 ③ 18 ④

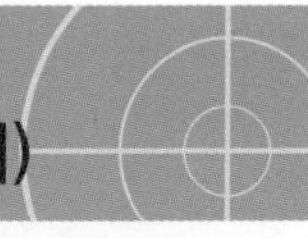

19 방염성능기준 이상의 실내장식물 등을 설치하여야 하는 대상물은?

① 16층의 아파트
② 10층의 오피스텔
③ 2층의 체력단련장
④ 1층의 위험물저장 및 처리시설

해설 방염성능기준 이상의 실내장식물 등을 설치하여야 하는 특정소방대상물

① 근린생활시설 중 의원, 체력단련장, 공연장 및 종교집회장
② 건축물의 옥내에 있는 문화 및 집회시설, 종교시설, 운동시설(수영장은 제외)
③ 의료시설, 노유자시설, 숙박시설, 숙박이 가능한 수련시설
④ 교육연구시설 중 합숙소
⑤ 방송통신시설 중 방송국 및 촬영소
⑥ 다중이용업소
⑦ 상기 ①부터 ⑥까지의 시설에 해당하지 아니하는 것으로서 층수(건축법시행령에 따라 산정한 층수)가 11층 이상인 것(아파트는 제외)

20 직통계단을 피난계단으로 설치하여야 하는 건축물의 해당층 기준은?

① 3층 이상 또는 지하 1층 이하인 층
② 5층 이상 또는 지하 2층 이하인 층
③ 11층 이상 또는 지하 3층 이하인 층
④ 16층 이상 또는 지하 3층 이하인 층

해설

5층 이상 또는 지하 2층 이하인 층에 설치하는 직통계단은 피난계단 또는 특별피난계단으로 설치하여야 하는데, 판매시설의 용도로 쓰는 층으로부터의 직통계단은 그 중 1개소 이상을 특별피난계단으로 설치하여야 한다.

건축일반
2012년 8월 26일(4회)

01 건축허가 시 미리 소방서장의 동의를 받아야 할 건축물의 최소 연면적 기준은? (단, 학교시설, 정신의료기관, 노유자시설이 아님)

① $100m^2$　　② $200m^2$
③ $300m^2$　　④ $400m^2$

해설 소방본부장 또는 소방서장의 건축허가 및 사용 승인에 대한 동의 대상 건축물의 범위

1. 연면적이 $400m^2$(학교시설의 경우 $100m^2$, 노유자시설 및 수련시설의 경우 $200m^2$, 정신의료기관, 장애인 의료재활시설의 경우 $300m^2$) 이상인 건축물
2. 차고·주차장 또는 주차용도로 사용되는 시설로서 다음에 해당하는 것
 ① 차고·주차장으로 사용되는 층 중 바닥면적이 $200m^2$ 이상인 층이 있는 시설
 ② 승강기 등 기계장치에 의한 주차시설로서 자동차 20대 이상을 주차할 수 있는 시설
3. 지하층 또는 무창층이 있는 건축물로서 바닥면적이 $150m^2$(공연장의 경우에는 $100m^2$) 이상인 층이 있는 것
4. 면적에 관계없이 동의 대상
 ① 층수가 6층 이상인 건축물
 ② 항공기격납고, 관망탑, 항공관제탑, 방송용 송수신탑
 ③ 위험물저장 및 처리시설, 지하구
 ④ 노인 관련 시설, 아동복지시설(아동상담소, 아동전용시설 및 지역아동센터는 제외)
 ⑤ 장애인 거주시설, 정신질환자 관련 시설, 노숙인 관련 시설 중 노숙인자활시설, 노숙인재활시설 및 노숙인요양시설, 결핵환자나 한센인이 24시간 생활하는 노유자시설
 ⑥ 요양병원(정신병원, 의료재활시설 제외)

02 6층 이상의 건축물로서 거실에 배연설비를 하여야 하는 건축물의 용도가 아닌 것은?

① 문화 및 집회시설
② 의료시설
③ 숙박시설
④ 일반음식점

정답　19 ③　20 ②　/　01 ④　02 ④

해설 배연설비의 설치대상

① 6층 이상의 건축물로서 제2종 근린생활시설 중 $300m^2$ 이상인 공연장·종교집회장·인터넷컴퓨터게임시설제공업소 및 다중생활시설, 문화 및 집회시설, 종교시설, 판매시설, 운수시설, 의료시설(요양병원 및 정신병원은 제외), 연구소, 아동관련시설·노인복지시설(노인요양시설은 제외), 유스호스텔, 운동시설, 업무시설, 숙박시설, 위락시설, 관광휴게시설, 장례식장의 용도에 해당되는 건축물의 거실
[예외] 피난층인 경우

② 요양병원 및 정신병원, 노인요양시설·장애인 거주시설 및 장애인 의료재활시설의 용도에 해당되는 건축물
[예외] 피난층인 경우

03 판보(plate Girder)에 스티프너의 사용목적은?

① 웨브 플레이트의 좌굴을 방지하기 위해서
② 웨브 플레이트의 휨모멘트에 대한 강도를 증가시키기 위해서
③ 플랜지 플레이트의 단면을 보완하기 위해서
④ 플랜지 플레이트의 볼트간격을 넓히기 위해서

해설 스티프너(stiffener) : 웨브(web)의 전단 보강(web plate의 좌굴 방지)

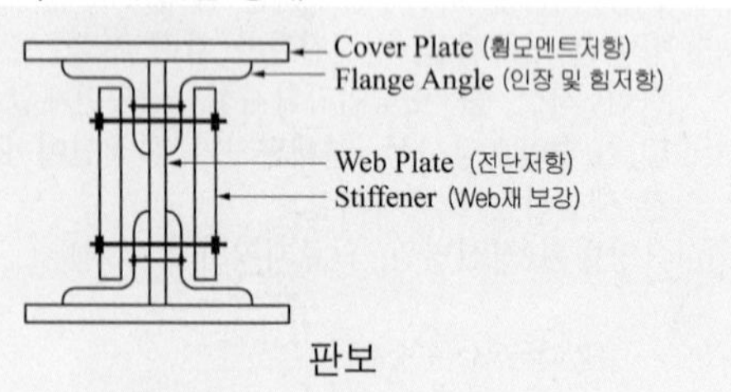

판보

04 조선시대 건축에 관한 내용 중 옳은 것은?

① 상류주택은 궁궐과 같이 대칭적인 배치형태를 하였다.
② 공간의 성격은 외적 폐쇄성, 내적 개방성을 갖는다.
③ 서민주택은 외통집, 팔작지붕이 주된 형태이다.
④ 고려시대와 달리 신분에 따른 규모제한이 없어지게 된다.

해설

한국건축은 공간의 위계성을 가지며 비대칭적 평면구성을 이룬다. 또한 공간의 폐쇄성(외적 폐쇄, 내적 개방)을 가지며, 공간의 연속성 및 상호 침투가 특성이다.

05 종교시설의 집회실 바닥면적이 $200m^2$ 이상인 경우의 최소반자 높이는?

① 2.1m　② 2.7m
③ 3.0m　④ 4.0m

해설 거실의 반자높이(영 제50조, 피난·방화규칙 제16조)

거실의 종류	반자높이	예외규정
① 일반용도의 거실	2.1m 이상	공장, 창고시설, 위험물저장 및 처리시설, 동물 및 식물 관련시설, 자원순환관련시설, 묘지관련시설
② 문화 및 집회시설(전시장 및 동·식물원 제외), 장례식장, 유흥주점의 용도에 쓰이는 건축물의 관람실 또는 집회실로서 바닥면적이 $200m^2$ 이상인 것	4m 이상	기계환기장치를 설치한 경우
③ '②'의 노대 아래 부분	2.7m 이상	

정답 03 ① 04 ② 05 ④

06 업무시설의 주계단 난간 및 벽 등의 손잡이에 관한 기준으로 옳지 않은 것은?

① 손잡이는 벽 등으로부터 10cm 이상 띄워 설치할 것
② 손잡이 최대지름은 3.2cm 이상, 3.8cm 이하인 원형 또는 타원형의 단면으로 할 것
③ 손잡이의 계단으로부터의 높이는 85cm가 되도록 할 것
④ 계단이 끝나는 수평부분에서의 손잡이는 바깥쪽으로 30cm 이상 나오도록 설치할 것

해설 난간 및 바닥의 설치기준

① 아동의 이용에 안전하고 노약자 및 신체장애인의 이용에 편리한 구조로 하여야 하며, 양쪽에 벽 등이 있어 난간이 없는 경우에는 손잡이를 설치하여야 한다.
② 손잡이는 최대 지름이 3.2cm 이상 3.8cm 이하인 원형 또는 타원형의 단면으로 할 것
③ 손잡이는 벽 등으로부터 5cm 이상 떨어지도록 하고, 계단으로부터의 높이는 85cm가 되도록 할 것
④ 계단이 끝나는 수평부분에서의 손잡이는 바깥쪽으로 30cm 이상 나오도록 설치할 것

07 다음 중 주심포계 건물이 아닌 것은?

① 수덕사 대웅전 ② 봉정사 대웅전
③ 강릉 객사문 ④ 부석사 무량수전

해설

봉정사 대웅전은 다포식이다.

08 방염성능기준 이상의 실내장식물 등을 설치하여야 하는 특정소방대상물에 해당하지 않는 것은?

① 수영장 ② 체력단력장
③ 숙박시설 ④ 종교시설

해설 방염성능기준 이상의 실내장식물 등을 설치하여야 하는 특정소방대상물

① 근린생활시설 중 의원, 체력단련장, 공연장 및 종교집회장
② 건축물의 옥내에 있는 문화 및 집회시설, 종교시설, 운동시설(수영장은 제외)
③ 의료시설, 노유자시설, 숙박시설, 숙박이 가능한 수련시설
④ 교육연구시설 중 합숙소
⑤ 방송통신시설 중 방송국 및 촬영소
⑥ 다중이용업소
⑦ 상기 ①부터 ⑥까지의 시설에 해당하지 아니하는 것으로서 층수(건축법시행령에 따라 산정한 층수)가 11층 이상인 것(아파트는 제외)

09 단독경보형감지기를 설치하여야 하는 특정소방대상물에 해당하지 않는 것은?

① 연면적 800m²인 아파트
② 연면적 1200m²인 기숙사
③ 연면적 1500m²인 교육연구시설
④ 연면적 500m²인 숙박시설

해설 단독경보형감지기를 설치하여야 하는 특정소방대상물

① 연면적 1,000m² 미만의 아파트
② 연면적 1,000m² 미만의 기숙사
③ 교육연구시설 또는 수련시설 내에 있는 합숙소 또는 기숙사로서 연면적 2,000m² 미만인 것
④ 연면적 600m² 미만의 숙박시설
⑤ ④에 해당하지 않는 수련시설(숙박시설이 있는 것만 해당)

10 다음 중 고딕건축의 특징과 관련이 없는 것은?

① 첨두 아치(pointed arch)
② 플라잉 버트레스(flying buttress)
③ 트레이서리(tracery)
④ 펜덴티브 돔(pendentive dome)

정답 06 ① 07 ② 08 ① 09 ② 10 ④

해설 고딕건축을 구성하는 구조적 요소

① 첨두형 아치(Pointed Arch)와 첨두형 볼트(Point Arch) : 아치의 반지름을 자유로이 가감함으로써 아치의 정점의 위치가 자유로이 변화
② 리브 볼트(Rib Vault) : 로마네스크 양식에서 사용되었던 교차 볼트(cross vault)에 첨두형 아치의 리브(rib)를 덧대어 구조적으로 보강한 것
③ 플라잉 버트레스(Flying Buttress) : 신랑 상부 리브볼트의 리브에 작용하는 횡압력을 수직력으로 변환시켜 측랑의 부축벽을 통하여 지상으로 전달하는 역할을 한다. 부축벽 상부에 소첨탑(小尖塔)을 첨가하여 부축벽의 자중을 증가시켜 횡압력에 대한 저항을 증가시키는 건축기법으로 고딕건축에서 사용되었다.
④ 트레이서리(tracery) : 창문의 전체 첨두아치와 세부 첨두아치 사이의 공간을 장식하고 유리를 지탱하기 위하여 고안된 창살 장식이다.
※ 펜덴티브 돔(pendentive dome)은 정사각형의 평면에 돔을 올리는 구조법으로 비잔틴 건축에서 주로 사용되었으며 대표적인 예로는 성 소피아 성당이 있다.

11 보강블록조에 관한 기술 중 옳지 않은 것은?

① 막힌줄눈보다 통줄눈 쌓기로 하는 것이 좋다.
② 콘크리트 블록의 구멍은 전부 메운다.
③ 테두리보를 두는 것이 좋다.
④ 적당한 위치에 내력벽을 많이 배치한다.

해설

보강 콘크리트 블록조는 블록의 빈 속에 철근을 배근하고 콘크리트를 부어 넣어 수직하중과 수평하중에 안전하게 견딜 수 있도록 보강한 것으로 가장 이상적인 블록 구조이다.
벽, 모서리 등의 부분에 일정한 간격으로 철근을 세로, 가로로 넣고 철근이 배근된 부분에 콘크리트를 사춤한다.

12 방화구획을 설치하여야 하는 건축물의 방화구획 기준으로 옳지 않은 것은?

① 10층 이하의 층은 바닥면적 $1,000m^2$ 이내마다 구획한다.
② 지상층과 지하층은 매층마다 구획한다.
③ 11층 이상의 층은 바닥면적 $300m^2$ 이내마다 구획한다.
④ 스프링클러를 설치한 10층 이하의 층은 바닥면적 $3,000m^2$ 이내마다 구획한다.

해설 방화구획의 기준

주요구조부가 내화구조 또는 불연재료로 된 건축물로 연면적이 $1,000m^2$를 넘는 것은 다음의 기준에 의한 내화구조의 바닥, 벽 및 갑종방화문(자동방화셔터 포함)으로 구획하여야 한다.

<table>
<tr><th>건축물의 규모</th><th colspan="2">구 획 기 준</th><th>비 고</th></tr>
<tr><td>10층 이하의 층</td><td colspan="2">바닥면적 $1,000m^2$ ($3,000m^2$) 이내마다 구획</td><td rowspan="4">* ( ) 안의 면적은 스프링클러 등의 자동식 소화설비를 설치한 경우임.</td></tr>
<tr><td>3층 이상의 층, 지하층</td><td colspan="2">층마다 구획(면적에 무관) [단, 지하 1층에서 지상으로 직접 연결하는 경사로 부위는 제외]</td></tr>
<tr><td rowspan="2">11층 이상의 층</td><td>실내마감이 불연재료의 경우</td><td>바닥면적 $500m^2$ ($1,500m^2$)이내마다 구획</td></tr>
<tr><td>실내마감이 불연재료가 아닌 경우</td><td>바닥면적 $200m^2$ ($600m^2$)이내마다 구획</td></tr>
<tr><td colspan="4">필로티의 부분을 주차장으로 사용하는 경우 그 부분과 건축물의 다른 부분을 구획</td></tr>
</table>

13 건축물 내부에 설치하는 피난계단 구조에 관한 설명으로 옳지 않은 것은?

① 피난계단은 내화구조로 하고 피난층 또는 지상까지 직접 연결되도록 한다.
② 계단실에는 예비전원에 의한 조명설비를 한다.

정답 11 ② 12 ③ 13 ③

③ 피난계단의 계단실 실내에 접하는 부분은 난연재료로 마감한다.
④ 건축물의 내부에서 계단실로 통하는 출입구의 유효너비는 0.9m 이상으로 한다.

해설

피난계단의 계단실 실내에 접하는 부분(바닥 및 반자 등 실내에 면하는 모든 부분)의 마감(마감을 위한 바탕 포함)은 불연재료로 할 것

14 벽돌쌓기 방식 중 주로 장막벽으로서 의장적 효과를 위한 것은?

① 영식 쌓기 ② 미식 쌓기
③ 프랑스식 쌓기 ④ 네덜란드식 쌓기

해설

프랑스식 쌓기는 매 켜에 길이와 마구리가 번갈아 나오게 쌓는 것으로, 통줄눈이 많이 생겨 구조적으로는 튼튼하지 못하다. 외관이 좋기 때문에 강도를 필요로 하지 않고 의장을 필요로 하는 벽체 또는 벽돌담 쌓기 등에 쓰인다.

15 철근콘크리트의 특성에 관한 설명 중 옳지 않은 것은?

① 콘크리트는 철근이 녹스는 것을 방지한다.
② 콘크리트속의 철근은 인장력에는 효과적이지만 압축력에는 효과적이지 않다.
③ 철근과 콘크리트는 선팽창계수가 거의 같다.
④ 철근콘크리트 구조체는 내구, 내화적이다.

해설 철근 콘크리트(Reinforced Concrete)구조

철근은 인장력을 부담하고 콘크리트는 압축력을 부담하도록 설계한 일체식으로 구성된 구조로써 우수한 내진구조이다. 철근과 콘크리트와의 부착강도가 커서 잘 부착되며, 콘크리트 속에서 철근의 좌굴이 방지된다.

16 벽돌벽체 내쌓기에 대한 설명 중 옳지 않은 것은?

① 두 켜씩 내쌓기 할 때는 1/4B씩 한다.
② 한 켜씩 내쌓기 할 때는 1/8B씩 한다.
③ 맨 위는 두 켜 내쌓기 한다.
④ 전체 내미는 정도는 1.5B를 한도로 한다.

해설 벽돌 내쌓기

① 벽체에 마루를 놓거나 방화벽으로 처마부분을 가리기 위하여 벽돌을 벽면에서 부분적으로 내쌓는다.
② 장선받이 등을 받거나 돌림띠를 만들 때 혹은 방화벽으로 처마를 가릴 때 쓰인다.
③ 1단씩 1/8B 정도, 2단씩 1/4B 정도씩을 내어 쌓고, 내미는 최대한도는 2.0B로 한다.
④ 내쌓기는 마구리쌓기로 하는 것이 강도와 시공면에서 유리하다.

17 학교 교실의 바닥면적이 600m^2 일 때 환기만을 위한 개구부의 최소면적은?

① 20m^2 ② 30m^2
③ 40m^2 ④ 60m^2

해설 거실의 채광 및 환기(영 제51조, 피난·방화규칙 제17조)

구분	건축물의 용도	창문 등의 면적	예 외 규 정
채광	• 단독주택의 거실 • 공동주택의 거실 • 학교의 교실 • 의료시설의 병실 • 숙박시설의 객실	거실 바닥면적의 1/10 이상	거실의 용도에 따른 조도기준 [별표 1]의 조도 이상의 조명
환기		거실 바닥면적의 1/20 이상	기계장치 및 중앙관리방식의 공기조화설비를 설치한 경우

∴ 환기면적(최소) = 600 × 1/20 = 30m^2

18 비상경보설비를 설치하여야 하는 특정소방대상물 기준으로 옳지 않은 것은?

① 연면적 400m^2 이상
② 지하층 바닥면적이 150m^2 이상

정답 14 ③ 15 ② 16 ④ 17 ② 18 ④

③ 지하가 중 터널로서 길이가 500m 이상
④ 30명 이상의 근로자가 작업하는 옥내 작업장

해설 비상경보설비 설치대상

① 연면적 $400m^2$ 이상인 것(지하가 중 터널 또는 사람이 거주하지 아니하거나 벽이 없는 축사를 제외)
② 지하층 또는 무창층의 바닥면적이 $150m^2$(공연장인 경우 $100m^2$) 이상인 것
③ 지하가 중 터널로서 길이가 500m 이상인 것
④ 50명 이상의 근로자가 작업하는 옥내작업장
[예외] 가스시설, 지하구 경우

19 방염대상물품의 방염성능기준에서 버너의 불꽃을 제거한 때부터 불꽃을 올리지 아니하고 연소하는 상태가 그칠 때까지의 시간은 몇 초 이내인가?

① 5초 이내 ② 10초 이내
③ 20초 이내 ④ 30초 이내

해설 방염성능기준(화재예방·소방시설 설치유지 및 안전관리에 관한 법률에 의한)

방염대상물품의 종류에 따른 구체적인 방염성능기준은 다음에 해당하는 기준의 범위 내에서 소방청장이 정하여 고시하는 바에 의한다.
① 버너의 불꽃을 제거한 때부터 불꽃을 올리며 연소하는 상태가 그칠 때까지 시간은 20초 이내
② 버너의 불꽃을 제거한 때부터 불꽃을 올리지 아니하고 연소하는 상태가 그칠 때까지 시간은 30초 이내
③ 탄화한 면적은 $50cm^2$ 이내, 탄화한 길이는 20cm 이내
④ 불꽃에 의하여 완전히 녹을 때까지 불꽃의 접촉 횟수는 3회 이상
⑤ 소방청장이 정하여 고시한 방법으로 발연량을 측정하는 경우 최대연기밀도는 400 이하

20 서양건축의 시대 순서가 옳게 배열되어 있는 것은?

① 로마양식 – 로마네스크 – 바로크 – 고딕 – 르네상스
② 로마네스크 – 비잔틴 – 로마양식 – 르네상스 – 고딕
③ 비잔틴 – 고딕 – 로마양식 – 로마네스크 – 바로크
④ 로마양식 – 비잔틴 – 로마네스크 – 고딕 – 르네상스

해설 서양건축양식의 순서

[※ 이서그로초비로고르바로/고낭절]
이집트 – 서아시아 – 그리이스 – 로마 – 초기 기독교 – 비쟌틴 – 로마네스크 – 고딕 – 르네상스 – 바로크 – 로코코 – 고전주의 – 낭만주의 – 절충주의

정답 19 ④ 20 ④

01 한국 목조건축의 입면구성에서 크게 3부분으로 대별되는 요소는 어느 것인가?

① 기둥 - 서까래 - 용마루
② 기단 - 공포 - 지붕
③ 초석 - 벽 - 용마루
④ 기단 - 벽 - 지붕

해설 한국 목조건축의 입면구성 3부분 : 기단-벽-지붕

※ 기단(基壇) : 건물, 비석, 탑 따위의 밑에 한층 높게 만들어진 지단(地壇)을 말하는 데, 여염집에서는 "죽담"이라 부른다. 튀는 빗물을 막고 땅의 습기를 피하며 건물의 권위를 높이기 위하여 건물 아랫도리에 돌을 쌓거나 다른 자재를 써서 쌓아 올린 단인데, 기와와 벽돌로 섞어 쌓기도 하고, 돌로만 쌓기도 하며, 돌과 벽돌을 섞어 쌓기도 한다.

02 서양 고전건축에서 실내 벽의 후퇴부로서 주로 조각상의 배치와 장식을 위해 구성된 요소는?

① 나오스(Naos)
② 니치(Niche)
③ 애디큘라(Aedicula)
④ 네이브(Nave)

해설 니치(Niche)

벽면을 부분적으로 오목하게 파서 만든 감상의 장치이다. 서양 고전건축에서 실내 벽의 후퇴부로서 주로 조각상의 배치와 장식을 위해 구성된 요소이다.

03 목구조에서 인장력을 부담하는 목재 가새의 단면적은 이에 접하는 기둥 단면적의 최소 얼마 이상으로 하는 것이 가장 적절한가?

① 1/5 ② 1/8
③ 1/10 ④ 1/12

해설 가새

① 벽체에 가해지는 수평력에 견디게 하는 대각선으로 댄 부재
② 가새의 설치 원칙
㉠ 기둥이나 보의 중간에 가새의 끝단을 대지 말 것
㉡ 기둥이나 보에 대칭이 되도록 할 것
㉢ ×자형으로 배치할 것
㉣ 상부보다 하부에 많이 배치할 것
③ 인장력을 부담하는 가새는 이에 접하는 기둥의 단면적의 1/5 이상의 단면적을 가진 목재 또는 지름 9mm 이상의 철근이나 이와 동등 이상의 강도를 가진 철재를 사용한다.
④ 압축력을 부담하는 가새는 이에 접하는 기둥의 단면적의 1/3 이상의 단면적을 가진 목재를 사용한다.
⑤ 가새는 파내거나 결손시켜 구조 내력상 지장을 주어서는 안된다.
⑥ 가새의 경사도는 45°에 가까울수록 유리하다.

04 다음 중 비상방송설비를 설치하여야 하는 특정소방대상물이 아닌 것은? (단, 위험물 저장 및 처리시설 중 가스시설, 사람이 거주하지 않는 동물 및 식물관련시설, 지하가 중 터널, 축사 및 지하구는 제외)

① 50인 이상의 근로자가 작업하는 옥내 작업장
② 연면적 3,500m^2 이상인 것
③ 지하층의 층수가 3층 이상인 것
④ 지하층을 제외한 층수가 11층 이상인 것

해설 비상방송설비 설치대상

① 연면적 3,500m^2 이상인 것
② 지하층을 제외한 층수가 11층 이상인 것
③ 지하층의 층수가 3개층 이상인 것
[제외] 가스시설, 지하구, 터널과 사람이 거주하지 않는 동물 및 식물관련시설

정답 01 ④ 02 ② 03 ① 04 ①

05 다음 중 그리스 신전 건축의 구성요소가 아닌 것은?

① 엔타블레쳐(Entablature)
② 버트레스(Buttress)
③ 페디먼트(Pediment)
④ 캐피탈(Capital)

해설 그리스 신전 건축의 구성요소

엔타블레쳐(Entablature), 페디먼트(Pediment), 캐피탈(Capital)
※ 고딕건축 구성 요소
① 첨두형 아치(Pointed Arch)
② 리브 볼트(Rib Vault)
③ 플라잉 버트레스(Flying Buttress)
④ 장미창(Rose window)

06 개별 관람실의 바닥면적이 $600m^2$ 인 공연장의 관람실 출구의 유효너비 합계는 최소 얼마 이상인가?

① 3m ② 3.6m
③ 4m ④ 4.6m

해설 공연장의 개별 관람실의 출구기준

관람실의 바닥면적이 $300m^2$ 이상인 경우의 출구는 다음 조건에 적합하여야 한다.
① 관람실별로 2개소 이상 설치할 것
② 각 출구의 유효폭은 1.5m 이상일 것
③ 개별 관람실 출구의 유효폭의 합계는 개별 관람실의 바닥면적 $100m^2$ 마다 0.6m 이상의 비율로 산정한 폭 이상일 것
∴ 개별 관람실 출구의 유효폭의 합계

$$= \frac{600m^2}{100m^2} \times 0.6m = 3.6m$$

07 벽돌구조에서 벽면이 고르지 않을 때 사용하고 평줄눈, 빗줄눈에 대해 대조적인 형태로 비슷한 질감을 연출하는 효과를 주는 줄눈의 형태는?

① 오목줄눈 ② 볼록줄눈
③ 내민줄눈 ④ 민줄눈

해설 치장줄눈 형태별 용도 및 효과

① 평줄눈 : 벽돌의 형태가 고르지 않을 때 사용된다. 거친 질감의 효과를 내기에 적당하다.
② 민줄눈 : 형태가 고르고 깨끗한 벽돌에 사용된다. 질감을 깨끗하게 연출할 수 있으며 일반적으로 사용하는 줄눈이다.
③ 내민줄눈 : 벽면이 고르지 않을 때 사용하며 줄눈의 효과가 확실하다.
④ 오목줄눈 : 약한 음영을 만들면서 여성적 느낌을 준다.

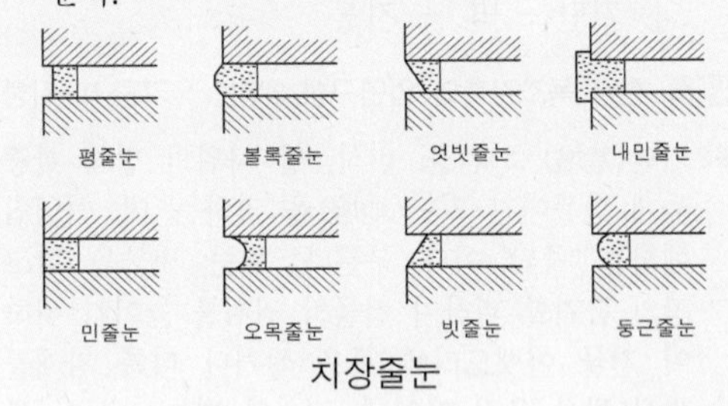

치장줄눈

08 콘크리트의 슬럼프치에 대한 설명으로 옳지 않은 것은?

① 슬럼프치가 높을수록 작업성은 일반적으로 좋아진다.
② 슬럼프치가 높을수록 재료분리가 발생하기 쉽다.
③ 슬럼프치가 낮을수록 진동기를 밀실하게 사용하여야 한다.
④ 슬럼프치가 낮을수록 가수를 하여 사용하는 것이 좋다.

해설

슬럼프 시험(slump test)은 시공연도가 적당한지 파악하기 위하여 콘크리트의 반죽질기를 간단히 측정하는 시험이다.
※ 슬럼프가 지나치게 크면 재료분리 및 블리딩이 많이 발생한다.
※ 슬럼프값은 작업이 적합한 범위 내에서 가능한 작게 한다.

정답 05 ② 06 ② 07 ③ 08 ④

09 **건축물의 방화구획 설치기준으로 옳지 않은 것은?**

① 10층 이하의 층은 바닥면적 1,000m^2 이내마다 구획한다.
② 3층 이상의 층과 지하층은 층마다 구획한다.
③ 11층 이상의 층은 바닥면적 200m^2 이내마다 구획한다.
④ 10층 이하의 층에서 스프링클러설비를 설치하는 경우에는 바닥면적 5,000m^2 이내마다 구획한다.

해설 방화구획의 기준

주요구조부가 내화구조 또는 불연재료로 된 건축물로 연면적이 1,000m^2를 넘는 것은 다음의 기준에 의한 내화구조의 바닥, 벽 및 갑종방화문(자동방화셔터 포함)으로 구획하여야 한다.

<table>
<tr><th>건축물의 규모</th><th colspan="2">구 획 기 준</th></tr>
<tr><td>10층 이하의 층</td><td colspan="2">바닥면적 1,000m^2(3,000m^2) 이내마다 구획</td></tr>
<tr><td>지상층, 지하층</td><td colspan="2">매층마다 구획(면적에 무관)
[단, 지하 1층에서 지상으로 직접 연결하는 경사로 부위는 제외]</td></tr>
<tr><td rowspan="2">11층 이상의 층</td><td>실내마감이 불연재료의 경우</td><td>바닥면적500m^2 (1,500m^2) 이내마다 구획</td></tr>
<tr><td>실내마감이 불연재료가 아닌 경우</td><td>바닥면적 200m^2 (600m^2) 이내마다 구획</td></tr>
<tr><td colspan="3">필로티의 부분을 주차장으로 사용하는 경우 그 부분과 건축물의 다른 부분을 구획</td></tr>
</table>

*( ) 안의 면적은 스프링클러 등의 자동식 소화설비를 설치한 경우임.

10 **바로크 건축에 대한 양식적 설명 중 가장 거리가 먼 것은?**

① 엄격한 형식미를 추구한 양식이다.
② 곡면과 파동곡면을 사용하여 화려하고 동적이며 대조적인 효과를 도입한 양식이다.
③ 건축의 구조, 표현, 장식 등 모든 것이 전체의 효과를 위해 사용되었다.
④ 투시도법을 이용한 극적 효과를 추구하였다.

해설 바로크 건축양식

① 17세기말 이탈리아를 중심으로 인간의 공적인 생활을 위주로 한 실내장식에 중점을 둔 양식이다.
② 곡면과 파동곡면을 사용하여 화려하고 동적이며 대조적인 효과를 도입한 양식이다.
③ 건축의 구조, 표현, 장식 등 모든 것이 전체의 효과를 위해 사용되었다.
④ 양식의 규모가 크고 전체와 부분의 취급이 양감적이며 감각적이다.
⑤ 회화, 조각, 공예가 건축과 융화되어 조화를 이루었으며, 심한 요철, 현란한 장식이 사용되었다.
⑥ 고전적 이상(비례, 균형, 조화)을 버리고 투시도법을 이용한 동적, 극적효과를 추구하였다.
⑦ 베르사이유 궁전은 넓은 판유리 제작 기술을 이용하여 실내 중앙에 거대한 거울의 방(Galerie de Glasse)을 만들어 놓은 바로크 양식의 대표적 건축물이다.

11 **건축물에서의 계단의 설치기준으로 옳지 않은 것은?**

① 초등학교 계단인 경우 계단 및 계단참의 너비는 150cm 이상으로 한다.
② 중·고등학교 계단인 경우 단높이는 18cm 이하로 한다.
③ 바로 위층 거실바닥면적의 합계가 200m^2 이상인 지하층의 계단인 경우 계단의 너비는 120cm 이상으로 한다.
④ 문화 및 집회시설 중 공연장인 경우 계단 및 계단참의 너비는 100cm 이상으로 한다.

해설

문화 및 집회시설(공연장, 집회장, 관람장에 한함)인 경우 계단 및 계단참의 너비는 120cm 이상으로 한다.

정답 09 ④ 10 ① 11 ④

12 건축물의 높이 9m, 벽의 길이 9m로서 1층 벽 높이가 6m일 때, 벽돌조 1층 내력벽의 최소 두께는?

① 150mm ② 190mm
③ 200mm ④ 300mm

해설

조적식 구조인 내력벽의 두께는 그 건축물의 층수, 높이 및 벽의 길이에 따라 정하는 두께 이상으로 하되, 조적재가 벽돌인 경우에는 당해 벽높이의 1/20 이상, 블록인 경우에는 1/16 이상으로 하여야 한다.
∴ 벽돌조의 높이가 6m 이므로
600cm×1/20=30cm=300mm

13 철근콘크리트 구조에 대한 설명 중 옳지 않은 것은?

① 철근콘크리트 구조는 일반적으로 라멘 구조이다.
② 철근콘크리트 단순보의 늑근은 보의 양 단부보다 중앙부에 많이 배근한다.
③ 슬래브의 일부가 보의 일부로 간주될 때 이 보를 T형보라 한다.
④ 철근에 대한 콘크리트의 피복두께는 구조체의 내구성에 영향을 준다.

해설 철근콘크리트구조의 단순보

① 단순보는 양단이 조적조 등에 단순히 얹혀 있는 상태의 보이다.
② 보의 하부에는 인장력이 생겨 균열이 되므로 재의 축(길이)방향으로 철근을 넣어 보강한다.
③ 단순보의 인장력은 보의 중앙부의 하부에서 최대가 되고, 단부의 하부로 갈수록 작아지므로 단부에서는 하부 철근이 많이 필요하지 않다.
※ 등분포하중이 작용하는 철근콘크리트 단순보의 양단부에는 전단보강근이 가장 많이 필요하다.
※ 전단력을 보강하여 보의 주근 주위에 둘러 감은 철근을 늑근(스터럽, stirrup)이라 하며 단순보의 늑근(스터럽)은 중앙부보다 단부에서 좁게 배치한다.

14 다음 중 조적조에서 내력벽을 막힌줄눈으로 하는 주된 이유는?

① 상부하중을 벽면 전체에 골고루 분산시키기 위해서
② 부착강도를 높이기 위해서
③ 인장력에 대한 강도를 증가시키기 위해서
④ 벽돌 벽면의 의장 효과를 내기 위해서

해설

벽돌조에서 내력벽을 쌓을 때 막힌줄눈으로 하면 상부의 하중이 골고루 분산되고 클랙 발생이 적으며 방습상도 유리하다. 조적조에서는 상부응력을 하부로 분산하기 위하여 막힌줄눈 쌓기를 원칙으로 한다.

15 철골구조에서 보의 휨응력에 대한 저항성을 크게 하기 위해 플랜지 부분에 사용하는 것은?

① 커버플레이트 ② 스티프너
③ 래티스 ④ 윙플레이트

해설

커버 플레이트(cover plate) : 플랜지 보강용으로 휨모멘트에 저항하며 플랜지 앵글 위에 4장 이하 단면적 70% 이하로 깔고 계산상 필요하지 않더라도 보통 30~40cm 정도 여장을 두어 휨에 대한 내력을 보강한다.
※ 스티프너(stiffener) : 웨브(web)의 전단 보강(web plate의 좌굴 방지)

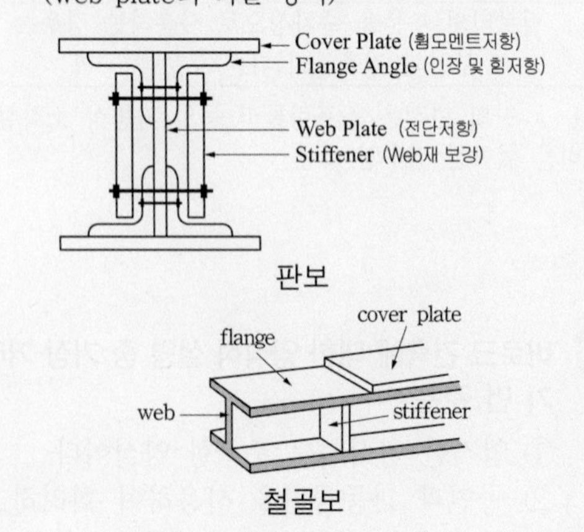

정답 12 ④ 13 ② 14 ① 15 ①

16 목조반자틀에서 달대의 윗부분은 다음 중 어느 부재에 달아 매어야 하는가?

① 인서트 ② 바닥틀
③ 달대받이 ④ 장선

해설 반자틀 짜는 순서

① 달대받이 : 바닥판에 묻어둔 철물(인서트)에 9cm 각의 목재를 고정
② 달대 : 4.5cm 각재를 120cm 간격으로 상부는 달대받이에 못박아 대고 하부 반자틀에 주먹턱 맞춤을 한다.
③ 반자틀받이 : 4.5cm 각재를 90cm 간격으로 배치하여 달대에 고정
④ 반자틀 : 4.5cm 각재를 45cm 간격으로 반자틀받이에 못박아댄다.
⑤ 반자돌림대 : 벽과 반자가 맞닿는 곳에 벽과 반자를 잘 마무리하여 장식효과를 겸한다.

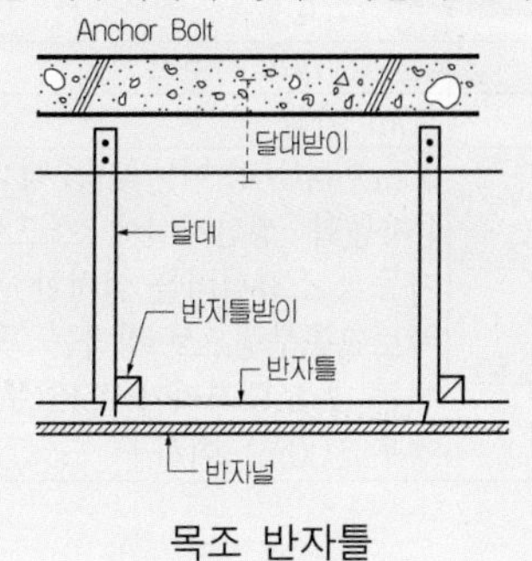

목조 반자틀

17 이집트 건축에 관한 설명 중 옳지 않은 것은?

① 영원성을 추구한 석조건축 위주였기 때문에 가구를 비롯한 실내 디자인은 경시하였다.
② 초기무덤의 형식은 마스타바 형태로 나타난다.
③ 이집트의 아문 라 신전의 입구에는 파일런이 설치되어 있다.
④ 주두의 모양은 연꽃, 파피루스, 종려의 형태를 하고 있다.

해설 이집트 건축

① 주된 재료는 석재였으나 그 구조는 목조형식의 가구식구조이다.
② 이집트왕조 초기에 왕, 왕족, 귀족의 분묘로 건설되어 후에는 피라미드로 발전하였다. 초기 무덤의 형식은 마스터바 형태로 나타난다.
③ 주두의 모양은 연꽃, 파피루스, 종려의 형태를 하고 있다.
④ 주택은 태양에 말린 진흙벽돌로 되었고, 중정을 만들어 생활화 하였다.
⑤ 목재가 귀하여 진흙과 돌을 건축재료로 사용하였으며, 갈대를 묶어 기둥으로 사용하기도 하였다.
※ 파일론(pylon) : 고대 이집트의 신전이나 대건축물의 탑 모양의 문

18 다음 중 승강기 설치 대상 건축물의 층수 및 연면적 기준으로 옳은 것은?

① 5층 이상으로서 연면적 2,000m^2 이상
② 6층 이상으로서 연면적 2,000m^2 이상
③ 5층 이상으로서 연면적 3,000m^2 이상
④ 6층 이상으로서 연면적 3,000m^2 이상

해설 승용승강기의 설치대상

층수가 6층 이상으로서 연면적 2,000m^2 이상인 건축물
[예외] 층수가 6층인 건축물로서 각층 거실 바닥면적 300m^2 이내마다 1개소 이상 직통계단을 설치한 경우

19 고대 그리스건축에 관한 설명으로 옳은 것은?

① 고대 그리스신전은 이집트 신전의 산만한 배치와는 대조적으로 매우 질서있고 짜임새 있는 대칭적인 면을 보여준다.
② 그리스인들은 부와 권력을 과시할 수 있는 화려한 내부공간을 발전시켰다.
③ 그리스 최초의 건축 오더는 그리스 본토에서 사용된 코린티안 오더이다.
④ 고대 그리스의 주된 건물형태는 민주적인 시민의 권위를 대표하는 큐리아(Curia)라는 건축이다.

정답 16 ③ 17 ① 18 ② 19 ①

해설 그리스 건축

① 평면은 균형있는 형태로 전면, 측면, 후면에는 열주로 되어 있다.
② 건축물의 내부공간보다는 외부공간에 중점을 두고 만들었다.
③ 건축의 공간미보다는 형태미를 추구하여 건물 외관에 치중하였다.
④ 극장, 경기장은 자연적 지형을 이용하여 관람실을 만들었다.
⑤ 기둥에는 엔타시스(entasis)를 두어 착각교정을 하는 정도로 과학적이다.
⑥ 지중해 연안의 풍부한 석재(주로 대리석)를 건축의 주재료로 사용하였다.
⑦ 가구식 구조 체계를 주로 사용(석재를 쌓을 때 모르타르를 쓰지 않고 철물을 사용)
⑧ 장식은 사생적이다.
⑨ 그리스 건축의 3가지 오더(order) : 도릭(Doric)식, 이오니아(Ionian)식, 코린트(Corinthian)식

20 다음 창호 중 경첩을 사용하지 않는 것은?

① 미닫이창 ② 여닫이창
③ 여닫이문 ④ 자재문

해설

③ 여닫이문 : 가장 많이 사용하는 문으로 문틀에 경첩 또는 힌지를 이용하여 실내 도는 실외로 개폐하는 문이다.
④ 자재문 : 자유경첩의 스프링에 의해 내외 어느 쪽으로도 열 수 있을 뿐만 아니라 자력으로 닫혀지는 문이다.

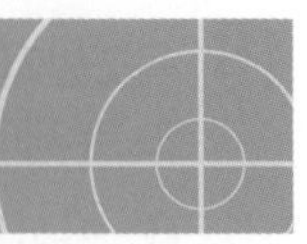

건축일반 2013년 6월 2일(2회)

01 건축물의 피난층 외의 층에서 피난층 또는 지상으로 통하는 직통계단을 설치할 때 거실의 각 부분으로부터 계단에 이르는 보행거리는 최대 몇 m 이하가 되도록 해야 하는가? (단, 주요구조부가 내화구조와 불연재료로 되어 있으며, 건축물은 16층 이상인 공동주택이다.)

① 30m ② 40m
③ 50m ④ 75m

해설 피난층이 아닌 층에서의 보행거리

피난층이 아닌 층에서 거실 각 부분으로부터 피난층(직접 지상으로 통하는 출입구가 있는 층) 또는 지상으로 통하는 직통계단(경사로 포함)에 이르는 보행거리는 다음과 같다.

구분	보행거리
원칙	30m 이하
주요구조부가 내화구조 또는 불연재료로 된 건축물	50m 이하(16층 이상 공동주택 : 40m 이하) [자동화 생산시설에 스프링클러 등 자동식 소화설비를 설치한 공장으로서 국토교통부령으로 정하는 공장인 경우에는 그 보행거리가 75m(무인화 공장 경우 100m) 이하]

02 다음 특정소방대상물에 사용하는 실내장식물 중 방염대상물품에 속하지 않는 것은?

① 창문에 설치하는 커튼류
② 두께가 2mm 미만인 종이벽지
③ 전시용 합판
④ 전시용 섬유판

해설 특정소방대상물에서 사용되는 방염대상물품

제조 또는 가공공정에서 방염처리를 한 물품(합판·목재류의 경우에는 설치현장에서 방염처리를 한 것을 말함)으로서 다음의 하나에 해당하는 것을 말한다.
① 창문에 설치하는 커텐류(브라인드를 포함)
② 카페트, 두께가 2mm 미만인 벽지류로서 종이벽지를 제외한 것
③ 전시용 합판 또는 섬유판, 무대용 합판 또는 섬유판
④ 암막·무대막(영화상영관, 골프연습장업에 설치하는 스크린을 포함)

정답 20 ① / 01 ② 02 ②

03 신축 또는 리모델링하는 100세대 이상의 공동주택(기숙사 제외)은 자연환기설비 또는 기계환기설비를 설치하여 최소 시간당 몇 회 이상의 환기가 이루어지도록 해야 하는가?

① 0.5회 ② 0.7회
③ 0.8회 ④ 1.0회

해설 공동주택 및 다중이용시설의 환기설비

신축 또는 리모델링하는 다음에 해당하는 주택 또는 건축물은 시간당 0.5회 이상의 환기가 이루어질 수 있도록 자연환기설비 또는 기계환기설비를 설치하여야 한다.
㉠ 100세대 이상의 공동주택
㉡ 주택을 주택 외의 시설과 동일건축물로 건축하는 경우로서 주택이 100세대 이상인 건축물
☞ 13.9.2일자 개정사항임(0.7회 → 0.5회로 개정)

04 다음 그림과 같은 벽돌벽 치장줄눈의 명칭은?

① 민줄눈
② 빗줄눈
③ 오목줄눈
④ 평줄눈

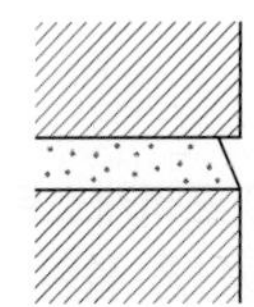

해설 치장줄눈

줄눈 부위를 장식적으로 만든 것

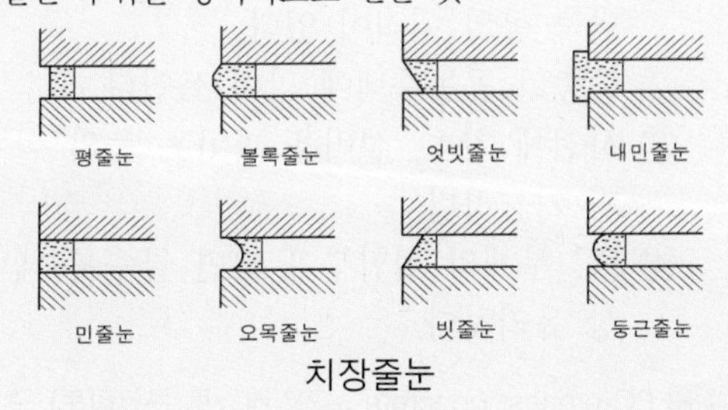

치장줄눈

05 다음의 내용 ( ) 안에 해당하는 자는 누구인가?

> 특정소방대상물에 소방시설을 설치하려는 자는 지진이 발생할 경우 소방시설이 정상적으로 작동될 수 있도록 ( ) 이 정하는 내진설계기준에 맞게 소방시설을 설치하여야 한다. 여기서, 소방시설이란 소화설비(소화기구 제외), 소화용수설비, 소화활동설비를 말한다.

① 소방본부장 ② 국민안전처장관
③ 소방대원 ④ 소방서장

해설

특정소방대상물에 소방시설을 설치하려는 자는 지진이 발생할 경우 소방시설이 정상적으로 작동될 수 있도록 국민안전처장관이 정하는 내진설계기준에 맞게 소방시설을 설치하여야 한다.
여기서, 소방시설이란 소화설비(소화기구 제외), 소화용수설비, 소화활동설비를 말한다.

06 건축물의 피난층 또는 피난층의 승강장으로부터 건축물의 바깥쪽에 이르는 통로에 경사로를 설치하지 않아도 되는 것은?

① 교육연구시설 중 학교
② 승강기를 설치하여야 하는 건축물
③ 연면적이 4,000m^2인 판매시설
④ 제1종 근린생활시설 중 변전소

해설 경사로 설치

① 제1종 근린생활시설 중
㉠ 지역자치센터·파출소·지구대·소방서·우체국·전신전화국·방송국·보건소·공공도서관·지역의료보험조합 등 동일한 건축물 안에 당해 용도에 쓰이는 바닥면적의 합계가 1,000m^2 미만인 것
㉡ 마을공회당·마을공동작업소·마을공동구판장·변전소·양수장·정수장·대피소·공중화장실
② 연면적이 5,000m^2 이상인 판매시설, 운수시설
③ 교육연구시설 중 학교
④ 업무시설 중 국가 또는 지방자치단체의 청사와 외국공관의 건축물로서 제1종 근린생활시설에 해당하지 아니한 것
⑤ 승강기를 설치해야 하는 건축물

07 옥상광장 또는 2층 이상인 층에 있는 노대(露臺)나 그 밖에 이와 비슷한 것의 주위에는 최소 얼마 높이 이상의 난간을 설치하여야 하는가?

① 0.7m ② 1.0m
③ 1.1m ④ 1.2m

해설

옥상광장 또는 2층 이상의 층에 있는 노대 기타 이와 유사한 것의 주위에는 높이 1.2m 이상 의 난간을 설치하여야 한다.

정답 03 ① 04 ② 05 ② 06 ③ 07 ④

08 고딕시대 건축에 대한 설명 중에서 옳지 않은 것은?

① 첨두형아치와 볼트가 발달하였다.
② 첨탑과 플라잉 버트레스가 사라졌다.
③ 대성당, 공공건축 등 도시건축이 활발하였다.
④ 천정은 지붕의 들보나 지붕틀이 노출되었다.

해설 고딕 건축의 특징

① 수직선을 의장의 주요소로 하여 하늘을 지향하는 종교적 신념과 그 사상을 합리적으로 반영시켜서 교회건축 양식을 완성하였다.
② 석재를 자유자재로 사용하였다.
③ 첨두형 아치(Pointed Arch)와 첨두형 볼트(Point Arch), 플라잉 버트레스(Flying Buttress)가 주로 사용되었다.
④ 대표작으로는 샤르트르 성당, 노트르담 성당, 아미앵 성당, 랭스 성당, 쾰른 성당, 밀라노 성당 등이 있다.

09 다음 소방시설 중 소화설비에 해당되지 않은 것은?

① 연결살수설비 ② 미분무소화설비
③ 옥외소화전설비 ④ 소화기구

해설

소방시설이란 소화설비·경보설비·피난구조설비·소화용수설비 그 밖에 소화활동설비를 말한다.
① 소화설비 : 소화기구, 옥내소화전설비, 스프링클러설비·간이스프링클러설비 및 화재조기진압용 스프링클러설비, 물분무소화설비·미분무소화설비·포소화설비·이산화탄소소화설비·할로겐화합물소화설비·청정소화약제소화설비 및 분말소화설비, 옥외소화전설비
② 소화활동설비 : 제연설비, 연결송수관설비, 연결살수설비, 비상콘센트설비, 무선통신보조설비, 연소방지설비

10 표준형 점토벽돌 2.0B 벽두께 치수로 옳은 것은? (단, 공간쌓기 아님)

① 390mm ② 400mm
③ 420mm ④ 450mm

해설 벽돌의 치수

(단위 : mm)

구분 \ 종류	길이(B)	너비(A)	두께
기존형(재래형)	210	100	60
표준형(기본형)	190	90	57

※ 너비는 길이에서 줄눈의 뺀 것의 반으로 되어 있다.
※ 일반적으로 줄눈너비는 10mm로 한다.
∴ 표준형 벽돌 1.5B 벽두께 치수
= 190mm + 10mm + 90mm = 290mm
표준형 벽돌 2.0B 벽두께 치수
= 190mm + 10mm + 190mm = 390mm

11 PC(프리캐스트 콘크리트)구조의 특징에 대한 내용 중 틀린 것은?

① 골조를 구성하는 대개의 부재가 공장에서 제작되기 때문에 품질의 향상, 공기단축 등의 이점이 있다.
② 중층의 공동주택에 많이 쓰인다.
③ 사전에 창호, 설비용 파이프 등의 설치가 가능하다.
④ PC 부재의 접합부가 크면 클수록 내력상 유리하다.

해설 PC(precast concrete : 프리캐스트 콘크리트) 구조의 특징

기둥, 벽, 보 및 바닥 철근콘크리트 부재를 공장에서 제작하고, 현장에서 양중장비를 이용하여 조립하는 구조로 공업화건축의 하나이다.
건설 수요의 급증으로 인하여 대량생산이 필요해지면서 적용되고 있는 구조이다.
① 골조를 구성하는 대개의 부재가 공장에서 제작되기 때문에 품질의 향상, 공기단축 등의 이점이 있다.
② 사전에 창호, 설비용의 파이프 등을 설치해 둘 수가 있다.

정답 08 ② 09 ① 10 ① 11 ④

③ 접합부가 일체화될 수 없어 접합부 강성의 취약하므로 PC 부재의 접합(이음)부가 작으면 작을수록 좋다.
④ 기후변화에 영향을 적게 받으며, 설계상의 제약이 따른다.
⑤ 중층의 공동 주택에 많이 쓰인다.
※ 초기시설투자비가 많이 든다.

12 초기 기독교 건축의 중앙집중형 공간이 탄생하게 된 배경은?

① 기독교가 안정되면서 종교 의식에 필요한 공간 구조가 요구되었다.
② 기독교가 안정되면서 신도수가 늘자 집회 공간이 더 요구되었다.
③ 천상의 이미지를 상징적으로 표현할 장소가 요구되었다.
④ 순교자의 무덤을 실내로 들여오게 되었다.

해설

초기 기독교 건축의 중앙집중형 공간이 탄생하게 된 배경은 순교자의 무덤을 실내로 들여오게 되면서 부터였다.
※ 카타콤(Catacomb) : 지하공동묘소

13 소방관계법령에서 정의한 무창층에 해당하는 기준으로 옳은 것은?

A : 무창층과 관련된 일정 요건을 갖춘 개구부 면적의 합계
B : 해당 층 바닥면적

① A/B ≤ 1/10 ② A/B ≤ 1/20
③ A/B ≤ 1/30 ④ A/B ≤ 1/50

해설 무창층

지상층 중 다음에 해당하는 요건을 모두 갖춘 개구부(건축물에서 채광·환기·통풍 또는 출입 등을 위하여 만든 창·출입구 그 밖에 이와 비슷한 것을 말함)의 면적의 합계가 당해 층의 바닥면적의 1/30 이하가 되는 층을 말한다.

① 개구부의 크기가 지름 50cm 이상의 원이 내접할 수 있을 것
② 해당 층의 바닥면으로부터 개구부 밑부분까지의 높이가 1.2m 이내일 것
③ 개구부는 도로 또는 차량이 진입할 수 있는 빈터를 향할 것
④ 화재시 건축물로부터 쉽게 피난할 수 있도록 개구부에 창살 그 밖의 장애물이 설치되지 아니할 것
⑤ 내부 또는 외부에서 쉽게 파괴 또는 개방할 수 있을 것

14 건축물을 건축하거나 대수선하는 경우 건축물의 설계자가 국토교통부령이 정하는 구조기준 등에 따라 그 구조의 안전을 확인하여야 하는 건축물은?

① 건축물 높이 11m인 건축물
② 처마높이가 9m인 건축물
③ 연면적이 100m^{2}인 건축물
④ 기둥과 기둥 사이의 거리가 8m인 건축물

해설 구조계산에 의한 구조안전의 확인 대상 건축물

구분	구조계산 대상 건축물
1. 층수	2층 이상 (기둥과 보가 목재인 목구조 경우 : 3층 이상)
2. 연면적	200m^2(목구조 : 500m^2) 이상인 건축물 (창고, 축사, 작물 재배사 및 표준설계도서에 따라 건축하는 건축물은 제외)
3. 높이	13m 이상
4. 처마높이	9m 이상
5. 경간	10m 이상 * 경간 : 기둥과 기둥 사이의 거리(기둥이 없는 경우에는 내력벽과 내력벽 사이의 거리를 말함)
6. 국토교통부령으로 정하는 지진구역의 건축물	
7. 국가적 문화유산으로 보존할 가치가 있는 박물관·기념관 등으로서 연면적의 합계가 5,000m^2 이상인 건축물	
8. 특수구조 건축물 중 3m 이상 돌출된 건축물과 특수한 설계·시공·공법 등이 필요한 건축물	
9. 단독주택 및 공동주택	

정답 12 ④ 13 ③ 14 ②

15 **다음 중에서 주로 목재 보의 이음부분에서 보강철물로 사용되는 것으로 두 부재 사이에 끼워져 전단력에 저항하는데 사용하는 보강철물은?**

① 볼트 ② 꺽쇠
③ 띠쇠 ④ 듀벨

해설 듀벨(Dubel)

① 목구조에 사용하는 보강철물이다.
② 보울트와 같이 사용하여 듀벨은 전단력에 저항하고, 보울트는 인장력에 저항케 한다.
③ 균열이 생기지 않게 하기 위해 충분한 단면과 더 낸 길이를 둔다.
④ 듀벨의 배치는 동일 섬유상을 피하고 엇갈리게 배치한다.
⑤ 재의 건조 수축에 대비하여 보울트는 수시로 죈다.
⑥ 듀벨의 보울트에는 인장 와셔를 사용한다.

16 **다음 철골구조의 구성요소와 가장 거리가 먼 것은?**

① 거셋 플레이트(Gusset plate)
② 스티프너(Stiffner)
③ 플랜지(Flange)
④ 스터럽(Stirrup)

해설

철근콘크리트 기둥에서 주근의 좌굴방지를 위해 넣는 것은 띠철근(대근)이라 하고, 철근콘크리트 보에서 주근의 좌굴방지를 위해 넣는 것을 늑근(스터럽, stirrup)이라 한다.
※ 철근콘크리트보에서 늑근(스터럽, stirrup)을 두는 목적
① 전단력에 의한 균열 방지
② 균열 후 그 균열의 증대 방지
③ 주철근 상호간의 위치 보존

17 **헬리포트를 설치하거나 헬리콥터를 통하여 인명 등을 구조할 수 있는 공간을 설치하기 위한 건축물 기준은? (단, 건축물의 지붕을 평지붕으로 하는 경우)**

① 층수가 9층 이상인 건축물로서 9층 이상인 층의 바닥 면적의 합계가 9,000m^2 이상인 건축물
② 층수가 10층 이상인 건축물로서 10층 이상인 층의 바닥 면적의 합계가 10,000m^2 이상인 건축물
③ 층수가 11층 이상인 건축물로서 11층 이상인 층의 바닥 면적의 합계가 10,000m^2 이상인 건축물
④ 층수가 12층 이상인 건축물로서 12층 이상인 층의 바닥 면적의 합계가 10,000m^2 이상인 건축물

해설 헬리포트의 설치

층수가 11층 이상인 건축물로서 11층 이상인 층의 바닥면적의 합계가 10,000m^2 이상인 건축물의 옥상에는 다음의 구분에 따른 공간을 확보하여야 한다.
① 건축물의 지붕을 평지붕으로 하는 경우 : 헬리포트를 설치하거나 헬리콥터를 통하여 인명 등을 구조할 수 있는 공간
② 건축물의 지붕을 경사지붕으로 하는 경우 : 경사지붕 아래에 설치하는 대피공간

18 **공동소방안전관리자 선임대상 특정소방대상물의 층수 기준은? (단, 복합건축물의 경우)**

① 4층 이상 ② 5층 이상
③ 7층 이상 ④ 10층 이상

해설 공동소방안전관리자 선임대상 특정소방대상물

① 고층 건축물(지하층을 제외한 층수가 11층 이상인 건축물만 해당)
② 지하가(지하의 인공구조물 안에 설치된 상점 및 사무실, 그 밖에 이와 비슷한 시설이 연속하여 지하도에 접하여 설치된 것과 그 지하도를 합한 것을 말함)
③ 복합건축물로서 연면적이 5,000m^2 이상인 것 또는 층수가 5층 이상인 것
④ 판매시설 중 도매시장 및 소매시장
⑤ 특정소방대상물 중 소방본부장 또는 소방서장이 지정하는 것

정답 15 ④ 16 ④ 17 ③ 18 ②

19 **문화 및 집회시설로서 스프링클러설비를 모든 층에 설치하여야 할 경우에 대한 기준에서 옳지 않은 것은?**

① 수용인원이 100인 이상인 것
② 무대부가 4층 이상의 층에 있는 경우에는 무대부의 200m² 이상인 것
③ 영화상영관의 용도로 쓰이는 층의 바닥면적이 지하층 또는 무창층인 경우 500m² 이상인 것
④ 무대부가 지하층·무창층에 있는 경우 무대부의 면적이 300m² 이상인 것

해설 모든 층에 스프링클러설비를 설치하여야 할 특정소방대상물(문화집회 및 운동시설 경우)

① 문화집회 및 운동시설(사찰·제실·사당 및 동식물원은 제외)로서 다음에 해당하는 모든 층
㉠ 수용인원이 100인 이상
㉡ 영화상영관의 용도로 쓰이는 층의 바닥면적이 지하층 또는 무창층인 경우 500m² 이상, 그 밖의 층의 경우에는 1,000m² 이상
㉢ 무대부가 지하층·무창층 또는 층수가 4층 이상인 층에 있는 경우에는 300m² 이상
㉣ 무대부가 ㉢ 외의 층에 있는 경우에는 무대부의 면적이 500m² 이상

20 **5층 이상 또는 지하 2층 이하인 층에 설치하는 직통계단은 국토교통부령으로 정하는 기준에 따라 피난계단 또는 특별피난계단으로 설치하여야 하는데, 이에 해당하는 경우가 아닌 것은? (단, 건축물의 주요구조부가 내화구조 또는 불연재료로 되어 있는 경우)**

① 5층 이상인 층의 바닥면적의 합계가 250m² 인 경우
② 5층 이상인 층의 바닥면적의 합계가 300m² 인 경우
③ 5층 이상인 층의 바닥면적 200m² 마다 방화구획이 되어 있는 경우
④ 5층 이상인 층의 바닥면적 400m² 마다 방화구획이 되어 있는 경우

해설 피난계단, 특별피난계단의 설치대상

① 5층 이상의 층으로부터 피난층 또는 지상으로 통하는 직통계단
② 지하 2층 이하의 층으로부터 피난층 또는 지상으로 통하는 직통계단
③ 5층 이상의 층으로부터 피난층 또는 지상으로 통하는 직통계단과 직접 연결된 지하 1층의 계단
※ 판매시설(도매시장, 소매시장, 상점) 용도로 쓰이는 층으로부터의 직통계단은 1개소 이상 특별피난계단으로 설치하여야 한다.

[예외] 주요구조부가 내화구조, 불연재료로 된 건축물로서 5층 이상의 층의 바닥면적 합계가 200m² 이하이거나, 바닥면적 200m² 이내마다 방화구획이 된 경우

정답 19 ② 20 ③

건축일반 2013년 8월 18일(4회)

01 문화 및 집회시설 중에서 공연장의 개별관람실(바닥면적이 300m² 이상) 각 출구의 유효너비는 최소 얼마 이상인가?

① 1.0m ② 1.5m
③ 2.0m ④ 2.5m

해설 공연장의 개별 관람실의 출구기준

관람실의 바닥면적이 300m² 이상인 경우의 출구는 다음 조건에 적합하여야 한다.
① 관람실별로 2개소 이상 설치할 것
② 각 출구의 유효폭은 1.5m 이상일 것
③ 개별 관람실 출구의 유효폭의 합계는 개별 관람실의 바닥면적 100m² 마다 0.6m 이상의 비율로 산정한 폭 이상일 것
※ 개별 관람실 출구의 유효너비의 합계는 최소 3.0m 이상으로 한다.

02 건축물에 설치하는 지하층의 비상탈출구와 관련한 기준 중에서 옳지 않은 것은?

① 비상탈출구의 유효너비는 0.9m 이상으로 하고, 유효높이는 1.2m 이상으로 할 것
② 비상탈출구의 문은 피난방향으로 열리도록 하고, 실내에서 항상 열 수 있는 구조로 할 것
③ 비상탈출구는 출입구로부터 3m 이상 떨어진 곳에 설치 할 것
④ 비상탈출구의 진입부분 및 피난통로에는 통행에 지장이 있는 물건을 방치하거나 시설물을 설치하지 아니할 것

해설

비상탈출구의 유효너비는 0.75m 이상으로 하고, 유효높이는 1.5m 이상으로 할 것

03 목재의 이음에 사용되는 듀벨(Dubel)이 저항하는 힘의 종류는?

① 압축력 ② 전단력
③ 인장력 ④ 수평력

해설 듀벨(Dubel)

① 목구조에 사용하는 보강철물이다.
② 보울트와 같이 사용하여 듀벨은 전단력에 저항하고, 보울트는 인장력에 저항케 한다.
③ 균열이 생기지 않게 하기 위해 충분한 단면과 더 낸 길이를 둔다.
④ 듀벨의 배치는 동일 섬유상을 피하고 엇갈리게 배치한다.
⑤ 재의 건조 수축에 대비하여 보울트는 수시로 죈다.
⑥ 듀벨의 보울트에는 인장 와셔를 사용한다.

04 한국의 전통건축에서 주두의 일반적인 기능과 가장 거리가 먼 것은?

① 시각적인 불안을 교정
② 조형미의 교정
③ 구조의 불안정을 교정
④ 권위성을 강조

해설 한국의 전통건축에서 주두의 일반적인 기능

① 구조의 불안정을 교정
② 조형미의 교정
③ 시각적인 불안을 교정
※ 주두(柱頭) : 기둥머리 위에 놓여 포작(包作)을 받아 공포를 구성하는 대접처럼 넓적하게 네모난 나무로 상부의 하중을 균등하게 기둥에 전달하는 기능을 가지고 있다.

05 표준형 벽돌 2.5B 벽두께 치수로 맞는 것은?

① 490mm ② 460mm
③ 420mm ④ 390mm

정답 01 ② 02 ① 03 ② 04 ④ 05 ①

해설 벽돌의 치수

(단위 : mm)

구분 \ 종류	길이(B)	너비(A)	두께
기존형(재래형)	210	100	60
표준형(기본형)	190	90	57

※ 너비는 길이에서 줄눈의 뺀 것의 반으로 되어 있다.
※ 일반적으로 줄눈너비는 10mm로 한다.
∴ 표준형 벽돌 1.5B 벽두께 치수
= 190mm + 10mm + 90mm = 290mm
표준형 벽돌 2.0B 벽두께 치수
= 190mm + 10mm + 190mm = 390mm
표준형 벽돌 2.5B 벽두께 치수
= 190mm + 10mm + 190mm + 10mm + 90mm
= 490mm

06 비상용승강기의 승강장에 설치하는 배연설비의 구조에 관한 기준이다. 옳지 않은 것은?

① 배연구에 설치하는 자동개방장치는 손으로 열고 닫을 수 없도록 할 것
② 배연구는 평상시에는 닫힌 상태를 유지하고, 연 경우에는 배연에 의한 기류로 인하여 닫히지 아니하도록 할 것
③ 배연기에는 예비전원을 설치할 것
④ 배연구가 외기에 접하지 아니하는 경우에는 배연기를 설치할 것

해설 특별피난계단 및 비상용승강장에 설치하는 배연설비의 기준

① 배연구 및 배연풍도는 불연재료로 하고, 화재가 발생한 경우 원활하게 배연시킬 수 있는 규모로서 외기 또는 평상시에 사용하지 아니하는 굴뚝에 연결할 것
② 배연구에 설치하는 수동개방장치 또는 자동개방장치(열감지기 또는 연기감지기에 의한 것을 말함)는 손으로도 열고 닫을 수 있도록 할 것
③ 배연구는 평상시에는 닫힌 상태를 유지하고, 연 경우에는 배연에 의한 기류로 인하여 닫히지 아니하도록 할 것
④ 배연구가 외기에 접하지 아니하는 경우에는 배연기를 설치할 것
⑤ 배연기는 배연구의 열림에 따라 자동적으로 작동하고, 충분한 공기배출 또는 가압능력이 있을 것
⑥ 배연기에는 예비전원을 설치할 것
⑦ 공기유입방식을 급기가압방식 또는 급·배기 방식으로 하는 경우에는 ㉠~㉥의 규정에도 불구하고 소방관계법령의 규정에 적합하게 할 것

07 철근콘크리트 구조에 대한 설명 중에서 옳지 않은 것은?

① 철근과 콘크리트의 선팽창 계수는 거의 동일하므로 일체화가 가능하다.
② 습식구조이므로 동절기 공사에 유의하여야 한다.
③ 철근콘크리트구조에서 인장력은 철근이 부담하는 것으로 한다.
④ 타구조에 비해 경량구조이므로 형태의 자유도가 높다.

해설

철근 콘크리트(Reinforced Concrete)구조란 철근은 인장력을 부담하고 콘크리트는 압축력을 부담하도록 설계한 일체식으로 구성된 구조로써 우수한 내진구조이다.
(1) 장점
① 내구, 내화, 내진적이다.
② 설계와 의장이 자유롭다.
③ 유지비, 관리비가 적게 든다.
④ 재료 구입이 용이하다.
(2) 단점
① 중량이 무겁다. (철근 콘크리트 : $2.4t/m^3$, 무근 콘크리트 : $2.3t/m^3$)
② 습식구조이므로 공사기간이 길어진다.
③ 공사의 성질상 가설물(거푸집 등)의 비용이 많이 든다.
④ 균열발생이 쉽고 국부적으로 파손되기 쉽다.
⑤ 재료의 재사용 및 파괴가 곤란하다.
⑥ 전음도가 크다.

정답 06 ① 07 ④

08 철근콘크리트 기둥에서 주근의 좌굴방지를 위해 넣는 것은?

① 띠철근 ② 배력근
③ 늑근 ④ 세로근

해설 철근콘크리트 기둥의 띠철근(대근)과 나선철근의 역할

① 주근의 좌굴을 방지
② 수평력에 의한 전단 보강의 작용
③ 콘크리트가 수평으로 퍼져 나가는 것을 방지(콘크리트 강도 증가)

09 건축물의 사용승인 시 소방본부장 또는 소방서장이 사용승인에 동의하는 방식은?

① 건축물의 사용승인신청서에 날인
② 소방시설공사의 사용승인신청서 교부
③ 건축물의 사용승인확인서에 날인
④ 소방시설공사의 완공검사증명서 교부

해설

건축물의 사용승인 시 소방본부장 또는 소방서장은 소방시설공사의 완공검사증명서를 교부하여 사용승인에 동의한다.

10 건축물의 피난시설과 관련하여 국토교통부령으로 정하는 기준에 따라 건축물로부터 바깥쪽으로 나가는 출구를 설치하여야 하는 대상의 건축물에 속하지 않는 것은?

① 전시장 및 동·식물원
② 위락시설
③ 장례식장
④ 국가 또는 지방자치단체의 청사

해설 건축물 바깥쪽으로의 출구 설치 대상

① 문화 및 집회시설(전시장 및 동·식물원을 제외)
② 판매시설(도매시장·소매시장 및 상점)
③ 장례식장
④ 업무시설 중 국가 또는 지방자치단체의 청사
⑤ 위락시설
⑥ 연면적이 5,000m² 이상인 창고시설
⑦ 교육연구시설 중 학교
⑧ 승강기를 설치하여야 하는 건축물

[예외] 관람실의 바닥면적의 합계가 300m² 이상인 집회장 또는 공연장은 바깥쪽으로 주된 출구 외에 보조출구 또는 비상구를 2개소 이상 설치하여야 한다.

11 방염성능기준 이상의 실내장식물 등을 설치하여야 하는 특정소방대상물에 해당되지 않는 것은?

① 건축물의 옥내에 있는 운동시설 중 수영장
② 근린생활시설 중 체력단련장
③ 종교시설
④ 교육연구시설 중 합숙소

해설 방염성능기준 이상의 실내장식물 등을 설치하여야 하는 특정소방대상물

① 근린생활시설 중 의원, 체력단련장, 공연장 및 종교집회장
② 건축물의 옥내에 있는 문화 및 집회시설, 종교시설, 운동시설(수영장은 제외)
③ 의료시설, 노유자시설, 숙박시설, 숙박이 가능한 수련시설
④ 교육연구시설 중 합숙소
⑤ 방송통신시설 중 방송국 및 촬영소
⑥ 다중이용업소
⑦ 상기 ①부터 ⑥까지의 시설에 해당하지 아니하는 것으로서 층수(건축법시행령에 따라 산정한 층수)가 11층 이상인 것(아파트는 제외)

12 다음 중에서 비잔틴 양식의 특성과 가장 거리가 먼 것은?

① 클러스터 피어(clustered pier) 사용
② 펜덴티브 돔(pendentive dome) 고안
③ 이중주두(dosserret block) 사용
④ 단조로운 외관과 화려한 내부

정답 08 ① 09 ④ 10 ① 11 ① 12 ①

해설 비잔틴 건축

① 사라센 문화의 영향을 받았다.
② 비잔틴 건축의 교회의 평면에는 중앙의 대형 돔을 중심으로 좌우 대칭이 되는 집중형 또는 그리스 십자형(Greek Cross) 형태가 특징이다.
③ 펜덴티브 돔(pendentive dome)은 정사각형의 평면에 돔을 올리는 구조법으로 비잔틴 건축에서 주로 사용되었으며 대표적인 예로는 성 소피아 성당이 있다.
※ 1650년에 완성된 인도 타지마할의 건축양식은 비잔틴 건축 양식이다.
☞ 클러스터 피어(clustered pier)는 로마네스크 건축의 특징에 해당된다.

13 다음 소방시설 중 경보설비에 해당하지 않는 것은?

① 자동화재탐지설비
② 누전경보기
③ 무선통신보조설비
④ 자동화재속보설비

해설

경보설비 : 비상벨설비 및 자동식사이렌설비("비상경보설비"라 함), 단독경보형설비, 비상방송설비, 누전경보기, 자동화재탐지설비 및 시각경보기, 자동화재속보설비, 가스누설경보기, 통합감시시설
※ 소화활동설비 : 제연설비, 연결송수관설비, 연결살수설비, 비상콘센트설비, 무선통신보조설비, 연소방지설비

14 목조건축물의 경우에 그 구조를 방화구조로 하거나 불연재료로 하여야 하는 연면적 기준은?

① 연면적 $300m^2$ 이상
② 연면적 $500m^2$ 이상
③ 연면적 $1000m^2$ 이상
④ 연면적 $1500m^2$ 이상

해설

연면적 $1,000m^2$ 이상인 목조건축물의 외벽 및 처마 밑의 연소 우려가 있는 부분은 방화구조로 하거나 지붕은 불연재료로 하여야 한다.

15 벽돌구조에서 벽돌의 형태가 고르지 않을 때 거친 질감효과를 내기에 가장 적당한 줄눈의 형태는 어느 것인가?

① 평줄눈 ② 블록줄눈
③ 오목줄눈 ④ 내민줄눈

해설 치장줄눈 형태별 용도 및 효과

① 평줄눈 : 벽돌의 형태가 고르지 않을 때 사용된다. 거친 질감의 효과를 내기에 적당하다.
② 민줄눈 : 형태가 고르고 깨끗한 벽돌에 사용된다. 질감을 깨끗하게 연출할 수 있으며 일반적으로 사용하는 줄눈이다.
③ 내민줄눈 : 벽면이 고르지 않을 때 사용하며 줄눈의 효과가 확실하다.
④ 오목줄눈 : 약한 음영을 만들면서 여성적 느낌을 준다.

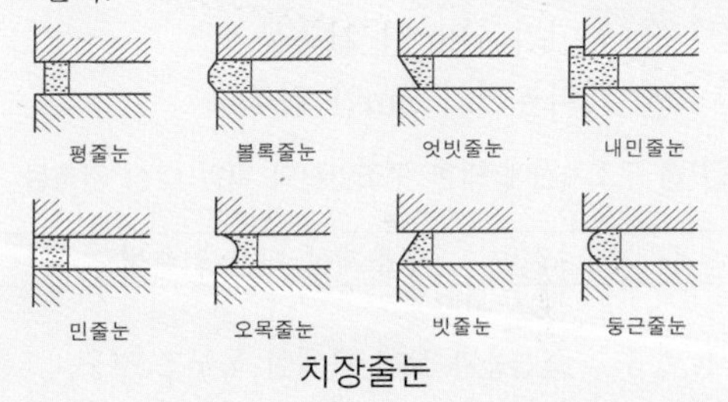

치장줄눈

16 무창층이 되기 위한 기준은 피난 소화 활동상 유효한 개구부 면적의 합계가 해당 층 바닥면적의 얼마 이하일 때인가?

① 1/10 ② 1/20
③ 1/30 ④ 1/50

정답 13 ③ 14 ③ 15 ① 16 ③

해설 무창층

지상층 중 다음에 해당하는 요건을 모두 갖춘 개구부(건축물에서 채광·환기·통풍 또는 출입 등을 위하여 만든 창·출입구 그 밖에 이와 비슷한 것을 말함)의 면적의 합계가 당해 층의 바닥면적의 1/30 이하가 되는 층을 말한다.

① 개구부의 크기가 지름 50cm 이상의 원이 내접할 수 있을 것
② 해당 층의 바닥면으로부터 개구부 밑부분까지의 높이가 1.2m 이내일 것
③ 개구부는 도로 또는 차량이 진입할 수 있는 빈터를 향할 것
④ 화재시 건축물로부터 쉽게 피난할 수 있도록 개구부에 창살 그 밖의 장애물이 설치되지 아니할 것
⑤ 내부 또는 외부에서 쉽게 파괴 또는 개방할 수 있을 것

17 건축물을 건축하거나 대수선하는 경우 해당 건축물의 설계자가 구조의 안전을 확인해야 하는 건축물에 해당되지 않는 것은?

① 층수가 2층인 건축물
② 기둥과 기둥 사이의 거리가 8m인 건축물
③ 높이가 13m인 건축물
④ 처마높이가 9m인 건축물

해설 구조계산에 의한 구조안전의 확인 대상 건축물

구 분	구조계산 대상 건축물
1. 층수	2층 이상 (기둥과 보가 목재인 목구조 경우 : 3층 이상)
2. 연면적	$200m^2$(목구조 : $500m^2$) 이상인 건축물 (창고, 축사, 작물 재배사 및 표준설계도서에 따라 건축하는 건축물은 제외)
3. 높이	13m 이상
4. 처마높이	9m 이상
5. 경간	10m 이상 * 경간 : 기둥과 기둥 사이의 거리(기둥이 없는 경우에는 내력벽과 내력벽 사이의 거리를 말함)
6. 국토교통부령으로 정하는 지진구역의 건축물	
7. 국가적 문화유산으로 보존할 가치가 있는 박물관·기념관 등으로서 연면적의 합계가 $5,000m^2$ 이상인 건축물	
8. 특수구조 건축물 중 3m 이상 돌출된 건축물과 특수한 설계·시공·공법 등이 필요한 건축물	
9. 단독주택 및 공동주택	

18 건축물에 설치하는 굴뚝과 관련된 기준 중에서 옳지 않은 것은?

① 굴뚝의 옥상 돌출부는 지붕면으로부터의 수직거리를 1m 이상으로 할 것
② 굴뚝의 상단으로부터 수평거리 1m 이내에 다른 건축물이 있는 경우에는 그 건축물의 처마보다 1m 이상 높게 할 것
③ 금속제 굴뚝으로서 건축물의 지붕속·반자위 및 가장 아랫바닥밑에 있는 굴뚝의 부분은 금속외의 불연재료로 덮을 것
④ 금속제 굴뚝은 목재 기타 가연재료로부터 10cm 이상 떨어져서 설치할 것

해설

금속제 굴뚝은 목재 기타 가연재료로부터 15cm 이상 떨어져서 설치할 것

19 건축허가 등을 함에 있어서 미리 소방본부장 또는 소방서장의 동의를 받아야 하는 건축물의 연면적 기준은?

① $150m^2$ 이상
② $350m^2$ 이상
③ $400m^2$ 이상
④ $500m^2$ 이상

정답 17 ② 18 ④ 19 ③

해설 소방본부장 또는 소방서장의 건축허가 및 사용 승인에 대한 동의 대상 건축물의 범위

1. 연면적이 400m²(학교시설의 경우 100m², 노유자시설 및 수련시설의 경우 200m², 정신의료기관, 장애인 의료재활시설의 경우 300m²) 이상인 건축물
2. 차고·주차장 또는 주차용도로 사용되는 시설로서 다음에 해당하는 것
   ① 차고·주차장으로 사용되는 층 중 바닥면적이 200m² 이상인 층이 있는 시설
   ② 승강기 등 기계장치에 의한 주차시설로서 자동차 20대 이상을 주차할 수 있는 시설
3. 지하층 또는 무창층이 있는 건축물로서 바닥면적이 150m²(공연장의 경우에는 100m²) 이상인 층이 있는 것
4. 면적에 관계없이 동의 대상
   ① 층수가 6층 이상인 건축물
   ② 항공기격납고, 관망탑, 항공관제탑, 방송용 송수신탑
   ③ 위험물저장 및 처리시설, 지하구
   ④ 노인 관련 시설, 아동복지시설(아동상담소, 아동전용시설 및 지역아동센터는 제외)
   ⑤ 장애인 거주시설, 정신질환자 관련 시설, 노숙인 관련 시설 중 노숙인자활시설, 노숙인재활시설 및 노숙인요양시설, 결핵환자나 한센인이 24시간 생활하는 노유자시설
   ⑥ 요양병원(정신병원, 의료재활시설 제외)

20 다음 중에서 주요구조부를 내화구조로 하여야 하는 건축물에 해당되지 않는 것은?

① 집회실 바닥면적 합계가 300m²인 장례식장
② 당해 용도의 바닥면적 합계가 600m²인 전시장
③ 당해 용도의 바닥면적 합계가 2000m²인 공장
④ 당해 용도의 바닥면적 합계가 300m²인 창고시설

해설

문화 및 집회시설 중 전시장 및 동·식물원, 판매시설, 운수시설, 교육연구시설에 설치하는 체육관·강당, 수련시설, 운동시설 중 체육관 및 운동장, 위락시설(유흥주점 제외), 창고시설, 위험물 저장 및 처리시설, 자동차 관련시설, 통신시설 중 방송국·전신전화국 및 촬영소, 묘지관련시설 중 화장장, 관광휴게시설의 용도로 쓰이는 건축물로서 바닥면적의 합계가 500m² 이상인 건축물은 주요구조부를 내화구조로 하여야 한다.

정답 20 ④

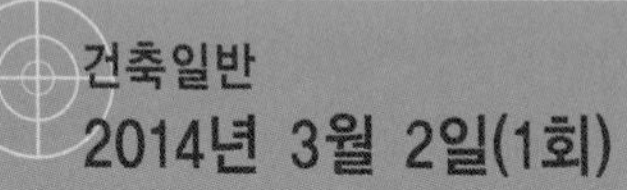
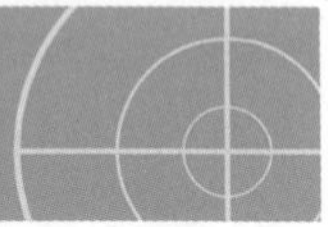

건축일반 2014년 3월 2일(1회)

01 다음 중 서양의 건축양식이 시대순으로 옳게 나열된 것은?

① 초기기독교 – 비잔틴 – 로마네스크 – 고딕
② 초기기독교 – 로마네스크 – 비잔틴 – 고딕
③ 초기기독교 – 고딕 – 비잔틴 – 로마네스크
④ 초기기독교 – 비잔틴 – 고딕 – 로마네스크

해설 서양건축양식의 순서[※ 이서그로초비로고르바로/고낭절]

이집트 – 서아시아 – 그리이스 – 로마 – 초기 기독교 – 비잔틴 – 로마네스크 – 고딕 – 르네상스 – 바로크 – 로코코 – 고전주의 – 낭만주의 – 절충주의

02 소방법령에 의한 피난층의 정의로 옳은 것은?

① 피난기구가 설치된 층을 말한다.
② 곧바로 지상으로 갈 수 있는 출입구가 있는 층을 말한다.
③ 비상구가 연결된 층을 말한다.
④ 무창층 외의 층을 말한다.

해설

피난층이란 곧바로 지상으로 갈 수 있는 출입구가 있는 층을 말한다.

03 건축물에 대한 구조안전을 확인하는 경우 건축구조기술사의 협력을 받아야 하는 건축물은?

① 층수가 2층인 건축물
② 기둥과 기둥 사이가 9m인 건축물
③ 한쪽 끝은 고정되고 다른 끝은 지지되지 아니한 구조로 된 차양 등이 외벽의 중심선으로부터 2m 돌출된 건축물
④ 다중이용 건축물

해설 건축구조기술사에 의한 구조계산

다음 건축물을 건축하거나 대수선할 경우의 구조계산은 구조기술사의 구조계산에 의해야 한다.
① 6층 이상 건축물
② 내민구조의 차양길이가 3m 이상인 건축물
③ 경간 20m 이상 건축물
④ 특수한 설계·시공·공법 등이 필요한 건축물
⑤ 다중이용건축물
⑥ 지진구역의 건축물 중 국토교통부령으로 정하는 건축물

04 건축물의 구조기준 등에 관한 규칙에 따른 조적식구조 칸막이 벽의 두께는 최소 얼마 이상으로 해야 하는가?

① 9cm ② 12cm
③ 15cm ④ 20cm

해설 조적식 구조인 칸막이벽의 두께

㉠ 조적식 구조인 칸막이벽(내력벽이 아닌 기타의 벽을 포함)의 두께는 9cm 이상으로 하여야 한다.
㉡ 조적식 구조인 칸막이벽의 바로 위층에 조적식 구조인 칸막이벽이나 주요구조물을 설치하는 경우에는 당해 칸막이벽의 두께는 19cm 이상으로 하여야 한다.

05 스프링클러설비를 설치하여야 하는 특정소방대상물에 대한 기준으로 옳은 것은?

① 영화상영관의 경우 면적에 관계없이 모든 층
② 판매시설의 경우 연면적 1,000m^2 이상인 것은 모든 층
③ 숙박이 가능한 수련시설로서 해당 용도로 사용되는 바닥면적의 합계가 600m^2 이상인 경우 모든 층
④ 종교시설의 경우 수용인원이 50명 이상인 경우 모든 층

정답 01 ① 02 ② 03 ④ 04 ① 05 ③

해설 스프링클러설비를 설치하여야 하는 특정소방대상물

(1) 문화 및 집회시설(동·식물원은 제외), 종교시설(사찰·제실·사당은 제외), 운동시설(물놀이형 시설은 제외)로서 다음에 해당하는 경우에는 모든 층
㉠ 수용인원이 100인 이상
㉡ 영화상영관의 용도로 쓰이는 층의 바닥면적이 지하층 또는 무창층인 경우 500m² 이상, 그 밖의 층의 경우에는 1,000m² 이상
㉢ 무대부가 지하층·무창층 또는 층수가 4층 이상인 층에 있는 경우에는 300m² 이상
㉣ 무대부가 ㉢ 외의 층에 있는 경우에는 무대부의 면적이 500m² 이상

(2) 판매시설, 운수시설 및 창고시설(물류터미널에 한정)로서 다음에 해당하는 경우에는 모든 층
㉠ 바닥면적의 합계가 5,000m² 이상
㉡ 수용인원이 500명 이상인 것

06 다음 소방시설 중 소화설비가 아닌 것은?

① 자동화재탐지설비
② 스프링클러설비
③ 옥외소화전설비
④ 소화기구

해설 소방시설

소화설비·경보설비·피난설비·소화용수설비 그 밖에 소화활동설비를 말한다.

※ 소화설비 : 소화기구, 옥내소화전설비, 스프링클러설비·간이스프링클러설비 및 화재조기진압용 스프링클러설비, 물분무소화설비·미분무소화설비·포소화설비·이산화탄소소화설비·할로겐화합물소화설비·청정소화약제소화설비 및 분말소화설비, 옥외소화전설비

☞ 자동화재탐지설비는 경보설비에 해당된다.

07 배연설비에서의 배연창의 최소 유효면적과 그 유효면적의 합계 기준으로 옳게 짝지어진 것은?

① 1m² 이상, 당해 건축물 바닥면적의 1/50 이상
② 1m² 이상, 당해 건축물 바닥면적의 1/100 이상
③ 2m² 이상, 당해 건축물 바닥면적의 1/50 이상
④ 2m² 이상, 당해 건축물 바닥면적의 1/100 이상

해설

배연설비에서의 배연창의 유효면적은 1m² 이상으로 당해 건축물 바닥면적의 1/100 이상으로 한다.

08 로마시대의 주택에 관한 설명으로 옳지 않은 것은?

① 판사(pansa)의 주택 같은 부유층의 도시형 주거는 주로 보도에 면하여 있었다.
② 인술라(insula)에는 일반적으로 난방시설과 개인목욕탕이 설치되었다.
③ 빌라(villa)는 상류신분의 고급 교외별장이다.
④ 타블리눔(tablinum)은 가족의 중요문서 등이 보관되어 있는 곳이었다.

해설 로마시대의 주택

로마의 주거는 그리스 문화의 영향으로 객실·거실·식당·침실 등이 중정을 중심으로 지어졌다. 상류층 주거에는 석회와 콘크리트를 사용했으며, 일반 주거에는 나뭇가지와 흙을 여전히 사용했다. 부호들의 주택을 도무스(domus)라고 하고, 전원주택을 빌라(villa)라고 했다. 이러한 주택은 아트리움(atrium)과 페리스타일(peristyle)이라고 하는 앞뒤 2개의 중정을 중심으로 모든 방이 배치되어서 바깥채와 안채가 같은 공간의 기능을 갖고 있다. 서민용 주거로서는 인술라(insulla)라고 하는 공동주택이 있었다. 도무스는 수평방향으로 넓혀간 데 반해 인술라는 수직방향으로 높여간 것이 특징이다.

정답 06 ① 07 ② 08 ②

※ 인슐라(insula)
라틴어로 '섬'이라는 뜻으로 고대 로마와 오스티아에 세워졌던 일종의 공동주택 내 세대별 주거 공간 또는 단일 구조물이다.
※ 도무스(domus)에는 일반적으로 난방시설과 개인 목욕탕이 설치되었다.

09 **벽돌벽체 쌓기에서 입면으로 볼 경우 같은 켜에 벽돌의 길이와 마구리가 번갈아 보이도록 하는 쌓기법은?**

① 불식쌓기 ② 영식쌓기
③ 화란식쌓기 ④ 미식쌓기

해설 벽돌 쌓기법

㉠ 영국식 쌓기 : 길이쌓기와 마구리쌓기를 한 켜씩 번갈아 쌓아 올리며, 벽의 끝이나 모서리에는 이오토막 또는 반절을 사용하여 통줄눈이 생기지 않는 가장 튼튼하고 좋은 쌓기법이다.
㉡ 미국식 쌓기 : 5~6켜는 길이쌓기를 하고, 다음 1켜는 마구리쌓기를 하여 영국식 쌓기로 한 뒷벽에 물려서 쌓는 방법이다.
㉢ 프랑스식(불식) 쌓기 : 매 켜에 길이와 마구리가 번갈아 나오게 쌓는 것으로, 통줄눈이 많이 생겨 구조적으로는 튼튼하지 못하다. 외관이 좋기 때문에 강도를 필요로 하지 않고 의장을 필요로 하는 벽체 또는 벽돌담 쌓기 등에 쓰인다.
㉣ 화란식 쌓기 : 영국식 쌓기와 같으나, 벽의 끝이나 모서리에 칠오토막을 사용하여 쌓는 것이다. 벽의 끝이나 모서리에 칠오토막을 써서 쌓기 때문에 일하기 쉽고 모서리가 튼튼하므로, 우리나라에서도 비교적 많이 사용하고 있다.

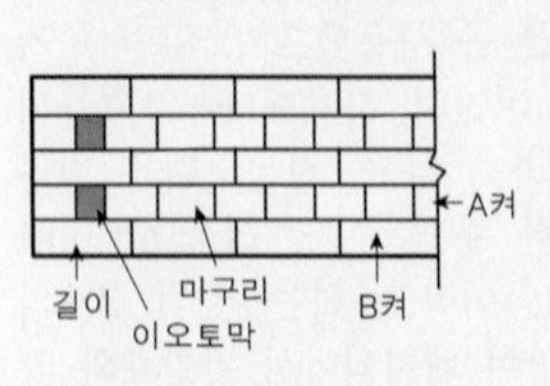

(a) 영국식 벽돌쌓기

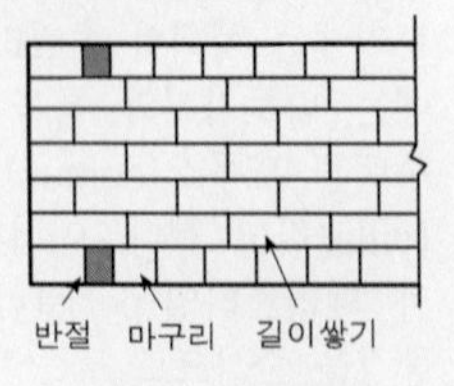

(b) 미국식 벽돌쌓기

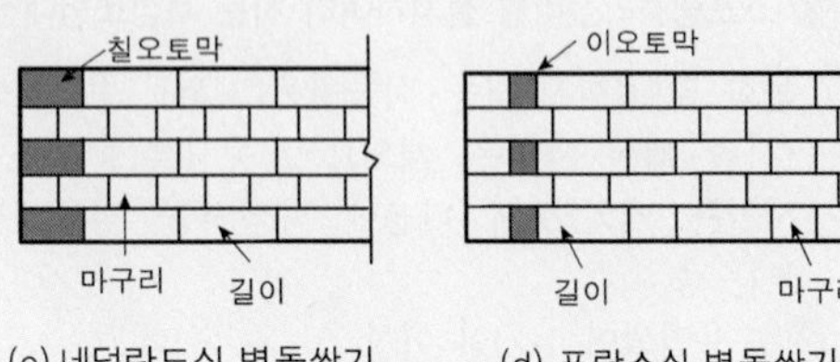

(c) 네덜란드식 벽돌쌓기 (d) 프랑스식 벽돌쌓기
벽돌쌓기법

10 **한국전통건축과 관련된 용어 설명 중 옳지 않은 것은?**

① 평방 – 기둥 상부의 창방 위에 놓아 다포계 건물의 주간포작을 설치하기 용이하도록 하기 위한 직사각형 단면의 부재이다.
② 연등천장 – 따로 반자를 설치하지 않고 서까래를 그대로 노출시킨 천장이며, 구조미를 나타낸다.
③ 귀솟음 – 기둥머리를 건물 안쪽으로 약간씩 기울여 주는 것을 말하며, 오금법이라고도 한다.
④ 활주 – 추녀 밑을 받치고 있는 기둥을 말한다.

해설

• 배흘림(entasis) – 착시현상 교정
• 귀솟음 : 건물의 우주(隅柱)보다 높게 하는 일
• 우주(隅柱) : 건물의 귀퉁이에 세워진 기둥(귀기둥)
• 기둥의 안쏠림(오금법) – 시각적으로 건물 전체에 안정감을 준다.

11 **방염성능기준 이상의 실내장식물을 설치하여야 하는 특정소방대상물에 해당되지 않는 곳은?**

① 12층의 사무소
② 방송통신시설 중 방송국
③ 숙박시설
④ 15층의 아파트

정답 09 ① 10 ③ 11 ④

해설 방염성능기준 이상의 실내장식물 등을 설치하여야 하는 특정소방대상물

① 근린생활시설 중 의원, 체력단련장, 공연장 및 종교집회장
② 건축물의 옥내에 있는 문화 및 집회시설, 종교시설, 운동시설(수영장은 제외)
③ 의료시설, 노유자시설, 숙박시설, 숙박이 가능한 수련시설
④ 교육연구시설 중 합숙소
⑤ 방송통신시설 중 방송국 및 촬영소
⑥ 다중이용업소
⑦ 상기 ①부터 ⑥까지의 시설에 해당하지 아니하는 것으로서 층수(건축법시행령에 따라 산정한 층수)가 11층 이상인 것(아파트는 제외)

12 표준형 벽돌로 구성한 벽체에서 내력벽 2.5B의 두께는?

① 29cm ② 39cm
③ 49cm ④ 58cm

해설 벽돌의 치수

(단위 : mm)

구분 \ 종류	길이(B)	너비(A)	두께
기존형(재래형)	210	100	60
표준형(기본형)	190	90	57

※ 너비는 길이에서 줄눈의 뺀 것의 반으로 되어 있다.
※ 일반적으로 줄눈너비는 10mm로 한다.
∴ 표준형 벽돌 1.5B 벽두께 치수
= 190mm + 10mm + 90mm = 290mm
표준형 벽돌 2.0B 벽두께 치수
= 190mm + 10mm + 190mm = 390mm
표준형 벽돌 2.5B 벽두께 치수
= 190mm + 10mm + 190mm + 10mm + 90mm = 490mm

13 건축물과 건축양식의 연결이 옳지 않은 것은?

① 아크로폴리스(Acropolis) – 그리스건축
② 오벨리스크(Obelisk) – 메소포타미아 건축
③ 판테온(Pantheon)신전 – 로마건축
④ 아미앵(Amiens)성당 – 고딕건축

해설 오벨리스크(obelisk)

고대 이집트 왕조 때 태양신앙의 상징으로 세워진 기념비로서 방첨탑(方尖塔)이라고도 한다. 하나의 거대한 석재로 만들며 단면은 사각형이고 위로 올라갈수록 가늘어져 끝은 피라미드꼴이다. 고대 이집트인들이 왕의 업적을 기리기 위해 세워 놓은 상징적 건조물이라고 널리 알려져 있다. 세계문화유산으로도 지정되어 있다.

14 마루널 등 목재널판 설치 시 널판 간의 쪽매 방법과 가장 거리가 먼 것은?

① 제혀쪽매 ② 반턱쪽매
③ 딴혀쪽매 ④ 평쪽매

해설 쪽매 방법

㉠ 맞댄 쪽매 : 툇마루 등에 틈서리가 있게 의장하여 깔 때, 또는 경미한 널대기에 쓰인다.
㉡ 빗 쪽매 : 간단한 지붕·반자널 쪽매 등에 쓰인다.
㉢ 반턱 쪽매 : 15mm미만 두께의 널은 세밀한 공작물이 아니고서는 제혀쪽매로 할 수 없으므로 얇은 널은 이 방법으로 한다.
㉣ 틈막이대 쪽매 : 널에 반턱을 내고 따로 틈막이대를 깔아 쪽매하는 것이다. 이것은 징두리판벽 등에 쓰이고, 간단한 판장에는 틈막이대를 덧댄다.
㉤ 딴혀 쪽매 : 널의 양옆에 홈을 파서 혀를 딴쪽으로 끼워대고, 홈 속에서 못질한다.
㉥ 제혀 쪽매 : 널 한쪽에 홈을 파고 딴 쪽에 혀를 내어 물리고, 혀 위에서 빗 못질하므로, 진동있는 마루널에도 못이 빠져나올 우려가 없다. 또 널마구리에도 혀와 홈을 내서 쓰면 이음은 반드시 장선 위에서 하지 않아도 된다. 보행진동에 대하여 가장 저항성이 크고 마루널의 접합에 가장 좋은 쪽매 방법

정답 12 ③ 13 ② 14 ④

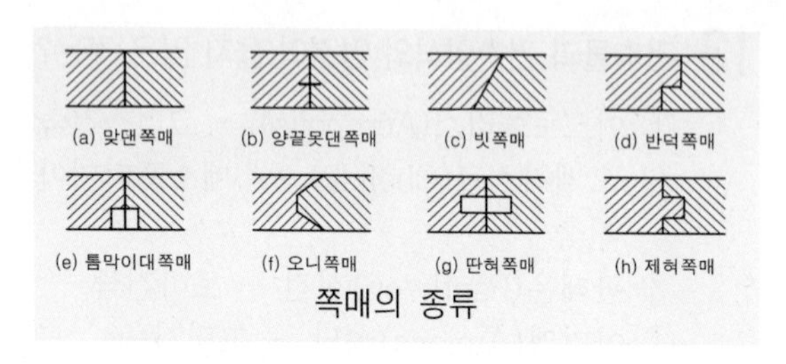

쪽매의 종류

15 철근콘크리트 구조로서 내화구조가 아닌 것은?

① 두께가 10cm인 벽
② 두께가 8cm인 바닥
③ 보
④ 지붕

해설 철근콘크리트조, 철골철근콘크리트조의 내화구조 기준

① 벽 : 두께 10cm 이상
② 외벽 중 비내력벽 : 두께 7cm 이상
③ 기둥 : 최소 지름이 25cm 이상
④ 바닥 : 두께 10cm 이상
⑤ 보, 지붕, 계단 : 두께 기준이 없다.
※ 철골조의 계단은 내화구조로 본다.

16 붉은벽돌의 칠오토막의 크기는?

① 온장의 1/4　　② 온장의 1/2
③ 온장의 2/3　　④ 온장의 3/4

해설 벽돌의 마름질 종류

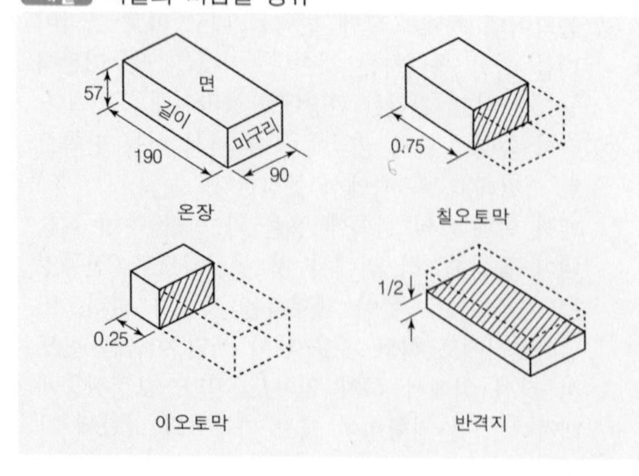

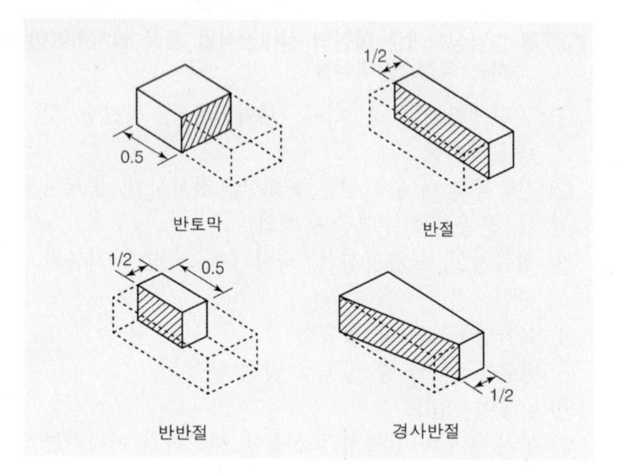

17 건축물의 바닥면적 합계가 450m² 인 경우 주요구조부를 내화구조로 하여야 하는 건축물이 아닌 것은?

① 의료시설　　② 노인복지시설
③ 오피스텔　　④ 창고시설

해설

건축물의 2층이 단독주택 중 다중주택, 다가구주택, 공동주택, 제1종 근린생활시설(의료의 용도에 쓰이는 시설), 제2종 근린생활시설 중 고시원, 의료시설, 노유자시설 중 아동관련시설, 노인복지시설 및 수련시설 중 유스호스텔, 업무시설 중 오피스텔, 숙박시설, 장례식장은 해당 용도의 바닥면적의 합계가 400m² 이상인 경우에는 주요구조부를 내화구조로 하여야 한다.

※ 창고시설은 해당 용도의 바닥면적의 합계가 500m² 이상인 경우에는 주요구조부를 내화구조로 하여야 한다.

18 방염대상물품의 방염성능기준에서 버너의 불꽃을 제거한 때부터 불꽃을 올리며 연소하는 상태가 그칠 때까지 시간은 몇 초 이내인가?

① 5초 이내　　② 10초 이내
③ 20초 이내　　④ 30초 이내

정답　15 ②　16 ④　17 ④　18 ③

해설 화재예방·소방시설 설치유지 및 안전관리에 관한 법률에 의한 방염성능기준

방염대상물품의 종류에 따른 구체적인 방염성능기준은 다음에 해당하는 기준의 범위 내에서 소방청장이 정하여 고시하는 바에 의한다.

㉠ 버너의 불꽃을 제거한 때부터 불꽃을 올리며 연소하는 상태가 그칠 때까지 시간은 20초 이내
㉡ 버너의 불꽃을 제거한 때부터 불꽃을 올리지 아니하고 연소하는 상태가 그칠 때까지 시간은 30초 이내
㉢ 탄화한 면적은 $50cm^2$ 이내, 탄화한 길이는 20cm 이내
㉣ 불꽃에 의하여 완전히 녹을 때까지 불꽃의 접촉 횟수는 3회 이상
㉤ 소방청장이 정하여 고시한 방법으로 발연량을 측정하는 경우 최대연기밀도는 400 이하

19 **공동주택과 오피스텔의 난방설비를 개별난방 방식으로 할 경우의 설치기준으로 옳지 않은 것은?**

① 보일러실과 거실사이의 출입구는 그 출입구가 닫힌 경우에는 보일러가스가 거실에 들어갈 수 없는 구조로 한다.
② 보일러실의 윗부분에는 $0.5m^2$ 이상의 환기창을 설치한다. (단, 전기보일러실의 경우는 예외)
③ 보일러는 거실이외의 곳에 설치하며 보일러를 설치하는 곳과 거실사이의 경계벽 및 출입구는 내화구조로 구획한다.
④ 기름보일러를 설치하는 경우에는 기름저장소를 보일러실외의 다른 곳에 설치한다.

해설

보일러는 거실 이외의 곳에 설치하며 보일러를 설치하는 곳과 거실 사이의 경계벽은 내화구조의 벽으로 구획한다.(출입구는 제외)

20 **건축물의 피난층 외의 층에서 피난층 또는 지상으로 통하는 직통계단을 설치할 때 거실의 각 부분으로부터 직통계단에 이르는 최대보행거리 기준은? (단, 주요구조부가 내화구조 또는 불연재료로 구성, 16층 이상의 공동주택은 제외)**

① 30m 이하
② 40m 이하
③ 50m 이하
④ 60m 이하

해설 피난층이 아닌 층에서의 보행거리

피난층이 아닌 층에서 거실 각 부분으로부터 피난층(직접 지상으로 통하는 출입구가 있는 층) 또는 지상으로 통하는 직통계단(경사로 포함)에 이르는 보행거리는 다음과 같다.

구분	보행거리
원칙	30m 이하
주요구조부가 내화구조 또는 불연재료로 된 건축물	50m 이하(16층 이상 공동주택 : 40m 이하) [자동화 생산시설에 스프링클러 등 자동식 소화설비를 설치한 공장으로서 국토교통부령으로 정하는 공장인 경우에는 그 보행거리가 75m(무인화 공장 경우 100m) 이하]

정답 19 ③ 20 ③

건축일반 2014년 5월 25일(2회)

01 공동주택과 오피스텔의 난방설비를 개별난방방식으로 설치하는 경우에 대한 기준으로 옳지 않은 것은?

① 보일러실의 윗부분에는 그 면적이 $1m^2$ 이상인 환기창을 설치할 것
② 보일러는 거실외의 곳에 설치하되, 보일러를 설치하는 곳과 거실사이의 경계벽은 출입구를 제외하고는 내화구조의 벽으로 구획할 것
③ 보일러실의 환기를 위하여 윗부분과 아랫부분에 지름 10cm 이상의 공기흡입구 및 배기구를 항상 열려 있는 상태로 바깥공기에 접하도록 설치할 것
④ 기름보일러를 설치하는 경우에는 기름저장소를 보일러실외의 다른 곳에 설치할 것

해설 공동주택과 오피스텔의 난방설비를 개별난방방식으로 하는 경우의 보일러실 환기

㉠ 윗부분에 $0.5m^2$ 이상의 환기창 설치
㉡ 지름 10cm 이상의 공기흡입구 및 배기구를 항상 열려진 상태로 외기와 접하도록 설치 (단, 전기보일러 경우는 제외)

02 방염성능기준 이상의 실내장식물 등을 설치하여야 하는 특정소방대상물에 해당되지 않는 것은?

① 아파트를 제외한 건축물로서 층수가 11층 이상인 것
② 방송통신시설 중 방송국
③ 건축물의 옥내에 있는 종교시설
④ 건축물의 옥내에 있는 수영장

해설 방염성능기준 이상의 실내장식물 등을 설치하여야 하는 특정소방대상물

① 근린생활시설 중 의원, 체력단련장, 공연장 및 종교집회장
② 건축물의 옥내에 있는 문화 및 집회시설, 종교시설, 운동시설(수영장은 제외)
③ 의료시설, 노유자시설, 숙박시설, 숙박이 가능한 수련시설
④ 교육연구시설 중 합숙소
⑤ 방송통신시설 중 방송국 및 촬영소
⑥ 다중이용업소
⑦ 상기 ①부터 ⑥까지의 시설에 해당하지 아니하는 것으로서 층수(건축법시행령에 따라 산정한 층수)가 11층 이상인 것(아파트는 제외)

03 판매시설의 용도에 쓰이는 피난층에 설치하는 건축물의 바깥쪽으로의 출구의 유효너비의 합계는 최소 얼마 이상으로 하여야 하는가? (단, 해당 용도에 쓰이는 바닥면적이 최대인 층에 있어서의 바닥면적이 $600m^2$ 인 경우)

① 3.0m ② 3.6m
③ 4.2m ④ 5.0m

해설 판매시설의 피난층에 설치하는 출구 유효폭

판매시설의 피난층에 설치하는 건축물 바깥쪽으로의 출구는 당해 용도에 쓰이는 바닥면적이 최대인 층의 바닥면적 $100m^2$ 마다 0.6m 이상의 비율로 산정한 너비 이상으로 한다.

$$\text{출구유효폭} \geq \frac{\text{당해 용도 최대층의 바닥면적}(m^2)}{100m^2} \times 0.6m$$

$$\therefore \text{출구유효폭} \geq \frac{600m^2}{100m^2} \times 0.6m = 3.6m$$

04 소방시설 중 소화활동 설비에 해당되는 것은?

① 비상 콘센트 설비
② 피난사다리
③ 비상조명등
④ 공기안전매트

정답 01 ① 02 ④ 03 ② 04 ①

해설 소방시설

소화설비·경보설비·피난구조설비·소화용수설비 그 밖에 소화활동설비를 말한다.
※ 소화활동설비 : 화재를 진압하거나 인명구조활동을 위하여 사용하는 설비
① 제연설비 ② 연결송수관설비
③ 연결살수설비 ④ 비상콘센트설비
⑤ 무선통신보조설비 ⑥ 연소방지설비

05 건축법에 따라 계단에 대체하여 설치되는 경사로의 경사도는 최대 얼마를 넘지 않아야 하는가?

① 1 : 6 ② 1 : 8
③ 1 : 10 ④ 1 : 12

해설 계단에 대체되는 경사로

① 경사도는 1 : 8 이하로 할 것
② 재료마감은 표면을 거친 면으로 하거나 미끄러지지 않는 재료로 마감할 것

06 건축물을 건축하거나 대수선하는 경우 해당 건축물의 설계자는 국토교통부령으로 정하는 구조기준 등에 따라 그 구조의 안전을 확인하여야 하는데 그 대상 건축물에 해당하는 것은?

① 높이 12m인 건축물
② 연면적이 $100m^2$ 인 건축물
③ 처마높이가 9m인 건축물
④ 기둥과 기둥사이의 거리가 7m인 건축물

해설 구조계산에 의한 구조안전의 확인 대상 건축물

구분	구조계산 대상 건축물
1. 층수	2층 이상 (기둥과 보가 목재인 목구조 경우 : 3층 이상)
2. 연면적	$200m^2$(목구조 : $500m^2$) 이상인 건축물(창고, 축사, 작물 재배사 및 표준설계도서에 따라 건축하는 건축물은 제외)
3. 높이	13m 이상
4. 처마높이	9m 이상
5. 경간	10m 이상 * 경간 : 기둥과 기둥 사이의 거리(기둥이 없는 경우에는 내력벽과 내력벽 사이의 거리를 말함)
6. 국토교통부령으로 정하는 지진구역의 건축물	
7. 국가적 문화유산으로 보존할 가치가 있는 박물관·기념관 등으로서 연면적의 합계가 $5,000m^2$ 이상인 건축물	
8. 특수구조 건축물 중 3m 이상 돌출된 건축물과 특수한 설계·시공·공법 등이 필요한 건축물	
9. 단독주택 및 공동주택	

07 로마네스크 건축에 대한 설명으로 옳지 않은 것은?

① 내부 장식에 스테인드 글라스(Stained Glass)를 사용하였다.
② 건축실례로 성 소피아 성당이 있다.
③ 평면형식이 라틴 크로스(Latin Cross)로 되어 있다.
④ 클러스터드 피어는 지붕으로 향한 강한 수직성과 공간감을 자아낸다.

해설 로마네스크 건축의 특징

8세기 말부터 고딕양식이 발생된 13세기 초까지 이탈리아를 중심으로 프랑스, 독일, 영국 등의 유럽에서 성당, 수도원 등의 종교건축에 집중되어 전개된 건축양식이다. 대표 건축물에는 피사 대성당 등이 있다.
① 평면 형식과 기능면
㉠ 장축형 평면(라틴 십자가, Latin Cross)과 종탑의 첨가
㉡ 신자의 증가에 따라 신랑(nave)과 측랑(aisle)의 장·단축의 길이를 연장하고, 성직자 전용의 기도소(trancept : 수랑)를 측랑 끝에 둠으로서 라틴 십자형(Latin Cross) 평면 형식을 완성하였다.
㉢ 신도석인 신랑(nave), 측랑(aisle)과 성단은 시각적으로 구별 짓는 대아치
(영광의 문 : Triumphal Arch)가 있다.

정답 05 ② 06 ③ 07 ②

② 구조 및 공간형식면
㉠ 아치구조법의 발달로 교차볼트(intersection valut)가 사용되었고, 여기서의 하중은 리브(rib)를 통해 피어(pier)가 전달되었다.
㉡ 클러스터드 피어(clustered pier)와 버트레스(buttress)
㉢ 채광창
※ 성 소피아 성당은 비잔틴 양식이다.

08 건축물에 설치하는 경계벽 및 간막이벽이 소리를 차단하는데 장애가 되는 부분이 없도록 하기 위해 갖춰야 할 구조기준에 미달된 것은?

① 철근콘크리트조로서 두께가 15cm인 것
② 철골철근콘크리트조로서 두께가 15cm인 것
③ 콘크리트블록조로서 두께가 15cm인 것
④ 무근콘크리트조로서 두께가 15cm인 것

해설 차음구조의 기준

㉠ 철근콘크리트조, 철골철근콘크리트조로서 두께가 10cm 이상인 것
㉡ 무근콘크리트조, 석조로서 두께가 10cm 이상인 것
※ 단, 시멘트모르타르, 회반죽 또는 석고 플라스터의 바름두께를 포함한다.
㉢ 콘크리트 블록조, 벽돌조로서 두께가 19cm 이상인 것
㉣ 상기의 것 외에 국토교통부장관이 고시하는 기준에 따라 국토교통부장관이 지정하는 자 또는 한국건설기술연구원장이 실시하는 품질시험에서 그 성능이 확인된 것
[예외] 공동주택 세대간의 경계벽은 주택건설기준에 관한 규정에 따른다.

09 철골조 판보의 플랜지에 커버 플레이트를 사용하는 가장 주된 이유는?

① 전단내력의 보강을 위해
② 보의 웨브 좌굴방지를 위해
③ 웨브와 플랜지의 접합을 용이하게 하기 위해
④ 보의 휨 내력을 보강하기 위해

해설 커버 플레이트(cover plate)

철골조 판보의 플랜지 부분에서 휨응력을 특히 많이 받는 부분의 보강이나 이음부분의 보강을 하기 위한 덧댐판으로 내력을 보강하기 위하여 쓰는 부재

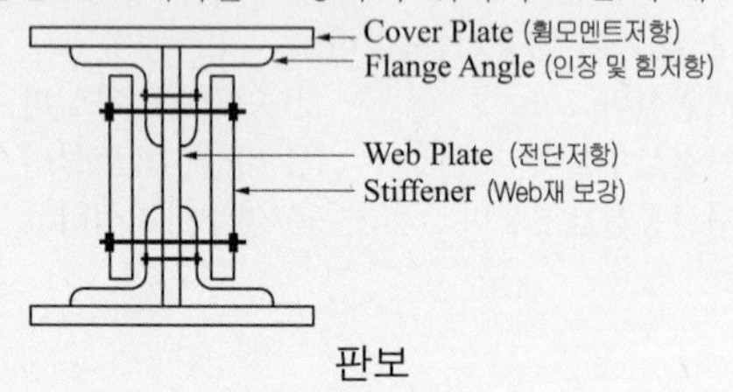

판보

10 그리스 건축의 주요한 3가지 건축 오더에 해당되지 않는 것은?

① 도릭 오더　② 이오닉 오더
③ 터스칸 오더　④ 코린티안 오더

해설 그리스 건축의 3가지 오더(order)

건축 오더(order)란 기단, 기둥과 엔타블레이춰(entablature)의 조합을 말한다.
① 도릭(Doric)식 : 가장 단순하고 간단한 양식으로 직선적이고 장중하여 남성적인 느낌
② 이오니아(Ionian)식 : 소용돌이 형상의 주두가 특징. 우아, 경쾌, 곡선적이며 여성적인 느낌
③ 코린트(Corinthian)식 : 주두를 아칸더스 나뭇잎 형상으로 장식. 가장 장식적이고 화려한 느낌

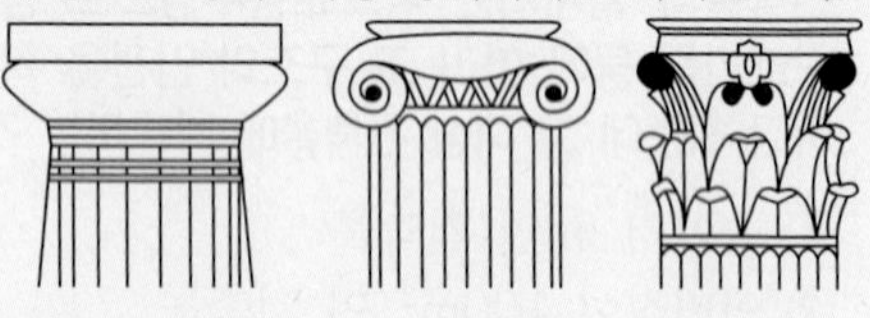
(a) 도리아식 주범의 주두　(b) 아오니아식 주범의 주두　(c) 코린트식 주범의 주두

※ 로마 건축의 5가지 오더(order) : 도릭(Doric)식, 이오니아(Ionian)식, 코린트(Corinthian)식, 터스칸(Tuscan)식, 콤포지트(Composite)식

11 철골구조에서 판보에 작용하는 전단력이 클 때 웨브판에 덧대는 보강재는?

① 가새(Brace)
② 중도리(Purlin)
③ 래티스(Lattice)
④ 스티프너(Stiffener)

정답 08 ③　09 ④　10 ③　11 ④

해설 판보

웨브에 철판을 쓰고 상하부에 플랜지철판을 용접하거나 ㄱ형강을 리벳 접합한 것이다.

※ 판보에서는 웨브판의 좌굴을 방지하기 위하여 스티프너를 사용한다.

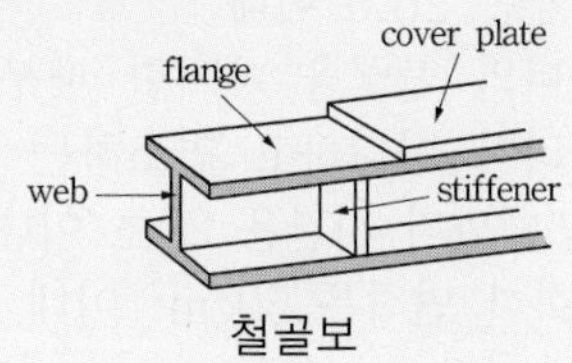

철골보

12 초등학교에 계단을 설치하는 경우 계단참의 너비는 최소 얼마 이상으로 하여야 하는가?

① 120cm ② 150cm
③ 160cm ④ 170cm

해설 계단의 구조

① 계단 및 계단참의 너비(옥내계단에 한함)·단높이·단너비

(단위 : cm)

계단의 종류	계단 및 계단참의 폭	단높이	단너비
• 초등학교의 계단	150 이상	16 이하	26 이상
• 중·고등학교의 계단	150 이상	18 이하	26 이상
• 문화 및 집회시설(공연장, 집회장, 관람장에 한함) • 판매시설(도매시장·소매시장·상점에 한함) • 바로 위층 거실 바닥면적 합계가 $200m^2$ 이상인 계단 • 거실의 바닥면적 합계가 $100m^2$ 이상인 지하층의 계단 • 기타 이와 유사한 용도에 쓰이는 건축물의 계단	120 이상	–	–
• 기타의 계단	60 이상	–	–
• 작업장에 설치하는 계단(산업안전보건법에 의한)		산업안전기준에 관한 규칙에 의함.	

② 돌음계단의 단너비는 좁은 너비의 끝부분으로부터 30cm의 위치에서 측정한다.

13 공동 소방안전관리자 선임대상 특정소방대상물이 되기 위한 연면적 기준은? (단, 복합건축물의 경우)

① $1,000m^2$ 이상 ② $1,500m^2$ 이상
③ $3,000m^2$ 이상 ④ $5,000m^2$ 이상

해설 공동소방안전관리자 선임대상 특정소방대상물

① 고층 건축물(지하층을 제외한 층수가 11층 이상인 건축물만 해당)
② 지하가(지하의 인공구조물 안에 설치된 상점 및 사무실, 그 밖에 이와 비슷한 시설이 연속하여 지하도에 접하여 설치된 것과 그 지하도를 합한 것을 말함)
③ 복합건축물로서 연면적이 $5,000m^2$ 이상인 것 또는 층수가 5층 이상인 것
④ 판매시설 중 도매시장 및 소매시장
⑤ 특정소방대상물 중 소방본부장 또는 소방서장이 지정하는 것

14 벽돌 구조의 아치에 관한 설명 중 옳지 않은 것은?

① 아치는 부재의 하부에 인장력이 발생한다.
② 창문 나비가 1.0m 정도일 때는 수평으로 아치를 틀은 평아치로 할 수도 있다.
③ 아치벽돌을 특별히 주문 제작하여 쓴 것을 본 아치라 한다.
④ 문꼴너비가 2m 이상으로 집중하중이 올 때에는 인방보 등을 써서 보강해야 한다.

해설 벽돌 구조의 아치(arch)

① 아치는 부재의 하부에 압축력만 생기게 하고, 인장력은 생기지 않도록 한다.
② 창문 나비가 1.0m 정도일 때는 수평으로 아치를 틀은 평아치로 할 수도 있다.
③ 아치는 내외를 달리하여 밖에는 보기 좋게 본아치로 할 수 있다.
④ 문꼴나비가 2m 이상으로 집중하중이 올 때에는 인방보 등을 써서 보강해야 한다.

정답 12 ② 13 ④ 14 ①

15 트러스 설계에 대한 내용 중 옳지 않은 것은?

① 모든 부재는 압축재의 길이를 인장재의 길이보다 길게 한다.
② 중도리는 절점 위에 설치하도록 한다.
③ 절점에 모이는 각 부재의 축은 1점에 모이게 한다.
④ 일반적으로 부재의 내력은 축방향력만 있는 것으로 본다.

해설 트러스(Truss) 구조

① 여러 개의 직선 부재인 목재·강재 등의 단재(單材)를 핀 접합으로 3각형 형태로 배열하여 힌지로 되어 있는 형식으로 체육관 등 큰 공간의 천장구조방식으로 사용된다.
② 각 단재는 축방향력으로 외력과 평형하여 휨·전단력은 생기지 않는다.
③ 압축력이 작용하는 부재는 짧게, 인장력이 작용하는 부재는 길게 설계하는 것이 좋다.
④ 형식에 따라 명칭이 붙여진다.

16 각 층의 바닥면적이 1,000m²로 동일한 업무시설인 14층 오피스텔을 건축하는 경우 승용승강기는 몇 대를 설치하여야 하는가? (단, 8인승 이상 15인승 이하의 승강기로 설치)

① 2대 ② 3대
③ 4대 ④ 5대

해설

문화 및 집회시설(전시장, 동·식물원), 업무시설, 숙박시설, 위락시설의 용도 경우 3,000m² 이하까지 1대, 3,000m² 초과하는 2,000m² 당 1대를 가산한 대수로 하므로

$$1+\frac{(1000\times 9)-3,000}{2,000}=4\text{대}$$

∴ 4대 (소수점 이하는 1대로 본다)
※ 8인승 이상 15인승 이하를 기준으로 산정하며 16인승 이상의 승강기는 2대로 산정한다.

17 방염대상물품의 방염성능기준으로 옳지 않은 것은?

① 버너의 불꽃을 제거한 때부터 불꽃을 올리며 연소하는 상태가 그칠 때까지 시간은 20초 이내
② 버너의 불꽃을 제거한 때부터 불꽃을 올리지 아니하고 연소하는 상태가 그칠 때까지 시간은 20초 이내
③ 탄화한 면적은 50cm² 이내, 탄화한 길이는 20cm 이내
④ 불꽃에 의하여 완전히 녹을 때까지 불꽃의 접촉횟수는 3회 이상

해설 화재예방·소방시설 설치유지 및 안전관리에 관한 법률에 의한 방염성능기준

방염대상물품의 종류에 따른 구체적인 방염성능기준은 다음에 해당하는 기준의 범위 내에서 소방청장이 정하여 고시하는 바에 의한다.
① 버너의 불꽃을 제거한 때부터 불꽃을 올리며 연소하는 상태가 그칠 때까지 시간은 20초 이내
② 버너의 불꽃을 제거한 때부터 불꽃을 올리지 아니하고 연소하는 상태가 그칠 때까지 시간은 30초 이내
③ 탄화한 면적은 50cm² 이내, 탄화한 길이는 20cm 이내
④ 불꽃에 의하여 완전히 녹을 때까지 불꽃의 접촉횟수는 3회 이상
⑤ 소방청장이 정하여 고시한 방법으로 발연량을 측정하는 경우 최대연기밀도는 400 이하

18 건축허가 등을 할 때 미리 소방본부장 또는 소방서장의 동의를 받아야 하는 건축물 등의 범위에 대한 기준으로 옳지 않은 것은?

① 연면적이 100m² 이상인 노유자 시설
② 차고·주차장으로 사용되는 층 중 바닥면적이 200m² 이상인 층이 있는 시설
③ 승강기 등 기계장치에 의한 주차시설로서 자동차 20대 이상을 주차할 수 있는 시설
④ 지하층 또는 무창층이 있는 건축물로서 바닥면적이 150m² 이상인 층이 있는 시설

정답 15 ① 16 ③ 17 ② 18 ①

해설 소방본부장 또는 소방서장의 건축허가 및 사용 승인에 대한 동의 대상 건축물의 범위

1. 연면적이 400m²(학교시설의 경우 100m², 노유자시설 및 수련시설의 경우 200m², 정신의료기관, 장애인 의료재활시설의 경우 300m²) 이상인 건축물
2. 차고·주차장 또는 주차용도로 사용되는 시설로서 다음에 해당하는 것
 ① 차고·주차장으로 사용되는 층 중 바닥면적이 200m² 이상인 층이 있는 시설
 ② 승강기 등 기계장치에 의한 주차시설로서 자동차 20대 이상을 주차할 수 있는 시설
3. 지하층 또는 무창층이 있는 건축물로서 바닥면적이 150m²(공연장의 경우에는 100m²) 이상인 층이 있는 것
4. 면적에 관계없이 동의 대상
 ① 층수가 6층 이상인 건축물
 ② 항공기격납고, 관망탑, 항공관제탑, 방송용 송수신탑
 ③ 위험물저장 및 처리시설, 지하구
 ④ 노인 관련 시설, 아동복지시설(아동상담소, 아동전용시설 및 지역아동센터는 제외)
 ⑤ 장애인 거주시설, 정신질환자 관련 시설, 노숙인 관련 시설 중 노숙인자활시설, 노숙인재활시설 및 노숙인요양시설, 결핵환자나 한센인이 24시간 생활하는 노유자시설
 ⑥ 요양병원(정신병원, 의료재활시설 제외)

19 건축물의 설계자가 해당 건축물에 대한 구조의 안전을 확인하기 위하여 건축구조기술사의 협력을 받아야 하는 건축물에 해당되는 것은?

① 층수가 5층인 건축물
② 한쪽 끝은 고정되고 다른 끝은 지지되지 아니한 구조로 된 차양 등이 외벽의 중심선으로부터 2m 돌출된 건축물
③ 기둥과 기둥사이의 거리가 15m인 건축물
④ 다중이용 건축물

해설 건축구조기술사에 의한 구조계산

다음 건축물을 건축하거나 대수선할 경우의 구조계산은 구조기술사의 구조계산에 의해야 한다.
㉠ 6층 이상 건축물
㉡ 내민구조의 차양길이가 3m 이상인 건축물
㉢ 경간 20m 이상 건축물
㉣ 특수한 설계·시공·공법 등이 필요한 건축물
㉤ 다중이용건축물
㉥ 지진구역의 건축물 중 국토교통부령으로 정하는 건축물

20 어느 건축물에서 해당 용도의 바닥면적의 합계가 500m²라고 할 때 주요구조부를 내화구조로 할 필요가 없는 것은?

① 문화 및 집회시설 중 전시장
② 운수시설
③ 운동시설 중 체육관
④ 공장의 용도로 쓰이는 건축물

해설

문화 및 집회시설 중 전시장 및 동·식물원, 판매시설, 운수시설, 교육연구시설에 설치하는 체육관·강당, 수련시설, 운동시설 중 체육관 및 운동장, 위락시설(유흥주점 제외), 창고시설, 위험물 저장 및 처리시설, 자동차 관련시설, 통신시설 중 방송국·전신전화국 및 촬영소, 묘지관련시설 중 화장장, 관광휴게시설의 용도로 쓰이는 건축물로서 바닥면적의 합계가 500m² 이상인 건축물은 주요구조부를 내화구조로 하여야 한다.
※ 공장 : 바닥면적의 합계가 2000m² 이상

정답 19 ④ 20 ④

건축일반
2014년 8월 17일(4회)

01 대통령령으로 정하는 방염대상 물품이 아닌 것은?

① 무대막　② 전시용 합판
③ 카펫　④ 실내용 가구

해설 특정소방대상물에서 사용되는 방염대상물품

제조 또는 가공공정에서 방염처리를 한 물품(합판 목재류의 경우에는 설치현장에서 방염처리를 한 것을 말함)으로서 다음의 하나에 해당하는 것을 말한다.
① 창문에 설치하는 커텐류(브라인드를 포함)
② 카페트, 두께가 2mm 미만인 벽지류로서 종이벽지를 제외한 것
③ 전시용 합판 또는 섬유판, 무대용 합판 또는 섬유판
④ 암막·무대막(영화상영관, 골프연습장업에 설치하는 스크린을 포함)

02 채광을 위하여 단독주택 및 공동주택의 거실에 설치하는 창문 등의 면적은 그 거실의 바닥면적의 얼마 이상으로 하여야 하는가? (단, 거실의 용도에 따른 기준 이상의 조명장치를 설치하는 경우 제외)

① 1/3　② 1/10
③ 1/15　④ 1/20

해설 거실의 채광 및 환기

구분	건축물의 용도	창문 등의 면적
채광	·단독주택의 거실 ·공동주택의 거실 ·학교의 교실 ·의료시설의 병실 ·숙박시설의 객실	거실 바닥면적의 1/10 이상
환기		거실 바닥면적의 1/20 이상

03 한국건축의 의장계획상 특징과 거리가 먼 것은?

① 친밀감을 주는 인간적인 척도
② 자연과의 조화
③ 인위적인 기교의 아름다움
④ 단아한 아름다움과 순박한 맛

해설 한국건축의 조형 의장상의 특징

① 기둥의 배흘림(entasis) - 착시현상 교정
② 기둥의 안쏠림(오금법) - 시각적으로 건물 전체에 안정감
③ 우주의 솟음 - 처마 곡선과 조화 - 자연과의 조화
④ 후림과 조로 - 지붕의 처마 곡선미
⑤ 비대칭적 평면구성
⑥ 인간적 척도 - 친근감을 주는 척도

04 소방시설 중 소화설비에 해당되지 않는 것은?

① 옥내소화전설비　② 스프링클러설비
③ 옥외소화전설비　④ 연결송수관설비

해설 소방시설

소화설비·경보설비·피난구조설비·소화용수설비 그 밖에 소화활동설비를 말한다.
※ 소화설비 : 소화기구, 옥내소화전설비, 스프링클러설비·간이스프링클러설비 및 화재조기진압용 스프링클러설비, 물분무소화설비·미분무소화설비·포소화설비·이산화탄소소화설비·할로겐화합 물소화설비·청정소화약제소화설비 및 분말소화설비, 옥외소화전설비
※ 소화활동설비 : 화재를 진압하거나 인명구조활동을 위하여 사용하는 설비
① 제연설비
② 연결송수관설비
③ 연결살수설비
④ 비상콘센트설비
⑤ 무선통신보조설비
⑥ 연소방지설비

정답 01 ④ 02 ② 03 ③ 04 ④

05 철근콘크리트공사에서 철근 피복두께를 유지하기 위해 사용되는 것은?

① 간격재(spacer)
② 동바리(support)
③ 격리재(separator)
④ 긴장재(form tie)

해설 격리재·긴장재·간격재

① 세퍼레이터(Seperator, 격리재) : 거푸집 상호간의 간격을 유지, 오그라드는 것 방지
② 폼타이(Form tie, 긴장재) : 거푸집의 형상을 유지, 벌어지는 것 방지
③ 스페이서(Spacer, 간격재) : 철근과 거푸집의 간격을 유지

06 철골구조의 일반적인 특성에 관한 설명 중 틀린 것은?

① 내구·내진적이다.
② 내화피복을 필요로 한다.
③ 연성능력이 타 구조에 비해 떨어진다.
④ 조립과 해체가 가능하다.

해설 철골구조의 장단점

① 장점
㉠ 수평력에 대해 강하고, 내진적이며 인성이 크다.
㉡ 자중이 가볍고 고강도이다.
㉢ 조립과 해체가 용이하다.
㉣ 큰 스팬(span) 건물과 고층 건물이 가능하다. (대규모 건축에 이용)
② 단점
㉠ 화재에 불리하다. (비내화성)
㉡ 부재가 세장하므로 좌굴이 생기기 쉽다.
㉢ 부재가 고가(高價)이다.
㉣ 조립구조이므로 접합에 주의를 요한다.

07 건축허가 시 미리 소방본부장 또는 소방서장의 동의를 받아야 하는 일반적인 대상건축물의 연면적은 최소 얼마 이상인가?

① $400m^2$　② $500m^2$
③ $600m^2$　④ $1000m^2$

해설 소방본부장 또는 소방서장의 건축허가 및 사용 승인에 대한 동의 대상 건축물의 범위

1. 연면적이 $400m^2$(학교시설의 경우 $100m^2$, 노유자시설 및 수련시설의 경우 $200m^2$, 정신의료기관, 장애인 의료재활시설의 경우 $300m^2$) 이상인 건축물
2. 차고·주차장 또는 주차용도로 사용되는 시설로서 다음에 해당하는 것
   ① 차고·주차장으로 사용되는 층 중 바닥면적이 $200m^2$ 이상인 층이 있는 시설
   ② 승강기 등 기계장치에 의한 주차시설로서 자동차 20대 이상을 주차할 수 있는 시설
3. 지하층 또는 무창층이 있는 건축물로서 바닥면적이 $150m^2$(공연장의 경우에는 $100m^2$) 이상인 층이 있는 것
4. 면적에 관계없이 동의 대상
   ① 층수가 6층 이상인 건축물
   ② 항공기격납고, 관망탑, 항공관제탑, 방송용 송수신탑
   ③ 위험물저장 및 처리시설, 지하구
   ④ 노인 관련 시설, 아동복지시설(아동상담소, 아동전용시설 및 지역아동센터는 제외)
   ⑤ 장애인 거주시설, 정신질환자 관련 시설, 노숙인 관련 시설 중 노숙인자활시설, 노숙인재활시설 및 노숙인요양시설, 결핵환자나 한센인이 24시간 생활하는 노유자시설
   ⑥ 요양병원(정신병원, 의료재활시설 제외)

08 각 층별 바닥면적이 $1,000m^2$ 이고, 각 층별 거실면적이 $700m^2$ 인 15층 집회장에 설치하여야 하는 승용승강기의 최소 대수는? (단, 8인승 승강기)

① 3대　② 4대
③ 5대　④ 6대

해설

문화 및 집회시설(공연장·관람장·집회장), 판매시설(도매시장·소매시장·상점), 의료시설(병원·격리병원)의 용도 경우 $3,000m^2$ 이하까지 2대, $3,000m^2$ 초과하는 $2,000m^2$ 당 1대를 가산한 대수로 하므로

$$2+\frac{(700\times10)-3,000}{2,000}=4\text{대}$$

∴ 4대 (소수점 이하는 1대로 본다)

정답 05 ① 06 ③ 07 ① 08 ②

09 건축물의 설계자가 건축물에 대한 구조의 안전을 확인하는 경우에 건축구조기술사의 협력을 받아야 하는 건축물에 해당되지 않는 것은?

① 층수가 5층인 건축물
② 기둥과 기둥 사이가 30m인 건축물
③ 다중이용 건축물
④ 한쪽 끝은 고정되고 다른 끝은 지지되지 아니한 구조로 된 차양 등이 외벽의 중심선으로부터 3m 돌출된 건축물

해설 건축구조기술사에 의한 구조계산

다음 건축물을 건축하거나 대수선할 경우의 구조계산은 구조기술사의 구조계산에 의해야 한다.
① 6층 이상 건축물
② 내민구조의 차양길이가 3m 이상인 건축물
③ 경간 20m 이상 건축물
④ 특수한 설계·시공·공법 등이 필요한 건축물
⑤ 다중이용건축물
⑥ 지진구역의 건축물 중 국토교통부령으로 정하는 건축물

10 행정기관이 미리 소방본부장 등에게 건축허가에 대한 동의를 요구할 때 제출하는 서류가 아닌 것은?

① 건축허가신청서
② 창호도
③ 소방시설 설치계획표
④ 영업 허가서

해설 건축허가 등의 동의를 요구하는 때 첨부해야 할 서류

1. 건축허가신청서 및 건축허가서 또는 건축·대수선·용도변경신고서 등 건축허가 등을 확인할 수 있는 서류의 사본
2. 설계도서
   ㉠ 건축물의 단면도 및 주단면 상세도(내장재료를 명시한 것에 한함)
   ㉡ 소방시설의 층별 평면도 및 층별 계통도(시설별 계산서 포함)
   ㉢ 창호도
3. 소방시설 설치계획표
4. 소방시설설계업등록증과 소방시설을 설계한 기술인력자의 기술자격증

11 방염성능기준 이상의 실내장식물 등을 설치하여야 하는 특정소방대상물에 해당되지 않는 것은?

① 근린생활시설 중 체력단련장
② 건축물의 옥내에 있는 수영장
③ 건축물의 옥내에 있는 종교시설
④ 교육연구시설 중 합숙소

해설 방염성능기준 이상의 실내장식물 등을 설치하여야 하는 특정소방대상물

① 근린생활시설 중 의원, 체력단련장, 공연장 및 종교집회장
② 건축물의 옥내에 있는 문화 및 집회시설, 종교시설, 운동시설(수영장은 제외)
③ 의료시설, 노유자시설, 숙박시설, 숙박이 가능한 수련시설
④ 교육연구시설 중 합숙소
⑤ 방송통신시설 중 방송국 및 촬영소
⑥ 다중이용업소
⑦ 상기 ①부터 ⑥까지의 시설에 해당하지 아니하는 것으로서 층수(건축법시행령에 따라 산정한 층수)가 11층 이상인 것(아파트는 제외)

12 벽돌 내쌓기에 있어 한켜씩 내쌓을 경우 그 내미는 길이는?

① $\frac{1}{2}B$　　② $\frac{1}{3}B$
③ $\frac{1}{4}B$　　④ $\frac{1}{8}B$

해설 벽돌 내쌓기

① 벽체에 마루를 놓거나 방화벽으로 처마부분을 가리기 위하여 벽돌을 벽면에서 부분적으로 내쌓는다.
② 장선받이 등을 받거나 돌림띠를 만들 때 혹은 방화벽으로 처마를 가릴 때 쓰인다.
③ 1단씩 1/8B 정도, 2단씩 1/4B 정도씩을 내어 쌓고, 내미는 최대한도는 2.0B로 한다.
④ 내쌓기는 마구리쌓기로 하는 것이 강도와 시공면에서 유리하다.

정답 09 ① 10 ④ 11 ② 12 ④

13 특정소방대상물에서 사용하는 방염대상물품의 방염성능검사를 실시하는 자는?

① 행정안전부장관 ② 소방서장
③ 소방청장 ④ 소방본부장

해설

방염대상물품의 종류에 따른 구체적인 방염성능기준은 행정안전부장관이 정하여 고시하는 바에 의하며 소방청장은 방염성능 검사를 실시한다.

14 제연설비를 설치해야 할 특정소방대상물이 아닌 것은?

① 특정소방대상물(갓복도형 아파트를 제외한다.)에 부설된 특별피난계단 또는 비상용승강기의 승강장
② 지하가(터널은 제외한다.)로서 연면적이 500m^2 인 것
③ 문화 및 집회시설로서 무대부의 바닥면적이 300m^2인 것
④ 지하가 중 예상 교통량, 경사도 등 터널의 특성을 고려하여 행정안전부령으로 정하는 위험등급 이상에 해당하는 터널

해설 제연설비를 설치하여야 하는 특정소방대상물

① 문화 및 집회시설, 종교시설, 운동시설로서 무대부의 바닥면적이 200m^2 이상 또는 문화 및 집회시설 중 영화상영관으로서 수용인원 100명 이상인 것
② 근린생활시설, 판매시설, 운수시설, 숙박시설, 위락시설, 창고시설 중 물류터미널로서 지하층 또는 무창층의 바닥면적이 1,000m^2 이상인 것은 해당 용도로 사용되는 모든 층
③ 운수시설 중 시외버스정류장, 철도 및 도시철도 시설, 공항시설 및 항만시설의 대합실 또는 휴게시설로서 지하층 또는 무창층의 바닥면적이 1,000m^2 이상인 것
④ 지하가(터널은 제외)로서 연면적 1,000m^2 이상인 것
⑤ 지하가 중 길이가 500m 이상으로서 교통량, 경사도 등 터널의 특성을 고려하여 행정안전부령으로 정하는 위험등급 이상에 해당하는 터널
⑥ 특정소방대상물(갓복도형아파트는 제외)에 부설된 특별피난계단 또는 비상용승강기의 승강장

15 마루판으로 활용하기에 부적합한 것은?

① 코르크 보드 ② 플로어링 보드
③ 파키트리 보드 ④ 파키트리 블록

해설 마루판

종류	특징
플로어링 보드	• 표면을 곱게 대패질하여 마감하고 양측면을 제혀쪽매로 한 것 • 두께 9mm, 나비 60mm, 길이 600mm 정도를 가장 많이 사용한다.
플로어링 블록	• 플로어링 보드를 3~5장씩 붙여서 길이와 나비가 같게 4면을 제혀쪽매로 만든 정사각형의 블록
파키트리 보드	• 경목재판을 9~15mm, 나비 60mm, 길이는 나비의 3~5배로 한 것 • 제혀쪽매로 하고 표면은 상대패로 마감한 판재
파키트리 패널	• 두께 15mm의 파키트리 보드를 4매씩 조합하여 만든 24cm 각판 • 의장적으로 아름답고 마모성도 작은 우수한 마루판재
파키트리 블록	• 파키트리 보드를 3~5장씩 조합하여 18cm 각이나 30cm 각판으로 만들어 방습처리한 것

16 문화 및 집회시설 중 공연장의 개별관람실(바닥면적이 1,000m^2)에 설치하는 출구의 유효너비의 합계는 최소 얼마 이상이어야 하는가?

① 3.0m ② 3.6m
③ 6.0m ④ 7.2m

정답 13 ③ 14 ② 15 ① 16 ③

해설

공연장의 개별 관람실 출구의 유효폭의 합계는 개별 관람실의 바닥면적 $100m^2$ 마다 0.6m 이상의 비율로 산정한 폭 이상일 것
∴ 개별 관람실 출구의 유효폭의 합계

$$= \frac{1000m^2}{100m^2} \times 0.6m = 6m$$

17 철골구조에서 보의 전단응력도가 커서 좌굴의 우려가 있을 경우 판재의 좌굴방지를 위해 웨브에 부착하는 보강재는?

① 스티프너 ② 거셋플레이트
③ 가새 ④ 장선

해설 스티프너(stiffener)

웨브(web)의 전단 보강(web plate의 좌굴 방지)

Cover Plate (휨모멘트저항)
Flange Angle (인장 및 휨저항)
Web Plate (전단저항)
Stiffener (Web재 보강)

판보

flange
cover plate
web
stiffener

철골보

18 건축물의 바깥쪽에 설치하는 피난계단의 구조에 관한 기준으로 틀린 것은?

① 계단은 그 계단으로 통하는 출입구 외의 창문 등으로부터 2m 이상의 거리를 두고 설치하여야 한다.
② 계단의 유효너비는 0.6m 이상으로 하여야 한다.
③ 건축물의 내부에서 계단으로 통하는 출입구에는 갑종방화문을 설치하여야 한다.
④ 계단은 내화구조로 하고 지상까지 직접 연결되도록 한다.

해설

건축물 바깥쪽에 설치하는 피난계단의 유효너비는 0.9m 이상으로 할 것

19 벽돌벽의 두께결정요소와 가장 거리가 먼 것은?

① 건축물의 높이 ② 건축물의 층수
③ 벽체의 길이 ④ 벽돌의 색상

해설 조적조에서 벽체의 두께를 결정하는 요소

① 건축물의 높이 ② 벽의 길이
③ 건축물의 층수 ④ 벽높이
⑤ 조적되는 재료의 종류

20 르네상스 건축양식의 실내 장식에 관한 설명 중 틀린 것은?

① 실내장식 수법은 외관의 구성수법을 그대로 적용하였다.
② 실내디자인 요소로서 계단은 중요하지 않았다.
③ 바닥마감은 목재와 석재가 주로 사용되었다.
④ 문양은 그로테스크문양과 아라베스크문양이 주로 사용되었다.

해설

르네상스 건축은 실내디자인 요소로서 계단을 중요시 하였다.

정답 17 ① 18 ② 19 ④ 20 ②

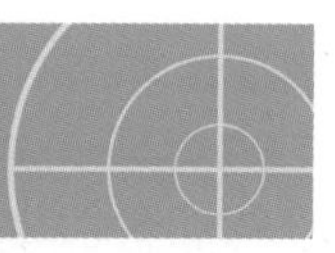

건축일반
2015년 3월 8일(1회)

01 그림과 같은 평면을 가진 지붕의 명칭은?

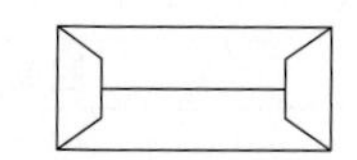

① 박공지붕　② 합각지붕
③ 모임지붕　④ 반박공지붕

해설 합각지붕

한식 가옥의 지붕 구조의 하나로, 팔작집이라고도 한다. 지붕 위까지 박공이 달려 용마루 부분이 삼각형의 벽을 이루고 처마끝은 우진지붕과 같다. 맞배지붕과 함께 한식 가옥에 가장 많이 쓰는 지붕의 형태이다.

02 계단의 구성에서 보행에 피로가 생길 우려가 있어 도중에 3~4단을 하나의 넓은 단으로 하거나 꺾여 돌아가는 곳에 넓게 만든 것을 무엇이라 하는가?

① 계단실　② 디딤단
③ 계단중정　④ 계단참

해설 계단참(stair landing)

계단의 구성에서 보행에 피로가 생길 우려가 있어 도중에 3~4단을 하나의 넓은 단으로 하거나 꺾여 돌아가는 곳에 넓게 만든 것

※ 건축법상 높이 3m를 넘는 계단에는 높이 3m 이내마다 너비 1.2m 이상의 계단참을 설치하도록 되어 있다.

03 피난층 또는 지상으로 통하는 직통계단을 특별피난계단으로 설치하여야 하는 층에 해당하는 것은? (단, 당해 층의 바닥면적은 $400m^2$ 이상임)

① 건축물의 10층
② 지하 2층
③ 계단실형 공동주택의 16층
④ 갓복도식 공동주택의 11층

해설 특별피난계단의 설치대상

㉠ 건축물(갓복도식 공동주택 제외)이 11층(공동주택은 16층) 이상으로부터 피난층 또는 지상으로 통하는 직통계단
[예외] 바닥면적 $400m^2$ 미만인 층
㉡ 지하 3층 이하의 층으로부터 피난층 또는 지상으로 통하는 직통계단
[예외] 바닥면적 $400m^2$ 미만인 층

04 한 켜에서 마구리와 길이를 번갈아 놓아 쌓고, 다음 켜는 마구리가 길이의 중심부에 놓이게 쌓는 것으로, 통줄눈이 생겨서 덜 튼튼하지만 외관이 좋아 강도보다는 미관을 위주로 하는 벽체 또는 벽돌담 등에 사용되는 벽돌 쌓기법은?

① 불식쌓기　② 화란식쌓기
③ 영식쌓기　④ 미식쌓기

해설 벽돌 쌓기법

㉠ 영국식 쌓기 : 길이쌓기와 마구리쌓기를 한 켜씩 번갈아 쌓아 올리며, 벽의 끝이나 모서리에는 이오토막 또는 반절을 사용하여 통줄눈이 생기지 않는 가장 튼튼하고 좋은 쌓기법이다.
㉡ 미국식 쌓기 : 5~6켜는 길이쌓기를 하고, 다음 1켜는 마구리쌓기를 하여 영국식 쌓기로 한 뒷벽에 물려서 쌓는 방법이다.
㉢ 프랑스식 쌓기 : 매 켜에 길이와 마구리가 번갈아 나오게 쌓는 것으로, 통줄눈이 많이 생겨 구조적으로는 튼튼하지 못하다. 외관이 좋기 때문에 강도를 필요로 하지 않고 의장을 필요로 하는 벽체 또는 벽돌담 쌓기 등에 쓰인다.
㉣ 화란식 쌓기 : 영국식 쌓기와 같으나, 벽의 끝이나 모서리에 칠오토막을 사용하여 쌓는 것이다. 벽의 끝이나 모서리에 칠오토막을 써서 쌓기 때문에 일하기 쉽고 모서리가 튼튼하므로, 우리나라에서도 비교적 많이 사용하고 있다.

정답 01 ② 02 ④ 03 ③ 04 ①

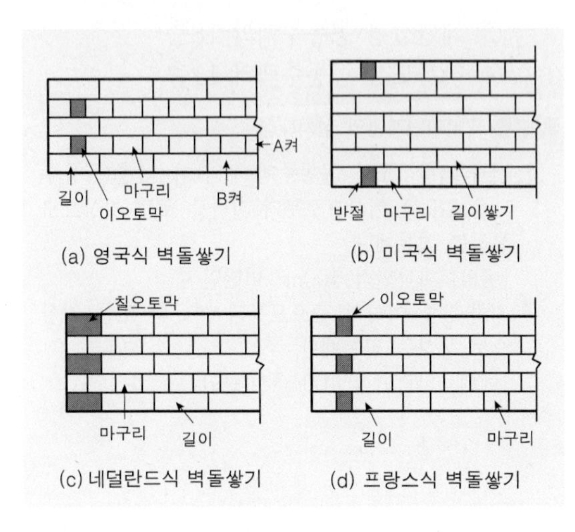

(a) 영국식 벽돌쌓기 (b) 미국식 벽돌쌓기
(c) 네덜란드식 벽돌쌓기 (d) 프랑스식 벽돌쌓기

05 건축법상의 '주요구조부'에 해당하지 않는 것은?

① 내력벽 ② 기둥
③ 지붕틀 ④ 최하층바닥

해설 주요구조부

내력벽, 기둥, 바닥, 보, 지붕틀 및 주계단을 말한다.
[예외] 사잇벽, 사잇기둥, 최하층바닥, 작은보, 차양, 옥외계단, 기타 이와 유사한 것으로서 건축물의 구조상 중요하지 아니한 부분 및 기초는 주요구조부에서 제외된다.

06 건물의 피난층 외의 층에서는 거실의 각 부분으로부터 피난층 또는 지상으로 통하는 직통계단까지 보행거리를 최대 얼마 이하로 해야 하는가? (단, 예외사항은 제외)

① 10m ② 20m
③ 30m ④ 40m

해설 피난층이 아닌 층에서의 보행거리

피난층이 아닌 층에서 거실 각 부분으로부터 피난층(직접 지상으로 통하는 출입구가 있는 층) 또는 지상으로 통하는 직통계단(경사로 포함)에 이르는 보행거리는 다음과 같다.

구분	보행거리
원칙	30m 이하
주요구조부가 내화구조 또는 불연재료로 된 건축물	50m 이하 (16층 이상 공동주택 : 40m 이하) [자동화 생산시설에 스프링클러 등 자동식 소화설비를 설치한 공장으로서 국토교통부령으로 정하는 공장인 경우에는 그 보행거리가 75m(무인화 공장 경우 100m) 이하]

07 왕대공지붕틀에서 압축력과 휨모멘트를 동시에 받는 부재는?

① 왕대공 ② ㅅ자보
③ 빗대공 ④ 중도리

해설 왕대공(King Post) 지붕틀

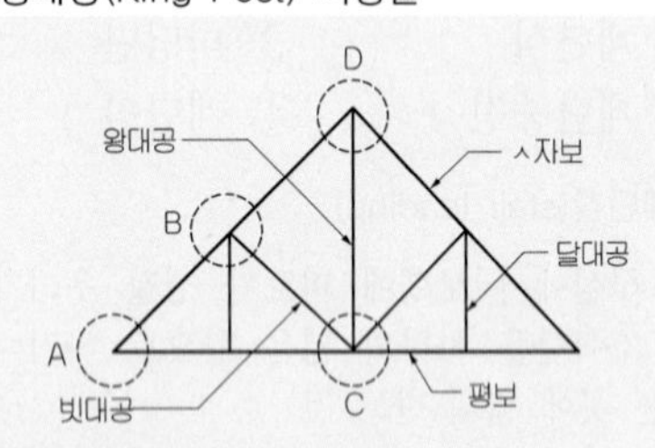

(1) 응력 상태
㉠ ㅅ자보 : 압축 응력과 중도리에 의한 휨모멘트
㉡ 평보 : 인장 응력과 천장 하중에 의한 휨모멘트
㉢ 왕대공, 달대공(수직부재) : 인장 응력
㉣ 빗대공 : 압축 응력
※ ㅅ자보 : 압축재
평보, 왕대공, 달대공 : 인장재
(2) 부재의 크기

ㅅ자보	왕대공·평보	마룻대	중도리	빗대공
100×200	100×180	100×120	100×100	100×90

정답 05 ④ 06 ③ 07 ②

08 르네상스 건축양식에 해당하는 건축물은?

① 영국 솔즈베리 대성당
② 이탈리아 피렌체 대성당
③ 프랑스 노틀담 대성당
④ 독일 울름 대성당

해설 르네상스(Renaissance) 건축

① 르네상스란 다시 태어난다는 의미로 건축분야에서는 로마 건축을 기본으로 한 건축으로 15세기초 이탈리아에서 발생되어 15, 16세기에 걸쳐 이탈리아를 중심으로 유럽에서 전개된 고전주의적 경향의 건축양식이다.
② 로마양식의 영향을 많이 받았으며, 인본주의적 사조에 입각하였고, 근대건축의 근원이 되었다.
③ 고딕건축의 수직적인 요소를 탈피하고 수평적인 요소를 강조하였다.
④ 비례와 미적 대칭 등을 중시하였다.
⑤ 르네상스(Renaissance) 건축은 주로 석재, 벽돌, 콘크리트 등을 주재료로 이용하였고, 돔(dome)을 사용하여 골조 구조를 내외로 마감하는 이중구조로 시공 하였다.
⑥ 교회건축 외에 다양한 공공건물 및 궁전주택(Palazzo) 등이 건축되었다.
⑦ 대표적인 건축물 중에는 로마에 위치한 성 베드로대성당(미켈란젤로), 이탈리아 피렌체 대성당이 있으며, 대표적인 궁(Palazzo)으로는 메디치 궁, 피티 궁, 파르네제 궁, 루첼라이 궁 등이 있다.

09 건축구조에서 일체식 구조에 속하는 것은?

① 철골구조
② 돌구조
③ 벽돌구조
④ 철골·철근 콘크리트구조

해설 구조 형식에 의한 분류

① 가구식 구조 : 목재, 강재로 된 가늘고 긴 부재를 이음, 맞춤 및 조립에 의해 뼈대를 만드는 구조(건식) – 목구조, 철골구조
② 조적식 구조 : 벽돌, 블록 및 돌 등의 낱낱의 재료를 쌓아서 만드는 구조(습식)– 벽돌구조, 블록구조, 돌구조
③ 일체식 구조 : 전체 구조체를 일체로 만든 구조(습식)– 철근콘크리트구조, 철골철근콘크리트구조
④ 조립식 구조 : 주요 건축 구조체를 공장에서 제작하여 현장에서 짜 맞춘 구조(건식)
⑤ 그 외 절판식 구조, 곡면식 구조 등이 있다.

10 한국건축 의장계획의 특징과 가장 거리가 먼 것은?

① 인위적 기교
② 풍수지리 사상
③ 친근감을 주는 인간적 척도
④ 시각적 착각교정

해설 한국건축의 조형 의장상의 특징

① 기둥의 배흘림(entasis) – 착시현상 교정
② 기둥의 안쏠림(오금법) – 시각적으로 건물 전체에 안정감
③ 우주의 솟음 – 처마 곡선과 조화 – 자연과의 조화
④ 후림과 조로 – 지붕의 처마 곡선미
⑤ 비대칭적 평면구성
⑥ 인간적 척도 – 친근감을 주는 척도

11 방염성능기준 이상의 실내장식물 등을 설치하여야 하는 특정소방대상물에 해당하지 않는 것은?

① 건축물의 옥내에 있는 수영장
② 근린생활시설 중 체력단련장
③ 방송통신시설 중 방송국
④ 건축물의 옥내에 있는 종교시설

해설 방염성능기준 이상의 실내장식물 등을 설치하여야 하는 특정소방대상물

① 근린생활시설 중 의원, 체력단련장, 공연장 및 종교집회장
② 건축물의 옥내에 있는 문화 및 집회시설, 종교시설, 운동시설(수영장은 제외)

정답 08 ② 09 ④ 10 ① 11 ①

③ 의료시설, 노유자시설, 숙박시설, 숙박이 가능한 수련시설
④ 교육연구시설 중 합숙소
⑤ 방송통신시설 중 방송국 및 촬영소
⑥ 다중이용업소
⑦ 상기 ①부터 ⑥까지의 시설에 해당하지 아니하는 것으로서 층수(건축법시행령에 따라 산정한 층수)가 11층 이상인 것(아파트는 제외)

12 주요구조부가 내화구조인 건축물로서 내화구조로 된 바닥·벽 및 갑종방화문으로 방화구획하여야 하는 건축물의 연면적 기준은?

① 연면적이 $300m^2$를 넘는 것
② 연면적이 $500m^2$를 넘는 것
③ 연면적이 $800m^2$를 넘는 것
④ 연면적이 $1,000m^2$를 넘는 것

해설 방화구획의 기준

주요구조부가 내화구조 또는 불연재료로 된 건축물로 연면적이 $1,000m^2$를 넘는 것은 다음의 기준에 의한 내화구조의 바닥, 벽 및 갑종방화문(자동방화셔터 포함)으로 구획하여야 한다.
㉠ 10층 이하의 층은 바닥면적 $1,000m^2$ 이내마다 구획(스프링클러 설치시 : $3,000m^2$ 이내마다)
㉡ 3층 이상의 층과 지하층은 층마다 구획
㉢ 11층 이상의 층은 바닥면적 $200m^2$ 이내마다 구획(스프링클러 설치시 : $600m^2$ 이내마다)
단, 벽 및 반자의 실내마감 재료를 불연재료로 한 경우는 바닥면적 $500m^2$ 이내마다 구획한다(스프링클러 설치시 : $1,500m^2$ 이내마다)

13 단독경보형감지기를 설치하여야 하는 특정소방대상물에 해당하지 않는 것은?

① 연면적 $800m^2$인 아파트등
② 연면적 $1,200m^2$인 기숙사
③ 수련시설 내에 있는 합숙소로서 연면적이 $1,500m^2$인 것
④ 연면적 $500m^2$인 숙박시설

해설 단독경보형감지기를 설치하여야 하는 특정소방대상물

㉠ 연면적 $1,000m^2$ 미만의 아파트
㉡ 연면적 $1,000m^2$ 미만의 기숙사
㉢ 교육연구시설 또는 수련시설 내에 있는 합숙소 또는 기숙사로서 연면적 $2,000m^2$ 미만인 것
㉣ 연면적 $600m^2$ 미만의 숙박시설
㉤ ㉣에 해당하지 않는 수련시설(숙박시설이 있는 것만 해당)

14 건축물 내부에 설치하는 피난계단의 구조 기준으로 틀린 것은?

① 계단은 내화구조로 하고 피난층 또는 지상까지 직접 연결되도록 한다.
② 계단실에는 예비전원에 의한 조명설비를 한다.
③ 계단실의 실내에 접하는 부분의 마감은 난연재료로 한다.
④ 건축물의 내부에서 계단실로 통하는 출입구의 유효너비는 0.9m 이상으로 한다.

해설

계단실의 실내에 접하는 부분의 마감은 불연재료로 한다.

15 건축물의 설계자가 건축구조기술사의 협력을 받아 구조의 안전을 확인하여야 하는 건축물의 최소 층수 기준은?

① 3층 이상 ② 4층 이상
③ 5층 이상 ④ 6층 이상

해설 건축구조기술사에 의한 구조계산

다음 건축물을 건축하거나 대수선할 경우의 구조계산은 구조기술사의 구조계산에 의해야 한다.
㉠ 6층 이상 건축물
㉡ 내민구조의 차양길이가 3m 이상인 건축물
㉢ 경간 20m 이상 건축물
㉣ 특수한 설계·시공·공법 등이 필요한 건축물
㉤ 다중이용건축물
㉥ 지진구역의 건축물 중 국토교통부령으로 정하는 건축물

정답 12 ④ 13 ② 14 ③ 15 ④

16 **화재안전기준에 따라 소화기구를 설치하여야 하는 특정소방대상물의 최소 연면적 기준은?**

① $20m^2$ 이상 ② $33m^2$ 이상
③ $42m^2$ 이상 ④ $50m^2$ 이상

해설 소화기구를 설치하여야 할 특정소방대상물

① 수동식소화기 또는 간이소화용구를 설치하여야 하는 것
㉠ 연면적 $33m^2$ 이상인 것
㉡ ㉠에 해당하지 아니하는 시설로서 지정문화재 및 가스시설
② 주방용 자동소화장치를 설치하여야 하는 것 : 아파트 및 30층 이상 오피스텔의 모든 층
[비고] 노유자시설의 경우에는 투척용소화용구 등을 법 화재안전기준에 따라 산정된 소화기 수량의 1/2 이상으로 설치할 수 있다.

17 **문화 및 집회시설에 쓰이는 건축물의 거실에 배연설비를 설치하여야 할 경우에 해당하는 최소 층수 기준은?**

① 6층 ② 10층
③ 16층 ④ 20층

해설 배연설비의 설치대상

① 6층 이상의 건축물로서 제2종 근린생활시설 중 $300m^2$ 이상인 공연장·종교집회장·인터넷컴퓨터게임시설제공업소 및 다중생활시설, 문화 및 집회시설, 종교시설, 판매시설, 운수시설, 의료시설(요양병원 및 정신병원은 제외), 연구소, 아동관련시설·노인복지시설(노인요양시설은 제외), 유스호스텔, 운동시설, 업무시설, 숙박시설, 위락시설, 관광휴게시설, 장례식장의 용도에 해당되는 건축물의 거실
[예외] 피난층인 경우
② 요양병원 및 정신병원, 노인요양시설·장애인 거주시설 및 장애인 의료재활시설의 용도에 해당되는 건축물
[예외] 피난층인 경우

18 **철골 구조의 특징이 아닌 것은?**

① 재료의 균질도가 높으며 내력이 크기 때문에 건물의 중량을 가볍게 할 수 있다.
② 장스팬의 구조물이나 고층건물에 적합하다.
③ 고열에 강하며 다른 구조체에 비하여 고가이다.
④ 내진적이며, 수평력에 강하다.

해설 철골구조의 장단점

① 장 점
㉠ 수평력에 대해 강하고, 내진적이며 인성이 크다.
㉡ 자중이 가볍고 고강도이다.
㉢ 조립과 해체가 용이하다.
㉣ 큰 스팬(span) 건물과 고층 건물이 가능하다(대규모 건축에 이용)
② 단 점
㉠ 화재에 불리하다. (비내화성)
㉡ 부재가 세장하므로 좌굴이 생기기 쉽다.
㉢ 부재가 고가(高價)이다.
㉣ 조립구조이므로 접합에 주의를 요한다.

19 **소방관계법규에서 정의하는 무창층이 되기 위한 개구부 면적의 합계 기준은? (단, 개구부란 아래 요건을 충족)**

가. 크기는 지름 50cm 이상의 원이 내접할 수 있는 크기일 것
나. 해당 층의 바닥면으로부터 개구부 밑부분까지의 높이가 1.2m 이내일 것
다. 도로 또는 차량이 진입할 수 있는 빈터를 향할 것
라. 화재 시 건축물로부터 쉽게 피난할 수 있도록 창살이나 그 밖의 장애물이 설치되지 아니할 것
마. 내부 또는 외부에서 쉽게 부수거나 열 수 있을 것

정답 16 ② 17 ① 18 ③ 19 ③

① 해당 층의 바닥면적의 1/20 이하
② 해당 층의 바닥면적의 1/25 이하
③ 해당 층의 바닥면적의 1/30 이하
④ 해당 층의 바닥면적의 1/35 이하

해설 무창층

지상층 중 다음에 해당하는 요건을 모두 갖춘 개구부(건축물에서 채광·환기·통풍 또는 출입 등을 위하여 만든 창·출입구 그 밖에 이와 비슷한 것을 말함)의 면적의 합계가 당해 층의 바닥면적의 1/30 이하가 되는 층을 말한다.
㉠ 개구부의 크기가 지름 50cm 이상의 원이 내접할 수 있을 것
㉡ 해당 층의 바닥면으로부터 개구부 밑부분까지의 높이가 1.2m 이내일 것
㉢ 개구부는 도로 또는 차량이 진입할 수 있는 빈터를 향할 것
㉣ 화재시 건축물로부터 쉽게 피난할 수 있도록 개구부에 창살 그 밖의 장애물이 설치되지 아니할 것
㉤ 내부 또는 외부에서 쉽게 파괴 또는 개방할 수 있을 것

20 소화활동설비에 해당되는 것은?

① 스프링클러설비
② 자동화재탐지설비
③ 상수도소화용수설비
④ 연결송수관설비

해설 소방시설

소화설비·경보설비·피난설비·소화용수설비 그 밖에 소화활동설비를 말한다.
※ 소화활동설비 : 화재를 진압하거나 인명구조활동을 위하여 사용하는 설비
① 제연설비
② 연결송수관설비
③ 연결살수설비
④ 비상콘센트설비
⑤ 무선통신보조설비
⑥ 연소방지설비

건축일반
2015년 5월 31일(2회)

01 다음은 건축물의 3층 이상인 층으로서 직통계단 외에 그 층으로부터 지상으로 통하는 옥외피난계단을 설치하여야 하는 대상에 관한 내용이다. 빈칸에 알맞은 것은?

> 문화 및 집회시설 중 집회장의 용도로 쓰는 층으로서 그 층 거실의 바닥면적의 합계가 ( ) 이상인 것

① $500m^2$　　② $1000m^2$
③ $1500m^2$　　④ $2000m^2$

해설 옥외피난계단의 설치기준

건축물의 3층 이상의 층(피난층 제외)으로서 다음 용도에 쓰이는 층에는 직통계단 외에 그 층으로부터 지상으로 통하는 옥외계단을 따로 설치하여야 한다.
㉠ 문화 및 집회 시설(공연장에 한함), 위락시설(주점영업에 한함)에 쓰이는 층으로서 그 층의 거실의 바닥면적의 합계가 $300m^2$ 이상인 것
㉡ 문화 및 집회시설 중 집회장의 용도로 쓰이는 층으로서 그 층의 거실의 바닥면적 합계가 $1,000m^2$ 이상인 것

02 건축물에 설치하는 지하층의 비상탈출구 설치기준으로 옳은 것은?

① 비상탈출구의 유효너비는 0.5m 이상으로 할 것
② 출입구로부터 3m 이상 떨어진 곳에 설치할 것
③ 비상탈출구의 문은 피난방향의 반대방향으로 열리도록 할 것
④ 지하층의 바닥으로부터 비상탈출구의 아랫부분까지의 높이가 1.2m 이상이 되는 경우에는 벽체에 발판의 너비가 18cm 이상인 사다리를 설치할 것

정답 20 ④ / 01 ② 02 ②

해설 지하층에 설치하는 비상탈출구의 구조

비상탈출구	설치기준
① 비상탈출구의 크기	유효너비 0.75m×유효높이 1.5m 이상
② 비상탈출구의 방향	피난방향으로 열리도록 하고, 실내에서 항상 열 수 있는 구조로 하며 내부 및 외부에는 비상탈출구의 표시설치
③ 비상탈출구	출입구로부터 3m 이상 떨어진 곳에 설치
④ 사다리의 설치	지하층의 바닥으로부터 비상탈출구의 아랫부분까지의 높이가 1.2m 이상이 되는 경우에는 벽체의 발판의 너비가 20cm 이상인 사다리를 설치할 것
⑤ 피난통로의 유효너비	피난층 또는 지상으로 통하는 복도나 직통계단까지 이르는 피난통로의 유효너비는 0.75m 이상
⑥ 비상탈출구의 통로마감	피난 통로의 실내에 접하는 부분의 마감과 그 바탕을 불연재료로 할 것

03 **12층의 바닥면적이 1500m² 인 건축물로서 자동식 소화설비를 설치한 경우 방화구획으로 나누어지는 바닥은 몇 개소인가? (단, 디자인과 평면계획은 고려치 않음)**

① 1개소 이상 ② 2개소 이상
③ 3개소 이상 ④ 4개소 이상

해설 방화구획의 기준

주요구조부가 내화구조 또는 불연재료로 된 건축물로 연면적이 1,000m²를 넘는 것은 다음의 기준에 의한 내화구조의 바닥, 벽 및 갑종방화문(자동방화셔터 포함)으로 구획하여야 한다.

㉠ 10층 이하의 층은 바닥면적 1,000m² 이내마다 구획(스프링클러 설치시 : 3,000m² 이내마다)
㉡ 3층 이상의 층과 지하층은 층마다 구획
㉢ 11층 이상의 층은 바닥면적 200m² 이내마다 구획(스프링클러 설치시 : 600m² 이내마다) 단, 벽 및 반자의 실내마감 재료를 불연재료로 한 경우는 바닥면적 500m² 이내마다 구획한다 (스프링클러 설치시 : 1,500m² 이내마다)
∴ 스프링클러 설치시 : 600m² 이내마다 방화구획을 하여야 하므로
1,500m² ÷ 600m² = 2.5 → 3개소

04 **철골조 기둥(작은지름 25cm 이상)이 내화구조 기준에 부합하기 위해서 두께를 최소 7cm 이상을 보강해야 하는 재료에 해당되지 않는 것은?**

① 콘크리트 블록 ② 철망 모르타르
③ 벽돌 ④ 석재

해설 내화구조의 기둥

구조 부분	내화구조의 기준		기준 두께
기둥 (작은 지름이 25cm 이상인 것)	•철근콘크리트조·철골철근콘크리트조		두께 무관
	•철골에 ( )안은 경량골재를 사용한 경우	철망모르타르로 덮은 것	6cm(5cm) 이상
		콘크리트블록·벽돌·석재로 덮은 것	7cm 이상
		콘크리트로 덮은 것	5cm 이상

05 **목구조에서 각 부재의 접합부 및 벽체를 튼튼하게 하기 위하여 사용되는 부재와 관련 없는 것은?**

① 귀잡이 ② 버팀대
③ 가새 ④ 장선

해설 장선

동바리 마루에서 마루널 바로 밑에 있는 부재

정답 03 ③ 04 ② 05 ④

06 **조적식 구조의 벽에 설치하는 창, 출입구 등의 개구부 설치기준으로 틀린 것은?**

① 각 층의 대린벽으로 구획된 각 벽에 있어서 개구부의 폭의 합계는 그 벽의 길이의 1/2 이하로 하여야 한다.
② 하나의 층에 있어서의 개구부와 그 바로 윗층에 있는 개구부와의 수직거리는 최소 900mm 이상으로 하여야 한다.
③ 폭이 1.8m를 넘는 개구부의 상부에는 철근콘크리트구조의 윗 인방을 설치하여야 한다.
④ 조적식 구조인 내어민창 또는 내어쌓기창은 철골 또는 철근콘크리트로 보강하여야 한다.

해설 벽돌 벽체의 개구부

㉠ 분할 면적을 구성하는 벽의 개구부 너비의 총계는 벽길이의 1/2 이하
㉡ 각층 개구부 너비의 총계는 당해 층의 벽길이의 1/3 이하
㉢ 개구부 상호간의 수평거리는 벽두께의 2배 이상
㉣ 문꼴의 상하 수직거리는 60cm 이상
㉤ 폭이 1.8m를 넘는 개구부의 상부에는 철근콘크리트 구조의 인방보를 설치
㉥ 가로홈 : 길이는 3m 이하, 홈 깊이는 벽두께의 1/3 이하
㉦ 세로홈 : 층 높이의 3/4 이상 연속 홈을 설치할 때 홈의 깊이는 벽두께의 1/3 이하

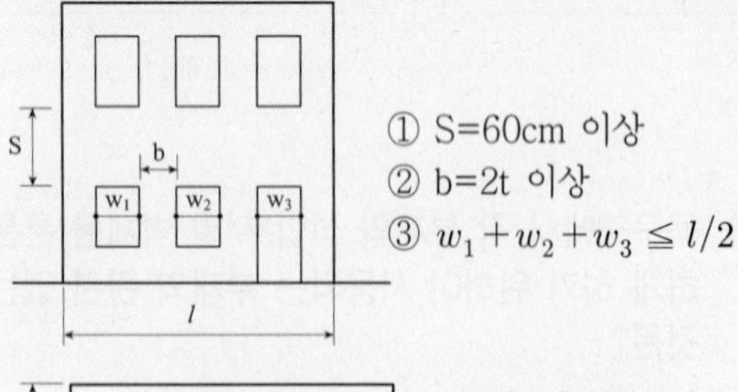

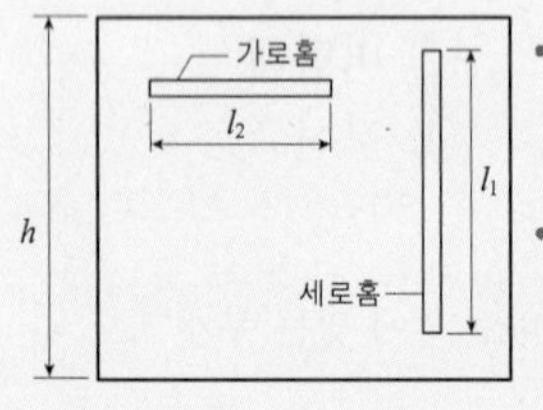

• l_1=세로홈길이 3/4h 이상일 때 홈깊이 1/3t 이하
• l_2=가로홈길이 3m 이하일 때 홈깊이 1/3t 이하
• h=층 높이
• t=벽 두께

벽체의 홈파기

07 **고딕(Gothic) 건축의 특징적 내용과 거리가 먼 것은?**

① 그리스 십자형(Greek Cross) 평면
② 리브 볼트(Rib Vault)
③ 장미창(Rose Window)
④ 첨두형 아치(Pointed Arch)

해설 고딕 건축의 특징

㉠ 수직선을 의장의 주요소로 하여 하늘을 지향하는 종교적 신념과 그 사상을 합리적으로 반영시켜서 교회건축 양식을 완성하였다.
㉡ 수평 방향으로 통일되고 연속적인 공간을 만들었다.
㉢ 석재를 자유자재로 사용하였다.
㉣ 첨두형 아치(Pointed Arch)와 첨두형 볼트(Point Arch), 플라잉 버트레스(Flying Buttress)가 주로 사용되었다.
㉤ 대표작으로는 샤르트르 성당, 노트르담 성당, 아미앵 성당, 랭스 성당, 쾰른 성당, 밀라노 성당 등이 있다.
☞ 비잔틴 건축의 교회의 평면에는 중앙의 대형 돔을 중심으로 좌우 대칭이 되는 집중형 또는 그리스 십자형(Greek Cross) 형태가 특징이다.

08 **건축물에 설치하는 승용승강기 설치대수 산정에 직접적으로 관련 있는 것끼리 묶여진 것은?**

① 용도 - 층수 - 각 층의 거실면적
② 용도 - 층수 - 높이
③ 용도 - 높이 - 각 층의 거실면적
④ 층수 - 높이 - 각 층의 거실면적

해설 승용승강기의 설치대상

층수가 6층 이상으로서 연면적 2,000m² 이상인 건축물
※ 승용승강기 설치대수(강〉약 순서)
문화 및 집회시설(공연장·집회장·관람장), 판매시설(도매시장·소매시장·상점), 의료시설 > 문화 및 집회시설(전시장, 동·식물원), 업무시설, 숙박시설, 위락시설 > 공동주택, 교육연구시설, 기타 시설

정답 06 ② 07 ① 08 ①

09 건축물을 건축하거나 대수선하는 경우 해당 건축물의 건축주는 착공신고를 하는 때에 해당 건축물의 설계자로부터 구조안전의 확인 서류를 받아 허가권자에게 제출하여야 하는데 이에 해당하는 대상 건축물 기준으로 옳은 것은?

① 연면적이 $100m^2$ 이상인 건축물
② 처마높이가 6m 이상인 건축물
③ 기둥과 기둥사이의 거리가 10m 이상인 건축물
④ 높이가 10m 이상인 건축물

해설 구조계산에 의한 구조안전의 확인 대상 건축물

구분	구조계산 대상 건축물
1. 층수	2층 이상 (기둥과 보가 목재인 목구조 경우 : 3층 이상)
2. 연면적	$200m^2$(목구조 : $500m^2$) 이상인 건축물 (창고, 축사, 작물 재배사 및 표준설계도서에 따라 건축하는 건축물은 제외)
3. 높이	13m 이상
4. 처마높이	9m 이상
5. 경간	10m 이상 * 경간 : 기둥과 기둥 사이의 거리(기둥이 없는 경우에는 내력벽과 내력벽 사이의 거리를 말함)
6. 국토교통부령으로 정하는 지진구역의 건축물	
7. 국가적 문화유산으로 보존할 가치가 있는 박물관·기념관 등으로서 연면적의 합계가 $5,000m^2$ 이상인 건축물	
8. 특수구조 건축물 중 3m 이상 돌출된 건축물과 특수한 설계·시공·공법 등이 필요한 건축물	
9. 단독주택 및 공동주택	

10 다음 용어 중 철골구조와 가장 관계가 먼 것은?

① 인서트(insert)
② 사이드 앵글(side angle)
③ 웨브 플레이트(web plate)
④ 윙 플레이트(wing plate)

해설

인서트(insert)는 구조물 등을 달아매기 위하여 콘크리트 표면 등에 미리 묻어 넣은 고정 철물로 수축이 적고 가공하기 쉬운 주물을 재질로 사용한다.

11 한국의 궁궐건축을 최초 창건순서대로 옳게 나열한 것은?

① 경복궁 - 창덕궁 - 창경궁 - 경희궁
② 창덕궁 - 경복궁 - 경희궁 - 창경궁
③ 창경궁 - 경희궁 - 창덕궁 - 경복궁
④ 경희궁 - 창경궁 - 창덕궁 - 경복궁

해설 한국의 궁궐건축 최초 창건순서

경복궁(1395년) - 창덕궁(1405년) - 창경궁(1483년) - 경희궁(1618년)

12 건축물의 바깥쪽으로 나가는 주된 출구 외에 보조출구 또는 비상구를 2개소 이상 설치하여야 하는 것은?

① 관람실의 바닥면적의 합계가 $200m^2$ 이상인 문화 및 집회시설 중 집회장
② 관람실의 바닥면적의 합계가 $300m^2$ 이상인 문화 및 집회시설 중 공연장
③ 거실의 바닥면적의 합계가 $400m^2$ 이상인 장례식장
④ 거실의 바닥면적의 합계가 $500m^2$ 이상인 위락시설

해설 건축물 바깥쪽으로의 출구 설치 대상

① 문화 및 집회시설(전시장 및 동·식물원을 제외)
② 판매시설(도매시장·소매시장 및 상점)
③ 장례식장
④ 업무시설 중 국가 또는 지방자치단체의 청사
⑤ 위락시설
⑥ 연면적이 $5,000m^2$ 이상인 창고시설
⑦ 교육연구시설 중 학교
⑧ 승강기를 설치하여야 하는 건축물

정답 09 ③ 10 ① 11 ① 12 ②

[예외] 관람실의 바닥면적의 합계가 300m² 이상인 집회장 또는 공연장은 바깥쪽으로 주된 출구 외에 보조출구 또는 비상구를 2개소 이상 설치하여야 한다.

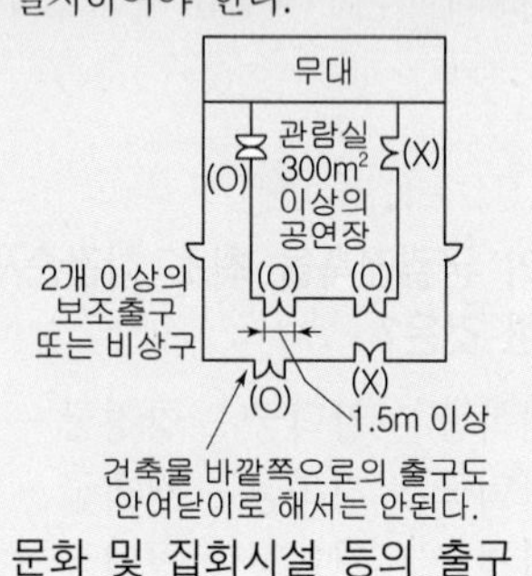

문화 및 집회시설 등의 출구

13 다음 소방시설 중 소화설비에 속하지 않는 것은?

① 상수도소화용수설비
② 소화기
③ 옥내소화전설비
④ 스프링클러설비

해설 소방시설

소화설비·경보설비·피난구조설비·소화용수설비 그 밖에 소화활동설비를 말한다.

※ 소화설비 : 소화기구, 옥내소화전설비, 스프링클러설비·간이스프링클러설비 및 화재조기진압용 스프링클러설비, 물분무소화설비·미분무소화설비·포소화설비·이산화탄소소화설비·할로겐화합물소화설비·청정소화약제소화설비 및 분말소화설비, 옥외소화전설비

☞ 소화용수설비 : 상수도소화용수설비, 소화수조·저수조 그 밖의 소화용수설비

14 소방시설 설치·유지 및 안전관리에 관한 법령상 곧바로 지상으로 갈 수 있는 출입구가 있는 층으로 정의되는 것은?

① 무창층 ② 피난층
③ 지상층 ④ 피난안전구역

해설

피난층 : 곧바로 지상으로 갈 수 있는 출입구가 있는 층을 말한다.

※ 무창층 : 지상층 중 개구부의 면적의 합계가 당해 층의 바닥면적의 1/30 이하가 되는 층을 말한다.

15 주요구조부를 내화구조로 하여야 하는 건축물의 기준으로 틀린 것은?

① 문화 및 집회시설 중 전시장으로서 그 용도로 쓰이는 바닥면적 합계가 500m² 이상인 건축물
② 판매시설로서 그 용도로 쓰이는 바닥면적 합계가 500m² 이상인 건축물
③ 창고시설로서 그 용도로 쓰이는 바닥면적 합계가 500m² 이상인 건축물
④ 공장의 용도로 쓰는 건축물로서 그 용도로 쓰이는 바닥면적 합계가 500m² 이상인 건축물

해설

공장의 용도에 쓰이는 건축물로서 그 용도로 쓰이는 바닥면적의 합계가 2,000m² 이상인 건축물은 주요구조부를 내화구조로 하여야 한다.

16 다음 중 비상방송설비를 설치하여야 하는 특정소방대상물이 아닌 것은? (단, 위험물 저장 및 처리시설 중 가스시설, 사람이 거주하지 않는 동물 및 식물관련시설, 지하가 중 터널, 축사 및 지하구는 제외)

① 50인 이상의 근로자가 작업하는 옥내작업장
② 연면적 3,500m² 이상인 것
③ 지하층의 층수가 3층 이상인 것
④ 지하층을 제외한 층수가 11층 이상인 것

정답 13 ① 14 ② 15 ④ 16 ①

해설 비상방송설비 설치대상

㉠ 연면적 3,500m² 이상인 것
㉡ 지하층을 제외한 층수가 11층 이상인 것
㉢ 지하층의 층수가 3개층 이상인 것
[제외] 가스시설, 지하구, 터널과 사람이 거주하지 않는 동물 및 식물관련시설

17 조적조에서 내력벽으로 둘러싸인 부분의 바닥 면적은 최대 몇 m² 이하로 하는가?

① 50m²　② 60m²
③ 70m²　④ 80m²

해설 조적조 내벽력의 높이 및 길이

㉠ 2, 3층 건물에서 최상층의 내력벽 높이는 4m 이하로 한다.
㉡ 내력벽의 길이는 10m 이하로 한다.
㉢ 내력벽으로 둘러싸인 부분의 바닥 면적이 80m² 를 초과할 수 없다.

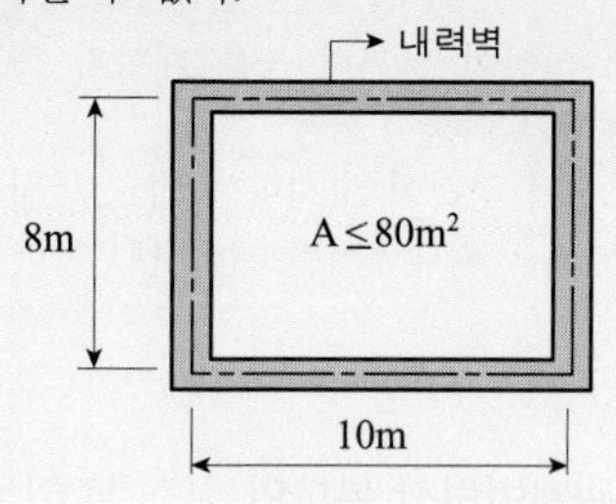

18 아래 그림과 같은 목재의 이음의 종류는?

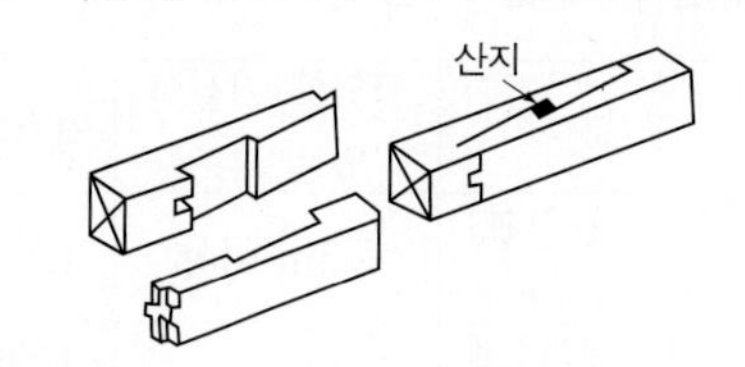

① 엇빗이음　② 겹침이음
③ 엇걸이이음　④ 긴촉이음

해설 엇걸이 이음

재춤의 3~3.5배 이상으로 하며 산지 등에 박아서 더욱 튼튼한 이음으로 하고 있으며, 구부림(휨)에 가장 효과적이며 휨을 받는 가로부재의 내이음에 주로 사용된다.

19 호텔 각 실의 재료 중 방염성능기준 이상의 것으로 시공하지 않아도 되는 것은?

① 지하 1층 연회장의 무대용 합판
② 최상층 식당의 창문에 설치하는 커튼류
③ 지상 1층 라운지의 전시용 합판
④ 지상 객실의 화장대

해설

특정소방대상물에서 사용되는 방염대상물품 제조 또는 가공공정에서 방염처리를 한 물품(합판·목재류의 경우에는 설치현장에서 방염처리를 한 것을 말함)으로서 다음의 하나에 해당하는 것을 말한다.
㉠ 창문에 설치하는 커텐류(브라인드를 포함)
㉡ 카페트, 두께가 2mm 미만인 벽지류로서 종이벽지를 제외한 것
㉢ 전시용 합판 또는 섬유판, 무대용 합판 또는 섬유판
㉣ 암막·무대막(영화상영관, 골프연습장업에 설치하는 스크린을 포함)

20 관계공무원에 의한 소방안전관리에 관한 특별조사의 항목에 해당하지 않는 것은?

① 특정소방대상물의 소방안전관리 업무수행에 관한 사항
② 특정소방대상물의 소방계획서 이행에 관한 사항
③ 특정소방대상물의 자체점검 및 정기점검 등에 관한 사항
④ 특정소방대상물의 소방안전관리자의 선임에 관한 사항

정답　17 ④　18 ③　19 ④　20 ④

해설 소방 특별조사의 항목

㉠ 소방안전관리 업무 수행에 관한 사항
㉡ 소방계획서 이행에 관한 사항
㉢ 자체점검 및 정기점검 등에 관한 사항
㉣ 화재의 예방조치 등에 관한 사항
㉤ 불을 사용하는 설비 등의 관리와 특수가연물의 저장·취급에 관한 사항
㉥ 다중이용업소의 안전관리에 관한 특별법에 따른 안전관리에 관한 사항
㉦ 위험물 안전관리법에 따른 안전관리에 관한 사항
※ 소방특별조사
소방청장, 소방본부장 또는 소방서장은 소방특별조사를 하려면 7일 전에 관계인에게 조사대상, 조사기간 및 조사사유 등을 서면으로 알려야 한다.

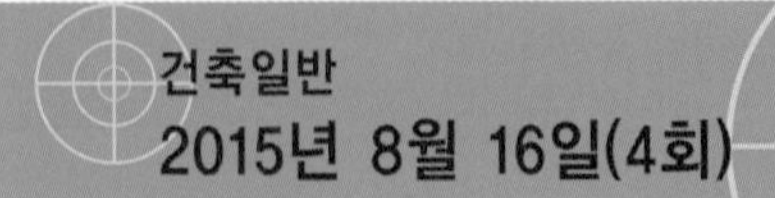
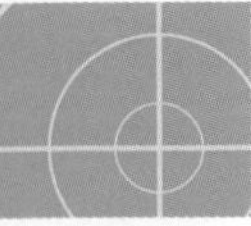

건축일반 2015년 8월 16일(4회)

01 방염대상물품의 방염성능기준에서 버너의 불꽃을 제거한 때부터 불꽃을 올리지 아니하고 연소하는 상태가 그칠 때까지의 시간은 몇 초 이내 인가?

① 5초 이내 ② 10초 이내
③ 20초 이내 ④ 30초 이내

해설 화재예방·소방시설 설치유지 및 안전관리에 관한 법률에 의한 방염성능기준

방염대상물품의 종류에 따른 구체적인 방염성능기준은 다음에 해당하는 기준의 범위 내에서 소방청장이 정하여 고시하는 바에 의한다.
㉠ 버너의 불꽃을 제거한 때부터 불꽃을 올리며 연소하는 상태가 그칠 때까지 시간은 20초 이내
㉡ 버너의 불꽃을 제거한 때부터 불꽃을 올리지 아니하고 연소하는 상태가 그칠 때까지 시간은 30초 이내
㉢ 탄화한 면적은 $50cm^2$ 이내, 탄화한 길이는 20cm 이내
㉣ 불꽃에 의하여 완전히 녹을 때까지 불꽃의 접촉 횟수는 3회 이상
㉤ 소방청장이 정하여 고시한 방법으로 발연량을 측정하는 경우 최대연기밀도는 400 이하

02 건축관계법령상 복도의 최소 유효너비 기준이 가장 작은 것은? (단, 양옆에 거실이 있는 복도)

① 오피스텔 ② 초등학교
③ 유치원 ④ 고등학교

해설 건축물에 설치하는 복도의 유효너비

구 분	양옆에 거실이 있는 복도	기타의 복도
유치원·초등학교·중학교·고등학교	2.4m 이상	1.8m 이상
공동주택·오피스텔	1.8m 이상	1.2m 이상
당해 층 거실의 바닥면적 합계가 $200m^2$ 이상인 경우	1.5m 이상 (의료시설의 복도는 1.8m 이상)	1.2m 이상

정답 01 ④ 02 ①

03 상하플랜지에 ㄱ형강을 쓰고 웨브재로 대철을 45°, 60° 또는 90° 등의 일정한 각도로 접합한 강구조의 조립보는?

① 격자보 ② 래티스보
③ 형강보 ④ 판보

해설 래티스보

형강과 래티스로 조립된 것으로 전단력에 약하여 경미한 철골 구조나 철골철근 콘크리트조에 이용된다.
※ 격자보 : 웨브재를 상하부 플랜지에 90°로 조립한 보로서 가장 경미한 하중을 받는 곳에 주로 사용되며, 콘크리트 피복이 필요하다.
※ 판보 : 웨브에 철판을 쓰고 상하부에 플랜지철판을 용접하거나 ㄱ형강을 리벳 접합한 것이다. 판보에서는 웨브판의 좌굴을 방지하기 위하여 스티프너를 사용한다.

04 철골 접합 방법 중 용접 접합에 대한 설명으로 옳지 않은 것은?

① 강재의 양을 절약할 수 있다.
② 단면처리 및 이음이 쉽다.
③ 품질검사가 쉽다.
④ 응력전달이 확실하다.

해설 용접 접합의 장·단점

장점	단점
㉠ 공해(소음, 진동)가 없다. ㉡ 강재의 양을 절약할 수 있다.(중량 감소) ㉢ 접합부의 강성이 크며, 응력의 전달이 확실하다. ㉣ 일체성, 수밀성이 확보된다.	㉠ 용접의 숙련공이 필요하다. ㉡ 용접부 결합의 검사가 어렵고 비용, 장비, 시간이 많이 걸린다. ㉢ 용접열에 의한 변형 발생이 우려된다. ㉣ 용접 모재의 재질 상태에 따라 응력의 중현상이 크다.

05 옥내소화전 설비를 설치하여야 하는 소방대상물의 연면적 기준은?

① 1000m^2 이상 ② 2000m^2 이상
③ 3000m^2 이상 ④ 5000m^2 이상

해설

연면적 3,000m^2 이상인 소방대상물(지하가중 터널을 제외)이거나 지하층·무창층 또는 층수가 4층 이상인 층 중 바닥면적이 600m^2 이상인 층이 있는 것은 모든 층에 옥내소화전설비를 설치하여야 한다.

06 건축허가 등을 할 때 미리 소방본부장 또는 소방서장의 동의를 받아야 하는 대상 건축물이 아닌 것은?

① 연면적 400m^2 이상인 건축물
② 항공기 격납고
③ 위험물 저장 및 처리시설
④ 차고·주차장으로 사용되는 층 중 바닥면적이 150m^2인 층이 있는 시설

해설 소방본부장 또는 소방서장의 건축허가 및 사용 승인에 대한 동의 대상 건축물의 범위

1. 연면적이 400m^2(학교시설의 경우 100m^2, 노유자시설 및 수련시설의 경우 200m^2, 정신의료기관, 장애인 의료재활시설의 경우 300m^2) 이상인 건축물
2. 차고·주차장 또는 주차용도로 사용되는 시설로서 다음에 해당하는 것
 ① 차고·주차장으로 사용되는 층 중 바닥면적이 200m^2 이상인 층이 있는 시설
 ② 승강기 등 기계장치에 의한 주차시설로서 자동차 20대 이상을 주차할 수 있는 시설
3. 지하층 또는 무창층이 있는 건축물로서 바닥면적이 150m^2(공연장의 경우에는 100m^2) 이상인 층이 있는 것
4. 면적에 관계없이 동의 대상
 ① 층수가 6층 이상인 건축물
 ② 항공기격납고, 관망탑, 항공관제탑, 방송용 송수신탑
 ③ 위험물저장 및 처리시설, 지하구
 ④ 노인 관련 시설, 아동복지시설(아동상담소, 아동전용시설 및 지역아동센터는 제외)
 ⑤ 장애인 거주시설, 정신질환자 관련 시설, 노숙인 관련 시설 중 노숙인자활시설, 노숙인재활시설 및 노숙인요양시설, 결핵환자나 한센인이 24시간 생활하는 노유자시설
 ⑥ 요양병원(정신병원, 의료재활시설 제외)

정답 03 ② 04 ③ 05 ③ 06 ④

07 건축물의 내부에 설치하는 피난계단의 구조에 대한 기준으로 옳지 않은 것은?

① 계단실은 창문·출입구 기타 개구부를 제외한 당해 건축물의 다른 부분과 내화구조의 벽으로 구획할 것
② 계단실에는 예비전원에 의한 조명설비를 할 것
③ 계단실의 바깥쪽과 접하는 창문 등은 당해 건축물의 다른 부분에 설치하는 창문 등으로부터 2m 이상의 거리를 두고 설치할 것
④ 계단실의 실내에 접하는 부분의 마감은 난연재료로 할 것

해설

계단실의 실내에 접하는 부분(바닥 및 반자 등 실내에 면하는 모든 부분)의 마감(마감을 위한 바탕 포함)은 불연재료로 할 것

08 기본벽돌(190×90×57)을 사용하여 1.5B로 벽을 쌓을 때 벽두께는? (단, 공간쌓기 아님)

① 260mm ② 290mm
③ 310mm ④ 320mm

해설 벽돌의 치수

(단위 : mm)

구분 \ 종류	길이(B)	너비(A)	두께
기존형(재래형)	210	100	60
표준형(기본형)	190	90	57

※ 너비는 길이에서 줄눈의 뺀 것의 반으로 되어 있다.
※ 일반적으로 줄눈너비는 10mm로 한다.
∴ 표준형 벽돌 1.5B 벽두께 치수
= 190mm + 10mm + 90mm = 290mm
표준형 벽돌 2.0B 벽두께 치수
= 190mm + 10mm + 190mm = 390mm
표준형 벽돌 2.5B 벽두께 치수
= 190mm + 10mm + 190mm + 10mm + 90mm
= 490mm

09 다음 중 일체식 구조에 해당하는 것은?

① 목구조 ② 블록구조
③ 철골구조 ④ 철근콘크리트구조

해설 구조 형식에 의한 분류

㉠ 가구식 구조 : 목재, 강재로 된 가늘고 긴 부재를 이음, 맞춤 및 조립에 의해 뼈대를 만드는 구조(건식) – 목구조, 철골구조
㉡ 조적식 구조 : 벽돌, 블록 및 돌 등의 낱낱의 재료를 쌓아서 만드는 구조(습식)
– 벽돌구조, 블록구조, 돌구조
㉢ 일체식 구조 : 전체 구조체를 일체로 만든 구조(습식) – 철근콘크리트구조, 철골철근콘크리트구조
㉣ 조립식 구조 : 주요 건축 구조체를 공장에서 제작하여 현장에서 짜 맞춘 구조(건식)
㉤ 그 외 절판식 구조, 곡면식 구조 등이 있다.

10 한국의 전통사찰 본당에서 내부공간 구성의 1차 인지요소로서 공간의 심리적이고 극적인 효과를 유도시키는 구성요소라고 할 수 있는 것은?

① 마루 ② 개구부
③ 공포대 ④ 기단

해설 한국 목조건축양식의 구분 요소

㉠ 공포(두공)의 배치 – 주심포식, 다포식, 익공식
㉡ 구조부재의 조형
㉢ 가구형식
※ 공포 : 한국의 전통사찰 본당에서 내부공간 구성의 1차 인지요소로서 주두, 소로, 첨차 등으로 이루어져 있으며 심리적이고 극적인 효과를 유도하는 구성요소이다.
※ 공포는 시각적으로 무거운 지붕의 압박감을 덜어주는 역할을 한다.

11 단독주택에서 거실의 바닥면적이 $200m^2$인 거실에 창문을 설치하여 채광을 하고자 할 때 그 채광 창문의 최소 면적은?

① $40m^2$ ② $30m^2$
③ $20m^2$ ④ $10m^2$

정답 07 ④ 08 ② 09 ④ 10 ③ 11 ③

해설 거실의 채광 및 환기

구분	건축물의 용도	창문 등의 면적	예외규정
채광	• 단독주택의 거실 • 공동주택의 거실 • 학교의 교실 • 의료시설의 병실 • 숙박시설의 객실	거실 바닥면적의 1/10 이상	거실의 용도에 따른 조도기준 [별표 1]의 조도 이상의 조명
환기		거실 바닥면적의 1/20 이상	기계장치 및 중앙관리방식의 공기조화설비를 설치한 경우

∴ 채광면적 = $200m^2 \times 1/10 = 20m^2$

12 목재 강도에 관한 설명으로 옳지 않은 것은?

① 목재의 뒤틀림은 목재의 형태는 변형될지라도 강도는 바뀌지 않는다.
② 섬유에 평행한 방향측에서 일반적으로 강도는 인장 > 압축 > 전단 순이다.
③ 섬유포화점의 함수율은 30% 정도이며, 이 이하에서는 함수율이 저하됨에 따라 강도는 커진다.
④ 심재는 변재보다 단단하여 강도가 크고 신축 등의 변형이 적다.

해설

목재의 뒤틀림으로 목재의 형태는 변형되며 강도도 감소한다.

13 다음 중 경보설비에 포함되지 않는 것은?

① 자동화재속보설비
② 비상조명등
③ 비상방송설비
④ 누전경보기

해설 소방시설

소화설비·경보설비·피난설비·소화용수설비 그 밖에 소화활동설비를 말한다.
※ 경보설비 : 비상벨설비 및 자동식사이렌설비("비상경보설비"라 함), 단독경보형설비, 비상방송설비, 누전경보기, 자동화재탐지설비 및 시각경보기, 자동화재속보설비, 가스누설경보기, 통합감시시설
☞ 비상조명등 및 휴대용비상조명등은 피난설비에 속한다.

14 소방시설의 구분에 속하지 않는 것은?

① 소화설비 ② 급수설비
③ 소화활동설비 ④ 소화용수설비

해설 소방시설

소화설비·경보설비·피난설비·소화용수설비 그 밖에 소화활동설비를 말한다.

15 건축물의 피난·방화구조 등의 기준에 관한 규칙에서 규정한 방화구조에 해당하지 않는 것은?

① 철망모르타르로서 그 바름두께가 2.5cm인 것
② 석고판 위에 시멘트모르타르를 바른 것으로서 그 두께의 합계가 3cm인 것
③ 시멘트모르타르 위에 타일을 붙인 것으로서 그 두께의 합계가 2cm인 것
④ 심벽에 흙으로 맞벽치기 한 것

해설 방화구조

화염의 확산을 막을 수 있는 성능을 가진 구조로서 국토교통부장관이 정하는 적합한 구조

구조부분	방화구조의 기준
• 철망모르타르 바르기	바름두께가 2cm 이상인 것
• 석면시멘트판 또는 석고판 위에 시멘트모르타르 또는 회반죽을 바른 것 • 시멘트모르타르 위에 타일을 붙인 것	두께의 합계가 2.5cm 이상인 것
• 심벽에 흙으로 맞벽치기한 것	두께에 관계없이 인정
• 한국산업규격이 정하는 바에 의하여 시험한 결과 방화 2급 이상에 해당하는 것	

정답 12 ① 13 ② 14 ② 15 ③

16 한국의 목조건축 입면에서 벽면구성을 위한 의장의 성격을 결정지어 주는 기본적인 요소는?

① 기둥 – 주두 – 창방
② 기둥 – 창방 – 평방
③ 기단 – 기둥 – 주두
④ 기단 – 기둥 – 창방

해설 한국의 목조건축 입면에서 벽면구성을 위한 기본적인 요소

- 창방 : 외부기둥의 기둥머리를 연결하는 부재로 사용되었다.
- 평방 : 창방 위의 가로부재로 다포식 양식의 건물에만 사용되었다.

※ 주심포계 양식
㉠ 고려시대 건물이 주류를 이룬다.
㉡ 기둥 상부에만 공포(주두, 첨차, 소로)를 배치한 것으로 소로는 비교적 자유스럽게 배치된다.

※ 다포계 양식
㉠ 창방 위에 평방을 놓고 그 위에 주두와 첨차, 소로들로 구성되는 공포를 짜는 식
㉡ 고려 말에 나타나서 조선시대에 널리 사용되었으며, 화려한 형태이다.

17 예술 및 수공예운동(Arts & Crafts Movement)의 디자이너가 아닌 사람은?

① 에밀 자크 룰만(Emile Jacques Ruhlmann)
② 어니스트 김슨(Ernest Gimson)
③ 필립 웨브(Philip Webb)
④ 찰스 로버트 애쉬비(Charles Robert Ashbee)

해설 미술공예운동(Art and Craft Movement)

① 윌리암 모리스는 19세기 후반~20세기 초 대량생산과 기계에 의한 저급제품 생산에 반기를 든 영국인으로 장식이 과다한 빅토리아 시대의 제품을 지양하고, 수공예에 의한 예술의 복귀, 민중을 위한 예술 등을 주장하고 간결한 선과 비례를 중요시 했다.
② 특성
㉠ 예술 및 일용품의 질적 향상
㉡ 예술의 대중성을 추구
㉢ 기계생산의 거부와 수공업으로의 복귀(수공예의 중요성)
㉣ 전통적인 지역적 재료의 사용
③ 대표적 건축물 : 윌리암 모리스의 붉은 집(Red House)
④ 대표적 건축가 : 윌리암 모리스, 필립 웨브, 어니스트 김슨, 찰스 로버트 애쉬비

18 조적조에서 내력벽을 막힌줄눈으로 하는 주된 이유는?

① 상부하중을 벽면 전체에 골고루 분산시키기 위해서
② 부착강도를 높이기 위해서
③ 인장력에 대한 강도를 증가시키기 위해서
④ 벽돌 벽면의 의장 효과를 내기 위해서

해설

벽돌조에서 내력벽을 쌓을 때 막힌줄눈으로 하면 상부의 하중이 골고루 분산되고 클랙 발생이 적으며 방습상도 유리하다. 조적조에서는 상부응력을 하부로 분산하기 위하여 막힌줄눈 쌓기를 원칙으로 한다.

19 연면적 1,000m^2 이상인 목조 건축물에서 외벽의 구조 및 지붕의 재료로 옳은 것은?

① 방화구조의 외벽, 불연재료의 지붕
② 내화구조의 외벽, 불연재료의 지붕
③ 방화구조의 외벽, 난연재료의 지붕
④ 내화구조의 외벽, 난연재료의 지붕

해설 연면적 1,000m^2 이상인 목조건축물

외벽 및 처마 밑의 연소 우려가 있는 부분은 방화구조로 하거나 지붕은 불연재료로 하여야 한다.

정답 16 ② 17 ① 18 ① 19 ①

20 **건축물에 설치하는 방화벽의 구조에 대한 기준으로 옳지 않은 것은?**

① 내화구조로써 홀로 설 수 있는 구조라야 한다.
② 방화벽에 설치하는 출입문의 너비 및 높이는 각각 2.5m 이하로 한다.
③ 방화벽의 양쪽 끝과 위쪽 끝을 건축물의 외벽면 및 지붕면으로부터 0.5m 이상 튀어 나오게 한다.
④ 방화벽에 설치하는 출입문에는 을종방화문을 설치하여야 한다.

해설

방화벽에 설치하는 출입문에는 갑종방화문을 설치하여야 한다.

정답 20 ④

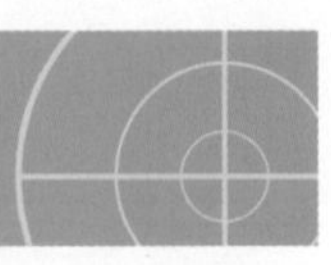

건축일반
2016년 3월 6일(1회)

01 내부 슬래브 거푸집으로 적당하지 않은 것은?

① 합판 거푸집(plywood form)
② 데크 플레이트(deck plate)
③ 테이블 거푸집(table form)
④ 슬라이딩 거푸집(sliding form)

해설 슬라이딩 거푸집(sliding form)

㉠ 수직 활동 거푸집으로, 연속 타설로 일체성을 확보할 수 있다.
㉡ 공기가 약 1/3 정도 단축되며, 요오크(yoke)로 끌어올린다.
㉢ 거푸집 높이 1m 정도, 비계발판이 필요 없다.
㉣ 돌출부가 없는 굴뚝, 사일로(Silo) 등에 사용

02 경보설비의 종류에 속하지 않는 것은?

① 누전경보기
② 자동화재탐지설비
③ 비상방송설비
④ 무선통신보조설비

해설 소방시설

소화설비·경보설비·피난구조설비·소화용수설비 그 밖에 소화활동설비를 말한다.
※ 소화활동설비 : 화재를 진압하거나 인명구조활동을 위하여 사용하는 설비
① 제연설비 ② 연결송수관설비 ③ 연결살수설비
④ 비상콘센트설비 ⑤ 무선통신보조설비
⑥ 연소방지설비

03 건축물의 지하층에 설치하는 비상탈출구의 유효너비 및 유효높이는 각각 최소 얼마 이상으로 하여야 하는가?

① 0.5m, 0.5m ② 0.5m, 0.75m
③ 0.75m, 0.75m ④ 0.75m, 1.5m

해설

비상탈출구에서 피난층 또는 지상으로 통하는 복도나 직통계단까지 이르는 피난통로의 유효너비는 최소 0.75m 이상으로 할 것
※ 비상탈출구의 크기 : 유효너비는 0.75m 이상으로 하고, 유효높이는 1.5m 이상

04 비상승용승강기를 설치하지 아니할 수 있는 건축물의 기준으로 옳지 않은 것은?

① 높이 31m를 넘는 각 층을 거실 외의 용도로 쓰는 건축물
② 높이 31m를 넘는 층수가 4개 층 이하로서 당해 각 층의 바닥면적의 합계가 200m^2 이내마다 방화구획으로 구획한 건축물
③ 높이 31m를 넘는 각 층의 바닥면적의 합계가 500m^2 이하인 건축물
④ 높이 31m를 넘는 층수가 4개 층 이하로서 당해 각 층의 바닥면적의 합계가 600m^2 이내마다 방화구획으로 구획한 건축물(단, 벽 및 반자가 실내에 접하는 부분의 마감을 불연재료로 한 경우)

해설 비상용승강기를 설치하지 않아도 되는 건축물

㉠ 높이 31m를 넘는 각층을 거실 이외의 용도로 사용할 경우
㉡ 높이 31m를 넘는 각층의 바닥면적의 합계가 500m^2 이하인 건축물
㉢ 높이 31m를 넘는 부분의 층수가 4개층 이하로서 당해 각층 바닥면적 200m^2(500m^2)* 이내마다 방화구획을 한 건축물
*( ) 속의 수치는 실내의 벽 및 반자의 마감을 불연재료로 한 경우임

정답 01 ④ 02 ④ 03 ④ 04 ④

05 각 층 바닥면적이 1,000m^{2}인 10층의 공연장에 설치해야 할 승용승강기의 최소 대수는? (단, 문화 및 집회시설 중 공연장, 8인승 이상 15인승 이하의 승강기임)

① 1대 ② 2대
③ 3대 ④ 4대

해설

문화 및 집회시설(공연장·관람장·집회장), 판매시설(도매시장·소매시장·상점), 의료시설(병원·격리병원)의 용도 경우 3,000m^2 이하까지 2대, 3,000m^2 초과하는 2,000m^2 당 1대를 가산한 대수로 하므로

$2+\frac{(1000\times5)-3,000}{2,000}=3$대

※ 8인승 이상 15인승 이하를 기준으로 산정하며 16인승 이상의 승강기는 2대로 산정한다.

06 문화 및 집회시설로서 스프링클러설비를 모든 층에 설치하여야 할 경우에 대한 기준으로 옳지 않은 것은?

① 수용인원이 100인 이상인 것
② 무대부가 4층 이상의 층에 있는 경우에는 무대부의 면적이 200m^2 이상인 것
③ 무대부가 지하층·무창층에 있는 경우 무대부의 면적이 300m^2 이상인 것
④ 영화상영관의 용도로 쓰이는 층의 바닥면적이 지하층 또는 무창층인 경우 500m^2 이상인 것

해설

문화 및 집회시설(동·식물원은 제외), 종교시설(사찰·제실·사당은 제외), 운동시설(물놀이형 시설은 제외)로서 다음에 해당하는 경우에는 모든 층에 스프링클러설비를 설치하여야 한다.
㉠ 수용인원이 100인 이상
㉡ 영화상영관의 용도로 쓰이는 층의 바닥면적이 지하층 또는 무창층인 경우 500m^2 이상, 그 밖의 층의 경우에는 1,000m^2 이상
㉢ 무대부가 지하층·무창층 또는 층수가 4층 이상인 층에 있는 경우에는 300m^2 이상
㉣ 무대부가 ㉢ 외의 층에 있는 경우에는 무대부의 면적이 500m^2 이상

07 종교시설의 집회실 바닥면적이 200m^2 이상인 경우의 최소 반자높이는?

① 2.1m ② 2.5m
③ 3.0m ④ 4.0m

해설 거실의 반자높이

거실의 종류	반자높이	예외규정
① 일반용도의 거실	2.1m 이상	공장, 창고시설, 위험물저장 및 처리시설, 동물 및 식물 관련시설, 자원순환관련시설, 묘지관련시설
② 문화 및 집회시설(전시장 및 동·식물원 제외), 종교시설, 장례식장, 유흥주점의 용도에 쓰이는 건축물의 관람실 또는 집회실로서 바닥면적이 200m^2 이상인 것	4m 이상	기계환기장치를 설치한 경우
③ '②'의 노대 아래 부분	2.7m 이상	

08 목재의 이음 중 따낸이음에 속하지 않는 것은?

① 주먹장이음 ② 엇걸이이음
③ 덧판이음 ④ 메뚜기장이음

해설 따낸이음

메뚜기장이음, 엇걸이이음, 빗걸이이음(빗턱이음), 빗이음, 엇빗이음, 주먹장이음

09 비상방송설비를 설치하여야 하는 특정소방대상물의 기준으로 옳지 않은 것은?

① 지하층을 제외한 층수가 11층 이상인 건축물

정답 05 ③ 06 ② 07 ④ 08 ③ 09 ②

② 상시 50인 이상의 근로자가 작업하는 옥내작업장
③ 지하층의 층수가 3층 이상인 건축물
④ 연면적 3,500m^2 이상인 건축물

해설 비상방송설비 설치대상

㉠ 연면적 3,500m^2 이상인 것
㉡ 지하층을 제외한 층수가 11층 이상인 것
㉢ 지하층의 층수가 3개층 이상인 것
[제외] 가스시설, 지하구, 터널과 사람이 거주하지 않는 동물 및 식물관련시설

10 마름돌이 두드러진 부분을 쇠메로 쳐서 대강 다듬는 정도의 돌 표면 마무리 기법을 무엇이라 하는가?

① 혹두기 ② 도드락다듬
③ 잔다듬 ④ 버너구이 마감

해설 석재의 가공 및 표면마감

가공 공정	가공 공구	내용
메다듬 (혹두기)	쇠메	쇠메로 큰 요철을 없애는 거친면 마무리
정다듬	정	정으로 쪼고 평평하게 마감(거친다듬, 중다듬, 고운다듬)
도드락 다듬	도드락 망치	도드락망치로 세밀히 평평하게 다듬는 것
잔다듬	날망치	정다듬 또는 도드락다듬한 면에 일정한 방향으로 날망치로 평행선 자국을 남기면서 평탄하게 다듬는 과정
물갈기 및 광내기	금강사, 숫돌	표면에 철사, 금강사로 물을 주면서 갈고 광택마감

11 다음 ( )안에 적합한 것은?

> 특정소방대상물에 대통령령으로 정하는 소방시설을 설치하려는 자는 지진이 발생할 경우 소방시설이 정상적으로 작동될 수 있도록 (   )이 정하는 내진설계기준에 맞게 소방시설을 설치하여야 한다.

① 소방본부장 ② 소방서장
③ 소방청장 ④ 행정안전부장관

해설

특정소방대상물에 대통령령으로 정하는 소방시설을 설치하려는 자는 지진이 발생할 경우 소방시설이 정상적으로 작동될 수 있도록 소방청장이 정하는 내진설계기준에 맞게 소방시설을 설치하여야 한다.

12 복합건축물의 피난시설에 대한 기준에 대한 설명으로 옳지 않은 것은?

① 공동주택등과 위락시설등은 서로 이웃하지 아니하도록 배치할 것
② 거실의 벽 및 반자가 실내에 면하는 부분의 마감은 불연재료로만 설치할 것
③ 공동주택등과 위락시설등은 내화구조로 된 바닥 및 벽으로 구획하여 서로 차단할 것
④ 공동주택등의 출입구와 위락시설등의 출입구는 서로 그 보행거리가 30m 이상이 되도록 설치할 것

해설

거실의 벽 및 반자가 실내에 면하는 부분(반자돌림대·창대 그 밖에 이와 유사한 것을 제외)의 마감은 불연재료·준불연재료 또는 난연재료로 하고, 그 거실로부터 지상으로 통하는 주된 복도·계단 그밖에 통로의 벽 및 반자가 실내에 면하는 부분의 마감은 불연재료 또는 준불연재료로 할 것

정답 10 ① 11 ③ 12 ②

13 **철근콘크리트 기둥에 사용하는 띠철근에 관한 설명으로 옳지 않은 것은?**

① 기둥의 양단부보다 중앙부에 많이 배근한다.
② 콘크리트가 수평으로 터져나가는 것을 구속한다.
③ 주근의 좌굴을 방지한다.
④ 수평력에 의해 발생하는 전단력에 저항한다.

해설 철근콘크리트 기둥의 띠철근(대근)과 나선철근의 역할

㉠ 주근의 좌굴을 방지
㉡ 수평력에 의한 전단 보강의 작용
㉢ 콘크리트가 수평으로 터져 나가는 것을 방지(콘크리트 강도 증가)

14 **특정소방대상물의 관계인은 그 대상물에 설치되어 있는 소방시설 등에 대하여 정기적으로 자체점검을 하거나 관리업자 또는 총리령으로 정하는 기술자격자로 하여금 정기적으로 점검하게 하여야 하는데 이 기술자격자에 해당되는 자는?**

① 소방안전관리자로 선임된 건축설비기사
② 소방안전관리자로 선임된 소방기술사
③ 소방안전관리자로 선임된 소방설비기사(기계분야)
④ 소방안전관리자로 선임된 소방설비기사(전기분야)

해설 소방시설 등의 자체점검

㉠ 특정소방대상물의 관계인은 그 대상물에 설치되어 있는 소방시설 등에 대하여 정기적으로 자체점검을 하거나 관리업자 또는 소방안전관리자로 선임된 소방시설관리사 및 소방기술사로 하여금 정기적으로 점검하게 하여야 한다.
㉡ 특정소방대상물의 관계인 등이 점검을 한 경우에는 관계인이 그 점검 결과를 소방본부장이나 소방서장에게 보고하여야 한다.

15 **그리스의 오더 중 기단부는 단 사이에 수평 홈이 있으며, 주두는 소용돌이 형태의 나선형인 볼류트로 구성된 것은?**

① 이오닉 오더 ② 도릭 오더
③ 코린티안 오더 ④ 터스칸 오더

해설 그리스 건축의 3가지 오더(order)

㉠ 도릭(Doric)식 : 가장 단순하고 간단한 양식으로 직선적이고 장중하여 남성적인 느낌
㉡ 이오니아(Ionian)식 : 소용돌이 형상의 주두가 특징. 우아, 경쾌, 곡선적이며 여성적인 느낌
㉢ 코린트(Corinthian)식 : 주두를 아칸더스 나뭇잎 형상으로 장식. 가장 장식적이고 화려한 느낌

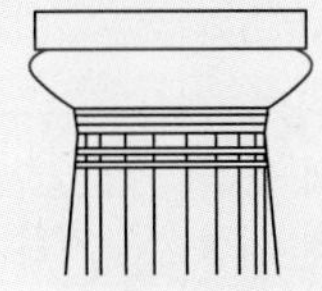
(a) 도리아식 주범의 주두

(b) 이오니아식 주범의 주두

(c) 코린트식 주범의 주두
그리스 건축의 주범 양식

16 **건축관계법규에 따라 단독주택 및 공동주택의 거실 등에 적용하는 채광 및 환기에 관한 기준으로 옳지 않은 것은?**

① 환기를 위하여 거실에 설치하는 창문 등의 최소면적 기준은 기계환기장치 및 중앙관리방식의 공기조화설비를 설치하는 경우에는 적용받지 않는다.
② 채광을 위한 창문 등의 면적은 그 거실 바닥면적의 1/10 이상이어야 한다.
③ 환기를 위하여 거실에 설치하는 창문 등의 면적은 그 거실 바닥면적의 1/10 이상이어야 한다.

정답 13 ① 14 ② 15 ① 16 ③

④ 채광 및 환기 관련 기준을 적용함에 있어 수시로 개방할 수 있는 미닫이로 구획된 2개의 거실은 1개의 거실로 본다.

해설 거실의 채광 및 환기

① 거실의 채광 및 환기 등을 위한 창문 등의 면적은 다음 기준에 적합하도록 설치하여야 한다.

구분	건축물의 용도	창문 등의 면적	예 외 규 정
채광	• 단독주택의 거실 • 공동주택의 거실 • 학교의 교실 • 의료시설의 병실 • 숙박시설의 객실	거실 바닥면적의 1/10 이상	거실의 용도에 따른 조도기준 [별표 1]의 조도 이상의 조명
환기		거실 바닥면적의 1/20 이상	기계장치 및 중앙관리방식의 공기조화설비를 설치한 경우

② 수시로 개방할 수 있는 미닫이로 구획된 2개의 거실은 거실의 채광 및 환기를 위한 규정을 적용함에 있어서 이를 1개의 거실로 본다.

17 방염성능기준 이상의 실내장식물 등을 설치하여야 하는 특정소방대상물에 해당되지 않는 것은?

① 근린생활시설 중 체력단련장
② 방송통신시설 중 방송국
③ 의료시설 중 종합병원
④ 층수가 11층인 아파트

해설 방염성능기준 이상의 실내장식물 등을 설치하여야 하는 특정소방대상물

① 근린생활시설 중 의원, 체력단련장, 공연장 및 종교집회장
② 건축물의 옥내에 있는 문화 및 집회시설, 종교시설, 운동시설(수영장은 제외)
③ 의료시설, 노유자시설, 숙박시설, 숙박이 가능한 수련시설
④ 교육연구시설 중 합숙소
⑤ 방송통신시설 중 방송국 및 촬영소
⑥ 다중이용업소
⑦ 상기 ①부터 ⑥까지의 시설에 해당하지 아니하는 것으로서 층수(건축법시행령에 따라 산정한 층수)가 11층 이상인 것(아파트는 제외)

18 철골에 내화피복을 하는 이유로 옳은 것은?

① 내구성 확보
② 마감재 부착성 향상
③ 화재에 대한 부재의 내력 확보
④ 단열성 확보

해설

철골구조는 수평력에 대해 강하고, 내진적이며 인성이 크며, 자중이 가볍고 고강도이다.
그러나, 부재가 세장하므로 좌굴이 생기기 쉬우며, 비내화성으로 화재에 불리하므로 화재로부터 보호하기 위하여 내화 피복을 한다.

19 한국의 목조건축에서 입면 구성요소에 의해 이루어지는 특성과 가장 거리가 먼 것은?

① 실용성 ② 장식성
③ 의장성 ④ 구조성

해설 한국 목조건축의 입면 구성요소 특성

구조성, 의장성, 장식성

20 신축 또는 리모델링하는 100세대 이상이 공동주택은 자연환기설비 또는 기계환기설비를 설치하여 최소 시간당 몇 회 이상의 환기가 이루어지도록 해야 하는가?

① 0.5회 ② 0.6회
③ 0.8회 ④ 1.0회

정답 17 ④ 18 ③ 19 ① 20 ①

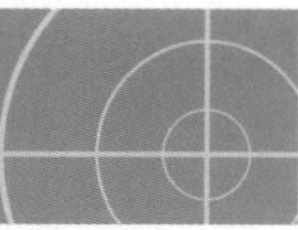

해설

신축 또는 리모델링하는 다음에 해당하는 주택 또는 건축물은 시간당 0.5회 이상의 환기가 이루어질 수 있도록 자연환기설비 또는 기계환기설비를 설치하여야 한다.
㉠ 100세대 이상의 공동주택
㉡ 주택을 주택 외의 시설과 동일건축물로 건축하는 경우로서 주택이 100세대 이상인 건축물

건축일반
2016년 5월 8일(2회)

01 화재예방, 소방시설설치·유지 및 안전관리에 관한 법률 제7조(건축허가등의 동의)에 근거하여 건축물의 사용승인 시 소방본부장 또는 소방서장이 사용승인에 동의를 갈음할 수 있는 방식으로 옳은 것은?

① 건축물 관리대장 확인
② 건축물의 사용승인확인서에 날인
③ 소방시설공사의 사용승인신청서 교부
④ 소방시설공사의 완공검사증명서 교부

해설

건축물의 사용승인 시 소방본부장 또는 소방서장은 소방시설공사의 완공검사증명서를 교부하여 사용승인에 동의한다.

02 철골구조의 접합에서 두 부재의 두께가 다를 때 같은 두께가 되도록 끼워 넣는 부재는?

① 거셋 플레이트(gusset plate)
② 필러 플레이트(filler plate)
③ 커버 플레이트(cover plate)
④ 베이스 플레이트(base plate)

해설

① 가셋 플레이트(gusset plate) : 철골구조에서 기둥과 보의 이음부분, 트러스 형식의 절점부분에 사용하는 부재
② 필러 플레이트(filler plate) : 철골구조의 접합에서 두 부재의 두께가 다를 때 같은 두께가 되도록 끼워 넣는 부재
③ 커버 플레이트(cover plate) : 철골조 판보의 플랜지 부분에서 휨응력을 특히 많이 받는 부분의 보강이나 이음부분의 보강을 하기 위한 덧댐판으로 내력을 보강하기 위하여 쓰는 부재
④ 베이스 플레이트(base plate) : 철골구조 기둥의 응력을 분산하도록 하는 부재

정답 01 ④ 02 ②

03 거실 용도에 따른 조도기준은 바닥에서 몇 cm의 수평면 조도를 말하는가?

① 50cm　② 65cm
③ 75cm　④ 85cm

해설

거실의 용도에 따른 조도는 바닥에서 85cm의 높이에 있는 수평면의 조도(럭스)를 기준으로 한다.

04 기초의 부동침하 원인과 가장 관계가 먼 것은?

① 한 건물에 기능상 다른 기초를 병용하였을 때
② 건물의 길이가 길지 않을 때
③ 하부층의 지반에 연약지반이 존재할 때
④ 지하수위가 변경되었을 때

해설 부동침하의 원인

① 연약층 ② 경사지반 ③ 이질지층
④ 낭떠러지 ⑤ 증축 ⑥ 지하수위 변경
⑦ 지하구멍 ⑧ 메운 땅 흙막이 ⑨ 이질지정
⑩ 일부지정

05 소방시설 중 피난구조설비에 해당되지 않는 것은?

① 유도등　② 비상방송설비
③ 비상조명등　④ 인명구조기구

해설 소방시설

소화설비·경보설비·피난구조설비·소화용수설비 그 밖에 소화활동설비를 말한다.
※ 피난구조설비 : 미끄럼대·피난사다리·구조대·완강기·피난교·피난밧줄·공기안전매트 그 밖의 피난기구, 방열복·공기호흡기 및 인공소생기("인명구조기구"라 함), 유도등 및 유도표지, 비상조명등 및 휴대용비상조명등
※ 비상방송설비는 경보설비에 해당된다.

06 소방시설 등의 자체점검 중 종합정밀점검 대상에 해당하지 않는 것은?

① 스프링클러설비가 설치된 연면적 5,000m^2인 특정소방대상물
② 물분무등소화설비가 설치된 연면적 3,000m^2인 특정소방대상물
③ 제연설비가 설치된 터널
④ 연면적 5,000m^2이고 층수가 16층인 아파트

해설 종합정밀점검 대상 특정소방대상물

㉠ 스프링클러설비 또는 물분무등소화설비가 설치된 연면적 5,000m^2 이상인 특정소방대상물(위험물 제조소등은 제외). 단, 아파트는 연면적 5,000m^2 이상이고 11층 이상인 것만 해당
㉡ 다중이용업의 영업장이 설치된 특정소방대상물로서 연면적이 2,000m^2 이상인 것
㉢ 제연설비가 설치된 터널
㉣ 공공기관 중 연면적(터널·지하구의 경우 그 길이와 평균폭을 곱하여 계산된 값을 말함)이 1,000m^2 이상인 것으로서 옥내소화전설비 또는 자동화재탐지설비가 설치된 것. 단, 소방대가 근무하는 공공기관은 제외

07 개별 관람실의 바닥면적이 600m^2 인 공연장의 관람실 출구의 유효너비 합계는 최소 얼마 이상인가?

① 3m　② 3.6m
③ 4m　④ 4.6m

해설

공연장의 개별 관람실 출구의 유효폭의 합계는 개별 관람실의 바닥면적 100m^2 마다 0.6m 이상의 비율로 산정한 폭 이상일 것
∴ 개별 관람실 출구의 유효폭의 합계

$$= \frac{600m^2}{100m^2} \times 0.6m = 3.6m$$

정답 03 ④ 04 ② 05 ② 06 ② 07 ②

08 다음 중 평보에 가장 적합한 이음은?

① 맞댄이음 ② 겹친이음
③ 홈이음 ④ 빗걸이 이음

해설 이음(Connection)

2개 이상의 부재를 길이 방향으로 접합

이음의 종류	형 태	사용용도
맞댄 이음	나무산지, 듀벨	평보
겹친 이음		트러스 접합
엇걸이 이음	신지(1.5각), D, 신지구멍	토대, 처마도리, 중도리, 깔도리
기타 이음	빗이음, 엇빗이음, 홈, 턱솔, 턱솔이음, 은장이음	• 빗이음 : 서까래, 장선, 띠장 • 엇빗이음 : 반자틀 • 턱솔이음 : 걸레받이 • 은장이음 : 난간두겁대

09 건축물의 피난층 외의 층에서 피난층 또는 지상으로 통하는 직통계단을 설치할 때 거실의 각 부분으로부터 직통계단에 이르는 최대 보행거리 기준은? (단, 주요구조부가 대화구조 또는 불연재료로 구성, 16층 이상의 공동주택은 제외)

① 30m 이하 ② 40m 이하
③ 50m 이하 ④ 60m 이하

해설 피난층이 아닌 층에서의 보행거리

피난층이 아닌 층에서 거실 각 부분으로부터 피난층(직접 지상으로 통하는 출입구가 있는 층) 또는 지상으로 통하는 직통계단(경사로 포함)에 이르는 보행거리는 다음과 같다.

구분	보행거리
원칙	30m 이하
주요구조부가 내화구조 또는 불연재료로 된 건축물	50m 이하 (16층 이상 공동주택 : 40m 이하) [자동화 생산시설에 스프링클러 등 자동식 소화설비를 설치한 공장으로서 국토교통부령으로 정하는 공장인 경우에는 그 보행거리가 75m(무인화 공장 경우 100m) 이하]

10 벽돌 쌓기법 중 프랑스식 쌓기에 대한 설명으로 옳은 것은?

① 한 켜에서 길이쌓기와 마구리쌓기가 번갈아 나타난다.
② 한 켜는 길이쌓기, 다음 켜는 마구리쌓기가 반복된다.
③ 5켜는 길이쌓기, 다음 1켜는 마구리쌓기로 반복된다.
④ 반장 두께로 장식적으로 구멍을 내어가며 쌓는다.

해설 벽돌 쌓기법

㉠ 영국식 쌓기 : 길이쌓기와 마구리쌓기를 한 켜씩 번갈아 쌓아 올리며, 벽의 끝이나 모서리에는 이오토막 또는 반절을 사용하여 통줄눈이 생기지 않는 가장 튼튼하고 좋은 쌓기법이다.
㉡ 미국식 쌓기 : 5~6켜는 길이쌓기를 하고, 다음 1켜는 마구리쌓기를 하여 영국식 쌓기로 한 뒷벽에 물려서 쌓는 방법이다.
㉢ 프랑스식 쌓기 : 매 켜에 길이와 마구리가 번갈아 나오게 쌓는 것으로, 통줄눈이 많이 생겨 구조적으로는 튼튼하지 못하다. 외관이 좋기 때문에 강도를 필요로 하지 않고 의장을 필요로 하는 벽체 또는 벽돌담 쌓기 등에 쓰인다.
㉣ 화란식 쌓기 : 영국식 쌓기와 같으나, 벽의 끝이나 모서리에 칠오토막을 사용하여 쌓는 것이다. 벽의 끝이나 모서리에 칠오토막을 써서 쌓기 때문에 일하기 쉽고 모서리가 튼튼하므로, 우리나라에서도 비교적 많이 사용하고 있다.

정답 08 ① 09 ③ 10 ①

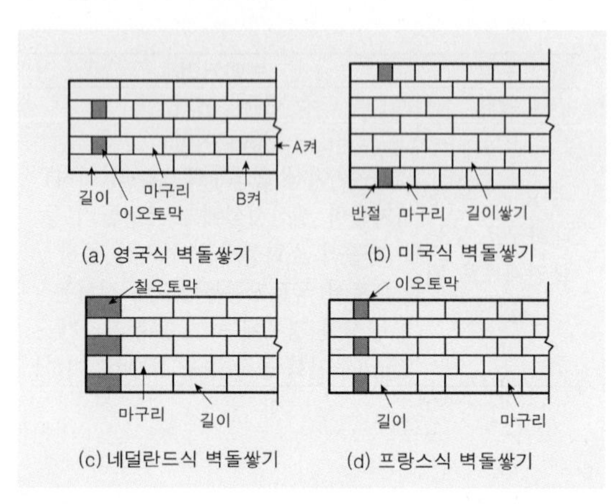

(a) 영국식 벽돌쌓기 (b) 미국식 벽돌쌓기
(c) 네덜란드식 벽돌쌓기 (d) 프랑스식 벽돌쌓기

11 **건축물의 방화구획 설치기준을 옳지 않은 것은?**

① 스프링클러를 설치한 10층 이하의 층은 바닥면적 3,000m^2 이내마다 구획할 것
② 10층 이하의 층은 바닥면적 1,000m^2 이내마다 구획할 것(단, 자동식 소화설비 미설치의 경우)
③ 지하층은 층마다 구획할 것
④ 11층 이상의 층은 바닥면적 200m^2 이내마다 구획할 것(단, 자동식 소화설비 미설치의 경우)

해설 방화구획의 기준

주요구조부가 내화구조 또는 불연재료로 된 건축물로 연면적이 1,000m^{2}를 넘는 것은 다음의 기준에 의한 내화구조의 바닥, 벽 및 갑종방화문(자동방화셔터 포함)으로 구획하여야 한다.

건축물의 규모	구 획 기 준	
10층 이하의 층	바닥면적 1,000m^2(3,000m^2) 이내마다 구획	
지상층, 지하층	매층마다 구획(면적에 무관) [단, 지하 1층에서 지상으로 직접 연결하는 경사로 부위는 제외]	
11층 이상의 층	실내마감이 불연재료의 경우	바닥면적 500m^2(1,500m^2) 이내마다 구획
	실내마감이 불연재료가 아닌 경우	바닥면적 200m^2(600m^2) 이내마다 구획
필로티의 부분을 주차장으로 사용하는 경우 그 부분과 건축물의 다른 부분을 구획		

*( ) 안의 면적은 스프링클러 등의 자동식 소화설비를 설치한 경우임

12 **특정소방대상물에서 사용하는 방염대상물품에 해당되지 않는 것은?**

① 창문에 설치하는 커튼류
② 종이벽지
③ 전시용 섬유판
④ 섬유류 또는 합성수지류 등을 원료로 하여 제작된 소파

해설 특정소방대상물에서 사용되는 방염대상물품

제조 또는 가공공정에서 방염처리를 한 물품(합판·목재류의 경우에는 설치현장에서 방염처리를 한 것을 말함)으로서 다음의 하나에 해당하는 것을 말한다.
㉠ 창문에 설치하는 커텐류(브라인드를 포함)
㉡ 카페트, 두께가 2mm 미만인 벽지류로서 종이벽지를 제외한 것
㉢ 전시용 합판 또는 섬유판, 무대용 합판 또는 섬유판
㉣ 암막·무대막(영화상영관, 골프연습장업에 설치하는 스크린을 포함)

13 **벽돌구조에서 벽면이 고르지 않을 때 사용하고 평줄눈, 빗줄눈에 대해 대조적인 형태로 비슷한 질감을 연출하는 효과를 주는 줄눈의 형태는?**

① 오목줄눈 ② 볼록줄눈
③ 내민줄눈 ④ 민줄눈

해설 치장줄눈 형태별 용도 및 효과

㉠ 평줄눈 : 벽돌의 형태가 고르지 않을 때 사용된다. 거친 질감의 효과를 내기에 적당하다.
㉡ 민줄눈 : 형태가 고르고 깨끗한 벽돌에 사용된다. 질감을 깨끗하게 연출할 수 있으며 일반적으로 사용하는 줄눈이다.
㉢ 내민줄눈 : 벽면이 고르지 않을 때 사용하며 줄눈의 효과가 확실하다.
㉣ 오목줄눈 : 약한 음영을 만들면서 여성적 느낌을 준다.

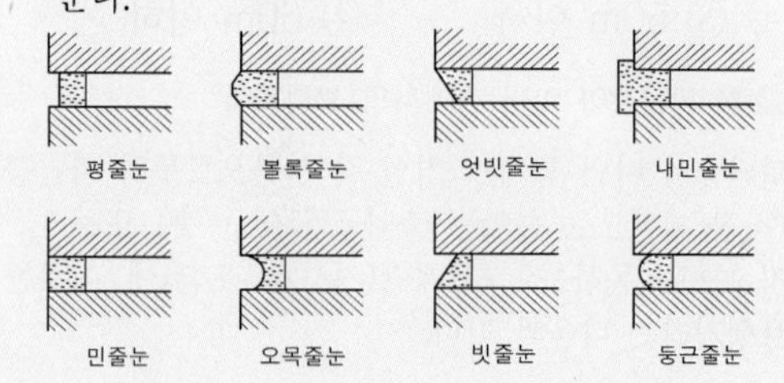

정답 11 ① 12 ② 13 ③

14 문화 및 집회시설, 운동시설, 관광 휴게시설로서 자동화재 탐지설비를 설치하여야 할 특정소방대상물의 연면적 기준은?

① 1,000m^2 이상 ② 1,500m^2 이상
③ 2,000m^2 이상 ④ 2,300m^2 이상

해설

공동주택, 근린생활시설 중 목욕장, 문화 및 집회시설, 종교시설, 판매시설, 운수시설, 운동시설, 업무시설, 공장, 창고시설, 위험물 저장 및 처리 시설, 항공기 및 자동차 관련 시설, 교정 및 군사시설 중 국방·군사시설, 방송통신시설, 발전시설, 관광 휴게시설, 지하가(터널은 제외)로서 연면적 1,000m^2 이상인 것은 제연설비를 설치하여야 하는 특정소방대상물이다.

15 다음 중 르꼬르뷔제와 가장 관계가 먼 것은?

① 도미노시스템 ② 자유로운 파사드
③ 옥상 정원 ④ 유기적 건축

해설 르 꼬르뷔제(Le Corbusier : 1887~1965)

① 20세기 초 추상예술운동의 출발점인 입체파의 영향으로 순수 기하학을 추구하며, 20세기 중반에는 브루탈리즘 경향을 보였다.(노출 콘크리트를 체계적으로 연구)
② 20C 중엽의 국제주의 건축의 건축가에 속한다.
③ modular라는 설계 단위를 설정하고 실천(르 모듈러 - 형태 비례에 대한 학설)한 건축가
④ 근대건축 5원칙을 제안
  ㉠ 필로티(pilotis)
  ㉡ 자유스러운 평면구성
  ㉢ 옥상 정원(roof garden)
  ㉣ 자유스러운 입면(free facade)
  ㉤ 연속된 창(수평띠창)
⑤ 조적구조에 의한 전통적 시공법을 부정하고 기둥, 바닥판(slab), 상하 연결 계단에 의한 도미노 구조(domino system)를 창안
  * 도미노 구조(domino system) 계획안 : 6개의 기둥, 3개의 슬래브, 계단으로 구성된 2층의 철근콘크리트 구조체
⑥ 주요작품 : 사보이 주택, 마르세이유 집단주택, UN 본부 빌딩, 롱샹교회당, 브뤼셀 필립관

16 고대의 한국건축에서 가장 중요하게 영향을 준 요소는?

① 자연조건 ② 사회조직
③ 경제제도 ④ 정치제도

해설

고대의 한국건축에서 가장 중요하게 영향을 준 요소는 자연조건이다.

17 철근콘크리트 구조에 관한 설명 중 옳지 않은 것은?

① 형태를 자유롭게 구성할 수 있다.
② 지하 및 수중 구축을 할 수 있다.
③ 자체 중량이 크고 시공의 정밀도를 높이기 위한 노력이 필요하다.
④ 내진, 내풍적이나 내화성이 부족하다.

해설

철근 콘크리트(Reinforced Concrete)구조란 철근은 인장력을 부담하고 콘크리트는 압축력을 부담하도록 설계한 일체식으로 구성된 구조로써 우수한 내진구조이다.

(1) 장점
① 내구, 내화, 내진적이다.
② 설계와 의장이 자유롭다.
③ 유지비, 관리비가 적게 든다.
④ 재료 구입이 용이하다.

(2) 단점
① 중량이 무겁다. (철근 콘크리트 : 2.4t/m^3, 무근 콘크리트 : 2.3t/m^3)
② 습식구조이므로 공사기간이 길어진다.
③ 공사의 성질상 가설물(거푸집 등)의 비용이 많이 든다.
④ 균열발생이 쉽고 국부적으로 파손되기 쉽다.
⑤ 재료의 재사용 및 파괴가 곤란하다.
⑥ 전음도가 크다.

정답 14 ① 15 ④ 16 ① 17 ④

18 건축물의 출입구에 설치하는 회전문은 계단이나 에스컬레이터로부터 최소 얼마 이상의 거리를 두어야 하는가?

① 2m 이상 ② 3m 이상
③ 4m 이상 ④ 5m 이상

해설 회전문의 설치

㉠ 계단이나 에스컬레이터로부터 2m 이상의 거리를 둘 것
㉡ 회전문의 중심축에서 회전문과 문틀 사이의 간격을 포함한 회전문날개 끝부분까지의 길이는 140cm 이상이 되도록 할 것
㉢ 회전문의 회전속도는 분당회전수가 8회를 넘지 아니하도록 할 것

19 다음 중 두께에 관계없이 방화구조에 해당하는 것은?

① 시멘트 모르타르 위에 타일 붙임
② 철망 모르타르
③ 심벽에 흙으로 맞벽치기 한 것
④ 석고판 위에 회반죽을 바른 것

해설 방화구조

화염의 확산을 막을 수 있는 성능을 가진 구조로서 국토교통부장관이 정하는 적합한 구조를 말한다.

구조부분	방화구조의 기준
• 철망모르타르 바르기	바름두께가 2cm 이상인 것
• 석면시멘트판 또는 석고판 위에 시멘트모르타르 또는 회반죽을 바른 것 • 시멘트모르타르 위에 타일을 붙인 것	두께의 합계가 2.5cm 이상인 것
• 심벽에 흙으로 맞벽치기한 것	두께에 관계없이 인정
• 한국산업표준이 정하는 바에 의하여 시험한 결과 방화 2급 이상에 해당하는 것	

20 주택의 거실에 채광을 위하여 설치하는 창문 등의 면적은 거실 바닥면적의 얼마 이상이어야 하는가?

① 1/2 ② 1/5
③ 1/10 ④ 1/20

해설 거실의 채광 및 환기

구분	건축물의 용도	창문 등의 면적	예외규정
채광	• 단독주택의 거실 • 공동주택의 거실 • 학교의 교실 • 의료시설의 병실 • 숙박시설의 객실	거실 바닥면적의 1/10 이상	거실의 용도에 따른 조도기준 [별표 1]의 조도 이상의 조명
환기		거실 바닥면적의 1/20 이상	기계장치 및 중앙관리방식의 공기조화설비를 설치한 경우

정답 18 ① 19 ③ 20 ③

건축일반 2016년 8월 21일(4회)

01 **특이한 조형과 규칙이 없는 평면으로 대표되는 롱샹 성당을 건축한 사람은?**

① 존 포프(John R. Pope)
② 미스 반 데어 로에(Mies van der Rohe)
③ 프랭크 로이드 라이트(F. L. Wright)
④ 르 꼬르뷔제(Le Corbusier)

해설 르 꼬르뷔제(Le Corbusier : 1887~1965)

① 20세기 초 추상예술운동의 출발점인 입체파의 영향으로 순수 기하학을 추구하며, 20세기 중반에는 브루탈리즘 경향을 보였다.(노출 콘크리트를 체계적으로 연구)
② 20C 중엽의 국제주의 건축의 건축가에 속한다.
③ modular라는 설계 단위를 설정하고 실천(르 모듈러 – 형태 비례에 대한 학설)한 건축가
④ 근대건축 5원칙을 제안
㉠ 필로티(pilotis)
㉡ 자유스러운 평면구성
㉢ 옥상 정원(roof garden)
㉣ 자유스러운 입면(free facade)
㉤ 연속된 창(수평띠창)
⑤ 조적구조에 의한 전통적 시공법을 부정하고 기둥, 바닥판(slab), 상하 연결 계단에 의한 도미노 구조(domino system)를 창안
* 도미노 구조(domino system) 계획안 : 6개의 기둥, 3개의 슬래브, 계단으로 구성된 2층의 철근콘크리트 구조체
⑥ 주요작품 : 사보이 주택, 마르세이유 집단주택, UN 본부 빌딩, 롱샹교회당, 브뤼셀 필립관
☞ 롱샹교회당은 특이한 조형과 규칙이 없는 평면을 가진 대표적 건축물이다.

02 **그림과 같이 마름질된 벽돌의 명칭은?**

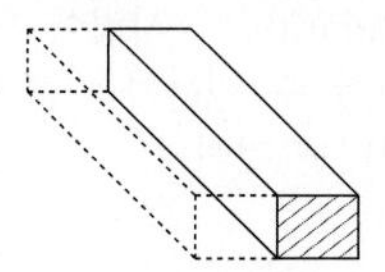

① 이오토막 ② 칠오토막
③ 반토막 ④ 반절

해설 벽돌의 마름질

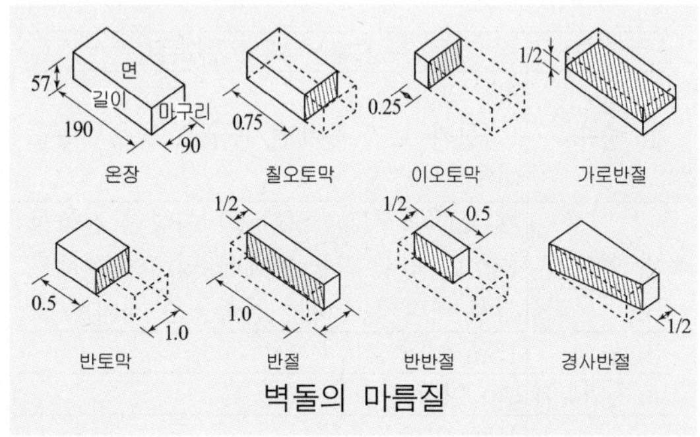

벽돌의 마름질

03 **다음 소방시설 중 소화설비에 속하지 않는 것은?**

① 소화기구 ② 옥외소화전설비
③ 물분무소화설비 ④ 제연설비

해설 소방시설

소화설비·경보설비·피난구조설비·소화용수설비 그 밖에 소화활동설비를 말한다.
※ 소화설비 : 소화기구, 옥내소화전설비, 스프링클러설비·간이스프링클러설비 및 화재조기진압용 스프링클러설비, 물분무소화설비·미분무소화설비·포소화설비·이산화탄소소화설비·할로겐화합물소화설비·청정소화약제소화설비 및 분말소화설비, 옥외소화전설비
☞ 제연설비는 소화활동설비에 속한다.

04 **건축물을 건축하거나 대수선하는 경우 건축물의 건축주는 건축물의 설계자로부터 구조안전의 확인 서류를 받아 착공신고를 하는 때에 그 확인 서류를 허가권자에게 제출하여야 하는데 이러한 규정에 해당되는 건축물의 기준으로 옳지 않은 것은?**

① 처마높이가 7m 이상인 건축물
② 층수가 2층 이상인 건축물
③ 국토교통부령으로 정하는 지진구역 안의 건축물
④ 높이가 13m 이상인 건축물

정답 01 ④ 02 ④ 03 ④ 04 ①

해설 구조계산에 의한 구조안전의 확인 대상 건축물

구분	구조계산 대상 건축물
1. 층수	2층 이상 (기둥과 보가 목재인 목구조 경우 : 3층 이상)
2. 연면적	200m²(목구조 : 500m²) 이상인 건축물 (창고, 축사, 작물 재배사 및 표준설계도서에 따라 건축하는 건축물은 제외)
3. 높이	13m 이상
4. 처마높이	9m 이상
5. 경간	10m 이상 * 경간 : 기둥과 기둥 사이의 거리(기둥이 없는 경우에는 내력벽과 내력벽 사이의 거리를 말함)
6. 국토교통부령으로 정하는 지진구역의 건축물	
7. 국가적 문화유산으로 보존할 가치가 있는 박물관·기념관 등으로서 연면적의 합계가 5,000m² 이상인 건축물	
8. 특수구조 건축물 중 3m 이상 돌출된 건축물과 특수한 설계·시공·공법 등이 필요한 건축물	
9. 단독주택 및 공동주택	

[예외] 지진에 대한 안전 여부를 생략할 수 있는 건축물

1. 사용승인서를 교부받은 후 5년이 경과한 건축물의 증축(단, 연면적의 1/10 이내 또는 1개층 증축에 한한다.)
2. 일부개축

05 보강블록조에서의 벽량은 내력벽 길이의 총합계를 그 층의 무엇으로 나눈 값인가?

① 적재하중　② 벽면적
③ 개구부면적　④ 바닥면적

해설 벽량

㉠ 보강 블록조에서는 벽두께를 두껍게 하는 것보다 벽의 길이를 길게 하여 내력벽의 양을 증가시키는 것이 바람직하다.
㉡ 벽량 – 내력벽의 전체 길이(cm)를 합한 것을 그 층의 바닥면적(m^2)으로 나누어 얻은 값

$$벽량(cm/m^2) = \frac{벽의길이(cm)}{바닥면적(m^2)}$$

06 보강블록조에 테두리보(Wall Girder)를 설치하는 이유와 가장 관계가 먼 것은?

① 가로철근의 정착을 위해서
② 분산된 벽체를 일체화시키기 위해서
③ 횡력에 의한 벽체의 수직균열을 막기 위해서
④ 집중하중을 직접 받는 블록을 보강하기 위해서

해설 테두리보

각 층의 내력벽 위에 연속해서 돌린 철근 콘크리트보
■ 테두리보(Wall Girder)를 설치하는 이유
㉠ 수평력에 견디기 위해서
㉡ 횡력에 의한 수직 균열을 방지하기 위해서
㉢ 세로근의 정착을 위해서
㉣ 분산된 벽체를 일체로 하여 하중을 균등히 분포시키기 위해서
㉤ 집중하중을 받는 부분을 보강하기 위해서
㉥ 자중을 내력벽에 전달하기 위해서

07 잔향시간에 관한 설명으로 옳지 않은 것은?

① 잔향시간은 실용적에 영향을 받는다.
② 잔향시간이 실외 흡음력에 반비례한다.
③ 잔향시간이 길수록 명료도는 좋아진다.
④ 잔향시간이 짧을수록 음의 명료도는 좋아진다.

해설

1) 잔향시간
실내에 있는 음원에서 정상음을 발생하여 실내의 음향 에너지 밀도가 정상상태가 된 후 음원을 정지하면 수음점에서의 음향 에너지 밀도는 지속적으로 감쇠한다. 이때 음향 에너지 밀도가 정상상태일 때의 $1/10^6$이 되는데 요하는 시간이다.
2) 명료도와 요해도
㉠ 명료도(clarity) : 사람이 말을 할 때 어느 정도 정확할 수 있는가를 표시하는 기준을 백분율로 나타낸 것이다.

정답 05 ④ 06 ① 07 ③

㉡ 요해도(intelligility) : 언어의 명료도에 의해서 말의 내용이 얼마나 이해되느냐 하는 정도를 백분율로 나타낸 것이다. 각 음절의 전부를 확실히 들을 수는 없어도 말의 내용이 이해되는 경우가 있으므로 요해도는 명료도보다 높은 값을 갖게 된다.
※ 잔향시간이 길면 언어의 명료도가 저하된다.
※ 실내 음향계획에서 고려할 사항 :
실용적의 크기, 평면 및 단면의 형태, 벽체의 구조, 실내의 마감재료, 음압 분포, 명료도와 요해도, 잔향시간 등

08 문화 및 집회시설 중 공연장의 개별관람실(바닥면적이 $300m^2$ 이상) 각 출구의 유효너비는 최소 얼마 이상인가?

① 1.0m ② 1.5m
③ 2.0m ④ 2.5m

해설 공연장의 개별 관람실의 출구기준

관람실의 바닥면적이 $300m^2$ 이상인 경우의 출구는 다음 조건에 적합하여야 한다.
㉠ 관람실별로 2개소 이상 설치할 것
㉡ 각 출구의 유효폭은 1.5m 이상일 것
㉢ 개별 관람실 출구의 유효폭의 합계는 개별 관람실의 바닥면적 $100m^2$ 마다 0.6m 이상의 비율로 산정한 폭 이상일 것
※ 개별 관람실 출구의 유효너비의 합계는 최소 3.0m 이상으로 한다.

09 인체의 열쾌적에 영향을 미치는 물리적 온열4요소에 해당하지 않는 것은?

① 기온 ② 습도
③ 청정도 ④ 기류속도

해설 인체의 온열 감각에 영향을 주는 열적 요소

① 물리적 변수
㉠ 기온 ㉡ 습도 ㉢ 기류
㉣ 주위벽의 복사열(MRT)
② 개인적(주관적) 변수 : 주관적이며 정량화할 수 없는 요소
㉠ 착의 상태(clothing) : 인체에 단열 재료로 작용하고 쾌적한 온도 유지를 도와준다.
㉡ 활동량(activity) : 나이가 많을수록 감소하며 성인 여자는 남자에 비해 약 85% 정도이다.
㉢ 기타
• 환경에 대한 적응도
• 신체 형상 및 피하 지방량
• 음식과 음료
• 연령과 성별
• 건강 상태
• 재실 시간
※ 기온, 착의량, 습도는 그 수치가 증가함에 따라 체감열량의 상승을 가져오는 요소로 구성되어 있다.

10 5층 이상 또는 지하 2층 이하인 층에 설치하는 직통계단은 국토교통부령으로 정하는 기준에 따라 피난계단 또는 특별피난계단으로 설치하여야 하는데, 이에 해당하는 경우가 아닌 것은? (단, 건축물의 주요구조부가 내화구조 또는 불연재료로 되어 있는 경우)

① 5층 이상인 층의 바닥면적의 합계가 $250m^2$인 경우
② 5층 이상인 층의 바닥면적의 합계가 $300m^2$인 경우
③ 5층 이상인 층의 바닥면적 $150m^2$ 마다 방화구획이 되어 있는 경우
④ 5층 이상인 층의 바닥면적 $300m^2$ 마다 방화구획이 되어 있는 경우

해설 피난계단, 특별피난계단의 설치대상

① 5층 이상의 층으로부터 피난층 또는 지상으로 통하는 직통계단
② 지하 2층 이하의 층으로부터 피난층 또는 지상으로 통하는 직통계단
③ 5층 이상의 층으로부터 피난층 또는 지상으로 통하는 직통계단과 직접 연결된 지하 1층의 계단
※ 판매시설(도매시장, 소매시장, 상점) 용도로 쓰이는 층으로부터의 직통계단은 1개소 이상 특별피난계단으로 설치하여야 한다.
[예외] 주요구조부가 내화구조, 불연재료로 된 건축물로서 5층 이상의 층의 바닥면적 합계가 $200m^2$ 이하이거나, 바닥면적 $200m^2$ 이내마다 방화구획이 된 경우

정답 08 ② 09 ③ 10 ③

11 **로코코 양식의 가장 대표적인 디자이너로 볼 수 있는 사람은?**

① 페테르 플뢰트너(Peter Flotner)
② 우그 삼뱅(Hugues Sambin)
③ 프랑수아 쿠빌리에(Francois Cuvillies)
④ 윌리암 모리스(William Morris)

해설 로코코시대 실내디자인

로코코 양식은 18세기 프랑스를 중심으로 개인의 독립성을 위주로 한 양식으로 장대한 것과 규칙성을 배제하고 소규모적이며 우아하고 섬세하며 개인적인 공간을 형성하였고 수평선과 직각을 피하고 곡선으로 공간성를 창조한 경쾌한 장식을 채용하였다.
㉠ 바로크 인상에 비해 세련되고 아름다운 곡선으로 표현된다.
㉡ 기능별로 여러 개의 방을 실제 사용하기 편하게 배치하였다.
㉢ 개인 위주의 프라이버시를 중요시하였다.
☞ 대표적인 디자이너는 프랑수아 쿠빌리에(Francois Cuvillies)이다.

12 **그림과 같은 벽 A의 대린벽으로 옳은 것은?**

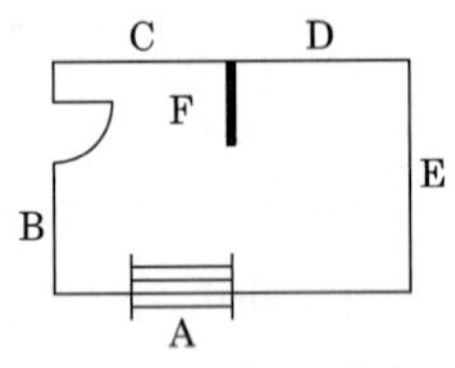

① B와 E　② C와 D
③ E와 D　④ B와 C

해설

조적조에서의 대린벽이란 서로 직각으로 교차되는 내력벽을 말한다.
※ 대린벽 중심선 간의 거리는 10m 이하로 하여야 한다.

13 **철근콘크리트의 특성에 관한 설명으로 옳지 않은 것은?**

① 콘크리트는 철근이 녹스는 것을 방지한다.
② 철근은 인장력에는 효과적이지만 압축력에는 저항하지 못한다.
③ 철근과 콘크리트는 선팽창계수가 거의 같다.
④ 철근콘크리트 구조체는 내화적이다.

해설 철근 콘크리트의 특성

(1) 철근 콘크리트구조 성립 이유
㉠ 철근은 인장력을 부담하고, 콘크리트는 압축력을 부담한다.
㉡ 콘크리트 속에 매립된 철근은 녹스는 일이 없어 내구성이 좋다. (철근은 산성, 콘크리트는 알카리성이므로)
㉢ 철근과 콘크리트의 온도에 대한 선팽창계수가 거의 유사하며 온도변화에 비슷한 거동을 보인다.
㉣ 철근과 콘크리트와의 부착강도가 커서 잘 부착되며, 콘크리트 속에서 철근의 좌굴이 방지된다.
(2) 철근과 콘크리트의 부착력 성질
㉠ 철근의 단면 모양과 표면 상태에 따라 부착력의 차이가 있다.
㉡ 가는 철근을 많이 넣어 표면적을 크게 하면 철근과 콘크리트가 부착하는 접촉 면적이 커져서 부착력이 증대된다.
㉢ 콘크리트의 부착력은 철근의 주장(길이)에 비례한다.
㉣ 콘크리트의 압축강도가 클수록 크다.

14 **기본벽돌(190×90×57) 2.0B 벽두께 치수로 옳은 것은? (단, 공간쌓기 아님)**

① 390mm　② 420mm
③ 430mm　④ 450mm

해설 벽돌의 치수

(단위 : mm)

구분 / 종류	길이(B)	너비(A)	두께
기존형(재래형)	210	100	60
표준형(기본형)	190	90	57

정답 11 ③ 12 ① 13 ② 14 ①

※ 너비는 길이에서 줄눈의 뺀 것의 반으로 되어 있다.
※ 일반적으로 줄눈너비는 10mm로 한다.
∴ 표준형 벽돌 1.5B 벽두께 치수
= 190mm + 10mm + 90mm = 290mm
표준형 벽돌 2.0B 벽두께 치수
= 190mm + 10mm + 190mm = 390mm
표준형 벽돌 2.5B 벽두께 치수
= 190mm + 10mm + 190mm + 10mm + 90mm = 490mm

15 공동 소방안전관리사 선임대상 특정소방대상물의 층수 기준은? (단, 복합건축물의 경우)

① 3층 이상 ② 5층 이상
③ 8층 이상 ④ 10층 이상

해설 공동소방안전관리자 선임대상 특정소방대상물

㉠ 고층 건축물(지하층을 제외한 층수가 11층 이상인 건축물만 해당)
㉡ 지하가(지하의 인공구조물 안에 설치된 상점 및 사무실, 그 밖에 이와 비슷한 시설이 연속하여 지하도에 접하여 설치된 것과 그 지하도를 합한 것을 말함)m^2 이상인 것 또는 층수가 5층 이상인 것
㉢ 복합건축물로서 연면적이 5,000m^2 이상인 것 또는 층수가 5층 이상인 것
㉣ 판매시설 중 도매시장 및 소매시장
㉤ 특정소방대상물 중 소방본부장 또는 소방서장이 지정하는 것

16 현존하는 한국 목조건축 중 가장 오래된 것은?

① 송광사 국사전 ② 봉정사 극락전
③ 창경궁 명정전 ④ 경복궁 근정전

해설

봉정사 극락전은 고려시대의 건축으로, 신라시대의 일반 목조건물 양식에 북송요의 주심포 형식을 가미한 공법으로 건축한 것으로 현존하는 목조 건축 중 가장 오래된 건축물이다.

17 건축관계법규에서 규정하는 방화구조가 되기 위한 철망 모르타르의 최소 바름두께는?

① 1.0cm ② 2.0cm
③ 2.7cm ④ 3.0cm

해설 방화구조

화염의 확산을 막을 수 있는 성능을 가진 구조로서 국토교통부장관이 정하는 적합한 구조를 말한다.

구 조 부 분	방화구조의 기준
• 철망모르타르 바르기	바름두께가 2cm 이상인 것
• 석면시멘트판 또는 석고판 위에 시멘트모르타르 또는 회반죽을 바른 것 • 시멘트모르타르 위에 타일을 붙인 것	두께의 합계가 2.5cm 이상인 것
• 심벽에 흙으로 맞벽치기한 것	두께에 관계없이 인정
• 한국산업표준이 정하는 바에 의하여 시험한 결과 방화 2급 이상에 해당하는 것	

18 옥상광장 또는 2층 이상인 층에 있는 노대의 주위에 설치하여야 하는 난간의 최소 높이 기준은?

① 1.0m 이상 ② 1.1m 이상
③ 1.2m 이상 ④ 1.5m 이상

해설

옥상광장 또는 2층 이상인 층에 있는 노대(露臺)나 그 밖에 이와 비슷한 것의 주위에는 높이 1.2m 이상의 난간을 설치하여야 한다. 다만, 그 노대 등에 출입할 수 없는 구조인 경우에는 그러하지 아니하다.

19 다음 중 방염대상물품에 해당하지 않는 것은?

① 두께 2mm의 종이벽지
② 카펫
③ 암막
④ 블라인드

정답 15 ② 16 ② 17 ② 18 ③ 19 ①

해설 특정소방대상물에서 사용되는 방염대상물품

제조 또는 가공공정에서 방염처리를 한 물품(합판·목재류의 경우에는 설치현장에서 방염처리를 한 것을 말함)으로서 다음의 하나에 해당하는 것을 말한다.
㉠ 창문에 설치하는 커텐류(브라인드를 포함)
㉡ 카페트, 두께가 2mm 미만인 벽지류로서 종이벽지를 제외한 것
㉢ 전시용 합판 또는 섬유판, 무대용 합판 또는 섬유판
㉣ 암막·무대막(영화상영관, 골프연습장업에 설치하는 스크린을 포함)

20 건축허가등을 할 때 미리 소방본부장 또는 소방서장의 동의를 받아야 하는 건축물 등의 연면적 기준으로 옳은 것은? (단, 노유자시설 및 수련시설의 경우)

① $100m^2$ 이상 ② $200m^2$ 이상
③ $300m^2$ 이상 ④ $400m^2$ 이상

해설 소방본부장 또는 소방서장의 건축허가 및 사용승인에 대한 동의 대상 건축물의 범위

1. 연면적이 $400m^2$(학교시설의 경우 $100m^2$, 노유자시설 및 수련시설의 경우 $200m^2$, 정신의료기관, 장애인 의료재활시설의 경우 $300m^2$) 이상인 건축물
2. 차고·주차장 또는 주차용도로 사용되는 시설로서 다음에 해당하는 것
 ① 차고·주차장으로 사용되는 층 중 바닥면적이 $200m^2$ 이상인 층이 있는 시설
 ② 승강기 등 기계장치에 의한 주차시설로서 자동차 20대 이상을 주차할 수 있는 시설
3. 지하층 또는 무창층이 있는 건축물로서 바닥면적이 $150m^2$(공연장의 경우에는 $100m^2$) 이상인 층이 있는 것
4. 면적에 관계없이 동의 대상
 ① 층수가 6층 이상인 건축물
 ② 항공기격납고, 관망탑, 항공관제탑, 방송용 송수신탑
 ③ 위험물저장 및 처리시설, 지하구
 ④ 노인 관련 시설, 아동복지시설(아동상담소, 아동전용시설 및 지역아동센터는 제외)
 ⑤ 장애인 거주시설, 정신질환자 관련 시설, 노숙인 관련 시설 중 노숙인자활시설, 노숙인재활시설 및 노숙인요양시설, 결핵환자나 한센인이 24시간 생활하는 노유자시설
 ⑥ 요양병원(정신병원, 의료재활시설 제외)

정답 20 ②

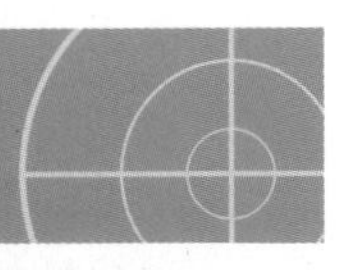

건축일반
2017년 3월 5일(1회)

01 25층 업무시설로서 6층 이상의 거실면적 합계가 36000m²인 경우 승강기 최소 설치대수는? (단, 16인승 이상의 승강기로 설치한다.)

① 7대 ② 8대
③ 9대 ④ 10대

해설 문화 및 집회시설(전시장, 동·식물원), 업무시설, 숙박시설, 위락시설의 용도 경우

3,000m² 이하까지 1대, 3,000m² 초과하는 2,000m² 당 1대를 가산한 대수로 하므로

$1+\frac{36,000-3,000}{2,000}=17.5 \fallingdotseq 18$대

(소수점 이하는 1대로 본다)

∴ 16인승 이상의 승강기는 2대로 산정하므로 9대를 설치하면 된다.

※ 8인승 이상 15인승 이하를 기준으로 산정하며 16인승 이상의 승강기는 2대로 산정한다.

02 방화에 장애가 되어 같은 건축물 안에 함께 설치할 수 없는 용도로 묶인 것은?

① 아동관련시설 – 의료시설
② 아동관련시설 – 노인복지시설
③ 기숙사 – 공장
④ 노인복지시설 – 소매시장

해설 방화에 장애가 되는 용도제한

① 같은 건축물 안에는 ㉠ 용도와 ㉡ 용도의 건축물을 함께 설치할 수 없다.

대상건축물
㉠ 의료시설, 노유자시설(아동관련시설 및 노인복지시설만 해당), 장례식장 또는 공동주택, 산후조리원
㉡ 위락시설, 위험물저장 및 처리시설, 공장, 자동차관련시설(정비공장만 해당)

② 다음에 해당하는 용도의 시설은 같은 건축물에 함께 설치할 수 없다.
㉠ 노유자시설 중 아동관련시설 또는 노인복지시설과 판매시설 중 도매시장 또는 소매시장
㉡ 단독주택(다중주택, 다가구주택에 한정), 공동주택, 제1종 근린생활시설 중 조산원·산후조리원과 제2종 근린생활시설 중 다중생활시설

03 조적식구조 벽체의 길이가 12m일 때 이 벽체에 설치할 수 있는 최대 개구부 폭의 합계는? (단, 각층의 대린벽으로 구획된 벽체의 경우)

① 2m ② 3m
③ 4m ④ 6m

해설

조적구조의 각층의 대린벽으로 구획된 벽에서 문골 너비의 합계를 그 벽길이의 1/2 이하로 한다.
12×1/2 = 6m

04 스프링클러설비를 설치하여야 하는 특정소방대상물 중 문화 및 집회시설(동·식물원 제외)에서 모든 층에 스프링클러설비를 설치하여야 하는 경우에 해당하는 수용인원의 최소 기준으로 옳은 것은?

① 50명 이상 ② 100명 이상
③ 200명 이상 ④ 300명 이상

해설

문화 및 집회시설(동·식물원은 제외), 종교시설(사찰·제실·사당은 제외), 운동시설(물놀이형 시설은 제외)로서 다음에 해당하는 경우에는 모든 층에 스프링클러설비를 설치하여야 한다.
㉠ 수용인원이 100인 이상
㉡ 영화상영관의 용도로 쓰이는 층의 바닥면적이 지하층 또는 무창층인 경우 500m² 이상, 그 밖의 층의 경우에는 1,000m² 이상
㉢ 무대부가 지하층·무창층 또는 층수가 4층 이상인 층에 있는 경우에는 300m² 이상
㉣ 무대부가 ㉢ 외의 층에 있는 경우에는 무대부의 면적이 500m² 이상

05 건축화 조명방식과 거리가 먼 것은?

① 정측광채광 ② 다운라이트
③ 광천장조명 ④ 코브라이트

정답 01 ③ 02 ④ 03 ④ 04 ② 05 ①

해설 건축화 조명

천장, 벽, 기둥 등 건축 부분에 광원을 만들어 실내를 조명하는 것을 말한다. 건축화 조명은 눈부심이 적고 명랑한 느낌을 주며 현대적인 감각을 느끼게 하나 비용이 많이 들며 조명효율은 떨어진다.

② 다운 라이트(down light) : 천장에 작은 구멍을 뚫어 그 속에 기구를 매입한 방식이다.
③ 광천장 조명 : 확산투과선 플라스틱 판이나 루버로 천장을 마감하여 그 속에 전등을 넣은 방법이다. 그림자 없는 쾌적한 빛을 얻을 수 있다. 마감재료의 설치방법에 변화있는 인테리어 분위기를 연출할 수 있다.
④ 코브 라이트 조명 : 광원을 천장 또는 벽면에 가리고 이란 벽이나 천장에 반사시켜 간접조명으로 조명하는 방식이다.
☞ 정측광창 형식(top side light monitor) : 관람자가 서 있는 위치 상부에 천장을 불투명하게 하여 측벽에 가깝게 채광창을 설치하는 방법

06 조적식구조에서 철근콘크리트구조로 된 윗인방을 설치하여야 하는 개구부 상부의 최소폭 기준은?

① 0.5m ② 1.0m
③ 1.8m ④ 2.5m

해설

폭이 1.8m를 넘는 개구부의 상부에는 철근콘크리트 구조의 인방보를 설치한다.

07 예술 수공예(Art and Crafts)운동에 관한 설명으로 옳은 것은?

① 새로운 산업사회의 도래로 한정된 과거양식의 재현에서 벗어나 과거양식 전체를 취사 선택하여 새로운 형태를 창출하였다.
② 산업화가 초래한 도덕적, 예술적 타락상에서 수공예술의 중요성을 강조하여 생활의 미를 향상시키고자 하였다.
③ 수직 수평의 엄격한 기하학적 질서와 색채를 조형의 기본으로 삼았다.
④ 리듬있는 조형적 구성과, 부분과 전체의 원활한 융합에 의한 동적 표현을 목표로 하였다.

해설 미술공예운동(Art and Craft Movement)

① 윌리암 모리스는 19세기 후반~20세기 초 대량생산과 기계에 의한 저급제품 생산에 반기를 든 영국인으로 장식이 과다한 빅토리아 시대의 제품을 지양하고, 수공예에 의한 예술의 복귀, 민중을 위한 예술 등을 주장하고 간결한 선과 비례를 중요시 했다.
② 특성
㉠ 예술 및 일용품의 질적 향상
㉡ 예술의 대중성을 추구
㉢ 기계생산의 거부와 수공업으로의 복귀(수공예의 중요성)
㉣ 전통적인 지역적 재료의 사용
③ 대표적 건축물 : 윌리암 모리스의 붉은 집(Red House)
④ 대표적 건축가 : 윌리암 모리스, 필립 웨브, 어니스트 김슨, 찰스 로버트 애쉬비

08 소방특별조사를 실시하는 경우에 해당되지 않는 것은?

① 관계인이 소방시설법 또는 다른 법령에 따라 실시하는 소방시설등, 방화시설, 피난시설 등에 대한 자체점검 등이 불성실하거나 불완전하다고 인정되는 경우
② 국가적 행사 등 주요 행사가 개최되는 장소 및 그 주변의 관계 지역에 대하여 소방안전관리 실태를 점검할 필요가 있는 경우
③ 화재가 발생되지 않아 일상적인 점검을 요하는 경우
④ 재난예측정보, 기상예보 등을 분석한 결과 소방대상물에 화재, 재난·재해의 발생 위험이 높다고 판단되는 경우

정답 06 ③ 07 ② 08 ③

해설 소방 특별조사의 항목

㉠ 소방안전관리 업무 수행에 관한 사항
㉡ 소방계획서 이행에 관한 사항
㉢ 자체점검 및 정기점검 등에 관한 사항
㉣ 화재의 예방조치 등에 관한 사항
㉤ 불을 사용하는 설비 등의 관리와 특수가연물의 저장·취급에 관한 사항
㉥ 다중이용업소의 안전관리에 관한 특별법에 따른 안전관리에 관한 사항
㉦ 위험물 안전관리법에 따른 안전관리에 관한 사항

※ 소방특별조사
소방청장, 소방본부장 또는 소방서장은 소방특별조사를 하려면 7일 전에 관계인에게 조사대상, 조사기간 및 조사사유 등을 서면으로 알려야 한다.

09 특정소방대상물에 사용하는 실내장식물 중 방염대상물품에 속하지 않는 것은?

① 창문에 설치하는 커튼류
② 두께가 2mm 미만인 종이벽지
③ 전시용 섬유판
④ 전시용 합판

해설 특정소방대상물에서 사용되는 방염대상물품

제조 또는 가공공정에서 방염처리를 한 물품(합판·목재류의 경우에는 설치현장에서 방염처리를 한 것을 말함)으로서 다음의 하나에 해당하는 것을 말한다.
㉠ 창문에 설치하는 커텐류(브라인드를 포함)
㉡ 카페트, 두께가 2mm 미만인 벽지류로서 종이벽지를 제외한 것
㉢ 전시용 합판 또는 섬유판, 무대용 합판 또는 섬유판
㉣ 암막·무대막(영화상영관, 골프연습장업에 설치하는 스크린을 포함)

10 미스반데어로에가 디자인한 바로셀로나 의자에 관한 설명 중 옳지 않은 것은?

① 크롬으로 도금된 철재의 완전한 곡선으로 인하여 이 의자는 모던운동 전체를 대표하는 상징물이 되었다.
② 현대에도 계속 생산되며 공공건물의 로비 등에 많이 쓰인다.
③ 의자의 덮개는 폴리에스테르 화이버 위에 가죽을 씌워 만들었다.
④ 값이 저렴하며 대량생산에 적합하다.

해설 바르셀로나 의자(Barcelona chair)

1929년 바르셀로나에서 열린 국제박람회의 독일 정부관을 위해 미스 반 데어 로에에 의하여 디자인된 것으로 ×자로 된 강철 파이프 다리 및 가죽으로 된 등받이와 좌석으로 구성된다.

※ 미스 반 데어 로에(Mies Van der Rohe : 1886~1969)
현대건축의 대표적 재료인 철과 유리를 주재료로 하여 커튼월공법과 강철구조를 건축의 기본형식으로 이용하였다. 특히 철골구조의 가능성을 추구한 건축가로 유니버설 스페이스(Universal Space : 보편적공간)의 개념을 주장한 건축가이다.
• 대표작품 : 바르셀로나 박람회 독일관(1929), I.I.T공대 크라운 홀(1956), 시그램 빌딩(1958)

11 비상용승강기 승강장의 구조에 대한 기준으로 옳지 않은 것은?

① 승강장의 바닥면적은 비상용승강기 1대에 대하여 10m² 이상으로 할 것
② 벽 및 반자가 실내에 접하는 부분의 마감재료는 불연재료로 할 것
③ 채광이 되는 창문이 있거나 예비전원에 의한 조명설비를 할 것
④ 피난층이 있는 승강장의 출입구로부터 도로 또는 공지에 이르는 거리가 30m 이하일 것

해설

승강장의 바닥면적은 비상용승강기 1대에 대하여 6m² 이상으로 할 것. 다만, 옥외에 승강장을 설치하는 경우에는 그러하지 아니하다.

정답 09 ② 10 ④ 11 ①

12 방염성능기준 이상의 실내장식물 등을 설치하여야 하는 특정소방대상물에 해당되지 않는 것은?

① 근린생활시설 중 체력단련장
② 건축물의 옥내에 있는 종교시설
③ 의료시설 중 종합병원
④ 건축물의 옥내에 있는 수영장

해설 방염성능기준 이상의 실내장식물 등을 설치하여야 하는 특정소방대상물

① 근린생활시설 중 의원, 체력단련장, 공연장 및 종교집회장
② 건축물의 옥내에 있는 문화 및 집회시설, 종교시설, 운동시설(수영장은 제외)
③ 의료시설, 노유자시설, 숙박시설, 숙박이 가능한 수련시설
④ 교육연구시설 중 합숙소
⑤ 방송통신시설 중 방송국 및 촬영소
⑥ 다중이용업소
⑦ 상기 ①부터 ⑥까지의 시설에 해당하지 아니하는 것으로서 층수(건축법시행령에 따라 산정한 층수)가 11층 이상인 것(아파트는 제외)

13 화재예방, 소방시설 설치·유지 및 안전관리에 관한 법률 시행령에 따른 피난층의 정의로 옳은 것은?

① 피난기구가 설치된 층
② 곧바로 지상으로 갈 수 있는 출입구가 있는 층
③ 비상구가 연결된 층
④ 무창층 외의 층

해설 피난층

곧바로 지상으로 갈 수 있는 출입구가 있는 층을 말한다.

※ 비상구
주된 출입구 외에 화재발생 등 비상시에 건축물 또는 공작물의 내부로부터 지상 그 밖에 안전한 곳으로 피난할 수 있는 가로 75cm 이상, 세로 150cm 이상 크기의 출입구를 말한다.

14 차음성이 높은 재료로 볼 수 없는 것은?

① 재질이 단단한 것
② 재질이 무거운 것
③ 재질이 치밀한 것
④ 재질이 다공질인 것

해설

면밀도가 높은 재료, 무겁고 두꺼운 재료, 재질이 단단한 재료, 투과손실이 큰 재료는 차음성이 높다.

15 그림과 같은 트러스의 명칭은?

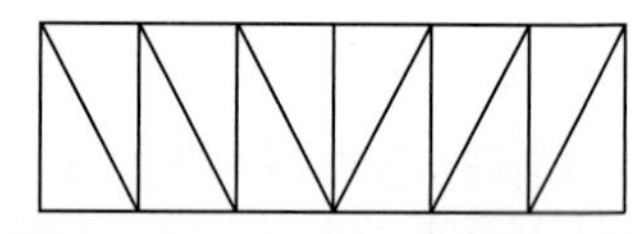

① 평하우트러스　② 평프랫트러스
③ 와렌트러스　④ 핑크트러스

해설

프랫(pratt) 트러스 : 사재가 인장재가 되도록 설계한 트러스로 사재의 경사방향이 중앙부를 향해 하향이다.

※ 하우(howe) 트러스 : 사재가 압축재가 되도록 설계한 트러스로 사재의 경사방향이 중앙부를 향해 상향이다.

※ 와렌(warren) 트러스 : 사재의 방향이 좌우로 교대 배치한 트러스로 수직재가 없는 트러스와 수직재가 있는 트러스로 나뉜다.

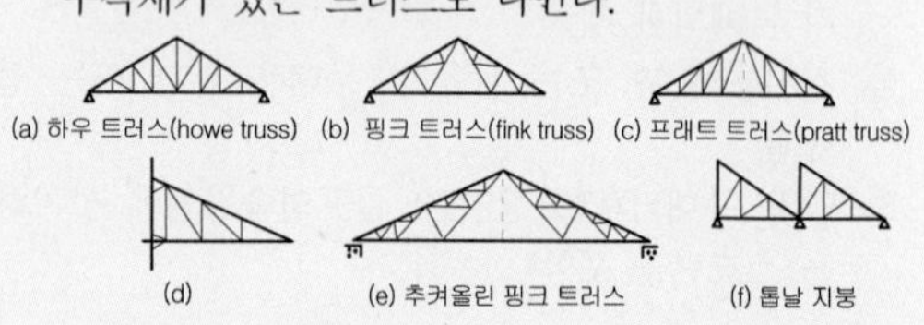

(g) 프랫 트러스　(h) 하우 트러스　(i) 와렌 트러스(Warren truss)　(j) K 트러스

지붕트러스의 종류

정답　12 ④　13 ②　14 ④　15 ②

16 주요구조부를 내화구조로 처리하지 않아도 되는 시설은?

① 공장으로서 해당용도 바닥면적의 합계가 500m²인 건축물
② 문화 및 집회시설 중 전시장으로서 해당용도 바닥면적의 합계가 500m²인 건축물
③ 운동시설 중 체육관으로서 해당용도 바닥면적의 합계가 600m²인 건축물
④ 수련시설 중 유스호스텔로서 해당용도 바닥면적의 합계가 500m²인 건축물

해설

공장의 용도에 쓰이는 건축물로서 바닥면적의 합계가 2,000m² 이상인 건축물은 주요구조부를 내화구조로 하여야 한다.

※ 문화 및 집회시설 중 전시장 및 동·식물원, 판매시설, 운수시설, 교육연구시설에 설치하는 체육관·강당, 수련시설, 운동시설 중 체육관 및 운동장, 위락시설(주점영업 제외), 창고시설, 위험물 저장 및 처리시설, 자동차 관련시설, 통신시설 중 방송국·전신전화국 및 촬영소, 묘지관련시설 중 화장장, 관광휴게시설의 용도로 쓰이는 건축물로서 바닥면적의 합계가 500m² 이상인 건축물은 주요구조부를 내화구조로 하여야 한다.

17 특정소방대상물의 관계인은 관계법령에 따라 소방안전관리자 선임 사유가 발생한 날로부터 며칠 이내에 선임하여야 하는가?

① 7일　② 15일
③ 30일　④ 45일

해설

특정소방대상물의 방화관리자는 선임 사유 발생일로부터 30일 이내에 선임되어야 한다.

18 건축물 종류에 따른 복도의 유효너비 기준으로 옳지 않은 것은?(단, 양옆에 거실이 있는 복도)

① 공동주택 : 1.5m 이상
② 유치원 : 2.4m 이상
③ 초등학교 : 2.4m 이상
④ 오피스텔 : 1.8m 이상

해설 건축물에 설치하는 복도의 유효너비

구 분	양옆에 거실이 있는 복도	기타의 복도
유치원·초등학교·중학교·고등학교	2.4m 이상	1.8m 이상
공동주택·오피스텔	1.8m 이상	1.2m 이상
당해 층 거실의 바닥면적 합계가 200m² 이상인 경우	1.5m 이상 (의료시설의 복도는 1.8m 이상)	1.2m 이상

19 건축물의 거실(피난층의 거실은 제외)에 국토교통부령으로 정하는 기준에 따라 배연설비를 하여야 하는 건축물이 아닌 것은? (단, 6층 이상인 건축물)

① 문화 및 집회시설
② 종교시설
③ 요양병원
④ 숙박시설

해설 배연설비의 설치대상

① 6층 이상의 건축물로서 다음의 용도에 해당되는 건축물의 거실 제2종 근린생활시설 중 공연장, 종교집회장, 인터넷컴퓨터게임시설제공업소 및 다중생활시설(공연장, 종교집회장 및 인터넷컴퓨터게임시설제공업소는 해당 용도로 쓰는 바닥면적의 합계가 각각 300m² 이상인 경우), 문화 및 집회시설, 종교시설, 판매시설, 운수시설, 의료시설(요양병원 및 정신병원은 제외), 교육연구시설 중 연구소, 노유자시설 중 아동관련시설·노인복지시설(노인요양시설은 제외), 수련시설 중 유스호스텔, 운동시설, 업무시설, 숙박시설, 위락시설, 관광휴게시설, 장례식장
[예외] 피난층인 경우
② 다음에 해당하는 용도로 쓰는 건축물
㉠ 의료시설 중 요양병원 및 정신병원
㉡ 노유자시설 중 노인요양시설·장애인 거주시설 및 장애인 의료재활시설
[예외] 피난층인 경우

정답　16 ①　17 ③　18 ①　19 ③

20 소방시설 중 소화설비에 해당되지 않는 것은?

① 옥내소화전설비 ② 스프링클러설비
③ 옥외소화전설비 ④ 연결송수관설비

해설 소방시설

소화설비·경보설비·피난구조설비·소화용수설비 그 밖에 소화활동설비를 말한다.

※ 소화설비 : 소화기구, 옥내소화전설비, 스프링클러설비·간이스프링클러설비 및 화재조기진압용 스프링클러설비, 물분무소화설비·미분무소화설비·포소화설비·이산화탄소소화설비·할로겐화합 물소화설비·청정소화약제소화설비 및 분말소화설비, 옥외소화전설비

☞ 소화활동설비 : 화재를 진압하거나 인명구조활동을 위하여 사용하는 설비

① 제연설비 ② 연결송수관설비
③ 연결살수설비 ④ 비상콘센트설비
⑤ 무선통신보조설비 ⑥ 연소방지설비

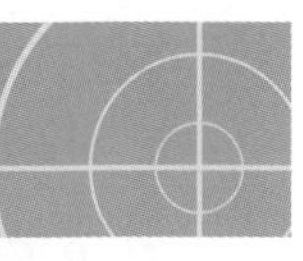

건축일반 2017년 5월 7일(2회)

01 비상용승강기를 설치하지 아니할 수 있는 건축물의 기준으로 옳지 않은 것은?

① 높이 31m를 넘는 각층을 거실외의 용도로 쓰는 건축물
② 높이 31m를 넘는 각층의 바닥면적의 합계가 500m^2 이하인 건축물
③ 높이 31m를 넘는 층수가 4개층 이하로서 당해 각층의 바닥면적의 합계 300m^2 이내마다 방화구획으로 구획한 건축물
④ 높이 31m를 넘는 층수가 4개층 이하로서 당해 각층의 바닥면적의 합계 500m^2(벽 및 반자가 실내에 접하는 부분의 마감을 불연재료로 한 경우) 이내마다 방화구획으로 구획한 건축물

해설 비상용승강기를 설치하지 않아도 되는 건축물

㉠ 높이 31m를 넘는 각층을 거실 이외의 용도로 사용할 경우
㉡ 높이 31m를 넘는 각층의 바닥면적의 합계가 500m^2 이하인 건축물
㉢ 높이 31m를 넘는 부분의 층수가 4개층 이하로서 당해 각층 바닥면적 200m^2(500m^2)* 이내마다 방화구획을 한 건축물

*( ) 속의 수치는 실내의 벽 및 반자의 마감을 불연재료로 한 경우임.

02 주요구조부를 내화구조로 하여야 하는 건축물에 해당되지 않는 것은?

① 당해 용도의 바닥면적 합계가 500m^2인 판매시설
② 당해 용도의 바닥면적 합계가 600m^2인 문화 및 집회시설 중 전시장
③ 당해 용도의 바닥면적 합계가 2000m^2인 공장
④ 당해 용도의 바닥면적 합계가 300m^2인 창고시설

정답 20 ④ / 01 ③ 02 ④

해설

공장의 용도에 쓰이는 건축물로서 그 용도로 쓰이는 바닥면적의 합계가 2,000m^2 이상인 건축물은 주요 구조부를 내화구조로 하여야 한다.

03 결로의 발생원인과 가장 거리가 먼 것은?

① 실내 습기의 과다발생
② 잦은 환기
③ 시공불량
④ 시공직후 콘크리트, 모르타르 등의 미건조 상태

해설 결로

건물의 표면온도가 접촉하고 있는 공기의 노점온도보다 낮을 경우 그 표면에 발생한다.
※ 다음의 여러 가지 원인이 복합적으로 작용하여 발생한다.
① 실내외 온도차 : 실내외 온도차가 클수록 많이 생긴다.
② 실내 습기의 과다발생 : 가정에서 호흡, 조리, 세탁 등으로 하루 약 12kg의 습기 발생
③ 생활 습관에 의한 환기부족 : 대부분의 주거활동이 창문을 닫은 상태인 야간에 이루어짐
④ 구조체의 열적 특성 : 단열이 어려운 보, 기둥, 수평지붕
⑤ 시공불량 : 단열시공의 불완전
⑥ 시공직후의 미건조 상태에 따른 결로 : 콘크리트, 모르타르, 벽돌
※ 열전달률, 열전도율, 열관류율이 클수록 결로 현상은 심하다.

04 조명설계의 순서 중 가장 우선인 것은?

① 조명기구의 배치
② 조명방식의 결정
③ 광원의 선택
④ 소요조도의 결정

해설 조명설계 순서[소 → 전 → 조 → 광 → 배]

㉠ 소요조도 결정
㉡ 전등 종류 결정
㉢ 조명방식 및 조명기구 선정
㉣ 광속의 계산
㉤ 광원의 크기와 그 배치

05 로마네스크 건축의 실내디자인에 관한 설명으로 옳지 않은 것은?

① 주택에서 홀(hall)공간을 매우 중요시 하였다.
② X자형 스툴이 일반적으로 사용되었다.
③ 가구류는 신분을 나타내기도 하였다.
④ 반원아치형 볼트가 많이 사용되었으나 창에는 사용되지 않았다.

해설 로마네스크 건축의 실내디자인 특징

8세기 말부터 고딕양식이 발생된 13세기 초까지 이탈리아를 중심으로 프랑스, 독일, 영국 등의 유럽에서 성당, 수도원 등의 종교건축에 집중되어 전개된 건축양식이다.
㉠ 주택에서는 홀(hall) 공간을 매우 중요시 하였다.
㉡ ×자형 스툴이 일반적으로 사용되었다.
㉢ 가구류는 신분을 나타내기도 하였다.(농민 의자, 바이킹 의자, 수납장 의자 등)
㉣ 3차원적인 기둥간격의 단위로 구성되어졌다.
㉤ 높은 천정고를 형성하기 위한 구조적 기초가 닦였다.
㉥ 교차 볼트 기법을 볼 수 있다.
㉦ 고측창은 착색유리로 장식되었다.

06 학교의 바깥쪽에 이르는 출입구에 계단을 대체하여 경사로를 설치하고자 한다. 필요한 경사로의 최소 수평길이는? (단, 경사로는 직선으로 되어 있으며 1층의 바닥높이는 지상보다 50cm 높다.)

① 2m ② 3m
③ 4m ④ 5m

정답 03 ② 04 ④ 05 ④ 06 ③

해설

구배 1/8의 경사로를 설치한다고 보면 0.5m×8 = 4m의 길이가 필요하다.

07 건축물의 건축주가 해당 건축물의 설계자로부터 구조 안전의 확인 서류를 받아 착공신고를 하는 때에 그 확인 서류를 허가권자에게 제출하여야 하는 대상의 기준으로 옳지 않은 것은?

① 층수가 2층(주요구조부인 기둥과 보를 설치하는 건축물로서 그 기둥과 보가 목재인 목구조 건축물의 경우에는 3층) 이상인 건축물
② 높이가 13m 이상인 건축물
③ 처마높이가 9m 이상인 건축물
④ 기둥과 기둥 사이의 거리가 9m 이상인 건축물

해설 구조계산에 의한 구조안전의 확인 대상 건축물

구분	구조계산 대상 건축물
1. 층수	2층 이상 (기둥과 보가 목재인 목구조 경우 : 3층 이상)
2. 연면적	$200m^2$(목구조 : $500m^2$) 이상인 건축물 (창고, 축사, 작물 재배사 및 표준설계도서에 따라 건축하는 건축물은 제외)
3. 높이	13m 이상
4. 처마높이	9m 이상
5. 경간	10m 이상 * 경간 : 기둥과 기둥 사이의 거리(기둥이 없는 경우에는 내력벽과 내력벽 사이의 거리를 말함)
6. 국토교통부령으로 정하는 지진구역의 건축물	
7. 국가적 문화유산으로 보존할 가치가 있는 박물관·기념관 등으로서 연면적의 합계가 $5,000m^2$ 이상인 건축물	
8. 특수구조 건축물 중 3m 이상 돌출된 건축물과 특수한 설계·시공·공법 등이 필요한 건축물	
9. 단독주택 및 공동주택	

08 소방시설법령에 따른 방염대상물품의 방염성능기준으로 옳지 않은 것은?

① 불꽃에 의하여 완전히 녹을 때까지 불꽃의 접촉 횟수는 5회 이상일 것
② 탄화(炭化)한 면적은 $50m^2$ 이내, 탄화한 길이는 20cm 이내일 것
③ 버너의 불꽃을 제거한 때부터 불꽃을 올리지 아니하고 연소하는 상태가 그칠 때까지 시간은 30초 이내일 것
④ 행정안전부장관이 정하여 고시한 방법으로 발연량(發煙量)을 측정하는 경우 최대연기밀도는 400 이하일 것

해설

화재예방·소방시설 설치유지 및 안전관리에 관한 법률에 의한 방염성능기준 방염대상물품의 종류에 따른 구체적인 방염성능기준은 다음에 해당하는 기준의 범위 내에서 소방청장이 정하여 고시하는 바에 의한다.

㉠ 버너의 불꽃을 제거한 때부터 불꽃을 올리며 연소하는 상태가 그칠 때까지 시간은 20초 이내
㉡ 버너의 불꽃을 제거한 때부터 불꽃을 올리지 아니하고 연소하는 상태가 그칠 때까지 시간은 30초 이내
㉢ 탄화한 면적은 $50cm^2$ 이내, 탄화한 길이는 20cm 이내
㉣ 불꽃에 의하여 완전히 녹을 때까지 불꽃의 접촉 횟수는 3회 이상
㉤ 소방청장이 정하여 고시한 방법으로 발연량을 측정하는 경우 최대연기밀도는 400 이하

09 숙박시설의 객실 간 경계벽이 소리를 차단하는데 장애가 되는 부분이 없도록 하기 위해 갖춰야 할 구조기준에 미달된 것은?

① 철근콘크리트조로서 두께가 15cm인 것
② 철골철근콘크리트조로서 두께가 15cm인 것
③ 콘크리트블록조로서 두께가 15cm인 것
④ 무근콘크리트조로서 두께가 15cm인 것

정답 07 ④ 08 ① 09 ③

해설 차음구조의 기준

㉠ 철근콘크리트조, 철골철근콘크리트조로서 두께가 10cm 이상인 것
㉡ 무근콘크리트조, 석조로서 두께가 10cm 이상인 것
※ 단, 시멘트모르타르, 회반죽 또는 석고 플라스터의 바름두께를 포함한다.
㉢ 콘크리트 블록조, 벽돌조로서 두께가 19cm 이상인 것
㉣ 상기의 것 외에 국토교통부장관이 고시하는 기준에 따라 국토교통부장관이 지정하는 자 또는 한국건설기술연구원장이 실시하는 품질시험에서 그 성능이 확인된 것

10 철골보에서 스티프너를 사용하는 주목적은?

① 보 전체의 비틀림 방지
② 웨브 플레이트의 좌굴 방지
③ 플랜지 앵글의 단면 보강
④ 용접작업의 편의성 향상

해설 스티프너

철골구조에서 보의 전단응력도가 커서 좌굴의 우려가 있을 경우 판재의 좌굴방지를 위해 웨브에 부착하는 보강재이다.
※ 스티프너(stiffener) : 웨브(web)의 전단 보강 (web plate의 좌굴 방지)

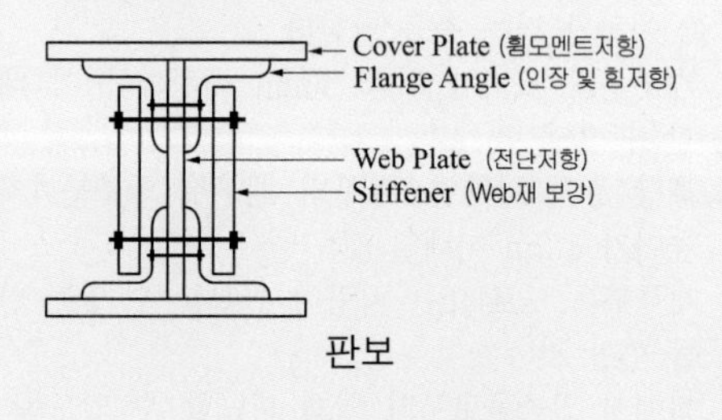

판보

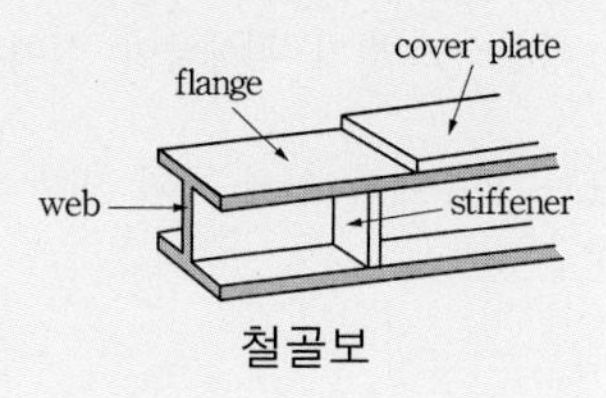

철골보

11 건축허가 등을 할 때 미리 소방본부장 또는 소방서장의 동의를 받아야 하는 건축물 등의 범위에 대한 기준으로 옳지 않은 것은?

① 연면적이 $100m^2$ 이상인 노유자 시설
② 차고·주차장으로 사용되는 바닥면적이 $200m^2$ 이상인 층이 있는 주차시설
③ 승강기 등 기계장치에 의한 주차시설로서 자동차 20대 이상을 주차할 수 있는 시설
④ 지하층 또는 무창층이 있는 건축물로서 바닥면적이 $150m^2$ 이상인 층이 있는 것

해설 소방본부장 또는 소방서장의 건축허가 및 사용승인에 대한 동의 대상 건축물의 범위

1. 연면적이 $400m^2$(학교시설의 경우 $100m^2$, 노유자시설 및 수련시설의 경우 $200m^2$, 정신의료기관, 장애인 의료재활시설의 경우 $300m^2$) 이상인 건축물
2. 차고·주차장 또는 주차용도로 사용되는 시설로서 다음에 해당하는 것
   ① 차고·주차장으로 사용되는 층 중 바닥면적이 $200m^2$ 이상인 층이 있는 시설
   ② 승강기 등 기계장치에 의한 주차시설로서 자동차 20대 이상을 주차할 수 있는 시설
3. 지하층 또는 무창층이 있는 건축물로서 바닥면적이 $150m^2$(공연장의 경우에는 $100m^2$) 이상인 층이 있는 것
4. 면적에 관계없이 동의 대상
   ① 층수가 6층 이상인 건축물
   ② 항공기격납고, 관망탑, 항공관제탑, 방송용 송수신탑
   ③ 위험물저장 및 처리시설, 지하구
   ④ 노인 관련 시설, 아동복지시설(아동상담소, 아동전용시설 및 지역아동센터는 제외)
   ⑤ 장애인 거주시설, 정신질환자 관련 시설, 노숙인 관련 시설 중 노숙인자활시설, 노숙인재활시설 및 노숙인요양시설, 결핵환자나 한센인이 24시간 생활하는 노유자시설
   ⑥ 요양병원(정신병원, 의료재활시설 제외)

정답 10 ② 11 ①

12 르꼬르뷔제(Le Corbusier)가 제시한 근대건축의 5원칙에 속하지 않는 것은?

① 유기적 공간　② 필로티
③ 옥상정원　④ 자유로운 평면

해설 르 꼬르뷔제(Le Corbusier ; 1887~1965)

① 20세기 초 추상예술운동의 출발점인 입체파의 영향으로 순수 기하학을 추구하며, 20세기 중반에는 브루탈리즘 경향을 보였다.(노출 콘크리트를 체계적으로 연구)
② 20C 중엽의 국제주의 건축의 건축가에 속한다.
③ modular라는 설계 단위를 설정하고 실천(르 모듈러 – 형태 비례에 대한 학설)한 건축가
④ 근대건축 5원칙을 제안
㉠ 필로티(pilotis)
㉡ 자유스러운 평면구성
㉢ 옥상 정원(roof garden)
㉣ 자유스러운 입면(free facade)
㉤ 연속된 창(수평띠창)
⑤ 조적구조에 의한 전통적 시공법을 부정하고 기둥, 바닥판(slab), 상하 연결 계단에 의한 도미노 구조(domino system)를 창안
* 도미노 구조(domino system) 계획안 : 6개의 기둥, 3개의 슬래브, 계단으로 구성된 2층의 철근콘크리트 구조체
⑥ 주요작품 : 사보이 주택, 마르세이유 집단주택, UN 본부 빌딩, 롱샹교회당, 브뤼셀 필립관

13 소방시설 중 소화설비가 아닌 것은?

① 자동화재탐지설비
② 스프링클러설비
③ 옥외소화전설비
④ 소화기구

해설 소방시설

소화설비·경보설비·피난구조설비·소화용수설비 그 밖에 소화활동설비를 말한다.
※ 소화설비 : 소화기구, 옥내소화전설비, 스프링클러설비·간이스프링클러설비 및 화재조기진압용스프링클러설비, 물분무소화설비·미분무소화설비·포소화설비·이산화탄소소화설비·할로겐화합물소화설비·청정소화약제소화설비 및 분말소화설비, 옥외소화전설비
☞ 자동화재탐지설비는 경보설비에 속한다.

14 벽돌벽을 여러 모양으로 구멍을 내어 장식적으로 쌓는 방법은?

① 공간쌓기　② 엇모쌓기
③ 무늬쌓기　④ 영롱쌓기

해설

① 공간쌓기 : 바깥벽의 방습, 방한, 방서, 방열 등을 위하여 벽 중간에 공간을 두고 쌓는 방식이다.
② 엇모쌓기 : 비교적 시공이 용이하고, 벽면에 음영 효과를 낼 수 있고 변화감을 줄 수 있는 45° 각도로 모서리면이 나오도록 쌓는 방식이다.
③ 무늬쌓기 : 줄눈에 의장적 효과를 주기 위해서 벽돌면에 무늬를 넣어 쌓는 방식이다.

15 무창층이 되기 위한 기준은 피난 소화 활동상 유효한 개구부 면적의 합계가 해당 층 바닥면적의 얼마 이하일 때인가?

① 1/10　② 1/20
③ 1/30　④ 1/50

해설 무창층

지상층 중 다음에 해당하는 요건을 모두 갖춘 개구부(건축물에서 채광·환기·통풍 또는 출입 등을 위하여 만든 창·출입구 그 밖에 이와 비슷한 것을 말함)의 면적의 합계가 당해 층의 바닥면적의 1/30 이하가 되는 층을 말한다.
㉠ 개구부의 크기가 지름 50cm 이상의 원이 내접할 수 있을 것
㉡ 해당 층의 바닥면으로부터 개구부 밑부분까지의 높이가 1.2m 이내일 것
㉢ 개구부는 도로 또는 차량이 진입할 수 있는 빈터를 향할 것
㉣ 화재시 건축물로부터 쉽게 피난할 수 있도록 개구부에 창살 그 밖의 장애물이 설치되지 아니할 것
㉤ 내부 또는 외부에서 쉽게 파괴 또는 개방할 수 있을 것

정답 12 ① 13 ① 14 ④ 15 ③

16 **비상콘센트설비를 설치하여야 하는 특정소방대상물의 기준에 해당되지 않는 것은?**

① 가스시설 중 지상에 노출된 탱크의 용량이 30톤 이상인 탱크시설
② 층수가 11층 이상인 특정소방대상물의 경우에는 11층 이상의 층
③ 지하층의 층수가 3층 이상이고 지하층의 바닥면적의 합계가 1천m^2 이상인 것은 지하층의 모든 층
④ 지하가 중 터널로서 길이가 500m 이상인 것

해설 비상콘센트설비를 설치하여야 하는 특정소방대상물(가스시설 또는 지하구를 제외)

㉠ 지하층을 포함하는 층수가 11층 이상인 특정소방대상물의 경우에는 11층 이상의 층
㉡ 지하층의 층수가 3개층 이상이고 지하층의 바닥면적의 합계가 1,000m^2 이상인 것은 지하층의 모든 층
㉢ 지하가 중 터널로서 길이가 500m 이상인 것

17 **방염성능기준 이상의 실내장식물 등을 설치하여야 하는 특정소방대상물에 해당되지 않는 것은?**

① 층수가 11층 이상인 아파트
② 교육연구시설 중 합숙소
③ 숙박이 가능한 수련시설
④ 방송통신시설 중 방송국

해설 방염성능기준 이상의 실내장식물 등을 설치하여야 하는 특정소방대상물

① 근린생활시설 중 의원, 체력단련장, 공연장 및 종교집회장
② 건축물의 옥내에 있는 문화 및 집회시설, 종교시설, 운동시설(수영장은 제외)
③ 의료시설, 노유자시설, 숙박시설, 숙박이 가능한 수련시설
④ 교육연구시설 중 합숙소
⑤ 방송통신시설 중 방송국 및 촬영소
⑥ 다중이용업소
⑦ 상기 ①부터 ⑥까지의 시설에 해당하지 아니하는 것으로서 층수(건축법시행령에 따라 산정한 층수)가 11층 이상인 것(아파트는 제외)

18 **건축물 증축 시 건축허가 권한이 있는 행정기관이 건축허가 등을 할 때 미리 동의를 받아야 하는 대상으로 옳은 것은?**

① 국무총리
② 소방안전관리자
③ 소방청장
④ 소방본부장이나 소방서장

해설

건축허가 권한이 있는 행정기관이 건축허가 등을 할 때 동의 대상에 해당하는 경우 미리 소방본부장 또는 소방서장의 동의를 받아야 한다.
소방본부장 또는 소방서장의 건축허가 및 사용승인에 대한 동의 대상 건축물의 범위

19 **철근콘크리트구조에서 압축부재가 원형 띠철근으로 둘러싸인 경우 축방향 주철근의 최소 개수는 얼마인가?**

① 3개 ② 4개
③ 5개 ④ 6개

해설 철근 콘크리트 기둥의 구조 제한

① 기둥 단면의 최소 치수는 20cm 이상이고 최소 단면적은 600cm^2 이상이어야 한다.
② 주근은 13mm 이상으로 하고 주근의 개수는 장방형기둥에서 4개 이상, 원형기둥에서는 4개 이상(나선철근 : 6개 이상)이어야 한다.
③ 띠철근은 직경 6mm 이상의 철근을 쓰며 띠철근의 간격은 다음 중 작은 값으로 한다.
㉠ 축방향 철근 직경의 16배
㉡ 띠철근 직경의 48배
㉢ 기둥의 최소폭
㉣ 30cm
※ 나선철근의 순간격은 25mm 이상, 75mm 이하이어야 한다.

정답 16 ① 17 ① 18 ④ 19 ②

20 연결송수관설비를 설치하여야 하는 특정소방대상물의 기준 내용으로 옳지 않은 것은? (단, 가스시설 또는 지하구는 제외)

① 층수가 5층 이상으로서 연면적 6000m^2 이상인 것
② 지하층을 포함하는 층수가 7층 이상인 것
③ 지하층의 층수가 3층 이상이고 지하층의 바닥면적의 합계가 1000m^2 이상인 것
④ 지하가 중 터널로서 길이가 500m 이상인 것

해설 연결송수관설비를 설치하여야 하는 특정소방대상물 (가스시설 또는 지하구를 제외)

① 층수가 5층 이상으로서 연면적 6,000m^2 이상인 것
② ①에 해당하지 아니하는 특정소방대상물로서 지하층을 포함하는 층수가 7층 이상인 것
③ ① 및 ②에 해당하지 아니하는 특정소방대상물로서 지하층의 층수가 3개층 이상이고 지하층의 바닥면적의 합계가 1,000m^2 이상인 것
④ 지하가 중 터널로서 길이가 1,000m 이상인 것

구 분	구조계산 대상 건축물
1. 층수	2층 이상(기둥과 보가 목재인 목구조 경우 : 3층 이상)
2. 연면적	200m^2(목구조 : 500m^2) 이상인 건축물(창고, 축사, 작물 재배사 및 표준설계도서에 따라 건축하는 건축물은 제외)
3. 높이	13m 이상
4. 처마높이	9m 이상
5. 경간	10m 이상 * 경간 : 기둥과 기둥 사이의 거리(기둥이 없는 경우에는 내력벽과 내력벽 사이의 거리를 말함)
6. 국토교통부령으로 정하는 지진구역의 건축물	
7. 국가적 문화유산으로 보존할 가치가 있는 박물관·기념관 등으로서 연면적의 합계가 5,000m^2 이상인 건축물	
8. 특수구조 건축물 중 3m 이상 돌출된 건축물과 특수한 설계·시공·공법 등이 필요한 건축물	
9. 단독주택 및 공동주택	

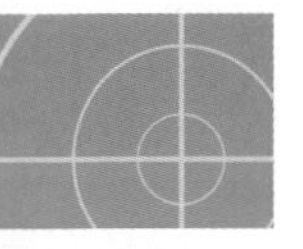

건축일반
2017년 8월 26일(4회)

01 다음 중 주심포 양식의 건물은?

① 창덕궁 인정전 ② 수덕사 대웅전
③ 봉정사 대웅전 ④ 창경궁 명정전

해설 주심포계 양식

㉠ 고려시대 건물이 주류를 이룬다.
㉡ 기둥 상부에만 공포(주두, 첨차, 소로)를 배치한 것으로 소로는 비교적 자유스럽게 배치된다.
㉢ 출목은 2출목 이하이고 대부분 연등천장 구조로 되어 있다.
㉣ 우리나라 공포양식 중 가장 오래된 것이다.
㉤ 대표적인 건물로는 봉정사 극락전, 부석사 무량수전, 강릉 객사문, 수덕사 대웅전, 관음사 원통전이 있다.

02 방염대상물품에 대한 방염성능기준으로 옳지 않은 것은?

① 탄화한 면적 - 50cm^2 이내
② 탄화한 길이 - 20cm 이내
③ 불꽃에 의해 완전히 녹을 때까지 불꽃의 접촉횟수 - 3회 이상
④ 소방청장이 정하여 고시한 방법으로 발연량을 측정하는 경우 최대연기밀도 - 300 이하

해설 화재예방·소방시설 설치유지 및 안전관리에 관한 법률에 의한 방염성능기준

방염대상물품의 종류에 따른 구체적인 방염성능기준은 다음에 해당하는 기준의 범위 내에서 소방청장이 정하여 고시하는 바에 의한다.
㉠ 버너의 불꽃을 제거한 때부터 불꽃을 올리며 연소하는 상태가 그칠 때까지 시간은 20초 이내
㉡ 버너의 불꽃을 제거한 때부터 불꽃을 올리지 아니하고 연소하는 상태가 그칠 때까지 시간은 30초 이내
㉢ 탄화한 면적은 50cm^2 이내, 탄화한 길이는 20cm 이내
㉣ 불꽃에 의하여 완전히 녹을 때까지 불꽃의 접촉횟수는 3회 이상
㉤ 소방청장이 정하여 고시한 방법으로 발연량을 측정하는 경우 최대연기밀도는 400 이하

정답 20 ④ / 01 ② 02 ④

03 벽돌벽체 쌓기에서 입면으로 볼 경우 같은 켜에 벽돌의 길이와 마구리가 번갈아 보이도록 하는 쌓기법은?

① 불식쌓기　② 영식쌓기
③ 화란식쌓기　④ 미식쌓기

해설 벽돌 쌓기법

㉠ 영국식 쌓기 : 길이쌓기와 마구리쌓기를 한 켜씩 번갈아 쌓아 올리며, 벽의 끝이나 모서리에는 이오토막 또는 반절을 사용하여 통줄눈이 생기지 않는 가장 튼튼하고 좋은 쌓기법이다.
㉡ 미국식 쌓기 : 5~6켜는 길이쌓기를 하고, 다음 1켜는 마구리쌓기를 하여 영국식 쌓기로 한 뒷벽에 물려서 쌓는 방법이다.
㉢ 프랑스식(불식) 쌓기 : 매 켜에 길이와 마구리가 번갈아 나오게 쌓는 것으로, 통줄눈이 많이 생겨 구조적으로는 튼튼하지 못하다. 외관이 좋기 때문에 강도를 필요로 하지 않고 의장을 필요로 하는 벽체 또는 벽돌담 쌓기 등에 쓰인다.
㉣ 화란식 쌓기 : 영국식 쌓기와 같으나, 벽의 끝이나 모서리에 칠오토막을 사용하여 쌓는 것이다. 벽의 끝이나 모서리에 칠오토막을 써서 쌓기 때문에 일하기 쉽고 모서리가 튼튼하므로, 우리나라에서도 비교적 많이 사용하고 있다.

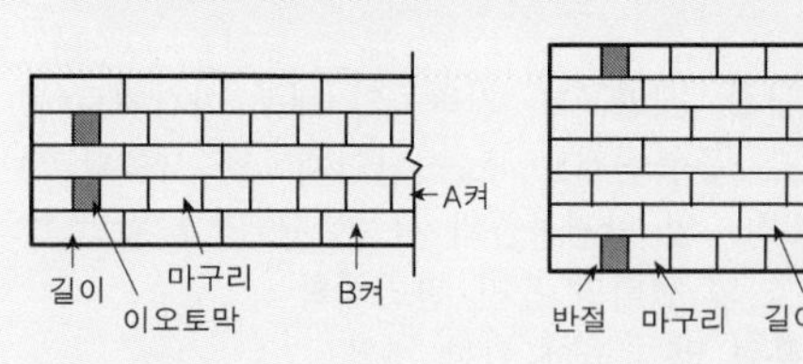

(a) 영국식 벽돌쌓기　(b) 미국식 벽돌쌓기

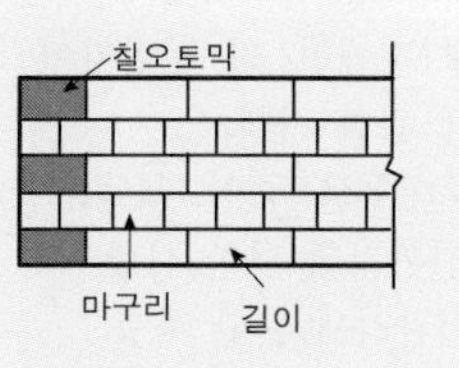

(c) 네덜란드식 벽돌쌓기

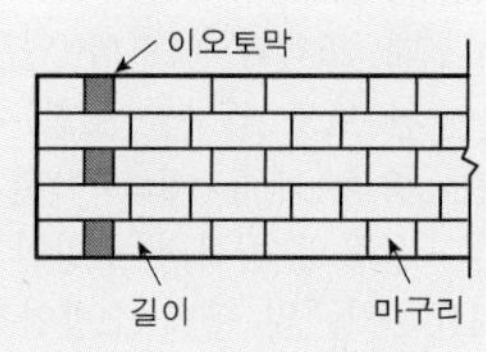

(d) 프랑스식 벽돌쌓기

벽돌쌓기법

04 건물의 피난층 외의 층에서는 거실의 각 부분으로부터 피난층 또는 지상으로 통하는 직통계단까지의 보행거리를 최대 얼마 이하가 되도록 하여야 하는가?(단, 건축물의 주요구조부가 내화구조 또는 불연재료로 되어 있지 않은 경우)

① 10m　② 20m
③ 30m　④ 40m

해설 피난층이 아닌 층에서의 보행거리

피난층이 아닌 층에서 거실 각 부분으로부터 피난층(직접 지상으로 통하는 출입구가 있는 층) 또는 지상으로 통하는 직통계단(경사로 포함)에 이르는 보행거리는 다음과 같다.

구 분	보 행 거 리
원칙	30m 이하
주요구조부가 내화구조 또는 불연재료로 된 건축물	50m 이하(16층 이상 공동주택 : 40m 이하) [자동화 생산시설에 스프링클러 등 자동식 소화설비를 설치한 공장으로서 국토교통부령으로 정하는 공장인 경우에는 그 보행거리가 75m(무인화 공장 경우 100m) 이하]

05 인체의 열쾌적에 직접적인 영향을 미치는 요소와 가장 거리가 먼 것은?

① 기류　② 습도
③ 일조　④ 기온

해설 인체의 온열 감각에 영향을 주는 물리적 4대 요소

㉠ 기온　㉡ 습도　㉢ 기류　㉣ 복사열
※ 열쾌적감에 가장 크게 영향을 미치는 요소는 기온이다.

06 교육연구시설 중 학교의 교실 바닥면적이 300m²인 경우 환기를 위하여 설치하여야 하는 창문 등의 최소 면적은?

① 5m²　② 10m²
③ 15m²　④ 30m²

정답　03 ①　04 ③　05 ③　06 ③

해설 거실의 채광 및 환기

구분	건축물의 용도	창문 등의 면적	예 외 규 정
채광	• 단독주택의 거실 • 공동주택의 거실 • 학교의 교실 • 의료시설의 병실 • 숙박시설의 객실	거실 바닥면적의 1/10 이상	거실의 용도에 따른 조도기준 [별표 1]의 조도 이상의 조명
환기		거실 바닥면적의 1/20 이상	기계장치 및 중앙관리방식의 공기조화설비를 설치한 경우

∴ 채광면적 = $300m^2 \times 1/10$ = $30m^2$
∴ 환기면적 = $300m^2 \times 1/20$ = $15m^2$

07 방염성능기준 이상의 실내장식물 등을 설치하여야 하는 특정소방대상물에 해당되지 않는 것은?

① 아파트를 제외한 건축물로서 층수가 11층 이상인 것
② 방송통신시설 중 방송국
③ 건축물의 옥내에 있는 종교시설
④ 건축물의 옥내에 있는 수영장

해설 방염성능기준 이상의 실내장식물 등을 설치하여야 하는 특정소방대상물

① 근린생활시설 중 의원, 체력단련장, 공연장 및 종교집회장
② 건축물의 옥내에 있는 문화 및 집회시설, 종교시설, 운동시설(수영장은 제외)
③ 의료시설, 노유자시설, 숙박시설, 숙박이 가능한 수련시설
④ 교육연구시설 중 합숙소
⑤ 방송통신시설 중 방송국 및 촬영소
⑥ 다중이용업소
⑦ 상기 ①부터 ⑥까지의 시설에 해당하지 아니하는 것으로서 층수(건축법시행령에 따라 산정한 층수)가 11층 이상인 것(아파트는 제외)

08 소방안전관리대상물의 소방계획서에 포함되어야 하는 사항이 아닌 것은?

① 화재 예방을 위한 자체점검계획 및 진압대책
② 증축·개축·재축·이전·대수선 중인 단독주택의 공사장 소방안전관리에 대한 사항
③ 소방시설·피난시설 및 방화시설의 점검·정비계획
④ 피난층 및 피난시설의 위치와 피난경로의 설정, 장애인 및 노약자와 피난계획 등을 포함한 피난계획

해설 소방안전관리대상물의 소방계획서에 포함되어야 할 사항

1. 소방안전관리대상물의 위치·구조·연면적·용도 및 수용인원 등 일반 현황
2. 소방안전관리대상물에 설치한 소방시설·방화시설, 전기시설·가스시설 및 위험물시설의 현황
3. 화재 예방을 위한 자체점검계획 및 진압대책
4. 소방시설·피난시설 및 방화시설의 점검·정비계획
5. 피난층 및 피난시설의 위치와 피난경로의 설정, 장애인 및 노약자의 피난계획 등을 포함한 피난계획
6. 방화구획, 제연구획, 건축물의 내부 마감재료(불연재료·준불연재료 또는 난연재료로 사용된 것을 말함) 및 방염물품의 사용현황과 그 밖의 방화구조 및 설비의 유지·관리계획
7. 소방훈련 및 교육에 관한 계획
8. 특정소방대상물의 근무자 및 거주자의 자위소방대 조직과 대원의 임무(장애인 및 노약자의 피난 보조 임무를 포함)에 관한 사항
9. 증축·개축·재축·이전·대수선 중인 특정소방대상물의 공사장 소방안전관리에 관한 사항
10. 공동 및 분임 소방안전관리에 관한 사항
11. 소화와 연소 방지에 관한 사항
12. 위험물의 저장·취급에 관한 사항(「위험물 안전관리법」에 따른 예방규정을 정하는 제조소등은 제외)
13. 그 밖에 소방안전관리를 위하여 소방본부장 또는 소방서장이 소방안전관리대상물의 위치·구조·설비 또는 관리 상황 등을 고려하여 소방안전관리에 필요하여 요청하는 사항

정답 07 ④ 08 ②

09 건축물에 설치하는 계단의 높이가 최소 얼마를 넘을 경우에 계단의 양옆에 난간을 설치해야 하는가?

① 1m　② 2m
③ 3m　④ 3.5m

해설 계단의 설치기준

㉠ 높이 3m를 넘는 계단에는 높이 3m 이내마다 너비 1.2m 이상의 계단참을 설치할 것
㉡ 높이 1m를 넘는 계단 및 계단참의 양측에는 난간(벽 또는 이에 대치되는 것을 포함)을 설치할 것
㉢ 너비가 3m를 넘는 계단에는 계단의 중간에 폭 3m 이내마다 난간을 설치할 것
[예외] 단높이 15cm 이하이고, 단너비 30cm 이상인 계단
㉣ 계단의 유효 높이(계단의 바닥 마감면부터 상부 구조체의 하부 마감면까지의 연직방향의 높이를 말함)는 2.1m 이상으로 할 것

10 건축물을 건축하거나 대수선하고자 할 때 건축물의 건축주가 해당 건축물의 설계자로부터 구조 안전의 확인 서류를 받아 착공신고를 하는 때에 그 확인 서류를 허가권자에게 제출하여야 하는 경우에 해당되는 것은?

① 높이가 8m인 건축물
② 연면적이 $100m^2$ 인 건축물
③ 처마높이가 9m인 건축물
④ 기둥과 기둥사이의 거리가 7m인 건축물

해설 구조계산에 의한 구조안전의 확인 대상 건축물

구 분	구조계산 대상 건축물
1. 층수	2층 이상 (기둥과 보가 목재인 목구조 경우 : 3층 이상)
2. 연면적	$200m^2$ (목구조 : $500m^2$) 이상인 건축물(창고, 축사, 작물 재배사 및 표준설계도서에 따라 건축하는 건축물은 제외)
3. 높이	13m 이상
4. 처마높이	9m 이상
5. 경간	10m 이상 * 경간 : 기둥과 기둥 사이의 거리(기둥이 없는 경우에는 내력벽과 내력벽 사이의 거리를 말함)
6. 국토교통부령으로 정하는 지진구역의 건축물	
7. 국가적 문화유산으로 보존할 가치가 있는 박물관·기념관 등으로서 연면적의 합계가 $5,000m^2$ 이상인 건축물	
8. 특수구조 건축물 중 3m 이상 돌출된 건축물과 특수한 설계·시공·공법 등이 필요한 건축물	
9. 단독주택 및 공동주택	

11 공동 소방안전관리자의 선임이 필요한 소방대상물 중 하나인 고층건축물은 지하층을 제외한 층수가 몇 층 이상인 건축물만을 대상으로 하는가?

① 6층　② 11층
③ 16층　④ 18층

해설 공동 소방안전관리자 선임대상 특정소방대상물

㉠ 고층 건축물(지하층을 제외한 층수가 11층 이상인 건축물만 해당)
㉡ 지하가(지하의 인공구조물 안에 설치된 상점 및 사무실, 그 밖에 이와 비슷한 시설이 연속하여 지하도에 접하여 설치된 것과 그 지하도를 합한 것을 말함)
㉢ 복합건축물로서 연면적이 $5,000m^2$ 이상인 것 또는 층수가 5층 이상인 것
㉣ 판매시설 중 도매시장 및 소매시장
㉤ 특정소방대상물 중 소방본부장 또는 소방서장이 지정하는 것

12 서양의 건축양식이 시대순으로 옳게 나열된 것은?

① 초기기독교 - 비잔틴 - 로마네스크 - 고딕
② 로마네스크 - 초기기독교 - 비잔틴 - 고딕

정답 09 ① 10 ③ 11 ② 12 ①

③ 초기기독교 - 비잔틴 - 고딕 - 로마네스크
④ 고딕 - 초기기독교 - 비잔틴 - 로마네스크

해설 서양건축양식의 순서[※ 이서그로초비로고르바로]

이집트 – 서아시아 – 그리이스 – 로마 – 초기 기독교 – 비쟌틴 – 로마네스크 – 고딕 – 르네상스 – 바로크 – 로코코

13 다음 소방시설 중 소화설비에 속하지 않는 것은?

① 연결송수관설비 ② 스프링클러설비등
③ 옥내소화전설비 ④ 물분무등소화설비

해설 소방시설

소화설비·경보설비·피난구조설비·소화용수설비 그 밖에 소화활동설비를 말한다.
※ 피난구조설비 : 미끄럼대·피난사다리·구조대·완강기·피난교·피난밧줄·공기안전매트 그 밖의 피난기구, 방열복·공기호흡기 및 인공소생기("인명구조기구"라 함), 유도등 및 유도표지, 비상조명등 및 휴대용비상조명등
☞ 연결송수관설비는 소화활동설비에 속한다.

14 6층 이상의 거실 면적의 합계가 18,000m² 이상인 문화 및 집회시설 중 전시장의 승용승강기 설치 대수로 옳은 것은? (단, 8인승 이상 15인승 이하의 승강기)

① 6대 ② 7대
③ 8대 ④ 9대

해설 문화 및 집회시설(전시장, 동·식물원), 업무시설, 숙박시설, 위락시설의 용도 경우

3,000m² 이하까지 1대, 3,000m² 초과하는 2,000m² 당 1대를 가산한 대수로 하므로

$$1+\frac{18,000-3,000}{2,000}=8.5 \fallingdotseq 9\text{대}$$

(소수점 이하는 1대로 본다.)
※ 8인승 이상 15인승 이하를 기준으로 산정하며 16인승 이상의 승강기는 2대로 산정한다.

15 천장, 벽, 기둥 등의 건축부분에 광원을 만들어 계획한 건축화 조명의 장점으로 거리가 먼 것은?

① 명랑한 느낌을 준다.
② 구조상으로 비용이 저렴한 편이다.
③ 발광면이 넓고 눈부심이 적은편이다.
④ 조명 기구가 보이지 않도록 할 수 있다.

해설

건축화 조명이란 천장, 벽, 기둥 등 건축 부분에 광원을 만들어 실내를 조명하는 것을 말한다. 건축화 조명은 눈부심이 적고 명랑한 느낌을 주며 현대적인 감각을 느끼게 하나 비용이 많이 들며 조명효율은 떨어진다.

16 철근콘크리트조의 벽판을 현장 수평지면에서 제작하여 굳은 다음 제자리에 옮겨 놓고, 일으켜 세워서 조립하는 공법은?

① 리프트 슬래브 공법
② 커튼월 공법
③ 포스트텐션 공법
④ 틸트업 공법

해설 조립식 구조의 공법

㉠ 필드 공법 : 공사현장에서 거푸집을 짜서 콘크리트를 부어 넣는 방법
㉡ 틸트업 공법 : 부재를 현장에서 크레인 등을 이용하여 수직으로 세우면서 조립하는 공법
㉢ 리프트업 공법 : 공기가 짧고 정밀시공이 가능해 한층 진보된 공법으로 바닥판을 기중기를 이용하여 끌어 올려 설치한다.

17 건축허가 등을 함에 있어서 미리 소방본부장 또는 소방서장의 동의를 받아야 하는 건축물의 연면적 기준은?

① 150m² 이상 ② 330m² 이상
③ 400m² 이상 ④ 500m² 이상

정답 13 ① 14 ④ 15 ② 16 ④ 17 ③

해설 소방본부장 또는 소방서장의 건축허가 및 사용승인에 대한 동의 대상 건축물의 범위

1. 연면적이 400m²(학교시설의 경우 100m², 노유자시설 및 수련시설의 경우 200m², 정신의료기관, 장애인 의료재활시설의 경우 300m²) 이상인 건축물
2. 차고·주차장 또는 주차용도로 사용되는 시설로서 다음에 해당하는 것
 ① 차고·주차장으로 사용되는 층 중 바닥면적이 200m² 이상인 층이 있는 시설
 ② 승강기 등 기계장치에 의한 주차시설로서 자동차 20대 이상을 주차할 수 있는 시설
3. 지하층 또는 무창층이 있는 건축물로서 바닥면적이 150m²(공연장의 경우에는 100m²) 이상인 층이 있는 것
4. 면적에 관계없이 동의 대상
 ① 층수가 6층 이상인 건축물
 ② 항공기격납고, 관망탑, 항공관제탑, 방송용 송수신탑
 ③ 위험물저장 및 처리시설, 지하구
 ④ 노인 관련 시설, 아동복지시설(아동상담소, 아동전용시설 및 지역아동센터는 제외)
 ⑤ 장애인 거주시설, 정신질환자 관련 시설, 노숙인 관련 시설 중 노숙인자활시설, 노숙인재활시설 및 노숙인요양시설, 결핵환자나 한센인이 24시간 생활하는 노유자시설
 ⑥ 요양병원(정신병원, 의료재활시설 제외)

18 절충식 목조지붕틀에 관한 설명으로 옳지 않은 것은?

① 지붕보의 배치 간격은 1.8m 정도로 한다.
② 대공이 매우 높을 때는 종보를 사용하기도 한다.
③ 모임지붕일 경우 지붕귀의 부분에는 대공을 받치도록 우미량을 사용한다.
④ 중도리는 대공 위에, 마룻대는 동자기둥 위에 수평으로 걸쳐 대고 서까래를 받게 한다.

해설 절충식 목조지붕틀

㉠ 처마도리 위에 지중보를 걸쳐대고 그 위에 동자기둥과 대공을 세우면서 중도리와 마루대를 걸쳐대어 서까래를 받게 한 지붕틀이다.
㉡ 지붕보의 배치 간격은 1.8m 정도로 한다.
㉢ 지붕의 하중은 수직재를 통해 지붕보에 전달되므로 큰 휨모멘트가 생겨 구조적으로는 불리하다.
㉣ 작업이 간단하고 공사비가 저렴하여 간사이 6m 이내의 소규모 건물에서 많이 사용된다.

19 갑종방화문의 경우 일정시간 이상의 비차열 성능이 확보되어야 하는데 그 기준으로 옳은 것은?

① 30분 이상 ② 1시간 이상
③ 2시간 이상 ④ 3시간 이상

해설 방화문의 성능

㉠ 갑종방화문 : 비차열 1시간 이상(아파트 발코니에 설치하는 대피공간의 갑종방화문 : 차열 30분 이상)
㉡ 을종방화문 : 비차열 30분 이상

20 화재안전기준에 따라 소화기구를 설치하여야 하는 특정소방대상물의 최소 연면적 기준은?

① 20m² 이상 ② 33m² 이상
③ 42m² 이상 ④ 50m² 이상

해설 소화기구를 설치하여야 할 특정소방대상물

① 수동식소화기 또는 간이소화용구를 설치하여야 하는 것
 ㉠ 연면적 33m² 이상인 것
 ㉡ ㉠에 해당하지 아니하는 시설로서 지정문화재 및 가스시설
② 주방용 자동소화장치를 설치하여야 하는 것
 : 아파트 및 30층 이상 오피스텔의 모든 층
 [비고] 노유자시설의 경우에는 투척용소화용구 등을 법 화재안전기준에 따라 산정된 소화기 수량의 1/2 이상으로 설치할 수 있다.

정답 18 ④ 19 ② 20 ②

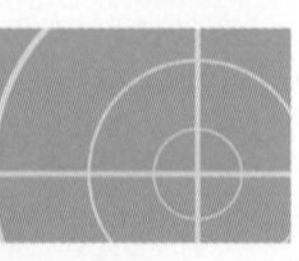

건축일반
2018년 3월 4일(1회)

01 **익공계 양식에 관한 설명으로 옳지 않은 것은?**

① 조선시대초 우리나라에서 독자적으로 발전된 공포양식이다.
② 향교, 서원, 사당 등 유교건축물에서 주로 사용되었다.
③ 봉정사 극락전이 대표적인 건축물이다.
④ 주심포 양식이 단순화되고 간략화 된 형태이다.

해설

봉정사 극락전은 고려시대의 건축으로, 신라시대의 일반 목조건물 양식에 북송요의 주심포 형식을 가미한 공법으로 건축한 것으로 현존하는 목조 건축 중 가장 오래된 건축물이다.

02 **실내음향의 상태를 표현하는 요소와 가장 거리가 먼 것은?**

① 명료도　② 잔향시간
③ 음압분포　④ 투과손실

해설 실내음향의 상태를 표현하는 요소

㉠ 명료도
㉡ 잔향시간
㉢ 소음레벨
㉣ 음압분포
☞ 벽체의 차음 성능은 투과손실로 나타낸다.

03 **다음과 같은 조건에서 겨울철 벽체 내부에 발생하는 결로현상에 관한 설명으로 옳은 것은?**

(콘크리트+단열재)로 구성된 벽체로서 콘크리트 전체두께와 단열재 종류, 두께는 같고 단열재 위치만 다른 외벽체의 경우로 내단열, 외단열, 중단열구조를 가정한다.

① 내단열 구조의 경우가 내부결로의 발생 우려가 가장 적다.
② 외단열 구조의 경우가 내부결로의 발생 우려가 가장 적다.
③ 중단열 구조의 경우가 내부결로의 발생 우려가 가장 적다.
④ 두께가 같으면 내부결로의 발생정도는 동일하다.

해설 내단열과 외단열

① 내단열
㉠ 간헐난방(강당, 집회장) – 타임렉이 짧다.
㉡ 주택의 단열(시공이 용이)
㉢ 내부결로 발생 우려
㉣ 고온측에 방습층 설치
㉤ 열교현상에 의한 국부적 열손실 발생
㉥ 열적으로 불리
② 외단열
㉠ 연속난방 – 타임렉이 길다.
㉡ 내부결로 위험감소
㉢ 일체화된 시공으로 열교현상 발생하지 않음
㉣ 열적으로 유리
※ 타임 랙(Time-lag, 열적 지연효과) : 열용량이 0인 벽체 내에서 발생하는 열류의 피크에 대하여 주어진 구조체에서 일어나는 피크의 지연시간

04 **지하층의 비상탈출구에 관한 기준으로 옳지 않은 것은?**

① 비상탈출구의 유효너비는 0.75m 이상으로 하고, 유효높이는 1.5m 이상으로 할 것
② 비상탈출구의 진입부분 및 피난통로에는 통행에 지장이 있는 물건을 방치하거나 시설물을 설치하지 아니할 것
③ 비상탈출구의 문은 피난방향으로 열리도록 하고, 실내에서 항상 열 수 있는 구조로 하여야 하며, 내부 및 외부에는 비상탈출구의 표시를 할 것
④ 비상탈출구는 출입구로부터 3m 이내에 설치할 것

정답　01 ③　02 ④　03 ②　04 ④

해설

비상탈출구는 출입구로부터 3m 이상 떨어진 곳에 설치할 것

05 건축구조물을 건식구조와 습식구조로 구분할 때 건식구조에 속하는 것은?

① 철골철근콘크리트구조
② 블록구조
③ 철근콘크리트 구조
④ 철골구조

해설 건축구조물의 구분

㉠ 습식구조 : 모르타르, 콘크리트를 쓰는 구조로서, 물을 사용하는 공정을 가진 구조로서 조적식, 일체식 구조가 이에 속한다.
㉡ 건식구조 : 기성재를 짜 맞추어 구성하는 것으로서, 물은 거의 사용하지 않는다. 작업이 간단하고 공사기간을 단축할 수 있으며 대량생산과 경제성을 고려한 것이다. 가구식 구조가 이에 속한다.

06 다음 중 경보설비에 포함되지 않는 것은?

① 자동화재속보설비
② 비상조명등
③ 비상방송설비
④ 누전경보기

해설 소방시설

소화설비·경보설비·피난구조설비·소화용수설비 그 밖에 소화활동설비를 말한다.
※ 경보설비 : 비상벨설비 및 자동식사이렌설비("비상경보설비"라 함), 단독경보형설비, 비상방송설비, 누전경보기, 자동화재탐지설비 및 시각경보기, 자동화재속보설비, 가스누설경보기, 통합감시시설
☞ 피난구조설비 : 미끄럼대·피난사다리·구조대·완강기·피난교·피난밧줄·공기안전매트 그 밖의 피난기구, 방열복·공기호흡기 및 인공소생기("인명구조기구"라 함), 유도등 및 유도표지, 비상조명등 및 휴대용비상조명등

07 로마네스크 건축양식에 해당하는 것은?

① 피사 대성당
② 솔즈베리 대성당
③ 파르테논신전
④ 노트르담사원

해설 주요 양식과 건축물과의 조합

㉠ 그리이스 양식 – entasis(엔타시스) – 파르테논 신전
㉡ 비잔틴 양식 – Pendentive Dome(펜덴티브 돔) – 성 소피아 성당
㉢ 로마네스크 양식 – Rib Arch(리브아치) – 피사의 사탑
㉣ 고딕 양식 – Pointed Arch(첨두아치) – 노틀담 성당, 샤르트르 성당

08 방염성능기준 이상의 실내장식물 등을 설치하여야 하는 특정소방대상물에 해당하는 것은?

① 12층인 아파트
② 건축물의 옥내에 있는 운동시설 중 수영장
③ 옥외 운동시설
④ 방송통신시설 중 방송국

해설 방염성능기준 이상의 실내장식물 등을 설치하여야 하는 특정소방대상물

① 근린생활시설 중 의원, 체력단련장, 공연장 및 종교집회장
② 건축물의 옥내에 있는 문화 및 집회시설, 종교시설, 운동시설(수영장은 제외)
③ 의료시설, 노유자시설, 숙박시설, 숙박이 가능한 수련시설
④ 교육연구시설 중 합숙소
⑤ 방송통신시설 중 방송국 및 촬영소
⑥ 다중이용업소
⑦ 상기 ①부터 ⑥까지의 시설에 해당하지 아니하는 것으로서 층수(건축법시행령에 따라 산정한 층수)가 11층 이상인 것(아파트는 제외)

정답 05 ④ 06 ② 07 ① 08 ④

09 다음 소방시설 중 소화설비에 속하지 않는 것은?

① 상수도소화용수설비
② 소화기구
③ 옥내소화전설비
④ 스프링클러설비등

해설 소방시설

소화설비·경보설비·피난구조설비·소화용수설비 그 밖에 소화활동설비를 말한다.

※ 소화설비 : 소화기구, 옥내소화전설비, 스프링클러설비·간이스프링클러설비 및 화재조기진압용 스프링클러설비, 물분무소화설비·미분무소화설비·포소화설비·이산화탄소소화설비·할로겐화합 물소화설비·청정소화약제소화설비 및 분말소화설비, 옥외소화전설비

☞ 소화용수설비 : 상수도소화용수설비, 소화수조·저수조 그 밖의 소화용수설비

10 건축허가 등을 할 때 미리 소방본부장 또는 소방서장의 동의를 받아야 하는 건축물의 연면적 기준으로 옳은 것은?

① $200m^2$ 이상　② $300m^2$ 이상
③ $400m^2$ 이상　④ $500m^2$ 이상

해설 소방본부장 또는 소방서장의 건축허가 및 사용승인에 대한 동의 대상 건축물의 범위

1. 연면적이 $400m^2$(학교시설의 경우 $100m^2$, 노유자시설 및 수련시설의 경우 $200m^2$, 정신의료기관, 장애인 의료재활시설의 경우 $300m^2$) 이상인 건축물
2. 차고·주차장 또는 주차용도로 사용되는 시설로서 다음에 해당하는 것
 ① 차고·주차장으로 사용되는 층 중 바닥면적이 $200m^2$ 이상인 층이 있는 시설
 ② 승강기 등 기계장치에 의한 주차시설로서 자동차 20대 이상을 주차할 수 있는 시설
3. 지하층 또는 무창층이 있는 건축물로서 바닥면적이 $150m^2$(공연장의 경우에는 $100m^2$) 이상인 층이 있는 것
4. 면적에 관계없이 동의 대상
 ① 층수가 6층 이상인 건축물
 ② 항공기격납고, 관망탑, 항공관제탑, 방송용 송수신탑
 ③ 위험물저장 및 처리시설, 지하구
 ④ 노인 관련 시설, 아동복지시설(아동상담소, 아동전용시설 및 지역아동센터는 제외)
 ⑤ 장애인 거주시설, 정신질환자 관련 시설, 노숙인 관련 시설 중 노숙인자활시설, 노숙인재활시설 및 노숙인요양시설, 결핵환자나 한센인이 24시간 생활하는 노유자시설
 ⑥ 요양병원(정신병원, 의료재활시설 제외)

11 자동화재탐지설비를 설치하여야 특정소방대상물이 되기 위한 근린생활시설(목욕장은 제외)의 연면적 기준으로 옳은 것은?

① $600m^2$ 이상인 것
② $800m^2$ 이상인 것
③ $1,000m^2$ 이상인 것
④ $1,200m^2$ 이상인 것

해설

근린생활시설(목욕장은 제외), 의료시설, 숙박시설, 위락시설, 장례식장 및 복합건축물로서 연면적 $600m^2$ 이상인 것은 자동화재탐지설비를 설치하여야 하는 특정소방대상물이다.

12 소방안전관리보조자를 두어야 하는 특정소방대상물에 포함되는 아파트는 최소 몇 세대 이상의 조건을 갖추어야 하는가?

① 200세대 이상
② 300세대 이상
③ 400세대 이상
④ 500세대 이상

해설 소방안전관리보조자를 두어야 하는 특정소방대상물

㉠ 300세대 이상인 아파트
㉡ 아파트(300세대 이상인 아파트)를 제외한 연면적이 $15,000m^2$ 이상인 특정소방대상물
㉢ ㉠ 및 ㉡에 따른 특정소방대상물을 제외한 공동주택 중 기숙사, 의료시설, 노유자시설, 수련시설 및 숙박시설(숙박시설로 사용되는 바닥면적의 합계가 $1,500m^2$ 미만이고 관계인이 24시간 상시 근무하고 있는 숙박시설은 제외)

정답 09 ① 10 ③ 11 ① 12 ②

13 배연설비의 설치기준으로 옳지 않은 것은?

① 건축물이 방화구획으로 구획된 경우에는 그 구획마다 1개소 이상의 배연창을 설치하되, 배연창의 상변과 천장 또는 반자로부터 수직거리가 1.2m 이내일 것
② 배연구는 예비전원에 의하여 열 수 있도록 할 것
③ 배연창 설치에 있어 반자높이가 바닥으로부터 3m 이상인 경우에는 배연창의 하변이 바닥으로부터 2.1m 이상의 위치에 놓이도록 설치할 것
④ 배연구는 연기감지기 또는 열감지기에 의하여 자동으로 열 수 있는 구조로 하되, 손으로도 열고 닫을 수 있도록 할 것

해설
배연설비에서 방화구획마다 1개소 이상의 배연창을 설치하되, 배연창의 상변과 천장 또는 반자로부터 수직거리가 0.9m 이내일 것(단, 반자높이가 바닥으로부터 3m 이상인 경우에는 배연창의 하변이 바닥으로부터 2.1m 이상의 위치에 놓이도록 설치하여야 한다)

14 공동주택과 오피스텔의 난방설비를 개별난방방식으로 할 경우 설치기준으로 옳지 않은 것은?

① 보일러실과 거실 사이의 출입구는 그 출입구가 닫힌 경우에도 보일러가스가 거실에 들어갈 수 없는 구조로 할 것
② 보일러실의 윗부분에는 그 면적이 $0.5m^2$ 이상인 환기창을 설치하고, 보일러실의 윗부분과 아랫부분에는 각각 지름 10cm 이상의 공기흡입구 및 배기구를 항상 열려있는 상태로 바깥공기에 접하도록 설치할 것(단, 전기보일러실의 경우는 예외)
③ 보일러는 거실 외의 곳에 설치하며 보일러를 설치하는 곳과 거실사이의 경계벽은 출입구를 포함하여 내화구조로 구획할 것
④ 기름보일러를 설치하는 경우에는 기름저장소를 보일러실외의 다른 곳에 설치할 것

해설
보일러는 거실 이외의 곳에 설치하며 보일러를 설치하는 곳과 거실 사이의 경계벽은 내화구조의 벽으로 구획한다.(출입구는 제외)

15 호텔 각 실의 재료 중 방염성능기준 이상의 물품으로 시공하지 않아도 되는 것은?

① 지하 1층 연회장의 무대용 합판
② 최상층 식당의 창문에 설치하는 커튼류
③ 지상 1층 라운지의 전시용 합판
④ 지상 3층 객실의 화장대

해설 특정소방대상물에서 사용되는 방염대상물품
제조 또는 가공공정에서 방염처리를 한 물품(합판·목재류의 경우에는 설치현장에서 방염처리를 한 것을 말함)으로서 다음의 하나에 해당하는 것을 말한다.
㉠ 창문에 설치하는 커텐류(브라인드를 포함)
㉡ 카페트, 두께가 2mm 미만인 벽지류로서 종이벽지를 제외한 것
㉢ 전시용 합판 또는 섬유판, 무대용 합판 또는 섬유판
㉣ 암막·무대막(영화상영관, 골프연습장업에 설치하는 스크린을 포함)

16 41층의 업무시설을 건축하는 경우에 6층 이상의 거실면적 합계가 $30,000m^2$이다. 15인승 승용승강기를 설치하는 경우에 최소 몇 대가 필요한가?

① 11대　　② 12대
③ 14대　　④ 15대

해설 문화 및 집회시설(전시장, 동·식물원), 업무시설, 숙박시설, 위락시설의 용도 경우
$3,000m^2$ 이하까지 1대, $3,000m^2$ 초과하는 $2,000m^2$ 당 1대를 가산한 대수로 하므로
$$1+\frac{30,000-3,000}{2,000}=14.5 \fallingdotseq 15\text{대}$$
(소수점 이하는 1대로 본다)
※ 8인승 이상 15인승 이하를 기준으로 산정하며 16인승 이상의 승강기는 2대로 산정한다.

정답　13 ①　14 ③　15 ④　16 ④

17 벽돌벽에 장식적으로 여러 모양의 구멍을 내어 쌓는 방식을 무엇이라 하는가?

① 영식쌓기 ② 영롱쌓기
③ 불식쌓기 ④ 공간쌓기

해설

① 영식쌓기 : 길이쌓기와 마구리쌓기를 한 켜씩 번갈아 쌓아 올리며, 벽의 끝이나 모서리에는 이오토막 또는 반절을 사용하여 통줄눈이 생기지 않는 가장 튼튼하고 좋은 쌓기법이다.
② 영롱쌓기 : 벽돌벽면에 구멍을 내며 쌓는 방식으로 장막벽이면서 장식적인 효과가 있다.
③ 불식쌓기 : 매 켜에 길이와 마구리가 번갈아 나오게 쌓는 것으로, 통줄눈이 많이 생겨 구조적으로는 튼튼하지 못하다. 외관이 좋기 때문에 강도를 필요로 하지 않고 의장을 필요로 하는 벽체 또는 벽돌담 쌓기 등에 쓰인다.
④ 공간쌓기 : 바깥벽의 방습, 방한, 방서, 방열 등을 위하여 벽 중간에 공간을 두고 쌓는 방식이다.

18 다음은 건축물의 최하층에 있는 거실(바닥이 목조인 경우)의 방습 조치에 관한 규정이다. ( ) 안에 들어갈 내용으로 옳은 것은?

> 건축물의 최하층에 있는 거실바닥의 높이는 지표면으로부터 ( ) 이상으로 하여야 한다. 다만, 지표면을 콘크리트 바닥으로 설치하는 등 방습을 위한 조치를 하는 경우에는 그러하지 아니하다.

① 30cm ② 45cm
③ 60cm ④ 75cm

해설 방습조치

건축물의 최하층에 있는 거실의 바닥이 목조인 경우에는 그 바닥높이를 지표면으로부터 45cm 이상으로 하여야 한다.
[예외] 지표면을 콘크리트 바닥으로 설치하는 등의 방습조치를 한 경우

19 철골구조에 관한 설명으로 옳지 않은 것은?

① 장스팬을 요하는 구조물에 적합하다.
② 컬럼쇼트닝 현상이 발생할 수 있다.
③ 사용성에 있어 진동의 영향을 받지 않는다.
④ 철근콘크리트조에 비하여 경량이다.

해설 철골구조의 장단점

① 장 점
㉠ 수평력에 대해 강하고, 내진적이며 인성이 크다.
㉡ 자중이 가볍고 고강도이다.
㉢ 조립과 해체가 용이하다.
㉣ 큰 스팬(span) 건물과 고층 건물이 가능하다. (대규모 건축에 이용)
② 단 점
㉠ 화재에 불리하다. (비내화성)
㉡ 부재가 세장하므로 좌굴이 생기기 쉽다.
㉢ 부재가 고가(高價)이다.
㉣ 조립구조이므로 접합에 주의를 요한다.
※ 컬럼쇼트닝 현상
㉠ 철골조 건물의 초고층화로 인하여 기둥 및 벽과 같은 수직부재가 많은 하중을 받아 생기는 축소변위현상
㉡ 이때 발생한 축소변위량을 조절하기 위하여 전체 층을 몇 구간으로 나누어, 가조립 상태에서 변위량을 조절한 후 본조립 및 완전 조립한다.
㉢ 기둥 및 벽의 축소변위를 보정해주어야 한다.

20 단독주택의 거실에 있어 거실 바닥면적에 대한 채광면적(채광을 위하여 거실에 설치하는 창문 등의 면적)의 비율로서 옳은 것은?

① 1/7 이상 ② 1/10 이상
③ 1/15 이상 ④ 1/20 이상

해설 거실의 채광 및 환기

구분	건축물의 용도	창문 등의 면적	예 외 규 정
채광	•단독주택의 거실 •공동주택의 거실 •학교의 교실 •의료시설의 병실 •숙박시설의 객실	거실 바닥면적의 1/10 이상	거실의 용도에 따른 조도기준 [별표 1]의 조도 이상의 조명
환기		거실 바닥면적의 1/20 이상	기계장치 및 중앙관리방식의 공기조화설비를 설치한 경우

정답 17 ② 18 ② 19 ③ 20 ②

01 내력벽 벽돌쌓기에 있어서 영식쌓기가 활용되는 가장 큰 이유는?

① 토막벽돌을 이용할 수 있어 경제적이기 때문에
② 시공의 용이함으로 공사진행이 빠르기 때문에
③ 통줄눈이 생기지 않아 구조적으로 유리하기 때문에
④ 일반적으로 외관이 뛰어나기 때문에

해설 벽돌 쌓기법

㉠ 영국식 쌓기 : 길이쌓기와 마구리쌓기를 한 켜씩 번갈아 쌓아 올리며, 벽의 끝이나 모서리에는 이오토막 또는 반절을 사용하여 통줄눈이 생기지 않는 가장 튼튼하고 좋은 쌓기법이다.
㉡ 미국식 쌓기 : 5~6켜는 길이쌓기를 하고, 다음 1켜는 마구리쌓기를 하여 영국식 쌓기로 한 뒷벽에 물려서 쌓는 방법이다.
㉢ 프랑스식 쌓기 : 매 켜에 길이와 마구리가 번갈아 나오게 쌓는 것으로, 통줄눈이 많이 생겨 구조적으로는 튼튼하지 못하다. 외관이 좋기 때문에 강도를 필요로 하지 않고 의장을 필요로 하는 벽체 또는 벽돌담 쌓기 등에 쓰인다.
㉣ 화란식 쌓기 : 영국식 쌓기와 같으나, 벽의 끝이나 모서리에 칠오토막을 사용하여 쌓는 것이다. 벽의 끝이나 모서리에 칠오토막을 써서 쌓기 때문에 일하기 쉽고 모서리가 튼튼하므로, 우리나라에서도 비교적 많이 사용하고 있다.

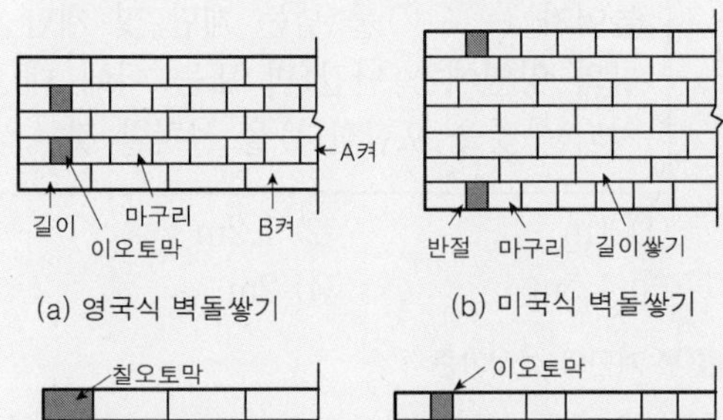

(a) 영국식 벽돌쌓기 (b) 미국식 벽돌쌓기

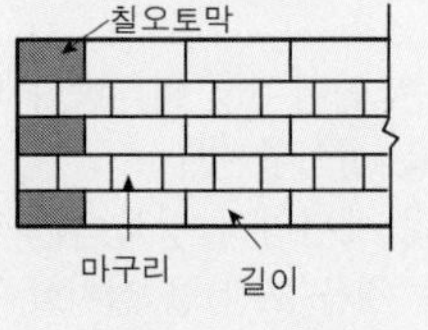

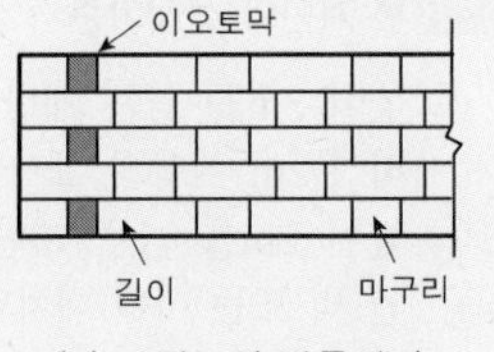

(c) 네덜란드식 벽돌쌓기 (d) 프랑스식 벽돌쌓기

02 다음은 건축법령에 따른 차면시설 설치에 관한 조항이다. ( )안에 들어갈 내용으로 옳은 것은?

> 인접 대지경계선으로부터 직선거리 ( ) 이내에 이웃 주택의 내부가 보이는 창문 등을 설치하는 경우에는 차면시설(遮面施設)을 설치하여야 한다.

① 1.5m ② 2m
③ 3m ④ 4m

해설

인접대지경계선으로부터 직선거리 2m 이내에 이웃 주택의 내부가 보이는 창문 등을 설치하는 경우에는 차면시설(遮面施設)을 설치하여야 한다.

03 철골조에서 스티프너를 사용하는 이유로 가장 적당한 것은?

① 콘크리트와의 일체성 확보
② 웨브 플레이트의 좌굴방지
③ 하부 플랜지의 단면계수 보강
④ 상부 플랜지의 단면계수 보강

해설 스티프너(stiffener)

철골구조에서 보의 전단응력도가 커서 좌굴의 우려가 있을 경우 판재의 좌굴방지를 위해 웨브에 부착하는 보강재이다.
※ 스티프너(stiffener) : 웨브(web)의 전단 보강 (web plate의 좌굴 방지)

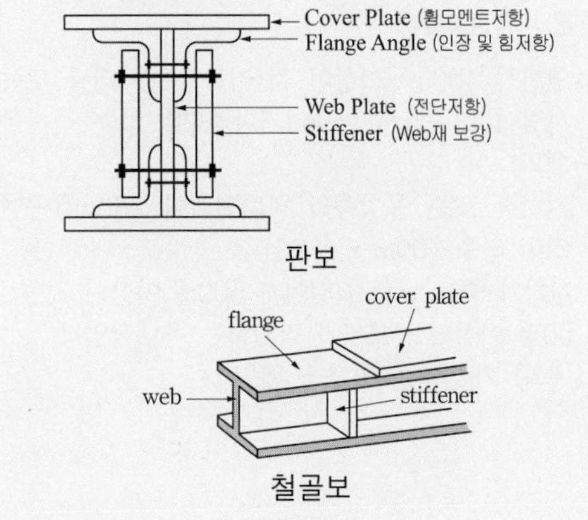

정답 01 ③ 02 ② 03 ②

04 **다음 소방시설 중 소화설비에 해당되지 않는 것은?**

① 연결살수설비 ② 스프링클러설비
③ 옥외소화전설비 ④ 소화기구

해설 소방시설

소화설비·경보설비·피난구조설비·소화용수설비 그 밖에 소화활동설비를 말한다.
※ 소화설비 : 소화기구, 옥내소화전설비, 스프링클러설비·간이스프링클러설비 및 화재조기진압용 스프링클러설비, 물분무소화설비·미분무소화설비·포소화설비·이산화탄소소화설비·할로겐화합물소화설비·청정소화약제소화설비 및 분말소화설비, 옥외소화전설비
☞ 연결살수설비는 소화활동설비에 해당된다.

05 **비상경보설비를 설치하여야 하는 특정소방 대상물의 기준으로 옳지 않은 것은?**

① 연면적 $400m^2$ (지하가 중 터널 또는 사람이 거주하지 않거나 벽이 없는 축사 등 동·식물 관련시설은 제외한다) 이상인 것
② 지하가 중 터널로서 길이가 500m 이상인 것
③ 50명 이상의 근로자가 작업하는 옥내 작업장
④ 지하층 또는 무창층의 바닥면적이 $400m^2$ (공연장의 경우 $200m^2$) 이상인 것

해설 비상경보설비 설치대상

㉠ 연면적 $400m^2$ 이상인 것(지하가 중 터널 또는 사람이 거주하지 아니하거나 벽이 없는 축사를 제외)
㉡ 지하층 또는 무창층의 바닥면적이 $150m^2$(공연장인 경우 $100m^2$) 이상인 것
㉢ 지하가 중 터널로서 길이가 500m 이상인 것
㉣ 50명 이상의 근로자가 작업하는 옥내작업장
[예외] 가스시설, 지하구 경우

06 **특별피난계단 및 비상용승강기의 승강장에 설치하는 배연설비의 구조에 관한 기준으로 옳지 않은 것은?**

① 배연구 및 배연풍도는 불연재료로 하고, 화재가 발생한 경우 원활하게 배연시킬 수 있는 규모로서 외기 또는 평상시에 사용하지 아니하는 굴뚝에 연결할 것
② 배연구에 설치하는 수동개방장치 또는 자동개방장치(열감지기 또는 연기감지기에 의한 것을 말한다)는 손으로도 열고 닫을 수 없도록 할 것
③ 배연구는 평상시에는 닫힌 상태를 유지하고, 연 경우에는 배연에 의한 기류로 인하여 닫히지 아니하도록 할 것
④ 배연구가 외기에 접하지 아니하는 경우에는 배연기를 설치할 것

해설

배연구에 설치하는 수동개방장치 또는 자동개방장치(열감지기 또는 연기감지기에 의한 것을 말함)는 손으로도 열고 닫을 수 있도록 할 것

07 **다음은 건축물의 피난·방화구조 등의 기준에 관한 규칙에 따른 계단의 설치기준이다. ( ) 안에 들어갈 내용으로 옳은 것은?**

> 높이가 ( )를 넘는 계단 및 계단참의 양옆에는 난간(벽 또는 이에 대치되는 것을 포함한다)을 설치할 것

① 1m ② 1.2m
③ 1.5m ④ 2m

해설 계단의 설치기준

㉠ 높이 3m를 넘는 계단에는 높이 3m 이내마다 너비 1.2m 이상의 계단참을 설치할 것
㉡ 높이 1m를 넘는 계단 및 계단참의 양측에는 난간(벽 또는 이에 대치되는 것을 포함)을 설치할 것

정답 04 ① 05 ④ 06 ② 07 ①

㉢ 너비가 3m를 넘는 계단에는 계단의 중간에 폭 3m 이내마다 난간을 설치할 것
[예외] 단높이 15cm 이하이고, 단너비 30cm 이상인 계단

㉣ 계단의 유효 높이(계단의 바닥 마감면부터 상부 구조체의 하부 마감면까지의 연직방향의 높이를 말함)는 2.1m 이상으로 할 것

08 오피스텔과 공동주택의 난방설비를 개별난방 방식으로 하는 경우의 기준으로 옳지 않은 것은?

① 보일러는 거실 외의 곳에 설치하고 보일러를 설치하는 곳과 거실 사이의 경계벽은 출입구를 포함하여 불연재료로 마감한다.
② 보일러실의 윗부분에는 $0.5m^2$ 이상의 환기창을 설치한다.
③ 오피스텔의 경우에는 난방구획을 방화구획으로 구획한다.
④ 기름보일러를 설치하는 경우에는 기름저장소를 보일러실 외의 다른 곳에 설치한다.

해설

보일러는 거실 이외의 곳에 설치하며 보일러를 설치하는 곳과 거실 사이의 경계벽은 내화구조의 벽으로 구획한다.(출입구는 제외)

09 서양 건축양식을 시대순에 따라 옳게 나열한 것은?

① 비잔틴 – 로코코 – 로마 – 르네상스
② 바로크 – 로마 – 이집트 – 비잔틴
③ 이집트 – 바로크 – 로마 – 르네상스
④ 이집트 – 로마 – 비잔틴 – 바로크

해설 서양건축양식의 순서[※ 이서그로초비로고르바로/고낭절]

이집트 – 서아시아 – 그리이스 – 로마 – 초기 기독교 – 비잔틴 – 로마네스크 – 고딕 – 르네상스 – 바로크 – 로코코 – 고전주의 – 낭만주의 – 절충주의

10 다음 중 방염대상물품에 해당되지 않는 것은?

① 암막
② 무대용 합판
③ 종이벽지
④ 창문에 설치하는 커튼류

해설 특정소방대상물에서 사용되는 방염대상물품

제조 또는 가공공정에서 방염처리를 한 물품(합판·목재류의 경우에는 설치현장에서 방염처리를 한 것을 말함)으로서 다음의 하나에 해당하는 것을 말한다.
㉠ 창문에 설치하는 커텐류(브라인드를 포함)
㉡ 카페트, 두께가 2mm 미만인 벽지류로서 종이벽지를 제외한 것
㉢ 전시용 합판 또는 섬유판, 무대용 합판 또는 섬유판
㉣ 암막·무대막(영화상영관, 골프연습장업에 설치하는 스크린을 포함)

11 제연설비를 설치해야 할 특정소방대상물이 아닌 것은?

① 특정소방대상물(갓복도형 아파트 등은 제외한다)에 부설된 특별피난계단 또는 비상용승강기의 승강장
② 지하가(터널은 제외한다)로서 연면적이 $500m^2$ 인 것
③ 문화 및 집회시설로서 무대부의 바닥면적이 $300m^2$ 인 것
④ 지하가 중 예상 교통량, 경사도 등 터널의 특성을 고려하여 행정안전부령으로 정하는 터널

정답 08 ① 09 ④ 10 ③ 11 ②

해설 제연설비를 설치하여야 하는 특정소방대상물

㉠ 문화 및 집회시설, 종교시설, 운동시설로서 무대부의 바닥면적이 200m² 이상 또는 문화 및 집회시설 중 영화상영관으로서 수용인원 100명 이상인 것
㉡ 근린생활시설, 판매시설, 운수시설, 숙박시설, 위락시설, 창고시설 중 물류터미널로서 지하층 또는 무창층의 바닥면적이 1,000m² 이상인 것은 해당 용도로 사용되는 모든 층
㉢ 운수시설 중 시외버스정류장, 철도 및 도시철도 시설, 공항시설 및 항만시설의 대합실 또는 휴게시설로서 지하층 또는 무창층의 바닥면적이 1,000m² 이상인 것
㉣ 지하가(터널은 제외)로서 연면적 1,000m² 이상인 것
㉤ 지하가 중 길이가 500m 이상으로서 교통량, 경사도 등 터널의 특성을 고려하여 행정자치부령으로 정하는 위험등급 이상에 해당하는 터널
㉥ 특정소방대상물(갓복도형아파트는 제외)에 부설된 특별피난계단 또는 비상용승강기의 승강장

12 소방시설법령에서 정의한 무창층에 해당하는 기준으로 옳은 것은?

A : 무창층과 관련된 일정요건을 갖춘 개구부 면적의 합계 B : 해당 층 바닥면적

① A/B ≤ 1/10 ② A/B ≤ 1/20
③ A/B ≤ 1/30 ④ A/B ≤ 1/40

해설 무창층

지상층 중 다음에 해당하는 요건을 모두 갖춘 개구부(건축물에서 채광·환기·통풍 또는 출입 등을 위하여 만든 창·출입구 그 밖에 이와 비슷한 것을 말함)의 면적의 합계가 당해 층의 바닥면적의 1/30 이하가 되는 층을 말한다.
㉠ 개구부의 크기가 지름 50cm 이상의 원이 내접할 수 있을 것
㉡ 해당 층의 바닥면으로부터 개구부 밑부분까지의 높이가 1.2m 이내일 것
㉢ 개구부는 도로 또는 차량이 진입할 수 있는 빈터를 향할 것
㉣ 화재시 건축물로부터 쉽게 피난할 수 있도록 개구부에 창살 그 밖의 장애물이 설치되지 아니할 것
㉤ 내부 또는 외부에서 쉽게 파괴 또는 개방할 수 있을 것

13 굴뚝 또는 사일로 등 평면 형상이 일정하고 구조물에 가장 적합한 거푸집은?

① 유로 폼 ② 워플 폼
③ 터널 폼 ④ 슬라이딩 폼

해설 슬라이딩 폼(sliding form)

㉠ 수직 활동 거푸집으로, 연속 타설로 일체성을 확보할 수 있다.
㉡ 공기가 약 1/3 정도 단축되며, 요오크(yoke)로 끌어올린다.
㉢ 거푸집 높이 1m 정도, 비계발판이 필요 없다.
㉣ 돌출부가 없는 굴뚝, 사일로(Silo) 등에 사용

14 벽이나 바닥, 지붕 등 건축물의 특정부위에 단열이 연속되지 않은 부분이 있어 이 부위를 통한 열의 이동이 많아지는 현상을 무엇이라 하는가?

① 결로현상 ② 열획득현상
③ 대류현상 ④ 열교현상

해설 열교(Thermal Bridge) 현상

㉠ 벽이나 바닥, 지붕 등의 건축물부위에 단열이 연속되지 않은 부분이 있을 때, 이 부분이 열적 취약부위가 되어 이 부위를 통한 열의 이동이 많아지며, 이것을 열교(heat bridge) 또는 냉교(cold bridge)라고 한다.
㉡ 열교현상이 발생하면 구조체의 전체 단열성이 저하된다.
㉢ 열교는 구조체의 여러 형태로 발생하는 데 단열구조의 지지 부재들, 중공벽의 연결철물이 통과하는 구조체, 벽체와 지붕 또는 바닥과의 접합부위, 창틀 등에서 발생한다.
㉣ 열교현상이 발생하는 부위는 표면온도가 낮아지며 결로가 발생되므로 쉽게 알 수 있다.
㉤ 열교현상을 방지하기 위해서는 접합 부위의 단열설계 및 단열재가 불연속됨이 없도록 철저한 단열시공이 이루어져야 한다.
㉥ 콘크리트 라멘조나 조적조 건축물에서는 근본적으로 단열이 연속되기 어려운 점이 있으나 가능한 한 외단열과 같은 방법으로 취약부위를 감소시키는 설계 및 시공이 요구된다.

정답 12 ③ 13 ④ 14 ④

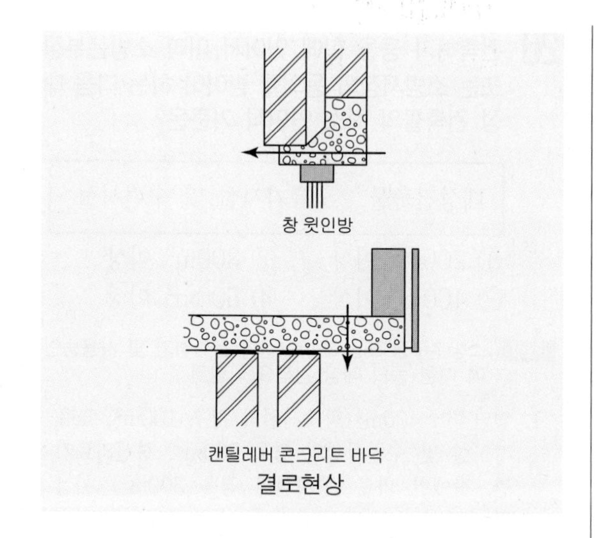

결로현상

15 다음 중 광속의 단위로 옳은 것은?

① cd ② lx
③ lm ④ cd/m²

해설 조명에 관한 용어와 단위

㉠ 광속 : 어떤 면을 통과하는 빛의 양(lumen, lm)
㉡ 광도 : 단위 입체각 속을 지나는 빛의 세기, 광의 강도 (candela, cd)
㉢ 조도 : 단위면적 위에 입사하는 빛의 양, 장소의 명도(lux, lx)
㉣ 휘도 : 작업 면의 밝기, 광원 표면의 밝기, 반짝임(nit, abs)
㉤ 광속발산도 : 어떤 물체의 표면으로부터 방사되는 광속밀도, 물체의 명도(radlux, rlx)

16 스프링클러설비를 설치하여야 하는 특정소방대상물에 대한 기준으로 옳은 것은?

① 창고시설(물류터미널은 제외한다)로서 바닥면적 합계가 3000m² 이상인 경우에는 모든 층
② 판매시설, 운수시설 및 창고시설(물류터미널에 한정한다)로서 바닥면적의 합계가 3000m² 이상이거나 수용인원이 300명 이상인 경우에는 모든 층
③ 숙박이 가능한 수련시설로서 해당용도로 사용되는 바닥면적의 합계가 600m² 이상인 경우 모든 층
④ 종교시설(주요구조부가 목조인 것은 제외)의 경우 수용인원이 50명 이상인 경우 모든 층

해설

숙박이 가능한 수련시설로서 해당 용도로 사용되는 바닥면적의 합계가 600m² 이상인 경우에는 모든 층에는 스프링클러설비를 설치하여야 하는 특정소방대상물이다.

17 한국 전통건축 관련 용어에 관한 설명으로 옳지 않은 것은?

① 평방 – 기둥 상부의 창방 위에 놓아 다포계 건물의 주간포작을 설치하기 용이하도록 하기 위한 직사각형 단면의 부재이다.
② 연등천장 – 따로 반자를 설치하지 않고 서까래를 그대로 노출시킨 천장이며, 구조미를 나타낸다.
③ 귀솟음 – 기둥머리를 건물 안쪽으로 약간씩 기울여 주는 것을 말하며, 오금법이라고도 한다.
④ 활주 – 추녀 밑을 받치고 있는 기둥을 말한다.

해설 한국 전통 목조건축에서 기둥의 의장 기법

- 배흘림(entasis) : 착시현상 교정
- 귀솟음 : 건물의 우주(隅柱 : 건물의 귀퉁이에 세워진 기둥)보다 높게 하는 일
- 우주(隅柱) : 건물의 귀퉁이에 세워진 기둥(귀기둥)
- 기둥의 안쏠림(오금법) : 시각적으로 건물 전체에 안정감을 준다.

정답 15 ③ 16 ③ 17 ③

18 **건축물에 설치하는 방화벽의 구조에 관한 기준으로 옳지 않은 것은?**

① 방화벽에 설치하는 출입문의 너비 및 높이는 각각 2.5m 이하로 한다.
② 방화벽에 설치하는 출입문은 갑종방화문 또는 을종방화문으로 한다.
③ 내화구조로서 홀로 설 수 있는 구조로 한다.
④ 방화벽의 양쪽 끝과 윗쪽 끝을 건축물의 외벽면 및 지붕면으로부터 0.5m 이상 튀어나오게 한다.

해설 방화벽의 구조

㉠ 내화구조로서 홀로 설 수 있는 구조일 것
㉡ 방화벽의 양쪽 끝과 위쪽 끝을 건축물의 외벽면 및 지붕면으로부터 0.5m 이상 튀어나오게 할 것
㉢ 방화벽에 설치하는 출입문의 폭 및 높이는 각각 2.5m 이하로 하고, 출입문의 구조는 갑종방화문으로 할 것
㉣ 방화벽에 설치하는 갑종방화문은 언제나 닫힌 상태를 유지하거나 화재시 연기발생, 온도상승에 의하여 자동적으로 닫히는 구조로 할 것
㉤ 급수관, 배전관 등의 관이 방화벽을 관통하는 경우 관과 방화벽과의 틈을 시멘트모르타르 등의 불연재료로 메워야 한다.

19 **상업지역 및 주거지역에서 건축물에 설치하는 냉방시설 및 환기시설의 배기구는 도로면으로부터 최소 얼마 이상의 높이에 설치하여야 하는가?**

① 1m ② 2m
③ 3m ④ 4m

해설

상업지역 및 주거지역에서 도로(막다른 도로로서 그 길이가 10m 미만인 경우 제외)에 접한 대지의 건축물에 설치하는 냉방시설 및 환기시설의 배기구는 도로면으로부터 2m 이상의 위치에 설치하거나 배기장치의 열기가 보행자에게 직접 닿지 아니하도록 설치하여야 한다.

20 **건축허가 등을 함에 있어서 미리 소방본부장 또는 소방서장의 동의를 받아야 하는 다음 대상 건축물의 최소 연면적 기준은?**

대상건축물 : 노유자시설 및 수련시설

① $200m^2$ 이상 ② $300m^2$ 이상
③ $400m^2$ 이상 ④ $500m^2$ 이상

해설 소방본부장 또는 소방서장의 건축허가 및 사용승인에 대한 동의 대상 건축물의 범위

1. 연면적이 $400m^2$(학교시설의 경우 $100m^2$, 노유자시설 및 수련시설의 경우 $200m^2$, 정신의료기관, 장애인 의료재활시설의 경우 $300m^2$) 이상인 건축물
2. 차고·주차장 또는 주차용도로 사용되는 시설로서 다음에 해당하는 것
 ① 차고·주차장으로 사용되는 층 중 바닥면적이 $200m^2$ 이상인 층이 있는 시설
 ② 승강기 등 기계장치에 의한 주차시설로서 자동차 20대 이상을 주차할 수 있는 시설
3. 지하층 또는 무창층이 있는 건축물로서 바닥면적이 $150m^2$(공연장의 경우에는 $100m^2$) 이상인 층이 있는 것
4. 면적에 관계없이 동의 대상
 ① 층수가 6층 이상인 건축물
 ② 항공기격납고, 관망탑, 항공관제탑, 방송용 송수신탑
 ③ 위험물저장 및 처리시설, 지하구
 ④ 노인 관련 시설, 아동복지시설(아동상담소, 아동전용시설 및 지역아동센터는 제외)
 ⑤ 장애인 거주시설, 정신질환자 관련 시설, 노숙인 관련 시설 중 노숙인자활시설, 노숙인재활시설 및 노숙인요양시설, 결핵환자나 한센인이 24시간 생활하는 노유자시설
 ⑥ 요양병원(정신병원, 의료재활시설 제외)

정답 18 ② 19 ② 20 ①

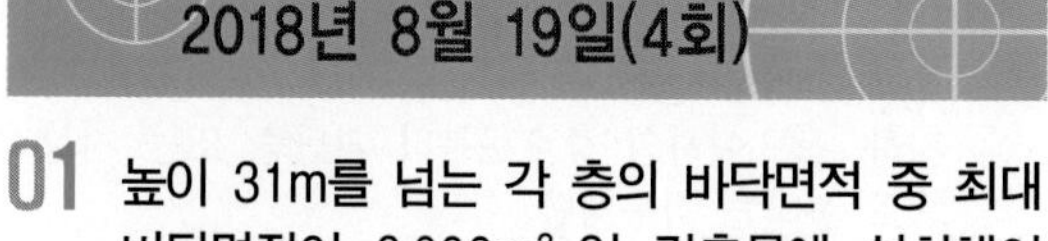

01 높이 31m를 넘는 각 층의 바닥면적 중 최대 바닥면적이 6,000m² 인 건축물에 설치해야 하는 비상용승강기의 최소설치 대수는? (단, 8인승 승강기임)

① 2대 ② 3대
③ 4대 ④ 5대

해설

높이 31m를 넘는 각층 바닥면적 중 최대바닥면적이 $1,500m^2$에 1대이고 $1,500m^2$를 초과하는 $3,000m^2$ 이내마다 1대씩 증가하므로

$$\therefore 1+\frac{6,000-1,500}{3,000}=2.5 \fallingdotseq 3\text{대}$$

(소숫점 이하는 1대로 본다)

02 무창층이란 지상층 중 다음에서 정의하는 개구부 면적의 합계가 해당 층 바닥면적의 얼마 이하가 되는 층으로 규정하는가?

> 개구부란 건축물에서 채광 · 환기 · 통풍 또는 출입 등을 위하여 만든 창 · 출입구이며, 크기 및 위치 등 법령에서 정의하는 세부 요건을 만족

① 1/10 ② 1/20
③ 1/30 ④ 1/40

해설 무창층

지상층 중 다음에 해당하는 요건을 모두 갖춘 개구부(건축물에서 채광·환기·통풍 또는 출입 등을 위하여 만든 창·출입구 그 밖에 이와 비슷한 것을 말함)의 면적의 합계가 당해 층의 바닥면적의 1/30 이하가 되는 층을 말한다.

㉠ 개구부의 크기가 지름 50cm 이상의 원이 내접할 수 있을 것
㉡ 해당 층의 바닥면으로부터 개구부 밑부분까지의 높이가 1.2m 이내일 것
㉢ 개구부는 도로 또는 차량이 진입할 수 있는 빈터를 향할 것
㉣ 화재시 건축물로부터 쉽게 피난할 수 있도록 개구부에 창살 그 밖의 장애물이 설치되지 아니 할 것
㉤ 내부 또는 외부에서 쉽게 파괴 또는 개방할 수 있을 것

03 일반적인 방염대상물품의 방염성능기준에서 버너의 불꽃을 제거한 때부터 불꽃을 올리며 연소하는 상태가 그칠 때까지의 시간은 얼마 이내이어야 하는가?

① 10초 ② 15초
③ 20초 ④ 30초

해설 화재예방·소방시설 설치유지 및 안전관리에 관한 법률에 의한 방염성능기준

방염대상물품의 종류에 따른 구체적인 방염성능기준은 다음에 해당하는 기준의 범위 내에서 소방청장이 정하여 고시하는 바에 의한다.

㉠ 버너의 불꽃을 제거한 때부터 불꽃을 올리며 연소하는 상태가 그칠 때까지 시간은 20초 이내
㉡ 버너의 불꽃을 제거한 때부터 불꽃을 올리지 아니하고 연소하는 상태가 그칠 때까지 시간은 30초 이내
㉢ 탄화한 면적은 $50cm^2$ 이내, 탄화한 길이는 20cm 이내
㉣ 불꽃에 의하여 완전히 녹을 때까지 불꽃의 접촉 횟수는 3회 이상
㉤ 소방청장이 정하여 고시한 방법으로 발연량을 측정하는 경우 최대연기밀도는 400 이하

04 우리나라에 현존하는 목조 건축물 가운데 가장 오래된 것은?

① 수덕사 대웅전 ② 부석사 무량수전
③ 불국사 대웅전 ④ 봉정사 극락전

해설

봉정사 극락전은 고려시대의 건축으로, 신라시대의 일반 목조건물 양식에 북송요의 주심포 형식을 가미한 공법으로 건축한 것으로 현존하는 목조 건축 중 가장 오래된 건축물이다.

정답 01 ② 02 ③ 03 ③ 04 ④

05 **구조체의 열용량에 관한 설명으로 옳지 않은 것은?**

① 건물의 창면적비가 클수록 구조체의 열용량은 크다.
② 건물의 열용량이 클수록 외기의 영향이 작다.
③ 건물의 열용량이 클수록 실온의 상승 및 하강 폭이 작다.
④ 건물의 열용량이 클수록 외기온도에 대한 실내온도 변화의 시간지연이 있다.

해설 열용량

㉠ 열용량이 큰 물체는 일반적으로 비열이 크다.
㉡ 열용량이 큰 물체로 둘러싸인 실은 시간지연 효과가 상대적으로 크다.
㉢ 열용량이 큰 물체는 온도를 올리기 위해 보다 많은 열량을 필요로 한다.
㉣ 열용량이 큰 물체는 가열된 후 식는 데에도 상대적으로 시간이 많이 소요된다.
☞ 건물의 창면적비가 클수록 구조체의 열용량은 작다.

06 **다음은 피난층 또는 지상으로 통하는 직통계단을 특별피난계단으로 설치하여야 하는 층에 관한 법령 사항이다. ( ) 안에 들어갈 내용으로 옳은 것은?**

> 건축물(갓복도식 공동주택은 제외한다)의 (A)(공동주택의 경우에는 (B)) 이상인 층(바닥면적이 $400m^2$ 미만인 층은 제외한다) 또는 지하 3층 이하인 층(바닥면적이 $400m^2$ 미만인 층은 제외한다)으로부터 피난층 또는 지상으로 통하는 직통계단은 제1항에도 불구하고 특별피난계단으로 설치하여야 한다.

① A : 8층, B : 11층
② A : 8층, B : 16층
③ A : 11층, B : 12층
④ A : 11층, B : 16층

해설 피난계단, 특별피난계단의 설치대상

㉠ 5층 이상의 층으로부터 피난층 또는 지상으로 통하는 직통계단
㉡ 지하 2층 이하의 층으로부터 피난층 또는 지상으로 통하는 직통계단
㉢ 5층 이상의 층으로부터 피난층 또는 지상으로 통하는 직통계단과 직접 연결된 지하 1층의 계단
※ 판매시설(도매시장, 소매시장, 상점) 용도로 쓰이는 층으로부터의 직통계단은 1개소 이상 특별피난계단으로 설치하여야 한다.
[예외] 주요구조부가 내화구조, 불연재료로 된 건축물로서 5층 이상의 층의 바닥면적 합계가 $200m^2$ 이하이거나, 바닥면적 $200m^2$ 이내마다 방화구획이 된 경우

07 **건축물에 설치하는 계단 및 계단참의 유효너비 최소기준을 120cm 이상으로 적용하여야 하는 용도의 건축물이 아닌 것은?**

① 문화 및 집회시설 중 공연장
② 고등학교
③ 판매시설
④ 문화 및 집회시설 중 집회장

해설 계단 및 계단참의 너비(옥내계단에 한함)·단높이·단너비

(단위 : cm)

계단의 종류	계단 및 계단참의 폭	단높이	단너비
• 초등학교의 계단	150 이상	16 이하	26 이상
• 중·고등학교의 계단	150 이상	18 이하	26 이상
• 문화 및 집회시설(공연장, 집회장, 관람장에 한함) • 판매시설(도매시장·소매시장·상점에 한함) • 바로 위층 거실 바닥면적 합계가 $200m^2$ 이상인 계단 • 거실의 바닥면적 합계가 $100m^2$ 이상인 지하층의 계단 • 기타 이와 유사한 용도에 쓰이는 건축물의 계단	120 이상	–	–
• 기타의 계단	60 이상	–	–
• 작업장에 설치하는 계단(산업안전보건법에 의한)	산업안전기준에 관한 규칙에 의함.		

정답 05 ① 06 ④ 07 ②

08 소화활동설비에 해당되는 것은?

① 스프링클러설비
② 자동화재탐지설비
③ 상수도소화용수설비
④ 연결송수관설비

해설 소방시설

소화설비·경보설비·피난구조설비·소화용수설비 그 밖에 소화활동설비를 말한다.
※ 소화활동설비 : 화재를 진압하거나 인명구조활동을 위하여 사용하는 설비
① 제연설비 ② 연결송수관설비
③ 연결살수설비 ④ 비상콘센트설비
⑤ 무선통신보조설비 ⑥ 연소방지설비

09 건축허가등을 할 때 미리 소방본부장 또는 소방서장의 동의를 받아야 하는 대상 건축물의 범위에 관한 기준으로 옳지 않은 것은?

① 연면적 400m² 이상인 건축물
② 항공기 격납고
③ 방송용 송수신탑
④ 승강기 등 기계장치에 의한 주차시설로서 자동차 10대 이상을 주차할 수 있는 시설

해설 소방본부장 또는 소방서장의 건축허가 및 사용승인에 대한 동의 대상 건축물의 범위

1. 연면적이 400m²(학교시설의 경우 100m², 노유자시설 및 수련시설의 경우 200m², 정신의료기관, 장애인 의료재활시설의 경우 300m²) 이상인 건축물
2. 차고·주차장 또는 주차용도로 사용되는 시설로서 다음에 해당하는 것
 ① 차고·주차장으로 사용되는 층 중 바닥면적이 200m² 이상인 층이 있는 시설
 ② 승강기 등 기계장치에 의한 주차시설로서 자동차 20대 이상을 주차할 수 있는 시설
3. 지하층 또는 무창층이 있는 건축물로서 바닥면적이 150m²(공연장의 경우에는 100m²) 이상인 층이 있는 것
4. 면적에 관계없이 동의 대상
 ① 층수가 6층 이상인 건축물
 ② 항공기격납고, 관망탑, 항공관제탑, 방송용 송수신탑
 ③ 위험물저장 및 처리시설, 지하구
 ④ 노인 관련 시설, 아동복지시설(아동상담소, 아동전용시설 및 지역아동센터는 제외)
 ⑤ 장애인 거주시설, 정신질환자 관련 시설, 노숙인 관련 시설 중 노숙인자활시설, 노숙인재활시설 및 노숙인요양시설, 결핵환자나 한센인이 24시간 생활하는 노유자시설
 ⑥ 요양병원(정신병원, 의료재활시설 제외)

10 피난설비 중 객석유도등을 설치하여야 할 특정소방대 상물은?

① 숙박시설 ② 종교시설
③ 창고시설 ④ 방송통신시설

해설 객석유도등을 설치하여야 하는 특정소방대상물

㉠ 유흥주점영업시설(유흥주점영업 중 손님이 춤을 출 수 있는 무대가 설치된 카바레, 나이트클럽 등)
㉡ 문화 및 집회시설
㉢ 종교시설
㉣ 운동시설

11 철근콘크리트 구조에 관한 설명으로 옳지 않은 것은?

① 철근과 콘크리트의 선팽창계수는 거의 동일하므로 일체화가 가능하다.
② 철근콘크리트 구조에서 인장력은 철근이 부담하는 것으로 한다.
③ 습식구조이므로 동절기 공사에 유의하여야 한다.
④ 타구조에 비해 경량구조이므로 형태의 자유도가 높다.

정답 08 ④ 09 ④ 10 ② 11 ④

해설 철근 콘크리트(Reinforced Concrete) 구조체의 원리

철근 콘크리트(Reinforced Concrete)구조란 철근은 인장력을 부담하고 콘크리트는 압축력을 부담하도록 설계한 일체식으로 구성된 구조로써 우수한 내진구조이다.

(1) 철근 콘크리트구조 성립 이유
① 철근은 인장력을 부담하고, 콘크리트는 압축력을 부담한다.
② 콘크리트 속에 매립된 철근은 녹스는 일이 없어 내구성이 좋다. (철근은 산성, 콘크리트는 알카리성이므로)
③ 철근과 콘크리트의 온도에 대한 선팽창계수가 거의 유사하며 온도변화에 비슷한 거동을 보인다.
④ 철근과 콘크리트와의 부착강도가 커서 잘 부착되며, 콘크리트 속에서 철근의 좌굴이 방지된다.

(2) 철근과 콘크리트의 부착력 성질
① 철근의 단면 모양과 표면 상태에 따라 부착력의 차이가 있다.
② 가는 철근을 많이 넣어 표면적을 크게 하면 철근과 콘크리트가 부착하는 접촉면적이 커져서 부착력이 증대된다.
③ 콘크리트의 부착력은 철근의 주장(길이)에 비례한다.
☞ 철근콘크리트 구조는 중량이 무거우나 설계와 의장이 자유롭다.

12 건축물의 피난 · 방화구조 등의 기준에 관한 규칙에서 규정한 방화구조에 해당하지 않는 것은?

① 시멘트모르타르위에 타일을 붙인 것으로서 그 두께의 합계가 2cm인 것
② 철망모르타르로서 그 바름두께가 2.5cm인 것
③ 석고판 위에 시멘트모르타르를 바른 것으로서 그 두께의 합계가 3cm인 것
④ 심벽에 흙으로 맞벽치기 한 것

해설 방화구조

화염의 확산을 막을 수 있는 성능을 가진 구조로서 국토교통부장관이 정하는 적합한 구조를 말한다.

구조부분	방화구조의 기준
• 철망모르타르 바르기	바름두께가 2cm 이상인 것
• 석면시멘트판 또는 석고판 위에 시멘트모르타르 또는 회반죽을 바른 것 • 시멘트모르타르 위에 타일을 붙인 것	두께의 합계가 2.5cm 이상인 것
• 심벽에 흙으로 맞벽치기 한 것	두께에 관계없이 인정
• 한국산업표준이 정하는 바에 의하여 시험한 결과 방화 2급 이상에 해당하는 것	

13 다음은 사생활 보호차원에서 설치하는 차면시설에 대한 설치 기준이다. ( ) 안에 들어 갈 내용으로 옳은 것은?

> 인접 대지경계선으로부터 직선거리 ( ) 이내에 이웃 주택의 내부가 보이는 창문 등을 설치하는 경우에는 차면시설(遮面施設)을 설치하여야 한다.

① 0.5m ② 1m
③ 1,5m ④ 2m

해설

인접대지경계선으로부터 직선거리 2m 이내에 이웃 주택의 내부가 보이는 창문 등을 설치하는 경우에는 차면시설(遮面施設)을 설치하여야 한다.

14 르네상스 건축양식의 실내장식에 관한 설명으로 옳지 않은 것은?

① 실내장식 수법은 외관의 구성수법을 그대로 적용하였다.
② 실내디자인 요소로서 계단이 차지하는 비중은 작았다.
③ 바닥마감은 목재와 석재가 주로 사용되었다.
④ 문양은 그로테스크문양과 아라베스크문양이 주로 사용되었다.

정답 12 ① 13 ④ 14 ②

해설

르네상스 건축은 실내디자인 요소로서 계단을 중요시 하였다.
※ 르네상스(Renaissance) 건축의 특징
㉠ 르네상스란 다시 태어난다는 의미로 건축분야에서는 로마 건축을 기본으로 한 건축으로 15세기 초 이탈리아에서 발생되어 15, 16세기에 걸쳐 이탈리아를 중심으로 유럽에서 전개된 고전주의적 경향의 건축양식이다.
㉡ 로마양식의 영향을 많이 받았으며, 인본주의적 사조에 입각하였고, 근대건축의 근원이 되었다.
㉢ 고딕건축의 수직적인 요소를 탈피하고 수평적인 요소를 강조하였다.
㉣ 비례와 미적 대칭 등을 중시하였다.

15 채광을 위하여 거실에 설치하는 창문 등의 면적확보와 관련하여 이를 대체할 수 있는 조명장치를 설치하고자 할 때 거실의 용도가 집회용도의 회의 기능일 경우 조도기준으로 옳은 것은? (단, 조도는 바닥에서 85cm의 높이에 있는 수평면의 조도임)

① 100lux 이상 ② 200lux 이상
③ 300lux 이상 ④ 400lux 이상

해설 거실의 용도에 따른 조도기준 (제17조 관련)

거실의 용도구분 \ 조도구분		바닥에서 85cm의 높이에 있는 수평면의 조도(럭스)
1. 거 주	• 독서·식사·조리 • 기타	150 70
2. 집 무	• 설계·제도·계산 • 일반사무 • 기타	700 300 150
3. 작 업	• 검사·시험·정밀검사·수술 • 일반작업·제조·판매 • 포장·세척 • 기타	700 300 150 70
4. 집 회	• 회의 • 집회 • 공연·관람	300 150 70
5. 오 락	• 오락 일반 • 기타	150 30
기타 명시되지 아니한 것		1란 내지 5란에 유사한 기준을 적용함.

16 20층의 아파트를 건축하는 경우 6층 이상 거실 바닥면적의 합계가 12,000m²일 경우에 승용승강기 최소 설치대수는? (단, 15인승 이하 승용승강기임)

① 2대 ② 3대
③ 4대 ④ 5대

해설 공동주택, 교육연구시설, 기타시설 등의 설치기준

3,000m² 이하까지 1대, 3,000m²를 초과하는 경우에는 그 초과하는 매 3,000m² 이내마다 1대의 비율로 가산한 대수로 한다.

$$\therefore 1+\frac{A-3{,}000\text{m}^2}{3{,}000\text{m}^2}$$

$$=1+\frac{12{,}000-3{,}000}{3{,}000}=4\text{대}$$

※ 8인승 이상 15인승 이하를 기준으로 산정하며 16인승 이상의 승강기는 2대로 산정한다.

17 다음은 화재예방, 소방시설설치 유지 및 안전관리에 관한 법률 시행령에서 규정하고 있는 소방시설을 설치하지 아니할 수 있는 특정소방대상물 및 소방시설의 범위이다. 빈칸에 들어갈 소방시설로 옳은 것은?

구 분	특정소방대상물	소방시설
화재 위험도가 낮은 특정 소방 대상물	석재, 불연성금속, 불연성 건축재료 등의 가공공장·기계조립공장·주물공장 또는 불연성물품을 저장하는 창고	

① 스프링클러 설비
② 옥외소화전 및 연결살수설비
③ 비상방송설비
④ 자동화재탐지설비

정답 15 ③ 16 ③ 17 ②

해설 소방시설을 설치하지 아니할 수 있는 특정소방대상물 및 소방시설의 범위(제18조 관련)

구분	특정소방대상물	소방시설
1. 화재 위험도가 낮은 특정소방대상물	석재, 불연성금속, 불연성 건축재료 등의 가공공장·기계조립공장·주물공장 또는 불연성 물품을 저장하는 창고	옥외소화전 및 연결살수설비
	「소방기본법」 제2조 제5호에 따른 소방대(消防隊)가 조직되어 24시간 근무하고 있는 청사 및 차고	옥내소화전설비, 스프링클러설비, 물분무등소화설비, 비상방송설비, 피난기구, 소화용수설비, 연결송수관설비, 연결살수설비

18 비상경보설비를 설치하여야 할 특정소방대상물의 기준으로 옳지 않은 것은? (단, 지하구, 모래·석재 등 불연재료 창고 및 위험물 저장·처리 시설 중 가스시설은 제외)

① 연면적 $400m^2$ (지하가 중 터널 또는 사람이 거주하지 않거나 벽이 없는 축사 등 동·식물 관련시설은 제외한다) 이상인 것
② 지하층 또는 무창층의 바닥면적이 $150m^2$ (공연장의 경우 $100m^2$) 이상인 것
③ 지하가 중 터널로서 길이가 500m 이상인 것
④ 30명 이상의 근로자가 작업하는 옥내작업장

해설 비상경보설비 설치대상

㉠ 연면적 $400m^2$ 이상인 것(지하가 중 터널 또는 사람이 거주하지 아니하거나 벽이 없는 축사를 제외)
㉡ 지하층 또는 무창층의 바닥면적이 $150m^2$(공연장인 경우 $100m^2$) 이상인 것
㉢ 지하가 중 터널로서 길이가 500m 이상인 것
㉣ 50명 이상의 근로자가 작업하는 옥내작업장
[예외] 가스시설, 지하구 경우

19 목구조의 장점에 해당되지 않는 것은?

① 재료의 강도, 강성에 대한 편차가 작고 균일하기 때문에 안전율을 매우 작게 설정할 수 있다.
② 경량이며, 중량에 비해 강도가 일반적으로 큰 편이다.
③ 외관이 미려하고 감촉이 좋다.
④ 증·개축이 용이하다.

해설 목재의 특징

① 장점
㉠ 건물이 경량하고 시공이 간편하다.
㉡ 비중이 작고 비중에 비해 강도가 크다.(비강도가 크다.)
㉢ 열전도율이 적다.(보온, 방한, 방서)
㉣ 내산, 내약품성이 있고 염분에 강하다.
㉤ 수종이 다양하고 색채, 무늬가 미려하다.
② 단점
㉠ 고층 건물이나 큰 span의 구조가 불가능하다.
㉡ 착화점이 낮아서 비내화적이다.
㉢ 내구성이 약하다.(충해 및 풍화로 부패)
㉣ 함수율에 따른 변형 및 팽창 수축이 크다.

20 목구조의 왕대공 지붕틀에서 휨과 인장력이 동시에 발생 가능한 부재는?

① 평보 ② 빗대공
③ ㅅ자보 ④ 왕대공

해설 왕대공(King Post) 지붕틀의 응력 상태

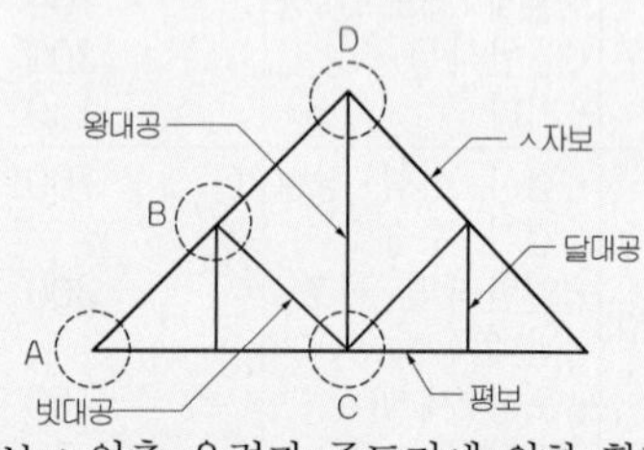

㉠ ㅅ자보 : 압축 응력과 중도리에 의한 휨모멘트
㉡ 평보 : 인장 응력과 천장 하중에 의한 휨모멘트
㉢ 왕대공, 달대공(수직부재) : 인장 응력
㉣ 빗대공 : 압축 응력
※ 지붕틀에서 왕대공에 가깝게 평보이음을 설치하는 이유?
평보는 인장재이므로 대공에 가까운 곳의 인장 응력이 적은 곳에서 이음을 해야 한다.

정답 18 ④ 19 ① 20 ①

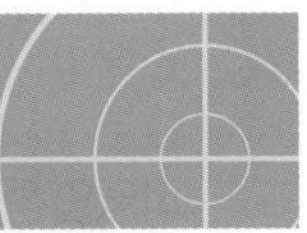

건축일반
2019년 3월 3일(1회)

01 **한국의 목조건축 입면에서 벽면구성을 위한 의장의 성격을 결정지어 주는 기본적인 요소는?**

① 기둥 – 주두 – 창방
② 기둥 – 창방 – 평방
③ 기단 – 기둥 – 주두
④ 기단 – 기둥 – 창방

해설 한국의 목조건축 입면에서 벽면구성을 위한 기본적인 요소

- 창방 : 외부기둥의 기둥머리를 연결하는 부재로 사용되었다.
- 평방 : 창방 위의 가로부재로 다포식 양식의 건물에만 사용되었다.

※ 주심포계 양식
㉠ 고려시대 건물이 주류를 이룬다.
㉡ 기둥 상부에만 공포(주두, 첨차, 소로)를 배치한 것으로 소로는 비교적 자유스럽게 배치된다.

※ 다포계 양식
㉠ 창방 위에 평방을 놓고 그 위에 주두와 첨차, 소로들로 구성되는 공포를 짜는 식
㉡ 고려 말에 나타나서 조선시대에 널리 사용되었으며, 화려한 형태이다.

02 **특정소방대상물에서 사용하는 방염대상물품에 해당되지 않는 것은?**

① 창문에 설치하는 커튼류
② 전시용 합판
③ 종이벽지
④ 섬유류 또는 합성수지류 등을 원료로 하여 제작된 소파

해설 특정소방대상물에서 사용되는 방염대상물품

제조 또는 가공공정에서 방염처리를 한 물품(합판·목재류의 경우에는 설치현장에서 방염처리를 한 것을 말함)으로서 다음의 하나에 해당하는 것을 말한다.
㉠ 창문에 설치하는 커텐류(브라인드를 포함)
㉡ 카페트, 두께가 2mm 미만인 벽지류로서 종이벽지를 제외한 것
㉢ 전시용 합판 또는 섬유판, 무대용 합판 또는 섬유판
㉣ 암막·무대막(영화상영관, 골프연습장업에 설치하는 스크린을 포함)

03 **철근콘크리트 구조의 철근 피복에 관한 설명으로 옳지 않은 것은? (단, 철근콘크리트 보로서 주근과 스터럽이 정상 설치된 경우)**

① 철근콘크리트 보의 피복두께는 주근의 표면과 이를 피복하는 콘크리트 표면까지의 최단거리이다.
② 피복두께는 내화성·내구성 및 부착력을 고려하여 정하는 것이다.
③ 동일한 부재의 단면에서 피복두께가 클수록 구조적으로 불리하다.
④ 콘크리트의 중성화에 따른 철근의 부식을 방지한다.

해설 철근의 피복

㉠ 피복두께 : 콘크리트 표면에서 가장 근접한 철근 표면까지의 두께(mm)
㉡ 피복의 목적 : 내구성(철근의 방청), 내화성, 부착력 확보
㉢ 현장치기 콘크리트의 최소피복두께 기준

<table>
<tr><th colspan="3">종류</th><th>피복두께</th></tr>
<tr><td colspan="3">수중에 타설하는 콘크리트</td><td>100mm</td></tr>
<tr><td colspan="3">흙에 접하여 콘크리트를 친 후 영구히 흙에 묻혀있는 콘크리트</td><td>80mm</td></tr>
<tr><td rowspan="3">흙에 접하거나 옥외의 공기에 직접 노출되는 콘크리트</td><td colspan="2">D29 이상 철근</td><td>60mm</td></tr>
<tr><td colspan="2">D25 이하 철근</td><td>50mm</td></tr>
<tr><td colspan="2">D16 이하 철근</td><td>40mm</td></tr>
<tr><td rowspan="4">옥외의 공기나 흙에 직접 접하지 않는 콘크리트</td><td rowspan="2">슬래브, 벽체, 장선</td><td>D35 초과 철근</td><td>40mm</td></tr>
<tr><td>D35 이하 철근</td><td>20mm</td></tr>
<tr><td colspan="2">보, 기둥</td><td>40mm</td></tr>
<tr><td colspan="2">쉘, 절판두께</td><td>20mm</td></tr>
</table>

04 **건축물에 설치하는 굴뚝에 관한 기준으로 옳지 않은 것은?**

① 굴뚝의 옥상 돌출부는 지붕면으로부터의 수직거리를 1m 이상으로 할 것
② 굴뚝의 상단으로부터 수평거리 1m 이내에 다른 건축물이 있는 경우에는 그 건축물의 처마보다 1.5m 이상 높게 할 것

정답 01 ② 02 ③ 03 ① 04 ②

③ 금속제 굴뚝으로서 건축물의 지붕속·반자위 및 가장 아랫바닥 밑에 있는 굴뚝의 부분은 금속 외의 불연재료로 덮을 것
④ 금속제 굴뚝은 목재 기타 가연재료로부터 15cm 이상 떨어져서 설치할 것

해설 건축물에 설치하는 굴뚝에 관한 기준

㉠ 굴뚝의 옥상 돌출부는 지붕면으로부터의 수직거리를 1m 이상으로 할 것
㉡ 굴뚝의 상단으로부터 수평거리 1m 이내에 다른 건축물이 있는 경우에는 그 건축물의 처마보다 1m 이상 높게 할 것
㉢ 금속제 또는 석면제 굴뚝으로서 건축물의 지붕속·반자위 및 가장 아랫바닥 밑에 있는 굴뚝의 부분은 금속 외의 불연재료로 덮을 것
㉣ 금속제 또는 석면제 굴뚝은 목재 기타 가연재료로부터 15cm 이상 떨어져서 설치할 것

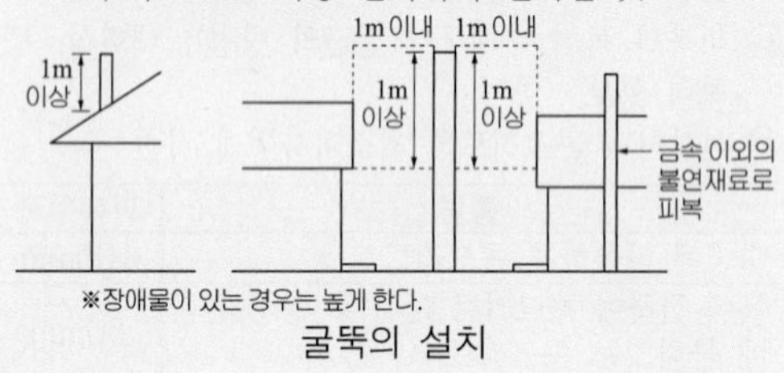

굴뚝의 설치

05 문화 및 집회시설(동·식물원 제외)로서 지하층 무대부의 면적이 최소 몇 m^2 이상일 때 모든 층에 스프링클러설비를 설치해야 하는가?

① $100m^2$　② $200m^2$
③ $300m^2$　④ $500m^2$

해설

문화 및 집회시설(동·식물원은 제외), 종교시설(사찰·제실·사당은 제외), 운동시설(물놀이형 시설은 제외)로서 다음에 해당하는 경우에는 모든 층에 스프링클러설비를 설치하여야 한다.
㉠ 수용인원이 100인 이상
㉡ 영화상영관의 용도로 쓰이는 층의 바닥면적이 지하층 또는 무창층인 경우 $500m^2$ 이상, 그 밖의 층의 경우에는 $1,000m^2$ 이상
㉢ 무대부가 지하층·무창층 또는 층수가 4층 이상인 층에 있는 경우에는 $300m^2$ 이상
㉣ 무대부가 ㉢ 외의 층에 있는 경우에는 무대부의 면적이 $500m^2$ 이상

06 건축물의 피난시설과 관련하여 건축물 바깥쪽으로 나가는 출구를 설치하는 경우 관람실의 바닥면적의 합계가 $300m^2$ 이상인 집회장 또는 공연장에 있어서는 주된 출구 외에 보조출구 또는 비상구를 몇 개소 이상 설치하여야 하는가?

① 1개소 이상　② 2개소 이상
③ 3개소 이상　④ 4개소 이상

해설 건축물 바깥쪽으로의 출구 설치 대상

문화 및 집회시설(전시장 및 동·식물원을 제외), 판매시설(도매시장·소매시장 및 상점), 장례식장, 업무시설 중 국가 또는 지방자치단체의 청사, 위락시설, 연면적이 $5,000m^2$ 이상인 창고시설, 교육연구시설 중 학교, 승강기를 설치하여야 하는 건축물
[예외] 관람실의 바닥면적의 합계가 $300m^2$ 이상인 집회장 또는 공연장은 바깥쪽으로 주된 출구 외에 보조출구 또는 비상구를 2개소 이상 설치하여야 한다.

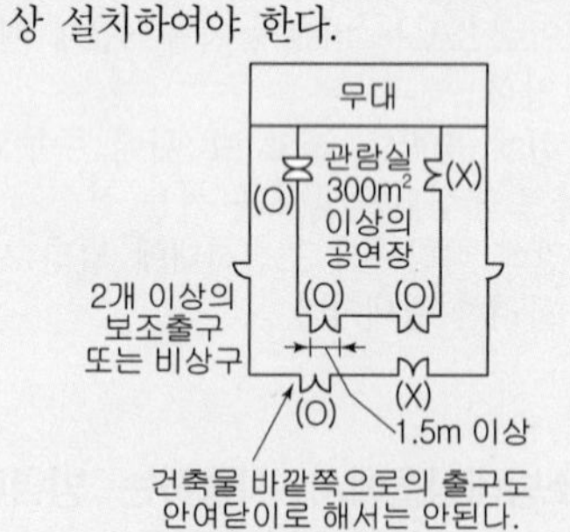

문화 및 집회시설 등의 출구

07 간이 스프링클러설비를 설치하여야 하는 특정소방대상물이 다음과 같을 때 최소 연면적 기준으로 옳은 것은?

교육연구시설 내 합숙소

① $100m^2$ 이상　② $150m^2$ 이상
③ $200m^2$ 이상　④ $300m^2$ 이상

해설 간이스프링클러설비를 설치하여야 하는 특정소방대상물

㉠ 근린생활시설로 사용하는 바닥면적의 합계가 $1,000m^2$ 이상인 것은 모든 층
㉡ 교육연구시설 내 합숙소로서 연면적 $100m^2$ 이상인 것

정답 05 ③ 06 ② 07 ①

08 다음 중 승용승강기의 설치기준과 직접적으로 관련된 것은?

① 대지안의 공지
② 건축물의 용도
③ 6층 이하의 거실면적의 합계
④ 승강기의 속도

해설

승용승강기의 설치대수를 결정할 수 있는 직접적 요소
: 건축물의 용도, 6층 이상의 거실면적의 합계

09 공동 소방안전관리자 선임대상 특정소방대상물이 되기 위한 연면적 기준은? (단, 복합건축물의 경우)

① 1000m^2 이상 ② 1500m^2 이상
③ 3000m^2 이상 ④ 5000m^2 이상

해설 공동 소방안전관리자 선임대상 특정소방대상물

㉠ 고층 건축물(지하층을 제외한 층수가 11층 이상인 건축물만 해당)
㉡ 지하가(지하의 인공구조물 안에 설치된 상점 및 사무실, 그 밖에 이와 비슷한 시설이 연속하여 지하도에 접하여 설치된 것과 그 지하도를 합한 것을 말함)
㉢ 복합건축물로서 연면적이 5,000m^2 이상인 것 또는 층수가 5층 이상인 것
㉣ 판매시설 중 도매시장 및 소매시장
㉤ 특정소방대상물 중 소방본부장 또는 소방서장이 지정하는 것

10 물체 표면간의 복사열전달량을 계산함에 있어 이와 가장 밀접한 재료의 성질은?

① 방사율 ② 신장률
③ 투과율 ④ 굴절률

해설

방사율이란 어떤 물체에 의하여 방사된 에너지와 같은 온도의 흑체에 의해 방사된 에너지비를 말한다.

11 비상경보설비를 설치하여야 하는 특정소방대상물의 기준으로 옳지 않은 것은?

① 연면적 400m^2 이상인 것
② 지하층 바닥면적이 150m^2 이상인 것
③ 지하가 중 터널로서 길이가 500m 이상인 것
④ 30명 이상의 근로자가 작업하는 옥내작업장

해설 비상경보설비 설치대상

㉠ 연면적 400m^2 이상인 것(지하가 중 터널 또는 사람이 거주하지 아니하거나 벽이 없는 축사를 제외)
㉡ 지하층 또는 무창층의 바닥면적이 150m^2(공연장인 경우 100m^2) 이상인 것
㉢ 지하가 중 터널로서 길이가 500m 이상인 것
㉣ 50명 이상의 근로자가 작업하는 옥내작업장
[예외] 가스시설, 지하구 경우

12 철골구조에 관한 설명으로 옳지 않은 것은?

① 수평력에 약하며 공사비가 저렴한 편이다.
② 철근콘크리트 구조에 비해 내화성이 부족하다.
③ 고층 및 장스팬 건물에 적합하다.
④ 철근콘크리트구조물에 비하여 중량이 가볍다.

해설 철골구조의 장단점

① 장 점
㉠ 수평력에 대해 강하고, 내진적이며 인성이 크다.
㉡ 자중이 가볍고 고강도이다.
㉢ 조립과 해체가 용이하다.
㉣ 큰 스팬(span) 건물과 고층 건물이 가능하다.(대규모 건축에 이용)
② 단 점
㉠ 화재에 불리하다. (비내화성)
㉡ 부재가 세장하므로 좌굴이 생기기 쉽다.
㉢ 부재가 고가(高價)이다.
㉣ 조립구조이므로 접합에 주의를 요한다.

정답 08 ② 09 ④ 10 ① 11 ④ 12 ①

13 **표준형 벽돌로 구성한 벽체를 내력벽 2.5B로 할 때 벽두께로 옳은 것은?**

① 290mm ② 390mm
③ 490mm ④ 580mm

해설 벽돌의 치수

(단위 : mm)

구분 \ 종류	길이(B)	너비(A)	두께
기존형(재래형)	210	100	60
표준형(기본형)	190	90	57

※ 너비는 길이에서 줄눈의 뺀 것의 반으로 되어 있다.
※ 일반적으로 줄눈너비는 10mm로 한다.
∴ 표준형 벽돌 1.5B 벽두께 치수 = 190mm + 10mm + 90mm = 290mm
표준형 벽돌 2.0B 벽두께 치수 = 190mm + 10mm + 190mm = 390mm
표준형 벽돌 2.5B 벽두께 치수 = 190mm + 10mm + 190mm + 10mm + 90mm = 490mm

14 **방화구획의 설치기준으로 옳지 않은 것은?**

① 10층 이하의 층은 바닥면적 1000m² 이내마다 구획할 것
② 10층 이하의 층은 스프링클러 기타 이와 유사한 자동식 소화설비를 설치한 경우에는 바닥면적 3000m² 이내마다 구획할 것
③ 지하층은 바닥면적 200m² 이내마다 구획할 것
④ 11층 이상의 층은 바닥면적 200m² 이내마다 구획할 것

해설 방화구획의 기준

주요구조부가 내화구조 또는 불연재료로 된 건축물로 연면적이 1,000m²를 넘는 것은 다음의 기준에 의한 내화구조의 바닥, 벽 및 갑종방화문(자동방화셔터 포함)으로 구획하여야 한다.

건축물의 규모	구 획 기 준	
10층 이하의 층	바닥면적 1,000m² (3,000m²) 이내마다 구획	
3층 이상의 층, 지하층	층마다 구획(면적에 무관) [단, 지하 1층에서 지상으로 직접 연결하는 경사로 부위는 제외]	
11층 이상의 층	실내마감이 불연재료의 경우	바닥면적500m² (1,500m²) 이내마다 구획
	실내마감이 불연재료가 아닌 경우	바닥면적 200m² (600m²) 이내마다 구획

*( ) 안의 면적은 스프링클러 등의 자동식 소화설비를 설치한 경우임.

15 **건축물의 내부에 설치하는 피난계단의 구조에 관한 기준으로 옳지 않은 것은?**

① 계단실은 창문·출입구 기타 개구부를 제외한 당해 건축물의 다른 부분과 내화구조의 벽으로 구획할 것
② 계단실에는 예비전원에 의한 조명설비를 할 것
③ 계단실의 바깥쪽과 접하는 창문등은 당해 건축물의 다른 부분에 설치하는 창문 등으로부터 2m 이상의 거리를 두고 설치 할 것
④ 계단실의 실내에 접하는 부분의 마감은 난연재료로 할 것

해설

건축물의 내부에 설치하는 피난계단의 계단실의 실내에 접하는 부분(바닥 및 반자 등 실내에 면하는 모든 부분)의 마감(마감을 위한 바탕 포함)은 불연재료로 할 것

정답 13 ③ 14 ③ 15 ④

16 **건축물의 바닥면적 합계가 450m² 인 경우 주요구조부를 내화구조로 하여야 하는 건축물이 아닌 것은?**

① 의료시설
② 노유자시설 중 노인복지시설
③ 업무시설 중 오피스텔
④ 창고시설

해설

건축물의 2층이 단독주택 중 다중주택, 다가구주택, 공동주택, 제1종 근린생활시설(의료의 용도에 쓰이는 시설), 제2종 근린생활시설 중 다중생활시설, 의료시설, 노유자시설 중 아동관련시설, 노인복지시설 및 수련시설 중 유스호스텔, 업무시설 중 오피스텔, 숙박시설, 장례식장은 해당 용도의 바닥면적의 합계가 400m² 이상인 경우에는 주요구조부를 내화구조로 하여야 한다.
☞ 창고시설 : 해당 용도의 바닥면적의 합계가 500m² 이상

17 **로마시대의 주택에 관한 설명으로 옳지 않은 것은?**

① 판사(pansa)의 주택 같은 부유층의 도시형 주거는 주로 보도에 면하여 있었다.
② 인술라(insula)에는 일반적으로 난방시설과 개인목욕탕이 설치되었다.
③ 빌라(villa)는 상류신분의 고급 교외별장이다.
④ 타블리눔(tablinum)은 가족의 중요문서 등이 보관되어 있는 곳이었다.

해설 로마시대의 주택

로마의 주거는 그리스 문화의 영향으로 객실·거실·식당·침실 등이 중정을 중심으로 지어졌다. 상류층 주거에는 석회와 콘크리트를 사용했으며, 일반 주거에는 나뭇가지와 흙을 여전히 사용했다. 부호들의 주택을 도무스(domus)라고 하고, 전원주택을 빌라(villa)라고 했다. 이러한 주택은 아트리움(atrium)과 페리스타일(peristyle)이라고 하는 앞뒤 2개의 중정을 중심으로 모든 방이 배치되어서 바깥채와 안채가 같은 공간의 기능을 갖고 있다. 서민용 주거로서는 인슐라(insulla)라고 하는 공동주택이 있었다. 도무스는 수평방향으로 넓혀간 데 반해 인슐라는 수직방향으로 높여간 것이 특징이다.

※ 인술라(insula)
라틴어로 '섬'이라는 뜻으로 고대 로마와 오스티아에 세워졌던 일종의 공동주택 내 세대별 주거공간 또는 단일 구조물이다.
복수형인 인술라이(insulae)는 땅값이 비싸고 인구가 밀집한 곳에 세워져 경제적으로 유용한 주거인 아파트 같은 것을 뜻하였다. 상류 계급의 독립 주택인 도무스와는 달리 인술라는 주로 노동자들의 주거였다. 벽돌을 쌓은 뒤 콘크리트를 덮어 만든 인술라는 아우구스투스 황제 때 21m로, 다시 트라야누스 황제 때 17.7m로 높이를 제한하는 법이 제정되었음에도 보통 5층 또는 그 이상 높게 지어졌다. 도로와 나란한 저층부에는 장인들의 공방이나 상업시설이 들어선 것이 특색이었으며, 상부층의 주거는 내부 공동계단을 지나 올라가며, 한길이나 내부 중정을 통해 채광과 통풍이 이루어지도록 했다. 보통 인술라에는 나무와 콘크리트로 만든 발코니가 둘러져 있었다. 펌프 시설로는 저층에만 물을 공급할 수 있었으므로 고층 거주자들은 공공 수도와 공공 위생시설을 사용해야 했으며 값싼 건설비와 제한된 수도 공급 때문에 종종 붕괴 사고나 큰 화재가 일어났다.
※ 도무스(domus)에는 일반적으로 난방시설과 개인목욕탕이 설치되었다.

18 **경보설비의 종류가 아닌 것은?**

① 누전경보기
② 자동화재탐지설비
③ 비상방송설비
④ 무선통신보조설비

해설 소방시설

소화설비·경보설비·피난구조설비·소화용수설비 그 밖에 소화활동설비를 말한다.
※ 경보설비 : 비상벨설비 및 자동식사이렌설비("비상경보설비"라 함), 단독경보형설비, 비상방송설비, 누전경보기, 자동화재탐지설비 및 시각경보기, 자동화재속보설비, 가스누설경보기, 통합감시시설
☞ 무선통신보조설비는 소화활동설비에 해당된다.

정답 16 ④ 17 ② 18 ④

19 **건축허가등을 할 때 미리 소방본부장 또는 소방서장의 동의를 받아야 하는 대상건축물의 최소 연면적 기준은?**

① 400m² 이상
② 500m² 이상
③ 600m² 이상
④ 1000m² 이상

해설 소방본부장 또는 소방서장의 건축허가 및 사용승인에 대한 동의 대상 건축물의 범위

1. 연면적이 400m²(학교시설의 경우 100m², 노유자시설 및 수련시설의 경우 200m², 정신의료기관, 장애인 의료재활시설의 경우 300m²) 이상인 건축물
2. 차고·주차장 또는 주차용도로 사용되는 시설로서 다음에 해당하는 것
 ① 차고·주차장으로 사용되는 층 중 바닥면적이 200m² 이상인 층이 있는 시설
 ② 승강기 등 기계장치에 의한 주차시설로서 자동차 20대 이상을 주차할 수 있는 시설
3. 지하층 또는 무창층이 있는 건축물로서 바닥면적이 150m²(공연장의 경우에는 100m²) 이상인 층이 있는 것
4. 면적에 관계없이 동의 대상
 ① 층수가 6층 이상인 건축물
 ② 항공기격납고, 관망탑, 항공관제탑, 방송용 송수신탑
 ③ 위험물저장 및 처리시설, 지하구
 ④ 노인 관련 시설, 아동복지시설(아동상담소, 아동전용시설 및 지역아동센터는 제외)
 ⑤ 장애인 거주시설, 정신질환자 관련 시설, 노숙인 관련 시설 중 노숙인자활시설, 노숙인재활시설 및 노숙인요양시설, 결핵환자나 한센인이 24시간 생활하는 노유자시설
 ⑥ 요양병원(정신병원, 의료재활시설 제외)

20 **환기에 관한 설명으로 옳지 않은 것은?**

① 실내환경의 쾌적성을 유지하기 위한 외기량을 필요환기량이라 한다.
② 1인당 차지하는 공간체적이 클수록 필요환기량은 증가한다.
③ 실내가 실외에 비해 온도가 높을 경우 실내의 공기 밀도는 실외보다 낮다.
④ 중력 환기는 실내외 온도차에 의한 공기의 밀도차에 의하여 발생한다.

해설 환기량(Q)

Q = n v
Q : 환기량(m³/h)
n : 환기회수(회/h)
v : 실용적(m³)

$n = \frac{Q}{V}$이므로 환기회수는 환기량(m³/h)을 실용적(m³)으로 나눈 값이다.

정답 19 ① 20 ②

건축일반
2019년 4월 27일(2회)

01 **관계공무원에 의해 실시되는 소방안전관리에 관한 특별조사의 항목에 해당하지 않는 것은?**

① 특정소방대상물의 소방안전관리 업무수행에 관한 사항
② 특정소방대상물의 소방계획서 이행에 관한 사항
③ 특정소방대상물의 자체점검 및 정기적 점검 등에 관한 사항
④ 특정소방대상물의 소방안전관리자의 선임에 관한 사항

해설 소방 특별조사의 항목

㉠ 소방안전관리 업무 수행에 관한 사항
㉡ 소방계획서 이행에 관한 사항
㉢ 자체점검 및 정기점검 등에 관한 사항
㉣ 화재의 예방조치 등에 관한 사항
㉤ 불을 사용하는 설비 등의 관리와 특수가연물의 저장·취급에 관한 사항
㉥ 다중이용업소의 안전관리에 관한 특별법에 따른 안전관리에 관한 사항
㉦ 위험물 안전관리법에 따른 안전관리에 관한 사항
※ 소방특별조사
소방청장, 소방본부장 또는 소방서장은 소방특별조사를 하려면 7일 전에 관계인에게 조사대상, 조사기간 및 조사사유 등을 서면으로 알려야 한다.

02 **한국의 목조건축에서 기둥 밑에 놓아 수직재인 기둥을 고정하는 것은?**

① 인방 ② 주두
③ 초석 ④ 부연

해설 한국의 목조건축 용어

① 인방(引枋) : 기둥과 기둥, 또는 문설주에 가로질러 벽체의 뼈대 및 문틀이 되는 가로재로서 상인방, 중인방, 하인방이 있다.
② 주두(柱頭) : 기둥머리 위에 놓여 포작(包作)을 받아 공포를 구성하는 대접처럼 넓적하게 네모난 나무로 상부의 하중을 균등하게 기둥에 전달하는 기능을 가지고 있다.
③ 초석 : 기둥 밑에 놓아 수직재인 기둥을 고정하는 요소
④ 부연 : 처마 서까래 끝에 덧없는 네모지고 짧은 서까래이다. 처마를 위로 돌리게 하여 날아갈 듯 한 곡선을 이루게 하는 구실을 한다. 부연초리는 처마 서까래의 4분의 1이나 3분의 1 정도이다. 부연이 있는 집은 삼국시대 이래로 고급에 속했으며, 사원건축의 대부분은 부연이 있는 겹처마이다.

03 **다음은 건축허가등을 할 때 미리 소방본부장 또는 소방서장의 동의를 받아야 하는 건축물 등의 범위에 관한 내용이다. 빈칸에 들어갈 내용을 순서대로 옳게 나열한 것은?**
(단, 차고·주차장 또는 주차용도로 사용되는 시설)

> 가. 차고·주차장으로 사용되는 바닥면적이 (　　) 이상인 층이 있는 건축물이나 주차시설
> 나. 승강기 등 기계장치에 의한 주차시설로서 자동차 (　　) 이상을 주차할 수 있는 시설

① 100m², 20대
② 200m², 20대
③ 100m², 30대
④ 200m², 30대

해설 소방본부장 또는 소방서장의 건축허가 및 사용승인에 대한 동의 대상 건축물의 범위

1. 연면적이 400m²(학교시설의 경우 100m², 노유자시설 및 수련시설의 경우 200m², 정신의료기관, 장애인 의료재활시설의 경우 300m²) 이상인 건축물
2. 차고·주차장 또는 주차용도로 사용되는 시설로서 다음에 해당하는 것
① 차고·주차장으로 사용되는 층 중 바닥면적이 200m² 이상인 층이 있는 시설
② 승강기 등 기계장치에 의한 주차시설로서 자동차 20대 이상을 주차할 수 있는 시설
3. 지하층 또는 무창층이 있는 건축물로서 바닥면적이 150m²(공연장의 경우에는 100m²) 이상인 층이 있는 것

정답 01 ④ 02 ③ 03 ②

4. 면적에 관계없이 동의 대상
① 층수가 6층 이상인 건축물
② 항공기격납고, 관망탑, 항공관제탑, 방송용 송수신탑
③ 위험물저장 및 처리시설, 지하구
④ 노인 관련 시설, 아동복지시설(아동상담소, 아동전용시설 및 지역아동센터는 제외)
⑤ 장애인 거주시설, 정신질환자 관련 시설, 노숙인 관련 시설 중 노숙인자활시설, 노숙인재활시설 및 노숙인요양시설, 결핵환자나 한센인이 24시간 생활하는 노유자시설
⑥ 요양병원(정신병원, 의료재활시설 제외)

04 소방시설법령에 따른 소방시설의 분류명칭에 해당되지 않는 것은?

① 소화설비 ② 급수설비
③ 소화활동설비 ④ 소화용수설비

해설 소방시설

소화설비·경보설비·피난구조설비·소화용수설비 그 밖에 소화활동설비로서 대통령령이 정하는 것을 말한다.

05 소방시설법령에서 정의하는 무창층이 되기 위한 개구부 면적의 합계 기준은? (단, 개구부란 아래 요건을 충족)

가. 크기는 지름 50cm 이상의 원이 내접할 수 있는 크기일 것
나. 해당 층의 바닥면으로부터 개구부 밑부분까지의 높이가 1.2m 이내일 것
다. 도로 또는 차량이 진입할 수 있는 빈터를 향할 것
라. 화재 시 건축물로부터 쉽게 피난할 수 있도록 창살이나 그 밖의 장애물이 설치되지 아니할 것
마. 내부 또는 외부에서 쉽게 부수거나 열 수 있을 것

① 해당 층의 바닥면적의 1/20 이하
② 해당 층의 바닥면적의 1/25 이하
③ 해당 층의 바닥면적의 1/30 이하
④ 해당 층의 바닥면적의 1/35 이하

해설 무창층

지상층 중 다음에 해당하는 요건을 모두 갖춘 개구부(건축물에서 채광·환기·통풍 또는 출입 등을 위하여 만든 창·출입구 그 밖에 이와 비슷한 것을 말함)의 면적의 합계가 당해 층의 바닥면적의 1/30 이하가 되는 층을 말한다.
㉠ 개구부의 크기가 지름 50cm 이상의 원이 내접할 수 있을 것
㉡ 해당 층의 바닥면으로부터 개구부 밑부분까지의 높이가 1.2m 이내일 것
㉢ 개구부는 도로 또는 차량이 진입할 수 있는 빈터를 향할 것
㉣ 화재시 건축물로부터 쉽게 피난할 수 있도록 개구부에 창살 그 밖의 장애물이 설치되지 아니할 것
㉤ 내부 또는 외부에서 쉽게 파괴 또는 개방할 수 있을 것

06 철근콘크리트 구조로서 내화구조가 아닌 것은?

① 두께가 8cm인 바닥
② 두께가 10cm인 벽
③ 보
④ 지붕

해설 철근콘크리트조, 철골철근콘크리트조의 내화구조 기준

㉠ 벽 : 두께 10cm 이상
㉡ 외벽 중 비내력벽 : 두께 7cm 이상
㉢ 기둥 : 최소 지름이 25cm 이상
㉣ 바닥 : 두께 10cm 이상
㉤ 보, 지붕, 계단 : 두께 기준이 없다.
※ 철골조의 계단은 내화구조로 본다.

정답 04 ② 05 ③ 06 ①

07 철골조에서 그림과 같은 H형강의 올바른 표기법은?

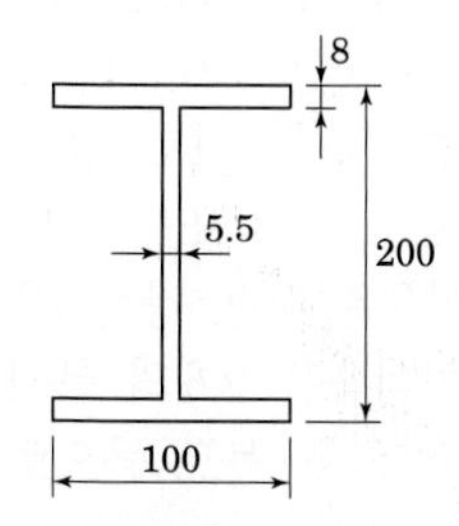

① H−100×200×5.5×8
② H−100×200×8×5.5
③ H−200×100×5.5×8
④ H−200×100×8×5.5

해설

H형강 표기법 : H − 높이 × 너비 × 웨브 두께 × 플랜지 두께

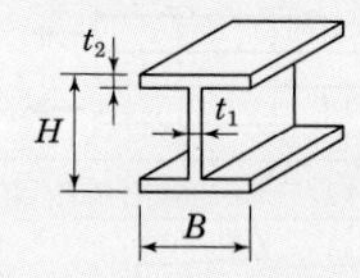

∴ H−200×100×5.5×8 이 그림 H형강의 올바른 표기법이다.

08 건축물에서 자연 채광을 위하여 거실에 설치하는 창문등의 면적은 얼마 이상으로 하여야 하는가?

① 거실 바닥면적의 5분의 1
② 거실 바닥면적의 10분의 1
③ 거실 바닥면적의 15분의 1
④ 거실 바닥면적의 20분의 1

해설 거실의 채광 및 환기

구분	건축물의 용도	창문 등의 면적	예 외 규 정
채광	•단독주택의 거실 •공동주택의 거실 •학교의 교실 •의료시설의 병실 •숙박시설의 객실	거실 바닥면적의 1/10 이상	거실의 용도에 따른 조도기준 [별표 1]의 조도 이상의 조명
환기		거실 바닥면적의 1/20 이상	기계장치 및 중앙관리방식의 공기조화설비를 설치한 경우

09 실내공간에 서있는 사람의 경우 주변 환경과 지속적으로 열을 주고받는다. 인체와 주변 환경과의 열전달 현상 중 그 영향이 가장 적은 것은?

① 전도 ② 대류
③ 복사 ④ 증발

해설 인체의 열손실

① 인체의 열손실 : 복사(40%), 대류(30%), 증발(25%), 전도(5%)
 ㉠ 피부 확산에 의한 열손실
 ㉡ 땀분비 작용에 의한 열손실
 ㉢ 호흡에 의한 열손실
 ㉣ 복사에 의한 열손실
 ㉤ 대류에 의한 열손실
※ 이러한 비율은 주변의 열환경 조건에 따라 변화될 수 있다.
② 착의 상태로부터 대류 열손실은 인체의 표면과 주위 공기의 온도차에 비례하여 또한 대류 열전달률에도 좌우된다.

10 방염성능기준 이상의 실내장식물 등을 설치하여야 하는 특정소방대상물에 해당되지 않는 것은?

① 근린생활시설 중 체력단련장
② 방송통신시설 중 방송국
③ 의료시설 중 종합병원
④ 층수가 11층인 아파트

해설 방염성능기준 이상의 실내장식물 등을 설치하여야 하는 특정소방대상물

① 근린생활시설 중 의원, 체력단련장, 공연장 및 종교집회장
② 건축물의 옥내에 있는 문화 및 집회시설, 종교시설, 운동시설(수영장은 제외)
③ 의료시설, 노유자시설, 숙박시설, 숙박이 가능한 수련시설
④ 교육연구시설 중 합숙소
⑤ 방송통신시설 중 방송국 및 촬영소
⑥ 다중이용업소
⑦ 상기 ①부터 ⑥까지의 시설에 해당하지 아니하는 것으로서 층수(건축법시행령에 따라 산정한 층수)가 11층 이상인 것(아파트는 제외)

정답 07 ③ 08 ② 09 ① 10 ④

11 **다음 중 방염대상물품에 해당하지 않는 것은?**

① 종이벽지
② 전시용 합판
③ 카펫
④ 창문에 설치하는 블라인드

해설 특정소방대상물에서 사용되는 방염대상물품

제조 또는 가공공정에서 방염처리를 한 물품(합판·목재류의 경우에는 설치현장에서 방염처리를 한 것을 말함)으로서 다음의 하나에 해당하는 것을 말한다.
㉠ 창문에 설치하는 커텐류(브라인드를 포함)
㉡ 카페트, 두께가 2mm 미만인 벽지류로서 종이벽지를 제외한 것
㉢ 전시용 합판 또는 섬유판, 무대용 합판 또는 섬유판
㉣ 암막·무대막(영화상영관, 골프연습장업에 설치하는 스크린을 포함)

12 **피난층 또는 지상으로 통하는 직통계단을 2개소 이상 설치해야 하는 용도가 아닌 것은? (단, 피난층 외의 층으로써 해당 용도로 쓰는 바닥면적의 합계가 500m² 일 경우)**

① 단독주택 중 다가구주택
② 문화 및 집회시설 중 전시장
③ 제2종 근린생활시설 중 공연장
④ 교육연구시설 중 학원

해설

문화 및 집회시설(전시장 및 동·식물원 제외), 300m² 이상인 공연장, 종교집회장, 종교시설, 장례식장, 위락시설 중 주점영업의 용도로 쓰는 층으로서 그 층의 관람실 또는 집회실의 바닥면적 합계가 200m² 이상인 경우, 피난층 또는 지상으로 통하는 직통계단을 2개소 이상 설치하여야 한다.

13 **목재의 이음에 관한 설명으로 옳지 않은 것은?**

① 엇걸이 산지이음은 옆에서 산지치기로 하고, 중간은 빗물리게 한다.
② 턱솔이음은 서로 경사지게 잘라 이은 것으로 못질 또는 볼트 죔으로 한다.
③ 빗이음은 띠장, 장선이음 등에 사용한다.
④ 겹친이음은 2개의 부재를 단순히 겹쳐 대고 큰못·볼트 등으로 보강한다.

해설 이음(Connection)

2개 이상의 부재를 길이 방향으로 접합

이음의 종류	형 태	사용용도
맞댄 이음	나무산지, 듀벨	평보
겹친 이음		트러스 접합
엇걸이 이음	D, 신지(1.5각), 신지구멍	토대, 처마도리, 중도리, 깔도리
기타 이음	빗이음, 엇빗이음, 홈, 턱솔, 턱솔이음, 은장이음	• 빗이음 : 서까래, 장선, 띠장 • 엇빗이음 : 반자틀 • 턱솔이음 : 걸레받이 • 은장이음 : 난간두겁대

14 **그리스 파르테논(Parthenon)신전에 관한 설명으로 옳지 않은 것은?**

① 그리스 아테네의 아크로폴리스 언덕에 위치하고 있다.
② 기원전 5세기경 건축가 익티누스와 조각가 피디아스의 작품이다.
③ 아테네의 수호신 아테나를 숭배하기 위해 축조하였다.
④ 대부분 화강석 재료를 사용하여 건축하였다.

정답 11 ① 12 ② 13 ② 14 ④

해설

로마건축의 재료는 주로 석재를 사용하였으며 콘크리트를 발명하였다. 로마건축은 대규모의 조적조 건물에 석회와 화산재를 사용한 천연 모르타르(접착제)를 써서 조적조를 획기적으로 발달하게 하였다.
※ 그리이스 건축 : 가구식 구조 체계를 주로 사용(석재를 쌓을 때 모르타르를 쓰지 않고 철물을 사용)

15 **문화 및 집회시설 중 공연장의 개별관람실 바닥면적이 550m²인 경우 관람실의 최소 출구 개수는? (단, 각 출구의 유효너비는 1.5m로 한다.)**

① 2개소　② 3개소
③ 4개소　④ 5개소

해설

공연장의 개별 관람실 출구의 유효폭의 합계는 개별 관람실의 바닥면적 100m² 마다 0.6m 이상
의 비율로 산정한 폭 이상일 것
∴ 개별 관람실 출구의 유효폭의 합계

$$= \frac{550m^2}{100m^2} \times 0.6m = 3.3m$$

3.3m÷1.5m=2.2≒3개소

16 **급수·배수 등의 용도를 위하여 건축물에 설치하는 배관설비의 설치 및 구조에 관한 기준으로 옳지 않은 것은?**

① 배관설비의 오수에 접하는 부분은 내수재료를 사용할 것
② 지하실 등 공공하수도로 자연배수를 할 수 없는 곳에는 배수용량에 맞는 강제배수시설을 설치할 것
③ 우수관과 오수관은 통합하여 배관할 것
④ 콘크리트구조체에 배관을 매설하거나 배관이 콘크리트구조체를 관통할 경우에는 구조체에 덧관을 미리 매설하는 등 배관의 부식을 방지하고 그 수선 및 교체가 용이하도록 할 것

해설

배수용으로 쓰이는 배관설비는 다음 기준에 적합하여야 한다.
㉠ 배출시키는 빗물 또는 오수의 양 및 수질에 따라 그에 적당한 용량 및 경사를 지게 하거나 그에 적합한 재질을 사용할 것
㉡ 배관설비에는 배수트랩, 통기관을 설치하는 등 위생에 지장이 없도록 할 것
㉢ 배관설비의 오수에 접하는 부분은 내수재료를 사용할 것
㉣ 지하실 등 공공하수도로 자연배수를 할 수 없는 곳에는 배수용량에 맞는 강제배수시설을 설치할 것
㉤ 우수관과 오수관은 분리하여 배관할 것
㉥ 콘크리트구조체에 배관을 매설하거나 배관이 콘크리트구조체를 관통할 경우에는 구조체에 덧관을 미리 매설하는 등 배관 부식방지와 배관의 수선·교체가 용이하도록 할 것

17 **건축물 내부에 설치하는 피난계단의 구조 기준으로 옳지 않은 것은?**

① 계단은 내화구조로 하고 피난층 또는 지상까지 직접 연결되도록 한다.
② 계단실에는 예비전원에 의한 조명설비를 한다.
③ 계단실의 실내에 접하는 부분의 마감은 난연재료로 한다.
④ 건축물의 내부에서 계단실로 통하는 출입구의 유효너비는 0.9m 이상으로 한다.

해설

건축물 내부에 설치하는 피난계단의 구조에서 계단실의 마감 : 계단실의 실내에 접하는 부분(바닥 및 반자 등 실내에 면하는 모든 부분)의 마감(마감을 위한 바탕 포함)은 불연재료로 할 것

정답　15 ②　16 ③　17 ③

18 소방시설법령에서 규정하고 있는 비상콘센트 설비를 설치하여야 하는 특정소방대상물의 기준으로 옳은 것은?

① 층수가 7층 이상인 특정소방대상물의 경우에는 7층 이상의 층
② 층수가 8층 이상인 특정소방대상물의 경우에는 8층 이상의 층
③ 층수가 10층 이상인 특정소방대상물의 경우에는 10층 이상의 층
④ 층수가 11층 이상인 특정소방대상물의 경우에는 11층 이상의 층

해설 비상콘센트설비를 설치하여야 하는 특정소방대상물 (가스시설 또는 지하구를 제외)

㉠ 지하층을 포함하는 층수가 11층 이상인 특정소방대상물의 경우에는 11층 이상의 층
㉡ 지하층의 층수가 3개층 이상이고 지하층의 바닥면적의 합계가 1,000m^2 이상인 것은 지하층의 모든 층
㉢ 지하가 중 터널로서 길이가 500m 이상인 것

19 벽돌구조의 특징으로 옳지 않은 것은?

① 풍하중, 지진하중 등 수평력에 약하다.
② 목구조에 비해 벽체의 두께가 두꺼우므로 실내면적이 감소한다.
③ 고층 건물에는 적용이 어렵다.
④ 시공법이 복잡하고 공사비가 고가인 편이다.

해설 벽돌구조의 특징

벽돌을 모르타르를 써서 쌓아 올려 건물의 구조체를 구성하는 구조이다.
(1) 장 점
① 내화, 내구, 방화, 방한, 방서적(防暑的)이다.
② 외관이 중후하고 아름답다.
③ 구조 시공법이 간단하다.
(2) 단 점
① 목조 건물에 비하여 벽체의 두께가 크기 때문에 실내면적이 좁아진다.
② 벽체에 습기가 차기 쉽다.
③ 건물의 무게가 무겁다.
④ 풍압력, 지진력 등의 수평력에 약하다. (횡력에 약하다.)

20 결로에 관한 설명으로 옳지 않은 것은?

① 실내공기의 노점온도보다 벽체표면온도가 높을 경우 외부결로가 발생할 수 있다.
② 여름철의 결로는 단열성이 높은 건물에서 고온다습한 공기가 유입될 경우 많이 발생한다.
③ 일반적으로 외단열 시공이 내단열 시공에 비하여 결로 방지기능이 우수하다.
④ 결로방지를 위하여 환기를 통하여 실내의 절대습도를 낮게 한다.

해설 결로

건물의 표면온도가 접촉하고 있는 공기의 노점온도보다 낮을 경우 그 표면에 발생한다.
※ 다음의 여러 가지 원인이 복합적으로 작용하여 발생한다.
㉠ 실내외 온도차 : 실내외 온도차가 클수록 많이 생긴다.
㉡ 실내 습기의 과다발생 : 가정에서 호흡, 조리, 세탁 등으로 하루 약 12kg의 습기 발생
㉢ 생활 습관에 의한 환기부족 : 대부분의 주거활동이 창문을 닫은 상태인 야간에 이루어짐
㉣ 구조체의 열적 특성 : 단열이 어려운 보, 기둥, 수평지붕
㉤ 시공불량 : 단열시공의 불완전
㉥ 시공직후의 미건조 상태에 따른 결로 : 콘크리트, 모르타르, 벽돌
※ 열전달률, 열전도율, 열관류율이 클수록 결로현상은 심하다.

정답 18 ④ 19 ④ 20 ①

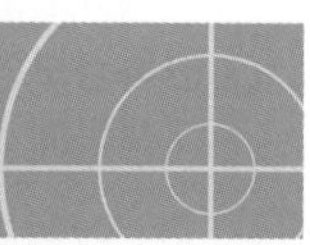

건축일반
2019년 8월 4일(3회)

01 소방특별조사를 실시하는 경우에 해당되지 않는 것은?

① 관계인이 소방시설법 또는 다른 법령에 따라 실시하는 소방시설 등, 방화시설, 피난시설 등에 대한 자체점검 등이 불성실하거나 불완전하다고 인정되는 경우
② 국가적 행사 등 주요 행사가 개최되는 장소 및 그 주변의 관계 지역에 대하여 소방안전 관리 실태를 점검할 필요가 있는 경우
③ 화재가 발생되지 않아 일상적인 점검을 요하는 경우
④ 재난예측정보, 기상예보 등을 분석한 결과 소방대상물에 화재, 재난·재해의 발생 위험이 높다고 판단되는 경우

해설 소방 특별조사의 항목

㉠ 소방안전관리 업무 수행에 관한 사항
㉡ 소방계획서 이행에 관한 사항
㉢ 자체점검 및 정기점검 등에 관한 사항
㉣ 화재의 예방조치 등에 관한 사항
㉤ 불을 사용하는 설비 등의 관리와 특수가연물의 저장·취급에 관한 사항
㉥ 다중이용업소의 안전관리에 관한 특별법에 따른 안전관리에 관한 사항
㉦ 위험물 안전관리법에 따른 안전관리에 관한 사항
※ 소방특별조사
소방청장, 소방본부장 또는 소방서장은 소방특별조사를 하려면 7일 전에 관계인에게 조사대상, 조사기간 및 조사사유 등을 서면으로 알려야 한다.

02 건축물에 설치하는 특별피난계단의 구조에 관한 기준으로 옳지 않은 것은?

① 계단실에는 노대 또는 부속실에 접하는 부분 외에는 건축물의 내부와 접하는 창문 등을 설치하지 아니할 것
② 건축물의 내부에서 노대 또는 부속실로 통하는 출입구에는 을종방화문을 설치할 것
③ 계단은 내화구조로 하되, 피난층 또는 지상까지 직접 연결되도록 할 것
④ 출입구의 유효너비는 0.9m 이상으로 하고 피난의 방향으로 열 수 있을 것

해설 특별피난계단의 출입구 설치

㉠ 건축물의 안쪽으로부터 노대, 부속실로 통하는 출입구에는 갑종방화문을 설치할 것
㉡ 노대, 부속실로부터 계단실로 통하는 출입구에는 갑종방화문 또는 을종방화문을 설치할 것
㉢ 출입구의 유효너비는 0.9m 이상으로 하고 피난 방향으로 열 수 있을 것

03 다음 ( )안에 적합한 것은?

> 「지진·화산재해대책법」 제14조제1항 각 호의 시설 중 대통령령으로 정하는 특정소방대상물에 대통령령으로 정하는 소방시설을 설치하려는 자는 지진이 발생할 경우 소방시설이 정상적으로 작동될 수 있도록 (   )이 정하는 내진설계기준에 맞게 소방시설을 설치하여야한다.

① 국토교통부장관
② 소방서장
③ 소방청장
④ 행정안전부장관

해설

「지진·화산재해대책법」 제14조제1항 각 호의 시설 중 대통령령으로 정하는 특정소방대상물에 대통령령으로 정하는 소방시설을 설치하려는 자는 지진이 발생할 경우 소방시설이 정상적으로 작동될 수 있도록 소방청장이 정하는 내진설계기준에 맞게 소방시설을 설치하여야한다.

정답 01 ③ 02 ② 03 ③

04 건축물에 설치하는 급수 · 배수 등의 용도로 쓰는 배관설비의 설치 및 구조에 관한 기준으로 옳지 않은 것은?

① 배관설비를 콘크리트에 묻는 경우 부식의 우려가 있는 재료는 부식방지조치를 할 것
② 건축물의 주요부분을 관통하여 배관하는 경우에는 건축물의 구조내력에 지장이 없도록 할 것
③ 승강기의 승강로 안에는 승강기의 운행에 필요한 배관설비 외에도 건축물 유지에 필요한 배관설비를 모두 집약하여 설치하도록 할 것
④ 압력탱크 및 급탕설비에는 폭발 등의 위험을 막을 수 있는 시설을 설치할 것

해설 급수·배수 등의 용도로 쓰는 배관설비의 설치 및 구조

㉠ 배관설비를 콘크리트에 묻는 경우 부식의 우려가 있는 재료는 부식방지 조치를 할 것
㉡ 건축물의 주요부분을 관통하여 배관하는 경우에는 건축물의 구조내력에 지장이 없도록 할 것
㉢ 승강기의 승강로 안에는 승강기의 운행에 필요한 배관설비 외의 배관설비를 설치하지 아니할 것
㉣ 압력탱크 및 급탕설비에는 폭발 등의 위험을 막을 수 있는 시설을 설치할 것

05 목재의 이음에 사용되는 듀벨(Dubel)이 저항하는 힘의 종류는?

① 인장력　② 전단력
③ 압축력　④ 수평력

해설 듀벨(Dubel)

㉠ 목구조에 사용하는 보강철물이다.
㉡ 보울트와 같이 사용하여 듀벨은 전단력에 저항하고, 보울트는 인장력에 저항케 한다.
㉢ 균열이 생기지 않게 하기 위해 충분한 단면과 더 낸 길이를 둔다.
㉣ 듀벨의 배치는 동일 섬유상을 피하고 엇갈리게 배치한다.
㉤ 재의 건조 수축에 대비하여 보울트는 수시로 죈다.
㉥ 듀벨의 보울트에는 인장 와셔를 사용한다.

06 단독경보형감지기를 설치하여야 하는 특정소방대상물에 해당되지 않는 것은?

① 연면적 800m^2 인 아파트
② 연면적 600m^2 인 유치원
③ 수련시설 내에 있는 합숙소로서 연면적이 1500m^2 인 것
④ 연면적 500m^2 인 숙박시설

해설 단독경보형감지기를 설치하여야 하는 특정소방대상물

㉠ 연면적 1,000m^2 미만의 아파트
㉡ 연면적 1,000m^2 미만의 기숙사
㉢ 교육연구시설 또는 수련시설 내에 있는 합숙소 또는 기숙사로서 연면적 2,000m^2 미만인 것
㉣ 연면적 600m^2 미만의 숙박시설
㉤ ㉣에 해당하지 않는 수련시설(숙박시설이 있는 것만 해당)

07 건축관계법규에서 규정하는 방화구조가 되기 위한 철망 모르타르의 최소 바름두께는?

① 1.0cm　② 2.0cm
③ 2.7cm　④ 3.0cm

해설 방화구조

화염의 확산을 막을 수 있는 성능을 가진 구조로서 국토교통부장관이 정하는 적합한 구조를 말한다.

구조부분	방화구조의 기준
•철망모르타르 바르기	바름두께가 2cm 이상인 것
•석면시멘트판 또는 석고판 위에 시멘트모르타르 또는 회반죽을 바른 것 •시멘트모르타르 위에 타일을 붙인 것	두께의 합계가 2.5cm 이상인 것
•심벽에 흙으로 맞벽치기한 것	두께에 관계없이 인정
•한국산업표준이 정하는 바에 의하여 시험한 결과 방화 2급 이상에 해당하는 것	

정답 04 ③ 05 ② 06 ② 07 ②

08 다음 소방시설 중 소화설비가 아닌 것은?

① 누전경보기
② 옥내소화전설비
③ 간이스프링클러설비
④ 옥외소화전설비

해설

소방시설이란 소화설비·경보설비·피난구조설비·소화용수설비 그 밖에 소화활동설비를 말한다.
※ 소화설비 : 소화기구, 옥내소화전설비, 스프링클러설비·간이스프링클러설비 및 화재조기진압용 스프링클러설비, 물분무소화설비·미분무소화설비·포소화설비·이산화탄소소화설비·할로겐화합물소화설비·청정소화약제소화설비 및 분말소화설비, 옥외소화전설비
☞ 누전경보기는 경보설비에 해당된다.

09 건축물의 출입구에 설치하는 회전문은 계단이나 에스컬레이터로부터 최소 얼마 이상의 거리를 두어야 하는가?

① 2m 이상 ② 3m 이상
③ 4m 이상 ④ 5m 이상

해설 회전문의 설치

㉠ 계단이나 에스컬레이터로부터 2m 이상의 거리를 둘 것
㉡ 회전문의 중심축에서 회전문과 문틀 사이의 간격을 포함한 회전문날개 끝부분까지의 길이는 140cm 이상이 되도록 할 것
㉢ 회전문의 회전속도는 분당회전수가 8회를 넘지 아니하도록 할 것

10 건축물의 피난 · 방화구조 등의 기준에 관한 규칙에서 정의하고 있는 재료에 해당되지 않는 것은?

① 난연재료 ② 불연재료
③ 준불연재료 ④ 내화재료

해설 건축물의 피난·방화구조 등의 기준에 관한 규칙

① 건축구조(2)
㉠ 내화구조(耐火構造) : 화재에 견딜 수 있는 성능을 가진 구조
㉡ 방화구조(防火構造) : 화염의 확산을 막을 수 있는 성능을 가진 구조
② 건축재료(4)
㉠ 불연재료(不燃材料) : 불에 타지 아니하는 성질을 가진 재료
㉡ 준불연재료 : 불연재료에 준하는 성질을 가진 재료
㉢ 난연재료(難燃材料) : 불에 잘 타지 아니하는 성능을 가진 재료
㉣ 내수재료(耐水材料) : 인조석·콘크리트 등 내수성을 가진 재료

11 방염대상물품의 방염성능기준으로 옳지 않은 것은?

① 버너의 불꽃을 제거한 때부터 불꽃을 올리며 연소하는 상태가 그칠 때까지 시간은 20초 이내일 것
② 버너의 불꽃을 제거한 때부터 불꽃을 올리지 아니하고 연소하는 상태가 그칠 때까지 시간은 20초 이내일 것
③ 탄화한 면적은 $50cm^2$ 이내, 탄화한 길이는 20cm 이내일 것
④ 불꽃에 의하여 완전히 녹을 때까지 불꽃의 접촉횟수는 3회 이상일 것

해설 화재예방·소방시설 설치유지 및 안전관리에 관한 법률에 의한 방염성능기준

방염대상물품의 종류에 따른 구체적인 방염성능기준은 다음에 해당하는 기준의 범위 내에서 소방청장이 정하여 고시하는 바에 의한다.
㉠ 버너의 불꽃을 제거한 때부터 불꽃을 올리며 연소하는 상태가 그칠 때까지 시간은 20초 이내
㉡ 버너의 불꽃을 제거한 때부터 불꽃을 올리지 아니하고 연소하는 상태가 그칠 때까지 시간은 30초 이내
㉢ 탄화한 면적은 $50cm^2$ 이내, 탄화한 길이는 20cm 이내
㉣ 불꽃에 의하여 완전히 녹을 때까지 불꽃의 접촉횟수는 3회 이상
㉤ 소방청장이 정하여 고시한 방법으로 발연량을 측정하는 경우 최대연기밀도는 400 이하

정답 08 ① 09 ① 10 ④ 11 ②

12 **방염성능기준 이상의 실내장식물 등을 설치하여야 하는 특정소방대상물에 해당되지 않는 것은?**

① 건축물의 옥내에 있는 운동시설 중 수영장
② 근린생활시설 중 체력단련장
③ 방송통신시설 중 방송국
④ 교육연구시설 중 합숙소

해설 방염성능기준 이상의 실내장식물 등을 설치하여야 하는 특정소방대상물

① 근린생활시설 중 의원, 체력단련장, 공연장 및 종교집회장
② 건축물의 옥내에 있는 문화 및 집회시설, 종교시설, 운동시설(수영장은 제외)
③ 의료시설, 노유자시설, 숙박시설, 숙박이 가능한 수련시설
④ 교육연구시설 중 합숙소
⑤ 방송통신시설 중 방송국 및 촬영소
⑥ 다중이용업소
⑦ 상기 ①부터 ⑥까지의 시설에 해당하지 아니하는 것으로서 층수(건축법시행령에 따라 산정한 층수)가 11층 이상인 것(아파트는 제외)

13 **바닥면적이 $100m^2$인 의료시설의 병실에서 채광을 위하여 설치하여야 하는 창문등의 최소면적은?**

① $5m^2$ ② $10m^2$
③ $20m^2$ ④ $30m^2$

해설 거실의 채광 및 환기

구분	건축물의 용도	창문 등의 면적	예 외 규 정
채광	•단독주택의 거실 •공동주택의 거실 •학교의 교실 •의료시설의 병실 •숙박시설의 객실	거실 바닥면적의 1/10 이상	거실의 용도에 따른 조도기준 [별표 1]의 조도 이상의 조명
환기		거실 바닥면적의 1/20 이상	기계장치 및 중앙관리방식의 공기조화설비를 설치한 경우

∴ 채광면적 = $100m^2 \times 1/10 = 10m^2$

14 **바우하우스에 관한 설명으로 옳지 않은 것은?**

① 과거양식에 집착하고 이를 바탕으로 연구하였다.
② 월터 그로피우스에 의해 설립되었다.
③ 예술과 공업생산을 결합하여 모든 예술의 통합화를 추구하였다.
④ 이론과 실기교육을 병행하였다.

해설 바우하우스(Bauhaus)

㉠ 1919년 그로피우스(W.Gropius)를 중심으로 독일의 바이마르(Weimar)에 창설된 조형학교의 명칭
㉡ 예술적 창작과 공학적 기술을 통합하려는 목표로서 새로운 조형이념에 근거한 교육기관
㉢ 건축, 조각, 회화 뿐만 아니라 현대 디자인의 발전에 결정적인 영향을 주었으며, 대량 생산을 위한 원형제작을 지향
㉣ 이론교육과 실기교육의 병행(형태교육과 공작교육을 병용)

※ 바우하우스는 월터 그로피우스(Walter Gropius)에 의해 설립되었고, 교육과정 3단계는 예비교육, 형태교육, 공작교육이다.
※ 바우하우스는 순수 예술과 장식 예술을 구분하지 않는 종합 예술이다.
※ 대표적 건축가 : 월터 그로피우스, 미스 반 데어 로에

15 **목구조에서 각 부재의 접합부 및 벽체를 튼튼하게 하기 위하여 사용되는 부재와 관련 없는 것은?**

① 귀잡이 ② 버팀대
③ 가새 ④ 장선

해설 장선

동바리 마루에서 마루널 바로 밑에 있는 부재

16 **물 0.5kg을 15℃에서 70℃로 가열하는 데 필요한 열량은 얼마인가? (단, 물의 비열은 4.2kJ/kg℃ 이다.)**

① 27.5kJ ② 57.75kJ
③ 115.5kJ ④ 231.5kJ

정답 12 ① 13 ② 14 ① 15 ④ 16 ③

해설

열량[Q] = 질량[kg] × 비열[kJ/kg℃] × 온도차[℃]
= m·c·Δt[kJ]
Q : 열량(kJ)
m : 질량(kg)
c : 비열(kJ/kg·℃)
Δt : 온도차(℃ 또는 K)
∴ 열량[Q] = 0.5kg×4.2kJ/kg·℃×(70−15)℃
= 115.5kJ

17 차음성이 높은 재료의 특징으로 볼 수 없는 것은?

① 재질이 단단한 것
② 재질이 무거운 것
③ 재질이 치밀한 것
④ 재질이 다공질인 것

해설

재질이 단단하고, 무거우며, 치밀하고, 투과손실(TL)이 클수록 재료는 차음성이 높다.
☞ 다공질재(유리면, 암면, 펠트, 연질 섬유판, 목모 시멘트판)는 흡음성이 높은 재료이다.

18 건축물과 건축시대의 연결이 옳지 않은 것은?

① 봉정사 극락전 - 고려시대
② 부석사 무량수전 - 고려시대
③ 수덕사 대웅전 - 조선 초기
④ 불국사 극락전 - 조선 후기

해설

① 봉정사 극락전 - 고려 초기
② 부석사 무량수전 - 고려 중기
③ 수덕사 대웅전 - 고려 중기
④ 불국사 극락전 - 조선 후기
☞ 부석사 무량수전과 수덕사 대웅전은 9량집 구조이다.

19 왕대공 지붕틀을 구성하는 부재가 아닌 것은?

① 평보 ② A자보
③ 빗대공 ④ 반자틀

해설 왕대공(King Post) 지붕틀의 응력 상태

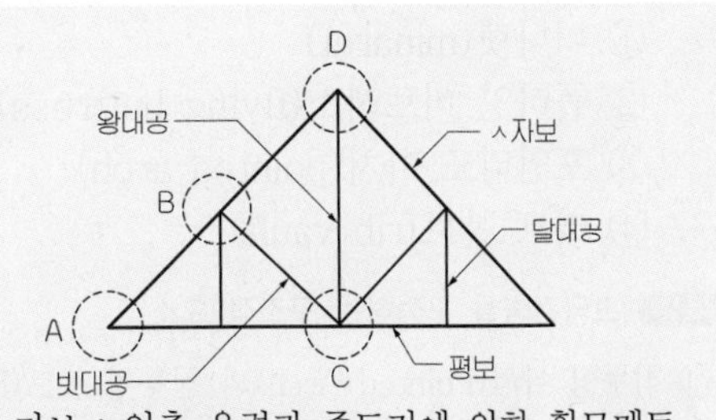

㉠ ㅅ자보 : 압축 응력과 중도리에 의한 휨모멘트
㉡ 평보 : 인장 응력과 천장 하중에 의한 휨모멘트
㉢ 왕대공, 달대공(수직부재) : 인장 응력
㉣ 빗대공 : 압축 응력
※ 지붕틀에서 왕대공에 가깝게 평보이음을 설치하는 이유?
평보는 인장재이므로 대공에 가까운 곳의 인장 응력이 적은 곳에서 이음을 해야 한다.

20 문화 및 집회시설, 운동시설, 관광휴게시설로서 자동화재 탐지 설비를 설치하여야 할 특정소방대상물의 연면적 기준은?

① 1000m^2 이상 ② 1500m^2 이상
③ 2000m^2 이상 ④ 2300m^2 이상

해설

공동주택, 근린생활시설 중 목욕장, 문화 및 집회시설, 종교시설, 판매시설, 운수시설, 운동시설, 업무시설, 공장, 창고시설, 위험물 저장 및 처리 시설, 항공기 및 자동차 관련 시설, 교정 및 군사시설 중 국방·군사시설, 방송통신시설, 발전시설, 관광 휴게시설, 지하가(터널은 제외)로서 연면적 1,000m^2 이상인 것은 자동화재탐지설비를 설치하여야 하는 특정소방대상물이다.

정답 17 ④ 18 ③ 19 ④ 20 ①

건축일반 2020년 6월 6일(1·2회)

01 고딕건축 양식의 특징과 가장 거리가 먼 것은?

① 미나렛(minaret)
② 플라잉 버트레스(flying buttress)
③ 포인티드 아치(pointed arch)
④ 리브 볼트(rib vault)

해설 고딕건축을 구성하는 구조적 요소

㉠ 첨두형 아치(Pointed Arch)와 첨두형 볼트(Point Arch) : 아치의 반지름을 자유로이 가감함으로써 아치의 정점의 위치가 자유로이 변화
㉡ 리브 볼트(Rib Vault) : 로마네스크 양식에서 사용되었던 교차 볼트(cross vault)에 첨두형 아치의 리브(rib)를 덧대어 구조적으로 보강한 것
㉢ 플라잉 버트레스(Flying Buttress) : 신랑 상부 리브볼트의 리브에 작용하는 횡압력을 수직력으로 변환시켜 측랑의 부축벽을 통하여 지상으로 전달하는 역할을 한다. 부축벽 상부에 소첨탑(小尖塔)을 첨가하여 부축벽의 자중을 증가시켜 횡압력에 대한 저항을 증가시키는 건축기법으로 고딕건축에서 사용되었다.
㉣ 트레이서리(tracery) : 창문의 전체 첨두아치와 세부 첨두아치 사이의 공간을 장식하고 유리를 지탱하기 위하여 고안된 창살 장식이다.
☞ 미나렛(minaret) : 사라센 건축에서 모스크의 상징인 높은 탑(첨탑)

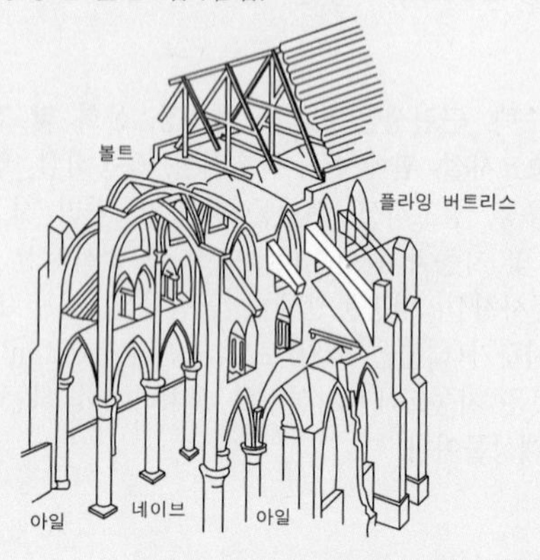

고딕성당의 구조

02 겨울철 생활이 이루어지는 공간의 실내측 표면에 발생하는 결로를 억제하기 위한 효과적인 조치방법 중 가장 거리가 먼 것은?

① 환기 ② 난방
③ 구조체 단열 ④ 방습층 설치

해설 표면결로

① 실내의 습기가 내벽, 최상층의 천장, 유리창과 같은 저온의 실내측 표면에 닿아 이슬이 맺히는 현상으로 공기의 포화절대습도가 노점온도보다 낮게 될 때 초과 수증기량이 벽체 표면에서 응축되어 발생한다.
② 표면결로 원인 : 실내 습기 발생, 실내 환기량 부족, 벽체의 단열성 부족
③ 표면결로 방지대책
㉠ 실내의 환기량을 늘인다.
㉡ 벽체 표면온도를 접촉하고 있는 공기의 노점온도보다 높게 한다.
㉢ 직접가열이나 기류 촉진에 의해 표면온도를 상승시킨다.
㉣ 수증기 발생이 많은 부엌이나 화장실에 배기구나 배기팬을 설치한다.
㉤ 실내의 벽이나 천장을 방습층으로 시공한다.
㉥ 구조재의 단열이 취약한 부분을 없도록 한다.

03 방염대상물품의 방염성능기준에서 버너의 불꽃을 제거한 때부터 불꽃을 올리며 연소 하는 상태가 그칠 때까지 시간은 몇 초 이내이어야 하는가?

① 5초 이내 ② 10초 이내
③ 20초 이내 ④ 30초 이내

해설 화재예방·소방시설 설치유지 및 안전관리에 관한 법률에 의한 방염성능기준

방염대상물품의 종류에 따른 구체적인 방염성능기준은 다음에 해당하는 기준의 범위 내에서 소방청장이 정하여 고시하는 바에 의한다.
㉠ 버너의 불꽃을 제거한 때부터 불꽃을 올리며 연소하는 상태가 그칠 때까지 시간은 20초 이내
㉡ 버너의 불꽃을 제거한 때부터 불꽃을 올리지 아니하고 연소하는 상태가 그칠 때까지 시간은 30초 이내
㉢ 탄화한 면적은 $50cm^2$ 이내, 탄화한 길이는 20cm 이내
㉣ 불꽃에 의하여 완전히 녹을 때까지 불꽃의 접촉 횟수는 3회 이상
㉤ 소방청장이 정하여 고시한 방법으로 발연량을 측정하는 경우 최대연기밀도는 400 이하

정답 01 ① 02 ④ 03 ③

04 **건축물의 거실(피난층의 거실은 제외)에 국토교통부령으로 정하는 기준에 따라 배연설비를 하여야 하는 건축물의 용도가 아닌 것은? (단, 6층 이상인 건축물)**

① 문화 및 집회시설
② 종교시설
③ 요양병원
④ 숙박시설

해설 배연설비의 설치대상

① 6층 이상의 건축물로서 다음의 용도에 해당되는 건축물의 거실
제2종 근린생활시설 중 공연장, 종교집회장, 인터넷컴퓨터게임시설제공업소 및 다중생활시설(공연장, 종교집회장 및 인터넷컴퓨터게임시설제공업소는 해당 용도로 쓰는 바닥면적의 합계가 각각 $300m^2$ 이상인 경우), 문화 및 집회시설, 종교시설, 판매시설, 운수시설, 의료시설(요양병원 및 정신병원은 제외), 교육연구시설 중 연구소, 노유자시설 중 아동관련시설·노인복지시설(노인요양시설은 제외), 수련시설 중 유스호스텔, 운동시설, 업무시설, 숙박시설, 위락시설, 관광휴게시설, 장례식장
[예외] 피난층인 경우
② 다음에 해당하는 용도로 쓰는 건축물
㉠ 의료시설 중 요양병원 및 정신병원
㉡ 노유자시설 중 노인요양시설 · 장애인 거주시설 및 장애인 의료재활시설
[예외] 피난층인 경우

05 **철골보와 콘크리트 바닥판을 일체화시키기 위한 목적으로 활용되는 것은?**

① 시어 커넥터　② 사이드 앵글
③ 필러플레이트　④ 리브플레이트

해설

철골구조물에서 사용되는 쉐어커넥터(Sheer Connector, 전단 연결재)는 철근콘크리트 바닥과 강재보 플랜지를 일체화하는데 사용하는 철물이다.

※ 철골구조의 주각부

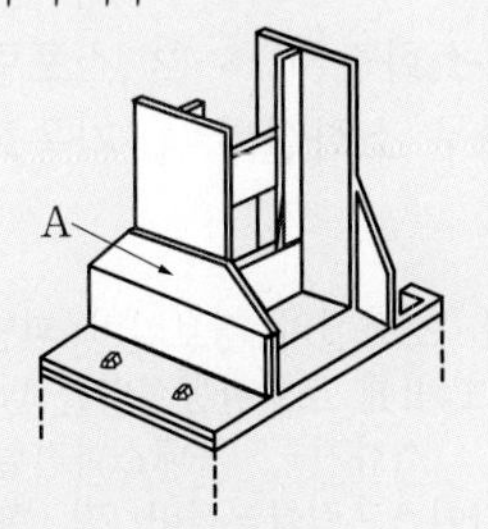

- 베이스 플레이트(base plate)
- 윙 플레이트(wing plate)
- 접합 앵글(clip angle)
- 사이드 앵글(side angle)
- 리브(rib)
- 앵커볼트(Anchor bolt)
- 필러플레이트(fill Plate)

06 **연면적 $1000m^2$ 이상인 건축물에 설치하는 방화벽의 구조기준으로 옳지 않은 것은?**

① 내화구조로서 홀로 설 수 있는 구조일 것
② 방화벽의 양쪽 끝과 윗쪽 끝을 건축물의 외벽면 및 지붕면으로부터 0.5m 이상 튀어 나오게 할 것
③ 방화벽에 설치하는 출입문의 너비 및 높이는 각각 1.8m 이하로 할 것
④ 방화벽에 설치하는 출입문에는 갑종방화문을 설치할 것

해설 방화벽의 구조

㉠ 내화구조로서 홀로 설 수 있는 구조일 것
㉡ 방화벽의 양쪽 끝과 위쪽 끝을 건축물의 외벽면 및 지붕면으로부터 0.5m 이상 튀어나오게 할 것
㉢ 방화벽에 설치하는 출입문의 폭 및 높이는 각각 2.5m 이하로 하고, 출입문의 구조는 갑종방화문으로 할 것
㉣ 방화벽에 설치하는 갑종방화문은 언제나 닫힌 상태를 유지하거나 화재시 연기발생, 온도상승에 의하여 자동적으로 닫히는 구조로 할 것
㉤ 급수관, 배전관 등의 관이 방화벽을 관통하는 경우 관과 방화벽과의 틈을 시멘트모르타르 등의 불연재료로 메워야 한다.

정답 04 ③　05 ①　06 ③

07 다음 중 소화설비에 해당되지 않는 것은?

① 자동소화장치 ② 스프링클러설비
③ 물분무 소화설비 ④ 자동화재속보설비

해설

소방시설이란 소화설비·경보설비·피난구조설비·소화용수설비 그 밖에 소화활동설비를 말한다.

※ 소화설비 : 소화기구, 옥내소화전설비, 스프링클러설비·간이스프링클러설비 및 화재조기진압용 스프링클러설비, 물분무소화설비·미분무소화설비·포소화설비·이산화탄소소화설비·할로겐화합물소화설비·청정소화약제소화설비 및 분말소화설비, 옥외소화전설비

☞ 자동화재탐지설비, 자동화재속보설비는 경보설비에 속한다.

08 아래 그림과 같은 목재 이음의 종류는?

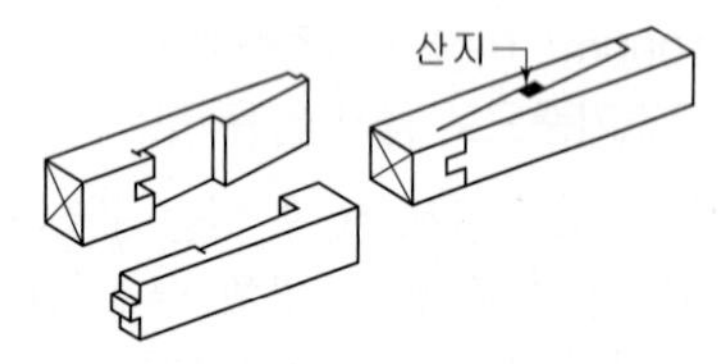

① 엇빗이음 ② 엇걸이이음
③ 겹침이음 ④ 긴촉이음

해설 엇걸이 이음

재춤의 3~3.5배 이상으로 하며 산지 등에 박아서 더욱 튼튼한 이음으로 하고 있으며, 구부림(휨)에 가장 효과적이며 휨을 받는 가로부재의 내이음에 주로 사용된다.

※ 이음(Connection)
2개 이상의 부재를 길이 방향으로 접합

이음의 종류	형 태	사용용도
맞댄 이음	나무산지, 듀벨	평보
겹친 이음		트러스 접합
엇걸이 이음	신지(1.5각), D, 신지구멍	토대, 처마도리, 중도리, 깔도리
기타 이음	빗이음, 엇빗이음, 홈, 턱솔, 턱솔이음, 은장이음	• 빗이음 : 서까래, 장선, 띠장 • 엇빗이음 : 반자틀 • 턱솔이음 : 걸레받이 • 은장이음 : 난간두겁대

09 문화 및 집회시설 중 공연장 개별관람실의 각 출구의 유효너비 최소 기준은? (단, 바닥면적이 300m² 이상인 경우)

① 1.2m 이상 ② 1.5m 이상
③ 1.8m 이상 ④ 2.1m 이상

해설 공연장의 개별 관람실의 출구기준

관람실의 바닥면적이 300m² 이상인 경우의 출구는 다음 조건에 적합하여야 한다.

㉠ 관람실별로 2개소 이상 설치할 것
㉡ 각 출구의 유효폭은 1.5m 이상일 것
㉢ 개별 관람실 출구의 유효폭의 합계는 개별 관람실의 바닥면적 100m² 마다 0.6m 이상의 비율로 산정한 폭 이상일 것

※ 개별 관람실 출구의 유효너비의 합계는 최소 3.0m 이상으로 한다.

정답 07 ④ 08 ② 09 ②

10 초등학교에 계단을 설치하는 경우 계단참의 유효너비는 최소 얼마 이상으로 하여야 하는가?

① 120cm ② 150cm
③ 160cm ④ 170cm

해설 계단의 구조

㉠ 계단 및 계단참의 너비(옥내계단에 한함)·단높이·단너비

(단위 : cm)

계단의 종류	계단 및 계단참의 폭	단높이	단너비
• 초등학교의 계단	150 이상	16 이하	26 이상
• 중·고등학교의 계단	150 이상	18 이하	26 이상
• 문화 및 집회시설(공연장, 집회장, 관람장에 한함) • 판매시설(도매시장·소매시장·상점에 한함) • 바로 위층 거실 바닥면적 합계가 200m² 이상인 계단 • 거실의 바닥면적 합계가 100m² 이상인 지하층의 계단 • 기타 이와 유사한 용도에 쓰이는 건축물의 계단	120 이상	–	–
• 기타의 계단	60 이상	–	–
• 작업장에 설치하는 계단(산업안전보건법에 의한)	산업안전기준에 관한 규칙에 의함.		

㉡ 돌음계단의 단너비는 좁은 너비의 끝부분으로부터 30cm의 위치에서 측정한다.

11 광원으로부터 발산되는 광속의 입체각 밀도를 뜻하는 것은?

① 광도 ② 조도
③ 광속발산도 ④ 휘도

해설 조명관련 용어와 단위

측광량		정의	단위	단위 약호
광속		단위 시간당 흐르는 광의 에너지량	lumen	lm
광속의 면적밀도	조도	단위 면적당의 입사광속	lux	lx
발산광속의 입체각 밀도	광도	점광원으로부터 단위 입체각당의 발산광속	candela	cd
광도의 투영면적 밀도	휘도	발산면의 단위 투영면적당 발산광속	candela/m²	cd/m²

※ 광도
㉠ 단위면적당 표면에서 반사 또는 방출되는 빛의 양
㉡ 단위 : 칸델라(candela, cd)
㉢ 대부분 표시장치에서 중요한 척도가 된다.
☞ 1cd : 점광원을 중심으로 하여 $1m^2$의 면적을 뚫고 나오는 광속이 1 lumen일 때 그 방향의 광도

[주] 100W 전구의 평균 구면광도는 약 100cd

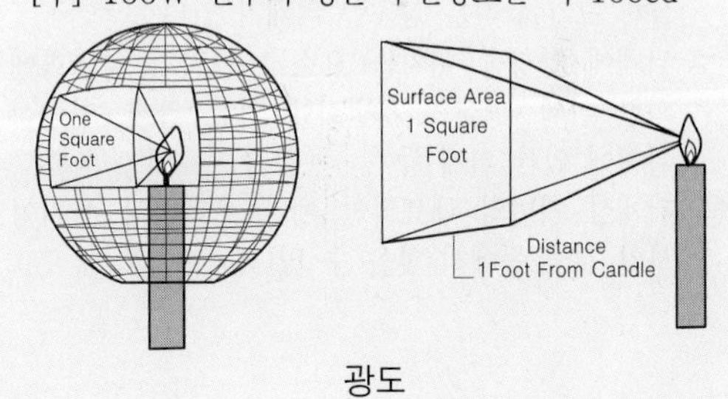

광도

정답 10 ② 11 ①

12 옥내소화전 설비를 설치해야 하는 특정소방대상물의 종류 기준과 관련하여, 지하가 중 터널은 길이가 최소 얼마 이상인 것을 기준 대상으로 하는가?

① 1000m 이상 ② 2000m 이상
③ 3000m 이상 ④ 5000m 이상

해설

지하가 중 터널의 경우에 길이가 1000m 이상일 때 옥내소화전설비를 설치하여야 한다.

13 건축에서는 형태와 공간이 중요한 요소로 위계(hierarchy)를 갖기 위해서 시각적인 강조가 이루어진다. 이러한 위계에 영향을 미치는 요소와 가장 거리가 먼 것은?

① 좌우대칭에 의한 위계
② 크기의 차별화에 의한 위계
③ 형상의 차별화에 의한 위계
④ 전략적 위치에 의한 위계

해설 건축 형태와 공간의 위계성(hierarchy)

㉠ 위계성이란 건물을 구성하는 부분의 중요도에 따라 배열하는 물리적인 방법을 말한다.
㉡ 각 요소의 주종 관계, 개방과 폐쇄, 단순과 복잡, 사적인 것과 공적인 것과 같은 질적인 위계와 실제 크기에 따른 양적인 위계가 있다.
㉢ 위계에 영향을 미치는 요소 : 크기의 차별화에 의한 위계, 형상의 차별화에 의한 위계, 전략적 위치에 의한 위계 등
㉣ 위계성 기법의 대표적인 예가 우리나라 산지형 사찰 건축 등에서 찾을 수 있다.

14 조적식구조의 설계에 적용되는 기준으로 옳지 않은 것은?

① 조적식구조인 각층의 벽은 편심하중이 작용하지 아니하도록 설계하여야 한다.
② 조적식구조인 건축물 중 2층 건축물에 있어서 2층 내력벽의 높이는 4m를 넘을 수 없다.
③ 조적식구조인 내력벽으로 둘러쌓인 부분의 바닥면적은 $80m^2$를 넘을 수 없다.
④ 조적식구조인 내력벽의 길이는 8m를 넘을 수 없다.

해설 조적조 내벽력의 높이 및 길이

㉠ 2, 3층 건물에서 최상층의 내력벽 높이는 4m 이하로 한다.
㉡ 내력벽의 길이는 10m 이하로 한다.
㉢ 내력벽으로 둘러싸인 부분의 바닥 면적이 $80m^2$를 초과할 수 없다.

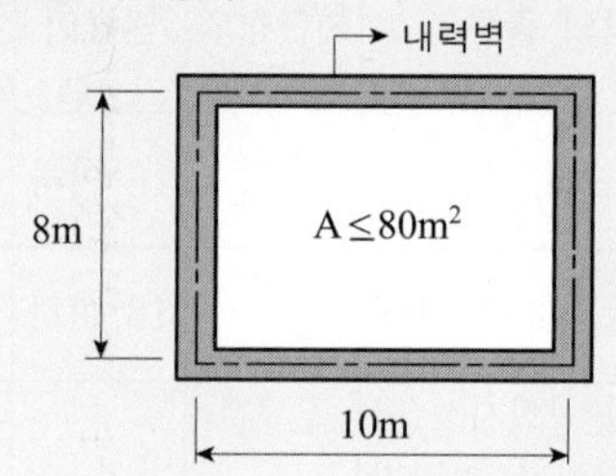

15 특정소방대상물에서 사용하는 방염대상물품의 방염성능검사를 실시하는 자는? (단, 대통령령으로 정하는 방염대상물품의 경우는 고려하지 않는다.)

① 행정안전부장관 ② 소방서장
③ 소방본부장 ④ 소방청장

해설

방염대상물품의 종류에 따른 구체적인 방염성능기준은 소방청장이 정하여 고시하는 바에 의하며 소방청장은 방염성능검사를 실시한다.

16 건축물의 사용승인 시 소재지 관할 소방본부장 또는 소방서장이 사용승인에 동의를 한 것으로 갈음할 수 있는 방식은?

① 건축물 관리대장 확인
② 국토교통부에 사용승인 신청
③ 소방시설공사로의 완공검사 요청
④ 소방시설공사의 완공검사증명서 교부

정답 12 ① 13 ① 14 ④ 15 ④ 16 ④

해설

건축물의 사용승인 시 소방본부장 또는 소방서장은 소방시설공사의 완공검사증명서를 교부하여 사용승인에 동의한다.

17 특정소방대상물에서 피난기구를 설치하여야 하는 층에 해당하는 것은?

① 층수가 11층 이상인 층
② 피난층
③ 지상 2층
④ 지상 3층

해설 피난기구의 설치

특정소방대상물의 모든 층에 화재안전기준에 적합한 피난기구를 설치하여야 한다.
[제외] 피난층, 지상1층, 지상2층 및 층수가 11층 이상인 층과 위험물 저장 및 처리시설 중 가스시설, 지하가 중 터널 또는 지하구의 경우

18 화재예방, 소방시설 설치·유지 및 안전관리에 관한 법률에 따른 용어의 정의 중 아래 설명에 해당하는 것은?

소방시설등을 구성하거나 소방용으로 사용되는 제품 또는 기기로서 대통령령으로 정하는 것을 말한다.

① 특정소방대상물 ② 소방용품
③ 피난구조설비 ④ 소화활동설비

해설

"소방용품"이란 소방시설 등을 구성하거나 소방용으로 사용되는 제품 또는 기기로서 대통령령으로 정하는 것을 말한다.
1. 소화설비를 구성하는 제품 또는 기기
 가. 별표 1 제1호가목의 소화기구(소화약제 외의 것을 이용한 간이소화용구는 제외한다)
 나. 별표 1 제1호나목의 자동소화장치
 다. 소화설비를 구성하는 소화전, 송수구, 관창(菅槍), 소방호스, 스프링클러헤드, 기동용 수압개폐장치, 유수제어밸브 및 가스관선택밸브
2. 경보설비를 구성하는 제품 또는 기기
 가. 누전경보기 및 가스누설경보기
 나. 경보설비를 구성하는 발신기, 수신기, 중계기, 감지기 및 음향장치(경종만 해당한다)
3. 피난구조설비를 구성하는 제품 또는 기기
 가. 피난사다리, 구조대, 완강기(간이완강기 및 지지대를 포함한다)
 나. 공기호흡기(충전기를 포함한다)
 다. 피난구유도등, 통로유도등, 객석유도등 및 예비 전원이 내장된 비상조명등
4. 소화용으로 사용하는 제품 또는 기기
 가. 소화약제(별표 1 제1호나목 및 같은 호 마목 3)부터 8)까지의 소화설비용만 해당한다)
 나. 방염제(방염액·방염도료 및 방염성물질을 말한다)
5. 그 밖에 행정안전부령으로 정하는 소방 관련 제품 또는 기기

19 25층 업무시설로서 6층 이상의 거실면적 합계가 36000m²인 경우 승용 승강기의 최소 설치대수는? (단, 16인승 이상의 승강기로 설치한다)

① 7대 ② 8대
③ 9대 ④ 10대

해설

문화 및 집회시설(전시장, 동·식물원), 업무시설, 숙박시설, 위락시설의 용도 경우
3,000m² 이하까지 1대, 3,000m² 초과하는 2,000m² 당 1대를 가산한 대수로 하므로

$$1+\frac{36000-3,000}{2,000}=17.5 ≒ 18대$$

(소수점 이하는 1대로 본다)
∴ 16인승 이상의 승강기는 2대로 산정하므로 9대를 설치하면 된다.
※ 8인승 이상 15인승 이하를 기준으로 산정하며 16인승 이상의 승강기는 2대로 산정한다.

정답 17 ④ 18 ② 19 ③

20 건축물에 설치하는 배연설비의 기준으로 옳지 않은 것은?

① 건축물이 방화구획으로 구획된 경우에는 그 구획마다 1개소 이상의 배연창을 설치한다.
② 배연창의 상변과 천장 또는 반자로부터 수직거리가 0.9m 이내로 한다.
③ 배연구는 연기감지기 또는 열감지기에 의하여 자동으로 열 수 있는 구조로 하고, 손으로는 열고 닫을 수 없도록 한다.
④ 배연구는 예비전원에 의하여 열 수 있도록 한다.

해설

배연구에 설치하는 수동개방장치 또는 자동개방장치(열감지기 또는 연기감지기에 의한 것을 말함)는 손으로도 열고 닫을 수 있도록 할 것
※ 배연구는 평상시에는 닫힌 상태를 유지하고, 연 경우에는 배연에 의한 기류로 인하여 닫히지 아니하도록 할 것

건축일반
2020년 8월 23일(3회)

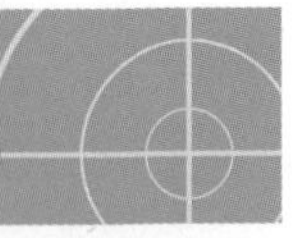

01 건축허가 등을 할 때 미리 소방본부장 또는 소방서장의 동의를 받아야 하는 건축물 등의 범위 기준에 해당하지 않는 것은?

① 연면적 $200m^2$의 수련시설
② 연면적 $200m^2$의 노유자시설
③ 연면적 $300m^2$의 근린생활시설
④ 연면적 $400m^2$의 의료시설

해설 소방본부장 또는 소방서장의 건축허가 및 사용 승인에 대한 동의 대상 건축물의 범위

1. 연면적이 $400m^2$(학교시설의 경우 $100m^2$, 노유자시설 및 수련시설의 경우 $200m^2$, 정신의료기관, 장애인 의료재활시설의 경우 $300m^2$) 이상인 건축물
2. 차고·주차장 또는 주차용도로 사용되는 시설로서 다음에 해당하는 것
   ① 차고·주차장으로 사용되는 층 중 바닥면적이 $200m^2$ 이상인 층이 있는 시설
   ② 승강기 등 기계장치에 의한 주차시설로서 자동차 20대 이상을 주차할 수 있는 시설
3. 지하층 또는 무창층이 있는 건축물로서 바닥면적이 $150m^2$(공연장의 경우에는 $100m^2$) 이상인 층이 있는 것
4. 면적에 관계없이 동의 대상
   ① 층수가 6층 이상인 건축물
   ② 항공기격납고, 관망탑, 항공관제탑, 방송용 송수신탑
   ③ 위험물저장 및 처리시설, 지하구
   ④ 노인 관련 시설, 아동복지시설(아동상담소, 아동전용시설 및 지역아동센터는 제외)
   ⑤ 장애인 거주시설, 정신질환자 관련 시설, 노숙인 관련 시설 중 노숙인자활시설, 노숙인재활시설 및 노숙인요양시설, 결핵환자나 한센인이 24시간 생활하는 노유자시설
   ⑥ 요양병원(정신병원, 의료재활시설 제외)

정답 20 ③ / 01 ③

02 **방염성능기준 이상의 실내장식물 등을 설치하여야 하는 특정소방대상물에 해당하지 않는 것은?**

① 교육연구시설 중 합숙소
② 방송통신시설 중 방송국
③ 건축물의 옥내에 있는 종교시설
④ 건축물의 옥내에 있는 수영장

해설 방염성능기준 이상의 실내장식물 등을 설치하여야 하는 특정소방대상물

① 근린생활시설 중 의원, 체력단련장, 공연장 및 종교집회장
② 건축물의 옥내에 있는 문화 및 집회시설, 종교시설, 운동시설(수영장은 제외)
③ 의료시설, 노유자시설, 숙박시설, 숙박이 가능한 수련시설,
④ 교육연구시설 중 합숙소
⑤ 방송통신시설 중 방송국 및 촬영소
⑥ 다중이용업소
⑦ 상기 ①부터 ⑥까지의 시설에 해당하지 아니하는 것으로서 층수(건축법시행령에 따라 산정한 층수)가 11층 이상인 것(아파트는 제외)

03 **공장의 용도로 쓰는 건축물로서 그 용도로 쓰는 바닥면적의 합계가 최소 얼마 이상인 경우 주요구조부를 내화구조로 하여야 하는가? (단, 화재의 위험이 적은 공장으로서 국토교통부령으로 정하는 공장은 제외한다.)**

① $200m^2$ ② $500m^2$
③ $1000m^2$ ④ $2000m^2$

해설

공장의 용도에 쓰이는 건축물로서 그 용도로 쓰이는 바닥면적의 합계가 $2,000m^2$ 이상인 건축물은 주요구조부를 내화구조로 하여야 한다.

04 **목재 접합 시 주의사항이 아닌 것은?**

① 접합은 응력이 적은 곳에서 만들 것
② 목재는 될 수 있는 한 적게 깎아내어 약하게 되지 않게 할 것
③ 접합의 단면은 응력 방향과 평행으로 할 것
④ 공작이 간단한 것을 쓰고 모양에 치중하지 말 것

해설 목재 접합 시 주의사항

㉠ 응력이 작은 곳에서 응력의 방향에 직각되게 한다.
㉡ 이음과 맞춤의 단면은 응력방향에 직각으로 하고, 응력이 균등히 전달되도록 한다.
㉢ 단순한 모양으로 완전 밀착시킨다.
㉣ 트러스, 평보는 왕대공 가까이에서 이음을 한다.
㉤ 재는 될 수 있는 한 적게 깎아내어 약하게 되지 않게 한다.
㉥ 공작이 간단한 것을 쓰고 모양에 치중하지 않으며, 맞춤시 보강철물을 사용한다.

05 **소방시설의 종류 중 경보설비에 속하지 않는 것은?**

① 비상방송설비
② 비상벨설비
③ 가스누설경보기
④ 무선통신보조설비

해설

소방시설이란 소화설비·경보설비·피난구조설비·소화용수설비 그 밖에 소화활동설비를 말한다.
※ 경보설비 : 비상벨설비 및 자동식사이렌설비("비상경보설비"라 함), 단독경보형설비, 비상방송설비, 누전경보기, 자동화재탐지설비 및 시각경보기, 자동화재속보설비, 가스누설경보기, 통합감시시설
☞ 무선통신보조설비는 소화활동설비에 해당된다.

06 **건축구조에서 일체식 구조에 속하는 것은?**

① 철골구조
② 돌구조
③ 벽돌구조
④ 철골 · 철근 콘크리트구조

정답 02 ④ 03 ④ 04 ③ 05 ④ 06 ④

해설 구조 형식에 의한 분류

㉠ 가구식 구조 : 목재, 강재로 된 가늘고 긴 부재를 이음, 맞춤 및 조립에 의해 뼈대를 만드는 구조(건식) – 목구조, 철골구조
㉡ 조적식 구조 : 벽돌, 블록 및 돌 등의 낱낱의 재료를 쌓아서 만드는 구조(습식) – 벽돌구조, 블록구조, 돌구조
㉢ 일체식 구조 : 전체 구조체를 일체로 만든 구조(습식) – 철근콘크리트구조, 철골철근콘크리트구조
㉣ 조립식 구조 : 주요 건축 구조체를 공장에서 제작하여 현장에서 짜 맞춘 구조(건식)
㉤ 그 외 절판식 구조, 곡면식 구조, 내력벽식 구조 등이 있다.

07 건축물의 피난층 또는 피난층의 승강장으로부터 건축물의 바깥쪽에 이르는 통로에 경사로를 설치하여야 하는 판매시설의 연면적 기준은?

① 1000m^2 미만
② 2000m^2 미만
③ 3000m^2 이상
④ 5000m^2 이상

해설 경사로 설치

① 제1종 근린생활시설 중
  ㉠ 지역자치센터·파출소·지구대·소방서·우체국·전신전화국·방송국·보건소·공공도서관·지역의료보험조합 등 동일한 건축물 안에 당해 용도에 쓰이는 바닥면적의 합계가 1,000m^2 미만인 것
  ㉡ 마을공화당·마을공동작업소·마을공동구판장·변전소·양수장·정수장·대피소·공중화장실
② 연면적이 5,000m^2 이상인 판매시설, 운수시설
③ 교육연구시설 중 학교
④ 업무시설 중 국가 또는 지방자치단체의 청사와 외국공관의 건축물로서 제1종 근린생활시설에 해당하지 아니한 것
⑤ 승강기를 설치해야 하는 건축물

08 비잔틴 건축의 구성요소와 관련이 없는 것은?

① 펜던티브(pendentive)
② 부주두(dosseret)
③ 돔(dome)
④ 크로스 리브 볼트(cross rib vault)

해설 거실의 채광 및 환기

① 거실의 채광 및 환기 등을 위한 창문 등의 면적은 다음 기준에 적합하도록 설치하여야 한다.

구분	건축물의 용도	창문 등의 면적	예외규정
채광	• 단독주택의 거실 • 공동주택의 거실 • 학교의 교실 • 의료시설의 병실 • 숙박시설의 객실	거실 바닥면적의 1/10 이상	거실의 용도에 따른 조도기준 [별표 1]의 조도 이상의 조명
환기		거실 바닥면적의 1/20 이상	기계장치 및 중앙관리방식의 공기조화설비를 설치한 경우

② 수시로 개방할 수 있는 미닫이로 구획된 2개의 거실은 거실의 채광 및 환기를 위한 규정을 적용함에 있어서 이를 1개의 거실로 본다.
추락방지를 위한 안전시설 설치
※ 오피스텔에 거실 바닥으로부터 높이 1.2m 이하 부분에 여닫을 수 있는 창문을 설치하는 경우에는 추락방지를 위한 안전시설을 설치하여야 한다.

09 거실의 채광 및 환기를 위한 창문 등이나 설비에 관한 기준 내용으로 옳은 것은?

① 채광을 위하여 거실에 설치하는 창문등의 면적은 그 거실의 바닥면적의 20분의 1 이상이어야 한다.
② 환기를 위하여 거실에 설치하는 창문등의 면적은 그 거실의 바닥면적의 10분의 1 이상이어야 한다.
③ 오피스텔에 거실 바닥으로부터 높이 1.2m 이하 부분에 여닫을 수 있는 창문을 설치하는 경우에는 높이 1.0m 이상의 난간이나 이와 유사한 추락방지를 위한 안전시설을 설치하여야 한다.
④ 수시로 개방할 수 있는 미닫이로 구획된 2개의 거실은 1개의 거실로 본다.

정답 07 ④ 08 ④ 09 ④

해설 비잔틴 건축

㉠ 사라센 문화의 영향을 받았다.
㉡ 비잔틴 건축의 교회의 평면에는 중앙의 대형 돔을 중심으로 좌우 대칭이 되는 집중형 또는 그리스 십자형(Greek Cross) 형태가 특징이다.
㉢ 펜덴티브 돔(pendentive dome)은 정사각형의 평면에 돔을 올리는 구조법으로 비잔틴 건축에서 주로 사용되었으며 대표적인 예로는 성 소피아 성당이 있다.
※ 고딕건축 구성 요소 : 첨두형 아치(Pointed Arch), 리브 볼트(Rib Vault), 플라잉 버트레스(Flying Buttress), 장미창(Rose window)

10 소방시설등의 자체점검 중 종합정밀점검 대상에 해당하지 않는 것은?

① 스프링클러설비가 설치된 특정소방대상물
② 물분무등소화설비가 설치된 연면적 5,000m²의 위험물 제조소
③ 제연설비가 설치된 터널
④ 옥내소화전설비가 설치된 연면적 1,000m²의 국공립학교

해설 종합정밀점검 대상 특정소방대상물

㉠ 스프링클러설비 또는 물분무등소화설비가 설치된 연면적 5,000m² 이상인 특정소방대상물(위험물 제조소등은 제외). 단, 아파트는 연면적 5,000m² 이상이고 11층 이상인 것만 해당
㉡ 다중이용업의 영업장이 설치된 특정소방대상물로서 연면적이 2,000m² 이상인 것
㉢ 제연설비가 설치된 터널
㉣ 공공기관 중 연면적(터널·지하구의 경우 그 길이와 평균폭을 곱하여 계산된 값을 말함)이 1,000m² 이상인 것으로서 옥내소화전설비 또는 자동화재탐지설비가 설치된 것. 단, 소방대가 근무하는 공공기관은 제외

11 건축물의 구조기준 등에 관한 규칙에 따라 조적식구조인 경계벽의 두께는 최소 얼마 이상으로 해야 하는가? (단, 경계벽이란 내력벽이 아닌 그 밖의 벽을 포함한다.)

① 9cm ② 12cm
③ 15cm ④ 20cm

해설

건축물의 구조기준 등에 관한 규칙에서 따른 조적식구조인 경계벽의 두께는 9cm 이상으로 하여야 한다. (단, 경계벽이란 내력벽이 아닌 그 밖의 벽을 포함한다.)
※ 조적조 내벽력의 높이 및 길이
㉠ 2, 3층 건물에서 최상층의 내력벽 높이는 4m 이하로 한다.
㉡ 내력벽의 길이는 10m 이하로 한다.
㉢ 내력벽으로 둘러싸인 부분의 바닥 면적이 80m²를 초과할 수 없다.

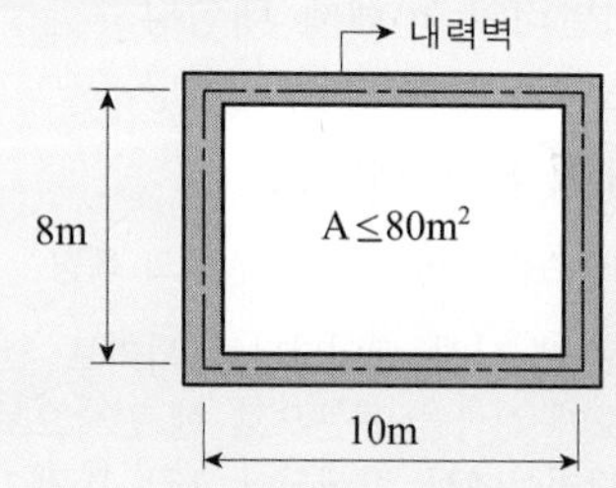

12 철골조 기둥(작은 지름 25cm 이상)이 내화구조 기준에 부합하기 위해서 두께를 최소 7cm 이상 보강해야 하는 재료에 해당되지 않는 것은?

① 콘크리트 블록 ② 철망 모르타르
③ 벽돌 ④ 석재

해설 내화구조의 기둥

<table>
<tr><th>구조 부분</th><th colspan="2">내화구조의 기준</th><th>기준 두께</th></tr>
<tr><td rowspan="4">기둥
(작은 지름이 25cm 이상인 것)
※</td><td colspan="2">• 철근콘크리트조·철골철근콘크리트조</td><td>두께 무관</td></tr>
<tr><td rowspan="3">• 철골에 ( ) 안은 경량 골재를 사용한 경우</td><td>*철망모르타르로 덮은 것</td><td>6cm (5cm) 이상</td></tr>
<tr><td>콘크리트블록·벽돌·석재로 덮은 것</td><td>7cm 이상</td></tr>
<tr><td>콘크리트로 덮은 것</td><td>5cm 이상</td></tr>
</table>

정답 10 ② 11 ① 12 ②

13 옥상광장 또는 2층 이상인 층에 있는 노대의 주위에 설치하여야 하는 난간의 최소 높이 기준은?

① 1.0m 이상 ② 1.1m 이상
③ 1.2m 이상 ④ 1.5m 이상

해설

옥상광장 또는 2층 이상인 층에 있는 노대(露臺)나 그 밖에 이와 비슷한 것의 주위에는 높이 1.2m 이상의 난간을 설치하여야 한다. 다만, 그 노대 등에 출입할 수 없는 구조인 경우에는 그러하지 아니하다.

14 르네상스 건축양식에 해당하는 건축물은?

① 영국 솔즈베리 대성당
② 이탈리아 피렌체 대성당
③ 프랑스 노트르담 대성당
④ 독일 울름 대성당

해설 르네상스(Renaissance) 건축의 특징

㉠ 르네상스란 다시 태어난다는 의미로 건축분야에서는 로마 건축을 기본으로 한 건축으로 15세기 초 이탈리아에서 발생되어 15, 16세기에 걸쳐 이탈리아를 중심으로 유럽에서 전개된 고전주의적 경향의 건축양식이다.
㉡ 로마양식의 영향을 많이 받았으며, 인본주의적 사조에 입각하였고, 근대건축의 근원이 되었다.
㉢ 고딕건축의 수직적인 요소를 탈피하고 수평적인 요소를 강조하였다.
㉣ 르네상스(Renaissance) 건축은 주로 석재, 벽돌, 콘크리트 등을 주재료로 이용하였고, 돔(dome)을 사용하여 골조 구조를 내외로 마감하는 이중 구조로 시공 하였다.
㉤ 대표적인 건축물 중에는 로마에 위치한 성 베드로대성당(미켈란젤로), 이탈리아 피렌체 대성당이 있으며, 대표적인 궁(Palazzo)으로는 메디치 궁, 피티 궁, 파르네제 궁, 루첼라이 궁 등이 있다.

15 학교의 바깥쪽에 이르는 출입구에 계단을 대체하여 경사로를 설치하고자 한다. 필요한 경사로 최소 수평길이는? (단, 경사로는 직선으로 되어 있으며 1층의 바닥높이는 지상보다 50cm 높다.)

① 2m ② 3m
③ 4m ④ 5m

해설

구배 1/8의 경사로를 설치한다고 보면
0.5m×8=4m의 길이가 필요하다.

16 음의 물리적 특성에 대한 설명으로 옳지 않은 것은?

① 음이 1초 동안에 진동하는 횟수를 주파수라고 한다.
② 인간의 귀로 들을 수 있는 주파수 범위를 가청주파수라고 한다.
③ 기온이 높아지면 공기 중에 전파되는 음의 속도도 증가한다.
④ 공기 중으로 전달되는 음파의 전파속도는 주파수와 비례한다.

해설 공기 중에 전파되는 음의 속도(v)

$v = 331.5 + 0.6t$(m/s) t는 기온(℃)
$t = 15$℃일 때 $v = 340$m/s(공기 중의 음속)
㉠ 음속은 기온 1℃의 증가에 따라 음의 속도는 0.6m/s씩 증가한다. 여름철은 빠르고, 겨울철은 느리다.
㉡ 음파는 물체의 진동횟수와는 관계없이 일정한 속도로 진행된다. 즉, 소리의 속도는 소리의 주파수 영향을 받지 않고 통과하는 물질의 성질에 따라 영향을 받는다.
※ 음의 파장(λ)은 음속을 주파수로 나눈 값이다.

$$\lambda = \frac{v}{f}\ (\text{m})$$

여기서, f : 주파수(Hz), v : 음속(m/s)

정답 13 ③ 14 ② 15 ③ 16 ④

17 특정소방대상물에 사용하는 실내장식물 중 방염대상물품에 속하지 않는 것은?

① 창문에 설치하는 커튼류
② 두께가 2mm 미만인 종이벽지
③ 전시용 섬유판
④ 전시용 합판

해설 특정소방대상물에서 사용되는 방염대상물품

제조 또는 가공공정에서 방염처리를 한 물품(합판·목재류의 경우에는 설치현장에서 방염처리를 한 것을 말함)으로서 다음의 하나에 해당하는 것을 말한다.
㉠ 창문에 설치하는 커텐류(브라인드를 포함)
㉡ 카페트, 두께가 2mm 미만인 벽지류로서 종이벽지를 제외한 것
㉢ 전시용 합판 또는 섬유판, 무대용 합판 또는 섬유판
㉣ 암막·무대막(영화상영관, 골프연습장업에 설치하는 스크린을 포함)

18 다음 중 주택의 소유자가 대통령령으로 정하는 소방시설을 설치하여야 하는 주택의 종류에 해당하지 않는 것은?

① 단독주택 ② 기숙사
③ 연립주택 ④ 다세대주택

해설 주택의 소유자가 대통령령으로 정하는 소방시설을 설치하여야 하는 주택

㉠ 단독주택 : 단독주택, 다중주택, 다가구주택
㉡ 공동주택 : 연립주택, 다세대주택

19 열 전달 방식에 포함되지 않는 것은?

① 복사 ② 대류
③ 관류 ④ 전도

해설

열관류 : 열전달+열전도+열전달
※ 열관류율 K $(W/m^2 \cdot K)$
㉠ 전달+전도+전달이 동시에 복합적으로 일어나는 열의 이동 정도를 표시한다.
㉡ 벽 표면적 $1m^2$, 단위 시간당 1℃의 온도차가 있을 때 흐르는 열량이다.
㉢ 열관류율이 적은 벽을 만들려면 열전도율이 적은 재료를 사용한다.

20 공동 소방안전관리자 선임대상 특정소방 대상물의 층수 기준은? (단, 복합건축물의 경우)

① 3층 이상 ② 5층 이상
③ 8층 이상 ④ 10층 이상

해설 공동 소방안전관리자 선임대상 특정소방대상물

㉠ 고층 건축물(지하층을 제외한 층수가 11층 이상인 건축물만 해당)
㉡ 지하가(지하의 인공구조물 안에 설치된 상점 및 사무실, 그 밖에 이와 비슷한 시설이 연속하여 지하도에 접하여 설치된 것과 그 지하도를 합한 것을 말함)
㉢ 복합건축물로서 연면적이 $5,000m^2$ 이상인 것 또는 층수가 5층 이상인 것
㉣ 판매시설 중 도매시장 및 소매시장
㉤ 특정소방대상물 중 소방본부장 또는 소방서장이 지정하는 것

정답 17 ② 18 ② 19 ③ 20 ②

건축일반(CBT 복원문제)
2020년 9월 23일(4회)

01 **다음은 특정소방대상물의 소방시설 설치의 면제기준 내용이다. (　) 안에 알맞은 설비는?**

> 물분무등소화설비를 설치하여야 하는 차고·주차장에 (　　)를 화재안전기준에 적합하게 설치한 경우에는 그 설비의 유효범위에서 설치가 면제된다.

① 연결살수설비　② 스프링클러설비
③ 옥내소화전설비　④ 옥외소화전설비

해설

물분무등소화설비 설치하여야 하는 차고·주차장에 스프링클러설비를 화재안전기준에 적합하게 설치한 경우에는 그 설비의 유효범위안의 부분에서 설치가 면제된다.

02 **벽돌쌓기 방식 중 한 켜는 마구리 쌓기, 다음 켜는 길이 쌓기를 교대로 쌓고 모서리에는 이오토막을 사용하는 쌓기법은?**

① 미식 쌓기　② 영식 쌓기
③ 불식 쌓기　④ 화란식 쌓기

해설 벽돌 쌓기법

분류	특징
영국식 쌓기	길이쌓기와 마구리쌓기를 한 켜씩 번갈아 쌓아 올리며, 벽의 끝이나 모서리에는 이오토막 또는 반절을 사용하여 통줄눈이 생기지 않는 가장 튼튼하고 좋은 쌓기법이다.
미국식 쌓기	5~6켜는 길이쌓기를 하고, 다음 1켜는 마구리쌓기를 하여 영국식 쌓기로 한 뒷벽에 물려서 쌓는 방법이다.
프랑스식 쌓기	매 켜에 길이와 마구리가 번갈아 나오게 쌓는 것으로, 통줄눈이 많이 생겨 구조적으로는 튼튼하지 못하다. 외관이 좋기 때문에 강도를 필요로 하지 않고 의장을 필요로 하는 벽체 또는 벽돌담 쌓기 등에 쓰인다.
화란식 쌓기	영국식 쌓기와 같으나, 벽의 끝이나 모서리에 칠오토막을 사용하여 쌓는 것이다. 벽의 끝이나 모서리에 칠오토막을 써서 쌓기 때문에 일하기 쉽고 모서리가 튼튼하므로, 우리나라에서도 비교적 많이 사용하고 있다.

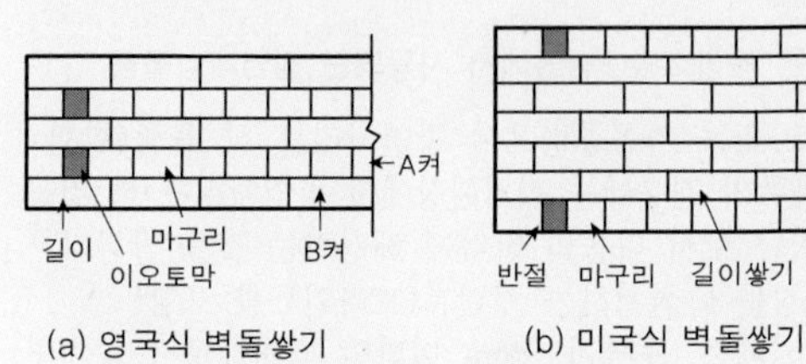

(a) 영국식 벽돌쌓기　(b) 미국식 벽돌쌓기

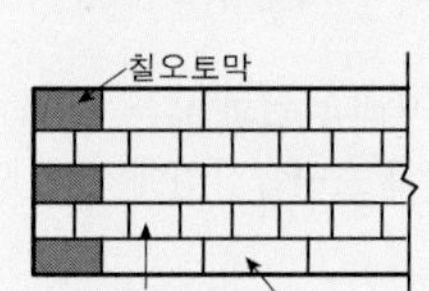

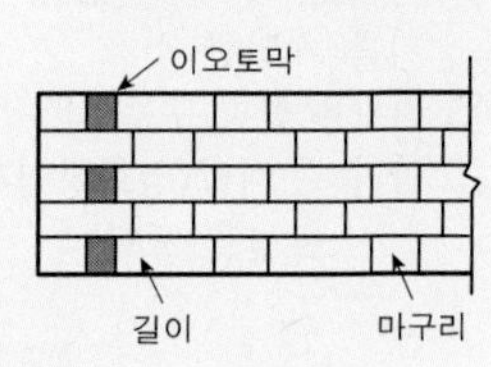

(c) 네덜란드식 벽돌쌓기　(d) 프랑스식 벽돌쌓기

벽돌쌓기법

03 **특정소방대상물에 피난기구를 반드시 설치하여야 하는 층은?**

① 지상 1층　② 지상 2층
③ 지상 6층　④ 지상 11층

해설 피난기구의 설치

특정소방대상물의 모든 층에 화재안전기준에 적합한 피난기구를 설치하여야 한다.
[제외] 피난층, 지상1층, 지상2층 및 층수가 11층 이상인 층과 위험물 저장 및 처리시설 중 가스시설, 지하가 중 터널 또는 지하구의 경우

04 **윌리엄 모리스에 등에 의하여 주도되었던 건축운동은 무엇인가?**

① 세제션　② 데 스틸
③ 예술과 수공예　④ 바우하우스

정답　01 ②　02 ②　03 ③　04 ③

해설 미술공예운동(Art and Craft Movement)

① 윌리암 모리스는 19세기 후반~20세기 초 대량 생산과 기계에 의한 저급제품 생산에 반기를 든 영국인으로 장식이 과다한 빅토리아 시대의 제품을 지양하고, 수공예에 의한 예술의 복귀, 민중을 위한 예술 등을 주장하고 간결한 선과 비례를 중요시 했다.
② 특성
㉠ 예술 및 일용품의 질적 향상
㉡ 예술의 대중성을 추구
㉢ 기계생산의 거부와 수공업으로의 복귀(수공예의 중요성)
㉣ 전통적인 지역적 재료의 사용
③ 대표적 건축물 : 윌리암 모리스의 붉은 집(Red House)
④ 대표적 건축가 : 윌리암 모리스, 필립 웨브, 어니스트 김슨, 찰스 로버트 애쉬비
※ 붉은집(Red House, 1859)
㉠ 필립 웨브(Pillp Webb)와 윌리엄 모리스(William Morris)에 의해 설계되었다.
㉡ 고딕 양식으로 디자인 하였다.
㉢ 자유롭고 비대칭형인 1층 평면, 쾌적하고 논리적인 관련을 갖고 있는 방, 교묘한 배치, 내부와 외부의 통일성, 성실한 재료의 사용, 그리고 과장되지 않는 정면에 정방형, 장방형, 원형, 포인티드 아치 등의 다양한 형태의 개구부가 나타나 있다.
㉣ 벽체의 입면에는 붉은 벽돌이 그대로 나타나 있다.
㉤ 이는 주택건축분야에서 새로운 양식을 창조하려는 최초의 시도였다

05 다음의 소방시설 중 소화활동설비에 속하는 것은?

① 연결살수설비
② 옥내소화전설비
③ 자동화재탐지설비
④ 상수도소화용수설비

해설

소방시설이란 소화설비·경보설비·피난구조설비·소화용수설비 그 밖에 소화활동설비를 말한다.
※ 소화활동설비 : 화재를 진압하거나 인명구조활동을 위하여 사용하는 설비 : 제연설비, 연결송수관설비, 연결살수설비, 비상콘센트설비, 무선통신보조설비, 연소방지설비
☞ ② 옥내소화전설비 : 소화설비
③ 자동화재탐지설비 : 경보설비
④ 상수도소화용수설비 : 소화용수설비

06 다음의 무창층의 정의에 관한 기준 내용 중 밑줄 친 요건에 해당하지 않는 것은?

> "무창층"이라 함은 지상층 중 다음 각 목의 요건을 모두 갖춘 개구부의 면적의 합계가 당해 층의 바닥면적의 30분의 1 이하가 되는 층을 말한다.

① 내부 또는 외부에서 파괴할 수 없을 것
② 도로 또는 차량이 진입할 수 있는 빈터를 향할 것
③ 크기는 지름 50cm 이상의 원이 내접(內接)할 수 있는 크기일 것
④ 해당 층의 바닥면으로부터 개구부 밑부분까지의 높이가 1.2m 이내일 것

해설 무창층

지상층 중 다음에 해당하는 요건을 모두 갖춘 개구부(건축물에서 채광·환기·통풍 또는 출입 등을 위하여 만든 창·출입구 그 밖에 이와 비슷한 것을 말함)의 면적의 합계가 당해 층의 바닥면적의 1/30 이하가 되는 층을 말한다.
㉠ 개구부의 크기가 지름 50cm 이상의 원이 내접할 수 있을 것
㉡ 해당 층의 바닥면으로부터 개구부 밑부분까지의 높이가 1.2m 이내일 것
㉢ 개구부는 도로 또는 차량이 진입할 수 있는 빈터를 향할 것
㉣ 화재시 건축물로부터 쉽게 피난할 수 있도록 개구부에 창살 그 밖의 장애물이 설치되지 아니할 것
㉤ 내부 또는 외부에서 쉽게 파괴 또는 개방할 수 있을 것

07 내부결로의 방지대책으로 옳지 않은 것은?

① 단열재를 가능한 한 벽의 내측에 설치
② 벽체 내부온도를 그 부분의 노점온도보다 높게 할 것
③ 실내의 수증기 발생 억제
④ 벽체 내부의 수증기압을 포화수증기압보다 작게 할 것

정답 05 ① 06 ① 07 ①

해설 내부결로를 방지하기 위한 방법

㉠ 벽체 내부 온도가 노점온도 이상이 되도록 단열을 강화한다.
㉡ 단열공법은 외측단열공법으로 시공한다.
㉢ 벽체 내부로 수증기 침입을 억제한다.
㉣ 내부결로를 방지하기 위해서 단열공법은 열적으로 유리한 외단열공법으로 시공하고, 단열재는 저온측인 외부에 두며, 방습재는 고온측 내부에 둔다.
㉤ 벽체 내부측에 단열재, 실외측에 공기층을 두어 통기시키며, 단열성능 저하 방지를 위해 단열재 외기측 표면에 방풍층을 설치한다.

08 주거용 건축물의 급수관 지름의 최소 기준으로 맞는 것은?

① 2세대의 경우 15mm
② 18세대의 경우 75mm
③ 가구 또는 세대의 구분이 불분명한 건축물로 주거에 쓰이는 바닥 면적의 합계가 $85m^2$일 경우 15mm
④ 가구 또는 세대의 구분이 불분명한 건축물로 주거에 쓰이는 바닥 면적의 합계가 $600m^2$일 경우 40mm

해설 주거용 건축물의 음용수의 급수관 지름 기준

가구 또는 세대수	1	2~3	4~5	6~8	9~16	17 이상
급수관 최소지름	15	20	25	32	40	50

1. 가구수나 세대수가 불분명한 경우에는 주거에 쓰이는 바닥면적의 합계에 따라 다음과 같이 가구수를 산정한다.
   ① 바닥면적 $85m^2$ 이하 : 1가구
   ② 바닥면적 $85m^2$ 초과, $150m^2$ 이하 : 3가구
   ③ 바닥면적 $150m^2$ 초과, $300m^2$ 이하 : 5가구
   ④ 바닥면적 $300m^2$ 초과, $500m^2$ 이하 : 16가구
   ⑤ 바닥면적 $500m^2$ 초과 : 17가구
2. 가압설비 등을 설치하여 급수시 각 기구에서 압력이 $1cm^2$ 당 0.7kg 이상인 경우는 상기 1의 기준을 적용하지 않는다.

09 다음 중 주심포계 양식에 관한 설명으로 옳지 않은 것은?

① 고려시대 건물이 주류를 이룬다.
② 기둥 상부에만 공포를 배치한 것이다.
③ 우리나라 공포양식 중 가장 오래된 것이다.
④ 익공 양식에서 유래된 것이다.

해설 주심포식

주두와 첨차, 소로들로 구성되는 공포를 짜는 식
• 특징 : 쌍 S 자각, 배흘림 기둥, 굽면이 곡면인 주두
• 예 : 봉정사 화엄강당, 부석사 무량수전, 강릉 객사문

10 건축물에 급수·배수·난방 및 환기의 건축설비를 설치하는 경우 건축기계설비기술사 또는 공조냉동기계기술사의 협력을 받아야 하는 건축물의 연면적 기준은? (단, 창고시설은 제외)

① $3000m^2$ 이상 ② $5000m^2$ 이상
③ $10000m^2$ 이상 ④ $20000m^2$ 이상

해설

연면적 $10,000m^2$ 이상(창고시설을 제외)인 건축물에 급수·배수·난방 및 환기의 건축설비를 설치하는 경우 건축기계설비기술사 또는 공조냉동기계기술사의 협력을 받아야 한다.

11 목구조의 가새에 관한 기술에서 틀린 것은?

① 가새의 경사는 수평에 가까울수록 유리하다.
② 샛기둥과의 접합부는 샛기둥을 따내야 한다.
③ 가새는 좌우 대칭으로 배치하는 것이 좋다.
④ 목조벽체를 안정한 구조로 하기 위한 것이며, 버팀대보다 수평력에 대한 저항이 강력하다.

정답 08 ③ 09 ④ 10 ③ 11 ①

해설 가새

① 벽체에 가해지는 수평력에 견디게 하는 대각선으로 댄 부재
② 가새의 설치 원칙
㉠ 기둥이나 보의 중간에 가새의 끝단을 대지말 것.
㉡ 기둥이나 보에 대칭이 되도록 할 것.
㉢ ×자형으로 배치할 것.
㉣ 상부보다 하부에 많이 배치할 것.
③ 인장력을 부담하는 가새는 이에 접하는 기둥의 단면적의 1/5 이상의 단면적을 가진 목재 또는 지름 9mm 이상의 철근이나 이와 동등 이상의 강도를 가진 철재를 사용한다.
④ 압축력을 부담하는 가새는 이에 접하는 기둥의 단면적의 1/3 이상의 단면적을 가진 목재를 사용한다.
⑤ 가새는 파내거나 결손시켜 구조 내력상 지장을 주어서는 안된다.
⑥ 가새의 경사도는 45°에 가까울수록 유리하다.
※ 귀잡이와 버팀대 : 가새를 댈 수 없을 때 그 모서리에 짧게 수평으로 빗댄 것을 귀잡이라 하고 수직으로 빗댄 것을 버팀대라 한다.

12 연결송수관설비를 설치하여야 하는 특정소방대상물의 기준 내용으로 옳지 않은 것은? (단, 가스시설 또는 지하구는 제외)

① 층수가 5층 이상으로서 연면적 6000m² 이상인 것
② 지하층을 포함하는 층수가 7층 이상인 것
③ 지하층의 층수가 3층 이상이고 지하층의 바닥면적의 합계가 1000m² 이상인 것
④ 지하가 중 터널로서 길이가 500m 이상인 것

해설 연결송수관설비를 설치하여야 하는 특정소방대상물(가스시설 또는 지하구를 제외)

① 층수가 5층 이상으로서 연면적 6,000m² 이상인 것
② ①에 해당하지 아니하는 특정소방대상물로서 지하층을 포함하는 층수가 7층 이상인 것
③ ① 및 ②에 해당하지 아니하는 특정소방대상물로서 지하층의 층수가 3개층 이상이고 지하층의 바닥면적의 합계가 1,000m² 이상인 것
④ 지하가 중 터널로서 길이가 1,000m 이상인 것

13 100세대 이상의 공동주택을 신축 또는 리모델링하는 경우 환기기준은?

① 일일 0.7회 이상
② 일일 0.9회 이상
③ 시간당 0.7회 이상
④ 시간당 0.9회 이상

해설 공동주택 및 다중이용시설의 환기설비

신축 또는 리모델링하는 다음에 해당하는 주택 또는 건축물은 시간당 0.7회 이상의 환기가 이루어질 수 있도록 자연환기설비 또는 기계환기설비를 설치하여야 한다.
㉠ 100세대 이상의 공동주택(기숙사를 제외)
㉡ 주택을 주택 외의 시설과 동일건축물로 건축하는 경우로서 주택이 100세대 이상인 건축물

14 숙박시설의 객실간 경계벽의 구조 및 설치 기준으로 틀린 것은?

① 내화구조로 하여야 한다.
② 지붕 밑 또는 바로 윗층의 바닥판까지 닿게 한다.
③ 철근콘크리트구조의 경우에는 그 두께가 10cm 이상이어야 한다.
④ 콘크리트블록조의 경우에는 그 두께가 15cm 이상이어야 한다.

해설 경계벽 및 칸막이벽의 차음구조의 기준

㉠ 철근콘크리트조, 철골철근콘크리트조로서 두께가 10cm 이상인 것
㉡ 무근콘크리트조, 석조로서 두께가 10cm 이상인 것
※ 단, 시멘트모르타르, 회반죽 또는 석고 플라스터의 바름두께를 포함한다.
㉢ 콘크리트 블록조, 벽돌조로서 두께가 19cm 이상인 것
㉣ 상기의 것 외에 국토교통부장관이 고시하는 기준에 따라 국토교통부장관이 지정하는 자 또는 한국건설기술연구원장이 실시하는 품질시험에서 그 성능이 확인된 것
[예외] 공동주택 세대간의 경계벽은 주택건설기준에 관한 규정에 따른다.

정답 12 ④ 13 ③ 14 ④

15 **방염성능기준 이상의 실내장식물 등을 설치하여야 하는 특정소방대상물에 속하지 않는 것은? (단, 층수가 10층인 경우)**

① 의료시설
② 업무시설
③ 방송통신시설 중 방송국
④ 숙박이 가능한 수련시설

해설 방염성능기준 이상의 실내장식물 등을 설치하여야 하는 특정소방대상물

① 근린생활시설 중 의원, 체력단련장, 공연장 및 종교집회장
② 건축물의 옥내에 있는 문화 및 집회시설, 종교시설, 운동시설(수영장은 제외)
③ 의료시설, 노유자시설, 숙박시설, 숙박이 가능한 수련시설,
④ 교육연구시설 중 합숙소
⑤ 방송통신시설 중 방송국 및 촬영소
⑥ 다중이용업소
⑦ 상기 ①부터 ⑥까지의 시설에 해당하지 아니하는 것으로서 층수(건축법시행령에 따라 산정한 층수)가 11층 이상인 것(아파트는 제외)

16 **화재예방, 소방시설 설치·유지 및 안전관리에 관한 법률 시행령에 따른 피난층의 정의로 옳은 것은?**

① 지상 1층
② 지하와 지상이 연결되는 통로가 있는 층
③ 곧바로 지상으로 갈 수 있는 출입구가 있는 층
④ 곧바로 무창층으로 갈 수 있는 직통계단이 있는 층

해설

피난층이란 곧바로 지상으로 갈 수 있는 출입구가 있는 층을 말한다.

17 **철근콘크리트 구조에 대한 설명 중에서 옳지 않은 것은?**

① 철근과 콘크리트의 선팽창 계수는 거의 동일하므로 일체화가 가능하다.
② 습식구조이므로 동절기 공사에 유의하여야 한다.
③ 철근콘크리트구조에서 인장력은 철근이 부담하는 것으로 한다.
④ 타구조에 비해 경량구조이므로 형태의 자유도가 높다.

해설

철근 콘크리트(Reinforced Concrete)구조란 철근은 인장력을 부담하고 콘크리트는 압축력을 부담하도록 설계한 일체식으로 구성된 구조로써 우수한 내진구조이다.

(1) 장점
① 내구, 내화, 내진적이다.
② 설계와 의장이 자유롭다.
③ 유지비, 관리비가 적게 든다.
④ 재료 구입이 용이하다.

(2) 단점
① 중량이 무겁다. (철근 콘크리트 : $2.4t/m^3$, 무근 콘크리트 : $2.3t/m^3$)
② 습식구조이므로 공사기간이 길어진다.
③ 공사의 성질상 가설물(거푸집 등)의 비용이 많이 든다.
④ 균열발생이 쉽고 국부적으로 파손되기 쉽다.
⑤ 재료의 재사용 및 파괴가 곤란하다.
⑥ 전음도가 크다.

18 **6층 이상의 거실면적의 합계가 $12000m^2$ 인 교육연구시설에 설치하여야 할 승용승강기의 최소 설치 대수는? (단, 8인승 이상 15인승 이하의 승강기 기준)**

① 2대 ② 3대
③ 4대 ④ 5대

정답 15 ② 16 ③ 17 ④ 18 ③

해설 공동주택, 교육연구시설, 기타시설 등의 설치기준

3,000m² 이하까지 1대, 3,000m²를 초과하는 경우에는 그 초과하는 매 3,000m² 이내마다 1대의 비율로 가산한 대수로 한다.

$\therefore 1+\frac{A-3{,}000\text{m}^2}{3{,}000\text{m}^2} = 1 + \frac{12{,}000-3{,}000}{3{,}000} = 4$대

※ 8인승 이상 15인승 이하를 기준으로 산정하며 16인승 이상의 승강기는 2대로 산정한다.

19 건축물의 거실(피난층의 거실은 제외)에 국토교통부령으로 정하는 기준에 따라 배연설비를 하여야 하는 건축물이 아닌 것은? (단, 6층 이상인 건축물)

① 문화 및 집회시설
② 종교시설
③ 요양병원
④ 숙박시설

해설 배연설비의 설치대상

① 6층 이상의 건축물로서 다음의 용도에 해당되는 건축물의 거실
제2종 근린생활시설 중 공연장, 종교집회장, 인터넷컴퓨터게임시설제공업소 및 다중생활시설(공연장, 종교집회장 및 인터넷컴퓨터게임시설제공업소는 해당 용도로 쓰는 바닥면적의 합계가 각각 300m² 이상인 경우), 문화 및 집회시설, 종교시설, 판매시설, 운수시설, 의료시설(요양병원 및 정신병원은 제외), 교육연구시설 중 연구소, 노유자시설 중 아동관련시설·노인복지시설(노인요양시설은 제외), 수련시설 중 유스호스텔, 운동시설, 업무시설, 숙박시설, 위락시설, 관광휴게시설, 장례식장
[예외] 피난층인 경우

② 다음에 해당하는 용도로 쓰는 건축물
㉠ 의료시설 중 요양병원 및 정신병원
㉡ 노유자시설 중 노인요양시설 · 장애인 거주시설 및 장애인 의료재활시설
[예외] 피난층인 경우

20 실내 음환경에서 잔향시간에 관한 설명으로 옳은 것은?

① 음향 청취를 목적으로 하는 공간에서의 잔향시간은 음성 전달을 목적으로 하는 공간에서의 잔향시간보다 짧아야 한다.
② 음의 잔향시간은 실의 용적에 비례하며 벽면의 흡음력에 따라 결정된다.
③ 실의 형태를 변경하면 잔향시간은 조정이 가능하다.
④ 영화관은 전기 음향 설비가 주가 되므로 잔향시간은 길수록 좋다.

해설 잔향시간

① 정의 : 실내의 일정한 세기의 음을 내어 정상상태로 한 후 이것을 멈추어 실내의 평균 에너지 밀도와 처음의 $1/10^6$(일백만분의 일), 음압으로서 1/1,000이 될 때까지의 시간으로서 실내의 평균 레벨이 60dB 감소하는 데 필요한 시간을 말한다.
② 요소 : 실용적, 실내 표면적, 실의 평균 흡음률
③ 실내음의 잔향시간은 실용적이나 실내 흡음력 외에 음원과 수음점의 거리나 반사면의 위치 등에 관계된다.
④ 잔향시간은 음원의 위치, 측정의 위치와 무관하다.
⑤ 흡음재료의 위치와도 무관하다는 사실을 발견하고 $RT = K\frac{V}{A}$의 식(Sabin의 잔향이론)을 유도했다.
RT : 잔향시간 　　K : 비례상수(0.162)
V : 실의 용적(m^3)
A : 흡음력=$\bar{\alpha}$(평균흡음률)×S(실내표면적)(m^2)
잔향시간은 실용적에 비례하고 실내 흡음력에 반비례한다.

정답 19 ③ 20 ②

실내건축산업기사 10개년 핵심과년도

定價 30,000원

저 자 남 재 호
발행인 이 종 권

2006年 1月 9日 초판발행
2006年 3月 27日 초판2쇄발행
2007年 1月 9日 2차개정1쇄발행
2007年 4月 21日 2차개정2쇄발행
2008年 1月 10日 3차개정1쇄발행
2009年 1月 5日 4차개정1쇄발행
2010年 1月 5日 5차개정1쇄발행
2011年 1月 28日 6차개정1쇄발행
2012年 1月 30日 7차개정1쇄발행
2013年 1月 28日 8차개정1쇄발행
2014年 1月 27日 9차개정1쇄발행
2015年 1月 22日 10차개정1쇄발행
2016年 1月 18日 11차개정1쇄발행
2017年 1月 9日 12차개정1쇄발행
2018年 1月 9日 13차개정1쇄발행
2018年 11月 26日 14차개정1쇄발행
2020年 1月 20日 15차개정1쇄발행
2021年 2月 8日 16차개정1쇄발행

發行處 **(주) 한솔아카데미**

(우)06775 서울시 서초구 마방로10길 25 트윈타워 A동 2002호
TEL : (02)575-6144/5 FAX : (02)529-1130
〈1998. 2. 19 登錄 第16-1608號〉

ISBN 979-11-5656-966-4 13540

한솔아카데미 발행도서

건축사 과년도출제문제 2교시 건축설계1
한솔아카데미 건축사수험연구회
130쪽 | 30,000원

건축사 과년도출제문제 3교시 건축설계2
한솔아카데미 건축사수험연구회
284쪽 | 30,000원

건축물에너지평가사 ①건물 에너지 관계법규
건축물에너지평가사 수험연구회
762쪽 | 27,000원

건축물에너지평가사 ②건축환경계획
건축물에너지평가사 수험연구회
378쪽 | 23,000원

건축물에너지평가사 ③건축설비시스템
건축물에너지평가사 수험연구회
634쪽 | 26,000원

건축물에너지평가사 ④건물 에너지효율설계·평가
건축물에너지평가사 수험연구회
642쪽 | 27,000원

건축물에너지평가사 핵심·문제풀이 상권
건축물에너지평가사 수험연구회
888쪽 | 35,000원

건축물에너지평가사 핵심·문제풀이 하권
건축물에너지평가사 수험연구회
874쪽 | 35,000원

건축물에너지평가사 2차실기(상)
건축물에너지평가사 수험연구회
812쪽 | 35,000원

건축물에너지평가사 2차실기(하)
건축물에너지평가사 수험연구회
592쪽 | 35,000원

토목기사시리즈 ①응용역학
염창열, 김창원, 안광호, 정용욱, 이지훈 공저
610쪽 | 22,000원

건축물에너지평가사 핵심·문제풀이 상권
건축물에너지평가사 수험연구회
888쪽 | 35,000원

토목기사시리즈 ③수리학 및 수문학
심기오, 노재식, 한웅규 공저
424쪽 | 22,000원

토목기사시리즈 ④철근콘크리트 및 강구조
정경동, 정용욱, 고길용, 김지우 공저
470쪽 | 22,000원

토목기사시리즈 ⑤토질 및 기초
안성중, 박광진, 김창원, 홍성협 공저
632쪽 | 22,000원

토목기사시리즈 ⑥상하수도공학
노재식, 이상도, 한웅규, 정용욱 공저
534쪽 | 22,000원

10개년 핵심 토목기사 과년도문제해설
김창원 외 5인 공저
1,028쪽 | 43,000원

토목기사4주완성 핵심 및 과년도문제해설
이상도, 정경동, 고길용, 안광호, 한웅규, 홍성협 공저
990쪽 | 36,000원

토목산업기사4주완성 7개년 과년도문제해설
이상도, 정경동, 고길용, 안광호, 한웅규, 홍성협 공저
842쪽 | 34,000원

토목기사 실기
김태선, 박광진, 홍성협, 김창원, 김상욱, 이상도 공저
1,472쪽 | 45,000원

토목기사실기 12개년 과년도

김태선, 이상도, 한웅규, 홍성협, 김상욱, 김지우 공저
696쪽 | 30,000원

콘크리트기사 · 산업기사 4주완성(필기)

송준민, 정용욱, 고길용, 전지현 공저
874쪽 | 34,000원

콘크리트기사 · 산업기사 3주완성(실기)

송준민, 정용욱, 김태형, 이승철 공저
714쪽 | 26,000원

건설재료시험기사 4주완성(필기)

고길용, 정용욱, 홍성협, 전지현 공저
780쪽 | 33,000원

건설재료시험기사 3주완성(실기)

고길용, 홍성협, 전지현, 김지우 공저
704쪽 | 25,000원

콘크리트기사 14개년 과년도(필기)

정용욱, 송준민, 고길용, 김지우 공저
552쪽 | 25,000원

건설재료시험기사 10개년 과년도(필기)

고길용, 정용욱, 홍성협, 전지현 공저
542쪽 | 26,000원

지적기능사(필기+실기) 3주완성

염창열, 정병노 공저
520쪽 | 25,000원

측량기능사 3주완성

염창열, 정병노 공저
592쪽 | 23,000원

건설안전기사 4주완성 필기

지준석 저
1,336쪽 | 32,000원

건설안전기사 · 산업기사 필답형 실기

김동철, 이재익, 지준석 공저
836쪽 | 35,000원

산업안전기사 4주완성 필기

지준석 저
1,560쪽 | 32,000원

산업안전기사 · 산업기사 필답형 실기

김동철, 지준석, 정길순 공저
886쪽 | 35,000원

10개년 건설안전기사 과년도문제해설

김동철, 이재익, 지준석 공저
960쪽 | 30,000원

10개년 기출문제 공조냉동기계 기사

한영동, 조성안 공저
1,246쪽 | 34,000원

10개년 기출문제 공조냉동기계 산업기사

한영동, 조성안 공저
1,046쪽 | 30,000원

공조냉동기계기사 실기 5주완성

한영동 저
914쪽 | 32,000원

조경기사 · 산업기사 필기

이윤진 저
1,610쪽 | 47,000원

조경기사 · 산업기사 실기

이윤진 저
986쪽 | 42,000원

조경기능사 필기

이윤진 저
732쪽 | 26,000원

HANSOL

조경기능사 실기
이윤진 저
264쪽 | 24,000원

조경기능사 필기
한상엽 저
712쪽 | 26,000원

조경기능사 실기
한상엽 저
738쪽 | 27,000원

전산응용건축제도기능사 필기 3주완성
안재완, 구만호, 이병억 공저
458쪽 | 20,000원

공무원 건축구조
안광호 저
582쪽 | 40,000원

공무원 건축계획
이병억 저
816쪽 | 35,000원

7·9급 토목직 응용역학
정경동 저
1,192쪽 | 42,000원

9급 토목직 토목설계
정경동 저
1,114쪽 | 42,000원

응용역학개론 기출문제
정경동 저
638쪽 | 35,000원

측량학(9급 기술직/ 서울시·지방직)
정병노, 염창열, 정경동 공저
722쪽 | 25,000원

응용역학(9급 기술직/ 서울시·지방직)
이국형 저
628쪽 | 23,000원

물리(고졸 경력경쟁 / 서울시·지방직)
신용찬 저
386쪽 | 18,000원

7급 공무원 스마트 물리학개론
신용찬 저
614쪽 | 38,000원

1종 운전면허
도로교통공단 저
110쪽 | 10,000원

2종 운전면허
도로교통공단 저
110쪽 | 10,000원

지게차 운전기능사
건설기계수험연구회 편
216쪽 | 13,000원

굴삭기 운전기능사
건설기계수험연구회 편
224쪽 | 13,000원

지게차 운전기능사 3주완성
건설기계수험연구회 편
338쪽 | 10,000원

굴삭기 운전기능사 3주완성
건설기계수험연구회 편
356쪽 | 10,000원

초경량 비행장치 무인멀티콥터
권희춘, 이임걸 공저
250쪽 | 17,500원

HANSOL

BE Architect AUTO CAD
유기찬, 김재준 공저
400쪽 | 25,000원

건축관계법규(전3권)
최한석, 김수영 공저
3,544쪽 | 100,000원

건축법령집
최한석, 김수영 공저
1,490쪽 | 50,000원

건축법해설
김수영, 이종석, 김동화, 김용환, 조영호, 오호영 공저
918쪽 | 30,000원

건축설비관계법규
김수영, 이종석, 박호준, 조영호, 오호영 공저
790쪽 | 30,000원

건축계획
이순희, 오호영 공저
422쪽 | 23,000원

건축시공학
이찬식, 김선국, 김예상, 고성석, 손보식, 유정호 공저
717쪽 | 27,000원

토목시공학
남기천, 김유성, 김치환, 유광호, 김상환, 강보순, 김종민, 최준성 공저
1,212쪽 | 54,000원

건설시공학
남기천, 강인성, 류명찬, 유광호, 이광렬, 김문모, 최준성, 윤영철 공저
818쪽 | 28,000원

AutoCAD 건축 CAD
김수영, 정기범 공저
348쪽 | 20,000원

친환경 업무매뉴얼
정보현 저
336쪽 | 27,000원

건축시공기술사 텍스트북
배용환 저
1,298쪽 | 75,000원

건축시공기술사 기출문제
배용환, 서갑성 공저
1,146쪽 | 60,000원

건축시공기술사 용어해설
배용환 저
1,448쪽 | 75,000원

합격의 정석 건축시공기술사
조민수 저
904쪽 | 60,000원

건축전기설비기술사 (상권)
서학범 저
772쪽 | 55,000원

건축전기설비기술사 (하권)
서학범 저
700쪽 | 55,000원

마법기본서 PE 건축시공기술사
백종엽 저
730쪽 | 55,000원

마법 스크린 PE 건축시공기술사
백종엽 저
332쪽 | 25,000원

토목시공기술사 텍스트북
배용환 저
962쪽 | 75,000원